博客(Blog)类网站——My Blog

网站页面展示

网站首页

网站内容页

技术要点

1. 制作插入对象
2. 表单的应用
3. CSS+DIV在网页中的应用

本实例视频

视频文件:光盘>视频>04

视频时间:35分钟

配色

	#A5B221 R:165 G:178 B:33
	#FF9600 R:255 G:150 B:0
	#DDDED6 R:221 G:222 B:214

布局

博客网站的布局通常比较统一，网站顶部为博客的标题和形象内容，左侧显示登录信息、站点日历、站点统计等常用内容，右侧显示博客的具体内容，本章实例的布局情况也基本相同。布局简洁有序，一目了然。

风格特色

本实例设计风格清新、可爱，适合一些休闲类博客网站。网站整体为草绿色，加上标题、卡通人物的中桔红色的呼应，使网站看上去活泼、亲切，对于一些比较个性化的博客都比较适用。

网络教学类网站——环球教育在线

技术要点

1. 制作不同形式的链接
2. 制作网页浮动图像
3. 制作在线播放视频文件

本实例视频

视频文件:光盘>视频>05

视频时间:20分钟

配色

	#8896D5 R:137 G:150 B:213
	#DDE0F2 R:221 G:224 B:242
	#C1C1C1 R:193 G:193 B:193

网站页面展示

网站首页

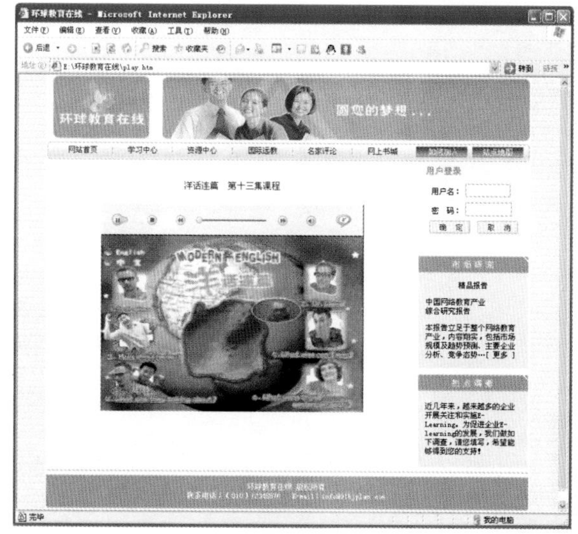

网站二级视频页面

布局

本实例的布局是常见的“国”字型，结构清晰、明确。在网页顶部显示网站标识和广告图片，左右两侧按照主次关系分别设计了相关的栏目，通常在教育类网站首页会体现很多的栏目和内容，突出重点又可展现丰富的内容是设计的特点。

风格特色

本实例内容丰富，主次分明，风格上突出强大的实用性和教育网站的严谨性。网页的颜色使用了蓝色为主色调，可以给用户带来安静舒适的感觉，更适合进行网络教学。

手机短信类网站——无线短信平台

网站页面展示

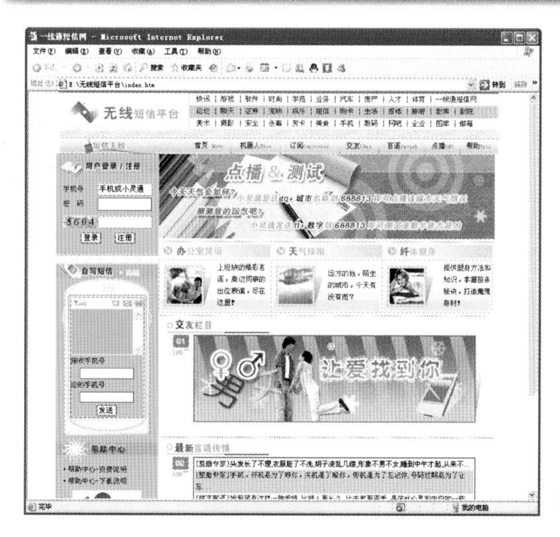

网站首页

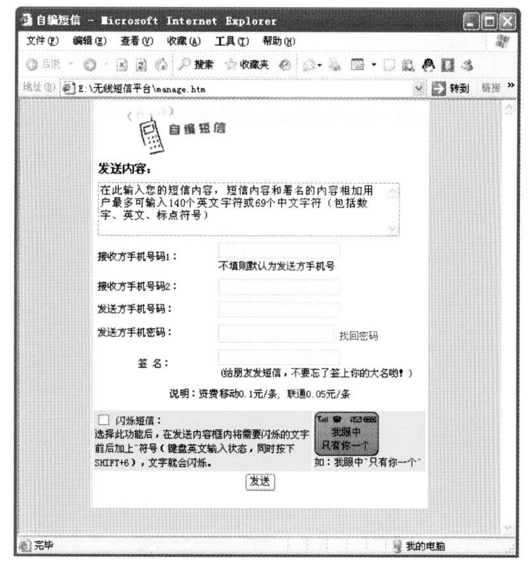

短信发送页面

技术要点

1. 网页布局设计
2. 创建CSS样式
3. 制作弹出式窗口
4. 表单的使用

本实例视频

视频文件:光盘>视频>06

视频时间:15分钟

配色

	#FFC201 R:255 G:194 B:1
	#A9CBED R:169 G:203 B:237
	#4FA83E R:79 G:168 B:62

布局

本实例布局实用性强，在顶部放置导航栏，左侧放置用户登录和自写短信的版块，使浏览者可以快速方便地使用短信发布功能。在网页右侧按照重要栏的先后顺序依次排列相关栏目。

风格特色

手机短信网站的页面内容比较多，要突出内容丰富、栏目全的特点，在制作时需考虑布局规划的合理性。网页使用了橙、蓝、绿色等比较纯的颜色作为主体色，可以更有效地区分不同栏目之间的关系，使网站整体风格展现活泼、亮丽的一面。

游戏类网站——游戏茶苑

技术要点

1.插入Flash文件及按钮

2.创建跳转菜单

3.网页两侧浮动广告的制作

本实例视频

视频文件:光盘>视频>07

视频时间:20分钟

网站页面展示

网站首页

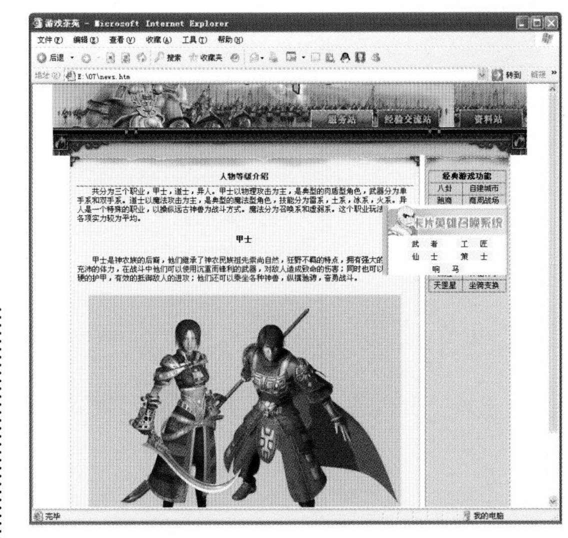

网站二级页面

配色

#3B3B3B
R:59
G:59
B:59

#DFB151
R:223
G:177
B:81

#F3E4C5
R:243
G:228
B:197

布局

网页主题布局按照由上至下的顺序依次排列，把主要的栏目版块放置在第一屏中，如：最新消息、系统公告、新手指南等，这样可以很好地突出网站主题，适应浏览者的需要和习惯。

风格特色

游戏网站的制作通常都会与游戏本身的特点和主题相呼应。本实例设计的游戏网站风格比较酷，以黑色并带有底纹的图案作为背景，非常有质感。整体色调为土黄色，因为这是一款古装游戏，使用土黄色可以很好地呼应主题且能够突出主体人物。

IT技术资源类网站——技术资源中坚站

网站页面展示

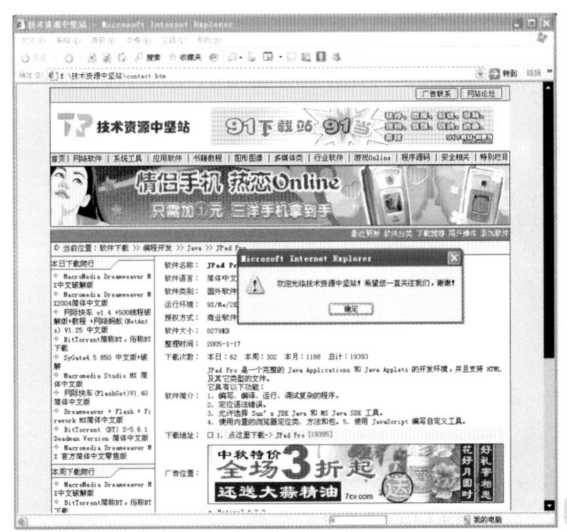

软件下载页面

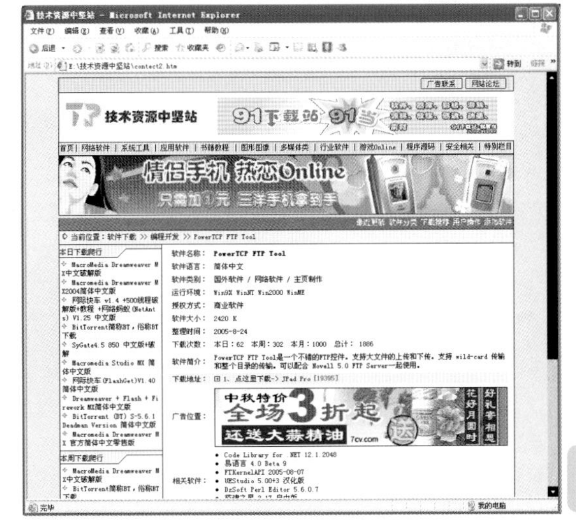

应用库项目制作的另一网页

技术要点

1. 制作弹出提示信息
2. 制作并应用库项目
3. 创建可拖动的AP元素
4. 检查表单
5. 设置文本

本实例视频

视频文件:光盘>视频>08

视频时间:20分钟

配色

#FFDB6C
R:255
G:219
B:108

#FFECAC
R:255
G:236
B:172

#6D6E71
R:109
G:110
B:113

布局

网页内容分类清晰，布局层次分明，以左右分布为主，左侧设置为相关的软件排列，右侧设计为下载软件的详细信息。网页内容丰富，具有此类网站的明显特征。在软件下载页面中，可以按照软件类型分栏，在内容页中可通过栏目导航进入不同栏目的网页。

风格特色

本实例以两种协调的桔黄色为主色调，配以灰白色表格，突出页面的整洁明朗。以归类的形式表现导航栏，中间是本次要下载的软件。每个软件都与其他软件关联，可提供相关软件的下载资源。

新闻类网站——全球资讯在线

网站页面展示

网站首页

网页详细内容

技术要点

1. 用行为功能制作下拉菜单
2. 制作网上调查
3. 网页自动刷新功能
4. 表单的使用与邮件形式提交

本实例视频

视频文件:光盘>视频>09

视频时间:20分钟

配色

#2A6FB0 R:42 G:111 B:176
#AED4FF R:174 G:212 B:255
#EAEAEA R:234 G:234 B:234

布局

该网站结构清晰，布局合理，首页上要体现的内容虽多却很有条理，看上去一目了然。网页的结构比较传统，借鉴了优秀新闻类网站由上至下进行布局排列的特点。在网页顶部放置功能性导航栏、搜索引擎等内容。下边依次摆放新闻版块，按照由主到次的顺序排列。

风格特色

网站设计风格使用了统一的蓝色系，使网站看上去沉稳，增加可信度。蓝色也会带给人安静的感受，可以让浏览者更长时间的在该网站停留，便于网站的宣传与使用。

音乐类网站——视听音乐网

网站页面展示

网站首页

二级在线试听栏目效果

技术要点

1.使用WebMenuShop软件制作下拉菜单

2.制作弹出窗口

3.实现在线试听功能

4.介绍脚本程序的应用

本实例视频

视频文件:光盘>视频>10

视频时间:25分钟

配色

	#7B8ABD R:123 G:138 B:189
	#ADB6C6 R:178 G:182 B:198
	#000000 R:0 G:0 B:0

布局

音乐类网站需要把音乐划分到不同的类别中，便于浏览者的查找，因此需要网页结构清晰，目的性强，以上特点本实例都可以很好地体现。网页布局按照由上至下的方式进行排列，根据栏目版块的主次进行分布，使结构清晰、主次分明。

风格特色

本实例的网站很好地整合了音乐的特点，以蓝紫色和黑色做为主色调，表现出音乐类网站时尚、现代的风格特色。

旅游休闲类网站——塞班岛旅游网

网站页面展示

网站首页

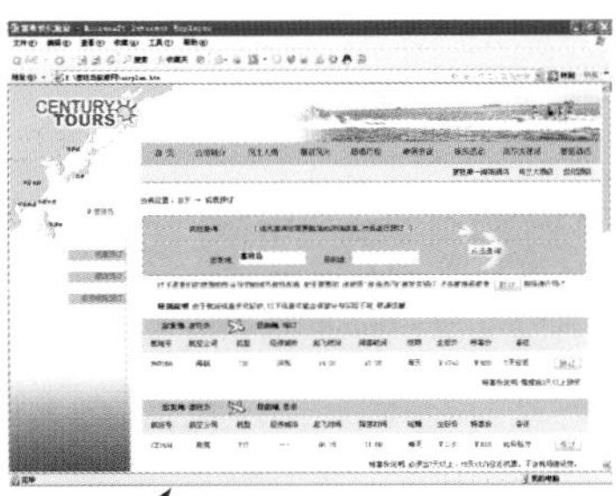

机票预定网页

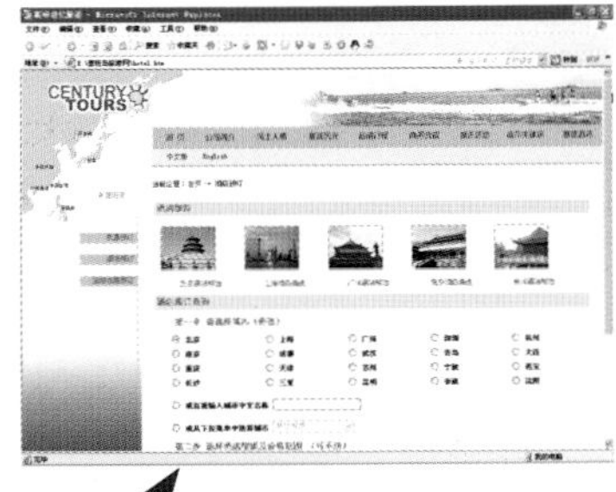

酒店预定网页

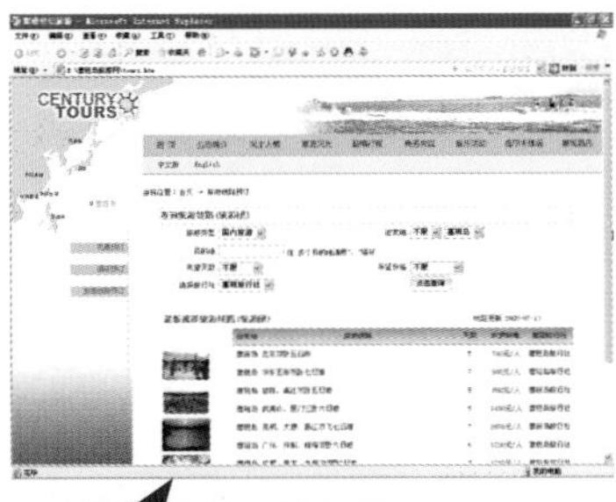

旅游线路预定网页

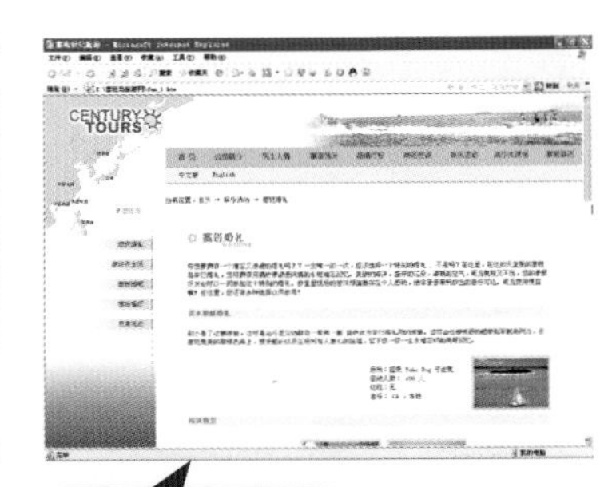

娱乐活动网页

技术要点

1.识别浏览器分辨率调用不同的网页

2.在网页中加入背景音乐

3.创建机票、酒店、旅游线路预订页面

本实例视频

视频文件:光盘>视频>11

视频时间:25分钟

配色

	#2E478E R:46 G:71 B:142
	#B6FF82 R:182 G:255 B:130
	#81B6FF R:129 G:182 B:255

布局

首页中间使用了Flash动画，展示了塞班岛的不同风情，独特的动画方式可以很快吸引浏览者的注意。景点宣传类的网站布局，以突出主题为特点，使用地图和大海的颜色作为网站的背景，然后制作成浮动在上面的图层效果，根据不同的栏目设置不同的版块。

风格特色

本网站是介绍旅游景点的宣传性网站，网站的风格需要新颖、亲切，符合塞班岛景点的特点，因此本网站选择了大海的蓝色作为背景，在岛屿的地图部分使用了绿色，来表示陆地，很好地呼应了主题。

BBS论坛类网站——快乐交友社区

网站页面展示

网站首页

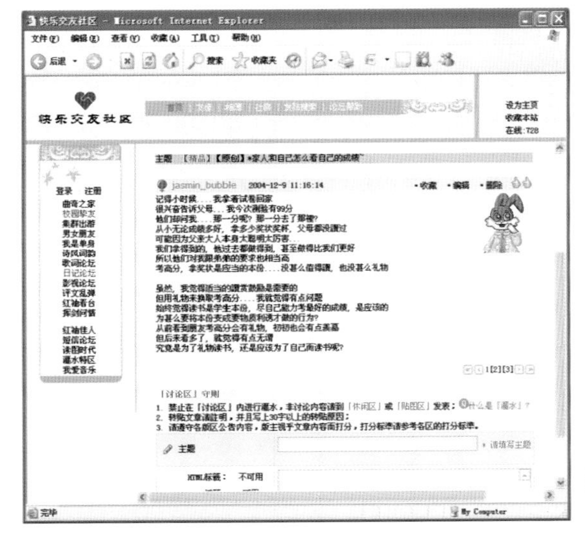

交友论坛具体内容

技术要点

1. 认识框架和框架集
2. 框架的基本操作
3. 利用Iframe打开外部网页文档

本实例视频

视频文件:光盘>视频>12

视频时间:20分钟

配色

	#B9BB6E R:185 G:187 B:110
	#E4EACF R:228 G:234 B:207
	#FFFFFF R:255 G:255 B:255

布局

论坛的布局使用了框架形式。顶部框架显示网站标识和主导航；论坛左侧为另一个框架，显示不同论坛频道的导航；右侧为第三个框架，显示论坛的详细内容，这种布局通用性很强。使用框架的形式使网站的结构始终保持不变，便于浏览者进入不同的栏目。

风格特色

论坛通常作为网站的子栏目出现，需遵循网站的整体风格，并根据自身特点稍加改动而成，达到统一又不失特色的目的。本实例使用了清新淡雅的橄榄绿与其他颜色进行了搭配，即古朴又亲切，带给浏览者健康、具有希望的感受，用在论坛中非常合适。

网上商城类网站——速购网

技术要点

1. 数据库建立
2. 添加数据和修改数据
3. 数据展示

本实例视频

视频文件:光盘>视频>13

视频时间:25分钟

网站页面展示

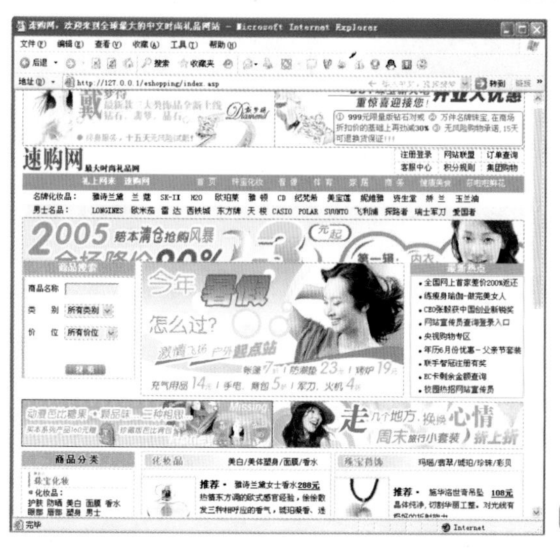

网站首页

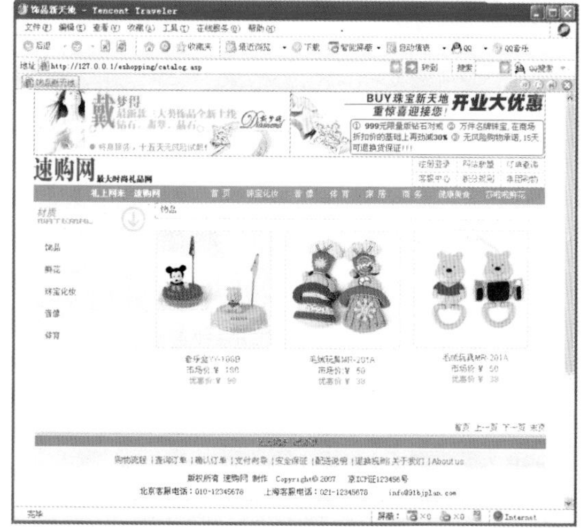

网站二级页面

配色

	#FF6600 R:255 G:102 B:0
	#F30000 R:243 G:0 B:0
	#DDDED6 R:255 G:241 B:87

布局

网站结构清晰，规划有条理，虽然内容丰富，但却不显繁乱，读者可以借鉴。网站首页按照由上至下的方式依次排列，然后把并列关系的栏目版块进行分列。二级网页则遵循了上、中、下的布局方式。

风格特色

此类大型购物网站为了吸引更多浏览者的目光，使用亮丽的橙色作为主色调，可以很好地刺激人们的购物欲望。整体色彩的搭配能够体现出喜庆、欢乐的气氛。网站的底色为白色，这样的对比使主题更加突出，给人一目了然的直观感受。

艺术设计类网站——SOHO设计工作室

技术要点

1. 用户注册系统
2. 留言页面表单设计
3. 管理留言

本实例视频  

视频文件:光盘>视频>14

视频时间:35分钟

网站页面展示 

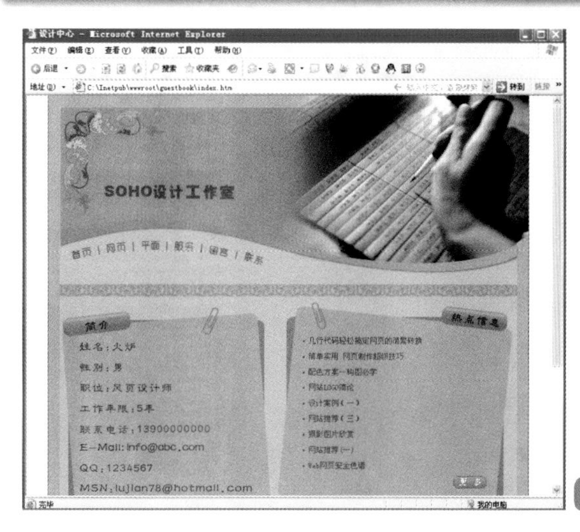

网站首页

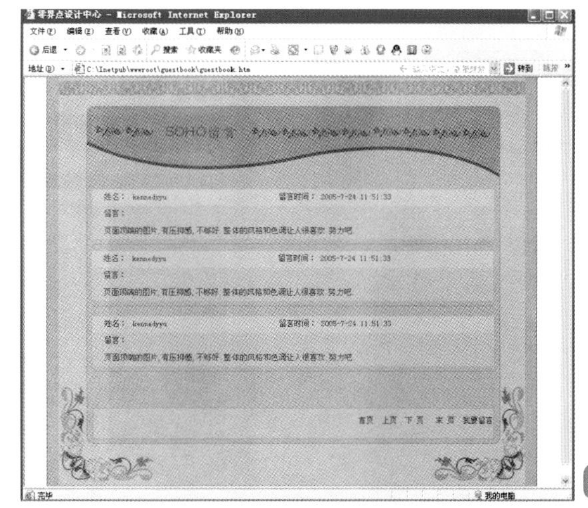

留言板页面

配色

	#94834E R:148 G:131 B:78
	#A99F7C R:169 G:159 B:124
	#C3BA9B R:195 G:186 B:155

布局

网页结构布局比较简单，分为上下两部分，使用列表的形式清晰地规划了留言部分，体现了传统留言板的样式特点，读者在以后设计留言板的时候可以借鉴。

风格特色

本实例使用了一系列的褐色作为网页的主色调，褐色是朴实、中立的色彩，在网页中使用显得沉稳而不张扬，足以表现设计者个性化的一面。SOHO工作室属于个人网站，不同的颜色更可以体现设计者想要表达的稳重思想，并给人留下深刻的印象。

综合门户类网站——华夏网

技术要点

1.使用Photoshop制作图像

2.使用Flash制作广告动画

3.模板的创建、应用和更新

4.使用FTP软件上传网页

本实例视频  

视频文件:光盘>视频>15

视频时间:40分钟

网站页面展示 

网站首页

网站内容页

配色

	#FF4F03 R:255 G:79 B:3
	#FF822F R:255 G:130 B:47
	#424242 R:66 G:66 B:66

布局

门户网站都是综合性的，以内容的全面丰富著称，因此结合网站的特点把众多的内容和结构很好地统一非常重要。本实例在网页顶部放置若干栏目分类、用户登录入口等内容，可以让浏览者方便进入需要的栏目，下面根据栏目的特点和主次，按照从上到下的顺序依次进行排列，条理有序、主次分明。

风格特色

本实例使用了与Logo相呼应的橙色系做为主色调，橙色使人快乐，渲染了热情、积极的气氛，起到吸引浏览者眼球的作用。

Dreamweaver CS3 全新网站大制作

鲍嘉 卢坚/编著

中国青年出版社
中国青年电子出版社
http://www.21books.com http://www.cgchina.com

律师声明

图书在版编目（CIP）数据

Dreamweaver CS3全新网站大制作／鲍嘉，卢坚编著. 北京：中国青年出版社，2008

ISBN 978-7-5006-7841-0

I. D··· II. ①鲍··· ②卢··· III. 主页制作－图形软件， Dreamweaver CS3 IV. TP393.092

中国版本图书馆CIP数据核字（2008）第011251号

Dreamweaver CS3 全新网站大制作

鲍嘉 卢坚 编著

出版发行：中国青年出版社

地　　址：北京市东四十二条21号

邮政编码：100708

电　　话：(010) 84015588

传　　真：(010) 64053266

企　　划：中青雄狮数码传媒科技有限公司

责任编辑：肖 辉　韩瑕珺　张丽群

封面设计：刘洪涛

印　　刷：中国农业出版社印刷厂

开　　本：787×1092　1/16

印　　张：32

版　　次：2008年5月北京第1版

印　　次：2008年5月第1次印刷

书　　号：ISBN 978-7-5006-7841-0

定　　价：49.90元（附赠1CD）

本书如有印装质量等问题，请与本社联系　电话：(010) 84015588

读者来信：reader@21books.com

如有其他问题请访问我们的网站：www.21books.com

前言

早期的 Dreamweaver 是由美国 Macromedia 公司推出的一套专业可视化网页开发工具。Adobe 收购 Macromedia 后，可以说是强强联手，最新的 CS3 版软件在兼容与整合性等方面更有了显著的优势，软件实用性进一步提升，结构和设计理念更加人性化。上述改善更坚定了 Dreamweaver CS3 在网页制作方面的霸主地位。

本书特点

本书按照流行网站类型，精选了极具代表性的 13 个实例，讲解 Dreamweaver CS3 在网页设计中的全新功能，本书的主要特点表现在以下几个方面。

- **实例内容全面**：每个实例都有各类网站行业背景介绍、宣传卖点分析、实例完整制作过程、方便浏览的建站注意事项等规范制作过程。
- **知识要点再现**：在每个实例的最后为读者提炼了各类网站制作过程中涉及到的技术要点和注意事项，读者只要结合操作步骤和“知识要点再现”，即可掌握一类网站的制作要点，可谓一项“贴心”服务。
- **实例视频讲解**：录制本书所有实例视频讲解内容，展示每一个步骤的制作细节。
- **海量素材配送**：光盘中配送 PSD、JPG、GIF、FLA 等近 2000 种图形、图像、Logo、按钮等素材。

主要内容

本书共 15 章，由浅入深地讲解 Dreamweaver CS3 网站建设内容。

第 1~2 章是 Dreamweaver CS3 基础知识部分，介绍了 Dreamweaver CS3 的特点与新增功能、创建站点、创建及保存网页、应用表格布局、网页基本元素文本、图像、层、表单的应用，以及网页高级功能 CSS 样式表、行为、模板和框架、Spry 的功能等应用。

第 3~15 章的实例部分讲解了 13 类网站的制作方法，包括房地产、博客、网络教学、手机短信、游戏、IT 技术资源、新闻、音乐、旅游休闲、网上商城、艺术设计和综合门户类网站。

光盘配送

为了读者能够更好地学习本书的实际操作部分，在光盘中配送了近 4 小时的多媒体视频，读者可以跟着视频教学进行学习。在网页设计中经常会遇到使用各种素材的时候，为了方便读者的使用，本书光盘中配送了近 2000 个实用素材，包括以下内容。

- 100 个实用 Flash 源文件
- 150 个网页 PSD 模板

- 650 个优秀网站欣赏
- 1000 幅网页 Logo 欣赏

以上素材中包含 PSD、JPG、GIF、FLA 格式的文件，能够满足读者在图片编辑、动画应用、图形和 Logo 处理中的使用需求。为了扩展用户的设计思路，还特别提供了 650 个优秀网站，可供参考或欣赏。

本书既适用于初学网页制作的入门读者，同样也适用于已涉及网页设计领域而有待提高的网页制作人员，并可以为网站开发人员提供网页制作流程性参考。

本书力求严谨，但由于时间仓促，书中难免有疏漏与不足之处，诚请广大读者提出宝贵意见，以期改正。感谢您选择本书。

作 者

2008 年 3 月

目 录

第 01 章 Dreamweaver CS3 快速入门

第 02 章 Dreamweaver CS3 基本功能

目录

目录

第 01 章 Dreamweaver CS3 快速入门

本章导读

Adobe 合并了 Macromedia，标志着以互联网为平台的新技术正在迎来新的热潮。Adobe Dreamweaver CS3 是 2007 年 3 月推出的最新版本，同年 7 月，期盼已久的中文版也随后正式发布。Dreamweaver 一直以它的专业性和便捷性为广大网页制作者所热衷，加入 Adobe 大家庭的 Dreamweaver 增加了更多新功能，除了秉承一贯以来对于站点和网页灵活布局以及网页应用程序和编码的开发完美结合，还增加了适合于 Ajax 的 Spry 框架，以可视方式设计、开发和部署动态用户界面，同时对于 CSS 和行为也增加了很多新功能，现在可以直接从 Adobe Photoshop CS3 或 Fireworks CS3 中已有的素材资源直接复制和粘贴到 Dreamweaver CS3 中。总之，Adobe Dreamweaver CS3 为使用者带来了很多惊喜。

本章将介绍 Adobe Dreamweaver CS3 的新建功能和如何制作一个简单的网页，使读者能够快速了解 Dreamweaver CS3。

学习要点

① Dreamweaver CS3 简介和基本工作环境

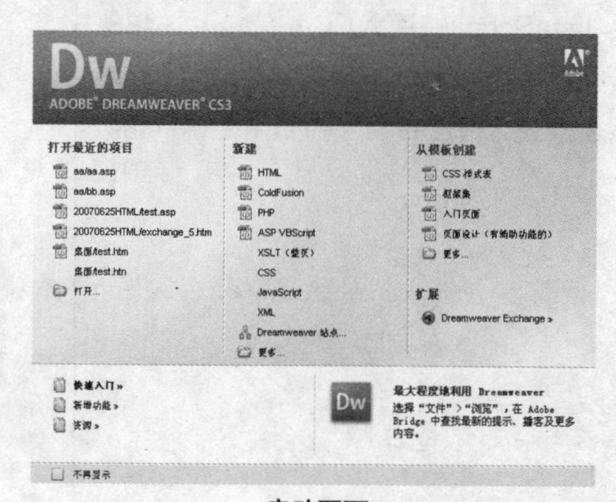

启动页面

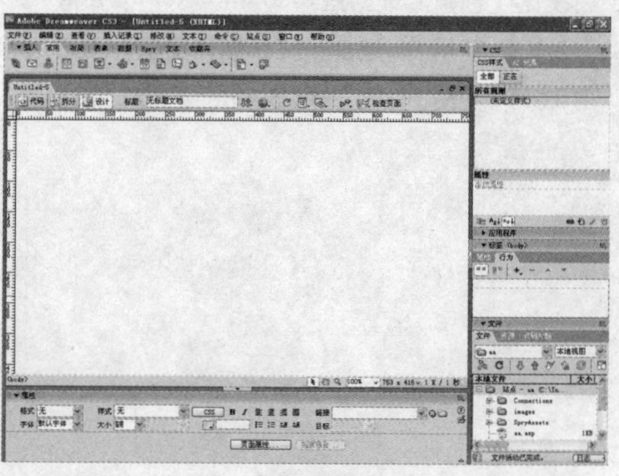

空白网页

② Dreamweaver CS3 的新功能

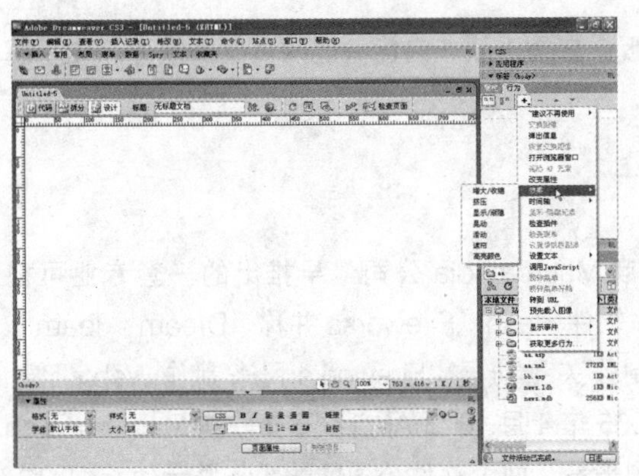

行为效果

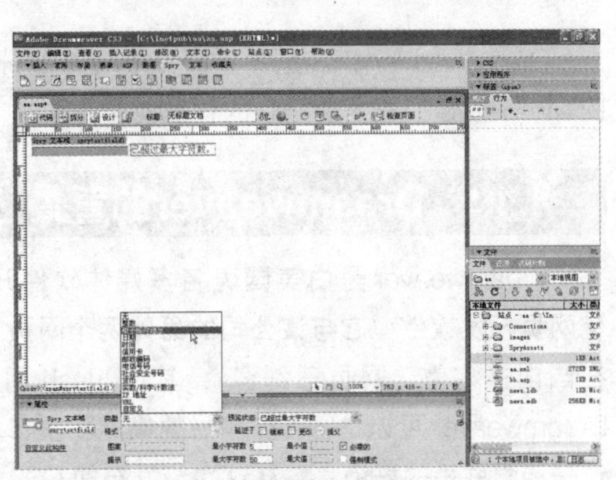

Spry 检验文本框

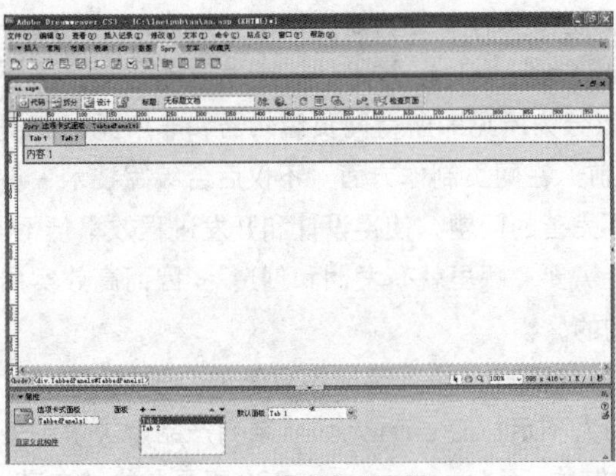

Spry 选项卡式面板

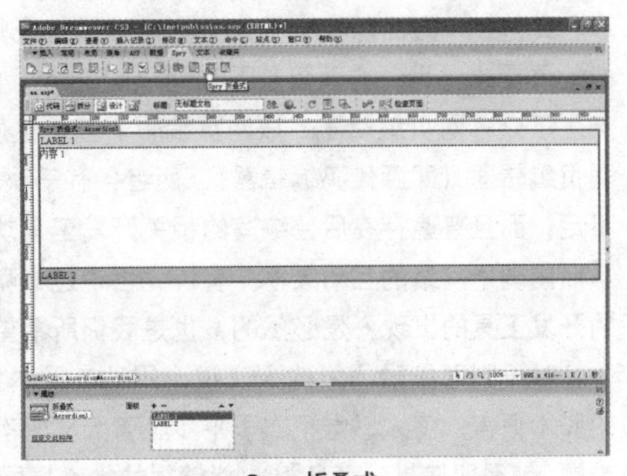

Spry 折叠式

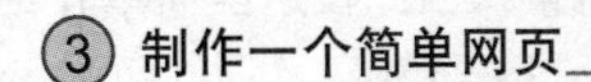

③ 制作一个简单网页

制作一个网页

1.1 Dreamweaver CS3简介

Dreamweaver CS3 是 Dreamweaver 8 的升级版，它是一款非常优秀的网页设计软件。要了解 Dreamweaver，先需要从它的背景谈起。

1.1.1 Dreamweaver的背景

Dreamweaver 是由美国著名多媒体软件开发商 Macromedia 公司最早推出的一套专业可视化网页开发软件，它与该公司的另外两个网页制作软件 Flash、Fireworks 并称“Dream - Team”，在国内被称为“网页三剑客”，其中 Flash 用来制作矢量动画，Fireworks 用来制作 Web 图像，Dreamweaver 可以进行各类素材的集成和发布。2005 年 4 月 18 日 Adobe 宣布收购 Macromedia，这是强强联手的好消息。从这次新发布的 CS3 系列来看，两大软件公司的兼容与整合使它们的主导地位更加明显。

目前，一方面随着电子商务高速发展，极其需要制作具有交互功能的网站，以满足电子商务的发展要求；另一方面随着互联网（Internet）的家喻户晓，HTML 技术的不断发展和完善，随之产生了众多网页编辑器。按网页编辑器基本性质可以分为所见即所得网页编辑器和非所见即所得网页编辑器（即源代码编辑器），两者各有千秋。目前，在网页制作方面，不仅后台编写技术人员不足，而且普遍存在后台编写的相关开发工具功能不完善的问题，使得设计和开发进程效率低下，从而削弱了网络的互动频率。有位先哲说过“哪里有需要，哪里就有发明和创造”，因而高效实用的开发工具的出现，是必然的，也是我们所希望看到的。

对于刚刚接触网络的人来说，用动态脚本编写后台语言，是可望而不可及的。那些“深奥”的脚本语言，使人感觉不次于平步上青天，心有余而力不足！Dreamweaver 系列产品解决了许多难题，使得即使是“菜鸟”，也能够很快地掌握网页的制作，而 Dreamweaver CS3 更是其中的典范。

在学习一种软件之前，应先深入了解该软件的应用范围及市场前景，因此在这里简单介绍一下 Dreamweaver。

Dreamweaver CS3 在设计、编码、开发三个方面增加了对制作动态 Web 页的支持。即使不懂 HTML 语言，依然可以通过 Dreamweaver CS3 提供的被比喻为“所见即所得”的亲切编辑界面来编写静态网页，也可以编写基于 ASP、JSP、CFML 甚至 PHP 服务器技术的动态网站系统。使用 Dreamweaver CS3，不需要掌握复杂的源代码语言，它作为 Macromedia Dreamweaver 完整操作平台的一个组成部分，起着融合一个大型网络开发团队中设计人员和程序人员的工作内容的桥梁作用，也就是说利用 Dreamweaver CS3，几乎能够完成网站所有的制作工作。

1.1.2 Dreamweaver CS3的特点

Dreamweaver 之所以能成为专业网站设计人员的首选工具，主要是因为它相对于其他可视化网页编辑软件有着自己突出的优势。下面将介绍 Dreamweaver CS3 的主要特点，帮助读者进入全新的 Dreamweaver 世界。

- 最佳的制作效率

Dreamweaver 可以用最快速的方式将 Fireworks、Flash 和 Photoshop 生成的文件移至网页上。使用颜色吸管工具选择屏幕上的颜色，可设定最接近的网页安全色。对于菜单、快捷键和格式的控制，都只要一个简单步骤便可完成。Dreamweaver 能与用户喜爱的设计工具，如 Flash、Shockwave 和外挂模块等搭配，并且不需退出 Dreamweaver 便可完成设计制作，整体运用流程自然顺畅。除此之外，只要选中图片后单击相应按钮便可使 Dreamweaver 自动打开 Fireworks 或 Photoshop 软件对该图片进行编辑和设定。

● 网站管理

使用网站地图可以快速制作网站雏形，设计、更新和重组网页。改变网页位置或文件名称后，Dreamweaver 会自动更新所有链接。支持文字、HTML 代码、HTML 属性标签和一般语法的搜索及替换功能使得复杂的网站更新变得迅速又简单。

● 无可比拟的控制能力

Dreamweaver 是惟一提供 Roundtrip HTML、可视化编辑与代码编辑同步的设计软件。它包含 HomeSite 和 BBEdit 等主流文字编辑器。帧（Frame）和表格的制作速度之快令人难以置信。增强的表格编辑功能不仅可以选择简单的单元格、行和列，甚至可以排序或格式化表格群组。Dreamweaver 支持精确定位，可轻易转换成表格的图层以拖拉置放的方式进行版面配置。

● 所见即所得

Dreamweaver 成功整合了出版视觉编辑及电子商务功能，提供超强的支持能力给 Third- party 厂商，包含 ASP、Apache、BroadVision、Cold Fusion、iCAT、Tango 与自行开发的应用软件。当使用 Dreamweaver 设计动态网页时，所见即所得的功能可以通过浏览器就能预览网页。

● 梦幻样板和 XML

Dreamweaver 将内容与设计分开，应用于快速更新网页和团队合作编辑网页。建立网页外观的样板指定可编辑或不可编辑的部分，内容提供者可直接编辑以样式为主的内容而不会不小心改变既定样式，也可以使用样板正确地导入或输出 XML 内容。

● 全方位的呈现

利用 Dreamweaver 设计的网页，可以全方位地呈现在任何平台的热门浏览器上。对于 Cascading Style Sheets（CSS）的动态 HTML 支持和鼠标换图效果，使声音和动画的 DHTML 效果数据库可在 Netscape 和 Microsoft 浏览器上执行。使用不同浏览器检测功能，Dreamweaver 将会提示在不同浏览器上执行的成效如何。当有新的浏览器上市时，只要从 Dreamweaver 的网站下载它的说明文档，便可得知详尽的成效报告。

1.1.3 Dreamweaver CS3的新功能

作为刚刚发布的 Adobe Design CS3 开发套件的一个组成部分，Dreamweaver CS3 增加了许多激动人心的新功能。Dreamweaver 8 的 CSS 设计工具对于那些没有任何编程经验、设计背景的用户而言仍然遥不可及而 Dreamweaver CS3 则解决了这些问题，对于没有太多编程经验的人来说，上手起来也比较容易。

下面先来介绍 Dreamweaver CS3 中的新功能。

● 适合于 Ajax 的 Spry 框架

使用适合于 Ajax 的 Spry 框架，以可视方式设计、开发和部署动态用户界面。在减少页面刷新次数的同时，增加交互性、速度和可用性。

在如今 Web 2.0 盛行、Ajax 流行的时代背景下，Adobe 公司将轻量级 Ajax 框架 Spry 集成到 Dreamweaver CS3，无疑是最令人兴奋的。排除与用户交互有关的 Spry XML 数据交互和 Spry 相关窗口组件不谈，最先让用户惊叹的就是 Spry 所带来的 Ajax 视觉效果了。在 Dreamweaver CS3 中单击相关按钮就可以轻松地向页面元素添加视觉过渡，以使它们实现扩大选取、收缩、渐隐、高光等效果，例如在网页中插入层后，打开行为面板，单击“添加行为”按钮，在弹出的菜单中选择“效果”命令，在打开的级联菜单中有若干效果可以选择，如图 1-1 所示。

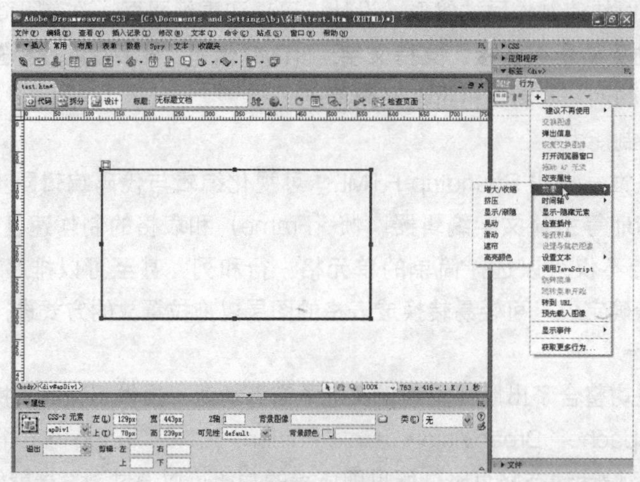

图 1-1　行为效果

借助来自适合于 Ajax 的 Spry 框架的窗口组件，轻松地将常见界面组件（如列表、表格、选项卡、表单验证和可重复区域）添加到 Web 页中。这些操作，对于有经验的用户来说并不陌生，只不过之前显示的是弹出警告框，而现在是紧随表单元素之后的即时显示的文字信息，如图 1-2 所示。因此可以说，这就是 Web 2.0 在表现形式上质的飞跃。

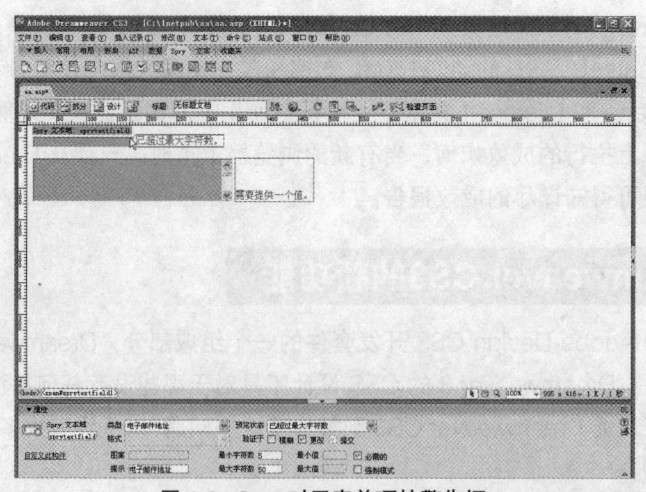

图 1-2　Spry 对于表单项的警告框

Ajax 最核心的技术就是数据处理的能力，它还能进行远程异步处理，这主要集中在对 XML 数据的数据交互上。

● 基于 Spry 的菜单

在 Spry 插入栏中还有几个按钮，分别为：Spry 菜单栏、Spry 选项卡式面板、Spry 折叠式、Spry 可折叠面板。

使用“Spry 菜单栏”按钮可以创建横向或纵向的网页下拉或弹出菜单，Spry 框架集成的 SpryMenuBar.js 脚本文件使用户无需编写菜单弹出代码，同时，菜单栏目均采用基于 Web 标准的 HTML 结构形式，编辑方便，效果如图 1-3 所示。

对于 Windows 操作系统用户来说，选项卡功能并不陌生，但要在网页中实现该功能却不是很轻松，现在借助“Spry 选项卡式面板”可以很快完成，并且在 Dreamweaver CS3 中可以直接选择各个主选项卡内的内容进行编辑，如图 1-4 所示。

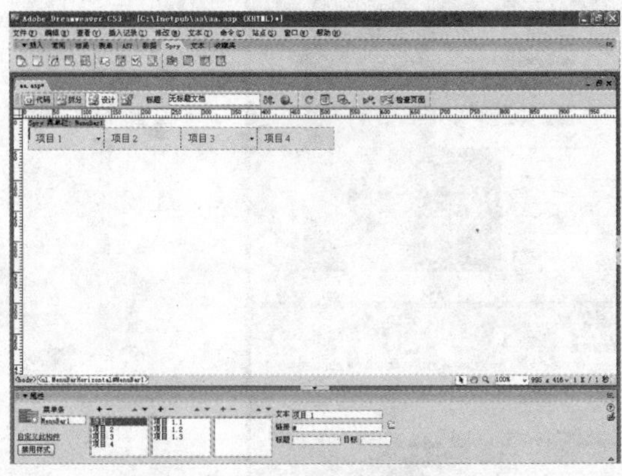

图 1-3　Spry 菜单栏

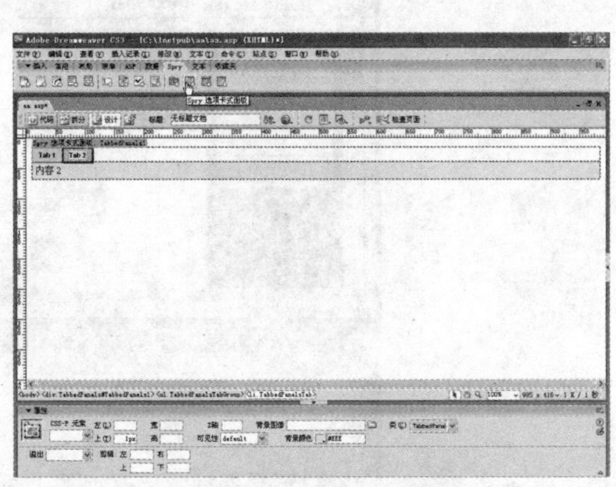

图 1-4　Spry 选项卡式面板

大家应该都使用过 QQ 聊天软件，当选择“QQ 好友”、“QQ 群”或“最近联系人”时，单击该名称就可上下自由切换所选择的内容而整个窗口却不会发生变化。同样，在网页应用中，我们也为这样的菜单样式而绞尽脑汁，现在，使用“Spry 折叠式”就可轻松搞定，如图 1-5 所示。

当大家在设计一个 FAQ 的页面时，总希望让浏览者尽可能多地看到许多“问题”的题目。当某个“问题”正适合该用户时，可单击该“问题”，一个隐藏的“答案”出现了。遇到这个问题，操作过的人都清楚，“问题”越多，所做的重复工作也越多，而“Spry 可折叠面板”的功能可以让制作变简单，如图 1-6 所示。

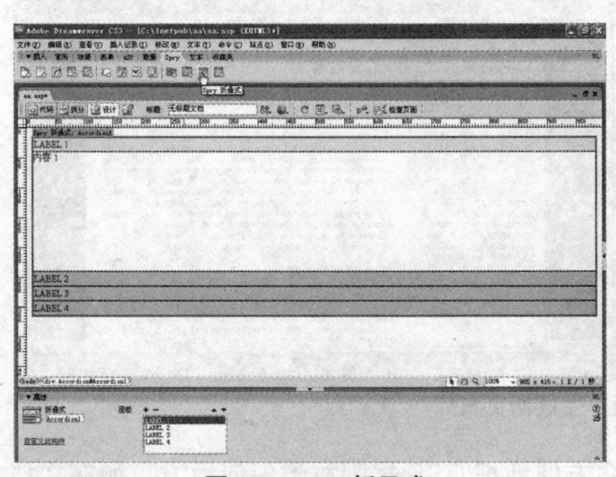

图 1-5　Spry 折叠式

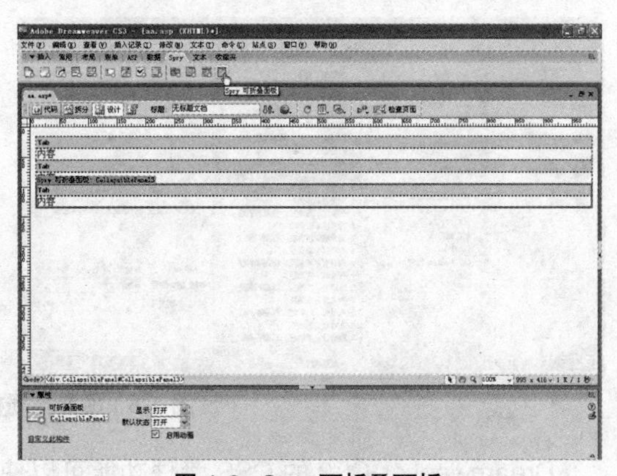

图 1-6　Spry 可折叠面板

● 检查浏览器兼容性

Dreamweaver CS3 的检查浏览器兼容性功能可帮助用户方便地识别不同浏览器之间的区别，这样就可以创建出兼容各种浏览器的优美网页。检查浏览器兼容性功能将为页面提供一个结果报告，指出页面在浏览器兼容性方面存在的问题，如图 1-7 所示。同时，还会链接到 Adobe CSS 建议网站中针对该问题的解决方案页面。在代码视图中，具体问题将会用绿色的下划线标示，这样用户就可以知道问题的精确位置。

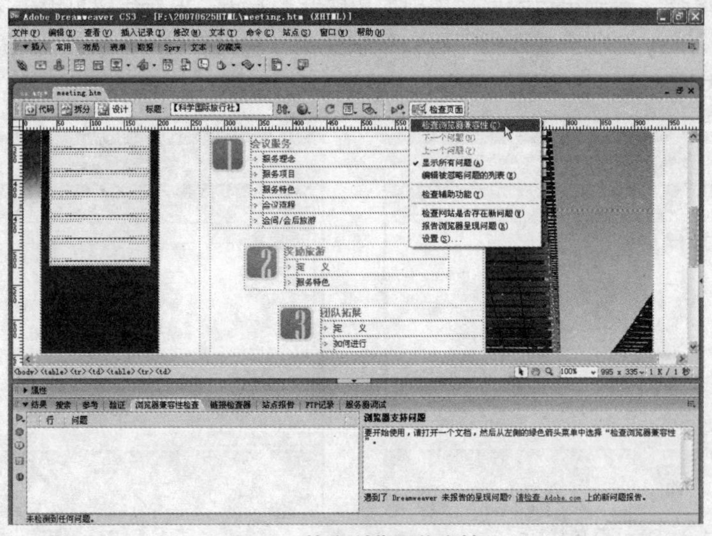

图 1-7 检查浏览器兼容性

● CSS 管理功能的改进

CSS 布局可以帮助用户快速起步，在进行页面布局设计的同时学习 CSS。Dreamweaver CS3 提供全面的预置布局模板，包括单列、双列或三列的布局设计，如图 1-8 所示。代码的行内扩展帮助可以对布局进行说明，从而帮助用户扩展 CSS 的知识。选择一个预置的 CSS 布局以后，用户还可以对它进行修改以满足自己的需要。

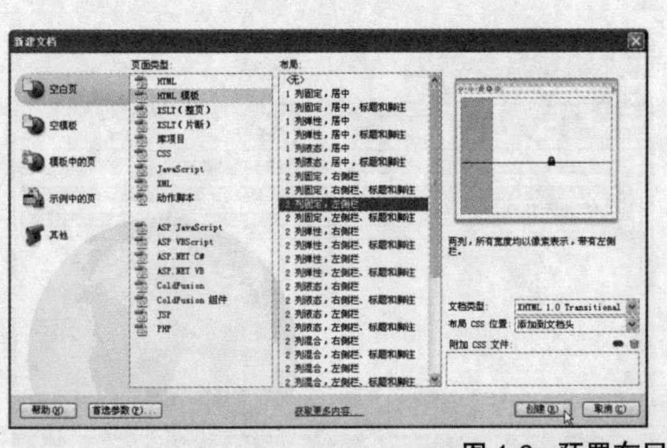

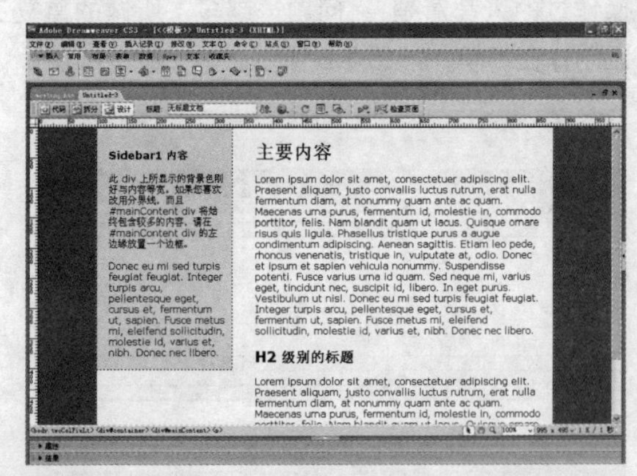

图 1-8 预置布局模板，生成网页布局

Dreamweaver CS3 的 CSS 管理功能可以使用户方便地把 CSS 规则放到任何地方，如在文档之间移动 CSS 规则，从文档头移动到外部 CSS 样式表文件等。也可以将内联式的 CSS 转换为

CSS 规则，并把它们放到需要的地方，这一切都仅通过拖放操作就可以轻松实现，如图 1-9 所示。

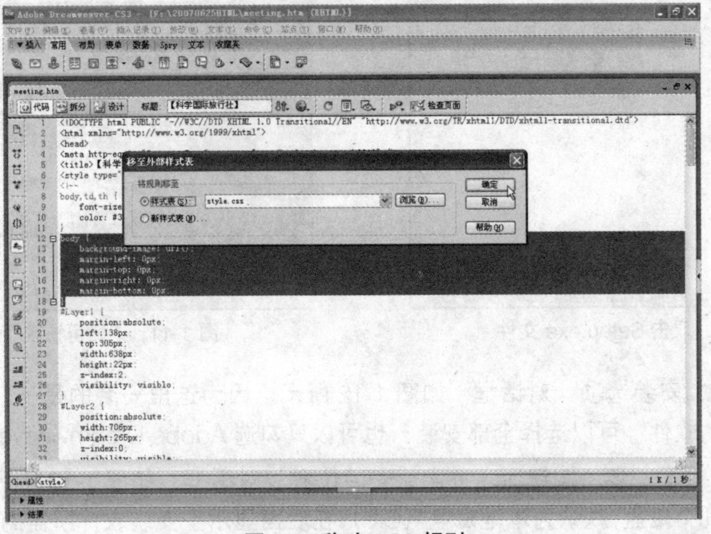

图 1-9 移动 CSS 规则

Adobe Bridge CS3 通过元数据标签和搜索，为访问管理文件、应用程序和设置提供了中央控制功能。它也为访问 Adobe Stock 服务提供了支持。Adobe Bridge 提供了更有效的创意工作流程，一切资源都在用户指尖，使他们对移动项目尽在自主掌握之中。

除了上述新功能之外，Dreamweaver CS3 还改进了其他一些小功能，在此不再一一列举，让我们一起在使用的过程中再慢慢体会吧。

1.1.4 软件的安装要求和方法

Dreamweaver CS3 的安装对于电脑有比较高的要求，主要要求如下。

- CPU：Intel Pentium 4、Intel Centrino、Intel Xeon 或 Intel Core ™ Duo（或兼容）处理器 。
- 操作系统：Microsoft Windows XP（带有 Service Pack 2）或 Windows Vista Home Premium、Business、Ultimate 或 Enterprise （已为 32 位版本进行验证）。
- 内存：512MB 内存 。
- 硬盘：1GB 的可用硬盘空间 (在安装过程中需要的其他可用空间) 。
- 分辨率：1024x768 分辨率的显示器 (带有 16 位视频卡) 。
- 光驱：DVD-ROM 驱动器 。
- 多媒体：需要 QuickTime 7 软件 。
- 需要 Internet 或电话连接进行产品激活。
- 需要宽带 Internet 连接，以使用 Adobe Stock Photos 和其他服务。

下面开始介绍 Dreamweaver CS3 的详细安装方法。

步骤 01 在光驱中插入安装盘后，双击 Setup.exe 文件，如图 1-10 所示。

步骤 02 弹出"许可协议"对话框，如图 1-11 所示。必须接受《最终用户许可协议》才能继续安装，单击 "接受" 按钮。

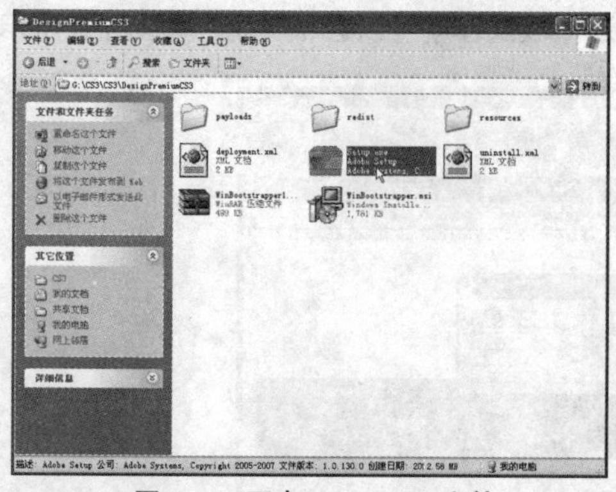

图 1-10　双击 Setup.exe 文件

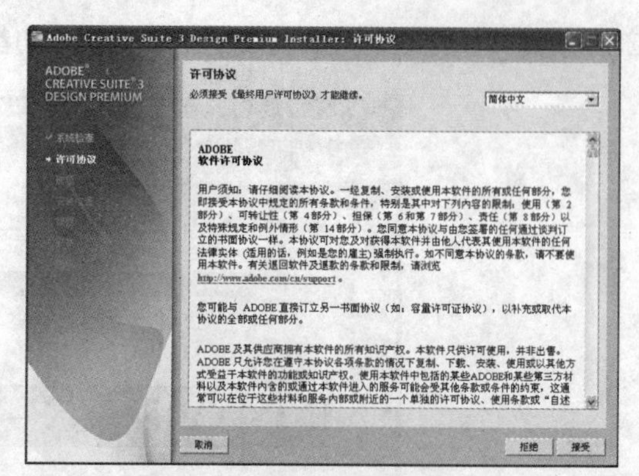

图 1-11　“许可协议”对话框

步骤 03 进入“安装选项”对话框，如图 1-12 所示。因为这里安装的是一个套装软件，所以里面有一些其他的软件，可以选择全部安装，也可以只勾选 Adobe Dreamweaver CS3。

步骤 04 单击“下一步”按钮后，进入“安装位置”对话框，如图 1-13 所示。在对话框中显示了可以安装的几个磁盘，默认为本地磁盘（C：），在后面显示了安装软件所需的空间和可用空间。

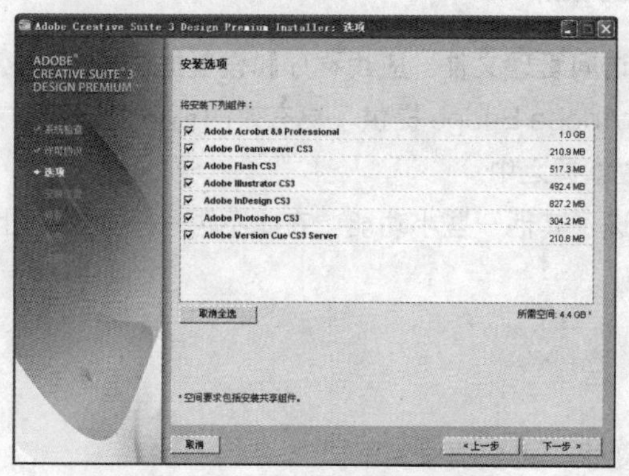

图 1-12　“安装选项”对话框

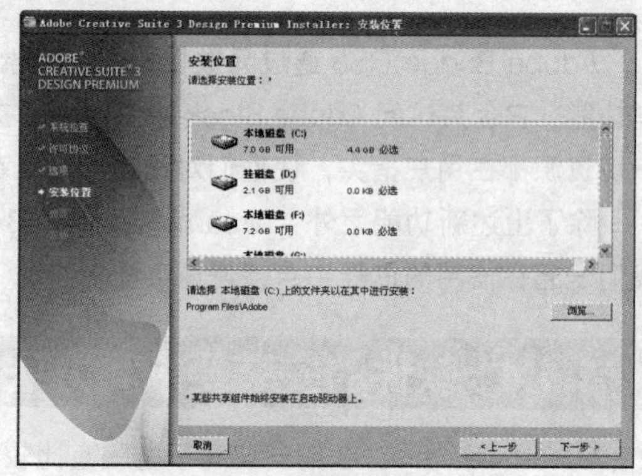

图 1-13　“安装位置”对话框

步骤 05 单击“下一步”按钮，进入“安装摘要”对话框，如图 1-14 所示。其中显示了安装的位置、应用程序语言、安装的软件以及安装驱动器等信息。

步骤 06 单击“安装”按钮，开始安装软件，同时显示安装进度条，如图 1-15 所示。安装的过程可能会很慢，需要耐心等待。

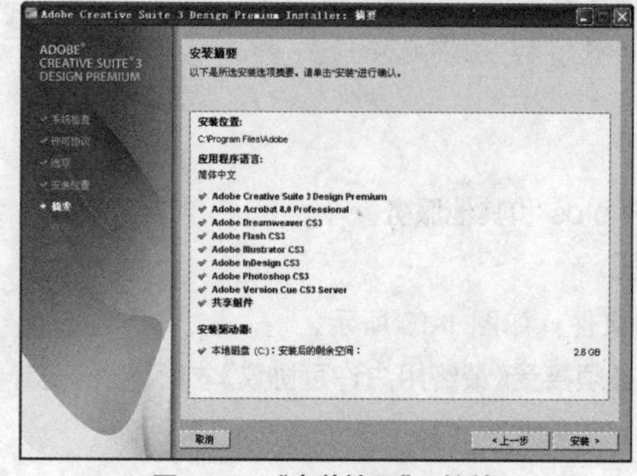

图 1-14　“安装摘要”对话框

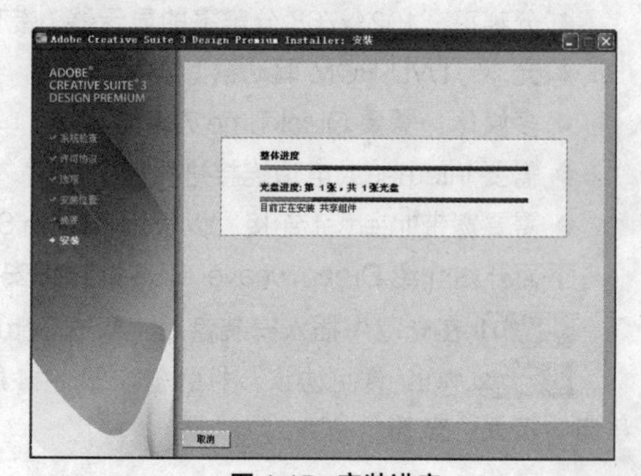

图 1-15　安装进度

步骤 07 当软件安装完成后会自动显示“安装完成”界面，表示已经安装完成的所有程序，如图 1-16 所示。安装完成后需要重新启动电脑，单击“完成并重新启动”按钮，重新启动电脑后就可以运行 Dreamweaver CS3 了。

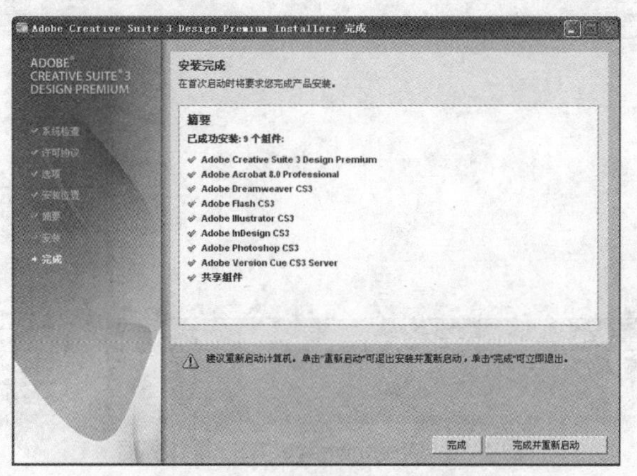

图 1-16 “安装完成”对话框

1.2 Dreamweaver CS3基本工作环境

在众多网页制作工具中，Dreamweaver 是备受专业 Web 开发人士推崇的软件，Dreamweaver CS3 更是新增了许多强大的功能，当然，也使那些精通 Web 页面设计的专业人士极大地提高了工作效率。

如图 1-17 所示就是 Dreamweaver CS3 的启动画面。新版本中完善了网页设计功能，使其设计理念更为人性化。下面就来介绍全新的 Dreamweaver CS3 的工作环境。

图 1-17 Dreamweaver CS3 的启动画面

1.2.1 界面布局

Dreamweaver CS3 提供众多功能强劲的可视化设计工具、应用开发环境以及代码编辑支持，使开发人员和设计师能够快捷地创建代码规范的应用程序，集成程度非常高，并且开发环境精简而高效，开发人员运用 Dreamweaver 能够与其他服务器构建功能强大的网络应用程序。如图 1-18 所示就是 Dreamweaver CS3 新颖的操作界面。

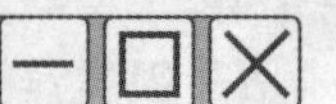

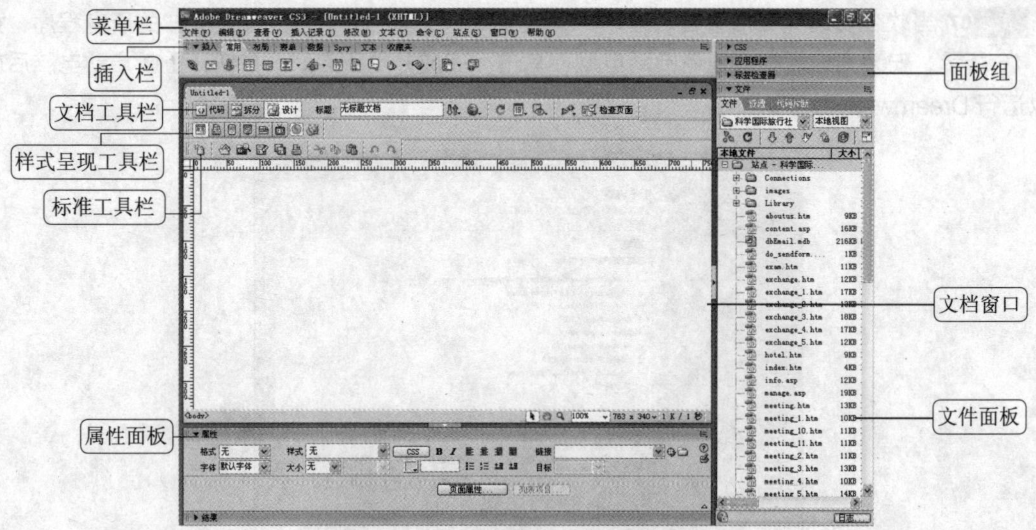

图 1-18　Dreamweaver CS3 操作界面

● 菜单栏

包含 10 个主菜单，几乎涵盖了 Dreamweaver CS3 中的所有功能，通过菜单可以对文档进行任意操作和控制。菜单栏按其功能的不同进行了相应的划分，使用户使用起来非常方便。熟悉掌握菜单栏的使用也是学好软件的关键之一。

● 插入栏

包含了用于将各种类型的“对象”（如图像、表格和层）插入到文档中的按钮。每个对象都是一段 HTML 代码，允许在插入它时设置不同的属性。例如，通过单击“插入”栏中的“表格”按钮插入一个表格。当然，也可以不使用“插入”栏而使用“插入记录”菜单来插入对象。

● 文档工具栏

包含按钮和弹出式菜单，提供各种文档窗口视图（如“设计”视图和“代码”视图）、查看选项和一些常用操作（如在浏览器中预览）。

● 样式呈现工具栏

利用新的 CSS 媒体类型支持，可按照与用户所看到内容相同的方式查看内容，而不用考虑传送机制如何。使用“样式呈现”工具栏时可先切换到“设计”视图，以查看设计内容在印刷品、手持设备或屏幕上的显示方式，不需要时可将其隐藏，以增加页面显示空间。

● 标准工具栏

包含文件基本操作工具，如新建、保存、打开、剪切、复制等按钮，不需要时可将其隐藏，以增加页面显示空间。

● 文档窗口

显示当前创建和编辑的文档，在网页中的操作都会在文档窗口中有所体现。

● 属性面板

用于查看和更改所选对象或文本的各种属性。每种对象都具有不同的属性，选中不同对象时会显示相应的属性面板。

● 面板组

是分组在某个标题下面的相关面板的集合。若要展开一个面板组，只要单击组名称左侧的展开按钮即可；若要把一个面板显示在面板组区域，需移动鼠标指针到该组标题栏左侧，当鼠标指针变成双箭头时，拖动该面板到面板组区域再释放鼠标左键即可。

● 文件面板

用来管理文件和文件夹，它们可以是 Dreamweaver 站点的一部分还可以在远程服务器上。通过"文件"面板还可以访问本地磁盘上的全部文件，类似于 Windows 资源管理器。

Dreamweaver 提供了多种此处未说明的其他面板、检查器和窗口，例如"CSS 样式"面板和"标签检查器"等。

网页开发者要想熟练应用 Dreamweaver 设计网页，必须深入了解它的操作环境。这些面板都有各自的功能，也都可以根据需要随时打开或关闭，这样就不会占用屏幕空间。若要打开 Dreamweaver 面板、检查器和窗口时，可使用"窗口"菜单。

● 代码视图与设计视图之间的切换

Dreamweaver CS3 的操作环境允许用户在文档窗口中分别或同时显示代码视图编辑区和设计视图编辑区。在 Dreamweaver CS3 的"文档"工具栏中单击"代码"、"拆分"和"设计"按钮，即可切换到所需要的工作环境，如图 1-19 所示。

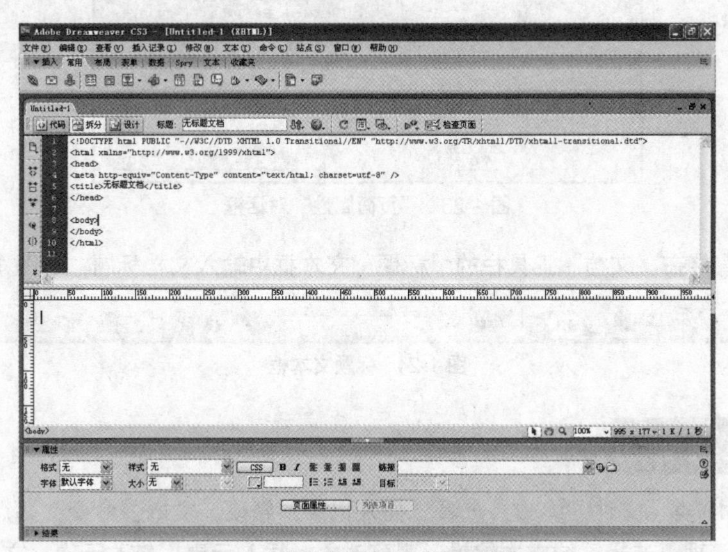

图 1-19　代码视图与设计视图的拆分

在 Dreamweaver CS3 中可以同时编辑多个文档。在打开的多个文档之间相互切换时，可以单击文档窗口左上角的标签，如图 1-20 所示。

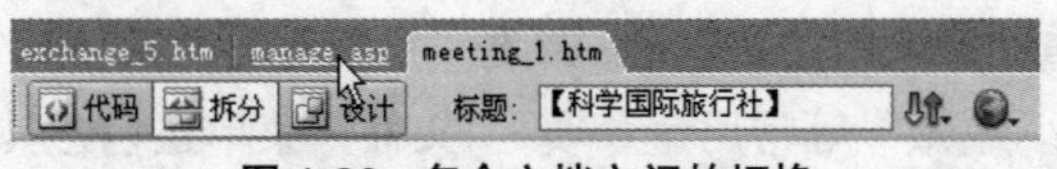

图 1-20　多个文档之间的切换

● 标题栏

标题栏位于整个工作界面最上方，用来标识 Dreamweaver 的标志和网页的名称，如图 1-21 所示。

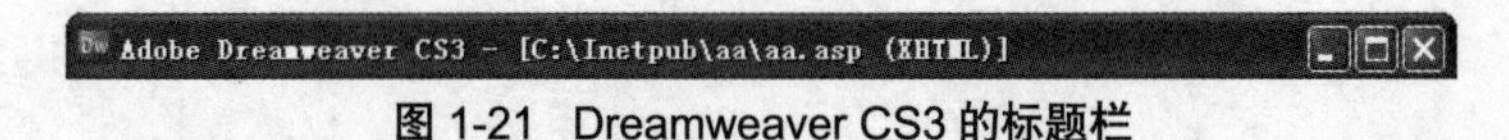

图 1-21　Dreamweaver CS3 的标题栏

标题栏最左侧显示的是 Dreamweaver CS3 的标志，后面方括号内就是网页存储位置与文件名称，如果文件名称的后面出现星号则代表该网页中的内容经过修改且尚未保存。最右边分别是最小化、最大化和关闭窗口 3 个按钮。

如果用户要修改文档标题，可以单击属性面板中的“页面属性”按钮，如图 1-22 所示。在弹出的“页面属性”对话框中修改，如图 1-23 所示。

图 1-22　属性面板中的“页面属性”按钮

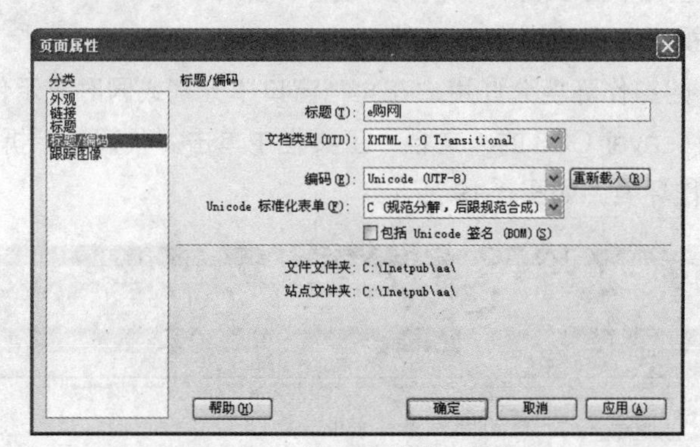

图 1-23　“页面属性”对话框

用户还可以直接在“文档”工具栏的“标题”文本框中输入文档标题，如图 1-24 所示。

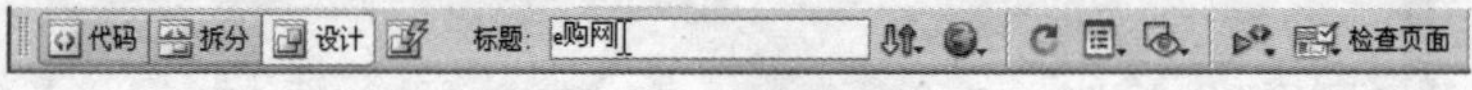

图 1-24　标题文本框

1.2.2　主菜单

主菜单分为 10 类：文件、编辑、查看、插入记录、修改、文本、命令、站点、窗口和帮助，功用分别为文件管理、选择区域文本编辑、观察对象、插入元素、修改元素、文本操作、附加命令项、站点管理、所有面板和窗口切换、联机帮助。下面简要介绍一下这 10 项主菜单的基本用途，这对于熟练掌握 Dreamweaver CS3 很有帮助。

- “文件”菜单和“编辑”菜单

“文件”菜单和“编辑”菜单中主要包括“新建”、“打开”、“保存”、“保存全部”、“剪切”、“拷贝”、“粘贴”、“撤销”和“重做”等常用命令项。“文件”菜单还包含其他命令，用于查看当前文档或对当前文档执行操作，例如“在浏览器中预览”和“打印代码”。“编辑”菜单包含选择和搜索命令，例如“选择父标签”和“查找和替换”。

在 Windows 中，“编辑”菜单还提供对 Dreamweaver 菜单中的“首选参数”访问；在 Macintosh 中，使用 Dreamweaver 菜单可以打开“首选参数”对话框。

- “查看”菜单

可以看到文档的各种视图（例如“设计”视图和“代码”视图），并且可以显示和隐藏不同类型的页面元素和 Dreamweaver 工具或工具栏。

- “插入记录”菜单

提供“插入”栏的替代项，用于将对象插入文档。

- “修改”菜单

可以更改选定页面元素或项的属性。使用此菜单，可以编辑标签的属性，更改表格和表格元素，并且对库项目和模板执行不同的操作。

- “文本”菜单

可以轻松地设置文本的格式。

- “命令”菜单

提供对各种命令的访问，包括一个套用源格式的命令、一个创建相册的命令，以及一个使用 Adobe Fireworks 优化图像的命令。

- “站点”菜单

提供用于管理站点以及上传和下载文件的菜单项。

- “窗口”菜单

提供对 Dreamweaver 中的所有面板、检查器和窗口的访问。

- “帮助”菜单

提供对 Dreamweaver 文档的访问，包括关于使用 Dreamweaver 以及创建 Dreamweaver 扩展功能的帮助系统，还包括各种语言的参考材料。

Dreamweaver 还提供多种上下文菜单，可以利用它们方便地访问与当前选择或区域有关的有效命令。若要显示上下文菜单，则右击（Windows）某一项或在按住 Ctrl 键的同时单击（Macintosh）窗口中的某一项即可。

1.2.3 常用面板

Dreamweaver CS3 的用户界面中除了主菜单外，其他菜单按钮均高度集中在一块块面板上。同以往的 Dreamweaver 版本一样，Dreamweaver CS3 具有浮动面板功能，使用了方便控制的显示模式和切换方式。各面板在工作界面内已经有了相对固定的位置，可以用鼠标随意拖动，还可以根据需要随时调用或者隐藏面板。Dreamweaver 的这种软件界面扩展设计使设计者不再受制于屏幕显示的大小，无须浏览器就能很清楚地显示网页的整体页面效果。

在 Dreamweaver CS3 的操作界面中，插入面板（也叫插入栏）和属性面板这两个常用功能面板在程序启动后会默认显示在界面内，分别位于文档编辑区域的上方和下方。当然，也可以根据需要随时隐藏或者调用，例如在主菜单“窗口”的下拉菜单中取消“属性”项的选择来关闭已打开的属性面板，则文档窗口区域内将不再显示该面板，也可以单击“属性”面板左边的下拉按钮，属性面板将被隐藏。

● 插入面板

插入面板集成了所有可以在网页上应用的对象，包括“插入记录”菜单中的选项。插入面板其实就是图形化了的插入指令，通过一个个的按钮，可以很容易地在网页中插入图像、声音、多媒体动画、表格、图层、框架、表单、Flash 和 ActiveX 等网页元素。

执行“窗口”>“插入”命令，文档窗口上方将显示出插入面板。在通常情况下会显示一个功能面板，例如“常用”面板。单击面板上的“向下箭头”按钮，不同的控制面板标签被相应地显示出来。选择不同的对象，各个对象指令也将显示在功能面板上，如图 1-25 所示。

图 1-25　插入面板

● 属性面板

属性面板并不是将所有对象的属性加载在面板上，而是根据用户选择的对象来动态显示其属性。制作网页时可以按需要打开或关闭属性面板，通过拖动属性面板的标题栏将其移到合适的位置，这样操作更方便，极大地提高了网页的制作效率。

属性面板比较灵活多变，它随着选择对象的不同而不同。在使用 Dreamweaver CS3 时应注意，属性面板的状态完全是随当前在文档中选择的对象来决定的。例如，当前选择了一幅图像，那么属性面板上将出现该图像的相应属性；如果是选择了表格则属性面板会相应地变化成表格的相关属性。

请注意属性面板左上角的图标，单击图标后将最小化属性面板，再次单击，将恢复到属性面板打开时的状态。也可以说，属性面板集成了“修改”和“文本”菜单的选项。Dreamweaver CS3 在图像属性设置上依然提供了简单的图像处理功能，如裁剪、缩放等一些辅助性的图像编辑功能，这样可以不用离开 Dreamweaver CS3 就能够完成图像编辑，如图 1-26 所示为图像属性面板。

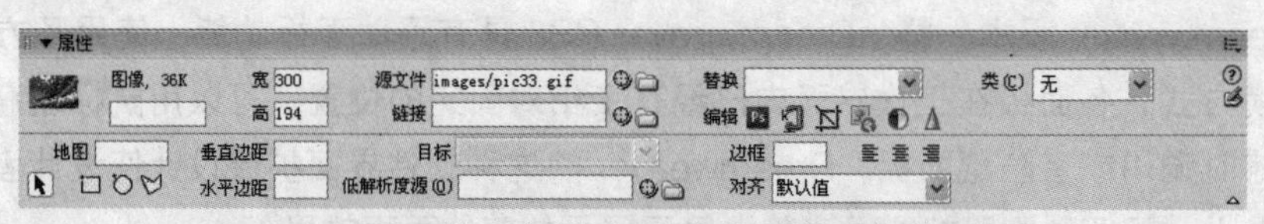

图 1-26　处于完全打开状态的图像属性面板

● 面板组

Dreamweaver CS3 的面板组非常简洁和便于使用，它将许多常用的功能进行了适当的分类，以面板叠加的形式放置于窗口的右上方。

面板组，包含了“CSS”、“应用程序”、“标签检查器”、“文件”、“框架”和“历史记录”6 个控制面板，如图 1-27 所示。

显示或隐藏面板组只需单击面板组标题栏左侧的箭头标记，就会打开或关闭该面板组，如图 1-28 所示为面板组中已经打开的“文件”面板。

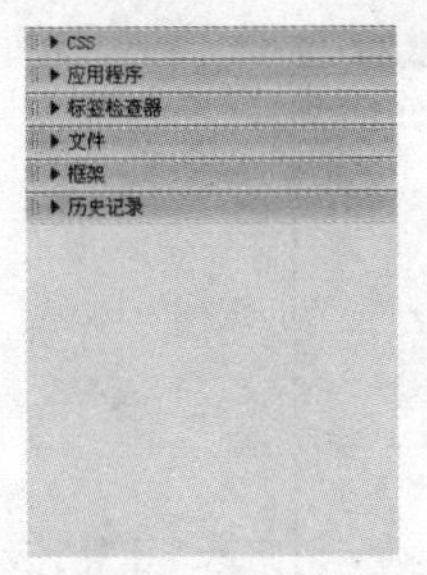

图 1-27 面板组

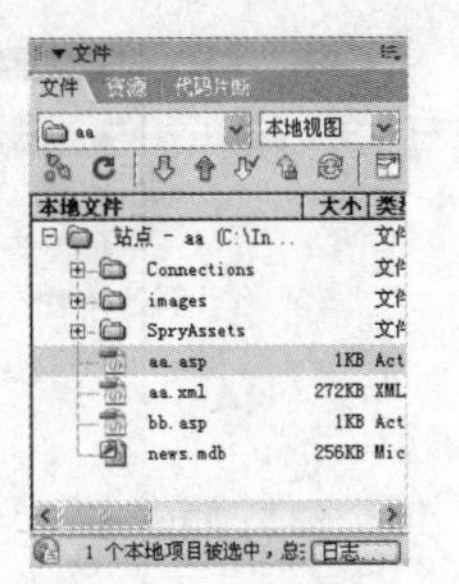

图 1-28 文件面板

当面板处于关闭状态时将不显示面板列表框，仅在位于屏幕右侧的边缘位置处有一个显示的标记，提示用户可以单击这里打开弹出式面板列表框。

当弹出式面板列表框被暂时关闭时，文档编辑窗口的有效面积增大，设计者的视野也随之开阔了。这种更加灵活的面板使用方式对设计者来说，创作空间被充分解放，可以更自由地发挥想像力，实现自己的设计构想。

技 巧

在进行网页编辑时，由于面板的影响无法看到网页的全貌，可以使用快捷键 F4 快速关闭所有面板，再按 F4 键可以恢复原来的状态。

1.3 使用Dreamweaver CS3快速创建网页

本节介绍了一个网站引导页的制作方法，此网页中涵盖了网页的一些基本元素。希望读者通过学习，对 Dreamweaver CS3 的网页制作功能有一种感性的认识。跟随以下操作步骤将达到如图 1-29 所示的效果。

图 1-29 网站引导页

步骤 01 启动 Dreamweaver CS3 软件，执行菜单栏中的“文件” > “新建”命令。

步骤 02 弹出“新建文档”对话框，如图 1-30 所示。执行“空白页” > “HTML” > “无”命令。

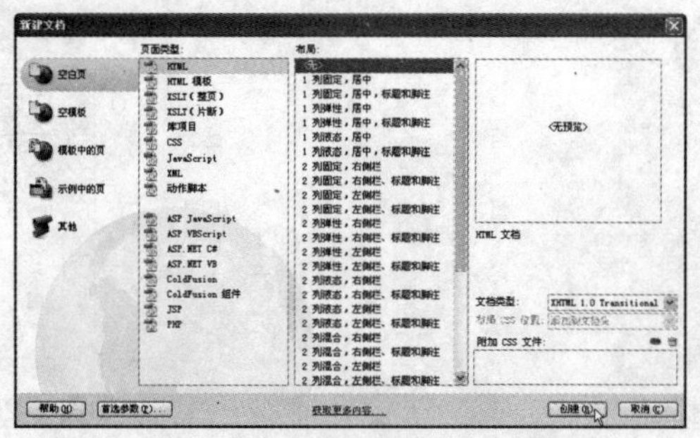

图 1-30 “新建文档”对话框

步骤 03 单击“创建”按钮，在 Dreamweaver 编辑窗口中创建了一个空白网页。

步骤 04 执行菜单栏中的“窗口” > “属性”命令，在编辑窗口的下方显示出属性面板，单击属性面板中的“页面属性”按钮，如图 1-31 所示。

图 1-31 单击属性面板中的“页面属性”按钮

步骤 05 在弹出的“页面属性”对话框的“分类”列表中，单击“链接”选项，在“链接颜色”和“已访问链接”文本框中分别输入色标值“#000000”，在“变换图像链接”文本框中输入色标值“#0033FF”，在“下划线样式”下拉列表中选择“仅在变换图像时显示下划线”选项，如图 1-32 所示。

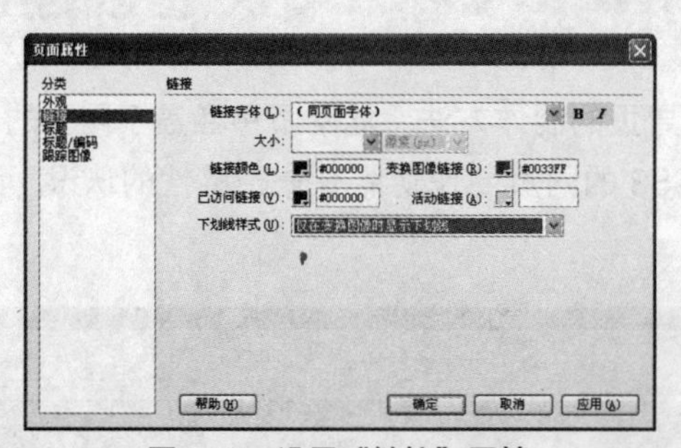

图 1-32 设置“链接”属性

步骤 06 在“分类”列表中，单击“标题/编码”选项，在“标题”文本框中输入“欢迎光临中国经济仲裁委员会”。在“文档类型”下拉列表中保持默认选项“XHTML 1.0 Transitional”，在“编码”下拉列表中选择“简体中文（GB2312）”选项，如图 1-33 所示。

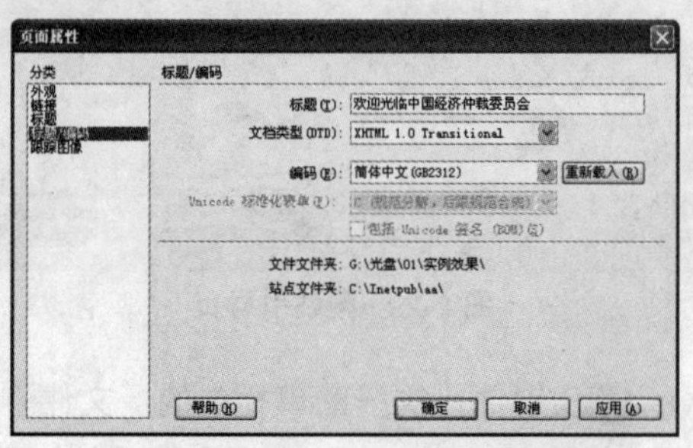

图 1-33 设置“标题/编码”属性

步骤 07 单击“确定”按钮，返回至网页编辑窗口。在“插入”面板的“常用”选项卡中单击“表格”按钮，如图 1-34 所示。

常用

图 1-34　在“插入”面板中单击“表格”按钮

步骤 08 在弹出的“表格”对话框的“行数”和“列数”文本框中分别输入“1”；在“表格宽度”文本框中输入“100”，在后面的下拉列表中选择“百分比”选项；在“边框粗细”、“单元格边距”和“单元格间距”文本框中分别输入“0”，如图 1-35 所示。

步骤 09 单击“确定”按钮，在网页编辑窗口中插入了一个 1 行 1 列的表格，如图 1-36 所示。

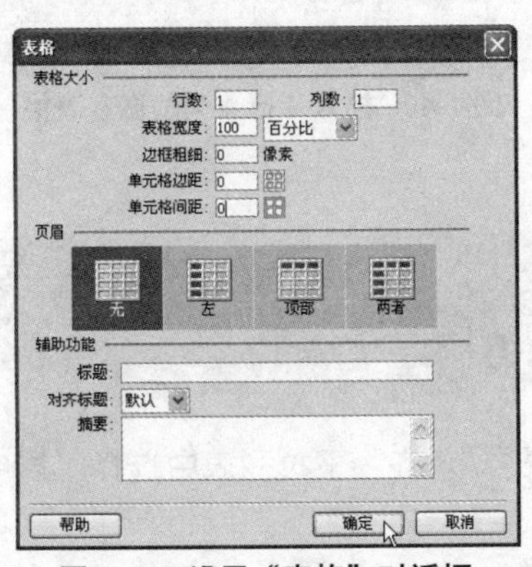

图 1-35　设置“表格”对话框

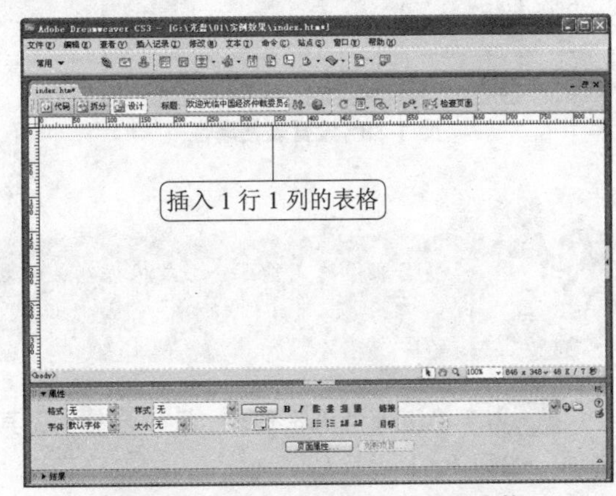

图 1-36　在网页编辑窗口中插入表格

步骤 10 移动鼠标指针到表格边框位置，单击选中表格，在编辑窗口下方显示出表格属性面板。

步骤 11 将插入点放置在表格内，在属性面板的“高”文本框中输入“100”，然后选中表格，单击“背景图像”文本框后面的“浏览文件”按钮，弹出“选择图像源文件”对话框。在“配盘\01\素材”文件夹中找到图像文件“new_index_bg.jpg”，单击选中图像，如图 1-37 所示。

步骤 12 单击“确定”按钮，图像显示在表格中，如图 1-38 所示。

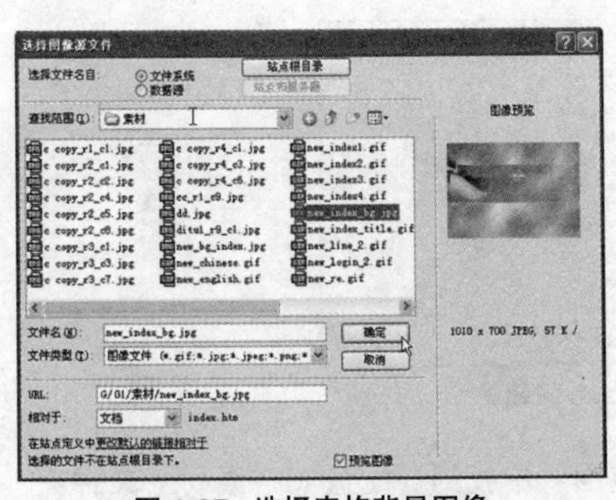

图 1-37　选择表格背景图像

图 1-38　在表格中显示背景图像

步骤 13 在表格内任意位置单击鼠标左键，将插入点放置在表格内，然后单击“插入”面板中的“表格”按钮，在弹出的“表格”对话框中设置表格属性，如图 1-39 所示。

步骤 14 设置完成后，单击“确定”按钮，在刚才的表格内插入了一个4行1列，宽度为90%的嵌套表格，如图1-40所示。

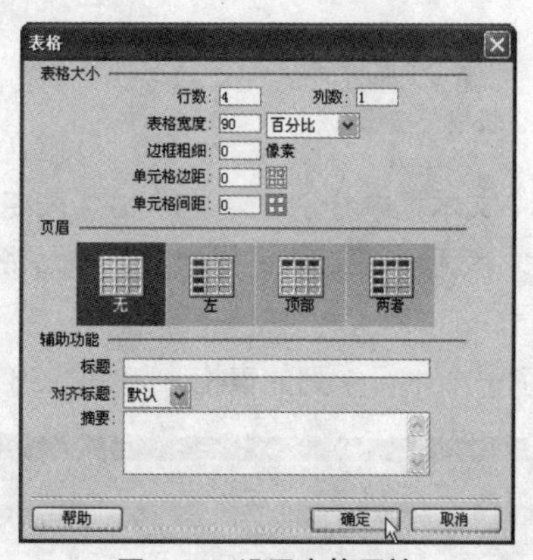

图1-39 设置表格属性

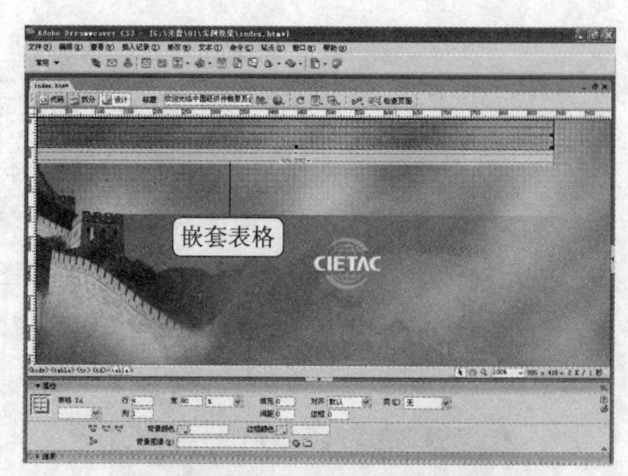

图1-40 插入4行1列的嵌套表格

注 意

嵌套表格的宽度百分比是根据外层的表格宽度而定的。

步骤 15 单击嵌套表格边框，选中表格，在其属性面板的“对齐”下拉列表中选择“居中对齐”选项，如图1-41所示。

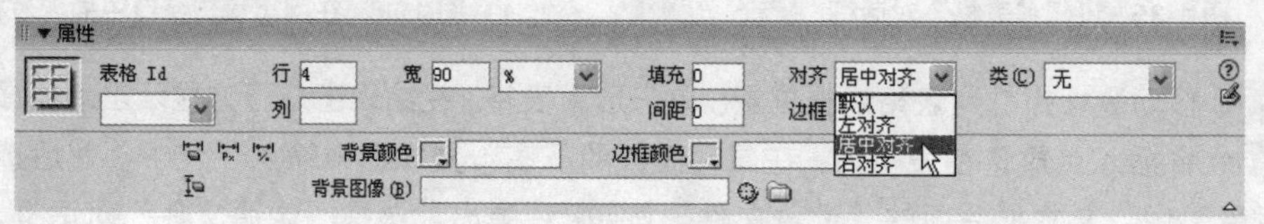

图1-41 设置表格居中对齐

步骤 16 在第1行单元格内单击鼠标左键，在属性面板中单击“右对齐”按钮，然后在“插入”面板中执行“媒体”>“Flash”命令，如图1-42所示。

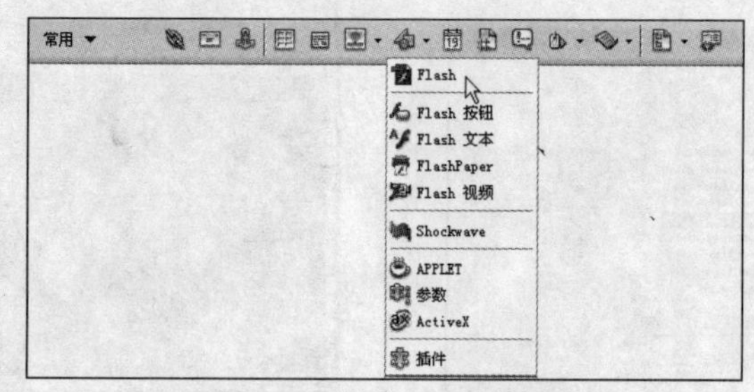

图1-42 单击Flash按钮

步骤 17 弹出“选择文件”对话框，在“查找范围”中找到“配盘\01\素材”文件夹，随后单击需要插入的文件“3.swf”，如图1-43所示。

步骤 18 单击“确定”按钮，打开“对象标签辅助功能属性”对话框，在“标题”文本框中输入“Flash 动画”，如图 1-44 所示。在浏览器中浏览网页，当鼠标光标经过 Flash 文件时，将显示标题文本。

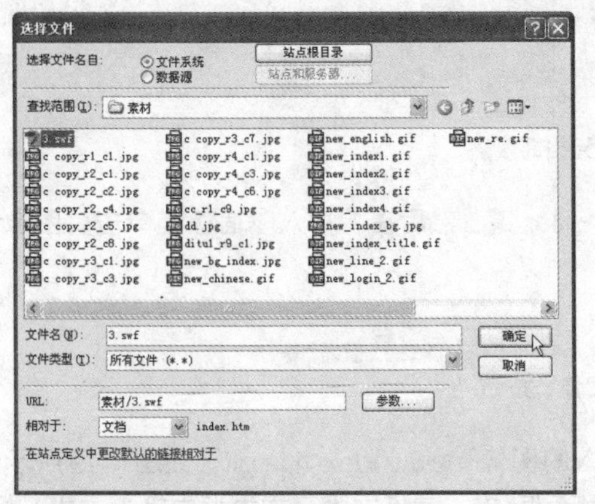

图 1-43　选择 Flash 文件

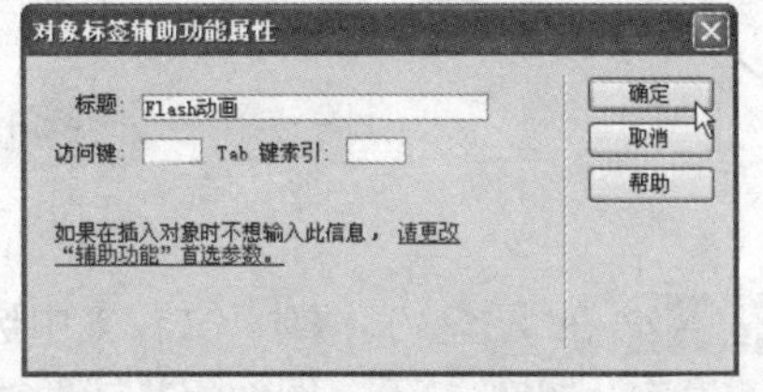

图 1-44　“对象标签辅助功能属性”对话框

注　意

在网页中插入对象时，都会弹出“对象标签辅助功能属性”对话框，对于对话框中的内容可以选填，也可以在以后的属性面板中再进行设置。

步骤 19 单击“确定”按钮，将 Flash 文件插入到单元格中，此时，选中 Flash 文件，在属性面板中单击“播放”按钮，即可看到 Flash 的效果，如图 1-45 所示。

步骤 20 由于插入的 Flash 文件背景是不透明的，因此需要在代码中进行简单的设置使其背景变成透明效果。在选中 Flash 文件后，单击“拆分”按钮，在反白的代码中加入如下代码：

```
<param name="wmode" value="transparent">
```

代码插入完成后的效果如图 1-46 所示，这时在浏览器中就能查看到透明背景的 Flash 效果了。

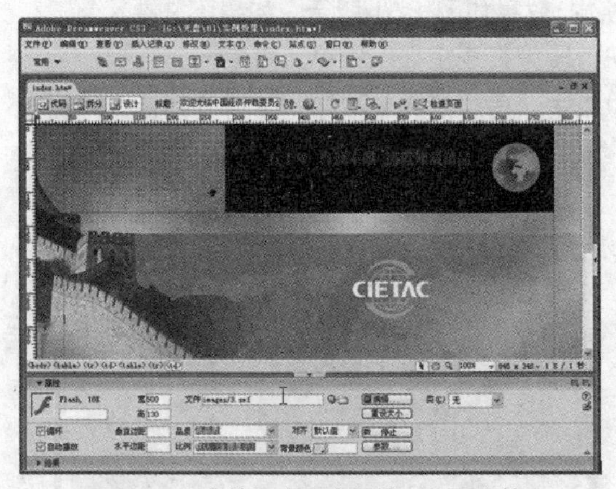

图 1-45　在编辑窗口中播放 Flash 文件

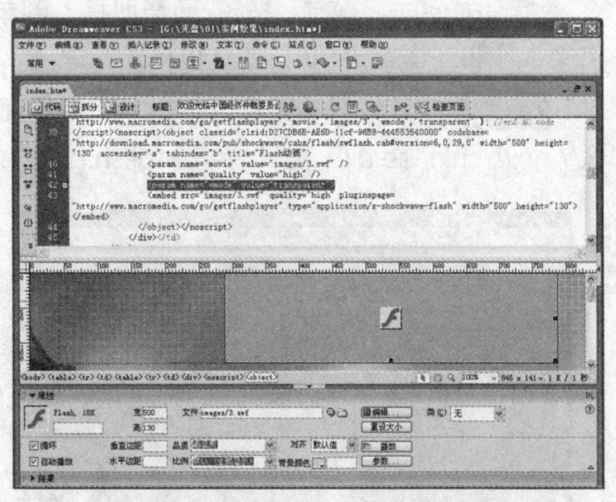

图 1-46　设置 Flash 文件为背景透明

步骤 21 单击“设计”按钮，返回至设计编辑窗口。在第 2 行单元格内单击鼠标左键，在其属性面板中的“高”文本框中输入“320”，表示设置此单元格高度为 320 像素，单击“居中对齐”按钮，如图 1-47 所示。

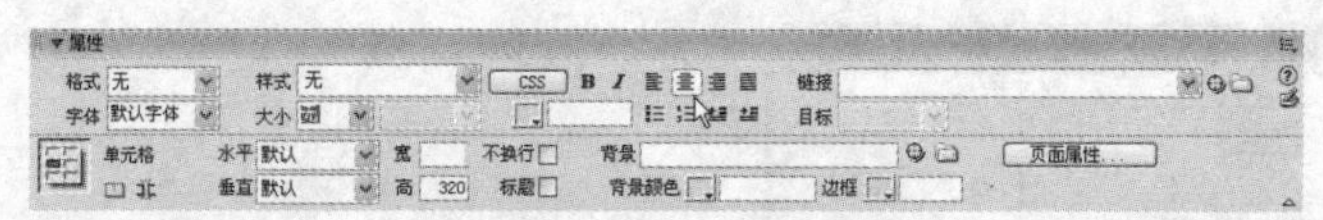

图 1-47 设置单元格高度

步骤 22 将插入点放置在第 2 行表格内，按 4 次 Enter 键，然后在“插入”面板上单击“图像”按钮，如图 1-48 所示。

图 1-48 单击“图像”按钮

步骤 23 在“配盘\01\素材”文件夹中选择需要插入的图像“new_index_title.gif”，如图 1-49 所示。单击“确定”按钮，打开“图像标签辅助功能属性”对话框，在“替换文本”文本框中输入文本“标题”，此时在浏览器中浏览网页，当鼠标光标经过图像文件时就会显示出提示文本，还可在“详细说明”中制作链接，这里就不需要设置了，如图 1-50 所示。

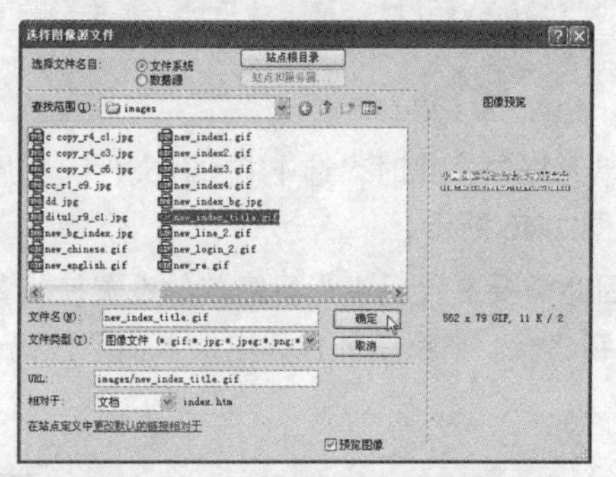

图 1-49 选择需要插入的图像

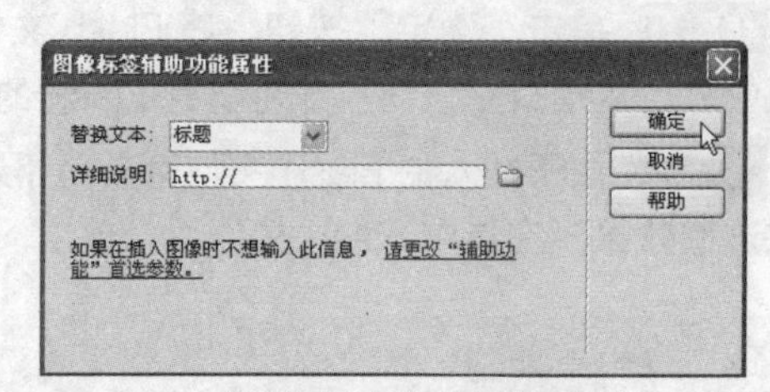

图 1-50 “图像标签辅助功能属性”对话框

步骤 24 单击“确定”按钮，图像即插入到单元格中，效果如图 1-51 所示。如果不需要设置“替换文本”和“详细说明”，就直接单击“取消”按钮，图像将直接插入到单元格中。

步骤 25 在第 3 行单元格内单击，在属性面板中单击“居中对齐”按钮，然后分别插入两张图像“new_chinese.gif”和“new_english.gif”，如图 1-52 所示。

图 1-51 在单元格中插入图像

图 1-52 插入两张图像

步骤 26 选中图像“new_chinese.gif”，在属性面板的“链接”文本框中输入“index.asp”，为图像创建链接。同样，给图像“new_english.gif”创建链接为“index_english.asp”。

步骤 27 将插入点放置在第 4 行单元格内，在属性面板的“高”文本框中输入“150”，然后，单击属性面板上的“拆分单元格为行或列”按钮，弹出“拆分单元格”对话框，在对话框中单击“列”单选按钮，在“列数”文本框中输入“2”，表示拆分单元格为两列，如图 1-53 所示。

步骤 28 在左侧单元格内，插入 2 行 2 列、宽度为 250 像素的表格，然后在单元格中分别插入图像“new_index1.gif”、“new_index2.gif”、“new_index3.gif”和“new_index4.gif”，完成后效果如图 1-54 所示。

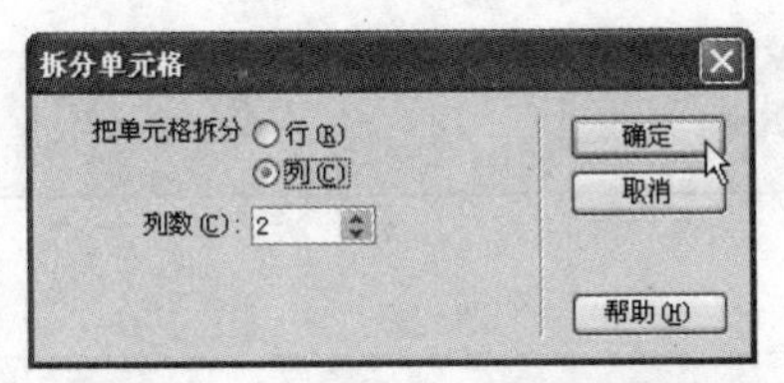

图 1-53 “拆分单元格”对话框

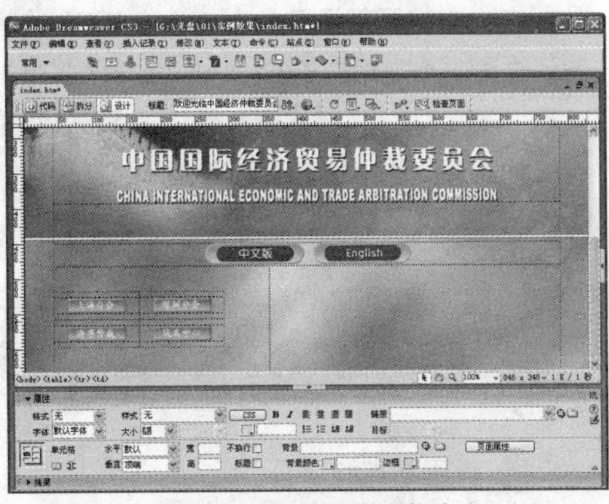

图 1-54 制作左侧单元格内容

步骤 29 在右侧单元格内单击，插入 3 行 2 列，宽度为 430 像素的表格。选择左侧 1 列表格，单击属性面板中的“合并所选单元格”，使用跨度按钮，在此单元格中插入图像“new_line_2.gif”，在右侧单元格中输入版权信息和联系方式等内容，完成后效果如图 1-55 所示。

步骤 30 按住鼠标左键选择文字下方的 E-mail 地址“info@91bjplan.com”，在属性面板的“链接”文本框中输入“mailto: info@91bjplan.com”，如图 1-56 所示。这样，当网站浏览者单击此 E-mail 地址时，就可以打开默认的邮件发送软件并将此地址作为收件人地址。

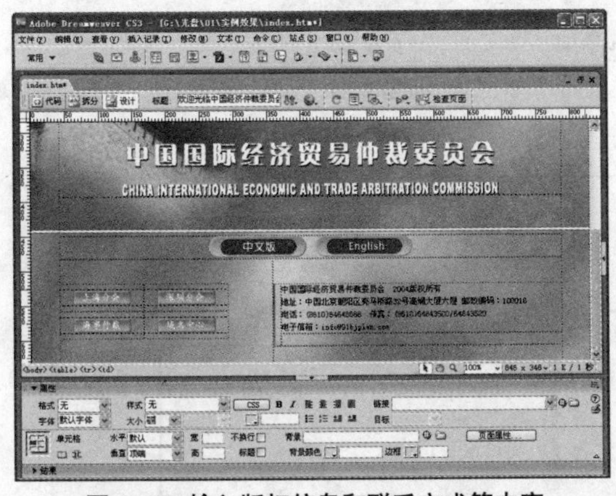

图 1-55 输入版权信息和联系方式等内容

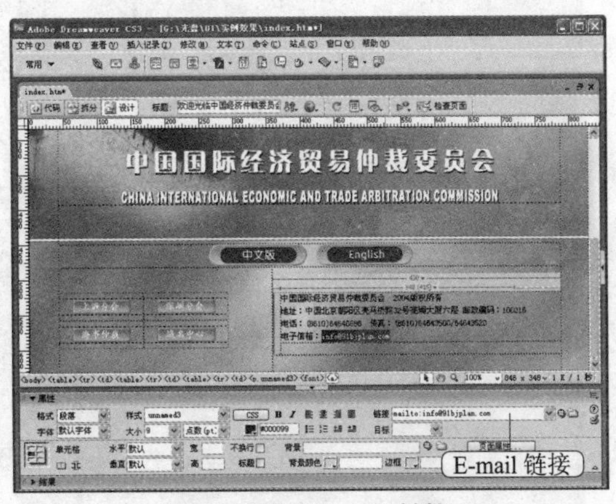

图 1-56 设置 E-mail 链接

步骤 31 保存网页后，按 F12 键查看网页效果。

第 02 章　Dreamweaver CS3 基本功能

本章导读

在上一章了解了 Dreamweaver CS3 的特点和新增功能等内容。本章将会详细介绍在网站制作过程中要应用到的 Dreamweaver CS3 的基本功能，如创建站点、网页布局、超级链接、图像、文本、表单、CSS 样式表和新增的 Spry 等内容。通过本章的学习可以深入了解 Dreamweaver CS3 的基础知识，这样可以在学习后面的实例制作章节时得心应手。

学习要点

① 创建站点和网页

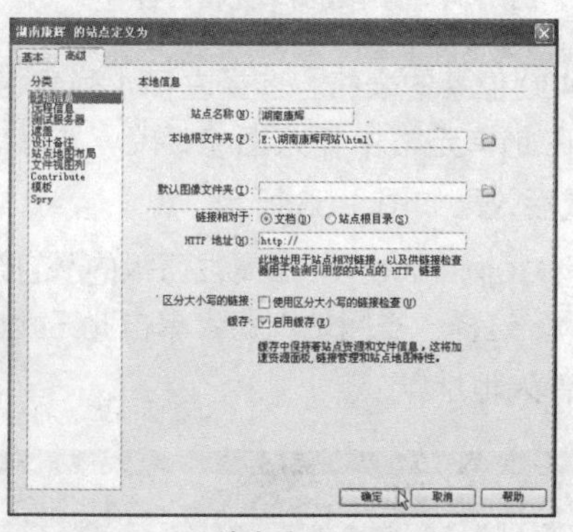

站点定义

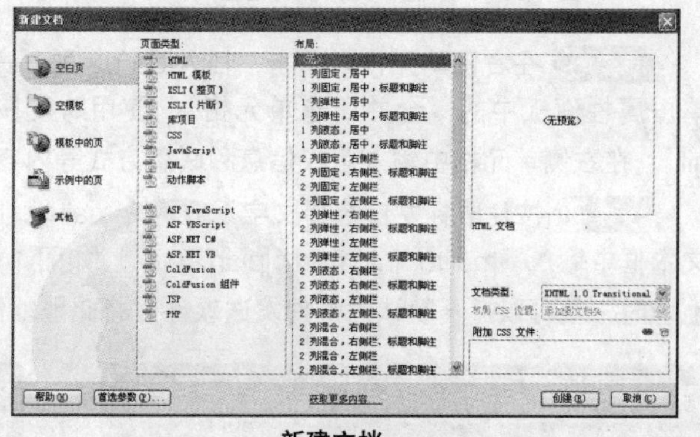

新建文档

② 应用表格和层

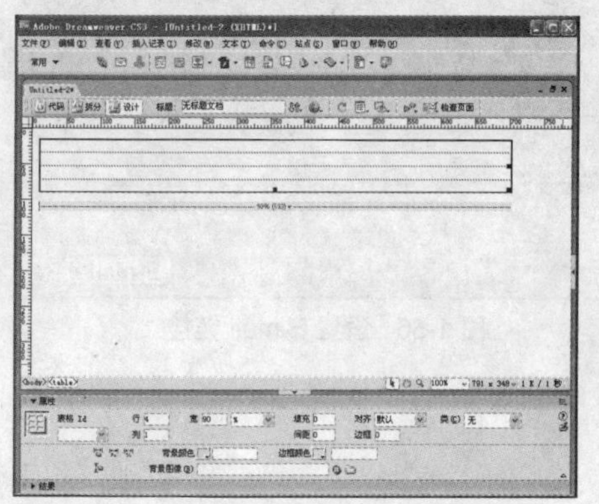

表格和表格属性面板

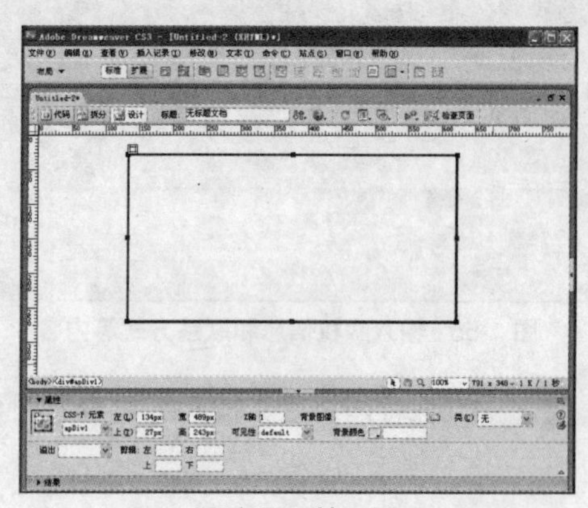

层和层属性面板

③ 编辑网页文本和图片

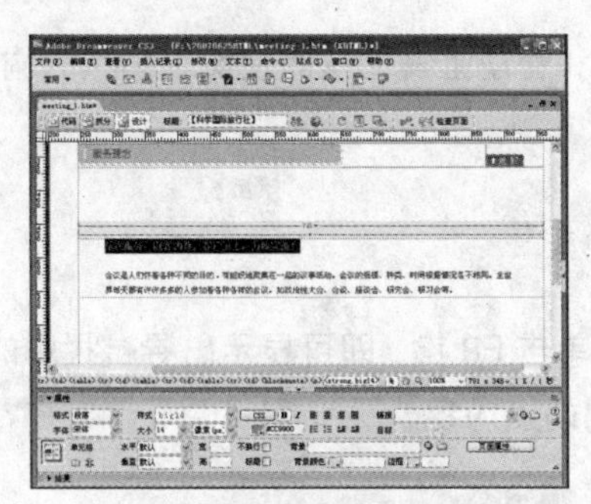

文本和文本属性面板

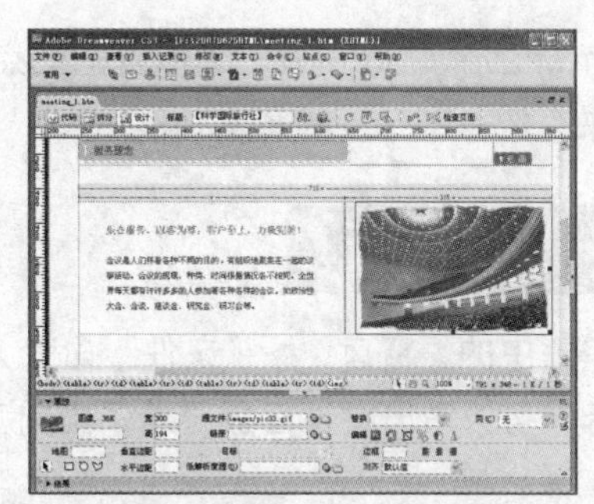

图像和图像属性面板

④ 表单和 Spry 检测

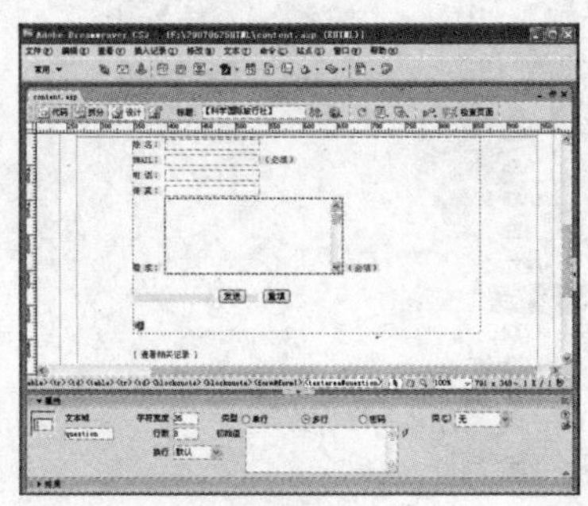

表单

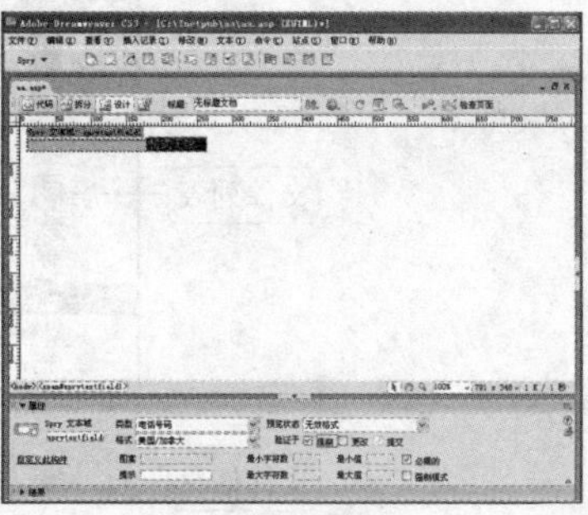

Spry 检测

⑤ CSS 样式表和行为的应用

CSS 面板和网页应用

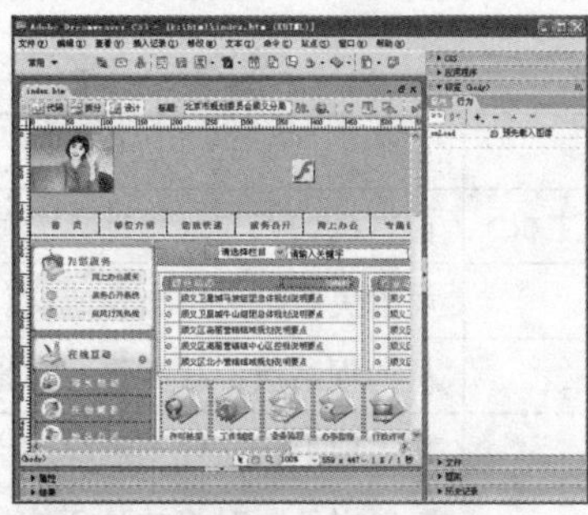

行为面板和行为的应用

⑥ 模板和库的应用

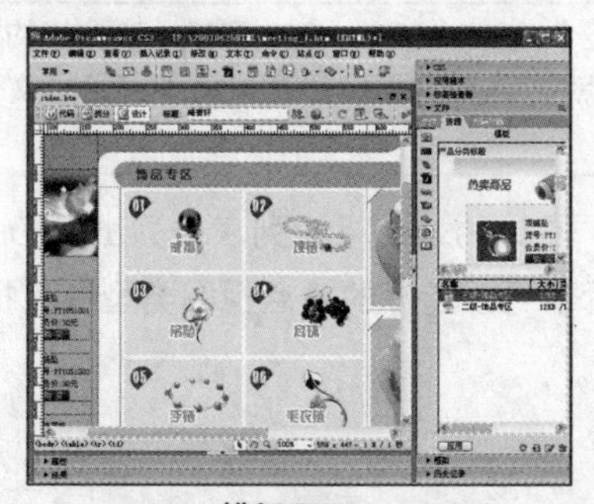

模板网页

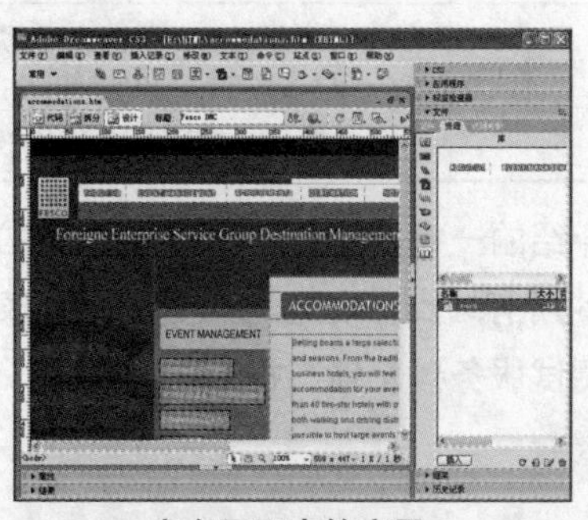

库在网页中的应用

2.1 创建站点

在 Dreamweaver CS3 中有一套专业的站点构建和管理工具，从而使实现站点的构建变得非常方便。下面来介绍一下站点的基本功能。

2.1.1 文件面板

执行菜单栏中的“窗口”>“文件”命令，或者单击 F8 键，即可显示出导航栏中的文件面板，如图 2-1 所示，可以看出文件面板显示了当前工作的站点内容。

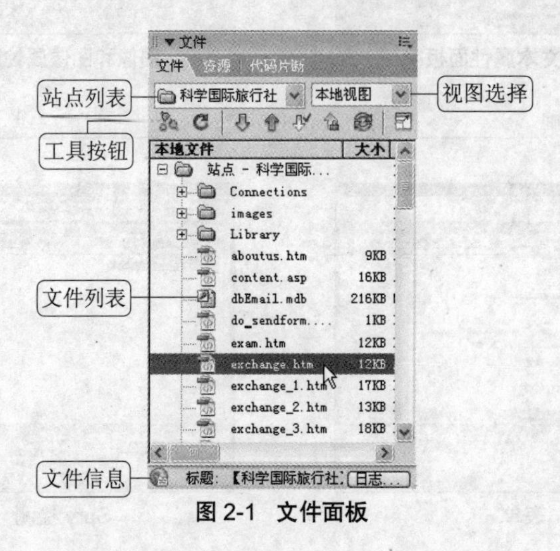

图 2-1 文件面板

使用文件面板中的按钮和命令，可以设置站点窗口中显示的内容和形式，实现本地站点和远程站点之间的相互传送。对文件面板中主要按钮的具体说明如表 2-1 所示。

表 2-1 文件面板中主要按钮的具体说明

选　项	说　明
连接到远端主机	在本机站点与远程站点之间建立连接
刷新	用于更新站点中文件或文件夹的列表，可以用快捷键 F5 代替
获取文件	从远程站点下载文件到本地硬盘
上传文件	从本地上传文件到远程站点
取出文件	取出文件，对将被验证的文件进行登记操作，登记之后其他人可以编辑文件
存回文件	对需要进行编辑的文件进行验证，从而使他人不能修改该文件
同步	单击“同步”按钮可选择更新特定文件、文件夹或整个站点
展开以显示本地和远端站点	单击该按钮，则文件面板扩充到整个 Dreamweaver CS3 窗口，该按钮的名称变为“折叠后只显示本地或远端站点”，这时文档编辑窗口将不可见。文件面板变大可以方便用户进行操作

在上面介绍的一排图标的上面有两个下拉列表，左边的站点下拉列表中列出了 Dreamweaver CS3 中定义的所有站点；右边的视图下拉列表中显示了可以选择的站点视图类型，包括本地视图、远程视图、测试服务器、地图视图。

2.1.2 创建本地站点

网站的本地根目录应该是为网站特别建立的文件夹。一个好的组织方法是建立网站文件夹，然后把本地站点的根目录放在文件夹里。一个本地根目录对应一个正在制作的网站。

创建一个新站点的步骤如下：

步骤 01 在本地硬盘上建立一个用来存放站点的文件夹，这个文件夹就是本地站点的根目录。这个站点可以是空的，也可以是非空的。

步骤 02 启动 Dreamweaver CS3，执行“站点”>“管理站点”命令，在弹出的“管理站点”对话框中单击“新建”按钮，在弹出菜单中选择“站点”命令。

步骤 03 在弹出的如图 2-2 所示的“站点定义”对话框中设置新建站点的参数。默认状态下，激活的是“高级”选项卡，并且显示“分类”列表的“本地信息”选项中的内容。在这个对话框中进行参数设置，其中主要选项的具体说明如表 2-2 所示。

步骤 04 设置完毕后单击“确定”按钮。执行“窗口”>“文件”命令，或者单击快捷键 F8，显示导航栏中的文件面板。可以看到，在文件面板中显示了刚才新建的站点“科学国际旅行社”，如图 2-3 所示。

表 2-2 “高级”选项卡中主要选项的具体说明

选 项	说 明
站点名称	输入网站名称，网站名显示在文件面板的站点下拉列表中。站点名称可以使用自己喜欢的任何名称，它不会在浏览器上显示，只是用来参考而已。本例中输入“科学国际旅行社”
本地根文件夹	指定放置该网站文件、模板、库的本地文件夹。当 Dreamweaver CS3 决定相对链接时，是以此目录为基准的。单击右边的文件夹图标浏览，选择文件夹，或直接在文本框输入一个路径和文件夹名。如果本地根目录文件夹不存在，则在文件浏览对话框中创建它
默认图像文件夹	设定站点默认的存放图片文件夹的位置
HTTP 地址	输入完整的网站 URL，以便 Dreamweaver CS3 能检验使用绝对 URL 的网站链接
区别大小写的链接	检查网页链接是否区分大小写
缓存	选择是否创建一个缓存以提高链接和网站维护任务的速度。如果不选此项，Dreamweaver CS3 在创建站点时会询问是否想创建一个缓存

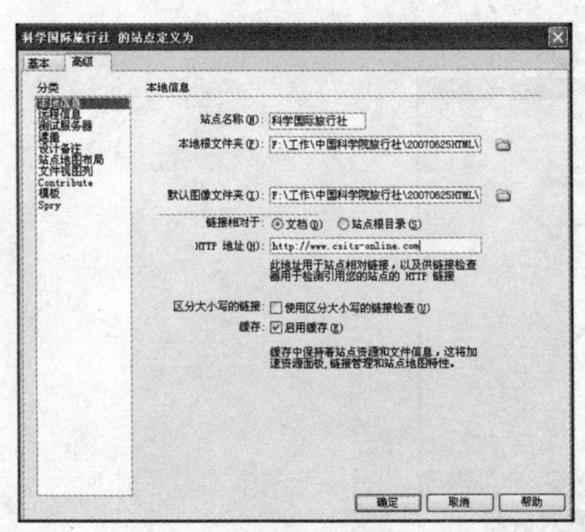

图 2-2 设置站点对话框

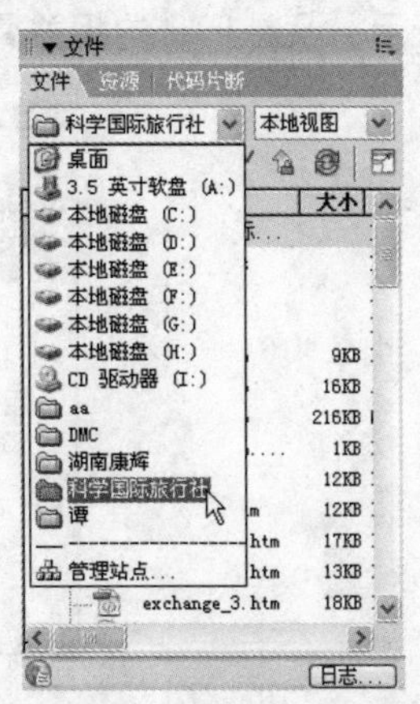

图 2-3 在文件面板中查看新建的站点

要创建其他的站点，可以重复上面的操作步骤。

2.1.3 创建远程站点

在建立一个远程站点之前，应先创建一个本地站点，这个本地站点将与远程站点关联。设置远程站点的下一步是确定站点的位置，即为站点提供服务的服务器的位置。客户可以设置为网页提供服务的服务器（不管是 Internet 还是 Intranet），也可以向系统管理员或客户询问服务器的名称，并弄清如何传送文件到服务器上。确定是使用 FTP 来连接服务器，还是将该服务器作为一个可访问的网络磁盘驱动器，如果是使用 FTP 连接，应获得 FTP 服务器名并确定主目录，以及登录和密码信息。

在收集好这些信息后，在“站点定义”对话框的“远程信息”选项面板中将服务器与本地站点关联。

如果要让别人浏览到网站，就必须把它放置到远程服务器上，浏览者通过输入网站的域名或 IP 地址，就能浏览到网站内容。因此可以说，创建远程站点，进行网站上传是建设网站的最终步骤，具体方法和步骤如下。

步骤 01 在“文件”面板上的站点列表下拉列表中选择“管理站点”选项，如图 2-4 所示。弹出“管理站点”对话框，如图 2-5 所示。

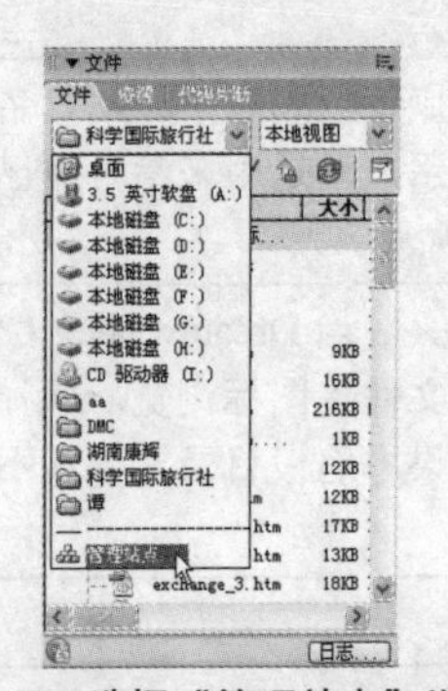

图 2-4 选择“管理站点”选项

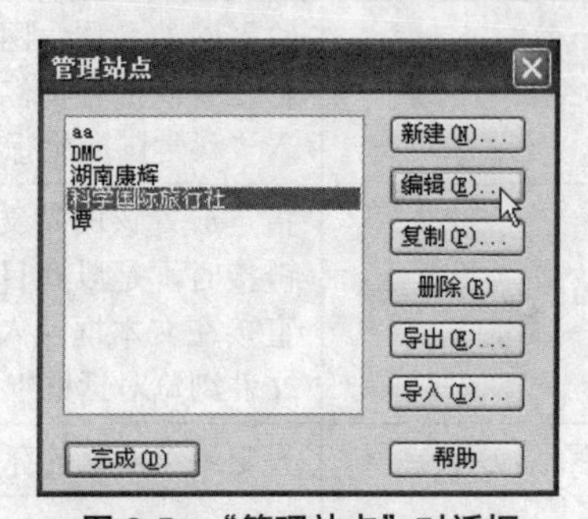

图 2-5 “管理站点”对话框

步骤 02 选择已建立的“科学国际旅行社”站点名称，单击“编辑”按钮，弹出“科学国际旅行社的站点定义为”对话框。

步骤 03 选择“远程信息”选项，在“访问”下拉列表中选择“FTP”选项，如图 2-6 所示。根据表 2-3 所示，设置 FTP 的相关属性。

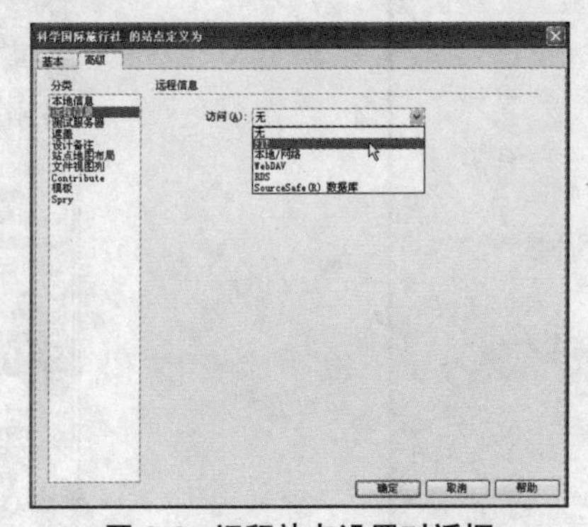

图 2-6 远程站点设置对话框

表 2-3　远程站点设置对话框中各选项的具体说明

选　项	说　明
FTP 主机	输入远程的 FTP 主机名称，如 www.csits-online.com 或 IP 地址。这里要注意，一定要输入自己有权访问的空间域名地址，否则将连接不上
主机目录	输入远程服务器上存放网站的目录，如 www.csits-online.com/web/。如果不输入任何内容，表示将当前网站内容存放在以 Login 为名称的根目录下
登录	输入用来连接 FTP 服务器的注册名，也就是登录到服务器的用户名
密码	输入连接到 FTP 服务器的密码。Dreamweaver CS3 保存用户密码，输入密码后，会自动勾选“保存”复选框。如果取消勾选“保存”复选框，则用户在每次连接到远程服务器时都将显示要求输入密码的提示信息
使用 Passive FTP	当某些防火墙要求让本地软件创建 FTP 连接，而不是请求远程服务器来建立远程连接时，必须勾选“使用 Passive FTP”复选框。这里就为默认，不用选择
使用防火墙	如果 FTP 服务器使用了防火墙，就对服务器起安全防护作用
使用安全 FTP	选择“使用安全 FTP”登录连接，那么所有传输的文件会完全加密，并阻止他人越权访问自己的信息、文件内容、用户名和口令

FTP 设置完成后如图 2-7 所示。

步骤 04 如果系统中安装了网络驱动器或只在本地机器上运行 Web 服务器，就可以在“访问”下拉列表中选择“本地 / 网络”选项；如果想要自动刷新远程文件列表，就选中“维护同步信息”复选框。当站点文件被添加或删除时，本地站点服务器也会自动更新，但这会妨碍向远程站点复制文件的速度。对话框设置如图 2-8 所示。

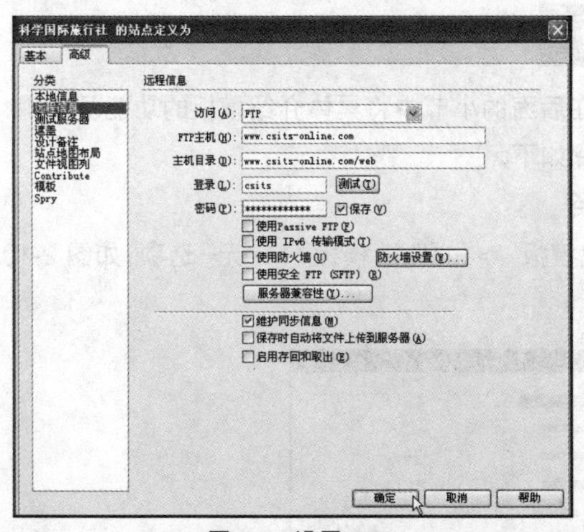

图 2-7　设置 FTP

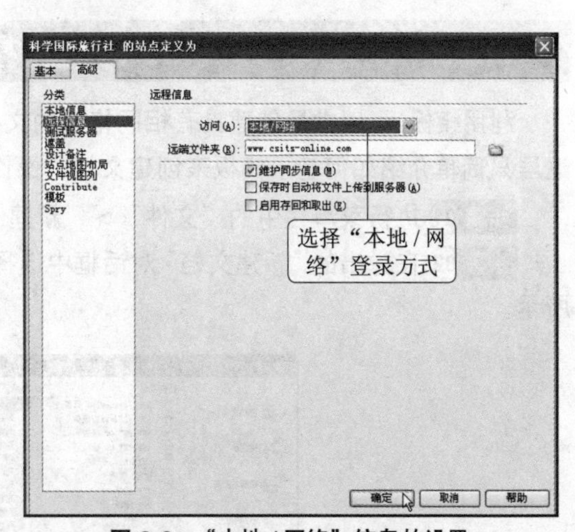

图 2-8　“本地 / 网络”信息的设置

2.2　创建并保存网页

文档操作可以看作是设计网页的基本操作，它包括打开和编辑文档、设置文档属性、定义文档标题等多个方面，在设计网页时都是必须考虑到的。掌握好文档的操作不仅能起到事半功倍的效果，而且也能充分体现创作者的专业素质。

2.2.1 创建空白文档

创建一个空白文档的步骤如下。

步骤 01 启动 Dreamweaver CS3 程序。

步骤 02 执行菜单栏中的“文件”>“新建”命令，打开“新建文档”对话框，如图 2-9 所示。

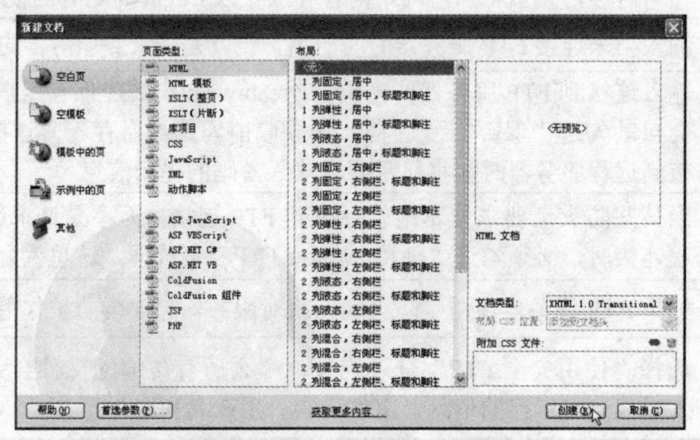

图 2-9 “新建文档”对话框

步骤 03 在 Dreamweaver CS3 版本中，将新建文档进行了重新分类，包括空白页、空模板、模板中的页、示例中的页和其他类别。在每个类别中会有相应的类型分类，要新建普通空白 HTML 文档，就选择“空白页”>“HTML”>“无”选项。

步骤 04 单击“创建”按钮，即可创建一个新的空白文档。

2.2.2 创建基于HTML的网页模板

利用模板，可以批量创建具有相同格式的文档。在后面的小节中将具体介绍模板的功能及使用，这里只简单介绍如何基于模板来创建文档。操作步骤如下。

步骤 01 执行菜单栏中的“文件”>“新建”命令。

步骤 02 在弹出的“新建文档”对话框中选择“空模板”>“HTML 模板”>“无”选项，如图 2-10 所示。

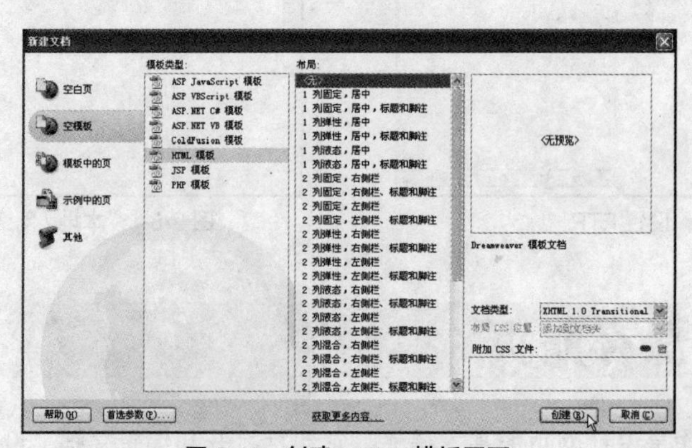

图 2-10 创建 HTML 模板网页

步骤 03 单击“创建”按钮，即可创建一个基于 HTML 的网页模板。在新建网页的文档标题栏会显示“《模板》”字样，提示用户当前正在编辑模板文档。

提 示

若要使用模板来创建文档，则必须首先创建本地的站点。通常模板会存储在站点的根目录中。

2.2.3 存储文档

如要保存文档，可按照如下方法进行操作。

步骤 01 切换到要保存的文档所在的窗口。

步骤 02 执行菜单栏中的“文件”>“保存”命令，或是按下 Ctrl+S 快捷键保存。

步骤 03 如果文档尚未被保存过，则会出现“另存为”对话框，如图 2-11 所示。

图 2-11 命名并保存文档

步骤 04 选择路径并输入文件名（通常为英文或数字），单击“保存”按钮，即可存储该文档。

提 示

如果该文档已经被命名保存过，则会直接存储文档，而不会出现“另存为”对话框。

2.3 应用表格布局

表格是页面布局中极为有用的设计工具。在设计页面时，往往要利用表格来定位页面元素。使用表格可以导入表格化数据、设计页面分栏、定位页面上的文本和图像等。

2.3.1 插入表格

使用“插入”面板或“插入记录”菜单可以建立新的表格。操作步骤如下。

步骤 01 执行菜单栏中的“插入记录”>“表格”命令。

步骤 02 弹出“表格”对话框，如图 2-12 所示。

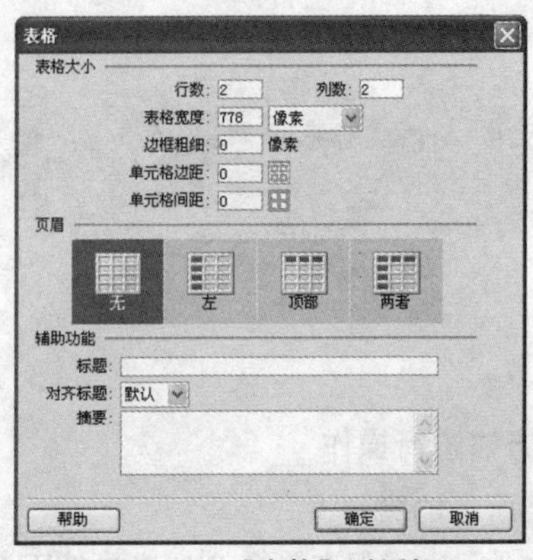

图 2-12 “表格”对话框

步骤 03 在“表格”对话框中设置表格的“行数”、“列数”、“表格宽度”等内容。

注 意

“表格”对话框总是保留上次操作输入的值，作为以后插入表格的默认值。

步骤 04 设置完毕后，单击“确定”按钮，建立表格。

2.3.2 添加文本到表格单元格内

建立表格以后，可以在表格单元格中添加文本、图像以及任意可以内嵌在网页中的元素。在表格中添加文本的步骤如下。

步骤 01 在要添加文本的单元格中单击，确定插入点。

步骤 02 在表格中输入文本，输入时表格单元格会自动扩大，也可粘贴从其他文档中拷贝过来的文本。使用“粘贴”命令粘贴，则保留段落标记；使用“选择性粘贴”命令粘贴，则可以不保留段落标记。

按 Tab 键可以使插入点移动到下一个单元格，按 Shift+Tab 快捷键可使插入点移动到前一个单元格，也可以使用方向键在单元格之间移动。在表格的最后一个单元格中按 Tab 键，将自动添加一行。

2.3.3 设置表格属性

为了使所创建的表格更加美观、醒目，需要对表格的属性（如边框的颜色、整个表格或某些单元格的背景图像、颜色等）进行设置。

要设置整个表格的属性，首先要选定整个表格，然后利用属性面板设定表格的属性。

1. 显示表格属性面板

选择表格，然后执行菜单栏中的“窗口”>“属性”命令，即可打开表格“属性”面板。单击右下角的扩展箭头可看到所有的属性，如图 2-13 所示为表格的“属性”面板。

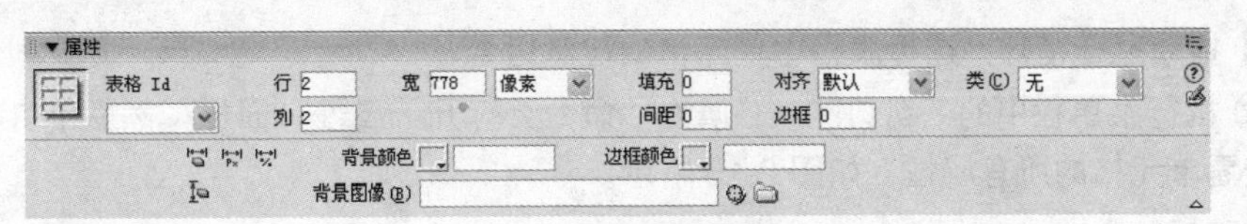

图 2-13 表格属性面板

2．设置表格布局属性

设置表格布局属性的操作步骤如下。

步骤 01 在“行”和“列”文本框中输入表格的行数和列数。

步骤 02 在“宽”文本框中输入以像素数（pixels）或浏览器窗口的百分数（%）为单位的表格宽度（单击此文本框右边的下拉按钮，在弹出的列表中选择单位）。

步骤 03 使用“对齐”选项设置表格与同一段落中的其他元素（如文本或图像）的对齐方式。单击此选项右边的下拉按钮，弹出对齐方式列表，选择“左对齐”使表格与其他元素左对齐；选择“右对齐”使表格与其他元素右对齐；选择“居中对齐”使表格相对于其他元素居中对齐；也可以选择浏览器默认的对齐方式。

3．设置单元格布局属性

在“填充”文本框中指定单元格内容与边线之间的像素数，在“间距”文本框中设置每个表格单元格之间的像素数，如图 2-14 所示。

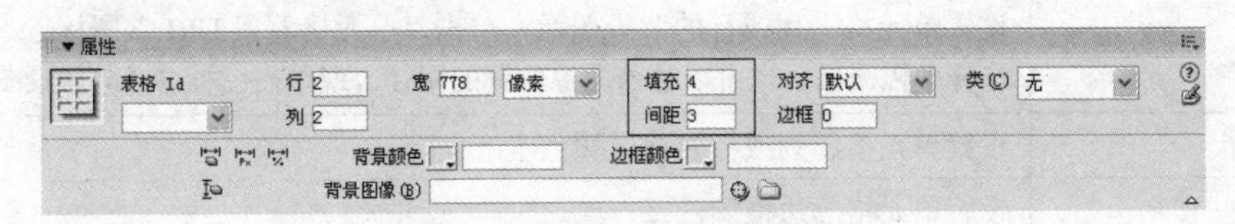

图 2-14 设置单元格布局属性

当没有设置单元格间距和单元格填充中的具体值时，Netscape Navigator、Internet Explorer 和 Dreamweaver 都按单元格间距设置和单元格填充设置来显示表格。

4．设置表格边框属性

在“边框”文本框中设置以像素表示的边框宽度（默认值为 1），如图 2-15 所示。大多数浏览器以三维线显示边框。

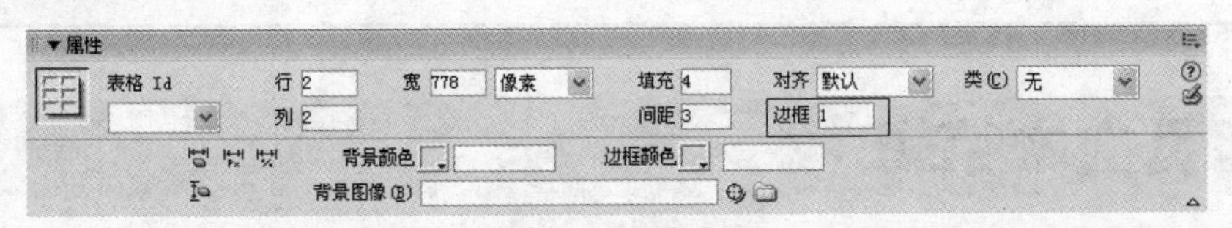

图 2-15 设置边框

如果使用表格进行页面布局时，通常设定表格边框为 0。单击“边框颜色”右边的图标，可以选择整个表格的边框颜色；单击“背景颜色”选项右边的图标，可以设置表格的背景颜色；单击“背景图像”文本框后的“浏览文件”按钮，可以设置表格的背景图像。

2.3.4 设置行、列和单元格属性

除可设置整个表格的属性外，还可单独设置某行、某列或某些单元格的属性。首先选择单元格的任意组合，然后使用属性面板改变单元格、行或列的属性。操作步骤如下。

步骤 01 拖动鼠标指针，选择表格中单元格的任意组合。

步骤 02 执行菜单栏中的“窗口”>“属性”命令，打开“属性”面板，然后单击右下角的扩展箭头，查看单元格的所有属性，如图 2-16 所示。

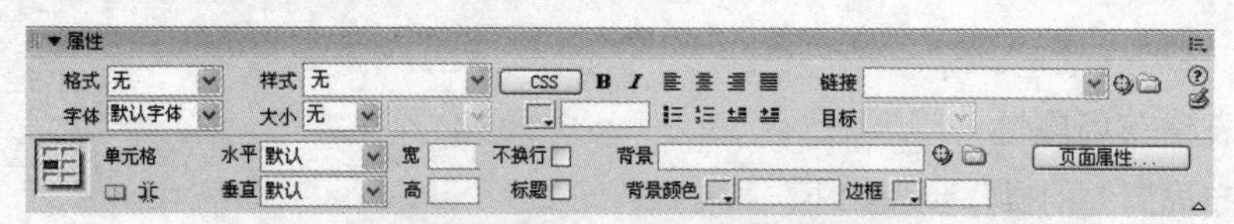

图 2-16 设置行、列或单元格的属性

步骤 03 在属性面板中，根据表 2-4 所示设置单元格的属性。

表 2-4 单元格属性的具体说明

选 项	说 明
水平	设置单元格、列或行的内容的水平对齐方式。可以使内容居左、右或居中对齐，或按浏览器默认方式对齐（常规单元格左对齐，表头单元格居中对齐）
垂直	设置单元格、列或行的内容的垂直对齐方式。可选的选项有：顶端、居中、底部、基线
宽、高	为选定的单元格指定以像素表示的宽度和高度。要使用百分数，就在输入值后面加上百分号（%）
背景	设置单元格、列或行的背景图像。单击“单元格背景 URL”图标，浏览并选择一幅图像。也可以输入图像位置的路径，或单击图标指向背景图像文件
背景颜色	设置单元格、列或行的背景颜色
边框	设置单元格的边框颜色
合并所选单元格，使用跨度为行或列	单击此按钮，可以把选定的单元格、行或列合并为一个单元格
拆分单元格为行或列	单击此按钮，可以把一个单元格分割为多个单元格
不换行	勾选该复选框，可防止单元格内容换行，单元格自动扩展以容纳更多的内容。通常，单元格先水平扩展以容纳最长的单词，然后垂直扩展
标题	勾选该复选框，把选定的单元格格式化为标题。在默认情况下，表头单元格的字体内容为粗体且居中对齐

2.4 网页文本编辑

在页面中插入文本有两种方式：直接输入或者复制粘贴剪贴板上已有的文本。在 Dreamweaver CS3 中不仅可以插入普通的文本，还可以插入特殊的字符、换行符、水平线和日期。在复制添加文本时，Dreamweaver CS3 可以从 Word、Excel 等软件中把文字和表格一起复制过来。

2.4.1 文本属性面板

文本的设置，主要指文本属性的设置。在插入文本之前，应先了解文本的属性面板。启动 Dreamweaver CS3，创建一个文档，在其中选择一段文字后，执行菜单栏中的“窗口”>“属性”命令，显示文本属性面板，如图 2-17 所示。

图 2-17 文本属性面板

下面通过表 2-5 分别介绍属性面板上的各个选项。

表 2-5 文本属性面板的具体说明

选 项	说 明
格式	在“格式”下拉列表中可以设置以下几种文本格式。 无：系统默认的文本格式 段落：将文本转化为段落来处理 标题：标准的标题格式，随着“标题”后的数字而增大，标题的级别越低，字体就越小 预先格式化的：可以使用它来根据需要对文本进行预格式化
字体	字体设置列表，在该下拉列表中可以选择字体的格式，同时还可以自定义添加字体格式
大小	在“大小”下拉列表中可以设置文本的尺寸大小，在后面的下拉列表中选择文本大小的单位
字体颜色设置框	通过单击设置框打开调色面板，从中选择字体颜色，或者直接在文本框中输入颜色的十六进制
粗体、斜体	单击这两个按钮可以对文本进行加粗和斜体的操作
对齐方式	从左到右依次是左对齐、居中对齐、右对齐和两端对齐 4 种对齐方式
链接	是专门用来为所选文字添加超级链接的。既可以直接在文本框中输入链接目标，也可以使用右边的“指向文件”图标为文本定义一个链接，或者单击“浏览文件”图标，在系统文件中进行选择
目标	如果定义了一个超级链接，则可以在此下拉列表中选择打开链接的方式。 _blank：在新的浏览窗口中打开链接文档 _parent：在本链接的父框架中打开链接文档 _self：在本链接的页面中打开链接文档 _top：用当前的窗口打开链接文档，并且关闭原来窗口中的全部内容
项目列表、编号列表	设置相同类别文本的列表形式
文本凸出、文本缩进	反缩进和缩进按钮
页面属性	单击后弹出“页面属性”对话框，然后可进行页面属性的设置

2.4.2 添加和编辑文本

1. 添加文本

要在网页中添加文本，有以下两种方法。

- 直接在打开的文档窗口中输入文本内容。
- 复制其他应用程序中的文本内容，如 Word、Excel 等。在 Dreamweaver CS3 的文档窗口中，将插入点定位在要添加文本的位置，执行菜单栏中的“编辑”>“粘贴”命令即可完成操作。

注 意

在文档窗口中添加文本时，如果输入完一行后直接回车，则系统就将这一行作为一个段落来处理，空一行后另起一行作为新的段落。如果希望下一行文本与上一行文本作为同一个段落来处理，则回车时需同时按住 Shift 键。

2．删除文本

删除文本有以下两种方法。

- 将插入点定位在要删除文本的位置，使用键盘上的 Delete 键或 Backspace 键，就可以删除文本。
- 如果要删除的是大段文本，则拖动鼠标选中所要删除的文本，或按 Shift +方向键快捷键的方法，使其呈高亮显示，然后执行“编辑”>“清除”命令即可。

3．搜索、替换文本

和其他的文本编辑程序一样，Dreamweaver CS3 也提供了搜索、替换文本的功能。具体操作步骤如下。

步骤 01 打开需要编辑的 HTML 文档。

步骤 02 执行菜单栏中的“编辑”>“查找和替换”命令。

步骤 03 弹出“查找和替换”对话框，在“查找范围”下拉列表中选择搜索和替换的文档范围（默认选择为“当前文档”）；在“搜索”下拉列表中选择需要查找的类型，在“查找”和“替换”文本框中分别输入要搜索和替换的文本，如图 2-18 所示。

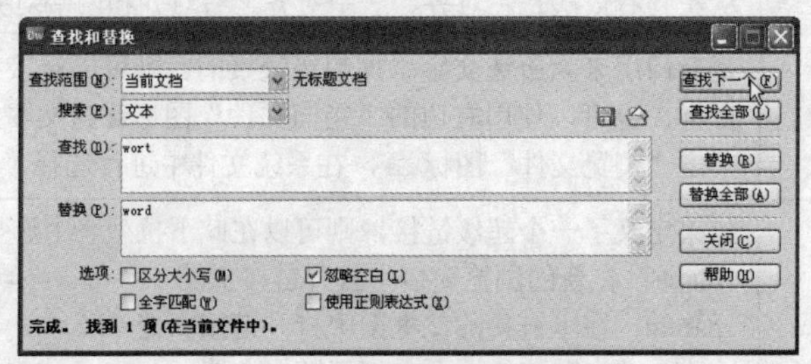

图 2-18 “查找和替换”对话框

步骤 04 如果只是查找某一段文本的位置，则单击“查找下一个”按钮；如果要查找全部文本，单击“查找全部”按钮。

步骤 05 单击“替换”按钮就可以替换文本；若要全部替换，则单击“替换全部”按钮。

步骤 06 替换完毕后，Dreamweaver 会列出替换的详细情况。用户可以在“结果”面板中查看每条记录，以了解被替换的内容，如图 2-19 所示。

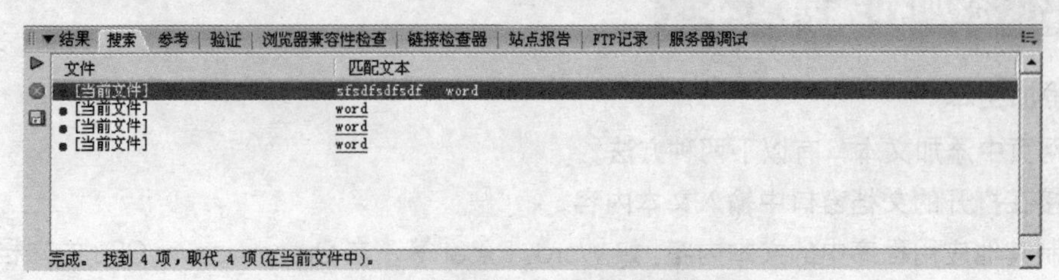

图 2-19 “结果”面板显示出替换结果

2.4.3 设置字符格式

字符格式设置包括了设置字符的字体、尺寸、颜色、样式等多方面的内容。

1．设置字体

按照以下操作步骤设置字体。

步骤 01 选中要改变字体的文本。如果没有选定任何文本，则改变的字体格式将应用于后面输入的文本。

步骤 02 执行“文本”>“字体”命令，在弹出的级联菜单中选择所需字体，或打开文本属性面板，选择“字体”下拉列表中所需的字体，如图 2-20 所示。

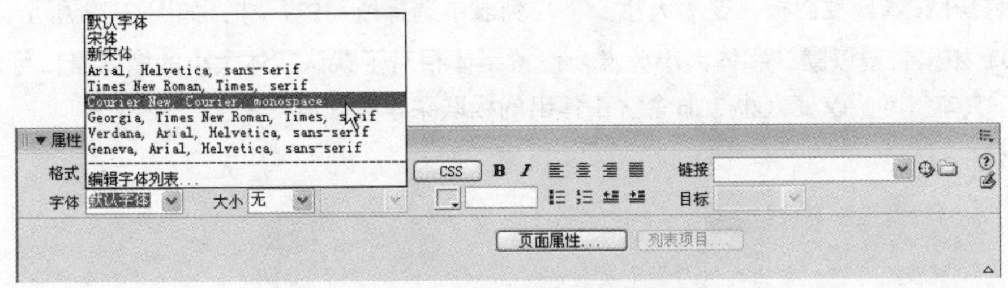

图 2-20　利用属性面板设置字符的字体

2．添加字体

如果在“字体”列表中没有所需的字体，则可以按照下面的操作步骤添加字体。

步骤 01 选择图 2-20 中“字体”下拉列表中的“编辑字体列表”命令，打开“编辑字体列表”对话框，如图 2-21 所示。“字体列表”列表框中显示了当前已有的字体组合；在“选择的字体”列表框中显示了当前选中字体组合中字体的名称；在“可用字体”列表框中显示了本机上安装的所有字体。

图 2-21　“编辑字体列表”对话框

步骤 02 如果希望创建新的字体组合，则先选择“字体列表”列表框中的“在以下列表中添加字体”选项（如果没有，则要先单击该列表框左上角的“+”按钮），然后在“可用字体”列表框中双击需要添加的字体，或选择一个字体，再单击«按钮即可。如果要向一个字体组合中添加字体，可以在“字体列表”列表框中先选择该字体组合，然后在“可用字体”列表框中双击所要添加的字体，或选择一个字体，再单击«按钮。

步骤 03 如果要删除某个字体组合，则先在“字体列表”列表框中选择该字体组合，然后再单击该列表框左上角的“－”按钮即可删除。如果要删除一个字体组合中的某个字体，可以在“字

体列表”列表框中先选择该字体组合，然后在“选择的字体”列表框中双击要删除的字体，或在“选择的字体”列表框中选择该字体，再单击⊠按钮删除。

步骤 04 通过单击“字体列表”列表框右上角的上下箭头，可以移动选中字体组合的位置。

3．设置大小

在网页制作过程中，经常需要变换字体大小，使文本看起来丰富生动。按照以下操作步骤即可设置文本大小。

步骤 01 选中要改变尺寸的文本。如果没有选定任何文本，则改变的尺寸将应用于后面输入的文本。

步骤 02 执行菜单栏中的“文本”>“大小”命令，在弹出的级联菜单中选择所需的字体大小即可，或者打开文本属性面板，在“大小”下拉列表中选择所需的尺寸，如图 2-22 所示。

步骤 03 如果希望以默认字体大小为准，设置字体相对于默认字体大小的增减量，可以执行菜单栏中的“文本”>“改变大小”命令，在弹出的级联菜单中增减尺寸。

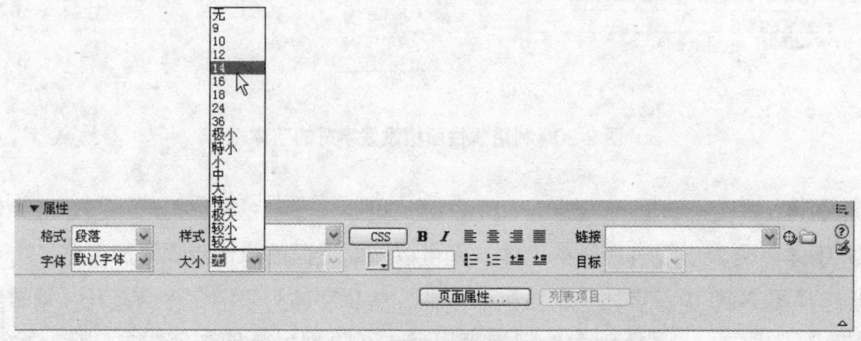

图 2-22 利用文本属性面板设置字符的大小

4．设置颜色

按照以下操作步骤可以设置文本颜色。

步骤 01 选中要设置颜色的文本。如果没有选定任何文本，则改变的字符颜色将应用于后面输入的文本。

步骤 02 执行菜单栏中的“文本”>“颜色”命令，打开 Windows 标准的“颜色”对话框，在其中可选择合适的颜色，设置完毕后单击“确定”按钮即可，如图 2-23 所示。也可以打开文本属性面板，单击字体颜色设置按钮，然后再单击按钮◉，也可打开 Windows 标准的“颜色”对话框，在其中选择需要的颜色即可。

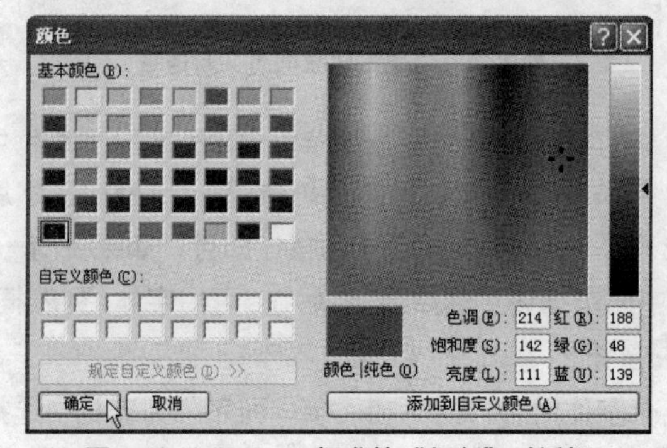

图 2-23 Windows 标准的“颜色”对话框

5. 设置样式

按照以下操作步骤设置字符样式。

步骤 01 选中要设置样式的文本。如果没有选定任何文本，则改变的文本样式将应用于后面输入的文本。

步骤 02 执行菜单栏中的“文本” > “样式”命令，在弹出的级联菜单中选择所需的样式，即可将选中的文本设置为相应的样式。可以设置的样式有粗体、斜体、下划线、删除线、打字型、强调、加强、代码、变量、范例、键盘、引用、定义、已删除和已插入。

步骤 03 如果要取消字符的样式设置，则再次选择该样式即可。

2.5 在网页中插入图像

除了文本，图像作为组成丰富多彩的网页的另外一个最主要的元素，不但能够美化网页，而且与文本相比更能直观地说明问题，使网页所要传达的意思一目了然。图像文件有各种各样的格式，可是现在能够应用于网络中的只有 3 种，分别是 GIF、JPEG、PNG 格式。

2.5.1 插入图像

下面就来学习如何在 Dreamweaver CS3 中插入图像。具体操作步骤如下。

步骤 01 将插入点定位在文档中待插入图像的位置。

步骤 02 执行菜单栏中的“插入记录” > “图像”命令或者单击“常用”插入栏中的“图像”按钮，弹出如图 2-24 所示对话框。

图 2-24 选择待插入图像文件

步骤 03 在该对话框中，可以单击“文件系统”单选按钮，直接从本地硬盘上选择图像文件，或者也可以单击“数据源”单选按钮，从数据库中选取图像文件。

步骤 04 选定图像文件后，窗口右边会出现它的预览图，而且在下面的 URL 文本框中，会显示当前选中文件的 URL 地址。在“相对于”下拉列表中，可以选择文件 URL 地址的类型，如果选择“文档”选项，则使用的是相对地址；如果选择“站点根目录”选项，则使用的是基于站点根目录的地址。

步骤 05 单击“确定”按钮，即可将该图像插入到文档中。在插入图像前会弹出一个询问对话框，在其中单击“是”按钮，则将选中的图像文件保存在本地站点目录中；如果不希望将该图片复制到本地站点目录中，则可以单击“否”按钮。不过，笔者建议在通常情况下选择“是”，这样有利于站点目录的管理。无论单击哪一个按钮，都可以完成插入图像操作。

步骤 06 打开“图像标签辅助功能属性”对话框，在“替换文本”文本框中输入图像的说明“草原”，如图 2-25 所示。如果在插入图像时不想弹出此对话框，则可以执行“编辑”>“首选参数”命令，在“首选参数”对话框的“辅助功能”选项面板中取消对“图像”复选框的勾选即可，如图 2-26 所示。

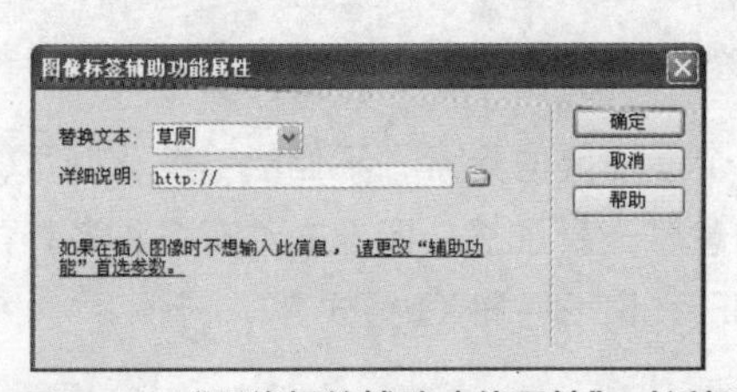

图 2-25 “图像标签辅助功能属性”对话框

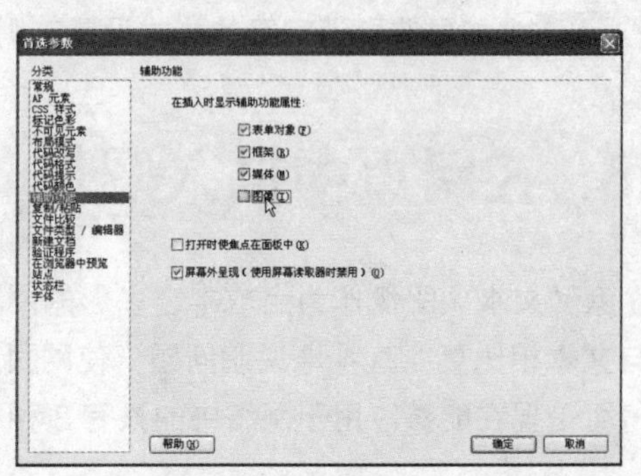

图 2-26 取消勾选“图像”复选框

步骤 07 插入到文档窗口中的图像会以原始大小显示在页面中，如图 2-27 所示。此时，属性面板中会显示出该图像的尺寸及路径。

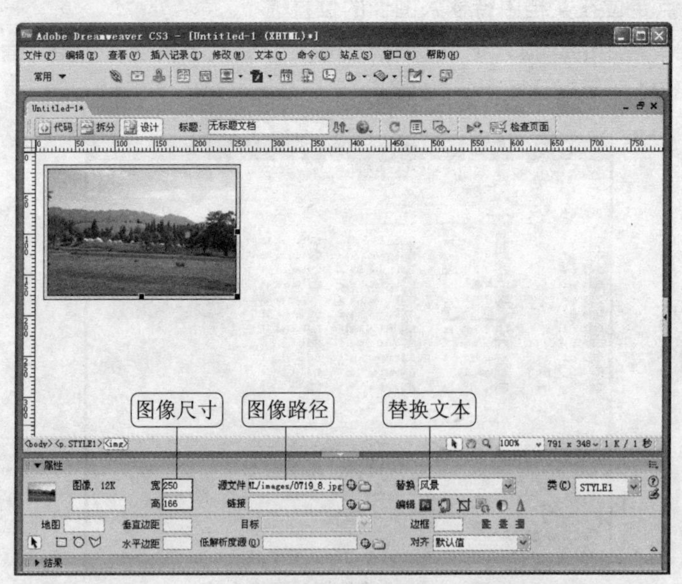

图 2-27 插入图片

除了以上所述的方法外，也可以直接拖动“常用”插入栏中的图像按钮到页面中，之后松开鼠标同样会弹出“选择图像源文件”对话框。

同理，还可以直接从 Windows 资源管理器或 Dreamweaver CS3 的“文件”面板中把图片拖入到文档窗口中。

不过需要注意的是，如果所插入文档的路径为 file://，则表明还没有保存此图片到本地站点目录中。

在图像属性面板的“编辑”区域中可以看到几个按钮，虽然只是几个简单的小按钮，但却是非常实用的。图像在网页中起着不可替代的作用，在 Dreamweaver 中可以应用图像制作出许多特效。以上功能将在网站制作实例中一一介绍。

2.5.2 图像的修改

当用户在 Dreamweaver 中插入图像后，图像标记 <img> 也会插入到 HTML 代码中。标识 <img> 带有几种属性，并且所有的属性都能显示在其“属性”面板中。一个基本图像的代码如下所示。

```
<img src="/image/ pic-1.gif" width="172" height="180">
```

Dreamweaver 将其所有的图像功能都显示在“属性”面板中。如图 2-28 所示的是选中图像的“属性”面板，其中显示了图像的缩略图及文件大小。Dreamweaver 会自动将图像文件名插入到“源文件”文本框中（像源属性一样）。要用另一个图像来代替当前选定的图像，则单击“源文件”文本框后边的“浏览文件”图标，或者双击图像。这样就会打开“选择图像源文件”对话框。当用户选定了所需文件后，Dreamweaver 会自动更新页面并改变代码。通过插入图像后打开的“属性”面板，用户能立即修改图像。

图 2-28 图像的属性面板

1. 编辑图像

Dreamweaver 虽是极好的 Web 编辑工具，但并不是一个图形编辑程序。用户经常在将图像插入 Web 页后，发现图片还需要再做些更改。Dreamweaver 允许用户指定自己的基本图形编辑器，通过执行菜单栏中的“编辑”>“首选参数”命令，在“首选参数”对话框中切换到“文件类型 / 编辑器”选项面板即可进行设置，如图 2-29 所示。

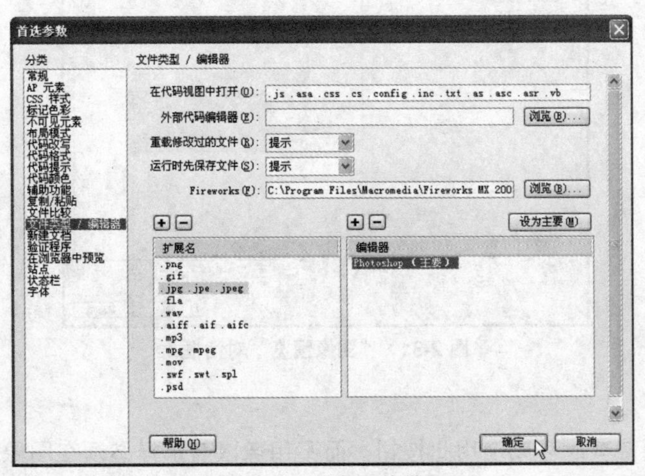

图 2-29 设置外部图像编辑器

一旦用户选定了一个图像编辑器，就可以单击“属性”面板中的“编辑”区域的“编辑”按钮，启动 Photoshop CS3 图像编辑器进行图像的编辑，如图 2-30 所示。

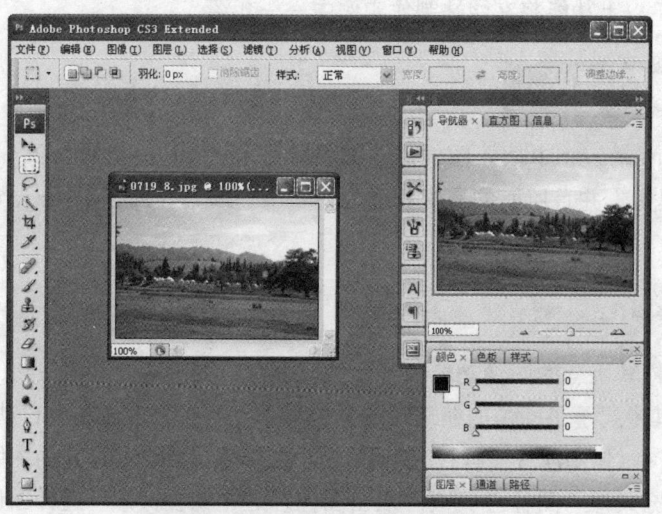

图 2-30 使用外部编辑器编辑图像

用户完成修改图片之后，保存并关闭，将跳转至 Dreamweaver。这时修改过的图形已经出现在网页中。

在属性面板中还有其他 5 种图像编辑功能：优化、裁剪、重新取样、亮度和对比度、锐化，操作都非常简单具体介绍如下。

2. 优化

如果要对图片进行优化、变化格式、使文件变小、缩放文件等操作都可以直接单击“优化”按钮，在“图像预览”对话框中进行操作，如图 2-31 所示。

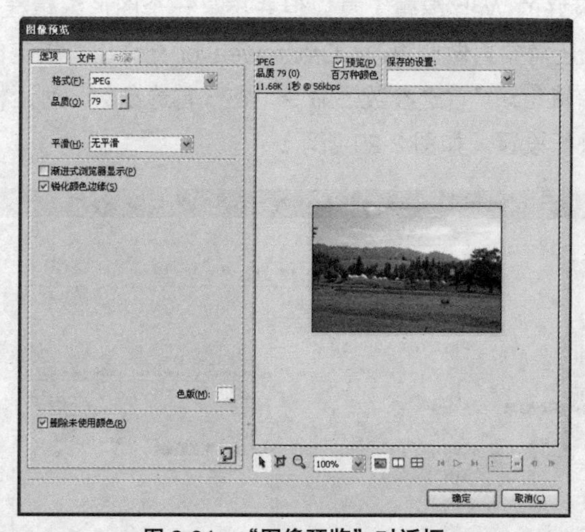

图 2-31 “图像预览”对话框

3. 裁剪

当图像尺寸需要裁剪时可以使用此按钮，而不用像以前那样必须在图像编辑器里进行操作。单击“裁剪”按钮，在图像上会出现调整角度的控制点，拖动即可，如图 2-32 所示。

图 2-32　裁剪图像大小

4．重新取样

当图像已修改过尺寸后，网页中的图像尺寸不会自动更新，仍旧是原尺寸，并且图像会变得不清楚，此时只要单击“重新取样”按钮，就可以更新尺寸了。

5．亮度和对比度

对图像亮度或对比度不满意时可以单击此按钮，会弹出“亮度 / 对比度”对话框，拖动对话框上的滑块可进行亮度或对比度的调节，如图 2-33 所示。

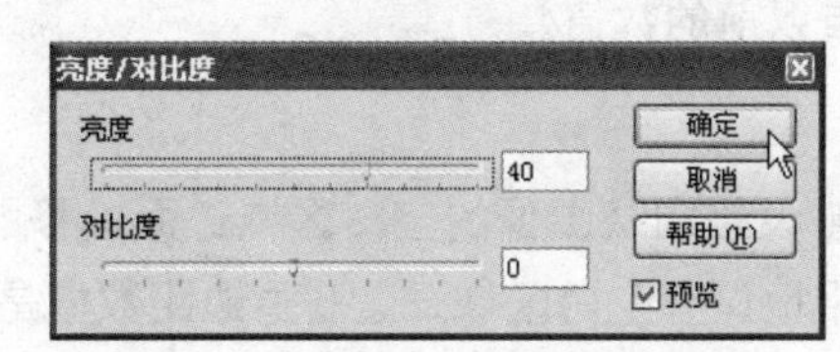

图 2-33　“亮度 / 对比度”对话框

6．锐化

当图像边缘不够清晰时，可用此按钮来调节。单击“锐化”按钮，弹出“锐化”对话框，拖动对话框上的滑块进行锐化程度的调节，如图 2-34 所示。

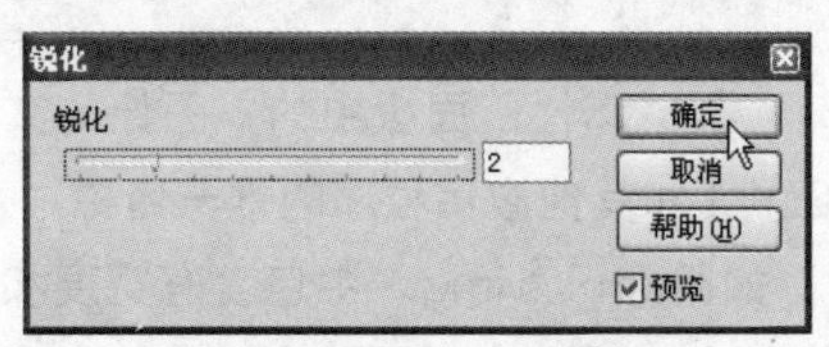

图 2-34　“锐化”对话框

7．调整高度和宽度

宽度和高度属性都是很重要的。如果预先知道插入图像的大小和形状，则创建网页的速度就会快一些。当首次载入图像时，Dreamweaver 就会读取这些属性。宽度和高度开始时是以像素进行表示并作为属性被自动插入到 HTML 代码中的。

如果高度和宽度与原始图像不一样，浏览器可以调整图像的大小。例如，用户可以在主页上载入一个基本标志，然后在后来的页面上插入一个同样但却被改变了高度和宽度数值的图像。因为只是载入图像一次，所以让浏览器重新调整其大小，这样 Web 页的下载时间就会显著减少。

重新调整图像的大小只是改变其在屏幕上的外观，文件实际大小仍保持不变。要缩小图像文件的大小，需使用一些诸如 Fireworks 或者 Photoshop 这样的图形处理软件来等比例缩小。

为了重新调整大小而输入到“属性”面板中的计量单位不但包括像素，还有英寸（in）、12 点制（pc）、点（pt）、毫米（mm）和厘米（cm）。被输入进去的数值，在数字和计量单位的缩写之间没有空格。

```
72pt
```

用户可以使用多种计量单位。例如，将图片的高度重新调整为 2 英寸 5 厘米，这样就在“属性”面板中的“高”文本框中输入如下数字：

```
2in+5cm
```

Dreamweaver 可将英寸和厘米转换成像素值再相加。度量值在不同的系统中数值也不一样，在 Macintosh 系统中一英寸等于 72 像素，在 Windows 中 1 英寸等于 96 像素。当使用混合度量单位的系统时，就只能添加数值，而不能减去数值。当按下 Tab 键或者在“高”和“宽”文本框外单击时，Dreamweaver 就会将数值变为像素。

如果通过“属性”面板来调整图像的高度或宽度，Dreamweaver 在它们各自的文本框中显示的数值为粗体。要想恢复图像的默认大小只需分别选择高度和宽度的数值，或者单击“恢复图像到原始大小”按钮来恢复各自以前的数值。

8．使用页边距

用户可以使用页边距属性来设置围绕图像的空白区域进而偏移图像。通过分别设置垂直边距和水平边距就可以垂直或者水平地调整空白区域。这些页边距数值是以像素为单位输入到图像“属性”面板中的“垂直边距”和“水平边距”文本框中的。

“垂直边距”数值在图像的上边和下边添加了同样多的空白区域；“水平边距”数值在图像的左边和右边添加了同样多的空白区域。另外这些数值必须是正值，HTML 不允许图像覆盖文本或其他图像（在层外），不像在页面布局中，“负的空白区域”是不存在的。

9．为图像命名

当用户首次插入一幅图像时，其“属性”面板中的“图像”文本框是空白的，应在这个文本框中为图像输入一个用于 JavaScript 和其他应用程序的惟一名称。

当页面正载入到 Web 中时，如果标识 <img> 中包含有宽度和高度信息，图像首先只是显示为一个空白的矩形。有时矩形中还会包括一个说明即将显示的图像的简称。用户可将这个交互式文本输入到图像“属性”面板的“替换”文本框中。

10．为图形添加边框

当用户使用 Web 页上的缩略图（图像的一系列小版本）进行工作时，可能需要很快地对它们进行分辨。“边框”属性允许用户在图形上添加一个单色的矩形边框。边框的宽度以像素为单位，颜色与用户在“页面属性”对话框中指定的页面文本的默认颜色一样。在位于图像“属性”面板下半部分的“边框”文本框中输入数值，就可显示边框；在“边框”文本框中输入数值 0，将关闭边框。

开始接触 Dreamweaver（或其他程序）进行 Web 设计的用户往往会对突然出现的围绕在图

像周围的亮蓝色边框产生疑惑。无论什么时候设置一个到图像的链接，HTML 都会自动在图像周围添加一个边框，并且颜色由“页面属性”中的链接颜色（默认为亮蓝色）决定。目前，无论何时在“链接”文本框中输入一个 URL 地址，Dreamweaver 都会将边框属性设置为“0”。如果已经声明了一个边框数值并输入一个链接，Dreamweaver 就不会再将边框设置为“0”。当然，也可以通过在“边框”文本框中输入数值来覆盖无边框选项。

11．指定低品质图像

另外一个载入 Web 页图像时的选项，就是“低解析度源”属性。这个属性用来在载入一个稍大的文件时，显示这个大图形文件的缩小版本。低品质图像文件既可以是原始文件的灰度版本，也可以是实际尺寸较小，或者是在颜色或分辨率上较低的版本，这个选项是用来减少文件大小以加快载入速度的。

单击图像“属性”面板的“低解析度源”文本框旁边的“浏览文件”图标，选择低解析度源图像文件。适用于插入一个原始图像的标准同样适用于低解析度源图像。

2.6 创建超级链接

超级链接正是 Internet 的魅力所在。为了把 Internet 上众多的网站和网页联系起来，构成一个有机的整体，就少不了超级链接。只有通过网页上的超级链接，才能真正实现网络无国界，做到真正的“互联”。

在本节中就详细介绍 Dreamweaver CS3 中创建和管理超级链接的基本操作，包括为页面中不同对象添加超级链接以及在站点地图中管理超级链接等内容的方法。

2.6.1 超级链接基础

所谓网页中的超级链接，实际上就是指从一个网页指向另外一个目标地址的连接关系。这个目标可能是一个页面，也可能是某个具体页面中的元素，还可以是一幅图片、一个电子邮件地址、一个 ZIP 文件甚至是一段应用程序等。

1．超级链接分类

具体到网页设计来说，超级链接如果按照链接范围来分的话大致可以分为如下 4 种。

- 内部链接：即建立于同一个站点内的，在不同页面之间用来相互联系的超级链接。
- 外部链接：即从该页面链接到 Internet 上其他站点的超级链接。
- 锚点链接：可以链接到该网页自身某个特定位置（锚点）的超级链接。
- 链接路径：网址或本地链接的文件夹和文件名。

既然把超级链接称为互联网之间的联系方法，那么它的具体联系方法是什么呢？答案就是下面要介绍的——路径。

2．路径分类

只有通过明了有效的路径，在页面中所建立的超级链接才能真正起到联系纽带的目的，一般来说，在一个网站中大致可包含如下 3 种路径形式。

● 绝对路径

所谓绝对路径，就是包含传输协议（一般是 http: // 或 ftp://）的完全路径。由于绝对路径包含精确地址，因此不用考虑源文件的位置。但是一旦目标文件被移动，此链接就失效了。一般来说，只有在页面中创建外部链接的时候才必须使用绝对路径。

● 和根目录相对的路径

即以站点根目录为基准的路径。和根目录相对的路径使用斜杠以告诉服务器从根目录开始。

● 和文档相对的路径

是指和当前文档所在的文件夹相对的路径，这种路径通常是最简单的路径，可以用于和当前文档处于同一文件夹下的文档。

2.6.2 创建内部超级链接

创建内部超级链接，也就是在同一个站点的不同网页之间建立一定的相互联系。在一个网页中，可以为诸如文字、图片加入内部超级链接。

下面就介绍一下在 Dreamweaver CS3 中为这些对象创建超级链接的具体方法。

1．为文本创建超级链接

如果要在 Dreamweaver CS3 中为页面中的文本对象创建超级链接，可以直接在如图 2-35 所示的文本属性面板的“链接”文本框中指定文本的链接目标，然后在“目标”下拉列表中选择目标文件打开的方式即可。

设置完成后就可以在主文档窗口中发现欲创建链接的文本已经变为蓝色，而且在文字底部出现了一条下划线，即表示对文本对象的超链接设置已完成了。

至于具体的对文本创建超链接的方法，除了直接在“链接”文本框中输入链接目标文件地址外，还可以按照如下步骤进行操作。

步骤 01 单击文本框后面的“浏览文件”按钮，弹出“选择文件”对话框，如图 2-36 所示。

步骤 02 在该对话框中，可以直接选取链接目标。

步骤 03 选中文件后，单击“确定”按钮，网页或图片等文件的名称即显示在“链接”文本框中。

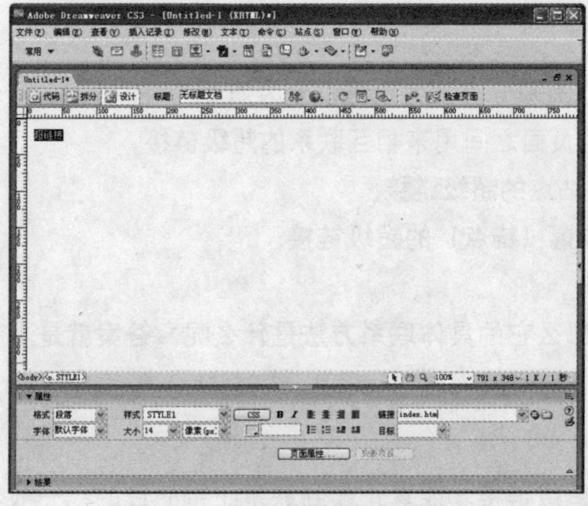

图 2-35　为文本创建超级链接

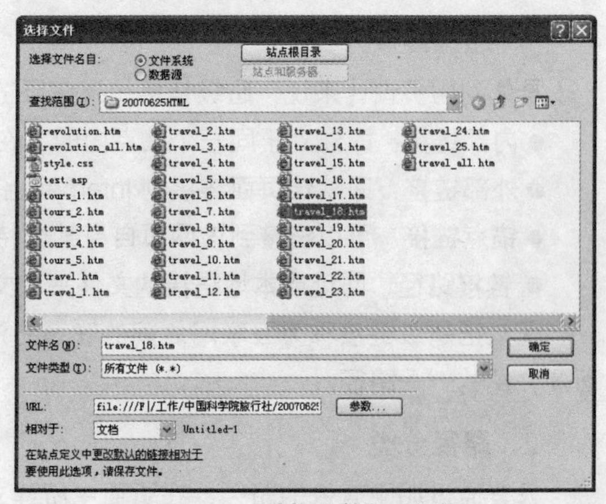

图 2-36　“选择文件”对话框

2．为图像添加超级链接

其实在 Dreamweaver CS3 中为图像创建超级链接的步骤与文本相似，只是具体图像属性面板上的参数设置多了一个“替换”文本框。

在为页面中的图像创建超级链接的时候，可以在“替换”文本框中输入图像的提示信息，即当访问者在浏览器中浏览图像的时候把光标移动到图像上，一段时间后会显示的提示信息。在 IE 浏览器中的效果如图 2-37 所示。

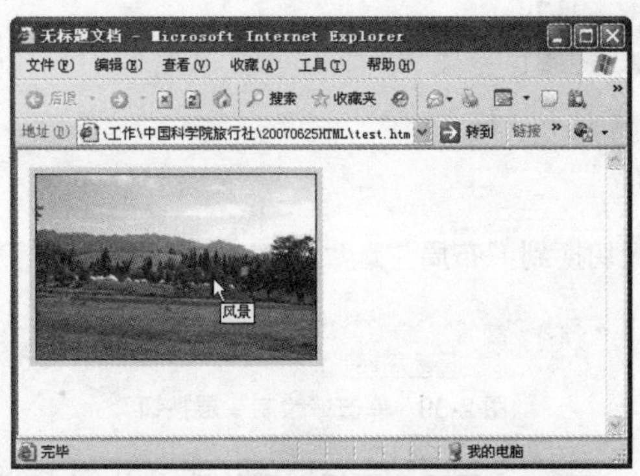

图 2-37　图片“替换”属性的提示信息

3．创建电子邮件链接

在网页上创建电子邮件链接，可以方便访问者反馈意见。访问者只需要单击页面上的电子邮件链接即可启动其机器默认的邮件发送客户端程序。

在 Dreamweaver CS3 中，可以使用以下两种方法在页面中创建电子邮件链接。

方法一　使用插入电子邮件链接对象

步骤 01 将插入点置于文档窗口中欲显示电子邮件链接的地方，或者选定页面中的文本。

步骤 02 单击位于“插入”面板的“常用”类别的“电子邮件链接”按钮或者直接执行菜单栏中的“插入记录”>“电子邮件链接”命令，弹出如图 2-38 所示的对话框。

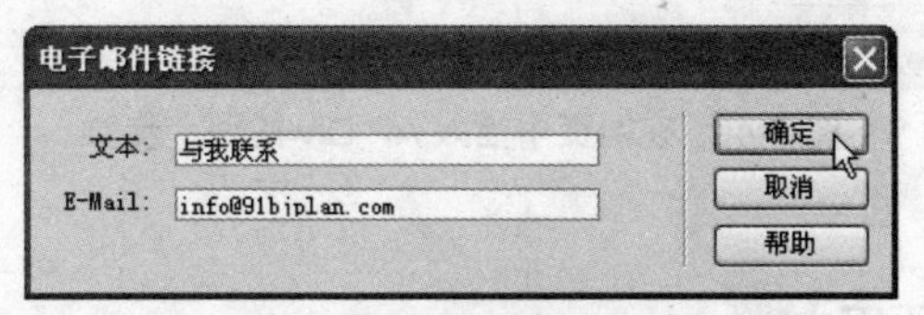

图 2-38　“电子邮件链接”对话框

步骤 03 如果未在主文档窗口中选定文本，则可在该对话框的“文本”文本框内输入所需文本，在“E-Mail”文本框中输入电子邮件地址。

步骤 04 设置完成后单击“确定”按钮，页面中即插入了一个电子邮件链接。

方法二　使用属性面板

在 Dreamweaver CS3 中使用属性面板也可以在页面中创建电子邮件链接，方法是：首先在主文档窗口选中需要创建电子邮件链接的文本或图片，然后在属性面板的“链接”的文本框中输入“mailto：”+ 电子邮件地址，最后在“目标”下拉列表中选中网页的打开方式，这样就在页面中创建了电子邮件的超级链接。

2.7 应用AP Div

除了表格，在 Dreamweaver CS3 中 AP Div（以前版本称为“层”）也是网站设计者应用得最为广泛的元素之一。在 AP Div 中，可以随意插入文本、图像、插件。

另外，在 Dreamweaver CS3 的主文档窗口中，可以自由地移动 AP Div，这正是它的魅力所在。

2.7.1 创建AP Div

在页面中插入层的方法有以下 4 种。

1．使用插入面板

步骤 01 将“插入”面板切换到“布局”选项栏，单击“绘制 AP Div”按钮，如图 2-39 所示。

图 2-39　单击“绘制”层按钮

步骤 02 光标形状变为十字形，在页面中要插入层的地方拖出矩形区域即可，如图 2-40 所示。

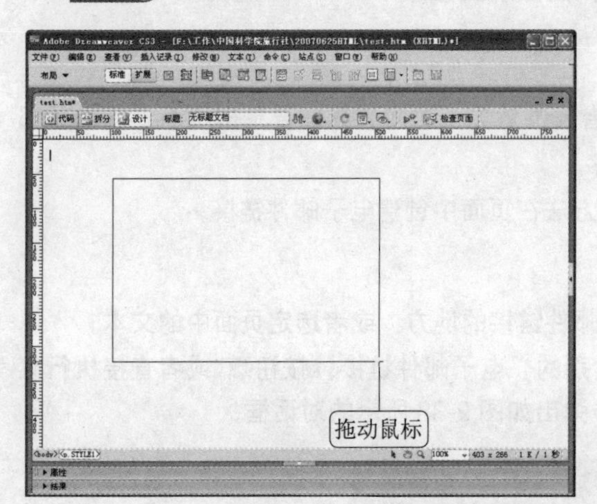

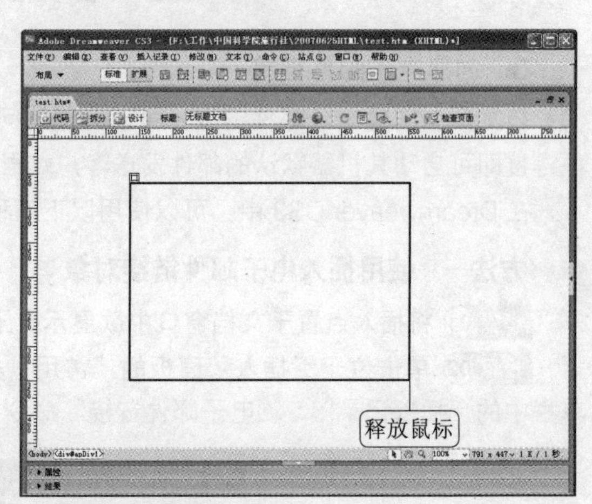

图 2-40　在网页中插入 AP Div 的两个步骤

2．使用菜单指令

步骤 01 将插入点置于页面中。

步骤 02 执行菜单栏中的“插入记录”>“布局对象”>“AP Div”命令，就可以在页面中插入一个 AP Div。AP Div 的大小是在“首选参数”对话框中设置的默认大小。

此外，直接将“插入”面板上的“绘制 AP Div”按钮拖到页面中，也可以在页面中插入一个默认大小的 AP Div。

3．插入多个 AP Div

如果要在页面中依次插入多个 AP Div，则需在按住 Ctrl 键的同时，单击“插入”面板上的“绘制 AP Div”按钮，在页面中多次拖动鼠标便可以在页面中一次插入多个 AP Div。

每在页面中插入一个 AP Div，就会在页面的左上方出现一个 AP 元素的锚点。如果页面中有多个 AP Div，这些标记就会依次排列。

如果绘制了 AP Div 却看不到 AP 元素的锚点，可以执行菜单栏中的"查看">"可视化助理">"不可见元素"命令，来显示不可见元素。

单击 AP Div 或这些 AP 元素的锚点都可以选定 AP Div，选定 AP Div 后，只需按下 Delete 键就可以删除 AP Div。如果一次要删除多个 AP Div，按住 Shift 键的同时连续选定多个 AP 元素的锚点，然后按下 Delete 键即可。

如图 2-41 所示为在页面中一次绘制 5 个 AP Div，在页面的左上角出现 5 个 AP 元素的锚点。

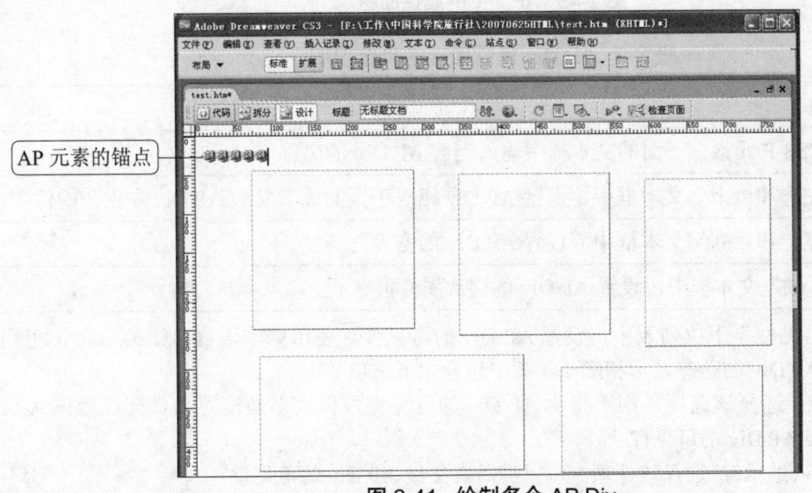

图 2-41　绘制多个 AP Div

4. 创建嵌套 AP Div

创建嵌套 AP Div 就是在一个 AP Div 内插入另外的 AP Div，其主要步骤如下。

步骤 01 将插入点定位在某 AP Div 内。

步骤 02 执行菜单栏中的"插入记录">"布局对象">"AP Div"命令或者将"插入"面板"布局"下的"绘制 AP Div"按钮拖到该 AP Div 内即可。如图 2-42 所示为创建嵌套 AP Div 的例子，可以看到嵌套 AP Div 的 AP 元素的锚点显示在外层 AP Div 的左上角。

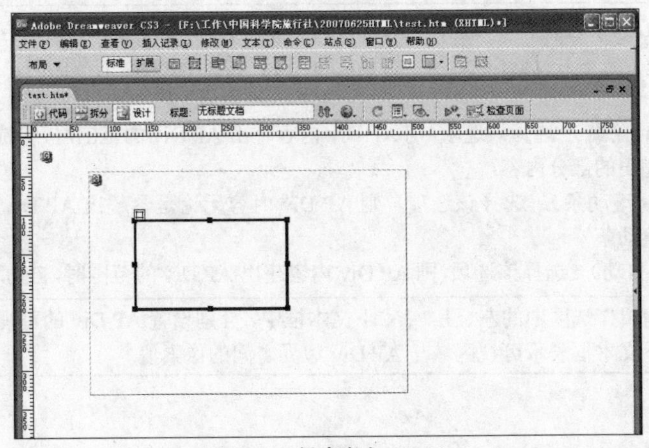

图 2-42　创建嵌套 AP Div

2.7.2 设置AP Div

设置 AP Div 需要在 AP Div 的属性面板中进行，AP Div 属性面板如图 2-43 所示。通过表 2-6 分别介绍属性面板上的各个选项。

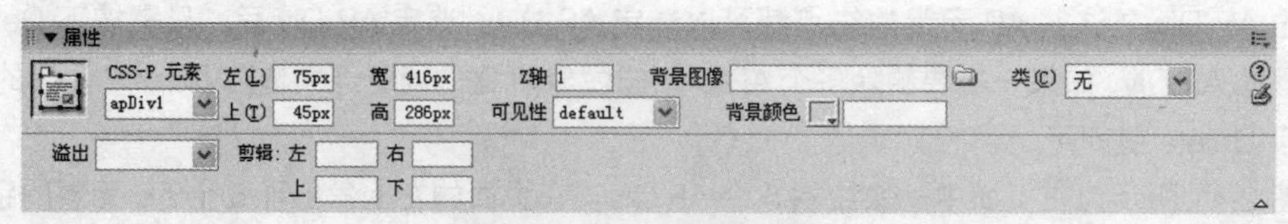

图 2-43 AP Div 的属性面板

表 2-6 AP Div 属性面板的具体说明

选 项	说 明
CSS-P 元素	在“CSS-P 元素”下面的文本框中输入当前 AP Div 的名称
左、上	在“左”和“上”文本框中，设置 AP Div 相对于页面或其父级 AP Div 左上角的位置
宽、高	在“宽”和“高”文本框中，设置 AP Div 的宽度与高度
Z 轴	在“Z 轴”文本框中，设置 AP Div 的层次属性值
可见性	在“可见性”下拉列表中，设置 AP Div 的可见性。使用脚本语言（如 JavaScript）可以控制 AP Div 的动态显示和隐藏。其中包含如下选项 default：选择该选项，则不指明 AP Div 的可见性，但大多数浏览器都会继承该 AP Div 的父级 AP Div 的可见性 inherit（继承）：选择该选项，可以继承其父级 AP Div 的可见性 visible（显示）：选择该选项，可以显示 AP Div 及其包含的内容，无论其父级 AP Div 是否可见 hidden（隐藏）：选择该选项，可以隐藏 AP Div 及其包含的内容，无论其父级 AP Div 是否可见
背景图像	在“背景图像”文本框中输入 AP Div 背景图像的名称和路径。可以单击文本框后面的“浏览文件”图标选择本地磁盘中的图像作为背景
背景颜色	单击“背景颜色”按钮，设置 AP Div 的背景颜色
类	在“类”下拉列表中，可以选择已经设置好的 CSS 样式或新建 CSS 样式
溢出	在“溢出”下拉列表中，选择当 AP Div 内容超出 AP Div 尺寸时的处理方式。包括如下选项。 visible（显示）：选择该选项，则 AP Div 内容超出 AP Div 的范围时，可自动增加 AP Div 尺寸 hidden（隐藏）：选择该选项，则 AP Div 内容超出 AP Div 的范围时，保持 AP Div 尺寸不变，隐藏超出的部分内容 scroll（滚动条）：选择该选项，则 AP Div 内容无论是否超出 AP Div 的范围，都会自动增加滚动条 auto（自动）：选择该选项，则 AP Div 内容超出 AP Div 的范围时，自动增加滚动条（默认）
剪辑	在“剪辑”选区中的左、上、右、下文本框中，分别设置 AP Div 的可视区域，其中左、上、右、下文本框表示可视区域与 AP Div 边界之间的像素值

2.7.3 显示AP元素面板

AP 元素面板用于管理文档中的 AP Div。执行菜单栏中的“窗口”>“AP 元素”命令，即可显示或隐藏 AP 元素面板，如图 2-44 所示。

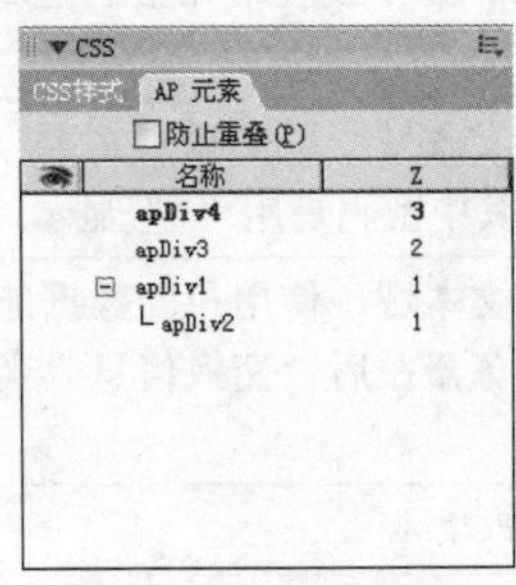

图 2-44 AP 元素面板

在 AP 元素面板，文档中的 AP Div 都显示在 AP Div 列表中。如果存在嵌套 AP Div，则以树状结构显示 AP Div 的嵌套。利用 AP 元素面板可以完成如下几项任务。

- 在选定 AP Div 的列单击可显示或隐藏所有 AP Div。如果该列显示了一个睁开眼睛图标，表示显示该 AP Div；如果该列显示了一个闭合眼睛图标，表示关闭该 AP Div；如果此处不显示任何图标，表示该 AP Div 的可见性将继承其父 AP Div 的显示属性（默认）。
- 在 AP Div 的名称处双击可修改 AP Div 的名称。
- 在 Z 列单击可修改 AP Div 的 AP Div 次属性值。
- 如果选中“防止重叠”复选框，表示在创建 AP Div 时禁止各 AP Div 重叠。如果需要创建嵌套 AP Div，务必取消勾选该复选框。

2.8 创建表单

使用表单能收集访问者的信息，如订单、加入会员等。但使用表单有两个要求：一个是描述表单的 HTML 源代码，另一个是处理用户在 HTML 中创建的表单中输入信息的服务器端或客户端应用程序。

用户可以使用 Dreamweaver CS3 创建表单样式，并验证输入信息的正确性（可以使用行为进行设置）。但必须使用文本编辑器书写处理表单数据的脚本，如 JavaScript、VBScript 等应用程序。不过，由于 Dreamweaver CS3 有扩充功能，从相关网站下载一些必要的扩充功能，就可以让 Dreamweaver CS3 自动生成表单处理程序，用户只要知道如何使用就可以了。

2.8.1 认识表单对象

在 Dreamweaver CS3 中，选择“插入”面板中的“表单”，如图 2-45 所示，然后单击要插入的表单元素按钮。或者执行菜单栏中的“插入记录”>“表单”命令，在其级联菜单中选择适当的表单选项进行插入。

图 2-45 表单面板

表单插入面板由 18 个元素组成，下面通过表 2-7 来认识一下。

表 2-7　表单插入面板的具体说明

选　项	说　明
表单	在文档中插入一个存放表单元素的区域。在源代码中以 <form>...</form> 为标记
文本字段	插入表单中的文本域，用来输入文本、数字和字母。可以以单行、多行和密码形式显示。其中密码是用“*”显示，具体内容不可见
隐藏域	在文档中插入文本域，使用户的数据能够被隐藏在那里。使用隐藏域可以实现浏览器与服务器在后台交换信息，当下次访问该站点时能够使用输入的这些信息
文本区域	以多行形式输入文本
复选框	是在表单域里插入的复选框，表示在表单中允许用户从一组选项中选择多个选项
单选按钮	是在表单里插入的单选按钮，表示在一组选项中一次只能选择一个选项
单选按钮组	是在表单里一次可以插入的多组单选按钮，表示在一组选项中一次只能选择一个选项
列表 / 菜单	在表单中插入列表或菜单。列表可以以列表的方式显示一组选项，根据设置的不同用户可以在其中选择一项或多项。列表的一种特例是下拉列表。它平常显示的是一行，单击下拉按钮可以展开列表，并允许进行单项选择
跳转菜单	在文档的表单中插入一个导航条或者弹出式菜单，也可以为链接文档插入一个表单
图像域	在表单中插入图像
文件域	在表单中插入一个空白文本域或“浏览”按钮。文件域允许用户在硬盘上浏览文件和更新表单中的数据文件
按钮	在表单中插入一个文本按钮，最常用的是“提交”按钮或是“复位”按钮。单击按钮可以执行某一个脚本或程序
标签	在文档中给表单加上标签，以 <label>...</label> 形式开头和结尾
字段集	在文本中设置文本标签
Spry 验证文本域	Spry 验证文本域构件是一个文本域，该域用于在站点访问者输入文本时显示文本的状态（有效或无效）
Spry 验证文本区域	Spry 验证文本区域构件是一个文本区域，该区域在用户输入几个文本语句时显示文本的状态（有效或无效）。如果文本区域是必填域，而用户没有输入任何文本，该构件将返回一条消息，提示必须输入值
Spry 验证复选框	Spry 验证复选框构件是 HTML 表单中的一个或一组复选框，该复选框在用户选择（或没有选择）时会显示构件的状态（有效或无效）
Spry 验证选择	Spry 验证选择构件是一个下拉菜单，该菜单在用户进行选择时会显示构件的状态（有效或无效）

认识了表单，那么创建和使用表单时就可以根据需要进行选择。表单是动态网页的灵魂，读者要好好掌握。

2.8.2 创建和使用表单

在网页中添加表单对象，如文本区域、按钮等，首先必须创建表单区域。表单区域属于不可见的元素。在 Dreamweaver CS3 中，当页面处于“设计”视图时，用红色的虚轮廓线表示表单区域。如果没有看到此轮廓线，请检查是否选中了“查看”>“可视化助理”>“隐藏所有”命令，如果选中了请取消。启动 Dreamweaver CS3，新建一个网页。

步骤 01 选择“插入”面板中的“表单”栏，然后在文档中将插入点置于需要插入表单的地方。

步骤 02 单击“表单”栏下的“表单”按钮，此时会在网页中见到一个红色虚线框所围起来的表单区域，往后的其他表单组件都必须插入到这个红色的虚线框中才能起作用，如图 2-46 所示。

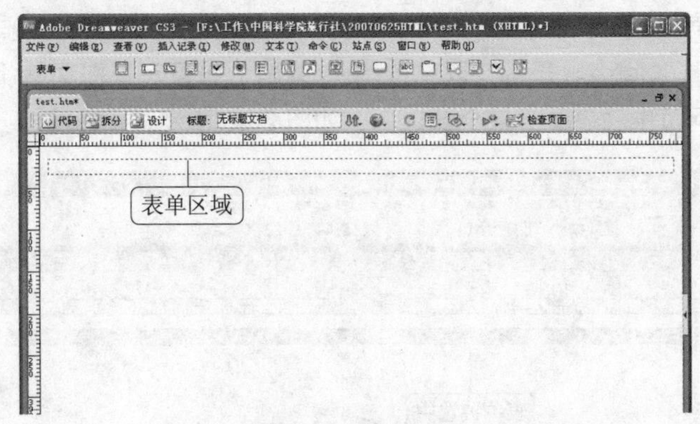

图 2-46 插入表单

步骤 03 选中表单区域，此时显示出表单属性面板，在属性面板上可以设置表单的各项属性，如图 2-47 所示。

图 2-47 表单属性面板

表单属性面板中选项的详细介绍如表 2-8 所示。

表 2-8 表单属性面板的具体说明

选 项	说 明
表单名称	可以在此文本框中输入表单名称，以方便以后程序控制
动作	在文本框中指定处理该表单的动态页或脚本的路径。既可以在文本框中输入完整路径，也可以单击后面的“浏览文件”按钮查找到包含该脚本或应用程序页的适当文件夹
目标	“目标”下拉列表指定一个窗口，在该窗口中显示调用程序所返回的数据。如果命名的窗口尚未打开，则会打开一个具有该名称的新窗口。目标值有 _blank：在未命名的新窗口中打开目标文档 _parent：在显示当前文档的窗口的父窗口中打开目标文档 _self：在提交表单所使用的窗口中打开目标文档 _top：在当前窗口的窗体内打开目标文档，此值可用于确保目标文档占用整个窗口，即使原始文档显示在框架中

（续表）

选　项	说　明
方法	在下拉列表中，选择需要设置表单数据发送的方法，其“方法”如下。 POST：表示将表单数据发送到服务器时，以 POST 方式请求 GET：表示将表单数据发送到服务器时，以 GET 方式请求 默认：使用浏览器的默认设置将表单数据发送到服务器。通常，默认方法为 GET 方法
MIME 类型	在弹出的菜单中，指定提交给服务器进行处理的数据使用 MIME 编码类型。 默认设置为 application/x-www-form-urlencoded，与 POST 方法一起使用。如果要创建文件上传域，请指定 multipart/form-data MIME 类型

设置完成属性面板，一个表单就创建完成了。如果读者清楚它的属性，那么使用它制作一个提交表单网页是不会有问题的。

表单在 HTML 中是 <form> 开头，以 </form> 结尾，如果在视图面板下面的导航条上单击 <form> 标签，那么网页中的表单会被全部选中，如图 2-48 所示。

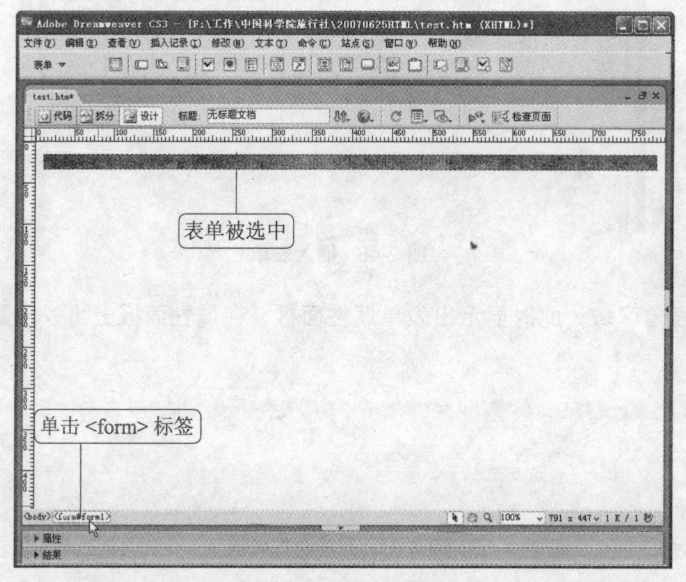

图 2-48　选中的表单

建立表单的目的就是为了在表单中插入表单对象，使表单对象可以实施表单行为。

2.8.3　常用表单的使用

1．文本字段

文本字段能让用户在其中输入响应的表单对象，创建单行文本字段和密码文本字段可按如下步骤进行。

步骤 01 将插入点置于表单红线轮廓内。

步骤 02 单击“插入”面板上的“文本字段”按钮，弹出“输入标签辅助功能属性”对话框，在“ID”文本框中输入“email”；在“标签文字”文本框中输入“E-mail:”，其余保持默认设置，如图 2-49 所示。

步骤 03 单击“确定”按钮，在插入点处插入了一个文本字段，如图 2-50 所示。

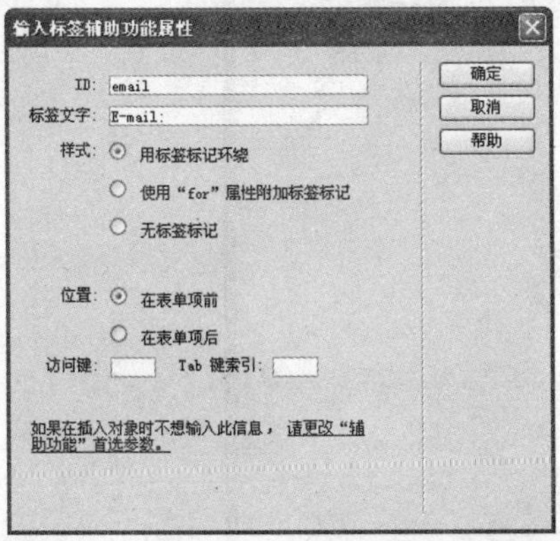

图 2-49 “输入标签辅助功能属性”对话框

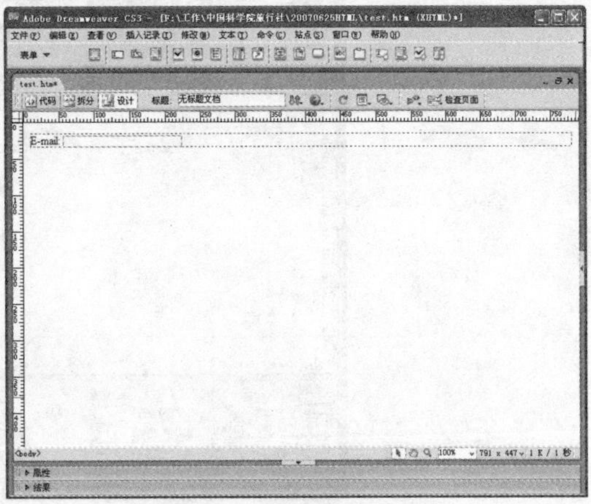

图 2-50 插入的文本字段

步骤 04 在视图文档中，选中插入的文本字段，属性面板如图 2-51 所示。

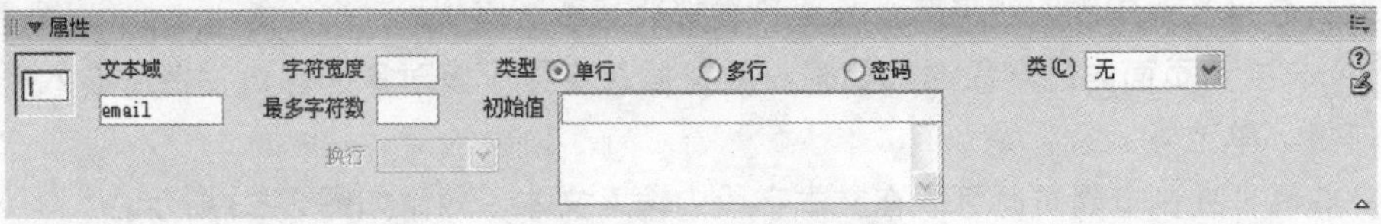

图 2-51 文本域属性面板

步骤 05 属性面板中“文本域”下面的文本框中显示了刚才输入的 ID。所选名称必须在该表单内惟一标识该文本字段内。表单对象名称不能包含空格或特殊字符。可以使用字母数字字符和下划线（_）相组合。请注意，分配给“文本域”的标签是将存储该字段的值（输入的数据）的变量名，这是发送给服务器进行处理的值。

在“字符宽度”文本框中，要输入的是字符宽度，它要执行下列操作之一。

- 接受默认设置，将文本字段的长度设置为 20 个字符。
- 指定文本字段的最大长度。文本字段的最大长度是指该域一次最多可显示的字符数。例如，如果“字符宽度”设置为 20（默认值），而用户输入 100 个字符，则在该文本字段中只能看到其中的 20 个字符。请注意，虽然无法在该字段中看到这些字符，但字段对象可以识别它们，而且它们会被发送到服务器中进行处理。如果文本超过字段的字符宽度，将滚动显示。

步骤 06 在“最多字符数”文本框中，输入文本字段中允许输入的最大字符数目，该值用于限定用户可在文本字段中输入的最大字符数。这个值定义文本字段的大小限制，而且用于验证该表单。如果将“最多字符数”保留为空白，则用户可以输入任意数量的文本。

步骤 07 在“类型”选项中，可选择文本字段的类型，包括“单行”、“多行”和“密码”。如果选择“密码”选项，在浏览网页时输入的文本以“*”显示，文本内容不可见，如图 2-52 所示。如果选择“多行”选项，文本字段右侧和下方出现滚动条，输入内容超过显示范围时，滚动条就会起作用。

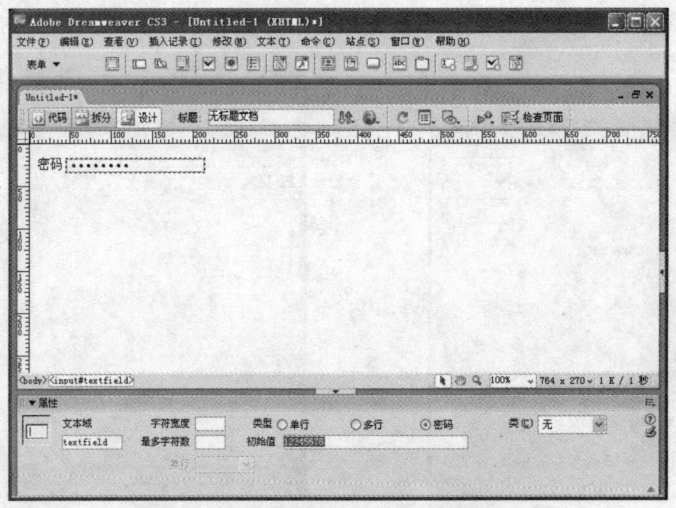

图 2-52　设置密码后输入的文本显示为“*”

步骤 08 如果希望在字段中显示默认文本值，就在属性面板的“初始值”文本框中输入默认文本。当打开带有该文本字段的网页时，文本将出现在文本字段中。

步骤 09 若要为页面内的字段添加标签，就将插入点置于该对象的旁边，然后输入任意文本，如姓名、年龄、单位等。

创建完成后，在浏览网页时可以在文本字段中输入文本，效果如图 2-53 所示。

2．创建复选框

若要插入复选框可按如下步骤进行。

步骤 01 将插入点置于表单红线轮廓内。

步骤 02 单击“表单”插入面板的“复选框”按钮，此时打开“输入标签辅助功能属性”对话框，如图 2-54 所示。在“标签文字”文本框中可以输入复选框前面的说明文字，如“音乐”，在其他选项中可以根据需要进行选择，它们都是与程序相关的设置。

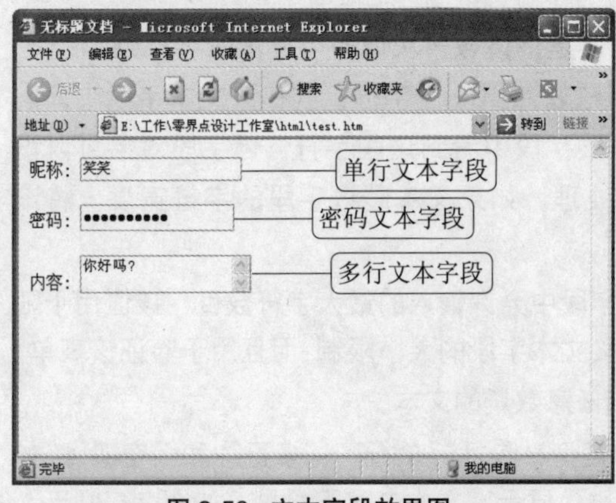

图 2-53　文本字段效果图

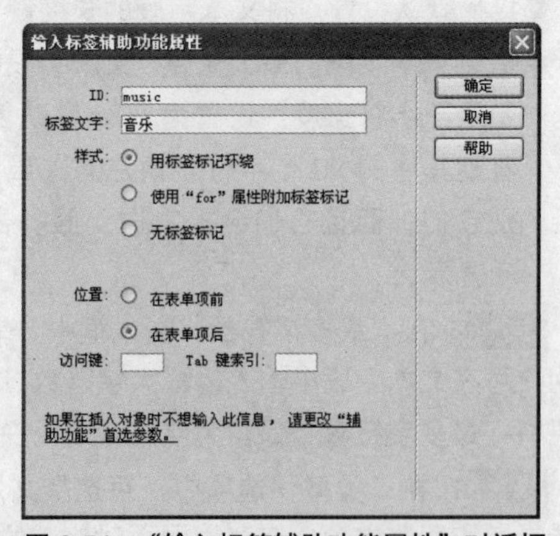

图 2-54　“输入标签辅助功能属性”对话框

步骤 03 单击“确定”按钮，在网页编辑窗口插入点处已插入一个复选框。可以连续插入多个复选框，完成后如图 2-55 所示。

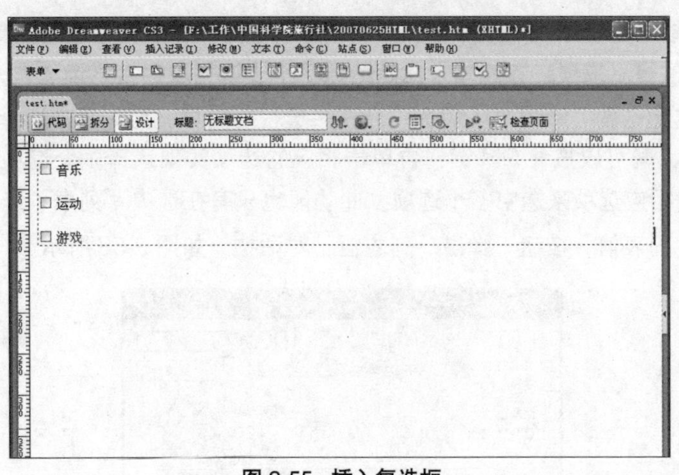

图 2-55 插入复选框

步骤 04 选择编辑窗口中的复选框，执行菜单栏中的“窗口”>“属性”命令，打开属性面板，如图 2-56 所示。

图 2-56 复选框属性面板

步骤 05 在“复选框名称”文本框中，可输入复选框的名称。

步骤 06 在“选定值”文本框中，输入复选框的输入控件的值，该值可以被提交到服务器上，以便被应用程序执行。

步骤 07 在“初始状态”栏中，设置复选框的初始状态，其中，“已勾选”单选按钮表示复选框初始状态下被选中；“未选中”单选按钮表示复选框初始状态下未被选中。

3．建立滚动列表

滚动列表可以在有限的空间中显示多个选项。用户可以滚动整个列表，并选择其中的多个项。按下面步骤创建滚动列表。

步骤 01 将插入点置于表单红线轮廓内。

步骤 02 单击“表单”插入面板的“列表 / 菜单”按钮，打开“输入标签辅助功能属性”对话框，单击“确定”按钮，直接在插入点处插入一个列表。

步骤 03 选中列表框，其属性面板如图 2-57 所示。

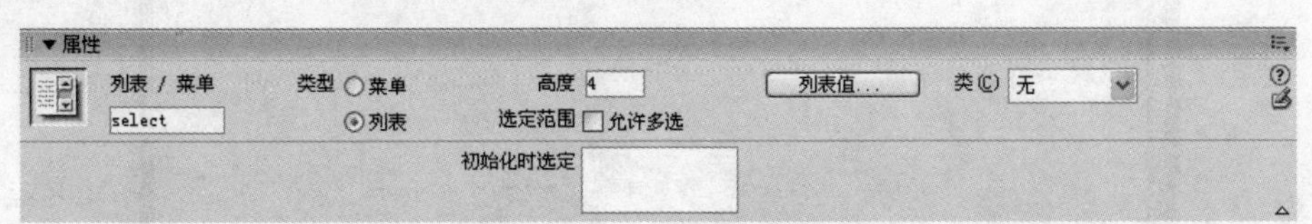

图 2-57 列表 / 菜单属性面板

步骤 04 在“列表 / 菜单”文本框中，可输入该列表的一个惟一名称。在“类型”栏中，单击“列表”单选按钮，则创建的列表框为平铺列表形式。

步骤05 只有选中“列表”单选按钮时，才可在“高度”文本框中进行编辑。输入一个数字，指定该列表将显示的行（或项）数。如果指定的数字小于该列表包含的选项数，则会出现滚动条。

步骤06 在“选定范围”选项中，勾选“允许多选”复选框，允许用户选择该列表中的多个选项。在浏览网页时，既可以按住 Ctrl 键，再单击相应的选项实现选择多个选项，也可以按住键盘的 Shift 键，再单击相应选项来选中多个选项。此功能也只有在选中“列表”选项时，才可编辑。

步骤07 单击“列表值”按钮，弹出“列表值”对话框，如图 2-58 所示。

图 2-58 “列表值”对话框

如果要输入列表项目，那么就将插入点置于“项目标签”区域中，然后输入要在该列表中显示的文本。单击加号（+）按钮，可加入多个文本项目；单击减号（-）可以删除文本项目。

步骤08 在“值”区域内，显示了每个选项对应的值，这些值是用户选择该项时将发送到服务器的数据，将被应用程序或脚本所调用。

步骤09 设置完成后，单击“确定”按钮，返回至属性面板。创建的列表项目显示在“初始化时选定”列表框中，如图 2-59 所示。

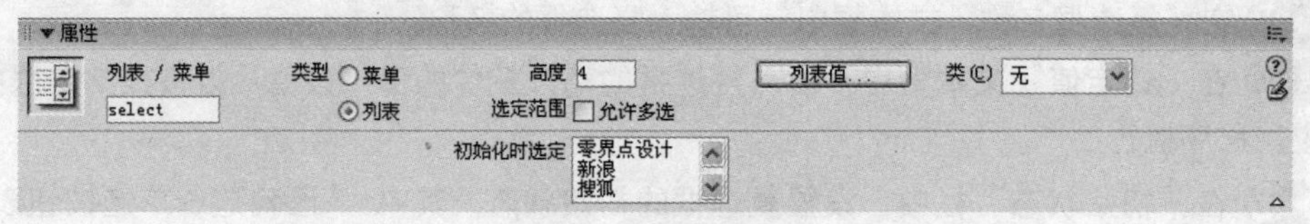

图 2-59 列表项目显示

步骤10 滚动列表设置完成，在网页中显示的结果如图 2-60 所示。

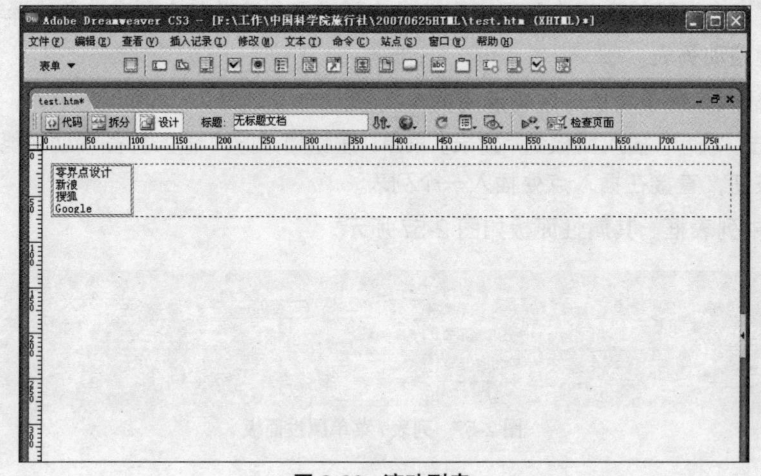

图 2-60 滚动列表

2.8.4 文本按钮

文本按钮是标准的浏览器默认的按钮样式，它包含需要显示的文本，如提交、复位、发送等。若要创建文本按钮，可按如下步骤操作。

步骤 01 将插入点置于表单红线轮廓内要插入按钮的地方。

步骤 02 单击“插入”面板的“按钮”按钮，打开“输入标签辅助功能属性”对话框，单击“确定”按钮，此时在插入点处插入一个按钮，如图 2-61 所示。

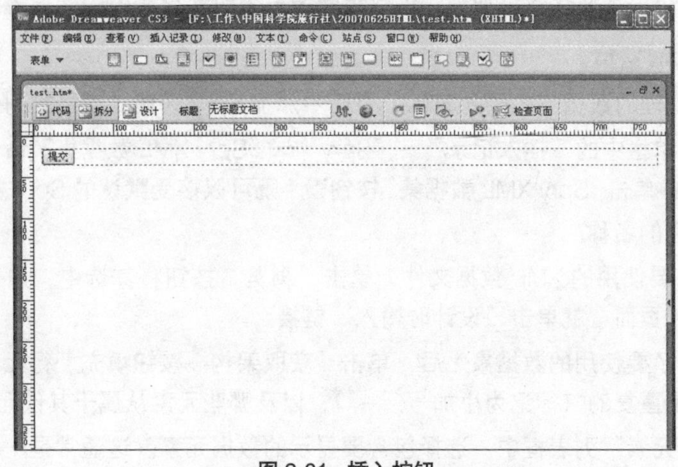

图 2-61 插入按钮

步骤 03 选中在表单中插入的按钮，按钮属性面板如图 2-62 所示。

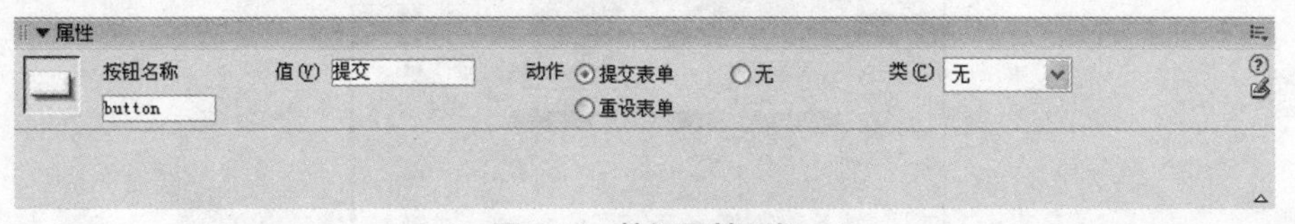

图 2-62 按钮属性面板

步骤 04 在“按钮名称”下面的文本框中，可输入按钮名称。请注意，系统有两个保留的名称提交，它提交表单数据进行处理；重置，它将所有表单字段重设为其原始值。

步骤 05 在“值”文本框中，输入希望在该按钮上显示的文本。

步骤 06 在“动作”栏中，可选择按钮的行为，可用的动作有以下 3 种。

- 提交表单：选择该单选按钮，表示将当前按钮设置为一个提交类型的按钮。单击该按钮，可以将表单中的内容提交给服务器进行处理。
- 重设表单：选择该按钮类型，表示将当前的按钮设置为复位按钮。单击该按钮时，重设表单。
- 无：选择该单选按钮后，单击当前按钮时，将根据处理脚本激活一种操作。若要指定某种操作，就从文档窗口的状态栏中选择表单标签，并显示表单的属性面板。在弹出式菜单中，选择处理该表单的脚本或页面。

步骤 07 如果表单设置好了，那么插入按钮、设置动作及浏览网页时就可以提交表单信息了。

表单还有一些类似的元素，如“单选按钮”、“单选按钮组”、“跳转菜单”等也是制作表单时经常用到的。可以根据以上的操作步骤，尝试对其他几个表单元素进行操作，使用方法基本相同。

2.8.5 使用Spry显示数据

使用 Spry 框架可以插入数据对象，以允许用户从浏览器窗口中以动态方式与页面快速交互。例如，可以插入一个可排序的表格，无需执行整页刷新，就可以重新排列该表格，或在表格中通过 Spry 动态表格对象来触发页面上其他位置的数据更新。

为此，需要首先在 Dreamweaver 中标识一个或多个包含数据的 XML 源文件（"Spry 数据集"），然后插入一个或多个 Spry 数据对象以显示此数据。当用户在浏览器中打开该页面时，该数据集会作为 XML 数据的一个扁平面化数组加载，该数组就像一个包含行和列的标准表格。

1. Spry XML 数据集

必须先确定要处理的数据，才能向 HTML 页面中添加 Spry 区域、表格或列表。

步骤 01 执行菜单栏中的"插入记录" > "Spry" > "Spry XML 数据集"命令，或者在"插入"面板的"Spry"类别中单击"Spry XML 数据集"按钮。既可以接受默认的 Spry 数据集名称"ds1"，也可以输入更有意义的名称。

步骤 02 如果有要使用的 XML 数据文件，单击"浏览"按钮将其选中。如果希望使用测试服务器上的示例源设计页面，就单击"设计时输入"链接。

步骤 03 在确定了要使用的数据集之后，单击"获取架构"按钮填充"行元素"列表框。此列表框显示哪些元素是重复的（标记为小加号"+"），以及哪些元素从属于其他元素（缩进）。

步骤 04 在"行元素"列表框中，选择包含要显示的数据元素。这通常是一个具有几个从属字段（如 name、category 和 descheader）的重复节点（如 product），如图 2-63 所示。

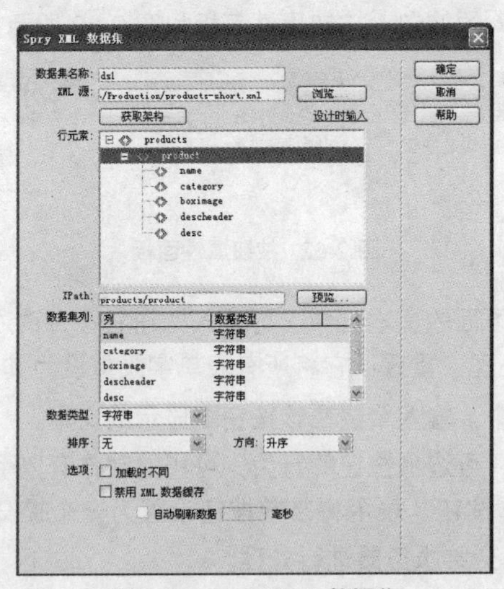

图 2-63 Spry XML 数据集

步骤 05 XPath 文本框中会显示一个表达式，指示所选节点在 XML 源文件中的位置。

注 意

Xpath（XML 路径语言）是一种语法，用于确定 XML 文档各部分的位置。大多数情况下，Xpath 用作 XML 数据的查询语言，这与 SQL 语言用于查询数据库一样。

步骤 06 要查看数据在浏览器中的外观，可单击“预览”按钮。这时会显示 XML 数据文件中的前 20 行，每一行对应一个元素。最好将字段定义为特定类型（如数值），以允许对所输入的数据进行验证或者定义特定的排序顺序。如果要更改任何元素的数据类型，就在“数据集列”列表框中选择该元素，然后从“数据类型”下拉列表中选择另一个值。

步骤 07 如果希望在加载数据时自动排序数据，就从“排序”下拉列表中选择一个元素。如果后来插入一个具有不同排序顺序的可排序 Spry 表格，则该排序顺序的优先级高。从“方向”下拉列表中选择“升序”或“降序”以指示要执行的排序类型。

步骤 08 为了确保没有重复列，需选择“加载时不同”选项。如果希望直接从服务器中加载数据，就选择“禁用 XML 数据缓存”选项。默认情况下，Spry XML 数据集会加载到用户计算机的本地缓存中以改善性能，但是如果数据频繁变化，这种方法则没有优势。

步骤 09 勾选“自动刷新数据”复选框并输入一个毫秒值。勾选了此复选框后，系统会以指定的间隔，自动用服务器中的数据刷新数据集内的 XML 数据。这对于频繁变化的数据非常有用。单击“确定”按钮将该数据集与页面关联。

注 意

当定义 Spry 数据集时，系统会向文件中添加用来标识 Spry 资源（xpath.js 和 SpryData.js 文件）的不同代码行。请不要删除此代码，否则 Spry 数据集函数将无法运行。

2. Spry 区域

Spry 框架使用两种类型的区域：一个是围绕数据对象（如表格和重复列表）的 Spry 区域；另一个是 Spry 详细区域，该区域与主表格对象一起使用时，可允许对 Dreamweaver 页面上的数据进行动态更新。

所有的 Spry 数据对象都必须包括在 Spry 区域中。默认情况下，Spry 区域位于 HTML <div> 容器中。如果要添加详细区域，通常需要首先添加主表格对象，然后选择“更新详细区域”选项。详细区域中惟一不同的特定值就是“插入 Spry 区域”对话框中的“类型”选项。

3. Spry 表格

有两种类型的 Spry 表格：一个是简单表格，另一个是主动态表格，主动态表格与详细区域绑定，以允许动态更新 Dreamweaver 页面上的数据。

如果要创建简单表格，则可以将一列或多列设置为可排序，并为各个表格元素定义 CSS 样式。

创建动态主表格的过程与创建简单表格的过程相同，但是使用主表格，可以将动态详细区域绑定到主表格。这样，当用户单击主表格中的某一行时，详细区域中的数据会进行动态更新。

要构建 Spry 主动态表格，应首先插入一个主表格以显示用来触发动态变化的数据，然后插入一个详细区域以包含发生变化的数据。

4. Spry 重复区域

用户可以添加重复区域来显示数据。重复区域是一个简单数据结构，可以根据需要设置它的格式以显示数据。例如，如果用户有一组照片缩略图，可将它们逐个顺序地放在页面布局对象（如 AP div 元素）中。

2.8.6 使用Spry验证表单

1. Spry 验证文本域

Spry 验证文本域构件是一个文本域，该域用于在站点访问者输入文本时显示文本的状态（有效或无效）。例如，可以向访问者输入电子邮件地址的表单中添加验证文本域构件。如果访问者没有在电子邮件地址中输入“@”符号和句点，验证文本域构件会返回一条消息，声明用户输入的信息无效。

下面显示一个处于各种状态的验证文本域，如图 2-64 所示，其中 A 表示提示已激活，B 表示有效状态，C 表示无效状态，D 表示必需状态。

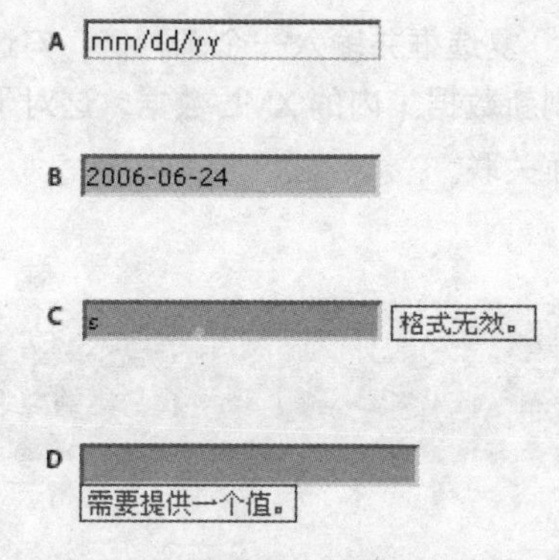

图 2-64 各种状态的验证文本域

验证文本域构件具有许多状态（例如，有效、无效和必需值等）。可以根据所需的验证结果，使用属性检查器来修改这些状态的属性。验证文本域构件可以在不同的时间点进行验证，例如当访问者在构件外部单击、输入内容时或尝试提交表单时。

- 初始状态：在浏览器中加载页面或用户重置表单时构件的状态。
- 焦点状态：当用户在构件中放置插入点时构件的状态。
- 有效状态：当用户正确地输入信息且表单可以提交时构件的状态。
- 无效状态：当用户 所输入文本的格式无效时构件的状态。
- 必需状态：当用户在文本域中没有输入必需文本时构件的状态。
- 最小字符数状态：当用户输入的字符数少于文本域所要求的最小字符数时构件的状态。
- 最大字符数状态：当用户输入的字符数多于文本域所允许的最大字符数时构件的状态。
- 最小值状态：当用户输入的值小于文本域所需的值时构件的状态。（适用于整数、实数和数据类型验证。）
- 最大值状态：当用户输入的值大于文本域所允许的最大值时构件的状态。（适用于整数、实数和数据类型验证。）

每当验证文本域构件以用户交互方式进入其中一种状态时，Spry 框架逻辑会在运行时向该构件的 HTML 容器应用特定的 CSS 类。例如，如果用户尝试提交表单，但尚未在必填文本域中输入文本，Spry 会向该构件应用一个类，使它显示“需要提供一个值”错误消息。用来控制错误消息的样式和显示状态的规则包含在构件随附的 CSS 文件 (SpryValidationTextField.css) 中。

验证文本域构件的默认 HTML 通常位于表单内部，其中包含一个容器 <span> 标签，该标签将文本域的 <input> 标签括起来。在验证文本域构件的 HTML 中，在文档中和验证文本域构件的 HTML 标记之后还包括脚本标签。

2．Spry 验证选择

Spry 验证选择构件是一个下拉列表，该列表在用户进行选择时会显示构件的状态（有效或无效）。例如，插入一个包含状态列表的验证选择构件，这些状态按不同的部分组合并用水平线分隔。如果意外选择了某条分界线（而不是某个状态），验证选择构件会向用户返回一条消息，提示选择无效。

下例显示一个处于展开状态的验证选择构件，以及该构件在各种状态下的折叠形式，如图 2-65 所示，其中 A 表示具有焦点的验证选择构件，B 表示选择构件（有效状态），C 表示选择构件（必需状态），D 表示选择构件（无效状态）。

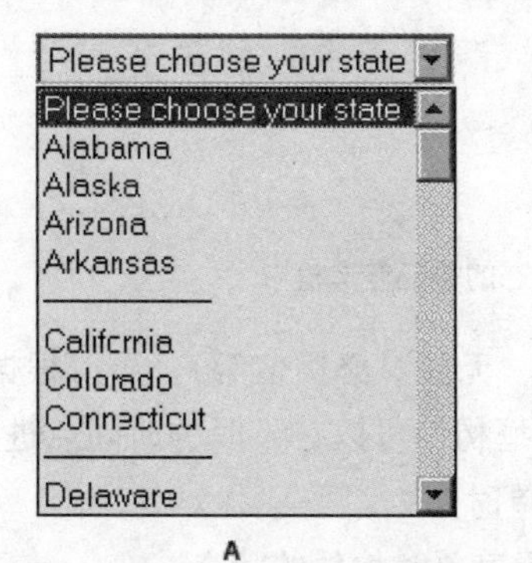

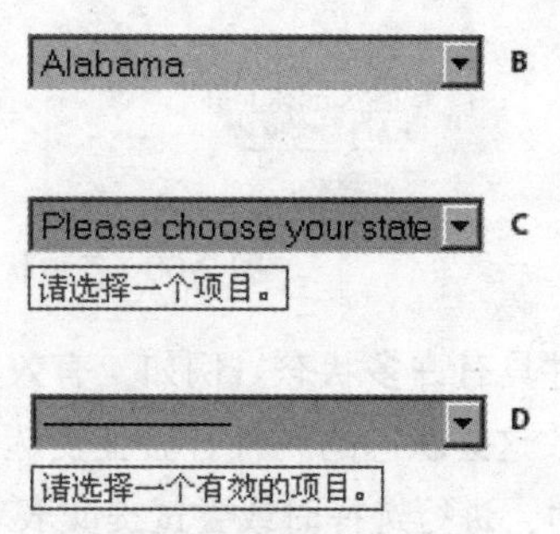

图 2-65　各种状态下的验证选择构件

验证选择构件具有许多状态（例如，有效、无效、必需值等）。可以根据所需的验证结果，使用属性面板来修改这些状态的属性。验证选择构件可以在不同的时间点进行验证，例如当用户在构件外部单击时、进行选择时或尝试提交表单时。

- 初始状态：在浏览器中加载页面或用户重置表单时构件的状态。
- 焦点状态：当用户单击构件时构件的状态。
- 有效状态：当用户选择了有效项目且表单可以提交时构件的状态。
- 无效状态：当用户选择了无效项目时构件的状态。
- 必需状态：当用户没有选择有效项目时构件的状态。

每当验证选择构件以用户交互方式进入其中一种状态时，Spry 框架逻辑会在运行时向该构件的 HTML 容器应用特定的 CSS 类。例如，如果用户尝试提交表单，但是未从菜单中选择项目，Spry 会向该构件应用一个类，使它显示“请选择一个项目”错误消息。用来控制错误消息的样式和显示状态的规则包含在构件随附的 CSS 文件（SpryValidationSelect.css）中。

验证选择构件的默认 HTML 通常位于表单内部，其中包含一个容器 <span> 标签，该标签将文本区域的 <select> 标签括起来。在验证选择构件的 HTML 中，在文档中和验证选择构件的 HTML 标记之后还包括脚本标签。

3. Spry 验证复选框

Spry 验证复选框是 HTML 表单中的一个或一组复选框，该复选框在被勾选后（或没有选择）会显示构件的状态（有效或无效）。例如，可以向表单中添加验证复选框构件，该表单可能会要求用户进行三项选择。如果用户没有进行这三项选择，该构件会返回一条消息，提示不符合最小选择数要求。

下例显示处于各种状态的验证复选框，如图 2-66 所示，其中 A 表示验证复选框构件组（最小选择状态），B 表示验证复选框构件（必需状态）。

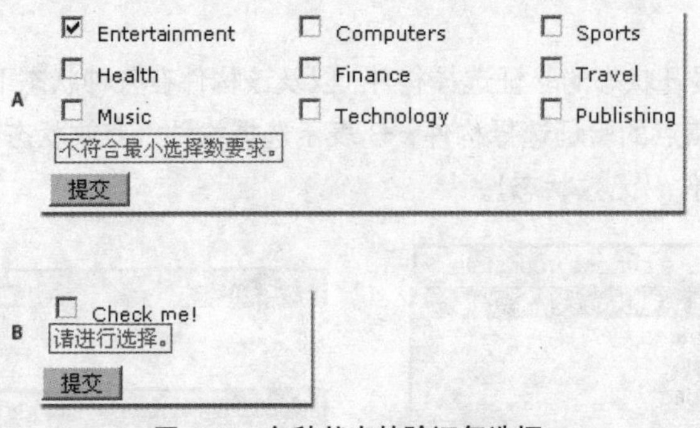

图 2-66 各种状态的验证复选框

验证复选框构件具有许多状态（例如，有效、无效、必需值等）。可以根据所需的验证结果，使用属性面板来修改这些状态的属性。验证复选框构件可以在不同的时间点进行验证，例如当用户在构件外部单击时、进行选择时或尝试提交表单时。

- 初始状态：在浏览器中加载页面或用户重置表单时构件的状态。
- 有效状态：当用户已经进行了一项或所需数量的选择且表单可以提交时构件的状态。
- 必需状态：当用户没有进行所需的选择时构件的状态。
- 最小选择数状态：当用户选择的复选框数小于所需的最小复选框数时构件的状态。
- 最大选择数状态：当用户选择的复选框数大于所允许的最大复选框数时构件的状态。

每当验证复选框构件通过用户交互方式进入其中一种状态时，Spry 框架逻辑会在运行时向该构件的 HTML 容器应用特定的 CSS。例如，如果用户尝试提交表单，但尚未进行任何选择，则 Spry 会向该构件应用一个类，使它显示“请进行选择”错误消息。用来控制错误消息的样式和显示状态的规则包含在构件随附的 CSS 文件（SpryValidationCheckbox.css）中。

验证复选框构件的默认 HTML 通常位于表单内部，其中包含一个容器 <span> 标签，该标签将复选框的 <input type="checkbox"> 标签括起来。在验证复选框构件的 HTML 中，在文档中和验证复选框构件的 HTML 标记之后还包括脚本标签。

4. Spry 验证文本区域

Spry 验证文本区域构件是一个文本区域，该区域在用户输入几个文本语句时显示文本的状态（有效或无效）。如果文本区域是必填域，而用户没有输入任何文本，该构件将返回一条消息，声明必须输入值。

下例显示处于各种状态的验证文本区域，如图 2-67 所示，其中 A 是剩余字符计数器，B 是具有焦点的文本区域构件（最大字符数状态），C 是具有焦点的文本区域构件（有效状态），D 是文本区域构件（必需状态），E 是输入字符计数器。

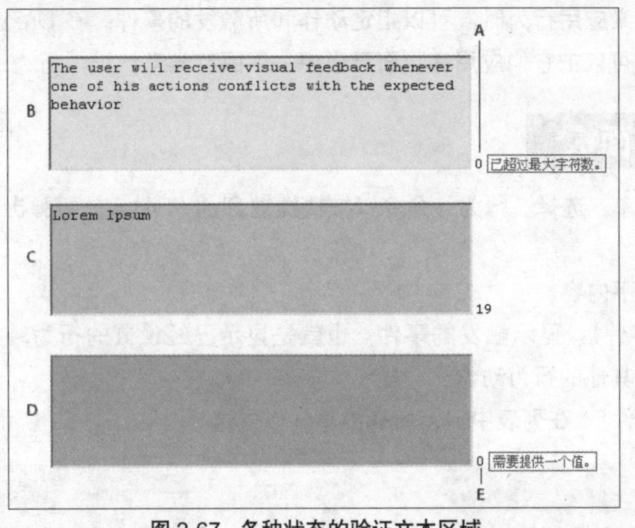

图 2-67　各种状态的验证文本区域

验证文本区域构件具有许多状态（例如，有效、无效、必需值等）。可以根据所需的验证结果，使用属性面板来修改这些状态的属性。验证文本区域构件可以在不同的时间点进行验证，例如当用户在构件外部单击时、输入内容时或尝试提交表单时。

- 初始状态：在浏览器中加载页面或用户重置表单时构件的状态。
- 焦点状态：当用户在构件中放置插入点时构件的状态。
- 有效状态：当用户正确地输入信息且表单可以提交时构件的状态。
- 必需状态：当用户没有输入任何文本时构件的状态。
- 最小字符数状态：当用户输入的字符数小于文本区域所要求的最小字符数时，构件的状态。
- 最大字符数状态：当用户输入的字符数大于文本区域允许的最大字符数时构件的状态。

每当验证文本区域构件以用户交互方式进入其中一种状态时，Spry 框架逻辑会在运行时向该构件的 HTML 容器应用特定的 CSS 类。例如，如果用户尝试提交表单，但尚未在文本区域中输入文本，则 Spry 会向该构件应用一个类，使它显示“需要提供一个值”错误消息。用来控制错误消息的样式和显示状态的规则包含在构件随附的 CSS 文件（SpryValidationTextArea.css）中。

验证文本区域构件的默认 HTML 通常位于表单内部，其中包含一个容器 <span> 标签，该标签将文本区域的 <textarea> 标签括起来。在验证文本区域构件的 HTML 中，在文档中和验证文本区域构件的 HTML 标记之后还包括脚本标签。

2.9　对象行为的应用

行为面板是 Dreamweaver 的功能面板，行为的主要功能是在网页中自动插入 JavaScript 程序而无需手动编写代码，生成所需要的效果。使用行为面板可以轻松地做出许多网页特效。

一个行为是由事件和动作两部分组成的。事件是动作被触发的结果，而动作是用于完成特殊任务的预先编好的 JavaScript 代码，诸如打开一个浏览器窗口、播放声音等。

当对一个页面元素应用行为时，可以指定动作和所触发的事件。在 Dreamweaver 中已经提供了一些确定的动作，可以把它们应用在页面元素中。下面首先来认识“行为”面板的基本功能。

2.9.1 行为面板

打开“窗口”菜单，选择“行为”命令（按快捷键 Shift+F4），就可弹出行为面板，如图 2-68 所示。

行为面板包括以下内容。

（显示设置事件）：显示触发的事件，也就是显示已经设置的行为。打开行为对象右侧的下拉列表，可以选择其他的行为动作。

（显示所有事件）：在列表中显示所有的事件以供选择，如图 2-69 所示。

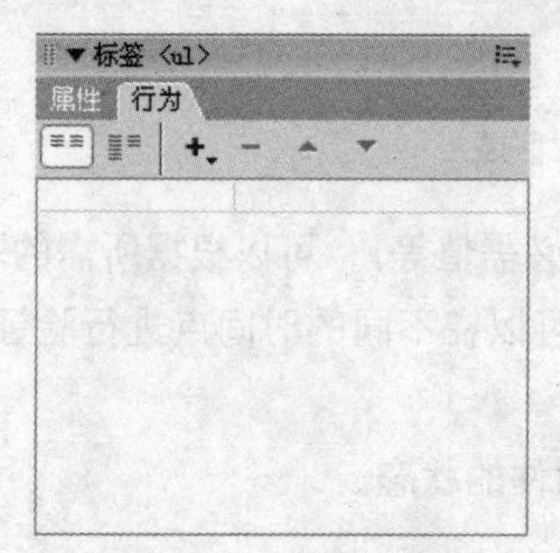

图 2-68 行为面板

图 2-69 行为的动作下拉列表

（添加行为）：它的作用是给被选定的对象加载动作，也就是自动生成一段 JavaScript 程序代码。

（排序）：其实这个功能只有在多个动作都是相同的触发事件时才有用处。例如：希望别人进入主页时弹出信息提示框或打开一个小窗口，由于网络速度的问题，两个动作之间有个时间差，此时就可以使用此功能，给响应动作排序。

单击按钮将看到一个如图 2-70 所示的菜单。需要特别关注的是，这个菜单与读者所看到的可能有所不同，其不同就在于每个菜单项是否呈灰色显示（即在当前不能使用）。

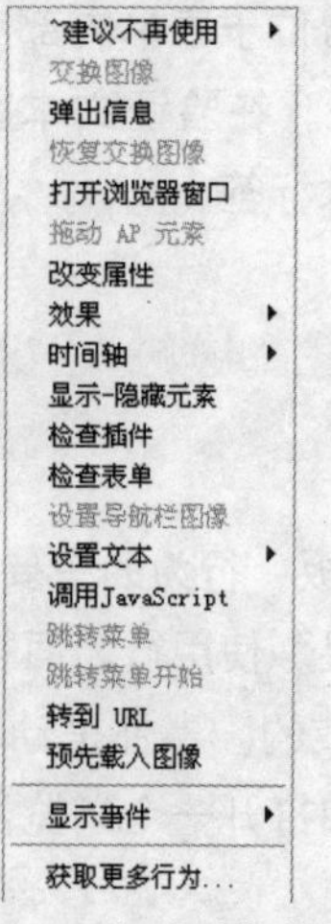

图 2-70 行为动作菜单

如果在空白文档中单击此下拉菜单，可能看到大部分菜单都是灰色的。这是因为对于普通文本不能加载行为动作所致，若是把一段文本做成超级链接或选取一张图片，再单击+.按钮，弹出的菜单就同上图一样了。这些菜单对应的都是一些行为动作，它能使网页产生许多特效，并且所要做的也只是单击鼠标而已。后面将会为读者逐个介绍它们的使用方法。若是不想用超级链接而又要在文本上加载行为动作，也还是有办法的，具体作法如下。

把那段文本定义为一个无址链接（或空超级链接），也就是在属性面板的链接文本框中输入一个“#”即可。

按 Shift+F4 快捷键调出行为面板，在行为面板上单击+.按钮，加载需要的动作。

在源代码视窗中把空超级链接“herf="#"”删除。按 F12 键就可以看到在普通文本上加载动作的效果了。

2.9.2 认识行为

前面图 2-70 中展示的都是 Dreamweaver CS3 在 HTML 4.01 及以后版本支持的行为。下面就通过表 2-9 来详细了解一下这些行为。

表 2-9 行为的具体说明

选 项	说 明
建议不再使用	其级联菜单中显示了以前版本的几个行为事件，在 Dreamweaver CS3 中不建议使用了
交换图像	通过改变 img 标记的 src 属性，改变图像。利用该动作可创建活动按钮或其他图像效果
弹出信息	显示带指定信息的 JavaScript 警告。用户可在文本中嵌入任何有效的 JavaScript 功能，如调用、属性、全局变量或表达式（需用“{}”括起来），例如，“本页面的 URL 为 {window.location}，今天是 {new Date()}.”
恢复交换图像	恢复交换图像为原图
打开浏览器窗口	在新窗口中打开 URL，并可设置新窗口的尺寸等属性
拖动 AP 元素	利用该动作可允许用户拖动 AP 元素
改变属性	改变对象属性值
效果	Spry 效果是视觉增强功能，可以应用于使用 JavaScript 的 HTML 页面上的几乎所有元素。效果通常用于在一段时间内高亮显示信息，创建动画过渡或者以可视方式修改页面元素
时间轴	使用时间轴的功能，可以在网页中制作浮动图像或其他元素效果
显示 - 隐藏元素	显示、隐藏一个或多个 AP Div 窗口，或者恢复其默认属性
检查插件	利用该动作可根据访问者所安装的插件，发送给其不同的网页
检查表单	检查文本框内容，以确保用户输入的数据格式正确无误
设置导航栏图像	将图片加入导航栏或改变导航栏图片显示

（续表）

选　项	说　明
设置文本	包括如下 4 项功能。 设置容器的文本：动态设置框架文本，以指定内容替换框架内容及格式 设置文本域文字：利用指定内容取代表单文本框中的内容 设置框架文本：利用指定内容取代现存 AP Div 中的内容及格式 设置状态栏文本：在浏览器左下角的状态栏中显示信息
调用 JavaScript	执行 JavaScript 代码
跳转菜单	当用户创建了一个跳转菜单时，Dreamweaver 将创建一个菜单对象，并为其附加行为。在行为面板中双击“跳转菜单”动作可编辑跳转菜单
跳转菜单开始	当用户创建了一个跳转菜单时，在其后面加一个行为动作 Go 按钮
转到 URL	在当前窗口或指定框架打开一个新页面
预先载入图像	将网页图片预先载入缓冲区，从而防止在浏览器中查看网页时因下载图片引起的延迟

事件由浏览器定义、产生与执行，例如 onMouseOut、onMouseOver、onClick 在大多数浏览器中都用于与某个链接关联，而 onLoad 则用于与图片及文档的 Body 关联。下面列出了一些主要事件，如图 2-71 所示。关于行为事件的具体说明如表 2-10 所示。

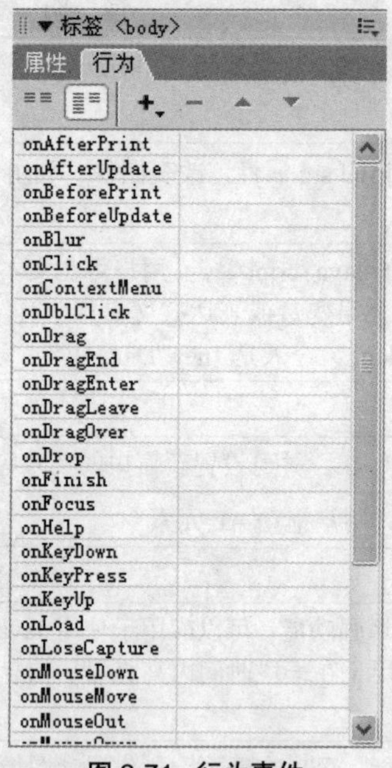

图 2-71　行为事件

表 2-10　行为事件的具体说明

选　项	说　明
onAfterPrint	在打印文件后触发该事件
onAfterUpdate	在页面中捆绑的数据元素完成了数据源更新后，触发该事件
onBeforePrint	当文档即将打印时触发该事件

（续表）

选　项	说　明
onBeforeUpdate	在页面中捆绑的数据元素完成了数据源更新前，触发该事件
onAbort	在浏览器窗口中停止了加载网页文档的操作时触发该事件
onBlur	在特定元素停止作为用户交互的焦点时触发该事件
onClick	单击选定元素（如超链接、图片、按钮等）将触发该事件
onContextMenu	在输入文字内容时触发该事件
onDblClick	双击选定元素将触发该事件
onDrag	当鼠标拖曳元素时触发该事件
onDragEnd	鼠标结束拖曳元素时触发的事件
onDragEnter	鼠标确定拖曳元素时触发的事件
onDragLeave	鼠标离开拖曳元素时触发该事件
onDragOver	当被拖动的对象在另一对象容纳范围内时触发该事件
onDrop	当在一个拖动鼠标的过程中释放鼠标键时触发该事件
onFinish	当选取框内容已经完成了一个循环后，将触发该事件
onFocus	当指定元素成为选择焦点时，将触发该事件
onHelp	当用户单击浏览器的帮助按钮或按 F1 键时，将触发该事件
onKeydown	键盘上某一按键被按住不放时，将触发该事件
onKeyPress	按键被按下并放开时，将触发该事件
onKeyUp	当按键盘某一按键再松开时触发该事件
onLoad	当图片或页面完成装载后触发该事件
onLoseCapture	当元素失去鼠标指针移动所形成的选择焦点时触发该事件
onMouseDown	当按下鼠标按键时触发该事件
onMouseMove	移动鼠标时触发该事件
onMouseOut	当鼠标指针离开对象边界时触发该事件
onMouseOver	当鼠标移动指向某对象时触发该事件
onMouseUp	当按下鼠标按键再释放时触发该事件
onPropertyChange	当改变对象任一属性时触发该事件
onResize	当用户调整浏览器窗口大小时触发该事件
onScroll	当浏览器的滚动条位置发生变化时触发该事件
onStart	当 Marquee 元素开始显示内容时触发该事件
onStop	当结束显示浏览器或中断正在下载的文件时触发该事件
onUnload	当改变当前页面的内容时触发该事件

在 Dreamweaver 中行为是事件和动作的结合。事件是在特定的时间或用户在某时所发出的指令后紧接着发生的。在上面介绍的行为事件的列表中，双击每个行为，都会出现下拉按钮，单击它即弹出下拉列表，在下拉列表中选择可以改变行为的事件。

关于每个行为的具体应用，会在以后的章节中具体制作网页时有所介绍。

2.10 CSS样式表

CSS 样式表的创建，可以统一定制网页文字大小、字体、颜色、边框、链接状态等效果。在 Dreamweaver CS3 中 CSS 样式的设置方式有了很大的改进，变得更为方便、实用、快捷。

2.10.1 创建CSS样式

创建 CSS 样式可按如下步骤进行。

步骤 01 执行菜单栏中的“窗口” > “CSS 样式”命令，打开 CSS 样式面板，如图 2-72 所示。

步骤 02 单击“CSS 样式”面板右下角的“新建 CSS 规则”按钮，打开“新建 CSS 规则”对话框，如图 2-73 所示。

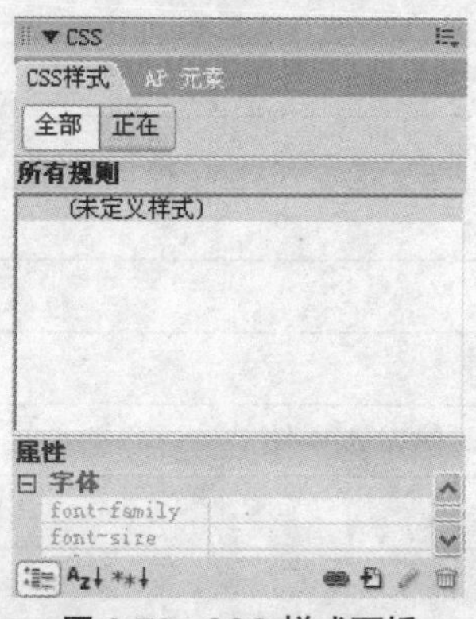

图 2-72 CSS 样式面板

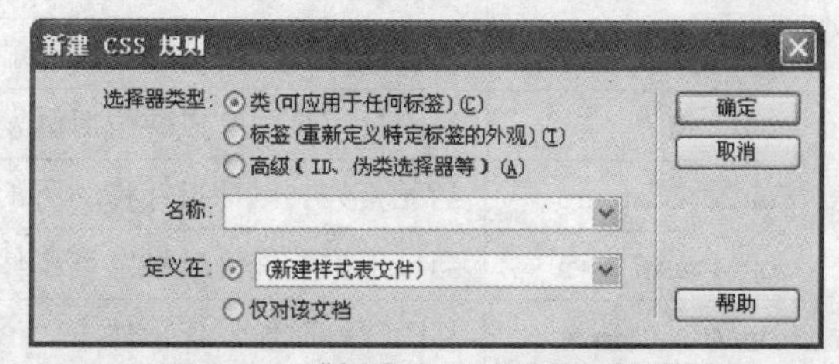

图 2-73 “新建 CSS 规则”对话框

步骤 03 在“选择器类型”选项区域中，可以选择创建 CSS 样式的方法，包括以下 3 种。

- 类（可应用于任何标签）：创建可作为文本 class 属性的样式，可以应用任何 CSS 标记。
- 标签（重新定义特定标签的外观）：重新定义 HTML 标记的默认格式。
- 高级（ID、伪类选择器等）：为特定的组合标记或包含特定 ID 属性的所有标记定义格式。

步骤 04 为新建 CSS 样式输入或选择名称、标记或选择器。

- 对于自定义样式，其名称必须以点（.）开始。如果没有输入该点，则 Dreamweaver 会自动添加上。自定义样式名可以是字母与数字的组合，但字母必须放在点之后，如 .font。
- 对于重新定义 HTML 标记，可以在“标签”下拉列表中输入或选择重新定义的标记，如图 2-74 所示。
- 对于 CSS 选择器样式，可以在“选择器”下拉列表中输入或选择需要的选择器，如图 2-75 所示。

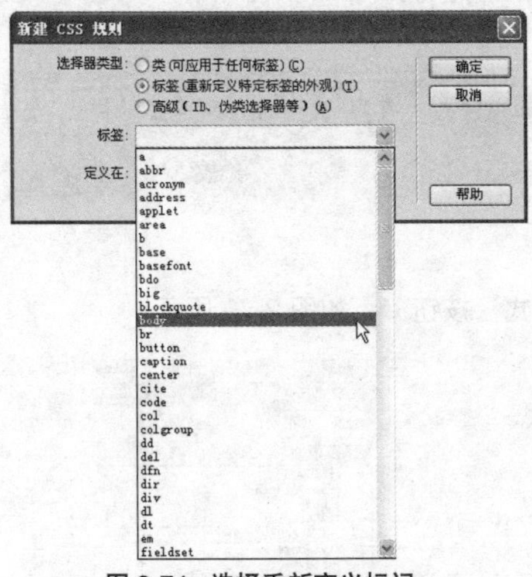

图 2-74　选择重新定义标记

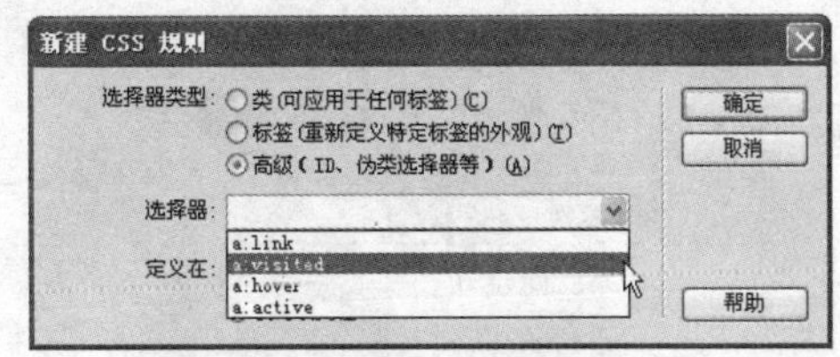

图 2-75　选择 CSS 选择器样式

步骤 05 在“定义在”选项区域中选择定义的样式位置，可以是“新建样式表文件”或“仅对该文档”。

步骤 06 单击“确定”按钮，如果选择了“新建样式表文件”选项，会弹出“保存样式表文件为”对话框，如图 2-76 所示。给样式表命名，保存后，弹出“CSS 规则定义”对话框。如果在“新建 CSS 规则”对话框中选择了“仅对该文档”选项，则单击“确定”按钮后，直接弹出“CSS 规则定义”对话框，如图 2-77 所示。在其中设置 CSS 样式。

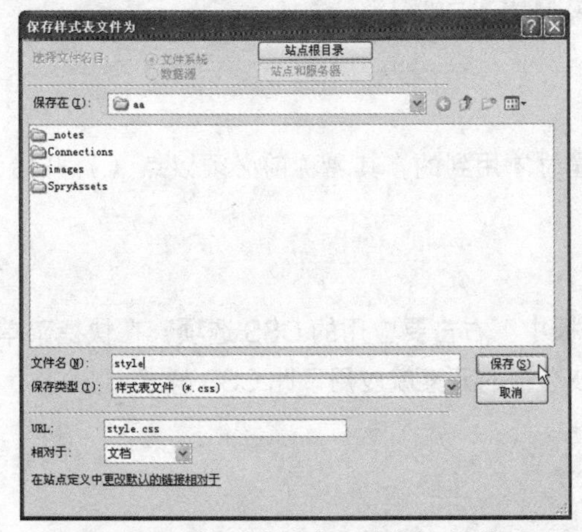

图 2-76　“保存样式表文件为”对话框

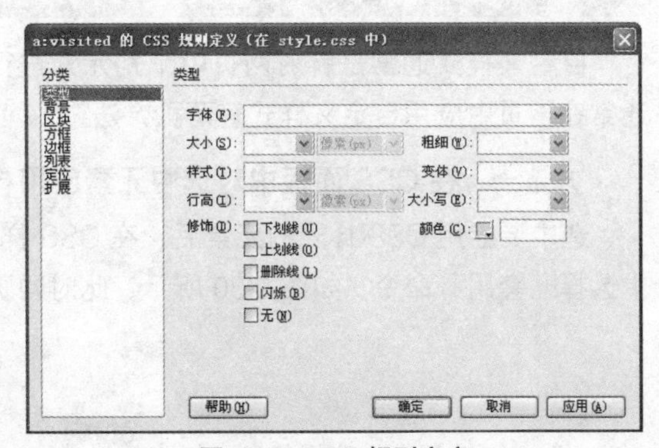

图 2-77　CSS 规则定义

步骤 07 关于 CSS 规则定义，可以在“CSS 规则定义”对话框中进行设置。主要分为类型、背景、区块、方框、边框、列表、定位和扩展 8 项。每个选项都可以对所选标签做不同方面的定义，可以根据需要进行设定，详细的制作过程将在实例中介绍。

步骤 08 CSS 样式定义完毕后，单击“确定”按钮，完成创建 CSS 样式。

2.10.2　编辑CSS样式

通常创建好一个 CSS 样式，在 CSS 样式面板中会显示添加的所有样式列表，如图 2-78 所示。

注 意

如果 CSS 样式面板中没有显示样式表，就单击 <样式> 前的“+”打开所设置的样式表。

这时可以按如下步骤进行样式表的编辑或修改。

步骤 01 选中需要编辑的样式类型，单击“编辑样式”按钮，如图 2-79 所示。

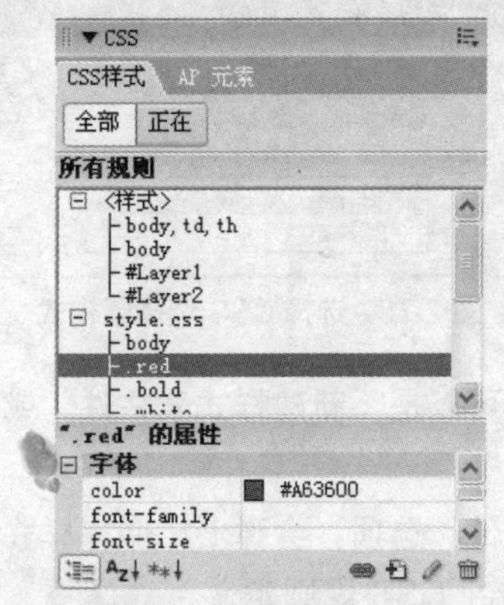

图 2-78 CSS 样式面板

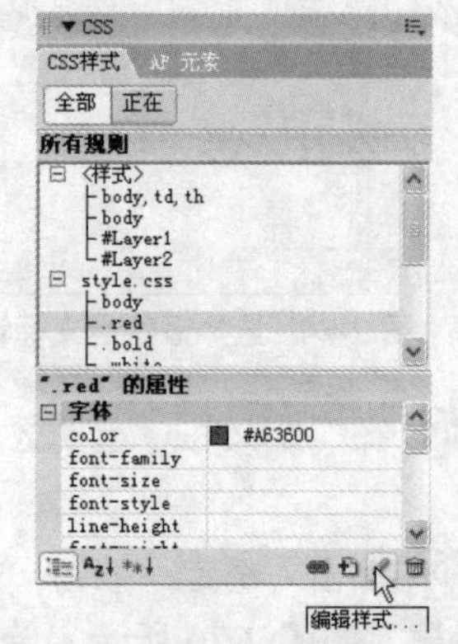

图 2-79 单击“编辑样式”按钮

步骤 02 在弹出的“CSS 规则定义”对话框中修改相应的参数。

步骤 03 编辑完成后单击“确定”按钮，CSS 样式就编辑完成了。

2.10.3 应用CSS自定义样式

自定义样式通常是针对网页中个别元素进行设置时才用到的。其名称前必须以点（.）开始，通常在网页中应用自定义样式有两种方法。

方法一 在 CSS 面板中对选中元素应用样式

选中要应用 CSS 样式的元素后，在 CSS 样式面板中，右击要应用的 CSS 选项，在快捷菜单中选择“套用”命令，如图 2-80 所示。此时网页中被选中的元素就应用了此 CSS 样式。

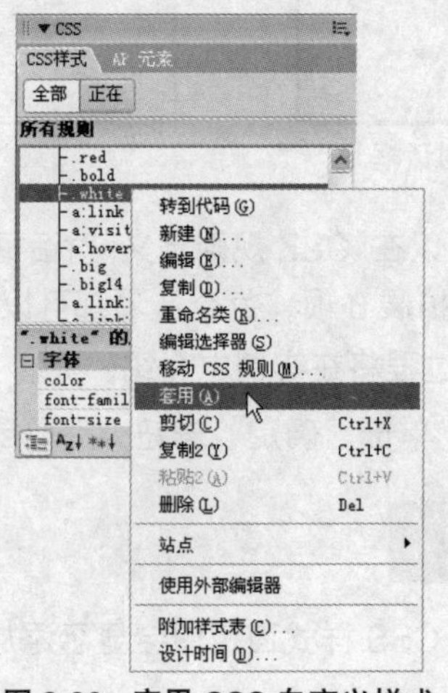

图 2-80 应用 CSS 自定义样式

方法二　在文档窗口中对选中元素应用样式

右击在网页中被选中的元素，在弹出的快捷菜单中选择“CSS 样式”，在其级联菜单中选择需要应用的自定义样式，如图 2-81 所示。

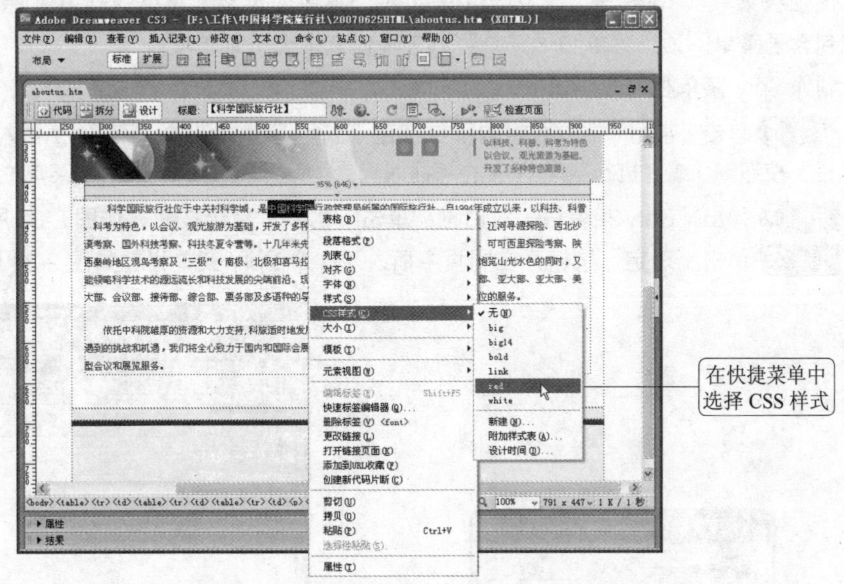

图 2-81　应用 CSS 自定义样式

2.11　Spry框架

Spry 框架是一个 JavaScript 库，网页设计人员使用它可以构建能够向站点访问者提供更丰富体验的网页。有了 Spry，就可以使用 HTML、CSS 和极少量的 JavaScript 将 XML 数据合并到 HTML 文档中，创建构件（如折叠构件和菜单栏），向各种页面元素中添加不同种类的效果。在设计上，Spry 框架的标记非常简单且便于那些具有 HTML、CSS 和 JavaScript 基础知识的用户使用。

Spry 框架主要面向专业网页设计人员或高级非专业网页设计人员。它不应当用作企业级 Web 开发的完整 Web 应用框架（尽管它可以与其他企业级页面一起使用）。在 2.8 节中介绍的使用 Spry 显示数据和验证表单都属于 Spry 框架的范畴，但因为它们与表单关系更紧密，因此在表单插入面板中也可以找到它们，同样在 Spry 插入面板中也同样可以找到它们。Spry 插入面板如图 2-82 所示。

Spry ▼

图 2-82　Spry 插入面板

本小节将向读者介绍后面几个常用的菜单形式。在以前需要制作类似菜单的时候会比较复杂，需要通过 JavaScript 语句进行控制，而现在通过属性面板的设置就可以很简单地完成四种不同形式菜单的制作，包括：Spry 菜单栏、Spry 选项卡式面板、Spry 折叠式和 Spry 可折叠面板。

2.11.1　Spry菜单栏

Spry 菜单栏是一组可导航的菜单按钮，将鼠标指针悬停在其中的某个按钮上时，将显示相应

的子菜单。使用菜单栏可在紧凑的空间中显示大量可导航信息，并使站点访问者无需深入浏览站点即可了解站点上提供的内容。Dreamweaver 允许插入两种菜单栏：垂直式和水平式。

Spry 菜单栏的 HTML 中包含一个外部 ul 标签，该标签中对于每个顶级菜单项都包含一个 li 标签，而顶级菜单项（li 标签）又包含用来为每个菜单项定义子菜单的 ul 和 li 标签，子菜单中同样可以包含子菜单。顶级菜单和子菜单可以包含任意多个子菜单项。

制作 Spry 菜单栏的方法如下。

步骤 01 单击“常用”插入面板的下拉按钮，选择“Spry”选项。在 Spry 插入面板中单击“Spry 菜单栏”按钮，或者执行菜单栏中的“插入记录”>“Spry”>“Spry 菜单栏”命令。

步骤 02 弹出“Spry 菜单栏”对话框，单击“水平”单选按钮，如图 2-83 所示。

步骤 03 单击“确定”按钮，在网页中插入了一个 Spry 菜单栏，如图 2-84 所示。

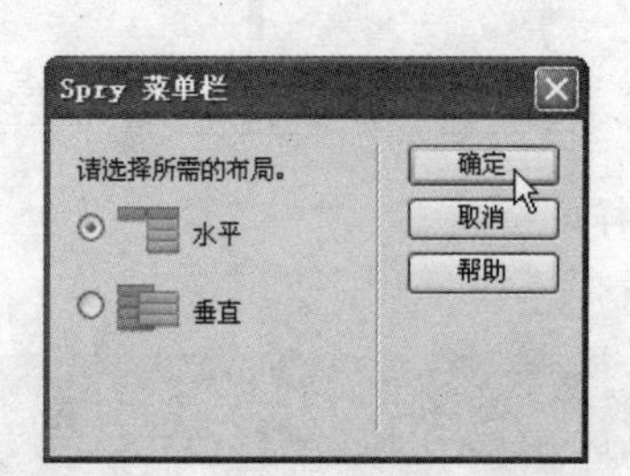

图 2-83 “Spry 菜单栏”对话框

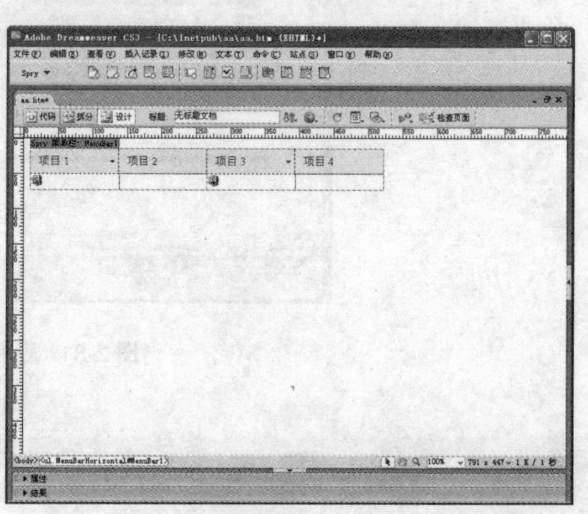

图 2-84 网页中插入 Spry 菜单栏

步骤 04 在网页中可以修改四个主要项目的导航名称，如图 2-85 所示。

步骤 05 单击页面中 Spry 菜单栏的蓝色标签，执行菜单栏中的“窗口”>“属性”命令，打开 Spry 菜单栏的属性面板，如图 2-86 所示。在该面板中可以添加主导航按钮、子菜单、二级子菜单等内容。

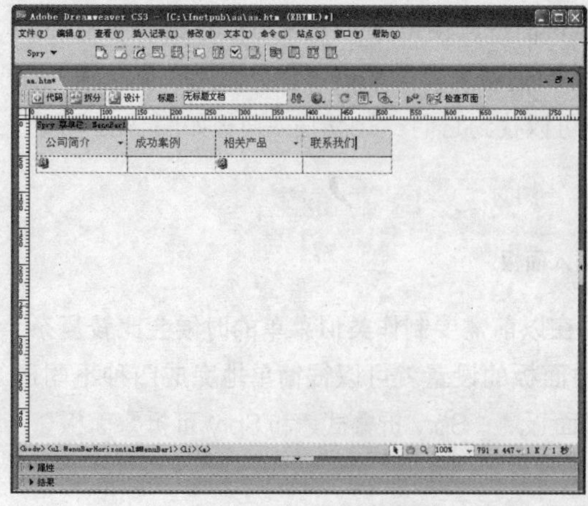

图 2-85 修改导航名称

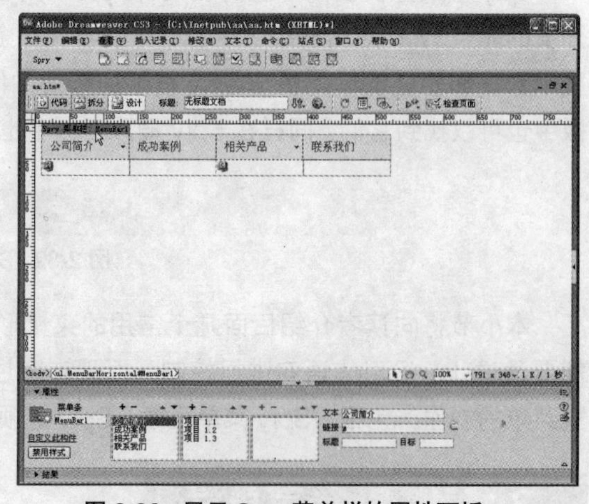

图 2-86 显示 Spry 菜单栏的属性面板

步骤 06 在属性面板中单击第一个列表框上面的“添加菜单项”按钮 +，即可在列表框中添加“无标题项目”，在属性面板右侧的“文本”文本框中输入新按钮的名称“友情链接”，如图 2-87 所示。还可以为其设置“链接、标题、目标”等项目。

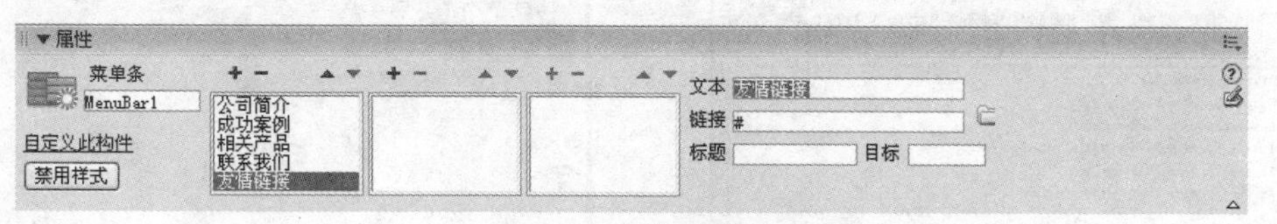

图 2-87　添加菜单项

步骤 07 单击列表框右上角的“上移项”按钮 ▲ 和“下移项”按钮 ▼，即可移动项目的位置。

步骤 08 如果要为某个导航按钮添加子菜单，则需要在属性面板的主菜单中选中要添加子菜单的项目名称，如“公司简介”，在中间列表框中显示的是添加的子菜单，如图 2-88 所示。

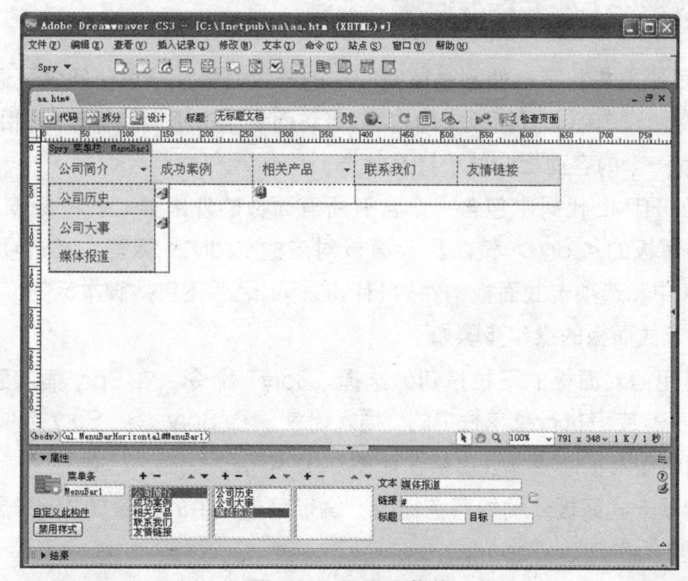

图 2-88　设置子菜单

注 意

每个菜单项的名称和链接等设置都统一在属性面板右侧进行设置。

步骤 09 如果哪个菜单项需要被删除，则将其选中后直接单击“删除菜单项”按钮 −。如果上级导航菜单被删除，所有子菜单将均被删除。

步骤 10 菜单制作完成后，按下 Ctrl+S 快捷键保存网页，弹出“复制相关文件”对话框，如图 2-89 所示。

步骤 11 单击“确定”按钮后，完成保存网页，按下 F12 键在浏览器中查看 Spry 菜单栏的效果，如图 2-90 所示。

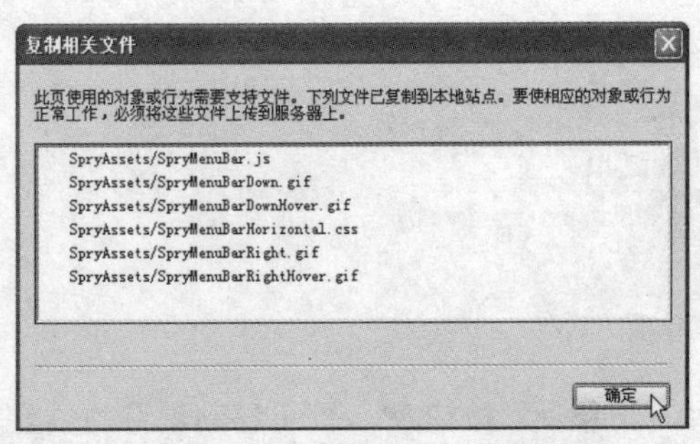

图 2-89 “复制相关文件”对话框

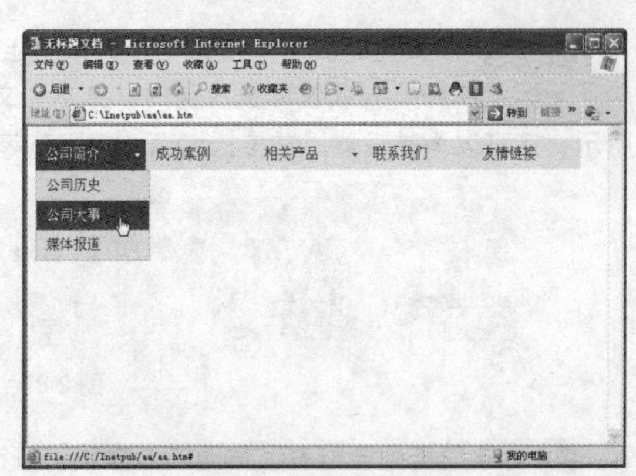

图 2-90 Spry 菜单效果

2.11.2 Spry选项卡式面板

Spry 选项卡式面板是将内容存储到紧凑空间中的一组面板。站点访问者可通过单击面板上的标签来隐藏或显示存储在选项卡式面板中的内容。当访问者单击不同的标签时，相应的面板会打开。选项卡式面板中只有一个内容面板会处于打开状态。

选项卡式面板的 HTML 代码中包含一个含有所有面板的外部 < div > 标签、一个标签列表、一个用来包含内容面板的 < div >和以及各面板对应的 < div >标签。在选项卡式面板构件的 HTML 中，在文档头中和选项卡式面板构件的 HTML 标记之后还包括脚本标签。

制作 Spry 选项卡式面板的操作步骤如下。

步骤 01 单击常用插入面板的下拉按钮，选择“Spry”命令。在 Spry 插入面板中单击“Spry 选项卡式面板”按钮，或者执行菜单栏中的“插入记录”>“Spry”>“Spry 选项卡式面板”命令。

步骤 02 在网页中插入了选项卡式面板，如图 2-91 所示。

步骤 03 选择选项卡式面板外侧的蓝色标题，执行菜单栏中的“窗口”>“属性”命令，打开属性面板，如图 2-92 所示。

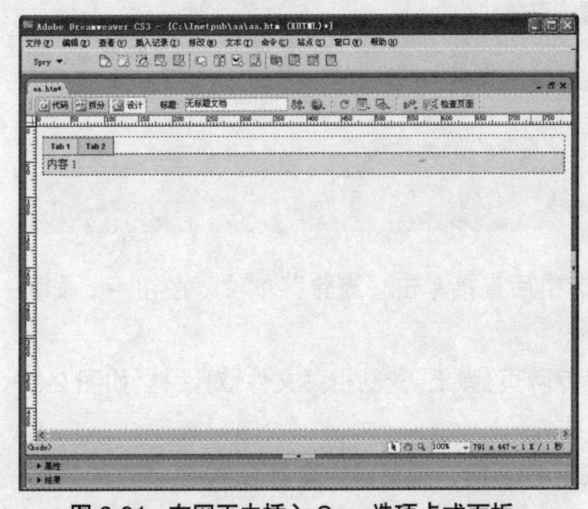

图 2-91 在网页中插入 Spry 选项卡式面板

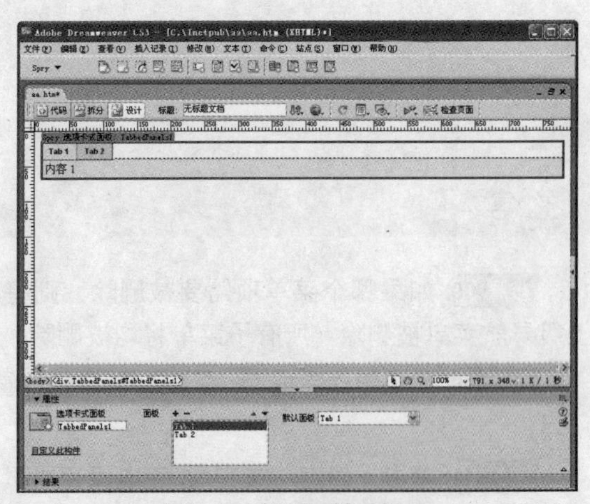

图 2-92 打开属性面板

步骤 04 在网页中可以直接修改选项卡名称为“门户网站”、“娱乐网站”。要添加新的选项卡，就单击属性面板上的“添加面板”按钮，并在网页中修改新添加的选项卡为“购物网站”，如图

2-93 所示。

步骤 05 在属性面板中单击“在列表中向上移动面板”按钮▲和“在列表中向下移动面板”按钮▼，可以调整列表框中每项的显示顺序。

步骤 06 在属性面板列表框中选中“门户网站”选项，此时网页中的面板显示为“内容 1”，如图 2-94 所示。

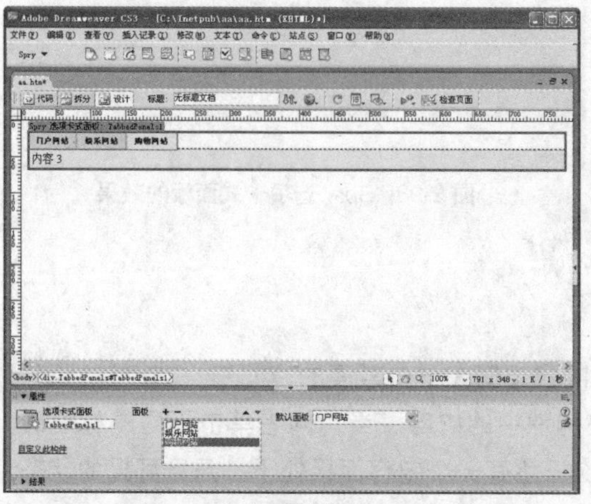

图 2-93　添加新的选项卡

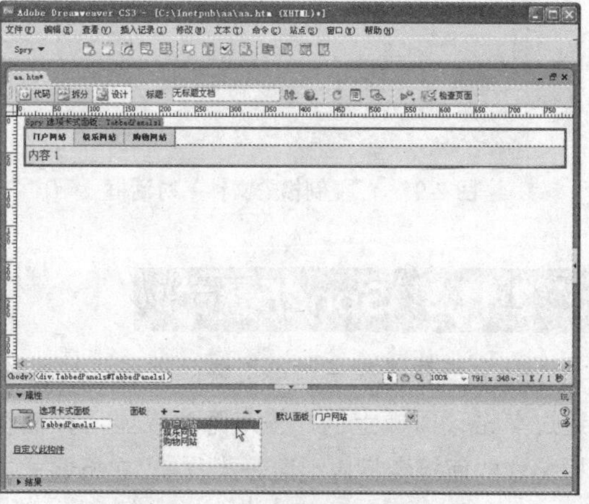

图 2-94　在文本框中选择选项卡

步骤 07 在显示的“内容 1”面板中可以插入表格、图片，输入文字等，设置网页中需要显示的内容，这里输入一些大型门户网站的名称，并为其制作链接，操作方法跟前面介绍的相同，完成后如图 2-95 所示。

步骤 08 如果不喜欢选项卡式面板的样式，可以对其进行修改，执行菜单栏中的“窗口”>“CSS 样式”命令，打开 CSS 样式面板，在自动生成的 CSS 样式表里选择喜欢的样式，如图 2-96 所示。

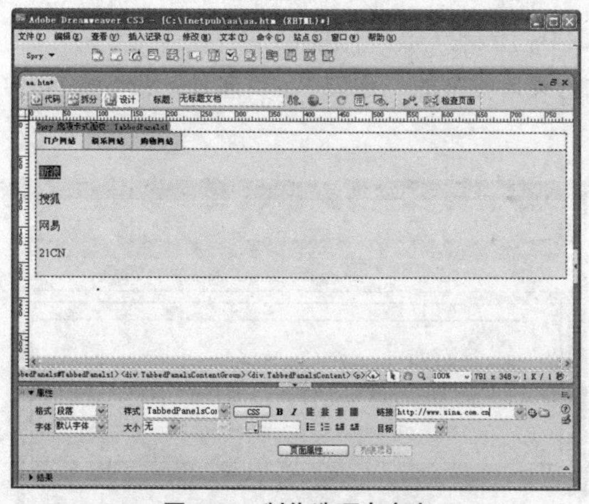

图 2-95　制作选项卡内容

图 2-96　选择 CSS 样式

步骤 09 制作完所有选项卡面板的内容后，保存网页，在弹出的“复制相关文件”对话框中单击“确定”按钮，如图 2-97 所示。

步骤 10 保存网页后，按下 F12 快捷键在浏览器中显示的 Spry 选项卡式面板效果如图 2-98 所示。

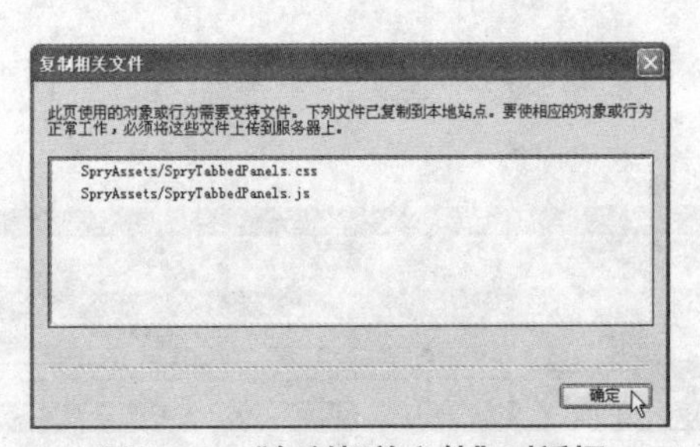

图 2-97 “复制相关文件”对话框

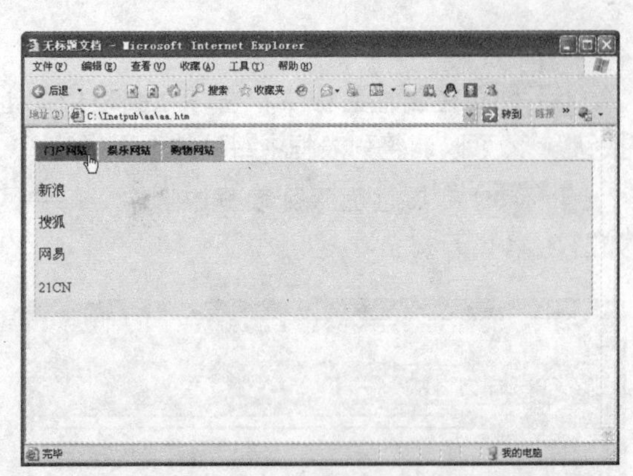

图 2-98 Spry 选项卡式面板的效果

2.11.3 Spry折叠式

Spry 折叠式是一组可折叠的面板，可以将大量内容存储在一个紧凑的空间中。站点访问者可通过单击该面板上的标签来隐藏或显示存储在折叠构件中的内容。当访问者单击不同的标签时，折叠式的面板会相应地展开或收缩。在折叠式中，每次只能有一个内容面板处于打开且可见的状态。

Spry 折叠式的默认 HTML 中包含一个含有所有面板的外部< div >标签以及各面板对应的< div > 标签，各面板的标签中还有一个标题< div >标签和内容< div >标签。Spry 折叠式可以包含任意数量的单独面板。在折叠式的 HTML 中，在文档头中和折叠式的 HTML 标记之后还包括< script >标签。

制作 Spry 折叠式面板的操作步骤如下。

步骤 01 单击常用插入面板的下拉按钮，选择“Spry”选项。在 Spry 插入面板中单击“Spry 折叠式”按钮，或者执行菜单栏中的“插入记录”>“Spry”>“Spry 折叠式”命令。

步骤 02 在网页中插入了折叠式面板样式，如图 2-99 所示。

步骤 03 选择选项卡式面板外侧的蓝色标题，执行菜单栏中的“窗口”>“属性”命令，打开属性面板，如图 2-100 所示。

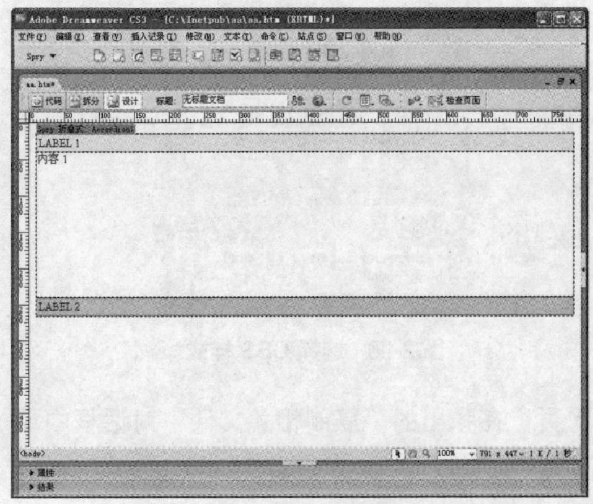

图 2-99 网页中插入折叠式面板

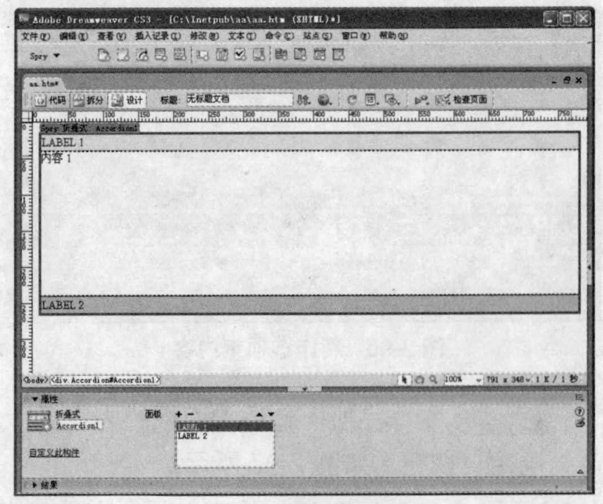

图 2-100 打开属性面板

步骤 04 在网页中可以直接修改选项卡名称为“问题一”和“问题二”。要添加新的折叠面板，就单击属性面板上的“添加面板”按钮 +，并在网页中修改新添加的面板为“问题三”，如图 2-101 所示。

步骤 05 在属性面板中单击“在列表中向上移动面板”按钮 ▲ 和“在列表中向下移动面板”按钮 ▼，可以调整列表中每项的显示顺序。

步骤 06 在属性面板列表框中选中“问题一”选项，此时网页中的面板显示为“内容 1”，如图 2-102 所示。

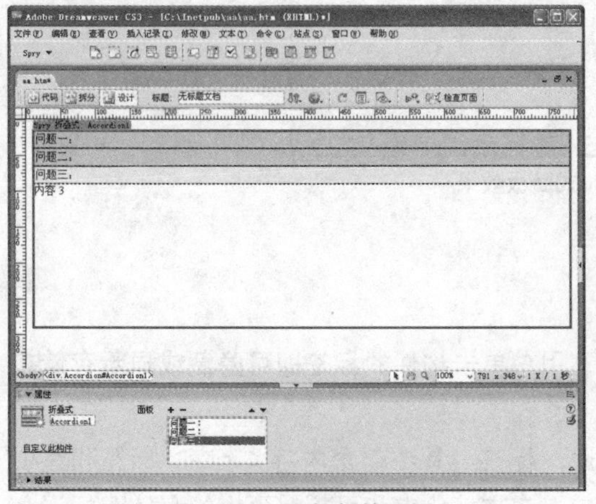

图 2-101　添加新的面板

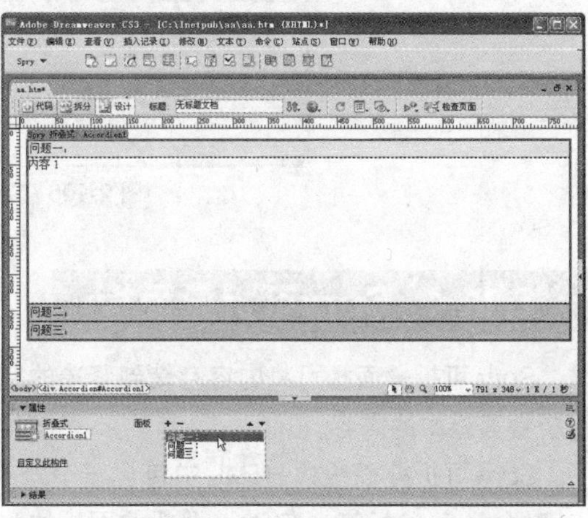

图 2-102　选择列表框的选项显示相应的内容面板

步骤 07 在显示的“内容 1”面板中可以插入表格、图片，输入文字等，设置网页中需要显示的内容，这里需要输入关于“问题一”的内容，完成后如图 2-103 所示。

步骤 08 同样，如果想修改 Spry 折叠式面板的样式，可以打开 CSS 样式面板，修改其中的背景、文字、边框等内容，如图 2-104 所示。

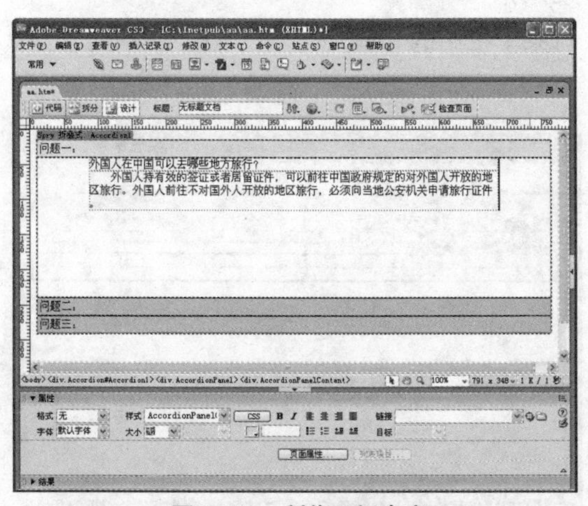

图 2-103　制作面板内容

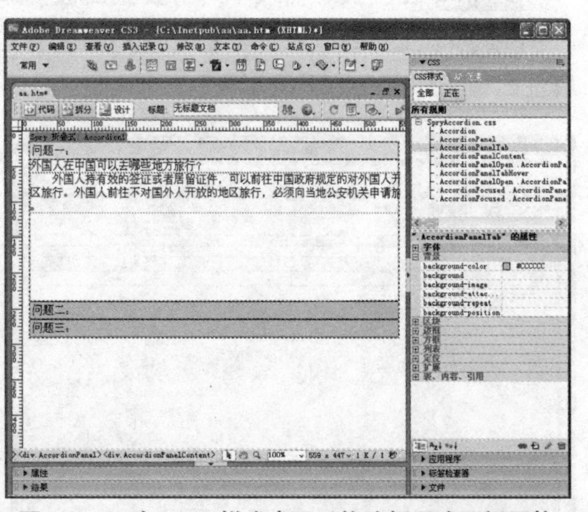

图 2-104　在 CSS 样式中可以修改折叠式面板风格

步骤 09 全部内容制作完成后，保存网页，并按下 F12 键在浏览器中查看 Spry 折叠式面板的效果，如图 2-105 所示。

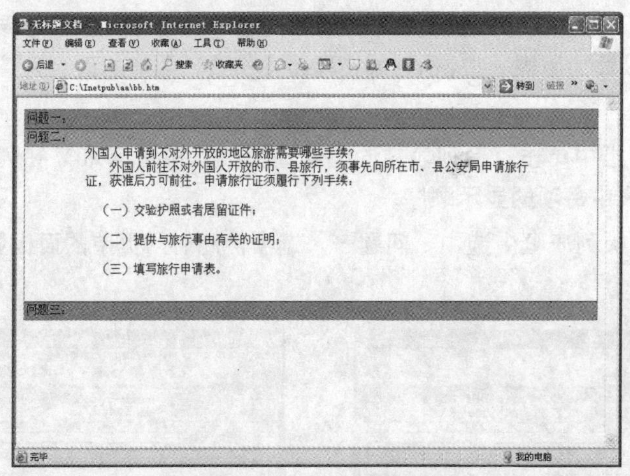

图 2-105　Spry 折叠式面板效果

2.11.4　Spry可折叠面板

Spry 可折叠面板可将内容存储到紧凑的空间中。用户单击构件的标签即可隐藏或显示存储在可折叠面板中的内容。

Spry 可折叠面板的 HTML 中包含一个外部< div >标签，其中包含内容< div >标签和选项卡容器< div >标签。在 Spry 可折叠面板的 HTML 中，在文档头中和可折叠面板的 HTML 标记之后还包括脚本标签。

制作 Spry 可折叠面板的操作步骤如下。

步骤 01 单击常用插入面板的下拉按钮，选择“Spry”选项。在 Spry 插入面板中单击“Spry 可折叠面板”按钮，或者执行菜单栏中的“插入记录”>“Spry”>“Spry 可折叠面板”命令。

步骤 02 在网页中插入了可折叠式面板，如图 2-106 所示。

步骤 03 选择选项卡式面板外侧的蓝色标题，执行菜单栏中的“窗口”>“属性”命令，打开属性面板，如图 2-107 所示。

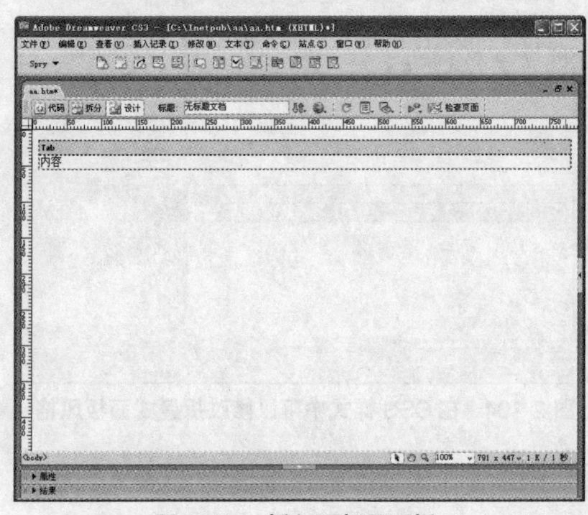

图 2-106　插入可折叠面板

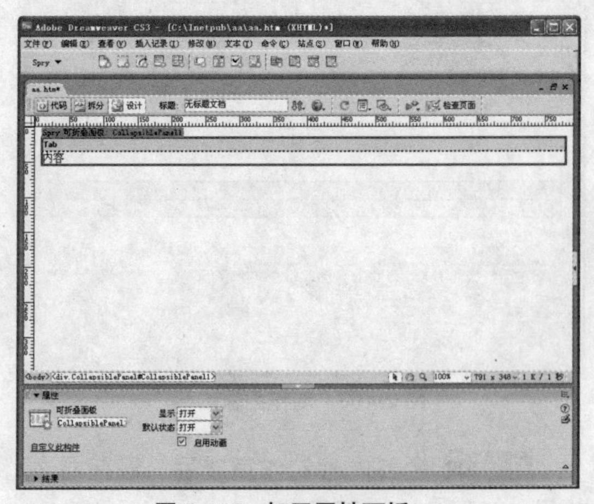

图 2-107　打开属性面板

步骤 04 在属性面板中可以设置该折叠面板的显示状态。可以在“显示”下拉列表中选择“打开”或“已关闭”选项，还可以在“默认状态”下拉列表中选择“打开”或“已关闭”选项。如果勾选“启用动画”复选框，在浏览内容的时候可以看到内容面板将缓慢平滑地打开和关闭；如果禁用动画，则可折叠面板会迅速打开和关闭。

步骤 05 在网页可折叠面板中分别输入标题和内容，如图 2-108 所示。

步骤 06 用户可以把光标移动到第一个可折叠面板右侧，再次单击“Spry 可折叠面板”按钮，插入一个新的可折叠面板，也可依次插入多个，并在每个可折叠面板中制作相应的内容，如图 2-109 所示。

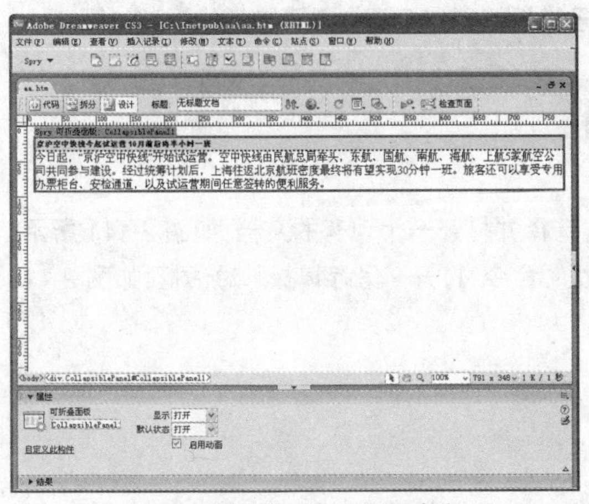

图 2-108　制作可折叠面板内容

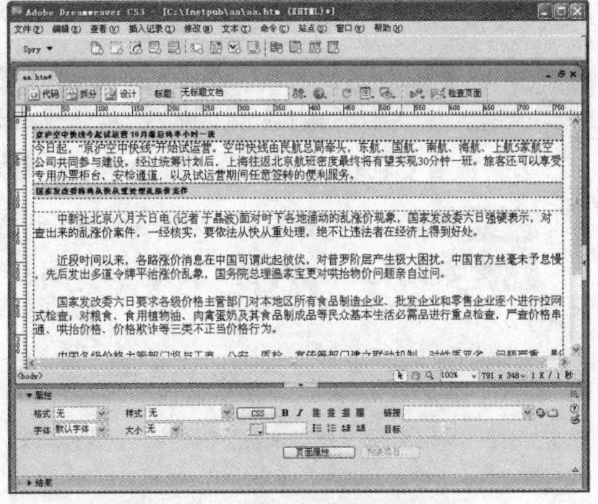

图 2-109　插入多个可折叠面板

步骤 07 制作完成后，保存网页，并按下 F12 快捷键在浏览器中查看可折叠面板的效果，如图 2-110 所示。

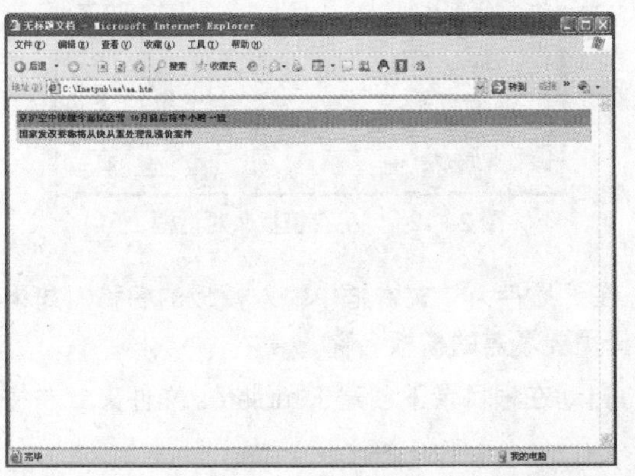

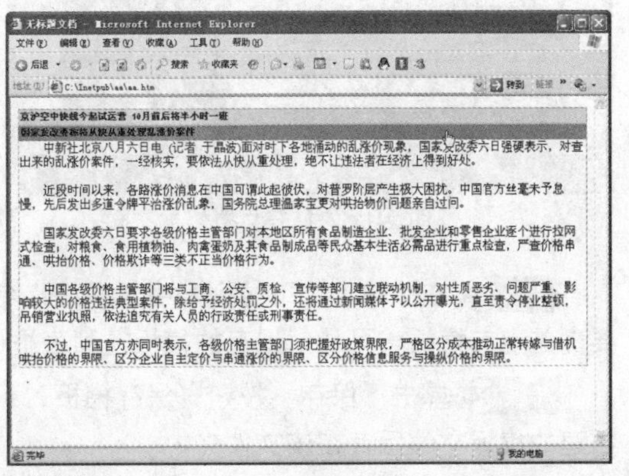

图 2-110　可折叠面板效果

2.12　模板和库

在 Dreamweaver 中，用户可以将现有的 HTML 文档创建为模板，然后根据需要加以修改，或创建一个空白模板，在其中输入需要显示的文档内容。模板实际上也是文档，它的扩展名为 .dwt，并存放在根目录的模板文件夹中。模板文件夹并不是从来就有的，它只是在创建模板的时候才自动生成的。

注 意

在 Dreamweaver 中，既不要将模板文件移出模板文件夹，也不要将其他非模板文件存放在模板文件夹中，同样也不要将模板文件夹移出站点根目录，因为这些操作都会导致模板路径错误。

如果用户想为创建的模板添加额外的信息，如模板的创建者、最后一次修改时间或创建模板的原因，可为模板文件创建一个设计注释，但是基于模板的文档，不会继承模板的设计注释。

2.12.1 将现有文档保存为模板

要将现有文档保存为模板，可按如下步骤进行。

步骤 01 执行菜单栏中的"文件" > "打开"命令，选择并打开一个现有的文档，如图 2-111 所示。

步骤 02 执行菜单栏中的"文件" > "另存为模板"命令，打开"另存模板"对话框，如图 2-112 所示。

图 2-111 打开文档

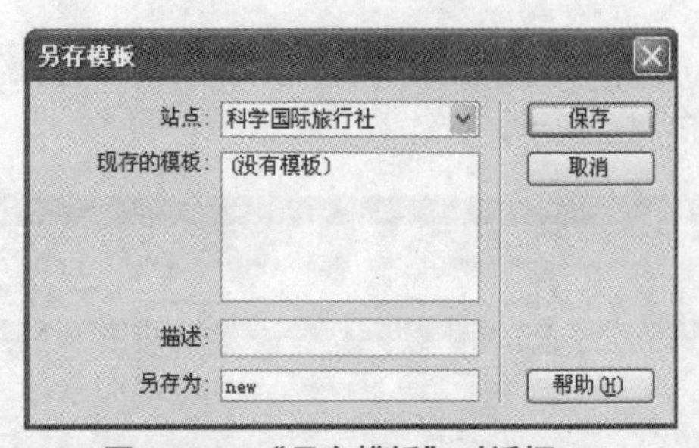

图 2-112 "另存模板"对话框

步骤 03 在"站点"下拉列表中选择站点名称，在"另存为"文本框中输入模板的名称。如果要覆盖现有模板，可从"现存的模板"列表框中选择需要覆盖的模板名称。

步骤 04 单击"保存"按钮，保存模板。系统将自动在根目录下创建 Templates 文件夹，并将创建的模板文件保存在该文件夹中。

2.12.2 创建空白模板

要创建空白模板，可按如下步骤进行操作。

步骤 01 执行菜单栏中的"窗口" > "资源"命令，打开资源面板，并单击"模板"按钮，如图 2-113 所示。

步骤 02 在资源面板中单击"新建模板"按钮，这时将在模板列表中添加一个未命名模板。

步骤 03 输入模板名称，然后按 Enter 键，这时就创建了一个空白模板，如图 2-114 所示。下一步就可以进行模板的编辑了。

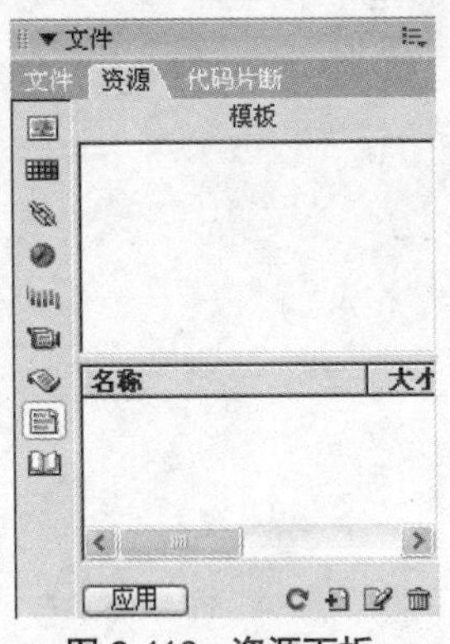

图 2-113　资源面板

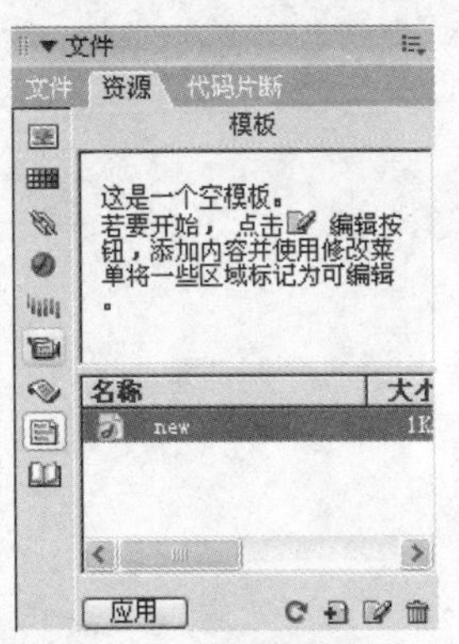

图 2-114　创建空白模板

模板创建好后，可以在模板中建立可编辑区域，可编辑区域里可以编辑网页的内容，它是整个网页内容的一部分，只要在“插入”面板的“常用”栏中单击“模板”下拉列表中的“可编辑区域”命令，如图 2-115 所示。这时将弹出“新建可编辑区域”对话框，如图 2-116 所示。

图 2-115　选择“可编辑区域”选项

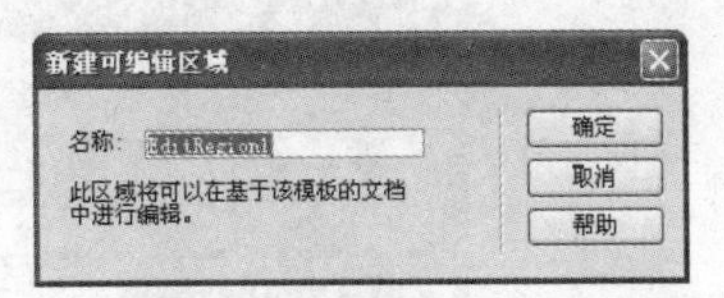

图 2-116　“新建可编辑区域”对话框

单击“确定”按钮，就建立了可编辑区。可编辑区域以高亮的框线显示。

2.12.3　创建库项目

库用于存放页面元素，如图像、文本或其他对象等。这些元素通常广泛应用于整个站点，并能够被重复使用或经常更新，它们被称为库项目。

在 Dreamweaver 文档中，可以将任何元素创建为库项目，这些元素包括文本、表格、表单、Java 程序、插件、ActiveX 控件、导航栏以及图像等。库项目文件的扩展名为 .lbi，所有的库项目都被保存在一个文件中，并且库文件的默认放置文件夹为“站点文件夹 \Library”。

要创建库项目可按如下步骤进行。

步骤 01 在文档窗口中，选择需要保存为库项目的内容。

步骤 02 执行下列操作之一。

- 执行菜单栏中的“窗口”>“资源”命令，打开“资源”面板的“库”选项窗口，将选择的对象拖放到窗口中。
- 单击“资源”面板底部的“新建库项目”按钮。
- 执行菜单栏中的“修改”>“库”命令，单击其级联菜单中的“增加对象到库”命令。

步骤 03 为新建库项目输入名字，如图 2-117 所示。

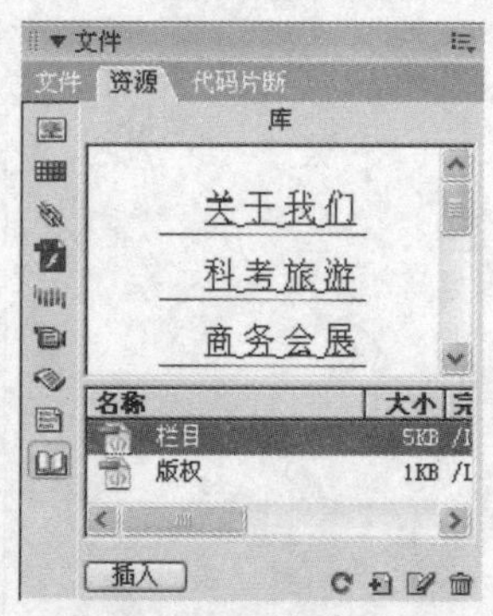

图 2-117　添加库项目

使用库项目时，首先选中库中的项目，然后单击“资源”面板上的 插入 按钮，即可将库项目复制到其他页面中。

步骤 04 打开或新建文档，在“资源”面板中选择需要使用的库元素，然后将其拖至文档窗口，如图 2-118 所示。

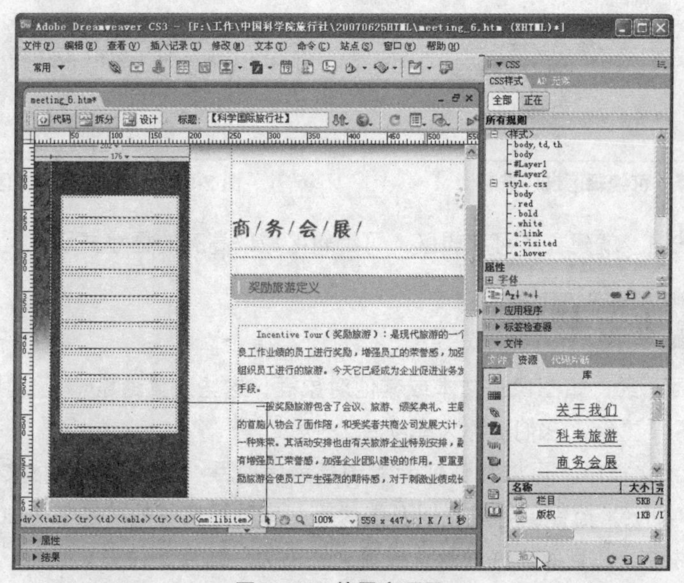

图 2-118　使用库项目

步骤 05 在文档中单击库项目，系统将显示库项目的属性面板，如图 2-119 所示。

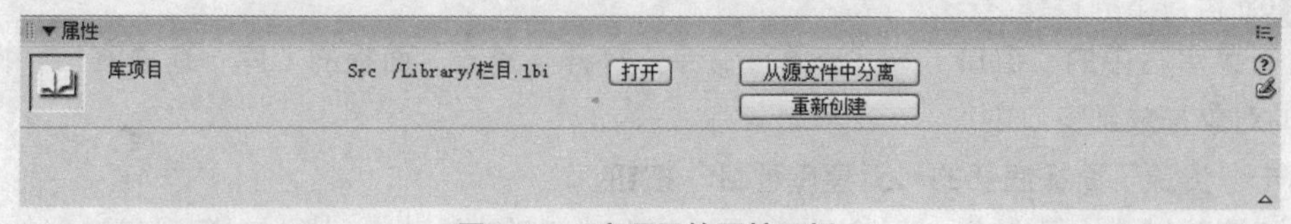

图 2-119　库项目的属性面板

步骤 06 单击属性面板中的“打开”按钮，可打开库项目并对项目进行各种编辑。此时系统将打开一个新文档窗口，如图 2-120 所示。

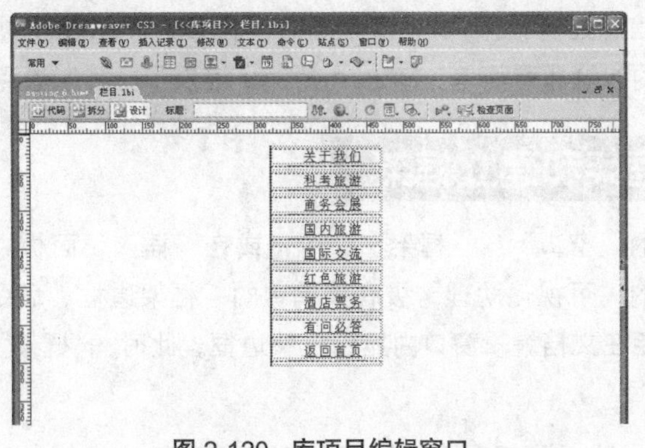

图 2-120　库项目编辑窗口

步骤 07 更新结束后，保存并关闭文档窗口。这时系统将询问是否更新使用该库项目的相关页面。单击“确定”按钮，更新文档中使用的库项目。

步骤 08 若在属性面板中单击[从源文件中分离]按钮，这时将弹出一个提示对话框。单击“确定”按钮，则可使文档中的应用库项目与库项目中断链接，转而成为文档的普通对象。

当创建一个库项目，并且它包括一个附有 Dreamweaver 行为的元素时，Dreamweaver 会将该元素及其事件处理程序（指定哪个事件触发动作，如 onClick、onLoad 或 onMouseOver，以及事件发生时调用哪个动作的属性）拷贝到库项目文件。Dreamweaver 不会将关联的 JavaScript 函数拷贝到库项目中。相反，当向文档中插入库项目时，Dreamweaver 将自动向该文档的 head 部分插入适当的 JavaScript 函数（如果此处没有这些函数）。

2.13　创建框架网页

很多网站的页面是用表格制作的，其实，除了表格外还有一种很方便的工具，那就是框架(Frames)。框架的作用就是把浏览器窗口划分为若干个区域，每个区域可以分别显示不同的网页，使不同的页面在同一个浏览窗口中可以自由地互相切换，如图 2-121 所示。

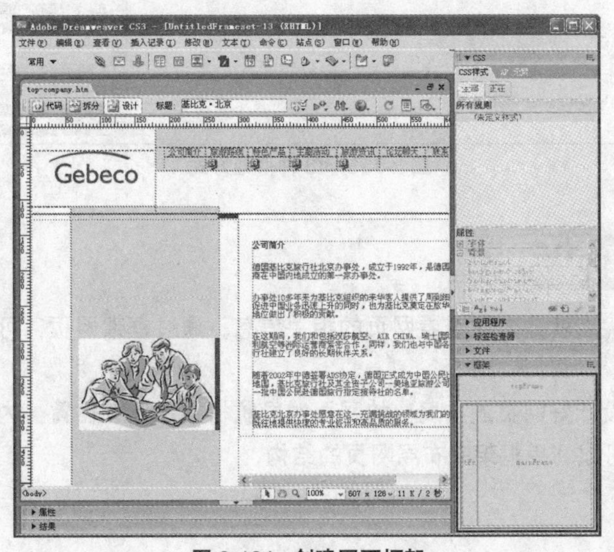

图 2-121　创建网页框架

另外与框架有关的信息还有框架集（Frameset）。在 Dreamweaver 中，几个框架组合在一起称为框架集。创建框架的方法非常简单，Dreamweaver 提供了一种叫做可视化的方法。

2.13.1 认识框架和建立框架

首先执行菜单栏中的“窗口”>“框架”命令，或在“插入”面板中选择“布局”栏，接着再确认“查看”菜单下的“可视化助理”级联菜单中的“框架边框”命令是否已经被勾选，因为只有该命令被选取后才能在文档编辑窗口内显示框架边框。此时，“框架”在右边的控制面板上显示，如图 2-122 所示。

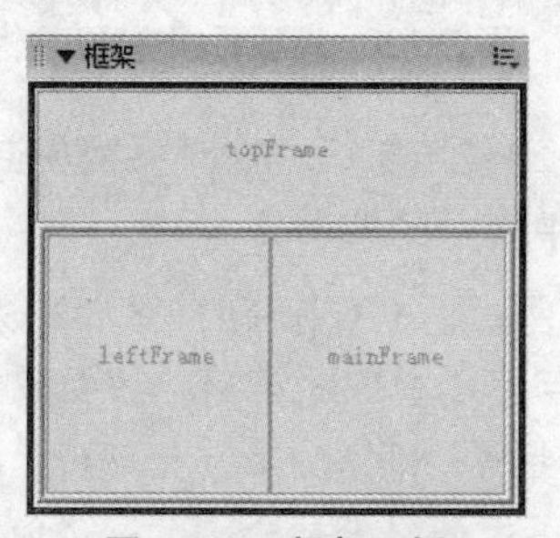

图 2-122　框架面板

在 Dreamweaver CS3 中，提供了 13 种常见的框架结构，这 13 种结构包含了在制作网页时常用到的所有框架结构，可以根据自己的需要选用某种结构。但是，除了这 13 种结构之外，有时还要制作一些更加复杂的框架结构，跟制作表格一样，可以先选用一种简单的框架结构，然后再对其进行修改即可。要显示这 13 种结构，可单击“布局”插入栏上边的三角按钮，即可显示这 13 种框架方式，如图 2-123 所示。

图 2-123　13 种框架方式

2.13.2 框架的应用

框架的一个最大优点就是方便查看网页的相关信息。通过框架网页，可以在不同页面中互相切换。

创建框架首先要设计好网页的布局，如网页的导航栏放在什么位置，内容页如何显示等。只要布局设计好了，就可以利用框架来布局网页的结构。

1. 创建框架

单击“插入”面板的“布局”栏中的“框架”下拉按钮，选择“顶部和嵌套的左侧框架”选项，打开“框架标签辅助功能属性”对话框，可以在此设置框架的标题和位置，如图 2-124 所示。

单击“确定”按钮后，即可在页面中插入框架结构，如图 2-125 所示。

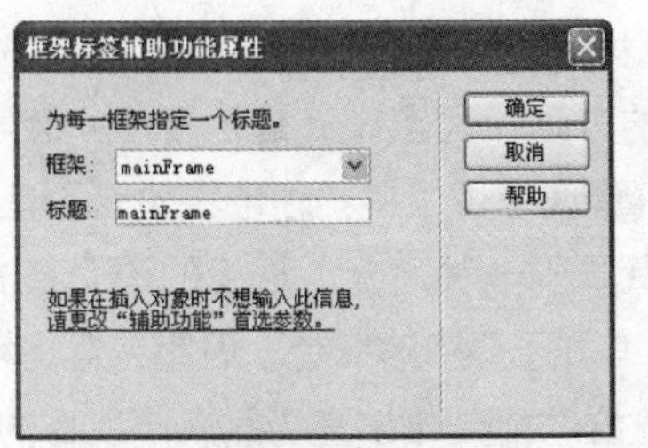

图 2-124　“框架标签辅助功能属性”对话框

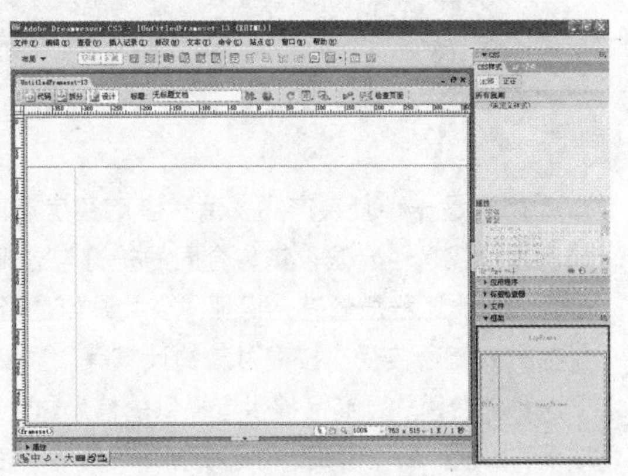

图 2-125　插入框架

这是一个典型的利用框架制作的页面，主体结构分为上下两部分，上面是主导航区，下面是该频道的内容。下部又被分为左右两个子框架，左侧为栏目主要内容列表，右侧为具体内容。

2. 保存框架

框架建立好了以后，就得保存框架，以便下次打开。打开“文件”主菜单，单击“保存全部”命令，保存框架页面上部为 top.htm、左部为 left-zhizao.htm、右部为 content.htm，保存框架集页面为 index.htm。

3. 设置网页标题

框架集通常是首页或特定主题的进入点，因而有必要设置网页的标题。在框架页面中，网页的“标题”要在框架集中进行设置，单击框架面板上的框架集选项，即单击最外的整个框，使页面视图上的整个框出现虚线，这时可在“标题”文本框中输入网页名称。

第 03 章 房地产类网站——阳光家园

房地产类网站概述

房产是一种复杂产品，消费者购买房产时需要获得大量的信息，并要仔细考虑诸多问题，如房屋产权是否合法、销售合同的签订与公证、产权证的办理；住宅设计是否合理、装修标准是否满意、工程质量有无保证、公共设施是否完备、物业管理是否优良；住宅售价是否能承受、付款方式能否接受、按揭付款的计算等。显然，房产消费属于一种高介入程度的消费模式。对于这种消费模式，商品提供者提供的信息越全面越细致越有利于吸引消费者。因此，对房地产网站而言，设计制作网页时，必须要体现这些方面的信息，这样才能制作出适合此房产项目的网站。

对于房产开发企业而言，企业的品牌形象至关重要。 买房子是许多人一生中的头等大事，需要考虑的方面也较多。因开发商的形象而产生的信誉问题，往往是消费者决定购买与否的主要考虑因素之一。以往，开发商通过报纸、电视等媒介来宣传建立自己的品牌形象，现在通过建立网站，企业形象的宣传就不再局限于当地市场，而是全球范围了。企业信息的实时传递，与公众相互沟通的即时性、互动性，弥补了传统手段的单一性和不可预见性。因此，建立网站是扩大企业影响力的有力手段。

实例展示

本实例介绍了一个房地产网站“阳光家园”的首页、内容页的制作过程。此网站通过几个栏目的制作，展示了此房产项目的特点和优势。

网站结构比较简单，整体结构分为三级即可完成。实例制作中首先将介绍首页的制作过程。首页通过两张精美的图片，显示出此房产项目，设计精致、到位，更具人性化的一面。

在二级内容页中，网站设置了“品质之美”、“艺术之美”、“舒逸之美”、“通达之美”等几个栏目，分别介绍了各项目在品质、交通、设计等方面的优势。

本章着重介绍了 Dreamweaver CS3 制作、整合网页的过程，关于图片的设计部分不是本书的重点，因此在光盘中可以找到制作实例所需的相关素材，跟随下一节的“实例制作”，我们一起来制作此网站。如图 3-5 和图 3-6 所示即是实例完成后的效果。

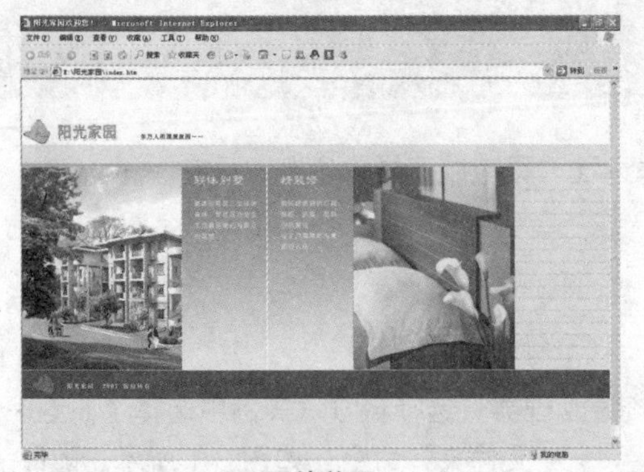

网站首页

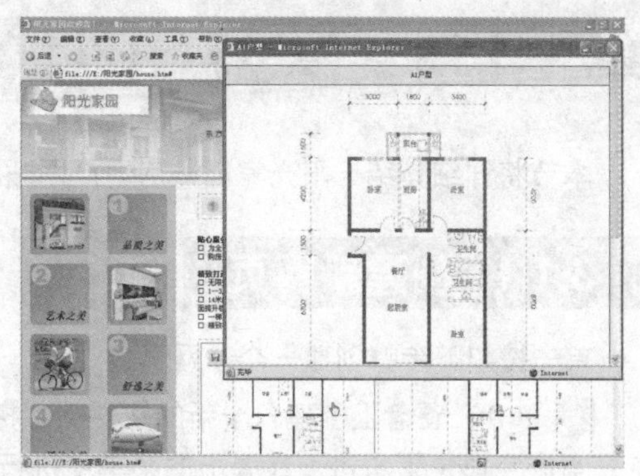

网站二级页面

技术要点

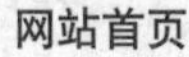

① 创建和保存网页

介绍使用不同方法创建和保存网页，使读者找到更方便和快捷的创建和保存网页方法。

② 布局和制作网页

在网站中运用表格进行快速网页布局，结合文本、图像、链接等功能制作简单的网页内容。

③ 表格和单元格的使用

在扩展功能中详细介绍了表格和单元格的详细操作方法。

④ 制作打开浏览器窗口

对于同一网页中需要打开多个窗口，并且窗口中内容比较简单的网页来说，可以用行为面板中的"打开浏览器窗口"动作实现简单的打开窗口效果。

配色与布局

本实例首页结构比较简洁，用房屋的效果图与家装的风格图片突出了该楼盘的两个特点：联体别墅和精装修。选用精美的图像可以使网页品质感立即得到提升。由此也可以看出该网站是一个典型的宣传类型网站，首页简洁明了。在首页中以玫红色和蓝灰色色彩的结合，体现了网站大气沉稳的感觉，给人带来家的温馨和安静的归属感。

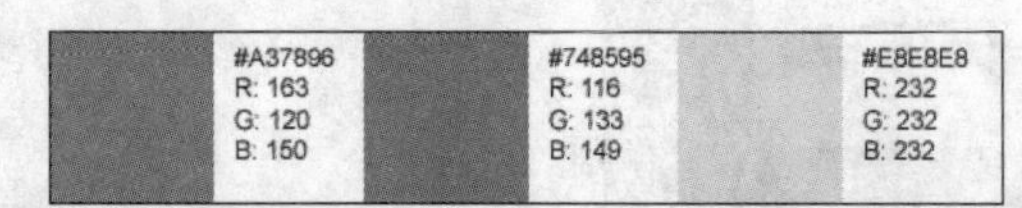

本实例视频文件路径和视频时间

视频文件	光盘 \ 视频 \03
视频时间	10 分钟

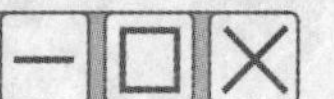

3.1 实例制作过程

本节将详细介绍“阳光家园”房地产网站的制作过程，跟随以下操作步骤即可完成。

3.1.1 创建新网页

首先按如下步骤创建一个新网页。

步骤 01 在硬盘上创建一个新的文件夹。打开“资源管理器”，选择盘符（实例中选择了 E 盘），在 E 盘内空白位置右击，在弹出的菜单中执行“新建”>“文件夹”命令，如图 3-1 所示。随即，命名新文件夹为“阳光家园”，如图 3-2 所示。

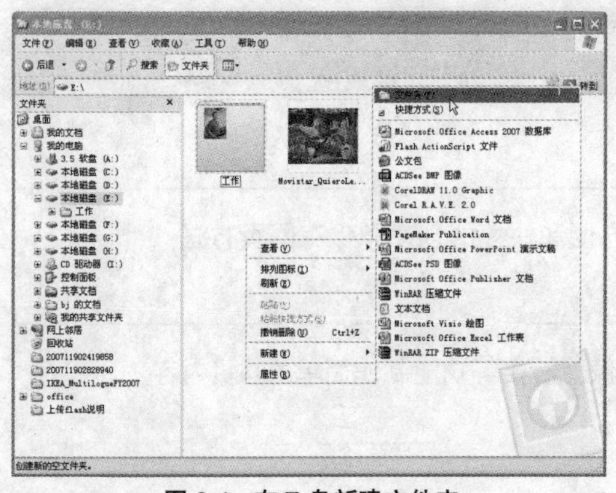

图 3-1 在 E 盘新建文件夹

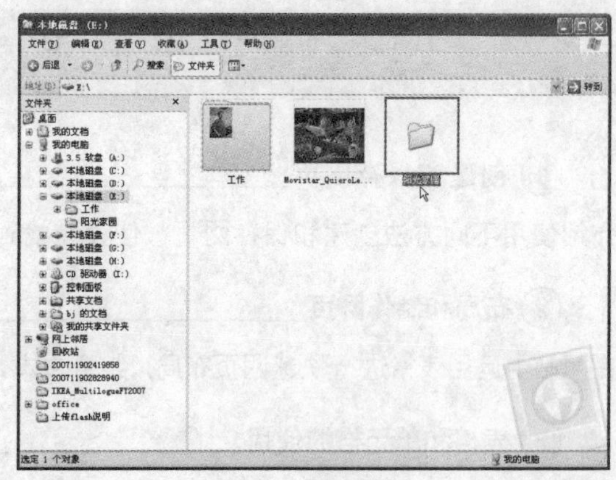

图 3-2 命名文件夹

步骤 02 在 Windows 系统下，执行“开始”>“所有程序”>“Adobe Design Premium CS3”>“Adobe Dreamweaver CS3”命令，启动已安装的 Dreamweaver 程序。

步骤 03 启动 Dreamweaver 程序后，显示快捷菜单面板，执行“新建”>“HTML”命令，如图 3-3 所示。随即展开了一个新的 HTML 空白网页，如图 3-4 所示。

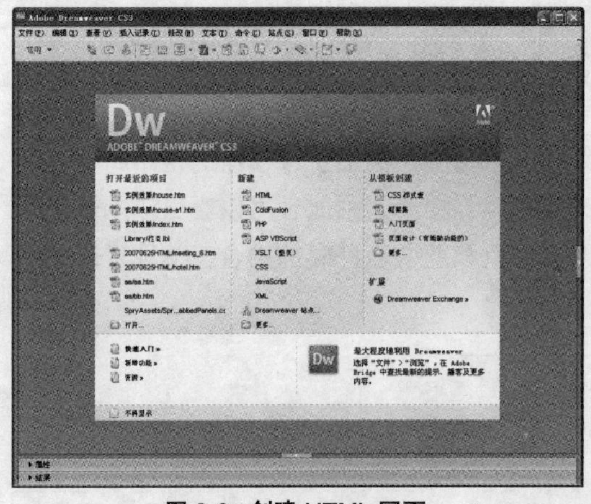

图 3-3 创建 HTML 网页

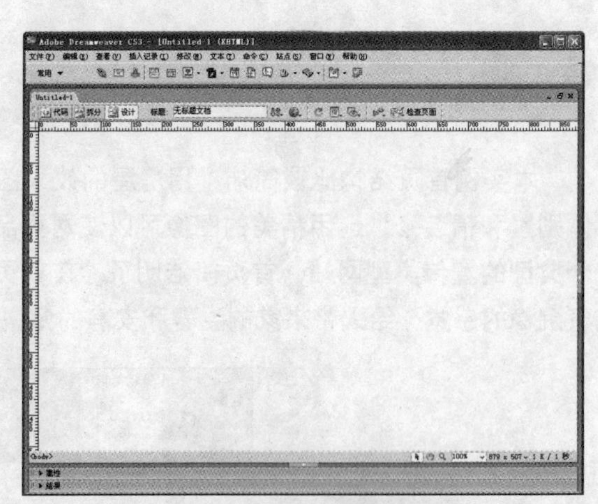

图 3-4 新建的空白网页

3.1.2 保存网页

新建网页后，需要对网页进行保存。在网页制作过程中需要养成随时保存网页的良好习惯，防止由于计算机的故障使做好的网页意外丢失，造成不必要的损失。

步骤 01 在 Dreamweaver 编辑窗口中，执行菜单栏中的“文件”>“保存”命令，在“另存为”对话框中选择“E 盘”>“阳光家园”文件夹，在“文件名”文本框中输入要保存文档的名称为“index”，选择“保存类型”为“* 所有文档（*.htm; ……）”选项，如图 3-5 所示。也可在“文件名”文本框中直接输入文件名和扩展名，如“index.htm”，而“保存类型”要选择“所有文件（*.*）”，如图 3-6 所示。

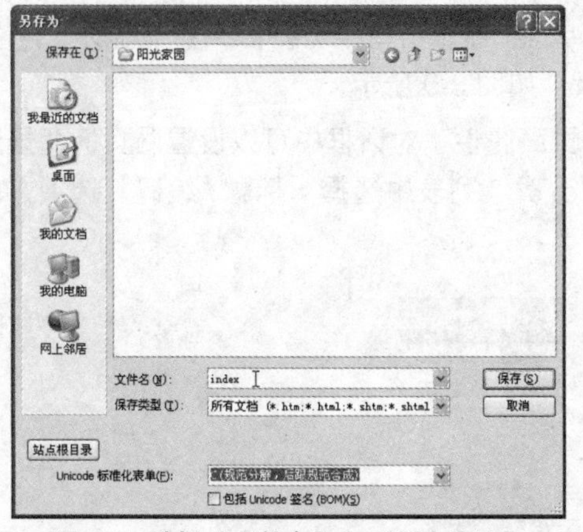

图 3-5 选择“文件名”和“保存类型”

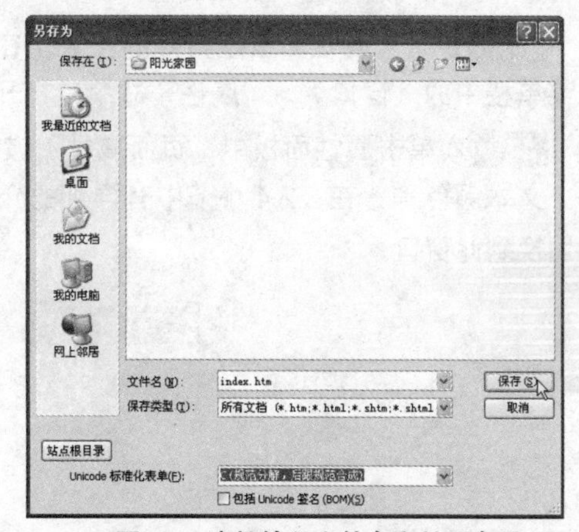

图 3-6 直接输入文件名和扩展名

注意 创建网页后就及时保存文档，这样有助于确定插入元素的链接路径，所以通常创建新网页后就将其保存在相应的文件夹中。

步骤 02 单击“保存”按钮，完成首页的保存。把光盘中制作完成的图像素材文件夹“images”复制到“阳光家园”文件夹内，如图 3-7 所示。以便于下面网页的制作。

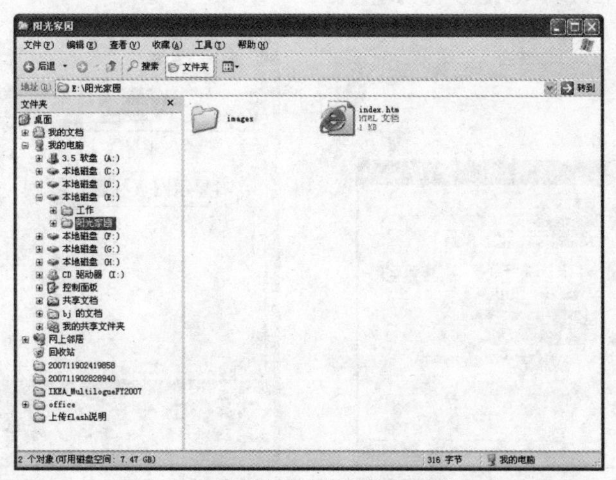

图 3-7 将素材文件复制到新建文件夹中

3.1.3 设置网页标题

在网页中设置标题，使其可以显示在IE浏览器的状态栏上，向网站浏览者提供所要表述的信息。设置网页标题有两种方法，一种是在Dreamweaver文档工具栏的“标题”文本框中输入标题，如图3-8所示。

图3-8 在“标题”文本框中输入网页标题

还有一种方法是在“页面属性”对话框中进行设置，操作步骤如下。

步骤01 通常属性面板是打开的，显示在Dreamweaver编辑窗口下方。如果没有显示，可执行菜单栏中的“窗口”>“属性”命令，打开属性面板，如图3-9所示。

步骤02 单击属性面板中“页面属性”按钮，在“页面属性”对话框中可以设置网页的背景颜色、文本颜色等，在3.2.4小节中有详细的介绍。在“分类”列表中选择“标题/编码”选项，此时切换到此窗口。

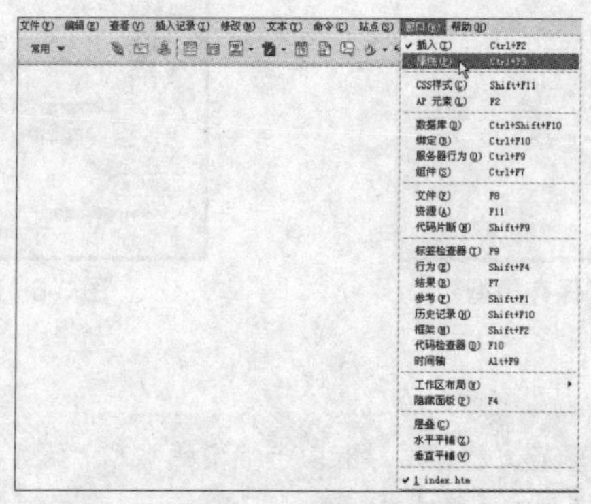

图3-9 打开属性面板

步骤03 在“标题”文本框中输入网页标题“阳光家园欢迎您！”，如图3-10所示。

步骤04 单击“确定”按钮，返回至网页编辑窗口，此时文档工具栏的“标题”文本框和状态栏同样显示了所设置的标题，如图3-11所示。

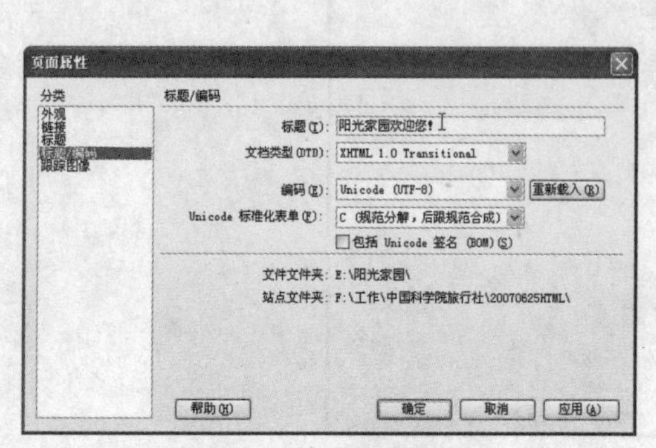

图3-10 输入网页标题

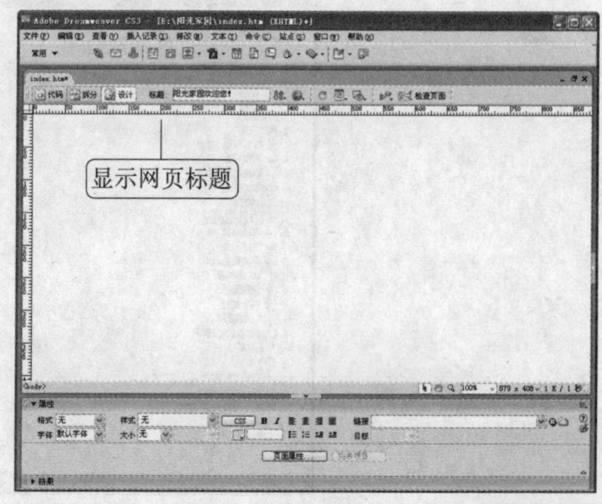

图3-11 在“标题”文本框和状态栏显示出网页标题

如果在页面制作过程中需要修改页面属性，可以随时单击属性面板中的“页面属性”按钮进行重新设置。

3.1.4 制作网站首页

前期工作准备完成后，按如下步骤开始制作网站首页。

步骤 01 单击文档工具栏的“拆分”按钮，在 <body> 代码中输入如下代码：

```
bgColor=#ffffff leftmargin="0" topmargin="66" bottomMargin=0 marginwidth="0"
```

此代码是为了设置网页的背景颜色，以及网页中的元素与周围边框的距离，完成后效果如图 3-12 所示。

步骤 02 单击文档工具栏的“设计”按钮，返回至设计窗口，如图 3-13 所示。

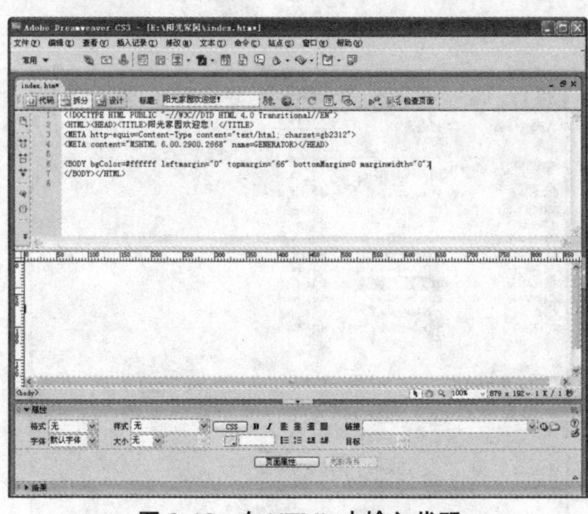

图 3-12 在 HTML 中输入代码

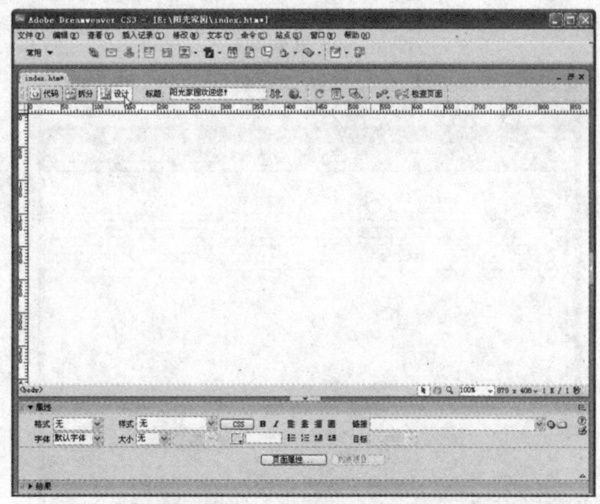

图 3-13 单击“设计”按钮返回至设计视图模式

步骤 03 在网页编辑窗口中插入鼠标光标，然后单击工具栏中的“表格”按钮，如图 3-14 所示。

图 3-14 单击“表格”按钮

步骤 04 在弹出的“表格”对话框的“行数”文本框中输入“9”，在“列数”文本框中输入“1”，在“表格宽度”文本框中输入“100”，在后面的选择框中选择表格单位为“百分比”，随后在“边框粗细”、“单元格边距”和“单元格间距”文本框中分别输入“0”，这样就设置了一个 9 行 1 列，宽度为 100% 的表格，如图 3-15 所示。

图 3-15　设置“表格”对话框

步骤 05 单击“确定”按钮，在网页中插入了一个表格，如图 3-16 所示。

步骤 06 在第 1 行单元格中插入光标。单击工具栏中的“图像”按钮 ，打开“选择图像源文件”对话框，在“查找范围”下拉列表中打开“images”文件夹，然后选中图像“intrologo.gif”，如图 3-17 所示。

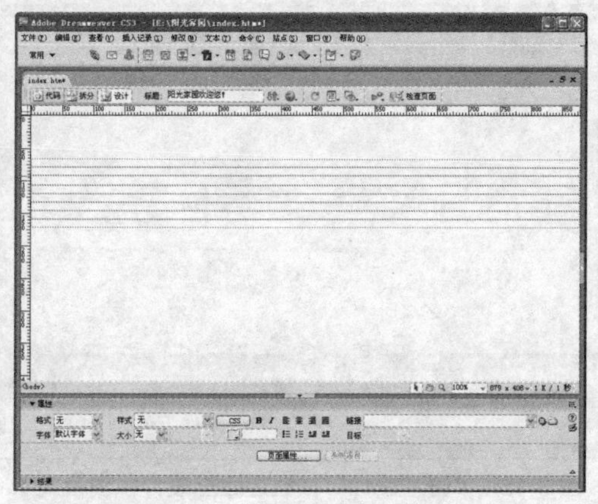

图 3-16　在网页中插入表格

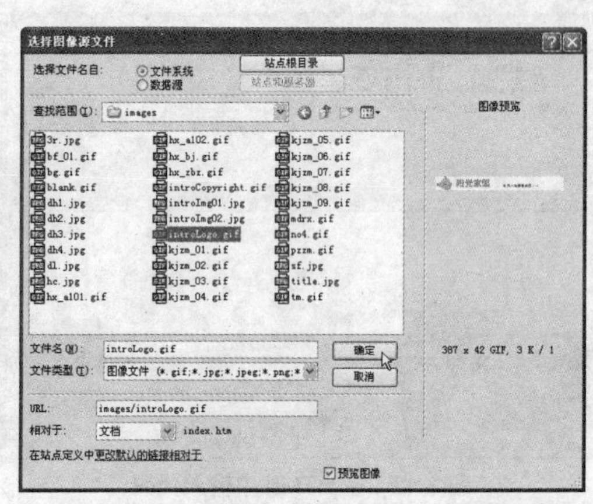

图 3-17　在对话框中选择需要插入的图像文件

步骤 07 单击“确定”按钮后，打开“图像标签辅助功能属性”对话框，在“替换文本”文本框中输入“Logo”，单击“确定”按钮，网站 Logo 图像显示在编辑窗口第一行单元格中，如图 3-18 所示。

步骤 08 在第 2 行单元格中插入光标。在属性面板的“高”文本框中输入“30”，在“背景颜色”文本框中输入色标值“#E8E8E8”，此时单元格的变化如图 3-19 所示。

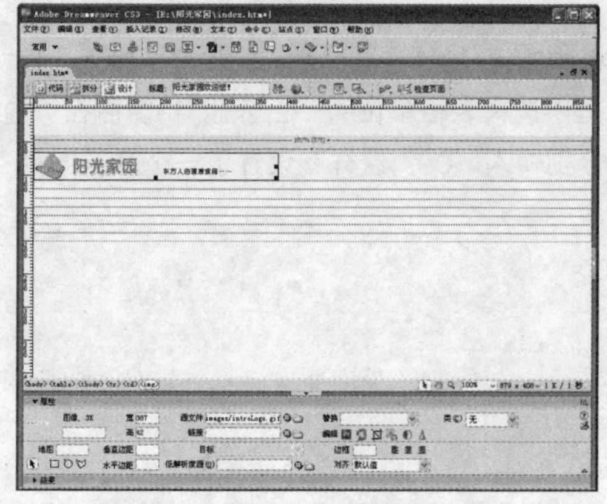

图 3-18　在第 1 行单元格中插入图像

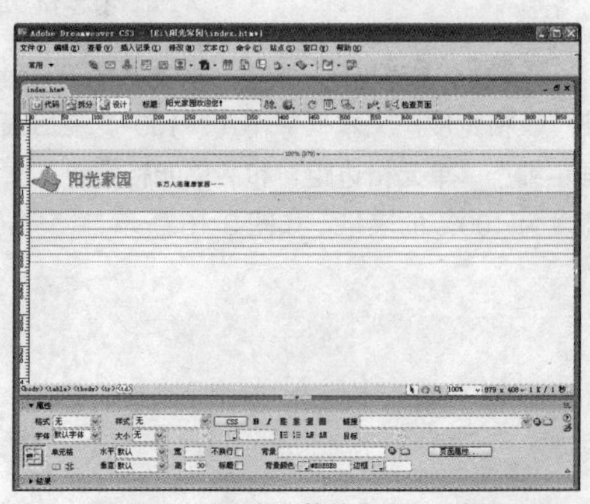

图 3-19　设置单元格的高度和颜色

步骤 09 在第 3 行单元格中插入光标。在属性面板的“背景颜色”文本框中输入色标值“#B1B1B1”，在“高”文本框中输入“6”，但此时单元格高度并没有变化，因为在单元格代码中的“ ”限制了单元格的设置。因此，需要进行以下的操作步骤来解决这个问题。

步骤 10 单击“拆分”按钮，在此单元格代码中拖动选中“ ”，然后按空格键，此时编辑窗口显示如图 3-20 所示。

步骤 11 单击“设计”按钮，返回至设计窗口。在第 4 行单元格中插入光标，单击属性面板的“拆分单元格为行或列”按钮，在弹出的“拆分单元格”对话框中单击“列”单选按钮，在“列数”文本框中输入“2”，表示拆分单元格为 2 列，如图 3-21 所示。

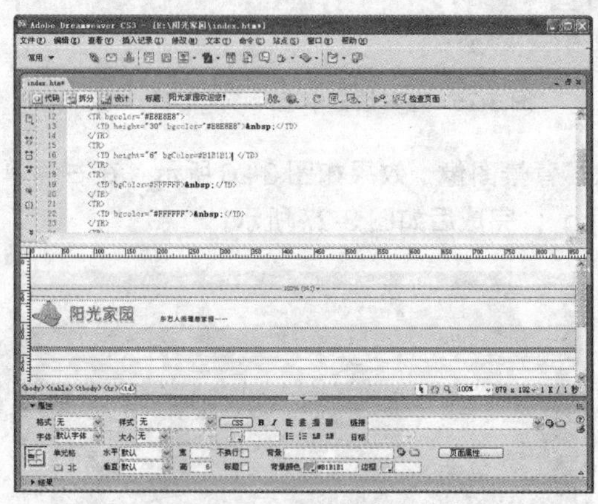

图 3-20 设置单元格高度

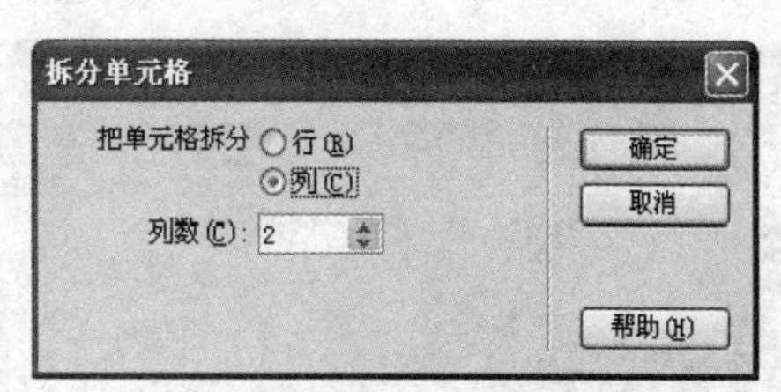

图 3-21 设置“拆分单元格”对话框

步骤 12 单击“确定”按钮，单元格被拆分为两列。在左侧单元格中插入光标，单击工具栏中的“图像”按钮，打开“选择图像源文件”对话框，打开“images”文件夹，可以在图片列表空白处右击，执行菜单栏中的“查看”>“缩略图”命令，这样可以看到图片的小样，且方便查找需要插入的图片。选中图片“introImg01.jpg”，如图 3-22 所示。

步骤 13 单击“确定”按钮，图片插入到了单元格中，如图 3-23 所示。

图 3-22 查看缩略图选择图片

图 3-23 图片插入到单元格中

步骤 14 光标移至列的边框上，当鼠标箭头变成双向箭头时，拖动鼠标指针到图片的边缘，如图 3-24 所示。在右侧单元格中插入光标，单击属性面板的“背景”文本框后面的“单元格背景 URL”按钮，在“选择图像源文件”对话框中选择“bg.gif”图像，如图 3-25 所示。

图 3-24　拖动列边框

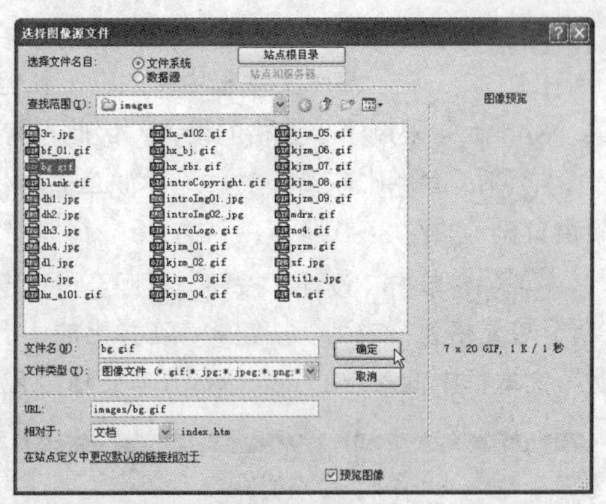

图 3-25　在对话框中选择“bg.gif”图像

步骤 15 单击“确定”按钮后，在单元格中插入了背景图像，效果如图 3-26 所示。在右侧单元格中，按照步骤 12 的方法插入图像“introImg02.jpg”，完成后如图 3-27 所示。

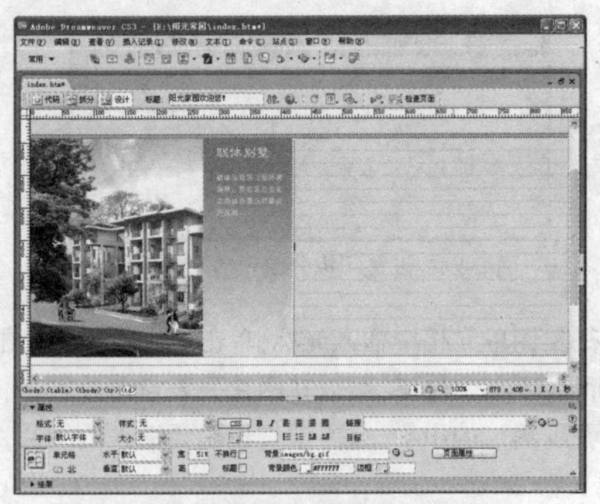

图 3-26　设置单元格背景图

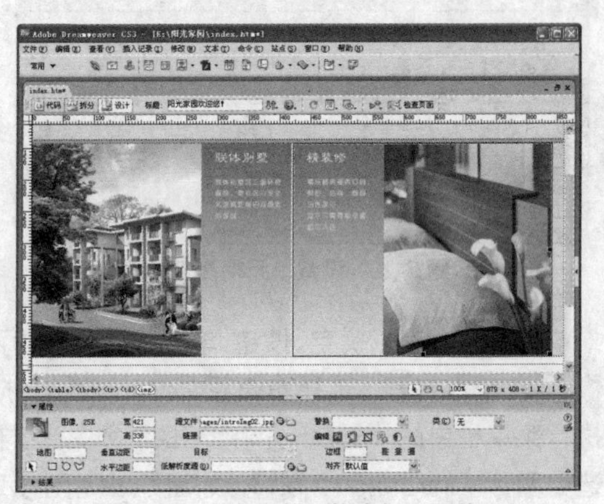

图 3-27　在右侧单元格中插入图像

步骤 16 在第 5 行单元格中插入光标，插入图像“introCopyright.gif”，然后在属性面板的“背景颜色”文本框中输入色标值“#393C4A”，完成后效果如图 3-28 所示。

步骤 17 在第 6 行单元格中插入光标，在属性面板的“高”文本框中输入“100”，设置单元格高度。在“背景颜色”文本框中输入色标值“#E8E8E8”，完成后效果如图 3-29 所示。

图 3-28　插入图像并设置背景颜色

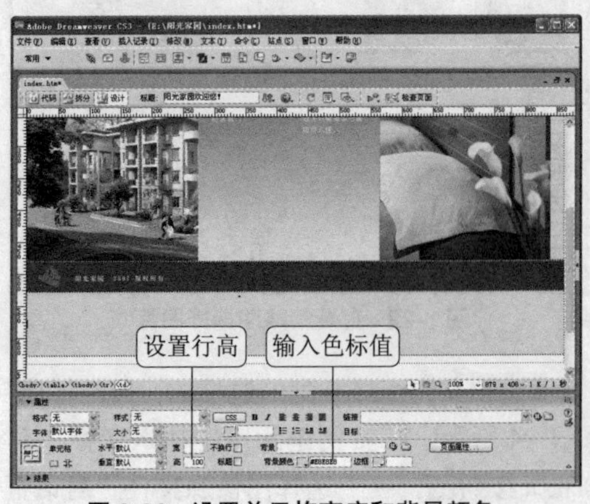

图 3-29　设置单元格高度和背景颜色

步骤 18 此时网站首页基本制作完成，因此下方的其余 3 行单元格已没用了，选中这 3 行单元格，按 Delete 键就可以删除了，完成后如图 3-30 所示。

步骤 19 执行菜单栏中的“文件”>“保存”命令，或按快捷键 Ctrl+S，保存制作完成的网页。按 F12 键，就可以在 IE 浏览器中查看网页效果了，如图 3-31 所示。

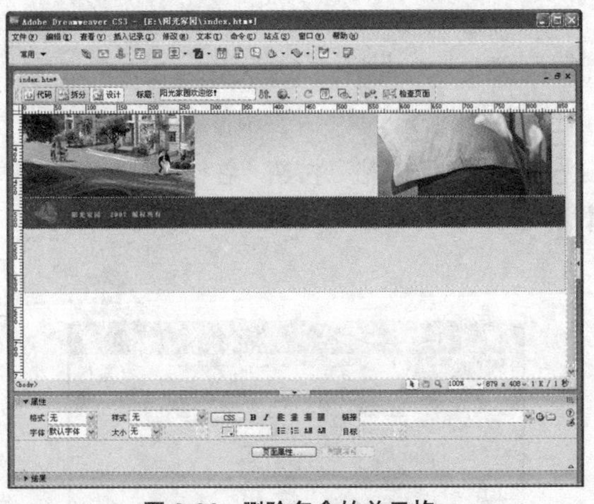

图 3-30　删除多余的单元格

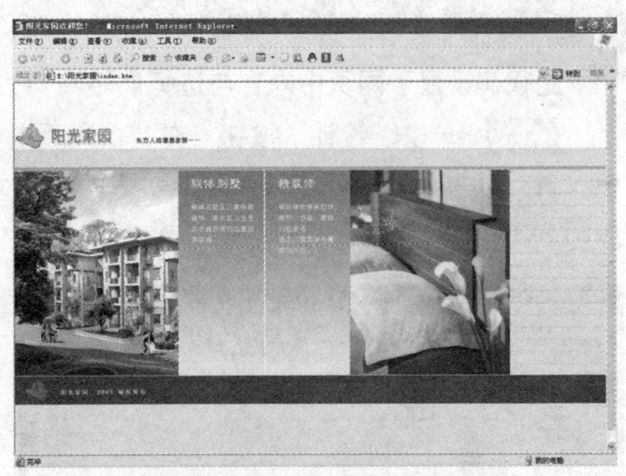

图 3-31　按 F12 键浏览网站首页

3.1.5　制作二级内容页

首页制作完成后，下面开始制作二级内容页。在页面中设置了 4 个栏目，并各自有 4 个艺术化的名称，为“品质之美”、“艺术之美”、“舒逸之美”和“通达之美”，它们分别介绍此项目的设施、交通、位置等相关房产信息。

步骤 01 执行菜单栏中的“文件”>“新建”命令，打开“新建文档”对话框。选择“空白页”选项，在“页面类型”列表框中选择“HTML”项，在“布局”列表框中选择“无”选项，如图 3-32 所示。

步骤 02 单击“创建”按钮，就创建了一个新网页。在文档工具栏“标题”文本框中输入“阳光家园欢迎您！”，如图 3-33 所示。

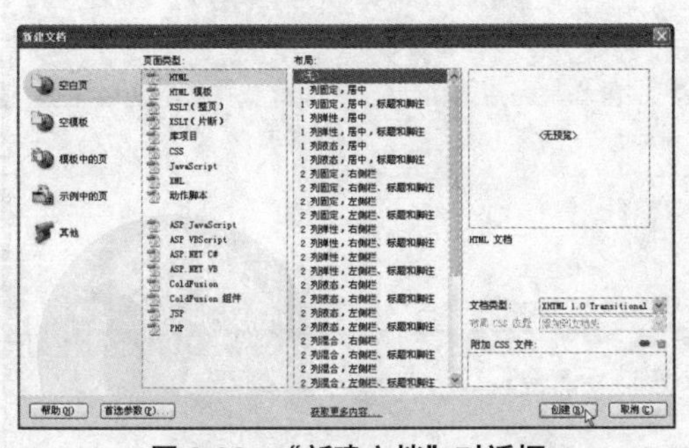

图 3-32　“新建文档”对话框

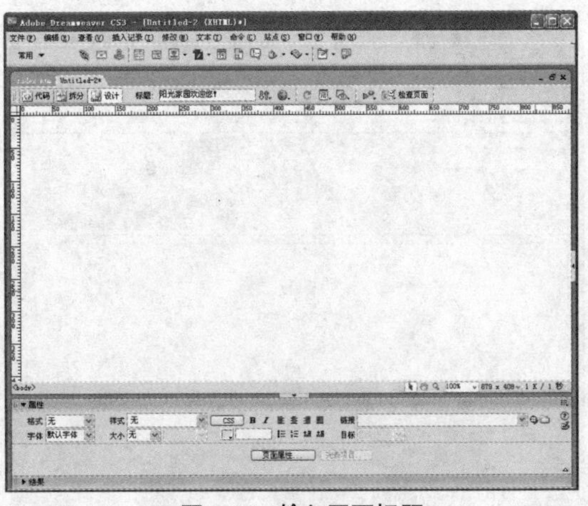

图 3-33　输入网页标题

步骤 03 单击“拆分”按钮，在代码 <body> 中加入如下代码：

```
leftMargin=0 topMargin=0 marginheight="0" marginwidth="0"
```

输入完成后，代码如下：

```
<BODY leftMargin=0 topMargin=0 marginheight="0" marginwidth="0">
```

此代码设置了网页中内容与边框的距离均为 0，如图 3-34 所示。

步骤 04 单击“设计”按钮，在空白网页中插入光标，单击“表格”按钮，在“表格”对话框中设置行数为 1，列数为 1，表格宽度为 1003 像素，设置边框粗细、单元格边距、单元格间距均为 0，如图 3-35 所示。

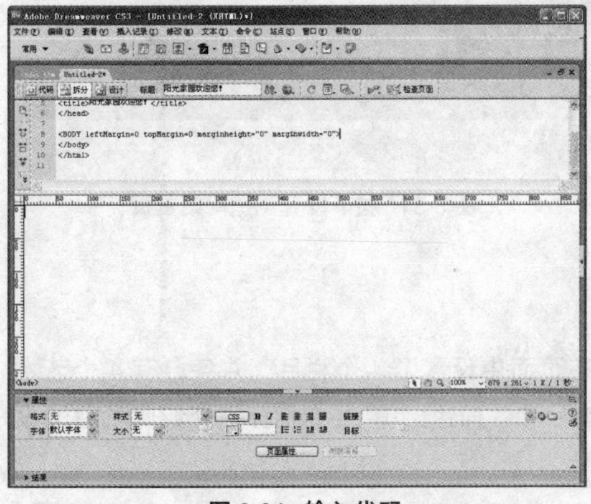

图 3-34 输入代码

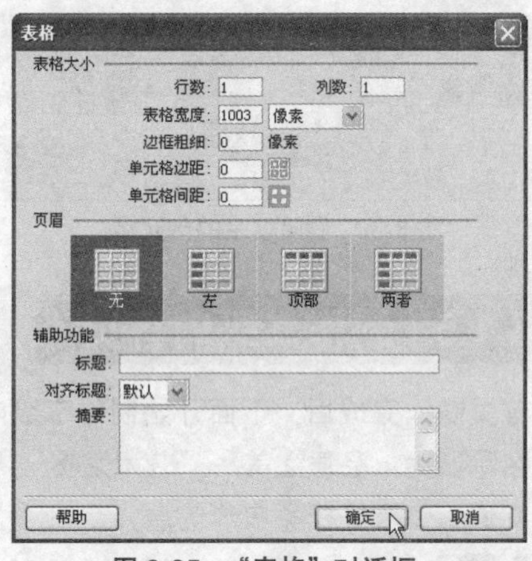

图 3-35 “表格”对话框

步骤 05 在单元格内插入标题图像“title.jpg”，完成后效果如图 3-36 所示。

步骤 06 光标定位在表格外右侧，按 Enter 键。单击“插入”面板的“表格”按钮，在“表格”对话框中设置行数为 1，列数为 13，表格宽度为 1003 像素，设置边框粗细、单元格边距、单元格间距均为 0，单击“确定”按钮后创建了 1 行 13 列的表格，如图 3-37 所示。

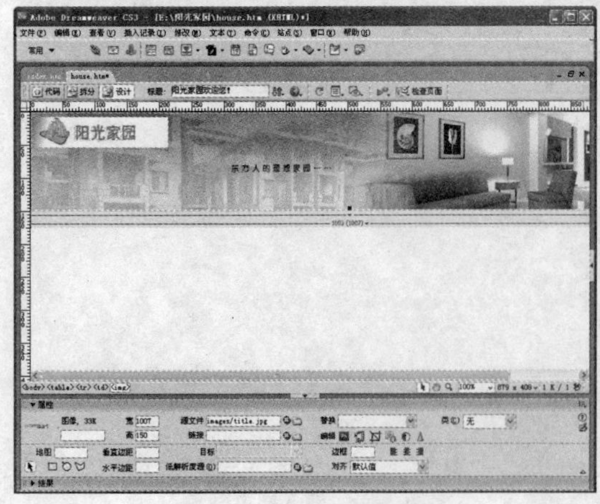

图 3-36 插入标题图像

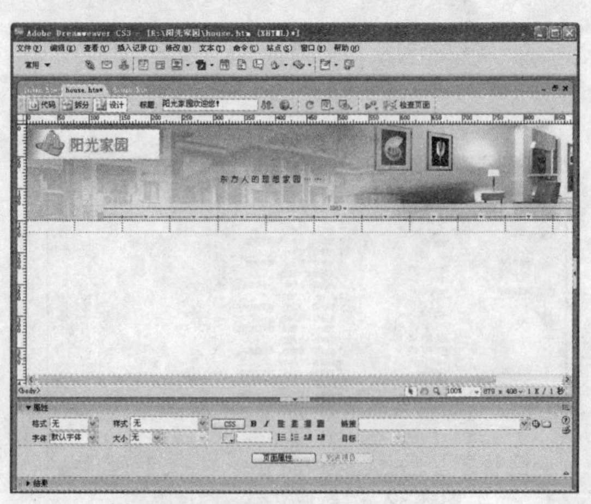

图 3-37 插入 1 行 13 列的表格

步骤 07 首先从左侧开始，选中第 1 个单元格，在属性面板的“宽”文本框中输入“300”，在“背景颜色”文本框中输入色标值“#A87D9B”。

步骤 08 按住键盘 Ctrl 键，单击选中 2、4、6、8、10、12 单元格，在属性面板中设置单元格宽度为“1”，“背景颜色”设置为白色“#FFFFFF”或默认值。

步骤 09 分别设置单元格 3、11 的宽度为“117”，背景颜色为“#C794BF”；设置单元格 5、9 的宽度为“117”，背景颜色为“#C794BF”；设置单元格 7 的宽度为“117”，背景颜色为“#F2DFF1”。

步骤 10 在上一小节中，我们制作了 6 像素高的单元格。这里，使用另一种方法达到同样的效果。在 13 个单元格中分别插入图像“tm.gif”，此图像为 1 像素宽 1 像素高的小图，插入表格中几乎看不见，然后，在属性面板中设置这 13 个单元格高度为“4”，完成后的效果如图 3-38 所示。

步骤 11 在装饰线条表格下方接着插入宽度为“1003 像素”的表格。使用步骤 10 的方法插入图像“tm.gif”，然后，设置单元格高度为“7”，设置其背景颜色为浅灰色“#F6F6F6”。

步骤 12 用同样方法制作一个宽度为“1003 像素”，高度为“1”，背景颜色为红色“#B40033”的表格，如图 3-39 所示。

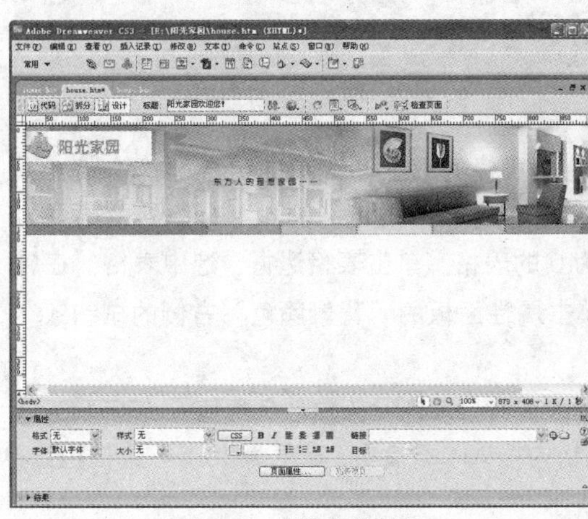

图 3-38 制作装饰线条

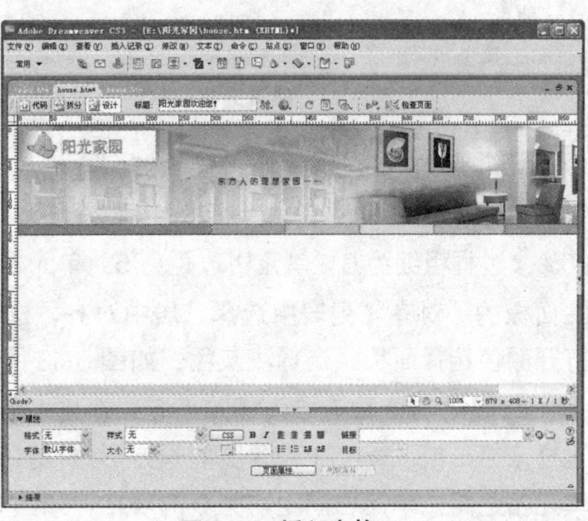

图 3-39 插入表格

步骤 13 在表格下方接着插入 1 行 2 列，宽度为 1003 像素，边框粗细、单元格边距、单元格间距均为 0 的表格。将光标定位在左侧单元格中，在属性面板中设置“宽”为“259”，“高”为“977”，设置“背景颜色”色标值为“#CCCCCC”，在“垂直”下拉列表中选择“顶端”选项，此时属性面板如图 3-40 所示。

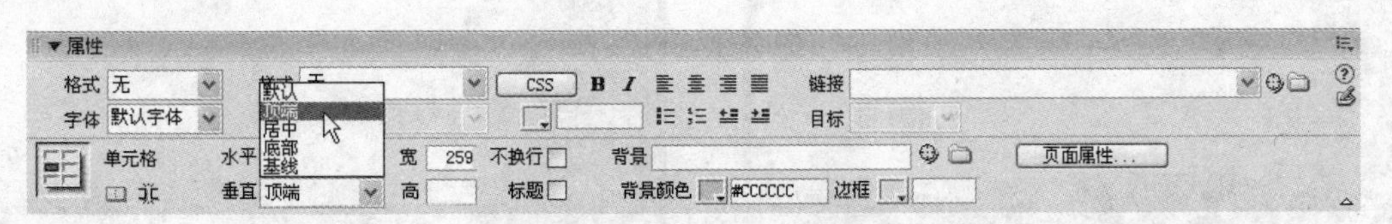

图 3-40 设置属性面板中的宽度、背景颜色和垂直位置

步骤 14 左侧单元格将用于制作网页的 4 个栏目标题。在左侧单元格内插入光标。按 Shift+Enter 快捷键空出一行，单击工具栏的“表格”按钮，插入 8 行 2 列，宽度为 100%，边框粗细、单元格边距、单元格间距均为 0 的表格，如图 3-41 所示。

步骤 15 从第 1 行开始，选中所有单元格，在属性面板中单击“居中对齐”按钮，使后面在单元格内放置的元素全部居中。

步骤 16 在第 1 行左侧单元格中插入图像“dl.jpg”，右侧单元格中插入图像“dh4.jpg”；在第 2 行空出作为图片间的间隔；在第 3 行左侧单元格中插入图像“dh2.jpg”，右侧单元格中插入图像“sf.jpg”；以此类推，分别插入图像“3r.jpg”、“dh3.jpg”、“dh1.jpg”、“hc.jpg”，插入完成后，如图 3-42 所示。

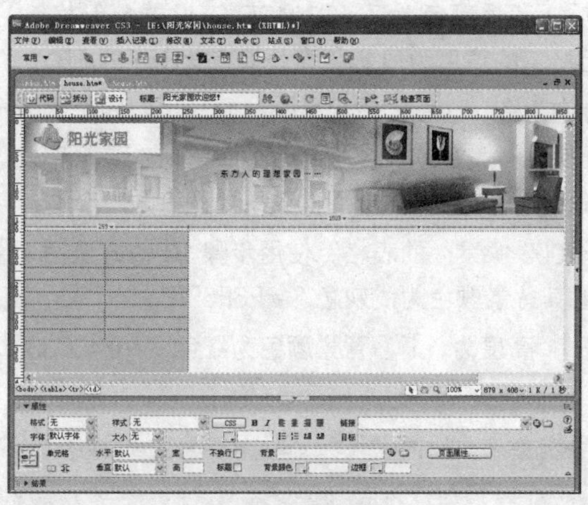

图 3-41　插入表格

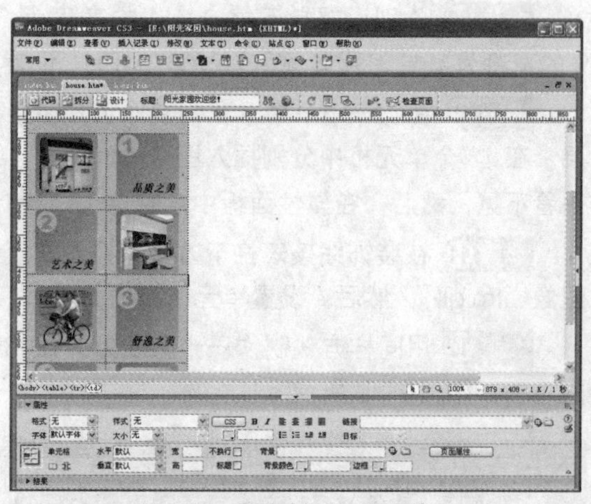

图 3-42　插入栏目标题图像

步骤 17 下面开始制作栏目标题“品质之美”。通过表格的设置和简单的组合，就能做出不错的效果。在右侧的空白单元格中插入光标，然后单击“表格”按钮，插入 1 行 1 列，宽度为 90%，边框粗细为 0，单元格边距为 5，单元格间距为 0 的表格。单击表格边框，选中表格，在属性面板的“对齐”列表中选择“居中对齐”选项；单击属性面板的“背景颜色”右侧的按钮，打开颜色选择面板，选择浅灰色，如图 3-43 所示。

步骤 18 在此单元格内插入光标。在属性面板中输入“背景颜色”为白色色标值“#FFFFFF”。这样表格形成了一个 1 像素宽的长方形边框。在单元格内插入 1 行 2 列，宽度为 100%，边框粗细、单元格边距、单元格间距均为 0 的表格，如图 3-44 所示。

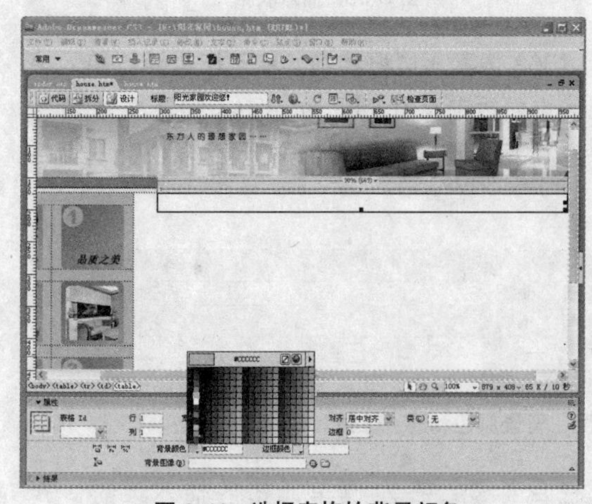
图 3-43　选择表格的背景颜色

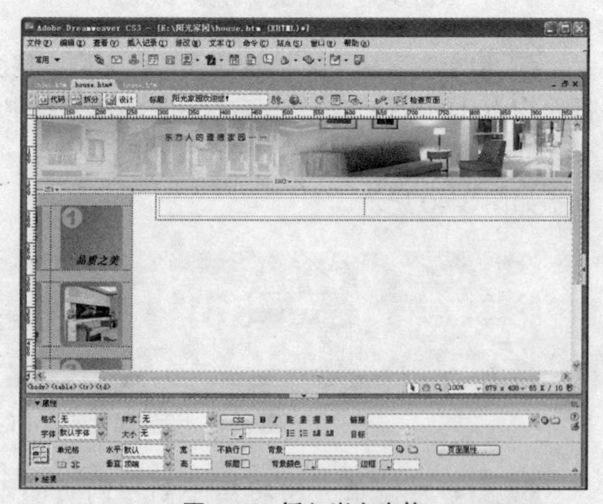
图 3-44　插入嵌套表格

步骤 19 设置两个单元格背景颜色为“#F0F0F0”，然后在两个单元格内分别插入图像“no4.gif”、“pzzm.gif”，完成后效果如图 3-45 所示。

步骤 20 在标题表格下方按 Shift+Enter 快捷键，再按两次回车键。随后，插入了 1 行 1 列，宽度为 90% 的表格，设置表格居中对齐。在此表格中输入关于此栏目的介绍性文字。

步骤 21 单击属性面板上的 页面属性... 按钮，打开“页面属性”对话框。在“外观”窗口的“大小”下拉列表中选择“9”，单位列表中选择“点数（pt）”，如图 3-46 所示。

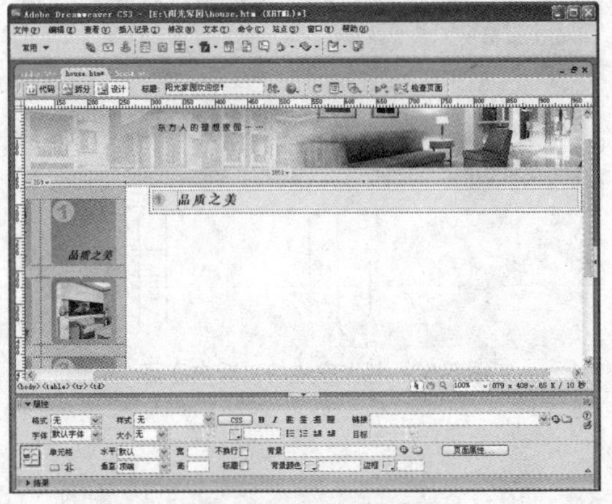

图 3-45 制作栏目标题

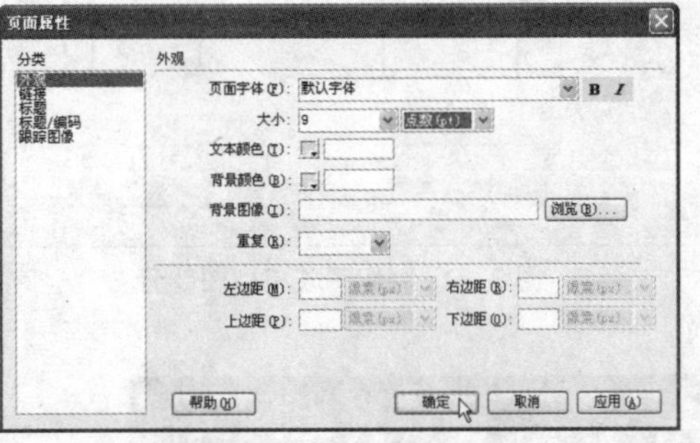

图 3-46 设置文字大小

步骤 22 单击“确定”按钮，表格中的文字大小显示为 9pt，如图 3-47 所示。

步骤 23 下面将制作栏目中的户型图部分。接着上面的表格插入 5 行 2 列，宽度为 90%，边框粗细、单元格边距、单元格间距均为 0 的表格，并设置表格居中对齐。

步骤 24 在第 1 个单元格中插入嵌套表格，插入 1 行 1 列，宽度为 70%，边框粗细为 0，单元格边距为 5、单元格间距为 1 的表格。选中插入的表格，在属性面板中输入“背景颜色”的色标值为“#CCCCCC”，然后，在单元格中插入图像“kjzm_01.gif”，如图 3-48 所示。

图 3-47 制作表格中的文字内容

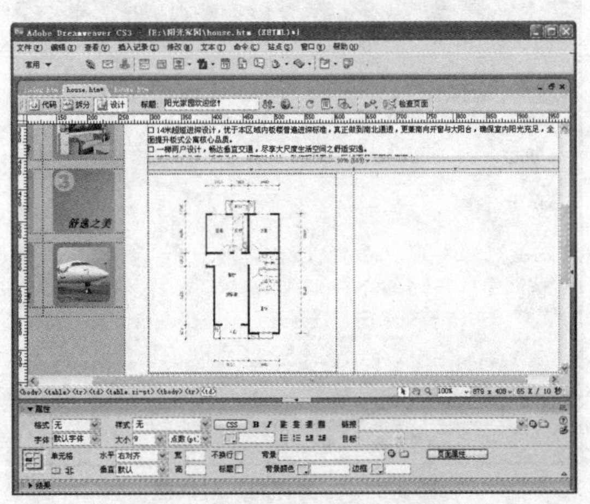

图 3-48 在单元格中插入户型图

步骤 25 在右侧单元格内插入同样的嵌套表格，但需要在属性面板中设置此表格为右对齐。下面的单元格中，户型图的制作方法相同，这里就不重复介绍了。完成后的效果如图 3-49 所示。

步骤 26 在表格最底部制作版权信息。首先，插入 1 行 1 列，宽度为 100%，边框粗细、单元格边距、单元格间距均为 0 的表格，设置单元格背景颜色为深灰色“#393C4A”，并插入图像“introCopyright.gif”。

步骤 27 按 Ctrl+S 快捷键，保存制作完成的网页，按 F12 键浏览网页效果，如图 3-50 所示。

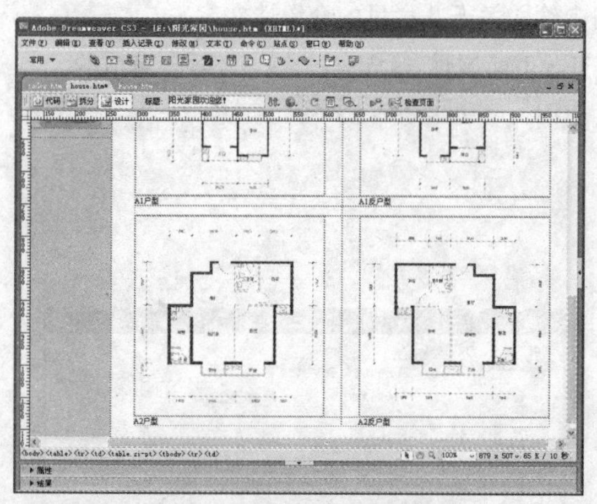
图 3-49　制作完成户型图部分

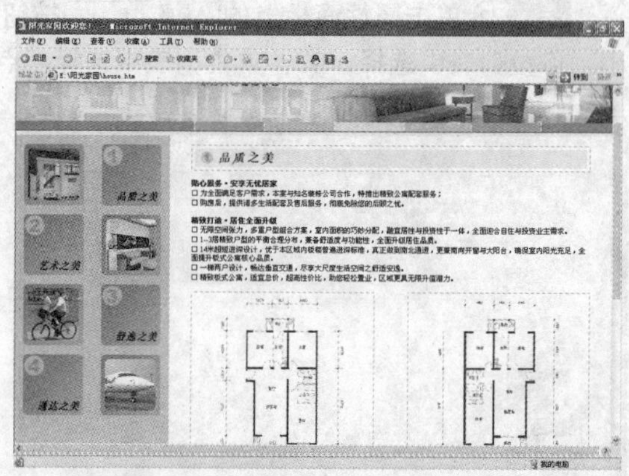
图 3-50　制作完成的二级内容页

3.1.6　制作弹出网页

二级内容页中的户型图，需要放大才可以让浏览者看得更清楚。这里使用弹出窗口方式，在一个新的窗口中，显示放大的户型图。下面就先制作需要弹出的网页。

步骤 01 执行菜单栏中的“文件”>“打开”命令，打开“house.htm”网页，执行菜单栏中的“文件”>“另存为”命令，在“文件名”文本框中输入“house-a1.htm”，如图 3-51 所示。

步骤 02 单击“保存”按钮，保存网页为 house-a1.htm。在网页编辑窗口中，按 Ctrl+A 快捷键全选，按 Delete 键删除所有元素，如图 3-52 所示。

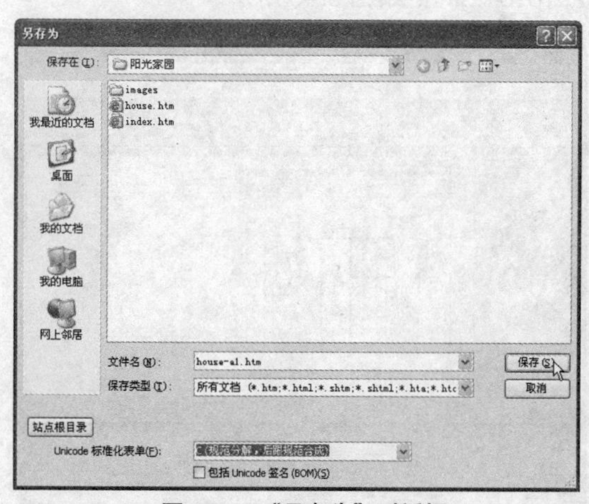

图 3-51　“另存为”对话框

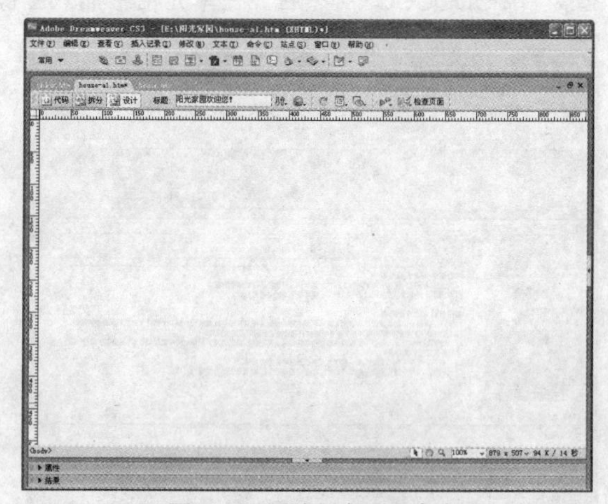
图 3-52　删除所有网页内容

步骤 03 单击属性面板中的“居中对齐”按钮，插入一个 1 行 3 列、宽度为 651 像素的表格，且设置边框粗细、单元格边距、单元格间距均为 0。选中左、右两侧单元格，在属性面板中设置其“宽”为“1”，“背景颜色”为黑色“#000000”，如图 3-53 所示。

步骤 04 在中间的单元格中插入光标。单击“表格”按钮，插入 11 行 1 列，宽度为 100%，边框粗细、单元格边距、单元格间距均为 0 的表格。选中第 1、3、11 行单元格，在属性面性中设置“高”为“1”，“背景颜色”为黑色“#000000”，如图 3-54 所示。

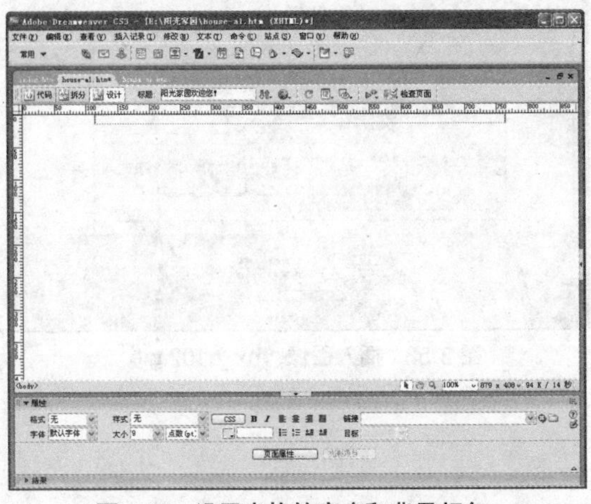
图 3-53　设置表格的宽度和背景颜色

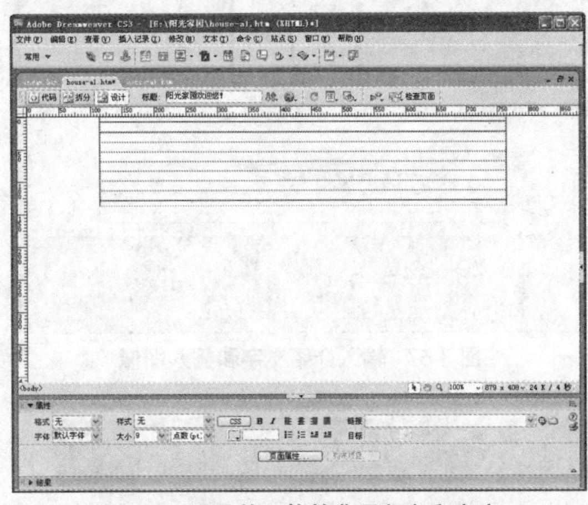
图 3-54　设置单元格的背景颜色和高度

步骤 05 将光标定位在第 2 行单元格中，在属性面板的“高”文本框中输入“30”，在“背景颜色”文本框中输入色标值“#EBEBEB”，切换输入方法为“全角”模式，再按空格键，这样才能在表格开头位置插入空格，接着输入“A1 户型”，如图 3-55 所示。

步骤 06 将光标定位在第 5 行单元格中，单击“图像”按钮，插入 A1 户型图像“hx_a101.gif”，如图 3-56 所示。

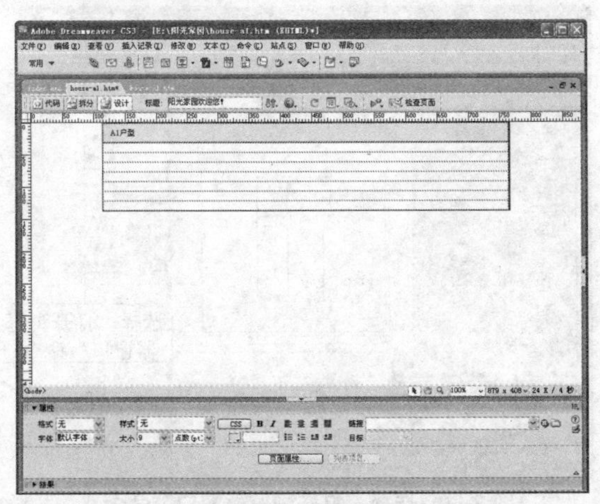
图 3-55　输入空格及文字

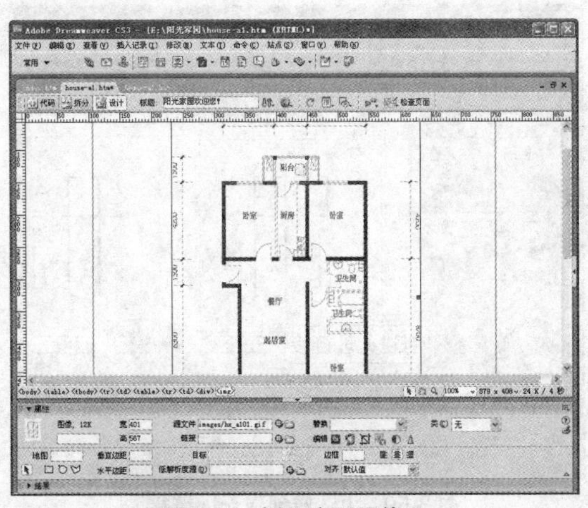
图 3-56　插入户型图像

步骤 07 在第 7 行单元格中插入 1 行 2 列，宽度为 75% 的表格，选中表格，并设置为“居中对齐”。在左侧单元格中输入 A1 户型的介绍文字，在右侧单元格中插入图像“hx_zbz.gif”，完成后如图 3-57 所示。

步骤 08 在第 9 行单元格中插入图像“hx_a102.gif”，如图 3-58 所示。按 Ctrl+S 快捷键，保存制作完成的网页。

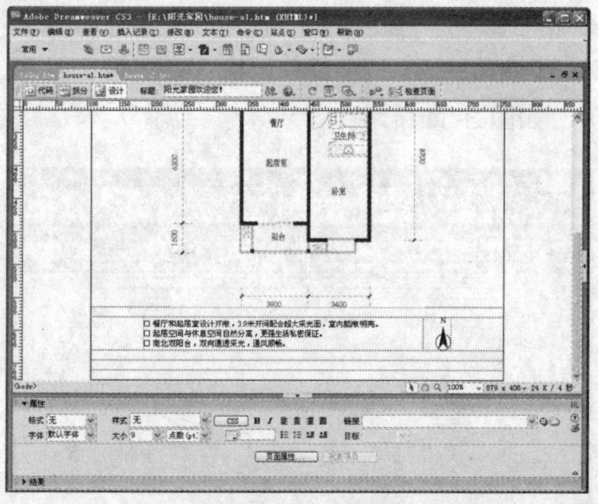

图 3-57　输入介绍文字和插入图像

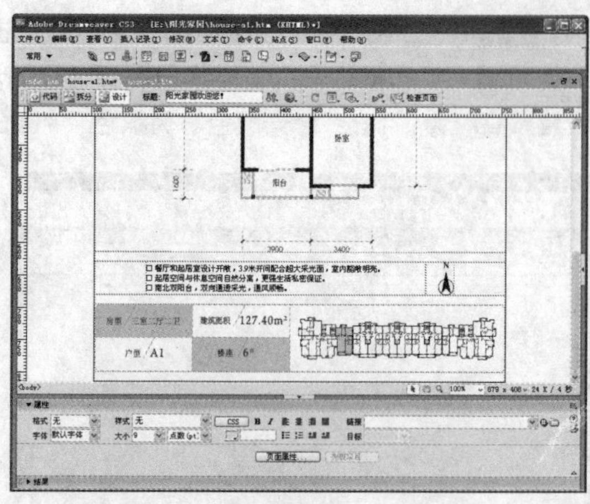

图 3-58　插入图像“hx_a102.gif”

3.1.7　制作弹出窗口效果

下面为网页 house.htm 中的户型 A1 制作弹出窗口效果。操作步骤如下。

步骤 01 执行菜单栏中的“文件”>“打开”命令，打开 house.htm 网页。

步骤 02 单击户型图 A1，选中后在属性面板的“链接”文本框中输入“#”，创建无址链接，如图 3-59 所示。

步骤 03 执行菜单栏中的“窗口”>“行为”命令，打开“行为”面板，单击行为面板上的“+”按钮，在弹出的下拉列表中选择“打开浏览器窗口”选项，如图 3-60 所示。

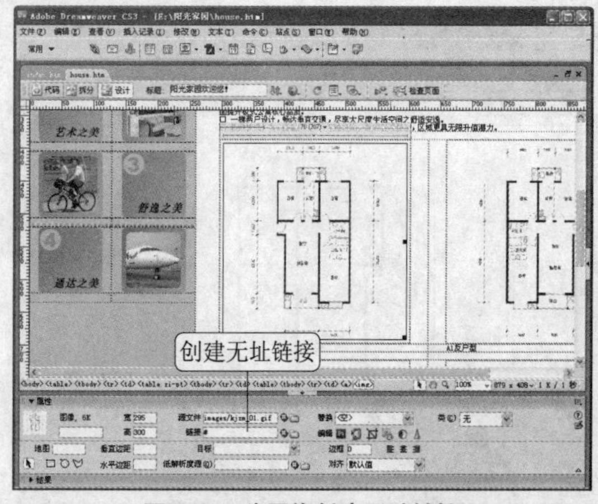

图 3-59　为图像创建无址链接

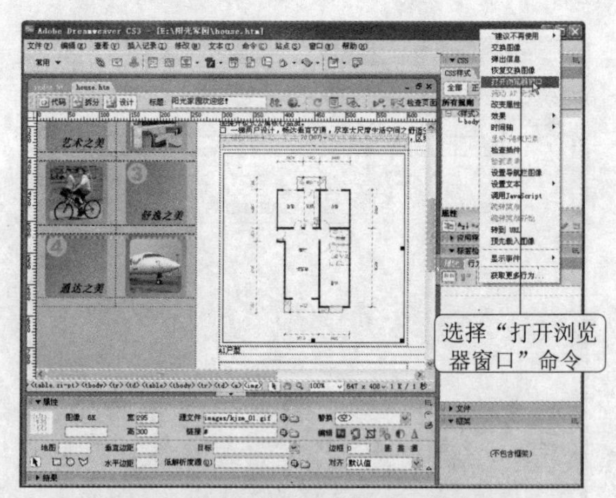

图 3-60　选择“打开浏览器窗口”命令

步骤 04 在“打开浏览器窗口”对话框中设置链接及窗口状态。单击“浏览”按钮，选择需要链接的网页“house-a1.htm”，在“窗口宽度”和“窗口高度”文本框中分别输入 670 和 500，勾选“需要时使用滚动条”复选框，如图 3-61 所示。

步骤 05 完成设置后，单击“确定”按钮，行为面板显示出所设置的“打开浏览器窗口”行为项，如图 3-62 所示。

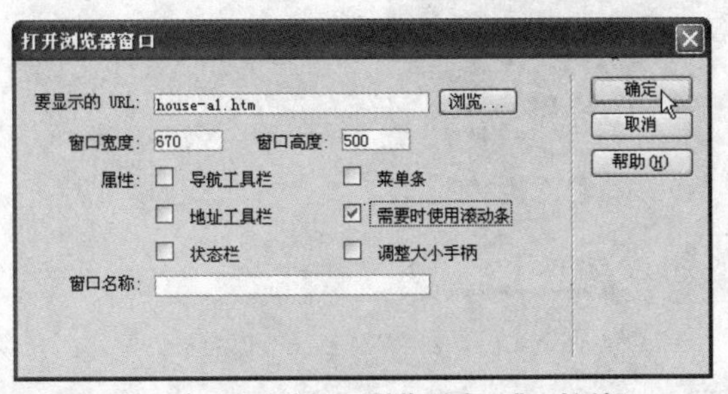

图 3-61 设置“打开浏览器窗口”对话框

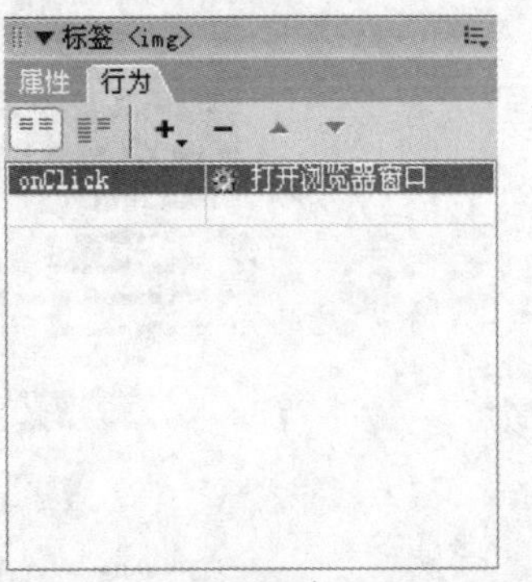

图 3-62 行为面板显示行为项

步骤 06 在行为面板“事件”下拉列表中选择“onMouseDown”选项，如图 3-63 所示。设置完成后，保存网页，按 F12 键在浏览器中查看效果，如图 3-64 所示。

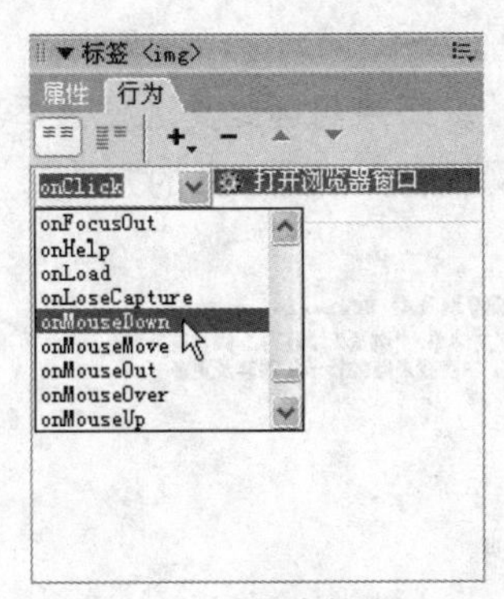

图 3-63 选择事件类型

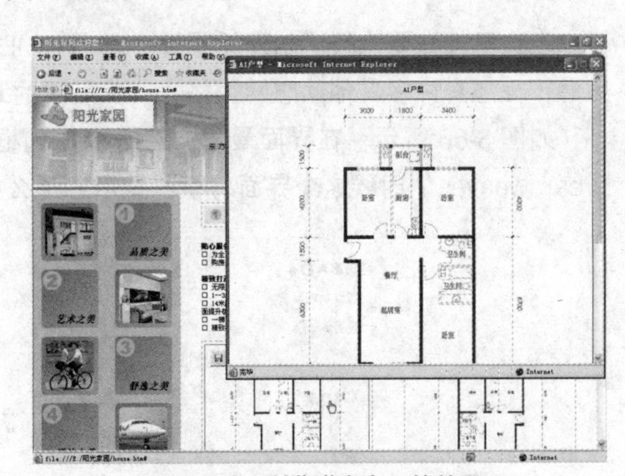

图 3-64 浏览弹出窗口的效果

3.2 知识要点回顾

本章实例制作中介绍了 Dreamweaver CS3 的一些基本应用，如：创建网页、保存网页、插入图像、弹出浏览器窗口等。

下面将对几个重点知识和常用功能进行详细的介绍。

3.2.1 创建新网页的几种方法

创建网页文件是最为基础的操作方法，在不同的制作过程中，可以使用不同的、快捷的方法进行新网页的创建，下面就介绍几种以供参考。

方法一 启动 Dreamweaver 后，打开一个面板，其中提供了一些快捷菜单，如图 3-65 所示。其中包括打开最近项目、创建新项目、从范例创建、扩展。

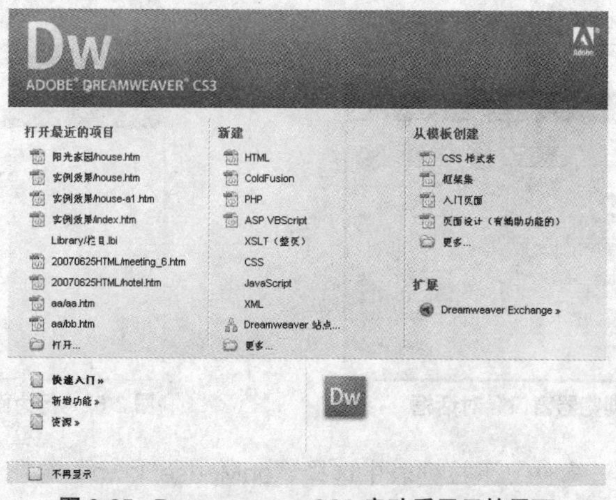

图 3-65　Dreamweaver CS3 启动后显示的界面

在这里首先要执行“创建新项目”>“HTML”命令，这样就可以创建一个新的 HTML 网页了。当然下面还有许多其他动态网页格式，在后面的章节将会介绍。

如图 3-66 所示，在界面最下方有一个复选框“不再显示”。如果勾选此复选框，下次再打开 Dreamweaver 的时候这个界面将不再显示。那么如何来新建网页呢？请见下文的方法二。

图 3-66　选择“不再显示”选项

方法二　其实如果按上面步骤把“不再显示”复选框选中后，再次启动 Dreamweaver CS3 后即可直接创建一个 HTML 空白文档。

方法三　如果 Dreamweaver CS3 已经启动，可以执行菜单栏中的“文件”>“新建”命令，弹出如图 3-67 所示的对话框。在“类别”列表框中选择“基本页”，在“基本页”列表框中选择“HTML”选项，然后单击“创建”按钮，创建一个新的空白文档。

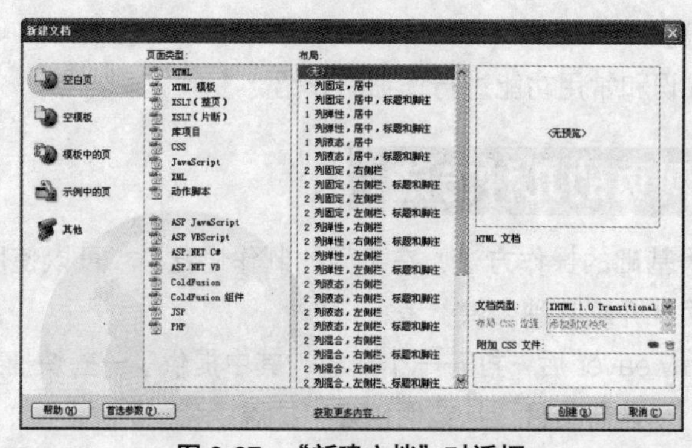

图 3-67　“新建文档”对话框

方法四　在 Dreamweaver CS3 中还为用户提供了更为方便的“新建”按钮，它显示在“标准”工具栏中，如图 3-68 所示。单击此按钮，将弹出如图 3-62 所示的对话框，在此可以进行 HTML 网页的创建。

图 3-68 标准工具栏中的“新建”按钮

方法五 在状态栏中右击，在弹出的菜单中选择“新建”命令，如图 3-69 所示。同样也可以弹出“新建文档”对话框。

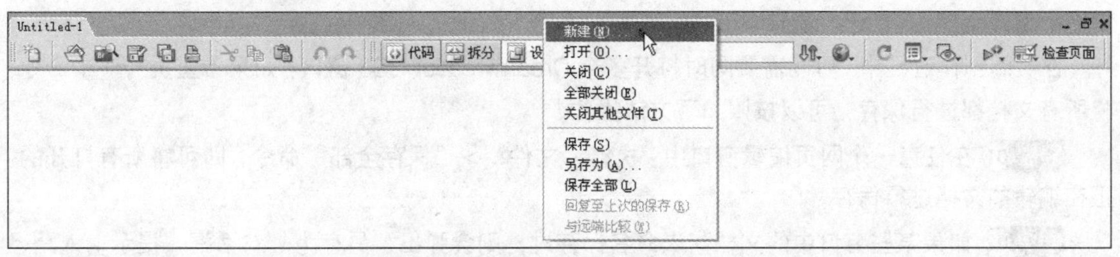

图 3-69 右击状态栏选取“新建”命令

3.2.2 不同类型文档的存储

目的不同，保存文档的方法也不尽相同。要保存文档，可以按照如下方法进行操作。

步骤 01 如果同时打开了多个 Dreamweaver CS3 文档窗口，则切换到要保存的文档所在的窗口。

步骤 02 执行菜单栏中的“文件” > “保存”命令，或是按下 Ctrl+S 快捷键快速保存。

步骤 03 如果文档尚未被保存过，则会弹出“另存为”对话框，如图 3-70 所示。

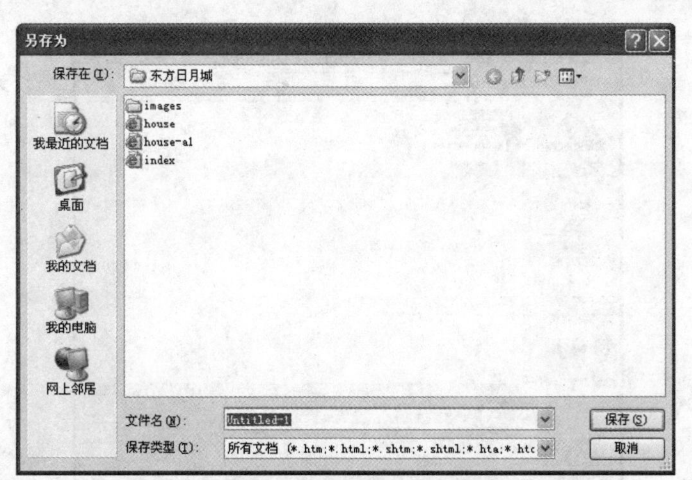

图 3-70 在“另存为”对话框中命名并保存文档

步骤 04 选择需要保存的路径并输入文件名（通常为英文或数字），单击“保存”按钮，即可存储该文档。

步骤 05 如果该文档已经被命名保存过，则会直接存储文档，而不会出现“另存为”对话框。

● 另存为

如果希望将文档以另外的名称保存，可以按照如下方法操作。

步骤 01 如果同时打开了多个 Dreamweaver 文档窗口，则切换到要保存的文档所在的窗口。

步骤 02 执行菜单栏中的“文件”>“另存为”命令。

步骤 03 这时会出现如图 3-70 所示的“另存为”对话框。选择保存路径并输入新的文件名，单击“保存”按钮，即可将文档以另外的名称保存。

● 保存全部

在实际创作过程中，可能需要同时打开多个 Dreamweaver CS3 窗口，如果希望执行一个命令，将所有文档都进行保存，可以按照如下方法操作。

步骤 01 在任意一个网页编辑窗口中，执行“文件”>“保存全部”命令，即可将所有打开的、正在编辑的文档进行保存。

步骤 02 如果某些窗口中的文档尚未命名保存过，则会弹出“另存为”对话框，提示输入路径和文件名称。输入相应信息后，单击“保存”按钮即可将文档保存。

3.2.3 打开现有文档的几种方法

要打开现有文档，可以按照如下 4 种方法进行操作。

方法一　在 Windows 的资源管理器中，右击要打开的文档的图标，然后从快捷菜单中选择“使用 Dreamweaver CS3 编辑”命令，启动 Dreamweaver CS3 程序，打开文件。

方法二　在 Dreamweaver 已经启动的情况下，执行“文件”>“打开”菜单命令，弹出“打开”对话框，如图 3-71 所示。

图 3-71　在“打开”对话框中选择要打开的文件

选择需要的文件，单击“打开”按钮，即可打开该文档。

方法三　像创建新文档一样，在文档工具栏中单击“打开”图标或右击文档状态栏，选择“打开”命令，如图 3-72 所示。同样可以打开如图 3-71 所示的“打开”对话框。

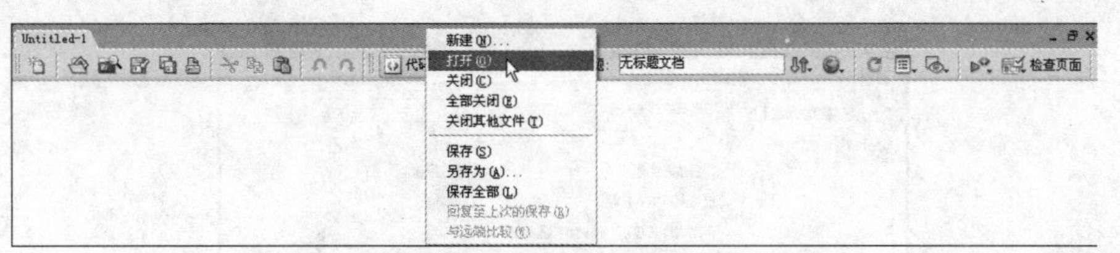

图 3-72 右击文档状态栏选取“打开”命令

方法四 如果要编辑的文档由 Microsoft 公司的字处理软件 Word 创建，则可以执行“文件”>“导入”>“Word 文档”菜单命令来打开该文档。

在打开文档时会启动新的 Dreamweaver CS3 编辑窗口，载入被打开的文档。如果该文档已被打开，则会自动切换到该编辑窗口。

3.2.4 设置页面属性

在 Dreamweaver 属性面板中都有一个“页面属性”按钮 页面属性... ，单击“页面属性”按钮，将打开“页面属性”对话框，在其中可以对网页的基本属性进行设置。

如图 3-73 所示，在“分类”列表框中有“外观”、“链接”、“标题”、“标题 / 编码”和“跟踪图像”几个选项。下面介绍每个选项的不同功能。

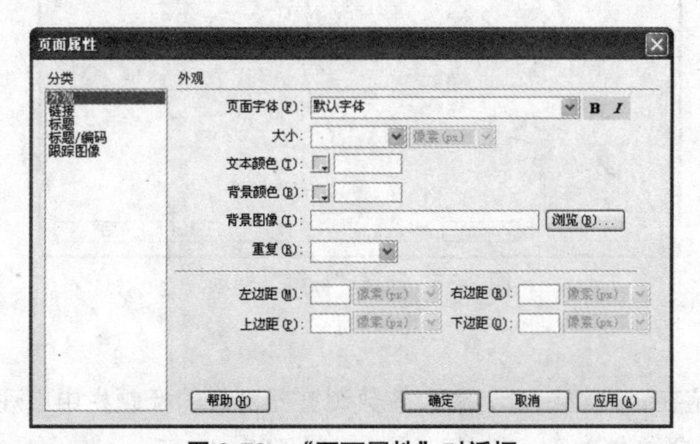

图 3-73 “页面属性”对话框

- 外观

“页面字体”、“大小”、“文本颜色”、“背景颜色”、“背景图像”几项都是关于网页中的字体、背景等元素的设置。下面的上、下、左、右边距指定 Body 标签中的页边距大小（仅限于 Microsoft Internet Explorer）。若要确保在任何一个浏览器中都不出现边距，就将 4 个值都设置为 0。Dreamweaver 在“文档”窗口中不显示页边距，若要查看边距，需要在浏览器中预览。

- 链接

在链接选项中，如图 3-74 所示。“链接颜色”指定应用于链接文本的颜色；“已访问链接”的颜色指定应用于访问过的链接颜色；“变换图像链接”的颜色指定当鼠标或指针位于链接上时应用的颜色；“活动链接”的颜色指定当鼠标或指针在链接上单击时应用的颜色；“下划线样式”指定了应用于链接的下划线样式。

如果页面已经定义（例如通过外部的 CSS 样式表）了下划线的链接样式，则“下划线样式”弹出菜单默认为“不更改”选项。该选项警告链接样式已经被定义的事实。如果使用“页面属性”对话框修改了下划线链接样式，则 Dreamweaver 将会更改以前的链接定义。

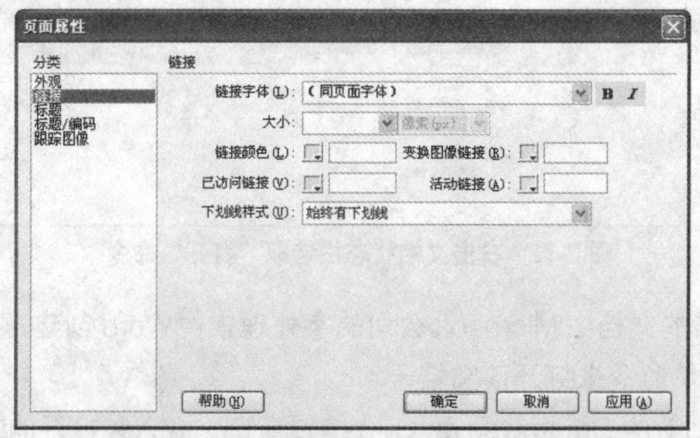

图 3-74 “页面属性”对话框的“链接”窗口

● 标题

在标题选项中，设置标题 1~6 的字体大小和字体颜色，如图 3-75 所示。设置后，在属性面板的“格式”下拉列表中选择“标题 *”选项后，就会应用在此设置的标题样式。

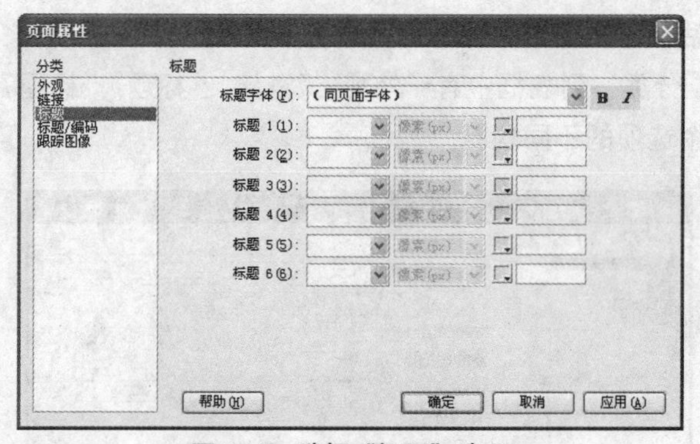

图 3-75 选择“标题”选项

● 标题 / 编码

其中，“标题”指定在“文档”窗口和大多数浏览器窗口的标题栏中出现的页面标题。在“文档类型”下拉列表中选择文档类型，默认选项为“XHTML 1.0 Transitional”。“编码”指定文档中字符所用的编码。对于英语和西欧语言，可选择“西欧语系”，其他选项包括中欧、西里尔文、希腊、冰岛、日语、繁体中文、简体中文和韩文。如图 3-76 所示。

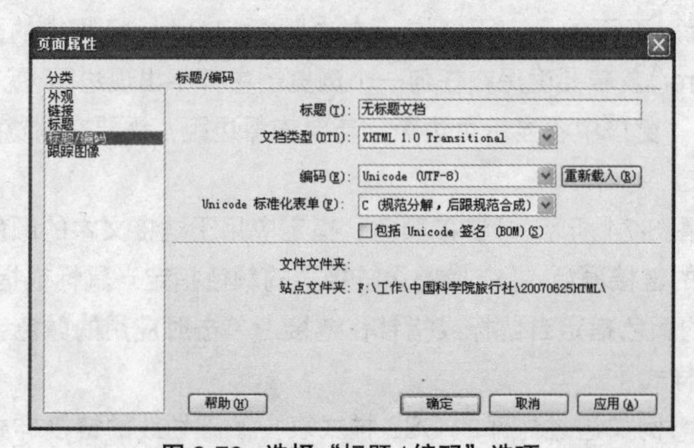

图 3-76 选择“标题 / 编码”选项

● 跟踪图像

跟踪图像是放在“文档”窗口背景中的 JPEG、GIF 或 PNG 图像。可以隐藏图像、设置图像的不透明度和更改图像的位置，如图 3-77 所示。跟踪图像仅在 Dreamweaver 中是可见的。当在浏览器中查看页面时，跟踪图像永远不可见；当跟踪图像可见时，页面的实际背景图像和颜色在“文档”窗口中不可见；但是，在浏览器中查看页面时，背景图像和颜色是可见的。

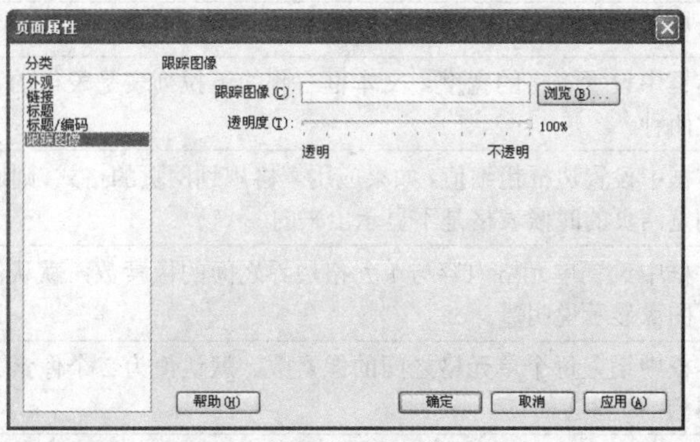

图 3-77 选择“跟踪图像”选项

3.2.5 插入表格

表格是用于 HTML 网页上显示表格式数据以及对文本和图形进行布局的强有力工具。表格由一行或多行组成，每行又由一个或多个单元格组成，Dreamweaver 允许通过操作列、行和单元格来布局 HTML 页。

在网页中插入表格可以执行以下任意操作：

- 在设计视图窗口下，将光标定位在要插入表格的位置，然后执行菜单“插入记录”>“表格”命令。
- 单击“插入”面板的“常用”栏中的“表格”按钮，打开如图 3-78 所示的“表格”对话框。在其中进行操作来完成表格的插入。

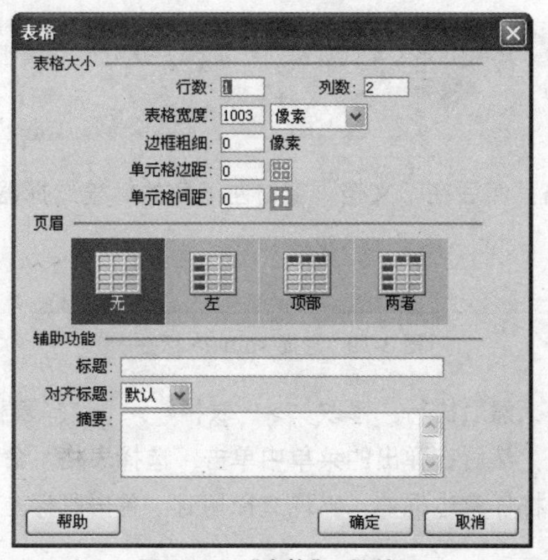

图 3-78 “表格”对话框

应用以上两种方式，单击“表格”命令后都会弹出“表格”对话框。在“表格”对话框内可以预设表格的基本属性，例如：行数、列数、表格宽度、边框粗细、单元格边距和单元格间距等选项。对“表格”对话框具体说明如表 3-1 所示。

表 3-1　“表格”对话框中各选项含义的说明

选　项	说　明
行数和列数	在文本框中输入表格的行数、列数值
表格宽度	在文本框中设置表格的宽度。文本框右侧的下拉列表是表格的宽度单位，包括像素和百分比两种
边框粗细	在文本框中设置边框粗细值。如果应用表格规划网页的格式，则通常设置边框粗细为 0，这样浏览网页的时候表格是不显示出来的
单元格边距	在文件框中设置单元格内容与单元格边界之间的像素数，默认值为 2 个像素。文本框后面有图像显示说明
单元格间距	在文本框中设置每个单元格之间的像素数，默认值为 2 个像素。文本框后面有图像显示说明
页眉	在“页眉”选项框中有 4 种样式，表示设置表格内标题的几种形式，包括：无、左、顶部、两者。“页眉”设置为表格内的项目分类提供了明显的标识
标题	在文本框中输入表格外侧标题
对齐标题	在下拉列表中选择 4 种标题显示的位置，分别为顶部、底部、左、右
摘要	在文本框中可输入表格说明，这些文字不会显示在“设计”视图页面中，在“代码”视图中才可以看到

3.2.6　选取表格

选取整个表格有多种方法，可以执行以下操作之一。

- 单击表格的左上角、表格的顶部边缘、底部边缘的任何位置或者行或列的边框。

注 意

当可选择表格时，鼠标指针会变成表格网格图标，这时单击就可选中整个表格。

- 单击某个表格单元格，然后在“文档”窗口左下角的标签选择器中选择 <table> 标签，如图 3-79 所示。

图 3-79　选择 <table> 标签

- 单击某个表格单元格，然后执行“修改”>“表格”>“选择表格”菜单命令。
- 右击某个表格单元格，然后在弹出的菜单中单击“选择表格”命令。
- 将鼠标指针移动到表格任意边框处，出现选择柄时，单击鼠标左键选中整个表格。

3.2.7 选取行或列

选取行或列可按以下步骤操作。

步骤 01 定位鼠标指针使其指向行的左边缘或列的上边缘。

步骤 02 当鼠标指针变为选择箭头时，单击即可选择单个行或列，或拖动以选择多个行或列，如图 3-80 所示。

步骤 03 单击列下方的下拉箭头，在弹出的菜单中选择“选择列”选项即可选取单个列，如图 3-81 所示。

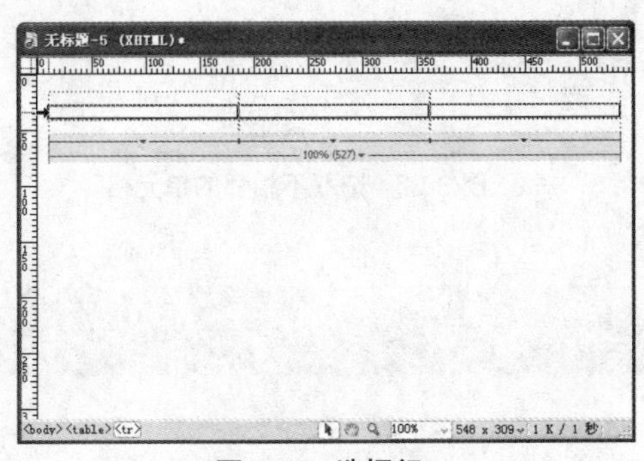

图 3-80 选择行

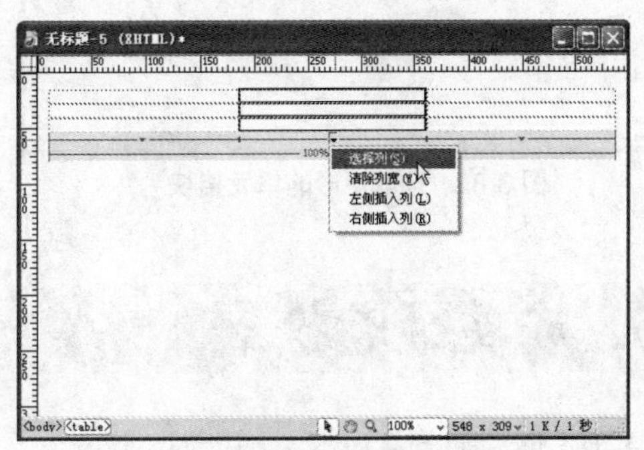

图 3-81 选择“选择列”选项

3.2.8 选取单元格

在表格中，可以选择单个单元格、一行单元格、单元格块或者不相邻的单元格。

1．选取单个单元格

可执行以下操作之一。

- 单击单元格，然后在“文档”窗口左下角的标签选择器中选择 <td> 标签。
- 按住 Ctrl 键单击该单元格。
- 执行菜单栏中的“编辑”>“全选”命令。

注 意

选择了一个单元格后再次执行菜单栏中的“编辑”>“全选”命令可以选择整个表格。

2．选取一行或矩形的单元格块

可执行以下操作之一。

- 拖动一个单元格到另一个单元格。
- 在一个单元格中按住 Ctrl 键的同时单击选中它，然后按住 Shift 键的同时单击另一个单元格。这两个单元格定义的直线或矩形区域中的所有单元格都将被选中，如图 3-82 所示。

3．选取不相邻的单元格

可执行以下操作。

步骤 01 在按住 Ctrl 键的同时单击要选择的单元格、行或列，如图 3-83 所示。

步骤 02 如果按住 Ctrl 键单击尚未选中的单元格、行或列，则会将其选中；如果单元格已经被选中，则再次单击会取消选中状态。

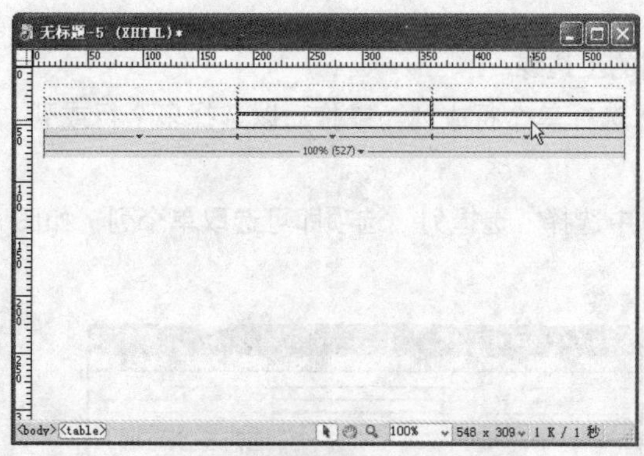

图 3-82 选取矩形的单元格块

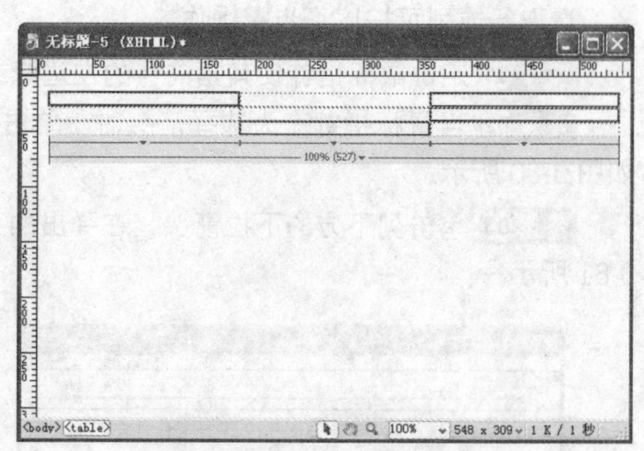

图 3-83 选取不相邻的单元格

3.3 成功经验扩展

房地产网站通常有以下 3 种类型。

● 房地产项目网站

此类网站以宣传某一房产项目为目的，通过丰富的表现形式，对项目进行全面的介绍和推广，并在网站中设置一些交互的栏目，实现开发商与客户的良好沟通，最终提高楼盘的销售量，如图 3-84 和图 3-85 所示即为此类网站。

图 3-84 新景家园 II 期网站

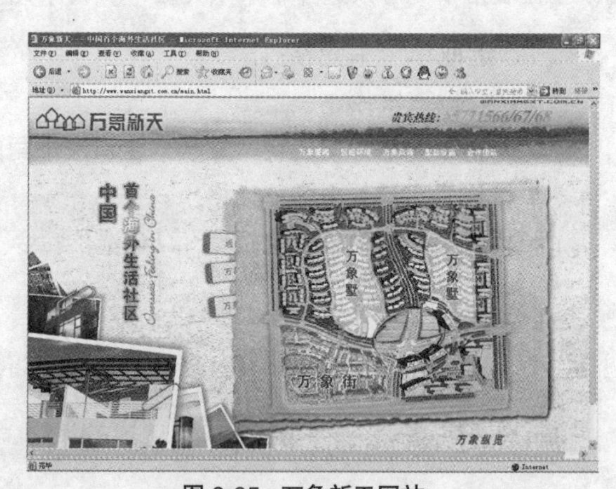

图 3-85 万象新天网站

● 房地产门户网站

此类网站主要为购房者及开发商提供服务，网站中提供大量双方需要的信息和资源，浏览者可以各取所需，形成了很好的交流平台。如图 3-86 所示的搜房网就是一个成功的房地产门户网站。

● 门户网站的房产频道

由于房地产的火热，很多大型门户网站都设立了房产频道，它所提供的信息和功能与类型 2 基本相似，如图 3-87 所示为新浪网房产频道的首页。

图 3-86 搜房网

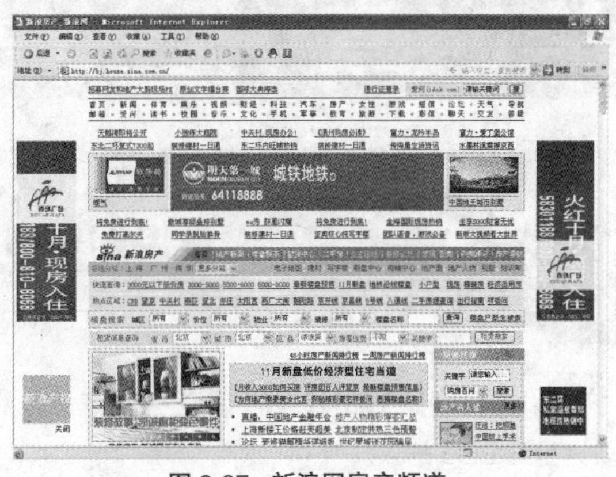

图 3-87 新浪网房产频道

创建一个成功的房地产网站有如下 3 个要点。

● 个性化

互联网的最大特性之一就是充满个性，每个人在网上都能找到自己所需要的信息。房地产项目网站更应充分发挥这一特点，为目标对象提供个性化的服务，令浏览者有亲切的感受，仿佛整个网站就像专门为其服务的一样。缺乏个性的网站是没有竞争力和生存价值的。

例如可提供记名式个性化服务。比如是叫王军的注册用户，当其登录时，网站就会致以亲切的问候：“您好！王先生”，然后，它会告诉用户近期小区有什么新闻、物业有什么新的服务等等。此外，还能根据不同的用户（注册用户）需要，利用 E-mail 和在线留言，定期或即时提供其需要的专门信息，为用户量身定制一套信息需求系统。

● 互动性

将房地产项目做成网站，可以弥补利用传统媒介进行宣传的片面性和单一性。在报纸、电视等媒体上发布项目信息，通常很难估计会达到什么样的效果，多数凭经验来估算，具有很大的盲目性。如果信息在网上发布，上网者可以马上与之联系，快速形成信息反馈。反过来开发商也可以与之联系，达到互相沟通的目的。发展商可以及时根据信息反馈的情况，及时改变规划或营销策略，紧跟市场发展动态。

另外，物业管理上更要注重与业主之间的沟通。利用小区自己的网站，物业公司可以充分、及时地与业主进行联系。业主也可以利用网络，提出自己的建议。使物业公司与业主形成一种良性的沟通，共同管理好小区。例如设置业主信箱、物业信箱、小区 BBS 等栏目，都可以达到充分利用互联网的互动性的目的。

● 实用性

建立的项目网站除了具备以上特点外，网站的实用性也是不可忽略的。因为建立网站就是要最大限度地进行对房地产项目本身和开发商自己的宣传。若网站只是为小区的业主服务，那宣传的广度和深度远远不够，失去了创建网站的意义。因此除了小区业主外，还要大量地吸引社会上的其他消费者浏览、使用这一网站，以形成更多的潜在客户。

因此，在网站的设计上，我们可以设置如按揭计算器、税费计算器、购房指南等工具，加强网站本身的实用性，为浏览网站者提供一些较为实用的帮助。增强浏览者对网站本身的好感和依赖。

第04章 博客（Blog）类网站——My Blog

博客（Blog）类网站概述

Weblog是Web Log的缩写，中文意思是“网络日志”，后来缩写为Blog，而Blogger（博客）则是写Blog的人。

一个博客（Blog）就是一个网页，它通常是由简短且经常更新的短文所构成。这些张贴的文章都按照年份和日期排列。博客（Blog）的内容有关公司、个人、构想的新闻到日记、照片、诗歌、散文，甚至科幻小说的发表或张贴都有，涉及各行各业。许多博客（Blog）倾向于个人情感的体现。有些博客（Blog）则是一群人基于某个特定主题或共同利益领域的集体创作空间。博客（Blog）就是对网络传达各种信息。撰写这些Weblog或博客（Blog）的人就叫做Blogger或Blog Writer。

具体说来，博客（Blogger）这个概念解释为使用特定的软件，在网络上发表和张贴个人文章的人。其实博客（Blog）的定义并没有统一的规定，或者说博客（Blog）是一种新的生活方式、新的工作方式、新的学习方式和交流方式，是“互联网的第4块里程碑”。

下面引用一些关于博客的比喻，以此形象说明：博客是继E-mail、BBS、ICQ之后出现的第4种网络交流方式；博客是网络时代的个人“读者文摘”；博客是以超级链接为武器的网络日记；博客是信息时代的麦哲伦；博客代表着新的生活方式和新的工作方式，更代表着新的学习方式。通过博客，让自己学到很多，让别人学到更多。

实例展示

本章通过“My Blog”首页和内容页的制作，详细介绍博客类网站的基本元素和制作方法。博客类网站的制作需要和后台程序进行配合。我们在本章中完成的实例，只涉及静态部分的制作。通常在博客网站中会有“用户登录”、“站点日历”、“站点统计”、“日志搜索”等重要功能，使网站的管理和用户的使用都非常方便。本实例也不例外，涵盖了以上功能，并且给网站划分了许多栏目，可以把用户归类，把有相同爱好的用户统一在一起，更适合专业的博客网站。实例中划分了如下栏目：“生活记事”、“梦笔生花”、“耳闻目睹”、“唯美贴图”、“电脑网络”、“影视音乐”、“游戏人生”、“资料书签”、“英语天地”和“贴文转载”。如下图所示即是网站首页和内容页的效果。

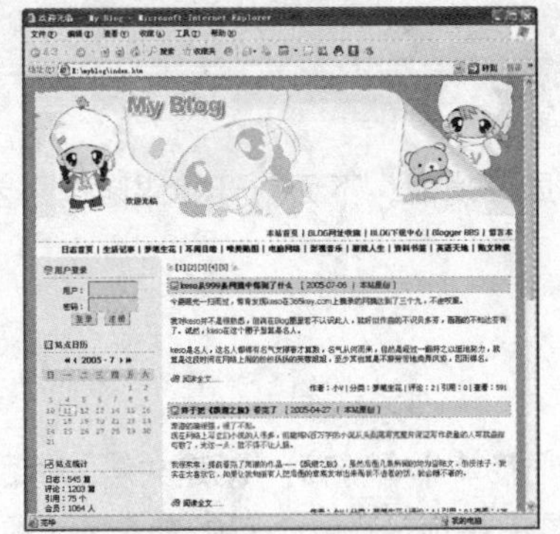

My Blog 站首页

内容页

技术要点

① 制作插入对象

在网页中经常需要插入一些特殊符号、日期、水平线等元素，在本章中将有详细的介绍。

② 表单的应用

在动态网页中经常将网页内容和表单相互结合，如博客网站中的用户登录、发表博客文章、或者评论都需要通过表单来实现。

③ CSS+DIV 在网页中的应用

CSS+DIV 是网站标准（或称"WEB 标准"）中常用的术语之一。在 XHTML 网站设计标准中，不再使用表格定位技术，而是采用 CSS+DIV 的方式实现各种定位，因此对于 CSS+DIV 的技术在本章中有所体现。

配色与布局

本实例设计风格清新、可爱，适合一些休闲类博客网站。网站整体风格为草绿色，加上标题、卡通人物的中橘红色的呼应，使网站看上去活泼、亲切，对于一些比较个性化的博客都比较适用。博客网站的布局通常比较统一，网站顶部为博客的标题和形象内容，左侧显示登录信息、站点日历、站点统计等常用内容，在右侧就是显示博客的具体内容了。本章实例的分局情况也基本相同。布局简洁有序，一目了然。

#A5B221	#FF9600	#ddded6
R: 165	R: 255	R: 221
G: 178	G: 150	G: 222
B: 33	B: 0	B: 214

本实例视频文件路径和视频时间

视频文件	光盘 \ 视频 \ 04
视频时间	35 分钟

4.1 实例制作过程

在实例制作中，需要注意表单的应用、表格和 DIV 的布局等功能。下面就开始跟随以下步骤制作 My Blog 博客网页实例。

4.1.1 创建和保存网站首页

步骤 01 启动 Dreamweaver CS3 后，执行“文件”>“新建”菜单命令，打开“新建文档”对话框，选择“页面类型”列表框中的“HTML”选项，在“布局”列表框中再选择“无”选项，如图 4-1 所示。

步骤 02 单击“创建”按钮，创建一个空白页面。执行“文件”>“保存”菜单命令，打开“另存为”对话框，本实例中，我们选择“E 盘”，在空白处单击鼠标右键，在弹出的菜单中执行“新建”>“文件夹”命令，如图 4-2 所示。

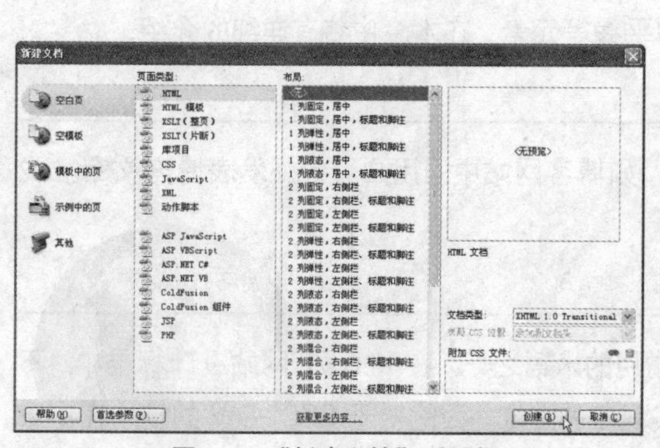

图 4-1 “新建文档”对话框

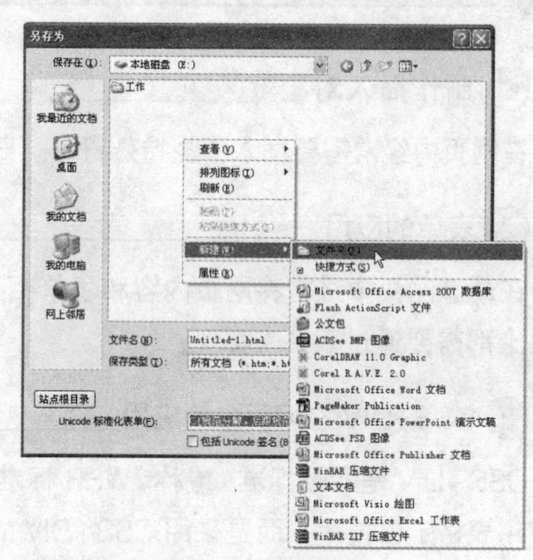

图 4-2 创建文件夹

步骤 03 命名新建文件夹为“My Blog”，双击文件夹，在“文件名”文本框中输入“index”，如图 4-3 所示。单击“保存”按钮，完成网页保存。

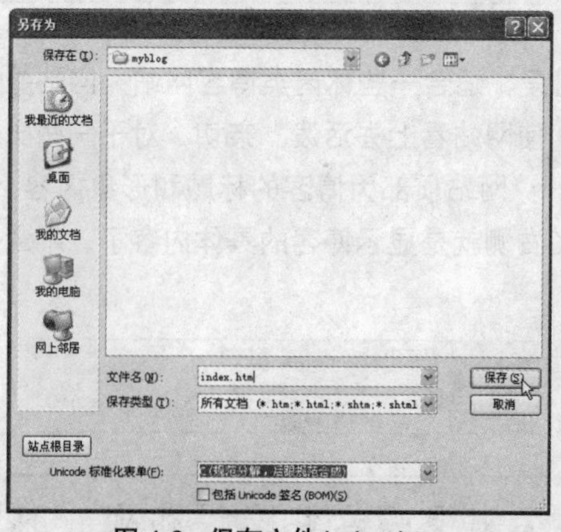

图 4-3 保存文件 index.htm

注 意

把光盘中的图像文件夹“images”复制到新建的“My Blog”文件夹内。

4.1.2 创建首页标题栏

所有网页顶部基本上都有标题栏，因为它可以清晰地传递关于网站标题、栏目和广告等信息。下面将介绍如何设置网页基本样式，以及首页标题栏的制作。

步骤 01 单击属性面板中的“页面属性”按钮，在“外观”窗口中进行设置，在“大小”下拉列表中选择“12”，在后面的下拉列表中选择“像素（px）”。在“背景颜色”文本框中输入色标值“#A5B221”，在“左边距”、“右边距”、“下边距”文本框中输入“6”，在“上边距”文本框中输入“0”，如图 4-4 所示。

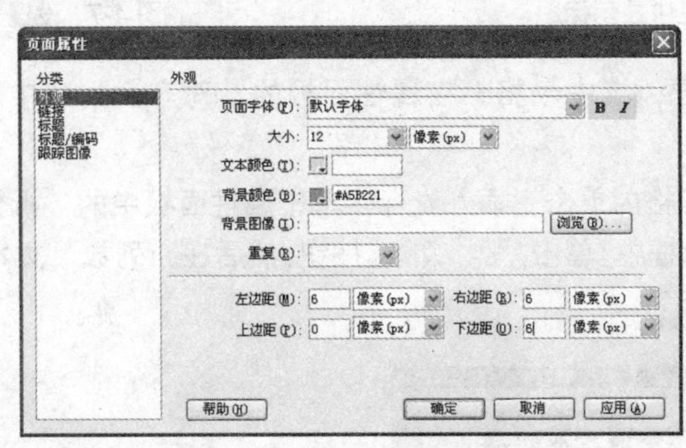

图 4-4 设置“外观”属性

步骤 02 在“分类”列表框中选择“标题 / 编码”选项，在“标题”文本框中输入“欢迎光临——My Blog”，在“编码”下拉列表中选择“简体中文（GB2312）”选项，如图 4-5 所示。

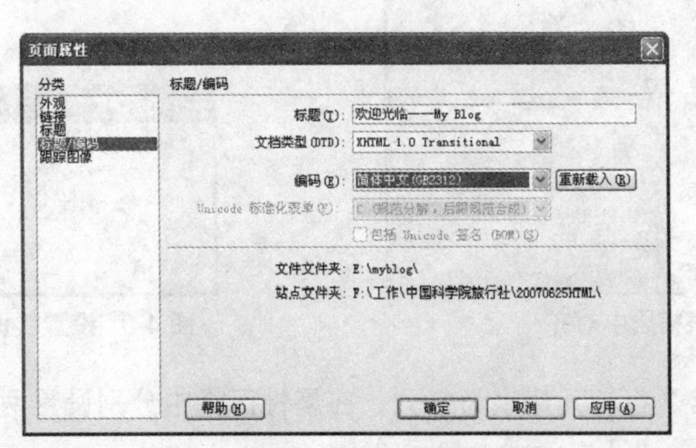

图 4-5 设置“标题 / 编码”属性

步骤 03 单击“确定”按钮，返回至网页编辑窗口，可以看到“文档”工具栏的“标题”文本框中显示了在“页面属性”对话框中设置的标题，如图 4-6 所示。设置的页面背景颜色在浏览器中也能看到。

步骤 04 在网页编辑窗口中单击鼠标左键，插入光标。单击“常用”面板中的“表格”按钮，弹出“表格”对话框，按照如图 4-7 所示进行设置。

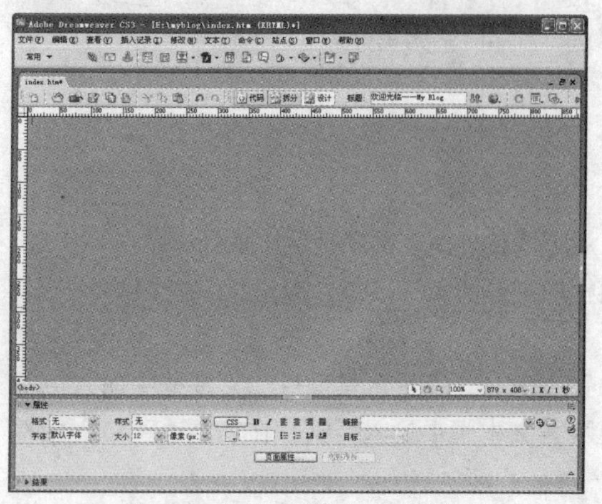

图 4-6　文档工具栏中显示标题

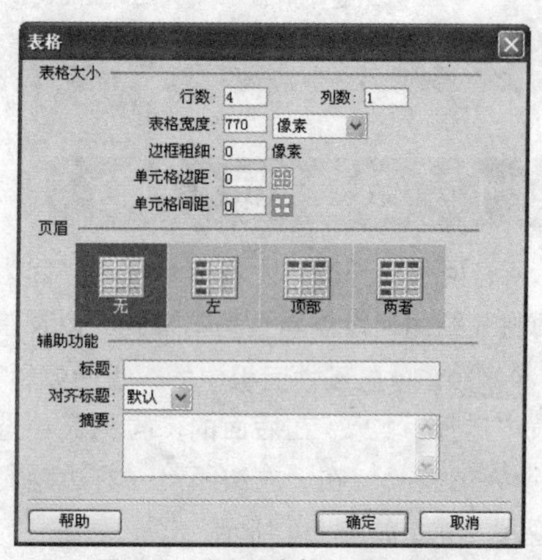

图 4-7　设置“表格”对话框

步骤 05 单击表格边框，选中表格。在属性面板的“对齐”列表中选择“居中对齐”选项，如图 4-8 所示。

步骤 06 在第 1 行单元格内单击，插入光标，单击属性面板中的“拆分单元格为行或列”按钮，在“拆分单元格”对话框中，单击“列”单选按钮，然后在“列数”文本框中输入“3”，如图 4-9 所示。

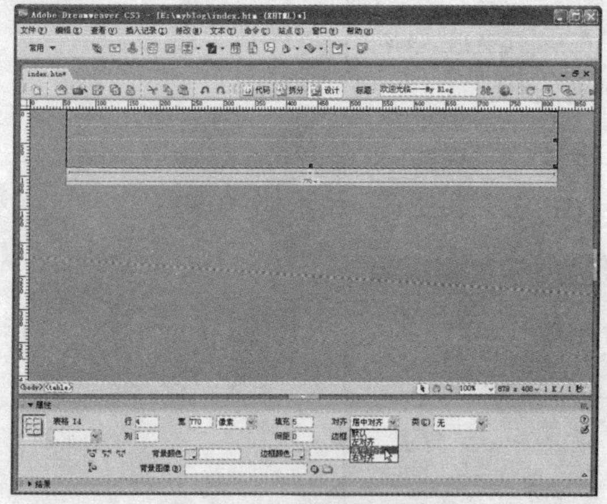

图 4-8　设置表格居中对齐

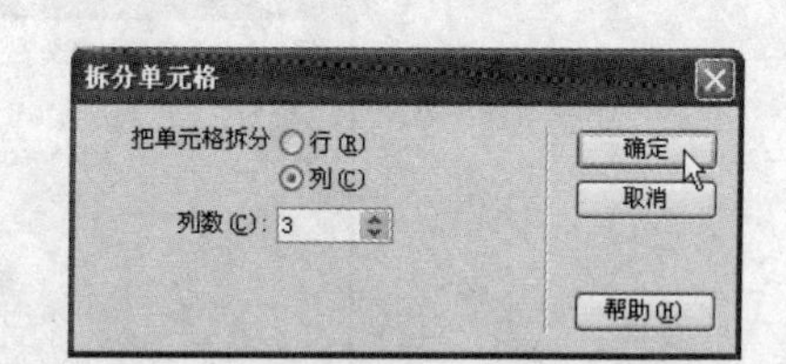

图 4-9　设置“拆分单元格”对话框

步骤 07 同样，拆分第 2 行单元格也为 3 列。在属性面板中分别设置两行单元格高度为“110”，如图 4-10 所示。

步骤 08 选择前两行左侧的两个单元格，单击属性面板的“合并所选单元格”按钮，然后，再选中第 2 行右侧的两个单元格，并且单击“合并所选单元格”按钮，完成后，效果如图 4-11 所示。

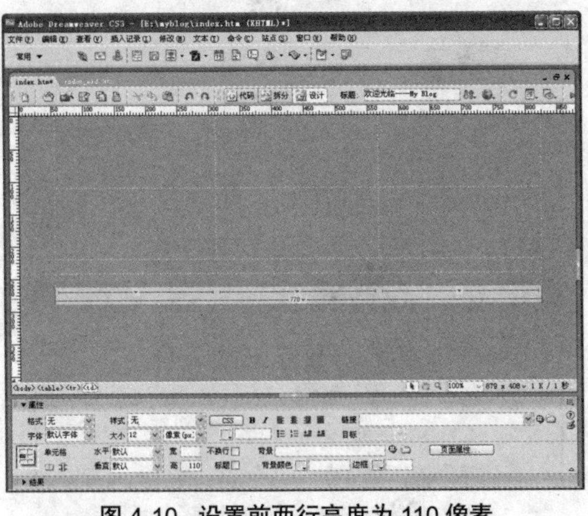

图 4-10 设置前两行高度为 110 像素

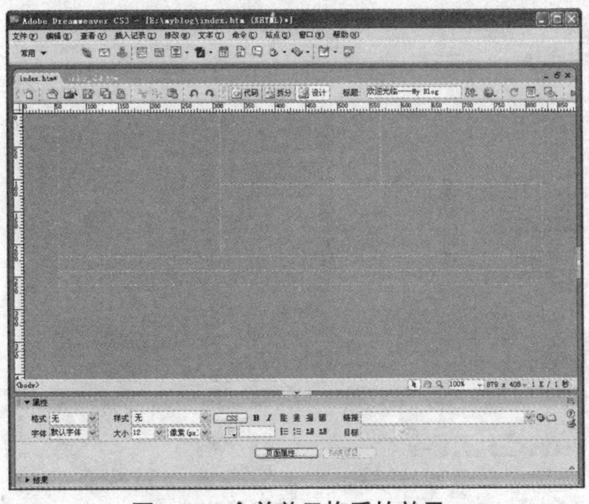

图 4-11 合并单元格后的效果

步骤 09 光标插入在第 1 行左侧单元格内，单击常用面板的“图像”按钮，在“选择图像源文件”对话框中选择图像“001_1.gif”，如图 4-12 所示。单击“确定”按钮，打开“图像标签辅助功能属性”对话框，在“替换文本”文本框中可以输入说明文本。

步骤 10 单击“确定”按钮，将图像插入在单元格中。同样方法，在第 1 行右侧两个单元格内分别插入图像“001_2.gif”和“001_3.gif”，完成后的效果如图 4-13 所示。

图 4-12 “选择图像源文件”对话框

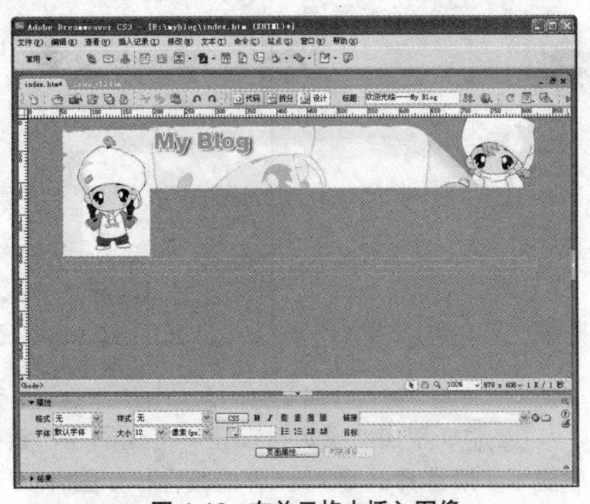

图 4-13 在单元格内插入图像

步骤 11 在第 2 行右侧单元格内，插入 1 行 1 列、宽度为 100% 的表格。选中表格，设置表格高度为“100”，并单击“背景图像”文本框后面的“浏览文件”按钮，在打开的“选择图像源文件”对话框中选择图像“001_4.gif”，如图 4-14 所示。

步骤 12 单击“确定”按钮，设置了表格背景图像。在此表格内输入文字“欢迎光临”，在此网页中我们将导入一个 CSS 样式文件来设置文本、表格等样式。

步骤 13 执行“窗口”>“CSS 样式”菜单命令，打开“CSS 样式”面板。在面板下方，单击“附加样式表”按钮，弹出“链接外部样式表”对话框，如图 4-15 所示。

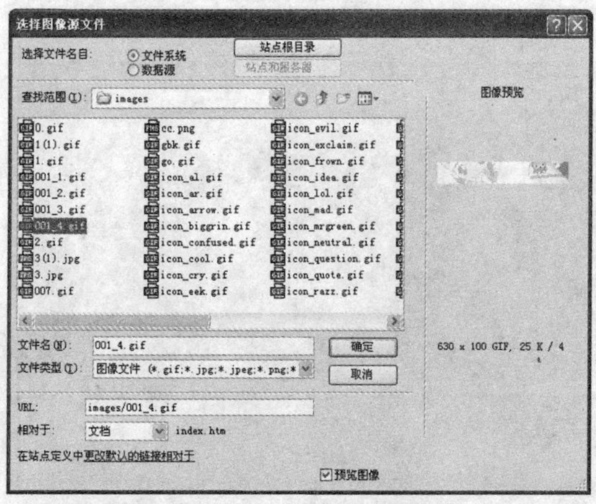

图 4-14　选择背景图像

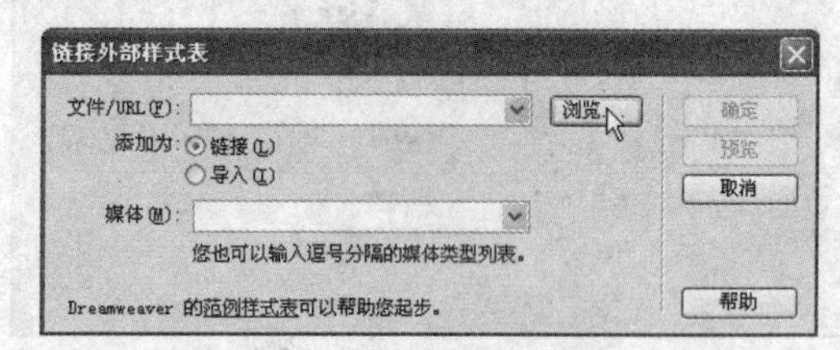

图 4-15　“链接外部样式表”对话框

步骤 14 单击“浏览”按钮，在“选择样式表文件”对话框中，打开“images”文件夹，然后选择“default.css”文件，如图 4-16 所示。

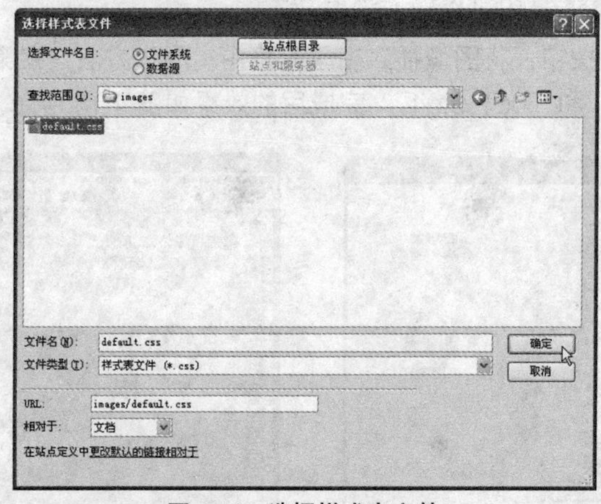

图 4-16　选择样式表文件

步骤 15 单击“确定”按钮后，返回至“链接外部样式表”对话框，在“文件 /URL”文本框中显示了所选择的 CSS 文件的路径，如图 4-17 所示。

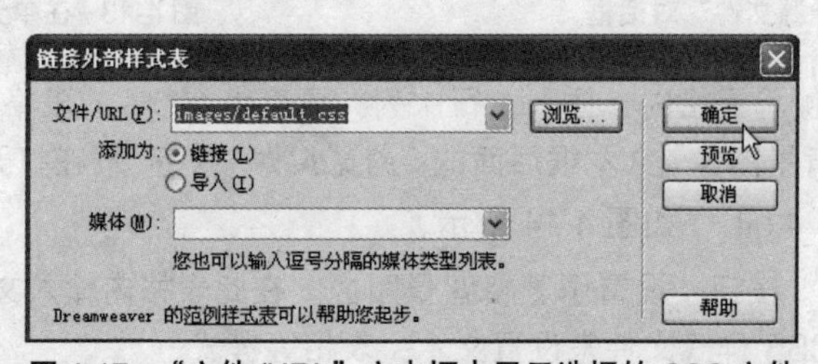

图 4-17　“文件 /URL”文本框中显示选择的 CSS 文件

步骤 16 单击“确定”按钮，CSS 文件显示在“CSS 样式”面板中，如图 4-18 所示。

步骤 17 选中单元格中的文字“欢迎光临”，在属性面板的“样式”列表中选择“header”选项，如图 4-19 所示。

图 4-18　显示外部样式表

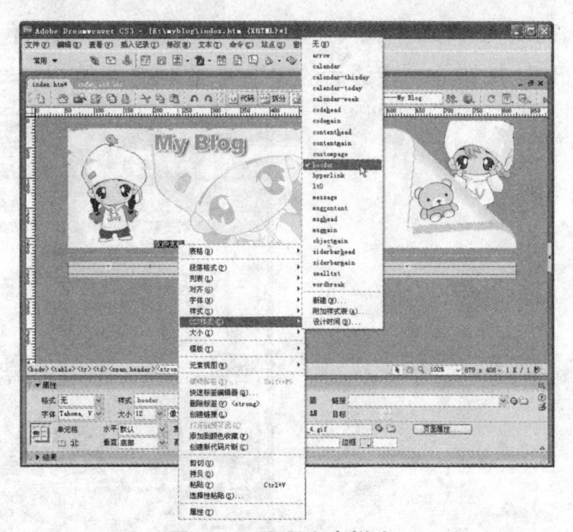

图 4-19　设置文本样式

步骤 18 在第 2 行单元格内单击，插入光标。在属性面板中设置单元格"高"为"14"，单击"背景颜色"右侧按钮，弹出颜色选择器，使用吸管选择白色，如图 4-20 所示。

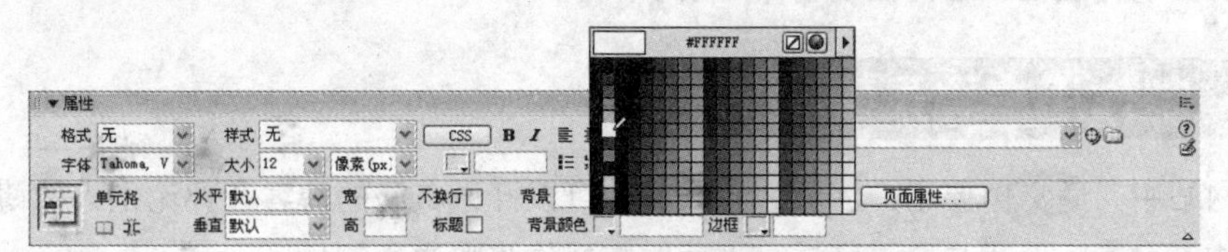

图 4-20　选择背景颜色

步骤 19 将光标定位在第 3 行单元格中，输入频道名称"本站首页 | BLOG 网址收藏 | BLOG 下载中心 | Blogger BBS | 留言本"，然后，在属性面板中的"高"文本框中输入"20"，将背景颜色设置为白色，并单击"右对齐"按钮，如图 4-21 所示。

步骤 20 选择频道名称文本，在属性面板的"样式"列表中选择"siderbar_head"选项，如图 4-22 所示。

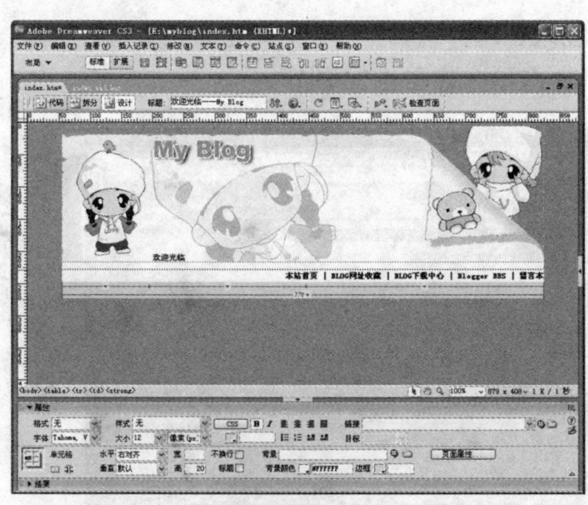

图 4-21　设置单元格样式并输入频道名称

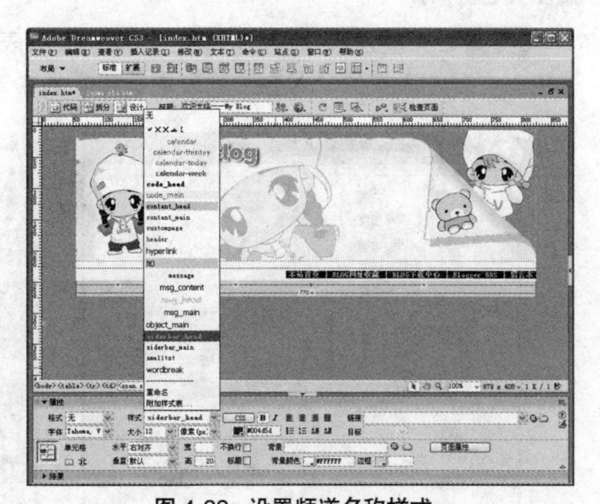

图 4-22　设置频道名称样式

步骤 21 将光标插入到第 4 行单元格中，输入栏目名称"日志首页 | 生活记事 | 梦笔生花 | 耳闻目睹 | 唯美贴图 | 电脑网络 | 影视音乐 | 游戏人生 | 资料书签 | 英语天地 | 贴文转载"，然后，

在属性面板的“高”文本框中输入“20”，背景颜色设置为白色。双击文本内容，单击属性面板的“粗体”按钮 B，完成后的效果如图 4-23 所示。

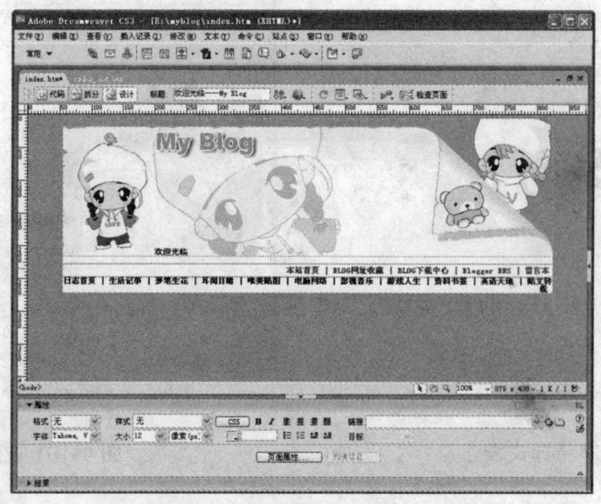

图 4-23　制作栏目名称单元格

到此，网页的标题栏和栏目栏就制作完成了。

4.1.3　制作用户登录区域

在博客网站中，通常需要用户注册为会员，才可以开通自己的博客和评论别人的博客并留言，因此在首页中需要有一个用户登录区域。下面跟随操作步骤进行制作。

用户登录区域设置在首页内容区域的左侧，因此，我们需要先用表格划分内容区域。

步骤 01 在上面标题表格的外右侧单击鼠标左键，插入光标，然后按 Enter 键，新建一行。

步骤 02 单击“插入”面板的“表格”按钮，打开“表格”对话框，在“行数”文本框中输入“1”，“列数”文本框中输入“2”，在“表格宽度”文本框中输入“770”，选择后面的单位为“像素”，在“边框粗细”和“单元格间距”文本框中分别输入“0”，在“单元格边距”文本框中输入“9”，如图 4-24 所示。

步骤 03 完成设置，单击“确定”按钮，将表格插入在网页编辑窗口中。单击表格边框，选择表格，在属性面板的“对齐”列表中选择“居中对齐”选项，如图 4-25 所示。

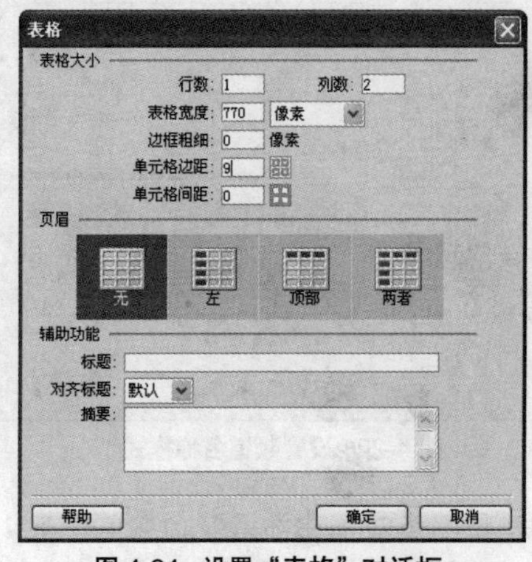

图 4-24　设置“表格”对话框

图 4-25　设置表格居中对齐

步骤 04 先把光标定位在左侧单元格内，在属性面板的“宽”文本框中输入“180”，在“背景颜色”文本框中输入“#F3F3F3”，然后，将光标定位在右侧单元格内，在属性面板的“宽”文本框中输入“588”，单击“背景颜色”按钮，在颜色选择器中选择白色，完成后如图 4-26 所示。

步骤 05 把光标插入在左侧单元格内，在“插入”面板的“布局”栏中，单击“插入 Div 标签”按钮，弹出“插入 Div 标签”对话框，“插入”下拉列表默认为“在插入点”选项，在“类”下拉列表中选择 CSS 样式“siderbar_head”选项，如图 4-27 所示。

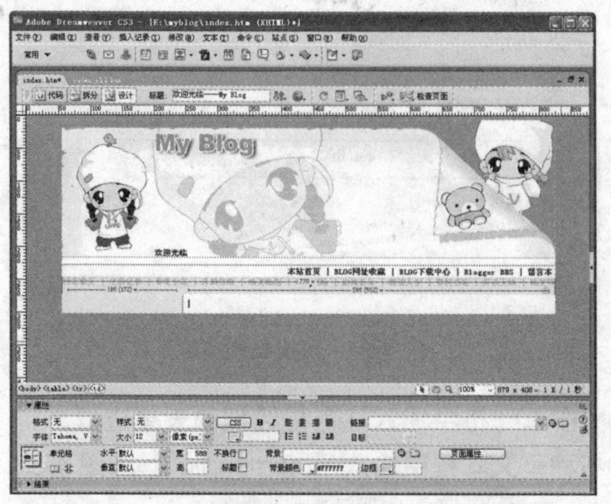

图 4-26　在属性面板中设置表格样式

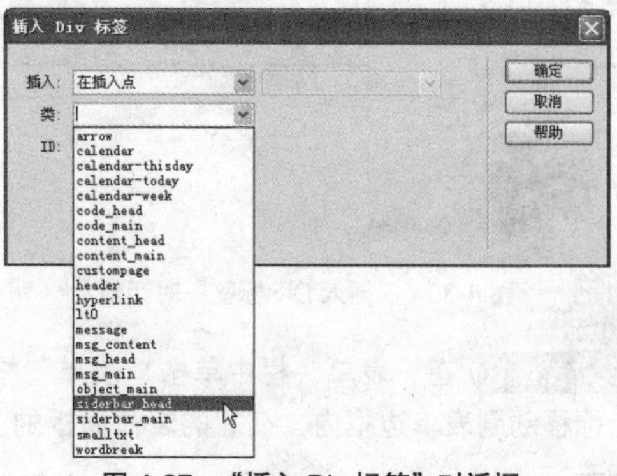

图 4-27　“插入 Div 标签”对话框

步骤 06 单击“确定”按钮后，在光标所在的单元格中插入 Div 标签，如图 4-28 所示。其中显示了文本“此处显示 class ‘siderbar_head’的内容”。

步骤 07 删除 Div 标签中显示的文本内容，将光标定位在其中，单击“图像”按钮，选择图像文件“sider_member.gif”插入在单元格中，然后按空格键，输入文本“用户登录”，如图 4-29 所示。

注意

由于在 CSS 样式中设置了“siderbar_head”的下方有 1 个像素的线条，因此，在文本下方会显示一条线。

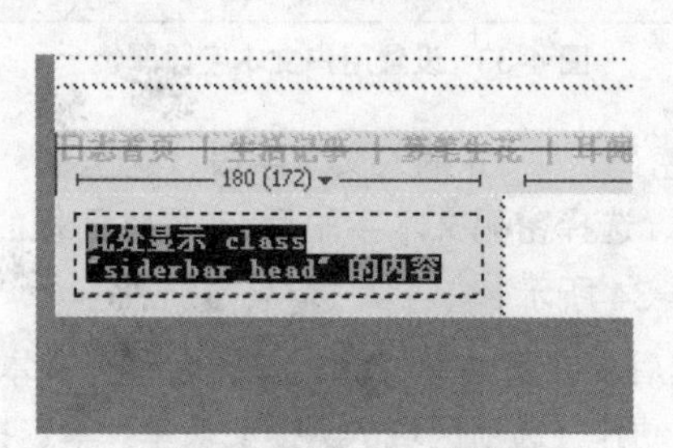

图 4-28　插入 Div 标签

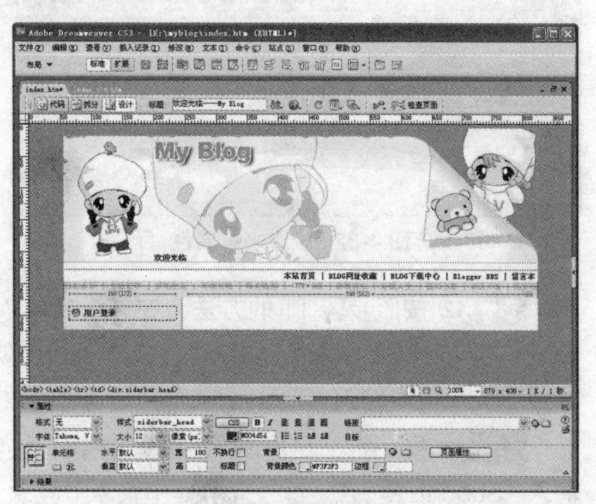

图 4-29　制作“用户登录”标题

步骤 08 将光标移动到文本右侧，然后单击“插入 Div 标签”按钮，“插入”下拉列表默认为“在选定内容旁换行”项，在“类”下拉列表中选择“siderbar_main”选项，如图 4-30 所示。

步骤 09 单击“确定”按钮后，在上一行 Div 标签下方再插入一个 Div 标签，将光标定位在其中，随后，在“插入”面板中选择“表单”选项，切换到“表单”栏，如图 4-31 所示。

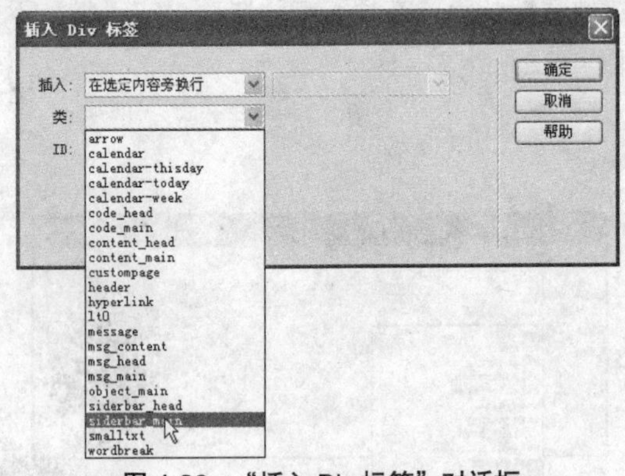

图 4-30 “插入 Div 标签”对话框

图 4-31 切换到表单栏

步骤 10 在“表单”栏中单击“表单”按钮，在单元格中插入红色虚线框的表单边框。将光标移动到表单边框内，在它的属性面板的“表单名称”文本框中输入“memLogin”，如图 4-32 所示。

步骤 11 单击表单栏的“文本字段”按钮，输入文本“用户”，然后，选中插入的文本框，在属性面板的“文本域”文本框中输入“username”，在“字符宽度”文本框中输入“12”，在“最多字符数”文本框中输入“20”，如图 4-33 所示。

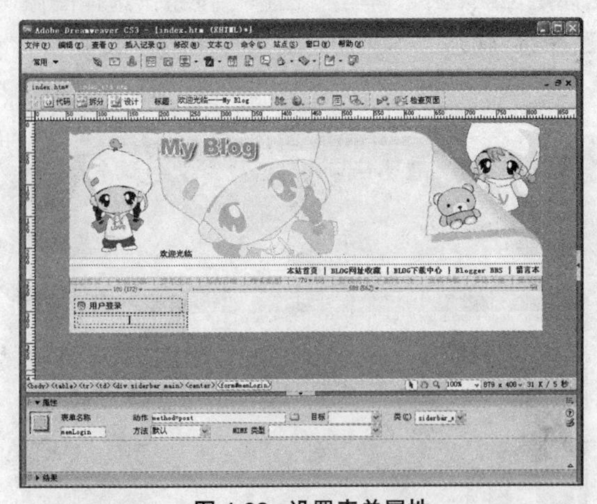

图 4-32 设置表单属性

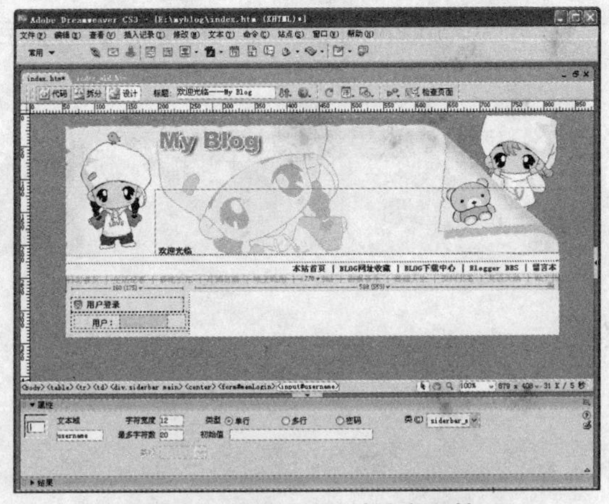

图 4-33 设置用户文本字段属性

步骤 12 按照步骤 11 的方法，在下一行输入文本“密码：”，并插入文本字段，这里在“文本域”文本框中需要设置与“用户：”文本字段不同的名称。选择密码文本字段后，在属性面板的“文本域”文本框中输入“Password”，完成后的效果如图 4-34 所示。

步骤 13 换一行，单击表单栏的“按钮”按钮，然后，在属性面板的“按钮名称”文本框中输入“Submit22”，在“值”文本框中输入“登录”，单击“动作”选项区域的“提交表单”单选按钮，如图 4-35 所示。

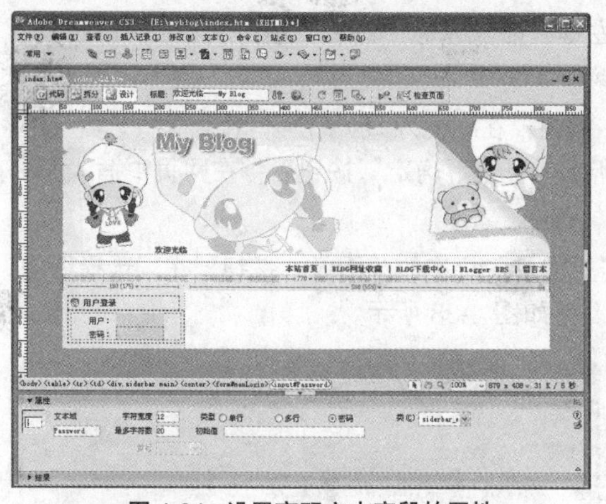

图 4-34　设置密码文本字段的属性

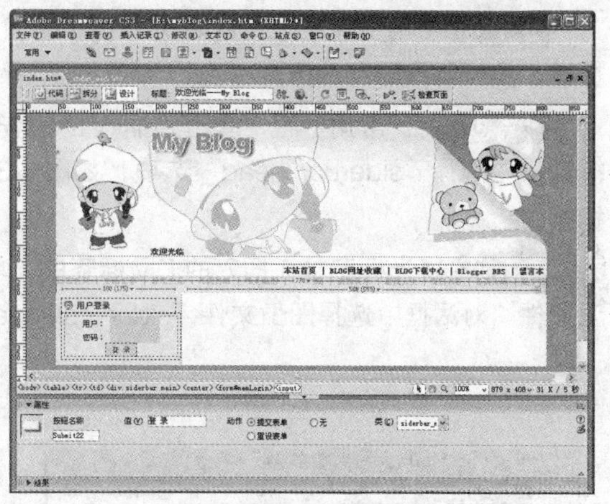

图 4-35　设置登录按钮的属性

步骤 14 在“登录”按钮后，按空格键，接着，再插入一个按钮，在属性面板的“按钮名称”文本框中输入“Submit2”，在“值”文本框中输入“注册”，单击“动作”选项区域的“提交表单”单选按钮，如图 4-36 所示。

图 4-36　设置注册按钮属性

这样，登录区域制作完成了，很多网站都会有用户登录区域，制作方式大致相同，但与后台衔接的部分，还需要编写程序来完成，在本书后面章节会有相关制作会员注册系统的介绍。

4.1.4　制作站点日历和站点统计

在网站上制作动态日历，可以让使用博客的用户更加方便地记录自己的日志。站点统计很多网站上都有，但有的是不对用户公布，而是用于管理。在博客网站公开统计情况，可以让用户了解博客网站的实力，让用户知道会有很多网友关注自己的网络日志，起到聚集人气的作用。下面就开始介绍站点日历和站点统计的制作。

步骤 01 在用户登录表单的右边外侧单击鼠标左键，插入光标，然后，按两次 Shift+Enter 快捷键，换行制作站点日历。

步骤 02 在“常用”栏中单击“插入 Div 标签”按钮，在“插入 Div 标签”对话框的“类”下拉列表中选择“siderbar_head”选项，如图 4-37 所示。单击“确定”按钮后，在网页中插入 Div 标签。

步骤 03 将光标定位在插入的 Div 标签中，单击“常用”栏中的“图像”按钮，在“选择图像源文件”对话框中选择图像文件“sider_calendar.gif”，如图 4-38 所示。

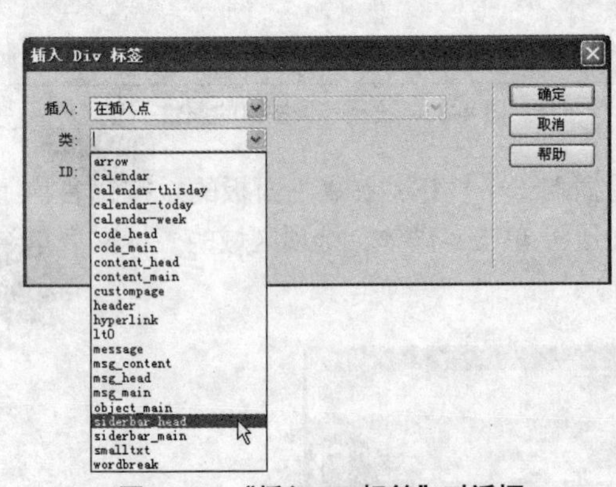

图 4-37 “插入 Div 标签”对话框

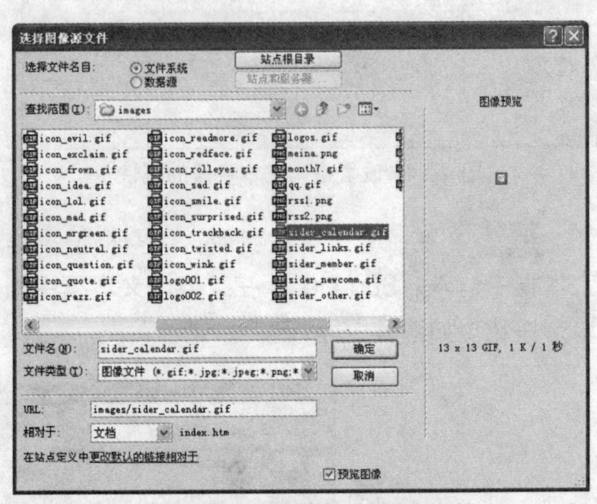

图 4-38 选择插入的图像文件

步骤 04 单击“确定”按钮插入“站点日历”的图标，接着按空格键，然后输入文本“站点日历”，如图 4-39 所示。

步骤 05 移动鼠标指针到文本标题下方，单击“表格”按钮，设置表格“行数”为“8”、“列数”为“7”、“表格宽度”为“100%”、“单元格边距”为“2”、“单元格间距”为“1”，如图 4-40 所示。

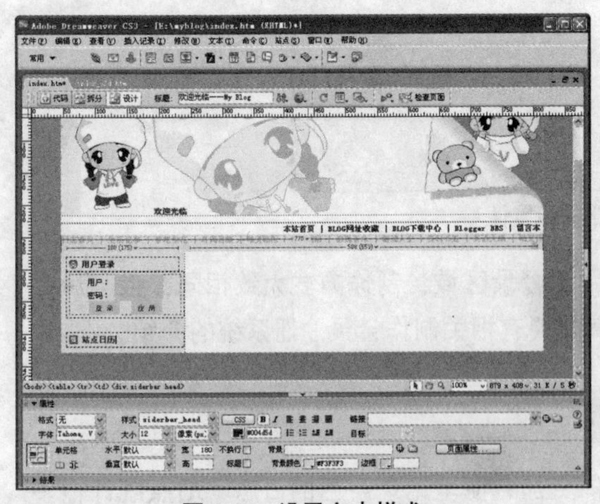

图 4-39 设置文本样式

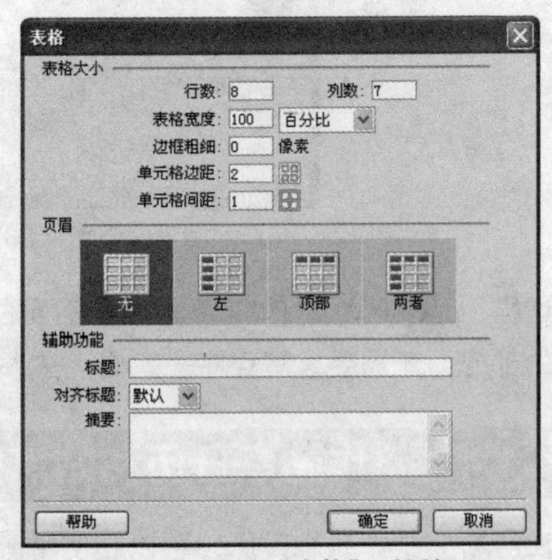

图 4-40 设置“表格”对话框

步骤 06 单击表格边框，在属性面板的“对齐”下拉列表中选择“居中对齐”选项，单击“背景图像”文本框后的“浏览文件”按钮，在“images”文件夹中选择“month7.gif”图像，将其插入在表格中，完成后的效果如图 4-41 所示。

步骤 07 选择第 1 行 7 个单元格，单击属性面板的“合并所选单元格”按钮，再选择第 2 行 7 个单元格，在属性面板的“背景颜色”文本框中输入色标值“#DDDED6”，在“样式”列表中选择“calendar-week”选项，如图 4-42 所示。

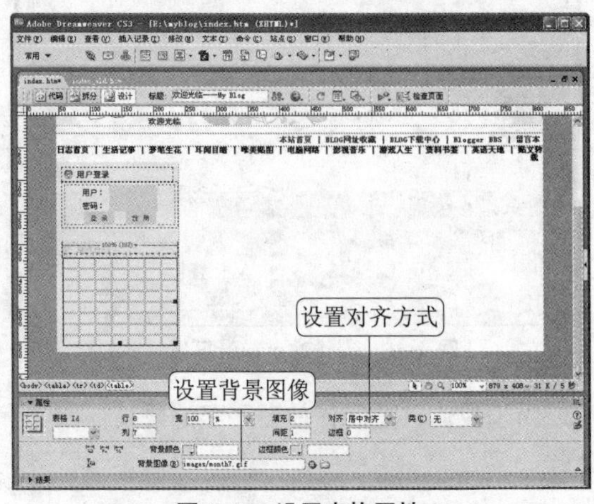

图 4-41 设置表格属性

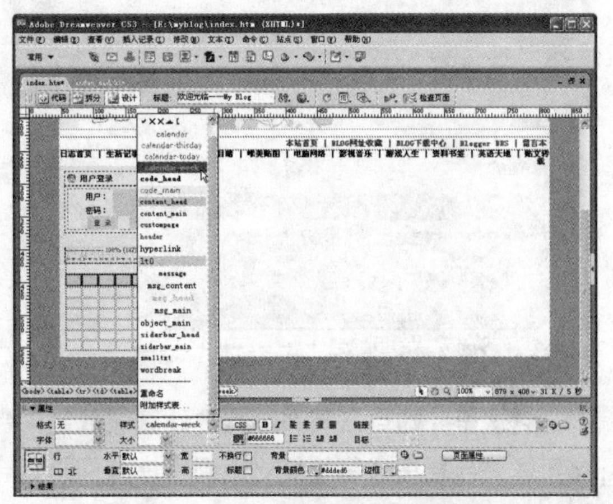

图 4-42 设置前两行单元格属性

步骤 08 在每个单元格分别输入相应的日期数值。如第 1 行输入年月，第 2 行输入星期数值，下面单元格中输入日期数值，完成后效果如图 4-43 所示。

步骤 09 按住 Ctrl 键，用鼠标左键单击日期“11”单元格，选中此单元格，在属性面板的“样式”列表中选择“calendar-today”选项，用边框表示出当前的日期，如图 4-44 所示。

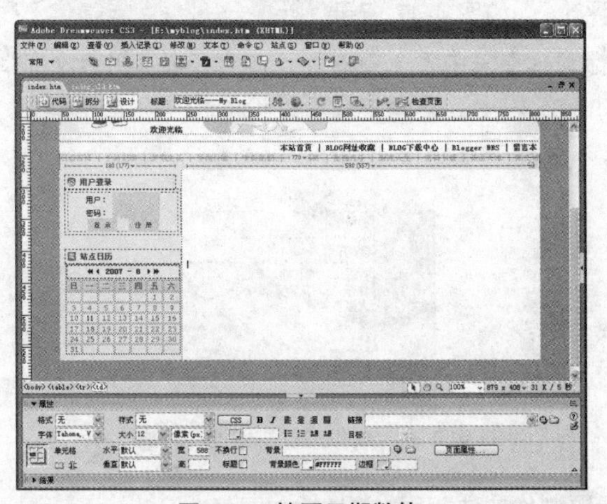

图 4-43 填写日期数值

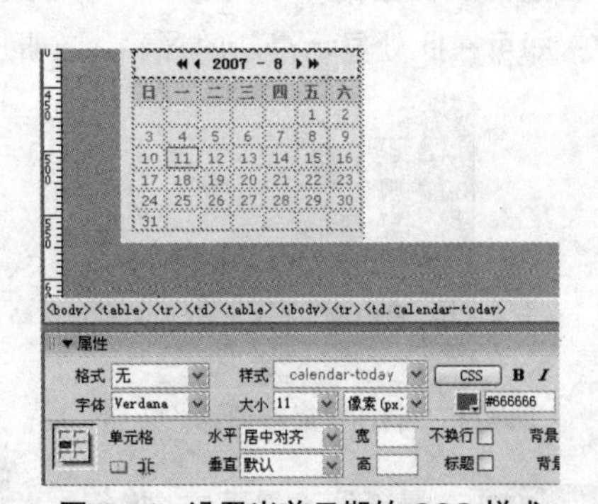

图 4-44 设置当前日期的 CSS 样式

步骤 10 在站点日历表格下，换行后插入 Div 标签，然后插入标题图标，在“选择图像源文件”对话框中选择图像“sider_siteinfo.gif”，随后按空格键，并输入标题文本“站点统计”，如图 4-45 所示。

步骤 11 在站点统计标题下，换行，输入站点统计项目，在这里显示的数值都以动态显示，这里只介绍前期的制作工作，因此，直接在后面输入相关的统计数值，然后编程人员会根据制作的样式，嵌套上相关程序，使统计数值可以动态显示。输入站点统计后，如图 4-46 所示。

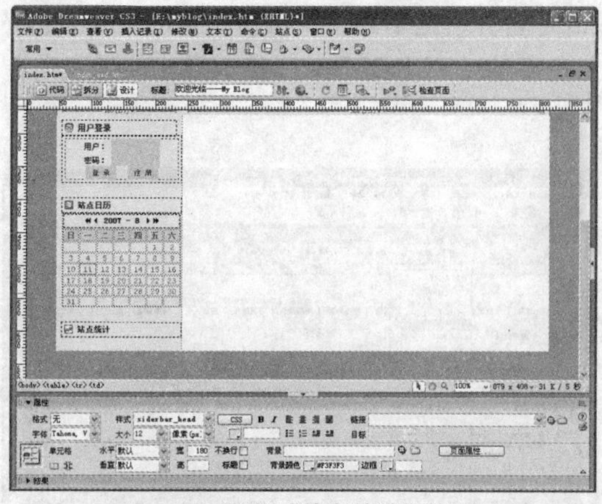

图 4-45　制作“站点统计”标题

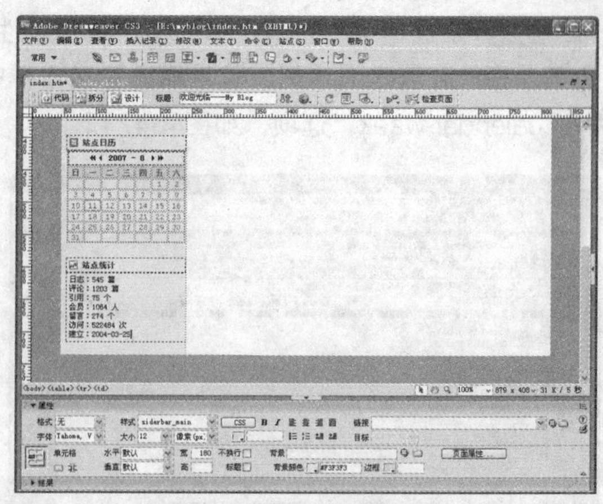

图 4-46　制作站点统计区域

到这里，站点日历和站点统计区域就制作完成了。由于我们只是制作前期页面的效果，因此，这里需要与程序员衔接好，达到程序与网页结合的最佳效果。

4.1.5　制作日志搜索等内容

在博客网站中有很多网友在网站留下自己的日志，为了使博客之间可以更好地交流，网站提供了评论，以及日志搜索功能。可按如下方法进行制作。

步骤 01 在“站点统计”栏目最下方，换行，然后插入 Div 标签，并在其中插入图像“sider_newcomm.gif”，接着输入标题文本“最新评论”，如图 4-47 所示。

步骤 02 在“最新评论”标题下一行插入 Div 标签，在其中输入最新评论内容。其实在此处的内容也是需要在数据库中调用的。编程人员在此处嵌入调用数据库中最新评论的代码，当网页刷新时，即可在此处显示最新的评论，在此处输入文本后的效果如图 4-48 所示。

图 4-47　制作“最新评论”标题

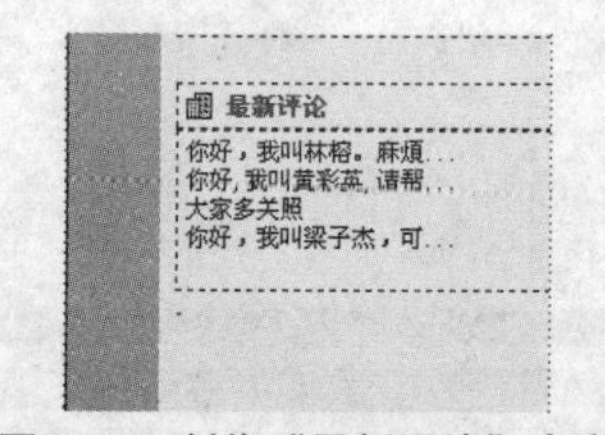

图 4-48　制作“最新评论”内容

步骤 03 在最新评论最下方，换行。跟上面的标题制作方法相同，首先插入图像“sider_search.gif”，然后，输入“日志搜索”标题文本，如图 4-49 所示。

图 4-49　制作“日志搜索”标题

步骤 04 在标题后，换行。在“插入”面板的“表单”栏中单击“表单”按钮，如图 4-50 所示。

图 4-50　单击“表单”按钮

步骤 05 在标题下方显示了一行红色虚线框，将光标插入到虚线框内，然后单击“文本字段”按钮，在虚线框内插入一文本框。选中文本框，在其属性面板的“文本域”文本框中输入文本域名称“SearchContent”，在“类”列表中选择“siderbar_main”选项，完成后如图 4-51 所示。

步骤 06 接着文本字段插入图像“go.gif”，然后换行，单击“复选框”按钮，插入复选框。单击选中复选框，在属性面板的“复选框名称”文本框中输入“Is_Title”，在“选定值”文本框中输入“1”，在“初始状态”中单击“已勾选”单选按钮，在“类”列表中选择“smalltxt”选项，完成后的效果如图 4-52 所示。

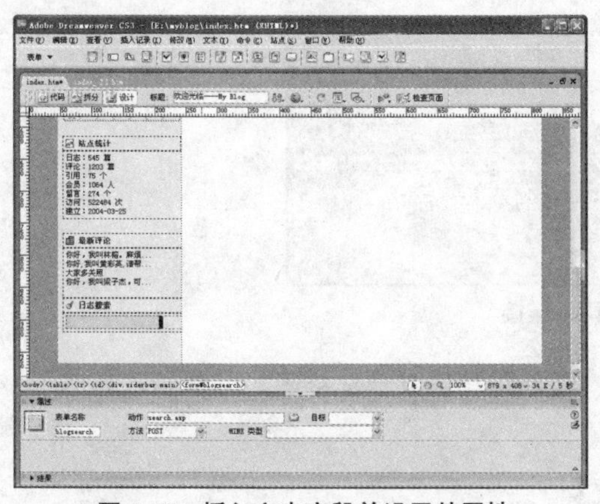

图 4-51　插入文本字段并设置其属性

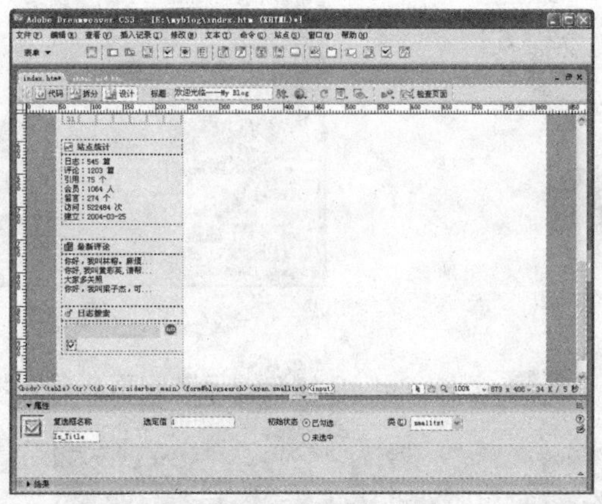

图 4-52　设置复选框属性

步骤 07 在复选框后面连续按两次空格键，然后输入复选框的名称“标题”。同样，在后面再插入一个复选框，在属性面板的“复选框名称”文本框中输入“Is_Content”，在“初始状态”选项区域中单击“未选中”单选按钮，其他设置跟步骤 6 相同。在复选框后面输入复选框名称为“内容”，完成后的效果如图 4-53 所示。

步骤 08 下面制作一个友情链接栏目，此栏目可以起到推广网站知名度的作用。将光标移动到表单右边最外侧，按 Enter 键，然后插入图像“sider_links.gif”，接着输入标题名称“友情链接”。在标题下可以插入网站链接图标，或输入网站名称文本，实例中随意制作了一些友情链接，如图 4-54 所示。

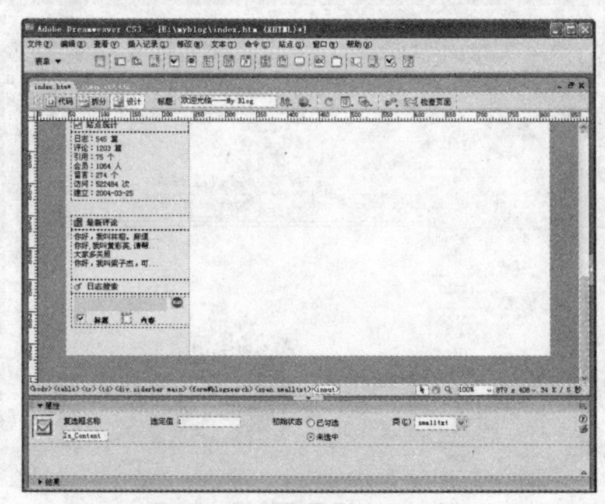

图 4-53　制作完两个复选框

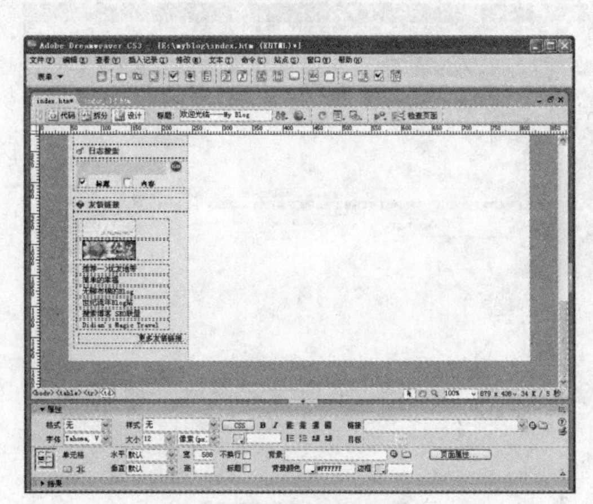

图 4-54　制作友情链接栏目

步骤 09 在友情链接中，我们需要给它们创建链接，这样才能得到链接效果。选择其中一个图像，在其属性面板的“链接”文本框中输入链接网址“http://www.ieteam.net/”，在下面的“目标”下拉列表中选择“_blank”选项，在“替换”文本框中输入“Ieteam 资源站”，在“类”列表中选择“hyperlink”选项，如图 4-55 所示。

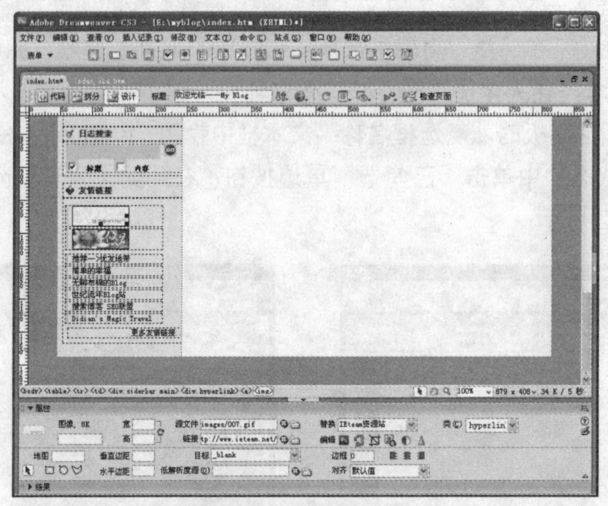

图 4-55 制作网站链接

步骤 10 按 Ctrl+S 快捷键保存网页，日志搜索、最新评论、友情链接等栏目就制作完成了。

4.1.6 制作博客内容列表

接下来制作右侧单元格中博客发表日志的列表内容，按如下步骤进行操作。

步骤 01 将光标移动到右侧单元格内，在“插入”面板中切换到“常用”面板，单击“图像”按钮，插入图像文件“icon_ar.gif”，接着输入页码“[1] [2] [3] [4] [5]”，最后插入图像文件“icon_al.gif”，完成后的效果如图 4-56 所示。

步骤 02 在页码最后按 Enter 键换行。单击“常用”栏中的“表格”按钮，插入 1 行 1 列、宽度为 100%、其他设置为 0 的表格。在 Dreamweaver 编辑窗口中，单击表格边框选中表格，在属性面板的“高”文本框中输入“9”，在“对齐”下拉列表中选择“居中对齐”选项，如图 4-57 所示。

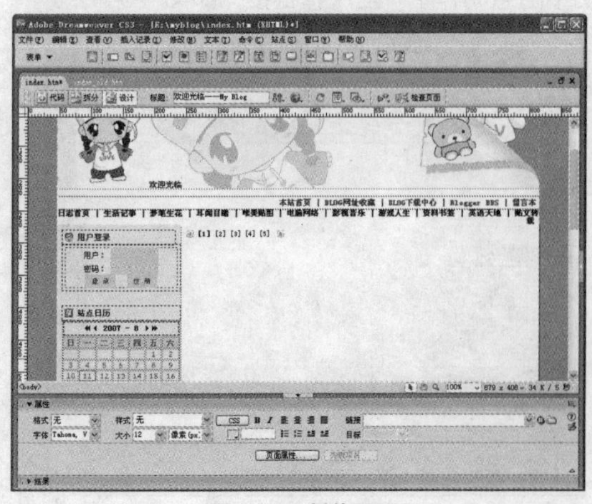

图 4-56 制作页码

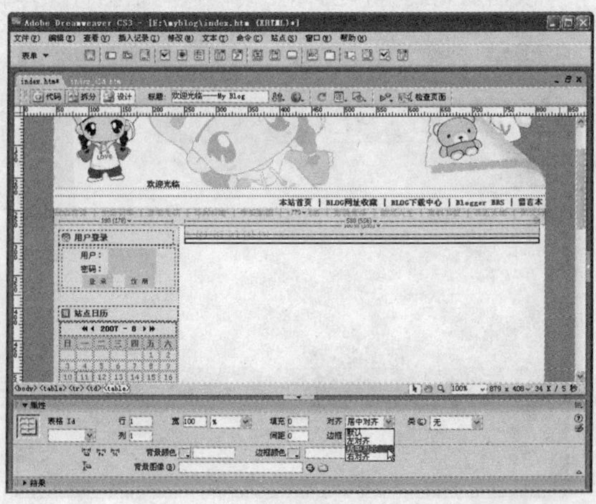

图 4-57 设置表格居中对齐

步骤 03 在步骤 2 表格下方换行，在“常用”栏中单击“插入 Div 标签”按钮，在“类”下拉列表中选择“content_head”选项，如图 4-58 所示。确定后在 Div 标签内插入图像“0.gif”，接着输入日志标题以及发表时间等信息，这部分内容也需要以动态显示，我们这里只制作好样式。

步骤 04 换行，在下面输入日志内容摘录。选中摘录内容，在属性面板的“文本颜色”文本框中输入颜色的英文“maroon”，如图 4-59 所示。

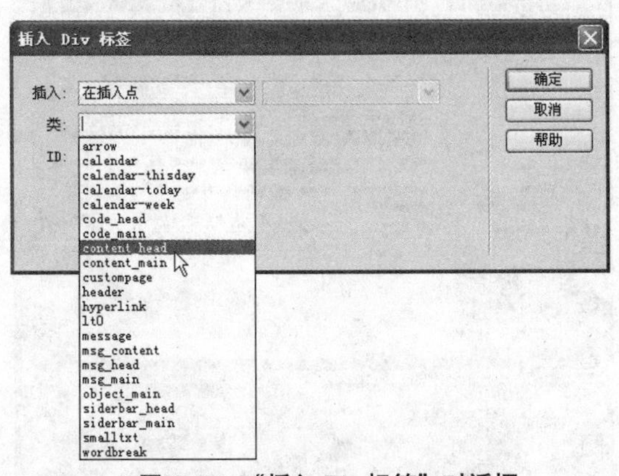

图 4-58 “插入 Div 标签”对话框

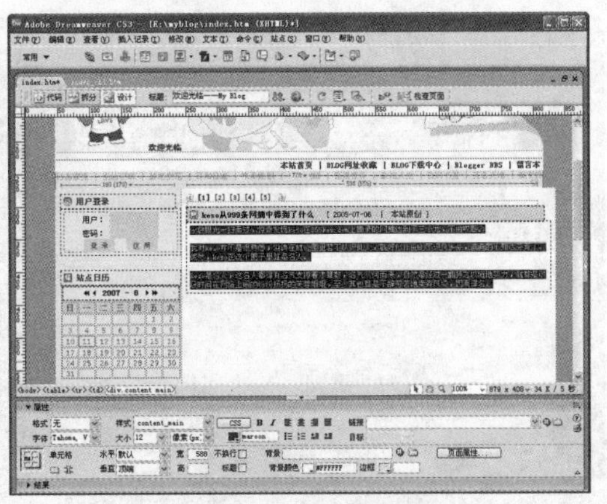

图 4-59 设置文本颜色

步骤 05 在摘录内容下一行插入图像“icon_readmore.gif”，接着输入“阅读全文……”，当然，这里需要制作链接，单击后可以打开全文。选中文本，在属性面板的“链接”文本框中输入“one.htm”创建内容网页链接，在“文本颜色”文本框中输入色标值“#004D5D”，如图 4-60 所示。

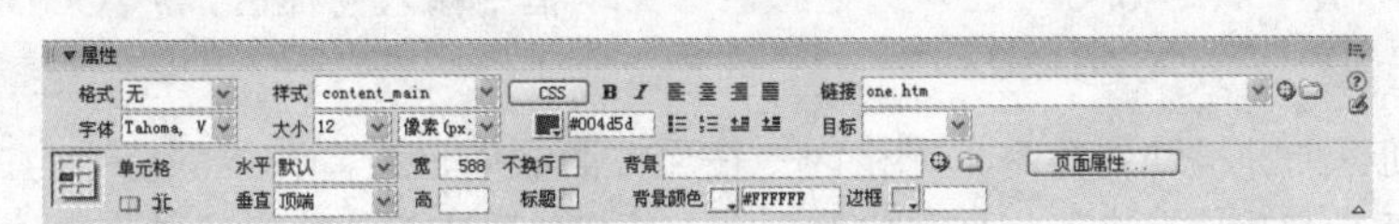

图 4-60 设置文本属性及创建链接

步骤 06 在“阅读全文”后面换行，再次插入 Div 标签，并设置“类”为“smalltxt”选项，然后在嵌套的 Div 标签中输入“作者”、“分类”，以及其他统计信息，并且单击“右对齐”按钮，如图 4-61 所示。

步骤 07 从第 1 行表格开始，选中第 1 篇日志摘录，然后单击鼠标右键，在弹出的列表中选择“拷贝”命令，如图 4-62 所示。

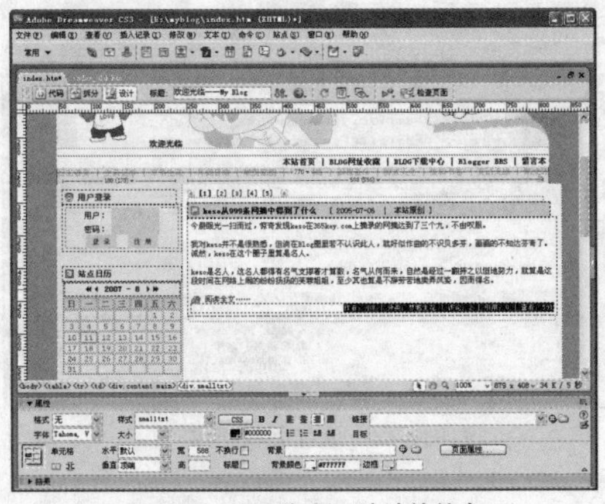

图 4-61 设置作者及统计等信息

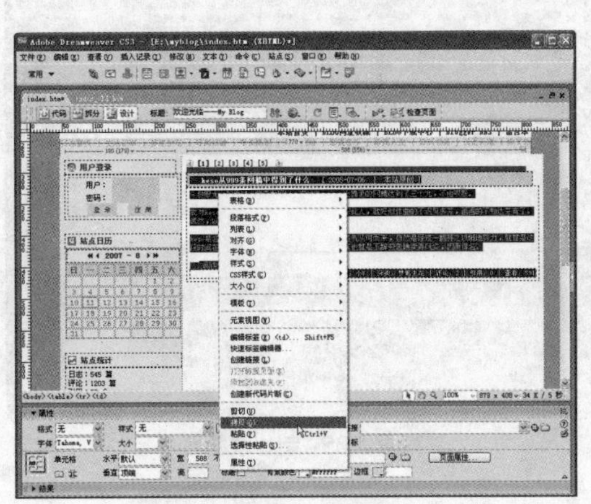

图 4-62 拷贝日志内容

步骤 08 取消选择，在单元格最后新建一行。单击属性面板的“左对齐”按钮，单击鼠标右键，选择“粘贴”命令。把第一条博客日志粘贴 3 次，然后在粘贴的日志上进行修改。我们需要修改日志标题、发表时间、内容等信息。这里面的内容都是临时的，最终都会在数据库中调用数据。制作完成后，效果如图 4-63 所示。

步骤 09 最后，在所有日志下面再制作与顶部相同的一个页码内容，如图 4-64 所示。

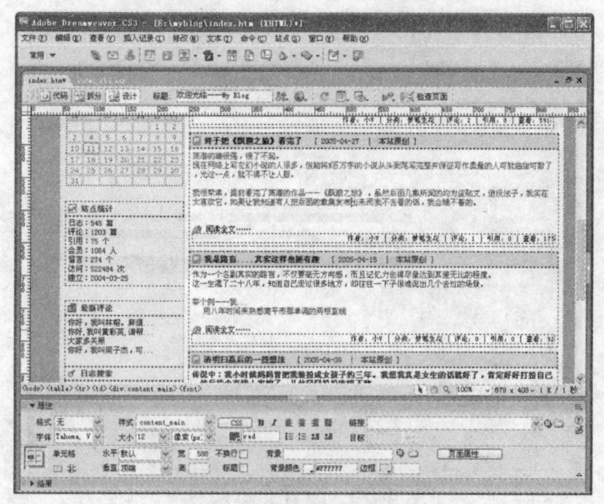

图 4-63 制作其他日志内容

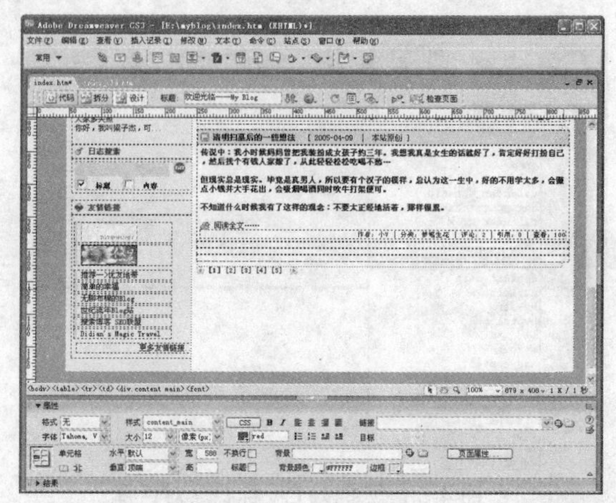

图 4-64 制作页码

步骤 10 在表格最下方插入一个 1 行 3 列、宽度为 770 像素、单元格边距为 9、单元格间距为 0、边框粗细为 5 的表格，在其属性面板的“对齐”下拉列表中选择“居中对齐”选项，在“背景颜色”文本框中输入色标值“#F3F3F3”，在“边框颜色”文本框中输入色标值“#CCCCCC”，如图 4-65 所示。

步骤 11 分别将光标移动到每个单元格内，在属性面板中设置“背景颜色”为白色，并在中间单元格中输入版权信息内容，在版权信息中需要插入版权特殊字符。执行菜单栏中的“插入记录”>“HTML”>“特殊字符”>“版权”命令，即可在光标位置插入版权字符。

步骤 12 选中版权信息内容，在属性面板的“样式”列表中选择“code_main”选项，在“文本颜色”文本框中输入色标值“#65859C”，如图 4-66 所示。

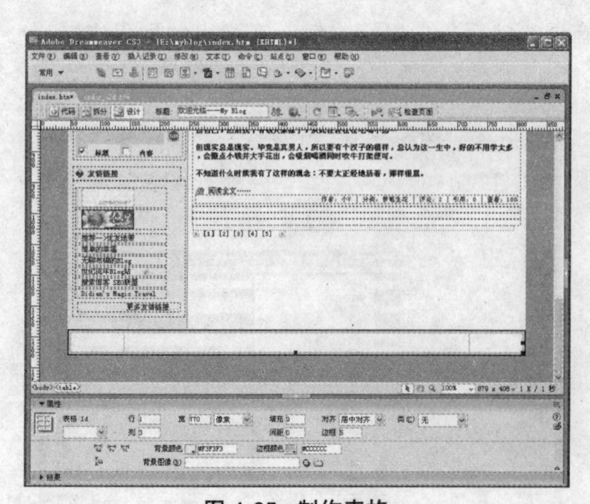

图 4-65 制作表格

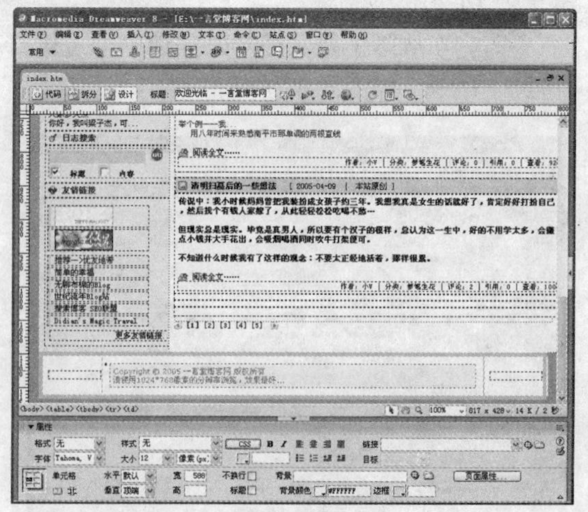

图 4-66 制作版权信息

步骤 13 制作完成 My Blog 首页后，按 Ctrl+S 快捷键，保存网页，然后，按 F12 键在浏览器中可以看到如图 4-67 所示的网页效果。

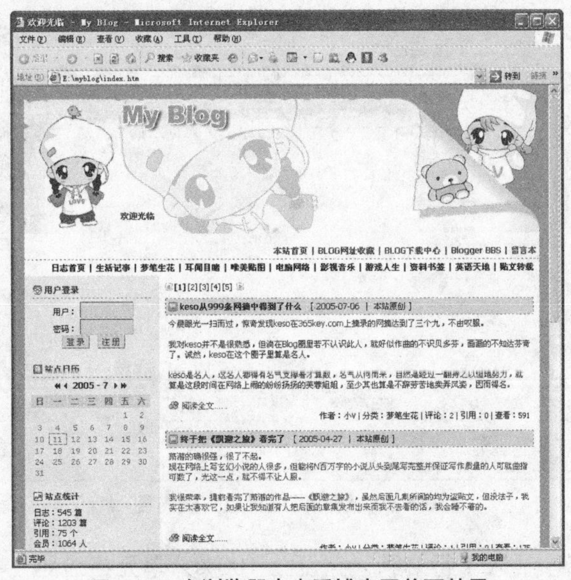

图 4-67　在浏览器中查看博客网首页效果

注 意

把光盘中的图像文件夹“images”复制到新建的“My Blog”文件夹内。

4.1.7 制作博客内容页

单击网站首页“阅读全文”链接会打开另一个网页，显示网络日志全文和相关的评论。此网页与首页结构基本相同，因此这里另存首页，然后在上面修改。具体步骤如下。

步骤 01 打开 index.htm 网页，执行“文件” > “另存为”菜单命令，打开“另存为”对话框，在“保存在”列表中选择“My Blog”文件夹，在“文件名”文本框中输入“one.htm”，最后单击“保存”按钮，如图 4-68 所示。

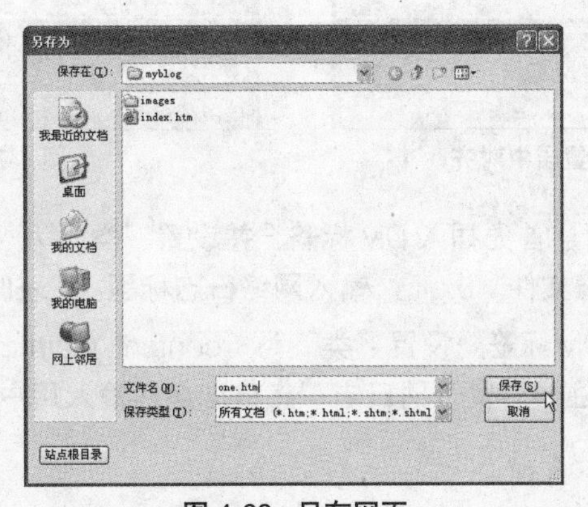

图 4-68　另存网页

步骤 02 保存为one.htm网页后，选中网络日志列表内容，按Delete键全部删除，如图4-69所示。

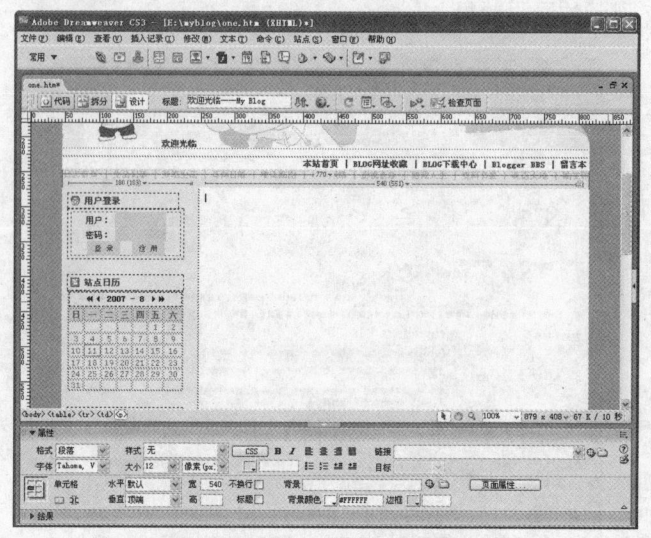

图 4-69 删除网络日志列表内容

步骤 03 在其单元格中插入1行2列、宽度为100%、单元格边距、单元格间距和边框粗细均为0的表格。选中表格，在属性面板的下拉“对齐”列表中选择“居中对齐”选项，如图4-70所示。

步骤 04 将光标移动到左侧单元格中，插入图像文件“icon_ar.gif”，再将光标移动到右侧单元格中，在属性面板“水平”下拉列表中选择“右对齐”选项，然后插入图像文件“icon_al.gif”，效果如图4-71所示。

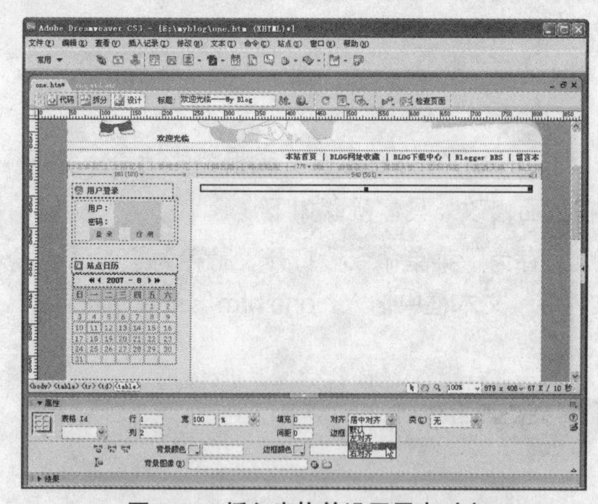

图 4-70 插入表格并设置居中对齐

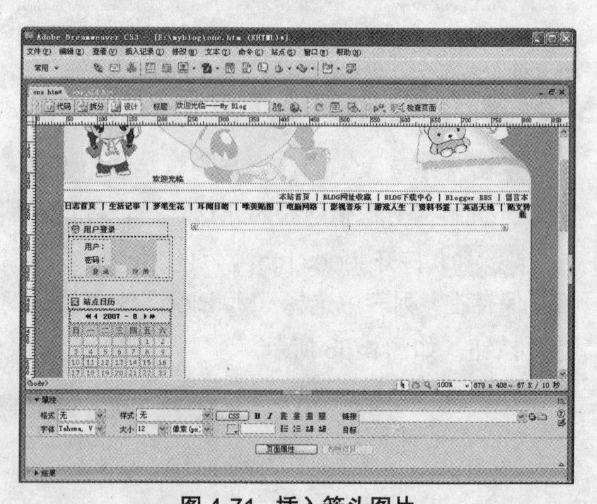

图 4-71 插入箭头图片

步骤 05 在表格下方换行，首先插入Div标签，并设置“类”为“content_head”选项，然后在插入的Div标签中插入图像文件“0.gif”，输入网络日志标题、发表时间等信息，如图4-72所示。

步骤 06 在标题下插入Div标签，设置“类”为“content_main”选项，然后输入网络日志的详细内容，即用户在博客网注册后发表的日志。在日志最后输入用户名及编辑时间等信息，并设置为右对齐，如图4-73所示。

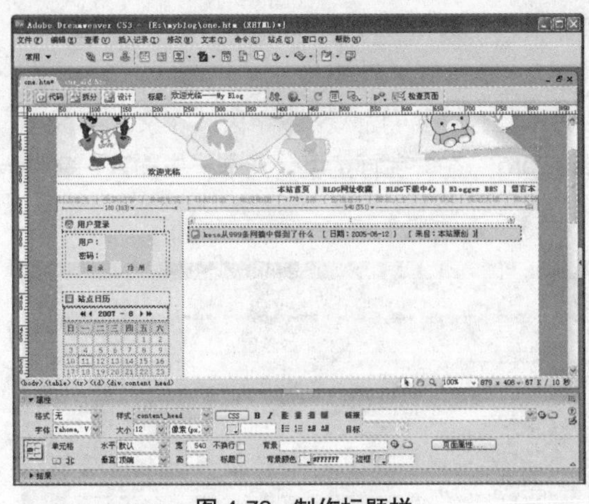

图 4-72　制作标题栏

图 4-73　输入日志详细内容及编辑属性

步骤 07 换行，插入 1 行 1 列、宽度为 100% 的表格，在属性面板的“高”文本框中输入“5”，在“对齐”列表中选择“居中对齐”选项。

步骤 08 在表格下一行插入图像文件“icon_quote.gif”，在后面输入其他网友的用户名、发表评论的时间。选中输入的文本，在属性面板的“样式”下拉列表中选择“content_head”选项。

步骤 09 在下一行输入发表评论的内容，在属性面板的“样式”下拉列表中选择“content_main”选项。完成后，如图 4-74 所示。

步骤 10 按照以上的方法，继续制作几条其他用户的评论信息。在后面插入 4 行 2 列、宽度为 100%、单元格边距为 4、单元格间距为 1、边框粗细为 0 的表格。选择第 1 行两个单元格，然后单击属性面板的“合并所选单元格”按钮，并在“背景颜色”文本框中输入色标值“#EFEFEF”，在单元格中输入文本“发表评论”，如图 4-75 所示。

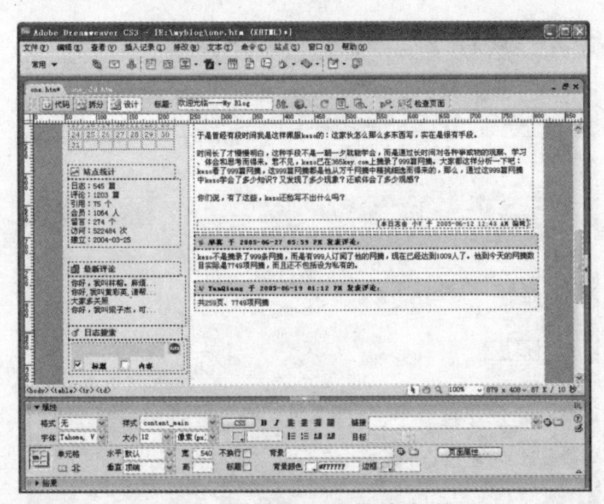

图 4-74　制作用户评论内容

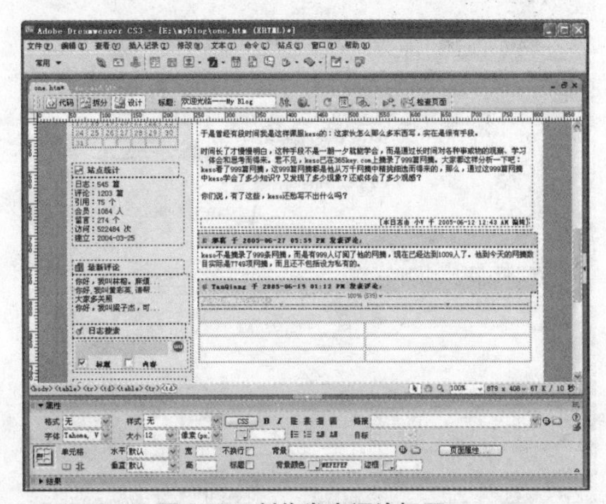

图 4-75　制作发表评论标题

步骤 11 选中下面 3 行单元格，在属性面板的“背景颜色”文本框中输入色标值“#DDDED6”，如图 4-76 所示。

步骤 12 选中最后一行两个单元格，单击属性面板的“合并所选单元格”按钮，在第 2 行左侧单元格中输入文本“作者：”，在右侧单元格中输入“用户：”，然后在“表单”栏中单击“文本字段”

按钮，选中文本字段，在属性面板的“文本域”文本框中输入“comm._memName”，在“字符宽度”文本框中输入“10”。

步骤 13 在“用户”文本框后面再输入文本“密码：”，然后再插入文本字段。在文本字段属性面板的“文本域”文本框中输入“comm._memPassword”，在“字符宽度”文本框中输入“10”，完成后的效果如图 4-77 所示。

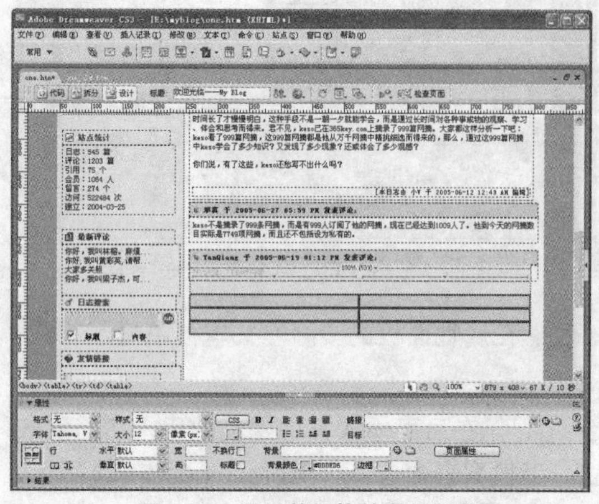

图 4-76　设置单元格的背景颜色

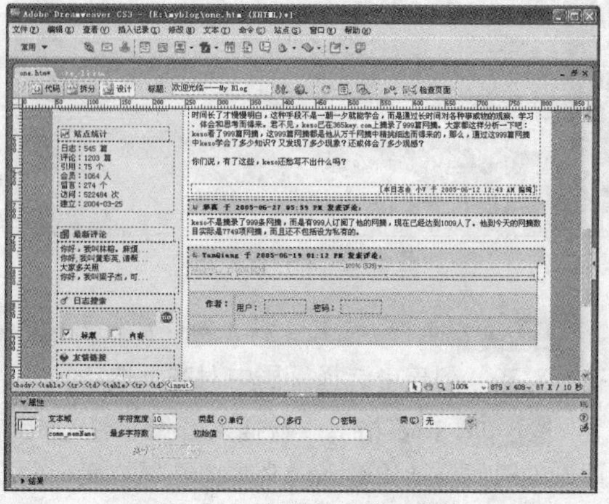

图 4-77　制作用户登录表单

步骤 14 单击“表单”栏的“复选框”按钮，选中插入的复选框，在属性面板的“复选框名称”文本框中输入“comm._SaveMem”，在“选定值”文本框中输入“1”，在“初始状态”选项区域中单击“未选中”单选按钮，接着在复选框后输入文本“注册？”，如图 4-78 所示。

步骤 15 在第 3 行左侧单元格中输入“评论：”，然后插入几个复选框，以及相关的复选框选项名称。制作方法跟上面步骤相同，这里就不详细介绍了，完成后的效果如图 4-79 所示。

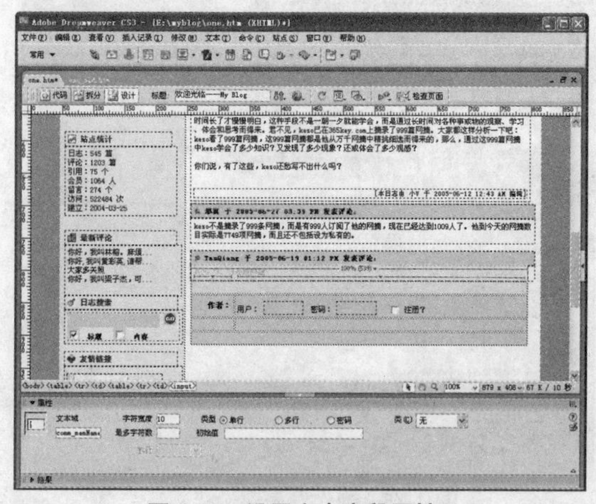

图 4-78　设置文本字段属性

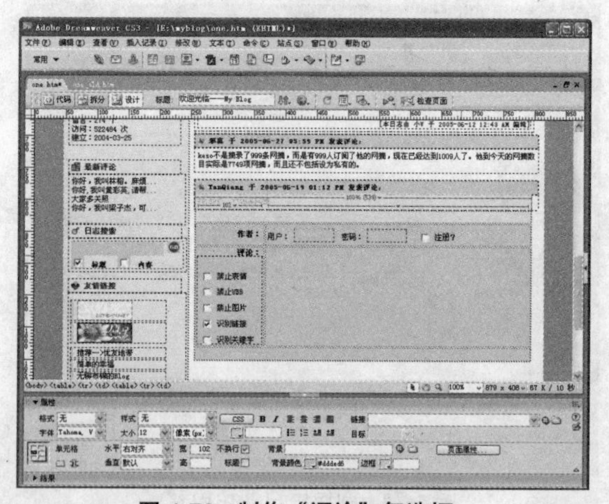

图 4-79　制作“评论”复选框

步骤 16 在第 3 行右侧单元格中插入 1 行 2 列、宽度为 100%、单元格边距为 2、单元格间距和边框粗细为 0 的表格，然后将光标移动到左侧单元格中，单击“表单”栏的“文本区域”按钮，选中插入的文本区域，在属性面板的“字符宽度”文本框中输入“62”，在“行数”文本框中输入“8”，如图 4-80 所示。

步骤 17 在右侧单元格中输入文本“表情”，在属性面板的“样式”列表中选择“siderbar_head”选项。换行后，插入表情小图标，完成后的效果如图 4-81 所示。

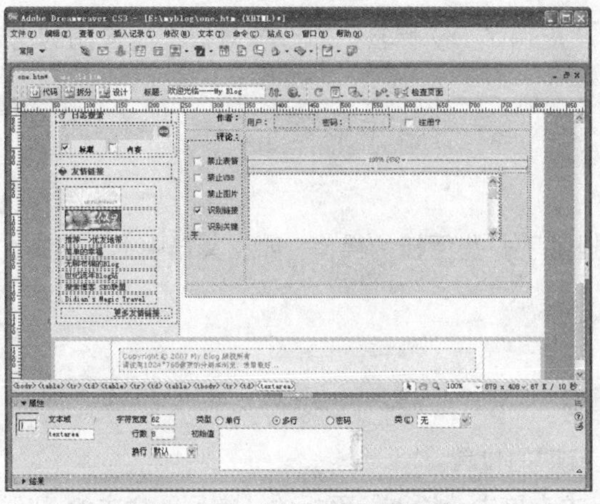

图 4-80　设置文本区域属性

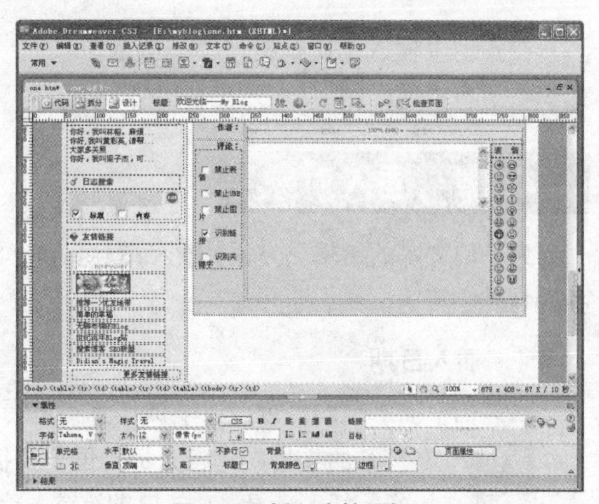

图 4-81　插入表情图标

步骤 18 将光标移动到第 4 行单元格中，单击表单栏中的“按钮”按钮，选中该按钮，在属性面板的“值”文本框中输入“发表评论 [可按 Ctrl+Enter 发布]”，在“动作”选项区域中单击“提交表单”单选按钮。

步骤 19 再插入一个按钮，在属性面板的“值”文本框中输入“重置评论”，在“动作”选项区域中单击“提交表单”单选按钮，如图 4-82 所示。

步骤 20 博客内容页制作完成，执行“文件” > “保存”菜单命令，按 F12 键在浏览器中查看内容页，效果如图 4-83 所示。

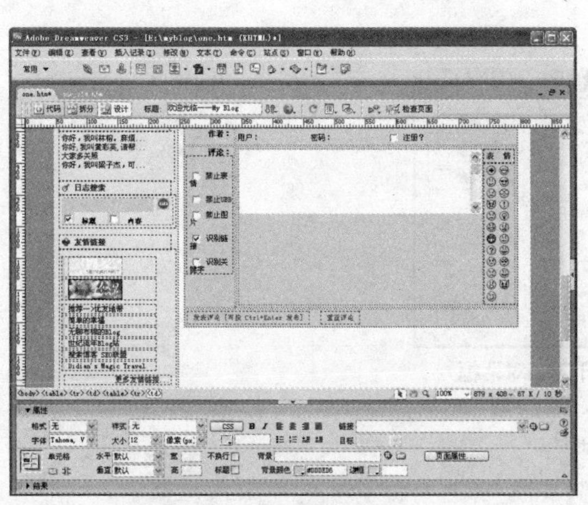

图 4-82　设置两个按钮

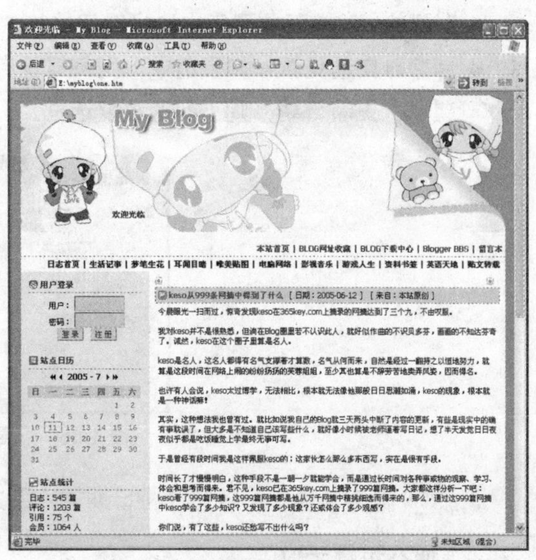

图 4-83　在浏览器中查看内容页效果

4.2 知识要点回顾

在实例中插入了版权符号、一些表单按钮，以及应用了 Div 标签，本节就对以上所应用到的知识点进行扩展介绍。

4.2.1 插入对象

为了使文本的编辑更方便，Dreamweaver CS3 提供了一些便捷的操作，如在文档中插入日期、插入特殊字符等。

1．插入日期

在文档中插入日期，可按以下操作步骤进行。

步骤 01 在打开的文档中，将光标定位于要插入日期的位置。

步骤 02 执行"插入记录">"日期"菜单命令，或者单击"插入"面板的"常用"栏中的"日期"按钮，如图 4-84 所示。

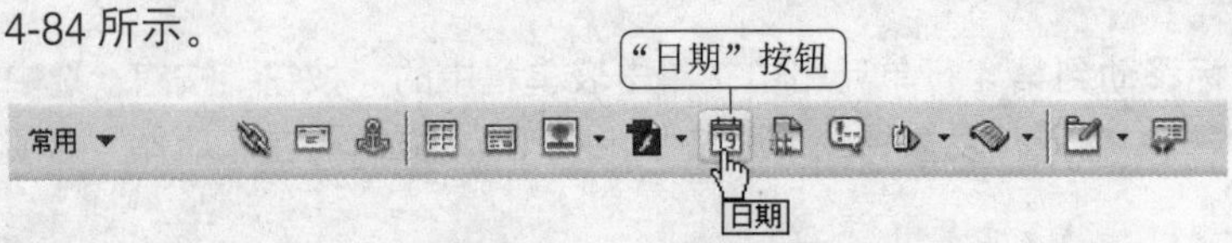

"日期"按钮

常用

日期

图 4-84 "日期"按钮

步骤 03 在弹出的"插入日期"对话框中设置日期格式，如图 4-85 所示。

- 星期格式：在下拉列表中选择星期的格式，可以选择不显示星期，或完整显示，或缩写格式。
- 日期格式：在下拉列表中选择日期的格式。
- 时间格式：在下拉列表中选择时间的格式，可以选择用 12 小时或 24 小时模式来显示。
- 储存时自动更新：如果选中，则每当保存文档时，系统都会自动更新日期信息；如果不希望每次更新日期，则不勾选该复选框。

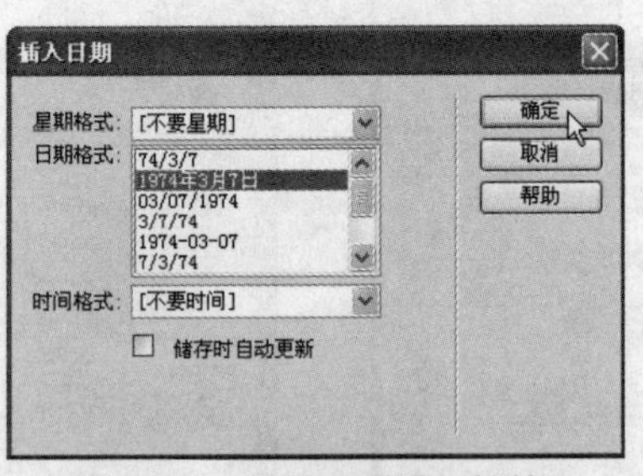

图 4-85 "插入日期"对话框

步骤 04 单击"确定"按钮，将日期插入到文档中。

2．插入特殊字符

有时候需要输入一些在字库中无法找到的特殊字符，而在 HTML 中输入这些字符是很不方便的。为解决这个问题，Dreamweaver CS3 在对象面板上专门设置了常见的特殊字符按钮，只需单击这些按钮，就可以在文档窗口中完成特殊字符的输入。例如在实例制作过程中插入的版权符号。具体插入特殊字符的操作步骤如下。

步骤 01 将光标定位于要插入特殊字符的位置。

步骤 02 在“插入”面板中切换至“文本”栏，单击 按钮，打开其下拉菜单，如图 4-86 所示。

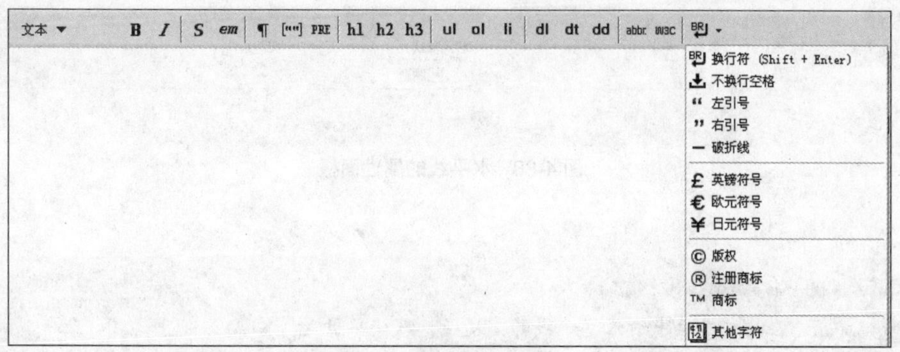

图 4-86 选择字符面板

步骤 03 单击所需特殊字符的按钮，即可插入相应的字符。

步骤 04 如果所需字符在该面板中没有，则单击“其他字符”按钮，打开“其他字符”对话框，在该对话框中选择，如图 4-87 所示。

步骤 05 单击“确定”按钮，即可插入字符。

图 4-87 “插入其他字符”对话框

注 意

在 Dreamweaver 中，如果要用 Space 键连续插入空格，必须将中文输入法的设置设为全角输入状态。

3. 插入水平线

水平线是用来分隔文档内容的，合理地使用水平线可以取得非常好的效果。在一篇复杂的文档中插入几条水平线，就会变得层次分明，便于阅读了。

按以下操作步骤可以插入水平线。

步骤 01 将光标置于要插入水平线的位置。

步骤 02 插入水平线，执行”插入记录”>“HTML”>“水平线”菜单命令。

步骤 03 此时在文档中就插入了一条水平线。选中该水平线，则在文档窗口下方会出现其属性面板，如图 4-88 所示。

图 4-88　水平线的属性面板

注 意

属性面板中的各个选项的含义如下。

- 宽：在此文本框中输入水平线的宽度值，默认单位是“像素”，也可选择“%”。
- 高：在此文本框中输入水平线的高度值，它的单位只能是“像素”。
- 对齐：在下拉列表中可以选择以下对齐方式。
  - ◆ 默认：系统设置的默认方式是在水平位置上左对齐。
  - ◆ 左对齐：水平线在水平位置上左对齐。
  - ◆ 居中对齐：水平线在水平位置上居中对齐。
  - ◆ 右对齐：水平线在水平位置上右对齐。
- 阴影：选中该复选框，则水平线将产生阴影效果。
- 类：选择或添加样式设置。

此外，在属性面板的左下角有一个文本框，这是用来给该水平线命名的，用来标识该水平线。

4.2.2　创建跳转菜单

跳转菜单是文档中的一种来访者可以看见的弹出式菜单，其中列出了链接的文档或文件，其中的链接可以是以下一些情况：链接到站点中的文档、链接到其他站点中的文档、电子邮件链接、链接到图形、链接到其他任何可以在浏览器中打开的文件类型。

创建“跳转菜单”的具体操作步骤如下。

步骤 01 将光标置于表单框线内，选择下列操作之一。

- 执行”插入记录”>“表单”>“跳转菜单”菜单命令。
- 单击“插入”面板的“表单”栏中的“跳转菜单”图标。

步骤 02 打开“插入跳转菜单”对话框，如图 4-89 所示。

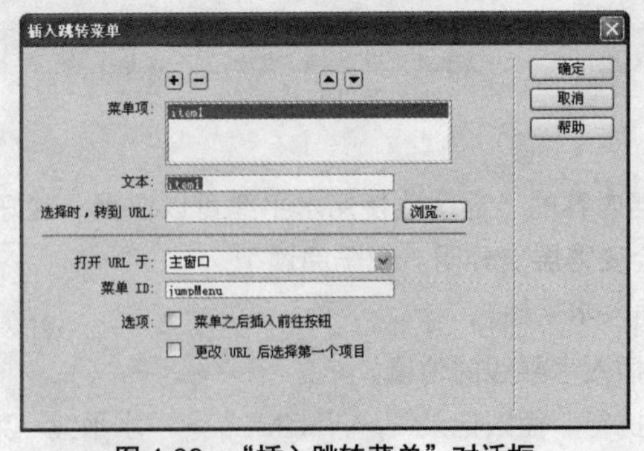

图 4-89　“插入跳转菜单”对话框

步骤 03 在该对话框中可以进行下列操作。

- 单击+或-按钮添加或删除菜单项。
- 单击▲和▼按钮改变菜单项在列表中的位置。
- 文本：在该文本框中输入菜单项的名称。
- 选择时，转到 URL：在该文本框中输入当选中该菜单项时、跳转到的 URL 地址，或者单击“浏览”按钮，在磁盘上选择要链接的网页或对象。
- 打开 URL 于：选择目标文档的打开位置。
- 菜单 ID：在该文本框中输入菜单项的名称，由于此名称主要用于程序代码中，所以需使用英文字母。
- 菜单之后插入前往按钮：选择该复选框，则在菜单后面插入“前往”按钮。在浏览器中单击该按钮，可以跳转到相应的页面。
- 更改 URL 后选择第一个项目：选择该复选框，则当跳转到指定的 URL 后，仍然默认选择第 1 项。

步骤 04 设置完成后，单击“确定”按钮退出“插入跳转菜单”对话框，则在表单中插入了跳转菜单，如图 4-90 所示。

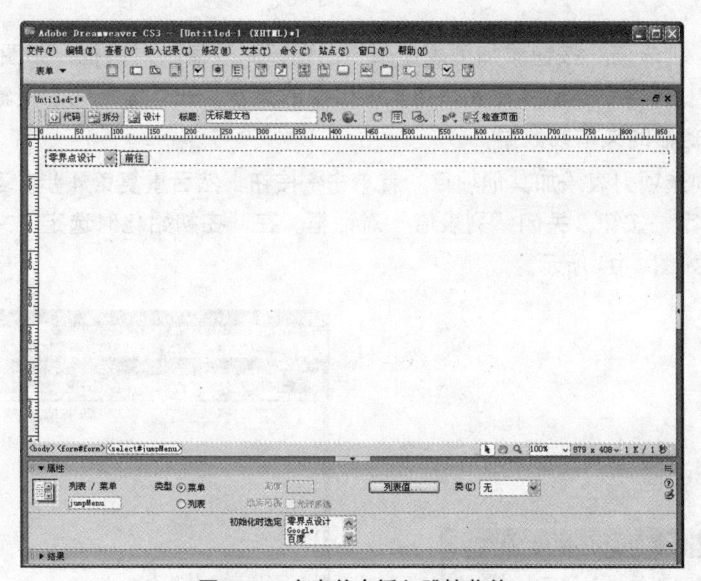

图 4-90　在表单中插入跳转菜单

4.2.3　创建弹出式菜单

弹出式菜单允许在狭小的空间里建立多个选项。浏览器加载表单后只有一个选项是可见的，用户单击下拉按钮才能显示整个菜单，如图 4-91 所示。

下面是创建弹出式菜单的方法和步骤。

步骤 01 将光标放置在表单框线内，然后执行下列操作之一。

- 在“插入”面板的“表单”栏中单击“列表 / 菜单”图标。
- 执行”插入记录”>“表单”>“列表 / 菜单”菜单命令。

步骤 02 打开“输入标签辅助功能属性”对话框，在“标签文字”文本框中输入菜单名称，如“国家”，如图 4-92 所示。其余为默认设置。

图 4-91 弹出式菜单

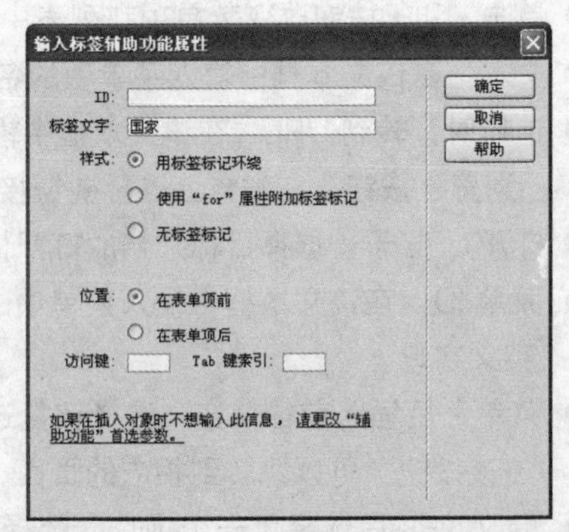

图 4-92 “输入标签辅助功能属性”对话框

步骤 03 单击“确定”按钮，在文档的表单内出现“列表 / 菜单”，打开“列表 / 菜单”属性面板。在“列表 / 菜单”属性面板的“列表 / 菜单”文本框中为该列表输入一个惟一名称。在“类型”选项中选择“菜单”。

步骤 04 单击“列表值”按钮添加列表选项，出现“列表值”对话框，如图 4-93 所示。将光标放在“项目标签”列表中，输入需要在列表中出现的文本。在“值”列表中输入当用户选取该项目时要发送给服务器的文本或数据。

步骤 05 若要向选项列表添加其他项目，就单击⊞按钮，然后重复第 4 步。当向列表添加项目结束时，单击“确定”按钮，关闭“列表值”对话框。在“在初始化时选定”文本框中选择该列表的默认列表项，如图 4-94 所示。

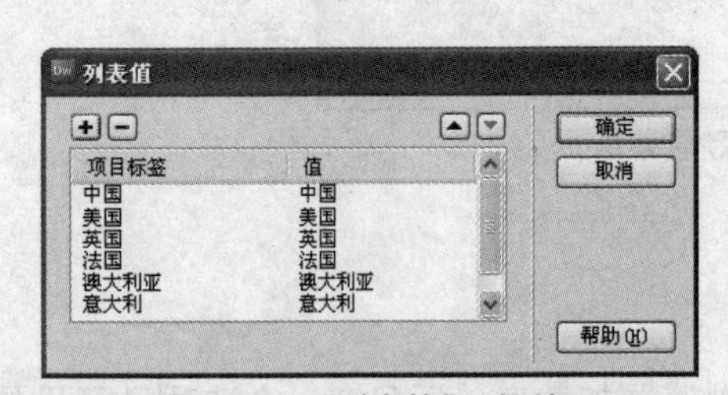

图 4-93 “列表值”对话框

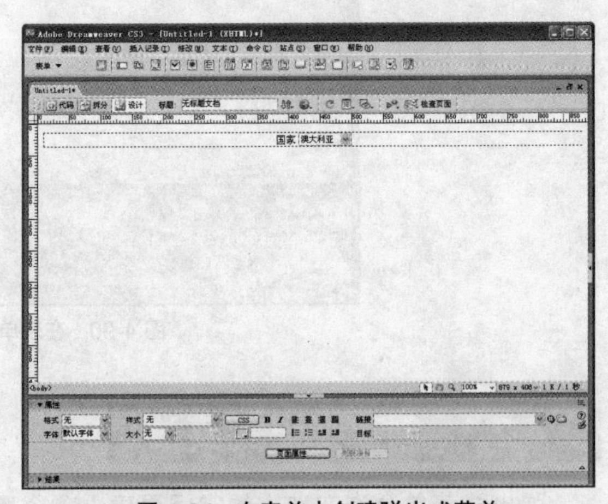

图 4-94 在表单中创建弹出式菜单

4.2.4 CSS+DIV的应用

CSS + DIV 是网站标准（或称“WEB 标准”）中常用的术语之一，它通常是为了说明与 HTML 网页设计语言中的表格（table）定位方式的区别。因为 XHTML 网站设计标准中，不再使用表格定位技术，而是采用 CSS + DIV 的方式实现各种定位。

CSS 是英语 Cascading Style Sheets（层叠样式表单）的缩写，它是一种用来表现 HTML 或 XML 等文件式样的计算机语言。

DIV 元素是用来为 HTML 文档内大块（block-level）的内容提供结构和背景的元素。DIV 的起始标签和结束标签之间的所有内容都是用来构成这个块的，其中所包含元素的特性由 DIV 标签的属性来控制，或者是通过使用样式表格式化这个块来进行控制。

我们可以详细地阅读并动手试验这个示例的全过程。

1. 页面布局与规划

对总体的美工进行构思，形成效果图，并对页面进行分隔，形成 DIV 结构，为细化页面打好基础。在网页制作中，有许多的术语，例如：CSS、HTML、DHTML、XHTML 等等。下面会用到一些有关于 HTML 的基本知识，所以需要读者具有了一定的 HTML 基础，然后就可以使用 DIV+CSS 进行网页布局设计。

所有设计的第一步就是构思，构思好了，一般来说还需要用 PhotoShop 或 FireWorks 等图片处理软件将需要制作的界面布局简单的构画出来。

2. 写入整体层结构与 CSS

XHTML 的基本结构形成，应用 CSS 对其进行控制。使页面初见形态，网页整体结构代码如下所示：

```
<!DOCTYPE html PUBLIC "-//W3C//DTD XHTML 1.0 Transitional//EN" "http://www.w3.org/TR/xhtml1/DTD/xhtml1-transitional.dtd">
<html xmlns="http://www.w3.org/1999/xhtml">
<head>
<meta http-equiv="Content-Type" content="text/html; charset=gb2312" />
<title> 无标题文档 </title>
<link href="css.css" rel="stylesheet" type="text/css" />
</head>

<body>
</body>
</html>
```

3. 页面顶部制作

写好了页面 DIV 结构以后，开始细致地对每一个部分进行制作。以下代码就是网页顶部为 body 设置的样式，以及链接样式。

```
/* 基本信息 */
body {font:12px Tahoma;margin:0px;text-align:center;background:#FFF;}
a:link,a:visited {font-size:12px;text-decoration:none;}
a:hover{}

/* 页面层容器 */
#container {width:800px;margin:10px auto}
```

4. 页面顶部列表 <li> 制作菜单

CSS 菜单的制作通常是很精妙的，通过 <li> 标记来设置网页样式，代码如下所示：

```
<div id="menu">
  <ul>
    <li><a href="#">首页 </a></li>
    <li class="menuDiv"></li>
    <li><a href="#">博客 </a></li>
    <li class="menuDiv"></li>
    <li><a href="#">设计 </a></li>
    <li class="menuDiv"></li>
    <li><a href="#">相册 </a></li>
    <li class="menuDiv"></li>
    <li><a href="#">论坛 </a></li>
    <li class="menuDiv"></li>
    <li><a href="#">关于 </a></li>
  </ul>
</div>
```

对于应用 CSS+DIV 的大部分情况都是需要进行编写代码的，所以需要熟悉 CSS 代码的含义，以及熟悉掌握 DIV 的布局方式。CSS+DIV 标准还有许多优点，列表如下。

- 大大缩减页面代码，提高页面浏览速度，缩减带宽成本。
- 结构清晰，容易被搜索引擎搜索到，天生优化了 seo。
- 缩短改版时间。只要修改几个 CSS 文件就可以重新设计一个有成百上千页面的站点。
- 强大的字体控制和排版能力。CSS 控制字体的能力比糟糕的 FONT 标签好多了，有了 CSS，就不再需要用 FONT 标签或者透明的 1 px GIF 图片来控制标题、改变字体颜色、字体样式等等。
- CSS 非常容易编写，可以像写 html 代码一样轻松地编写 CSS。
- 提高易用性。使用 CSS 可以结构化 HTML。例如：<p> 标签只用来控制段落，heading 标签只用来控制标题，table 标签只用来表现格式化的数据等等。既可以增加更多的用户且不需要建立独立的版本。
- 可以一次设计，随处发布。设计不仅仅用于 web 浏览器，也可以发布在其他设备上，比如 PowerPoint。
- 更好地控制页面布局。
- 表现和内容相分离。将设计部分剥离出来放在一个独立样式文件中，可以减少未来网页无效的可能。
- 更方便搜索引擎的搜索。用只包含结构化内容的 HTML 代替嵌套的标签，这样搜索引擎将更有效地搜索到网页的内容。
- Table 的布局灵活性不大，只能遵循 <table><tr><td> 的格式。而 div 可以 <div><ul><li> 也可以 <ol><li> 还可以 <ul><li>……但标准语法最好有序编写。
- 另外如果不是 javascript 的高手，就可以不必去写 ID，只用 class 就可以。当客户端程序员写完程序需要调整时候，可以再利用他的 ID 进行控制。
- <Table> 的布局中，垃圾代码会很多，一些修饰的样式及布局的代码混合一起，而 <Div> 更能体现样式和结构相分离，结构的重构性强。
- 在几乎所有的浏览器上都可以使用。
- 以前一些非得通过图片转换实现的功能，现在只要用 CSS 就可以轻松实现，从而更快地下载页面。

- 使页面的字体变得更漂亮、更容易编排，使页面真正赏心悦目。
- 可以轻松地控制页面的布局。
- 可以将许多网页的风格格式同时更新，不用再一页一页地更新了。可以将站点上所有的网页风格都使用一个 CSS 文件进行控制，只要修改这个 CSS 文件中相应的行，那么整个站点的所有页面都会随之发生变动。

4.3 成功经验扩展

在网络上发表博客（Blog）的构想始于 1998 年，但到了 2000 年才真正开始流行。起初，Bloggers 将其每天浏览网站的心得和意见记录下来，并予以公开，来给其他人阅读。

但随着 Blog 的快速扩张，目前网络上数以千计的 Bloggers 发表和张贴博客（Blog）的目的有很大的改变。不过，由于沟通方式比电子邮件、讨论群组更简单和容易，因此博客（Blog）已成为家庭、公司、部门和团队之间越来越盛行的沟通工具，它也逐渐被应用在企业内部网络（Intranet）。

博客网站通常有以下 3 种类型。

- 综合性博客网

此类博客网站可以涉及的内容很广泛，根据行业或目的分为不同的栏目，以吸引不同领域的人登录网站，集聚人气。如图 4-95 和图 4-96 所示均为此类网站。

图 4-95　中国博客网

图 4-96　天天在线博客社区

- 行业性博客网

有的博客网站比较专一，通常由专门的机构设立，登录此类网站的博客都是此行业或相关人士，通过博客网收集或讨论某一方面的问题。

- 门户网站下的一个栏目

由于博客网站的流行，而且制作并不复杂，许多大型门户网站也设立了自己的博客频道，以聚集更多的浏览者，以此来推广更广泛的业务。

第 05 章 网络教学类网站——环球教育在线

网络教学类网站概述

从实现教育功能角度，将教育主题网站分为互动学习、主题资讯、教育科研 3 大类别，并根据建设者和技术特点进一步分为简易型、专业型两个类型。本章还初步归纳了教育主题网站 3 大类别的基本模型，讨论了简易型、专业型教育主题网站的长处和局限，提出了相应的建议。

这几年来国内教育网站如雨后春笋般涌现，建设的主体既有机构和企业，也有学校和教师个人。这些网站构成了中文网络教育信息的重要组成部分。一部分网站有效地发挥了它们的教育效益，作为新型互动学习的平台，参与到课程整合的教学改革实践中来；一部分网站很好地反映了教师们对本专业的实践经验和研究工作的成果，体现了教师“走向新课程”心路历程的数字化；一部分网站则从个人的兴趣和爱好出发、从教学实际出发，将网络中的相关信息进行深度知识加工，成为符合新课程标准、支持新型学习方式的专题资源网站。

教育网站，顾名思义该类网站服务于教育活动。教育信息化的目的之一在于学习方式、教学方式的变革，从而实现教育现代化。网络以其海量信息资源、便捷沟通等特性成为新型学习环境的有机组成部分。网站作为 Web 浏览的信息载体以及网络活动的节点之一在应用过程中有其独特的地位与作用。

实例展示

本实例通过清晰的结构，突出了教育网站的重点内容。它结合现代的教学理念和先进的技术手段，将学习与网络合理地整合，达到教学对象广泛、使用方便、时间自由、节约成本等目的。

教学类网站通常会设置登录窗口，这是专门为注册学生提供的，在其中可以学习更多的内容和更具特色的教程。

在线播放也是教学网站不可缺少的内容。纯文字的内容不能引起学生更多的兴趣，而在线播放课件，使教学更真实、更有亲和力。本章实例效果下图所示。

环球教育在线首页

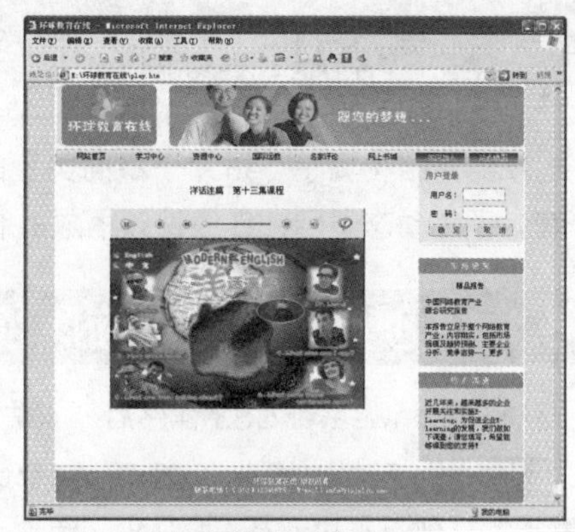
二级视频播放页面

技术要点

① 制作不同形式链接

介绍网站中不可缺少的链接功能，包括网页链接、图像链接、电子邮件链接和锚点链接。

② 制作网页浮动图像

在网站中经常可以看到浮动的广告图片，它们的浮动需要 JavaScript 脚本的支持，本章将介绍如何制作网页中的浮动图像。

③ 制作在线播放视频文件

在网络教学网站中经常会播放一些视频教学内容，在网页中插入并播放视频文件也是非常容易实现的。

配色与布局

本实例布局是常见的“国”字型布局，因为制作的教育网站需要内容风格严谨，结构清晰、明确，而且通常在教育类网站首页会体现很多的栏目和内容，如何既突出重点又可以展现丰富的内容是关键。本实例的这种布局既可以体现丰富的内容，又可以主次分明，是一种非常实用的布局方式。网页的颜色使用了蓝色为主色调，可以给人带来安静舒适的感觉，因此更适合进行网络教学。

#8996D5	#DDE0F2	#C1C1C1
R: 137	R: 221	R: 193
G: 150	G: 224	G: 193
B: 213	B: 242	B: 193

本实例视频文件路径和视频时间

视频文件	光盘 \ 视频 \ 05 网络教学类网站——环球教育在线
视频时间	20 分钟

5.1 实例制作过程

本章实例结构简单，适用于不同类型的网站。在网页制作过程中需要熟悉掌握网页布局、表格嵌套、图片动态显示、在线视频播放的制作方法。

5.1.1 创建并设置页面属性

启动 Dreamweaver CS3 程序后，首先创建 HTML 网页，操作步骤如下。

步骤 01 执行“文件”>“新建”菜单命令，在“新建文档”对话框中选择“空白页”选项，在“页面类型”列表框中选择“HTML”选项，在“布局”列表框中选择“无”选项，如图 5-1 所示。

步骤 02 单击“创建”按钮，显示新 HTML 网页编辑窗口，在本地创建一个名为“环球教育在线”文件夹，并将光盘中的素材文件复制到 images 文件夹中。

步骤 03 执行“文件”>“保存”菜单命令，打开“另存为”对话框，在“保存在”下拉列表中选择文件保存路径，在“文件名”文本框内输入文件名称“index”，如图 5-2 所示。

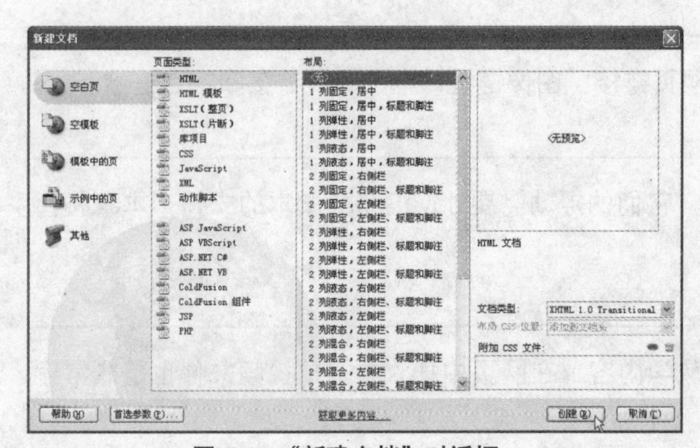

图 5-1 “新建文档”对话框

图 5-2 保存网页为 index.htm

步骤 04 单击“保存”按钮，返回至网页编辑窗口。

步骤 05 执行“窗口”>“属性”菜单命令，打开属性面板。单击“属性面板”中的“页面属性”按钮，打开“页面属性”对话框，如图 5-3 所示。

图 5-3 属性面板

步骤 06 选择“分类”列表框的“外观”选项，设置字体大小为 12 像素，文本颜色为黑色“#000000”，单击“背景图像”右侧的“浏览”按钮，在打开的“选择图像源文件”对话框中选择剪切后的图像“bg.gif”（可直接从本实例中的 images 文件夹中查找）。单击“确定”按钮后，图像路径和名称显示在“背景图像”文本框中。

步骤 07 在左、右、上、下边距文本框中均输入“0”，“页面属性”对话框如图 5-4 所示。

步骤 08 在“分类”列表框中选择“标题 / 编码”选项，在相应的属性面板的“标题”文本框中输入“环球教育在线”选项，选择编码为“简体中文（GB2312）”选项，如图 5-5 所示。

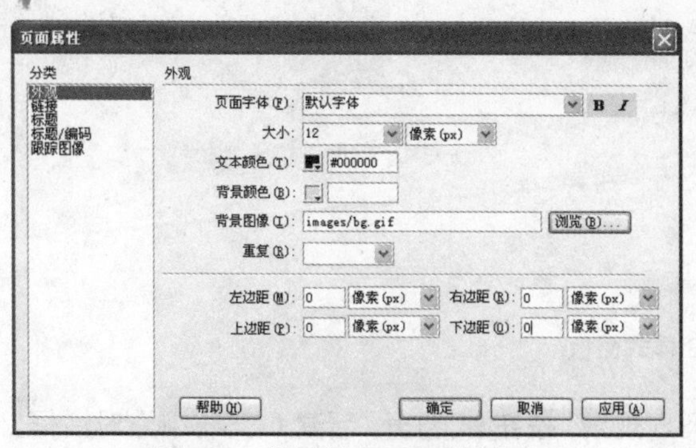

图 5-4 “外观”页面属性设置

图 5-5 “标题 / 编码”页面属性的设置

步骤 09 单击“确定”按钮，返回至网页编辑窗口，右击“插入”面板，在弹出的菜单中单击“样式呈现”命令，打开“样式呈现”面板，单击“切换 CSS 样式的显示”按钮，在编辑窗口中显示 CSS 样式的效果，首页中显示背景图像如图 5 6 所示。

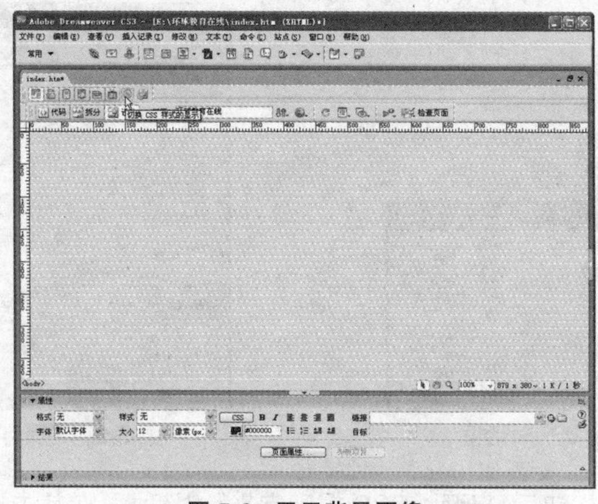

图 5-6 显示背景图像

注 意

在页面属性中设置的页面样式，将以 CSS 的样式添加到该网页中。但是新添加的 CSS 样式表会与其分别显示，需要单独编辑。

5.1.2 设置CSS样式

CSS 样式可以控制网站的整体风格，是网页制作过程中不可缺少的重要部分。设置 CSS 样式既可以在制作网页前进行，也可边制作网页边进行设置，当然制作完成网页后也同样可以再次进行 CSS 样式设置。但通常推荐的方式是制作网页前设置基本的 CSS 样式，在制作网页过程中根据需要再随时填加 CSS 样式。

按照以下步骤设置 CSS 样式。

步骤 01 执行“窗口”>“CSS 样式”菜单命令，打开“CSS 样式”面板，如图 5-7 所示。

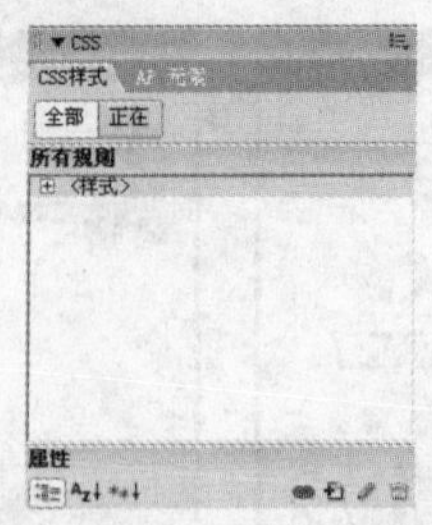

图 5-7　CSS 样式面板

步骤 02 单击“CSS 样式”面板下方的“新建 CSS 规则”按钮，打开“新建 CSS 规则”对话框。

步骤 03 在“选择器类型”选项区域中单击“标签”单选按钮；在下方的“标签”下拉列表中选择“td”选项，在“定义在”选项区域中选择“新建样式表文件”选项，如图 5-8 所示。

步骤 04 单击“确定”按钮，打开“保存样式表文件为”对话框，选择 CSS 样式保存的路径，并在“文件名”文本框中输入“style”，如图 5-9 所示。

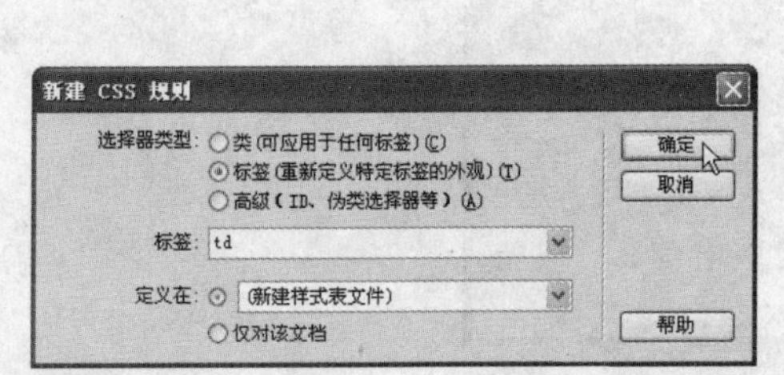

图 5-8　“新建 CSS 规则”对话框

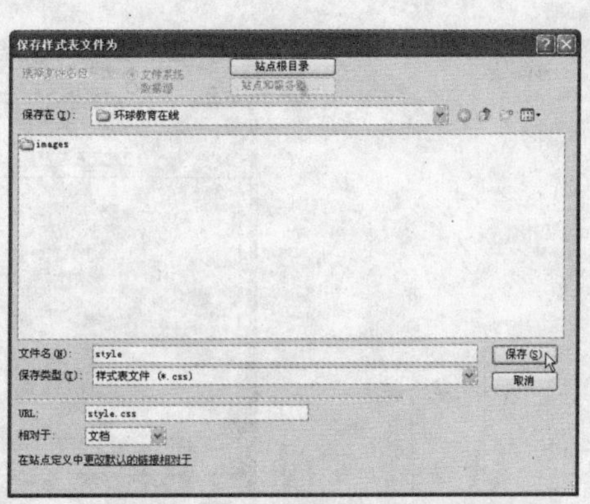

图 5-9　“保存样式表文件为”对话框

步骤 05 单击“保存”按钮后，打开“CSS 规则定义”对话框，在其中设置字体大小为 12 像素，颜色为黑色“#000000”，如图 5-10 所示。

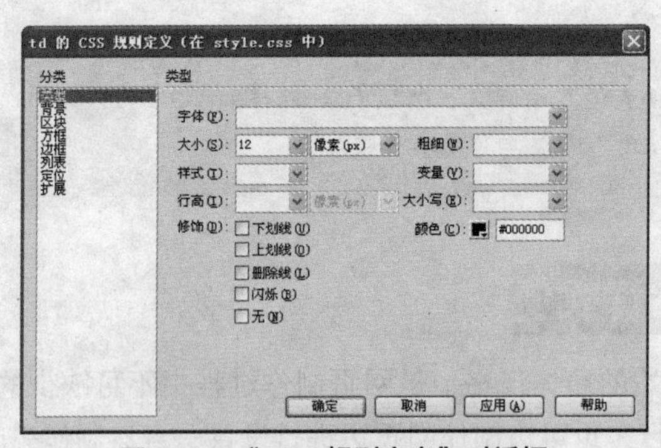

图 5-10　“CSS 规则定义”对话框

步骤 06 单击“确定”按钮，在“CSS 样式”面板中就可以看到新添加的 style.css 文件，如图 5-11 所示。

步骤 07 单击“新建”按钮，再次打开“新建 CSS 规则”对话框，可以设置新的“标签”、“类”和“高级”等选择器类型。根据面板上的显示，重复设置后最终得到的“CSS 样式”面板如图 5-12 所示。

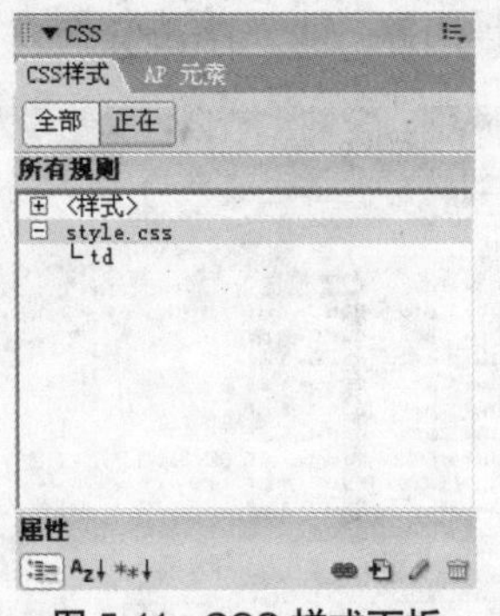

图 5-11　CSS 样式面板

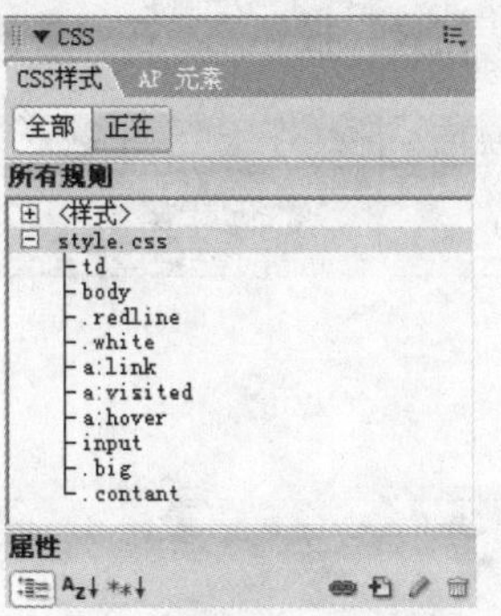

图 5-12　再次 CSS 样式面板

5.1.3　制作标题栏和导航栏

制作网站首页的标题和导航栏，按如下步骤进行。

步骤 01 将光标定位在编辑窗口中，单击“插入”面板中的“表格”按钮。

步骤 02 打开“表格”对话框，在对话框中输入行数和列数为 1，输入表格宽度为 778 像素，设定边框粗细、单元格边距、单元格间距均为 0，如图 5-13 所示。

步骤 03 单击“确定”按钮，在网页中插入表格，选中表格，在其属性面板中设置“背景颜色”为白色“#FFFFFF”，如图 5-14 所示。

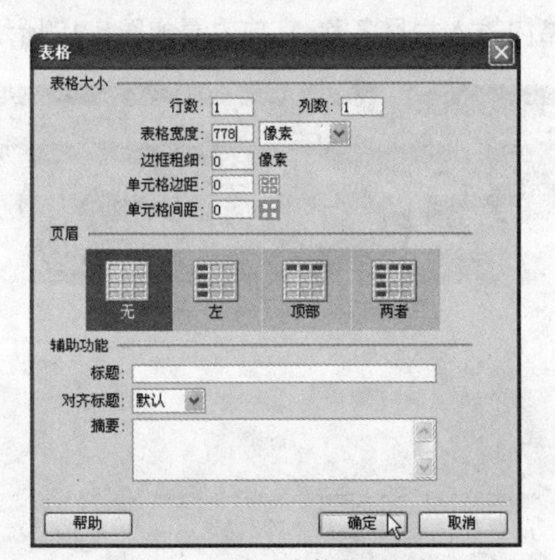

图 5-13　设置“表格”对话框

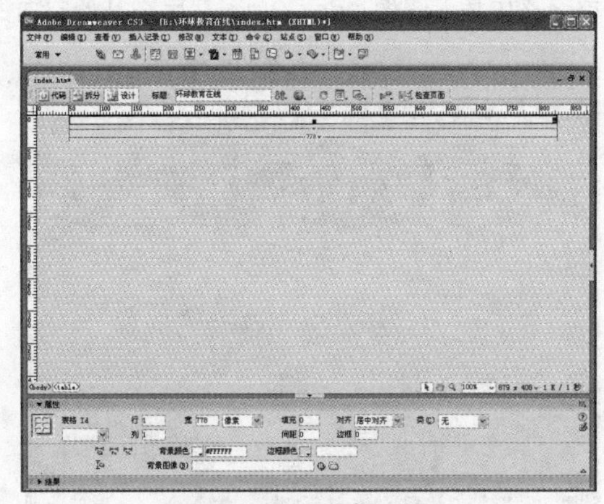

图 5-14　设置表格属性

注 意

在 Dreamweaver CS3 的表格属性面板中已经取消了表格高度的设置，如果想设置表格的高度可以在代码视图中输入高度代码，例如 height=“100”。

步骤 04 将光标移动到单元格内，在属性面板的“高”文本框中输入“200”，在“垂直”下拉列表中选择“顶端”选项，此时光标显示在单元格左上角，如图 5-15 所示。单击“表格”按钮，插入 1 行 1 列、宽度为 774 像素、其他设置为 0 的嵌套表格。

步骤 05 选中嵌套表格，在属性面板中设置其居中对齐。将光标定位在表格内，单击“插入”

面板中的“图像”按钮，在“选择图像源文件”对话框中选择图像“title.gif”，如图 5-16 所示。

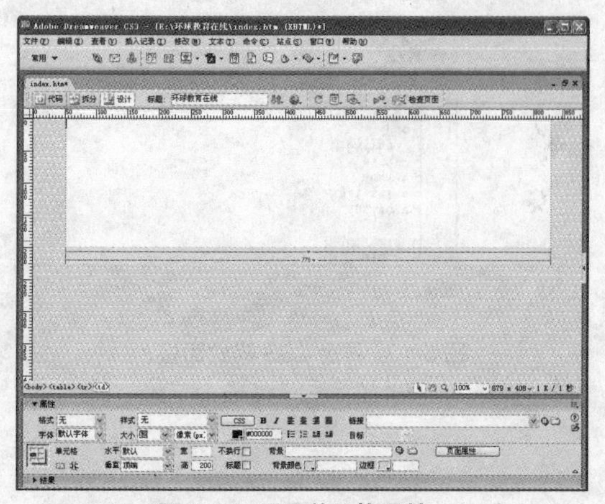

图 5-15　设置单元格属性

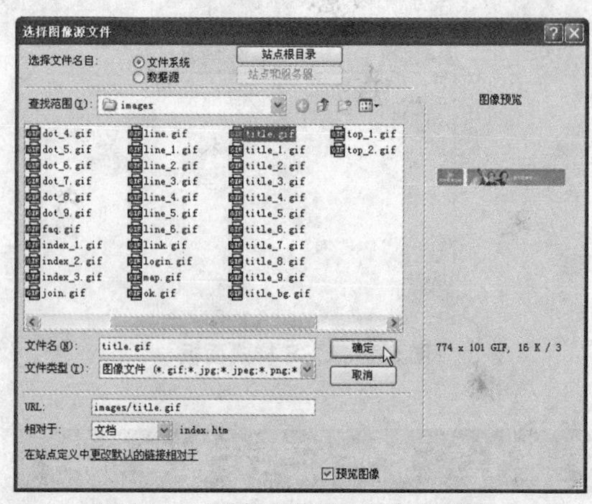

图 5-16　“选择图像源文件”对话框

步骤 06 单击“确定”按钮，将标题图像插入到表格内，如图 5-17 所示。

步骤 07 在标题表格下方插入 1 行 15 列、宽度为 774 像素的表格。选中表格，在属性面板中设置表格居中对齐，单击“背景图像”右侧的“浏览文件”按钮，设置背景图像为 bg_title.gif。

步骤 08 在第 1 个单元格内插入图像 index_1.gif，在第 3、5、7、9、11 单元格内均插入图像 line.gif，在第 13 个单元格内插入图像 join.gif，在第 14 个单元格内插入图像 map.gif，在第 15 个单元格内插入图像 index_2.gif，然后在其他空白的单元格内输入栏目名称，完成效果如图 5-18 所示。

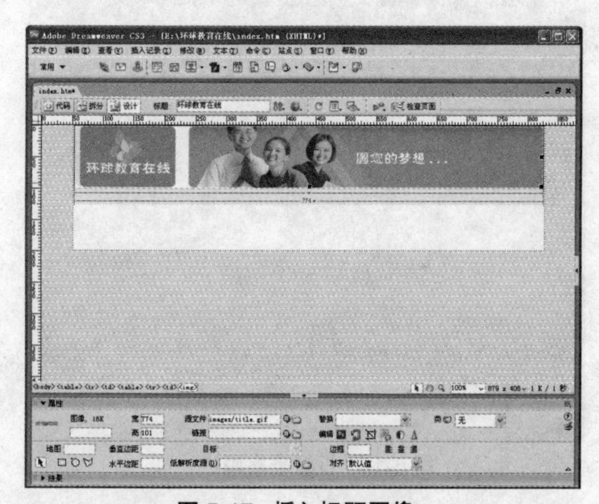

图 5-17　插入标题图像

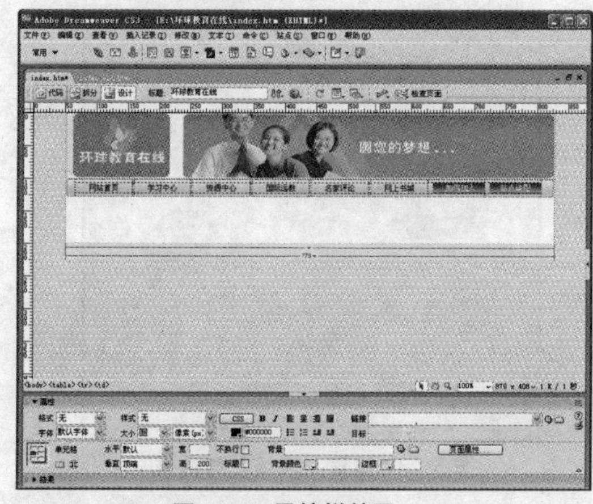

图 5-18　导航栏效果

5.1.4　制作主体内容

网页主体分为左、中、右 3 个部分。首先使用表格划分为 3 个区域，然后在每个单元格内分别制作不同区域的内容。具体操作步骤如下。

步骤 01 在导航栏表格下方接着插入 1 行 3 列、宽度为 774 像素的嵌套表格。选中表格，在属性面板中设置表格居中对齐。

步骤 02 将光标定位在第 1 个单元格内，插入 13 行 1 列、宽度为 169 像素的嵌套表格，如图 5-19 所示。

步骤 03 按住 Ctrl 键单击第 1 行单元格，在属性面板中设置其高度为 10 像素。在第 2 行单元格内插入“信息中心”标题图像 title_2.gif。选中 3~13 行单元格，在属性面板中设置单元格背景颜色为灰色“#B6B6B6”，如图 5-20 所示。

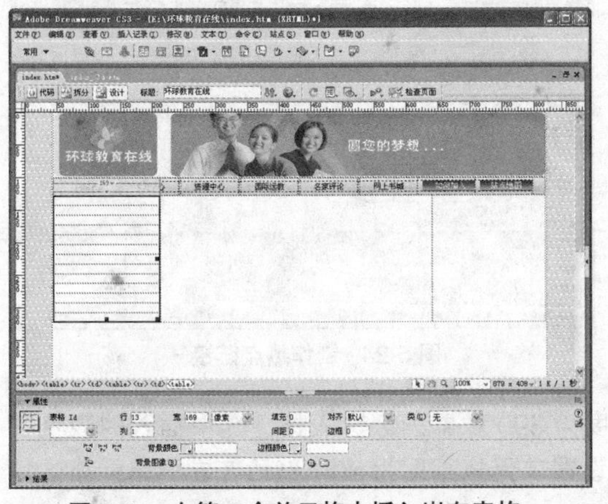

图 5-19　在第 1 个单元格内插入嵌套表格

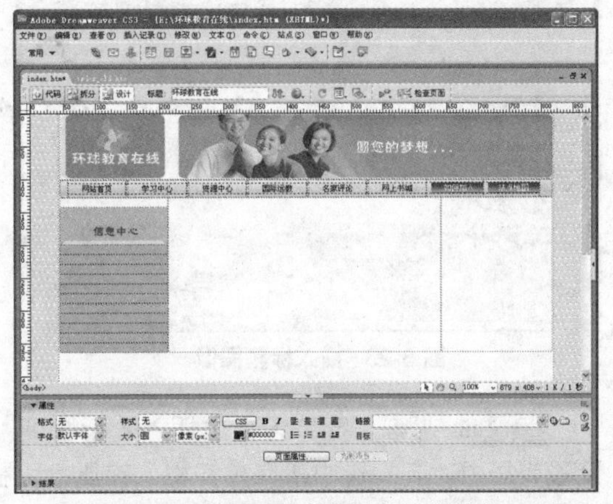

图 5-20　插入标题图像并设置单元格的背景颜色

步骤 04 将光标定位在第 3 行单元格内，单击属性面板“背景图像”右侧的“浏览文件”按钮，设置背景图像为 bg_left.gif，并在此单元格内插入 6 行 1 列、宽度为 150 像素、单元格边距为 4 的表格。在每个单元格内分别插入小图标 dot_3.gif 以及相应的栏目标题，完成后如图 5-21 所示。

步骤 05 在第 4 行单元格内插入图像 line_1.gif。在其他单元格中制作两个结构类似的栏目，效果如图 5-22 所示。由于制作方法相似，这里不再重复。

图 5-21　制作栏目子标题

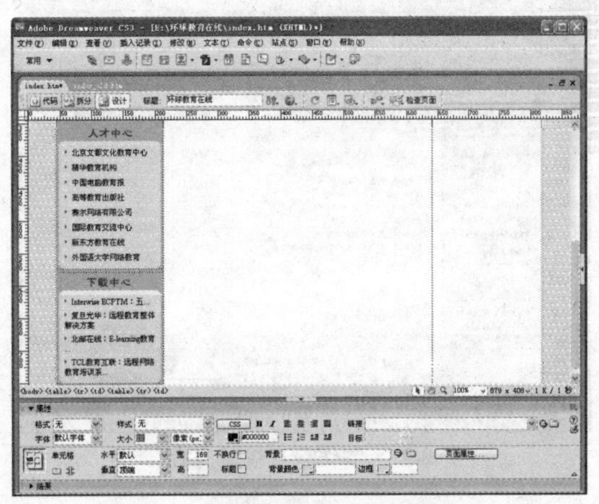

图 5-22　其他两个类似栏目效果

步骤 06 左侧栏目制作完成后，将光标定位在中间单元格内。单击“表格”按钮，插入 5 行 1 列、宽度为 411 像素的表格。选中表格后，在属性面板中设置表格居中对齐。

步骤 07 在第 2 行单元格内插入标题图像 title_5.gif，如图 5-23 所示。由于文字是制作在图像中的，因此需要制作热点链接。选中标题图像，在属性面板中单击“矩形热点工具”按钮，鼠标指针移动在图像上时变成了十字形，在“更多”文字位置拖动出矩形，即可加入热点区域。此时在“热点”属性面板的“链接”文本框中可以修改成需要指向的链接路径，如图 5-24 所示。

图 5-23　插入标题图像

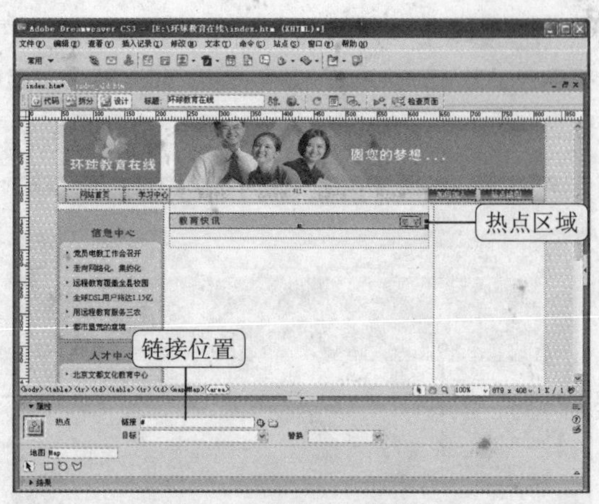

图 5-24　制作热点链接

步骤 08 在第 4 行单元格内插入 6 行 2 列、宽度为 390 像素的嵌套表格。选中插入的表格并设置为居中对齐。选中所有单元格，在属性面板中设置单元格高度为 20，然后在左列单元格内均插入小图标 dot_4.gif，并输入相应的快讯内容，在右列单元格内分别输入快讯时间，完成后如图 5-25 所示。其他空白行为了美化效果则不添加任何内容。

步骤 09 在"教育快讯"栏目表格下方，接着插入 2 行 1 列、宽度为 411 像素的嵌套表格。将光标移动到第 1 行单元格中，单击"图像"按钮，插入"名师在线"标题图像 title_6.gif，同样为图像上的"更多"文字制作热点链接，如图 5-26 所示。

图 5-25　制作教育快讯内容

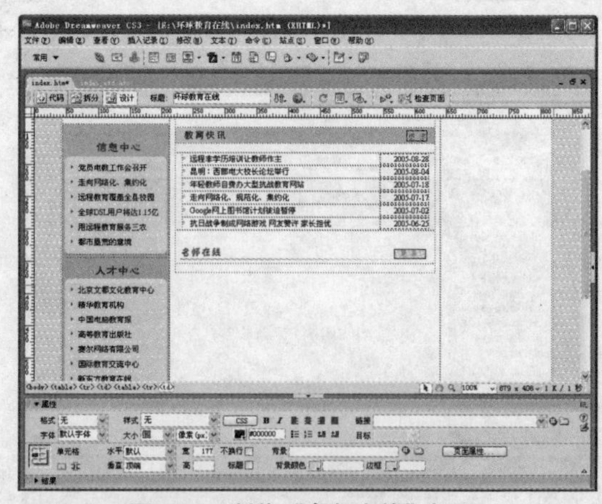

图 5-26　制作"名师在线"标题

步骤 10 在第 2 行单元格中插入 4 行 1 列、宽度为 390 像素的嵌套表格，并设置表格居中对齐。在每行单元格内插入小图标 dot_5.gif，然后输入内容标题，并选中第一行快讯文本，在属性面板的"链接"文本框中输入"play.htm"，制作超级链接，如图 5-27 所示。

步骤 11 "学生频道"栏目与"名师在线"栏目形式相同，使用同样方法进行制作即可，完成后如图 5-28 所示。

图 5-27 制作“名师在线”栏目内容

图 5-28 “学生频道”栏目效果

步骤 12 在“学生频道”栏目表格下方接着插入 2 行 2 列、宽度为 411 像素的表格。选中插入的表格后，在属性面板中设置表格居中对齐。在左侧第 1 行单元格中插入“友情链接”标题图像 link.gif；设置左侧第 2 行单元格背景颜色为浅灰色，色标值为“#ECECEC”，并在其中插入 4 行 1 列、宽度为 200 像素的嵌套表格，分别在单元格中插入“列表 / 菜单”，并设置其中的名称以及列表中的内容，如图 5-29 所示。

步骤 13 选择“友情链接”右侧两行单元格，单击属性面板的“合并所选单元格”按钮，合并单元格后，插入 2 行 1 列、宽度为 150 像素的嵌套表格。分别在两个单元格内插入图像 faq.gif 和 bbs.gif，并为两张图像制作无址链接，即在“链接”文本框中输入“#”，完成后效果如图 5-30 所示。

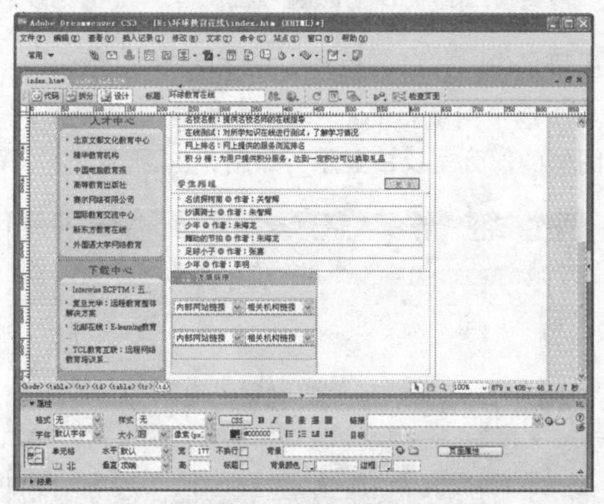

图 5-29 制作“友情链接”栏目

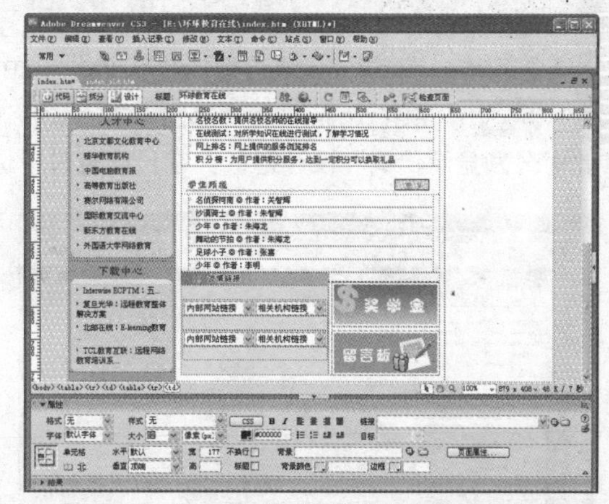

图 5-30 “FAQ”和“留言板”图像插入的效果

步骤 14 为步骤 13 中的两张图像制作动态显示效果，即当鼠标指针经过图像时，图像会闪动显示。这里会用到 JavaScript 代码，按下面步骤制作一个 JavaScript 文件。

步骤 15 执行“文件”>“新建”菜单命令，打开“新建文档”对话框，在“页面类型”列表框中选择“JavaScript”选项，如图 5-31 所示。

步骤 16 单击“创建”按钮，新建 JavaScript 文件，如图 5-32 所示。在文档编辑窗口内输入如下代码。

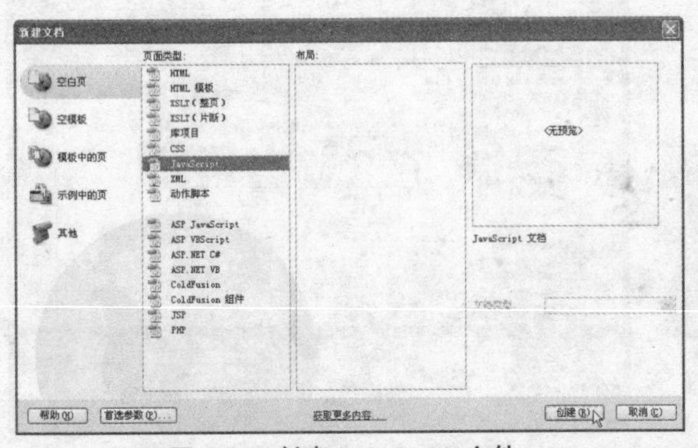

图 5-31 创建 JavaScript 文件

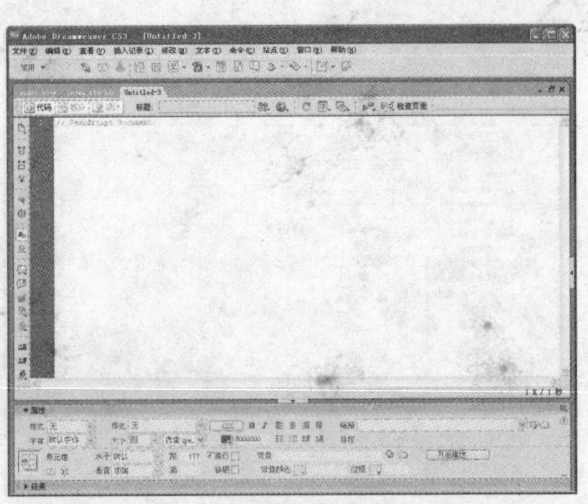

图 5-32 新建 JavaScript 文件

```
function trains(id,text){document.all[id].innerHTML='  ' +text}
function trainpic(id,text){document.all[id].innerHTML='<img src="'+text+ '.gif">'}
function high(which2){
theobject=which2;theobject.filters.alpha.opacity=0
highlighting=setInterval( "highlightit(theobject)" ,50)}
function low(which2){
clearInterval(highlighting)
which2.filters.alpha.opacity=100}
function highlightit(cur2){
if (cur2.filters.alpha.opacity<100)
cur2.filters.alpha.opacity+=15
else if(window.highting)
clearInterval(highlighting)}
```

完成后，按 Ctrl+S 快捷键保存在 index.htm 同级目录中，并命名为 pic.js，如图 5-33 所示。

步骤 17 关闭 pic.js 文件，返回至首页编辑窗口中。选中图像 faq.gif，单击“拆分”按钮，此时分别显示代码和设计窗口，在代码窗口中选中图像的部分呈反白显示，如图 5-34 所示。

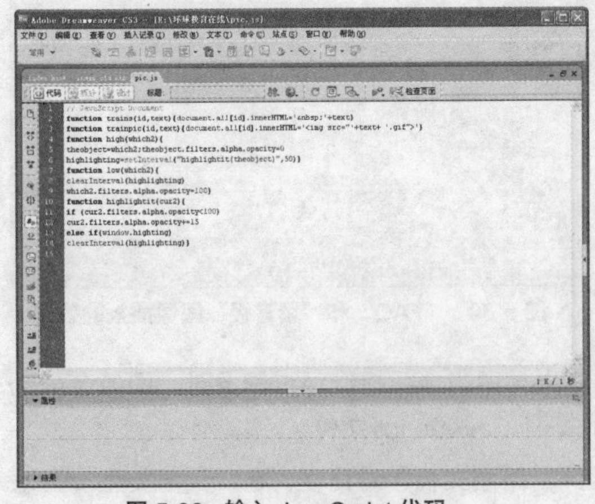

图 5-33 输入 JavaScript 代码

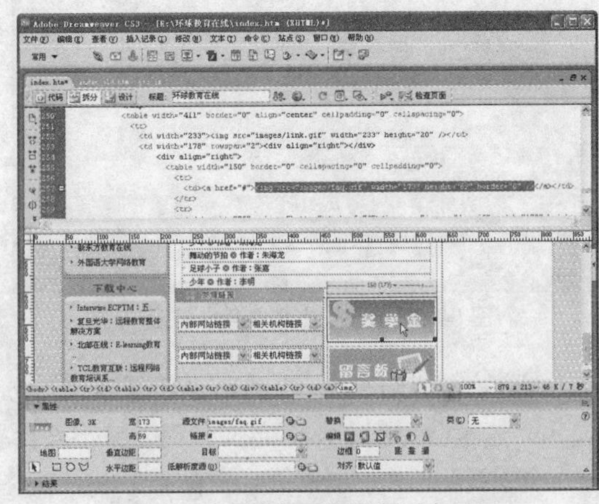

图 5-34 图像代码部分呈反白显示

步骤 18 在图像代码内输入如下代码：

```
onmouseover="this.style.filter='alpha(opacity=100)';high(this)" onmouseout
="low(this)"
```

完成后代码显示为：

```
<img src="images/faq.gif" width="173" height="69" border="0" onmouseover= "this.style.filter='alpha(opacity=100)';high(this)" onmouseout="low(this)">
```

同样，在“留言板”图像代码内也输入相同的代码，完成后代码显示为：

```
<img src="images/bbs.gif" width="173" height="69" border="0" onmouseover= "this.style.filter='alpha(opacity=100)';high(this)" onmouseout="low(this)">
```

完成后如图 5-35 所示。

步骤 19 在代码窗口 <head>…</head> 程序中需要调用步骤 16 中创建的 pic.js 文件，这样图像动作才能完成。向上拖动代码窗口的滚动轴，在 <head>...</head> 代码中输入 <SCRIPT language=Javascript src="pic.js" type=text/javascript></SCRIPT>，如图 5-36 所示。

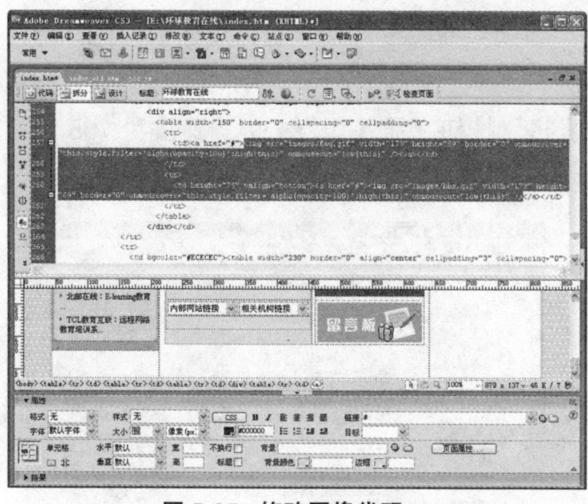

图 5-35 修改图像代码

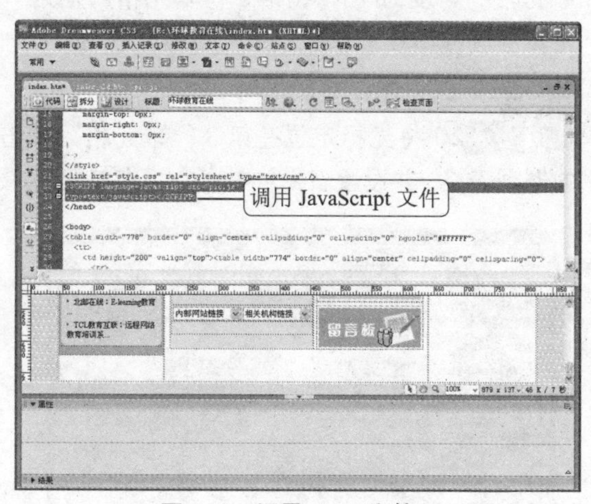

图 5-36 调用 pic.js 文件

步骤 20 单击“设计”按钮，显示网页设计编辑窗口。将光标定位在右侧的单元格内，在属性面板的“垂直”下拉列表中选择“顶端”选项。

步骤 21 单击“表格”按钮，插入 2 行 1 列、宽度为 176 像素的表格。设置第 1 行单元格的背景颜色为浅灰色“#F1F1F1”，并插入 4 行 1 列、宽度为 160 像素的嵌套表格。在嵌套表格的第 1 行单元格内插入“用户登录”图像 login.gif，在第 2 行、第 3 行单元格内分别输入“用户名：”和“密码：”，然后在“插入”面板的“表单”栏中单击“文本字段”按钮，选中插入的文本框，在属性面板的“字符宽度”文本框中输入 10。在选中的“密码”文本框的属性面板中单击“密码”单选按钮，这样，在网页浏览过程中，当输入密码时，将以星号显示。密码文本框设置如图 5-37 所示。

步骤 22 在第 4 行单元格内插入“确定”和“取消”按钮，图像为 ok.gif 和 cacel.gif。在外层表格第 2 行单元格内输入图像 index_3.gif，完成后效果如图 5-38 所示。

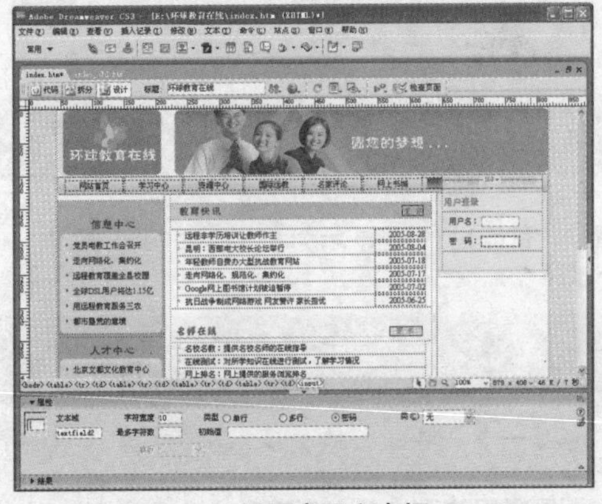

图 5-37 设置密码文本框

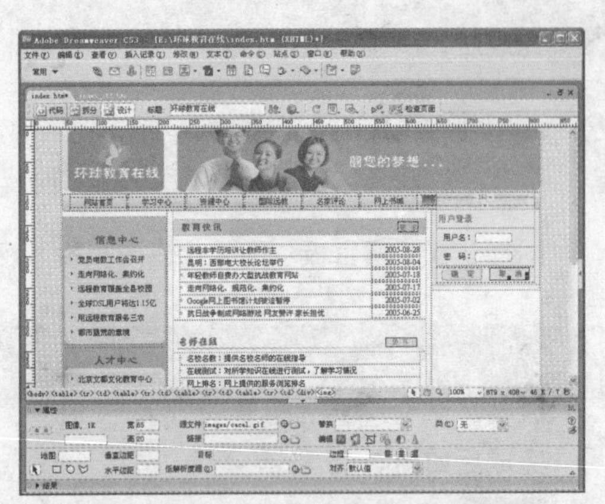

图 5-38 插入“确定”和“取消”按钮

步骤 23 在“用户登录”表格下方接着插入 3 行 1 列、宽度为 176 像素的表格。设置第 1 行单元格的高度为 10，在第 2 行单元格内插入“市场研究”标题图像 title_1.gif，选中第 3 行单元格，在属性面板“样式”下拉列表中选择“redline”选项，并设置背景颜色为浅蓝色，色标值为“#DDE0F2”，如图 5-39 所示。

步骤 24 将光标定位在第 3 行单元格，单击“表格”按钮，插入 3 行 1 列、宽度为 165 像素的嵌套表格，并设置表格居中对齐。在单元格内分别输入相应的内容，完成后效果如图 5-40 所示。

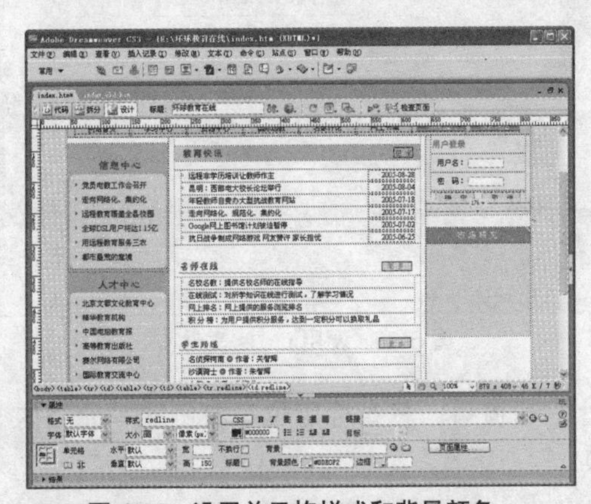

图 5-39 设置单元格样式和背景颜色

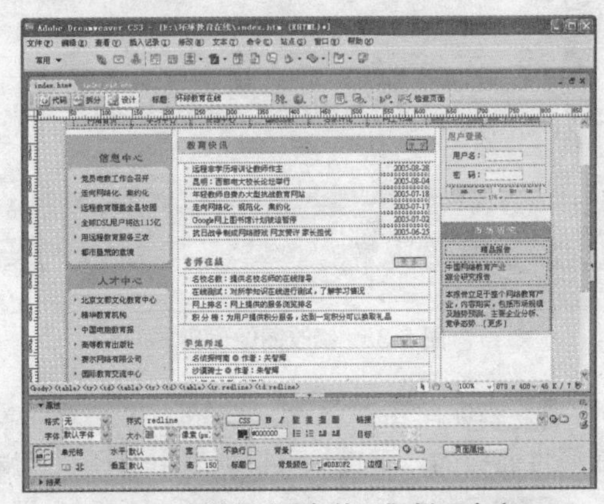

图 5-40 制作“服务体系”栏目内容

步骤 25 按照步骤 23、24 的方法，制作栏目“人物专访”和“热点调查”，如图 5-41 所示。

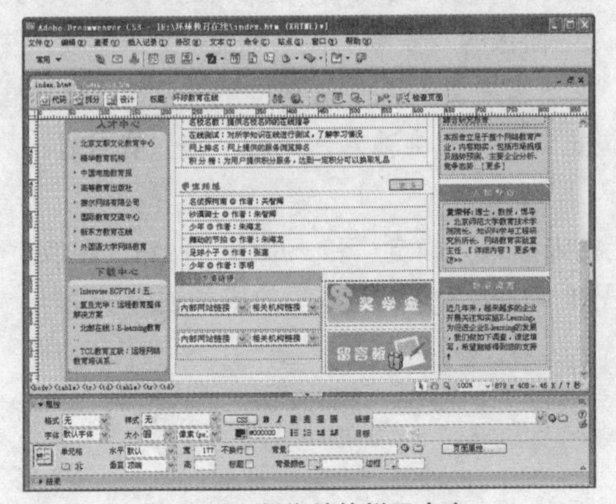

图 5-41 制作其他栏目内容

5.1.5 制作版权信息

网页最后通常都是版权信息内容，而且在设计的时候最好是能够从风格和颜色上与顶部前后呼应。其具体操作步骤如下。

步骤 01 在主体内容表格下方接着插入 1 行 1 列、宽度为 774 像素的表格。在属性面板中设置表格居中对齐。

步骤 02 将光标定位在单元格中，执行“插入记录”>“HTML”>“水平线”菜单命令，如图 5-42 所示。在单元格内插入一条水平线。

步骤 03 选中水平线，在属性面板的“高”文本框内输入 1。单击“快速标签编辑器”按钮，显示水平线的标签内容，在标签内输入“color=#8A97D6”，设置水平线为蓝色，如图 5-43 所示。

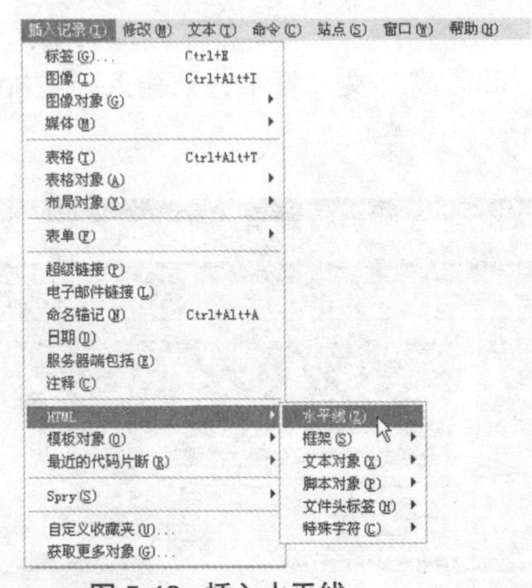

图 5-42 插入水平线

图 5-43 设置水平线的高度和颜色

步骤 04 在水平线表格下方接着插入 1 行 1 列、宽度为 774 像素的表格。选中表格，在属性面板中设置表格“高”为“51”像素，对齐方式为“居中对齐”，设置背景图像为 bottom.gif，如图 5-44 所示。

步骤 05 在单元格内输入版权信息文字，然后选中文字，在属性面板的“样式”下拉列表中选择“white”选项，并单击“居中对齐”按钮，如图 5-45 所示。

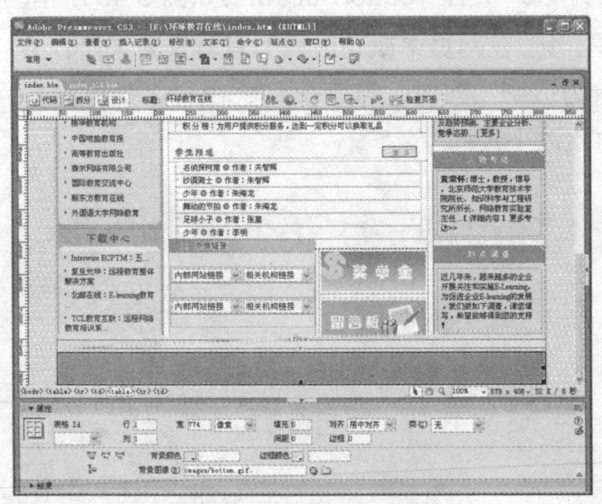

图 5-44 设置版权信息背景

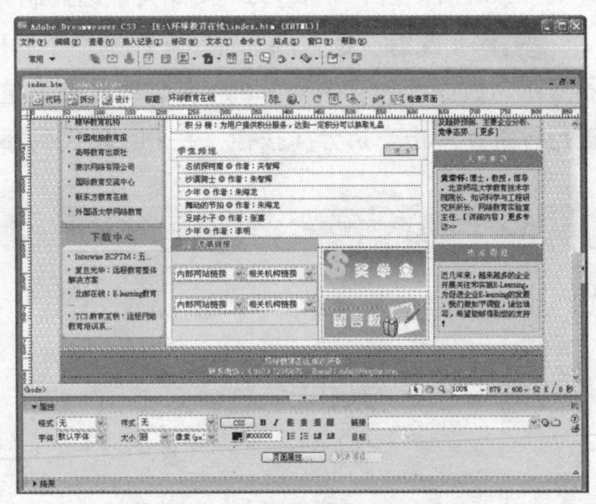

图 5-45 设置版权信息的文字样式

步骤 06 执行菜单栏中的“文件”>“保存”命令，或按Ctrl+S快捷键保存网页。

5.1.6 在首页中制作浮动图像

浮动图像被很多网站应用，通过网页中浮动的图片效果，达到吸引眼球、宣传推广的目的。

在以前版本的Dreamweaver中，制作浮动图像是利用内嵌的时间线功能来完成的，但对于图片的运动轨迹来说效果并不太好。因此，对专业网页制作者来说，用JavaScript脚本程序调用的飘浮图片，浮动比较自然，效果更加完美。现在，就来介绍常用浮动图像的制作方法。

步骤 01 在网页index.htm编辑窗口中，单击插入面板的“布局”栏的“绘制AP Div”按钮，在页面中插入一个AP Div，如图5-46所示。

步骤 02 选中AP Div，在属性面板的“CSS-P元素”文本框内输入AP Div名称为neteast；删除属性面板中的“左”和“上”文本框内的数值，在“宽”和“高”文本框中分别输入“126px”和“111px”，如图5-47所示。

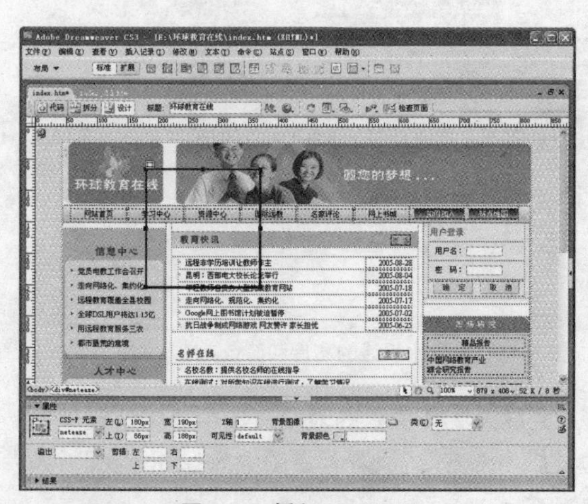

图5-46 插入AP Div

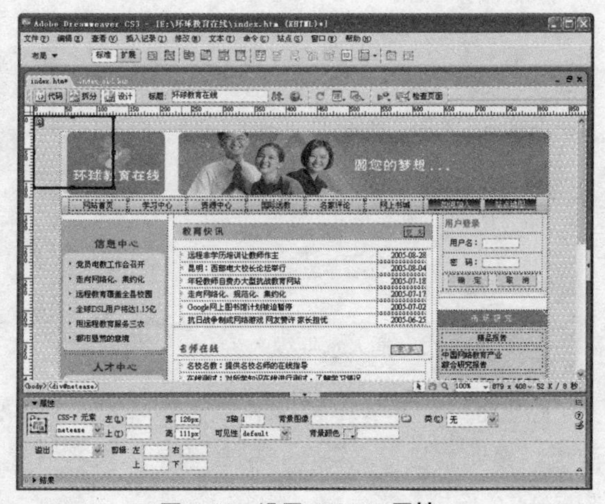

图5-47 设置AP Div属性

步骤 03 将光标放置在AP Div中，单击“插入”面板的“常用”栏中的“Flash”按钮，打开“选择文件”对话框，在“images”文件夹中选择制作好的Flash文件“button_tk.swf”，如图5-48所示。

步骤 04 此时，插入的Flash文件是一个异形的图形，在网页中飘动时因为有背景效果所以会不好辨认。因此，在制作Flash文件时，要设置背景为透明，同时，需要在Dreamweaver代码中进行设置。单击“拆分”按钮，在Flash代码部分输入以下代码：

```
<param name="wmode" value="transparent">
```

如图5-49所示。

图 5-48　在对话框中选择需要插入的 Flash 文件

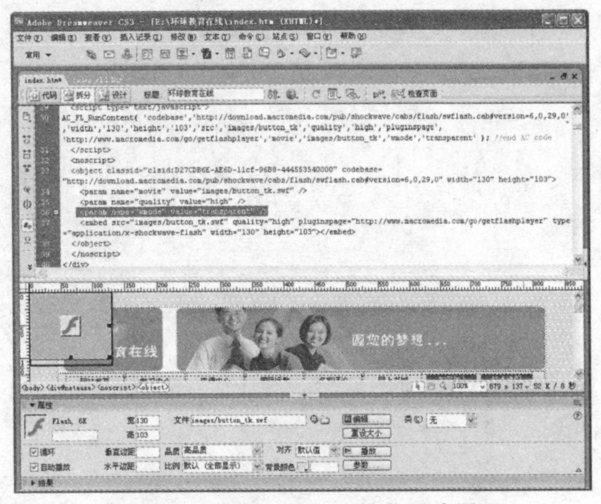

图 5-49　设置 Flash 文件背景为透明

步骤 05 单击“设计”按钮，返回至网页编辑窗口。在页面的空白处单击，然后执行“插入记录”>“HTML”>“脚本对象”>“脚本”菜单命令，在弹出的“脚本”对话框的“类型”下拉列表中选择“text/javascript”选项。在“内容”文本框中输入以下脚本程序：

```
window.onload=netease;
var brOK=false;
var mie=false;
var aver=parseInt(navigator.appVersion.substring(0,1));
var aname=navigator.appName;
function checkbrOK()
{if(aname.indexOf( "Internet Explorer" )!=-1)
{if(aver>=4) brOK=navigator.javaEnabled();
mie=true;
}
if(aname.indexOf( "Netscape" )!=-1)
{if(aver>=4) brOK=navigator.javaEnabled();}
}
var vmin=2;
var vmax=5;
var vr=2;
var timer1;
function Chip(chipname,width,height)
{this.named=chipname;
this.vx=vmin+vmax*Math.random();
this.vy=vmin+vmax*Math.random();
this.w=width;
this.h=height;
this.xx=0;
this.yy=0;
this.timer1=null;
}
function movechip(chipname)
{
if(brOK)
{eval( "chip=" +chipname);
if(!mie)
{pageX=window.pageXOffset;
pageW=window.innerWidth;
pageY=window.pageYOffset;
pageH=window.innerHeight;
}
else
```

```
{pageX=window.document.body.scrollLeft;
pageW=window.document.body.offsetWidth-8;
pageY=window.document.body.scrollTop;
pageH=window.document.body.offsetHeight;
}
chip.xx=chip.xx+chip.vx;
chip.yy=chip.yy+chip.vy;
chip.vx+=vr*(Math.random()-0.5);
chip.vy+=vr*(Math.random()-0.5);
if(chip.vx>(vmax+vmin))  chip.vx=(vmax+vmin)*2-chip.vx;
if(chip.vx<(-vmax-vmin)) chip.vx=(-vmax-vmin)*2-chip.vx;
if(chip.vy>(vmax+vmin))  chip.vy=(vmax+vmin)*2-chip.vy;
if(chip.vy<(-vmax-vmin)) chip.vy=(-vmax-vmin)*2-chip.vy;
if(chip.xx<=pageX)
{chip.xx=pageX;
chip.vx=vmin+vmax*Math.random();
}
if(chip.xx>=pageX+pageW-chip.w)
{chip.xx=pageX+pageW-chip.w;
chip.vx=-vmin-vmax*Math.random();
}
if(chip.yy<=pageY)
{chip.yy=pageY;
chip.vy=vmin+vmax*Math.random();
}
if(chip.yy>=pageY+pageH-chip.h)
{chip.yy=pageY+pageH-chip.h;
chip.vy=-vmin-vmax*Math.random();
}
if(!mie)
{eval('document.'+chip.named+'.top ='+chip.yy);
eval('document.'+chip.named+'.left='+chip.xx);
}
else
{eval('document.all.'+chip.named+'.style.pixelLeft='+chip.xx);
eval('document.all.'+chip.named+'.style.pixelTop ='+chip.yy);
}
chip.timer1=setTimeout("movechip('"+chip.named+"')",100);
}
}
function stopme(chipname)
{if(brOK)
{//alert(chipname)
eval("chip="+chipname);
if(chip.timer1!=null)
{clearTimeout(chip.timer1)}
}
}
var netease;
var chip;
function netease()
{checkbrOK();
netease=new Chip("netease",60,80);
if(brOK)
{ movechip("netease");
}
}
```

“脚本”对话框如图 5-50 所示。

如果读者直接在 HTML 中插入脚本程序，那么在上面的代码前后需要分别加上 <script language=javascript> 和 </script>，表示声明程序类型。

其中，在代码中通过随机函数 random() 产生位置坐标，setTimeout("movechip('"+chip.named+"')",100)；语句控制图像运动的速度，数值越大速度越慢。可以试着修改，看看能产生什么样的效果。

步骤 06 单击“确定”按钮，保存网页后，按 F12 键在浏览器中可看到图像的运动，如图 5-51 所示。

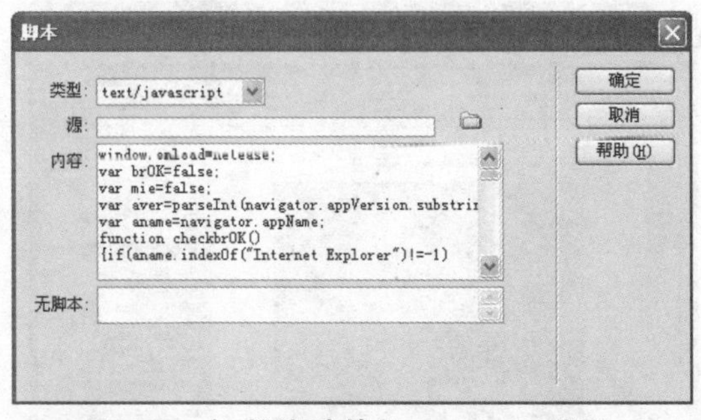

图 5-50 在对话框中输入 JavaScript 代码

图 5-51 网页完成效果

5.1.7 制作课程在线播放网页

教育网站中，通常会放置一些相关的课程视频文件，使学习者有身临其境的感觉。下面跟随以下步骤制作在线播放的二级网页。

步骤 01 二级网页与首页结构相同，另存 index.htm 首页文件为 play.htm。

步骤 02 单击“信息中心”表格的边框处，选中表格，按 Delete 键删除整个表格，然后选中“教育快讯”下面的表格再删除。完成后，合并这两个单元格，如图 5-52 所示。

步骤 03 将光标移动到单元格内，在属性面板的“垂直”列表中选择“顶端”选项，再将光标移动到单元格顶部，并单击属性面板中的“居中对齐”按钮。

步骤 04 按 Enter 键，输入标题文本“洋话连篇 第十三集课程”。选中文本后，在属性面板的“样式”列表中选择“big”选项，如图 5-53 所示。

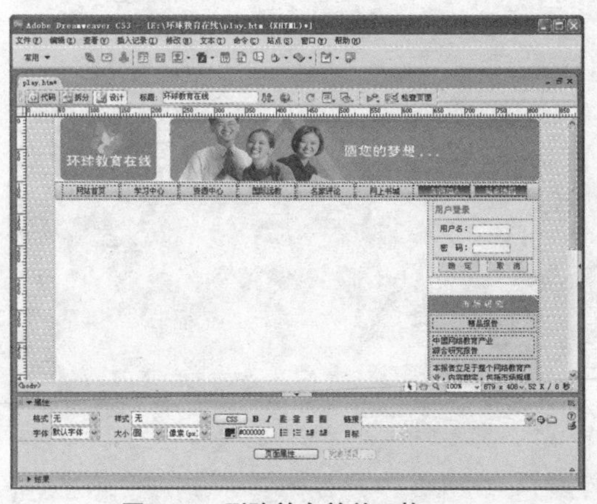

图 5-52 删除并合并单元格

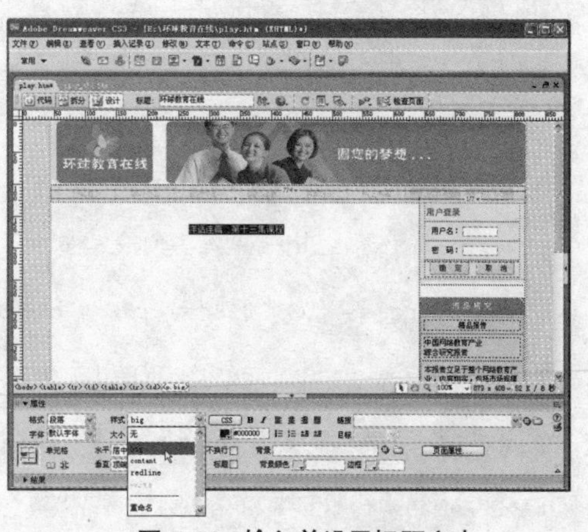

图 5-53 输入并设置标题文本

步骤 05 将光标移动到文本右侧，按 Enter 键，然后插入视频文本。需要先把编辑好的 RAM 文件放置到站点文件夹的“images”文件夹内。

步骤 06 返回到 Dreamweaver 编辑窗口，选择“常用”面板的 Flash 下拉列表中的“ActiveX”选项，如图 5-54 所示。打开“对象标签辅助功能属性”对话框，单击“取消”按钮，在单元格内插入 ActiveX 标记。选 ActiveX 标记，在属性面板中设置它的宽为 421、高为 325，在 ClassID 下拉列表中选择“RealPlayer/clsid:CFCDAA03-8BE4-11cf-B84B-0020AFBBCCFA”选项，勾选“源文件”复选框，在后面的文本框中输入 RAM 文件的路径及名称“images/13.ram”，在“编号”文本框中输入“vid”，属性设置面板如图 5-55 所示。

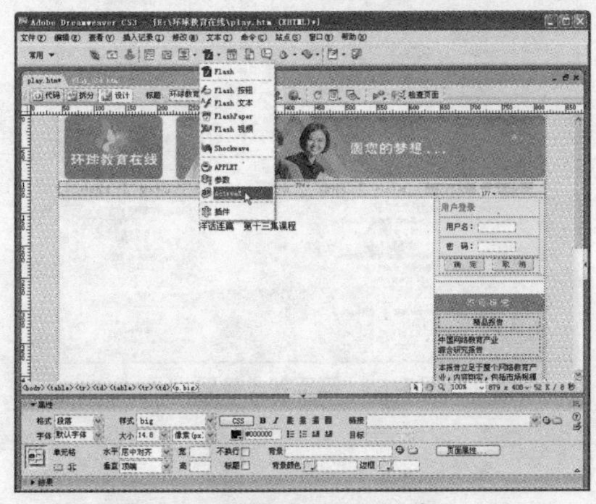

图 5-54　选择“ActiveX”选项

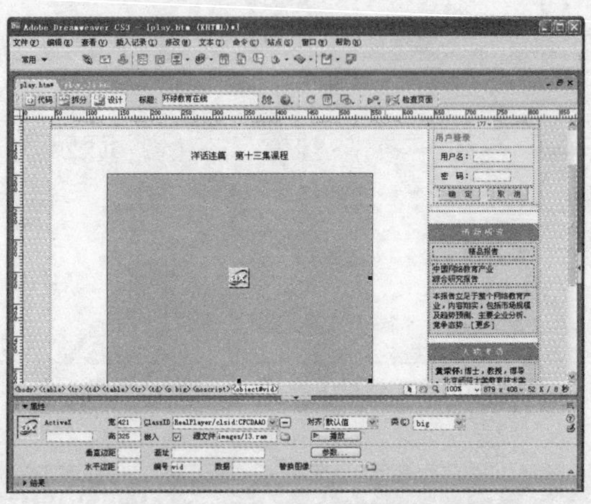

图 5-55　ActiveX 的属性面板设置

步骤 07 下面需要进行参数的设置，或直接在代码中编写参数。切换到“代码和设计”视图模式，选中 ActiveX 插件，代码视图会选中相应代码，在 <object>...</object> 代码之间插入参数设置代码，最终代码显示如下：

```
<object id="vid" classid="clsid:CFCDAA03-8BE4-11cf-B84B-0020AFBBCCFA"width=
421 height=325>

  <param name="_ExtentX" value="3016">

  <param name="_ExtentY" value="2646">

  <param name="AUTOSTART" value="-1">

  <param name="SHUFFLE" value="0">

  <param name="PREFETCH" value="0">

  <param name="NOLABELS" value="-1">

  <param name="SRC" value="images/13.ram">

  <param name="CONTROLS" value="ControlPanel,Imagewindow">

  <param name="CONSOLE" value="clip1">

  <param name="LOOP" value="1">

  <param name="NUMLOOP" value="10">
```

```
<param name="CENTER" value="0">

<param name="MAINTAINASPECT" value="0">

<param name="BACKGROUNDCOLOR" value="#000000">
 <embed src="images/13.ram" width="71%" height="325" autostart="true"
align="middle"> </embed>

</object>
```

也可在属性面板中单击“参数”按钮 参数... ，在“参数”对话框中进行参数设置，如图 5-56 所示。

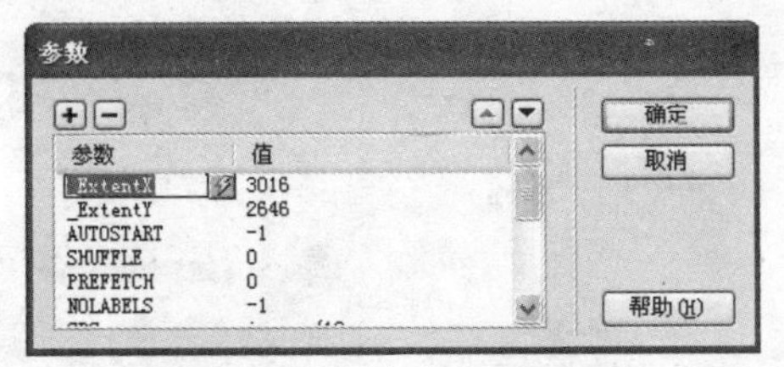

图 5-56 “参数”对话框

注 意

需要在自己的电脑上安装 Real Player 播放器才可看到播放效果。

步骤 08 按 Ctrl+S 快捷键，保存网页，然后在 IE 浏览器中查看网页效果，如图 5-57 所示。

图 5-57 播放 RAM 文件效果

5.2 知识要点回顾

本章介绍了超级链接的热点链接和网页链接两种形式。其实超级链接的种类有很多，在第 2 章也简单介绍了一些，本节中就来详细介绍超级链接的具体应用。

在 Dreamweaver CS3 中，可以用文本、图像、表格、邮件等对象来创建超级链接。

5.2.1 创建超级链接的一般方法

1. 利用菜单命令创建

通过执行下面的操作来使用菜单命令创建超级链接。

步骤 01 在文档窗口中选择要创建链接的对象，如图 5-58 所示，选择链接文字。

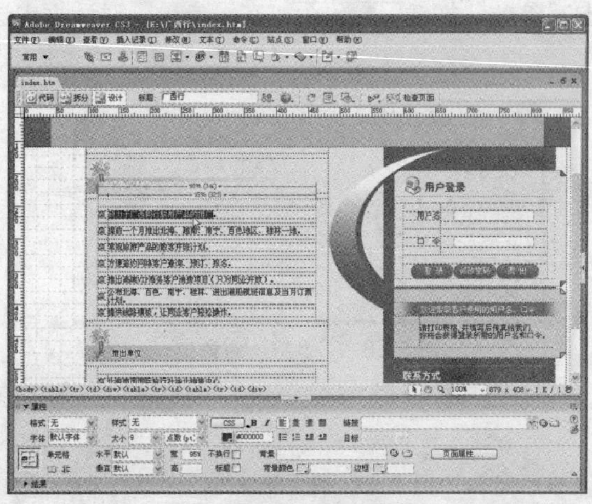

图 5-58 选择链接对象

步骤 02 执行下面的任意一种方法打开“选择文件”对话框。

- 单击“修改”菜单中的“创建链接”命令，如图 5-59 所示。
- 使用 Ctrl + L 快捷键。
- 单击鼠标右键，在快捷菜单中单击“创建链接”命令，如图 5-60 所示。

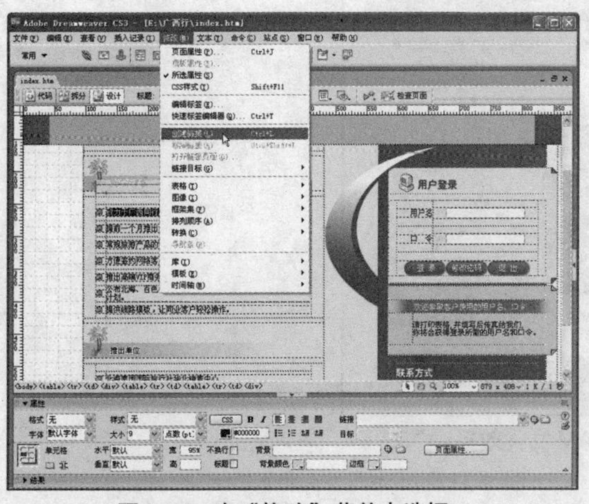

图 5-59 在“修改”菜单中选择

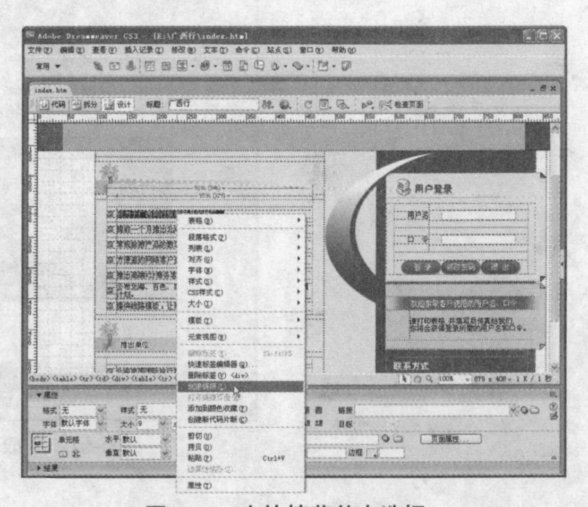

图 5-60 在快捷菜单中选择

步骤 03 在弹出的对话框中单击“文件系统”单选按钮，表示文件来源于文档系统，如图 5-61 所示。如果单击“数据源”单选按钮，则表示文件来源于其他格式的数据库，如图 5-62 所示。

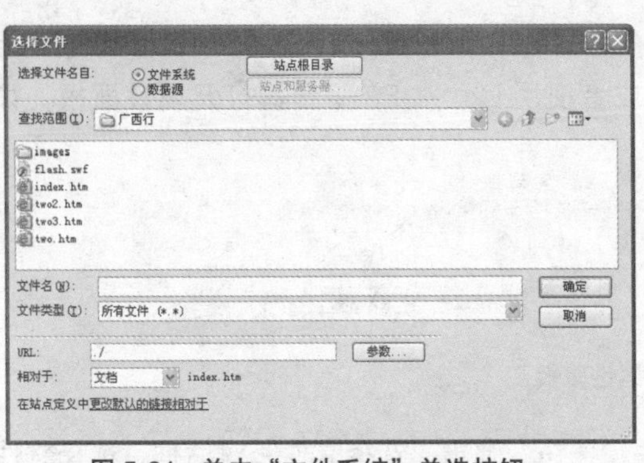

图 5-61 单击“文件系统”单选按钮

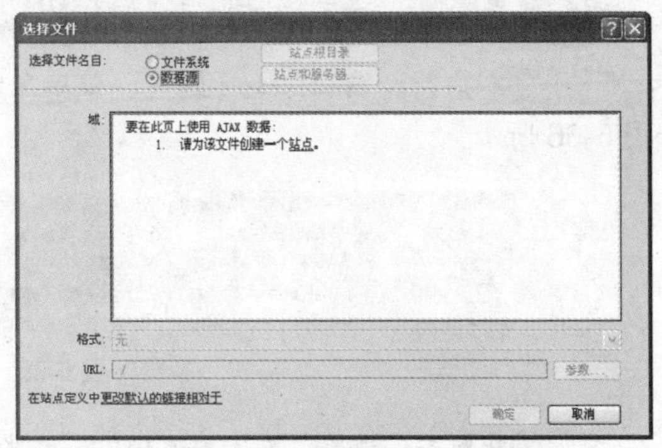

图 5-62 单击“数据源”单选按钮

步骤 04 双击系统中被链接的文件，则在 URL 文本框中会自动显示该文件的地址，也可以在此对话框中的“文件名”文本框中输入要链接的文件名，在 URL 文本框中输入链接的地址，如图 5-63 所示。

步骤 05 在“相对于”下拉列表中指定 URL 路径的类型，选择“文档”选项，表示使用相对路径；选择“站点根目录”选项，表示使用根相对路径，如图 5-64 所示。

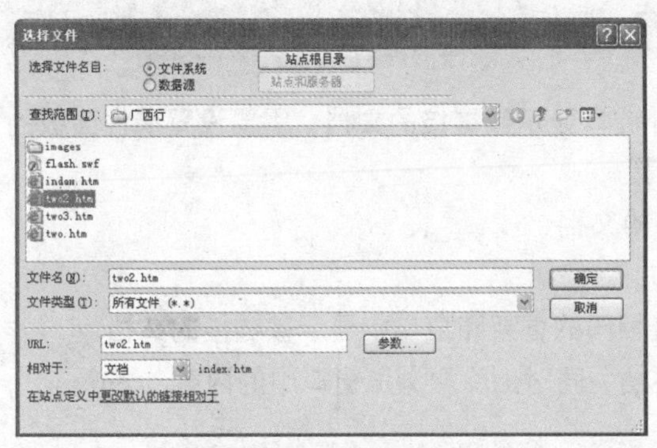

图 5-63 选择文件

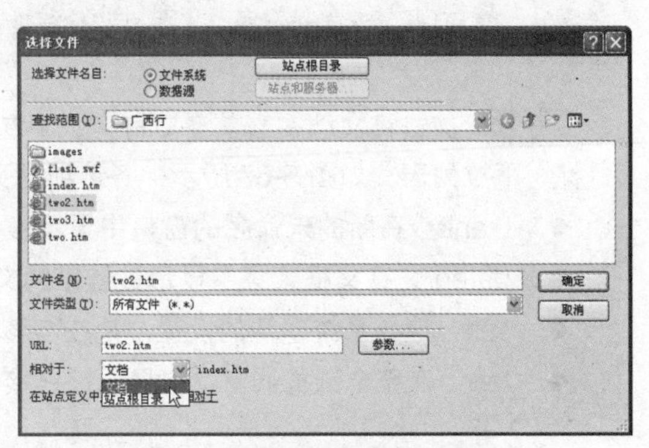

图 5-64 选择 URL 的路径类型

步骤 06 在 Dreamweaver CS3 中，URL 文本框的右边有一个“参数”按钮，它是用来给 ActiveX 控件、Java 小应用程序等对象提供特定的描述参数的。单击“参数”按钮，出现“参数”对话框，如图 5-65 所示。单击按钮[+][-]可以添加或删除对象的特殊参数，单击按钮[▲][▼]可以给几个特殊参数进行排序，在“名称”栏和“值”栏中可以输入特殊参数的名称和值。单击“确定”按钮，设置完毕。该项只对数据库中链接的文档起作用。

步骤 07 设置好参数后单击“确定”按钮，就完成了使用菜单命令创建超级链接的操作。

图 5-65 “参数”对话框

2. 利用属性面板创建

使用属性面板也可以创建超级链接，具体操作步骤如下。

步骤 01 选择文档窗口中要创建链接的对象。

步骤 02 执行“窗口”>“属性”菜单命令，或者使用 Ctrl + F3 组合键打开属性面板，如图 5-66 所示。

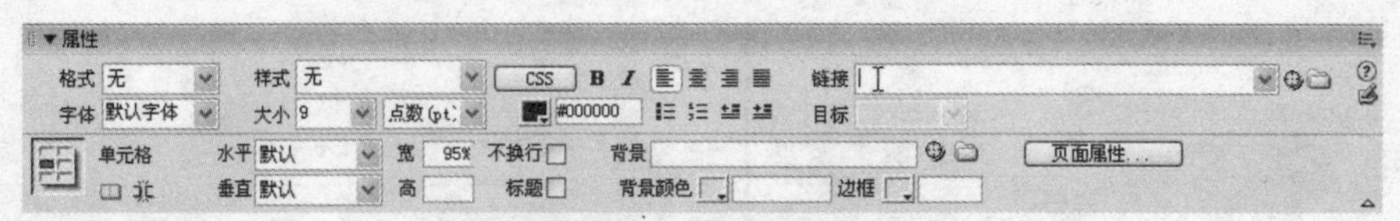

图 5-66 打开属性面板

步骤 03 单击“链接”文本框右侧的“浏览文件”按钮，弹出“选择文件”对话框。选择文件来源，浏览并选择一个文件。URL 文本框中将自动显示被链接文档的路径，也可以在该文本框中直接输入被链接文档的路径，然后单击“确定”按钮。

步骤 04 选择的文件和路径显示在属性面板“链接”文本框中。

注 意

也可以直接在属性面板的“链接”文本框中输入要链接文档的文件名和路径。输入路径时，根据需要按绝对路径或相对路径的格式输入。

步骤 05 被链接文档在当前窗口打开。要在另外窗口显示被链接的文档，需要设置属性面板的“目标”下拉列表，如图 5-67 所示，各选项含义如下。

- _blank：在新的未命名的窗口中显示被链接的文档。
- _parent：在父框架集中显示被链接的文档。
- _self：这是系统默认的设置，是在与该链接相同的框架和窗口中显示被链接的文档。
- _top：在整个浏览器窗口中显示被链接的文档，同时删除原浏览窗口中的内容。

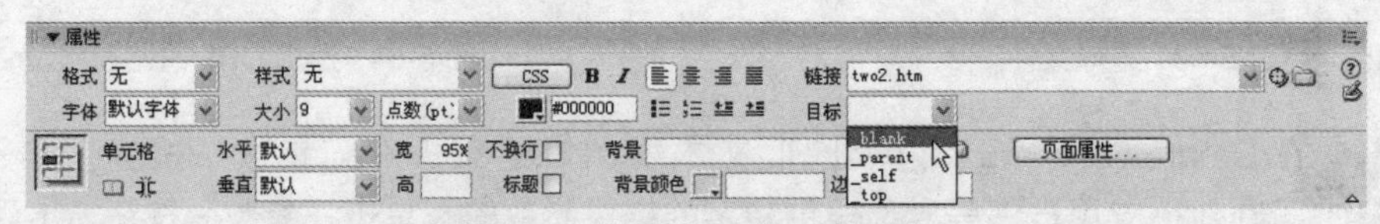

图 5-67 设置“目标”下拉列表

5.2.2 快速创建超级链接的方法

除了上面介绍的两种创建超级链接的方法外，Dreamweaver CS3 还提供了一些快速创建超级链接的方法。

1. 使用属性面板创建

在属性面板的“链接”文本框右侧有一个“指向文件”按钮，我们可以利用它方便快捷地创建超级链接。具体的操作步骤如下。

步骤 01 在文档窗口中选中要创建超级链接的文本或图像等。

步骤 02 在属性面板中单击“链接”文本框右侧的“指向文件”按钮，按住鼠标左键并拖动选中以下目标之一。

- 打开同一文档中的可见锚点，如图 5-68 所示。

● 打开不同文档中的可见锚点，如图 5-69 所示。

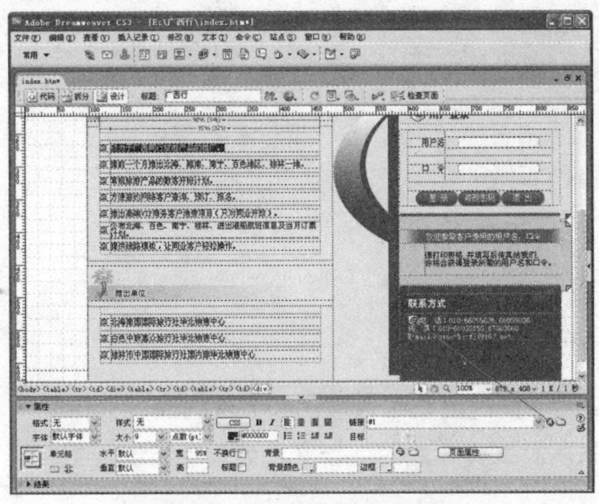

图 5-68　相同文档中的链接

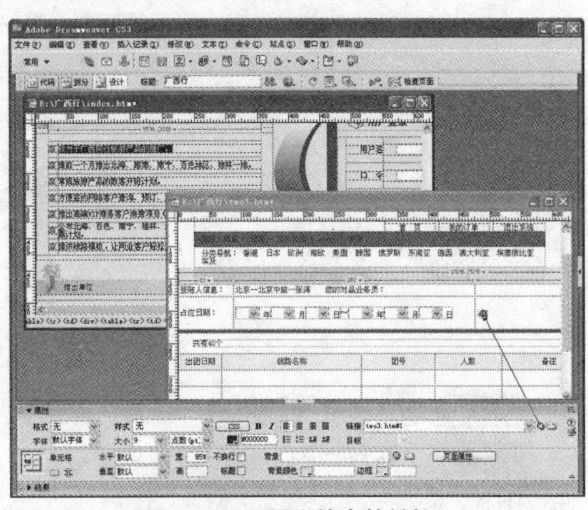

图 5-69　不同文档中的链接

● 站点窗口中的一个文档，如图 5-70 所示。

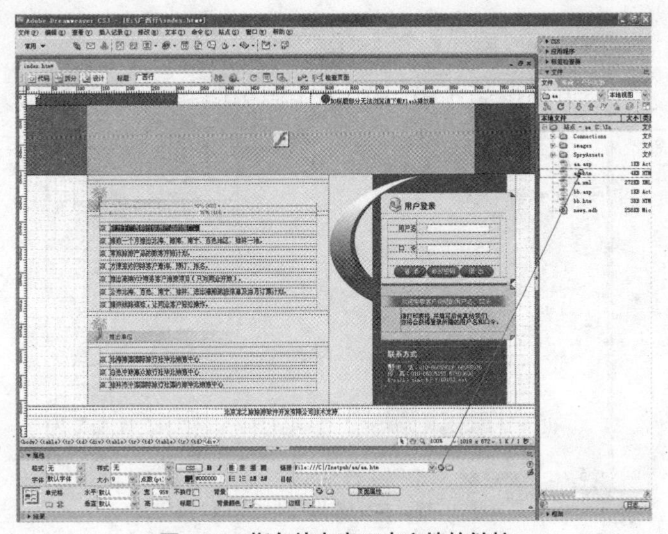

图 5-70　指向站点窗口中文档的链接

步骤 03 拖到目标位置后，松开鼠标左键即可完成操作。

2. 使用站点地图创建

在站点地图中创建超级链接。具体步骤如下。

步骤 01 执行下列一种操作打开站点地图。

● 单击文本窗口右边的“文件”面板，选择已经建立的站点，单击右边的下拉式列表，选择“地图视图”选项，如图 5-71 所示。

● 使用 Alt+F8 组合键。

图 5-71　打开站点地图

步骤 02 单击文件面板中的“扩展 / 折叠”按钮，同时出现站点地图和文件列表。

步骤 03 在站点地图上单击要创建超级链接的 HTML 文件，此时，该文件旁边会出现“指向文件”图标。

步骤 04 拖动“指向文件”图标到被链接文档中的可见锚点或目标文档中，如图 5-72 所示。释放鼠标，完成操作。

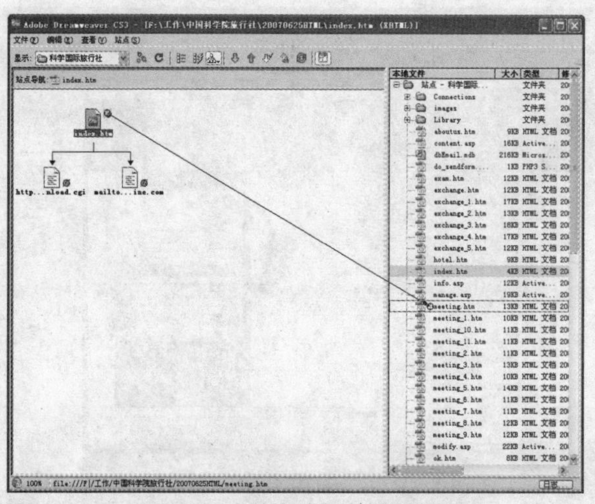

图 5-72　在站点地图中创建链接

5.2.3 创建电子邮件链接

电子邮件链接是用来方便浏览者与网站设计者之间的沟通。当浏览者单击电子邮件链接时，系统自动打开浏览器默认的电子邮件处理程序。创建电子邮件链接有以下两种方法。

1．使用插入邮件链接命令创建

步骤 01 在文档窗口中选择要设置超级链接的文本，或将光标置于希望在文档窗口中显示电子邮件链接的位置。

步骤 02 执行以下任一操作打开“电子邮件链接”对话框。

- 执行“插入记录”>“电子邮件链接”菜单命令。
- 执行对象面板“插入”>“常用”命令，单击“电子邮件链接”按钮。

步骤 03 弹出“电子邮件链接”对话框，分别在“文本”文本框和 E-Mail 文本框中输入在文档窗口中要显示的文本内容和所需的 E-Mail 地址，如图 5-73 所示。

图 5-73 “电子邮件链接”对话框

步骤 04 单击“确定”按钮，设置操作完毕。单击图中链接，就可以启动电子邮件程序发送邮件了，如图 5-74 所示。

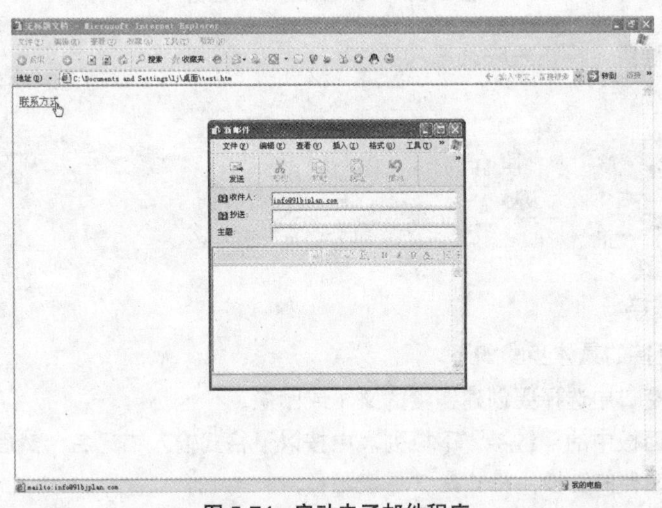

图 5-74 启动电子邮件程序

2．使用属性面板创建

步骤 01 在文档窗口中选择文本或图像。

步骤 02 在属性面板的“链接”文本框中输入“mailto:”和电子邮件地址，然后回车即可，如图 5-75 所示。

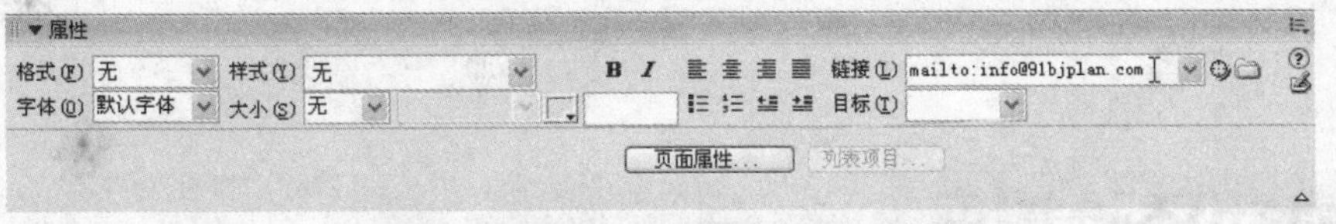

图 5-75 使用属性面板创建电子邮件链接

5.2.4 创建锚点链接

应用锚点链接可以将文档中的文本或图像链接到同一文档的其他位置，也可以链接到不同文档中指定的位置，使浏览者能够迅速浏览到指定的位置。在创建锚点链接前，要先设置锚点。

1．设置锚记

步骤 01 将光标放到要设置锚记的地方。

步骤 02 执行以下任一操作打开“命名锚记”对话框。

● 执行“插入记录”>“命名锚记”菜单命令。

- 使用 Ctrl + Alt + A 组合键。
- 在“插入”对象面板中切换至“常用”栏，单击其中的“命名锚记”按钮。

步骤 03 在“命名锚记”对话框中输入“锚记 1”，如图 5-76 所示。

图 5-76 “命名锚记”对话框

步骤 04 单击“确定”按钮完成设置。

注 意

命名锚记是区分大小写的。

2．创建锚点链接

创建锚点超级链接的具体步骤如下。

步骤 01 在文档窗口中选择要创建链接的文本或图像。

步骤 02 在属性面板中的“链接”下拉列表中按以下格式输入锚记名，然后回车即可。

- 如果是同一文档的链接，格式是：#锚记名。
- 如果是同一文件夹中不同文档的链接，格式是：filename.html #锚记名，如图 5-77 所示（不同文件夹的文档链接要写出绝对路径）。

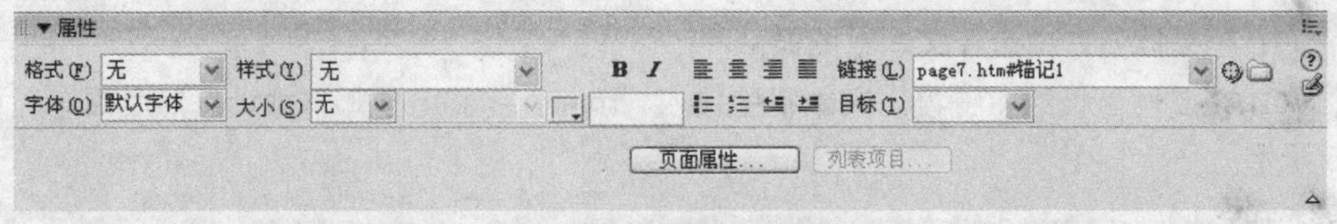

图 5-77 创建锚点链接

5.3 成功经验扩展

教育网站多种多样，对于不同类型的网站会有相应的制作方法，以下 5 种教学类网站是比较有代表性的，可供读者学习参考。

- 教育行政部门的网站

是教育部门创办的网站，介绍部门的结构和职能，提供与教育有关的政策法规和时事要闻，主要面向专业人士，如图 5-78 为中华人民共和国教育部网站。

- 教育研究机构的网站

专业的教育机构提供最新的教科研动态、专业讨论社区、教育教学资源。面向对象是教育工作者，如图 5-79 为中英教育机构网站。

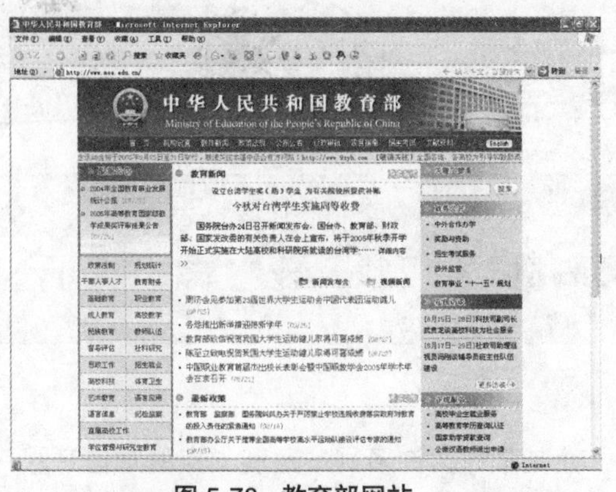

图 5-78 教育部网站

图 5-79 中英教育机构网站

- 企、校合办或者企、校自办的网站

面向学生，提供课堂教学同步辅导为主的内容，如图 5-80 所示为清华大学网站。

- 社会专业机构自办的网站

提供专业化加工的主题知识资源，提供行业知识信息。面向各类学习者，如图 5-81 为中国科普网。

图 5-80 清华大学网站

图 5-81 中国科普网

- 学校教师、学生以及其他个人自办的网站

提供教学研究经验、互动学习空间、提供某一特定事物的资源。面向学习者、教师、家长……如图 5-82 所示为张纯老师的个人网站。

图 5-82 老师个人网站

第06章 手机短信类网站——无线短信平台

手机短信类网站概述

现在网络上提供手机短信资源的网站日渐增多，尤其是作为许多网站盈利支点的短信息服务更是如“雨后春笋”。但也不可否认，网络的普及、手机短信网站的成熟运行，也给手机用户带来很多的好处，如精彩的节日问候、开心的祝福话语以及动听搞笑的彩铃下载等，都可以通过网站给自己和朋友发送或下载。

手机普及率给手机短信网站的发展提供了很好的商业运行机会，也给商家带来了高利润的资金回报。

今天人们渐渐接受并习惯以短信的方式传送信息、沟通交流，一种以手机短信催生出的别样文化正渗透到我们的生活中。短信作为运营商、SP、网站组成的产业链赢利的重要砝码，也同样被奉若法宝，短信已成为我们不可缺少的助手。据有关人士介绍，目前手机短信的发送主要有手机间点对点发送、通过人工声讯台发送、网站发送和网上软件发送，其中，网站发送特别受到个人的喜爱。在过去几年中，被人们称为“拇指经济”的短信业务已达到了空前的发展速度。拇指经济的奇迹源自手机短信，不仅挽救了寒冬中的互联网公司，也启动了一个新的市场。

实例展示

为了详细、明确地介绍手机短信类网站的制作方法，本章将通过实例“无线短信平台”的特点、功能、布局等，按部就班地介绍如何制作网站，以此熟悉和掌握Dreamweaver CS3软件的应用。

整个网站突出的是手机短信网站的特点，风格活泼、结构布局合理、图片设计时尚。在制作网页过程中，强调页面的属性设置和样式设计，使网站在整体设计效果上达到一个大众比较满意的效果。

本章介绍的“一线通短信”实例，重点介绍了首页、CSS样式和弹出式广告窗口的制作，至于制作的素材，可到本书附带的光盘中复制。网页制作效果如下图所示。

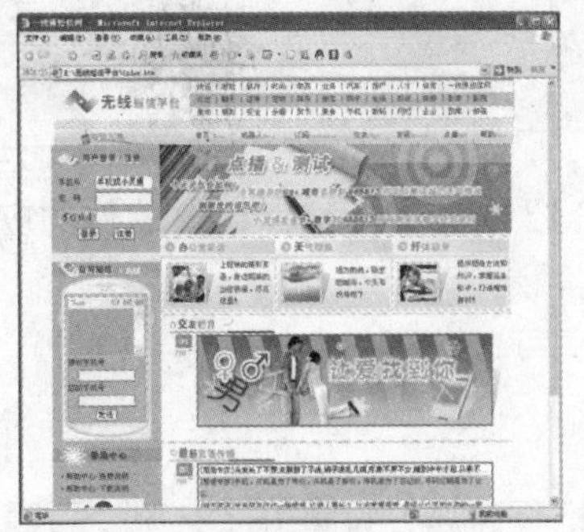

网站首页

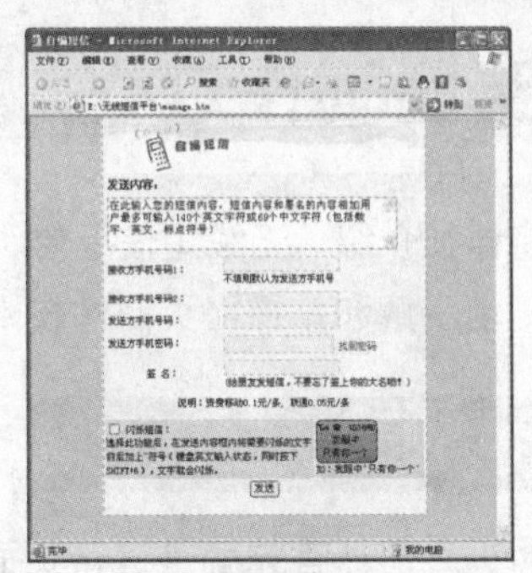

短信发送页面

技术要点

① 网页布局设计

通过网页布局的应用可以快速地完成网页结构的规划，并使布局表格与布局单元格之间可以很方便地进行转换。

② 创建 CSS 样式

在实例和知识要点回顾中详细介绍了创建和设置 CSS 样式的方法。

③ 制作弹出式窗口

通过行为命令，可以制作弹出式窗口，使内容在一个小窗口中显示，对于内容比较简单的网页可以使用这种方法。

④ 表单的使用

在发送短信页面中用到了几种不同的表单元素，如文本区域、文本字段、复选框、按钮等，实例中会详细介绍插入的方法等内容。

配色与布局

手机短信类网站中网页的内容会比较多，尤其是首页要突出内容丰富、栏目全的特点，因此在制作手机短信类首页的时候要考虑到布局规划的合理性。本实例的布局风格也是很常用的，在顶部放置导航栏，左侧放置用户登录和自写短信的版块，使浏览者可以快速方便地使用短信发布功能。在网页右侧按照重要栏的先后顺序依次排列相关栏目。网页使用了橙色、蓝色和绿色比较纯的颜色作为网站主体颜色，以更有效地区分不同栏目之间的关系，使网站整体风格展现活泼、亮丽的一面。

	#FFC201 R: 255 G: 194 B: 1		#A9CBED R: 169 G: 203 B: 237		#4FA83E R: 79 G: 168 B: 62

本实例视频文件路径和视频时间

视频文件	光盘 \ 视频 \ 06 手机短信类网站——无线短信平台
视频时间	15 分钟

6.1 实例制作过程

本节将详细介绍“无线短信平台”的制作过程，进而介绍 Dreamweaver CS3 软件的应用，使读者更深刻地了解和掌握网页制作技术。

6.1.1 设置页面属性

制作网页之前，首先就是进行页面的属性设置，只有把页面属性设置好了，整个页面才有好的布局环境，结构才能清晰明了。

页面属性设置的具体方法，请按以下步骤进行。

步骤 01 启动 Dreamweaver CS3，新建一个 HTML 网页，将网页保存为“index.htm”，如图 6-1 所示。

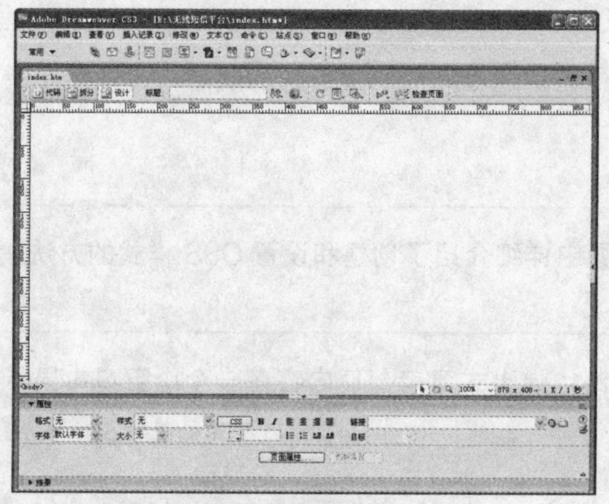

图 6-1 新建网页并保存为 index.htm

步骤 02 将鼠标光标插入到页面中，在任意地方单击鼠标右键。

步骤 03 在弹出的菜单中单击“页面属性”命令，如图 6-2 所示。

步骤 04 打开“页面属性”对话框，选择“分类”列表框中的“外观”选项，打开“外观”设置面板，然后在“页面字体”文本框中选择“默认字体”，“左边距”、“右边距”、“上边距”、“下边距”文本框均设置为 0 像素，如图 6-3 所示。

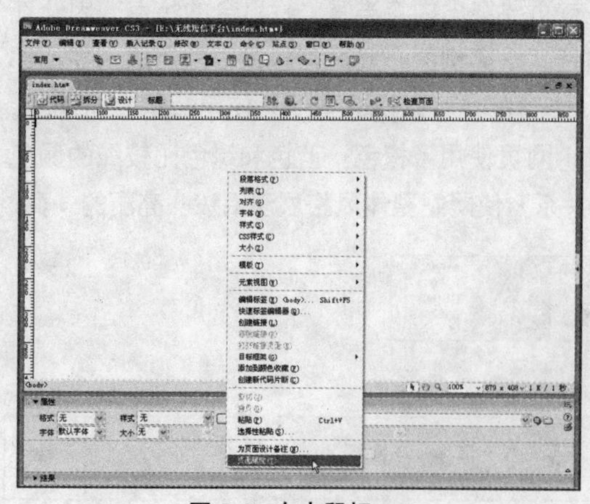

图 6-2 右击鼠标

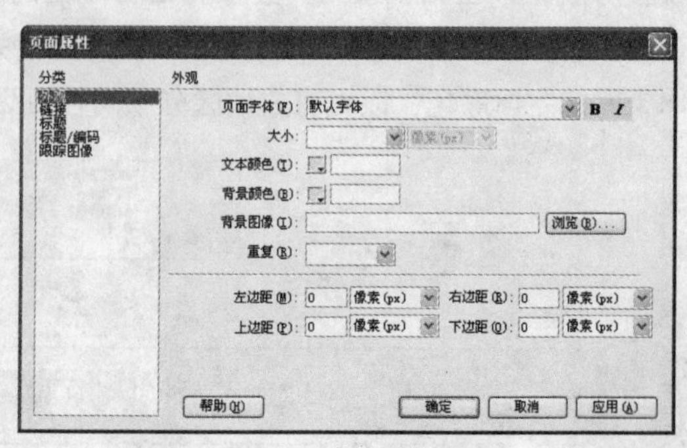

图 6-3 “外观”设置

步骤 05 单击“标题/编码”选项，打开“标题/编码”设置面板，接着在右边的“标题”文本框中输入标题名称“无线短信平台”，“编码”选择“简体中文（GB2312）”，如图 6-4 所示。单击“确定”按钮，完成页面属性设置。

由于在前面章节中已经介绍过页面属性面板功能的设置，所以在本小节中，页面属性中的其他设置就不再详细介绍了。如果读者在这方面还有不明白的地方，请返回到前面学习。

完成页面属性设置，比较明显的就是鼠标光标现在已经靠边，因为属性设置将边距都设置为 0。当然，设置的标题也出现在网页的标题栏上，如图 6-5 所示。

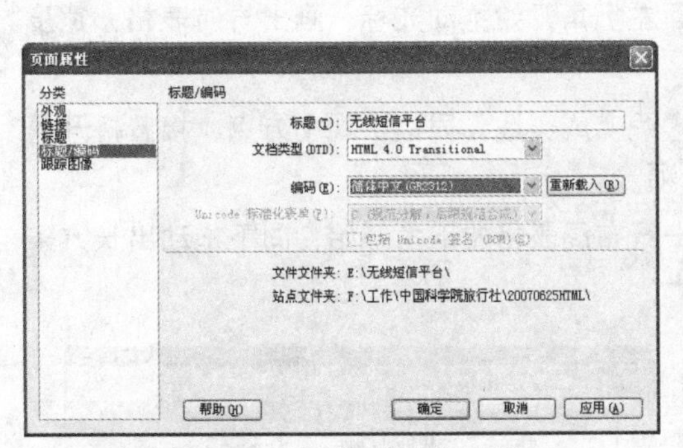

图 6-4 “标题/编码”设置

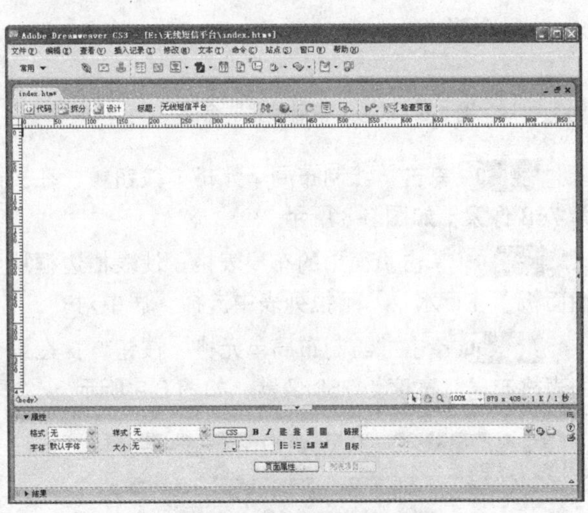

图 6-5 设置完成页面标题

6.1.2 首页布局设计

页面属性设置完成后，接下来就是利用表格对页面界面的布局进行设计，目的就是为了使网页制作能够简洁、有序地进行。具体操作方法和步骤如下。

步骤 01 打开上小节建立的“index.htm”网页。

步骤 02 执行“查看”>“表格模式”>“布局模式”菜单命令，如图 6-6 所示。

注 意

在以前的版本中选择插入面板中的“布局”选项后，在布局面板中可以显示“布局”按钮，点击此按钮网页即可显示为布局模式，现在只能按照步骤 2 选择布局模式。

步骤 03 执行“布局模式”命令后，使“绘制布局单元格”按钮和“绘制布局单元格”按钮呈显示状态，如图 6-7 所示。

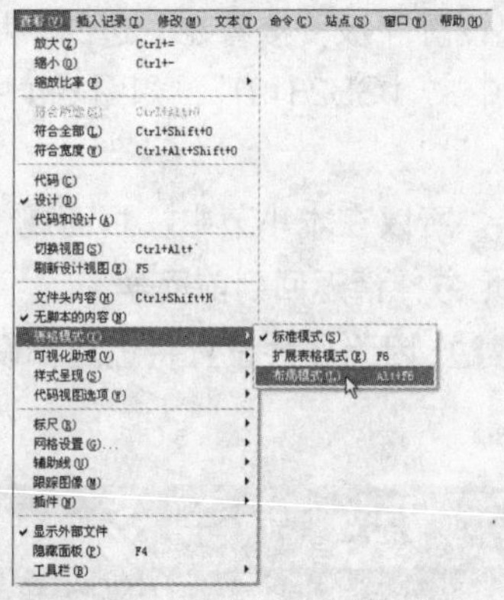

图 6-6　单击“布局模式”命令

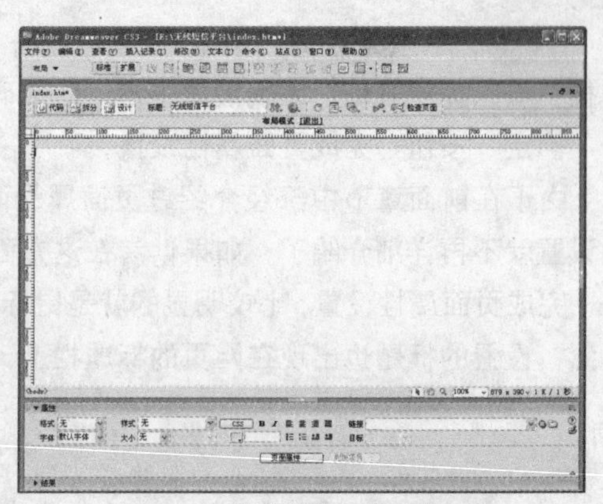

图 6-7　单击“布局”按钮

步骤 04 单击“绘制布局单元格”按钮，在页面左上角开始拖动光标，画出导航表格，宽度为 768 像素，如图 6-8 所示。

步骤 05 单击页面中的布局表格，使表格边框从虚线变成实线，周边出现小方点，接着打开属性面板，在“水平”下拉列表中选择“居中对齐”选项。

步骤 06 单击“绘制布局单元格”按钮，在第一行布局表格左下角开始，向下拖动出长方条的表格布局，宽度为 768 像素，如图 6-9 所示。

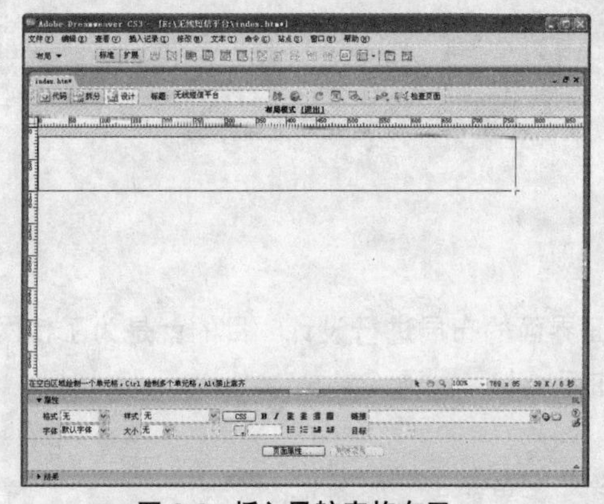

图 6-8　插入导航表格布局

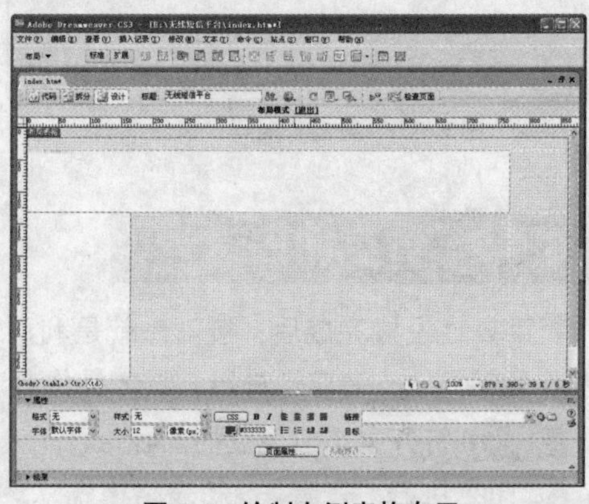

图 6-9　绘制左侧表格布局

步骤 07 由于页面的中间是首页的重要内容，结构分为 4 大块，所以在中间插入 4 个布局表格。用同样的方法，单击“绘制布局单元格”按钮，在页面中间部分依次插入 4 个布局表格，如图 6-10 所示。

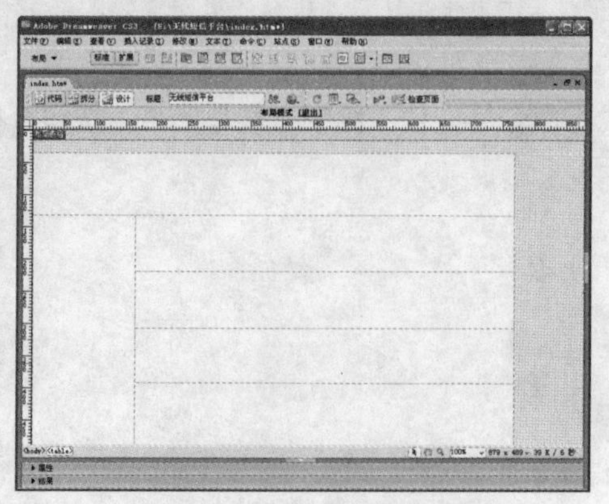

图 6-10　插入更多布局单元格

首页的整体布局就是如此。如果是简单的网页制作，布局完成后将图片及内容插入到布局表格里即可完成。但这里介绍的是“无线短信平台”，是很有代表性的实例网站，制作内容和布局结构相对复杂，所以，在设计完成整体布局后，还要对布局进一步细化。但对网页制作比较熟练的制作人员来讲，设计布局一般只是用在对网页制作进行分析和比较上，而实际工作中，还是直接插入表格，因为那样更方便。因此，读者在熟悉布局设计后，也可以直接从下一节开始制作网站首页。

6.1.3 无线短信平台首页的制作

页面布局就是为了使页面有个清晰的制作步骤。在完成布局设计后，接下来就可以制作“无线短信平台”的首页了。在制作首页之前，首先把制作网页的素材准备好，然后拷贝到存放网页文件夹中的图片文件夹内，读者可以到本书附带的光盘中复制。制作首页的具体方法和步骤如下。

步骤 01 打开设计好布局的“index.htm”网页，打开“布局”面板。

步骤 02 单击“标准”按钮，将布局单元格转化为表格形式，如图 6-11 所示。

步骤 03 将鼠标光标插入到导航表格中，打开属性面板，单击“拆分单元格为行或列”按钮，在“拆分单元格”对话框中单击“列”单选按钮，然后在“列数”文本框中输入“2”，如图 6-12 所示。

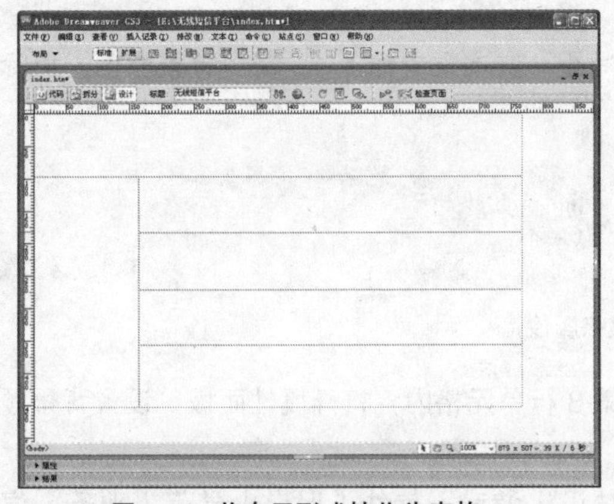

图 6-11 将布局形式转化为表格

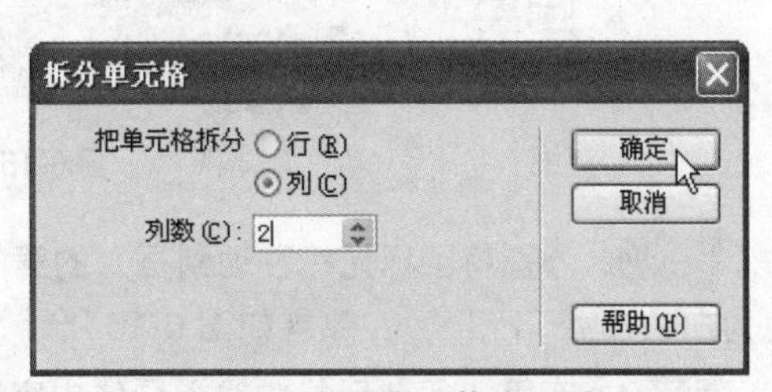

图 6-12 拆分单元格为 2 列

步骤 04 将鼠标光标移动到第 1 行内，在表格属性面板中设置表格高度为 2，背景颜色为“#829b01”，使表格顶部有一条橄榄绿的直线，起到页面装饰效果，如图 6-13 所示。

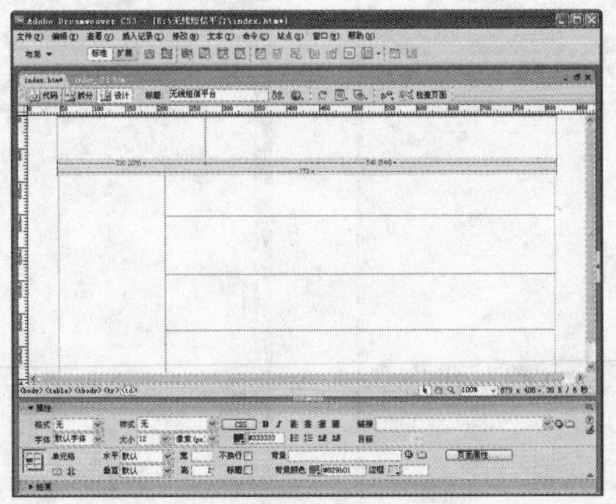

图 6-13 设置表格高度和颜色

步骤 05 将光标插入到第 1 个单元格内，切换至“插入”面板中的“常用”栏，单击“图像”按钮。

步骤 06 打开“选择图像源文件”对话框，选择“logo_cnool.gif”图像，如图 6-14 所示。单击“确定”按钮，在打开的“图像标签辅助功能属性”对话框中再次单击“确定”按钮，插入图像。

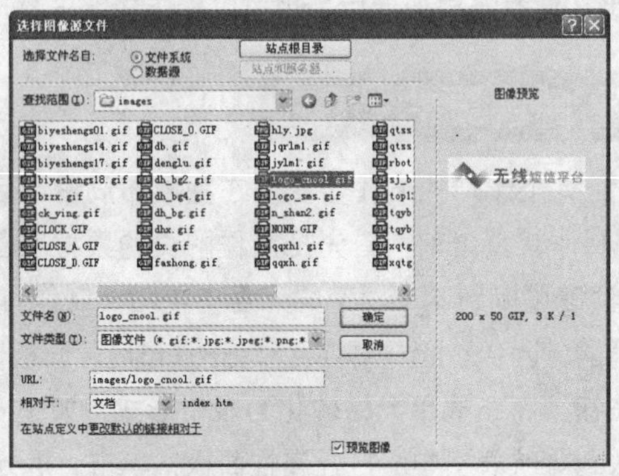

图 6-14 选择标识图像

步骤 07 将光标置于右边的单元格内，单击“插入”面板的“常用”栏中的“表格”按钮，插入 3 行 1 列的表格。

步骤 08 选中插入的表格，打开属性面板，在“间距”文本框中输入 1，将“背景颜色”色标值设为“#A9CBED”，属性设置如图 6-15 所示。

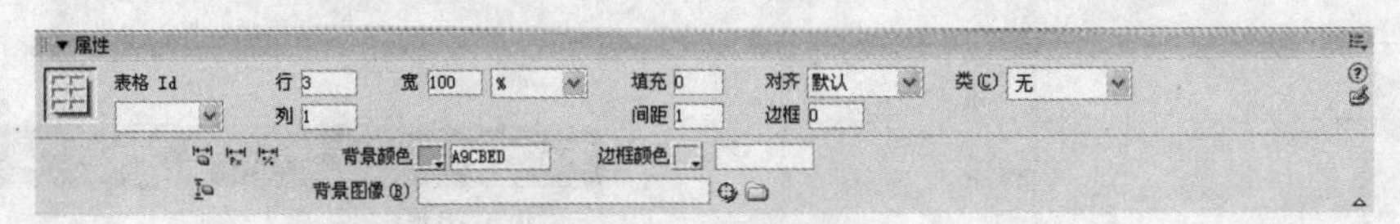

图 6-15 设置表格属性

步骤 09 分别将鼠标光标移动到插入的第 1 行和第 3 行单元格内，打开属性面板，设置背景颜色为白色“#FFFFF F”，效果如图 6-16 所示。

步骤 10 在第 1 行单元格内输入导航内容，如：快讯 | 游戏 | 软件 | 时尚 | 学苑 | 业务 | 汽车 | 房产 | 人才 | 体育 | 无线短信平台等。完成第 1 行导航内容，接着在下面的两行表格中也输入导航内容，完成后如图 6-17 所示。

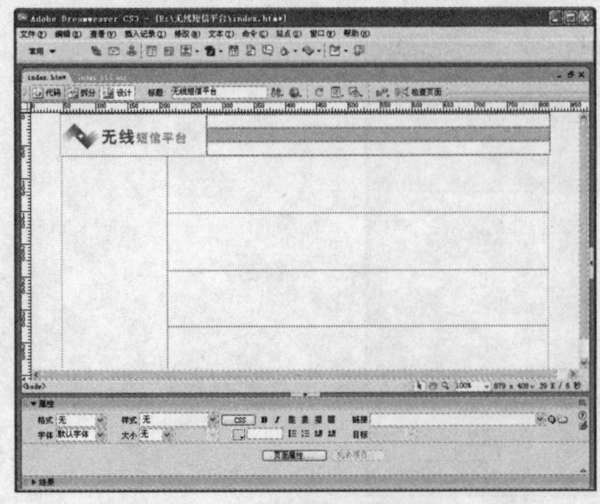

图 6-16 设置单元格颜色

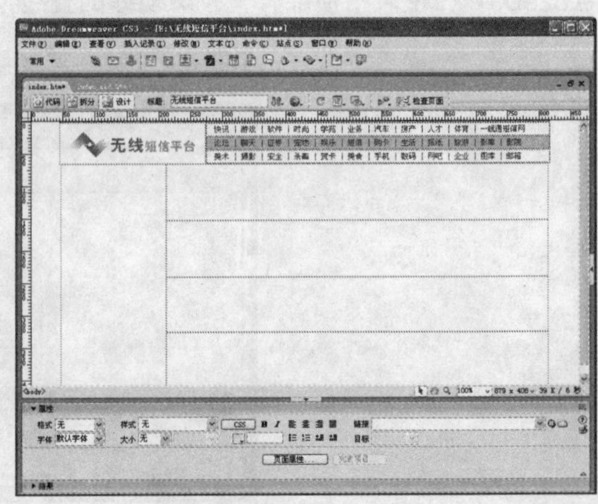

图 6-17 输入导航内容

步骤 11 在导航表格下面再插入一个 2 行 1 列的表格，选中表格后，打开属性面板，在“背景图像”文本框后面单击“浏览文件”按钮，选择图像文件夹中的“dh_bg.gif”图片，如图 6-18 所示。

步骤 12 将光标移动到插入的第 1 行单元格内，打开属性面板，在“高”文本框中输入 14，使表格高度定为 14 像素。

步骤 13 将光标移动到第 2 行单元格中，单击“表格”按钮，插入一个 1 行 14 列的表格，接着将光标移动到第 1 个单元格中，单击“常用”栏中的“图像”按钮，选择图片文件夹中的“logo_sms.gif”图像，如图 6-19 所示。

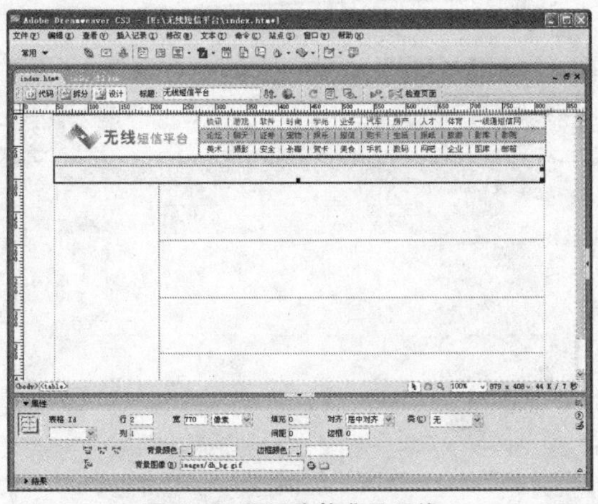

图 6-18　设置表格背景图像

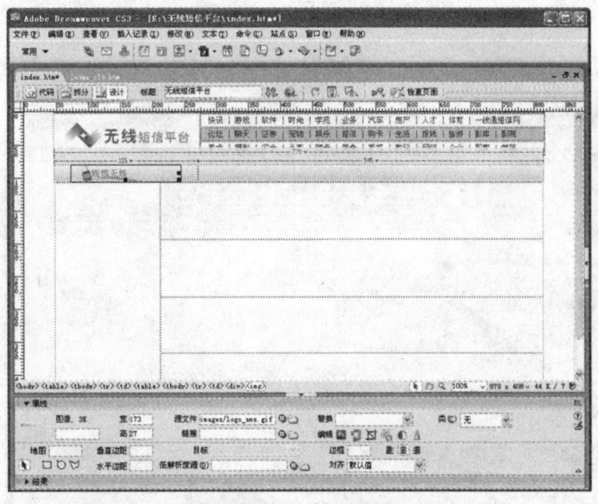

图 6-19　插入图像文件“logo_sms.gif”

步骤 14 将光标移到第 2 个单元格中，输入“首页 Home”，选取 Home 单词，打开属性面板，在“样式”下拉列表中选择“style16”。样式是控制网页内容的属性设置，这将在下一节介绍。

步骤 15 按同样方法，在每隔一个单元格中分别输入栏目内容，如机器人 Rbot、订阅 Customize、交友 Chat、言语 Speech、点播 ORD、帮助 Help 等，然后依次选择英文单词，在属性面板的“样式”下拉列表中选择 style16。

步骤 16 将光标分别插入到其余单元格中，打开属性面板，在“宽”文本框中输入 1，将单元格宽度设置为 1，接着单击“常用”栏中的“图像”按钮，选择图片文件夹中的“dhx.gif”，完成后的效果如图 6-20 所示。

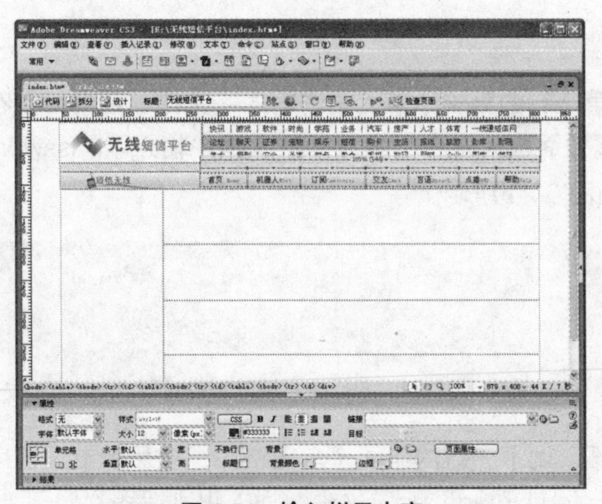

图 6-20　输入栏目内容

步骤 17 将光标移动到右侧表格中，打开属性面板，在“背景颜色”文本框中输入“#ffc201”，然后单击“常用”栏中的“表格”按钮，插入2行1列、宽度为152像素的嵌套表格。

步骤 18 移动光标到刚插入表格的第1个单元格中，单击“常用”栏中的“图像”按钮，选择图片文件夹中的“yhdl.gif”文件，将它插入到表格中，然后在属性面板的“垂直”下拉列表中选择“顶端”选项，使图像靠顶端对齐，如图6-21所示。

步骤 19 在第2个单元格中单击“表单”栏中的“表单”按钮，插入一个表单区域，因为这是用户登录接口，所以必须要使用表单。用户登录系统将在后面的章节中介绍。

步骤 20 将鼠标光标插入到表单区域中，单击“常用”栏中的“表格”按钮，插入4行2列的表格，如图6-22所示。

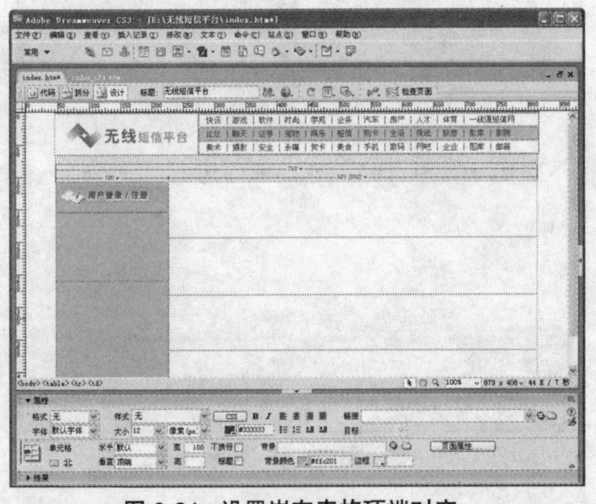

图 6-21　设置嵌套表格顶端对齐

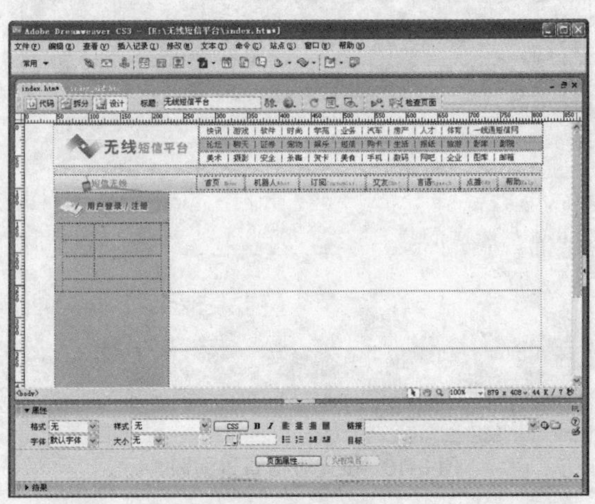

图 6-22　插入表格

步骤 21 在插入的第1行的第1个单元格中输入“手机号”文字，在第2个单元格中插入文本字段，插入方法是单击“表单”栏中的“文本字段”按钮，插入文本字段后打开属性面板，在“文本域”文本框中输入“ID”，在“字符宽度”文本框输入12，“类型”选择“单行”，在“初始值”文本框中输入“手机或小灵通”，属性面板如图6-23所示。

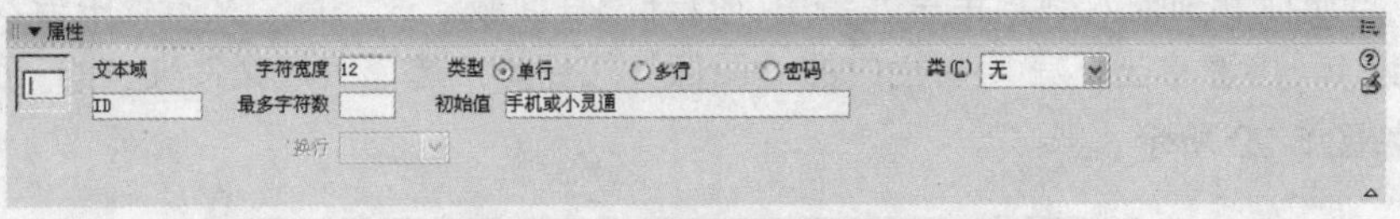

图 6-23　文本域的属性设置

步骤 22 在表单内的第2行的第1个单元格内输入“密码”两字，接着在第2个单元格内插入并选中文本字段，打开属性面板，在“文本域”文本框中输入“password”，“字符宽度”为12，“类型”选择“密码”，如图6-24所示。

图 6-24　密码文本域的属性设置

步骤 23 将鼠标光标插入到下一行的第1个单元格内，然后单击“常用”栏中的“图像”按钮，选择图像文件夹中的“authimage.jpg”文件，插入识别码图片。

步骤 24 将光标移动到第 2 个单元格内，单击“表单”栏中的“文本字段”按钮，插入文本字段，然后打开属性面板，在“文本域”文本框中输入“code”，“字符宽度”为 12，“类型”选择“单行”，如图 6-25 所示。

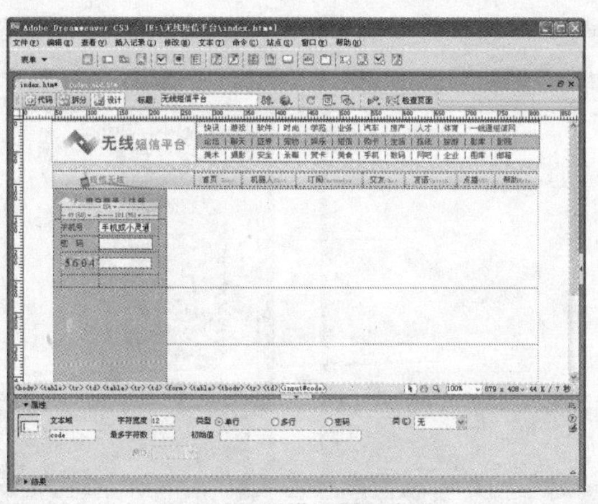

图 6-25 制作识别码区域

步骤 25 选中表单中最后一行的两个单元格，单击属性面板中的“合并所选单元格”按钮，合并两个单元格。

步骤 26 单击“常用”栏中的“图像”按钮，连续插入图片按钮“denglu.gif”、“zuce.gif”，然后单击属性面板中的“居中对齐”按钮，最后保存网页。

表单中的内容已经完成插入。如果学习到后面章节中介绍的用户登录系统，就可以实现这部分的功能了。完成表单内容的页面如图 6-26 所示。

步骤 27 将鼠标光标插入到用户登录的整个表格下面，然后单击“常用”栏中的“表格”按钮，插入 2 行 1 列表格，如图 6-27 所示。

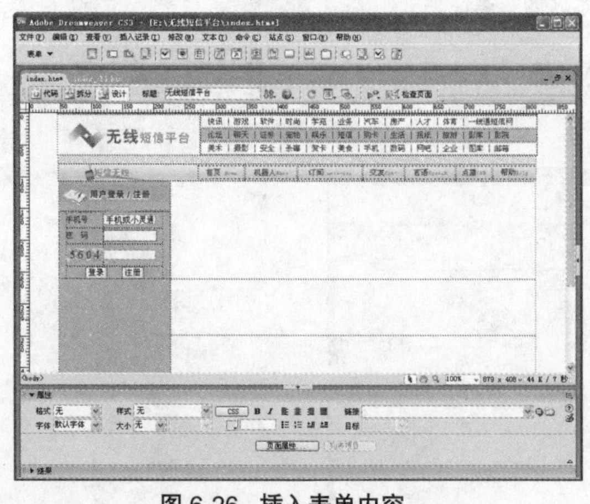

图 6-26 插入表单内容

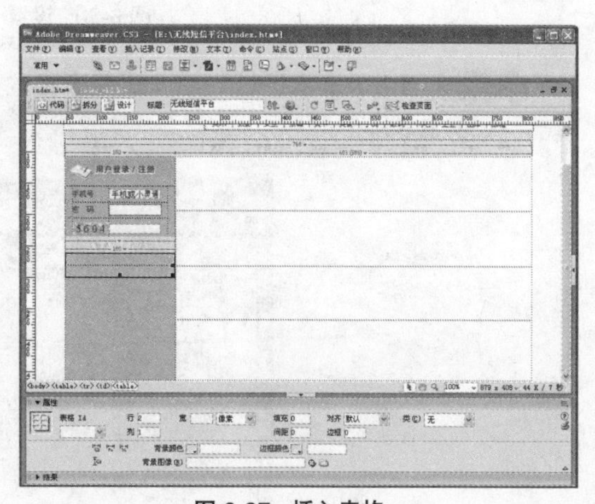

图 6-27 插入表格

步骤 28 将光标移动到插入的第 1 行表格内，单击“常用”栏中的“图像”按钮，在图像文件夹中选择“zxdy.gif”，插入“自写短信”标题图片。

步骤 29 将光标插入到第 2 行表格内，单击“常用”栏中的“表格”按钮，插入 1 行 1 列表格。

步骤 30 打开属性面板，在“背景”文本框中输入“images/sj_bg.gif”，这是图片的文件路径

及文件名称，实际路径根据存放图片的位置而定，如图 6-28 所示。

步骤 31 在插入背景图片的表格内，单击“常用”栏中的“表格”按钮，插入一个 7 行 1 列的表格，如图 6-29 所示。

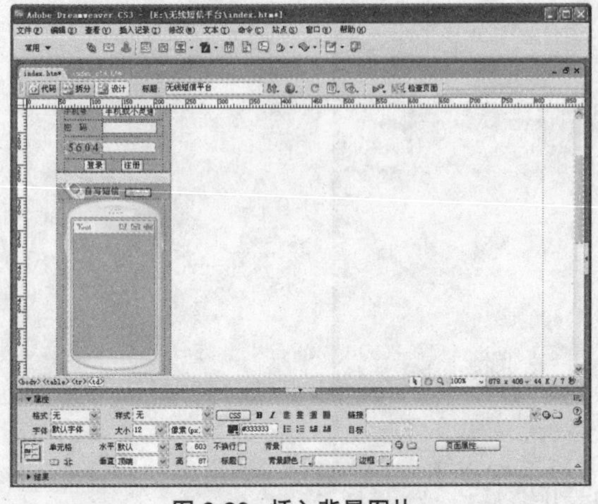

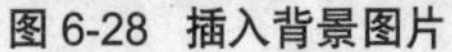

图 6-28　插入背景图片

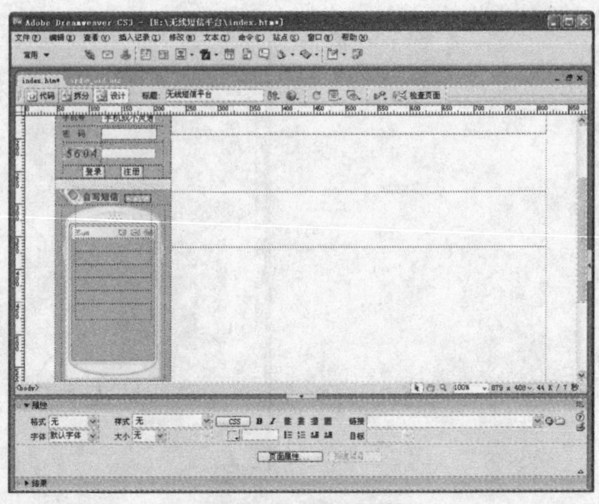

图 6-29　插入表格

步骤 32 移动光标到插入表格的第 2 行内，单击“表单”栏中的“文本区域”按钮，插入一个可以输入信息的文本字段，然后选中文本字段，打开属性面板，在“文本域”文本框中输入“content”，“字符宽度”为 15，“行数”为 5，“类型”选择“多行”，“类”选择“bg-bk2”，属性面板设置如图 6-30 所示。

图 6-30　设置“文本区域”属性

步骤 33 插入“文本区域”后，调整表格的高度，使“文本区域”显示在背景图片黄色区域的顶部，如图 6-31 所示。

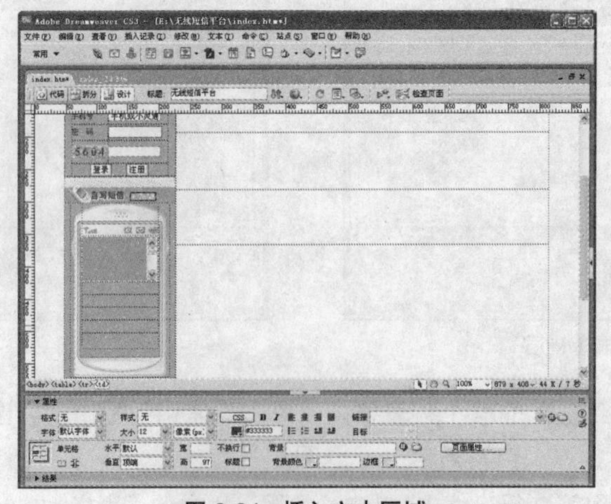

图 6-31　插入文本区域

步骤 34 将光标移到下一个表格内，输入“接收手机号”文字，在下一行表格内，单击“表单”栏中的“文本字段”按钮，插入一个文本字段，在选中文本字段的情况下打开属性面板，单击“居中”按钮，然后在“文本域”文本框中输入“destMobileID”，“字符宽度”为 12，“类型”选择“单行”，如图 6-32 所示。

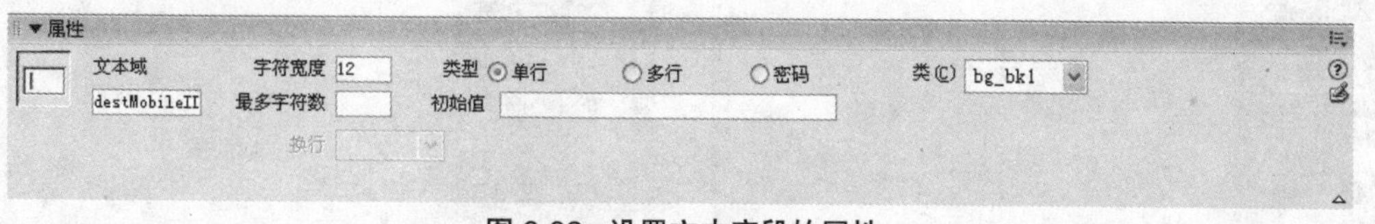

图 6-32　设置文本字段的属性

步骤 35 将光标移到下一行表格中，输入“您的手机号”，完成后将光标再移到下一行表格内，单击“表单”栏中的“文本字段”按钮，插入一个文本字段，属性面板中的“文本域”名称设为“srcMobileID”，其他设置如同上一个步骤。

步骤 36 在最后一行表格中，单击“常用”栏中的“图像”按钮，选择图片夹中的“fashong.gif”文件，单击“确定”按钮，插入一个发送图片，然后单击属性面板中的“居中”按钮。保存网页，效果如图 6-33 所示。

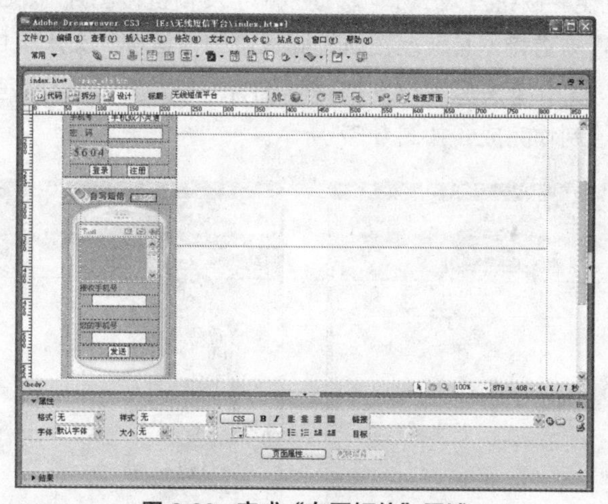

图 6-33　完成“自写短信”区域

制作网页，最频繁使用的就是插入表格，因为表格是制作网页布局最有效和可靠的方法，所以，接着还是继续插入表格。

步骤 37 在“自写”短信区域的整个表格下面，单击“常用”栏中的“表格”按钮，再插入一个 2 行 1 列的表格，这是网站上的一个帮助信息链接和友情图片链接，很多网站都有这样的区域，所以，在“无线短信平台”上也制作这样的一个区域。

步骤 38 在第 1 行表格内，单击“常用”栏中的“图像”按钮，选择图片夹中的 bzzx.gif，单击“确定”按钮，插入一个“帮助中心”图像，如图 6-34 所示。

步骤 39 将光标移到下一行表格内，单击“常用”栏中的“表格”按钮，插入 4 行 1 列表格，如图 6-35 所示。

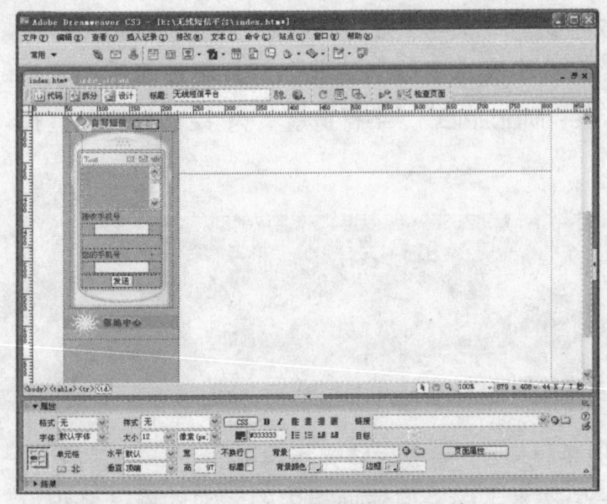

图 6-34 插入“帮助中心”图片

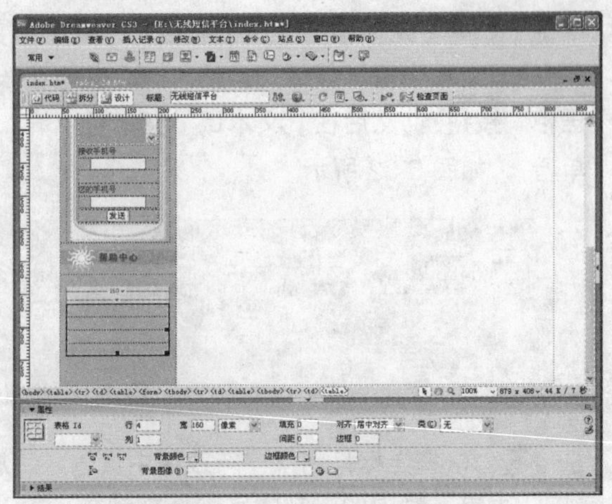

图 6-35 插入表格

步骤 40 在刚插入的表格的第 1 行中，输入“· 帮助中心 - 资费说明”，在第 2 行表格中输入“· 帮助中心 - 下载说明”，如图 6-36 所示。

步骤 41 将光标移到第 3 行表格中，单击“常用”栏中的“图像”按钮，选择图像文件夹中的“ydmw.gif”，单击“确定”按钮插入一个“移动梦网”友情链接图片，然后单击属性面板中的“居中对齐”按钮。如果需要链接网址，就在属性面板中的“链接”文本框中输入链接的网址即可。

步骤 42 在第 4 行表格中插入另一个友情链接图片“hly.jpg”，设置居中显示。到目前为止，首页左边的栏目内容已经制作完成，如图 6-37 所示。

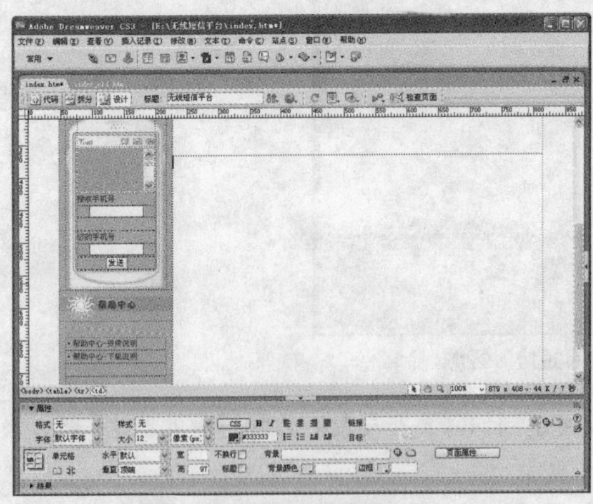

图 6-36 输入“帮助说明”

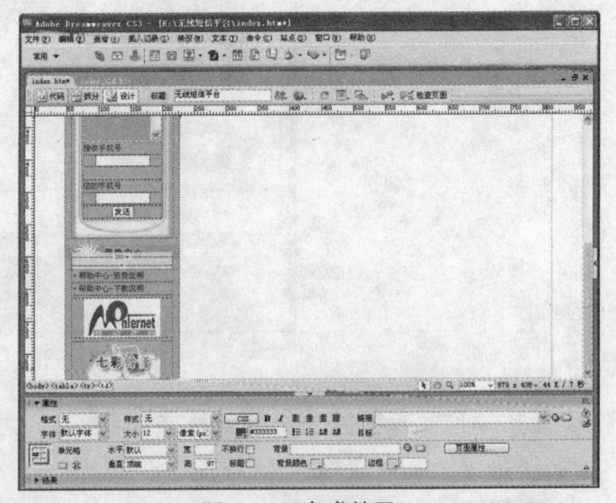

图 6-37 完成效果

下面制作页面的中间部分。一般来说，首页的中间部分是网站的重点，也是企业的首推内容，所以在制作网站之前，计划出重要内容来，然后把它放在首页的中间部分，以便更好地吸引浏览者。下面制作本章实例“无线短信平台”的中间内容。

步骤 43 将鼠标光标插入到页面中间的第 1 行表格内，单击“常用”栏中的“图像” 按钮，选择图像文件夹中的“db.gif”，单击“确定”按钮，插入“点播 / 测试”图片，如图 6-38 所示。

图 6-38　插入图片

步骤 44 将光标移到下一行表格中，单击“常用”栏中的“表格”按钮，插入 3 行 1 列表格，然后打开属性面板，设置上下两行表格的高度为 4，中间一行高度为 2，在“背景”文本框后面单击“单元格背景 URL”按钮，选择图像文件夹中的“bgx2.gif”文件，或者直接输入“images/bgx2.gif”，设置表格背景。

步骤 45 虽然设置了表格的高度，但没有变化，这是因为在单元格代码中的“ ”限制了单元格的设置，所以需要在网页代码上做一下修改。单击“拆分”按钮，打开代码视图窗口，选中此单元格代码，拖动鼠标选中“ ”，如图 6-39 所示。按键盘上的 Delete 键，删除此空格符号，以同样的方法，删除此表格中的另两行空格符号。

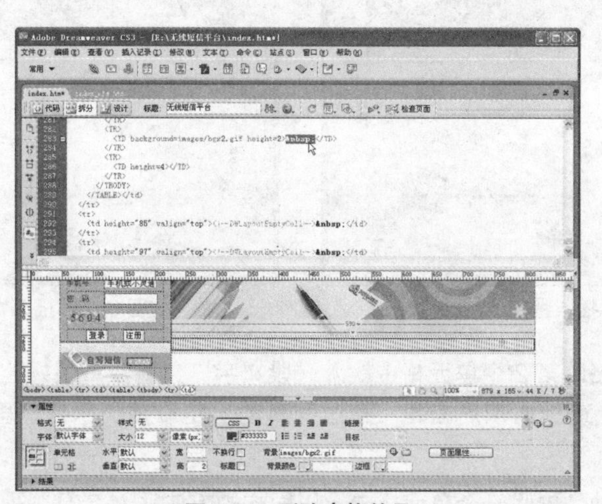

图 6-39　删除空格符号

步骤 46 单击按钮，返回至设计界面，如图 6-40 所示，保存网页。

步骤 47 将鼠标光标插入到页面中间的第 3 行表格内，单击“常用”栏中的“表格”按钮，插入一个 1 行 3 列的表格，如图 6-41 所示。

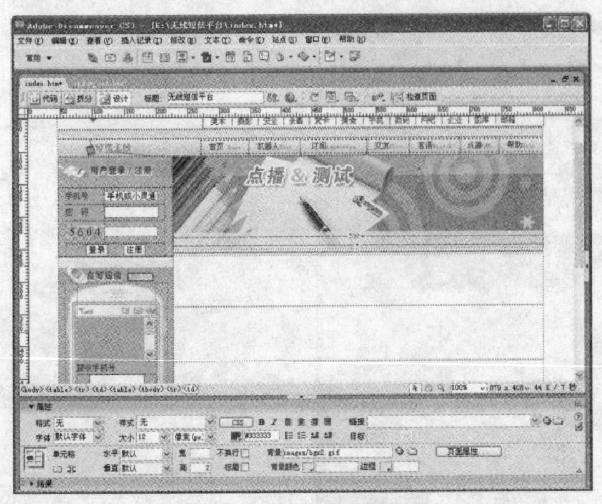

图 6-40　设置分隔边框

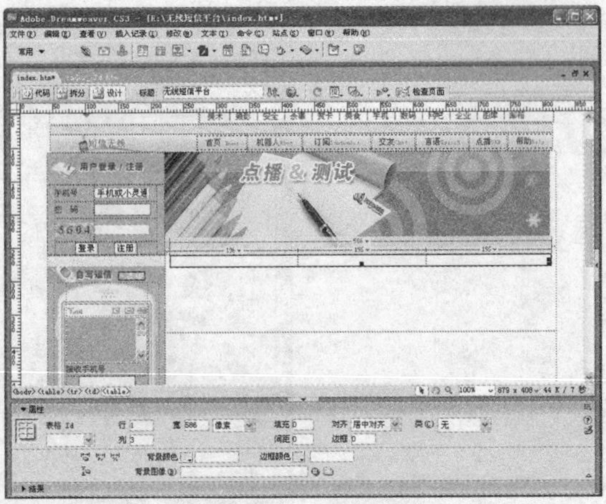

图 6-41　插入表格

步骤 48 在第 1 个单元格中插入一个 2 行 1 列的表格，第 1 行表格中插入的文件名为 bgsxh.gif 的图片，如图 6-42 所示。

步骤 49 将光标移到第 2 行表格中，打开属性面板，在“背景”文本框中输入“images/bgsxh1.gif”，然后单击“常用”栏中的“表格”按钮，插入一个 1 行 2 列的表格，如图 6-43 所示。

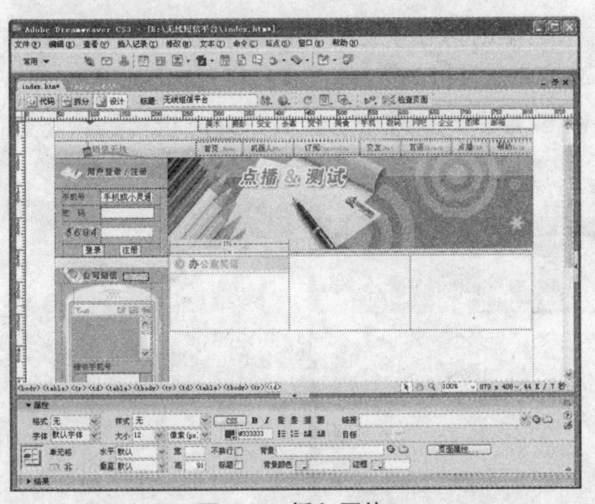

图 6-42　插入图片

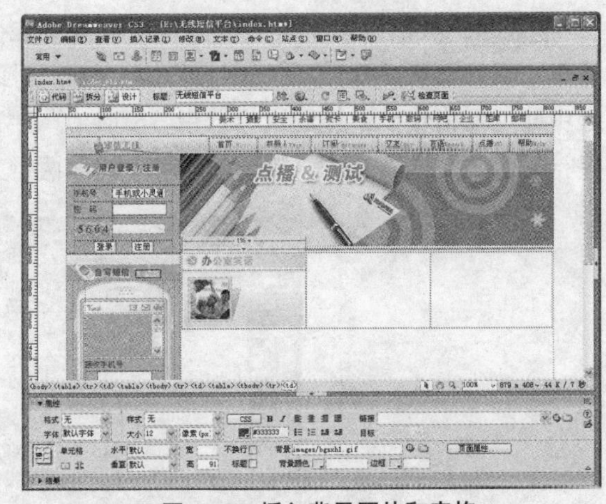

图 6-43　插入背景图片和表格

步骤 50 在插入表格的第 2 个单元格中输入一段文字，文字数目最好控制在一定范围内，以保持网页的美观，如“上班族的精彩言语，身边同事的出位表演，尽在这里！”完成后如图 6-44 所示。

步骤 51 将光标移动到中间一个单元格中，以同样的方法插入 2 行 1 列的表格，在上一行单元格中插入表示天气预报的图片“tqyb.gif”，在下面一行表格中的插入方法如同步骤 50，设置背景图片为“tqyb1.gif”，文字内容为“远方的他，陌生的城市，今天有没有雨？”

步骤 52 类似步骤 50 和步骤 51，在右边的表格内，插入 2 行 1 列的表格，插入图片“qtss.gif”，然后在下面的表格中插入表格，设置背景图片，输入内容“提供塑身方法和知识，掌握苗条秘诀，打造魔鬼身材！”完成后如图 6-45 所示。

图 6-44　设置表格内容

图 6-45　完成表格内容

完成了中间部分的“办公室笑话”、“天气预报”、“纤体塑身”等栏目内容后，如果做好了二级内容页面，就可以制作链接了，浏览的时候单击图片或文字就可以进入栏目的分类网页中。读者如果有兴趣的话，在下一小节中按照介绍的二级页面的制作方法制作出相应的栏目页面，然后再回来制作页面链接。首页中间部分的内容还没制作完成，继续按照步骤完成。

步骤 53 完全重复步骤 45 至步骤 47，在内容下面的表格中插入一行表格直线，完成后如图 6-46 所示。由于方法与上面的步骤一模一样，所以也可以直接复制，这里不再重复介绍。

步骤 54 在表格直线下面单击“常用”栏中的“表格”按钮，插入 2 行 1 列的表格，如图 6-47 所示。

图 6-46　插入表格直线

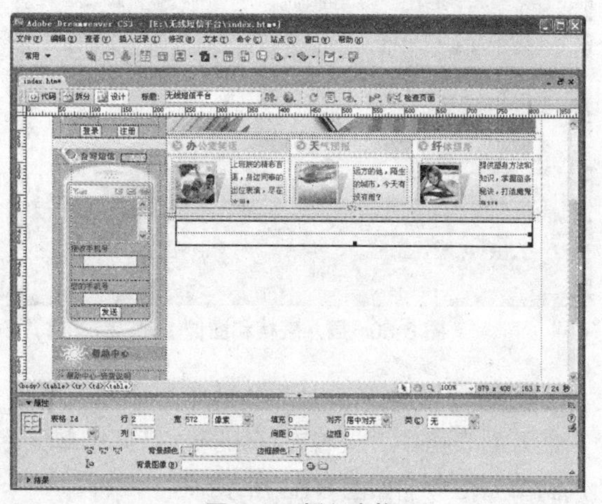

图 6-47　插入表格

步骤 55 将光标移动到刚插入表格的第 1 行内，然后单击“常用”栏中的“图像”按钮，在图片文件夹中选择“交友栏目”图片“jylm1.gif”，单击“确定”按钮插入图片，在选中图像的同时，打开属性面板，单击“左对齐”按钮，如图 6-48 所示。

步骤 56 移动光标到第 2 行表格中，单击“常用”栏中的“表格”按钮，插入 1 行 2 列的表格，接着选中表格，选择属性面板的“对齐”下拉列表中的“居中对齐”选项，如图 6-49 所示。

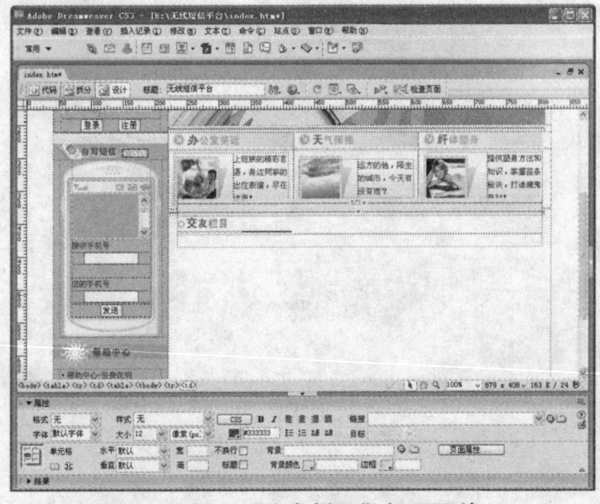

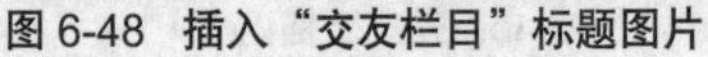

图 6-48　插入“交友栏目”标题图片

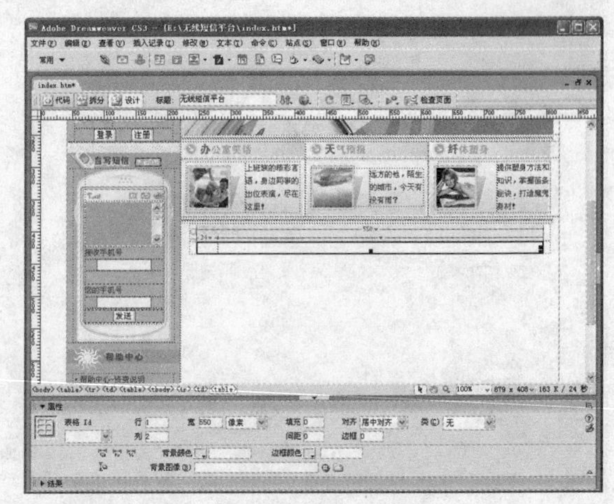

图 6-49　插入表格

步骤 57 将光标插入到第 1 列表格中，单击“常用”栏中的“图像”按钮，选择图像文件夹中的“01.gif”，单击“确定”按钮，插入图像，如图 6-50 所示。

步骤 58 在第 2 列表格中插入一个 2 行 2 列的表格，然后在选中表格的情况下，选择属性面板的“对齐”下拉列表中的“居中对齐”选项，使表格居中显示，如图 6-51 所示。

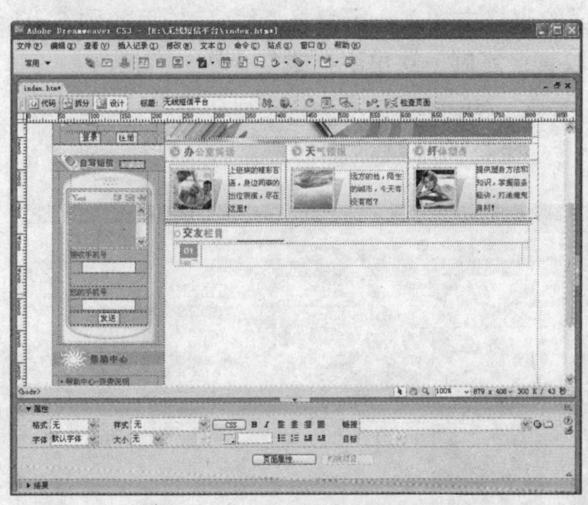

图 6-50　插入表格和图像

图 6-51　插入 2 行 2 列表格

步骤 59 在刚插入的表格的第 1 个单元格中，选取图片文件夹中的“banner_jy.gif”文件，将它插入到表格中，接着在第 1 行的第 2 个单元格中，选取图片文件夹中的“ck_ying.gif”，将它插入到单元格中，如图 6-52 所示。

步骤 60 选取步骤 53 插入的表格直线，如图 6-53 所示。按 Ctrl+C 组合键或执行“编辑”>“拷贝”菜单命令，复制表格直线。

图 6-52　插入交友栏目中的图片

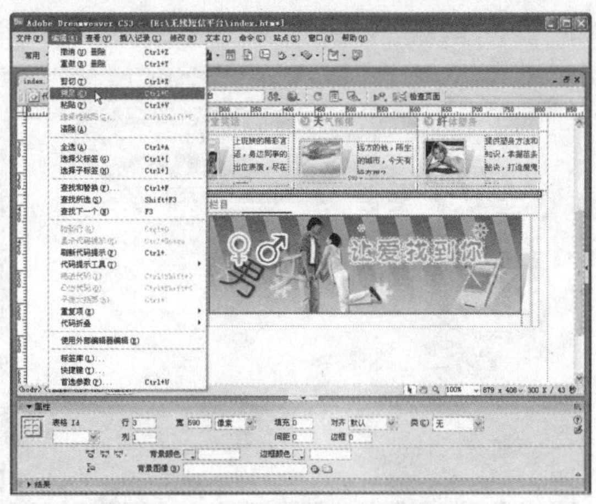
图 6-53　选取表格直线并复制

步骤 61 将光标移到“交友栏目”的整个表格外，按 Ctrl+V 组合键或执行菜单栏中的“编辑”>“粘贴”命令，将表格直接粘贴到指定的位置，如图 6-54 所示。

步骤 62 在表格直线下面插入一个 2 行 1 列的表格，在第 1 行表格中，单击“常用”栏中的“图像”按钮，选择图像文件夹中的“最新言语传情”图片“yycq.gif”，单击“确定”按钮插入图片到表格中，如图 6-55 所示。

图 6-54　粘贴表格直线

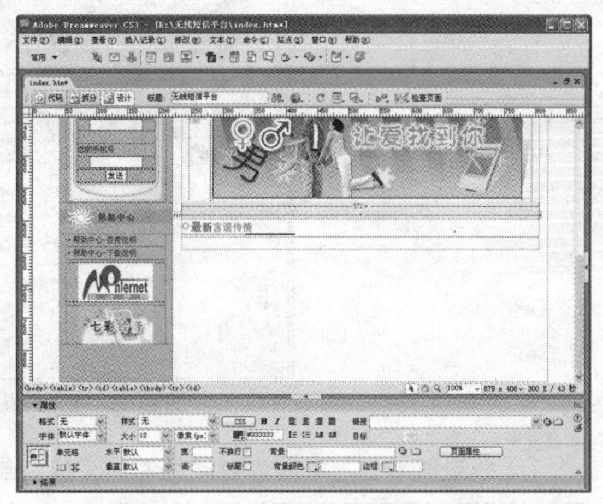
图 6-55　插入“最新言语传情”图片

步骤 63 在第 2 行表格中插入一个 1 行 2 列表格，第 1 列表格中插入 02.gif 图片，然后打开属性面板，在“垂直”下拉列表中选择“顶端”选项。

步骤 64 在第 2 列表格中再插入一个 1 行 2 列的表格，然后在第 2 列表格中插入 ck_ying.gif 图片，在“垂直”下拉列表中选择“底部”选项，如图 6-56 所示。

步骤 65 将光标移到第 1 列表格中，插入一个 7 行 1 列的表格，然后选中表格，打开属性面板，将“间距”设置为 2，“对齐”选择“居中对齐”，“背景颜色” 色标值为“#0262D0”，然后再将光标插入到第 2 行表格中，在属性面板的“背景颜色”文本框中输入色标值“#AED4F9”，然后每隔一行，背景颜色色标值都设置为“#AED4F9”，如图 6-57 所示。

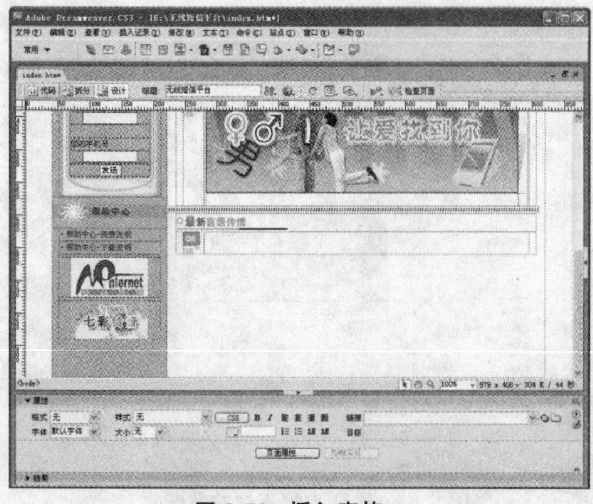

图 6-56　插入表格

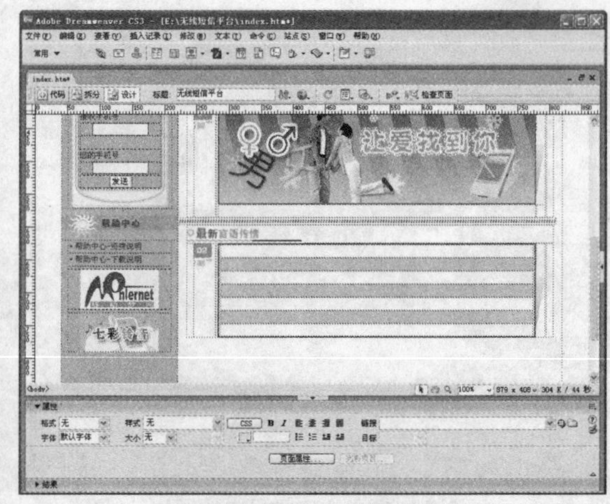

图 6-57　设置表格属性

步骤 66 表格设置完成后，在表格中输入“最新言语传情”栏目中的内容，内容可以根据自己需要输入，完成后如图 6-58 所示。

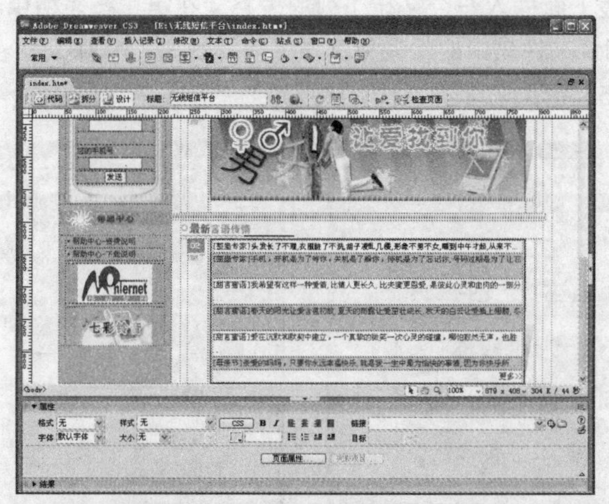

图 6-58　输入“最新言语传情”内容

“无线短信平台”中间内容已经制作完成，虽然步骤繁多，但制作技术上还是比较简单的，只要细心学习制作，最后成功完成是必然的。下面我们就制作首页的收尾部分，也就是最后部分的导航栏目和版权信息。

步骤 67 将鼠标光标插入到网页的最底下空白处，然后单击“常用”栏中的“表格”按钮插入 2 行 1 列的表格。

步骤 68 将光标移动到插入的第 1 行表格中，打开属性面板，在“背景”文本框中输入“images/dh_bg.gif”或单击文本框后面的“单元格背景 URL”按钮，选择图片文件夹中的“dh_bg.gif”图像文件，完成后如图 6-59 所示。

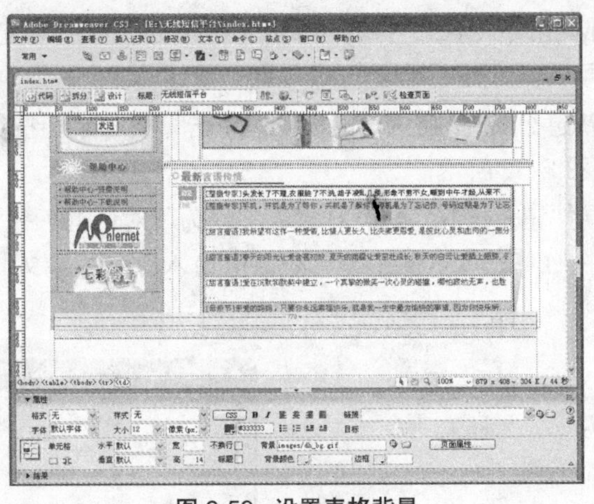

图 6-59　设置表格背景

步骤 69 将光标移到下一行表格中，打开属性面板，单击“居中对齐”按钮，使输入的内容都居中显示。

步骤 70 在表格中间输入导航栏目，如：关于东方热线 | 用户服务 | 信息发布 | 私隐政策 | 联系方式 | 站点地图；按 Enter 键，另起一行，输入版权信息，如：版权所有 2001-2007 零界点设计中心等，如图 6-60 所示。

步骤 71 这是首页制作的最后一步，完成了这一步，再次保存网页，然后双击首页文件，在浏览器里浏览已经制作完成的网页，如果发现有什么不合适的地方，可以通过 Dreamweaver 打开首页进行修改；如果一切正常，那“无线短信平台”首页的制作算是告一个段落了，实际浏览效果如图 6-61 所示。

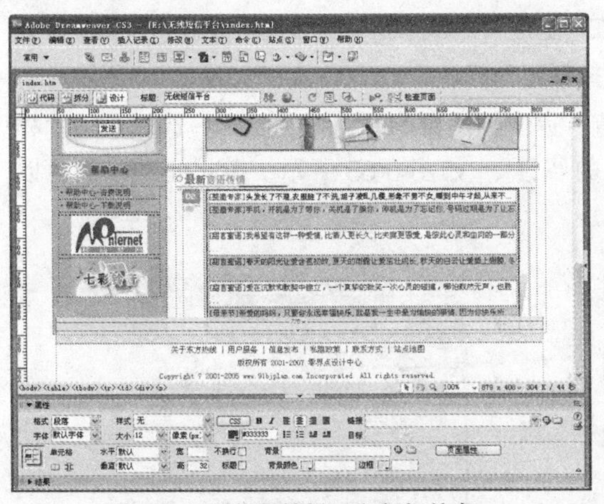

图 6-60　制作导航栏目和版权信息

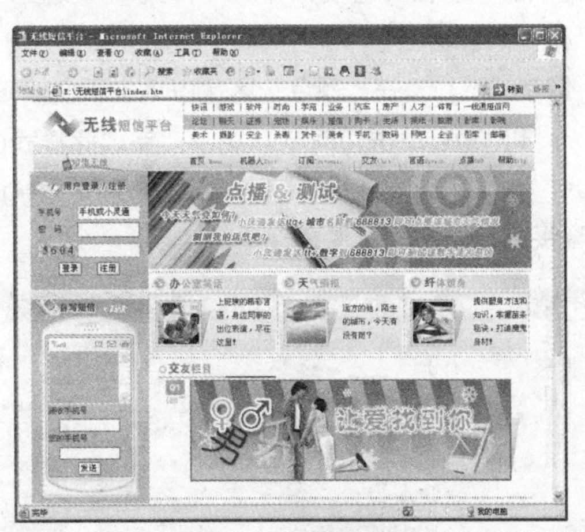

图 6-61　IE 浏览网页

6.1.4　创建CSS样式

由于样式表的 CSS 语言通俗易懂，而且它的各种特性符合网页设计的需求，所以样式表的应用已经相当普遍，一些比较常用的样式表属性在网页制作中得到了广泛的应用。上面小节中介绍了“无线短信平台”首页的制作，但没涉及到 CSS 样式，本小节就以首页内容介绍 CSS 样式的应用。具体步骤如下。

步骤 01 启动 Dreamweaver CS3，打开首页 index.htm，执行“窗口”>“CSS 样式”菜单命令，打开 CSS 样式面板，单击“新建 CSS 规则”按钮。

步骤 02 在打开的“新建 CSS 规则”对话框中，单击“类”单选按钮，然后在“名称”文本框中输入“.bg_bk1”，如图 6-62 所示。

步骤 03 单击“确定”按钮，打开“保存样式表文件为”对话框，在“保存在”下拉列表中选择本实例的 images 文件夹，在“文件名”文本框中输入“css”，如图 6-63 所示。保存文件为“css.css”。

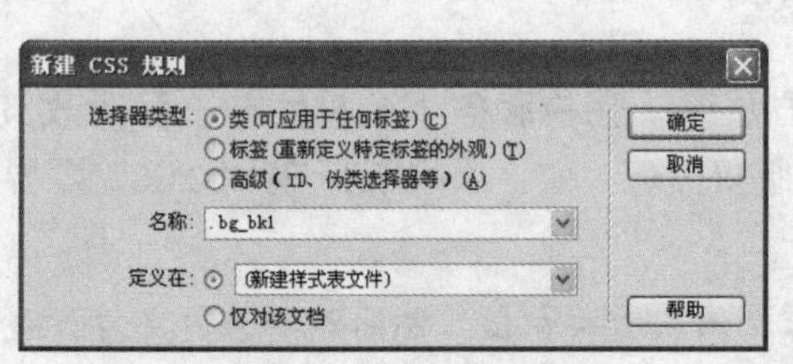

图 6-62 设置 CSS 规则

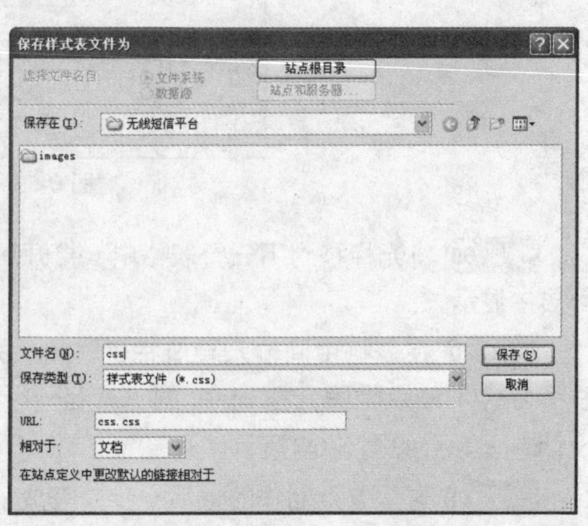

图 6-63 保存 css.css 文件

步骤 04 单击“保存”按钮，打开“.bg_bk1 的 CSS 规则定义”对话框，选择“分类”列表框中的“边框”选项，勾选“样式”、“宽度”和“颜色”区域下的“全部相同”复选框，然后在“样式”区域“上”下拉列表中选择“实线”选项，在“宽度”区域下拉列表中输入“1”，选择单位为“像素（px）”，在“颜色”区域中单击颜色按钮，选择颜色为红色“#FF0000”，如图 6-64 所示。

步骤 05 单击“确定”按钮，完成此样式的设置，返回到网页编辑窗口。此时，选择设置的样式“.bg_bk1”，在下面文本框中显示了“.bg_bk1 的属性”，如图 6-65 所示。在此处，我们可以直接进行颜色、宽度和样式的修改。

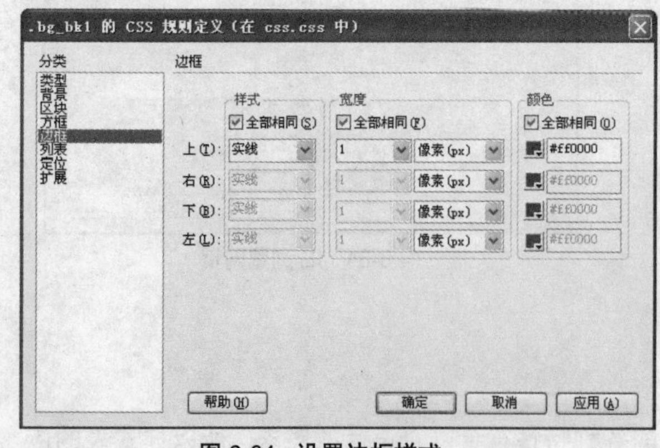

图 6-64 设置边框样式

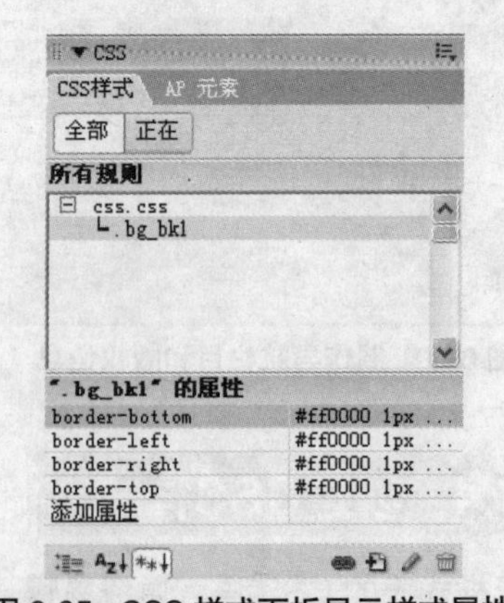

图 6-65 CSS 样式面板显示样式属性

步骤 06 若需要继续创建其他的样式，可以单击“CSS 样式”面板右下角的“新建 CSS 规则”按钮，即可再次弹出“新建 CSS 规则”对话框，进行新样式的创建，这里不再重复介绍，全部样式添加完成后，CSS 样式面板如图 6-66 所示。

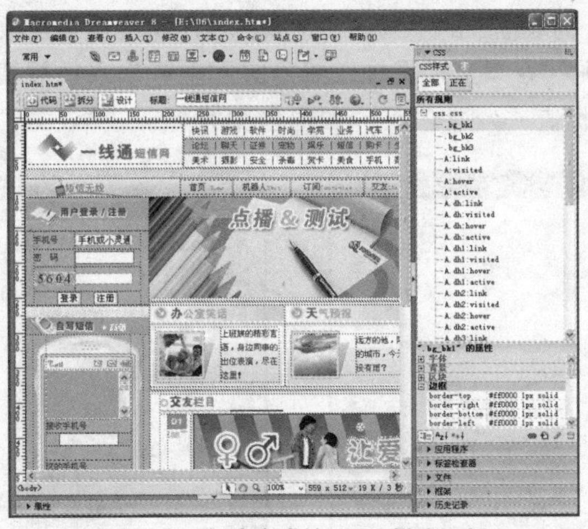

图 6-66　创建完成的 CSS 样式面板

6.1.5　制作发送短信页面

“无线短信平台”的首页已经制作完成了，但对手机短信网站来说，发送短信是主要功能之一，所以，制作发送短信的二级页面是必不可少的。在制作二级页面的时候，首先要考虑首页的风格和特点，然后制作出与首页风格相一致的网页，否则，会让浏览者感觉整个网站没有条理，风格混乱。在这里为了便于介绍，除了在颜色上比较鲜明外，网页结构和制作技术的使用相对比较简单，如图 6-67 所示。具体操作步骤如下。

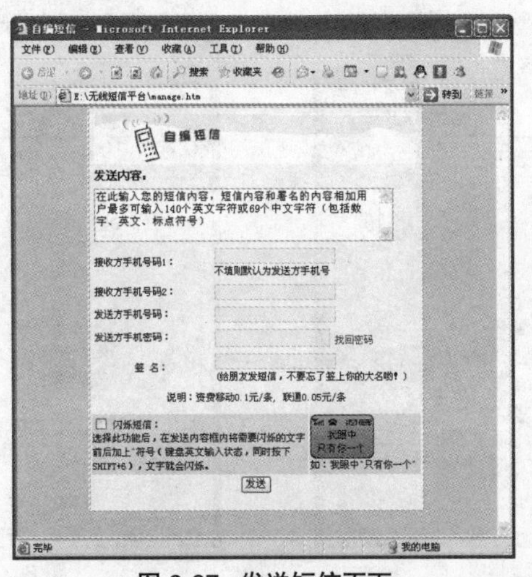

图 6-67　发送短信页面

步骤 01 启动 Dreamweaver CS3，执行菜单栏中的“文件”>“新建”命令，建立一个基本的 HTML 页面，将它保存在网站的文件夹中，网页名称为“manage.htm”。打开属性面板，单击 页面属性... 按钮，打开“页面属性”对话框。

步骤 02 在“页面属性”对话框中单击“分类”列表框中的“外观”选项，显示外观设置面板，然后在“背景颜色”文本框中输入色标值“#FFCB66”，分别在“左边距”、“右边距”、“上边距”、“下边距”文本框中输入 0，如图 6-68 所示。

步骤 03 单击“分类”列表框中的“链接”选项，显示链接设置面板，在“链接颜色”文本框中输入色标值“#660000”，在“交换图像链接”文本框中输入色标值“#FF9900”，在“已访问链接”文本框中输入色标值“#660000”，如图 6-69 所示。

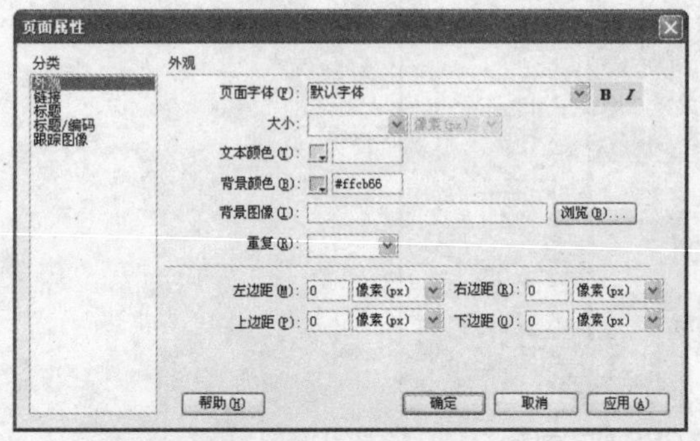

图 6-68 设置“外观”

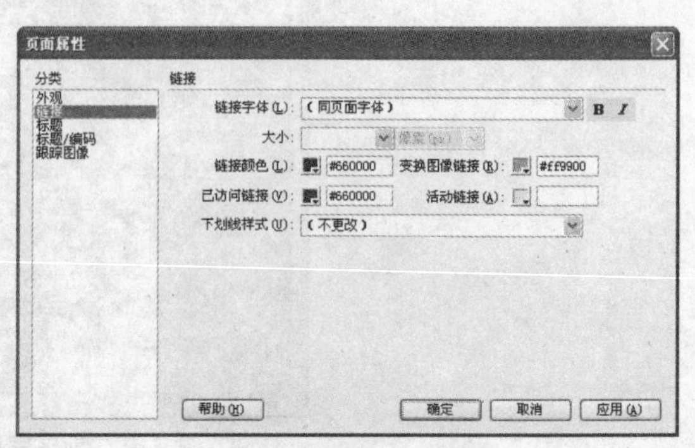

图 6-69 设置“链接”

步骤 04 完成设置后单击“确定”按钮，保存网页。单击“常用”栏中的“表格”按钮，插入 1 行 1 列的表格，然后选中表格，打开属性面板，设置“填充”、“间距”均为 0，“边框”为 1，“对齐”选择“居中对齐”的表格属性，如图 6-70 所示。

步骤 05 将光标插入到表格中，再打开属性面板，在“背景颜色”文本框中输入色标值“#FFFFCC”，设置表格中的背景颜色。

步骤 06 单击“表单”栏中的“表单”按钮，插入一个表单区域，如图 6-71 所示的红色虚线。因为这个页面是发送手机短信的，所以必须使用表单。

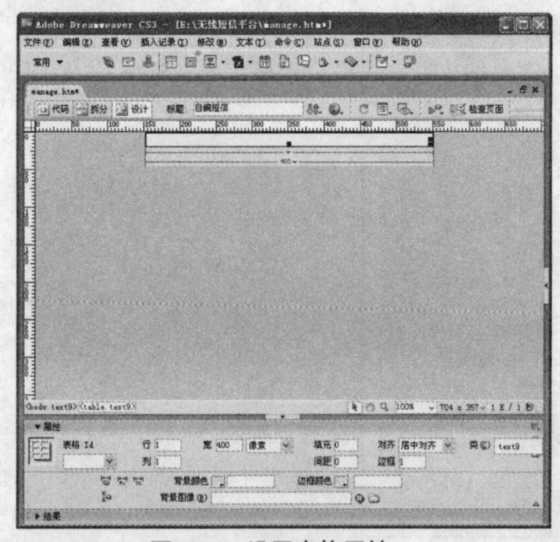

图 6-70 设置表格属性

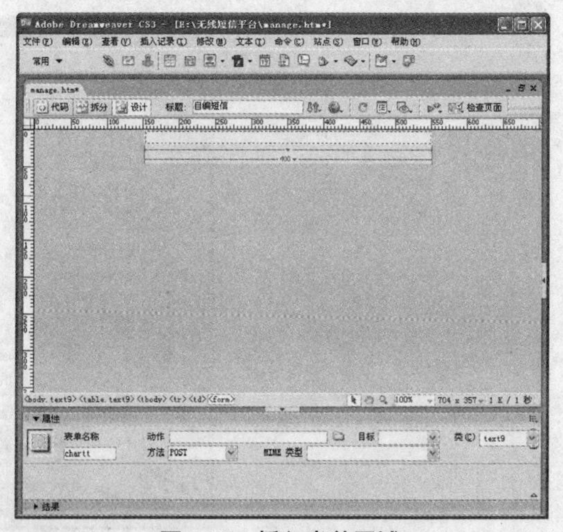

图 6-71 插入表单区域

步骤 07 将光标插入到表单区域内，然后单击“常用”栏中的“表格”按钮，插入一个 9 行 2 列、“边框粗细”和“单元格边距”为“0”、“单元格间距”为“6”的表格，如图 6-72 所示。

步骤 08 光标插入到第 1 行的第 1 个单元格中，按住鼠标左键，拖动选取第 1 行表格，接着打开属性面板，单击“合并所选单元格”按钮，合并单元格，如图 6-73 所示。

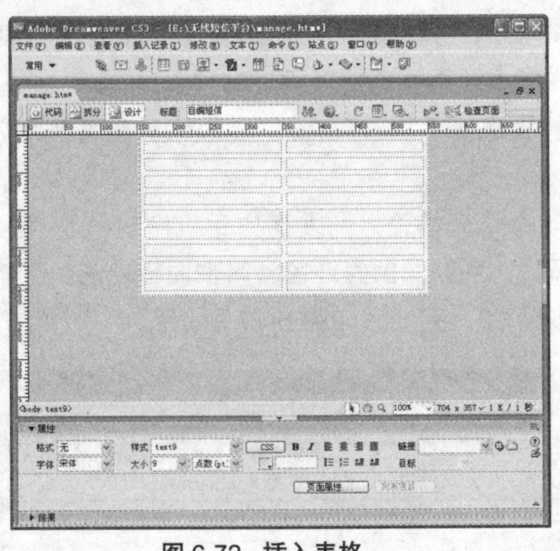

图 6-72　插入表格

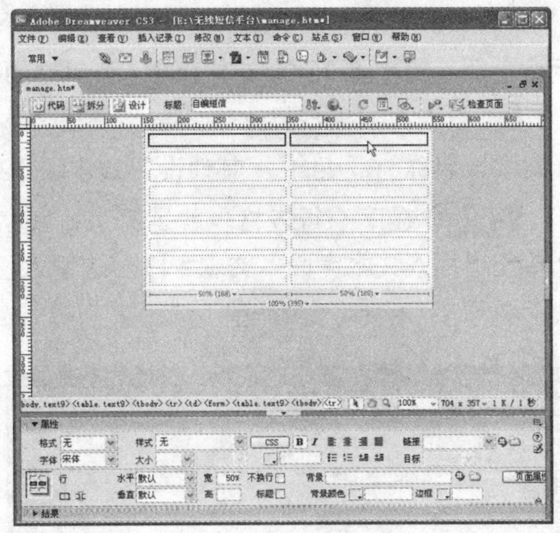

图 6-73　合并单元格

步骤 09 移动光标到第 1 行表格内，单击“常用”栏中的“图像”按钮，选择图片文件夹中的“zibianblank.gif”，插入图像，接着以同样的方法再在这个表格中再插入一个 041.gif 图片，完成后如图 6-74 所示。

步骤 10 在第 2 行表格的第 1 个单元格中输入文字“发送内容：”，字体设置为“粗体”。

步骤 11 移动光标到下一行，单击“表单”栏中的“文本区域”按钮，插入一个可以输入文字的多行文本框。在选中文本框的情况下，打开属性面板，“文本域”名称为“content”，“字符宽度”为 50，“行数”为 4，“类型”选择“多行”，为了提醒浏览者，可以在“初始值”文本框中输入如“在此输入您的短信内容，短信内容和署名的内容最多可输入 140 个英文字符或 69 个中文字符（包括数字、英文、标点符号）”等内容，如图 6-75 所示。

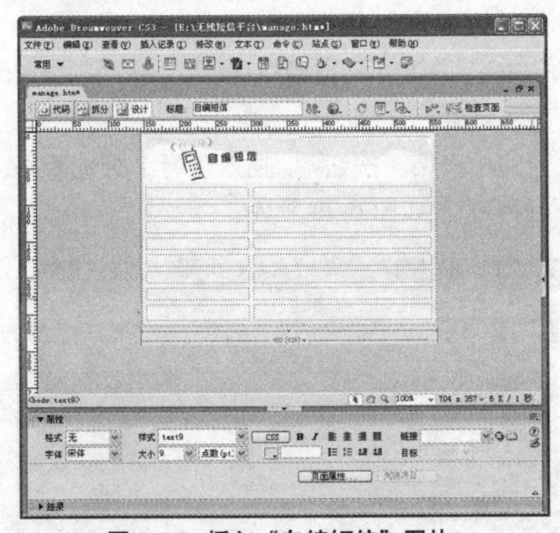

图 6-74　插入“自编短信”图片

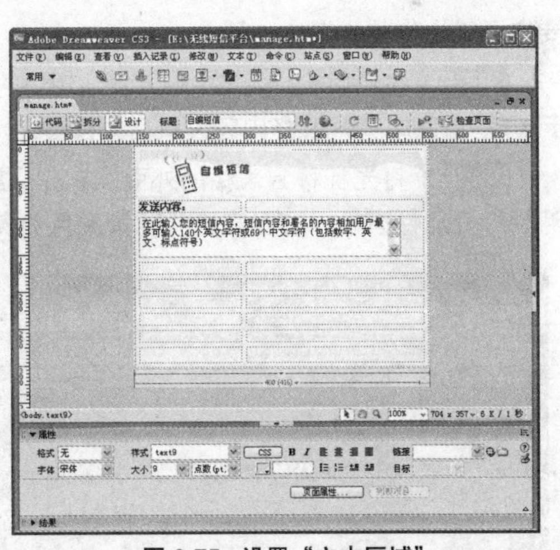

图 6-75　设置“文本区域”

步骤 12 在下一行的第 1 个单元格中输入“接收方手机号码 1：”，在第 2 行单元格中单击“表单”栏中的“文本字段”按钮，插入一个可以输入手机号的文本字段，然后打开属性面板，设置文本字段的“文本域”名称为“dest”，“最多字符数”为 11，“类型”选择“单行”，“类”选择样式表中的“form”，然后在页面中的文本字段下面输入文字“不填则默认为发送方手机号”，如图 6-76 所示。

步骤 13 将光标移动到下一行，在第 1 个单元格中输入“接收方手机号码 2：”，在第 2 个单元格中插入如步骤 12 的文本字段，在属性面板中设置除了文本域名称为的“dest”，其他都一样。

步骤 14 在下一行表格中的第 1 个单元格中输入“发送方手机号码：”，右边除了在属性面板上文本域名称为“dest”，其他设置如步骤 12。

步骤 15 在下一行表格也就是第 7 行表格中的第 1 个单元格输入“发送方手机密码：”，第 2 个单元格插入文本字段，文本字段后边输入“找回密码”，字体颜色为红色，属性面板中的“文本域”名称为“pass”，“类型”选择“密码”，其他同步骤 12，完成后如图 6-77 所示。

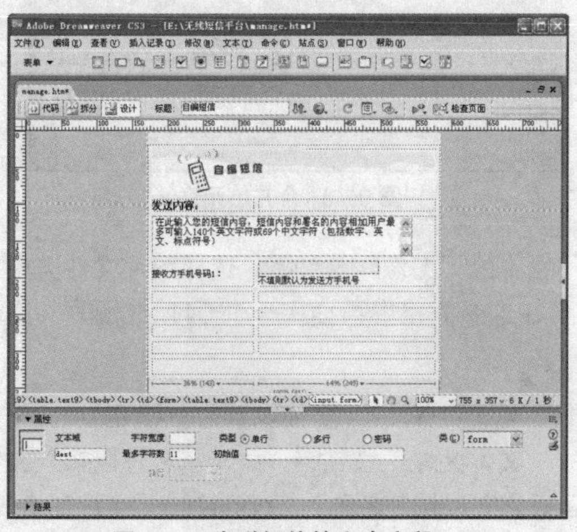

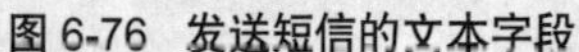

图 6-76　发送短信的文本字段

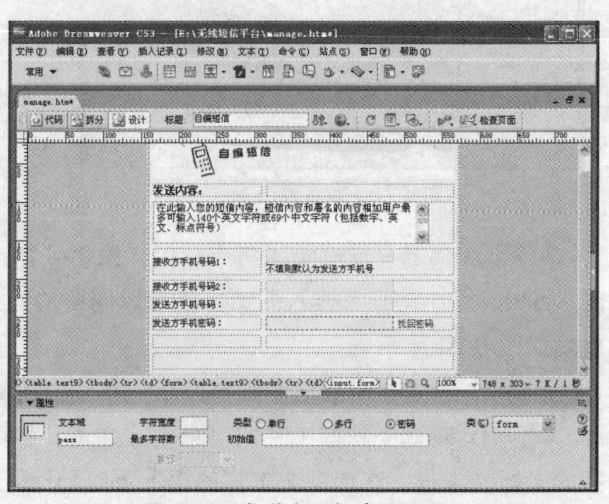

图 6-77　发送方手机密码设置

步骤 16 在第 8 行表格的第 1 个单元格中输入“签名”两字，在第 2 个单元格中插入一个文本字段，“文本域”名称为“username”，然后在插入的文本字段的后面输入“（给朋友发短信，不要忘了签上你的大名哟！）”。

步骤 17 在最后一行表格中输入发送短信的资费说明，如“说明：资费移动 0.1 元 / 条，联通 0.05 元 / 条”。完成整个表格内容设置后如图 6-78 所示。

步骤 18 将光标移到表格的外面，单击“常用”栏中的“表格”按钮，插入 1 行 2 列的表格，然后打开属性面板，设置表格的背景颜色为黄色“#FFFF00”，如图 6-79 所示。

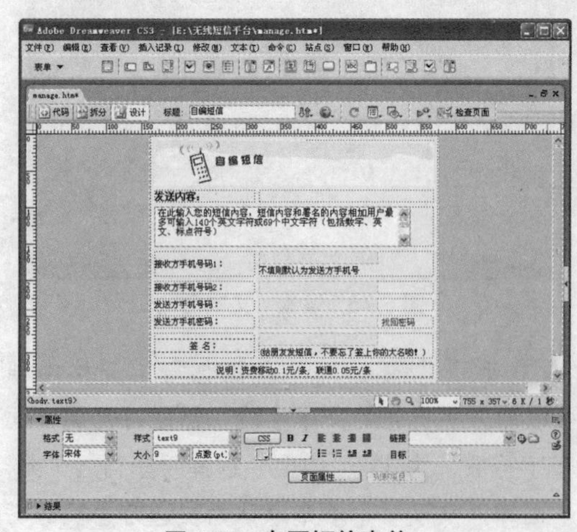

图 6-78　自写短信表单

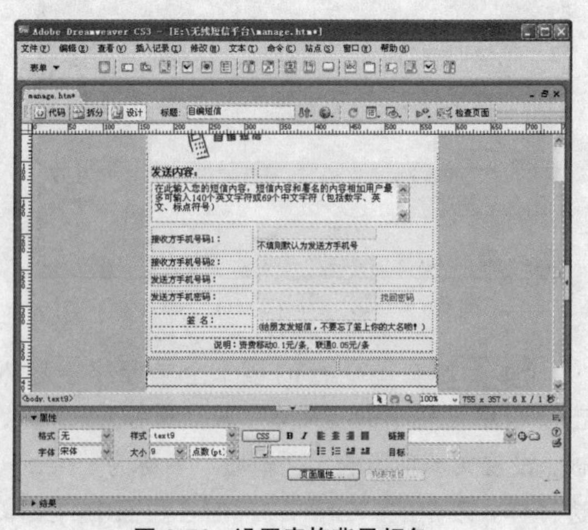

图 6-79　设置表格背景颜色

步骤 19 移动光标到第 1 个单元格内，然后单击“表单”栏中的“复选框”按钮，插入复选框，插入完毕后，在复选框后面输入“闪烁短信:”文字，接着按 Enter 键，另起一行输入“选择此功能后，在发送内容框内将需要闪烁的文字前后加上 ^ 符号（键盘英文输入状态，同时按下 Shift+6），文字就会闪烁”。

步骤 20 将光标移动到第 2 个单元格中，单击“常用”栏中的“图像”按钮，选择图片文件夹中的“n_shan2.gif”，插入一个图片，然后在图片下面输入文字，如：“如：我眼中 ^ 只有你一个 ^”。

步骤 21 将光标移到表格的下面，单击“表单”栏中的“按钮”按钮，插入一个提交表单的按钮，然后选中按钮图标，打开属性面板，在“按钮名称”文本框中输入“ok”，“值”名称为“发送”，“动作”选择“提交表单”，完成后网页如图 6-80 所示。

至此，“无线短信平台”的发送页面已经制作完成了。打开浏览器浏览网页，浏览出的效果如图 6-81 所示。但在此必须说明，这个只是一个静态的 HTML 网页，并不能真正起到发送手机短信的功能。如果想让此网页具备发送手机短信功能，还得学习 ASP、.NET、脚本语言等其他开发程序教程。

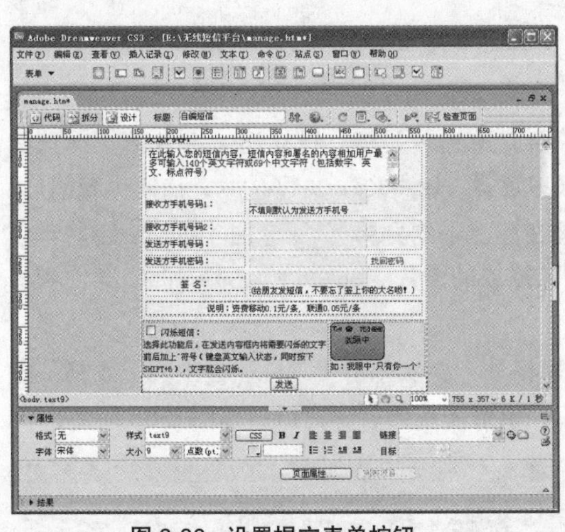

图 6-80 设置提交表单按钮

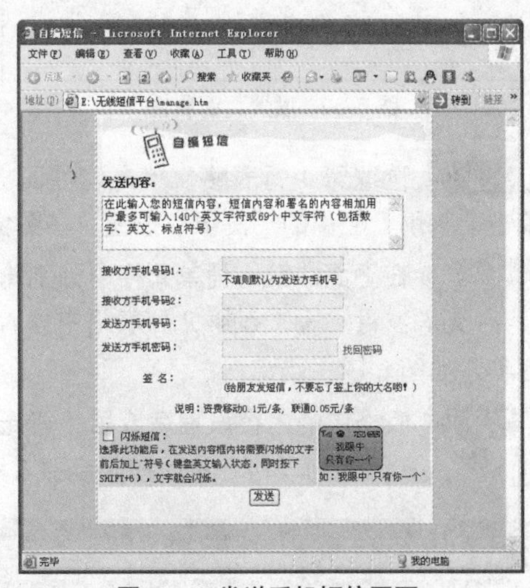

图 6-81 发送手机短信网页

6.1.6 制作弹出式广告窗口

大家应该对弹出式的广告窗口不会陌生，因为在很多网站，如“新浪网”、“中华网”、“TOM”等大型的门户网站，只要一打开首页，就能弹出一个广告窗口。虽然这个对大多数浏览者来说，是比较讨厌的东西，但对于商家和企业来说，则可以达到很好的广告推广效果，因此，对于我们网站制作者来说，掌握这样的一个技术，也是工作的需要。

在本书的第 3 章中介绍了弹出式窗口是利用 Dreamweaver 本身拥有的“行为”功能制作弹出式窗口的方法，所以，在本小节中，越过此方法，直接利用脚本程序在 HTML 里调用网页，使它自动打开页面窗口。下面就这一技术进行具体介绍，具体步骤如下。

步骤 01 新建一个网页，保存为 win.htm。打开属性面板，单击 页面属性... 按钮，打开“页面属性”对话框。

步骤 02 在对话框中单击“分类”列表框中的“外观”选项，显示外观设置面板，然后在“背景图像”文本框中输入背景图片的地址“images/biyeshengs01.gif”，“左边距”、“右边距”、“上边距”、“下边距”文本框中均输入 0，如图 6-82 所示。完成后单击“确定”按钮。

步骤 03 打开属性面板，单击“居中对齐”按钮，使光标在中间显示。单击“常用”栏中的“表格”按钮，插入 1 行 1 列的表格，接着在插入的表格中再插入一个 5 行 4 列的表格，如图 6-83 所示。

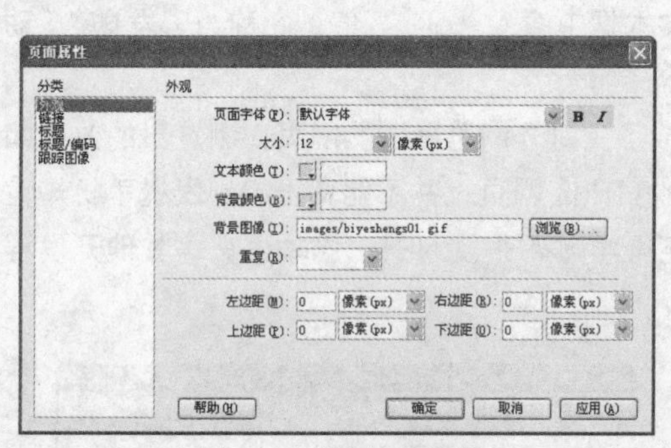

图 6-82 设置页面属性

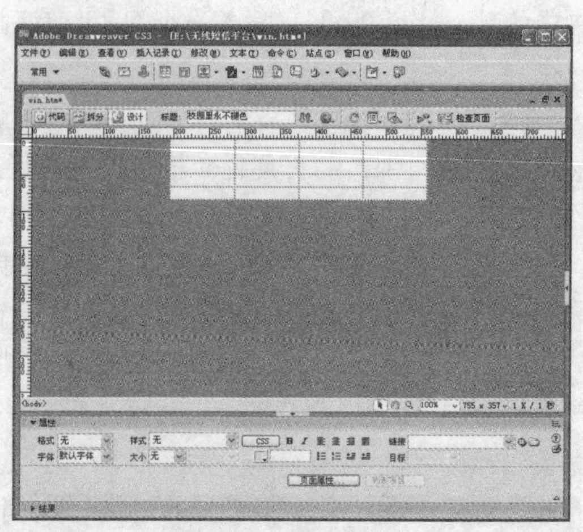

图 6-83 插入表格

步骤 04 选取第 1 行表格，单击属性面板中的“合并所选单元格”按钮，合并第 1 行，然后单击“常用”栏中的“图像”按钮，在图像文件夹中选择“biyeshengs17. gif”，插入标题图片。

步骤 05 在下面的第一列单元格中分别输入“· 睡在我上铺的兄弟”、“· 恋曲 1980”、“· 明年今日”、“· 光辉岁月”等，在第 2 列表格中插入一个喇叭播放的图片“biyeshengs14.gif”，其他表格内容参考如图 6-84 所示。

步骤 06 表格中的内容设置完成后，将光标插入表格外，再次单击“常用”栏中的“表格”按钮，插入 5 行 4 列表格，然后按照步骤 6 和步骤 7，设置表格内容，完成后如图 6-85 所示。

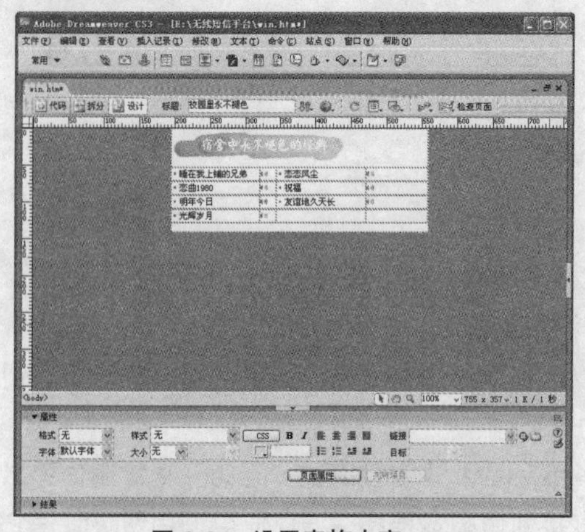

图 6-84 设置表格内容

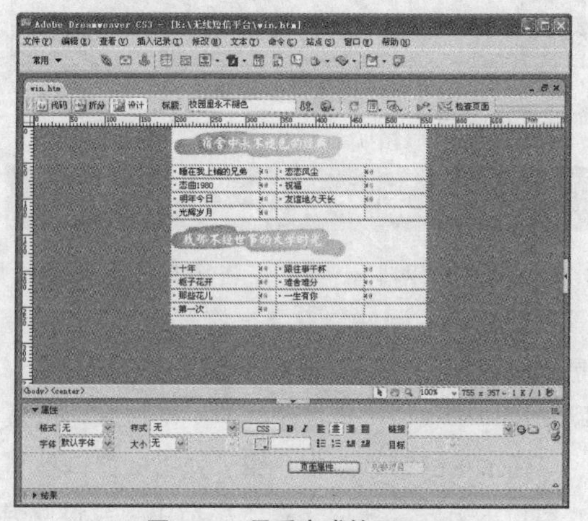

图 6-85 最后完成的页面

步骤 07 完成 win.htm 弹出式网页后，保存页面，打开首页 index.htm。

步骤 08 单击文档面板中的代码按钮，打开代码视图，然后在代码中的 <BODY> 下输入弹出式代码：

```
<SCRIPT>
popup("win.htm",441,300);
function popup(httpurl,width,Height){
window.open(httpurl,'',"toolbar=no,location=no,directories=no,status=no,menubar=no,scrollbars=yes,resizable=no,width="+width+",height="+Height);
    }
</SCRIPT>
```

代码输入完成后保存网页，如图 6-86 所示。

其中，popup("win.htm",441,300) 中的 441 和 300 分别是显示网页的宽和高，如果在浏览首页的时候，弹出窗口的网页 win.htm 宽度和高度不合适，可以修改这两个数值。打开浏览器浏览首页，出现的效果如图 6-87 所示。

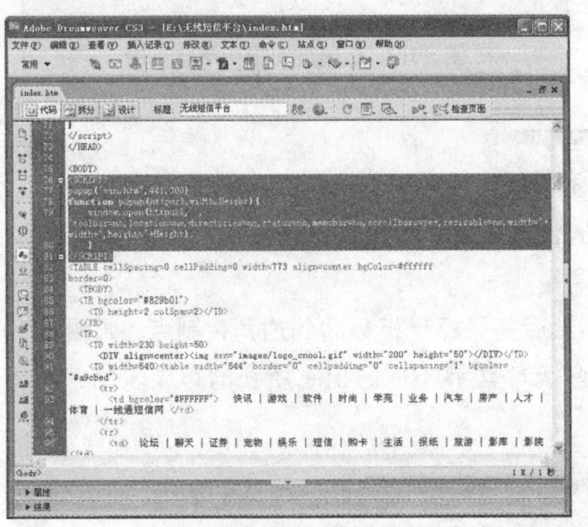

图 6-86　插入代码

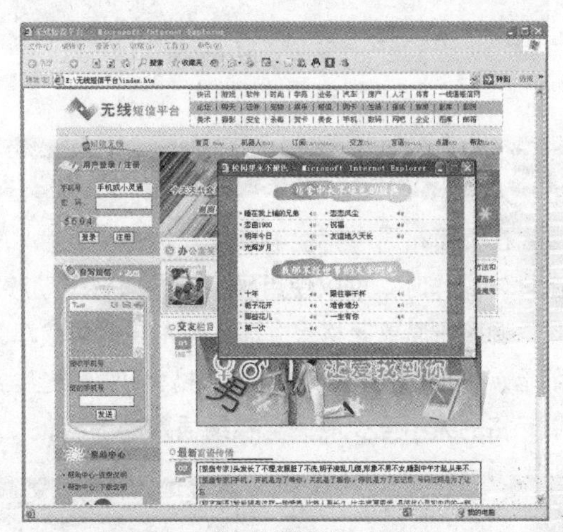

图 6-87　首页和弹出的页面窗口

6.2　知识要点回顾

在本章实例介绍中介绍了页面的表格布局、CSS 样式及弹出式窗口等 Dreamweaver CS3 的基础知识应用。虽然这些都是基础知识，但使用面比较广，使用率比较高，所以，这些都是掌握网页制作最基本的技术。

根据上面介绍的基础知识，将对几个重点知识和常用功能再进一步介绍，以便扩展已经掌握的制作技术。

6.2.1　清除布局中的自动单元格高度

在创建布局单元格时，Dreamweaver CS3 会自动为所有创建的单元格设置一个高度，当在单元格中插入内容时，这些高度有时会妨碍插入内容，所以最好把它清除掉。

在 Dreamweaver 中清除单元格高度有两种方法。

方法一　单击布局表格“标尺”的下拉箭头，在弹出的菜单中选择“清除所有高度”选项，如图 6-88 所示。

方法二　选择页面中的表格，然后在属性面板中单击“清除行高”按钮，如图 6-89 所示。

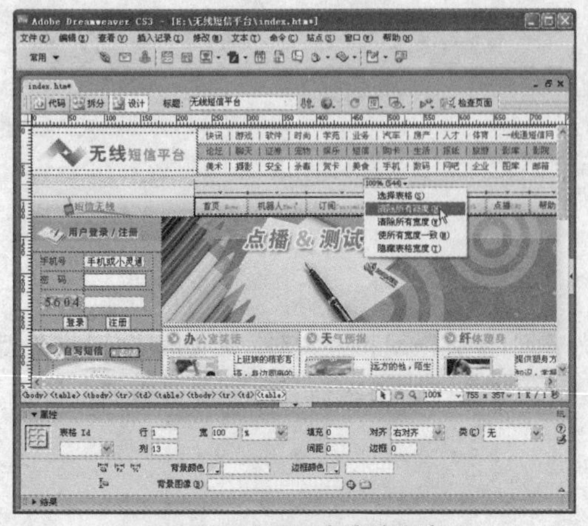

图 6-88　在页面中清除高度

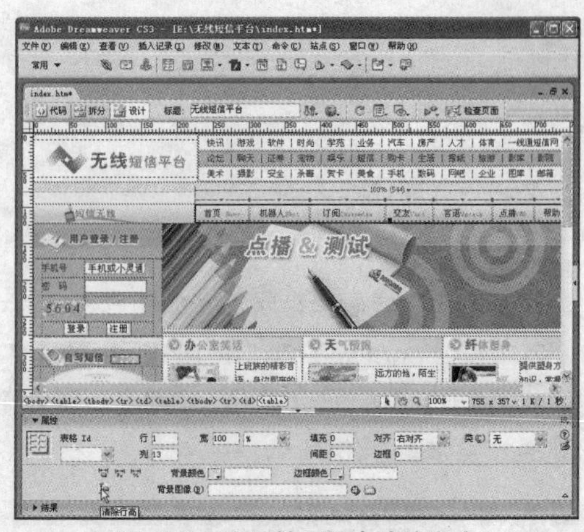

图 6-89　在属性面板中清除高度

6.2.2　移动和调整布局单元格和表格

在页面布局中，能够移动、调整单元格和表格的位置或尺寸，这将更利于用户设计网页布局，在具体操作时，可以使用网格线做向导辅助移动或调整。

调整布局单元格尺寸时，首先要选中该单元格，然后将鼠标光标移动到边角控制点，如图 6-90 所示。根据箭头方向调整单元格大小，并且，布局单元格边界不能超出它所在的布局表格，布局单元格的大小至少能完全容纳插入的内容。

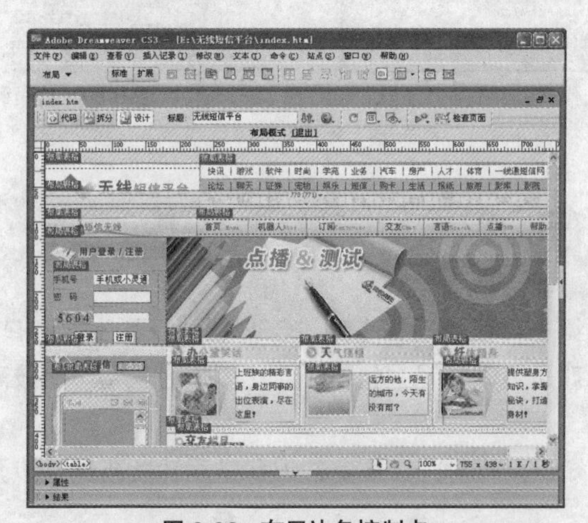

图 6-90　布局边角控制点

在移动布局单元格时，只需要拖动单元格边线到想要移动到的位置即可。调整布局表格的时候，首先要选中表格，然后将光标移动到边角控制点，根据箭头的方向调整表格大小，移动布局表格时，可以拖动表格标签或表格边线。

6.2.3　定义CSS属性

CSS 样式表，也称为层叠样式表，即一系列格式设置的规则，它控制网页内容的外观。使用 CSS 样式可以非常灵活并更好地控制网页外观，从精确的布局定位到特定的字体和样式。在前面的实例中介绍了一些 CSS 在网页中的应用。

在创建 CSS 样式后，会打开“CSS 规则定义”对话框，可以进行具体样式的设置。主要包括：类型、背景、区块、方框、边框、列表、定位和扩展。下面将分别介绍每个类别的详细属性。

1．定义 CSS 类型属性

在“CSS 规则定义”对话框中的“类型”设置面板中可以定义 CSS 样式的基本字体和类型设置，如图 6-91 所示。

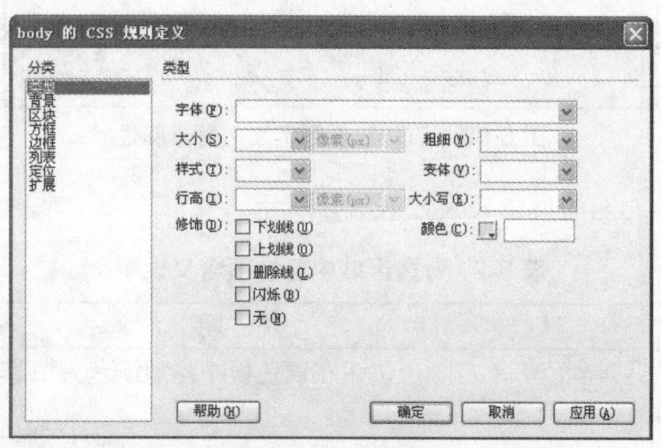

图 6-91 设置“CSS 规则定义”属性

“类型”区域中的功能的具体设置如表 6-1 所示。

表 6-1 类型区域中各选项含义说明

选　项	说　明
字体	为样式设置字体家族（或家族系列）。浏览器使用用户系统上安装的字体系列中的第一种字体显示文本。为了与 Internet Explorer 3.0 兼容，首先列出 Windows 字体
大小	定义文本大小。既可以通过选择数字和度量单位选择特定的大小，也可以选择相对大小。以像素为单位可以有效地防止浏览器破坏文本
样式	将“正常”、“斜体”或“偏斜体”指定为字体样式。默认设置是“正常”
行高	设置文本所在行的高度。该设置传统上称为前导。选择“正常”自动计算字体大小的行高，或输入一个确切的值并选择一种度量单位
修饰	向文本中添加下划线、上划线或删除线，或使文本闪烁。正常文本的默认设置是“无”。链接的默认设置是“下划线”。将链接设置设为“无”时，可以通过定义一个特殊的类删除链接中的下划线
粗细	对字体应用特定或相对的粗体量。“正常”等于 400；“粗体”等于 700
变体	设置文本的小型大写字母变量。Dreamweaver 不在“文档”窗口中显示该属性。Internet Explorer 支持变体属性，但 Navigator 不支持
大小写	将选定内容中的每个单词的首字母大写，或将文本设置为全部大写或小写
颜色	设置文本颜色，单击颜色按钮，在调色板中选取颜色，或直接在文本框内输入十六进制的颜色值

2．定义 CSS 背景属性

使用“CSS 规则定义”对话框的“背景”类别可以进行 CSS 样式的背景设置。可以对网页中的任何元素应用背景属性。例如，创建一个样式，将背景颜色或背景图像添加到任何页面元素中，比如在文本、表格、页面等的后面，还可以设置背景图像的位置，对话框如图 6-92 所示。

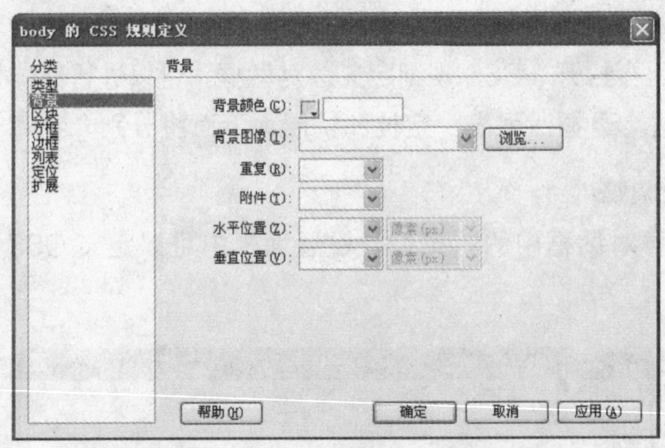

图 6-92 “CSS 规则定义”背景属性

在“背景”区域中的功能的具体设置如表 6-2 所示。

表 6-2 背景区域中各选项含义说明

选 项	说 明
背景颜色	设置元素的背景颜色，单击颜色按钮在调色板中选取颜色，或直接在文本框内输入十六进制的颜色值
背景图像	单击文本框右侧的“浏览”按钮，在“选择图像源文件”对话框中选择背景图像，“确定”后设置为元素的背景图像
重复	确定是否以及如何重复背景图像，包括以下 4 项： “不重复”，在元素开始处显示一次图像 “重复”，在元素的后面水平和垂直平铺图像 “横向重复”和“纵向重复”分别显示图像的水平带区和垂直带区。图像被剪辑是为了适合元素的边界
附件	确定背景图像是固定在它的原始位置还是随内容一起滚动。注意，某些浏览器可能将“固定”选项视为“滚动”。Internet Explorer 支持该选项，但 Netscape Navigator 不支持
水平位置和垂直位置	指定背景图像相对于元素的初始位置。这可以用于将背景图像与页面中心垂直和水平对齐。如果附件属性为“固定”，则位置相对于“文档”窗口而不是元素。Internet Explorer 支持该属性，但 Netscape Navigator 不支持

3．定义 CSS 区块属性

使用“CSS 规则定义”对话框的“区块”类别可以定义标签和属性的间距和对齐设置，对话框如图 6-93 所示。

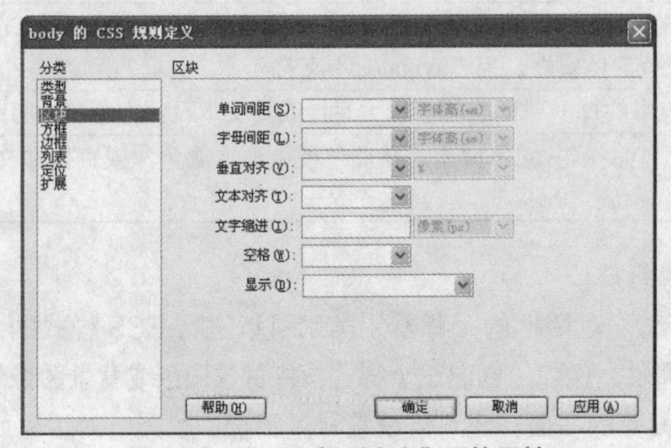

图 6-93 “CSS 规则定义”区块属性

“区块”区域中的功能的具体设置如表 6-3 所示。

表 6-3　区块区域中各选项含义说明

选　项	说　明
单词间距	设置单词的间距。若要设置特定的值，就在下拉列表中选择“值”，然后输入一个数值。在第 2 个下拉列表中，选择度量单位（例如像素、点数等）
字母间距	增加或减小字母或字符的间距。若要减少字符间距，就指定一个负值（例如 -4）。字母间距设置覆盖对齐的文本设置。Internet Explorer 4 和更高版本以及 Netscape Navigator 6 支持“字母间距”属性
垂直对齐	指定应用它的元素的垂直对齐方式。仅当应用于 <img> 标记时，Dreamweaver 才在“文档”窗口中显示该属性
文本对齐	设置元素中的文本对齐方式，包括左对齐、右对齐、居中和两端对齐
文本缩进	指定第一行文本缩进的程度。可以使用负值创建凸出，但显示取决于浏览器。仅当标记应用于块级元素时，Dreamweaver 才在“文档”窗口中显示该属性。两种浏览器都支持“文本缩进”属性
空格	确定如何处理元素中的空白。从下面 3 个选项中选择：“正常”收缩空白；“保留”的处理方式与文本被括在 pre 标记中一样（即保留所有空白，包括空格、制表符和回车）；“不换行”指定仅当遇到 br 标记时文本才换行。Dreamweaver 不在“文档”窗口中显示该属性。Netscape Navigator 和 Internet Explorer 5.5 支持“空格”属性
显示	指定是否以及如何显示元素。“无”关闭它被指定给的元素的显示

4．定义 CSS 方框属性

使用“CSS 规则定义”对话框中的“方框”类别可以对控制元素在页面上的放置方式的标记和属性进行设置。既可以在应用填充和边距设置时将设置应用于元素的各个边，也可以使用“全部相同”选项将相同的设置应用于元素的所有边，对话框如图 6-94 所示。

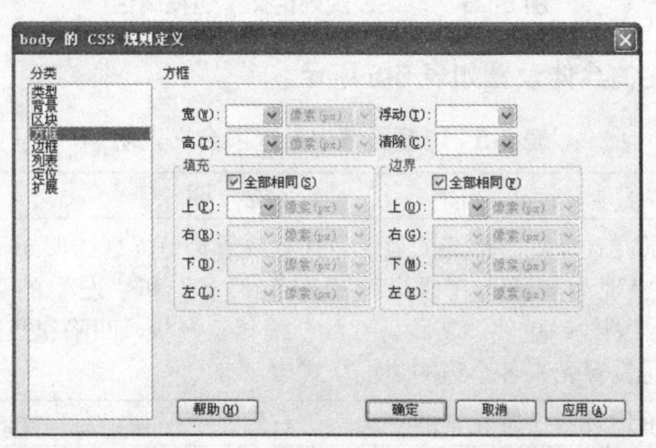

图 6-94　“CSS 规则定义”方框属性

“方框”区域中的功能的具体设置如表 6-4 所示。

表 6-4　方框区域中各选项含义说明

选　项	说　明
宽和高	设置元素的宽度和高度，在文本框中输入数值，在后面的列表中选择数值单位、像素或百分比等
浮动	设置其他元素（如文本、AP Div、表格等）在哪个边围绕元素浮动。其他元素按通常的方式环绕在浮动元素的周围

（续表）

选　项	说　明
清除	定义不允许 AP 元素的边。如果清除边上出现 AP 元素，则带清除设置的元素将被移到该元素的下方
填充	指定元素内容与元素边框（如果没有边框，则为边距）之间的间距。取消勾选“全部相同”复选框可设置元素各个边的填充
全部相同	两个复选框均表示设置元素的“上”、“右”、“下”和“左”填充或边框均相同
边界	指定一个元素的边框（如果没有边框，则为填充）与另一个元素之间的间距。仅当应用于块级元素（段落、标题、列表等）时，Dreamweaver 才在“文档”窗口中显示该属性。取消勾选“全部相同”可设置元素各个边的边距

5. 定义 CSS 边框属性

使用“CSS 规则定义”对话框的“边框”类别可以进行元素周围的边框的设置（如宽度、颜色和样式），对话框如图 6-95 所示。

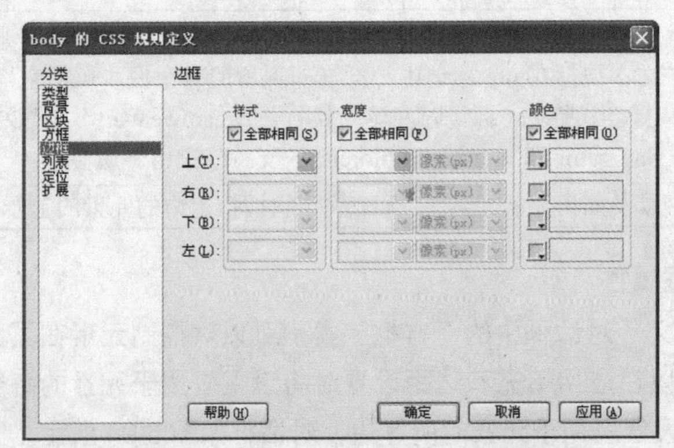

图 6-95　“CSS 规则定义”边框属性

“边框”区域中的功能的具体设置如表 6-5 所示。

表 6-5　边框区域中各选项含义说明

选　项	说　明
样式	设置边框的样式外观。样式的显示方式取决于浏览器。Dreamweaver 在“文档”窗口中将所有样式呈现为实线。在“上”、“右”、“下”和“左”的下拉列表中包括边框的不同样式：点划线、虚线、实线、双线、槽状、脊状、凹陷和凸出。取消勾选“全部相同”复选框，可设置元素各个边的边框样式
全部相同	三个复选框均表示设置元素的“上”、“右”、“下”和“左”样式、宽度或颜色均相同
宽度	设置元素边框的粗细，在文本框中可输入宽度数值，并在右侧列表中选择宽度单位：像素和 % 等。取消勾选“全部相同”复选框可设置元素各个边的边框宽度
颜色	设置边框的颜色。可以分别设置每个边的颜色。取消勾选“全部相同”复选框可设置元素各个边的边框颜色

6. 定义 CSS 列表属性

“CSS 规则定义”对话框的“列表”类别为列表标签定义列表设置（如项目符号大小和类型），对话框如图 6-96 所示。

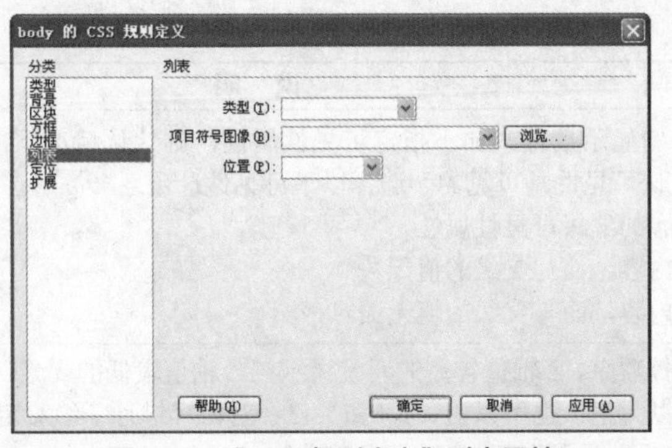

图 6-96 “CSS 规则定义”列表属性

“列表”区域中的功能的具体设置如表 6-6 所示。

表 6-6 列表区域中各选项含义说明

选 项	说 明
类型	设置项目符号或编号的外观，包括：圆点、圆圈、方块、数字、小写罗马数字、大写罗马数字、小写字母、大写字母等样式
项目符号图像	可以为项目符号指定自定义图像。单击“浏览”按钮，通过浏览选择图像，或键入图像的路径即可
位置	设置列表项文本是否换行和缩进（外部）以及文本是否换行到左边距（内部）

7. 定义 CSS 定位属性

“定位”样式属性确定与选定的 CSS 样式相关的内容在页面上的定位方式，对话框如图 6-97 所示。

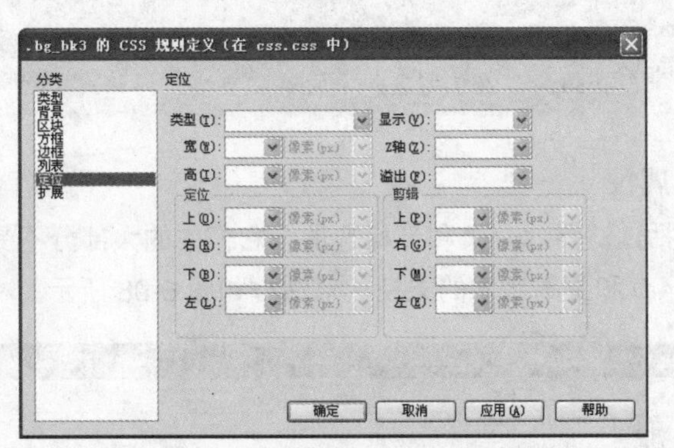

图 6-97 “CSS 规则定义”定位属性

“定位”区域中的功能的具体设置如表 6-7 所示。

表 6-7 定位区域中各选项含义说明

选 项	说 明
类 型	确定浏览器应如何来定位层，如下所示： 绝对：使用“定位”框中输入的、相对于最近的绝对或相对定位上级元素的坐标 相对：使用“定位”框中输入的、相对于区块在文档文本流中的位置的坐标来放置内容区块 固定：使用“定位”框中输入的坐标（相对于浏览器的左上角）来放置内容。当页面滚动时，内容将在此位置保持固定 静态：将内容放在其在文本流中的位置。这是所有可定位的 HTML 元素的默认位置

（续表）

选　项	说　明
显示	确定内容的初始显示条件。如不指定可见性属性，则默认情况下内容将继承父级标签的值。body 标签的默认可见性是可见的。选择以下可见性选项之一： 继承：继承内容的父级可见性属性 可见：将显示内容，而与父级的值无关 隐藏：将隐藏内容，而与父级的值无关
Z 轴	确定内容的堆叠顺序。Z 轴值较高的元素显示在 Z 轴值较低的元素（或根本没有 Z 轴值的元素）的上方。值可以为正，也可以为负。（如果已经对内容进行了绝对定位，则可以轻松使用“AP 元素”面板来更改堆叠顺序
溢出	确定当容器（如 DIV 或 P）的内容超出容器的显示范围时的处理方式。这些属性按以下方式控制扩展： 可见：将增加容器的大小，以使其所有内容都可见。容器将向右下方扩展 隐藏：保持容器的大小并剪辑任何超出的内容。不提供任何滚动条 滚动：将在容器中添加滚动条，而不论内容是否超出容器的大小。明确提供滚动条可避免滚动条在动态环境中出现和消失所引起的混乱。该选项不显示在“文档”窗口中 自动：将使滚动条仅在内容超出容器的边界时才出现。该选项不显示在“文档”窗口中
定位	指定内容块的位置和大小。浏览器如何解释位置取决于“类型”设置。如果内容块的内容超出指定的大小，则将改写大小值
剪辑	定义内容的可见部分。如果指定了剪辑区域，可以通过脚本语言（如 JavaScript）访问它，并操作属性以创建像擦除这样的特殊效果。使用“改变属性”行为可以设置擦除效果

注　意

位置和大小的默认单位是像素。对于 CSS 层，还可以指定下列单位: pt（点数）、in（英寸）、cm（厘米）、mm（毫米）、pc（12pt 字）、em（字体高）、ex（字母 x 的高）或 %（父级值的百分比）。缩写必须紧跟在值之后，中间不留空格，例如：3mm。

8．定义 CSS 扩展属性

“扩展”样式属性包括过滤器、分页和光标选项，它们中的大部分不受任何浏览器的支持，或者仅受 Internet Explorer 4.0 和更高版本的支持，对话框如图 6-98 所示。

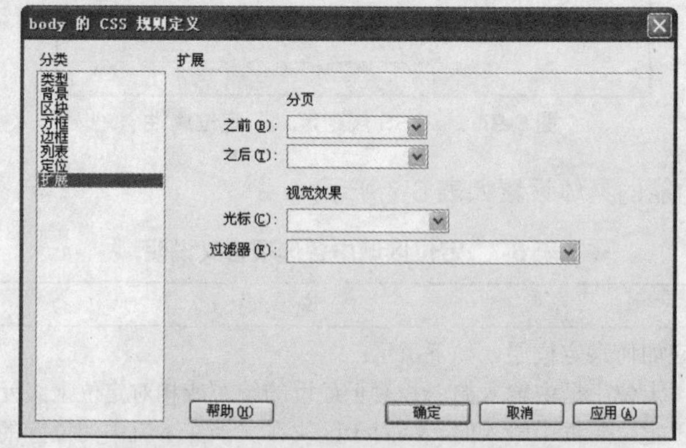

图 6-98　“CSS 规则定义”扩展属性

“扩展”区域中的功能的具体设置如表 6-8 所示。

表 6-8　扩展区域中各选项含义说明

选　项	说　明
分页	打印期间，在样式所控制的对象之前或者之后强行分页。此选项不受任何 4.0 版本浏览器的支持，但可能受未来的浏览器的支持
光标	当光标位于样式所控制的对象上时改变光标图像。Internet Explorer 4.0 和更高版本以及 Netscape Navigator 6 支持该属性
过滤器	对样式所控制的对象应用特殊效果（包括模糊和反转）。在下拉列表中选择一种效果

6.2.4 无边窗口

在实例制作中介绍了弹出式窗口的制作方法，但弹出的窗口是有 IE 边框的，没有特殊性。如果一个具有个性的网站弹出的窗口没有边框，那给人的感觉将更精致和巧妙。下面就将这一方法介绍给大家。无边窗口是通过 JavaScript 来控制的，并且需要编写一段 JS 文件进行支持。具体步骤如下。

步骤 01 启动 Dreamweaver，执行菜单栏中的“文件”>“新建”命令，在空白页的“页面类型”列表中选择“JavaScript”选项，单击“创建”按钮，创建一个 js 文件，如图 6-99 所示。

步骤 02 在打开的网页中输入 JavaScript 代码，如图 6-100 所示。保存文件名为 javascript，由于输入的代码比较长，篇幅所限就不再这里写出，读者可以从配套光盘找到相关文件，复制到自己的文件夹中即可。

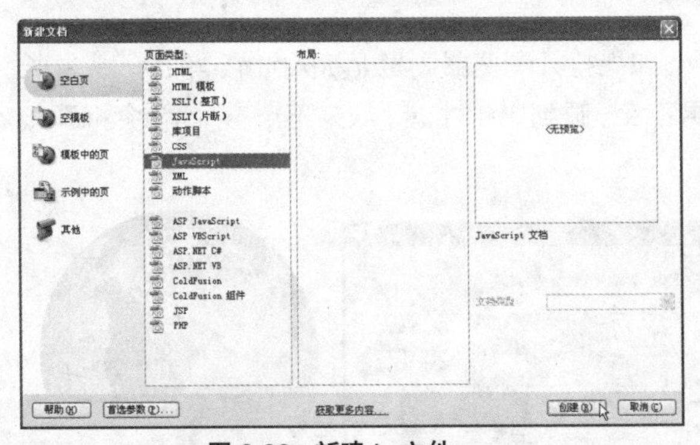

图 6-99　新建 js 文件

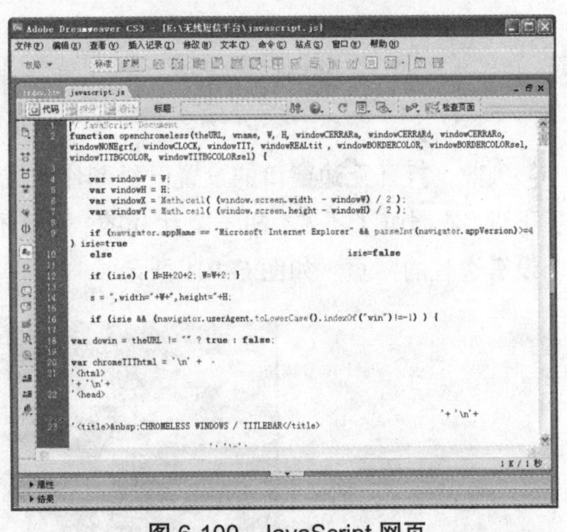

图 6-100　JavaScript 网页

步骤 03 打开 index.htm 网页，单击“文档”工具面板中的 代码 按钮，打开代码视图，在 <hand></hand> 间插入如下代码，用来调用 js 文件夹下的 javascript.js 文件。

```
<script language="javaScript" type="text/javascript" SRC="javascript.js"> </
SCRIPT>
<script>
function openCOLABOY() {
    theURL="win.htm"
    wname ="CHROMELESSWIN"
    W=300;
    H=200;
```

```
    windowCERRARa="images/close_a.gif"
    windowCERRARd="images/close_d.gif"
    windowCERRARo="images/close_o.gif"
    windowNONEgrf="images/none.gif"
    windowCLOCK="images/clock.gif"
    windowREALtit=" 弹出窗口 "
    windowTIT="<font face=verdana size=1> 无线短信平台 </font>"
    windowBORDERCOLOR="#333333"
    windowBORDERCOLORsel="#CCCCCC"
    windowTITBGCOLOR="#CCCCCC"
    windowTITBGCOLORsel="#EEFFFF"
    openchromeless(theURL, wname, W, H, windowCERRARa, windowCERRARd, window-
CERRARo, windowNONEgrf, windowCLOCK, windowTIT, windowREALtit , windowBORDER-
COLOR, windowBORDERCOLORsel, windowTITBGCOLOR, windowTITBGCOLORsel)
}
</script>
```

其中：theURL="win.htm" 是链接的弹出窗口，因为弹出窗口的名称为 win.htm。

```
windowTIT= "<font face=verdana size=1> 无线短信平台 </font>" 显示弹出窗口的标题。
```

还有一些关于边框颜色的设置也可以尝试自行修改。

代码输入完成后，需要加入一个链接，来控制当鼠标单击的时候弹出的小窗口。在需要链接的文字（或图片）前输入代码，如选中首页中“最新言语传情”的第 1 行文字，打开代码视图，在文字前加入链接代码，如：

```
<a href="javascript:openCOLABOY();">头发长了不理，衣服脏了不洗，胡子凌乱几缕，形象不男不女，
睡到中午才起，从来不...</a>
```

到此，打开无边窗口的设置已经制作完成了。如果打开浏览器浏览 index.htm，单击“头发长了不理，衣服脏了不洗，胡子凌乱几缕，形象不男不女，睡到中午才起，从来不……”，就会打开一个没有边框的网页，如图 6-101 所示。

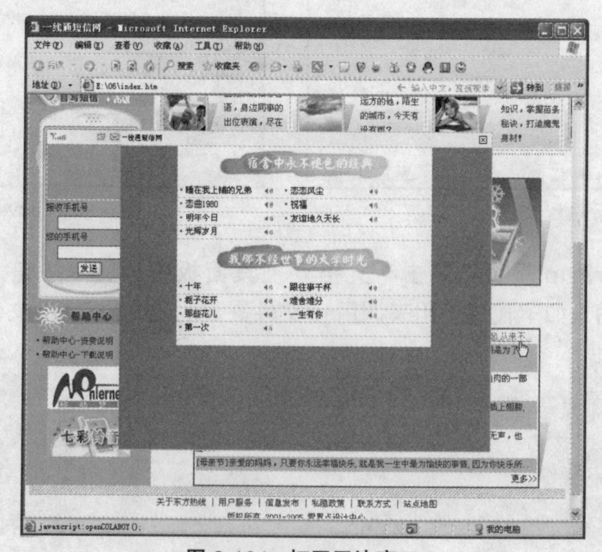

图 6-101　打开无边窗口

6.3 成功经验扩展

手机短信是一种新兴、时尚的产物，在手机功能日渐增多且成熟的今天，收发短信已经成为手机用户交流信息相互问候的一种方式。但在编辑短信的同时，手机用户经常遇到这样的问题："她现在不开心了，我该发什么样的短信来宽慰她"；"过节了，我要以什么不同的方式来祝福朋友"等等，这些都是手机用户要花心思动脑筋去想的，当然，快速便捷的短信发送方式也是用户所必需的。因此，基于市场前景的需求，利用网络平台给手机用户自编自写，或短信写手提供抄送和下载的网站，是用户愿意消费的一种模式。但为了把握消费者，短信提供者提供的信息就需要全面、丰富、有趣、时尚，而且设计制作网页时，必须要体现这些方面的信息，这样才能制作出适合此手机短信发送的网站。

根据以上的阐述，创建一个成功的手机短信网站，需要了解如下 4 个特性。

- 时尚性

互联网的最大特性之一就是充满个性和时尚，每个人上网都能得到自己所需要的东西。手机短信网站更应充分体现出这一特点，为目标对象提供个性化的服务和丰富的信息资源，仿佛整个网站就像信息资源库。

网站的设计制作，都是根据企业的发展目标和网站的特性开发的，所以，手机短信网站在设计上要抓住这些特性，制作出时尚、有趣、全面的网站。

- 互动性

随着手机短信的兴起与发展，很多人似乎看到了这个通讯工具的强大生命力。手机短信首先是个人通讯的重要交流方式，具有人际传播的强大功能，同时也具有大众传播的特点。手机短信使人们交流互动更加平凡和多样，它具有多媒体的特征，互动性强，与其他媒体具有很强的互动能力，是具有发展潜质的新兴媒体。

在手机短信网站中，互动性比较强的还是自写短信，它可以根据对象的不同，编写出合适的文字语言，而且书写方便、快捷，只要输入对方手机号，然后根据自己的想法编写出短信内容，单击"发送"按钮即可完成。

- 实用性

建立的短信网站除了具备以上几个特点外，网站的实用性也是不可忽略的。因为建立网站的目的就是最大限度地对手机用户和自身进行服务。若网站只是为宣传和推广，将失去建立手机短信网站的意义和实质。所以，在制作网站的时候，务实的结构布局、实用的短信内容、快捷的发送方式是制作网站的主要特点。

- 技术性

技术是一种网站建设实施的手段，先进的技术能够保证将所要传达的信息完美、及时地加以传送。技术在于运用，如何在适当的地方运用合适的技术是网站成功的关键。应用多种技术实现强大的网站功能，展示网站个性化，与浏览者互动交流信息，实现企业资源与网络的整合。例如吸引浏览者，实现在线短信发送，彩铃下载，短信群发等。因此，在制作网站时，要全面考虑技术的实施和整合。

第 07 章 游戏类网站——游戏茶苑

游戏类网站概述

网络游戏是当今网络中最热门、最火暴、最赚钱的一个行业，因此，在众多网络行为中，包括大型的门户网站，如：新浪、TOM、搜狐等，都不同程度地增加了游戏栏目。因此，对学习网页制作的制作人员来说，掌握制作游戏类网站的风格、特点、功能等，都是非常必要的。

经过几年的大发展，如今的网络游戏无论是在市场份额还是在投入产出比以及对经济做出的贡献上来说，都完全具有了绝对值得骄傲和肯定的成绩。在国内网络游戏中，消费群体是一个规模可观的玩家用户阶级群体，较少的投入形成了独特的消费行为，但他们注重消费品位和文化蕴涵、产品质量，对产品品牌则关注较少。

网络游戏大致可以分为单机游戏和网络游戏两类。网络游戏是指那些至少有一部分在互联网上运行的游戏。网络游戏软件的主要部分运行在网络服务器上，终端用户无法得到它，而且用户数据也存储在服务器上。虽然一些单机游戏也具有网络的特点，允许用户通过局域网或服务器进行对战游戏，但是用户数据并不保存在服务器上。

经过上面对网络游戏概念的解释，我们大致了解了什么是网络游戏，在本章教程中主要是抓住网络游戏的含义，根据含义了解和分析网络游戏的网站特点，然后制作出需要开发的游戏网站。

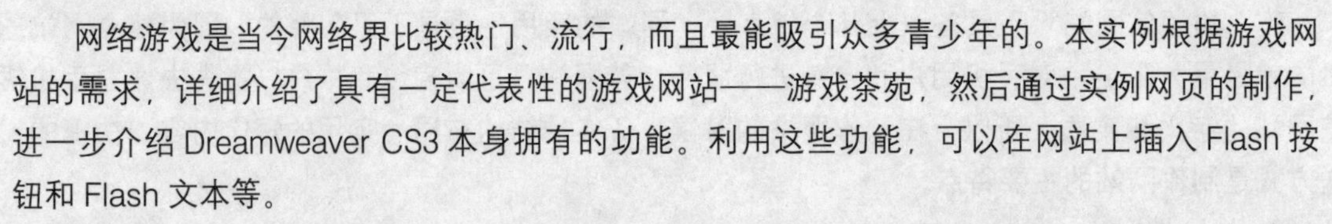

实例展示

网络游戏是当今网络界比较热门、流行，而且最能吸引众多青少年的。本实例根据游戏网站的需求，详细介绍了具有一定代表性的游戏网站——游戏茶苑，然后通过实例网页的制作，进一步介绍 Dreamweaver CS3 本身拥有的功能。利用这些功能，可以在网站上插入 Flash 按钮和 Flash 文本等。

“游戏茶苑”网站在页面布局上相对比较简单，大体上分为左、中、右三大结构，但整体风格还是比较大胆和鲜明的，比较适合青年人的审美习惯。首页设计基本上以图片展示网站效果，因此，“游戏茶苑”网站页面更讲究设计，但本教程中主要介绍如何使用图像、文本以及特效结合制作网站，至于如何设计图片等技术内容，请参考相关教程。

本章实例中，重点介绍的技术是 Flash 按钮和文本在网页中的应用。现在很多网站中都会应用到 Flash 文件，Dreamweaver CS3 中提供了一些简单的 Flash 制作功能，使制作出的网页效果更好，也更容易被网页制作者和浏览者所接受。更深入的 Flash 动画制作，还请参考 Flash 教程。网站实例效果如下图所示。

网站首页

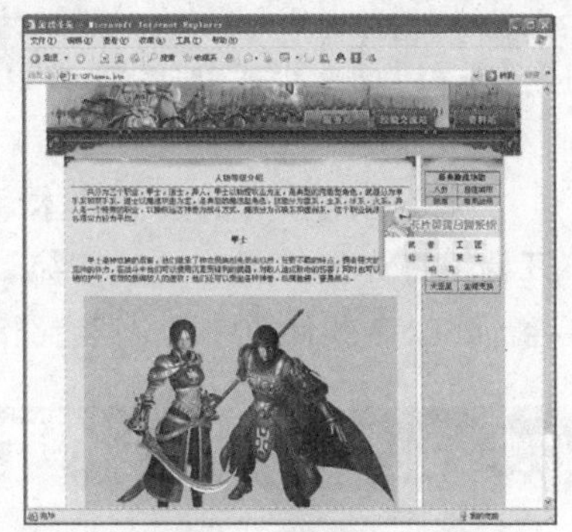

网站二级页面

技术要点

① 插入 Flash 文件及按钮

介绍如何在网页中插入 Flash 文件和应用 Dreamweaver CS3 自带的 Flash 按钮方式，Flash 按钮和文本的插入，使 Flash 的制作更加简便。

② 创建跳转菜单

在网页中创建跳转菜单可以在很小的菜单中显示更多的列表项目，并且为其制作链接，指到对应的网站，适合制作导航菜单和友情链接等栏目。

③ 网页两侧浮动广告的制作

广告的各种方式充斥着大大小小的网站，两侧浮动的广告也是经常用到的广告形式，在本章会有详细的介绍。

配色与布局

游戏网站的制作通常都会与游戏本身的特点和主题相呼应。本实例设计的游戏网站风格比较酷，以黑色并带有底纹的图案作为背景，非常有质感。整体色调为土黄色，因为这是一款古装游戏，使土黄色可以很好的呼应主题并能够突出主体人物。网页的结构传统而清晰，对于整个游戏进行了全方位的介绍，使新玩家和老玩家都可以很快找到自己所需的信息。

#3B3B3B	#DFB151	#F3E4C5
R: 59	R: 223	R: 243
G: 59	G: 177	G: 228
B: 59	B: 81	B: 197

本实例视频文件路径和视频时间

视频文件	盘 \ 视频 \ 07 游戏类网站——游戏茶苑
视频时间	20 分钟

7.1 实例制作过程

通过对游戏网站概念的了解及本章教程实例效果的熟悉，下面就可以开始制作网页。从本小节开始，将详细介绍“游戏茶苑”网站页面的制作过程，每一个过程都可以了解和熟悉 Dreamweaver CS3 软件的应用，读者跟随以下步骤操作即可掌握。

7.1.1 设置页面属性和插入标识图片

首先是建立网页文件，然后在建立的网页文件中进行页面属性的设置，只有在这步完成后，才能接着制作网页布局和文档插入等工作，至于制作网页需要的图像素材，请到本书附带的光盘中复制。因此，下面首先进行页面属性设置。具体操作步骤如下。

步骤 01 启动 Dreamweaver CS3，新建一个无布局的 HTML 网页。

步骤 02 执行“文件”>“保存”菜单命令，将建立的网页保存为网站的首页“index.htm”，如图 7-1 所示。

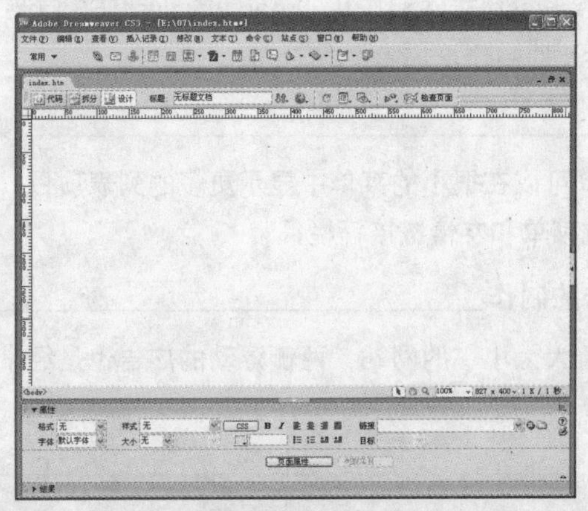

图 7-1 保存网站首页为 index.htm

步骤 03 将鼠标光标插入到页面中，打开属性面板单击“页面属性”按钮 页面属性...，打开页面属性对话框，如图 7-2 所示。

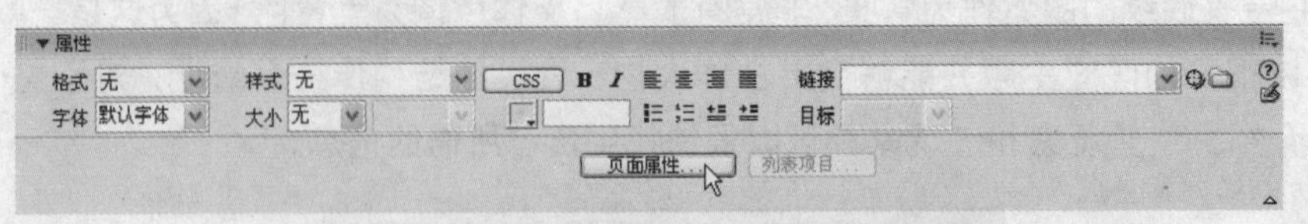

图 7-2 在属性面板中单击“页面属性”按钮

步骤 04 在“分类”列表框中选择“外观”选项，打开“外观”设置面板，在“背景图像”文本框中输入“images/homepage_bg.gif”，或单击文本框后面的“浏览”按钮 浏览(B)...，选择图片文件夹中的“homepage_bg.gif”，在“左边距”、“右边距”、“上边距”、“下边距”文本框中均输入“0”，如图 7-3 所示。由于页面的其他属性设置都是由样式表控制的，所以上面几个项目不用设置。

步骤 05 在“分类”列表框中选择“标题 / 编码”选项，打开“标题 / 编码”设置面板，在“标题”文本框中输入网页标题的名称，如“游戏茶苑”，在“编码”下拉列表中选择“简体中文（GB2312）”，如图 7-4 所示。完成后单击“确定”按钮，保存网页。

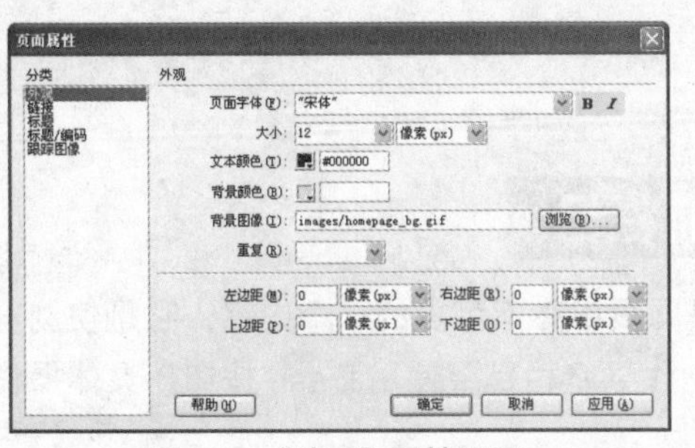

图 7-3 "外观"属性设置

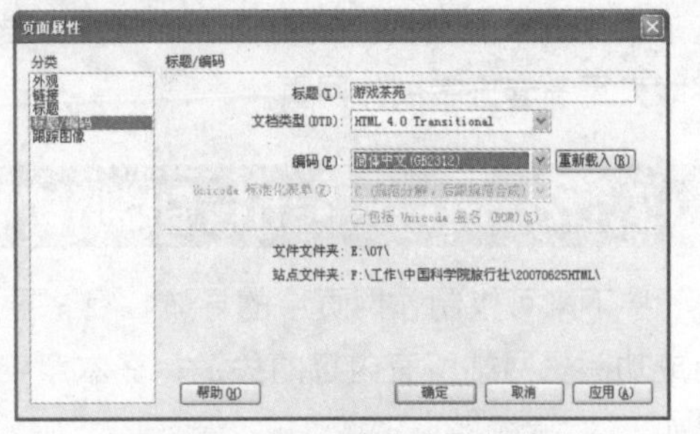

图 7-4 "标题 / 编码"属性设置

步骤 06 单击"常用"栏中的"表格"按钮，在打开的"表格"对话框中设置"行数"为"2"、"列数"为"1"、"表格宽度"为"778"像素、其他都为"0"的表格，如图 7-5 所示。

步骤 07 单击"确定"按钮，回到页面中，选中表格后，在属性面板的"对齐"下拉列表中选择"居中对齐"选项，如图 7-6 所示。

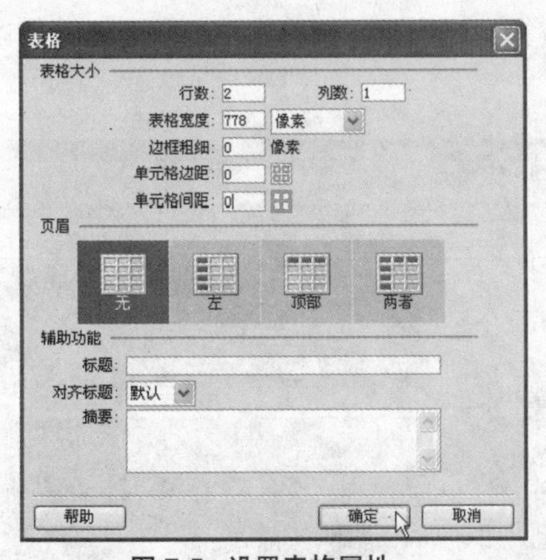

图 7-5 设置表格属性

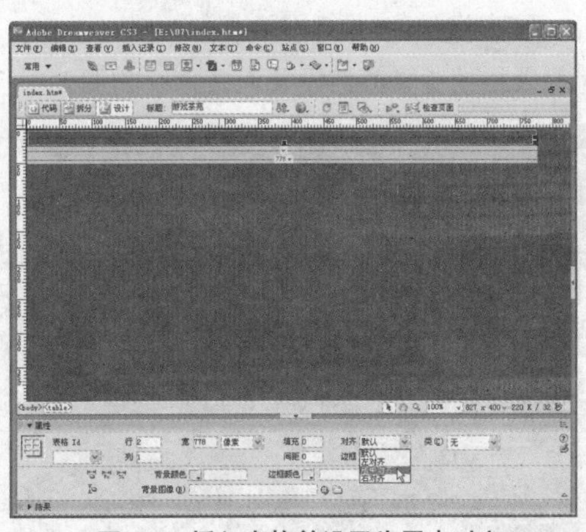

图 7-6 插入表格并设置为居中对齐

步骤 08 将鼠标光标插入到第 1 行表格中，单击"常用"栏中的"图像"按钮，选择图片文件夹中的"homepage_top.jpg"文件，完成后如图 7-7 所示。

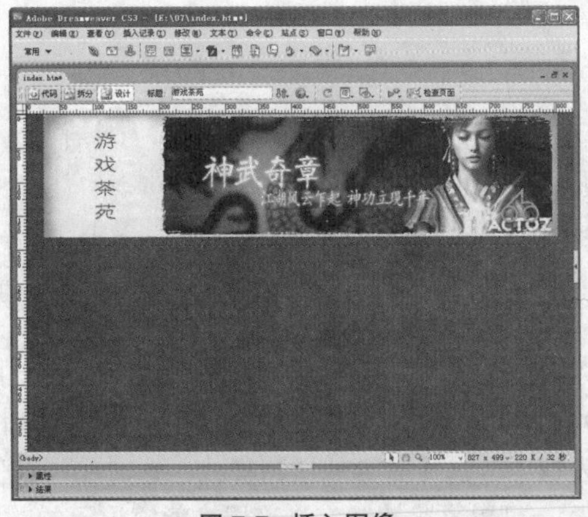

图 7-7 插入图像

网页中标识图像和推广图像是合二为一的，但并不是所有标识都可以和网页中的 Banner 广告图像合在一起，这要根据实际情况而定。因为，企业标识是长期不变的，而 Banner 要经常更换。

至于本实例中的网页标识和 Banner 合在一起设计，主要目的是让读者了解设计网页要灵活应用，不能只用一套方案制作网页。

7.1.2 使用Flash按钮制作网站导航栏目

接下来可以制作网页中的导航栏目，导航栏目是网页中必不可少的一个内容，它是使浏览者能成功阅览网站所有内容的关键。在本章实例中，制作导航栏目要使用 Flash 按钮。具体操作步骤如下。

步骤 01 将鼠标光标插入到第 2 行表格中，打开属性面板，在“背景”文本框中输入“images/homepage_menu.jpg”，或单击后面的“单元格背景 URL”按钮，选择图片文件夹中的“homepage_menu.jpg”，设置单元格高度为“45”，完成后如图 7-8 所示。

步骤 02 单击“常用”栏中的“表格”按钮，插入一个 1 行 7 列、宽度为 93%、各个边框都为“0”的表格。

步骤 03 由于背景颜色是黑色的，在插入导航栏目按钮的时候看不清表格中的单元格，所以临时将表格的背景颜色设置为白色，如图 7-9 所示。

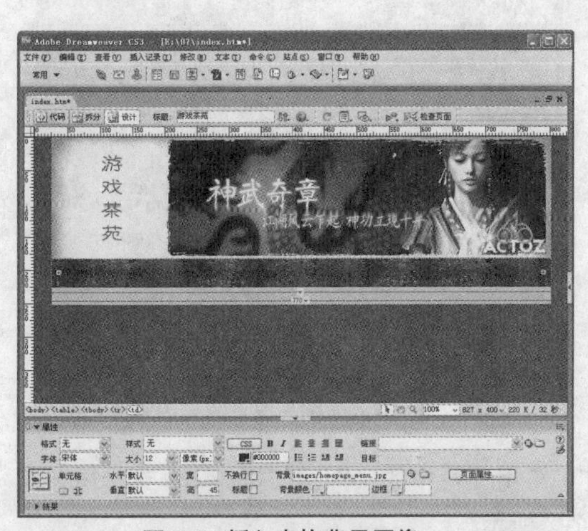

图 7-8 插入表格背景图像

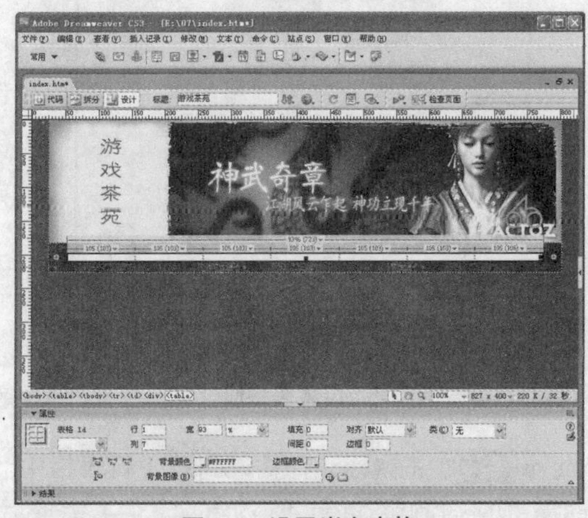

图 7-9 设置嵌套表格

注 意

在插入 Flash 按钮之前，最好是提前复制一个 Flash 文件到网页同目录下的文件夹中，然后以这个文件为基础，制作新的 Flash 按钮替换旧的 Flash 文件，否则，在保存 Flash 按钮的时候容易提示错误的信息。因此，在这里复制一个 hflash.swf 文件到文件夹中，然后将它重新命名为“new_map.swf”文件。

步骤 04 将鼠标光标插入到第 1 个单元格中，单击“常用”栏中的“Flash 按钮”，或执行“插入记录”>“媒体”>“Flash 按钮”菜单命令，打开“插入 Flash 按钮”对话框，如图 7-10 所示。

步骤 05 在“样式”列表框中，选择需要的按钮样式，这时在“范例”预览窗口中将显示按钮样式实例，当单击按钮样式时，可以预览按钮在浏览器中能够显示的功能，如图 7-11 所示。但是，当文本和字体改变后，“范例”预览窗口则不能自动更新以反映最新面貌，这些改变只能显示在设计视图中。

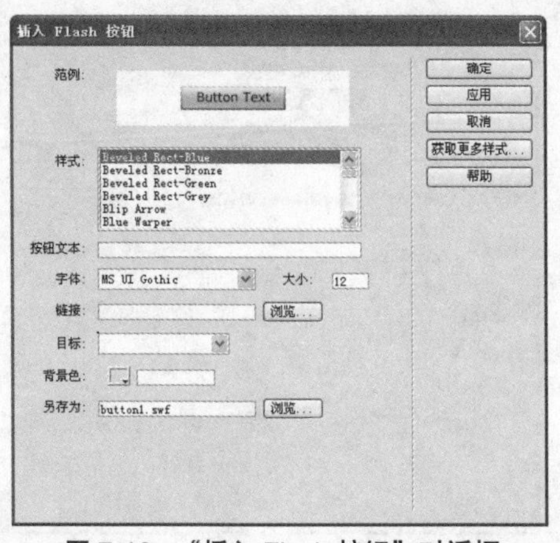

图 7-10 “插入 Flash 按钮”对话框

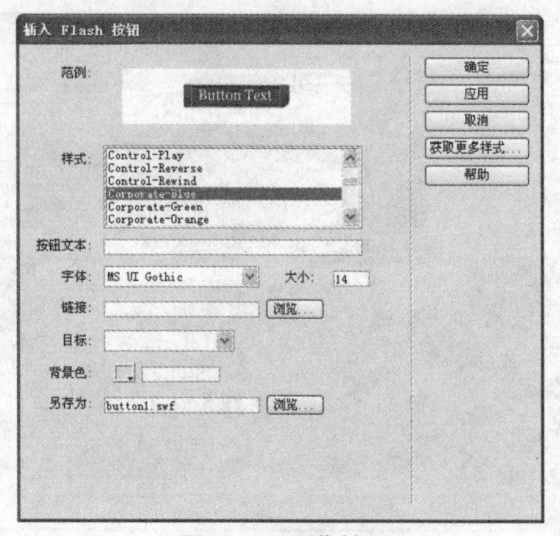

图 7-11 预览按钮

步骤 06 在“按钮文本”文本框中输入“网站首页”；“字体”文本框中选择“黑体”，大小为“14”；在“链接”文本框中，输入首页链接的地址，如：“index.htm”；在“目标”文本框中选择需要打开的方式，如：“_blank”；在“另存为”文本框中输入按钮的名称，如：“new_map.swf”，然后单击“浏览”按钮 浏览... ，将文件保存在与网页同目录下的文件夹中，如图 7-12 所示。

步骤 07 单击“保存”按钮后，返回至“插入 Flash 按钮”对话框，设置如图 7-13 所示。

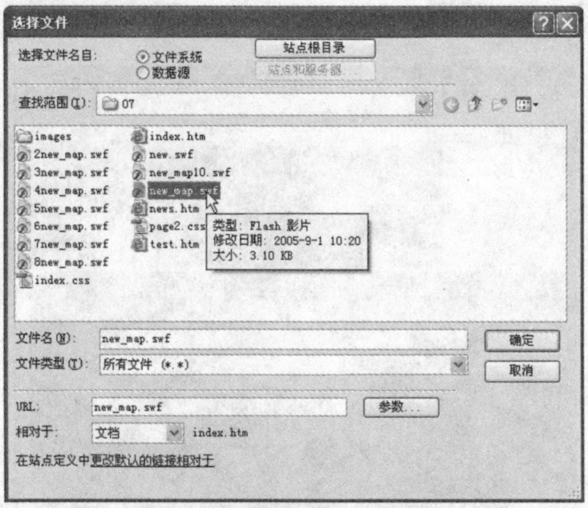

图 7-12 保存 Flash 按钮

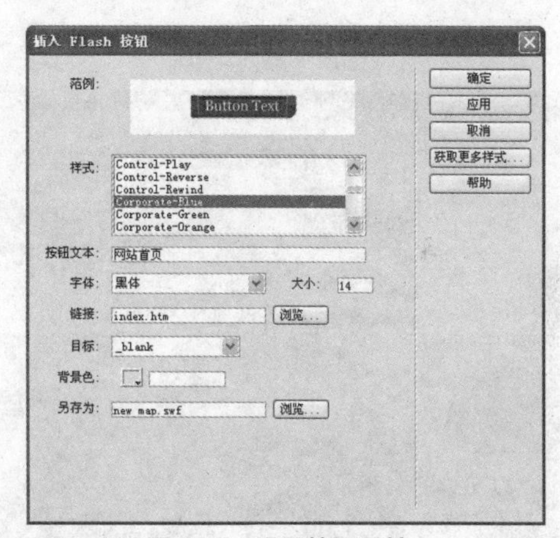

图 7-13 设置按钮属性

步骤 08 单击“确定”按钮，插入一个“网站首页”按钮，如图 7-14 所示。如要对按钮进行修改，可直接双击页面中的按钮，在“插入 Flash 按钮”对话框中进行修改即可。

步骤 09 将光标移动到第 2 个单元格中，单击“常用”栏中的“Flash”按钮，或执行”插入记录”>“媒体”>“Flash 按钮”菜单命令，打开“插入 Flash 按钮”对话框。

步骤 10 在“样式”文本框中选择与前一个按钮一样的样式按钮“Corporate-Blue”，然后在“按钮文本”文本框中输入“购卡储值”，“字体”选择“黑体”，字体“大小”输入“14”，“链接”输入需要链接的网页名称。由于本实例没有制作好相关的内容页面，所以这里以无址链接方式设置，因此文本框中输入“#”符号，在“另存为”文本框中输入“2new_map.swf，完成后如图 7-15 所示。

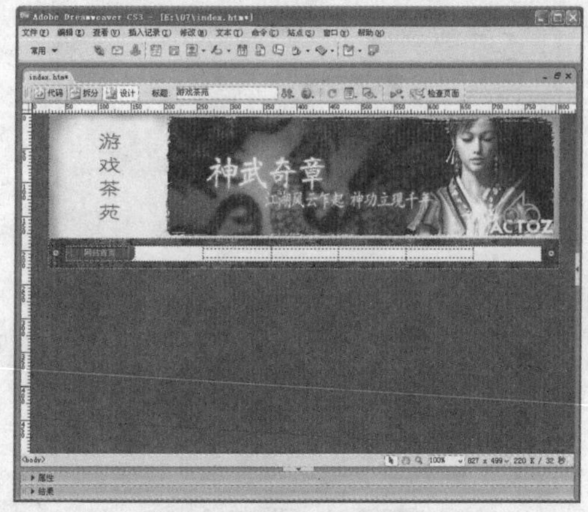

图 7-14　插入 Flash 按钮

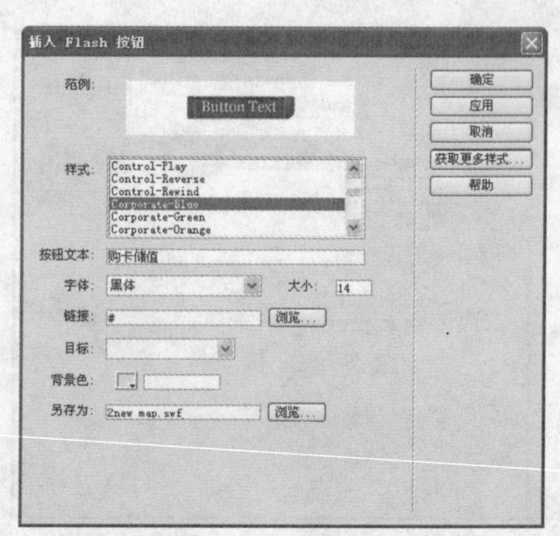

图 7-15　设置“购卡储值”按钮

步骤 11 单击“确定”按钮，插入“购卡储值”按钮。重复步骤 9~ 步骤 10，依次在其他单元格中插入“3new_map.swf”、“4new_map. swf”、“5new_map.swf”、“6new_map.swf”、“7new_map. swf”按钮，“按钮文本”也依次为“下载中心”、“在线调查”、“游戏资料”、“神武任务”、“娱乐频道”。

步骤 12 选中整个 Flash 按钮导航表格，打开属性面板，将表格的“背景颜色”色标值删除，完成后页面如图 7-16 所示。

步骤 13 保存网页，按 F12 键浏览网页效果，如图 7-17 所示。

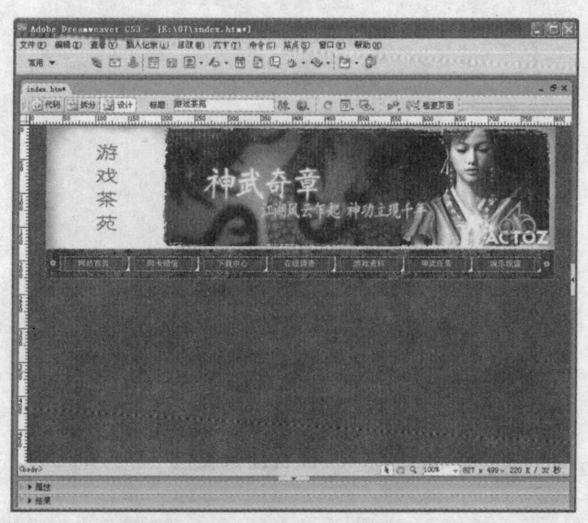

图 7-16　完成 Flash 按钮制作

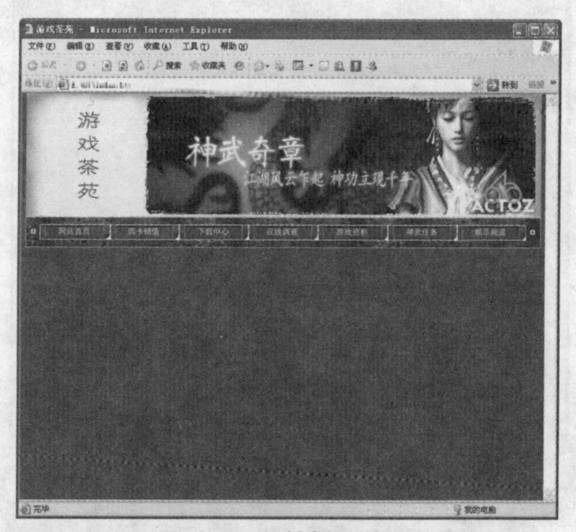

图 7-17　导航栏目效果

网站的导航栏目已经制作完成，但在这里需要提醒的是，在 Windows98 系统下制作 Flash 按钮容易出错，因为一些基本功能在 Windows98 系统中是不被支持的。

7.1.3　制作主内容和插入Flash文件

将导航栏目制作完成后，接下来就是制作网页中的主要信息内容，也就是网站要在首页中显示的文档信息。一般来说，网站首页展示的是主要栏目内容，如：“最新信息”、“系统公告”等等。具体创作步骤如下。

步骤 01 将光标移到导航栏目表格外面，单击“常用”栏中的“表格”按钮，插入 3 行 5 列、宽度为“778”像素、其他设置都为“0”的表格。

步骤 02 选中插入的表格，打开属性面板，在“背景图像”文本框中输入“images/middle_bg.jpg”，或单击“背景图像”文本框后面的“浏览文件”按钮，选择图像文件夹中的“middle_bg.jpg”文件，完成后如图 7-18 所示。

步骤 03 将光标移动到第 1 个单元格中，单击“常用”栏中的“表格”按钮，插入 10 行 1 列、宽度为 163 像素、其他设置都为“0”的表格，如图 7-19 所示。

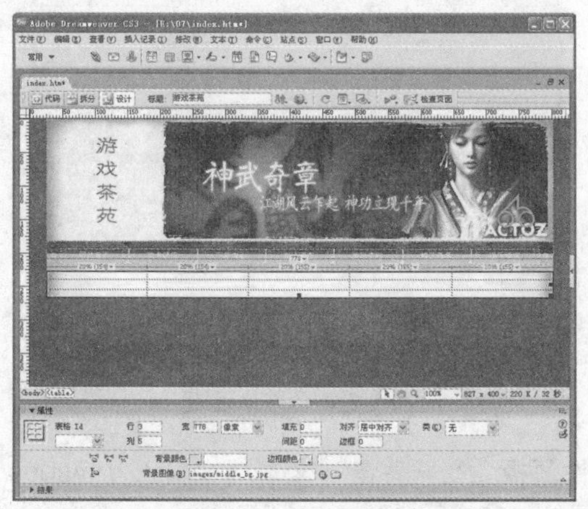

图 7-18 插入表格

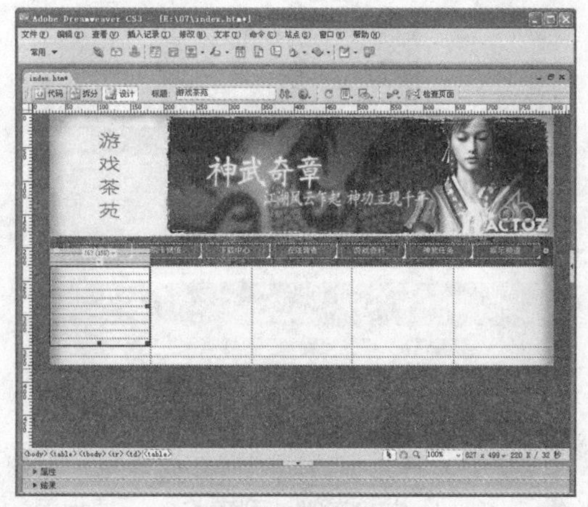

图 7-19 嵌套表格

步骤 04 将光标移动到嵌套表格的第 1 个单元格中，打开属性面板，设置“高”为“5”像素，然后单击文档工具面板上的代码按钮，删除单元格代码中的空格符号“ ”。

步骤 05 移动光标到下一个单元格中，打开属性面板，在“高”文本框中输入“30”，在“背景”文本框中输入“images/menu_left.jpg”，设置表格背景图像，如图 7-20 所示。

步骤 06 重复步骤 4，设置第 3、5、7、9 单元格的高度为“5”像素；重复步骤 5，设置第 4、6、8、10 单元格的背景图像为“menu_left.jpg”，完成后如图 7-21 所示。

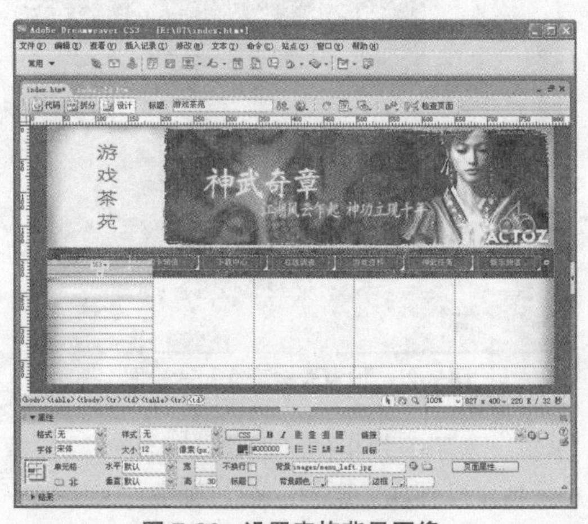

图 7-20 设置表格背景图像

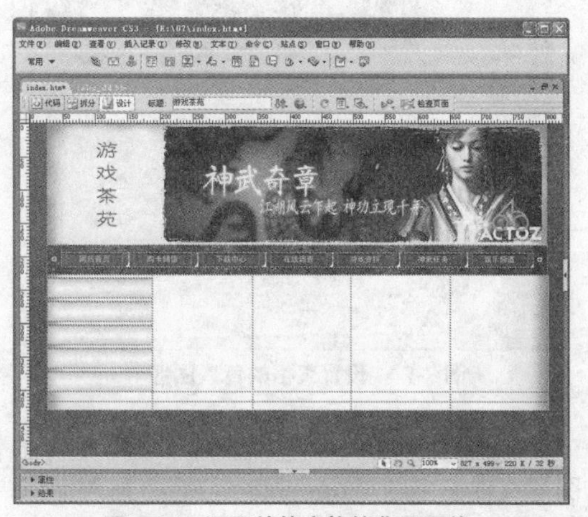

图 7-21 设置其他表格的背景图像

步骤 07 在第 2 个单元格中，输入主题栏目，如“| 神武 Q&A”，然后选中文字，打开属性面板，设置字体颜色为“#990000”。

步骤 08 同样，在第 4、6、8、10 单元格中依次输入主题栏目的文字“| 客服中心”、“| 加盟申请”、“| 拜师服务”、“| 积分兑换物品”，然后设置字体颜色为“#990000”，完成后如图 7-22 所示。

步骤 09 分别选中第 2 列和第 4 列表格，打开属性面板，设置单元格宽度为“1”像素，然后单击“合并所选单元格”按钮，合并单元格。不要忘记在设置表格最小宽度和高度时，必须删除表格代码中的空格符号，方法同步骤 4。完成后表格如图 7-23 所示。

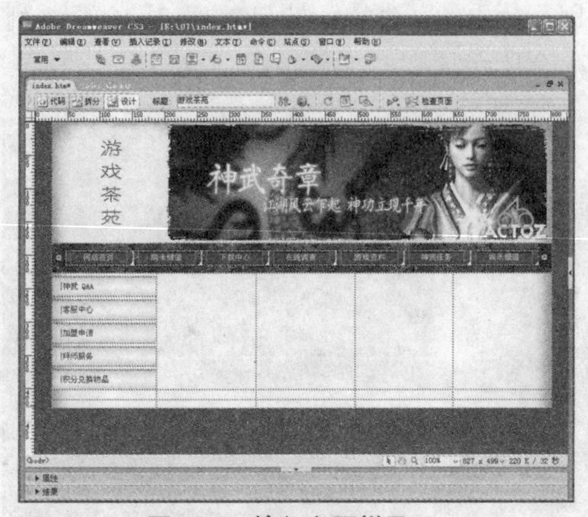

图 7-22 输入主题栏目

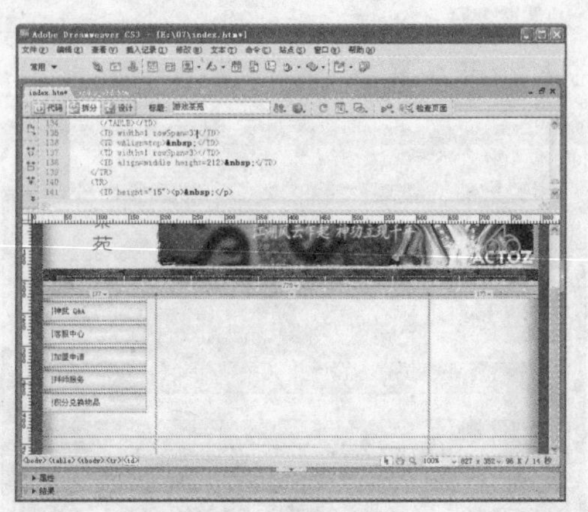

图 7-23 合并单元格

步骤 10 将光标移动到第 2 列表格中，打开属性面板，在“背景”文本框中输入“images/line1.jpg”，同样，在第 4 列表格中设置相同的背景图像，完成后如图 7-24 所示。

步骤 11 将光标移动到第 2 行中间的单元格中，打开属性面板，在“背景”文本框中输入“images/line2.jpg”，在“高”文本框中输入“1”，然后单击文档工具面板中的代码按钮，将这一行表格中空格符号“ ”都删除，以免影响高度的设置，完成删除后，单击设计按钮，返回至设计界面，如图 7-25 所示。

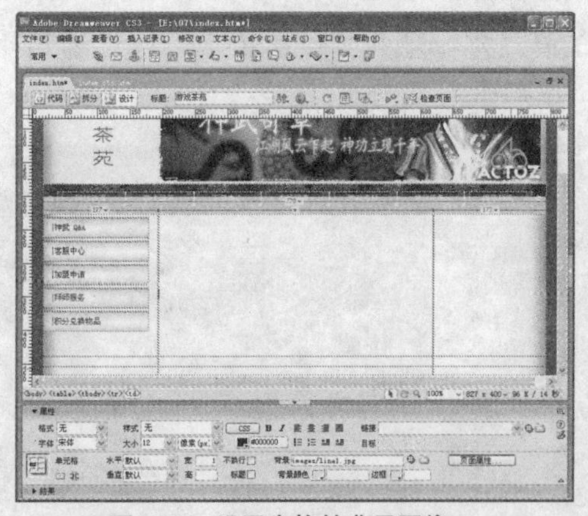

图 7-24 设置表格的背景图像

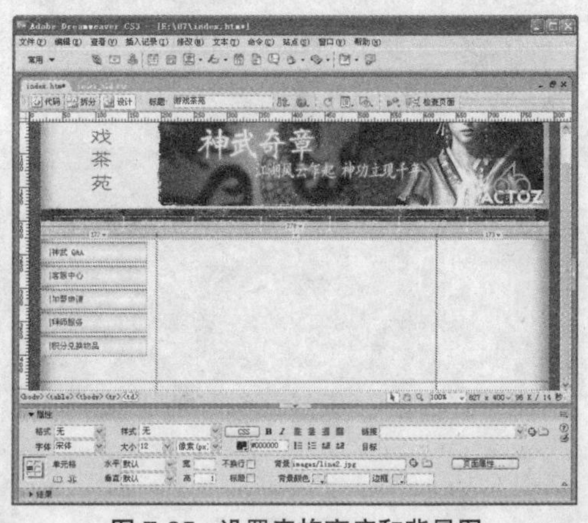

图 7-25 设置表格高度和背景图

步骤 12 移动光标到第 1 列的第 3 个单元格中，单击“常用”栏中的“图像”按钮，选择图片文件夹中的“logo_hero.jpg”，插入标识广告图片，然后打开属性面板，在“替换”文本框中输入图片文字，如“英雄榜”。

步骤 13 在“logo_hero.jpg”下空一格位置处再插入一个“logo_arrange.jpg”图片，在属性面板的“替换”文本框中输入“服务器门派排名”，完成后如图 7-26 所示。

步骤 14 将光标移动到第 1 行的第 3 个单元格中，打开属性面板，在“背景”文本框中输入背景图像“images/title001.jpg”，设置单元格背景，如图 7-27 所示。

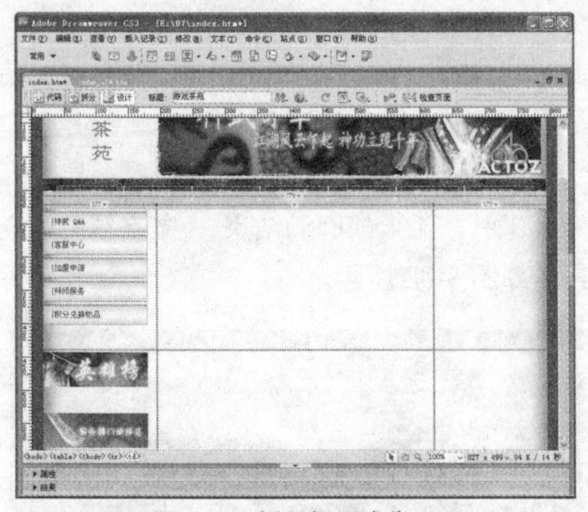

图 7-26　插入标识广告

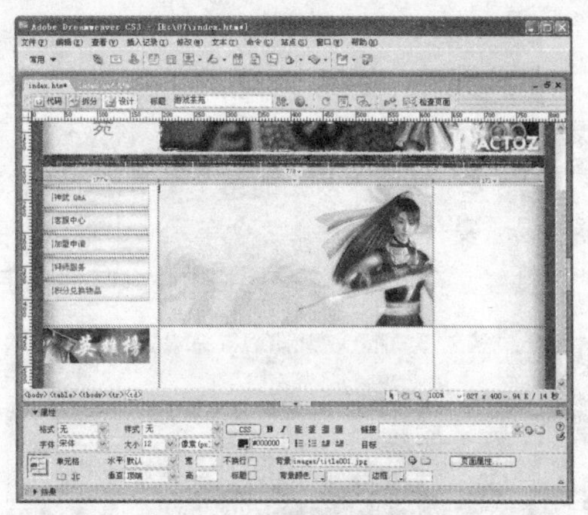

图 7-27　设置单元格背景

步骤 15 单击“常用”栏中的“表格”按钮，插入 3 行 3 列、宽度为 100%、其他设置都为“0”的表格。

步骤 16 将光标插入到第 1 个单元格中，单击“常用”栏中的“Flash 文本”按钮，如图 7-28 所示。打开“插入 Flash 文本”对话框。

图 7-28　单击“Flash 文本”按钮

步骤 17 在“字体”文本框中选择需要的字体，这里选择“华文中宋”，字体“大小”为“14”，“颜色”色标值为“#333333”，“转滚颜色”为“#CC0000”，“文本”框中输入“最新消息”。如果有链接的网页，可以在“链接”文本框中输入网页的链接地址，本章实例没有链接，所以为空。在“另存为”文本框中输入按钮的名称“new.swf”，如图 7-29 所示。完成后单击“确定”按钮，插入 Flash 文本按钮，如图 7-30 所示。

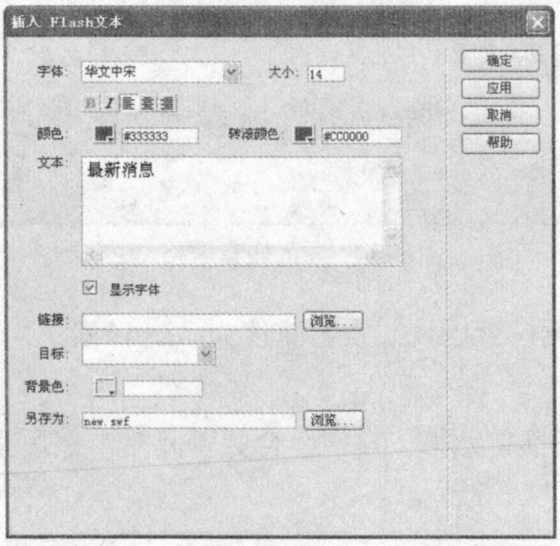

图 7-29　“插入 Flash 文本”对话框

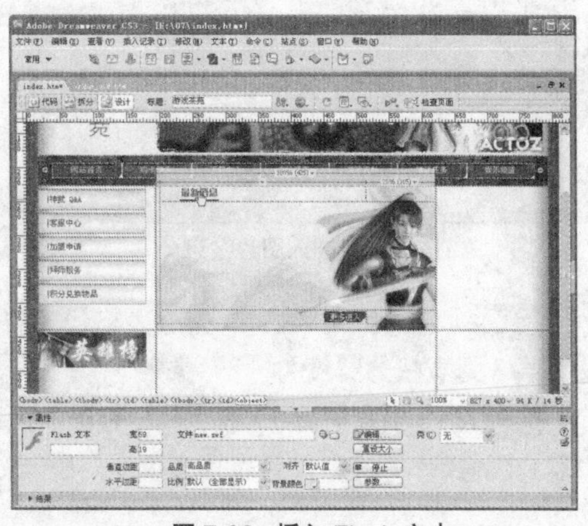

图 7-30　插入 Flash 文本

步骤 18 选中第 2 行表格，打开属性面板，单击“合并所选单元格”按钮，合并单元格。

步骤 19 在合并的单元格中，插入 9 行 1 列、宽度为 63%、其他设置都为“0”、居左对齐的表格，如图 7-31 所示。

步骤 20 在插入表格的第 1 个单元格中，输入文字标题，如“[08/31] 天下、神话、创造服务器交易恢复公告”，在第 2 个单元格中输入文字标题“[08/31] 门派大战圆满结束”，文字颜色为红色，接着，在下面几个单元格中输入其他文字标题，具体如图 7-32 所示。

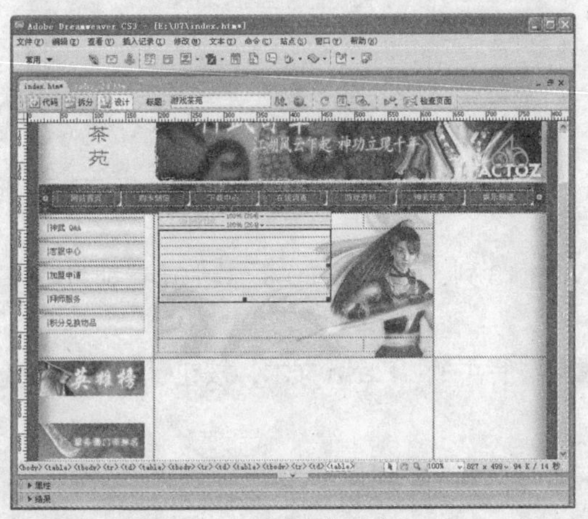

图 7-31 插入嵌套表格

图 7-32 设置文字标题

步骤 21 将光标移到下一行的第 1 个单元格中，单击“常用”栏中的“图像”按钮，选择图片文件夹中的“more.gif”图片，插入“更多进入”图片按钮，如图 7-33 所示。

步骤 22 将光标移动到最右侧的表格中，单击“常用”栏中的“表格”按钮，插入 9 行 3 列、宽度为“159”像素、其余设置都为“0”的表格，如图 7-34 所示。

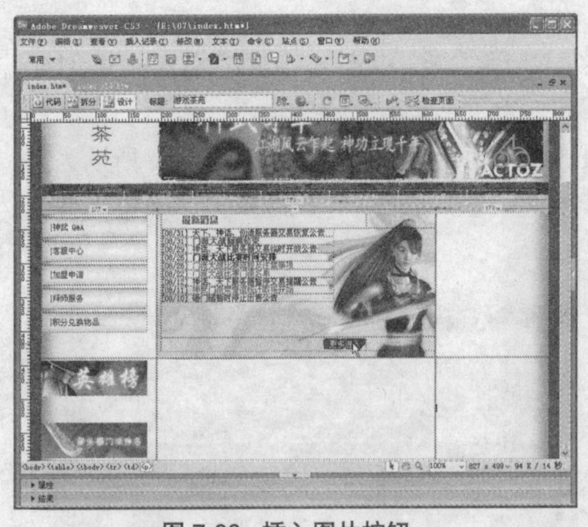

图 7-33 插入图片按钮

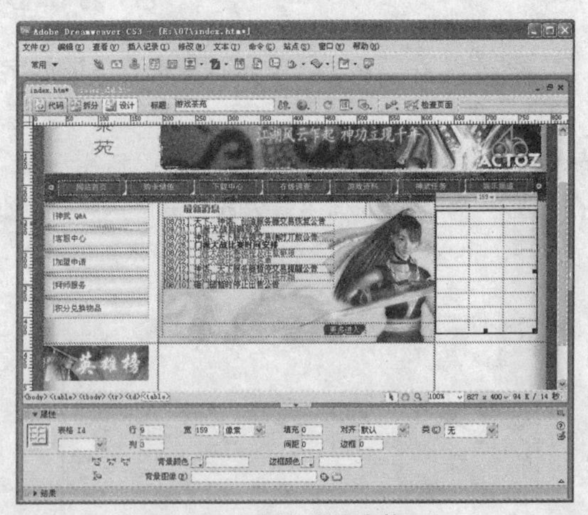

图 7-34 插入嵌套表格

步骤 23 选中第 1 列表格，删除表格代码中的空格符号“ ”，设置宽度为“7”像素。同样，设置第 3 列表格的宽度为“7”像素。

步骤 24 分别选中第 3、5、7 行表格，单击“合并所选单元格”按钮，合并单元格，然后重复步骤 23 的操作方法，设置表格高度为“5”像素，如图 7-35 所示。

步骤 25 选中表格，打开属性面板，在“背景图像”文本框中输入背景图像地址“images/menu_right_bg.jpg”，如图 7-36 所示。

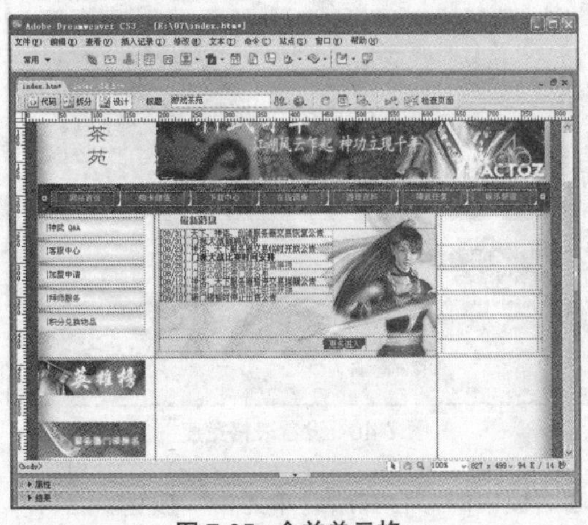

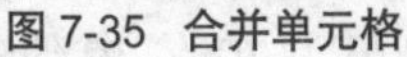

图 7-35　合并单元格

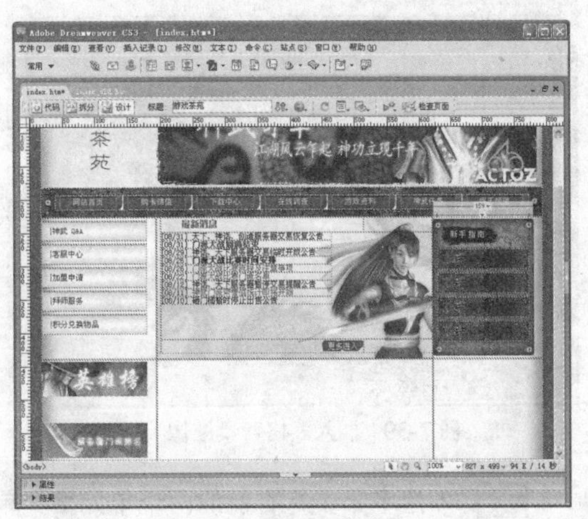

图 7-36　设置表格背景图

步骤 26 将光标移到第 2 行表格中，输入文字“下载神武”，然后在属性面板中设置字体颜色为白色“#FFFFFFF”，表格“背景”为“menu_right_t.jpg”的图像。

步骤 27 移动光标到第 4 行表格中，输入文字“账号注册”，然后在属性面板中设置字体颜色为白色“#FFFFFFF”，表格“背景”为“menu_right_t.jpg”图像，如图 7-37 所示。

步骤 28 同样，在第 6、8 行表格中分别输入文字为“如何游戏”、“账号储值”，然后设置相同的背景图像“menu_right_t.jpg”，如图 7-38 所示。

图 7-37　设置文字和背景

图 7-38　完成新手指南内容的设置

步骤 29 将光标移动到第 4 行中间的单元格中，打开属性面板，在表格“背景”文本框中输入“images/title002.jpg”，然后选择“垂直”下拉列表中的“底部”选项，如图 7-39 所示。

步骤 30 单击“常用”栏中的“表格”按钮，插入 2 行 3 列、宽度为 100%、其他设置都为“0”的表格。

步骤 31 选中第 1 列表格，单击属性面板中的“合并所选单元格”按钮，合并单元格，然后设置表格宽度为“8”像素，如图 7-40 所示。

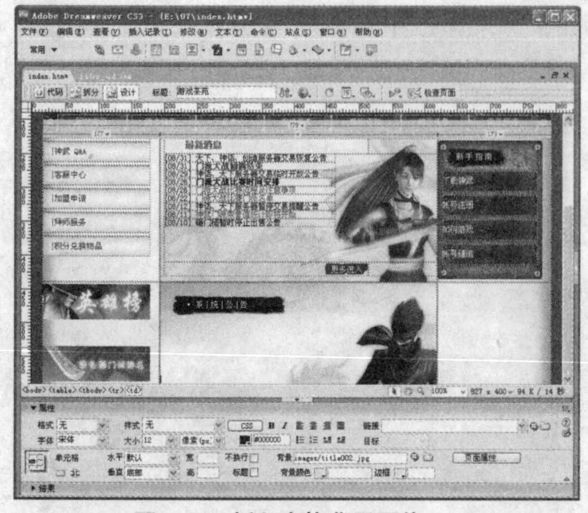

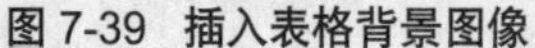

图 7-39　插入表格背景图像

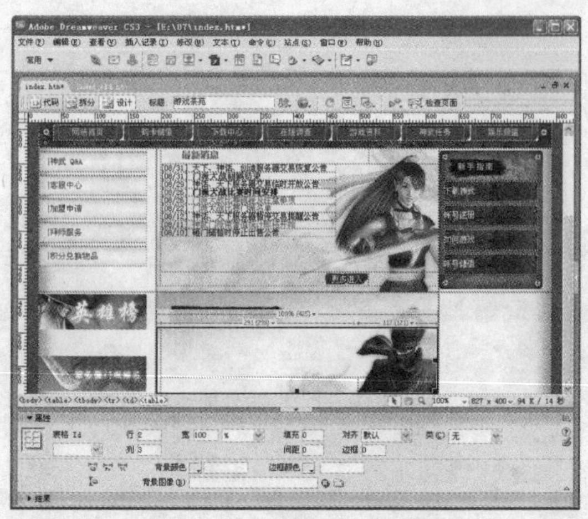

图 7-40　设置表格宽度

步骤 32 选中第 1 行右侧的两个单元格，单击属性面板中的“合并所选单元格”按钮，合并单元格，接着单击“常用”栏中的“表格”按钮，插入 4 行 1 列、宽度为 70%、其他边设置为“0”的表格，完成后选择属性面板的“垂直”下拉列表中的“顶端”选项，使表格在顶部显示，如图 7-41 所示。

步骤 33 将光标移动到嵌套表格的第 1 个单元格中，输入内容标题，如“[08/30] 游戏服务器开机公告”。

步骤 34 同样，在下面的 3 个单元格中，输入其他文字标题，如图 7-42 所示。

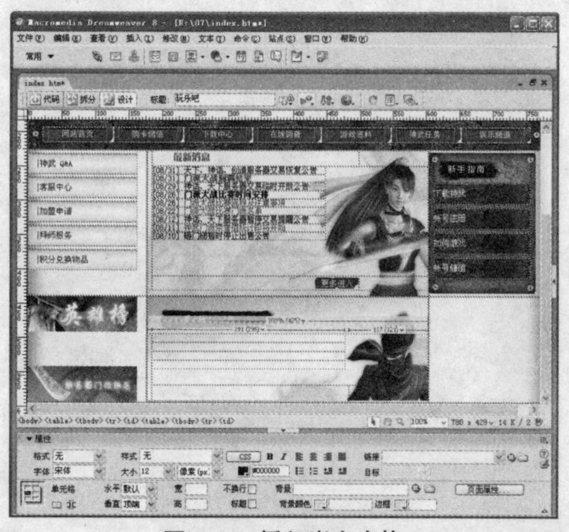

图 7-41　插入嵌套表格

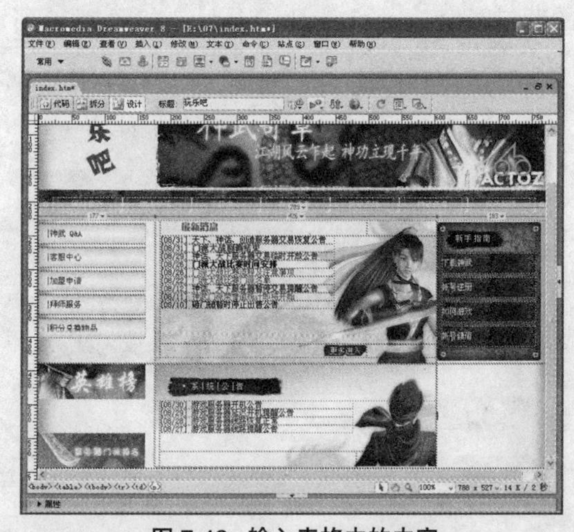

图 7-42　输入表格中的内容

步骤 35 移动光标到下一行左侧的单元格中，单击“常用”栏中的“图像”按钮，选择图片文件夹中的“more.gif”文件，插入“更多进入”图片按钮，然后设置右对齐显示，如图 7-43 所示。

步骤 36 将光标移动到最右侧的表格中，单击“常用”栏中的“图像”按钮，选择图片文件夹中的“logobbs.jpg”，插入标识图片，接着按 Enter 键，另起一行，再次插入一个标识图像“logomag.jpg”，如图 7-44 所示。

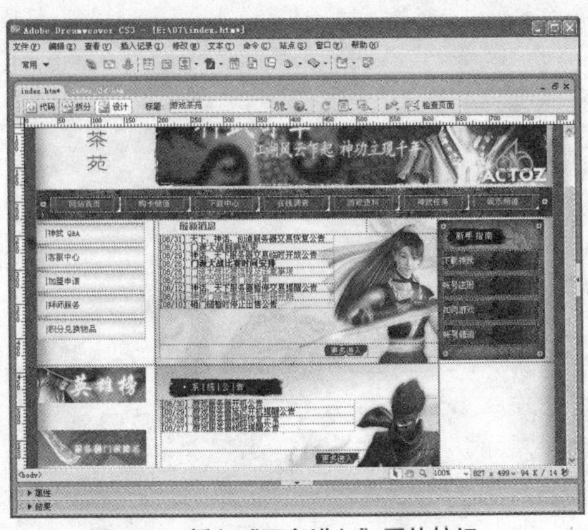

图 7-43 插入“更多进入”图片按钮

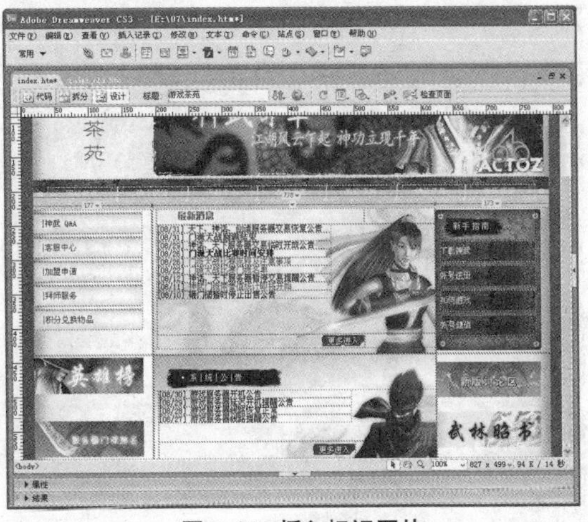

图 7-44 插入标识图片

步骤 37 将光标移到整个表格外，单击“常用”栏中的“表格”按钮，插入 1 行 1 列、宽度为“778”像素、其他设置都为“0”的表格，如图 7-45 所示。

步骤 38 移动光标到表格中，单击“常用”栏中的“图像”按钮，选择图片文件夹中的“activity2.jpg”，插入宣传图片，如图 7-46 所示。

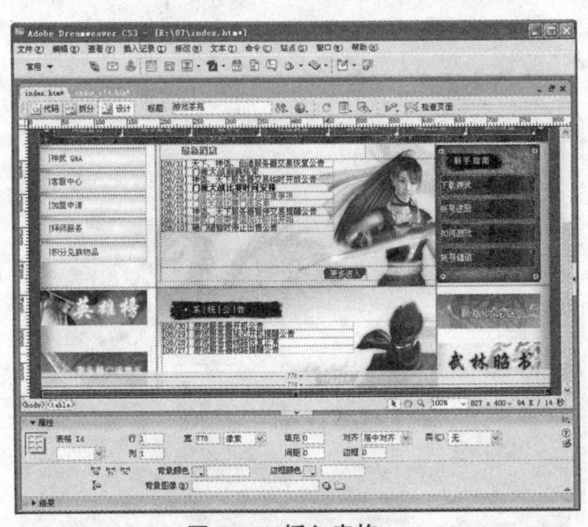

图 7-45 插入表格

图 7-46 插入图片

步骤 39 将光标移到图片表格外，单击“常用”栏中的“表格”按钮，插入 1 行 1 列、宽度为“778”像素、其他设置都为“0”的表格，然后打开属性面板，设置表格高度为“1”像素，在“背景”文本框中输入“images/line2.jpg”，使表格成为一条分隔线。

步骤 40 重复步骤 39，再次插入一条边框，完成后别忘记删除表格代码中的空格符号“ ”，如图 7-47 所示。

步骤 41 将光标移动到边框下面，单击“常用”栏中的“表格”按钮，插入 3 行 3 列、宽度为“778”像素、其他设置都为“0”的表格，然后在选中表格的情况下，打开属性面板，在“对齐”下拉列表中选择“居中对齐”选项，在“背景图像”文本框中输入“images/middle_bg.jpg”，完成后如图 7-48 所示。

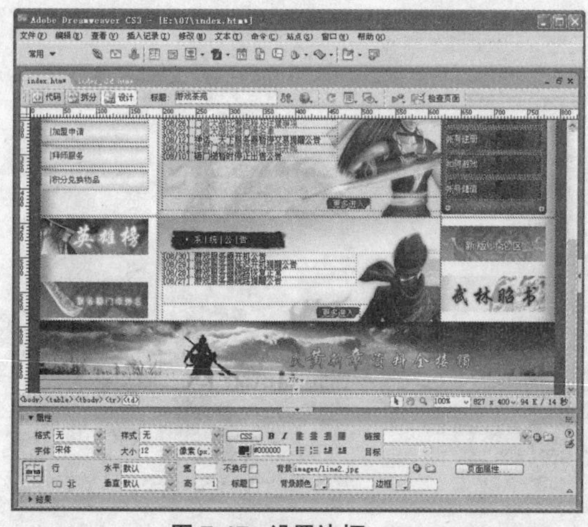

图 7-47　设置边框

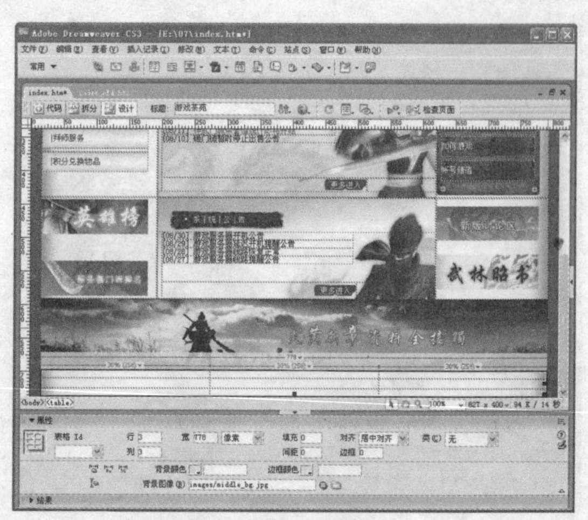

图 7-48　插入表格

步骤 42 选中第 2 列的上面两个单元格，打开属性面板，单击属性面板中的“合并所选单元格”按钮，合并单元格，然后设置表格“宽”为“1”像素，在“背景”文本框中输入“images/line1.jpg”，完成后如图 7-49 所示。

步骤 43 移动光标到第 2 个单元格中，打开属性面板，在“背景”文本框中输入“images/line2.jpg”，在“高”文本框中输入“1”像素。

步骤 44 将光标移动到第 3 列的第 2 个单元格中，重复步骤 43，完成后如图 7-50 所示。

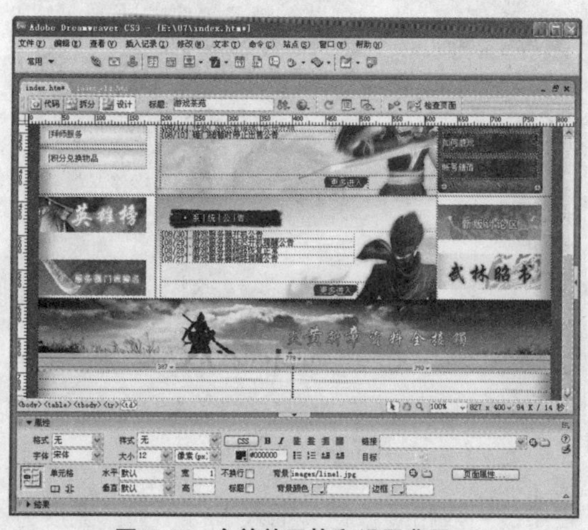

图 7-49　合并单元格和设置背景

图 7-50　插入表格和设置表格

步骤 45 将光标移动到第 1 个单元格中，单击“常用”栏中的“表格”按钮，插入 2 行 1 列、宽度为“380”像素、其他设置都为“0”的嵌套表格。

步骤 46 移动光标到插入的第 1 个单元格中，打开属性面板，在“背景”文本框中输入“images/title003.gif”，设置表格背景，如图 7-51 所示。

图 7-51 设置表格背景

步骤 47 单击“常用”栏中的“表格”按钮，再次插入一个 1 行 4 列、宽度为 100%、其他设置都为“0”的嵌套表格。

步骤 48 设置第 1 个单元格的宽度为 10%，然后将光标移到第 2 个单元格中，单击“常用”栏中的“图像”按钮，选择图片文件夹中的“title005.gif”文件，插入一个“游戏心得”按钮，如图 7-52 所示。

步骤 49 移动光标到右侧一个表格中，在属性面板的“水平”下拉列表中选择“右对齐”选项，然后单击“常用”栏中的“图像”按钮，选择图片文件夹中的“more.gif”文件，插入一个“更多进入”按钮。

步骤 50 移动光标到第 4 个单元格中，设置表格宽度为 100%，完成后如图 7-53 所示。

图 7-52 插入“游戏心得”图像

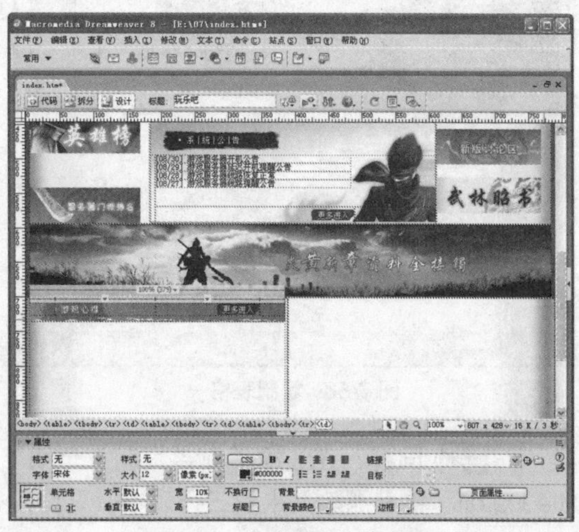

图 7-53 完成嵌套表格设置

步骤 51 移动光标到“游戏心得”下面白色的单元格中，单击“常用”栏中的“表格”按钮，插入 1 行 1 列、宽度为 100%、其他设置都为“0”的表格。

步骤 52 在刚插入的表格下面，再次插入一个 1 行 2 列、宽度为 92%、其他设置都为“0”、显示为“顶端对齐”的表格，然后设置第一个单元格的宽度为 4%，如图 7-54 所示。

步骤 53 在右侧单元格中，插入一个 7 行 1 列、宽度为 100%、其他设置都为“0”、“对齐”显示为“居中对齐”的表格，如图 7-55 所示。输入表格文字内容。

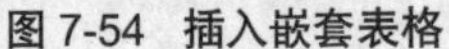

图 7-54 插入嵌套表格

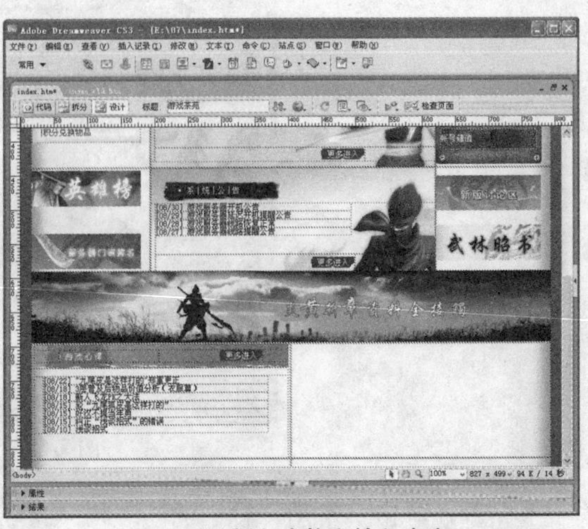

图 7-55 插入表格和输入内容

步骤 54 选中“游戏心得”的整个表格，执行菜单栏中的“编辑”>“拷贝”命令，然后将光标移到表格外，再次执行“编辑”>“粘贴”菜单命令，复制一个表格，如图 7-56 所示。

步骤 55 选中表格中的“游戏心得”图片，打开属性面板，在“源文件”文本框中将图像名称“title005.gif”改为“title006.gif”，然后将表格中的文字改为如图 7-57 所示的内容。

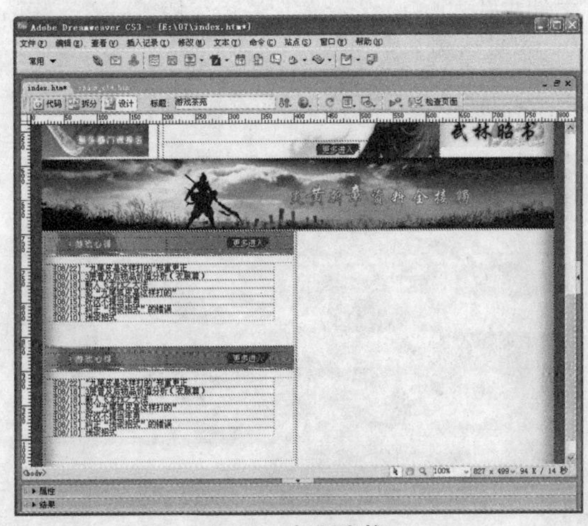

图 7-56 复制表格

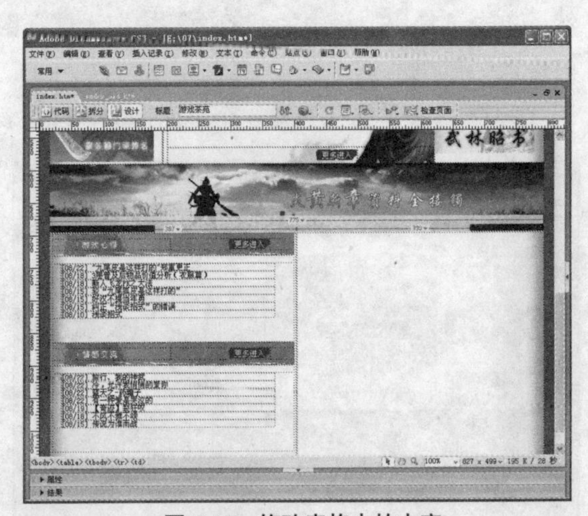

图 7-57 修改表格中的内容

步骤 56 同样，在边框下面再复制一个表格内容，然后将“游戏心得”图片改为“专栏投稿”title009.gif，接着删除其中的三行表格，只留四行，表格中的内容如图 7-58 所示。

步骤 57 将光标移动到“游戏心得”右侧的第一个表格中，单击“常用”栏中的“图像”按钮，选择图片文件夹中的“logo_assignment.jpg”，插入一个图片，如图 7-59 所示。

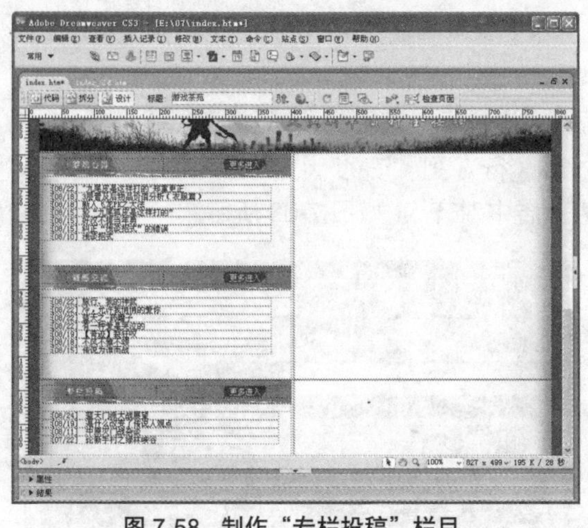

图 7-58 制作“专栏投稿”栏目

图 7-59 插入图片

步骤 58 复制“专栏投稿”栏目表格，将它粘贴到右侧的表格中，然后将“title009.gif”图片改为“title007.gif”图片，制作一个“江湖快报”栏目，接着修改如图 7-60 所示的栏目内容。

步骤 59 将光标移动到表格外的页面中，单击“常用”栏中的“表格”按钮，插入 1 行 1 列、宽度为“778”像素、其他设置都为“0”的表格，然后打开属性面板，在“高”文本框中输入“1”，在“背景”文本框中输入“images/line2.jpg”，接着单击文档工具面板中的“代码”按钮，删除表格中的空格符号“ ”，完成后表格如图 7-61 所示。

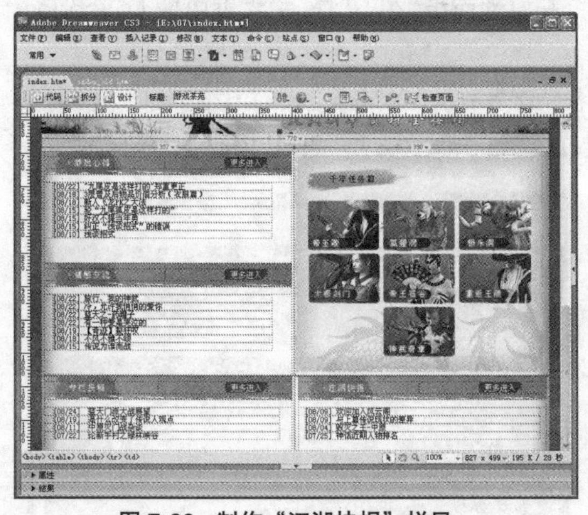

图 7-60 制作“江湖快报”栏目

图 7-61 制作边框

关于网站首页上需要展示的游戏内容部分已经制作完成。

7.1.4 创建跳转菜单

这部分主要介绍如何制作跳转菜单，同时也制作其他内容，如“玩家写真”、“在线调查”等。具体操作步骤如下。

步骤 01 移动光标到边框外，单击“常用”栏中的“表格”按钮，插入一个 1 行 9 列、宽度为“778”像素、其他设置都为“0”的表格，然后在选中表格的情况下，打开属性面板，在“对齐”

下拉列表中选择“居中对齐”选项，在“背景图像”文本框中输入“images/middle_bg.jpg”，如图 7-62 所示。

步骤 02 将光标移到第 1 列单元格中，在属性面板中设置表格宽度为“9”像素。

步骤 03 移动光标到第 2 列单元格中，插入一个 3 行 3 列、宽度为“188”像素、其他设置都为“0”的表格，然后设置表格“对齐”方式为“居中对齐”，如图 7-63 所示。

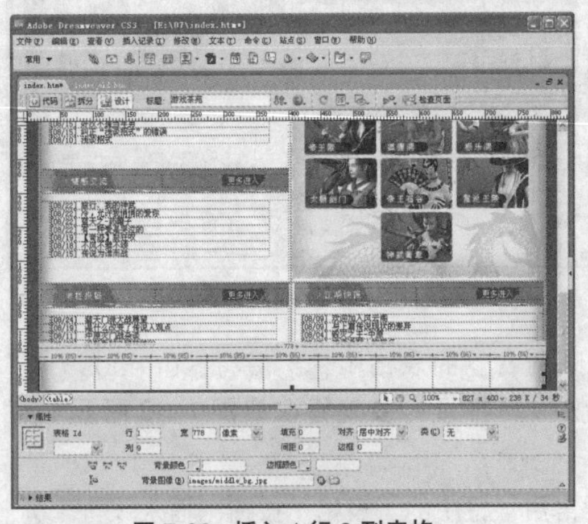

图 7-62　插入 1 行 9 列表格

图 7-63　插入嵌套表格

步骤 04 合并嵌套表格中的第 1 行单元格，然后单击“常用”栏中的“图像”按钮，选择图片文件夹中的“kuang_06.gif”，插入标题“玩家写真”图片，如图 7-64 所示。

步骤 05 移动光标到下一行的第 1 列单元格中，打开属性面板，在“背景”文本框中输入“images/kuang_02.gif”，然后设置表格宽度为“1”像素。

步骤 06 移动光标到第 2 列单元格中，设置表格“背景”为“images/kuang_bg.gif”，接着重复步骤 5，设置第 3 列单元格的宽度和背景图片，如图 7-65 所示。

图 7-64　插入标题“玩家写真”图片

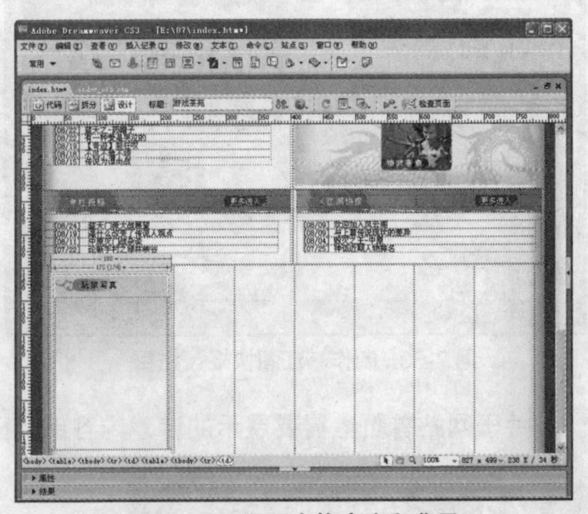

图 7-65　设置表格宽度和背景

步骤 07 在第 2 列表格中插入一个 2 行 1 列、宽度为 95%、其他设置都为“0”的表格，接着再在刚插入的表格中，再次插入一个 2 行 1 列、宽度为 98%、居中对齐显示的嵌套表格。

步骤 08 移动光标到嵌套表格的第 1 个单元格中，单击“常用”栏中的“图像”按钮，选择图片文件夹中的“player.jpg”，插入一个人物图片，如图 7-66 所示。

步骤 09 将光标移到下一行单元格中，输入文字“【诞生】满天飘雪”，接着再将光标移到嵌套表格下面一行的单元格中，插入图片名为“more.gif”的“更多进入”图片按钮。

步骤 10 在最外层的嵌套表格中，合并最后一行表格，单击“常用”栏中的“图像”按钮，选择图片文件夹中的“kuang_05.gif”，插入底部框架线，如图 7-67 所示。

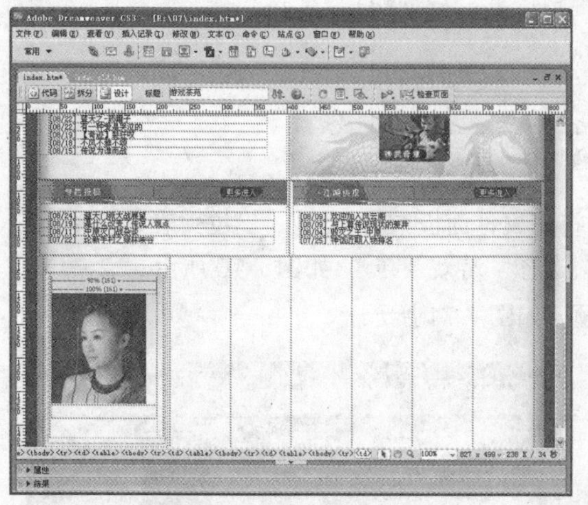

图 7-66 插入人物图片

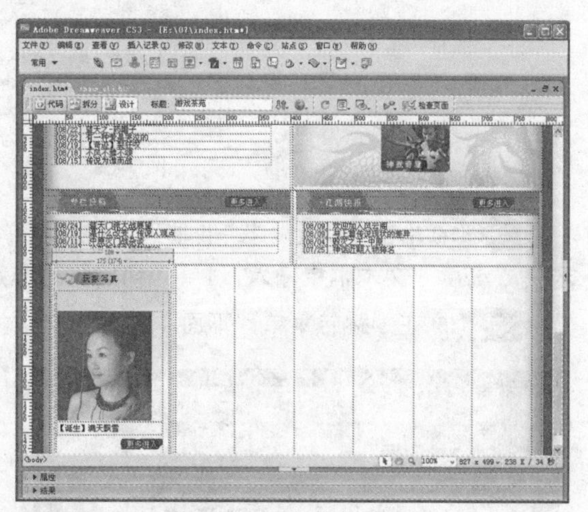

图 7-67 插入底部框架线

步骤 11 移动光标到第 3 列表格中，打开属性面板，设置“背景”为“images/line1.jpg”，“宽”为“1”，接着以同样的方法设置第 5 列、第 7 列表格，如图 7-68 所示。

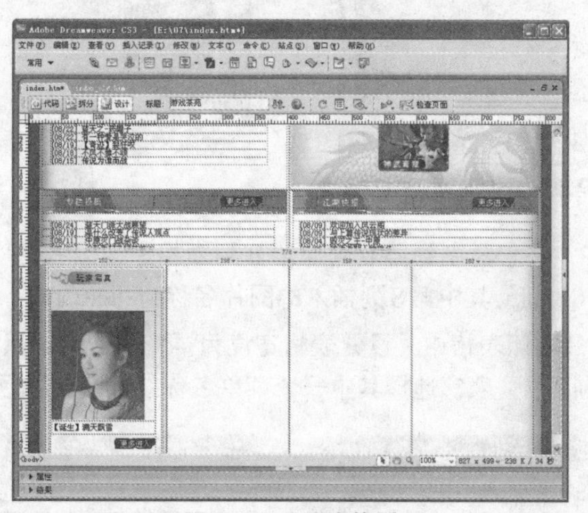

图 7-68 设置表格列

步骤 12 选中第 2 列表格中的嵌套表格，将它复制到第 4 列表格中，然后打开属性面板，在“源文件”文本框中将“images/kuang_06.gif”改为“images/kuang_07.gif”，使“玩家写真”变为“友情链接”。

步骤 13 删除中间的嵌套表格，单击属性面板中的“居中对齐”按钮，使光标在中间显示，然后单击“表单”栏中的“跳转菜单”按钮，打开“插入跳转菜单”对话框，在“文本”文本框中输入“玩乐吧”，在“选择时，转到 URL”文本框中输入网站地址“http://www.91bjplan.com”，“菜单名称”文本框中输入“select”；接着，单击按钮，添加其他菜单项，如图 7-69 所示。

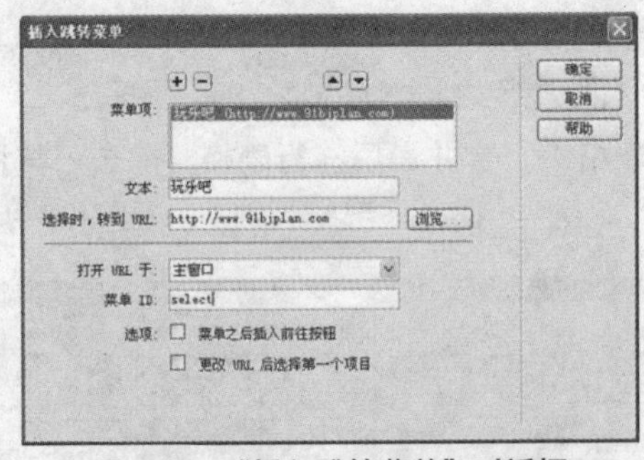

图 7-69 “插入跳转菜单”对话框

步骤 14 单击“确定”按钮，插入“跳转菜单”，打开属性面板，在“类型”下拉列表中选择“列表”，“高度”文本框中输入“1”，“初始化时选定”选择“游戏茶苑”，如图 7-70 所示。

步骤 15 在“跳转菜单”下面，再输入文字标题，如图 7-71 所示。

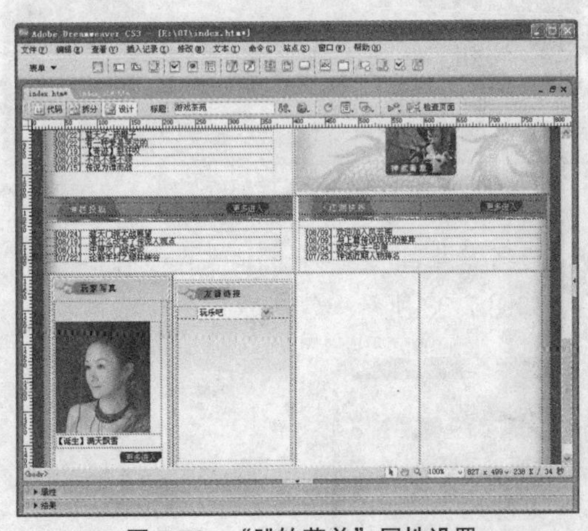

图 7-70 “跳转菜单”属性设置

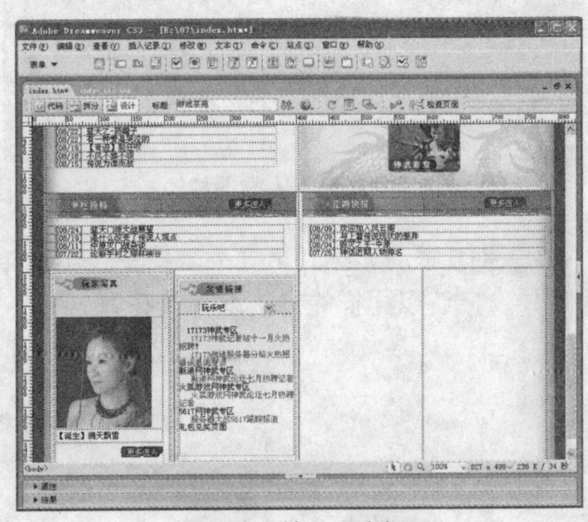

图 7-71 输入文字标题

步骤 16 重复步骤 12，将它复制到第 6 列和第 8 列表格中，然后将顶部的标题图片分别改为“kuang_01.gif”、“kuang_08.gif”，其中第 8 列插入的图片名称为“jietu.jpg”，其他设置如图 7-72 所示。

步骤 17 移动光标到最右侧表格中，设置表格宽度为“10”像素，然后保存网页，按 F12 键，单击“友情链接”下面的下拉列表，选择其中一个菜单名称就可以打开网站了，如图 7-73 所示。

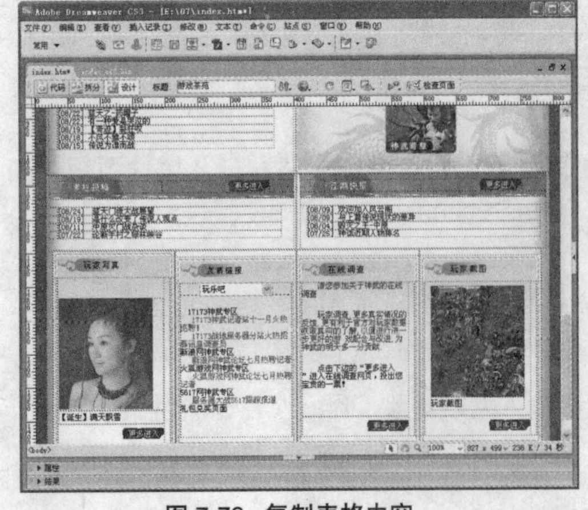

图 7-72 复制表格内容

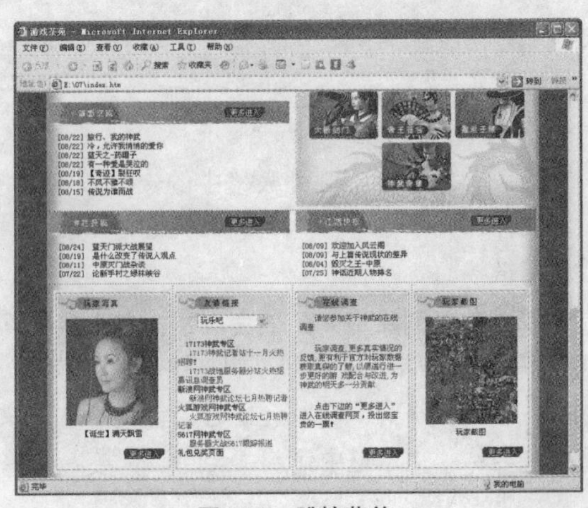

图 7-73 跳转菜单

7.1.5 制作版权信息和滚动图片

版权信息是每个网站都应声明的内容，所以，本实例也不例外。本实例在底部增加了导航栏目的同时，还介绍了如何制作滚动图片。在很多网站中，大家对企业图片链接都不陌生，其实这也是友情链接的一部分，只是图片链接显示得更清晰、直接。但在显示很多图片链接的时候，滚动显示图片更能缩小浏览页面的面积。接下来进行具体介绍，操作步骤如下。

步骤 01 将光标移动到表格外的页面中，单击“常用”栏中的“表格”按钮，插入 3 行 1 列、宽度为“778”像素、其他设置都为“0”的表格，同时在选中表格的情况下，打开属性面板，在“对齐”下拉列表中选择“居中对齐”选项，在“背景图像”文本框中输入“images/homepage_end.jpg”，如图 7-74 所示。

步骤 02 在第 1 行表格中，输入文字“招聘信息 | 帮助信息 | 公司地址 | 版权所有”，然后将字体颜色设置为“#FFFFFF”；在第 2 行表格中输入“本网站保留对内容的更正及解释权利”，如图 7-75 所示。

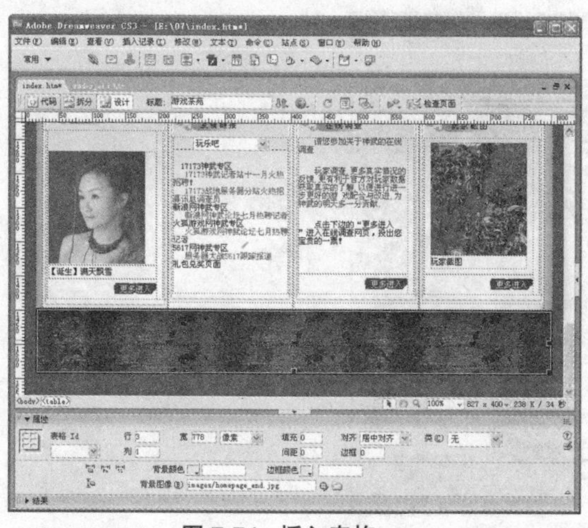

图 7-74 插入表格

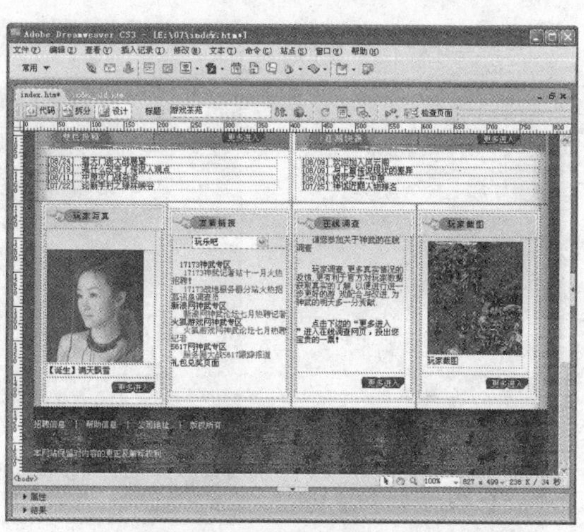

图 7-75 在单元格中输入文字

步骤 03 移动光标到第 3 行表格中，单击“常用”栏中的“表格”按钮，插入 1 行 1 列、宽度为 96%、其他设置都为“0”的嵌套表格。

步骤 04 移动光标到表格中，单击属性面板中的“居中对齐”按钮，然后依次插入标识图片“logo_94game.gif”、“logo_9you.gif”、“logo_sina_forum.gif”、“logo_17173bbs.gif”、“logo_skyhu.gif”、“logo_5617.gif”、“logo_leiyu.gif”、“logo_jhpop.gif”等，如图 7-76 所示。

步骤 05 单击文档面板中的 拆分 按钮，打开代码 / 设计界面，然后在表格代码 <td>…</td> 中间插入以下代码：

```
<MARQUEE scrollAmount=2 scrollDelay=3 direction=right width="100%">...</ MARQUEE>
```

这是在浏览网页时，显示滚动图片的代码，其中，…是插入图片区域，如图 7-77 所示。

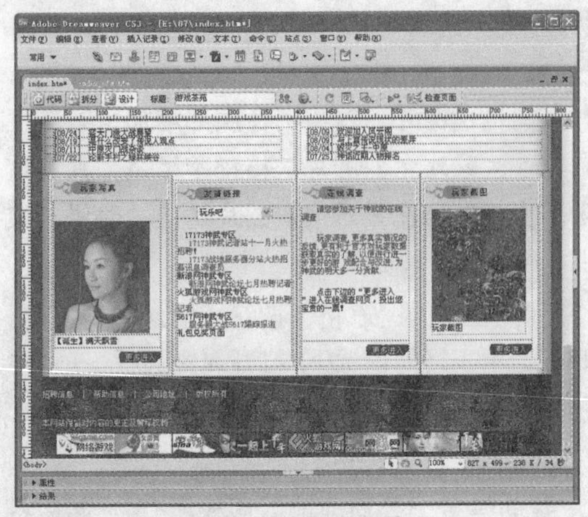
图 7-76 插入标识图片

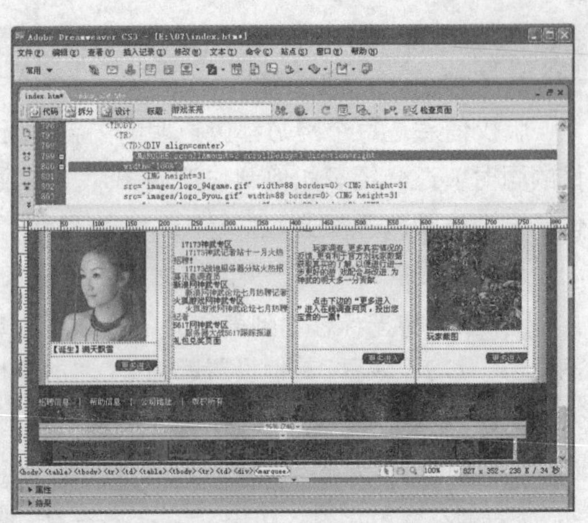
图 7-77 插入图片滚动代码

步骤 06 保存网页，按 F12 键，浏览网页，如图 7-78 所示。完成网页的制作。

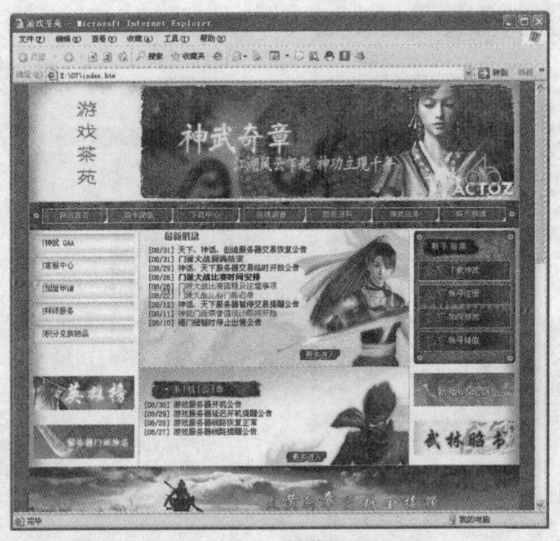
图 7-78 浏览网页

游戏茶苑的网站首页制作完成了，虽然整个实例网站制作过程比较繁琐，但从制作技术层面上来讲，也不是太难，主要在于细心和耐心。

7.1.6 制作网站内容页面

实例网站的首页已经制作完成，但为了和首页风格相统一，使读者有个客观的了解和认识，下面再介绍内容页面的具体制作。

步骤 01 启动 Dreamweaver CS3，重新建立一个 HTML 网页。

步骤 02 单击属性面板中的“页面属性”按钮 页面属性... ，打开“页面属性”对话框，在“分类”列表框的“外观”设置面板中设置所有边距都为“0”，完成后单击“确定”按钮。

步骤 03 单击属性面板中的“居中对齐”按钮，将光标置在页面顶部中间，然后单击“常用”栏中的“表格”按钮，插入 1 行 1 列、宽度为“760”像素、其他设置都为“0”的表格，如图 7-79 所示。

步骤 04 将光标移动到表格中，依次插入“wzny_12.jpg”、“wzny_13.jpg”、“wzny_14.jpg”、 “wzny_15.jpg”、“wzny_17.jpg”、“wzny_16.jpg”图片，如图 7-80 所示。

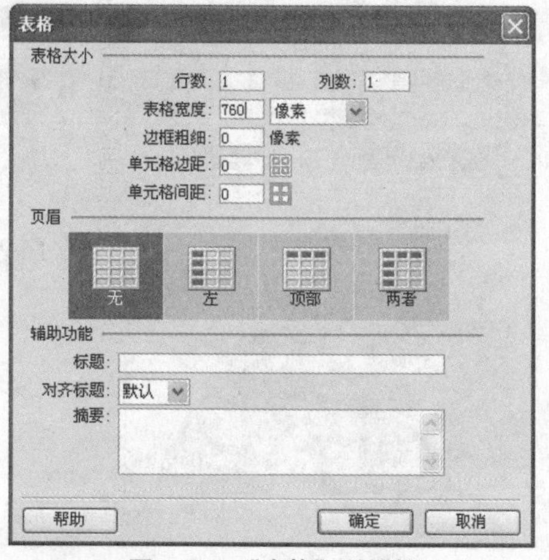

图 7-79 “表格”对话框

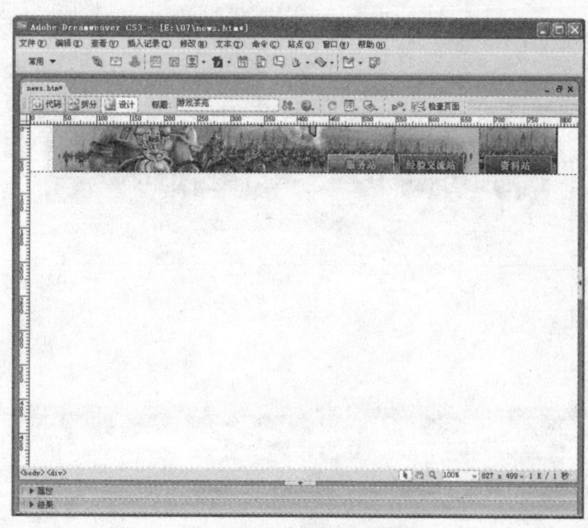

图 7-80 插入抬头图片

步骤 05 在表格下面再插入 1 行 1 列、宽度为“760”像素、其他设置都为“0”的表格，然后在表格中插入“fsnews_47.jpg”，如图 7-81 所示。

步骤 06 将光标移到表格外，单击“常用”栏中的“表格”按钮，插入 2 行 3 列、宽度为“705”像素、其他设置都为“0”、居中显示的表格。

步骤 07 移动光标到第 1 行表格中，在属性面板中选择表格背景为“14.jpg”，然后单击“常用”栏中的“图像”按钮，选择图片文件夹中的“6.jpg”，插入一个置顶显示的图片。

步骤 08 在图片下面插入一个 3 行 1 列、宽为“540”像素的表格，接着打开属性面板，在“填充”文本框中输入“2”，“对齐”选择“居中对齐”，如图 7-82 所示。

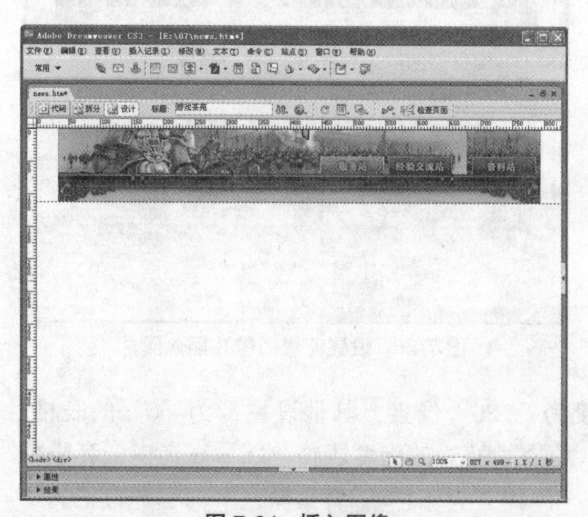

图 7-81 插入图像

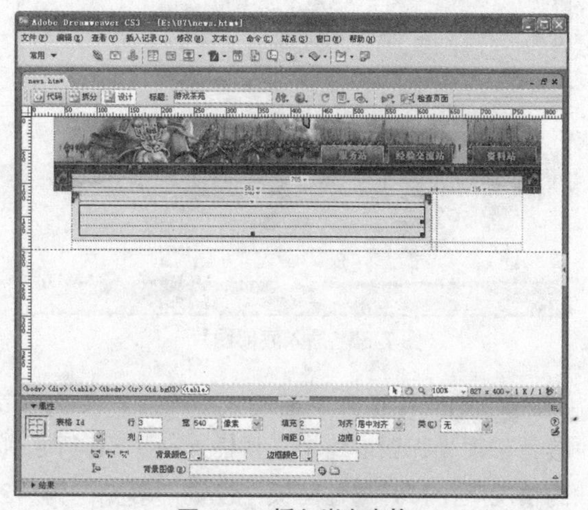

图 7-82 插入嵌套表格

步骤 09 移动光标到嵌套表格的第 1 行表格中，输入文字标题“人物等级介绍”，然后单击属性面板中的“居中对齐”按钮和“粗体”按钮，并设置字体颜色为红色“#CC0000”，如图 7-83 所示。

步骤 10 移动光标到下一行表格中，设置表格高度为“1”，背景颜色为“#63511A”的边框。

步骤 11 将光标移到嵌套表格的第 3 个单元格中，输入网页文字内容和插入图片“001.jpg”，

如图7-84所示。

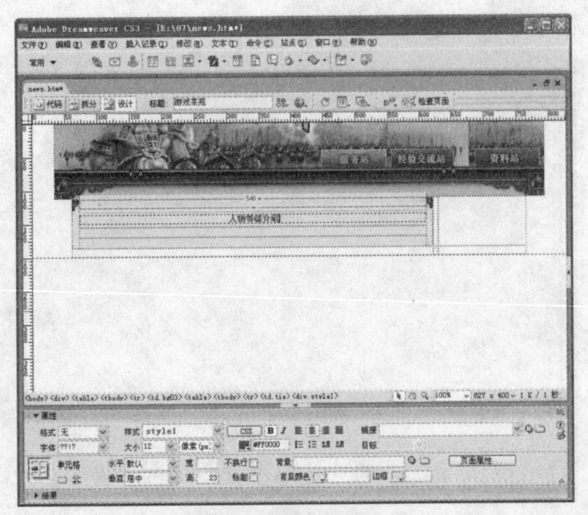

图7-83 设置标题字体

图7-84 输入文字和图片

步骤12 将光标移动到第1列的最后一行表格中，插入一个底部图片"10.jpg"，如图7-85所示。

步骤13 移动光标到第2列表格中，设置表格宽度为"8"像素，并删除代码中的空格符号。

步骤14 移动光标到最右侧的表格中，打开属性面板，设置表格背景为"13.jpg"图片，并选择"垂直"下拉列表中的"顶端"选项，插入一个顶部图片"7.jpg"，并设置顶部显示，如图7-86所示。

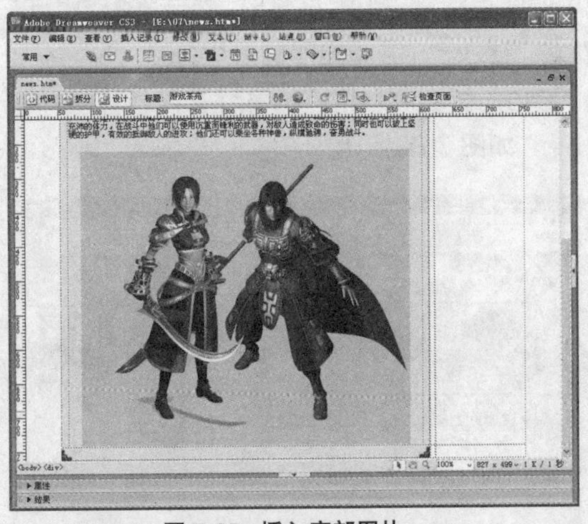

图7-85 插入底部图片

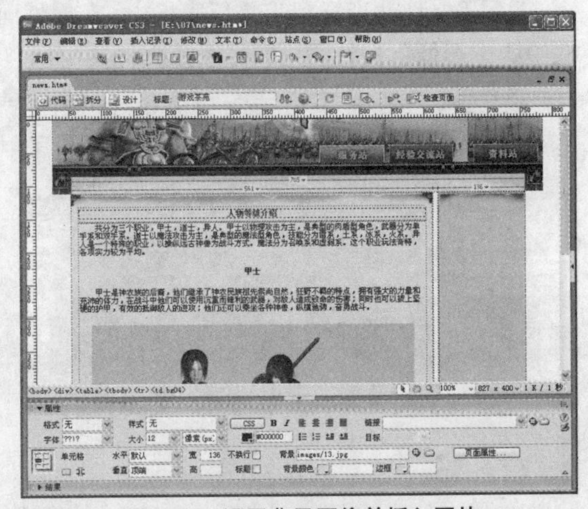

图7-86 设置背景图像并插入图片

步骤15 在图片下面插入一个1行1列、宽度为"130"像素、其他设置都为"0"的表格，接着移动光标到表格中，再插入一个10行2列、宽度为95%的嵌套表格，然后在选中嵌套表格的情况下，打开属性面板，设置"填充"为"2"，"间距"为"1"，"背景颜色"为"#802E08"，如图7-87所示。

步骤16 将光标依次移动到嵌套单元格中，设置单元格背景颜色为"#E1CC9D"，然后输入如图7-88所示的文字内容。

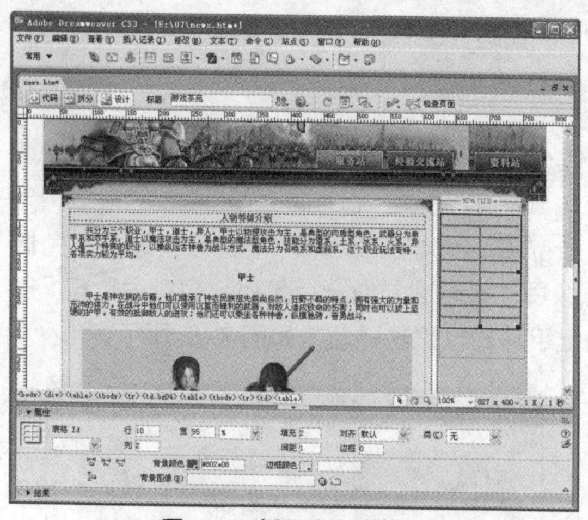

图 7-87　插入嵌套表格

图 7-88　输入文字内容

步骤 17 移动光标到外层表格的底部单元格中，单击“常用”栏中的“图像”按钮，选择图片文件夹中的“11.jpg”文件。

至此，内容页面制作完成。

7.1.7　制作上下浮动的广告图片

在很多网站页面中经常能看到一个图片随着网页边框的移动，也跟着滚动。下面就这个功能进行具体介绍，具体操作步骤如下。

步骤 01 将光标移动到“经典游戏功能”嵌套表格下面，单击“布局”栏中的“绘制 AP Div”按钮，在页面中画出一个 AP Div。

步骤 02 移动光标到 AP Div 中，插入一个表格，如图 7-89 所示。

步骤 03 单击“常用”栏中的“图像”按钮，选择图片文件夹中的“main_hero.gif”，插入一个浮动图片。

步骤 04 选中页面中的浮动 AP Div，打开属性面板，在“AP Div 编号”中输入“divMenu”，删除“Z 轴”文本框中的数字，使它为空，在“可见性”下拉列表中选择“visible”选项，如图 7-90 所示。

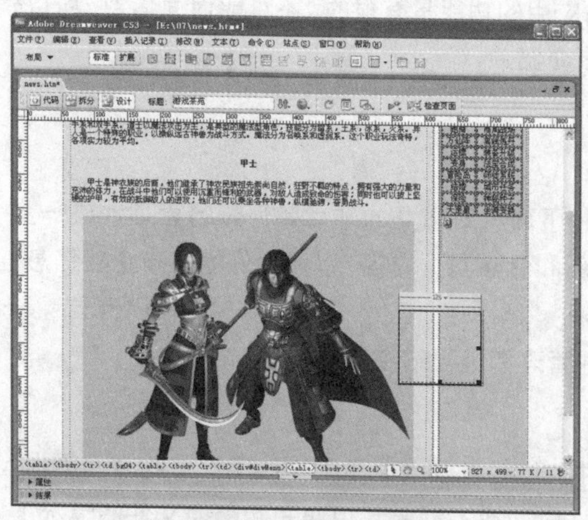

图 7-89　插入 AP Div 和表格

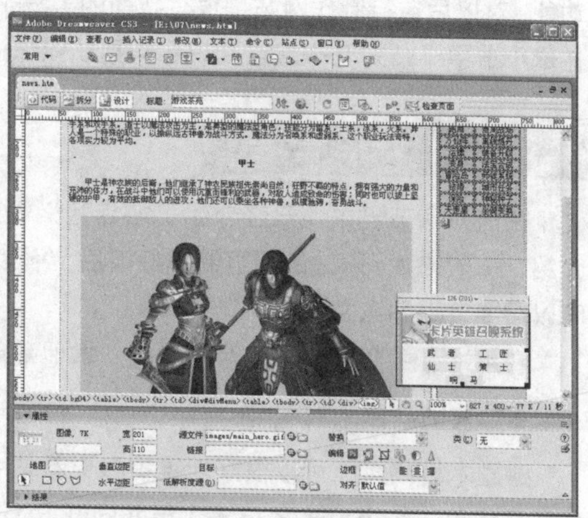

图 7-90　设置 AP Div 属性

步骤 05 单击文档工具面板中的代码按钮，在 AP Div 代码 <div>...</div> 下面，插入以下代码，其中 common.js 文件请到附带的光盘中复制，如图 7-91 所示。

```
<script src="images/common.js"></script>
```

步骤 06 如果页面代码顶部有“"http://www.w3.org/TR/html4/loose.dtd"”，将它删除，以免影响图片层的滚动。一般来说，Dreamweaver 建立的网页，都有这样的一行代码，完成后，按 F12 键浏览网页，看看浮动 AP Div 是不是随网页边框的上下移动也跟着移动，如图 7-92 所示。

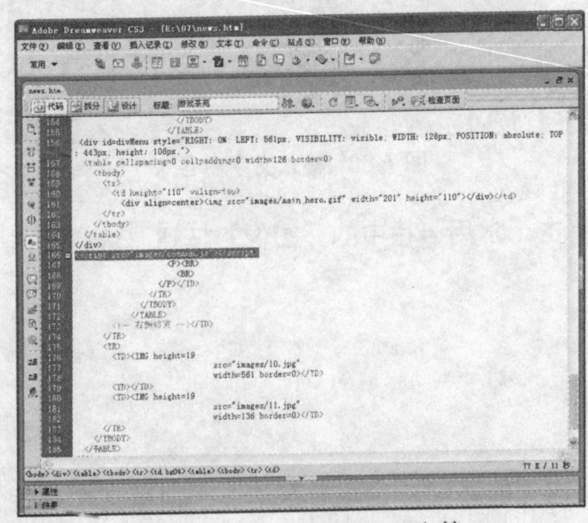

图 7-91　插入 common.js 文件

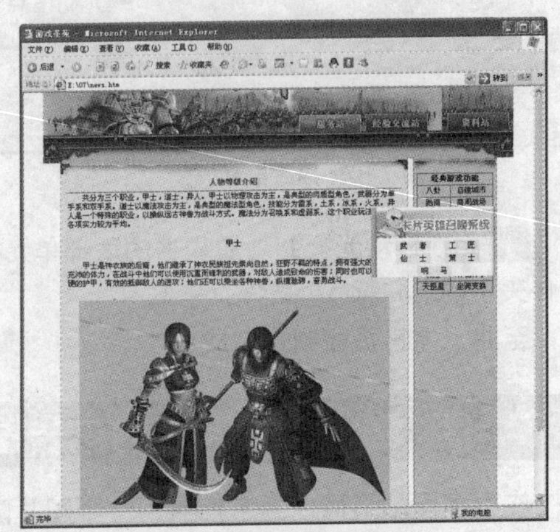

图 7-92　最终网页浏览效果

到目前为止，整个实例网站已经制作完成，读者在学习和练习当中，应该加强了解对 Dreamweaver CS3 常用面板中的功能的应用。

7.2　知识要点回顾

本章实例“游戏茶苑”游戏网站中介绍了 Dreamweaver CS3 的一些基本功能的应用，特别是 Flash 按钮和 Flash 文本的使用，这些功能在制作现代网页当中经常被使用到，所以掌握这些基本功能，对以后自行制作网站是很有帮助的。一个网站应用的功能是有限的，不可能面面俱到，所以，在本小节中，将对几个重点知识和常用功能作进一步介绍。

7.2.1　站点管理

在前面章节当中，已经介绍了站点定义等内容，下面将对建立的站点如何进行管理作进一步介绍。一般来说，网站的网页制作好以后，经常要更新和删除网页内容，以便更好地发布企业信息，所以需要管理站点文件。

利用站点主要可以实现两个功能，本地站点文件管理和远程站点文件管理。

1. 本地站点文件管理

建立本地站点，可以很好地维护和更新站点文件，也能有效地提高工作效率，节约时间成本，特别是如果一个企业多名技术人员共同开发一个网站时，在不需要互相通知和交换文件的情况下就能更新网页。

在前面章节中已经介绍过了如何建立站点，下面就利用已经建立的站点介绍本地站点管理的内容。管理本地站点的具体操作步骤如下。

步骤 01 执行菜单栏中的“站点” > “管理站点”命令，或单击“文件”下拉列表中的“管理站点”选项，如图 7-93 所示。打开“管理站点”对话框，如图 7-94 所示。在打开的对话框中选择“科学国际旅行社”选项。

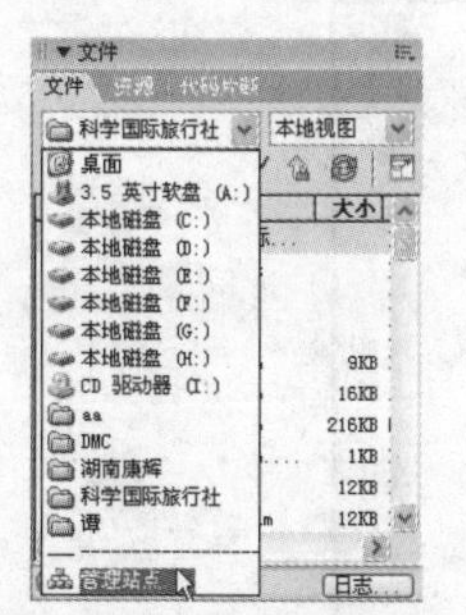

图 7-93　文件下拉列表

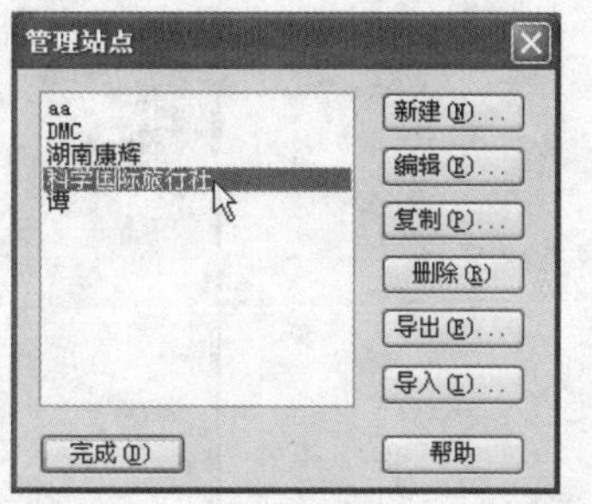

图 7-94　“管理站点”对话框

“管理站点”对话框中的各个按钮功能说明如表 7-1 所示。

表 7-1　“管理站点”对话框中各选项含义说明

选　项	说　明
新建	再重新建立一个本地和远程站点
编辑	对已经建立的站点进行修改
复制	对已经建立的站点进行复制
删除	删除已建立的站点，但不影响站点中的网页内容
导出	将已经建立的站点内容导出到别的文件夹中，导出的文件以 .ste 为扩展名
导入	将导出的站点导入到本地管理站点中

步骤 02 选中“管理站点”对话框中的“科学国际旅行社”，单击“编辑”按钮，打开“站点定义”对话框。

步骤 03 选择“高级”选项卡中的“本地信息”选项。

步骤 04 勾选“本地信息”设置面板中的“自动刷新本地文件列表”复选框。

“自动刷新本地文件列表”表示如果修改本地任何一个文件，当保存网页时，系统就会自动更新站点中网页之间的链接和模板应用，而不需要单独修改每一个网页。

如果定义的站点没什么其他疑问，可以单击“确定”按钮返回至“管理站点”对话框，然后单击“完成”按钮。

站点建立以后，在“文件”面板列表框中显示了站点文件夹中的所有文件，用户可以在列表框中进行建立、删除和打开文件或文件夹等操作。

2．远程站点文件管理

远程站点文件管理首先要定义远程站点，然后可以对远程服务器上的网页进行更新和管理。具体操作步骤如下。

步骤 01 根据本地站点打开“管理站点”对话框，再次选择“零界点设计”进行编辑。

步骤 02 在“站点定义”对话框中，打开“高级”选项卡中的“远程信息”设置面板。

步骤 03 在“远程信息”设置面板的“访问”下拉列表中选择“FTP”；在“FTP 主机”文本框中输入远地的 FTP 主机名称，如：www.cnmice.com.cn，或 IP 地址：211.160.91.1，这里要注意，一定要输入有权访问的空间的域名地址，否则，将连接不成功；在“主机目录”文本框中输入远程服务器上存放网站的目录，如 www.cnmice.com.cn /web/ 等；在“登录”和“密码”文本框中输入登录服务器的用户名和密码，其他设置如图 7-95 所示。

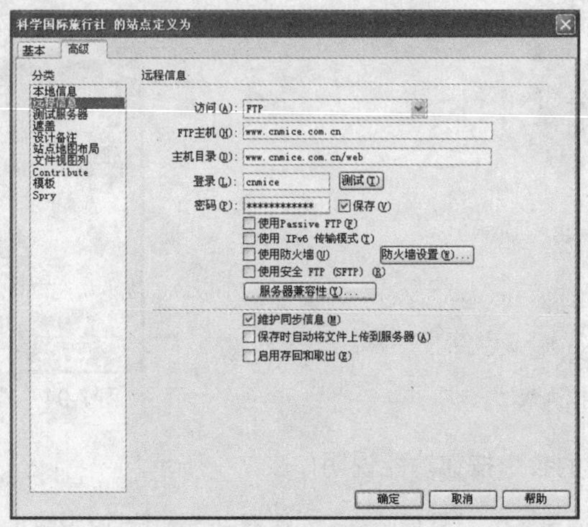

图 7-95　设置远程站点

步骤 04 单击“确定”按钮，完成远程站点设置，再次查看“文件”面板，上面的“连接到远端主机”按钮 已经可以使用了，单击 ，连接远程服务器，如图 7-96 所示。

步骤 05 服务器连接成功后，“文件”面板中所有的按钮都会成为可用按钮，如图 7-97 所示。

图 7-96　服务器连接状态

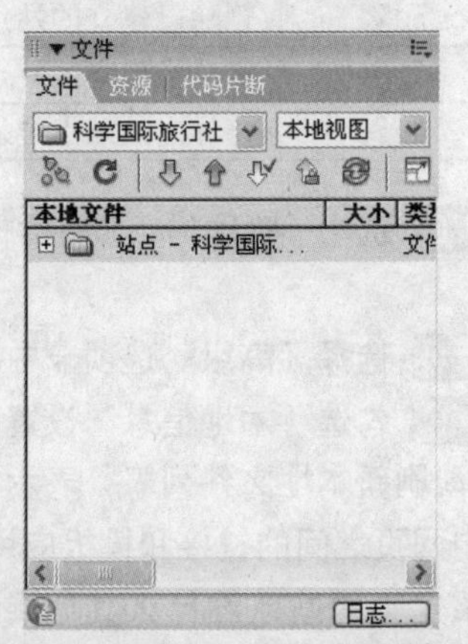

图 7-97　文件面板中的远程服务器

远程站点设置成功后，连接服务器，单击面板中的“上传”和“取出”按钮，就可以将本地站点上的网页或服务器上的网页进行“上传”和“取出”，及时更新网页。

7.2.2　滚动图片的移动方向

在本章首页制作中，添加了图片的滚动方式，但本实例的图片滚动方向是从左到右移动的，如何让它从右到左，或从上到下移动呢。下面就这一制作技巧进行介绍，操作步骤如下。

步骤 01 选中页面滚动图片的表格，单击文档工具面板中的“代码”按钮，打开代码视图。

步骤 02 在滚动图片表格代码中，找到以下代码：

```
<MARQUEE scrollAmount=2 scrollDelay=3 direction=right width="100%">
```

步骤 03 修改其中“direction=right”代码，将“right”改为“left”、“up”或“down”。

完成后保存网页，浏览网页就可以看出图片的滚动方向。

7.3 成功经验扩展

从现行网络游戏中分析，游戏类网站大致分为以下 3 类。

● 在线游戏网站（包括大型多人在线角色扮演游戏，或 MMORPG）

在线游戏就是各个玩家在不同或相同的地点，通过网络空间在线操作的虚拟游戏。制作这类游戏的网站，技术要求相对比较高，因为它涉及到会员信息的安全、网站最大人员的承载量以及系统运行的稳定程度等问题。但此类网站的制作风格比较大胆和鲜明，内容要求相对比较单一，主要是针对游戏内容。在制作游戏网站的时候，网页制作人员主要抓住了游戏的性质，如大型游戏或小游戏，然后根据游戏的特点决定相应的网站特色。

● 休闲游戏网站

休闲游戏网站也就是以娱乐、休闲为主的游戏信息网站。网站的内容主要是关于游戏内容的介绍或休闲娱乐信息的传播。制作此类型网站与制作其他休闲性质的网站没有多大的区别，只要抓住企业经营的方向和内容性质，然后根据企业提供的信息制作相应的网站。制作这样的网站由于比较适合众多浏览者，因此，在网络经营中，此类网站相对比较多。

● 网站游戏（提供游戏资源下载的网站）

网站游戏从字面上理解相对比较含糊，一般人理解为只要是网站上提供的游戏，包括上面两类介绍的游戏都叫网站游戏。其实，网站游戏是企业提供给网络浏览者下载和购买的商业性质网站。

此类网站在制作技巧上比较简单，只要掌握好网页设计风格和栏目的布局，其他的文档输入和下载链接就很容易制作了。当然，这只是在制作 HTML 网页时，真正做好一个游戏类网站，不光是这些，还要涉及到程序开发和数据库建立等一系列繁琐工作，包括上面两个类型的游戏网站。所以在网页制作的基础上，我们还要和程序开发人员配合完成一个网站建设。

根据上面对游戏网站概念的解释，制作游戏类网站比较突出的特点就是要风格大胆、颜色鲜明、图像精美等制作技巧，只要掌握了这些特点，然后再根据游戏的性质及网站技术的需求，就能制作出成功的游戏类网站。

第 08 章　IT技术资源类网站——技术资源中坚站

IT 技术资源类网站概述

没有一个产业能像互联网这样发展迅猛，影响并改变着我们的生活。网站建设使用的技术越来越复杂，越来越深入，因此，专业的提供 IT 技术资源的网站应运而生。

IT 技术资源网站种类繁多，涉及到各类软件和技术的应用。IT 技术资源类网站应该明确网络资源是应该共享的，网站之间不是竞争，而是合作，大家应该相互支持，取长补短。

通常此类网站会有如下几个栏目：软件下载、相关教程、BBS 交流、图库、技术支持等等。

实例展示

本章实例介绍的是“技术资源中坚站”网站——为程序员提供咨询、服务等内容，如图 8-5 所示。网站的首页设计已经介绍了不少，因此本实例中选取了一个软件下载页面，对其制作过程进行详细的介绍，如何使用库项目制作类似的页面，如下图所示。

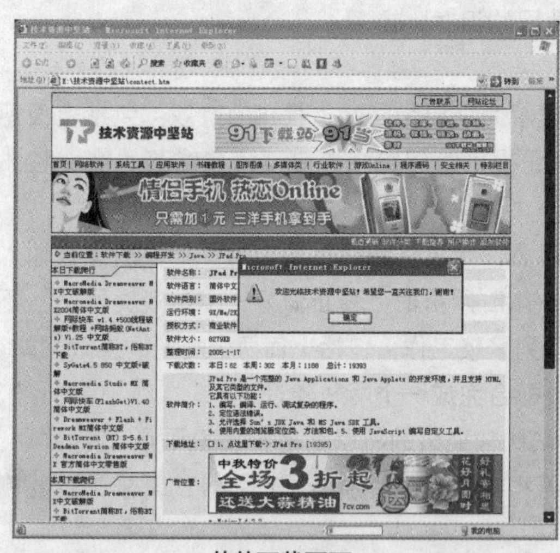

软件下载页面

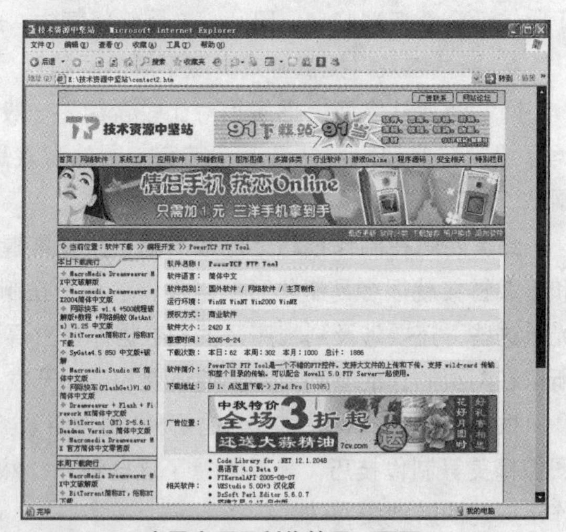

应用库项目制作的另一网页

每个下载网站在提供下载的同时，有可能出现这样或那样的错误，所以，制作网页时，尽可能地为这些错误做准备，如链接错误报告、寻求注册破解和下载说明等信息。相对而言，制作这样的网页是比较简单的，只是在做超级链接时要特别的注意。

技术要点

① **制作弹出提示信息**

设置某一鼠标动作时，弹出的提示信息有助于为浏览者提供更细致的服务。

② **制作并应用库项目**

本实例介绍应用库项目来重复使用相同的元素，方便网站的设计制作。

③ **创建可拖动的 AP 元素**

创建可拖动的 AP 元素，使网页更具灵活性，经常在网页上的浮动广告会使用此功能，以防影响浏览者的查看。

④ **检查表单**

检查表单可以明确地提示浏览者需要填写的内容或提示错误的原因。

⑤ **设置文本**

设置文本也是为了给浏览者提供更明确的提示内容。

配色与布局

虽然介绍的是软件下载内容页，但网页分类清晰，布局层次分明，内容丰富，具有此类网站的明显特征。在软件下载页面中，可以按照软件类型分为若干个栏目，在内容页中可以通过栏目导航进入不同栏目网页。

软件下载页面主要提供给用户下载需要的工具软件，而且这些软件都是免费下载的。本实例介绍的是下载 Java 软件的一个软件页面。此页面在风格上采用传统的软件下载页的制作结构，以协调的橘黄色为主色调，配以灰白色的表格，突出页面的整洁明朗。在网页制作方式上，以归类形式表现导航栏目，布局以左右分布为主，中间是本次要下载的软件，其中附带软件的说明和下载地址。每个软件都是与其他软件联系着的，所以在提供本软件的同时，如果有其资源，也可以提供相关软件的下载。软件下载有其流行的时间和下载设置，所以在这个实例网页中，左边提供的是本日和本周下载量最大的软件，以示这些软件的用途广泛。

	#FFDB6C R: 255 G: 219 B: 108		#FFECAC R: 255 G: 236 B: 172		#6D6E71 R: 109 G: 110 B: 113

本实例视频文件路径和视频时间

视频文件	光盘 \ 视频 \08 IT 技术资源类网站——技术资源中坚站
视频时间	20 分钟

8.1 实例制作过程

本实例的制作过程和前面介绍的基本差不多，每个制作过程都是以设置页面属性开始的，然后制作页面布局等各个步骤。下面将具体介绍软件下载页面的制作。

8.1.1 创建网页

按如下步骤创建 HTML 网页。

步骤 01 启动 Dreamweaver CS3 软件。

步骤 02 执行“文件” > “新建”菜单命令，在“新建文档”对话框中选择“空白页”选项，在“页面类型”列表框中选择“HTML”选项，如图 8-1 所示。

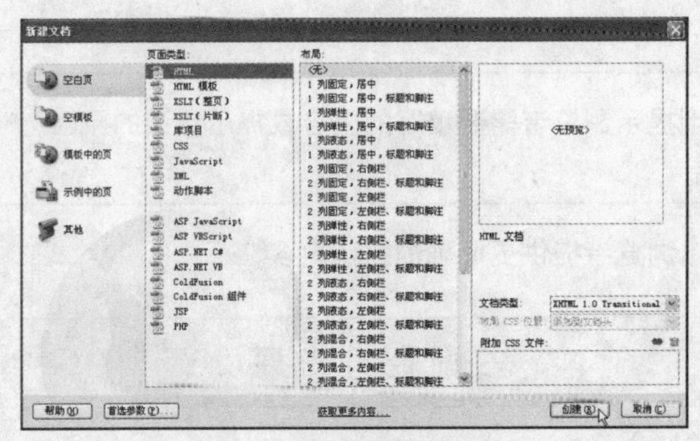

图 8-1 “新建文档”对话框

步骤 03 单击“创建”按钮，显示新 HTML 网页编辑窗口。

步骤 04 执行“文件” > “保存”菜单命令，打开“另存为”对话框，在“保存在”下拉列表中选择保存路径为新创建的文件夹“技术资源中坚站”；在“文件名”文本框内输入文件名称“contect”，如图 8-2 所示。

步骤 05 单击“保存”按钮，返回至网页编辑窗口，在文档工具面板中显示文件名为“contect.htm”，如图 8-3 所示。网页创建完成。

图 8-2 “另存为”对话框

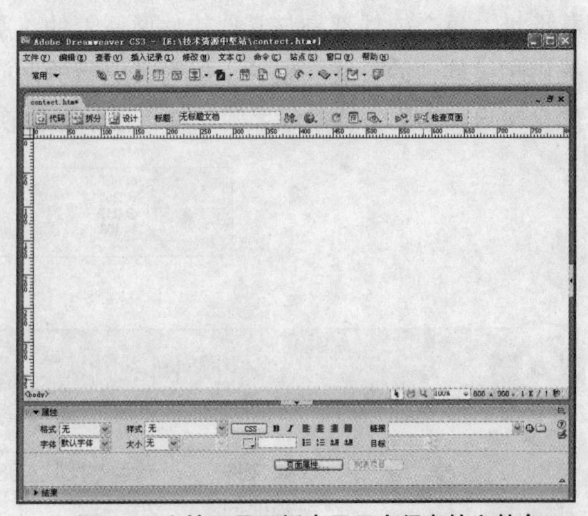

图 8-3 文档工具面板中显示出保存的文件名

8.1.2 设置CSS样式

前面章节已经讲了不少 CSS 样式定义的过程，本节中将使用已经定义好的 CSS 样式代码并进行分析。操作步骤如下。

步骤 01 执行“文件” > “新建”菜单命令，打开“新建文档”对话框，选择“空白页”选项，在“页面类型”列表中选择“CSS”选项，如图 8-4 所示。

步骤 02 单击“创建”按钮，打开 CSS 样式编辑页面，如图 8-5 所示。

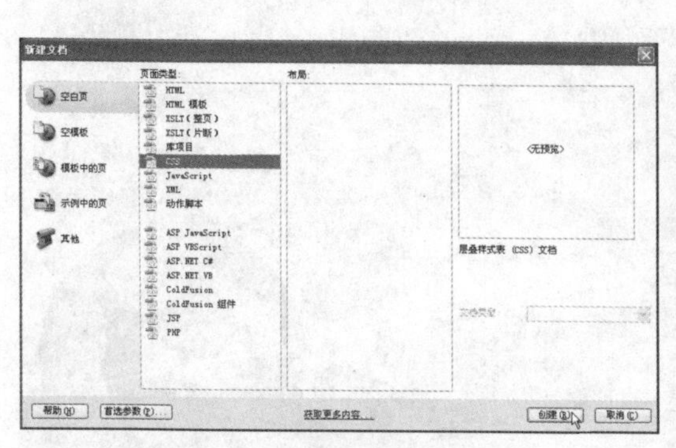

图 8-4 “新建文档”对话框

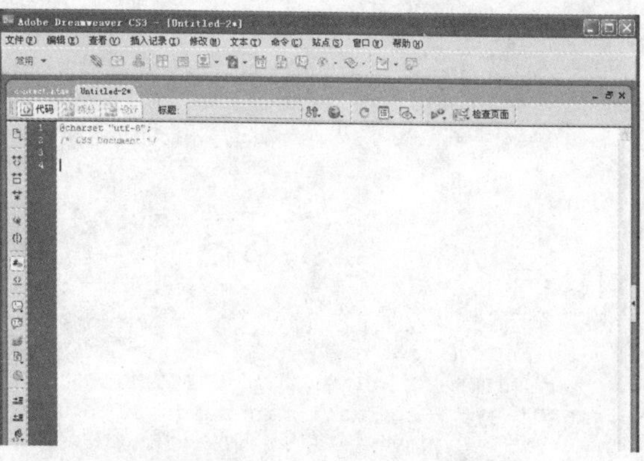

图 8-5 CSS 样式编辑页面

步骤 03 在“/* CSS Document */”标记后面按 Enter 键换行，输入如下 CSS 样式代码。

```
BODY {
OVERFLOW-Y: scroll; SCROLLBAR-FACE-COLOR: #000000; FONT-SIZE: 12px; OVER- FLOW-X: hidden; MARGIN: 6px 0px; SCROLLBAR-HIGHLIGHT-COLOR: #000000; SCROLLBAR- SHADOW-COLOR: #000000; SCROLLBAR-3DLIGHT-COLOR: #000000; SCROLLBAR-ARROW-COLOR: #ffffff; SCROLLBAR-TRACK-COLOR: #cccccc; FONT-FAMILY: 宋体; SCROLLBAR-DARK- SHADOW-COLOR: #000000; BACKGROUND-COLOR: #E0E0E0
}
SELECT {
    BORDER-RIGHT: #000000 1px solid; BORDER-TOP: #000000 1px solid; FONT-SIZE: 12px; BORDER-LEFT: #000000 1px solid; COLOR: #000000; BORDER-BOTTOM: #000000 1px solid; BACKGROUND-COLOR: #f4f4f4
}
TEXTAREA {
    BORDER-TOP-WIDTH: 1px; SCROLLBAR-FACE-COLOR: #009ace; BORDER-LEFT-WIDTH: 1px; FONT-SIZE: 12px; BORDER-BOTTOM-WIDTH: 1px; SCROLLBAR-HIGHLIGHT-COLOR: #b8e9fa; SCROLLBAR-SHADOW-COLOR: #009aaa; SCROLLBAR-3DLIGHT-COLOR: #000000; SCROLLBAR-ARROW-COLOR: #ffffff; SCROLLBAR-TRACK-COLOR: #f4f4f4; SCROLLBAR- DARKSHADOW-COLOR: #000000; BACKGROUND-COLOR: #f4f4f4; BORDER-RIGHT-WIDTH: 1px
}
A {
    COLOR: #000000; TEXT-DECORATION: underline
}
TD {
    FONT-SIZE: 12px; COLOR: #000000; WORD-BREAK: break-all
}
A:link {
    COLOR: #000000; TEXT-DECORATION: none
}
A:visited {
    COLOR: #000000; TEXT-DECORATION: none
}
```

```
A:hover {
    COLOR: #336699; TEXT-DECORATION: underline
}
A:active {
    TEXT-DECORATION: none
}
.en {
    FONT-SIZE: 11px; FONT-FAMILY: verdana
}
.text {
    FONT-SIZE: 13px; LINE-HEIGHT: 160%; FONT-FAMILY: "宋体"
}
.input1 {
    BORDER-RIGHT: #000000 1px solid; BORDER-TOP: #000000 1px solid; FONT-SIZE: 12px; BACKGROUND: #666666; BORDER-LEFT: #000000 1px solid; COLOR: #f6e700; BORDER-BOTTOM: #000000 1px solid; HEIGHT: 16px
}
.input2 {
    BORDER-TOP-WIDTH: 1px; BORDER-LEFT-WIDTH: 1px; FONT-SIZE: 12px; BORDER-BOTTOM-WIDTH: 1px; HEIGHT: 16px; BACKGROUND-COLOR: #cccccc; BORDER-RIGHT-WIDTH: 1px
}
.bginput {
    BORDER-TOP-WIDTH: 1px; BORDER-LEFT-WIDTH: 1px; FONT-SIZE: 12px; BACKGROUND-IMAGE: url(../images/inputbg.gif); BORDER-BOTTOM-WIDTH: 1px; BACKGROUND-COLOR: #f4f4f4; BORDER-RIGHT-WIDTH: 1px
}
A.mecl {
    COLOR: #ffffff
}
A.mecl:visited {
    COLOR: #ffffff; TOP: 1px; TEXT-DECORATION: none
}
A.mecl:hover {
    COLOR: #cccccc; POSITION: relative; TOP: 1px; TEXT-DECORATION: none
}
```

下面对代码进行简单的分析。

- 首先，对代码标记进行设置，包括 5 项 BODY、SELECT、TEXTAREA、A、TD。在“BODY”标记中设置了整个网页的背景颜色、字体以及滚动条的颜色等。
- 在“SELECT”和“TEXTAREA”标记中设置了“菜单”和“文本区域”的边框样式、背景颜色和文字的大小。
- 在“A”和“TD”标记中设置了颜色、字体、下划线等状态。
- 设置 CSS 样式中的“高级”属性“A:link、A:visited、A:hover、A:active”，这几项表示了文字链接不同状态时的效果，其中设置了文字颜色和下划线效果。
- 设置 CSS 样式中的“类”属性，它是一种自定义形式，可以应用于任何标记。项目包括“en、text、input1、input2、bginput”。
- 在“en、text”中主要对字体、大小、行间距等样式进行设定。
- 在“input1、input2、bginput”中主要对边框样式、字体、背景颜色进行设定。
- “A.mecl”是选择器类型中“类”和“高级”选项的结合，它自定义了一种链接方式。如果希望某些链接文字的状态与其他有所区别的话，可以使用这种方式。

步骤 04 执行“文件”>“保存”菜单命令，打开“另存为”对话框，在“文件名”文本框内输入文件名称“style”，在“保存类型”列表中选择“样式表”选项，如图 8-6 所示。

步骤 05 单击“保存”按钮，完成 CSS 文件的保存。

步骤 06 执行“窗口” > “CSS 样式”菜单命令，打开 CSS 样式面板，如图 8-7 所示。

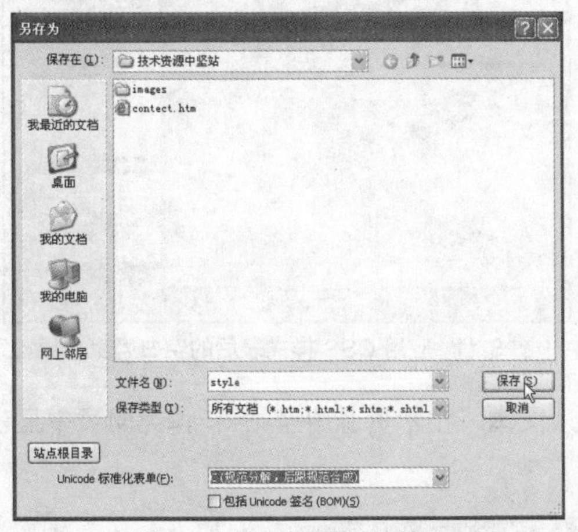

图 8-6 “另存为”对话框

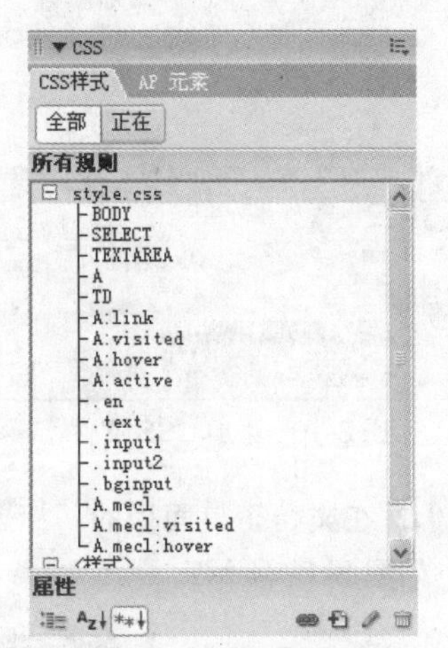

图 8-7 CSS 样式面板

步骤 07 在 CSS 样式面板中选中其中一项 CSS 样式，单击“编辑样式”按钮，可以对 CSS 样式进行修改；如果双击 CSS 样式，会打开 style.css 文件编辑窗口。

步骤 08 单击“contect.htm”网页标签，打开网页编辑窗口。单击 CSS 样式面板下的“附加样式表”按钮，打开“链接外部样式表”对话框，如图 8-8 所示。

步骤 09 单击“浏览”按钮，打开“选择样式表文件”对话框，在“查找范围”菜单中找到“style.css”文件保存的位置，选中此文件，如图 8-9 所示。

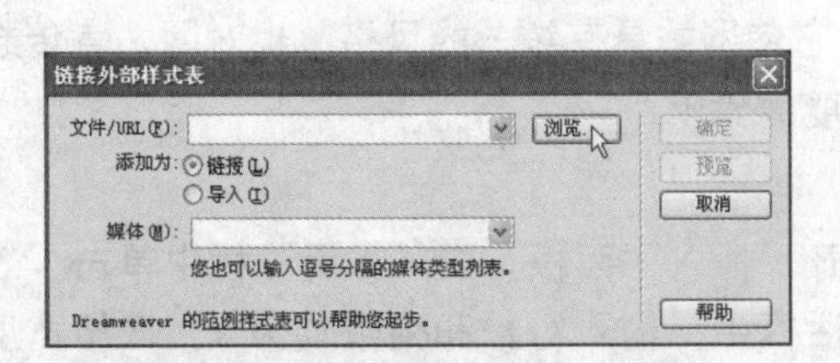

图 8-8 “链接外部样式表”对话框

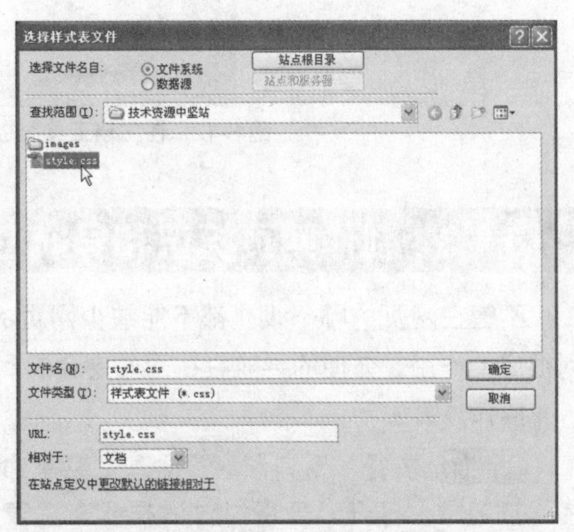

图 8-9 选中 style.css 文件

步骤 10 单击“确定”按钮，文件名显示在“链接外部样式表”对话框的“文件 /URL”文本框内，在“添加为”区域中单击“链接”单选按钮，如图 8-10 所示。

步骤 11 单击“确定”按钮，完成外部样式表的链接。此时 CSS 样式表已应用在 contect.htm 网页中，可以看到背景颜色已经变为 CSS 样式表中的设置效果，如图 8-11 所示。

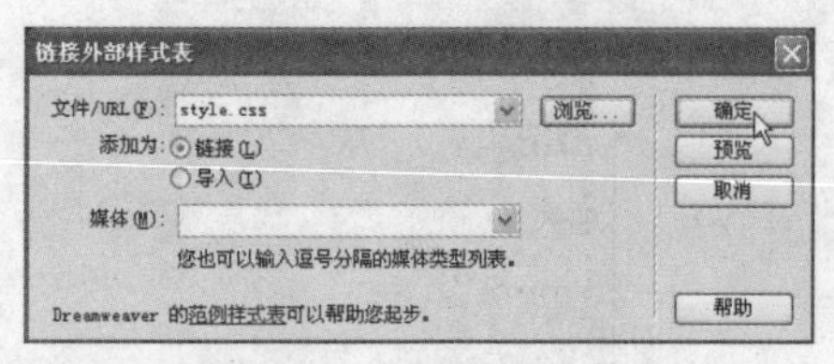

图 8-10　添加 CSS 文件

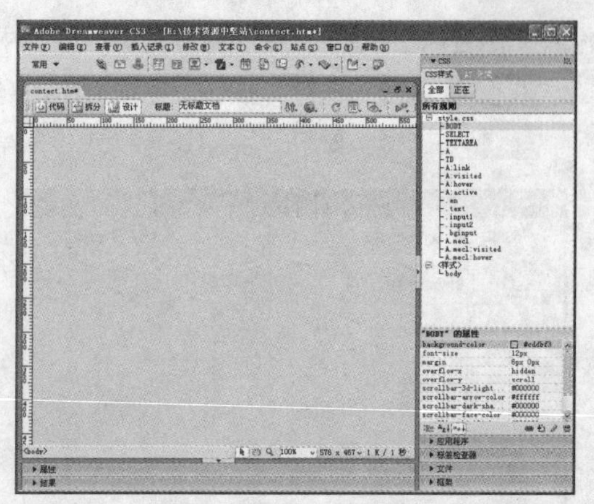

图 8-11　应用 CSS 样式表后的空白网页效果

步骤 12 在文档工具面板的“标题”文本框中输入文本“技术资源中坚站”，作为网页中显示的标题，如图 8-12 所示。

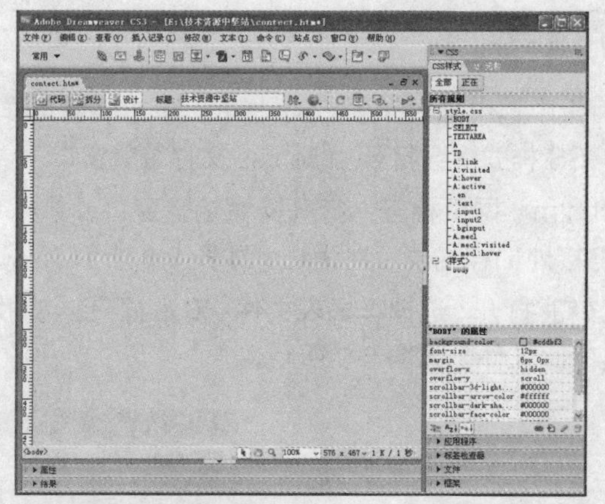

图 8-12　在文档工具面板“标题”文本框中输入网页标题

8.1.3　制作网页标识和导航栏

不管在网页的哪一级，都不能缺少网页的标识，它使网站具有统一的风格，也对网站宣传起到很好的作用。方便的导航栏在网站中会起到非常重要的作用。

操作步骤如下。

步骤 01 执行“窗口”>“插入”菜单命令，打开“插入”面板，在“常用”栏中单击“表格”按钮，打开“表格”对话框。在“表格”对话框中，输入行数和列数均为 1、表格宽度为 760 像素，其他项为 0，如图 8-13 所示。

步骤 02 单击“确定”按钮，在网页中插入表格。单击表格边线选中表格，在属性面板的“对齐”下拉列表中选择“居中对齐”选项。

步骤 03 在表格内单击鼠标左键，使光标位于表格内。单击“常用”栏中的“图像”按钮，打开“选择图像源文件”对话框，在复制的光盘素材 images 文件夹下选择“top.gif”文件，如图 8-14 所示。

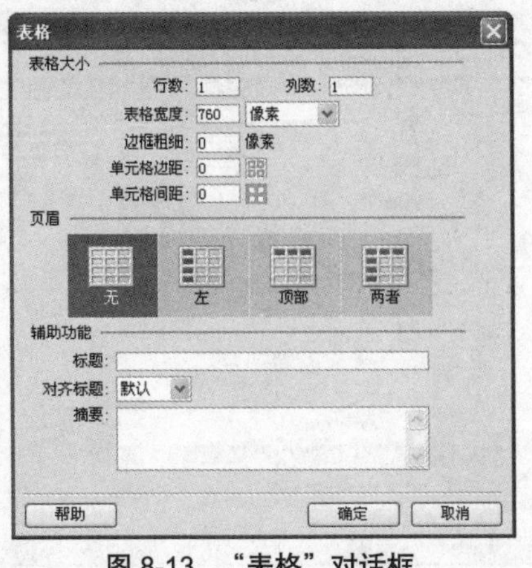

图 8-13 “表格”对话框

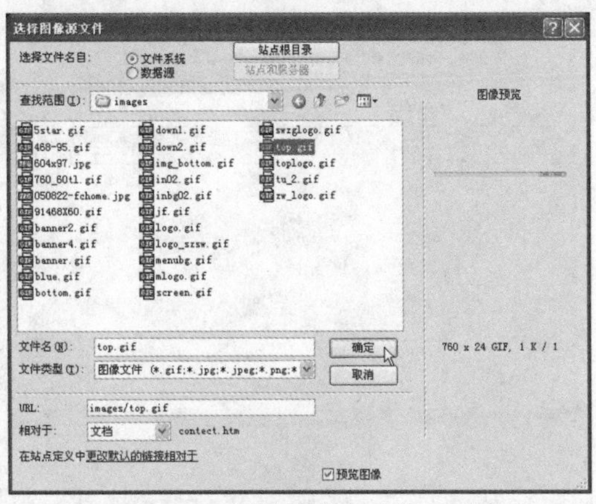

图 8-14 “选择图像源文件”对话框

步骤 04 单击“确定”按钮，打开“图像标签辅助功能属性”对话框，单击“确定”或“取消”按钮，将图像插入到表格内，如图 8-15 所示。

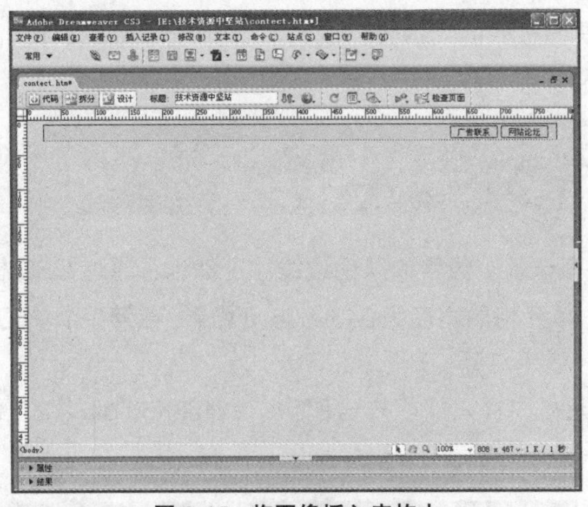

图 8-15 将图像插入表格内

步骤 05 在图像右侧有两个按钮样式，以此制作热点链接。选中图像“top.gif”，在属性面板中单击“矩形热点工具”按钮，在图像上沿按钮边框拖动选取“广告联系”按钮图像，如图 8-16 所示。

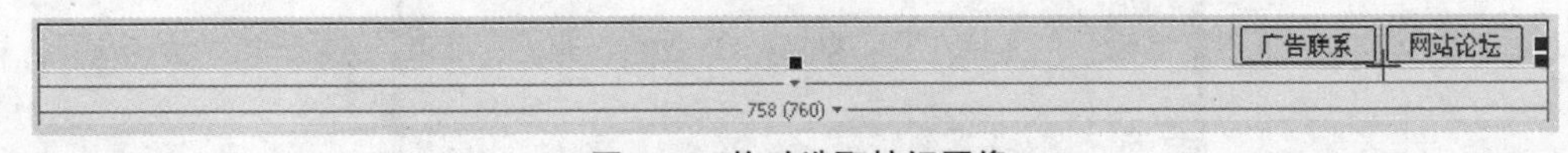

图 8-16 拖动选取按钮图像

步骤 06 选中矩形热点区域，在属性面板中的“链接”文本框中输入链接地址（这里假设制作好的“广告联系”网页名为“ad.htm”），效果如图 8-17 所示。

步骤 07 同样方法，制作“网站论坛”栏目的热点链接，完成后，网页效果如图 8-18 所示。

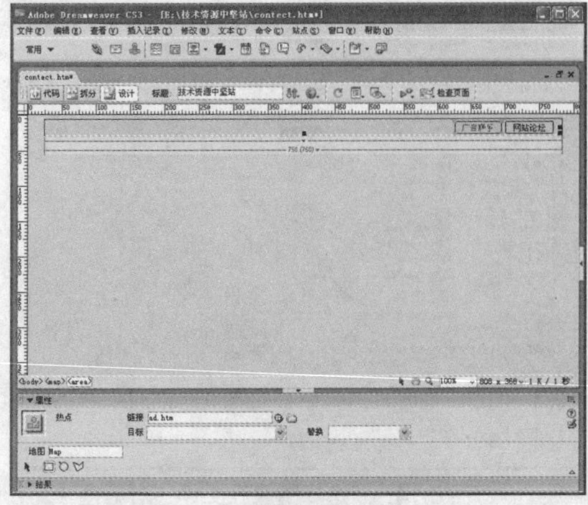

图 8-17　制作热点区域链接

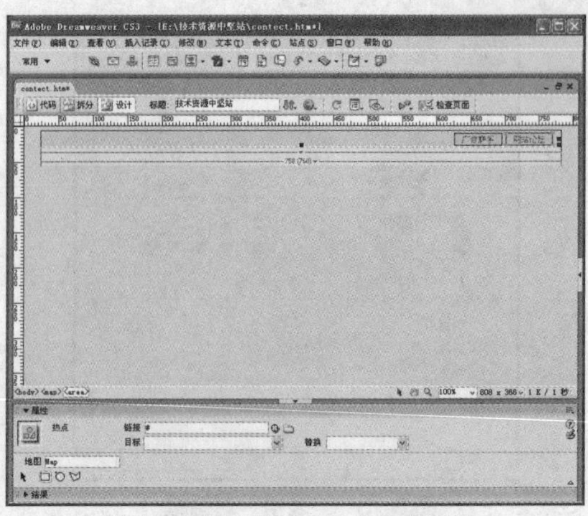

图 8-18　制作另一个热点链接

步骤 08 在表格外侧单击鼠标左键，插入 1 行 3 列、宽度为 760 像素的表格。在属性面板中设置表格背景颜色为白色“#FFFFFF”，居中对齐。

步骤 09 单击文档工具面板中的“拆分”按钮，切换到代码和设计视图模式，在代码编辑窗口中 <table> 标记内，输入如下代码：

```
style="BORDER-TOP: #000000 1px solid; BORDER-LEFT: #000000 1px solid; BORDER-RIGHT: #000000 1px solid"
```

使表格上、左、右各有一条 1 像素的黑色边线。当然也可通过 CSS 样式来定义此样式。

步骤 10 分别设置 3 个单元格的宽度为 246、506、8 像素。在第 1 个单元格内插入标识图像“logo.gif”，在属性面板中单击“居中对齐”按钮。

步骤 11 在第 2 个单元格内插入旗帜广告图像“91468X60.gif”，在属性面板中设置图像居中对齐，完成后效果如图 8-19 所示。

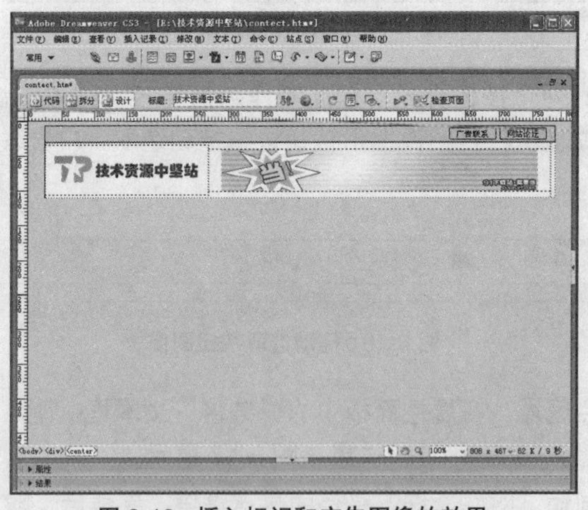

图 8-19　插入标识和广告图像的效果

步骤 12 在标识表格外侧单击鼠标左键，插入 1 行 1 列、宽度为 760 像素的表格。在属性面板中设置表格居中对齐，高度为 22 像素，单击“背景图像”后面的“浏览文件”按钮，弹出“选择图像源文件”对话框，选择 images 文件夹下的“tu_2.gif”图像，如图 8-20 所示。

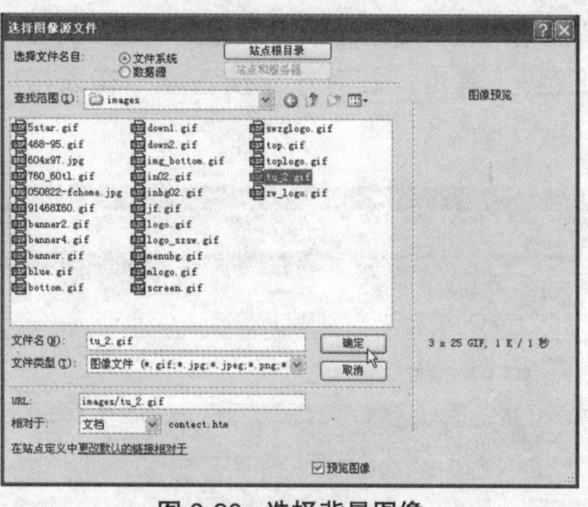

图 8-20　选择背景图像

步骤 13 单击“确定”按钮，背景图像显示在表格中。单击“拆分”按钮切换到代码和设计视图模式，在 <table> 标记中插入如下代码：

```
style="BORDER-RIGHT: #000000 1px solid; BORDER-TOP: #000000 1px solid; BORDER-LEFT: #000000 1px solid; BORDER-BOTTOM: #000000 1px solid;
```

表格内上、左、右各显示一条 1 像素的黑线。

步骤 14 在表格内导入导航栏，使用“|”进行分隔，效果如图 8-21 所示。

步骤 15 在导航栏表格外单击鼠标左键，按 Enter 键。单击“常用”栏中的“图像”按钮，打开“选择图像源文件”对话框，选择图像文件“050822-fchome.jpg”，单击“确定”按钮插入图片，如图 8-22 所示。

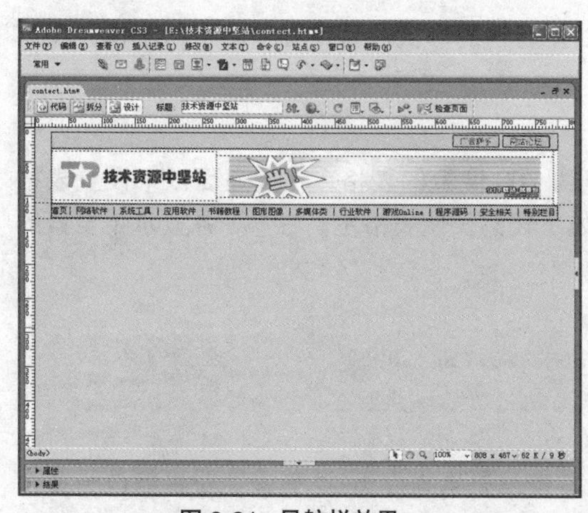

图 8-21　导航栏效果

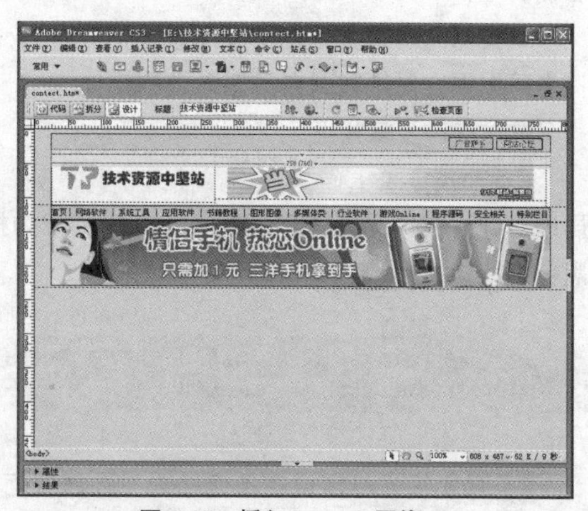

图 8-22　插入 banner 图像

步骤 16 在图像文件后单击鼠标左键，按 Enter 键使光标换行。单击“表格”按钮，插入 1 行 1 列、宽度为 760 像素、单元格边距为 1 的表格。

步骤 17 选中表格，在属性面板中设置表格居中对齐。在代码编辑窗口 <table> 标记内输入如下代码，使表格左、右、下均显示 1 像素宽的黑色细线。

```
style="BORDER-RIGHT: #000000 1px solid; BORDER-LEFT: #000000 1px solid; BORDER-BOTTOM: #000000 1px solid"
```

步骤 18 把光标定位在单元格内，在属性面板中设置高度为 20，文字颜色为白色“#FFFFFF”，背景颜色为深灰色“#6D6E71”，单击“右对齐”按钮，在表格内输入 5 个栏目名称，效果如图 8-23 所示。

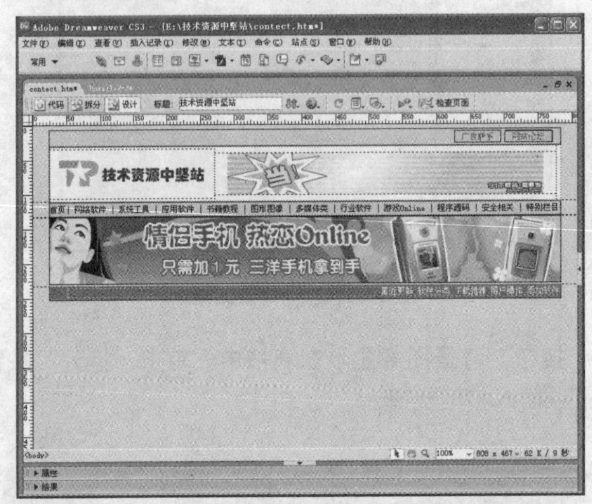

图 8-23 设置其他栏目入口

8.1.4 制作软件下载排行榜

网站中内容页的文字和图像一般都不会充满整个网页，为了使网页的内容更加丰富，推荐给浏览者更多、更好的内容，网站制作者们通常会把浏览者感兴趣的内容放置在主要内容的左侧或右侧。

本实例的网页就是把下载量最多的软件目录，以排行榜的形式放置在主要内容的左侧，使浏览者可以很方便地找到自己感兴趣的软件。

具体操作步骤如下。

步骤 01 接着上面的表格，插入 1 行 1 列、宽度为 760 像素的表格。在属性面板中设置表格居中对齐。在代码编辑窗口中 <table> 标记内插入如下代码，使表格左、右、下各显示 1 像素的黑色细线。

```
style="BORDER-RIGHT: #000000 1px solid; BORDER-LEFT: #000000 1px solid; BORDER-BOTTOM: #000000 1px solid"
```

步骤 02 把光标定位在单元格内，在属性面板中设置单元格高度为 22 像素，背景颜色为黄色“#FFECAC”。在单元格内输入“当前位置”的相关路径，如果其他网页齐全应该为每级栏目名称制作相应的链接，使浏览者可以方便地返回至任意一级栏目。这里由于只制作一个网页，因此在属性面板中输入“#”替代链接地址，如图 8-24 所示。

图 8-24 当前位置

步骤 03 在“当前位置”表格下面接着插入 1 行 4 列、宽度为 760 像素的表格。在属性面板中设置表格居中对齐。使用上面介绍的 style 标记的设置方法，设置表格左、右各显示 1 像素宽的黑线。分别设置前 3 个单元格宽度为 170、1、4 像素，在第 1、4 单元格内将制作栏目内容。

步骤 04 设置第 1 个单元格背景颜色为浅灰色“#F0F0F0”，第 2 个单元格背景颜色为黑色“#000000”，第 3、4 单元格背景颜色为白色“#FFFFFF”，如图 8-25 所示。

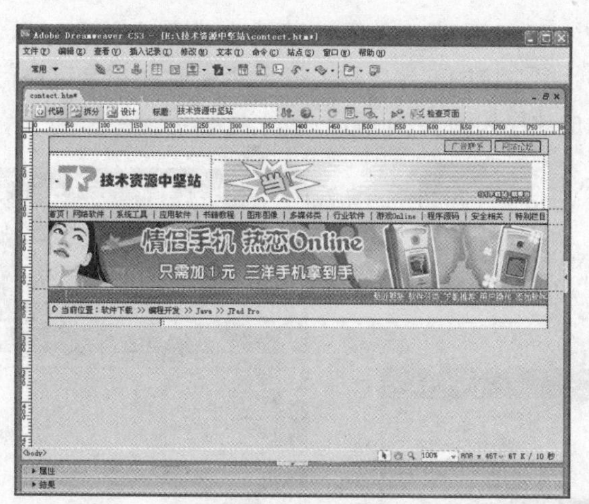

图 8-25 分隔栏目区域

步骤 05 把光标定位在左侧第 1 个单元格内，插入 2 行 2 列、宽度为 100% 的嵌套表格。设置第 1 行左侧单元格、高度为 20 像素，垂直底部对齐，背景颜色为黄色“#FFECAC”，在代码编辑窗口中此单元格的 <td> 标记中输入代码：style="BORDER-BOTTOM: #000000 1px solid"，使单元格底部显示 1 像素黑线。在此单元格内输入栏目标题“本日下载排行”。

步骤 06 在第 1 行右侧单元格中，设置单元格宽度为 80 像素，背景图像为“inbg02.gif”，插入图像，完成后的效果如图 8-26 所示。

步骤 07 选中第 2 行两个单元格，单击属性面板中的“合并所选单元格”按钮□，在此单元格内插入 1 行 1 列、宽度为 100%、单元格边距为 3 的嵌套表格。

步骤 08 把光标定位在单元格内，输入小写字母“v”。在属性面板的“字体”列表中选择“编辑字体列表”选项，打开“编辑字体列表”对话框，如图 8-27 所示。

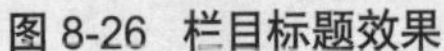

图 8-26 栏目标题效果

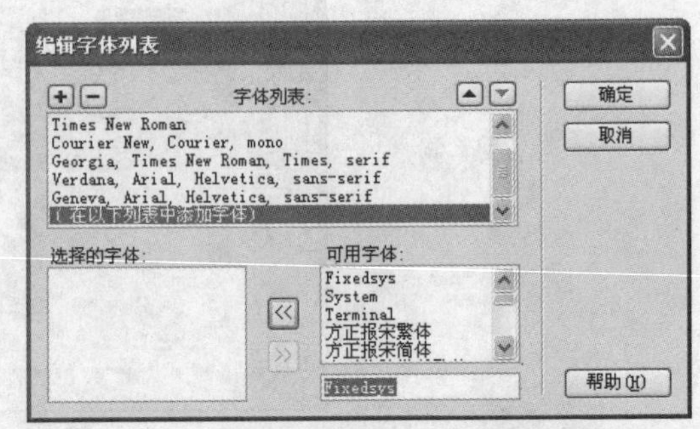

图 8-27 “编辑字体列表”对话框

步骤 09 在“可用字体”列表框中选择“Wingdings”字体，然后单击«按钮，使字体添加到“选择的字体”列表框中，如图 8-28 所示。

步骤 10 单击“确定”按钮，返回至 Dreamweaver 编辑窗口，选中字母“v”，在属性面板中的“字体”下拉列表中选择新添加的“Wingdings”字体，此时“v”字母变成菱形小图标❖，设置图标颜色为蓝色，色标值为“#42A5F7”。

步骤 11 把光标定位在图标后面，在属性面板中修改字体为“默认字体”，颜色为黑色“#000000”，然后输入排行第 1 位的软件名称。按 Shift+Enter 组合键换行，继续制作排行在下面的 9 个软件名称，完成后的效果如图 8-29 所示。

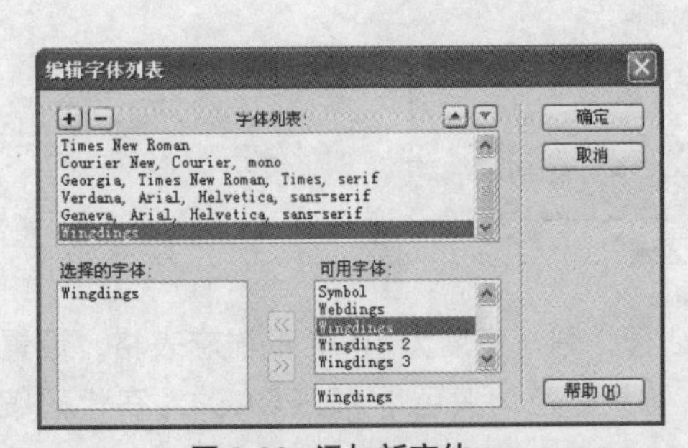

图 8-28 添加新字体

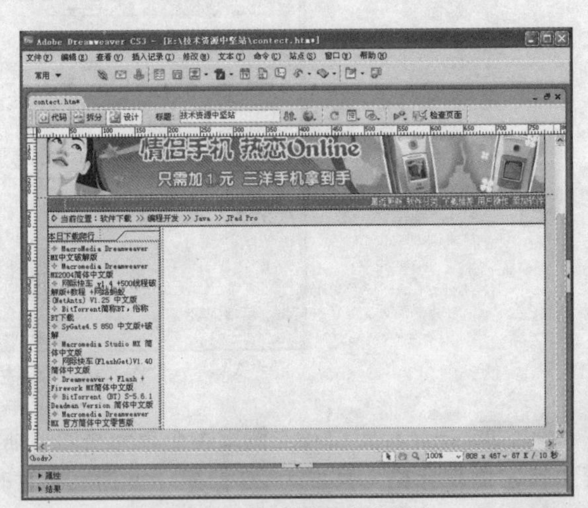

图 8-29 完成栏目内容制作

步骤 12 选中“本日下载排行”全部表格，单击鼠标右键，在弹出的菜单中选择“拷贝”命令；然后在表格下方按 Ctrl+V 组合键，粘贴表格。修改栏目标题为“本周下载排行”，修改栏目内容为“本周下载排行”的前 10 个软件名称，完成后如图 8-30 所示。

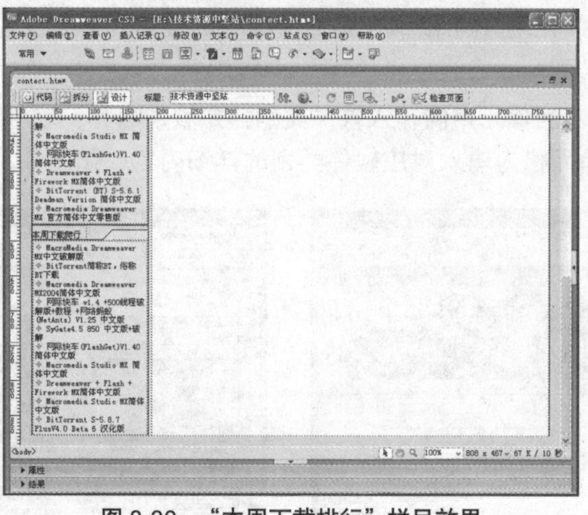

图 8-30 “本周下载排行”栏目效果

8.1.5 制作软件下载内容

完成左侧软件下载排行内容的制作后，开始制作本网页的主要内容“JPad Pro”软件下载的详细内容。

具体操作步骤如下。

步骤 01 在最右侧空白区域的单元格内单击鼠标左键，在属性面板的“垂直”下拉列表中选择“顶端”选项，使光标位于单元格顶部。单击“表格”按钮，插入 1 行 1 列、宽度为 100% 的嵌套表格，设置表格高度为 5 像素。插入此表格是为了使下面的内容与上面的表格产生一定间隔。

步骤 02 接着上面表格，插入 18 行 2 列、宽度为 98%、单元格边距为 3、单元格间距为 1 的嵌套表格。选中此表格，在属性面板中设置表格居中对齐。设置第 1、3、5、7、9、11、13、15、17 行单元格的背景颜色为浅灰色“#F3F3F3”，设置第 10 行单元格的背景颜色为黄色“#FFECAC”，如图 8-31 所示。

步骤 03 单击左侧列表上方的下拉按钮，在弹出的菜单中单击“选择列”命令，如图 8-32 所示。左侧列被选中，在属性面板中设置单元格宽度为 65 像素。

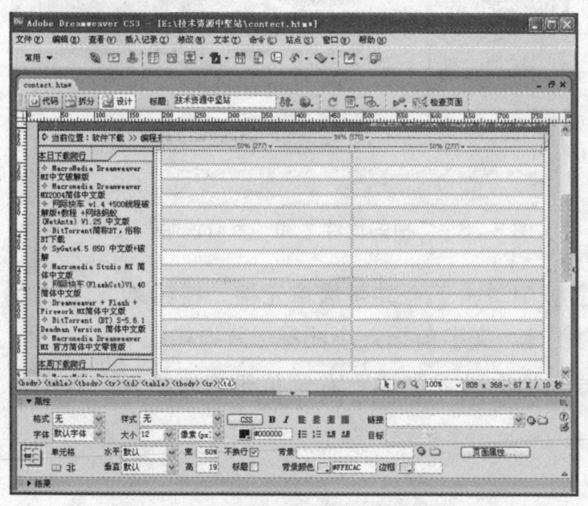

图 8-31 设置单元格的背景颜色

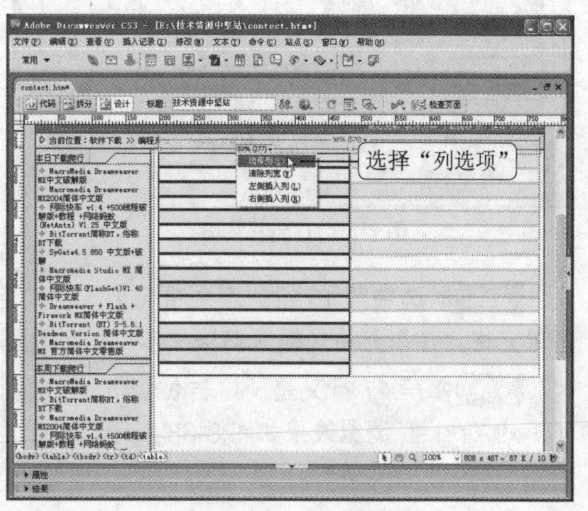

图 8-32 选择列

步骤 04 拖动鼠标选中所有单元格，在属性面板中设置单元格高度为 20 像素，完成后效果如图 8-33 所示。

步骤 05 在 1~12 行左侧单元格内输入软件类别，如软件名称、软件语言、软件类别、下载地址等；在 1~12 行右侧单元格内输入对应软件类别的详细内容，如图 8-34 所示。

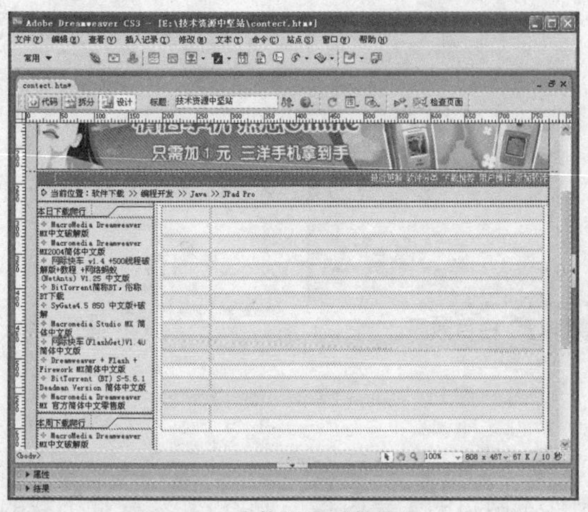

图 8-33　表格设置后的效果

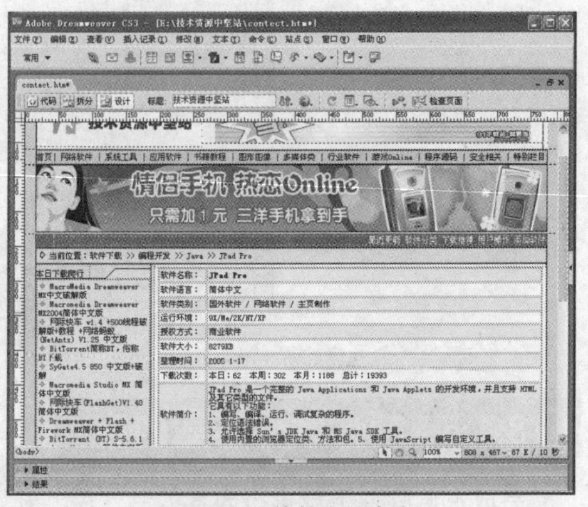

图 8-34　软件介绍内容

步骤 06 在第 13 行左侧单元格内输入文字“广告位置”，在右侧单元格内插入广告图像“468-95.gif”，效果如图 8-35 所示。

步骤 07 在第 14、15 行单元格中分别输入“相关软件”和“下载说明”两部分的内容，选中内容中关键的文字，在属性面板中设置为红色“#FF0000”，完成后的效果如图 8-36 所示。

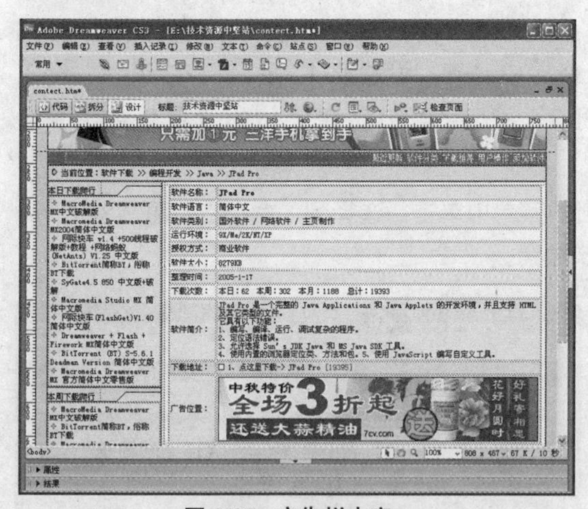

图 8-35　广告栏内容

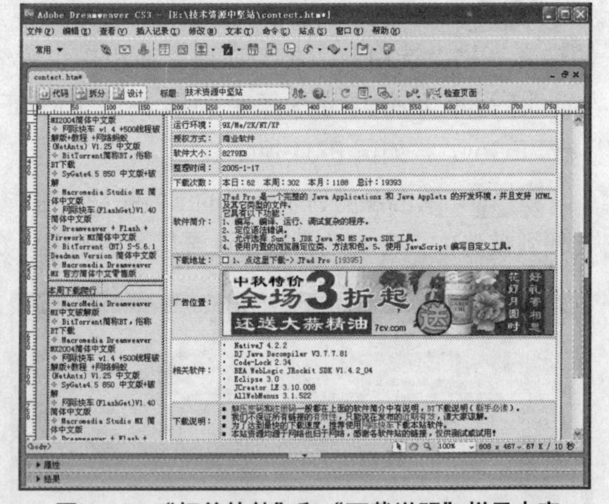

图 8-36　“相关软件”和“下载说明”栏目内容

步骤 08 选中第 16 行的两个单元格，在属性面板中单击“合并所选单元格”按钮，合并 16 行单元格。在单元格内输入链接文字，文字设置为粗体，文字前插入小图标，效果如图 8-37 所示。

步骤 09 第 17 行又是“广告位置”，在左侧单元格内输入名称，右侧单元格内插入广告图像“604x97.jpg”，浏览效果如图 8-38 所示。

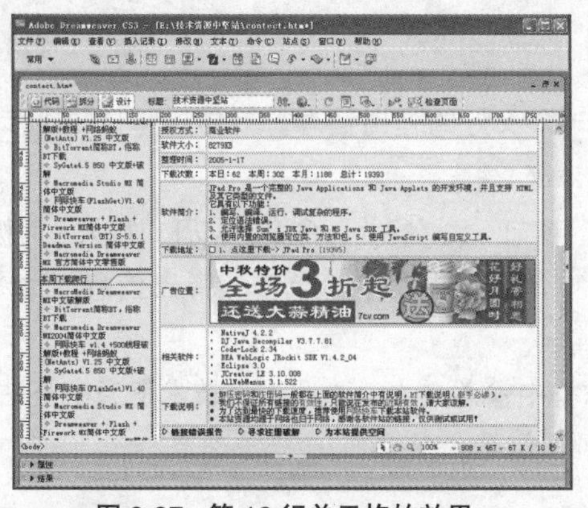

图 8-37　第 16 行单元格的效果

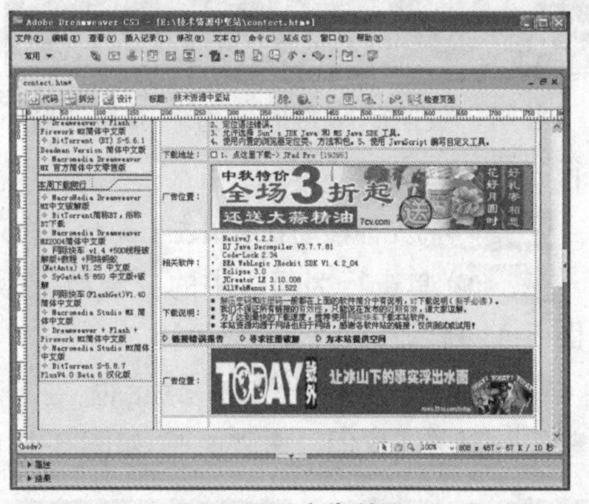

图 8-38　广告效果

步骤 10 单击“停止”按钮，完成软件下载内容的制作。

8.1.6　制作版权信息

在网站内容页的底部，通常也放置一些相关栏目的链接和版权信息。本例中具体的操作步骤如下。

步骤 01 在“软件下载内容”表格外单击鼠标左键，按 Enter 键回车，插入 1 行 1 列、宽度为 760 像素的表格，在属性面板中设置表格居中对齐，单击“图像”按钮，插入栏目导航图像“bottom.gif”。图像上有“关于我们”、“版权声明”等 4 个栏目名称，分别制作 4 个热点链接，如图 8-39 所示。

步骤 02 接着上面表格插入 1 行 3 列、宽度为 760 像素的表格。在属性面板中设置表格居中对齐。

步骤 03 分别设置左侧 2 个单元格宽度为 130、15 像素。把光标定位在第 1 个单元格内，在属性面板中设置背景颜色为蓝色“#9DB8E8”；切换到代码和设计视图模式，在此单元格 <td> 标记内输入如下代码：

```
style="BORDER-LEFT: #000000 1px solid; BORDER-BOTTOM: #000000 1px solid; BORDER-RIGHT: #000000 1px solid;"
```

使单元格左、右、下方各有 1 像素的黑线。

步骤 04 在第 2 个单元格内插入图像“img_bottom.gif”，在第 3 个单元格内输入版权信息文字，完成效果如图 8-40 所示。

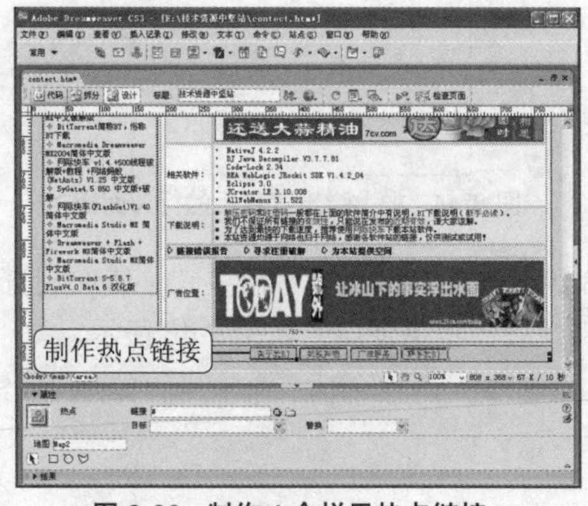

图 8-39　制作 4 个栏目热点链接

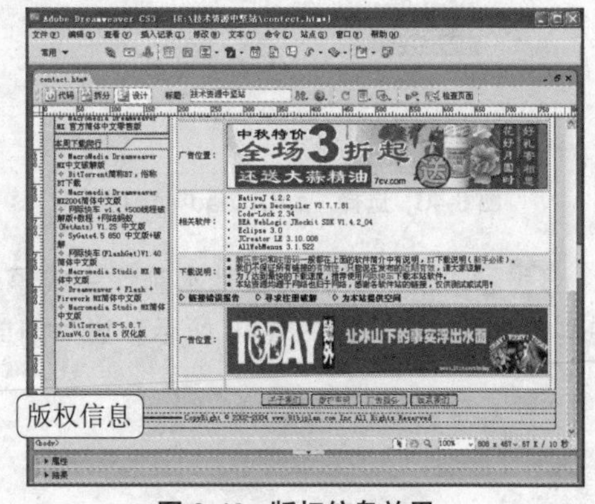

图 8-40　版权信息效果

8.1.7 制作弹出提示信息

当用户关闭此网页时，为了引起注意，可以制作一个友好的弹出信息。具体操作按如下步骤进行。

步骤 01 将光标移动到网页左上角。执行菜单栏中的“窗口”>“行为”命令，打开“行为”面板。

步骤 02 单击行为面板中的“添加行为”按钮 +，弹出行为菜单，单击“弹出信息”命令，如图 8-41 所示。

步骤 03 弹出“弹出信息”对话框，在“消息”文本框中输入文本“欢迎光临技术资源中坚站！希望您一直关注我们，谢谢！”，如图 8-42 所示。

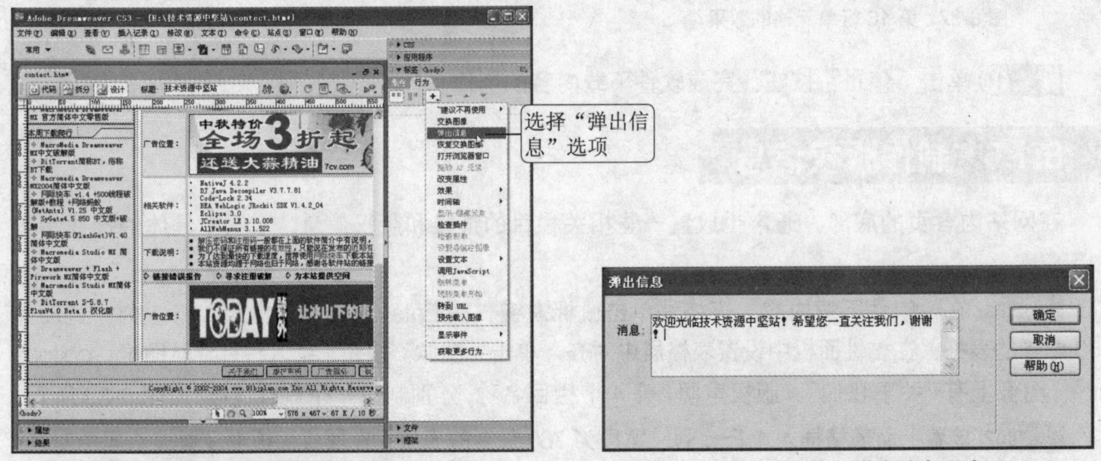

图 8-41 选择行为菜单中“弹出信息”选项　　图 8-42 输入弹出信息文本

步骤 04 单击“确定”按钮，在“行为”面板中显示了“弹出信息”项。单击左侧列表的下拉按钮，弹出选项列表，在其中选择“onUnload”选项，表示关闭当前网页弹出信息框，如图 8-43 所示。完成后行为面板如图 8-44 所示。

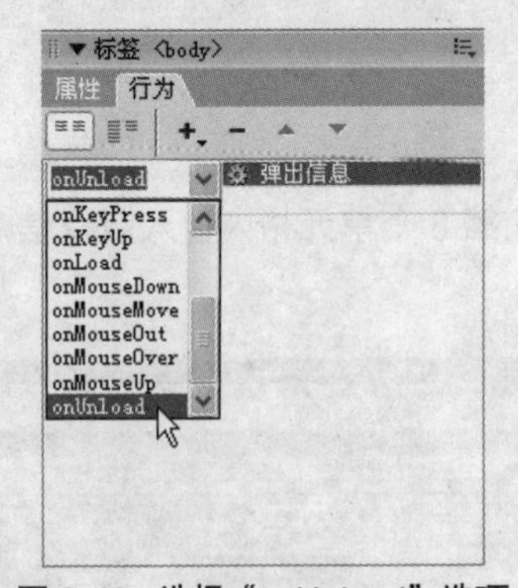

图 8-43 选择“onUnload”选项

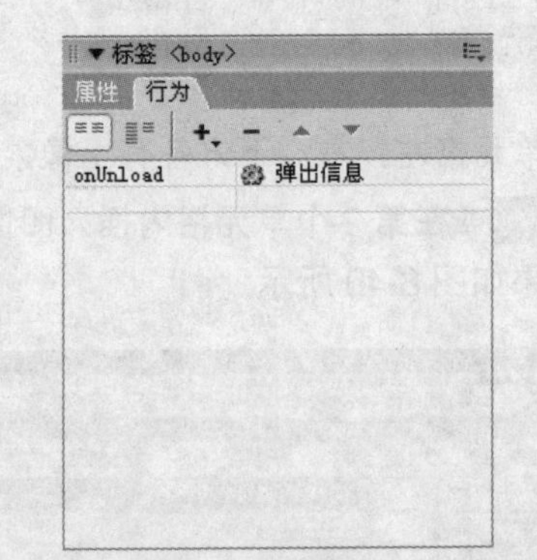

图 8-44 加上弹出信息后的行为面板

步骤 05 软件下载网页基本制作完成了，按 Ctrl+S 组合键保存网页，然后按 F12 键在浏览器中浏览网页效果，如图 8-45 所示。当关闭或刷新网页时，弹出信息窗口，如图 8-46 所示。

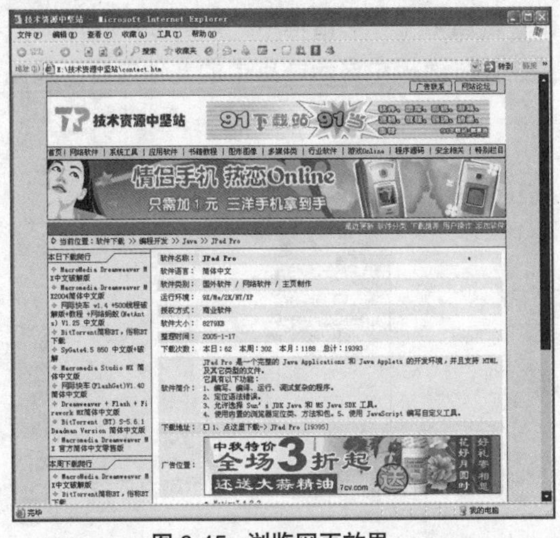

图 8-45　浏览网页效果

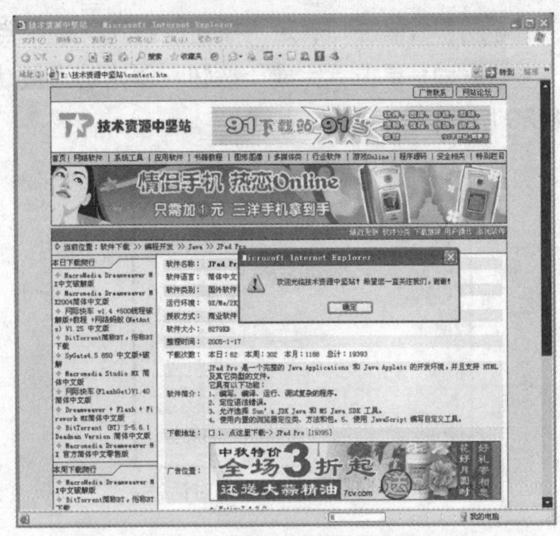

图 8-46　弹出信息窗口的效果

8.1.8　将网页标题栏和版权信息制作成库项目

库主要包括需要重复使用或者经常需要对整个站点进行更新的网页元素，如某些主要的图像、文本和其他一些网页对象，这些存在于一个库中的元素集合被称之为库项目。库项目的引用实际上就是将该库项目的 HTML 源代码复制到文件中，并且在应用库的网页文件和所应用的库之间建立起一个连接关系，以便在库发生变更之后，可以找到应用了该库的网页进行更新。Dreamweaver CS3 中，库项目一般都放在站点根目录下的库文件夹（Library）下，这样用户对库项目的管理就会很方便。

给以上网页创建库项目时，可按如下步骤操作。

步骤 01 先创建一个站点，这样才能够应用库项目。执行“站点”>“管理站点”菜单命令，打开“管理站点”对话框，单击“新建”按钮，选择“站点”选项，如图 8-47 所示。

步骤 02 弹出“站点定义为”对话框。在“高级”选项卡的“站点名称”文本框中输入“技术资源中坚站”；单击“本地根文件夹”文本框后面的“文件夹”按钮，在弹出的“选择站点技术资源中坚站的本地根文件夹”对话框中选择“E>技术资源中坚站”文件夹，然后单击“选择”按钮，路径显示在“本地根文件夹”文本框中，如图 8-48 所示。

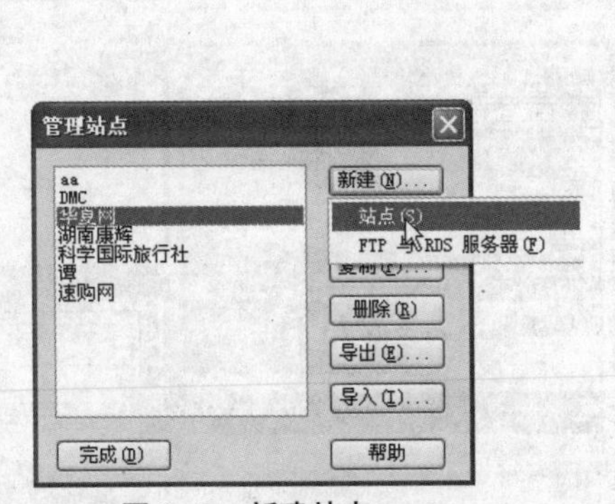

图 8-47　新建站点

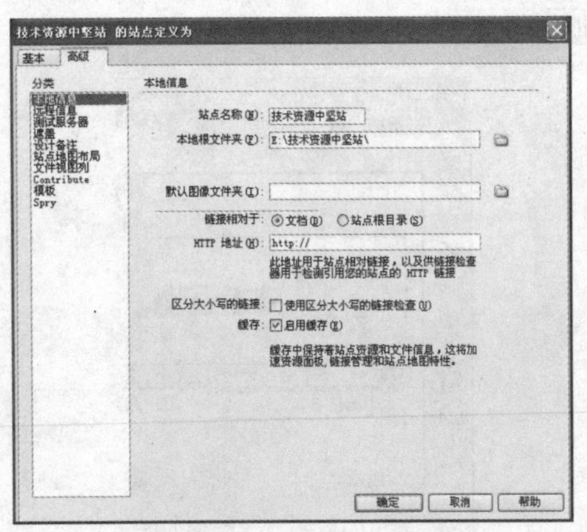

图 8-48　设置“站点定义”对话框

步骤 03 单击“确定”按钮，新定义的站点显示在“管理站点”对话框中，如图 8-49 所示。

步骤 04 单击“完成”按钮，创建站点成功，在“文件”面板中显示站点中的文件内容，如图 8-50 所示。

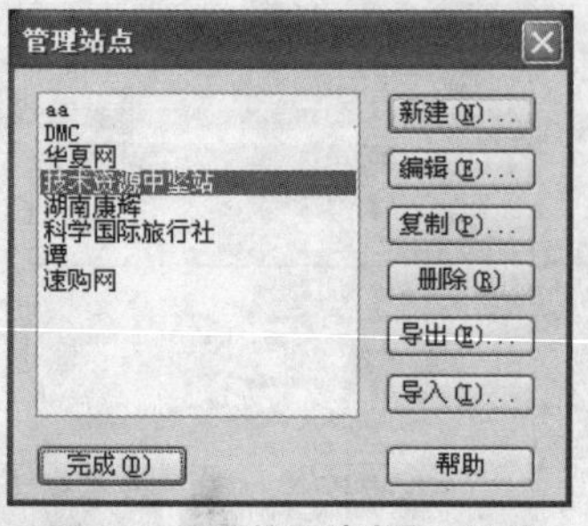

图 8-49 “管理站点”对话框

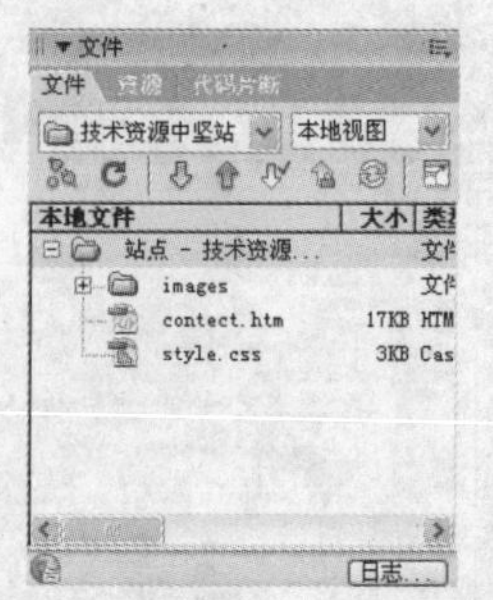

图 8-50 文件面板中显示站点内容

步骤 05 在 contect.htm 网页中，拖动鼠标选择顶部的标题栏和导航栏，如图 8-51 所示。

步骤 06 执行菜单栏中的“窗口”>“资源”命令，打开“资源”面板，单击“库”按钮，切换到“库”面板，如图 8-52 所示。

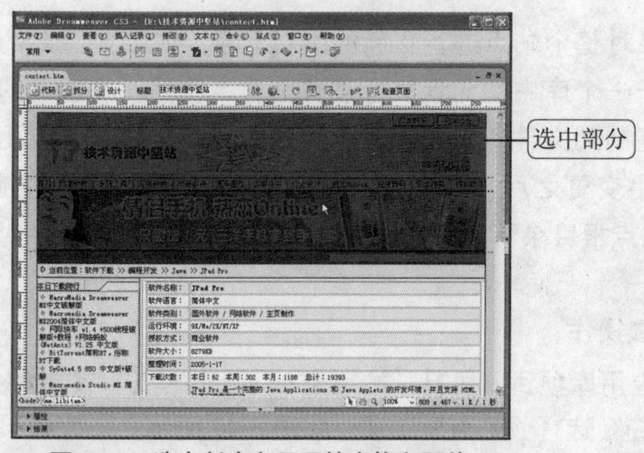

图 8-51 选中创建库项目的表格和图像

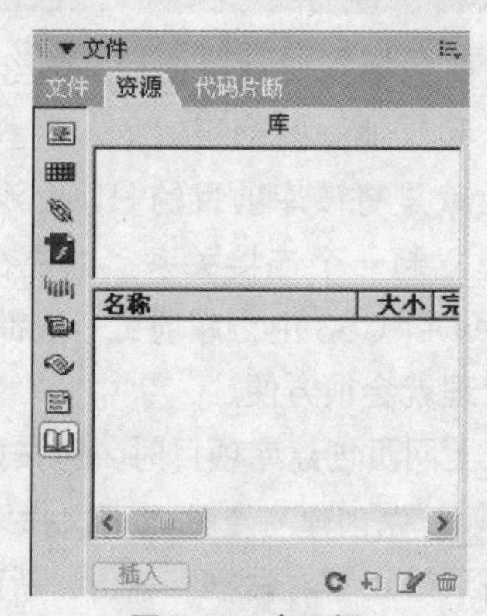

图 8-52 库面板

步骤 07 执行“修改”>“库”>“增加对象到库”菜单命令，将表格内容添加到库面板中，然后在“名称”中修改库名称为“top”，如图 8-53 所示。

步骤 08 用同样方法将网页最下面的版权信息添加为库项目，并命名为“bottom”，如图 8-54 所示。

图 8-53 添加库项目并修改名称

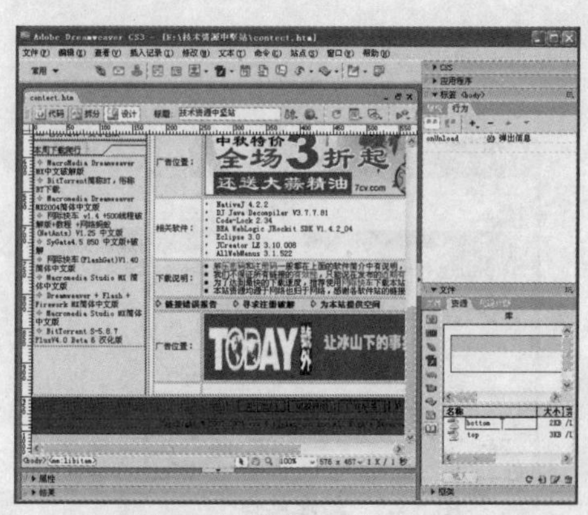

图 8-54 创建另一个库项目

步骤 09 此时，“文档”窗口中的库项目显示为浅黄色背景，并且不可编辑。在库面板中双击库项目标题，即可打开后缀为“.lbi”的文件，并可进行编辑，如图 8-55 所示。

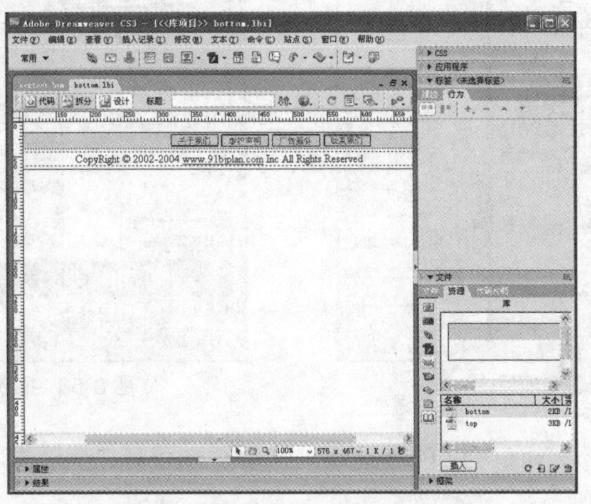

图 8-55 打开编辑 bottom.lib 文件

8.1.9 应用库项目

库项目创建好之后，在制作其他结构相同的网页时，就可以应用其到文档中了。按照以下步骤操作使库项目应用到网页中。

步骤 01 根据网页 contect.htm 中间部分的结构，制作另一个软件下载页面“contect2.htm”，主要是修改了表格中软件的相关信息，制作完成后如图 8-56 所示。

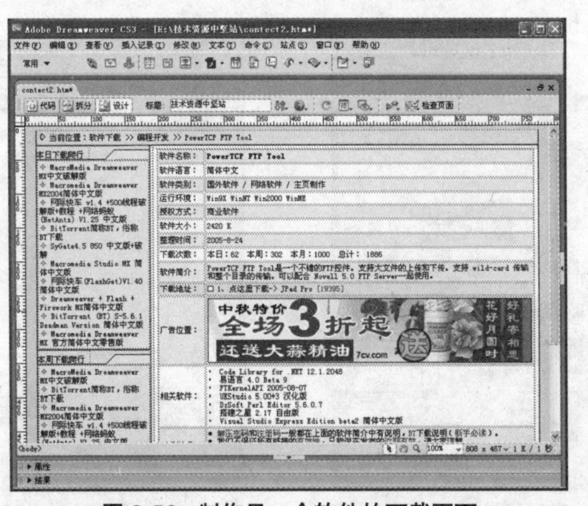

图 8-56 制作另一个软件的下载页面

步骤 02 将光标移动到文档窗口左上角，在库面板中单击库名称“top”，然后单击“插入”按钮 插入 。将 top 库项目插入到网页顶部，如图 8-57 所示。

步骤 03 将光标移动到文档窗口右下角，在库面板中单击库名称“bottom”，然后单击“插入”按钮 插入 。将 bottom 库项目插入到网页底部，如图 8-58 所示。

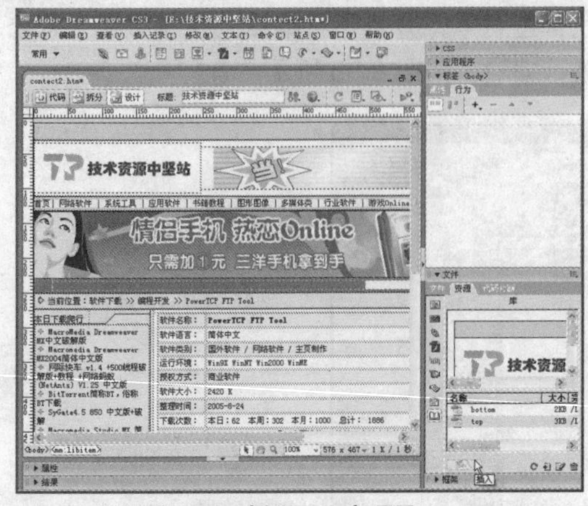
图 8-57　插入 top 库项目

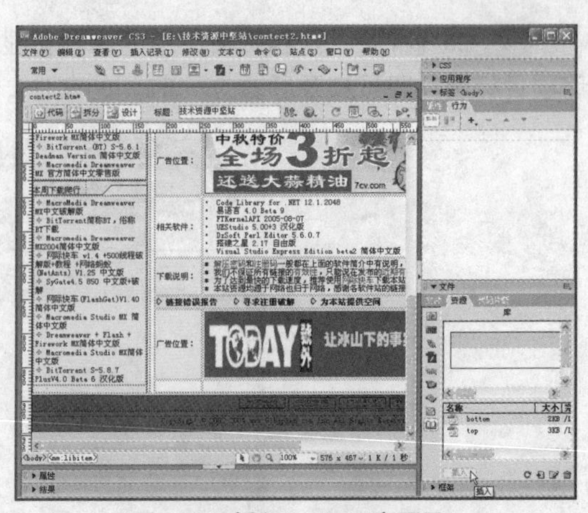
图 8-58　插入 bottom 库项目

步骤 04 选中网页中插入的 bottom 库项目，单击鼠标右键，在弹出的菜单中单击“打开库项目…”命令，如图 8-59 所示。

步骤 05 选中版权信息中的网址“www.91bjplan.com”，然后输入“www.companydiy.com”，选中网址，在属性面板“链接”文本框中输入“http:// www.companydiy.com”，并在“目标”下拉列表中选择“_blank”选项，如图 8-60 所示。

注 意

在创建网站链接的时候，必须在前面加“http://”然后加网址，才可以正常打开链接的网站。

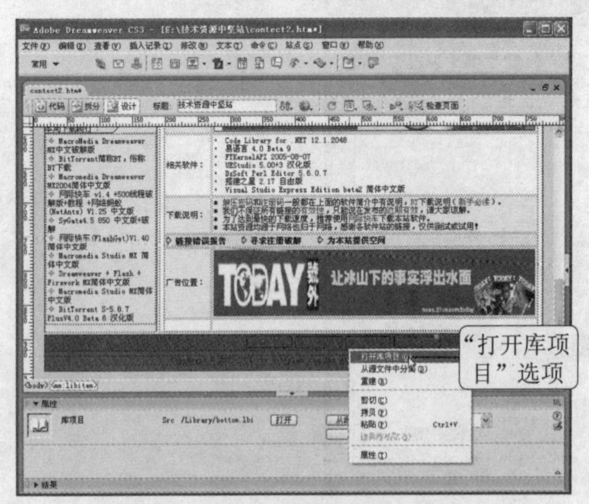

图 8-59　选择“打开库项目”选项

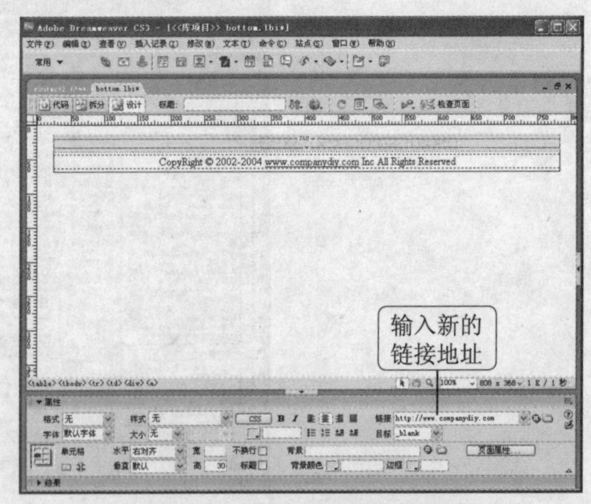

图 8-60　修改网址或制作链接

步骤 06 执行“文件”>“保存”菜单命令，随即弹出“更新库项目”对话框，在它的文本框中显示了应用库项目的网页，并提示是否要更新这些文件，如果确定需要更新，就单击“更新”按钮，如图 8-61 所示。

步骤 07 更新后弹出“更新页面”对话框，自动更新完两个网页后，相关的信息显示在“状态”列表框中，如图 8-62 所示。

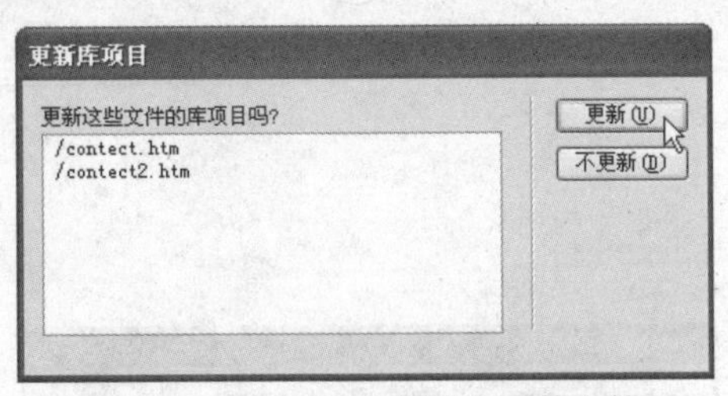

图 8-61 提示更新应用库项目的文件

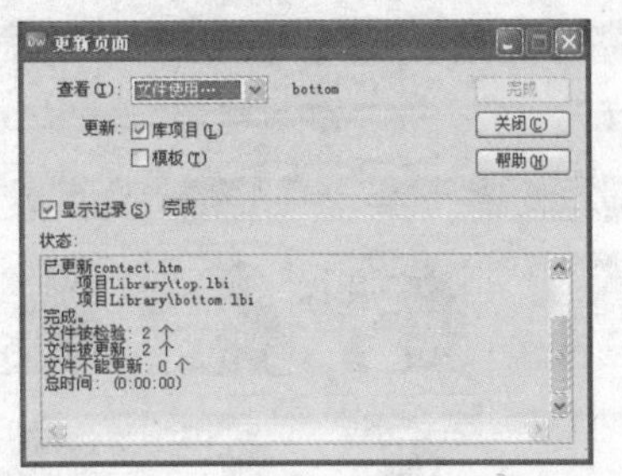

图 8-62 “更新页面”对话框

步骤 08 单击“关闭”按钮，返回到“contect2.htm”网页，可以看到网页下面的网址已经被更新，如图 8-63 所示。

步骤 09 按 Ctrl+S 组合键保存网页，在浏览器中浏览网页效果，如图 8-64 所示。

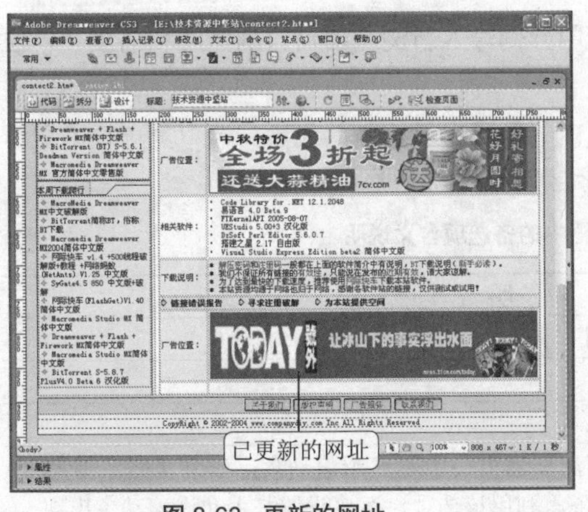

图 8-63 更新的网址

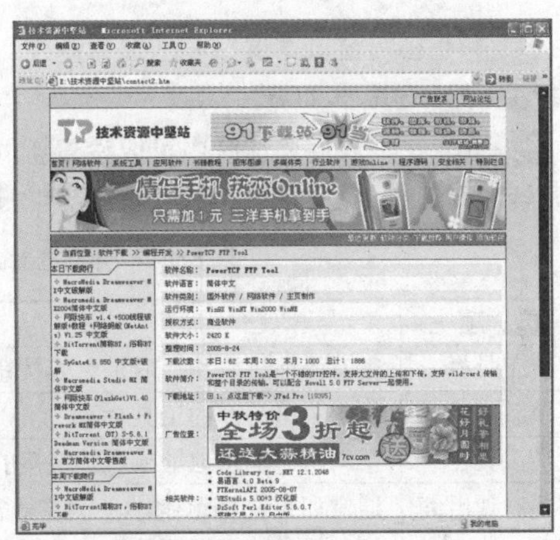
图 8-64 浏览网页 contect2.htm 效果

8.2 知识要点回顾

Dreamweaver 中内嵌了很多种行为，基本上可以满足网页制作的需求。本小节中将介绍一些常用的行为功能，在制作网页的实际应用中会起到一定的帮助作用。实例中制作的弹出信息功能就是应用了行为功能。

8.2.1 在新的浏览器窗口中显示放大图像

打开浏览器窗口是用来在一个新的浏览器窗口中打开一个网页。可以指定该浏览器窗口的各项属性，包括窗口的大小、是否显示导航栏等等。按照以下步骤添加打开浏览器窗口的行为。

步骤 01 选中 behaviors1.htm 网页（配盘中本章 other 文件夹下）中的第 2 张图片，如图 8-65 所示。

步骤 02 单击行为面板中的+按钮，单击“打开浏览器窗口”命令。

步骤 03 打开“打开浏览器窗口”对话框（如图 8-66 所示），单击“浏览”按钮选择已经制作好的插入放大图像的网页 behaviors1_window.htm，单击“确定”按钮后文件名显示在“要显示的 URL”文本框中。

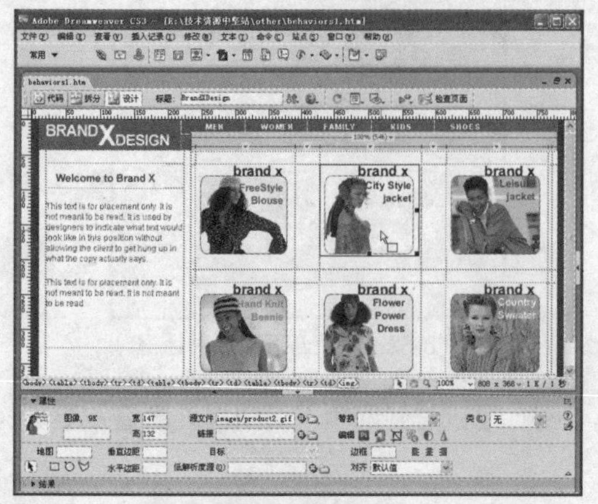

图 8-65 选中第 2 张图片

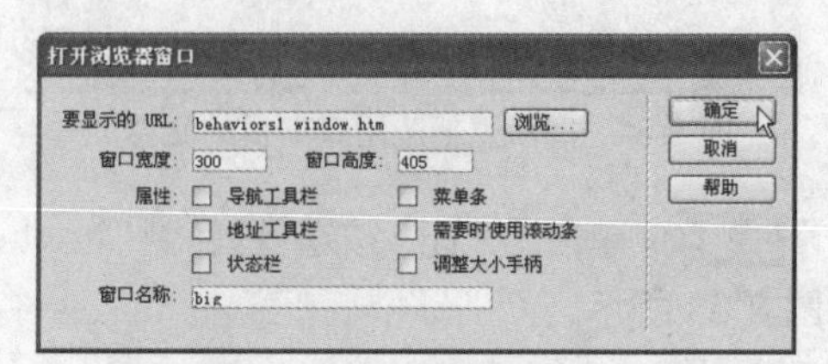

图 8-66 “打开浏览器窗口”对话框

步骤 04 在“窗口宽度”和“窗口高度”文本框中分别输入新浏览器窗口的宽度和高度，单位是像素，如：300 和 405。

步骤 05 在“属性”选区中可以设置新浏览器窗口中是否显示相应的元素，选中复选框则显示该元素，取消选中复选框则不显示该元素，这些元素含义如表 8-1 所示。

表 8-1 打开浏览器窗口对话框中的各选项含义说明

选　项	说　明
导航工具栏	带有“前进”和“后退”等按钮的工具栏
菜单条	提供菜单命令的工具栏
地址工具栏	帮助用户输入地址或进行链接的工具栏
需要时使用滚动条	通常如果文档范围小于浏览器窗口，则浏览器窗口中不显示滚动条；如果文档范围大于浏览器窗口，则浏览器窗口会显示滚动条。利用该选项，可以设置是否允许滚动条出现
状态栏	表示显示状态栏。通常状态栏显示链接的 URL、网页的下载进度等
调整大小手柄	消除该复选框时，新打开的浏览器窗口将无法改变大小，也无法拖动其边框改变大小。从窗口的控制菜单中，也可以看到相应的命令（如“大小”和“恢复”等）都变为无效

步骤 06 在“窗口名称”文本框中输入打开窗口的名称，如 big。

步骤 07 完成设置后，单击“确定”按钮，返回至“文档”窗口，在行为面板中选择事件 onClink，如图 8-67 所示。

步骤 08 保存网页后，按 F12 键浏览网页效果如图 8-68 所示。

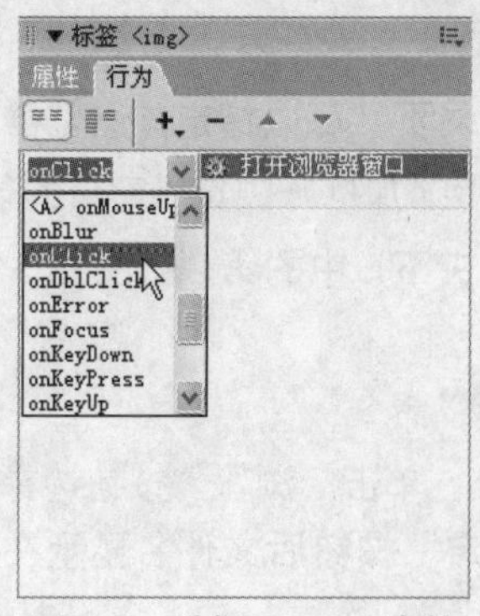

图 8-67 选择 onClick 事件

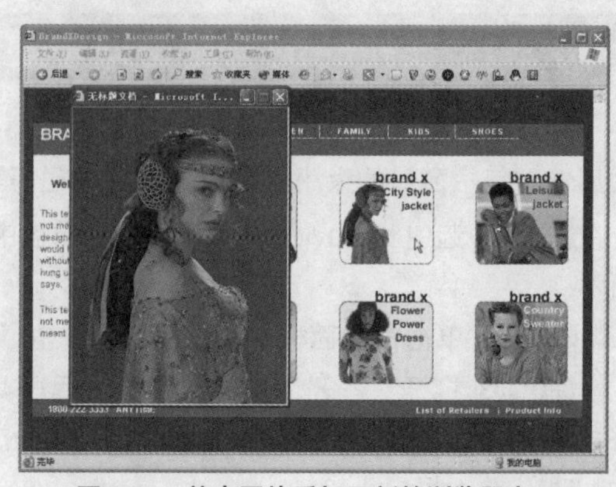

图 8-68 单击图片后打开新的浏览器窗口

8.2.2 创建可拖动的AP Div

使用行为中的“拖动 AP Div”操作，可以在网页中限制其拖动方向，指定其拖动位置。因此，在很多网页中，利用拖动 AP Div 的行为，可以制作有趣的小动画，实现某些特殊的页面效果。按如下步骤制作拖动 AP Div。

步骤 01 新建一个 HTML 网页，把光标放在页面中，单击“插入”面板的“布局”栏中的“绘制 AP Div”按钮，在页面中描绘一个 AP Div，并在 AP Div 中插入一个图像，然后选中它，如图 8-69 所示。

步骤 02 单击行为面板中的+按钮，单击“拖动 AP 元素”命令。在打开的对话框中切换至“基本”选项卡，如图 8-70 所示。

图 8-69 插入 AP Div 并选中

图 8-70 “拖动 AP Div”对话框

步骤 03 在“AP 元素”下拉列表中将罗列出页面中的所有 AP Div，选择需要拖动的 Div“Layer1”。在“移动”下拉列表中提供了两种拖动方式：不限制模式和限制模式。这两种拖动方式将决定是否对 AP 元素的移动范围加以限制。如果选择“限制”移动模式，则需要在上、下、左、右文本框中输入移动范围的数值，以像素为单位，如图 8-71 所示。

步骤 04 在“放下目标”中的“左”和“上”文本框中输入 AP Div 的起始位置。这两个值是相对于浏览器窗口的相对位置值，单击取得目前位置按钮，可以取得 AP Div 当前的位置。

步骤 05 在“靠齐距离”文本框中输入 AP Div 与目标的距离小于多少像素时，页面中的 AP Div 自动与目标位置对齐。

如果是简单地拖动 AP 元素，只要根据以下的选项进行设置就可以满足需要了，具体设置如图 8-72 所示。

图 8-71 限制拖动 AP Div 的设置选项

图 8-72 设置拖动 AP Div

步骤 06 要设置 AP Div 的拖动柄、跟踪 AP Div 的移动，或设置相应的触发动作，则都可以单击“高级”选项卡，如图 8-73 所示。

步骤 07 在“拖曳控制点”下拉列表中，可以有两种选择。

- 整个元素：选择该项，则可以通过在整个 AP Div 上任意位置单击鼠标来移动 AP Div。
- 元素内的区域：选择该项，则可以在指定的 AP 元素区域中单击鼠标来移动 AP Div；可以在右边的文本框中设置区域范围，如图 8-74 所示。

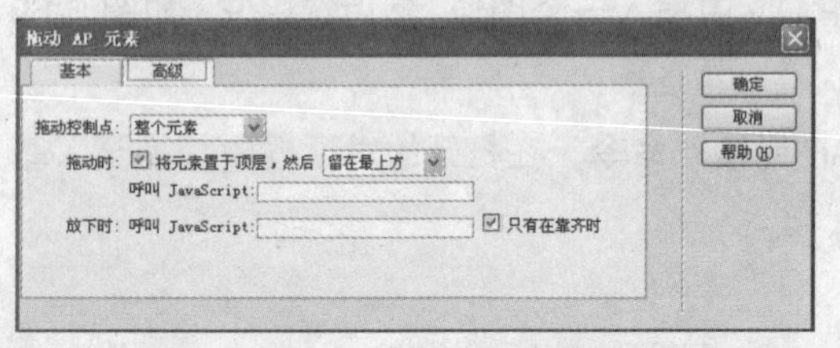

图 8-73　拖动 AP Div 的“高级”选项卡

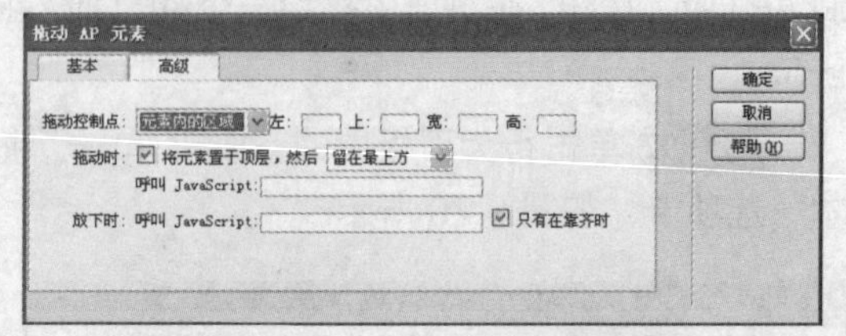

图 8-74　在 AP Div 内区域设置

步骤 08 在“拖动时”区域可以设置 AP 元素被拖动时的相关设置。选中该复选框，则可以设置 AP 元素被拖动时在 AP 元素重叠堆栈中的位置。从右方的下拉列表中，可以选择如下选项。

- 留在最上方：选择该项，则 AP Div 被拖动时，保留在顶层。
- 恢复 Z 轴：选择该项，则 AP Div 被拖动时，保留其原先的重叠顺序。

步骤 09 在“呼叫 JavaScript”文本框中输入被调用的 JavaScript 代码或函数，它是 AP 元素拖动时被重复执行的，利用它可以监控 AP 元素的拖动情况。

步骤 10 在“放下时，呼叫 JavaScript”文本框中，可以设置当 AP 元素被放下时调用的 JavaScript 代码或函数。选中“只有在靠齐时”复选框，则设置仅仅当 AP 元素移动到接近目标位置并靠齐时，才执行上述 JavaScript 代码或函数。

步骤 11 为了测试，本实例中只在“基本”选项中设置拖动的数值，完成设置后，单击“确定”按钮。在行为面板中选中 onMouseDown 事件，也可根据需要设置其他事件。

注 意

在层的应用上特别要注意的是，不能为已经附加有 OnMouseDown 或 onClick 事件的对象附加拖动层的行为。

步骤 12 完成后保存页面，按 F12 键浏览网页，如图 8-75 所示。

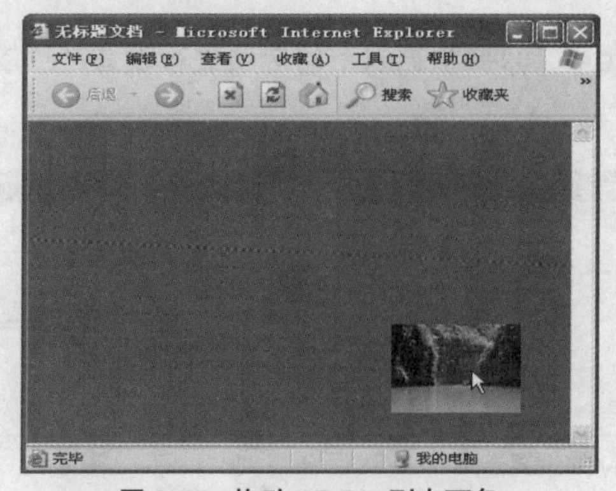

图 8-75　拖动 AP Div 到右下角

8.2.3 检查表单

检查表单是检测提交数据有效性的重要行为。例如检查表单时，需要检查表单中的某一项是否能为空、E-mail 的格式是否正确等等。如果这些内容填写不正确，则会出现相应的提示信息。

利用检查表单行为，可以为文本域设置相应的规则，用以检查用户填写的表单是否符合要求。一般来说，可以将该动作附加到个别的表单对象上，并将触发事件设置为 onSubmit，这样当单击提交按钮发送数据时，会自动检查表单域中所有的文本域内容是否有效。使用检查表单可按如下步骤操作。

步骤 01 新建一个 HTML 网页，在页面中插入一个 1 行 1 列、其他设置都为 0 的表格。将光标插入表格中，单击“插入”面板的“表单”栏中的“表单”按钮，在表格中插入表单域，然后在表单域中插入各个文本字段，并在属性面板中为字段命名，如图 8-76 所示。

步骤 02 选中整个表单，或单击状态栏上的 <form> 标签。选中对象也可以是单独的文本域。

步骤 03 单击行为面板中的+.按钮，在打开的列表中选择“检查表单”选项，打开“检查表单”对话框，如图 8-77 所示。

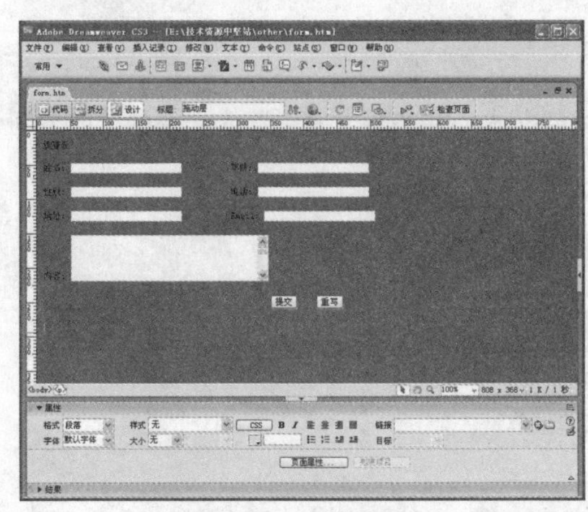

图 8-76　表单页面

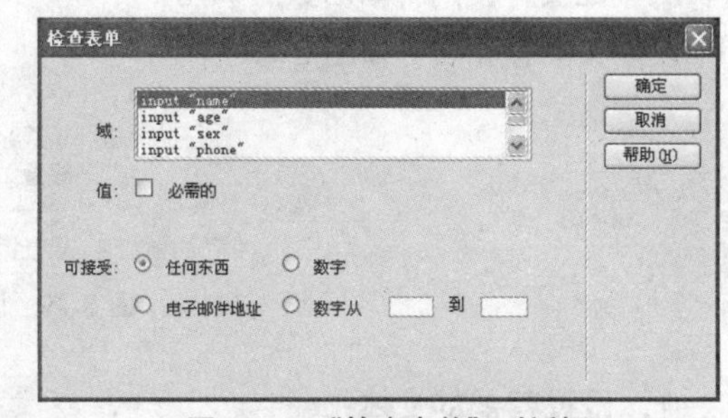

图 8-77　“检查表单”对话框

步骤 04 在“域”列表框中，选择要有效检查数据的表单对象。如选择文本 name。在“值”区域中，选中后面的“必需的”复选框。选中复选框，表明在表单中，该文本域必须要填入内容，不能为空；取消复选框，表明该文本域可以为空。本实例选中此项。

步骤 05 在“可接受”区域中，可以设置文本域中输入内容的类型，其中包括：

- 任何东西：表示文本域中可以是数字，也可以是文字等任何字符；
- 数字：表示文本域中只能输入数字数据；
- 电子邮件地址：表示文本域中只能输入包含 @ 的 E-mail 邮件地址；
- 数字从…到…：表示可以设置可输入数字值的范围。这时可以在右方的文本框中从左到右分别输入最小数值和最大数值。

本实例中选择“任何东西”选项。

步骤 06 重复步骤 5~7，“年龄”和“电话”在“可接受”选项中单击“数字”单选按钮，Email 选择“电子邮件地址”单选按钮，其他设置都和“name”项的设置相同。设置完成后，单击“确定”按钮。

步骤 07 保存网页后，按 F12 键在不输入任何内容的情况下，单击“提交”按钮，将弹出输入表单内容的提示框，如图 8-78 所示。可参考配盘 other 文件夹下的 form.htm。

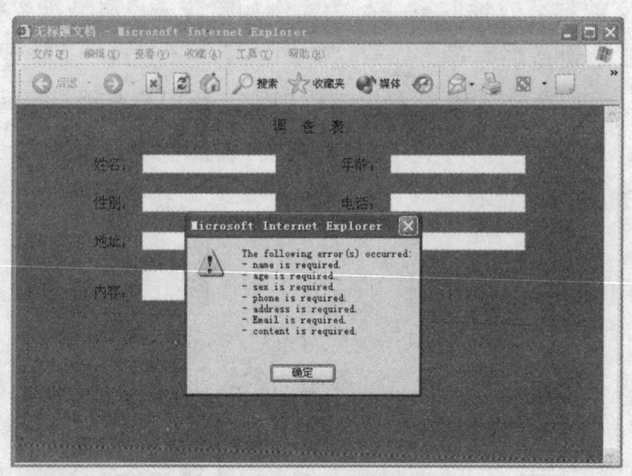

图 8-78　表单提示信息

8.2.4　设置文本

Dreamweaver 提供了向 AP Div、文本域文字、框架文本和状态栏文本中置入文本的功能，同时在其中还支持使用脚本函数的调用。

设置文本有 4 项，如图 8-79 所示。

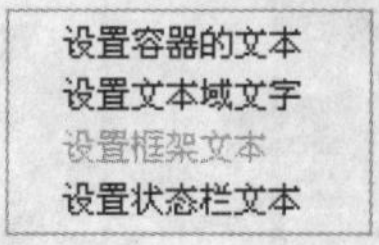

设置容器的文本
设置文本域文字
设置框架文本
设置状态栏文本

图 8-79　设置文本菜单

1．设置容器的文本

设置容器的文本。可以动态设置网页 AP 元素中的文本，或替换 AP 元素中的内容。新设置的内容可以是任意类型的 HTML 内容，因此可利用该动作动态地显示各种信息。按照以下操作步骤设置容器的文本。

步骤 01 打开光盘中的网页实例 behaviors6.htm，在网页中有两个 AP Div，Layer1 中显示了一张汽车的图片；Layer2 中输入了说明的文字。选中 AP 元素 Layer1，单击行为面板中的 + 按钮，单击“设置文本”下的“设置容器的文本”命令，如图 8-80 所示。

步骤 02 打开“设置容器的文本”对话框，由于需要替换的文字显示在 AP 元素 Layer2 的位置，因此在“容器”下拉列表中选择“div ‘Layer2’”选项。

步骤 03 在“新建 HTML”文本框中，输入希望替换的文字，如图 8-81 所示。设置完毕后，单击“确定”按钮，确定操作。

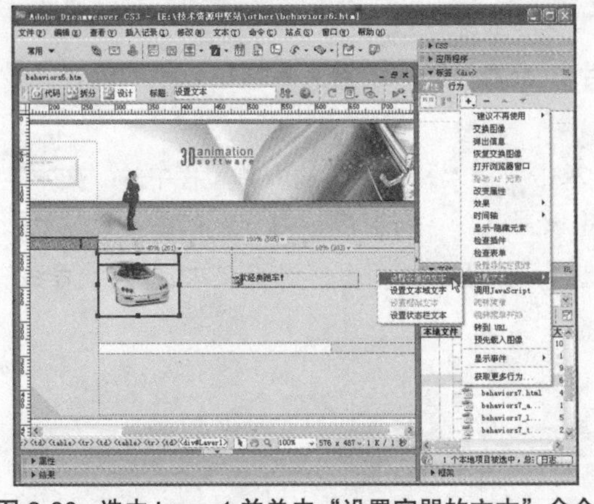

图 8-80 选中 Layer1 并单击“设置容器的文本”命令

图 8-81 “设置容器的文本”对话框

注 意

在“新建 HTML”文本框中，可以输入任何类型的 HTML 内容，也可以夹杂相应的 JavaScript 代码。如果希望输入大括号，可以在大括号字符前添加斜线“\”。例如，要输入“{”，可以输入“\{”。

步骤 04 为了表现双击汽车图片就要改变 AP 元素内容的效果，在行为面板中设置事件为“onDblClick”，如图 8-82 所示。

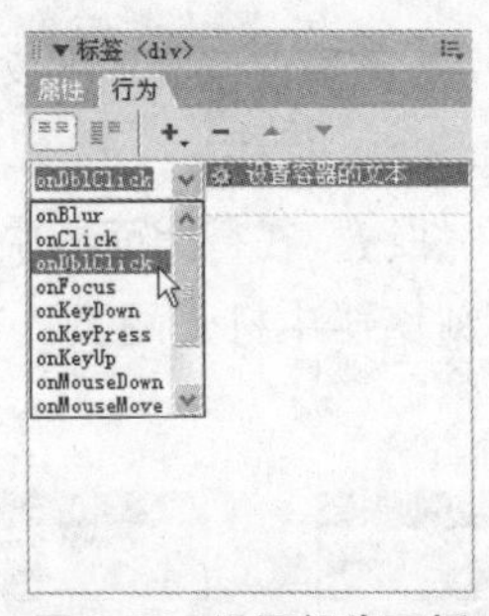

图 8-82 设置行为面板

步骤 05 保存网页后，按 F12 键，在浏览器中打开网页文档。双击应用行为的汽车图像，旁边的内容替换为在前面输入的内容，如图 8-83 所示。

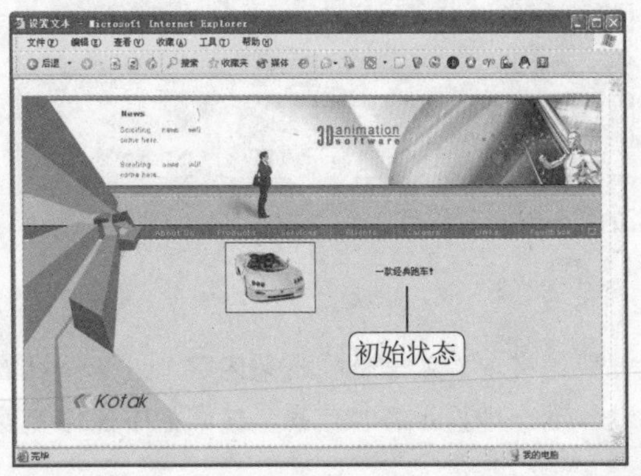

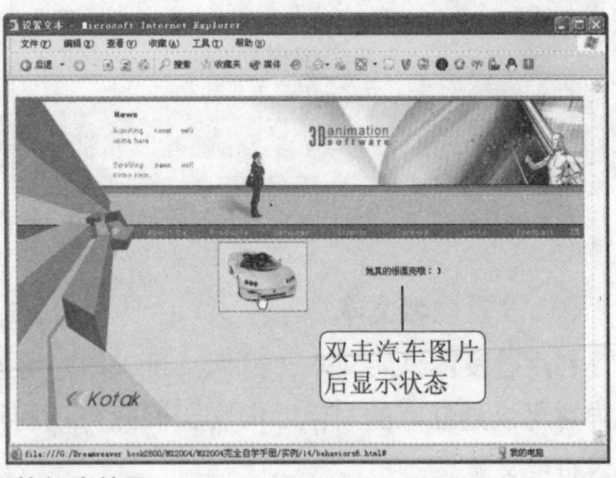

图 8-83 浏览网页的行为效果

2．设置文本域文字

在 Dreamweaver 中，可以通过“设置文本域文字”行为，动态设置文本域中显示的内容。按照以下步骤设置文本域文字。

步骤 01 打开光盘中的网页实例 behaviors6.htm。单击“插入”面板“的表单”栏中的“文本字段”按钮，在网页中插入一个文本框，并在属性面板中设置其“字符宽度”为 50，如图 8-84 所示。

步骤 02 选中文本框，单击行为面板中的+按钮，选择“设置文本”下的“设置文本域文字”命令，打开“设置文本域文字”对话框，如图 8-85 所示。

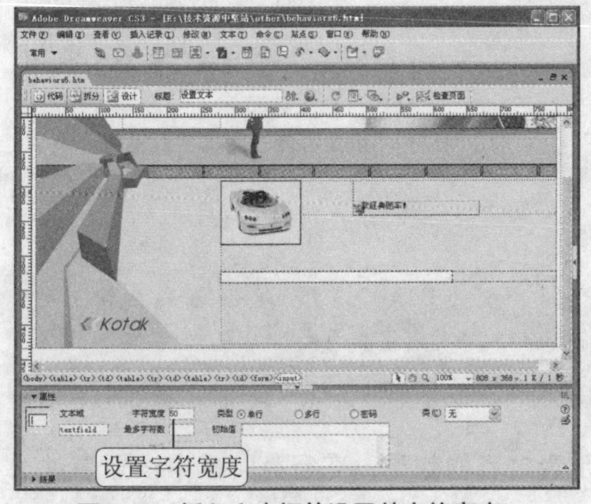

图 8-84 插入文本框并设置其字符宽度

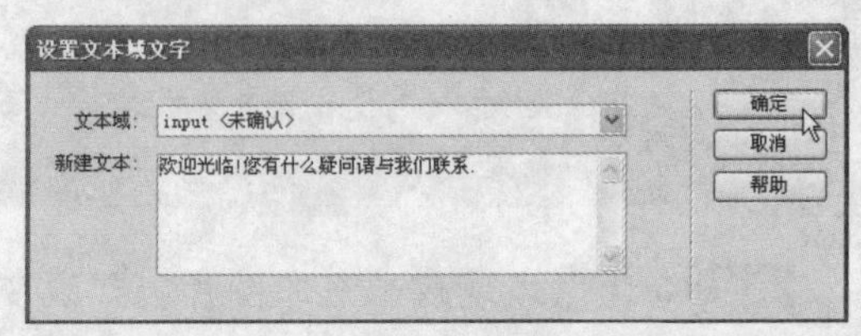

图 8-85 “设置文本域文字”对话框

步骤 03 在“文本域”下拉列表中，选择要设置文本的文本域。在“新建文本”文本框中输入要显示的文本，也可以包含相应的 JavaScript 代码。

步骤 04 设置完毕后，单击“确定”按钮。在行为面板中选择事件“onMouseOver”。

步骤 05 保存网页后，按 F12 键在浏览器中打开网页，当光标移动到文本域上方时，显示了前面输入的内容，如图 8-86 所示。

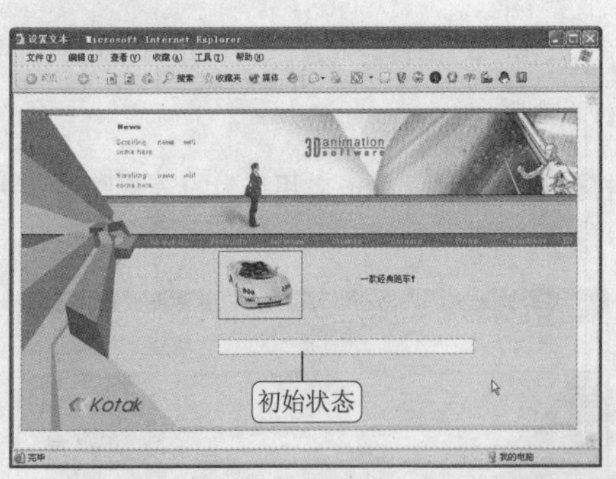

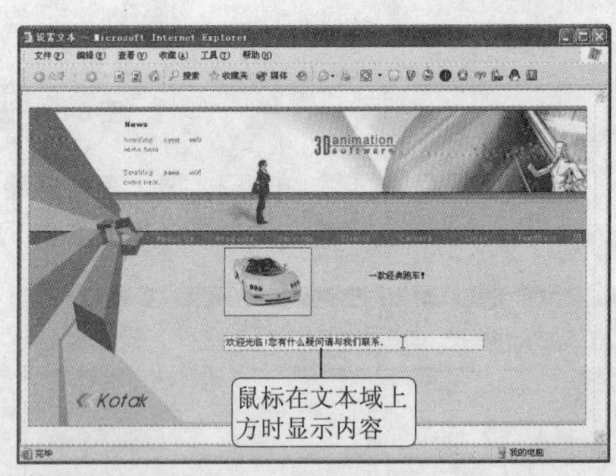

图 8-86 浏览网页的行为效果

3．设置框架文本

利用“设置框架文本”行为，可以动态地设置框架的文本，或是替换框架内容。这些新设置的内容可以是任意的 HTML 内容，因此可以利用该动作动态地显示各种信息。按照如下操作步骤设置框架文本。

步骤 01 打开光盘中的框架网页实例 behaviors7_all.htm。执行菜单“窗口”>“框架”命令，打开框架面板，单击右下方的框架确认其框架名为“mainFrame”，如图 8-87 所示。

步骤 02 选中左侧框架导航中的文字“Topic1”，在属性面板的“链接”文本框中输入“#”，创建无址链接，然后单击行为面板中的+.按钮，单击“设置文本”中的“设置框架文本”命令，打开“设置框架文本”对话框，如图 8-88 所示。

图 8-87 确定框架名

图 8-88 “设置框架文本”对话框

步骤 03 在“框架”下拉列表中选择要改变文本的框架“mainFrame”。在“新建 HTML”文本框中，输入改变后的内容。在这里输入一个网址“www.91bjplan.com”。

步骤 04 单击“获取当前 HTML”按钮 获取当前 HTML，可以将当前框架中的内容显示到“新建 HTML”文本区域中，以便在现有的基础上进行修改。

步骤 05 选中“保留背景色”复选框，则保留原先框架文档的背景颜色，而仅仅替换文档内容。设置完毕后，单击“确定”按钮。

步骤 06 在行为面板中设置事件为“onClick”，保存网页，按 F12 键在浏览器中查看网页效果，如图 8-89 所示。

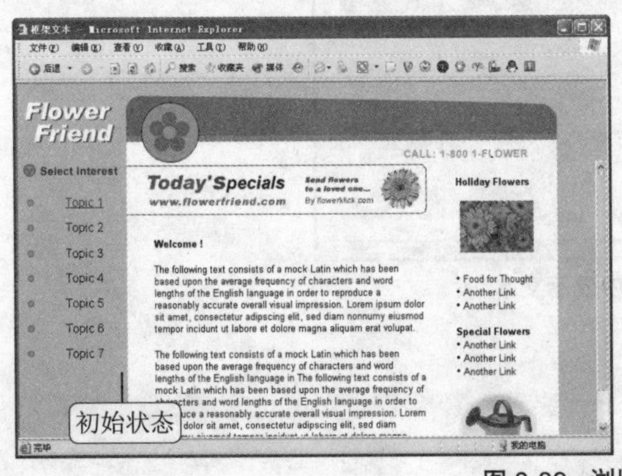

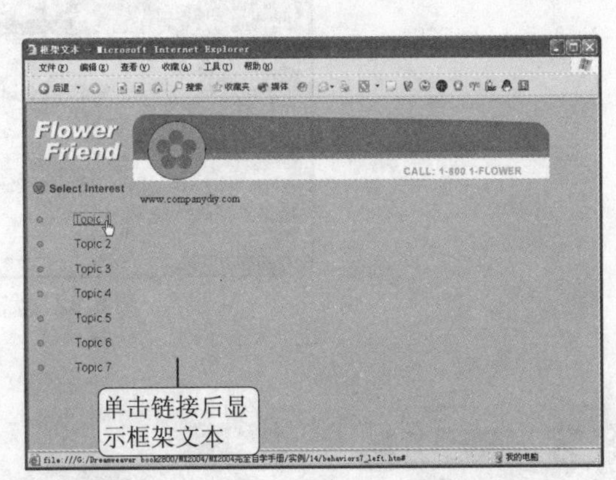

图 8-89 浏览网页的行为效果

4．设置状态栏文本

在浏览器窗口左下端的状态栏中，通常会显示当前状态的提示信息。例如，将光标移动到一个链接上，就会显示链接指向的 URL 地址。利用 Dreamweaver 可以设置状态栏的提示信息。例如，

将光标移动到链接上，显示的不是链接地址而是欢迎信息。按照如下操作步骤设置状态栏文本。

步骤 01 打开光盘中的网页实例 behaviors6.htm，单击左侧的“Kotak”图片，在属性面板的“链接”文本框中输入“#”，创建无址链接，如图 8-90 所示。

步骤 02 单击行为面板中的+按钮，单击“设置文本”中的“设置状态栏文本”命令，打开“设置状态栏文本”对话框，如图 8-91 所示。

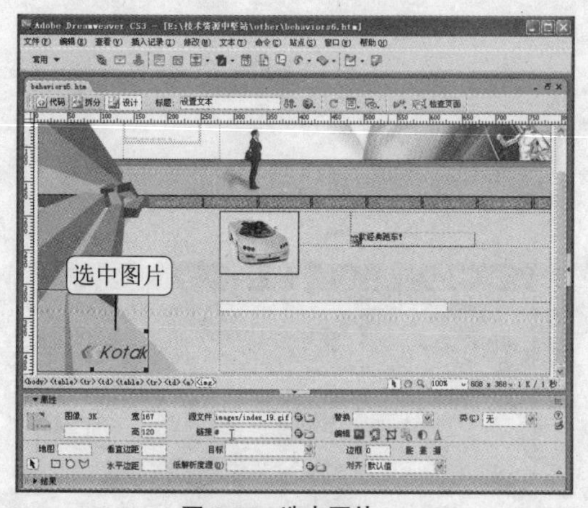

图 8-90　选中图片

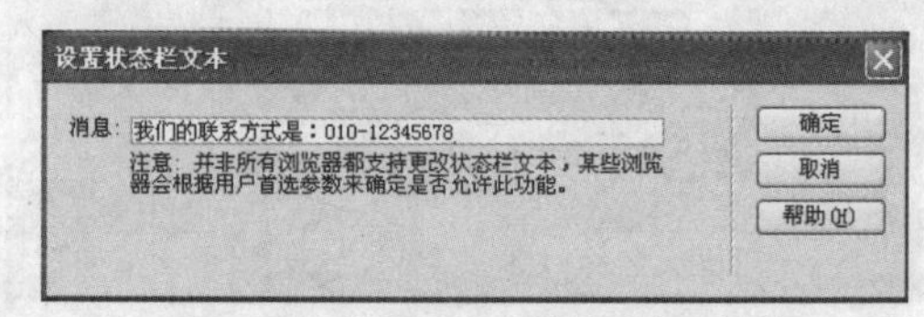

图 8-91　“设置状态栏文本”对话框

步骤 03 在“消息”文本框中输入需要的文本信息，单击“确定”按钮，在行为面板中设置事件为“onMouseOver”。

步骤 04 保存网页后，按 F12 键，在浏览器中查看网页效果，如图 8-92 所示。

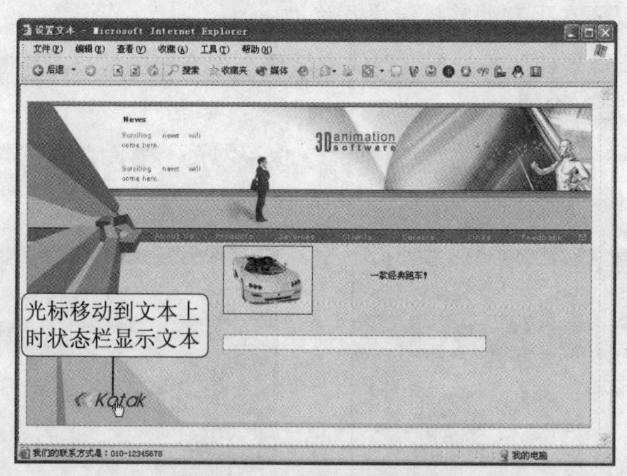

图 8-92　状态栏中显示文本

8.3　成功经验扩展

IT 技术资源类网站为对 IT 技术感兴趣的朋友提供了大量资源，如相关教程、软件下载、专业论坛等等，提供了一个专业的学习平台。在此类网站中提供了大量信息，只有很好地设计结构，才能使主题突出、结构清晰。在本章中还会介绍弹出提示信息、库项目的应用和行为的更多功能。

因为网站内容多，并且都以文字为主，因此，掌握如何进行栏目分类与内容布局是非常重要的，如图 8-93~8-96 所示都是此类网站。

IT 技术资源类网站通常有以下 4 个特点：

- 分类众多：可根据软件类型分类，或根据程序语言分类；
- 资源丰富：网站提供大量的教育、信息、下载资源；
- 结构简洁：栏目内容以文本居多，排列比较简洁；
- 风格大众化：风格比较普通、大众化，以结构清晰、内容丰富为主要设计理念。

图 8-93 福建热线软件频道

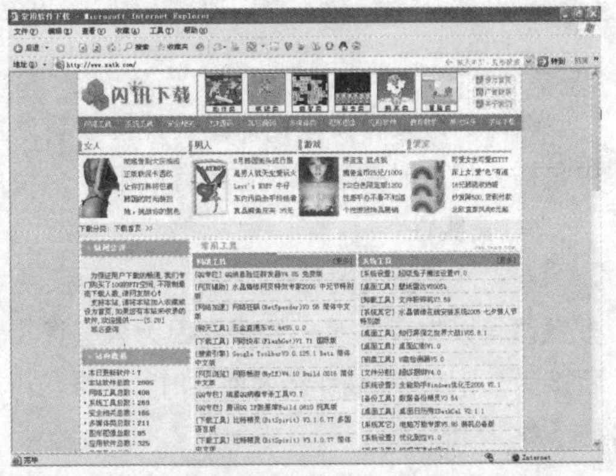

图 8-94 热讯下载

图 8-95 软件屋

图 8-96 晋城在线软件下载频道

第 09 章 新闻类网站——全球资讯在线

新闻类网站概述

新闻的定义可以概括为是公开传播新近发生的具有新闻价值的事实信息。新闻在现代社会中是被人们随时关注的，它具有以下 4 个特点。

- 真实性

真实性是新闻的第一生命，真实地反映事件真相，突出新闻的客观性和完整性，这也是众多媒体得以生存的第一要素。因为只有真实性的新闻，才能突出新闻的本质，才能被广大群众所接受，所以，在制作新闻网站时，风格和特点上应反映新闻的内涵和本质，应不失大体和端重。

- 新鲜性

新闻新鲜性就是实时性，也就是在第一时间内采集新闻，第一时间发布新闻，这样才能保证新闻的新鲜性和时效性。在信息化发达的今天，时效性和客观性就是从新闻事业一开始就备受强调的特点——甚至可以说是一种道德观。因此，在设计新闻网站布局的时候，首先要考虑新闻最新动态如何被表现出来的问题。

- 公开传播性

新闻是公开的、直接的，只有大众的新闻、老百姓的新闻，才能被受众所接受，才能反映出新闻的作用。特别是在网络快速发展的今天，公开传播新闻适合时代的要求。

- 新闻价值

新闻价值是新闻事实适应社会需要的功能，有社会需要，才有社会价值。

实例展示

本章以制作“全球资讯在线”首页为实例，介绍 Dreamweaver CS3 网页制作技术。这是一个大型的专业新闻资讯类网站，它包括各种不同的语言版本，以及与新闻相关的丰富内容，划分有几十个新闻栏目。

对于这样内容繁多的大型网站，需要注意栏目的合理划分和结构的直观布局，还应该尽量减少不必要图像的使用，更多地用表格实现一些效果，以加快浏览速度。首页更是需要设计者精心规划，使网站的内容便于查找，突出重点。本实例根据以上特征进行了规划，效果如右图所示。

全球资讯在线网

技术要点

① 用行为功能制作下拉菜单

使用 AP Div 和显示 - 隐藏隐藏元素行为动作制作导航栏的下拉菜单。

② 制作网上调查

网上调查可以更好地了解网友对网站内容或者某一项目的认可情况，主要使用单选框或多选框按钮。

③ 网页自动刷新功能

对于随时在更新的网页，为了让网友看到最新的内容，可以添加网页自动刷新功能，使网友在浏览网页的时候不知不觉就可以更新网页的内容。

④ 表单的使用与邮件形式提交

对于比较简单的表单提交，可以直接通过邮件形式来完成，这样不需要进行程序编写，普通的设计人员就可以完成。

配色与布局

该新闻网站布局结构清晰，全球资讯在线分类比较全面，因此在首页上要体现的内容也比较多，如果合理的布局内容，使其有条理，则是设计人员需要考虑的问题。网页的结构比较传统，借鉴了许多优秀的新闻类网站。在网页顶部放置了功能性的导航栏、搜索等内容，然后依次摆放新闻版块，按照由主到次的顺序。网站设计风格使用了统一的蓝色系，使网站看上去沉稳，增加可信度，且蓝色也会带给人安静的感受，可以让浏览者长时间地停留在该网站。下面是网站使用的配色方案。

#2A6FB0	#AED4FF	#EAEAEA
R: 42	R: 174	R: 234
G: 111	G: 212	G: 234
B: 176	B: 255	B: 234

本实例视频文件路径和视频时间

视频文件	光盘 \ 视频 \09 新闻类网站——全球资讯在线
视频时间	20 分钟

9.1 实例制作过程

由于实例内容丰富，版块比较多，在制作过程中，最能体现出 Dreamweaver CS3 软件的特点，因此，在介绍网页制作上我们按照由上到下的步骤进行。

9.1.1 网页制作前期的步骤

制作每个网页时，首先都要进行创建网页、保存网页、设置页面属性等操作。在本节中，我们把它划为网页前期基本步骤，其具体操作步骤如下。

步骤 01 启动 Dreamweaver CS3 软件，创建一个 HTML 网页，执行菜单栏中的“文件”>“保存”命令，在“另存为”对话框中，选择保存路径，输入文件名“index.htm”，单击“保存”按钮，完成网页保存，返回至网页编辑窗口。

步骤 02 单击鼠标右键，在弹出的快捷菜单中单击“页面属性”命令，选择“分类”列表框中的“外观”选项，打开“外观”设置面板，在“大小”下拉列表中选择“12”，“文本颜色”色标值为黑色“#000000”，“背景颜色”色标值为蓝色“#346796”，“左”、“右”、“上”、“下”边距均为 0，如图 9-1 所示。

步骤 03 选择“分类”列表框中的“链接”选项，在“链接”设置面板中设置“链接颜色”、“变换图像链接”、“已访问链接”、“活动链接”的色标值均为黑色“#000000”，“下划线样式”选择“仅在变换图像时显示下划线”选项，如图 9-2 所示。

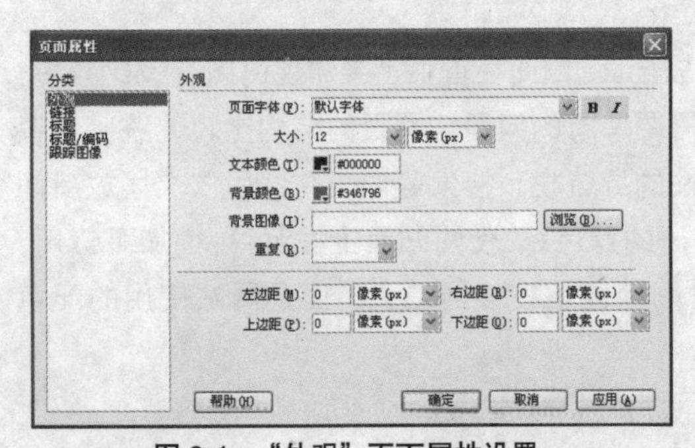

图 9-1 “外观”页面属性设置

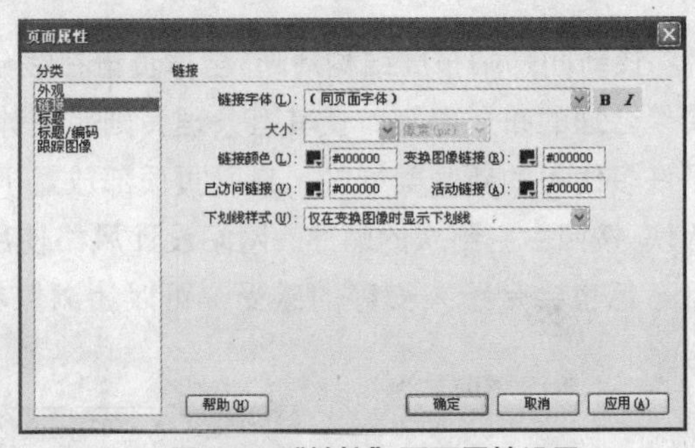

图 9-2 “链接”页面属性设置

步骤 04 选择“分类”列表框中的“标题 / 编码”选项，在“标题 / 编码”面板中设置“标题”为“全球资讯在线”，选择“编码”为“简体中文（GB2312）”选项，如图 9-3 所示。

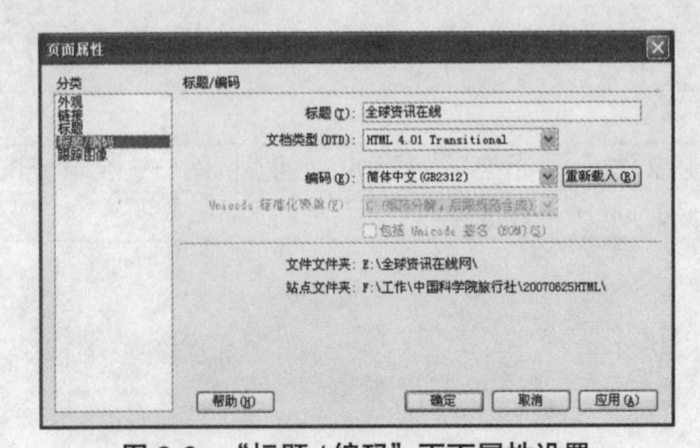

图 9-3 “标题 / 编码”页面属性设置

步骤 05 单击“确定”按钮，完成页面属性设置。

9.1.2 添加CSS样式

一般情况下，CSS 样式可以保存为单独文件，这也是为整个网站统一调用 CSS 样式提供方便。当然，也可以只应用在一个网页中，使其单独对网页进行设置。Dreamweaver CS3 增强了 CSS 样式表的功能，使 CSS 样式添加和应用起来更为方便。本章实例也应用了 CSS 样式对网页样式进行管理，如图 9-4 就显示了 CSS 样式面板中设置的一部分 CSS 样式。由于在前面章节中已经介绍过 CSS 样式的设置，所以本实例就只在网站首页添加了 CSS 样式。由于篇幅所限，再加上这部分设置随意性比较强，制作比较简单，具体内容介绍就忽略了。

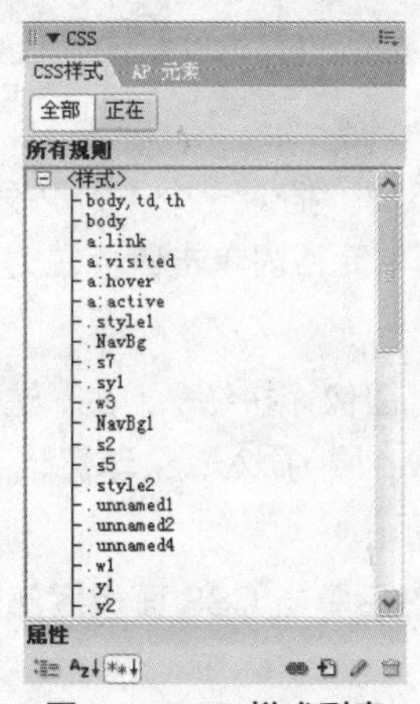

图 9-4 CSS 样式列表

在 Dreamweaver CS3 属性面板中，对文本、图像等进行大小、格式、颜色等的设置，都会自动添加到 CSS 样式表内，所以，也可以一边制作网页，一边添加 CSS 样式，一举两得。

9.1.3 制作顶部版本按钮和标识

完成网页的基本设置后，就可以开始制作网站首页了。按照由上到下的顺序，先来介绍制作版本按钮和顶部标识，具体操作步骤如下。

步骤 01 单击“常用”面板中的“表格”按钮，在“表格”对话框中设置 1 行 4 列，宽度为 772 像素，其他设置为 0，单击“确定”按钮插入表格。

步骤 02 选中表格，打开属性面板，在“对齐”下拉列表中选择“居中对齐”选项，“背景颜色”的色标值为“#E5E5E5”，如图 9-5 所示。

步骤 03 网站共有 3 个不同语言的版本，因此将光标移到表格的第 2 个单元格中，然后单击“常用”面板中的“图像”按钮，选择图片文件夹中的“nsy_wy1.gif”，单击“确定”按钮打开“图像标签辅助功能属性”对话框，单击“确定”按钮插入“中文繁体”按钮。

步骤 04 以同样的方式，在后面两个单元格中分别插入“nsy_wy2.gif”、“nsy_wy4.gif”图片按钮，它们分别代表“英语”和“法语”网页的链接按钮，如图 9-6 所示。

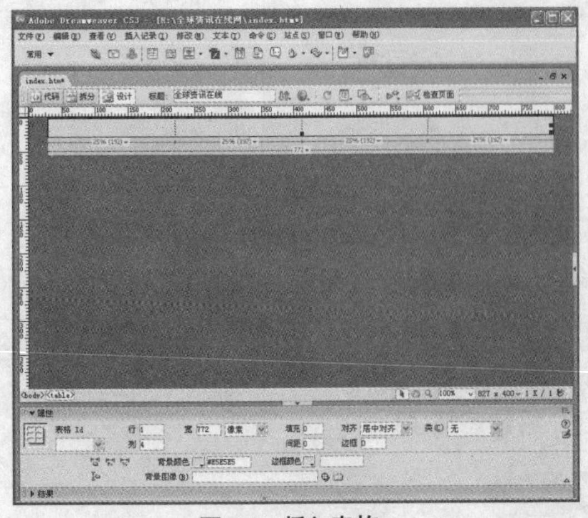

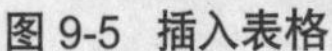

图 9-5 插入表格

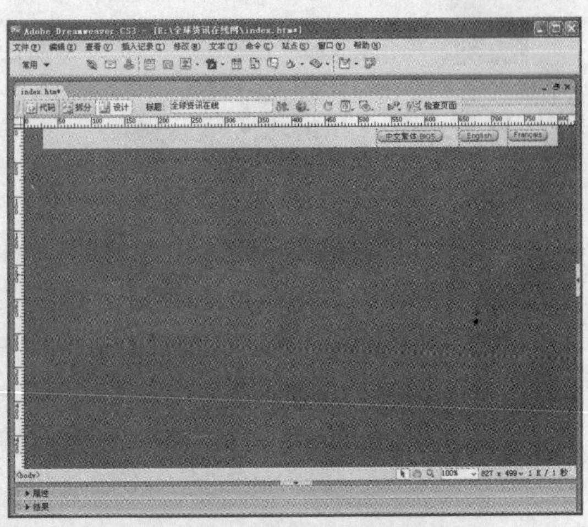

图 9-6 插入不同版本网页的按钮

步骤 05 在版本导航按钮的表格下面，插入一个 1 行 2 列的表格，然后在表格的属性面板中，设置“对齐”为“居中对齐”，在左侧单元格内单击鼠标左键，在属性面板中设置单元格宽为 200，高为 80，单击“居中对齐”按钮。

步骤 06 单击“常用”面板中的“图像”按钮，在“选择图像源文件”对话框中选择网页图片 images 文件夹中的图像“logowww.gif”，插入“全球资讯在线”标识图像，然后打开属性面板，单击“居中”按钮，使标识居中显示。

步骤 07 将光标移到右侧表格内，然后单击 CSS 面板底部的“新建 CSS 规则”按钮，如图 9-7 所示。

步骤 08 弹出“新建 CSS 规则”对话框，单击“选择器类型”选项区域中的“类”单选按钮，在“名称”文本框中输入“.NavBg”，“定义在”选择“仅对该文档”，如图 9-8 所示。

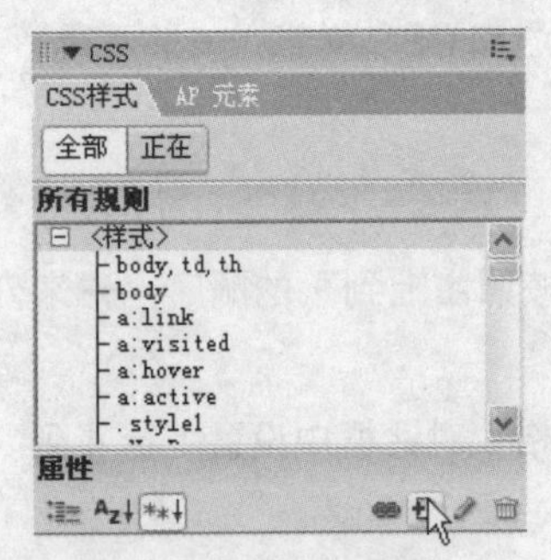

图 9-7 CSS 面板

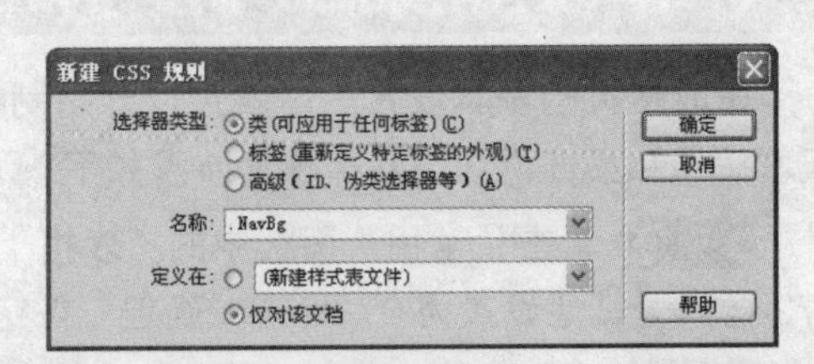

图 9-8 “新建 CSS 规则”对话框

步骤 09 单击“确定”按钮，在“CSS 规则定义”对话框的“分类”列表框中选择“背景”选项，在右侧设置“背景颜色”为浅灰色“#F2F2F2”，如图 9-9 所示。

步骤 10 单击“确定”按钮返回至“样式”对话框，单击“完成”按钮，完成 CSS 样式设置。把光标定位在右侧单元格中，选择属性面板的“样式”下拉列表中的“NavBg”项，此时单元格背景颜色变为浅灰色，如图 9-10 所示。

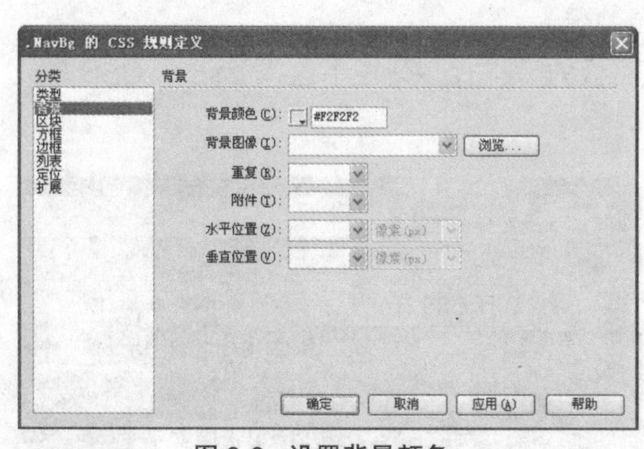

图 9-9　设置背景颜色

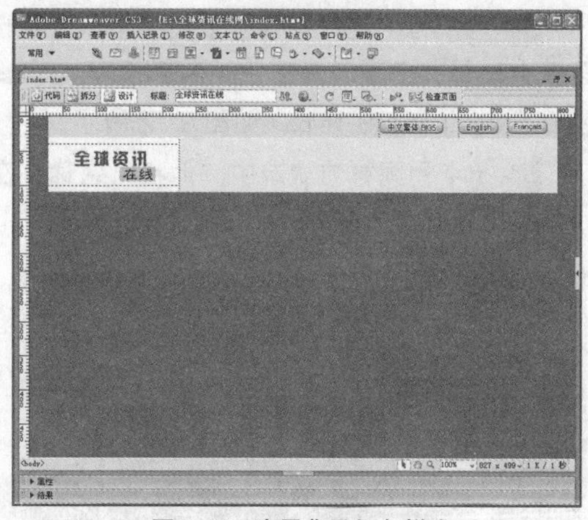

图 9-10　应用背景颜色样式

步骤 11 将光标插入到右侧单元格内，单击“常用”面板中的“图像”按钮，插入一个名称为“21sj468-60.gif”的广告图片，然后在属性面板中单击“居中”按钮，完成后的效果如图 9-11 所示。

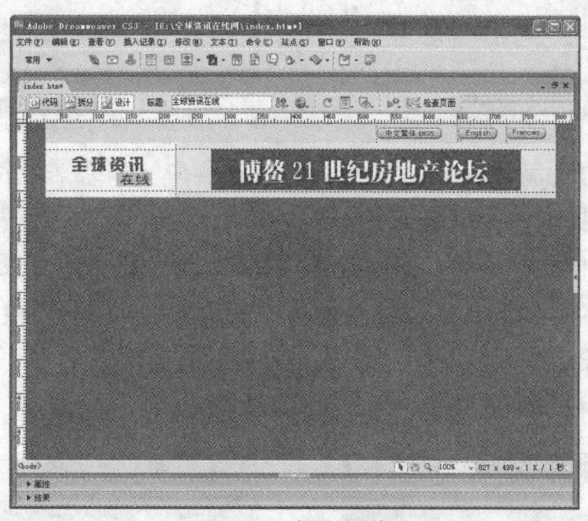

图 9-11　插入图像

任何一个网站，都需要在顶部设置一个标识和 Banner（旗帜广告），标识是企业的代表，重要性不必说，而 Banner（旗帜广告）是一个很好的推广方式，放在顶部，目的就是吸引浏览者。因此，在制作网站顶部内容的时候，最好先考虑它的风格和特点，使之与网站整体相呼应。

9.1.4　制作首页导航

网站导航是引导客户浏览整个网站内容的主要方式，也是显示网站内容规划的重要方法。在每个浏览者浏览网站的时候，看到导航栏目就能很清楚地知道网站具备的内容信息。在本章“全球资讯在线”网站实例介绍中，使用的是动态导航下拉式菜单，在网页中使用下拉式导航菜单可以很好地节省网页空间，并能够使网站的分类更有条理。下面就此方式进行具体介绍。

步骤 01 把光标定位在旗帜广告表格外侧，单击“表格”按钮，插入 1 行 1 列、宽度为 772 像素的表格，设置表格为居中对齐。

步骤 02 在表格中输入栏目名称及分隔线，如：首页 | 国内 | 社会 | 技术 | 娱乐 | 汽车 | 动漫 | 网视 | 视野 | 奥运 | 教育 | 传媒 | 女性 | 公益 | 影视 | 聊天室。

步骤 03 为了制作好导航下拉菜单，分别选中表格内输入的文字，如“首页 | ”，然后在属性面板中设置文字颜色为白色“#FFFFFF”，这时，会发现属性面板的“样式”列表内自动增加了名为“s5”的 CSS 样式，如图 9-12 所示。

步骤 04 用同样方式选中其他栏目名称，在属性面板的“样式”列表中选择“s5”，CSS 样式即可应用到所选文字上，如图 9-13 所示。

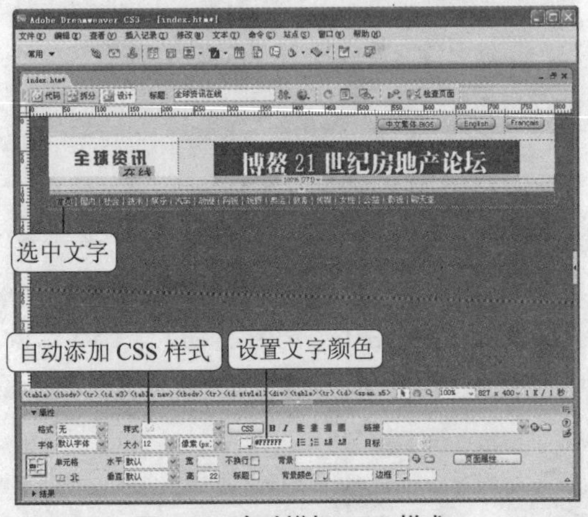

图 9-12 自动增加 CSS 样式

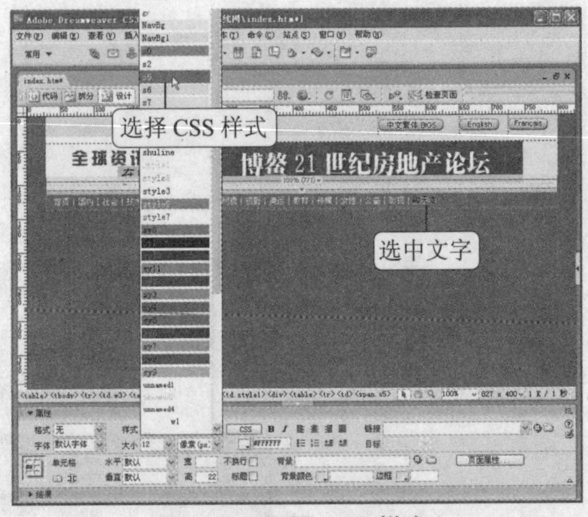

图 9-13 调用 CSS 样式

使用 CSS 样式表的好处就是在以后的网页制作过程中，如果需要使用该类型的 CSS 样式，可以直接在样式列表中选择调用。如果需要修改此样式，选择“样式”列表下的“管理样式”命令，在“样式”对话框中进行样式的编辑。完成导航栏目的输入后的效果如图 9-14 所示。

步骤 05 完成导航主栏目的制作后，接着就可以利用 AP Div 制作下拉菜单，单击“布局”面板中的“绘制 AP Div”按钮，然后在“国内”文字下面插入一个 AP Div 矩形框，注意 AP Div 的位置，不能偏离和遮盖栏目中的文字，如图 9-15 所示。

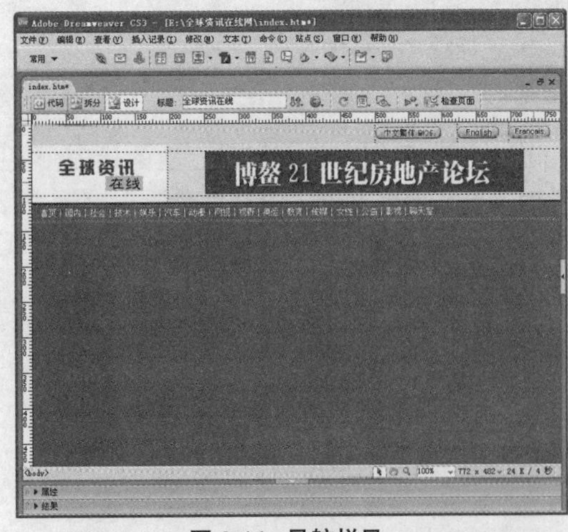

图 9-14 导航栏目

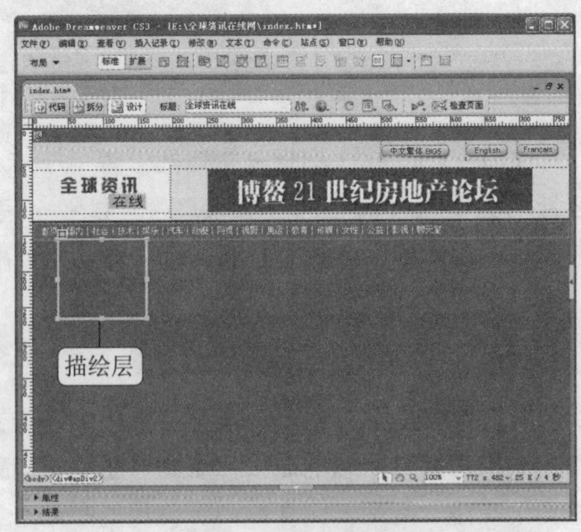

图 9-15 插入一个 AP Div

步骤 06 将光标插入到 AP Div 中，单击“常用”面板中的“表格”按钮，插入一个 6 行 1 列的表格，然后在表格内输入主要栏目下的子栏目名称，如“•北京”、“•天津”、“•上海”、“•杭州”、“•广州”、“更多”，其中“更多”的字体颜色为“红色”，“居左”对齐显示，如图 9-16

所示。

步骤 07 用同样的方法，在“社会”下面插入一个 AP Div，然后插入 6 行 1 列的表格，在表格中输入子栏目名称，如图 9-17 所示。

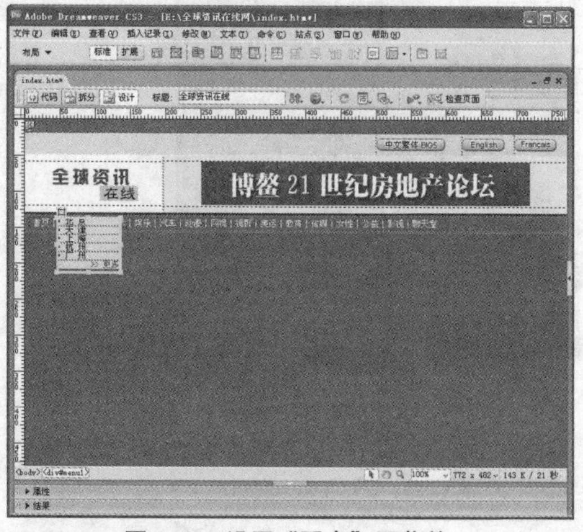

图 9-16 设置“国内”子菜单

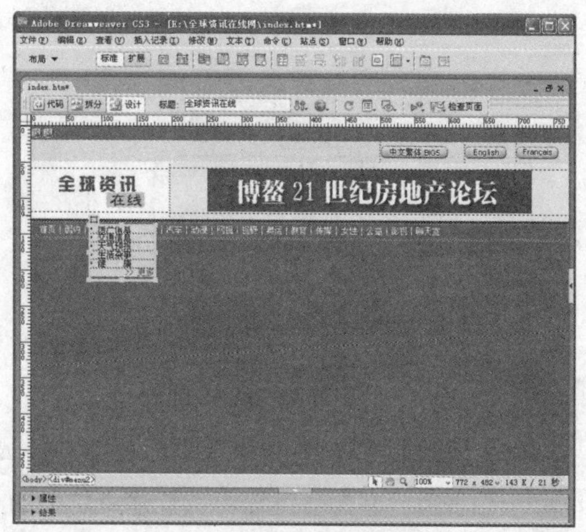

图 9-17 设置“社会”子菜单

步骤 08 用同样的方式，在后面的每个栏目下面依次插入 AP Div，但每个 AP Div 和主栏目一定要对应好，否则会影响以后的显示效果，完成后的效果如图 9-18 所示。

步骤 09 执行“窗口”>“AP Div”菜单命令，打开“AP Div”面板，在 AP Div 面板中，刚才插入的所有 AP Div 都在其中显示了，如图 9-19 所示。

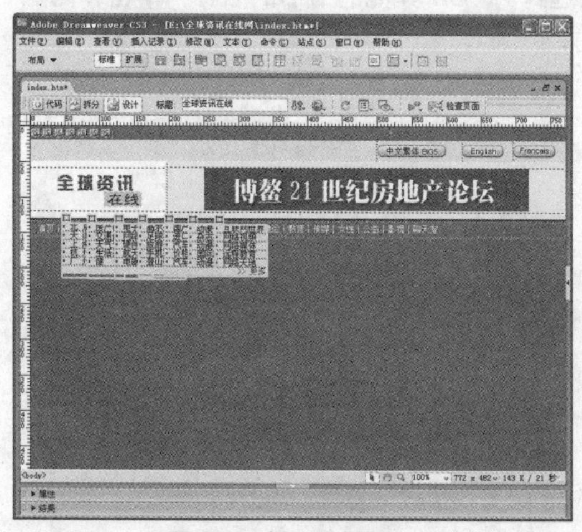

图 9-18 插入子栏目

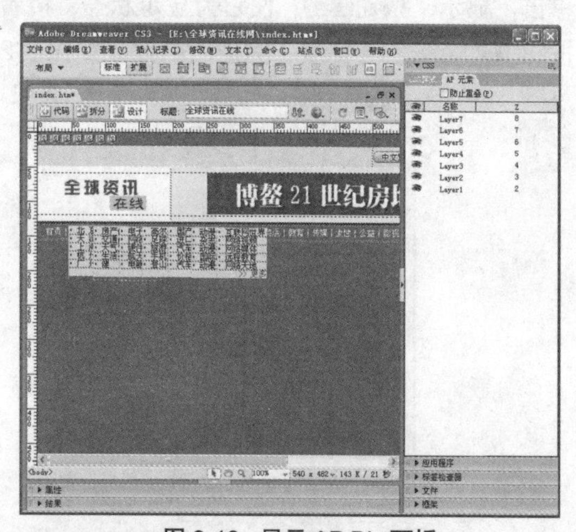

图 9-19 显示 AP Div 面板

步骤 10 在 AP Div 面板的文本框中可以修改 AP Div 的名称，为了让 AP Div 更好地表现子栏目，可以更改 AP Div 的名称，双击 AP Div 面板的文本框中的“Layer1”，让其变为可编辑状态，如图 9-20 所示。

步骤 11 将“Layer1”改为“menu1”，用同样的方式修改其他 AP Div 的名称，然后单击“眼睛”按钮隐藏，完成后的效果如图 9-21 所示。

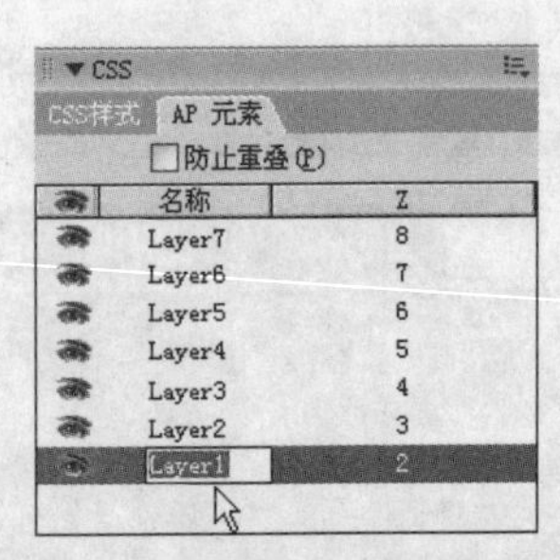

图 9-20　更改 AP Div 的名称

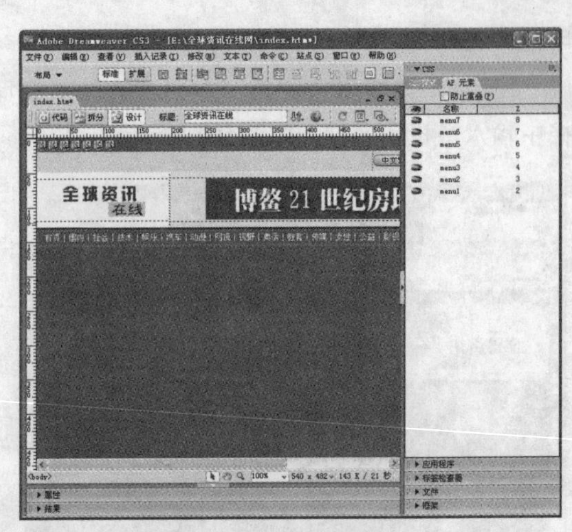

图 9-21　完成更改名称

插入 AP Div 已经制作完成了，但还要给 AP Div 添加一个行为动作，这样才能让 AP Div 动态地显示和隐藏。在制作过程中，要注意它们的顺序关系，不能马虎。

步骤 12 选中导航栏目中的“国内”两字，然后执行“窗口”>“行为”菜单命令，打开“行为”面板。

步骤 13 单击“行为”面板中的 + 按钮，在弹出的菜单中选择“显示—隐藏元素”命令，如图 9-22 所示。

步骤 14 在打开的“显示—隐藏元素”对话框中，选中“命名的 AP Div”文本框中的“menu1”，单击“显示”按钮 显示，使它为显示状态，接着依次选择 AP Div 其他的命名的名称，单击“隐藏”按钮 隐藏，设置为隐藏，完成后的效果如图 9-23 所示。

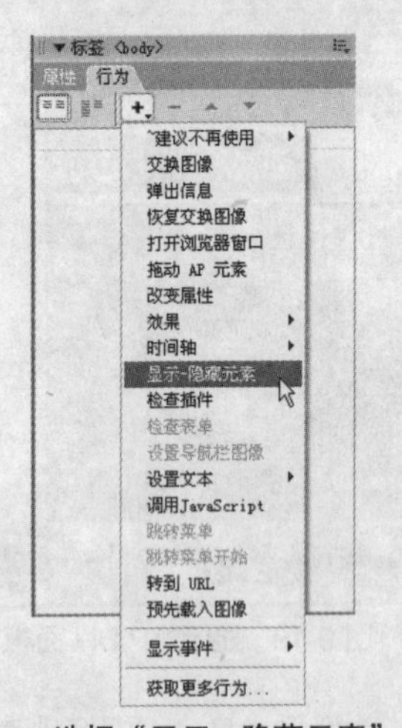

图 9-22　选择“显示 - 隐藏元素”命令

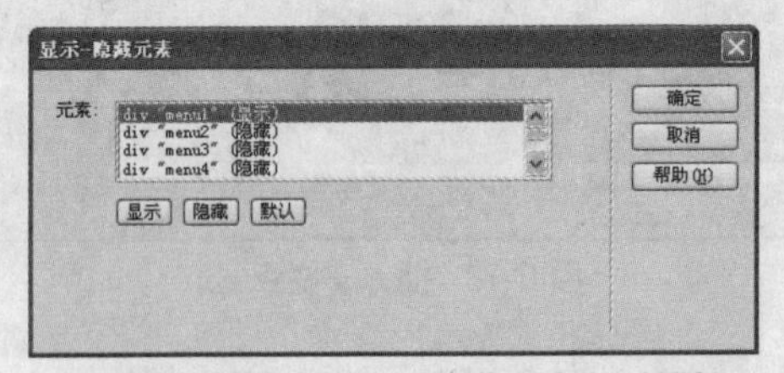

图 9-23　设置“显示 - 隐藏元素”对话框

步骤 15 单击“确定”按钮后，“显示—隐藏”动作行为出现在行为面板中，单击行为动作，在出现的下拉按钮上再次单击，弹出事件菜单，选择“onMouseOver”命令，如图 9-24 所示。设置这样的行为表示当光标经过栏目名称时可以打开子栏目菜单。如果弹出的事件菜单中没有“onMouseOver”命令，可以单击“行为”面板中的 + 按钮，执行“显示事件”>“IE5.0”命令或选择更高版本的浏览器，如图 9-25 所示。

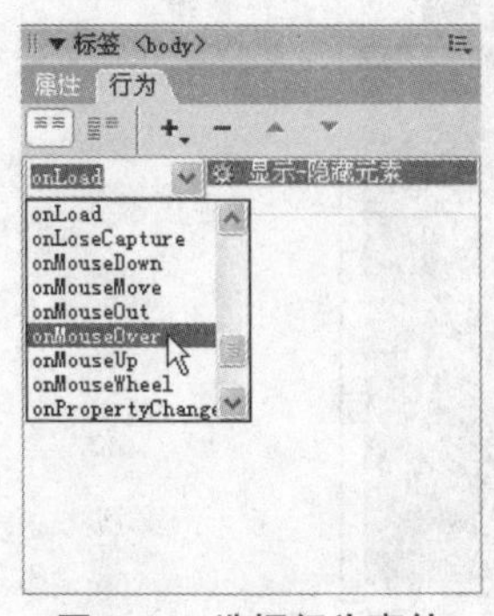

图 9-24　选择行为事件

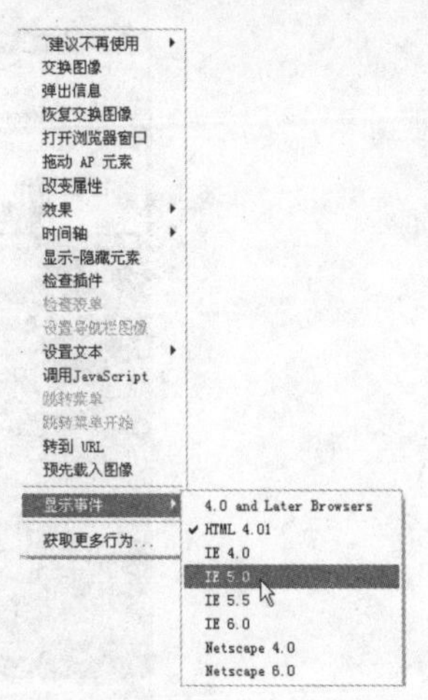

图 9-25　选择“显示事件”

步骤 16 单击“行为”面板中的 +. 按钮，单击菜单中“显示—隐藏元素”命令，打开“显示—隐藏元素”对话框，然后依次选中“命名的 AP Div：”文本框中的 AP Div 名称，将它们都设置为隐藏，如图 9-26 所示。

步骤 17 单击“确定”按钮后，选中行为面板中出现的行为事件，单击下拉按钮，选择菜单中的“onMouseOut”事件，设置这样的行为表示当鼠标指针离开栏目名称时隐藏子栏目菜单，完成后的行为面板如图 9-27 所示。

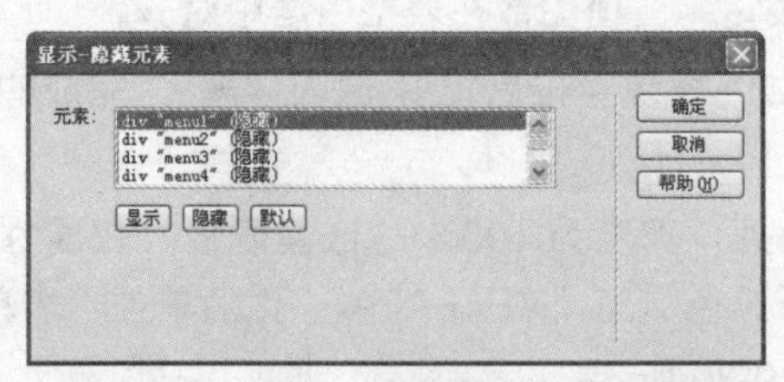

图 9-26　“显示—隐藏元素”对话框设置

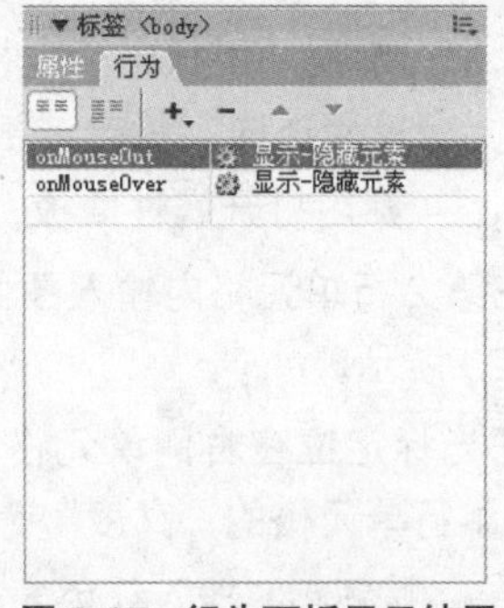

图 9-27　行为面板显示结果

步骤 18 选中导航栏目中的“社会”两字，单击“行为”面板中的 +. 按钮，选择菜单中的“显示—隐藏元素”命令，打开“显示—隐藏元素”对话框，选中“命名的 AP Div”文本框中的“menu2”，然后单击“显示”按钮 显示 ，接着依次选择其他 AP Div 的名称，设置为隐藏。

步骤 19 重复步骤 15~ 步骤 17，设置行为事件。同样，重复步骤 12~ 步骤 17，设置导航栏目中的其他行为事件，直到全部完成，具体设置就不一一复述了，但要注意不要把各个对应的 AP Div 弄混淆了。

步骤 20 保存网页，打开浏览器浏览网页，效果如图 9-28 所示。

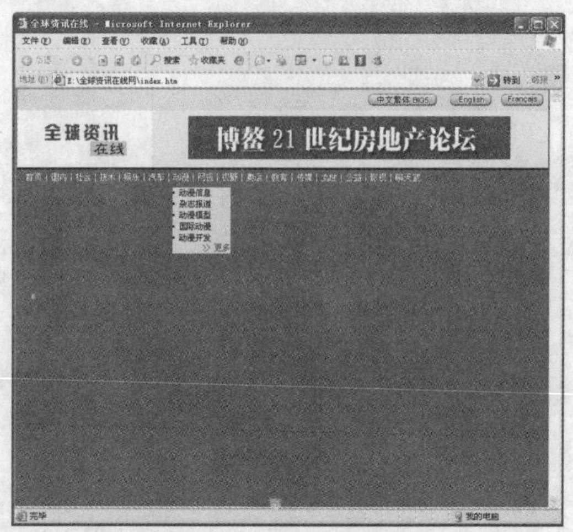

图 9-28　最终导航栏目

9.1.5　制作搜索引擎和新闻中心

在导航栏的下方，是一块比较容易引起浏览者关注的区域，因此，通过设置一些主要的栏目内容，以方便浏览者浏览。在本实例中放置的是“搜索引擎”和“新闻中心”。具体操作步骤如下。

步骤 01 在导航栏下方插入 1 行 2 列、宽度为 772 像素的表格，把光标置于左侧单元格内，在属性面板的“样式”列表中选择“NavBg”样式。

步骤 02 单击“常用”面板中“表格”按钮，插入 2 行 1 列、宽度为 100% 的嵌套表格。将光标移动到第 1 行单元格内，单击“常用”面板中的“图像”按钮，选择图片文件夹中的新闻图像“xin_4.jpg”，然后打开属性面板，单击“居中”按钮，使图像在表格中居中对齐。

步骤 03 在第 2 行单元格内输入图像新闻的说明，如“发现号推迟发射 原因详解”，完成的左侧效果如图 9-29 所示。

步骤 04 把光标定位在右侧单元格内，插入 2 行 1 列、宽度为 100% 的嵌套表格。在属性面板中，设置第 1 行单元格的“高度”为 40 像素，“背景颜色”为“#EAEAEA”，然后单击“表单”面板中的“表单”按钮，插入红色表单虚线框，如图 9-30 所示。

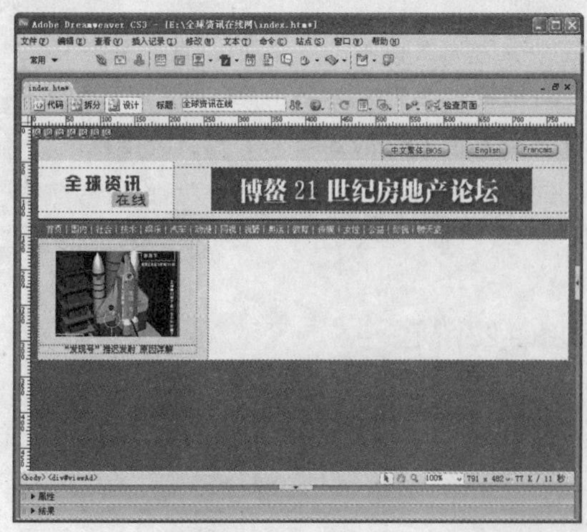

图 9-29　插入新闻图像

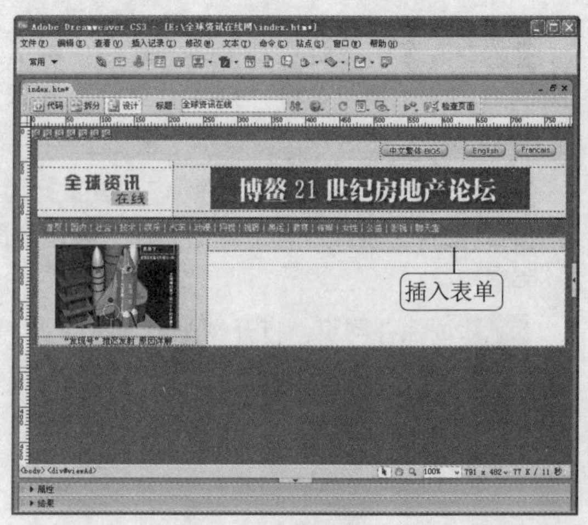

图 9-30　插入表单区域

步骤 05 把光标定位在表单区域内输入文字“搜索引擎”，接着单击“表单”面板中的“文本字段”按钮，插入文本域。选中文本域，打开属性面板，设置“名称”为“searchword2”，“字符宽度”为 10，“最多字符数”为 20，“类型”选择“单行”，属性面板如图 9-31 所示。

图 9-31 文本域的属性面板

步骤 06 单击“表单”面板中的“列表 / 菜单”按钮，在插入的“文本字段”后插入一个“列表 / 菜单”字段，然后打开属性面板，在“列表 / 菜单”文本框中输入“select3”，“类型”为“菜单”，单击“列表值”按钮，在“列表值”对话框中输入项目标签，如图 9-32 所示。单击按钮，可以添加或删除项目；单击按钮，可以调整项目标签的先后顺序。

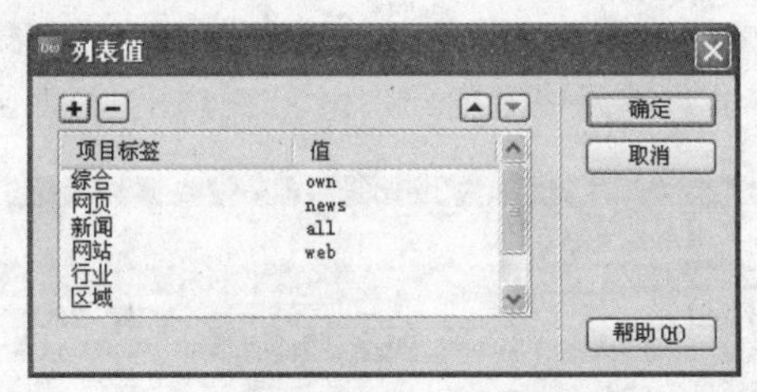

图 9-32 在“列表值”对话框中输入项目标签

步骤 07 单击“确定”按钮，设置完“列表值”后返回至网页编辑窗口，属性面板如图 9-33 所示。

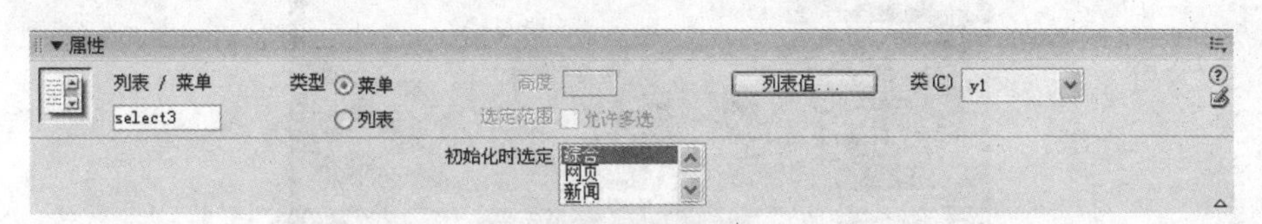

图 9-33 属性面板

步骤 08 单击“表单”面板中的“按钮”按钮，在属性面板中输入“按钮名称”为“Submit”，“值”为“搜索”，“动作”选中“提交表单”单选按钮，按钮属性面板如图 9-34 所示。

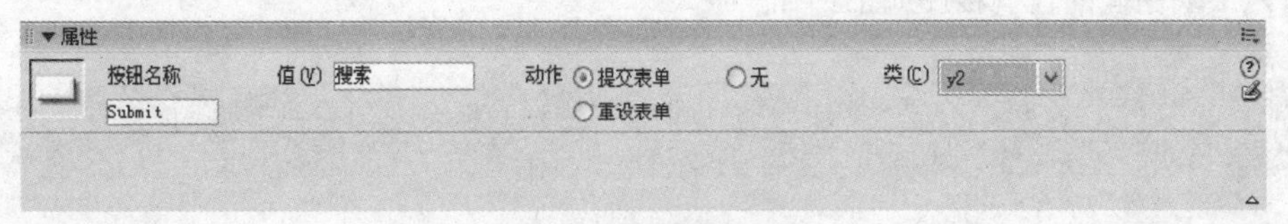

图 9-34 按钮属性面板

步骤 09 在“搜索”按钮后面输入“本地搜索”文字，然后再插入一个“文本字段”，结构与“搜索引擎”相似。需要注意的是，每个表单要有各自的名称，本地搜索的文本字段名称为“searchword”，因为在编写程序时，都是根据表单名称进行设置的。

步骤 10 “本地搜索”中的“列表 / 菜单”项与“搜索引擎”中的项目标签有所不同，如图 9-35 所示的为本地搜索中的“列表值”。完成表单部分后的效果如图 9-36 所示。

图 9-35 “本地搜索”中的“列表值”

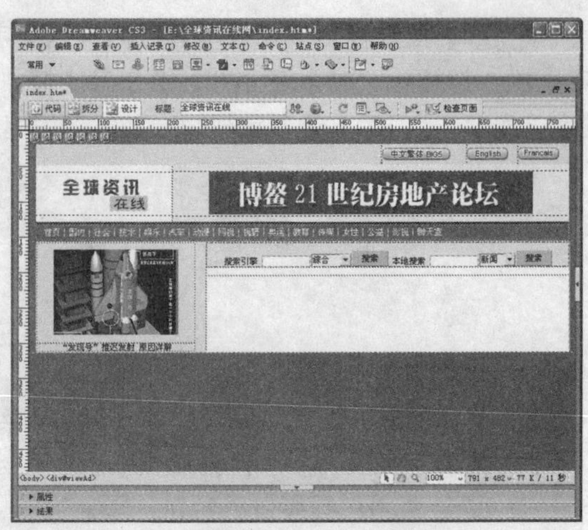

图 9-36 表单部分效果

步骤 11 在表单表格下方，接着插入 2 行 3 列、宽度为 100% 的表格，合并右侧两行单元格和第 2 行中的前两列单元格，并设置单元格宽度分别为 277、189、31 像素，如图 9-37 所示。

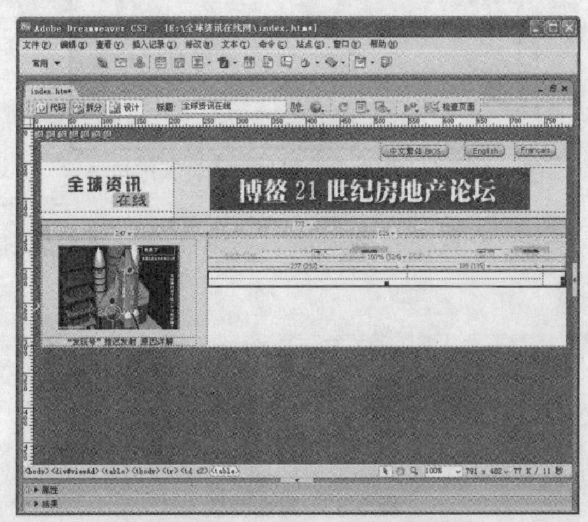

图 9-37 合并单元格后的表格

步骤 12 单击文档工具面板中的拆分按钮，切换到代码和设计视图模式下，在第 1 个单元格的代码中输入滚动新闻的代码程序如下：

```
<marquee id=info onMouseOver=info.stop() onMouseOut=info.start() scrollamount =2
hspace=12 vspace=2 scrolldelay=10>
```

施瓦辛格想出妙计弥补财政亏空 决定开设赌场   两名男子自首 英国拾贝人死亡案被捕者增至 7 人   俄七名总统候选人获参选资格 雷布金仍未找到

```
</marquee>
```

步骤 13 单击设计按钮，切换到设计视图模式下，在第 2 个单元格中输入文字“【新闻排行榜】

【滚动新闻】”，作为两个栏目的链接，文字颜色为桔黄色“#E77529”。在第 3 个单元格内输入文字“新闻中心”，作为此块区域的标题。设置单元格的背景颜色为红色“#CC0000”，文字颜色为白色“#FFFFFF”。

步骤 14 在第 4 个单元格内插入 6 行 2 列、宽度为 100%，单元格边距为 2，单元格间距为 2 的嵌套表格，在每个表格内输入新闻标题。单击相应标题可以看到详细的新闻内容。输入完成后的效果如图 9-38 所示。

步骤 15 在“新闻中心”表格下插入 1 行 1 列、宽度为 772 像素的表格，设置表格居中对齐。单击“常用”面板中的“Flash”按钮，在对话框中选择 Flash 广告文件“g-fc.swf”，单击“播放”按钮可以看到如图 9-39 所示的效果。

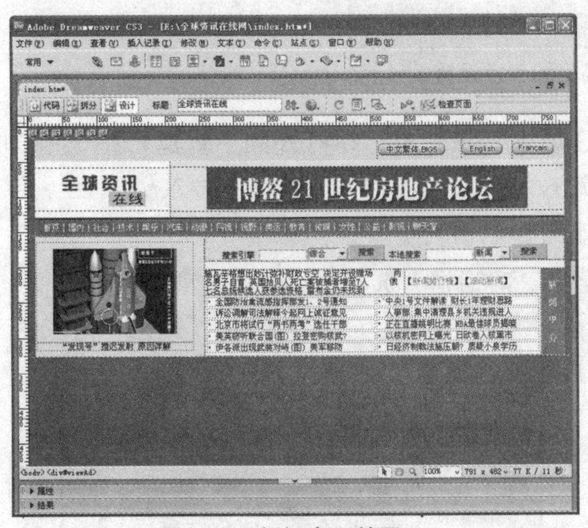

图 9-38 新闻中心效果

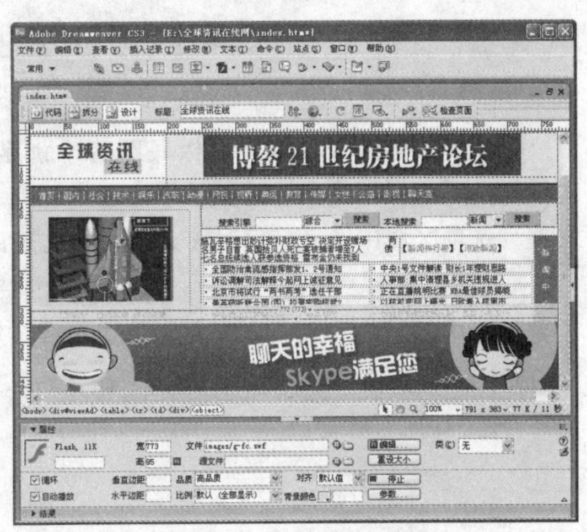

图 9-39 插入 Flash 广告

关于“搜索引擎”和“新闻中心”的内容到目前为止已经制作完成了。在整个网站的首页当中，这部分最容易被浏览者关注，所以，如果是新闻类的网站，应该把最新、最重要的内容放在该版块当中。

9.1.6 制作主要新闻区

既然是新闻资讯类网站，新闻就应该是主题，所以，首页主打就是新闻。在本实例网站“全球资讯在线”网页中，把中间这部分作为首页的主要新闻区域。但在新闻区域当中还可以分为新闻视频、特别报道、北京新闻、天天视野等栏目。网页制作具体步骤如下。

步骤 01 把光标定位在 Flash 广告表格后，按 Enter 键，插入 1 行 5 列、宽度为 772 像素的表格，在属性面板中设置表格居中对齐。

步骤 02 设置 5 个单元格的宽度分别为 2、2、210、12、546 像素，设置第 1 个单元格的背景颜色为浅灰色“#E6E6E6”。

步骤 03 在第 3 个单元格内插入光标，单击“常用”面板中的“表格”按钮，插入 11 行 1 列、宽度为 100% 的嵌套表格。设置这 11 行单元格的高度依次为 1、1、22、3、15、22、3、1、1、22、15 像素。第 1、3 行的背景颜色为蓝色“#6F80C0”，第 4 行单元格的背景颜色为灰色“#BFBFBF”，第 8、10 行单元格的背景颜色为红色“#CC0000”，其他单元格的背景颜色均为浅灰色“#F2F2F2”，设置完成后表格如图 9-40 所示。

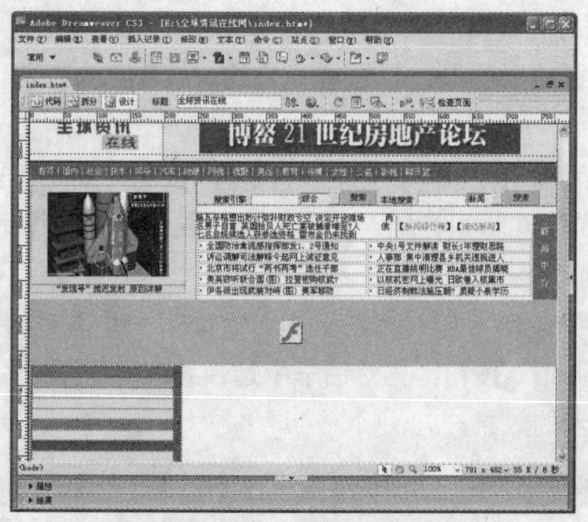

图 9-40　单元格的高度和颜色设置

步骤 04 单击 CSS 样式面板底部的“新建 CSS 规则”按钮，在打开的“新建 CSS 规则”对话框的“选择器类型”选项区域中选择“类”单选按钮，在“名称”文本框中输入 y3，在“定义在”选项区域中选择“仅对该文档”单选按钮，如图 9-41 所示。

步骤 05 单击“确定”按钮，打开“CSS 规则定义”对话框，选择“边框”选项，在“边框”设置面板中的“右”和“左”文本框中选择“实线”，“宽度”设置为“1”像素，“颜色”为灰色“#999999”，如图 9-42 所示。单击“确定”和“完成”按钮完成 CSS 样式定义。

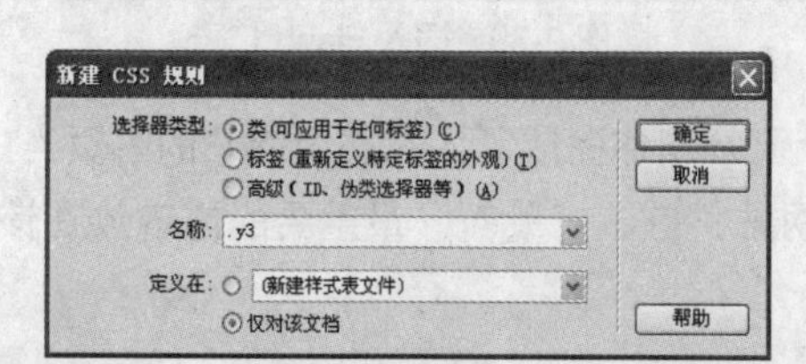

图 9-41　新建名为“y3”的 CSS 样式

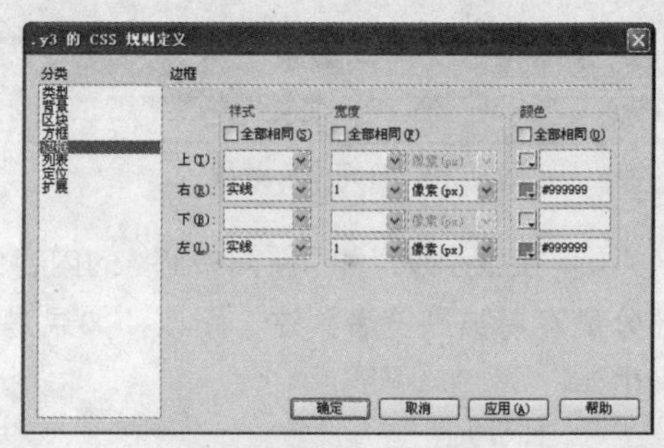

图 9-42　设置边框样式

步骤 06 按住 Ctrl 键单击第 5 行单元格，选中此单元格，在属性面板的样式列表中选择“y3”选项，此时，单元格左、右两边分别增加了灰色线条。

步骤 07 重复步骤 5～步骤 7，设置“名称”为“y4”的 CSS 样式，“边框”设置面板中的“样式”、“宽度”、“颜色”依次设置为“实线”、“1”、“#999999”，并选中“全部相同”复选框，“y4 的 CSS 规则定义”对话框如图 9-43 所示。

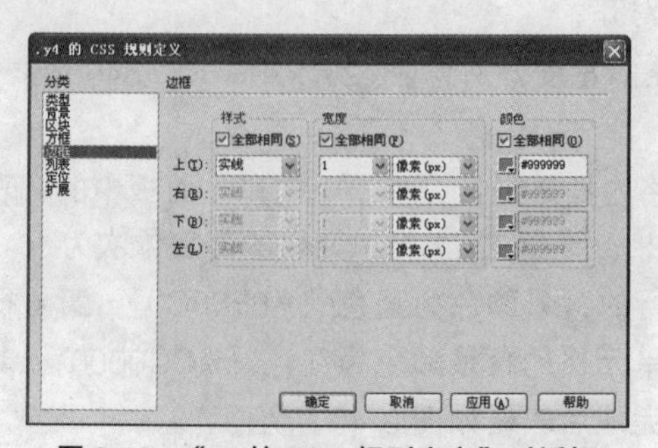

图 9-43　“y4 的 CSS 规则定义”对话框

步骤 08 在第 3 行单元格中输入栏目标题“【新闻资讯视频】”，在属性面板中设置文字颜色为白色“#FFFFFF”，并单击“居中对齐”按钮。

步骤 09 单击文档工具面板中的“拆分”按钮，在第 5 行单元格代码 <td>…</td> 内插入代码如下：

```
<MARQUEE id=nv onmouseover=nv.stop() onmouseout=nv.start()
scrollAmount=2 hspace=2 vspace=2 scrollDelay=10>
&#8226; 正在图文直播 NBA 常规赛：马刺 VS 火箭
</MARQUEE>
```

步骤 10 单击文档工具面板中的“设计”按钮，返回至设计视图模式，将鼠标光标插入到输入的文字最后，单击“常用”面板中的“表格”按钮，插入 3 行 1 列、宽度为 100%、单元格边距为 2、单元格间距为 2 的嵌套表格，然后在这 3 行单元格内输入新闻视频标题，如“• 音乐‘奥斯卡’格莱美大奖昨天揭晓”、“威尼斯狂欢节拉开春天跃动的旋律”等。

步骤 11 在第 6 行单元格内输入其他相关栏目标题，如“新闻播报 | 新闻眼 | 黄金耳 | 直播室”，完成后的效果如图 9-44 所示。

步骤 12 在第 10 行单元格内输入“【特别报道】”标题，设置文字颜色为白色“#FFFFFF”，居中对齐显示。

步骤 13 在第 11 行单元格内插入 7 行 1 列、宽度为 100%、单元格边距和间距均为 2 像素的嵌套表格，在每个表格内分别输入“特别报道”新闻标题，输入完成后的效果如图 9-45 所示。

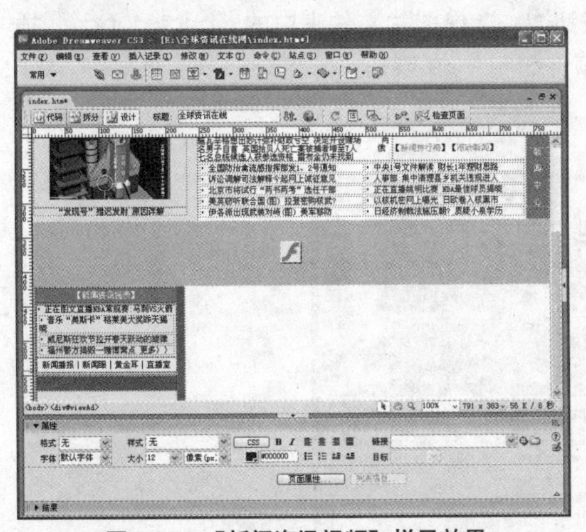

图 9-44 【新闻资讯视频】栏目效果

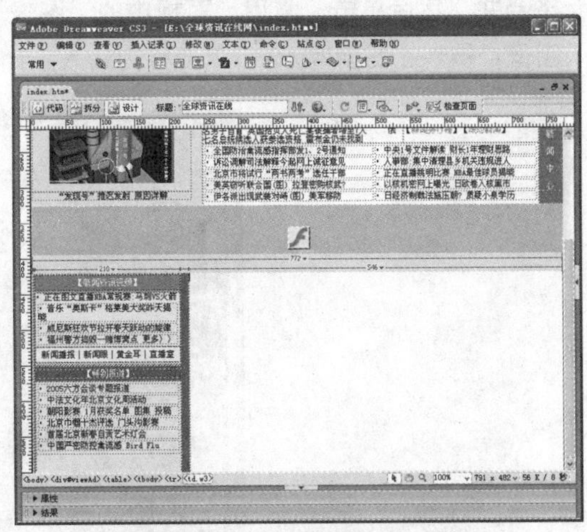

图 9-45 【特别报道】栏目效果

步骤 14 在“新闻资讯视频”和“特别报道”右侧的第 2 个单元格内插入 8 行 1 列、宽度为 100% 的嵌套表格，如图 9-46 所示。

步骤 15 将鼠标光标插入到第 1 行单元格内，单击“常用”面板中的“表格”按钮，插入 3 行 1 列、宽度为 100% 的嵌套表格。完成后打开属性面板，从上到下设置单元格的高度依次为 1、1、18 像素，设置第 1 行单元格的背景颜色为橘黄色“#DD6C1D”，然后单击文档工具面板中的“拆分”按钮，在第 1 行和第 2 行的表格代码中将空格符号“ ”删除。

步骤 16 将光标插入到第 3 行单元格内，打开属性面板，单击“拆分”按钮，将单元格拆分为 4 列，宽度分别设置为 151、28、212、149 像素。

步骤 17 在第 1 个单元格中输入“【北京新闻】”，然后将光标移动到第 2 个单元格内，单击“常用”面板中的“图像”按钮，选择图片文件夹中的 s4.gif，插入图像，接着在其他两个单元格内输入如图 9-47 所示的标题文字。

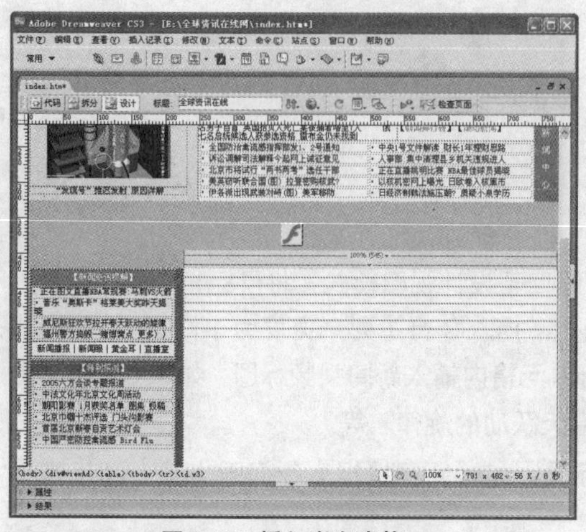

图 9-46 插入嵌套表格

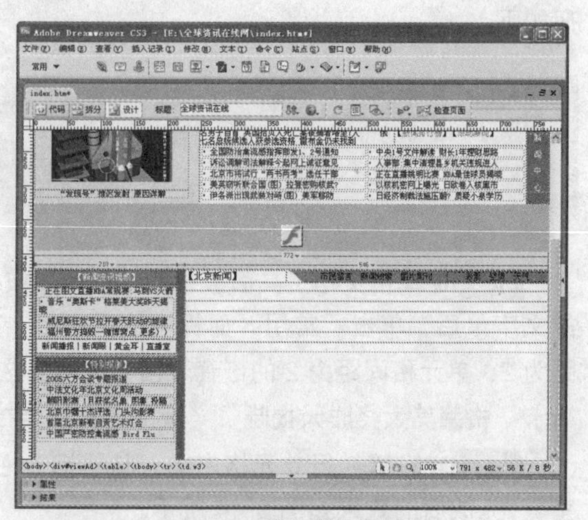

图 9-47 输入栏目标题

步骤 18 在“【北京新闻】”标题表格下方的第 3 行表格内插入 5 行 3 列、宽度为 100%、单元格边距和间距均为 2 像素的嵌套表格。

步骤 19 使用鼠标选取左侧 5 行单元格，单击属性面板中的“合并所选单元格”按钮，将单元格合并，然后单击“常用”面板中的“图像”按钮，选择图片文件夹中的“photo1.jpg”，插入图像，接着在右侧的 10 行单元格内输入新闻标题，如图 9-48 所示。

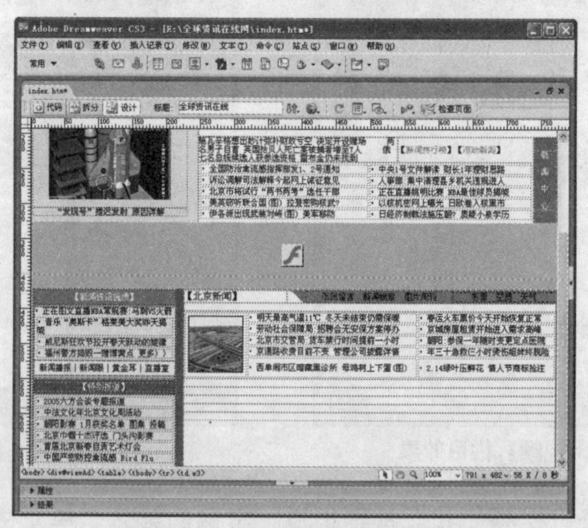

图 9-48 设置“北京新闻”

步骤 20 选中“【北京新闻】”的这一行表格，然后执行菜单栏中的“编辑”>“拷贝”命令，接着移动光标到第 5 个单元格内，执行“编辑”>“粘贴”菜单命令，将上面的表格复制到第 5 个单元格内，完成后修改粘贴的标题为“【天天视野】”，合并最后两个单元格，并输入栏目文字“每日主打”，如图 9-49 所示。

步骤 21 用同样方法，拷贝【北京新闻】栏目内容表格，粘贴到第 7 行单元格内，删除原来单元格的内容，插入本栏目的图像“photo2.jpg”和新闻内容标题，如图 9-50 所示。

图 9-49　设置【天天视野】栏目

图 9-50　【天天视野】栏目内容

步骤 22 在主体新闻区表格下方，接着插入 3 行 1 列、宽度为 772 像素的表格，设置表格居中对齐。设置第 1 行单元格的高度为 5 像素，背景颜色为浅灰色“#E6E6E6”；设置第 2 行单元格的高度为 1 像素；把光标定位在第 3 行单元格中，插入图像广告“050809_760x50.gif”，完成后的效果如图 9-51 所示。

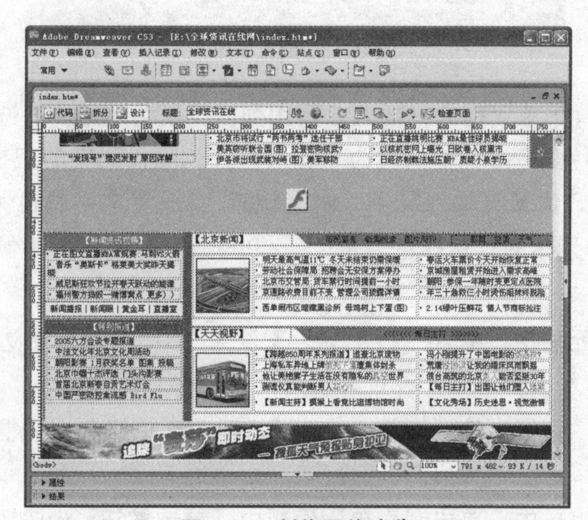
图 9-51　制作图像广告

完成插入图像广告后，主要新闻区的内容就已经制作完成了，但不要忘记保存网页，否则不小心可能白费前期的工作结果。

9.1.7 制作网上调查

网上调查栏目是网站获取浏览者观点的重要手段。网上调查的问题主要根据网站希望了解的情况进行分类。调查形式有简单的和复杂的，但通常在首页上的调查都比较简单，通过几次单击就可以完成。“全球资讯在线”的网上调查，是希望了解浏览者对网站栏目安排的满意程度。

根据页面的布局，网上调查栏目只在左侧占据一小块位置，因此，需要先对左右两侧的布局使用表格进行划分。具体操作步骤如下。

步骤 01 在广告图像表格下方，插入 1 行 5 列、宽度为 772 像素的表格，并设置表格居中对齐显示。

步骤 02 在属性面板中设置 1、3 单元格的背景颜色为灰色“#999999”，单元格 2 的背景颜色为蓝色“#417FB9”。

步骤 03 设置 5 个单元格的宽度由左到右依次为 1、142、1、5、623 像素，设置完成后如图 9-52 所示。

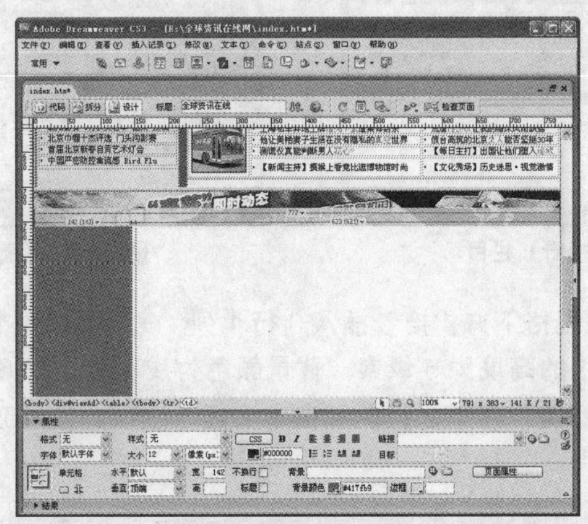
图 9-52 设置表格

步骤 04 在左侧蓝色背景单元格内，插入 5 行 1 列、宽度为 100% 的嵌套表格。设置第 2 行单元格的背景颜色为灰色“#999999”，高度为 1 像素，并删除代码中的空格符号“ ”；设置第 3 行单元格的高度为 25 像素，输入文字“网上调查”，设置文字颜色为白色“#FFFFFF”，并居中对齐；设置第 4 行单元格的背景颜色为灰色“#999999”，高度为 1 像素，同样删除代码中的空格符号“ ”。

步骤 05 在第 4 行单元格中，插入 1 行 1 列、宽度为 100%、单元格边距和间距均为 2 像素的嵌套表格。在单元格内输入调查问题，设置文字为白色“#FFFFFF”。

步骤 06 单击“表单”面板中的“表单”按钮，插入表单红色虚线框，在属性面板中设置表单名称为“mdcform”。

步骤 07 定位光标于表单内，单击“表单”面板中“单选按钮”按钮，将“单选按钮”插入到表单内，设置单选按钮属性，如图 9-53 所示。

图 9-53 单选按钮的属性面板设置

步骤 08 在单选按钮后面输入文字“非常满意”，设置文字颜色为白色“#FFFFFF”。用同样方法，再插入 4 个单选按钮及文字，注意单选按钮的属性设置中“名称”是一样的，而“选定值”应该有所区别。因为在程序中是通过选定值来区分浏览者的选项的。这里 5 个单选按钮的“选定值”分别设置为“1、2、3、4、5”，完成后的效果如图 9-54 所示。

步骤 09 按 Enter 键，单击两次“表单”面板中的“按钮”，插入两个按钮。选中第 1 个按钮，在属性面板中设置“按钮名称”为“b0”，“值”为“提交”，动作为“提交表单”；选中第 2 个按钮，在属性面板中设置“按钮名称”为“b1”，“值”为“查看”，动作为“提交表单”，效果如图 9-55 所示。

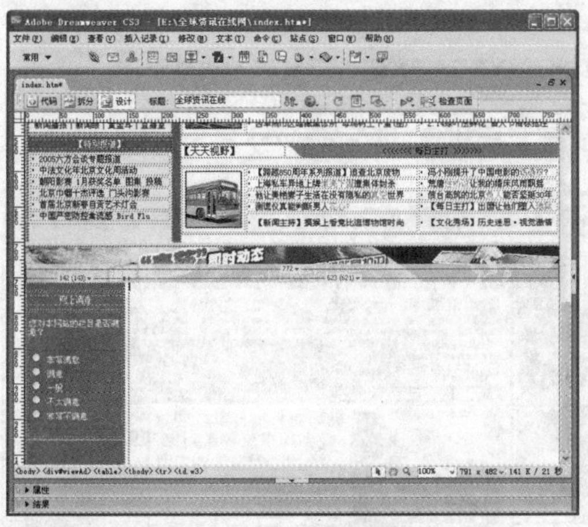

图 9-54　制作 5 个单选按钮

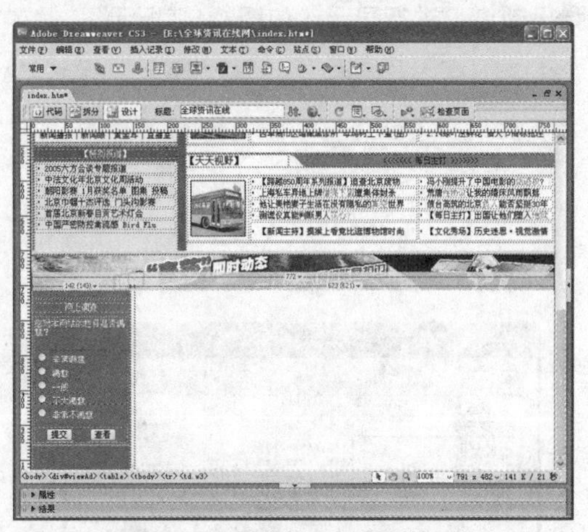

图 9-55　制作提交、查看按钮

这里所完成的网上调查只是一个内容的制作，要想真正成为可以正确统计的调查表，还需要程序的支持。有兴趣的读者可以参考一些开发程序的教程。

步骤 10 在“网上调查”栏目的后面加入主办单位的下拉列表。在网上调查表格下面插入 1 行 1 列、宽度为 100%、单元格边距为 2、单元格间距为 7 的嵌套表格。

步骤 11 将光标移到表格内，单击“表单”面板中的“跳转菜单”按钮，打开“插入跳转菜单”对话框，在“文本”文本框中输入菜单显示的名称，第一个是“主办单位”，接着单击+按钮，添加“菜单项”，在“文本”文本框中输入菜单显示的名称，在“选择时，转到 URL”文本框中输入网址（网址前必须包括“http://”），接着以同样的方式添加其他项目菜单，如图 9-56 所示。

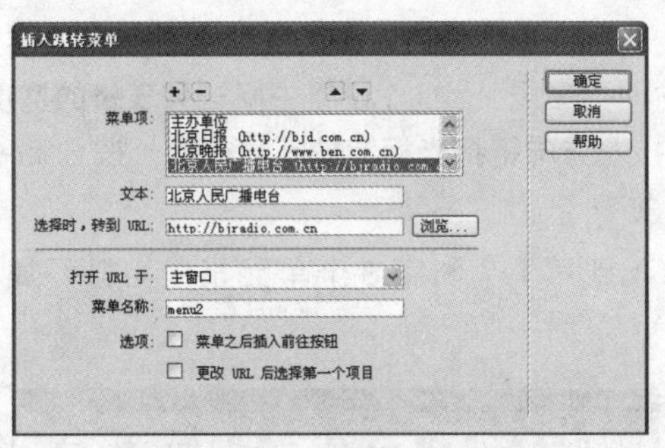

图 9-56　“插入跳转菜单”对话框

步骤 12 添加完所有项目后，单击“确定”按钮，完成跳转菜单。如果需要修改，就再次选中页面中的“跳转菜单”按钮，单击如图 9-57 所示的“列表值”按钮，可以打开“列表值”对话框，在对话框中直接进行修改，单击+和-可以添加或删除一些选项，如图 9-58 所示。完成后单击“确定”按钮，保存页面。

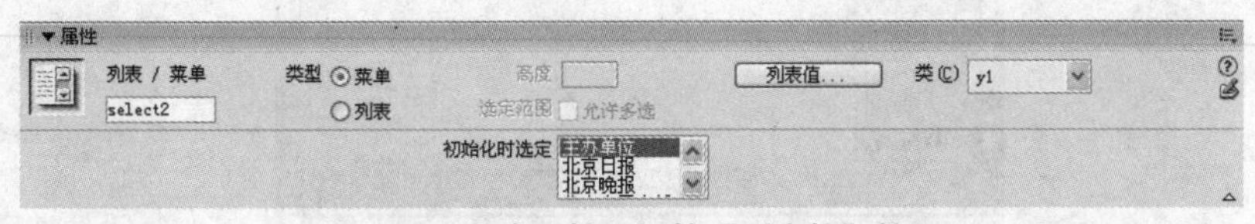

图 9-57　单击属性面板的“列表值”按钮

步骤 13 单击文档工具面板中的“拆分”按钮，将代码视图 <select> 标记中的 onchange='…' 修改为 onchange='if(this.value!="")window.open(this.value)'，这样，当单击下拉列表中的选项时，弹出新窗口进行显示，如图 9-59 所示。

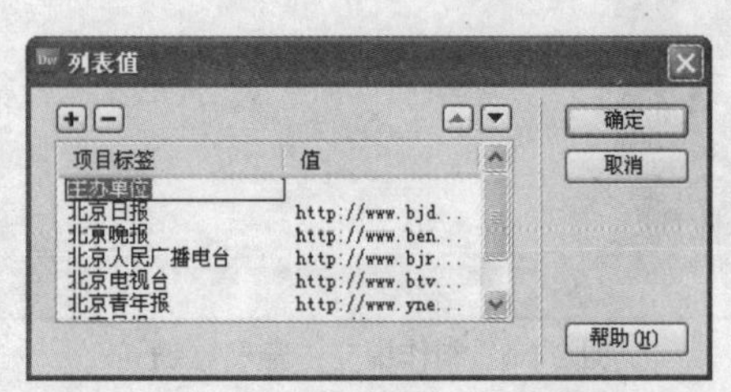

图 9-58 “列表值”对话框

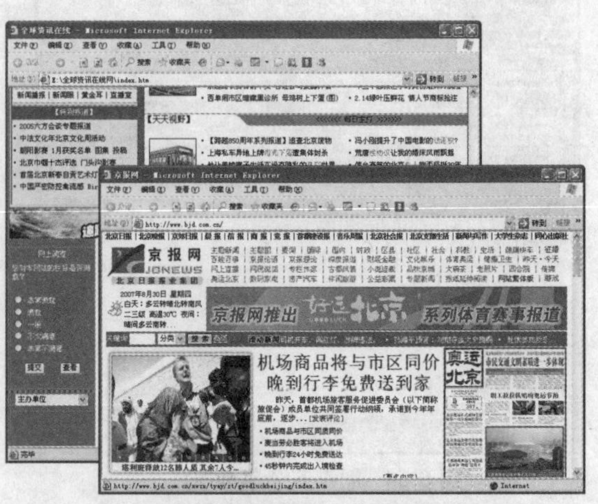

图 9-59 单击菜单项，弹出新窗口显示

网上调查制作完成了，虽然现在不能真正做到调查发送，但对制作网页的布局和方法是很有意义的，其中“单选按钮”和“跳转菜单”在网页中经常用到，制作的时候要认真学习。

9.1.8 制作各栏目的最新内容

对于栏目众多的资讯类网站，让需求不同的浏览者可以方便地看到自己感兴趣的资讯信息，是网站在规划首页内容时需要注意的。在首页中提供每个栏目最新的信息，就是一个不错的解决方法，因此，为了达到这样的一个目的，下面按照要求进行制作。具体操作步骤如下。

步骤 01 在“网上调查”右侧的单元格内，插入 1 行 3 列、宽度为 100% 的嵌套表格。

步骤 02 栏目内容按左右两列布局，因此，设置中间一列表格的宽度为 1 像素，以起分隔作用。单击表格边线，选中表格，按左方向键把光标定位在表格前，按 Shift+Enter 组合键，使表格与上面空出一行的间距，如图 9-60 所示。

步骤 03 将光标分别插入到第 1 个和第 3 个单元格中，打开属性面板，设置背景颜色为“#f5f5f5”。

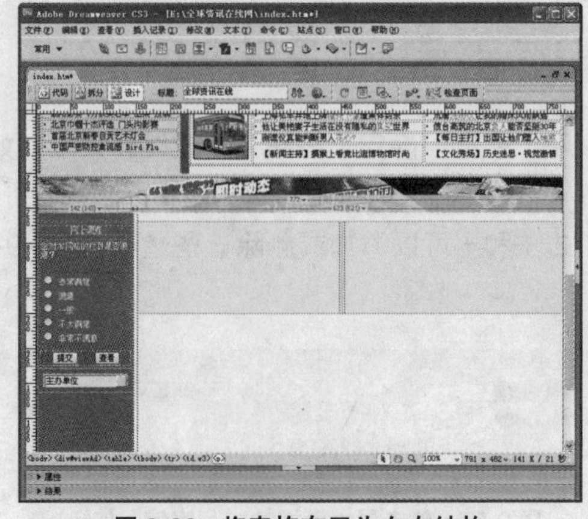

图 9-60 将表格布局为左右结构

步骤 04 在第 1 个单元格内单击鼠标左键，把光标定位在单元格内，插入 1 行 3 列、宽度为 100% 的表格。

步骤 05 把光标定位在第 1 个单元格中，打开属性面板，设置“背景颜色”为“#2386C0”，然后在表格中输入“高层动态”4 个字，字体颜色为白色“#FFFFFF”，接着设置第 2 个单元格的背景颜色为“#B7DFF4”，并插入图像“nt_wd2.gif”；设置第 3 个单元格的背景颜色为“#B7DFF4”，在表格中输入“更多…”。

步骤 06 选中这一个单元格，执行“编辑”>“拷贝”菜单命令，将这一个单元格复制到第 3 个单元格中，并将“高层动态”修改为“政府在线”，如图 9-61 所示。

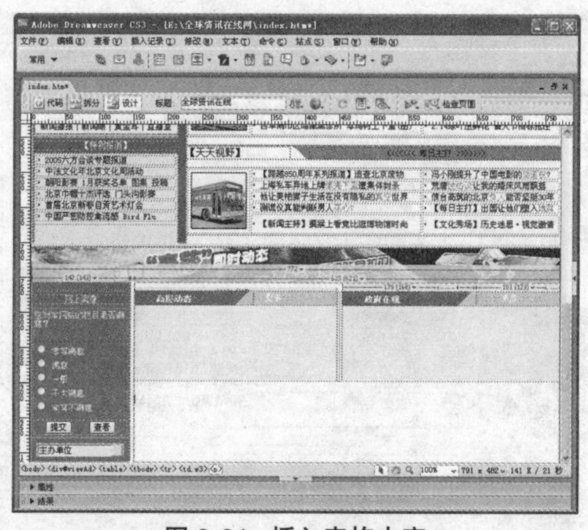

图 9-61 插入表格内容

步骤 07 将光标插入到右侧的表格中，插入 5 行 1 列的表格，并在表格中输入新闻标题，如“温家宝会见中国改革高层论坛专家”等。选中所有输入的新闻标题，然后打开属性面板，单击“左对齐”按钮。

步骤 08 重复步骤 7，设置右侧表格中的内容，完成后如图 9-62 所示。

步骤 09 选中“高层动态”和“政府在线”新闻版块的整个表格，执行“编辑”>“拷贝”菜单命令，接着将鼠标光标移到“高层动态”和“政府在线”新闻版块的表格下面，执行菜单“编辑”>“粘贴”命令，复制整个表格，删除表格的背景颜色，然后将表格中的内容全部删除，如图 9-63 所示。

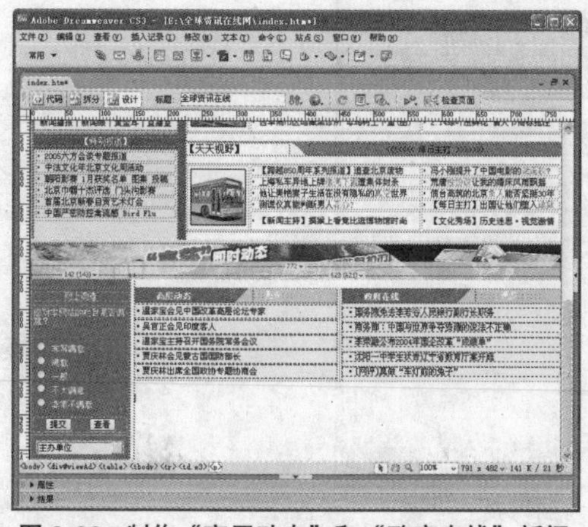

图 9-62 制作“高层动态”和“政府在线”新闻

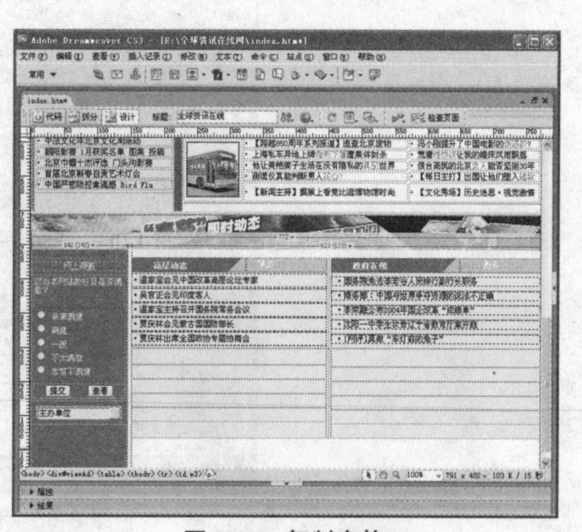

图 9-63 复制表格

步骤 10 在第 1 个单元格内单击鼠标左键，把光标定位在单元格内，插入 3 行 1 列、宽度为 100% 的表格。

步骤 11 把光标定位在第 1 行单元格中，单击属性面板中的“拆分单元格为行或列”按钮，在对话框中选择 2 列。设置左侧单元格的宽度为 77 像素，背景颜色为浅灰色“#ECECEC”，居中对齐，在单元格内输入栏目标题“国内”，设置文字颜色为红色“#CC0000”；在右侧单元格内插入图像“s7.gif”，使左右两侧单元格可以很好地结合起来，组合成标题效果。

步骤 12 设置第 2、3 行单元格的高度分别为 1 和 2 像素，设置第 3 行的背景颜色为绿色“#438C9E”，完成后的效果如图 9-64 所示。

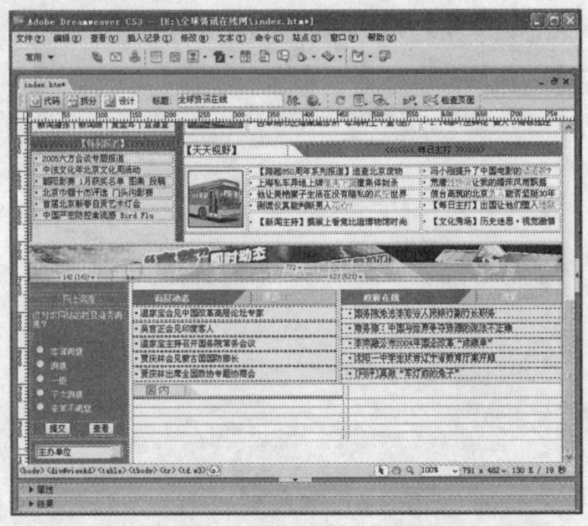

图 9-64　制作“国内”标题

步骤 13 在栏目标题下方的单元格中，插入 1 行 2 列、宽为 100%、左侧单元格宽度为 85 像素的表格。

步骤 14 在左侧单元格内插入 1 行 1 列、宽度为 100%、单元格边距和间距均为 2 像素的嵌套表格，在表格内插入国内新闻图像，如图片文件夹中的 gncysluoti040131077xiao.jpg”图片。

步骤 15 在右侧单元格内插入 4 行 1 列、宽度为 100%、单元格边距和间距均为 2 像素的嵌套表格，在表格内输入国内新闻内容标题“李嘉廷之了犯罪纪实：狂敛财追悔迟”等，如图 9-65 所示。

图 9-65　制作国内新闻标题

步骤 16 选中"国内"栏目标题表格，同时按 Ctrl+C 组合键，复制表格；在右侧第 1 行单元格内插入光标，按 Ctrl+V 组合键粘贴表格到单元格内；修改栏目标题文字为"体育"，按向下键移动光标到标题下的绿线单元格内，在属性面板中修改背景颜色为红色"#CC0000"，如图 9-66 所示。

步骤 17 选中"国内"栏目内容表格，单击鼠标右键，单击快捷菜单中的"拷贝"命令；在"体育"栏目标题下的单元格内单击鼠标右键，单击"粘贴"命令；重新插入和输入左侧的体育图像及栏目内容标题，完成后的效果如图 9-67 所示。

图 9-66 制作体育栏目

图 9-67 复制栏目内容并进行修改

步骤 18 下面的新闻由于在制作方法上是一样的，因此重复操作步骤 15 和步骤 17，继续制作其他栏目的标题和内容，注意修改标题下的线条的颜色，使栏目版块有所区分。完成后的效果如图 9-68 所示。

图 9-68 完成所有新闻栏目

步骤 19 完成新闻内容制作，保存网页。

9.1.9 制作其他栏目导航和版权信息

制作完成首页主要的栏目内容后，通常在网页最下方设置一些网站相关的其他栏目导航，如关于我们、广告服务、诚聘英才等等，当然最后还要放置版权信息。其具体操作步骤如下。

步骤 01 在以上栏目表格的下面按 Enter 键，插入 5 行 1 列、宽度为 772 像素的表格，设置表格居中对齐。在属性面板中，设置第 1 行的背景颜色为“#989898”，第 2 行的背景颜色为“#386898”，第 3 行的背景颜色为“#417FB9”，前 3 行单元格的高度分别为 1、1、30 像素。

步骤 02 把光标定位在第 3 行单元格内，输入栏目标题，设置文字颜色为白色“#FFFFFF”，居中对齐。设置第 4、5 行单元格的背景颜色为“#FFFFFFF”，在第 4 行单元格内输入文字“全球资讯在线 2000-2004 版权所有”，“2000-2004”为网站创建日期和当前日期。

步骤 03 在版权信息后面插入图像“hd315.gif”，表示此网站具备经营性权利，完成后效果如图 9-69 所示。

步骤 04 网页制作完成保存后，按 F12 键启动 IE 浏览器查看网页效果，如图 9-70 所示。

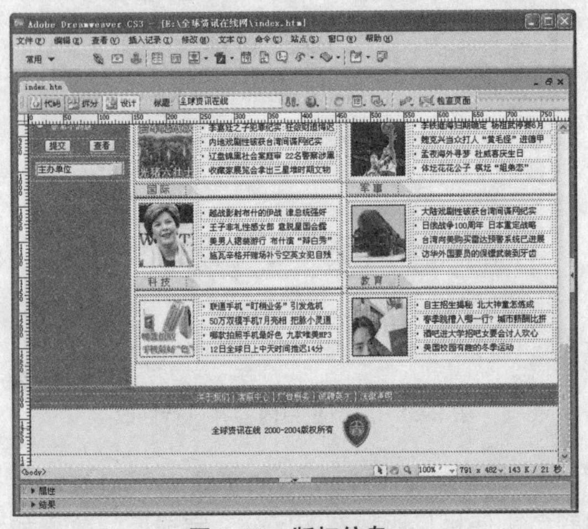
图 9-69 版权信息

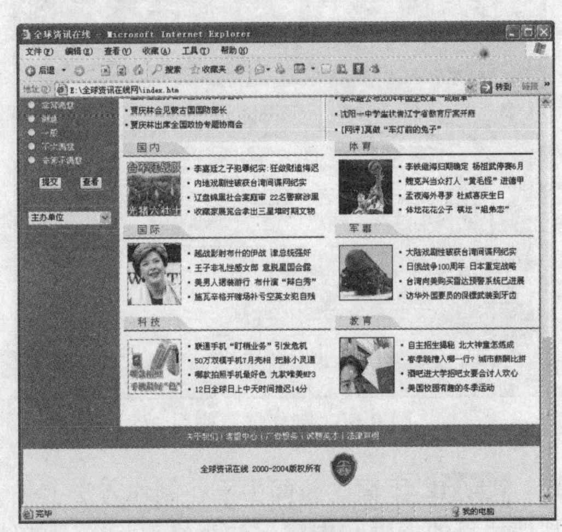
图 9-70 IE 浏览网页

9.1.10 设置网页自动刷新功能

针对一些时时更新的网站，如新闻资讯网站、动态聊天网站等，都应该具备网页自动刷新功能。刷新功能是在访问当前网页文档后的指定时间内移动到其他网页或重新打开网页文档的功能。该功能主要用于在变更主页地址之后的几秒内自动转到新的主页，或用于从 Intro 页自动切换到首页。下面根据“全球资讯在线”网站的要求，设置在访问 10 秒后刷新网站首页的功能。具体操作步骤如下。

步骤 01 打开“全球资讯在线”网站首页 Index.htm。

步骤 02 切换至“插入”面板中的“常用”栏，单击“文件头”下拉菜单的“刷新”按钮，如图 9-71 所示。

图 9-71 单击“刷新”按钮

步骤 03 打开“刷新”对话框，在“延迟”文本框中输入“10”，然后单击“操作”选项区域中的“刷新此文档”单选按钮，如图 9-72 所示。其中，如果单击“操作”选项区域中的“转到 URL：”单选按钮，然后在文本框中输入需要转入的网页地址，也可以在指定的时间内转到此页。

步骤 04 完成自动刷新网站首页的设置后，保存网页，然后打开浏览器浏览网页，等待 10 秒钟后，网页将会自动刷新，效果如图 9-73 所示。

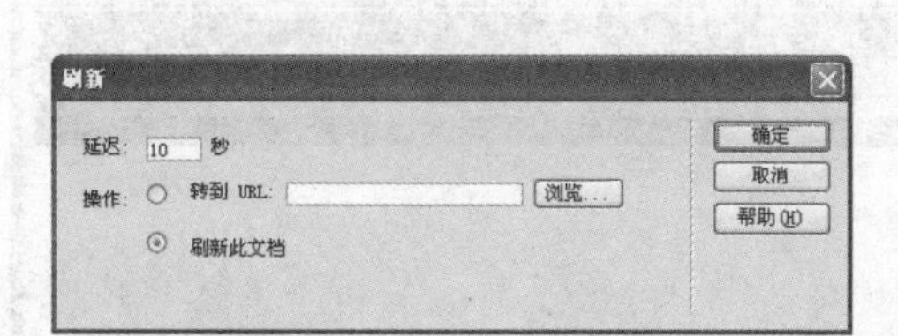

图 9-72 “刷新”对话框

图 9-73 自动刷新状态的网页

9.1.11 制作新闻内容页面

作为新闻资讯类网站，浏览信息是主要目的，所以，制作新闻内容页面是制作网站的最后步骤。因此，接下来介绍的是如何制作新闻资讯类网站的内容页面。具体操作步骤如下。

步骤 01 新建一个 HTML 网页，然后执行菜单“文件”>“保存”命令，命令为“news.htm”。

步骤 02 将光标插入到页面中，然后单击“常用”栏中的“表格”按钮，插入一个 1 行 1 列、宽度为 99%、其他选项都为“0”的表格。

步骤 03 选中表格，打开属性面板，在“对齐”下拉列表中选择“居中对齐”选项，使表格居中显示。将光标移动到表格中，单击“常用”栏中的“图像”按钮，选择图片文件夹中的“shopping760_2004.jpg”，单击“确定”按钮，插入广告图像，如图 9-74 所示。

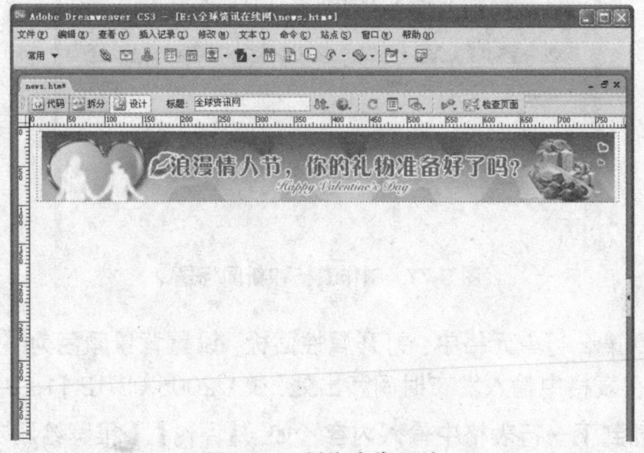

图 9-74 制作广告图片

步骤 04 在广告图像的表格下面再插入一个 1 行 10 列、宽度为 99%，其他选项都为“0”的表格。

步骤 05 移动光标到第 1 个单元格内，设置背景颜色为“#0066CC”，接着设置后面单元格的背景颜色为“#1048A8”，如图 9-75 所示。

步骤 06 在第 1 个单元格内单击“常用”栏中的“图像”按钮，选择图片文件夹中的“arrow_black.gif”，插入三角图片，然后在图片右侧输入“全球资讯网”文字，完成后单击属性面板中的“居中对齐”按钮。

步骤 07 在表格中的其余 9 个单元格中，依次输入栏目名称，如“国内”、“国际”、“社会”、“财经”、“文史”、“专题”、“社会图库”、“文史图库”、“滚动”等，如图 9-76 所示。

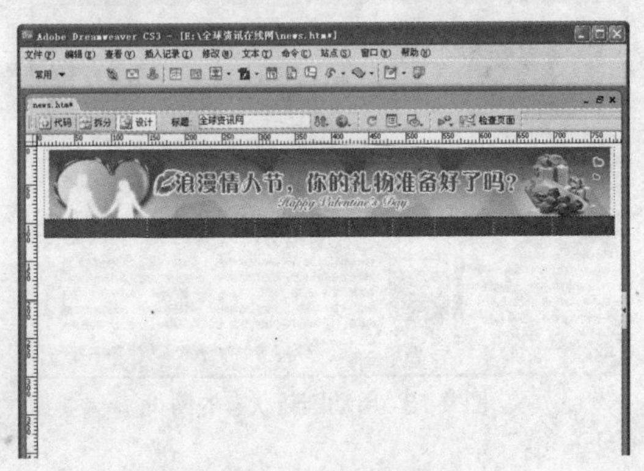

图 9-75 制作栏目表格

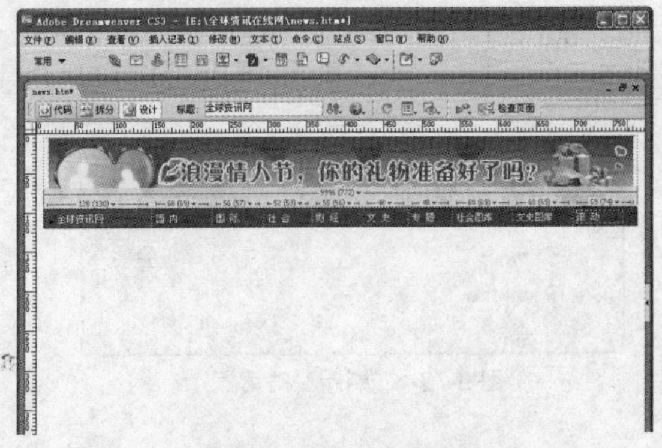

图 9-76 制作栏目标题

步骤 08 在栏目内容下面，单击“常用”栏中的“表格”按钮，插入一个 1 行 2 列、宽度为 99%、其他选项都为“0”的表格。

步骤 09 在第 1 个单元格中再插入一个 1 行 1 列、宽度为 100%、“边框粗细”和“单元格边距”为“0”、“单元格间距”为“3”的表格。

步骤 10 将光标插入到第 1 个单元格中，输入新闻标题，如“8.15 日皇裕仁广播真相：只字不提无条件投降”，如图 9-77 所示。

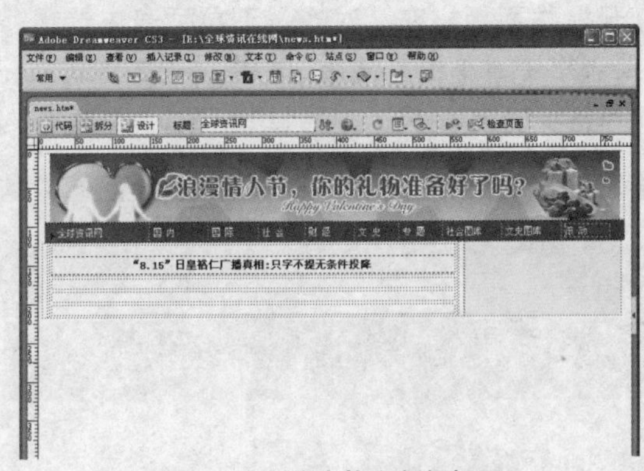

图 9-77 制作表格和新闻标题

步骤 11 移动光标到第 2 行单元格中，打开属性面板，设置背景颜色为“#F0F5FF”，单击“居中对齐”按钮 ，然后在表格中输入发布时间和出处，如“2005-08-12 11:22:20 全球资讯网文史”。

步骤 12 将光标移动到下一行表格中输入内容，如“【评论】【推荐给朋友】【大 中 小】【关闭窗口】”，然后单击属性面板中的“居中对齐”按钮 ，使文字居中显示，如图 9-78 所示。

步骤 13 同样，在下一行表格中输入新闻内容，如图 9-79 所示。

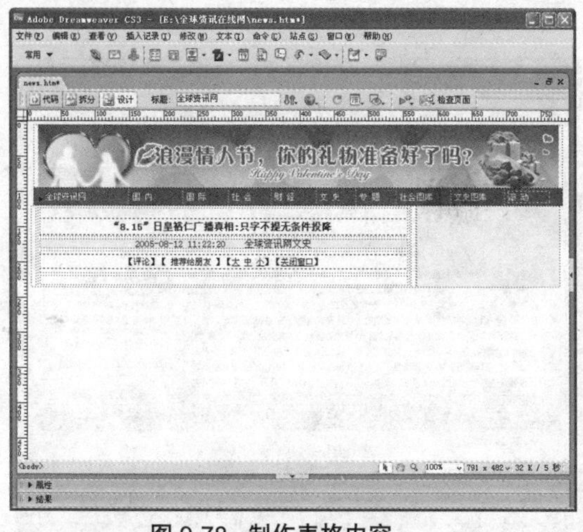

图 9-78　制作表格内容

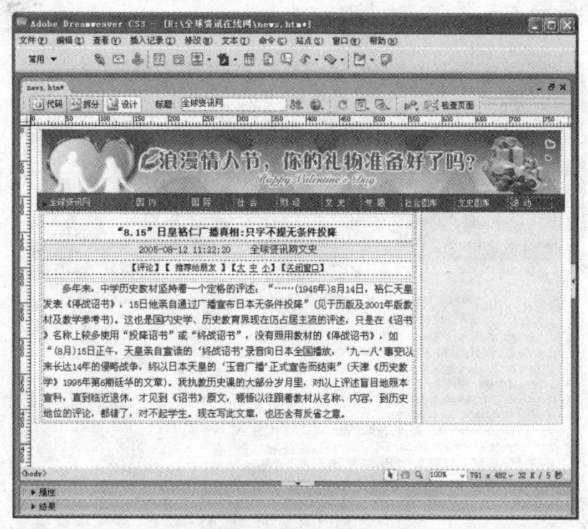

图 9-79　制作新闻内容

步骤 14 将光标移到右侧的表格中，在表格属性面板中设置表格的背景颜色为“#f7F7EE”，选择“垂直”为“顶端”显示。

步骤 15 单击“常用”栏中的“表格”按钮，插入 2 行 1 列、宽度为 74%、“单元格边距”为“2”、“单元格间距”和“边框粗细”为“0”的表格，如图 9-80 所示。

步骤 16 将光标移动到第 1 个单元格内，再次插入一个 1 行 1 列的表格，然后选中表格，打开属性面板，在“填充”文本框中输入 0，“间距”为“2”，“边框”为“1”，“边框颜色”为“#0148A7”，接着将光标插入到表格中，在属性面板中设置背景颜色为“#FF0000”，然后在表格中输入“今日推荐”，如图 9-81 所示。

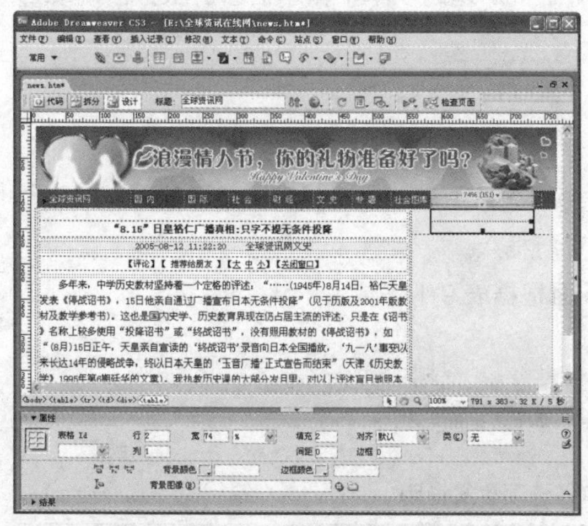

图 9-80　插入表格

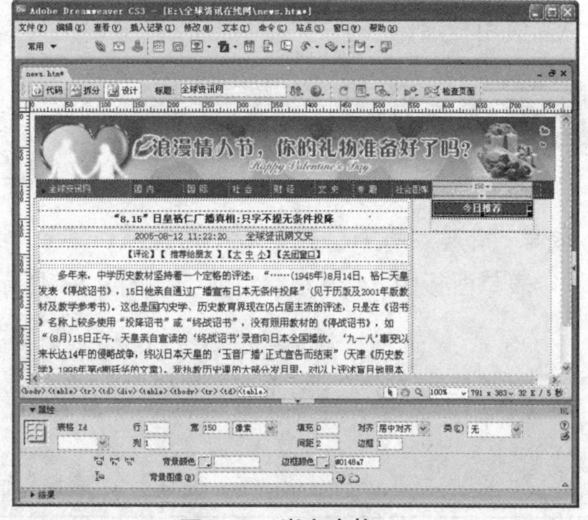

图 9-81　嵌套表格

步骤 17 将光标移到下一行表格中，输入新闻标题，如“日本军国主义成长之路图”、“抗战经典战役全记录（图）”等，如图 9-82 所示。

步骤 18 打开首页 Index.htm，选中网页底部栏目导航和版权信息的整个表格，按 Ctrl+C 组合键，复制表格和表格中的内容，然后切换到新闻内容页面，将光标插入到页面的底部，按 Ctrl+V 组合键，粘贴版权信息。

步骤 19 保存网页，完成新闻内容页面的制作，然后按 F12 键浏览新闻内容页面，效果如图 9-83 所示。

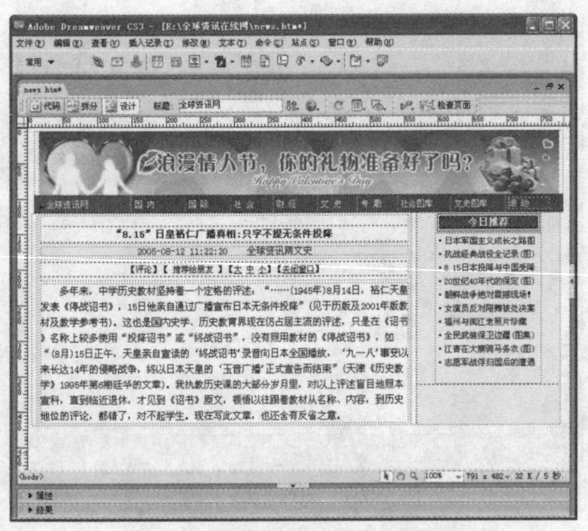

图 9-82 制作“今日推荐”标题

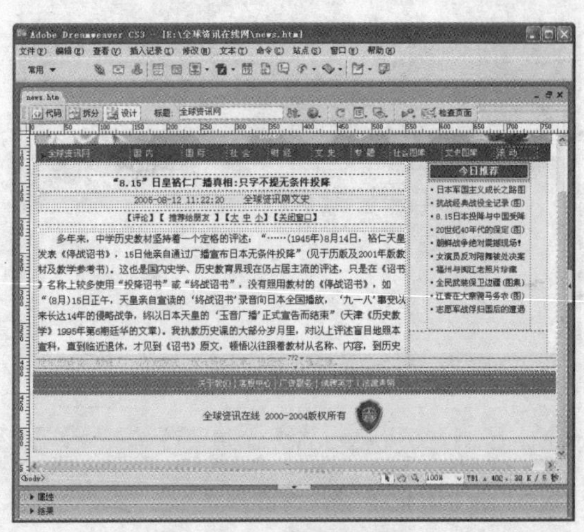

图 9-83 浏览新闻页面

新闻内容页面已经制作完成，至于其他新闻的内容页面可以利用这个页面为模板，仅修改其中的文字即可，而不需要重复制作。

9.2 知识要点回顾

使用表单能收集访问者的信息，如订单、加入会员等等。但使用表单要有两个要求：一个是描述表单的 HTML 源代码，另一个是处理用户在 HTML 中创建的表单中输入信息的服务器端或客户端应用程序。

9.2.1 认识表单对象

在 Dreamweaver CS3 中，选择“插入”面板中的“表单”栏，也可执行菜单“插入记录”>“表单”命令，在其下拉列表中选择适当的表单选项进行插入。

表单面板由 14 个元素组成，如图 9-84 所示。下面根据表 9-1 来依次了解。

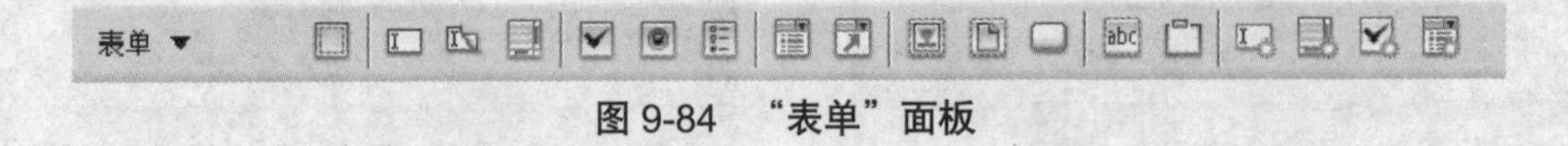

图 9-84 “表单”面板

表 9-1 “表单”面板中各选项含义说明

选 项	说 明
表单	在文档中插入一个存放表单元素的区域。在源代码中以 <form>..</form> 为标记
文本字段	插入在表单域中的文本域。用来输入文本、数字和字母。可以以单行、多行和密码形式显示。其中密码是用“*”显示
隐藏域	在文档中插入文本域，使用户的数据能够被隐藏。使用隐藏域可以实现浏览器同服务器在后台隐藏地交换信息，当下次访问该站点时能够使用输入的这些信息

（续表）

选　项	说　明
文本区域	以多行形式输入文本
复选框	在表单中允许用户从一组选项中选择多个选项
单选按钮	在表单域里插入的单选按钮，表示在一组选项中一次只能选择一个选项
单选按钮组	在表单域里一次可以插入的多个按钮，表示在一组选项中一次只能选择一个选项
列表 / 菜单	在表单域中可以插入列表或菜单。列表可以以列表的方式显示一组选项，根据设置的不同用户可以在其中选择一项或多项。列表的一种特例是下拉列表。它平常显示的是一行，单击右方的箭头可以展开列表，允许进行选择
跳转菜单	在文档的表单域中插入一个导航栏或者弹出式菜单，也可以让用户为链接文档插入一个表单
图像域	在表单域中插入图像。使用图像可以实现图像类型的提交按钮
文件域	在表单域中插入一个空白文本域或“浏览”按钮。文件域允许用户在硬盘上浏览文件和更新表单中的数据文件
按 钮	在表单域中插入一个文本按钮，也就是“提交”按钮或是“重设”按钮。单击按钮可以执行某一个脚本或程序
标 签	在文档中给表单域加上标记，以 <label>...</label> 形式开头和结尾
字段集	在文本中设置文本标签
Spry 验证文本域	Spry 验证文本域构件是一个文本域，该域用于在站点访问者输入文本时显示文本的状态（有效或无效）
Spry 验证文本区域	Spry 验证文本区域构件是一个文本区域，该区域在用户输入几个文本语句时显示文本的状态（有效或无效）
Spry 验证复选框	Spry 验证复选框构件是 HTML 表单中的一个或一组复选框，该复选框在用户选择（或没有选择）复选框时会显示构件的状态（有效或无效）
Spry 验证选择	Spry 验证选择构件是一个下拉菜单，该菜单在用户进行选择时会显示构件的状态（有效或无效）

认识了表单，那么创建和使用表单就不会显得生疏了。表单是网页的灵魂，因此一定要认真学习。

9.2.2 创建和使用表单

在网页中添加表单对象，如文本域、按钮等。首先必须创建表单域，因为表单域在浏览网页中是属于不可见的元素。当页面处于“设计”视图下时，用红色的虚轮廓线指示表单。如果没有看到此轮廓线，请检查是否选中了主菜单“查看”中的“可视化助理”下的“隐藏所有”选项，如果选中了就去掉。现在启动 Dreamweaver CS3，新建一个网页。

步骤 01 选择“插入”面板中的“表单”栏，然后在文档中将插入点放在需要插入表单域的地方。

步骤 02 单击表单栏中的“表单”按钮，此时会在网页中出现一个红色虚线框所围起来的表单域，往后的其他表单组件都必须插入到这个红色的虚线框中才能起作用，如图 9-85 所示。

Chapter 09
Chapter 10
Chapter 11
Chapter 12

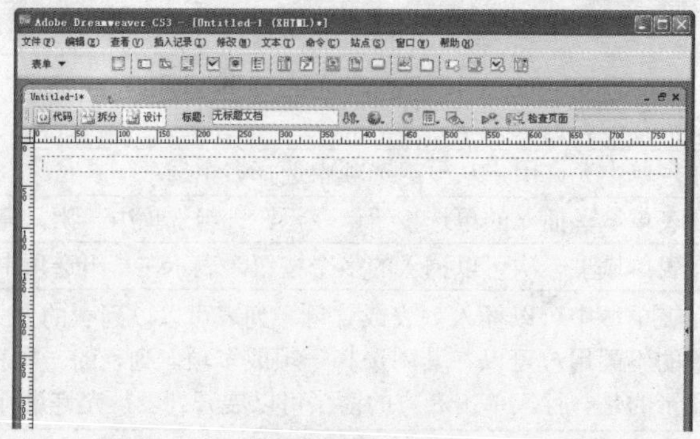

图 9-85　插入表单域

步骤 03 选中表单域，此时显示表单的属性面板，可以在属性面板中设置表单域的各项属性，如图 9-86 所示。

图 9-86　表单域属性面板

其中：

- 表单名称：表单的名称，可以在它下面的文本框中输入表单域名称，以方便以后程序的控制。
- 动作：在文本框中指定处理该表单的动态页或脚本的路径，可以在文本框中输入完整路径，也可以单击“浏览文件”按钮，打开到包含该脚本或应用程序页的适当文件夹中。
- 目标：“目标”下拉列表指定一个窗口，在该窗口中显示调用程序所返回的数据。如果命名的窗口尚未打开，则打开一个具有该名称的新窗口。目标值有 4 个。

提 示

4 个目标值含义如下：
_blank：在未命名的新窗口中打开目标文档；
_parent：在显示当前文档的窗口的父窗口中打开目标文档；
_self：在提交表单所使用的窗口中打开目标文档；
_top：在当前窗口的窗体内打开目标文档。此值可确保目标文档占用整个窗口，即使原始文档显示在框架中。

- 方法：在下拉列表中选择需要设置表单数据发送的方法，有 3 个选项。

提 示

3 个选项含义如下。
POST：表示将表单数据发送到服务器时，以 POST 方式请求。
GET：表示将表单数据发送到服务器时，以 GET 方式请求。通常，默认方法为 GET 方法。
默认：使用浏览器的默认设置将表单数据发送到服务器。

这样，一个表单域已经创建完了。如果读者清楚地认识它的属性，使用它制作一个提交表单网页是不会有问题的。

表单在 HTML 中是以 <form> 开头，以 </form> 结尾的，如果在视图面板下面的导航栏中单击 <form>，那么网页中的表单域会被全部选中，如图 9-87 所示。

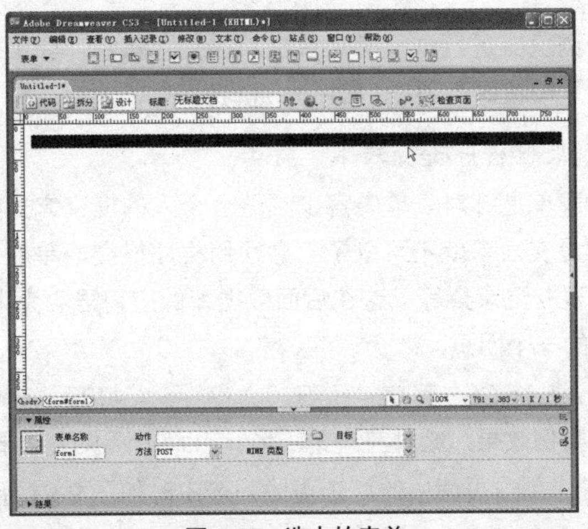

图 9-87　选中的表单

“表单”面板中的各个按钮在实例中已经介绍过了，这里就不再重复。下面介绍一下表单的提交，并制作一个完整的表单实例。

9.2.3　表单的提交

在网页中，如留言板、订单等，浏览者输入了表单中的所有内容，要把表单中的内容提交到服务器，由服务器上的脚本程序或应用程序进行相应的处理。HTML 网页并不具备处理表单数据的能力，但 HTML 可以通过电子邮件软件或脚本程序 ASP 程序提交表单，如 Outlook。

1. 通过电子邮件软件提交表单

提交表单通常用 POST 或 GET 方式发送，但通常数据量多的表单会使用 POST 方式发送，而数据量少的表单就用 GET 方式，而且 POST 比 GET 安全性能好，但也不是绝对安全，如果要真正地在网络上安全发送，还得使用 SSL 或其他安全加密的网页技术。

用电子邮件的软件提交表单很简单，只要在网页中设计好表单，然后把光标放入表单的红色虚线框内，单击视图窗口下导航栏中的 <form>，如图 9-88 所示。

<body><form#form1>　　100%　786 x 446　1 K / 1 秒

图 9-88　选中表单

选中了表单，即可显示表单属性面板，在属性面板中的“表单名称”文本框内可输入表单的名称；在“动作”文本框中可输入提交表单的应用程序文件，这里可以输入电子邮箱地址。不过读者要注意，电子邮箱地址的前面必须加上“mailto：”，表明表单是以电子邮件方式发送。发送方式用 POST，如图 9-89 所示。

图 9-89　表单属性

设置好了以后，当用浏览器进行浏览时，单击“提交”按钮，弹出对话框提示用电子邮件形式提交表单，单击“确定”按钮即可通过 Outlook 进行发送。

2．通过脚本程序或 ASP 程序提交表单

以电子邮件形式提交表单是针对表单内容少且适合个人的提交方式的，如果一个企业或比较大的网站，电子邮件形式提交表单就不可取了，必须用程序提交表单内容到数据库里，但这要创建数据库、连接数据库、建立记录集等，这在后面数据库的应用里会为大家讲解。

下面制作以邮件提交的一个网页。

步骤 01 启动 Dreamweaver CS3 程序，执行“文件”＞“打开”菜单命令，在“打开”对话框中选择光盘中第 9 章“实例效果”文件夹中的“form.htm”网页，打开此文件，如图 9-90 所示。

步骤 02 按下鼠标左键，单击页面中的红色虚线，选中时如图 9-91 所示。

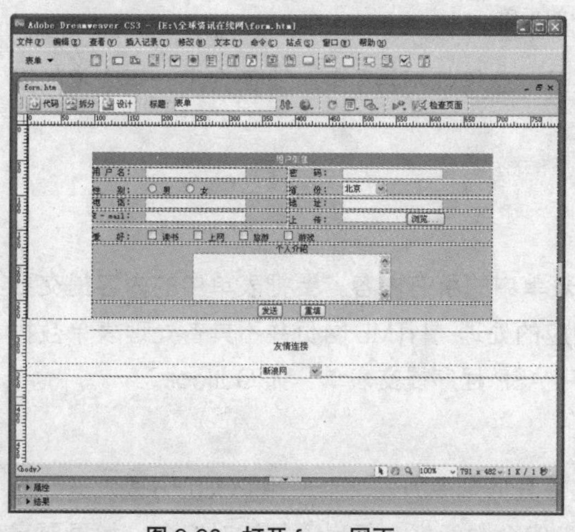

图 9-90　打开 form 网页

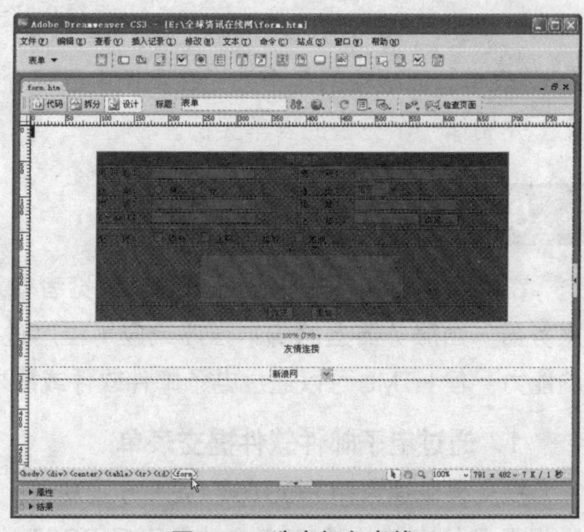

图 9-91　选中红色虚线

步骤 03 选中 Form 后，打开属性面板，在“表单名称”文本框中输入 theform，在“动作”文本框中输入 E-mail 地址，如 mailto：info@91bjplan.com，在“方法”下拉列表中选择 POST 选项，在“MIME 类型”下拉列表中输入 text/plain。属性设置如图 9-92 所示。

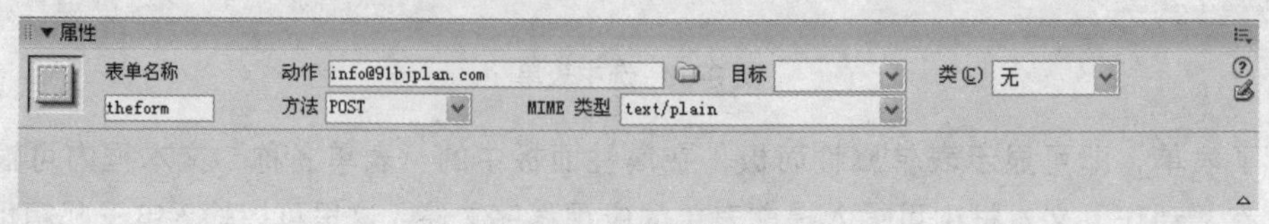

图 9-92　表单属性设置

步骤 04 完成设置后保存网页，按 F12 键浏览网页测试表单，在表单中输入内容后，单击“提交”按钮，表单提示将以电子邮件的方式发送，如图 9-93 所示。单击“确定”按钮即可发送表单到邮箱中。

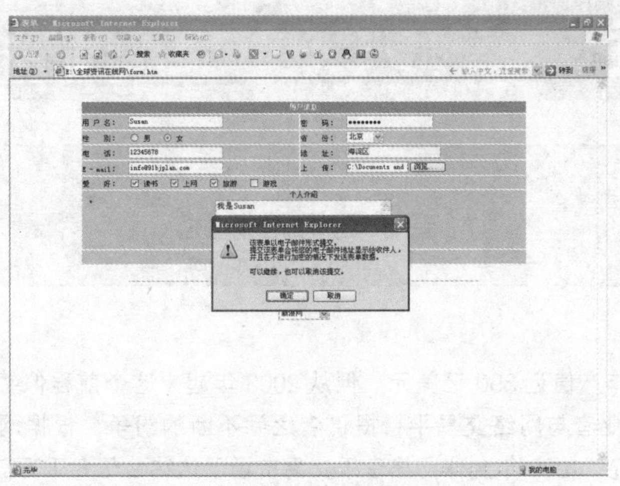

图 9-93 表单以电子邮件的方式发送

9.3 成功经验扩展

几年以前新闻都是通过传统媒体，如报纸、广播、电视等进行传播，而随着网络的日益兴起，网络成为新闻传播的新兴手段。事实也证明网络具有传播速度快、传播范围广、不受时间地点的限制、形式更为开放等特点，并且在网络上浏览者可以发表自己的观点，增强了新闻的互动性。因此，作为新闻资讯网站，新闻如果做不到位，不能充分运用政府授予的新闻采访权，对其他一些反映网络特性、网民喜欢的互联网业务又不去充分挖掘和展开，是很难维持新闻网站的运行的。

网络新闻以异常迅猛的速度发展，占有了一席之地。很多人都越来越习惯上网浏览新闻。网络新闻的形式也是多种多样的，根据网站背景，新闻内容会有不同的倾向。如图 9-94~ 图 9-95 所示的几个网站就代表了不同类型的新闻背景，大家可以分析和参考一下。

图 9-94 门户网站新闻栏目

图 9-95 专业资讯新闻网站

第 10 章 音乐类网站——视听音乐网

音乐类网站概述

全球音行业一年产值近 390 亿美元，但从 2003 年起，这个前程似锦、商机无限的产业却发生了传统唱片业者与网络交易平台提供者之间不断的纷争。根据网络调查权威 Jupiter Communication 研究，1999 年全球网络音乐交易市场已达约 2 亿 8 千万美元水准，虽不到总产值 1%，但未来三到五年可能增长至 10%，到 2008 年更可能占有市场的一半。截至目前为止，每天有 300 万首 CD 音乐被免费下载，音乐下载市场很火爆。

目前热门的音乐下载方式是“点对点”传输方式（Peer to Peer，简称 P2P 音乐交换模式），主要是通过一种搜寻的软件接口，再通过同样安装相同程序的计算机目录，进行检索及存盘的操作，也就是说，用户找到的资料，无论是文字、音乐、图片等，是来自全球 4.8 亿台计算机的数据库，其丰富性与快速传播程度，非以往的任何媒体可以比拟，而消费者对于这种传输方式早已爱不释手。

音乐网站会员结构男女约各半，10~24 岁高达六成，学生族群占了五成以上。这些使用者，是各媒体代理商想破头要接触的目标对象，试想 3C 数字产品、金融业信用卡、消费性产品、食品、偶像歌手甚至于宣导政令，不就是以这些消费趋势的领导者来作为传播的种子与意见领袖吗？

而音乐网站正是提供了这样一种平台，既能够让创作音乐的人通过网络进行推广，也可让用户更方便、快速地获得自己需要的音乐。当然，这需要在一种平等交易的前提下。

实例展示

本实例名称为“视听音乐网”，其中为区别不同的歌手类型设置了以下几个栏目。华人男歌手、华人女歌手、乐队组合、日韩歌手、欧美歌手、杂锦合辑、MTV 频道、动漫频道和彩信天地。

在网站首页主体位置设置了新碟推荐、MTV 热播、音乐搜索等栏目，不仅突出网站主题，而且针对浏览者感兴趣的栏目进行重点介绍，更加吸引人。

在音乐类网站中经常会有“在线试听”功能，播放歌曲片段，使收听者了解歌曲内容，更好地判断是否需要购买。下图即为首页和在线试听栏目效果。

首页效果

二级在线试听栏目效果

技术要点

① **使用 WebMenuShop 软件制作下拉菜单**

使用 WebMenuShop 软件可以方便、快捷、直观地制作下拉菜单，并且可以设置菜单的位置，不同显示方式等属性。

② **制作弹出窗口**

广告形式多种多样，本章介绍如何制作广告弹出窗口。

③ **实现在线试听功能**

通过行为命令，可以制作弹出式窗口，使内容在一个小窗口中显示，对于内容比较简单的网页可以使用这种方法。

④ **介绍脚本程序的应用**

详细讲解在网页中对脚本程序是如何应用的。

配色与布局

本实例应用的网站很好的结合了音乐的特质，用蓝紫色和黑色作为主色调，表现出音乐类网站时尚、现代的感觉。网站需要把音乐归类于不同的类别中，以便于浏览者的查找，因此需要网页结构清晰，目的性强。

	#7B8ABD		#ADB6C6		#000000
	R: 123 G: 138 B: 189		R: 178 G: 182 B: 198		R: 0 G: 0 B: 0

本实例视频文件路径和视频时间

视频文件	光盘 \ 视频 \10\ 音乐类网站——视听音乐网
视频时间	15 分钟

10.1 实例制作过程

根据上面的介绍，相信读者对音乐类网站已经有了基本的概念，对于本章的实例也有了印象，下面开始介绍网站制作的全过程。

10.1.1 制作首页标题栏和创建CSS样式

步骤 01 复制光盘中的图像文件夹 images，粘贴在硬盘中新建的“视听音乐网”文件夹中。

步骤 02 启动 Dreamweaver CS3，执行“文件” > “新建”菜单命令，新建 HTML 文件，并保存为“index.htm”。

步骤 03 单击属性面板中的“页面属性”按钮，在“页面属性”对话框中选择“外观”选项，在“页面字体”下拉列表中选择“宋体”选项，在“大小”文本框中输入“9”，单位选择“点数（pt）”。在“分类”列表框中选择“链接”选项，设置“链接颜色”和“已访问链接”颜色为黑色“#000000”，设置“变换图像链接”颜色为蓝色“#0245DB”，设置“活动链接”颜色为蓝色“#0066FF”，如图 10-1 所示。在“分类”列表框中选择“标题 / 编码”选项，在“标题”文本框中输入“视听音乐网”，在“编码”下拉列表中选择“简体中文（GB2312）”选项，如图 10-2 所示。

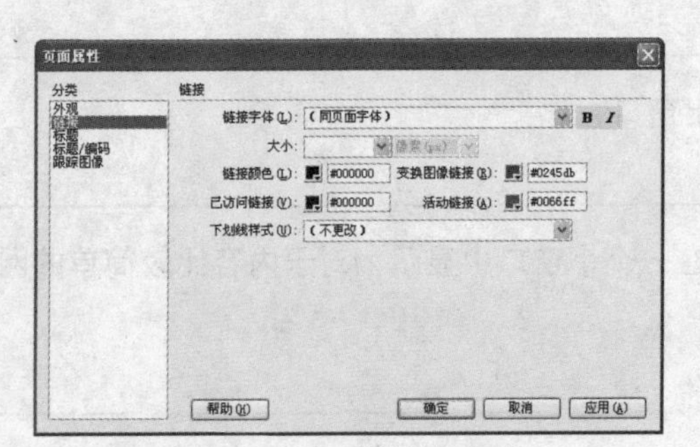

图 10-1 设置“链接”颜色

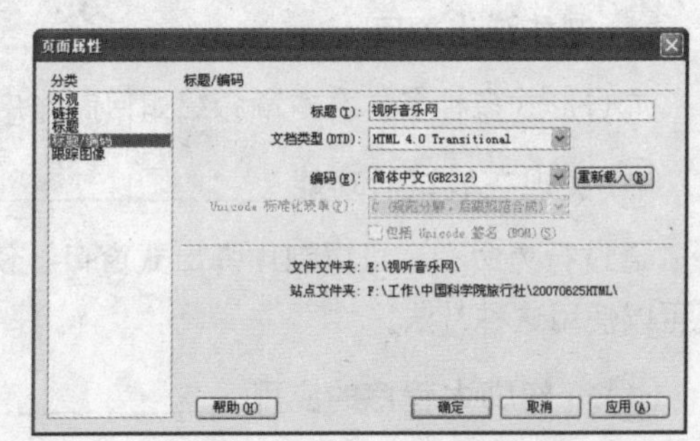

图 10-2 设置“标题和编码”

步骤 04 单击“确定”按钮，完成页面属性设置。

步骤 05 下面创建 CSS 样式，单击 Dreamweaver CS3 新增加的属性面板中的“打开 CSS 面板”按钮 CSS ，在右侧打开“CSS 样式”面板，单击面板右下角的“新建 CSS 规则”按钮，如图 10-3 所示。

步骤 06 弹出“新建 CSS 规则”对话框，单击“标签”单选按钮，然后在“标签”下拉列表中选择“td”选项，如图 10-4 所示。

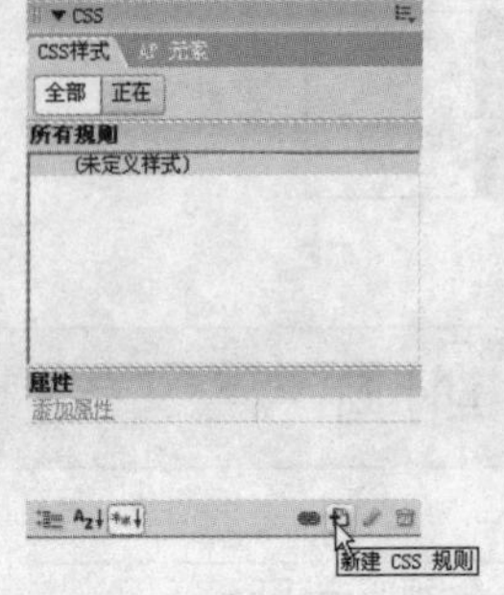

图 10-3 单击“新建 CSS 规则”按钮

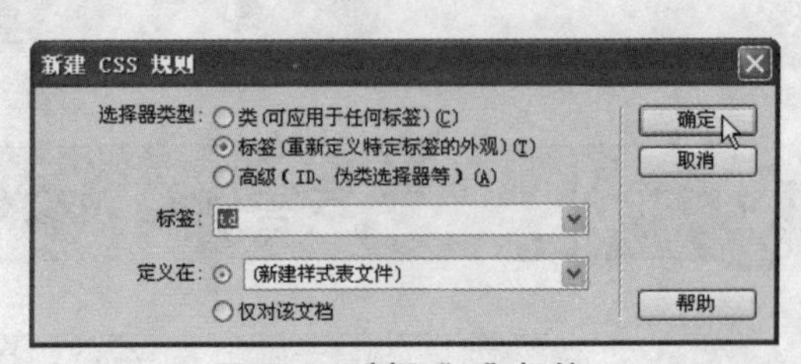

图 10-4 选择“td”标签

步骤 07 单击“确定”按钮，打开“保存样式表文件为”对话框，在“文件名”文本框中输入“menus”，然后单击“保存”按钮，如图 10-5 所示。

步骤 08 切换到“TD 的 CSS 规则定义”对话框，在此对话框中设置标签 td 的样式。在“大小”文本框中输入“9”，单位选择“点数（pt）”；在“行高”文本框中输入“12”，单位选择“点数（pt）”，如图 10-6 所示。

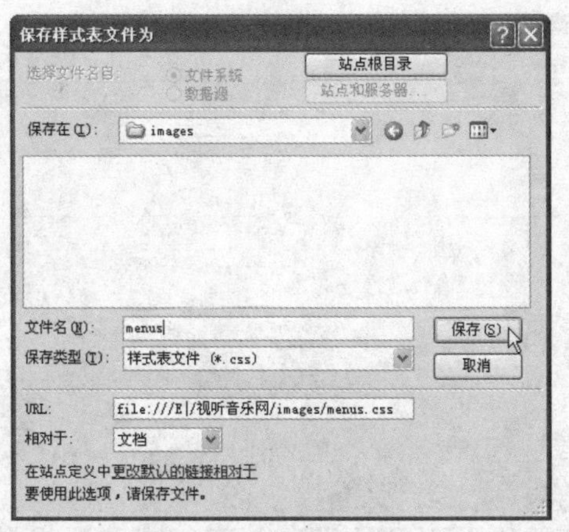

图 10-5　保存 CSS 文件

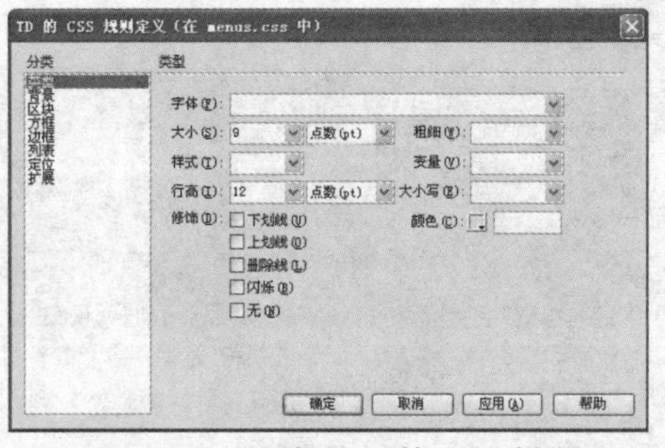

图 10-6　设置标签 td 的 CSS 样式

步骤 09 单击“确定”按钮，打开“menus.css”文件，显示刚设置的标签 td 样式，如图 10-7 所示。

步骤 10 单击 CSS 样式面板中“全部”按钮 全部，在“所有规则”文本框中显示了设置的 TD 样式。单击“新建 CSS 规则”按钮，重新打开“新建 CSS 规则”对话框，继续设置其他标签或类的 CSS 样式，完成后如图 10-8 所示。

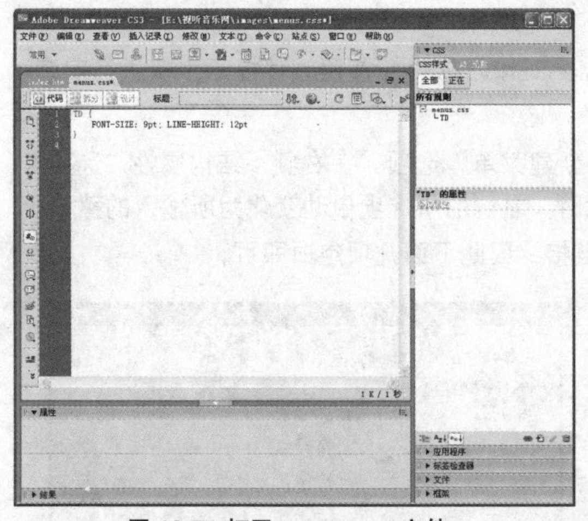

图 10-7　打开 menus.css 文件

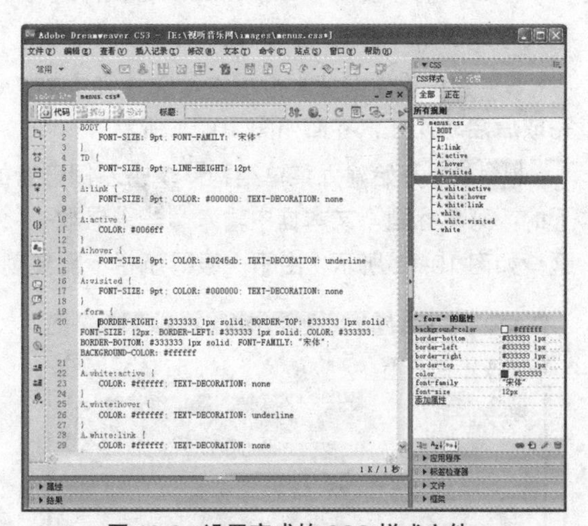

图 10-8　设置完成的 CSS 样式文件

步骤 11 单击“表格”按钮，插入 2 行 4 列、宽度为 773 像素、单元格边距和单元格间距以及边框粗细均为 0 的表格。选中表格，设置为居中对齐。合并第 1 行单元格，插入图像“FFFFFF.gif”，并在属性面板“宽”文本框中输入“766”，在“高”文本框中输入“2”。

步骤 12 在第 2 行左侧第 1 个单元格中插入图像“spc.gif”，并设置其宽度为 2，高度为 1。将光标移动到左侧第 2 个单元格中，单击属性面板中的“拆分单元格为行或列”按钮，将单元格拆分为 2 行，并设置两个单元格背景图像为“zbg.gif”，然后分别插入两个图像文件“tile1.gif”和

“tile2.gif”，制作完成后如图 10-9 所示。

步骤 13 将光标移动到第 3 个单元格中，设置其背景图像为“zbg.gif”。在单元格中插入 2 行 1 列、宽度为 470 像素的嵌套表格，选中表格，设置表格右对齐，并设置表格高度为 100%。将光标移动到嵌套表格的第 1 行单元格内，单击插入面板的“Flash”按钮，插入 Flash 文件“bossflash46860.swf”，最后设置最右侧单元格的宽度为 2，完成后效果如图 10-10 所示。

图 10-9 制作顶部标题栏

图 10-10 制作 Banner 栏目

10.1.2 使用WebMenuShop软件制作下拉菜单

下面我们将使用 WebMenuShop 软件进行下拉菜单的制作，使用此软件可非常容易地制作出精美效果的菜单样式。具体操作步骤如下。

步骤 01 首先安装光盘里本章文件夹中的 WebMenuShop 软件，按照软件提示步骤进行安装，完成后启动软件，界面如图 10-11 所示。

步骤 02 开始建立菜单结构。单击左侧已有的“新建菜单”选项，在右侧“结构属性”选项卡下的“菜单标题”文本框中输入“华人男歌手”，此时，左侧的所选项自动变化为所输入的菜单标题，如图 10-12 所示。由于一级导航栏不需要创建链接，因此下面几项空白即可。

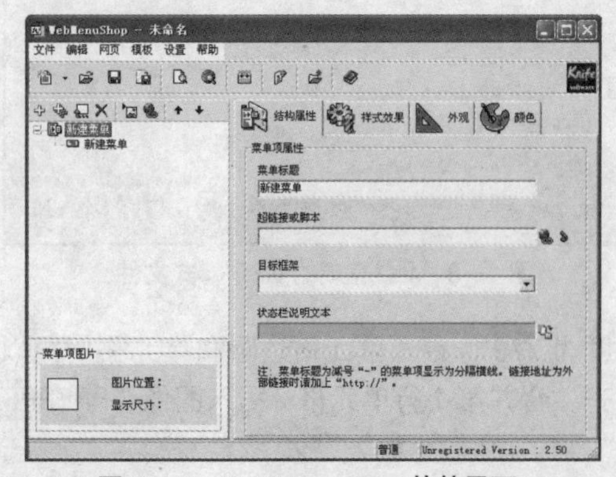

图 10-11 WebMenuShop 软件界面

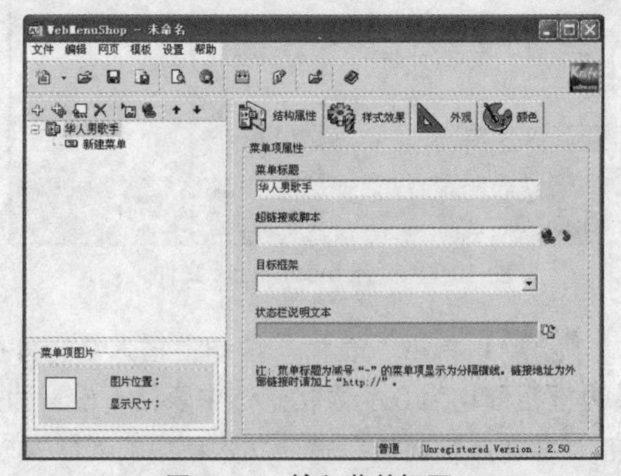

图 10-12 输入菜单标题

步骤 03 选中左侧第 2 行“新建菜单”选项，在右侧“菜单标题”文本框中输入一个男歌手名字“刘德华”，在“超链接或脚本”文本框中输入链接地址，这里我们创建无址链接，即输入“#”，或单击文本框右侧的“超链接”按钮，在“打开”对话框中选择需要链接的网页，单击“确定”按钮后文件路径和名称将自动显示在文本框内。“目标框架”为默认设置在同一窗口内显示，完成后如图 10-13 所示。

步骤 04 选中“刘德华”选项，单击按钮新增一子菜单。在右侧“菜单标题”文本框中输入“陈小春”，在“超链接或脚本”文本框中输入无址链接“#”，如图 10-14 所示。

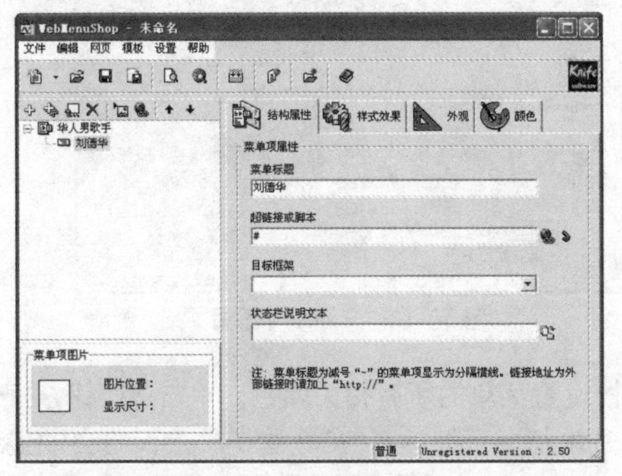

图 10-13 输入菜单名称

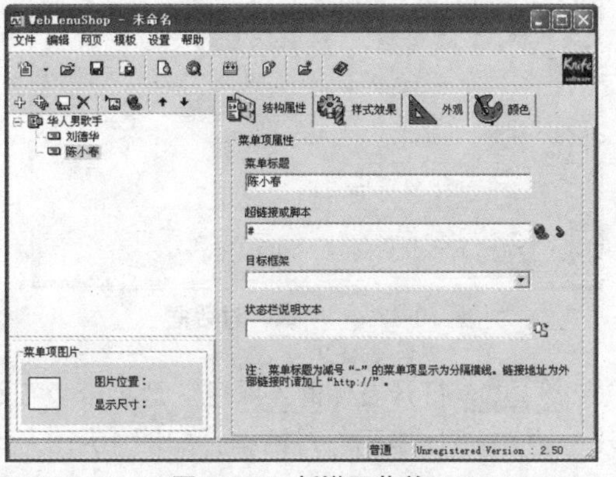

图 10-14 新增子菜单

步骤 05 使用同样方法继续制作其他子菜单“孙楠”、“张雨生”。选中一级菜单“华人男歌手”，单击按钮，新增一个一级菜单，然后单击按钮，新增一个子菜单，按照前面的制作方法，分别命名为“华人女歌手”，制作“超链接”，制作所有栏目后如图 10-15 所示。

步骤 06 打开右侧的“样式效果”选项卡，在“主菜单风格”下拉列表中选择“水平菜单”选项；在“子菜单样式”下拉列表中选择“淡入淡出”选项；在“相对位置”下拉列表中选择“子菜单在主菜单下方”选项；在“显示条件”下拉列表中选择“鼠标移动到主菜单上”选项；在“隐藏条件”下拉列表中选择“鼠标离开主菜单”选项；在“激活菜单项”下拉列表中选择“有边框”选项；在“子菜单边框”下拉列表中选择“3D 边框”选项，如图 10-16 所示。

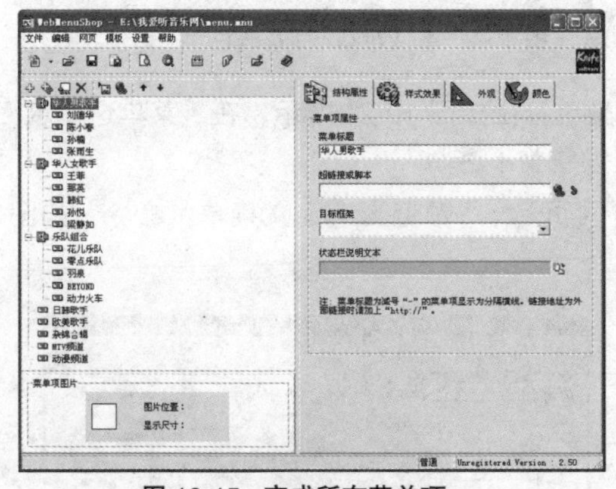

图 10-15 完成所有菜单项

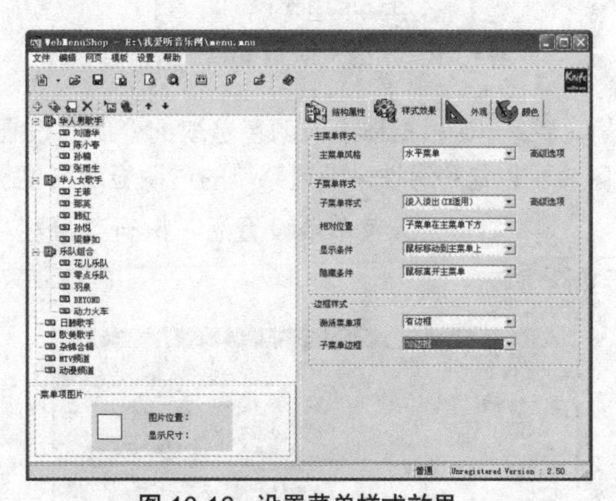

图 10-16 设置菜单样式效果

步骤 07 打开右侧的“外观”选项卡，在“主菜单宽度”文本框中输入“773”，单位为“像素”；在“主菜单高度”文本框中输入“22”；在“主菜单单元宽度”文本框中输入“75”；在“子菜单宽度”文本框中输入“100”；在“子菜单水平微调”文本框中输入“0”；在“子菜单垂直微调”文本框中输入“-1”；“主菜单背景图片”和“子菜单背景图片”文本框为空；在“主菜单对齐方式”下拉列表中选择“居中”选项；在“鼠标指针”下拉列表中选择“hand”选项；单击“字体设置”

按钮，在“字体”对话框中设置字体为“宋体”，字形为“常规”，大小为“小五”，如图 10-17 所示。

步骤 08 单击“确定”按钮，字体和字号显示在对话框中，完成外观设置后如图 10-18 所示。

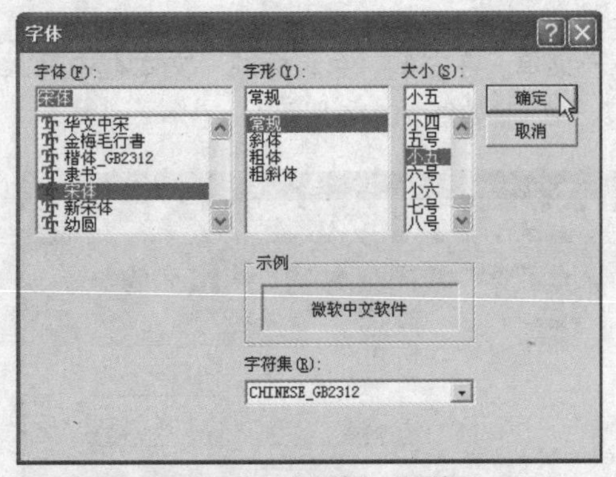

图 10-17 “字体”对话框

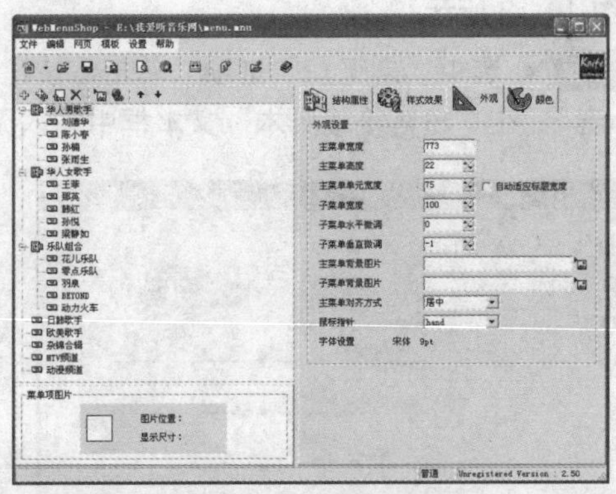

图 10-18 “外观”设置

步骤 09 打开右侧的“颜色”选项卡，在这里可以设置菜单的所有相关颜色。单击按钮，打开“输入 RGB 编码”对话框，如图 10-19 所示。在文本框内可以输入 RGB 编码，上面将自动显示所选颜色。单击按钮，打开“Windows 系统色”对话框，如图 10-20 所示。在右侧列表中可以选择 Windows 系统中应用到的颜色。单击按钮可吸取窗口中显示的任意颜色，单击鼠标右键可以取消选择。

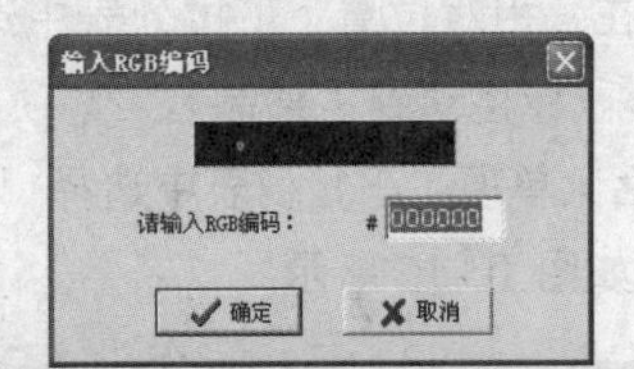

图 10-19 “输入 RGB 编码”对话框

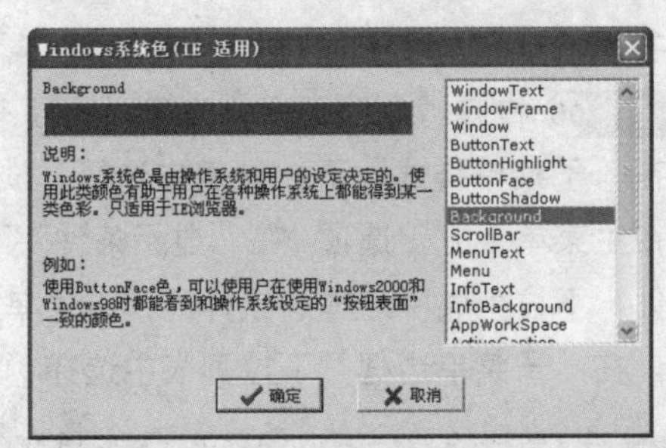

图 10-20 “Windows 系统色”对话框

步骤 10 根据以上对颜色选取的介绍，设置菜单颜色分别如图 10-21 所示。在“菜单透明度”区域可以拖动滑块来设置菜单的透明显示程度，这里设置为不透明。

步骤 11 完成菜单项设置后，执行菜单栏中的“网页”>“预览当前定义菜单”命令，如图 10-22 所示。

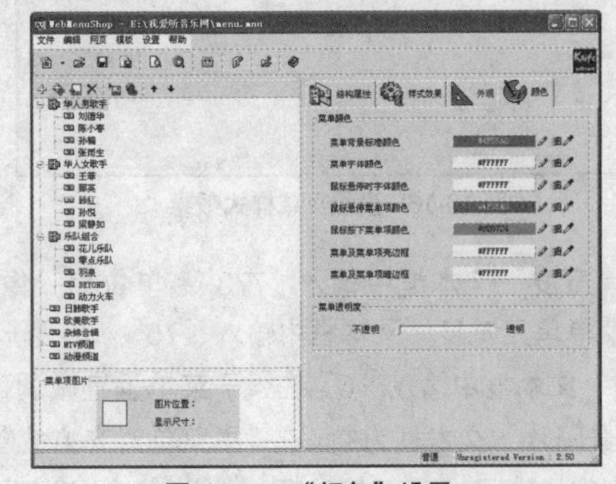

图 10-21 “颜色”设置

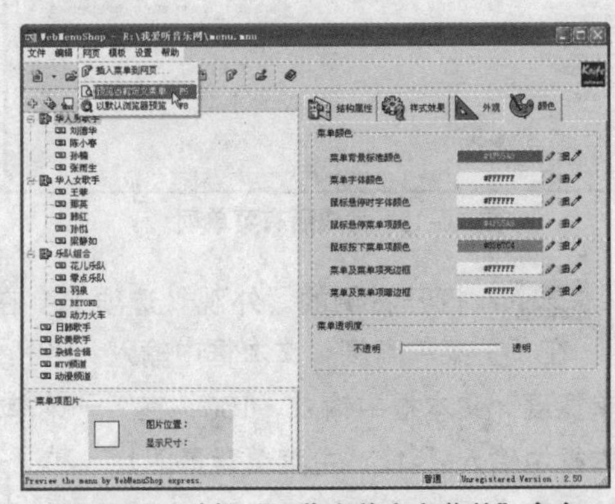

图 10-22 选择“预览当前定义菜单”命令

步骤 12 在弹出的“预览”窗口中可以查看菜单的效果，如图 10-23 所示。如果有需要修改的部分，可以关闭“预览”窗口，再次回到编辑窗口进行操作。

步骤 13 执行“文件” > “保存”菜单命令，在“另存为”对话框中保存文件为 menu.mnu，如图 10-24 所示。此文件可以在以后再次打开进行编辑。

图 10-23 预览菜单效果

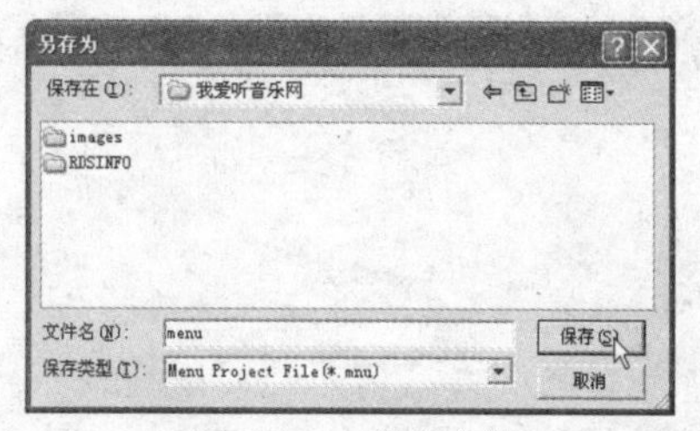

图 10-24 保存文件

步骤 14 单击“保存”按钮，返回至 WebMenuShop 窗口。执行菜单栏中的“网页” > “插入菜单到网页”命令，打开“发布”对话框，如图 10-25 所示。单击“插入菜单到网页”单选按钮。

步骤 15 单击“下一步”按钮，需要复制 js 文件至网页所在的文件夹内，如图 10-26 所示。单击“复制文件”按钮，在“浏览文件夹”对话框中选择网页所在的文件夹，单击“确定”按钮后文件即复制完成。

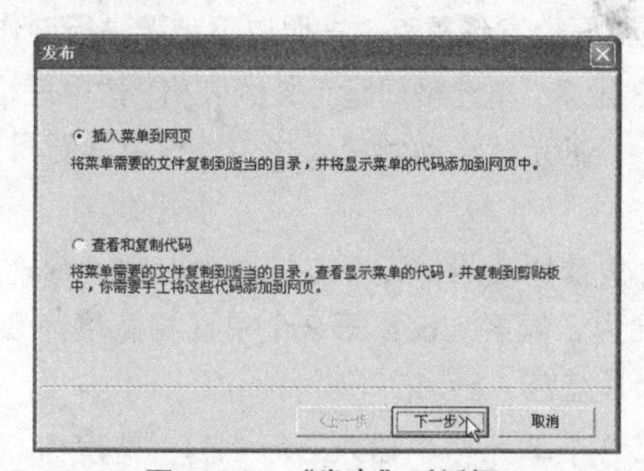

图 10-25 “发布”对话框

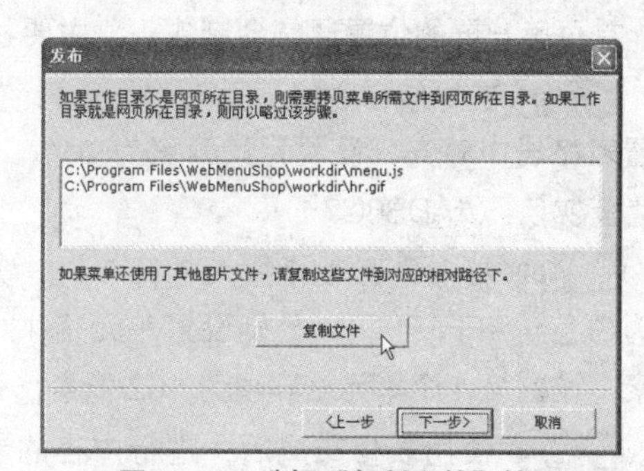

图 10-26 选择“复制文件”按钮

步骤 16 单击“下一步”按钮后，再单击“浏览”按钮，在“发布”对话框中选择需要插入菜单的网页 index.htm，单击“打开”按钮，文件所在路径显示在文本框中，如图 10-27 所示。

步骤 17 单击“下一步”按钮，打开所选网页的源文件，把光标移动到需要插入菜单的位置后，单击“插入”按钮，如图 10-28 所示。

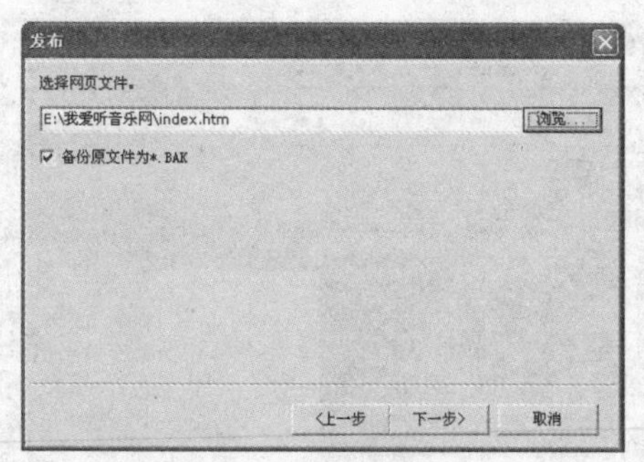

图 10-27 选择网页文件

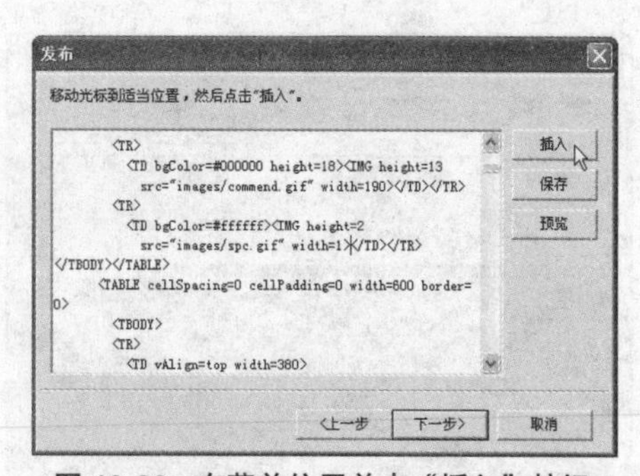

图 10-28 在菜单位置单击“插入”按钮

步骤 18 在代码中插入如下 JavaScript 程序：

```
<script language="jscript.encode" src="menu.js"></script>
```

步骤 19 单击“下一步”按钮，显示发布完成，如图 10-29 所示。单击“完成”按钮即可。此时在浏览器中可看到中文版首页菜单已添加成功，效果如图 10-30 所示。

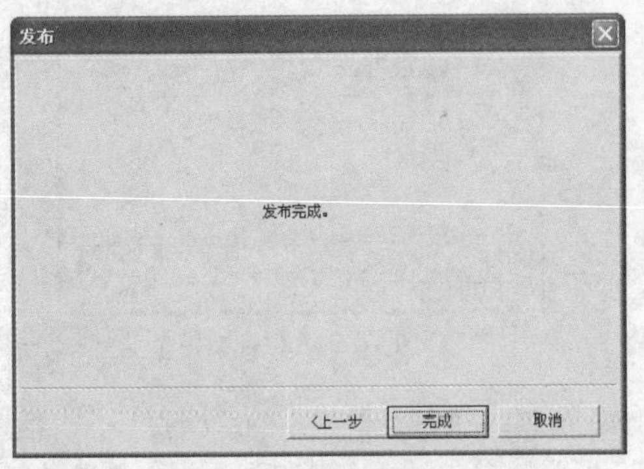

图 10-29 发布完成

图 10-30 浏览菜单效果

10.1.3 制作主要栏目

首页第一屏的位置通常会制作一些主要栏目，以便更好地宣传重点。按照以下步骤进行制作。

步骤 01 在导航栏表格下插入 1 行 1 列、宽度为 773 像素、单元格间距为 2 的表格，选中表格，设置表格居中对齐，设置背景颜色为白色“#FFFFFF”。将光标移动到单元格内，设置其背景颜色为蓝灰色“#ADB6C7”。

步骤 02 接着上面表格插入 2 行 5 列、宽度为 773 像素的表格，设置表格居中对齐，背景颜色为白色“#FFFFFF”。分别设置单元格 1、3、5 宽度为 2 像素，设置第 2 个单元格宽度为 596 像素，设置第 4 个单元格宽度为 162 像素，背景颜色为浅蓝色“#D6DFEF”。

步骤 03 使用表格布局后，进行内容的制作。在第 2 个单元格中插入 2 行 1 列、宽度为 600 像素的表格，设置第 1 行表格的高度为 18 像素，背景颜色为黑色“000000”，在单元格中插入标题图像“commend.gif”。在第 2 行单元格中插入图像“spc.gif”，制作完成后如图 10-31 所示。

步骤 04 在标题表格下，接着插入 1 行 3 列、宽度为 600 像素的表格。在左侧单元格中插入 4 行 1 列、宽度为 380 像素的嵌套表格。在第 1 行单元格中插入图像文件“21.jpg”，设置第 2 行单元格的背景颜色为深蓝色“#485F73”，然后在其中制作登录表单，如图 10-32 所示。

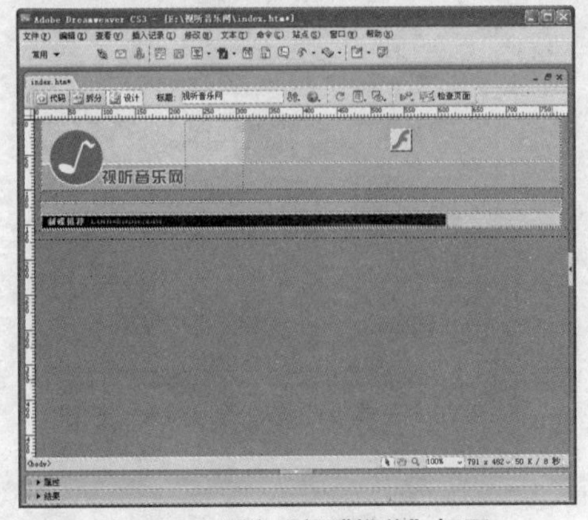

图 10-31 制作“新碟推荐”标题

图 10-32 用户登录表单的效果

步骤 05 在登录表单下插入图像文件"news.gif"，接着插入 6 行 2 列的表格，在单元格内分别输入新专辑的名称和歌手，并在属性面板中为其制作相应的链接，如图 10-33 所示。

步骤 06 在"新碟推荐"右侧单元格中插入 7 行 2 列、宽度为 218 像素的表格，分别在左侧单元格中插入新碟封面图像，在右侧单元格中输入相应的介绍文字，如图 10-34 所示。

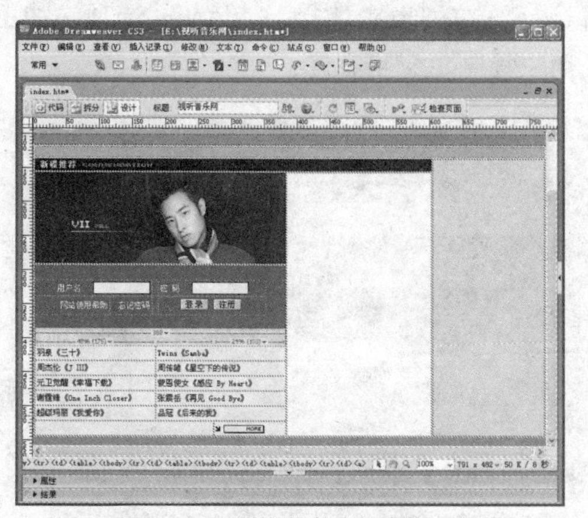

图 10-33 制作其他专辑列表

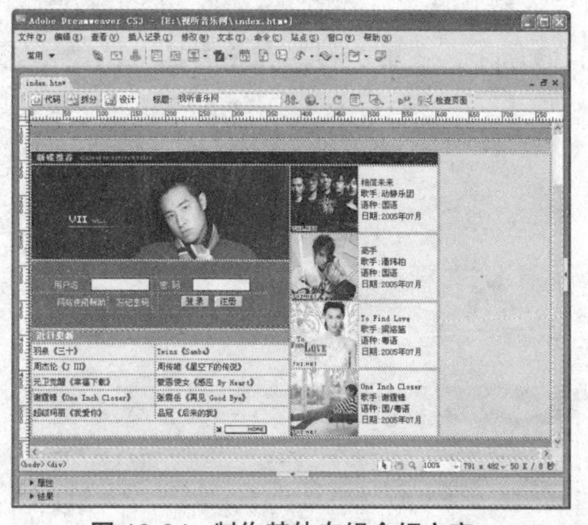

图 10-34 制作其他专辑介绍文字

步骤 07 在右侧浅蓝色背景单元格中，插入 1 行 1 列、宽度为 167 像素的嵌套表格。在单元格内插入 4 行 1 列、宽度为 167 像素的表格，在第 1 行单元格中插入标题图像"mtv.gif"，在第 3 行单元格中制作相应的内容表格，并输入相应的内容，如图 10-35 所示。

步骤 08 根据步骤 7 的制作方法，同样制作"音乐搜索"、"今日看点"栏目内容，制作完成后如图 10-36 所示。

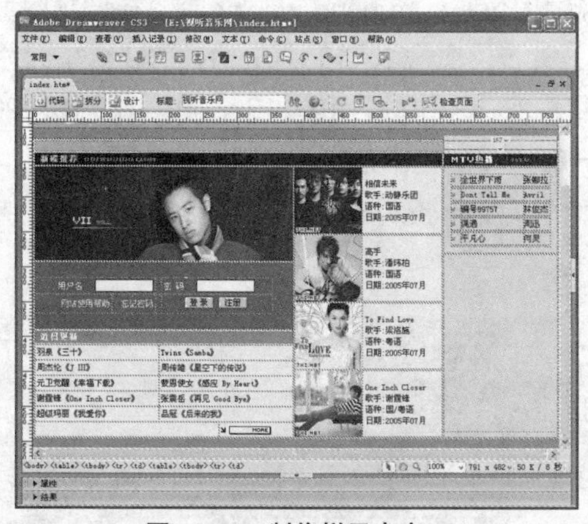

图 10-35 制作栏目内容

图 10-36 制作其他栏目内容

10.1.4 制作广告栏和内容列表

在各类网站中都有大量的广告，一方面进行企业的宣传，另一方面也为网站创收。在内容繁多的时候，我们可以利用表格进行分类与排列。下面就按照如下步骤进行制作。

步骤 01 在上面内容表格下方接着插入 2 行 1 列的表格，设置表格背景颜色为白色"#FFFFFF"，并设置为居中对齐。将光标移动到第 1 行单元格中，单击"图像"按钮，在"选择图像源文件"

对框中选择广告图像“xyyfood.gif”，单击“确定”按钮，打开“图像标签辅助功能属性”对话框，在对话框中的“替换文本”文本框中输入图像说明“广告”，在“详细说明”文本框中输入图像出处“http://www.xyyfood.com”，如图 10-37 所示。

步骤 02 选中插入的广告图像，在属性面板中单击“居中对齐”按钮，并在“链接”文本框中输入链接网站“http://www.xyyfood.com”，在“目标”下拉列表中选择“_blank”选项，如图 10-38 所示。在第 2 行单元格中插入图像“spc.gif”，用来控制单元格高度。

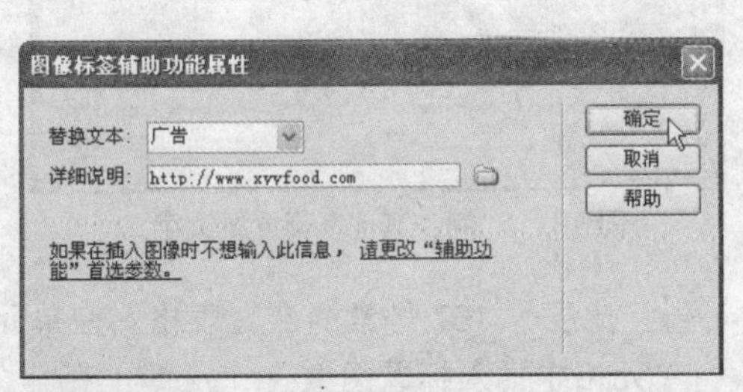

图 10-37 设置“图像标签辅助功能属性”对话框

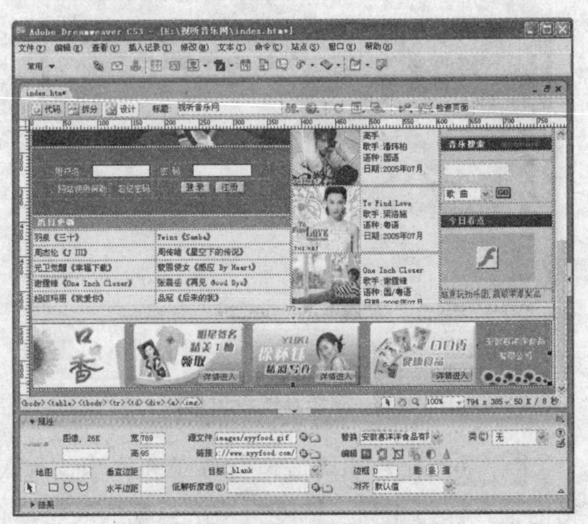

图 10-38 创建广告图像链接

步骤 03 插入 1 行 9 列、宽度为 773 像素的表格，在第 1、3、5、7、9 单元格中分别插入图像“spc.gif”，并设置图像宽度为 2 像素。

步骤 04 在第 2 个单元格中插入“MTV 封神榜”标题图像“commend-week.gif”。在标题图像下插入 20 行 3 列、宽度为 100% 的表格。在第 1、3、5、7、9、11、13、15、17、19 行单元格中分别输入列表的排号、MTV 名称和歌手，分别合并第 2、4、6、8、10、12、14、16、18、20 行单元格，并在每个单元格中插入分隔线图像“dots_162.gif”，制作完成后如图 10-39 所示。

步骤 05 按照步骤 4 的方法制作其他单元格内的内容“ChannelV 音乐榜”、“试听榜”、“优秀单曲推荐”，制作完成后如图 10-40 所示。

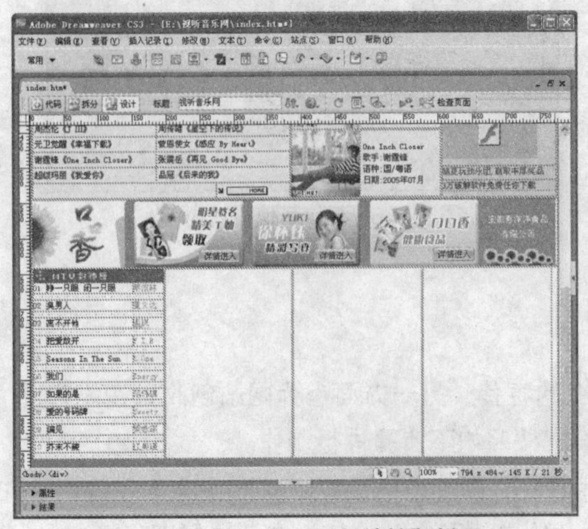

图 10-39 制作“MTV 封神榜”栏目

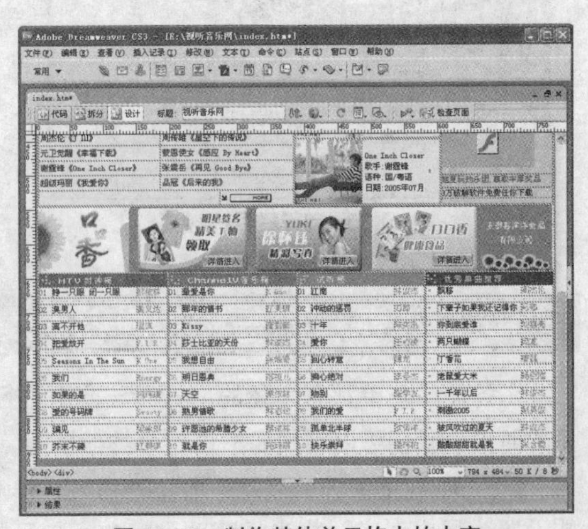

图 10-40 制作其他单元格内的内容

步骤 06 插入 1 行 1 列、宽度为 773 像素的表格，设置表格高度为 40 像素，背景颜色为白色"#FFFFFF"，居中对齐。单击拆分按钮，在单元格中插入如下代码。

```
<IFRAME marginWidth=0 marginHeight=0
      src="images/778x90.htm" frameBorder=0 width=769
      scrolling=no height=90></IFRAME>
```

这是一段嵌入帧代码，它调用的文件为"778x90.htm"。

步骤 07 需要制作一个 778x90.htm 网页，显示网页中插入的帧内容。制作方法和其他网页一样，但是要注意所制作的表格宽度不要超出嵌入帧的宽度，制作完成后如图 10-41 所示。

步骤 08 index.htm 网页嵌入帧的内容需要在浏览器中才能看到。下面在 index.htm 网页中制作的表格内容与步骤 4、5 中的结构相同，我们复制上面的表格，然后在嵌入帧下面粘贴，并修改 4 个栏目为"DJ 歌曲推荐"、"FLASH 动画推荐"、"网友翻唱试听榜"和"MP3 下载推荐"，内容也分别进行修改和替换，完成后如图 10-42 所示。

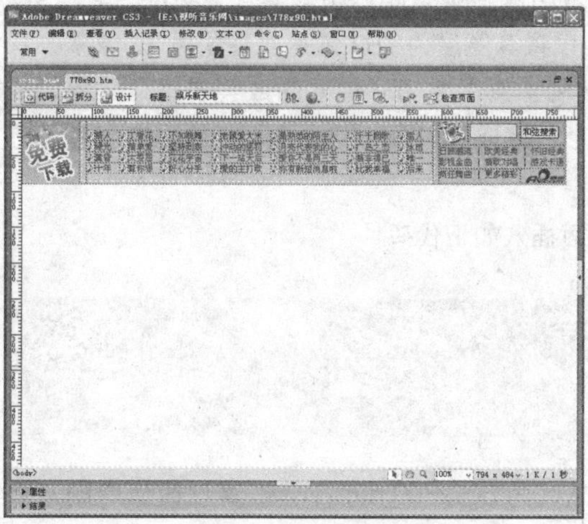

图 10-41　制作嵌入帧内容

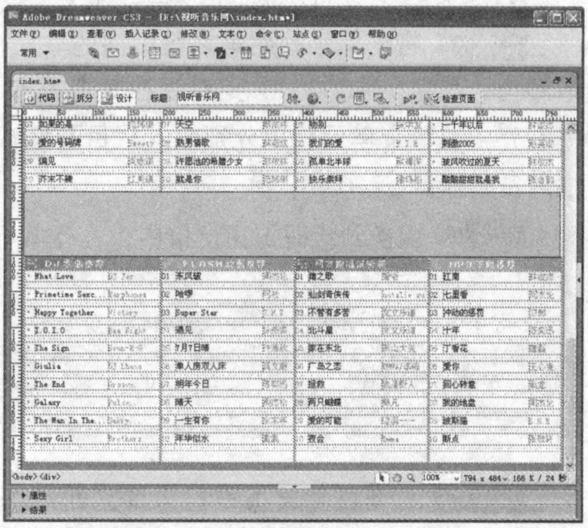

图 10-42　制作其他栏目内容

步骤 09 插入 2 行 9 列、宽度为 773 像素的表格，设置表格背景颜色为白色"#FFFFFF"，并在"对齐"下拉列表中选择"居中对齐"选项。在第 1、3、5、7、9 单元格中分别插入图像"spc.gif"，并设置图像宽度为 2 像素，然后分别设置第 2、4、6、8 单元格宽度为 192 像素，背景颜色的色标值分别为"#5A5D63、#848600、#F77D08、#84CFFF"。在第 2 行单元格中合并单元格，并插入 1 行 5 列、宽度为 765 像素的嵌套表格，在前 4 个单元格内分别插入图像"bottom_title.gif"、"down_explorer6.gif"、"down_real.gif"、"down_winplayer9.gif"。在第 5 个单元格内输入文本"将视听音乐网设为首页"，选中此文本，切换到代码视图，为下面代码粘贴替换文本。

```
<A  style="BEHAVIOR: url(#default#homepage)"
onclick="this.style.behavior='url(#default#homepage)';this.setHomePage('http://
www.91bjplan.com/');return(false);"
href="http://www.91bjplan.com/#"><FONT color=red>将视听音乐网设为首页</FONT></A>
```

表示在浏览器中单击此文本时，将弹出对话框，询问是否将 http://www.91bjplan.com 设为主页，如图 10-43 所示。单击"是"按钮后，下次再打开浏览器时，将自动打开此网站。

图 10-43 是否设为主页提示框

10.1.5 制作版权信息和弹出窗口

在页面最后通常都显示版权信息，以及备案标识。打开首页时，同时弹出小窗口，显示关键信息或广告内容。下面就对制作过程进行详细介绍。

步骤 01 在最下面插入 3 行 3 列、宽度为 773 像素的表格，设置表格的背景颜色为白色“#FFFFFF”，并居中对齐。合并第 1 行和第 3 行单元格，并分别插入图像“spc.gif”，且设置图像高度为 2 像素。

步骤 02 在第 2 行左侧和右侧单元格中，分别插入图像“spc.gif”，并设置图像宽度为 2 像素。

步骤 03 将光标移动到第 2 行中间的单元格内，设置其宽度为 762 像素，高度为 35 像素，背景颜色为黑色“#000000”，然后在其中插入 1 行 3 列、宽度为 760 像素的嵌套表格，设置为居中对齐。在每个单元格中分别输入栏目及版权等信息，完成后如图 10-44 所示。最后在表单下方插入备案标识“ba.gif”。

步骤 04 切换到代码视图窗口中，在备案标识后面插入如下代码：

```
 <SCRIPT language=javascript>
focusid=setTimeout("focus();window.open('images/300x300.htm','popup','width=300,h
eight=300,top=0,left=0')",5);
</SCRIPT>
```

步骤 05 下面制作弹出窗口页面。新建网页并命名为 300x300.htm，单击属性面板中的“页面属性”按钮，在对话框的“左边距、右边距、上边距、下边距”文本框中分别输入“0”，如图 10-45 所示。

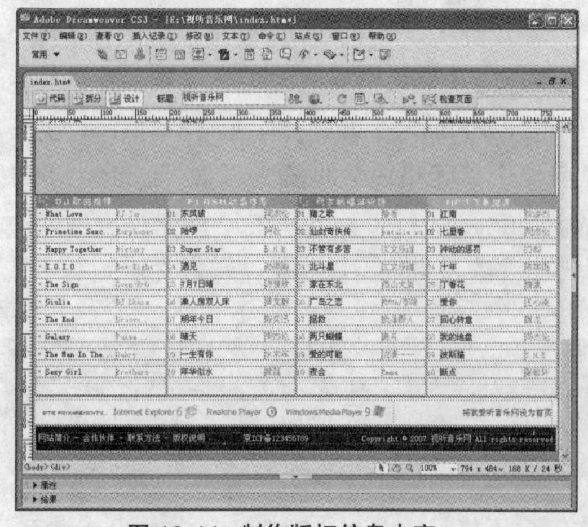

图 10-44 制作版权信息内容

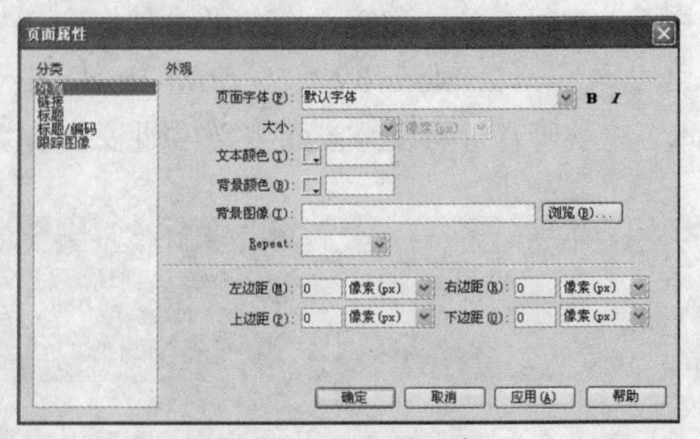

图 10-45 设置页面边距

步骤 06 单击“确定”按钮，返回至编辑窗口，在页面中单击“图像”按钮，插入广告图像“shoppingmall300300.gif”，并在“链接”文本框中输入链接地址“http://iplusms.allyes.com/nims/list/listnopopreg.htm”，如图 10-46 所示。

步骤 07 执行“文件”>“保存”菜单命令，保存网页，并关闭网页 300x300.htm。返回至 index.htm 网页编辑窗口同样，保存网页，并按 F12 键，查看最终完成的首页效果，如图 10-47 所示。

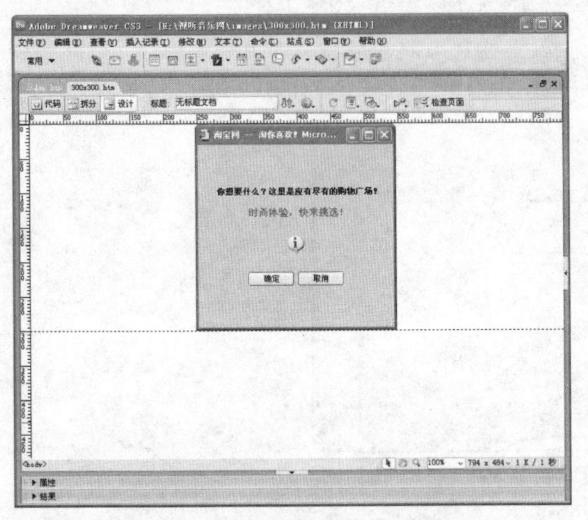

图 10-46 插入广告图像并制作链接

图 10-47 在浏览器中查看首页效果

10.1.6 制作在线试听页面

在音乐网站中，针对新发行的歌曲或流行的歌曲通常会设置试听页面，让用户进一步了解新歌，由此决定是否购买。下面就为“试听榜”栏目中的歌曲“江南”制作试听页面。

步骤 01 新建网页，并命名为 shiting.htm 后保存。在文档工具面板的“标题”文本框中输入标题内容“视听音乐网：江南”。

步骤 02 将光标移动到编辑窗口中，插入 3 行 1 列、宽度为 350 像素的表格。在第 1 行和第 3 行单元格中分别插入图像“p_r1_c1.gif”和“v_r3_c1.gif”。将光标移动到第 2 行单元格中，单击属性面板的“拆分单元格为行或列”按钮，在“拆分单元格”对话框中，单击“列”单选按钮，并在“列数”文本框内输入“3”，如图 10-48 所示。表示将单元格拆分为 3 列。

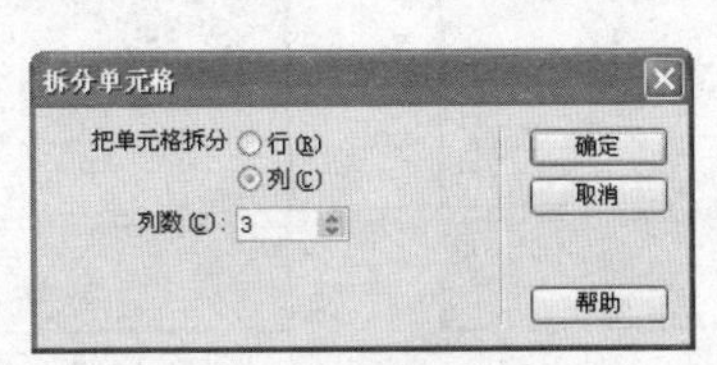

图 10-48 拆分单元格为 3 列

步骤 03 在第 1 个和第 3 个单元格中分别插入图像“v_r2_c1.gif”和“v_r2_c3.gif”。将光标移动到中间单元格中，设置单元格的背景图像为“3bg.gif”，并在单元格内输入歌曲名称“江南”。

步骤 04 切换到代码视图中，在“江南”文本前插入如下代码：

```
<MARQUEE onmouseover=this.stop() onmouseout=this.start() scrollAmount=2
  scrollDelay=50 width="98%" height=16>
```

在“江南”文本后插入 </MARQUEE>，这样为此文本制作了滚动字幕效果，代码显示如图 10-49 所示。

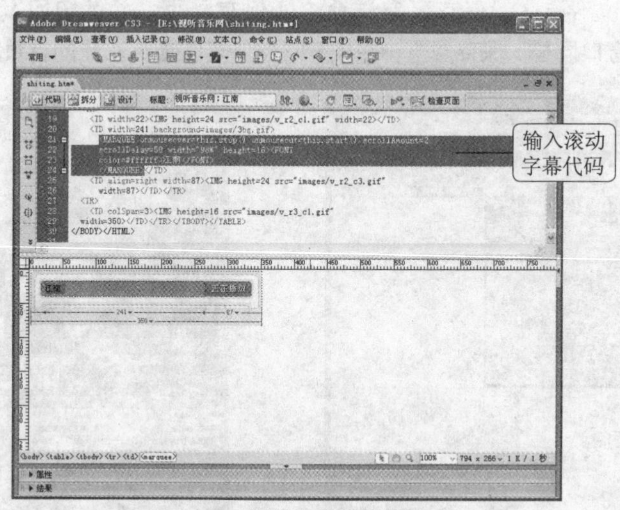

图 10-49　制作滚动字幕效果

步骤 05 插入 2 行 1 列、宽度为 350 像素、高度为 250 像素的表格。复制光盘中的文件“playerad.js”粘贴到“images”文件夹中。此 JS 文件设置了需要显示的广告、图片等信息。

步骤 06 将光标移动到第 1 行单元格中，设置单元格的背景图像为“1bg.gif”，然后执行“插入记录”>“HTML”>“脚本对象”>“脚本”菜单命令，打开“脚本”对话框。单击“源”文本框后的按钮，在“选择文件”对话框中选择“playerad.js”文件，如图 10-50 所示。

步骤 07 单击“确定”按钮，JS 文件显示在了“脚本”对话框中，如图 10-51 所示。

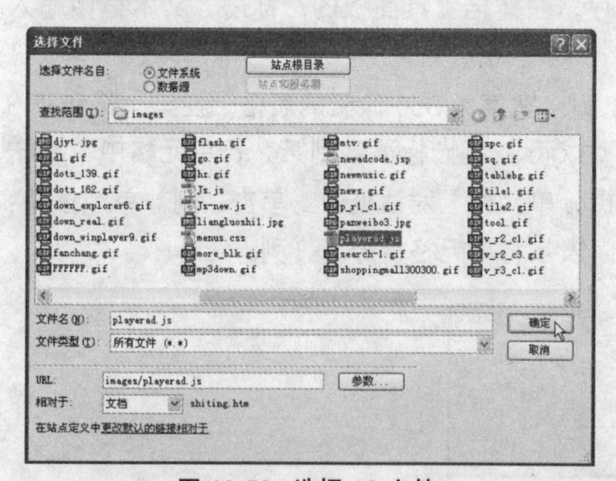

图 10-50　选择 JS 文件

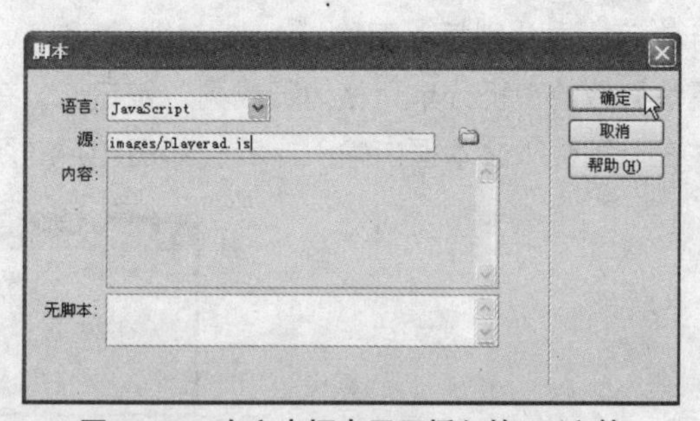

图 10-51　在文本框中显示插入的 JS 文件

步骤 08 单击“确定”按钮，调用 JS 文件代码的同时，也显示在单元格中，如图 10-52 所示。在第 2 行单元格中插入图像文件“v_r6_c1.gif”。

步骤 09 插入 2 行 1 列、宽度为 350 像素的表格，设置第 1 行单元格的背景图像为“1bg.gif”。将光标移动到第 1 行单元格中，执行“插入记录”>“HTML”>“脚本对象”>“脚本”菜单命令，在“内容”文本框中插入如下代码：

```
document.write("<object id=video1 classid='clsid:CFCDAA03-8BE4-11cf-B84B
-0020AFBBCCFA' height=66 width=320>");
document.write("<param name='controls' value='StatusBar,ControlPanel'>");
document.write("<param name='console' value='Clip1'>");
document.write("<param name='autostart' value='true'>");
document.write("<param name='src' value='"+s_list+"linjunjie1/02.rm'>");
document.write("<embed value='"+s_list+"linjunjie1/02.rm' type='audio/x-pn
-realaudio-plugin' console='Clip1' controls='ControlPanel,StatusBar' height=66
width=320 autostart=true></object>");
```

此代码表示歌曲文件显示的路径和文件。文本框中插入代码后如图 10-53 所示。

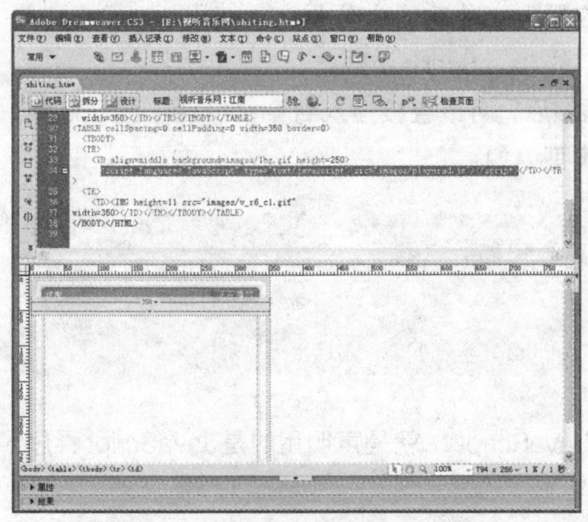

图 10-52　在单元格中调用 JS 文件代码

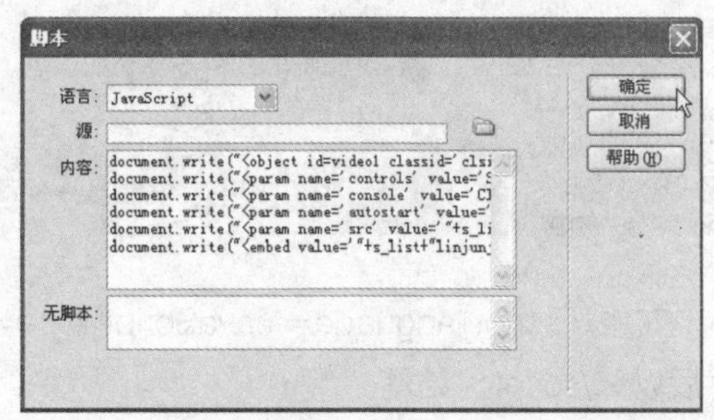

图 10-53　插入 JS 代码

步骤 10 单击“确定”按钮，返回至网页编辑窗口，在代码窗口中显示了插入的 JS 文件，在设计视图单元格中也显示了 JS 文件标识，如图 10-54 所示。

步骤 11 在第 2 行单元格中插入图像文件“v_r8_c1.gif”，然后保存网页，在浏览器查看网页效果，如图 10-55 所示。

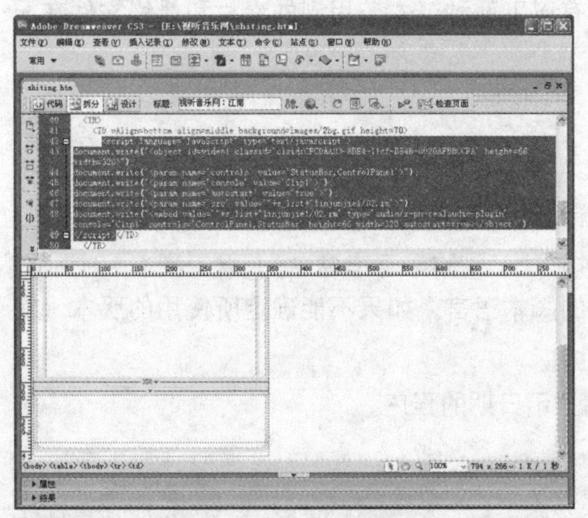

图 10-54　在编辑窗口中显示插入的 JS 文件

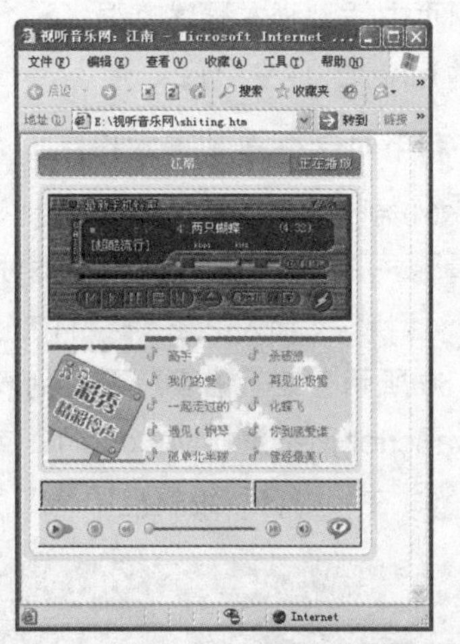

图 10-55　在浏览器中查看在线试听网页

10.2 知识要点回顾

在本实例中介绍了弹出窗口、调用 JS 文件等脚本程序的应用，下面就来详细介绍一下脚本程序的具体使用方法，使读者对脚本程序有更深刻的认识。

10.2.1 脚本程序简介

脚本程序有很多类型，如 JavaScript、VbScript 等等，这里主要讲解 JavaScript 脚本语言。调用 JavaScript 是对 Dreamweaver CS3 较高层次的应用，它的功能十分强大。使用 JavaScript 脚本行为，可以通过单击鼠标和其他的事件来执行任何的 JavaScript 函数。

如果创建好或从别的地方拷贝一个 JavaScript 程序后，可以直接插入到 Dreamweaver CS3 中。但在加入到 HTML 文档中时，首先必须声明程序的类型，如：

```
<script language="JavaScript" type="text/JavaScript">
….
….语句1
….语句2
</script>
```

其中 <script language="JavaScript" type="text/JavaScript"> 就是声明用的是 JavaScript 程序，然后以 </script> 结尾。

不管是何种脚本程序，开始都要声明脚本的名称，如果不声明脚本名称，浏览器将不执行脚本程序，因为它无法辨别是何种程序。对 Dreamweaver 来说，脚本程序可以插入到网页中需要的任何地方，而不需要时，只要删除 <script>...</script> 的整个程序，就不会不影响网页的执行效果。

10.2.2 在网页中插入脚本程序

在网页中插入脚本程序有很多种方法，但主要有以下两种（本节用到的素材和最终文件在配盘本章的 other 文件夹中）。

1．利用对话框插入脚本程序

步骤 01 制作文件名为 javascript1.htm 的网页，在需要插入脚本程序的单元格内单击，然后执行“查看”>“可视化助理”>“不可见元素”菜单命令，勾选此项以确保页面上显示脚本标签。

步骤 02 执行”插入记录”>“HTML”>“脚本对象”>“脚本”菜单命令，打开“脚本”对话框，如图 10-56 所示。在“语言”下拉列表中选择使用的脚本语言。如果不能确定所使用的版本，就选择 JavaScript 而不是 JavaScript1.1 或 JavaScript1.2。

步骤 03 在“内容”编辑框中输入脚本程序，如显示日期的程序。

```
<!--
var now=new Date();
var day_of_week=now.getDay();
var day_of_month=now.getDate();
var month=now.getMonth();
var year=now.getYear();
var rq="";month++;
```

```
year='2005';
rq=year+"年"+month+"月"+day_of_month+"日"+"  ";
if(day_of_week==0)
rq+="周日";
else if(day_of_week==1)
rq+="周一";
else if(day_of_week==2)
rq+="周二";
else if(day_of_week==3)
rq+="周三";
else if(day_of_week==4)
rq+="周四";
else if(day_of_week==5)
rq+="周五";
else if(day_of_week==6)
rq+="周六";
document.write(rq);
//-->
```

输入完成后，如图 10-57 所示。

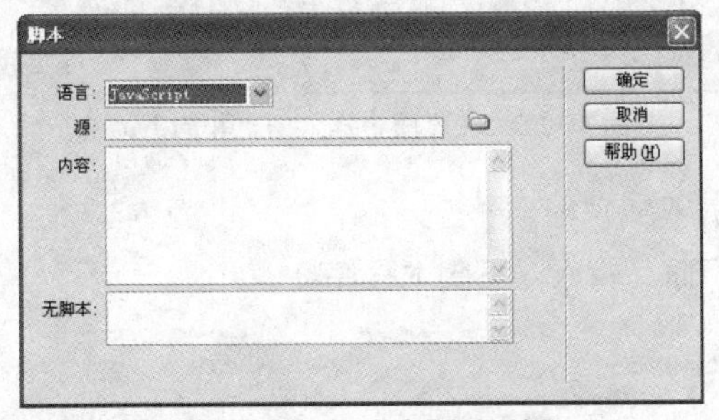

图 10-56 “脚本”对话框

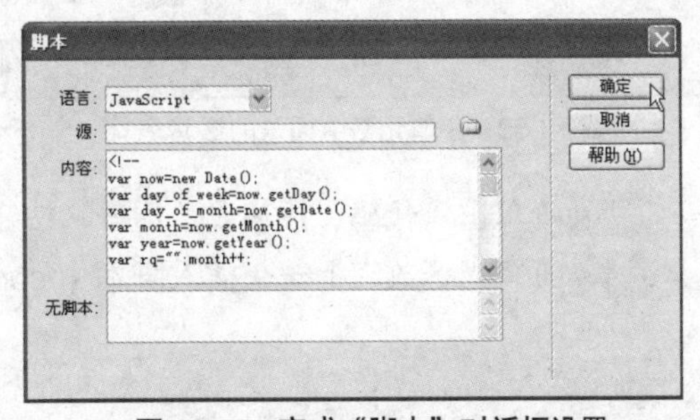

图 10-57 完成“脚本”对话框设置

步骤 04 输入脚本程序后，单击“确定”按钮，把脚本程序插入到页面中，保存页面后按 F12 键，浏览网页效果，如图 10-58 所示。

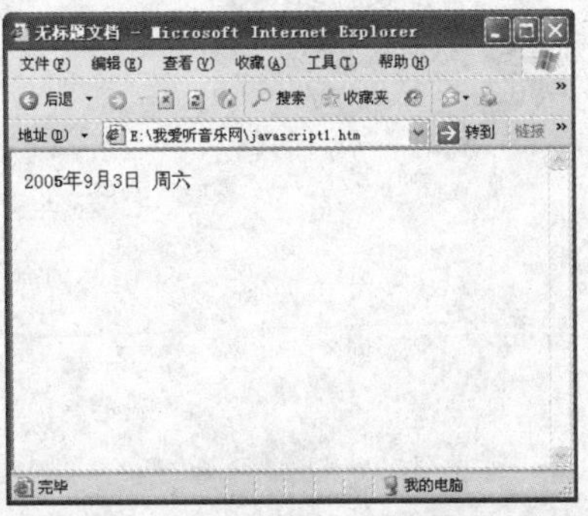

图 10-58 在页面中插入日期脚本程序

2. 直接在 HTML 中插入脚本程序

步骤 01 制作文件名为 javascript2.htm 的网页，把光标放置到页面中间单元格内。单击“插入”面板“常用”类别中的“表格”按钮，插入 2 行 2 列边框粗细、单元格间距、单元格边距都为 0 的表格。

步骤 02 选中第 1 列的两个单元格，然后单击属性面板中的“合并所选单元格”按钮，合

并两个单元格，如图 10-59 所示。

步骤 03 把光标放到第 2 列的第 1 个表格中，单击“插入”面板的“常用”栏中的“图像”按钮，在表格中插入图片 top.gif，用同样方法，在下面的表格中插入图片 back.gif，这两个按钮分别是向上和向下箭头按钮，并分别设置右侧两个单元格的高度为 129 和 101 像素，如图 10-60 所示。

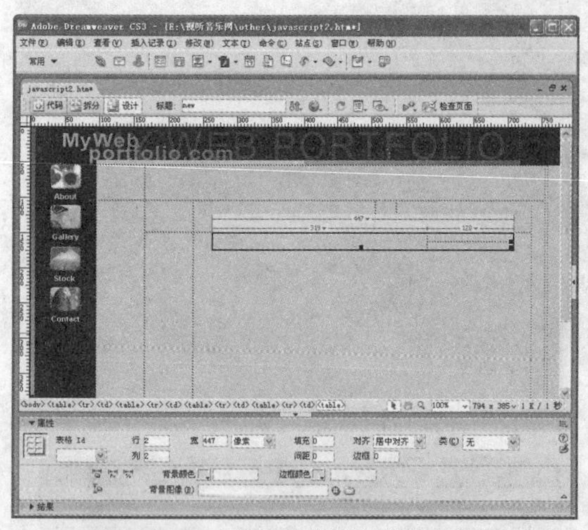

图 10-59　在单元格中插入的嵌套表格

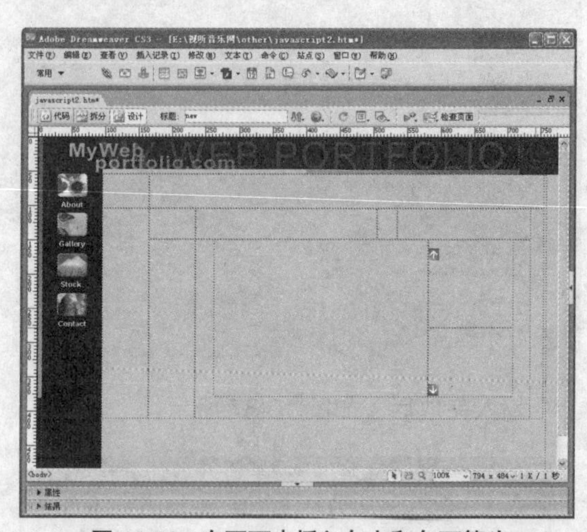

图 10-60　在页面中插入向上和向下箭头

步骤 04 单击“代码”按钮或“拆分”按钮，打开代码视图。

步骤 05 将光标放在上一个插入脚本 </script> 下面，输入以下脚本程序：

```
<script>
function movstar(a,time){
movx=setInterval("mov("+a+")",time)
}
function movover(){
clearInterval(movx)
}
function mov(a){
scrollx=new_date.document.body.scrollLeft
scrolly=new_date.document.body.scrollTop
scrolly=scrolly+a
new_date.window.scroll(scrollx,scrolly)
}
function o_down(theobject){
object=theobject
while(object.filters.alpha.opacity>60){
object.filters.alpha.opacity+=-10}
}
function o_up(theobject){
object=theobject
while(object.filters.alpha.opacity<100){
object.filters.alpha.opacity+=10}
}
function wback(){
if(new_date.history.length==0){window.history.back()}
else{new_date.history.back()}
}
</script>
```

此脚本程序控制文档文件的滚动方向，插入后的代码如图 10-61 所示。至于脚本语言的各个函数的意思，请读者参考相关教程。

步骤 06 在设计视图中，在左侧单元格内单击。在代码视图中输入调用文件的代码：

```
<IFRAME border=0 frameBorder=0 frameSpacing=0 height=220 width=300 marginHeight=0
marginWidth=0 name=new_date noResize scrolling=no src="iframe.htm" vspale="0">
```

其中，height 和 width 是控制调用文件在页面中显示的高度和宽度，iframe.htm 是调用的网页文件，代码插入完成后需要制作 iframe.htm 页面。插入代码如图 10-62 所示。

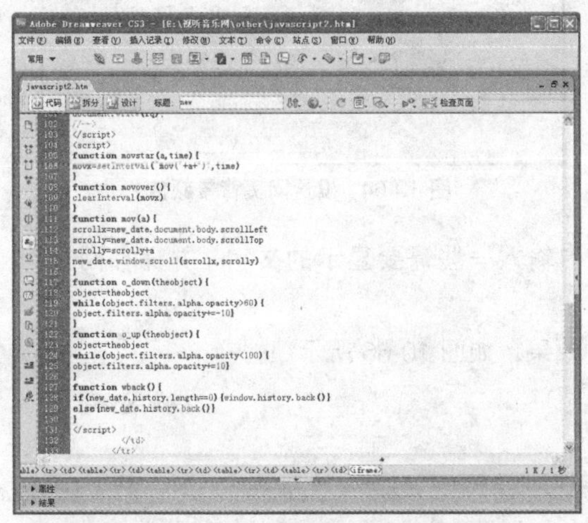

图 10-61 在 HTML 文档中插入脚本程序

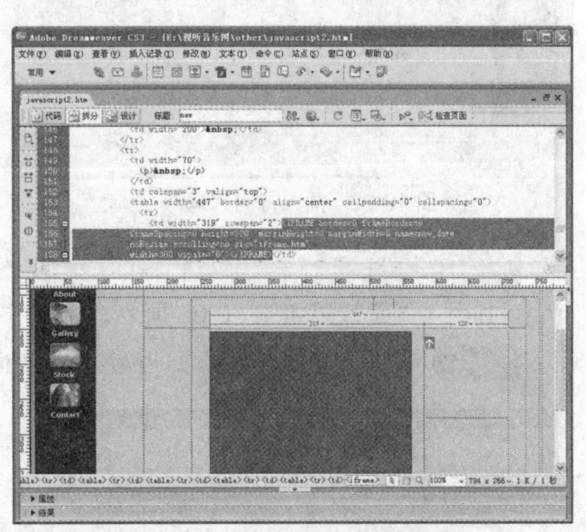

图 10-62 输入调用文件的代码

步骤 07 在设计视图中选中 top.gif 图片。在代码视图下选中的代码行 src="images/top.gif" 后面，输入以下代码：

```
class="opacity" onMouseDown=movover();movstar(-3,2) onMouseOut=movover();
o_up(this) onMouseOver=movstar(-1,20);o_down(this) onMouseUp=movover();
movstar(-1,20)
```

步骤 08 同样，选中 back.gif 图片，在代码行中输入：

```
class="opacity" onMouseDown=movover();movstar(3,2) onMouseOut=movover();
o_up(this) onMouseOver=movstar(1,20);o_down(this) onMouseUp=movover();
movstar(1,20)
```

插入代码如图 10-63 所示。为了让鼠标指针放在向上或向下箭头上时有中文提示，可以设置图像的属性。

步骤 09 选中向上箭头图片，在属性面板中的“替换”文本框中输入“点住不放可以快速向上滚动”，或在向下箭头的属性面板“替换”文本框中输入“点住不放可以快速向下滚动”，按组合键 Ctrl+S 保存网页。

步骤 10 执行“文件”>“新建”菜单命令，新建一个 HTML 网页。单击属性面板中的“页面属性”按钮，在“背景颜色”文本框中输入 #DEDB9C，使此页面的背景颜色与 javascript2.htm 具有一样的背景色，如图 10-64 所示。

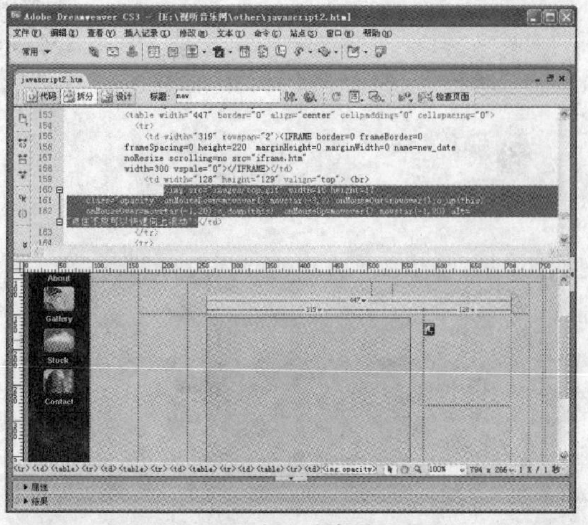

图 10-63 插入方向代码

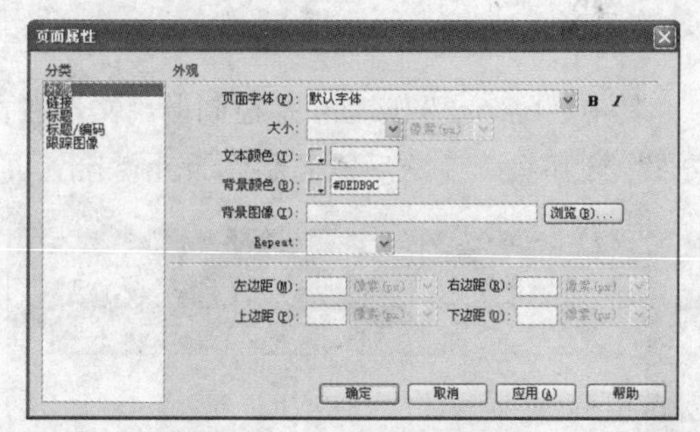

图 10-64 设置网页背景颜色

步骤 11 单击"确定"按钮，在"文档"窗口中输入一些需要显示的文字，并保存网页为 iframe.htm，页面效果如图 10-65 所示。

步骤 12 在浏览器中查看网页 javascript2.htm 的效果，如图 10-66 所示。

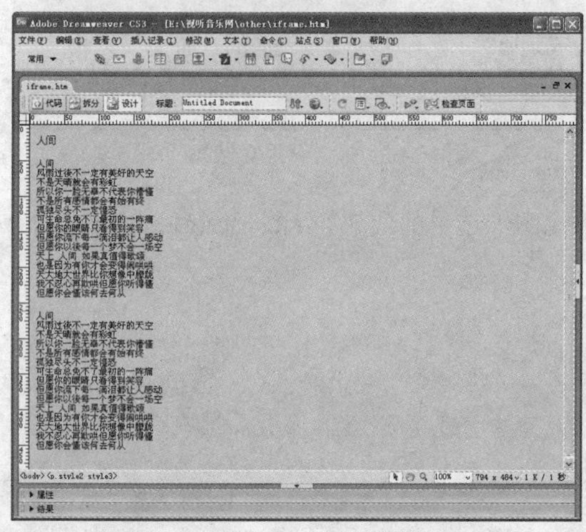

图 10-65 iframe.htm 网页效果

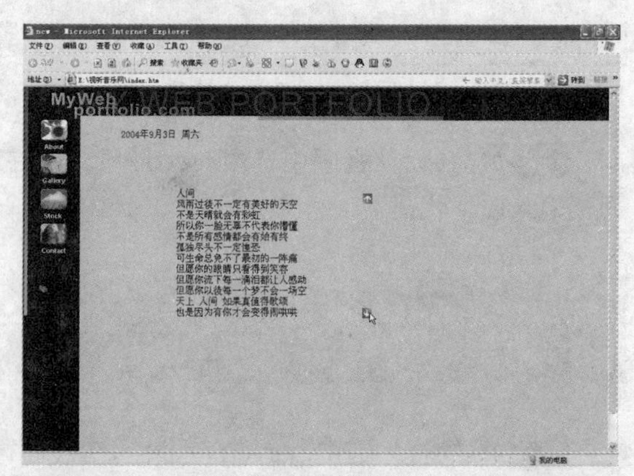

图 10-66 利用脚本程序制作滚动效果的网页

其他类型的脚本程序插入到 HTML 文本中情况基本是一样的。现在的网络中，有很多现成的脚本程序，只要拷贝过来稍加修改就能为所用，对初学的读者，这样的方法也是不错的选择。当然，如果有兴趣，希望自己成为以后的网站编程高手，那还得找相关的教程去好好地学习，本书附录中也介绍了一些关于 JavaScript 脚本的知识，供读者参考。

10.3 成功经验扩展

随着人们生活水平的提高、音乐设备种类的增加和品质的提升，音乐已经成为人们生活中不可缺少的一部分；并且随着音乐市场发展地不断完善，使音乐类网站迅速地成为网友们频繁光顾的热门网站。因此学习音乐类网站的制作也是非常必要的。

音乐类网站通常可以按照以下 4 种类型进行分类：

- 音乐种类划分：可分为流行音乐、古典音乐、摇滚音乐、民族音乐等等；
- 乐器种类划分：根据乐器的不同分类，制作专业性的音乐网站；
- 歌手划分：目前很多的歌手都有自己的官方网站，通过此网站与歌迷互动、交流，在宣传歌曲的同时，可以提升自己的人气；
- 综合类音乐网站：综合类网站通常会提供歌手的各类新闻、动态，以及在网站上就可以在线试听歌手的新歌，甚至进行下载。

当然，我们在制作音乐类网站时就应该根据不同的音乐类型的特点进行设计和制作。如图 10-67 至图 10-70 所示是几个网站首页，分别为不同类型的音乐网站，供大家参考。

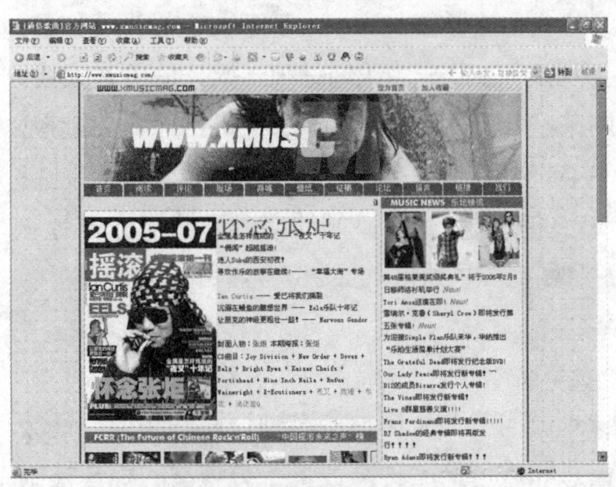

图 10-67　第一摇滚网

图 10-68　古埙坊

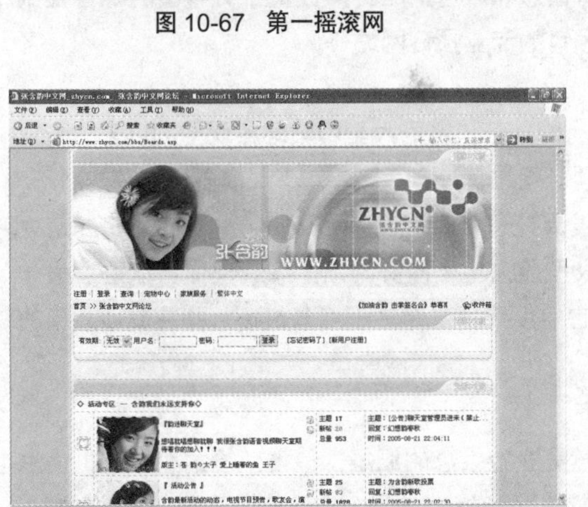

图 10-69　张含韵中文网

图 10-70　九天音乐网

第 11 章　旅游服务类网站——塞班岛旅游网

旅游服务类网站概述

近几年旅游电子商务发展是非常引人注目的。以互联网在我国的迅速普及和国民旅游业的复苏为背景，网络旅游预订业的经营空间不断扩大，已然成为旅游市场中一支不可忽视的重要力量。随着居民生活水平的日益提高，业余生活也变得丰富多彩，旅游成为人们休闲、娱乐的首选方式。旅游热潮使旅游行业的生意蒸蒸日上，而通过互联网来宣传自己已成为旅游行业的一个重要选择。因此，越来越多的旅游网站建立起来，丰富多彩的内容不仅为旅游者提供了了解外界、旅行社情况的窗口，而且也为旅行社提供了网上报名、网上预定的在线平台。良好的交流环境使旅游行业获取更多的用户需求成为可能，也为寻找更好的旅游产品提供了很好的契机。

目前旅游网站发展有以下 3 个特点。

● 网站类型丰富

我国的旅游预订网站，从经营产品的地域范围来看，可分为全国性旅游预订网站和地方性旅游预订网站；从经营产品的类型来看，可分为旅游信息和旅游产品种类数量十分丰富的综合性旅游预订网站，以及提供单种类型或特殊旅游产品预订的专业预订网站等。

● 市场不断扩大，行业领导者凸显

我国旅游预订网站的市场领导者——携程旅行网、芒果网等大型网站继实现盈利以来，营业收入和市场份额保持快速增长。目前，我国旅游预订网站仍处于大、中、小规模多元并存的状态，而大型预订网站主导市场的局面已初现端倪。从发展规律看，走向“两极分化”的市场格局是大势所趋，即一端是能提供非常多样的旅游产品的大型旅游电子商务网站，靠规模优势取胜；另一端是提供特色旅游产品或服务的小型旅游企业，它们小而精，专注于细分市场，并在其所从事的领域成为专家。

● 信息和服务质量有所提高，但总体参差不齐

旅游预订网站通常提供以下几方面的服务：一是旅游信息的汇集、传播、检索和导航，信息内容一般涉及旅游目的地、景点、饭店、交通旅游线路和旅游常识；二是旅游产品（服务）的在线销售，网站提供旅游及其相关产品（服务）的各种优惠、折扣，航空、饭店、游船、汽车租赁服务的检索和预订等；三是个性化定制服务，即根据旅游者的特点和需求组合定制旅游产品，提供个性化旅游线路建议等。

实例展示

本实例介绍的“塞班岛旅游网”是一个景点类网站，着重介绍了关于塞班岛的相关信息。通常景点网站都起到宣传、介绍的作用，让对塞班岛不熟悉的人产生兴趣，以吸引更多的游客去浏览。在实例中就通过几个方面对塞班岛进行了介绍，如风土人情、塞班风光、超值行程、

商务会议、娱乐活动、高尔夫球场和塞班酒店等。通过对各个栏目图文并茂的介绍，使此景点得到最好的宣传。

由于电子商务越来越成熟，因此在旅游网站上也有了广泛的应用。在旅游网站中通常涉及订机票、订酒店、订旅游线路等几方面，目的是为游人提供更方便、更人性化的服务。塞班岛旅游网中也设置了这 3 个栏目，当然景点类网站的电子商务部分更有针对性，一般只包括本景点的相关信息。

下面就是塞班岛旅游网相关几个栏目的页面。

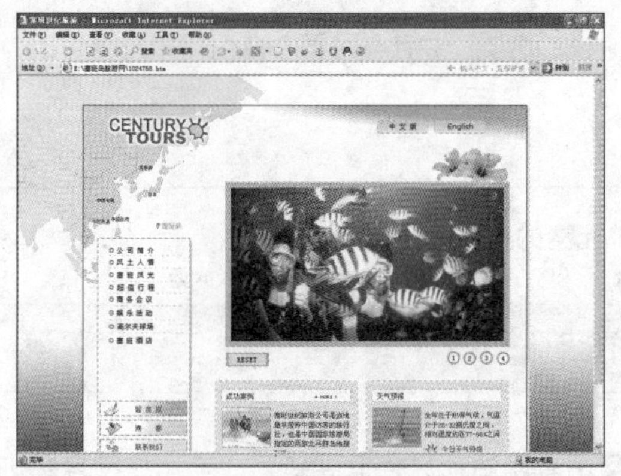

网站首页

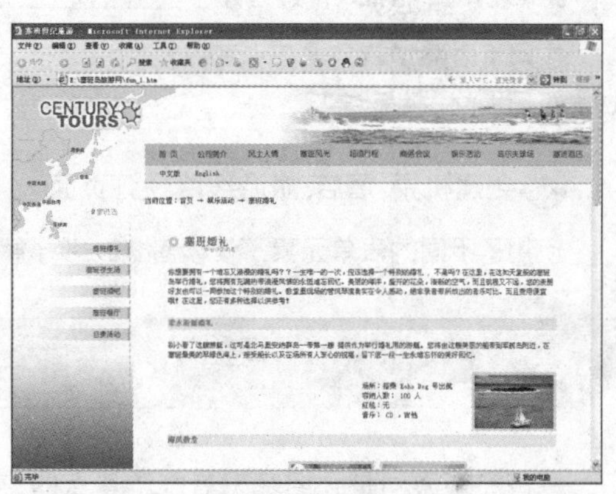

娱乐活动网页

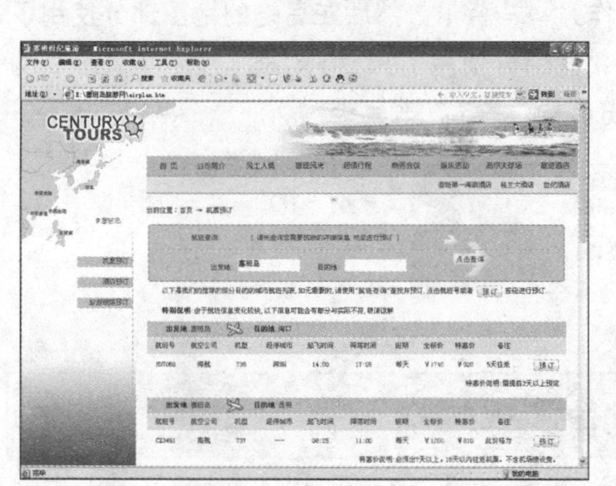

机票预订网页

酒店预订网页

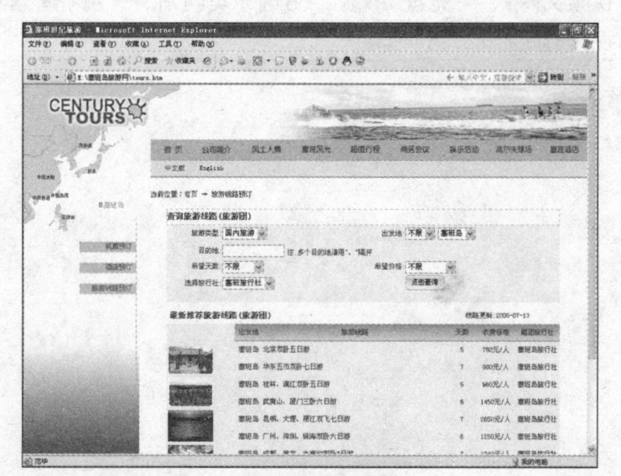

旅游线路预订网页

技术要点

① 识别浏览器分辨率以调用不同的网页

为了适合不同显示器的分辨率使网页都可以以最佳状态显示，可以制作适合两种常用分辨率的网页，通过识别当前计算机的分辨率来调用相应的网页。

② 在网页中加入背景音乐

在网页中添加背景音乐，可以给浏览者带来轻松愉悦的感觉，并且与网页内容相辅相成更可以为网页增加点睛之笔。

③ 创建机票、酒店、旅游线路预订页面

使用了不同的表单元素，使读者进一步了解了表单元素的具体应用。

配色与布局

塞班岛旅游网是介绍塞班岛旅游景点的宣传性网站，网站的风格需要新颖、亲切，符合塞班岛景点的特点。因此本网站设计选择了大海的蓝色作为网站背景，然后在岛屿的地图部分使用了绿色来表示陆地，很好地呼应了主题。首页布局的中间部分使用了 Flash 动画，展示了塞班岛的不同风情，由于方式独特因此可以很快地吸引住浏览者的注意。

#2E478E	#B6FF82	#81B6FF
R: 46	R: 182	R: 129
G: 71	G: 255	G: 182
B: 142	B: 130	B: 255

本实例视频文件路径和视频时间

视频文件	光盘 \ 视频 \ 06 音乐类网站——视听音乐网
视频时间	15 分钟

11.1 实例制作过程

旅游业在近几年中蓬勃发展，各旅游网站也随之变得颇为火热。本章就介绍了旅游网站的不同类型及各自特点，并利用一个景点网站“塞班岛旅游网”实例的完整制作过程，引出了众多网页制作中的常用功能，如插入 Flash 文件、识别分辨率显示不同网页、插入背景音乐等。希望读者通过本章的学习能够举一反三地创作出大量优秀的作品，接下来跟随以下步骤完成塞班岛旅游网站的制作。

11.1.1 制作识别浏览器分辨率的网页

由于计算机软硬件发展或用户的习惯问题，使用户在使用计算机的时候，设置的分辨率会有不同。为了让不同分辨率的计算机都能显示出网页的最佳效果，网站制作者需要根据不同的分辨率制作出相应的两至三个网页。目前来说通常需要制作分辨率为 800×600 和 1024×768 的两个网页，然后会有一个网页来识别浏览器，当用户电脑的分辨率是 800×600 时，显示相应的页面；反之，分辨率是 1024×768 时，显示另一个页面。

根据以下步骤先制作识别浏览器分辨率的网页。

步骤 01 启动 Dreamweaver CS3 软件，执行菜单栏中的“文件”>“新建”命令，打开“新建文档”对话框，选择“空白页 >HTML> 无”选项，单击“创建”按钮，如图 11-1 所示。

步骤 02 在 Dreamweaver 编辑窗口中，单击文档工具栏中的“拆分”按钮 拆分，将编辑窗口拆分为代码窗口和设计窗口。将光标移动到代码编辑窗口中，按 Ctrl+A 组合键，如图 11-2 所示。

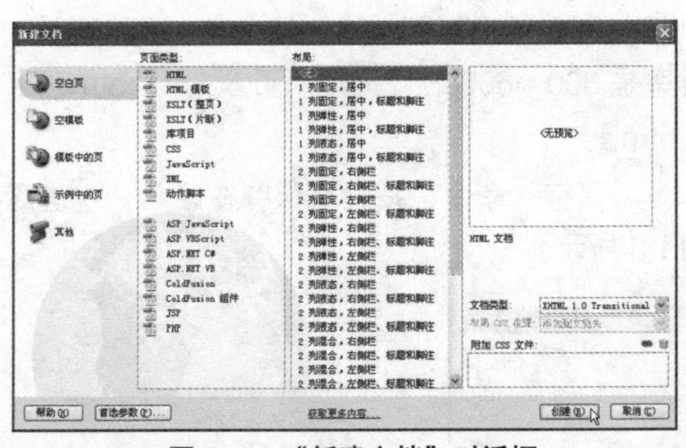

图 11-1 “新建文档”对话框

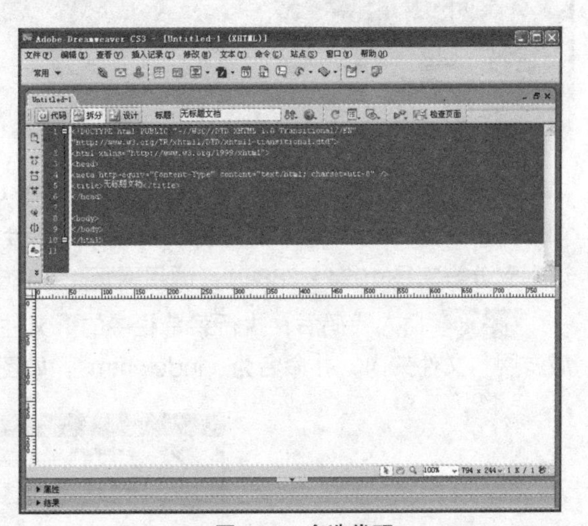

图 11-2 全选代码

步骤 03 按 Delete 键，删除原有代码，然后把以下代码粘贴到 Dreamweaver 代码编辑窗口中。

```
<html>
<head>
<script LANGUAGE="JavaScript">
function redirectPage()
{
```

```
var url640x480="640480.htm";
var url800x600="800600.htm";
var url1024x768="1024768.htm";
  if(screen.width==640 & screen.height==480)
   {
        window.location.href=url640x480;
   }
  else
   {
       if(screen.width==800 & screen.height==600)
        {
           window.location.href=url800x600;
        }
      else
        {
                 if(screen.width==1024 & screen.height==768)
               {
                 window.location.href=url1024x768;
               }
                        else
                        {
                           window.location.href=url800x600;
                        }
              }
   }
}
</script>
</head>
<body OnLoad="javascript:redirectPage();">
<script LANGUAGE="JavaScript">
   document.write (screen.width);
   document.write ("*")
   document.write (screen.height);
</script>
</body>
</html>
```

其中，var url640x480="640480.htm"、 var url800x600="800600.htm" 和 var url1024x768="1024768.htm" 是设置网页的链接，表示识别到分辨率是 800×600 时，调用网页 800600.htm；当识别到分辨率是 1024×768 时，调用网页 1024768.htm。

步骤 04 插入代码后，执行菜单栏中的“文件” > “保存”命令，把网页保存在硬盘“塞班岛旅游网”文件夹内，并命名为“index.htm”，如图 11-3 所示。

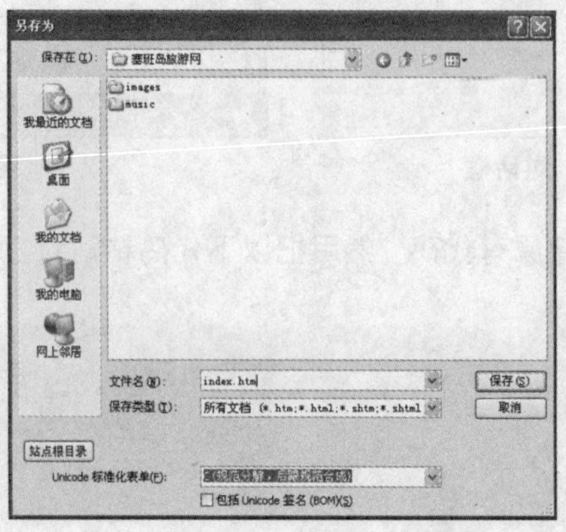

图 11-3 保存 index.htm 网页

注 意

把光盘中的图像和音乐素材先复制到“塞班岛旅游网”文件夹中备用。

步骤 05 单击“保存”按钮，完成网页的保存，识别浏览器分辨率网页制作完成。

11.1.2 制作适合1024×768分辨率的网页

制作适合 1024×768 分辨率网页的操作步骤如下。

步骤 01 执行“文件” > “新建”命令，创建一个新的 HTML 网页，按 Ctrl+S 组合键保存网页为 1024768.htm。

步骤 02 单击属性面板中的“页面属性”按钮，打开“页面属性”对话框，在“大小”文本框中输入“9”，在后面下拉列表中选择“点数（pt）”选项；在“文本颜色”文本框中输入色标值为“#333333”；单击“背景图像”文本框后的“浏览”按钮，在“选择图像源文件”对话框中打开“images”文件夹，选择图像“bg.gif”；在“左边距“、”右边距“、”上边距“和”下边距”文本框中分别输入“0”，如图 11-4 所示。

步骤 03 选择“分类”列表框中“链接”选项，显示“链接”属性面板。在“链接颜色”和“已访问链接”文本框中分别输入色标值“#00066CC”；在“变换图像链接”文本框中输入色标值“#FF9900”，如图 11-5 所示。

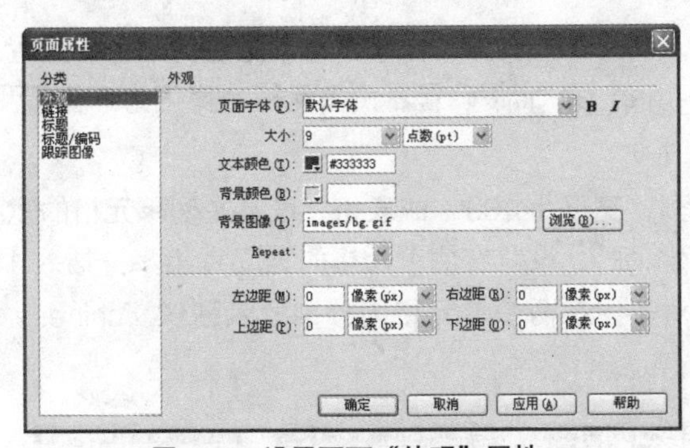

图 11-4 设置页面“外观”属性

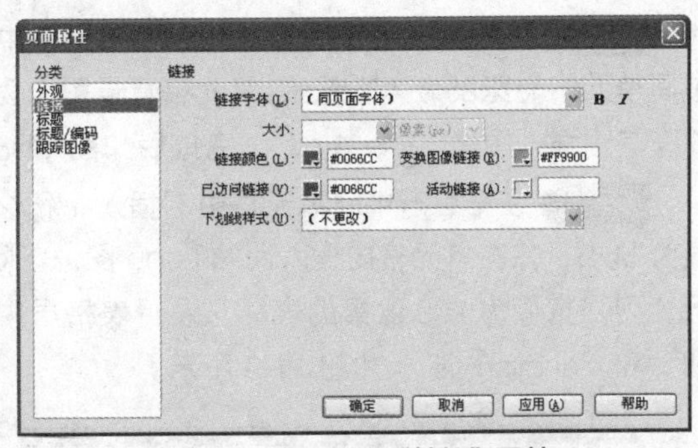

图 11-5 设置页面“链接”属性

步骤 04 单击“确定”按钮，完成页面属性设置。在“文档”工具栏“标题”文本框中输入标题文本“塞班世纪旅游”，如图 11-6 所示。

图 11-6 输入标题文本

注 意

网页标题既可以在“文档”工具栏中直接输入，也可以在页面属性中进行设置。

步骤 05 将插入点移动到网页编辑窗口中，插入 2 行 2 列、宽度为 1003 像素、单元格边距、

单元格间距、边框粗细均为 0 的表格。选中第 1 行两个单元格，单击属性面板的“合并所选单元格”按钮，然后移动插入点到此单元格中，单击“图像”按钮，插入图像“map_1.gif”。设置第 2 行左侧单元格的宽度为“112”像素，右侧单元格的宽度为“891”像素，最后在左侧单元格中插入图像“map_2.gif”，完成后如图 11-7 所示。

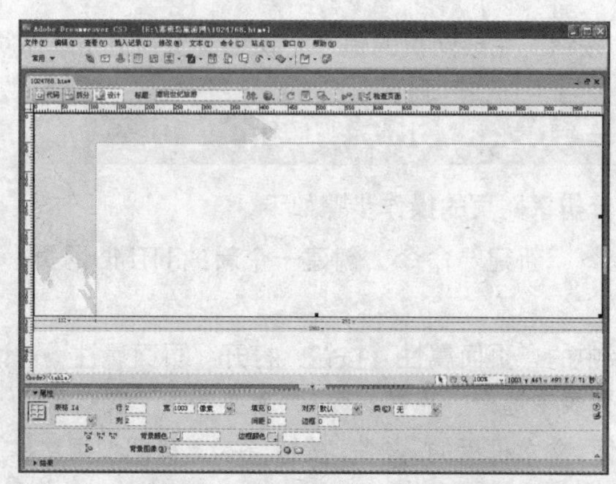

图 11-7 在单元格中插入图像文件

步骤 06 在第 2 行的右侧单元格中插入 3 行 3 列、宽度为 782 像素、其他设置均为 0 的表格。选择第 1 行中左侧的两个单元格，在属性面板中的“背景颜色”文本框中输入色标值“#000000”，并在“高”文本框中输入“1”，然后单击“拆分”按钮，在代码编辑框中删除这两个单元格中的空格符号“ ”。

步骤 07 将插入点移动到第 2 行左侧单元格中，设置其宽度为 1 像素，背景颜色为黑色；设置中间单元格的宽度为 775 像素，单元格背景图像为“map_bg.gif”；设置右侧单元格的宽度为 7 像素，并在其中插入图像“line_1.gif”，完成后如图 11-8 所示。

步骤 08 在第 2 行中间单元格中，插入 1 行 2 列、宽度为 100% 的表格。设置左侧单元格的宽度为 56%，并在单元格内插入网站 Logo 图像“logo.gif”。设置右侧单元格的宽度为 44%，插入 1 行 2 列、宽度为 200 像素的表格，设置表格居中对齐。在两个单元格内分别插入图像“chinese.gif”和“english.gif”，如图 11-9 所示。

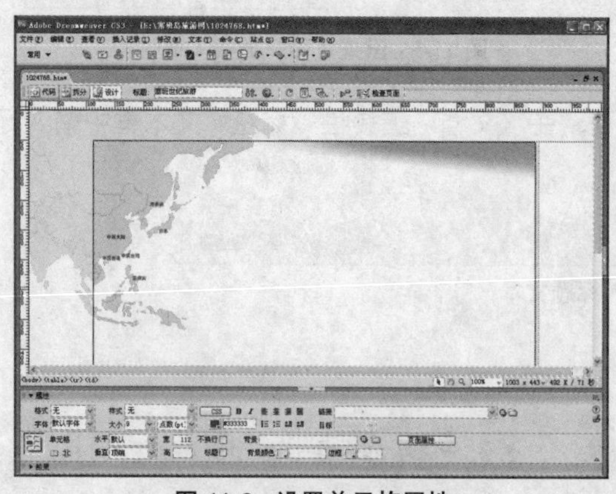

图 11-8 设置单元格属性

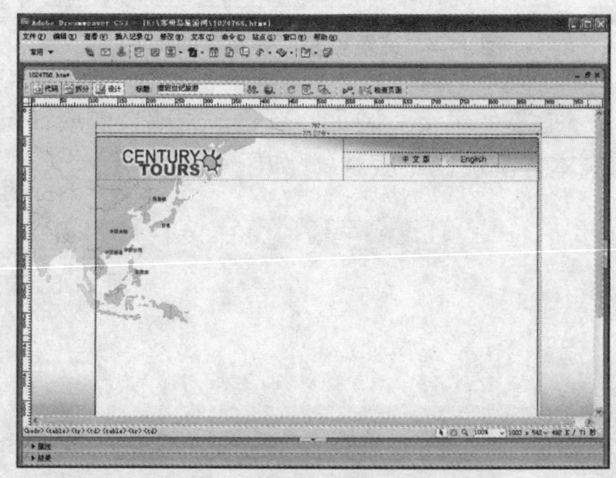

图 11-9 制作标题和语言按钮

步骤 09 在表格下接着插入 2 行 2 列、宽度为 100% 的嵌套表格。合并左侧两个单元格，在左侧单元格中插入 2 行 1 列、宽度为 100% 的嵌套表格。设置第 1 行单元格的高度为 150 像素。

步骤 10 选择“插入”面板中的“布局”栏，单击“绘制 AP Div”按钮，在编辑窗口中拖出一个 AP Div。拖动 AP Div 左上角的手柄，移动到合适的位置，或者在属性面板中设置准确数值，在“左”文本框中输入“227px”；在“上”文本框中输入“240px”；在“宽”文本框中输入“58px”；在“高”文本框中输入“35px”，如图 11-10 所示。

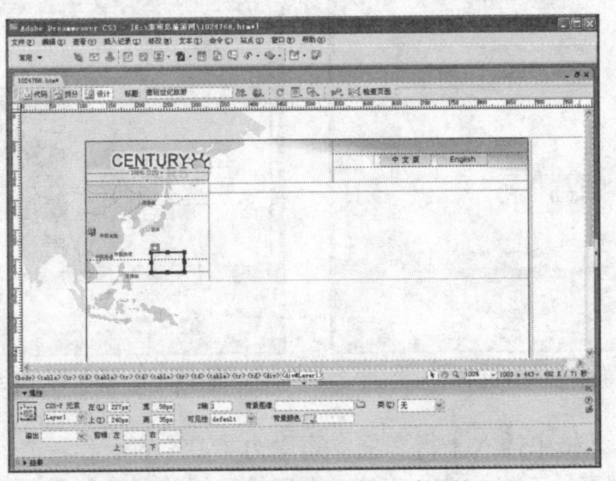

图 11-10　设置 AP Div 的尺寸和位置

注 意

在属性面板中设置“左”、“上”为绝对位置，这样会跟着分辨率的大小变化而变化。如果想设置为相对位置，就把 AP Div 标记移动到单元格中，设置“左”、“上”为空即可。

步骤 11 将插入点移动到 AP Div 中，单击插入面板中的“Flash”按钮，打开“选择文件”对话框。在 images 文件夹内选择需要插入的 Flash 文件“map.swf”，如图 11-11 所示。

步骤 12 单击“确定”按钮，将 Flash 文件插入到单元格中。在属性面板中单击“播放”按钮，可以浏览 Flash 动画的效果，如图 11-12 所示。需要编辑网页的时候再单击“停止”按钮，继续进行网页制作。

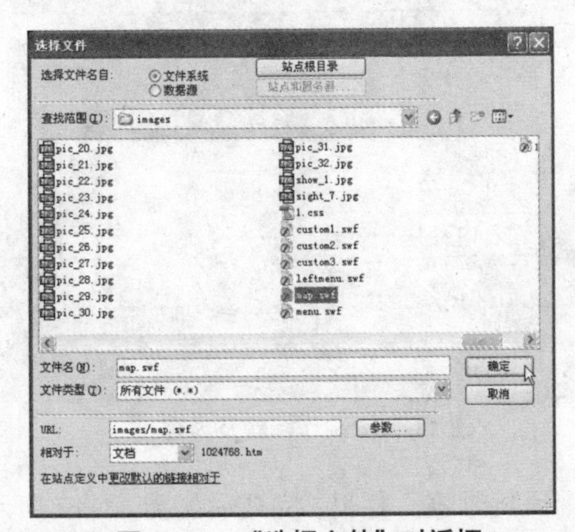

图 11-11　“选择文件”对话框

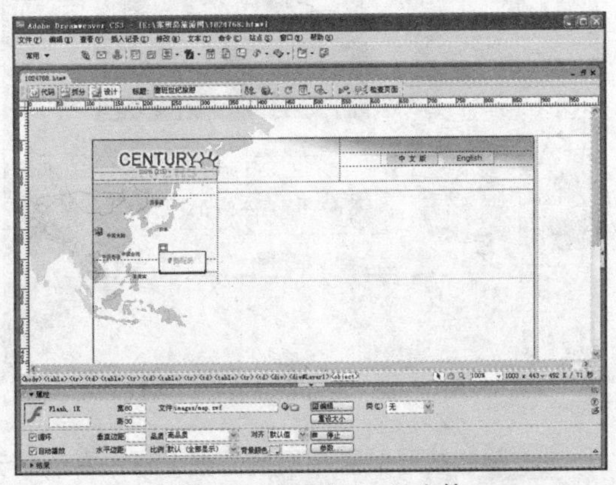

图 11-12　播放 Flash 文件

步骤 13 在第 2 个单元格中按照以下方法插入菜单 Flash 文件“leftmenu.swf”，播放浏览时就可以看到效果，如图 11-13 所示。

步骤 14 将插入点移动到第 1 行右侧单元格中，单击插入面板中的“Flash”按钮，插入 Flash 文件“photo.swf”，如图 11-14 所示。

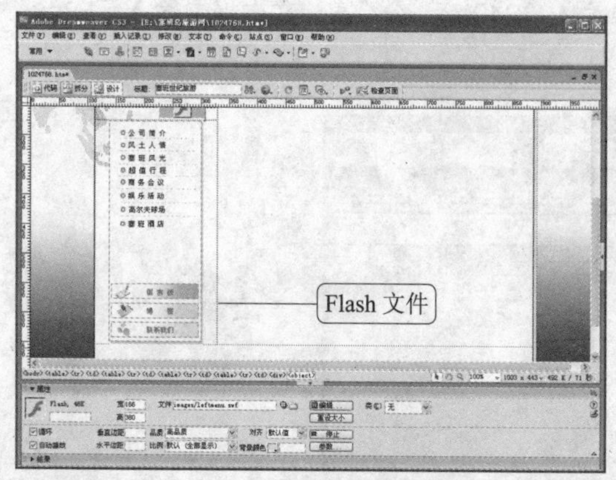

图 11-13 插入菜单 Flash 文件

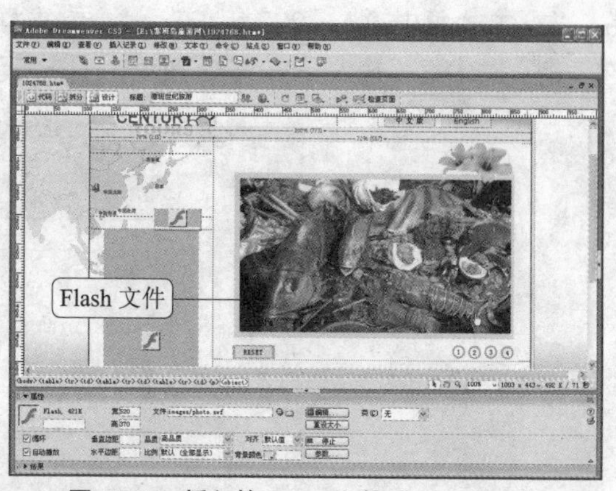

图 11-14 插入的 Flash 文件“photo.swf”

步骤 15 在下面的单元格中插入 1 行 2 列、宽度为 100% 的嵌套表格。在左侧单元格中再插入 1 行 1 列、宽度为 248 像素的表格。选中表格，在属性面板的“高”文本框中输入“133”，在“对齐”下拉列表中选择“居中对齐”选项，单击“背景图像”后面的“浏览文件”按钮，选择背景图像文件为“anli.gif”，完成后如图 11-15 所示。

步骤 16 将插入点移动到单元格中，插入 3 行 1 列、宽度为 210 像素的表格，设置此表格居中对齐。设置第 1 行单元格的高度为 20 像素；拆分第 2 行单元格为 2 列，在左侧单元格中输入标题“成功案例”，在右侧单元格中插入图像“more.gif”。

步骤 17 再插入一个 1 行 2 列、宽度为 240 像素的表格，设置表格居中对齐。设置左侧单元格的宽度为 98 像素，右侧单元格的宽度为 142 像素，并在右侧单元格中输入文本，如图 11-16 所示。

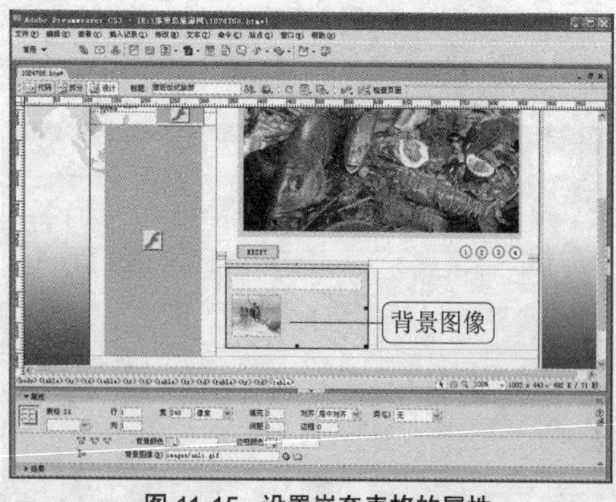

图 11-15 设置嵌套表格的属性

图 11-16 制作标题及内容

步骤 18 按照以上相同的方法，制作右侧单元格中“天气预报”栏目，完成后如图 11-17 所示。

步骤 19 插入 1 行 1 列、宽度为 100% 的表格，将插入点移动到单元格内，设置其高度为 60 像素，并在单元格内输入版权信息、联系方式等内容，如图 11-18 所示。

步骤 20 按 Ctrl+S 组合键，保存网页。按 F12 键在浏览器中预览网页效果，如图 11-19 所示。

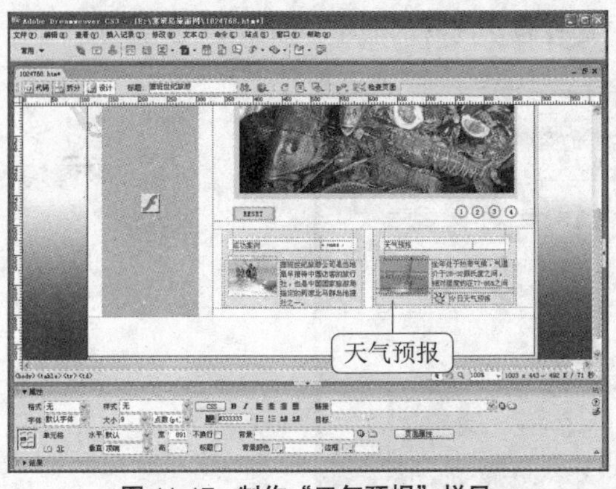

图 11-17　制作“天气预报”栏目

图 11-18　制作版权信息、联系方式

图 11-19　浏览器中显示网页效果图

11.1.3　制作适合800×600分辨率的网页

本节制作适合于分辨率为 800×600 的显示器的网页 800600.htm，但网页样式与 1024×768 分辨率基本相同，因此，我们还是在 1024768.htm 网页的基础上进行修改。操作步骤如下所示。

步骤 01 打开 1024768.htm 网页，执行菜单栏中的“文件” > “另存为”命令，打开“另存为”对话框，在“文件名”文本框中输入“800600”，如图 11-20 所示。

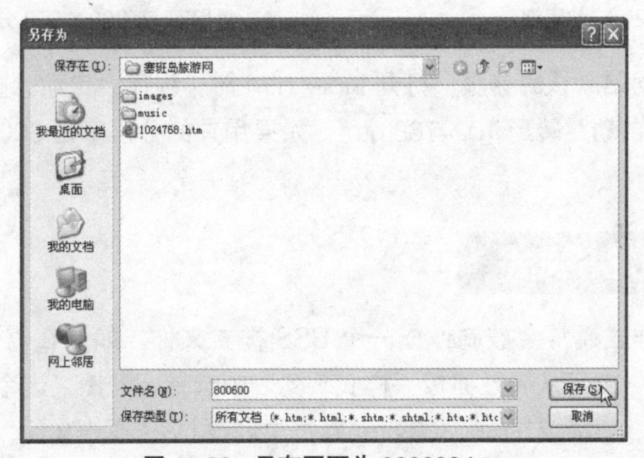

图 11-20　另存网页为 800600.htm

步骤 02 单击“保存”按钮，再单击表格边框，选择包含内容的表格，如图 11-21 所示。

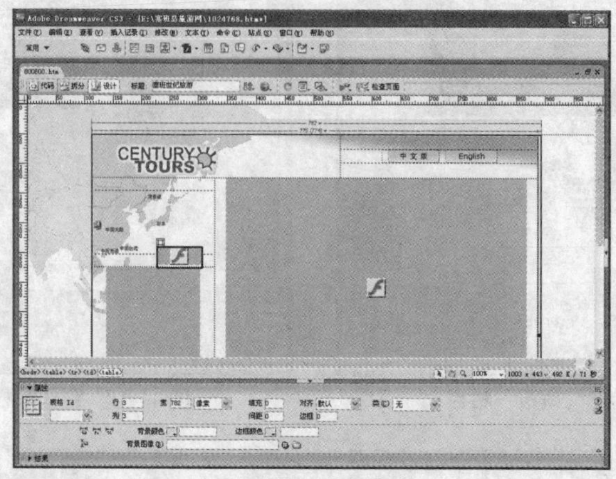

图 11-21　选中表格

步骤 03 按 Ctrl+X 组合键，剪切表格。选中剩下的表格，按 Delete 键删除。按 Ctrl+V 组合键粘贴刚才剪切下的表格，然后选中表格，在属性面板的“对齐”下拉列表中选择“居中对齐”选项，如图 11-22 所示。

步骤 04 选中表格，然后在属性面板的“宽”文本框中输入“778”，设置表格的宽度为 778 像素。

步骤 05 按 Ctrl+S 组合键，保存网页 800600.htm。由于此网页适用于 800×600 的分辨率，因此我们要先修改显示器分辨率，然后按 F12 键浏览效果，如图 11-23 所示。

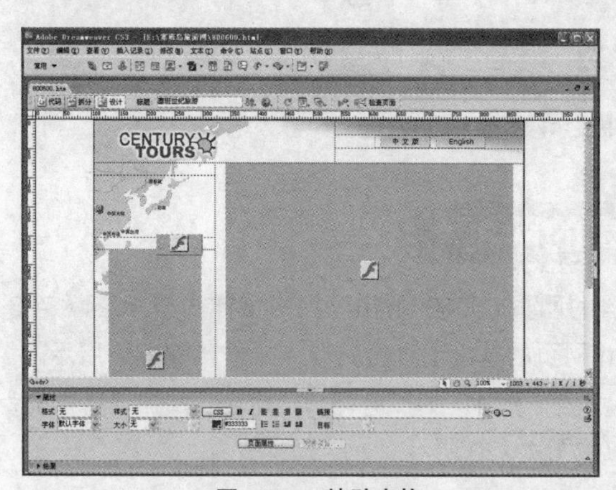

图 11-22　粘贴表格

图 11-23　在 800×600 分辨率时显示的网页

网页 index.htm 是网站默认的首页，打开 index.htm 时，程序会自动分析。如果用户的分辨率是 1024×768，那么将自动跳转到 1024768.htm；如果用户的分辨率是 800×600，那么将自动跳转到 800600.htm。

11.1.4　创建CSS样式

一个网站的 CSS 样式通常会被制作成一个 CSS 样式文件。如果在需要的网页中制作链接，当需要应用样式的时候，就可从属性面板“样式”列表中选择。当然，这个 CSS 样式文件是可以随时进行增减和修改的。下面就在 800600.htm 网页中创建 CSS 样式文件。具体操作步骤如下。

步骤 01 打开 800600.htm 网页，执行菜单栏中的"文本">"CSS 样式">"新建"命令，打开"新建 CSS 规则"对话框。

步骤 02 单击"选择器类型"选项区域中的"标签（重新定义特定标签的外观）"单选按钮，然后在下面的"标签"下拉列表中选择"td"选项，在"定义在"选项区域中保持默认选项为"新建样式表文件"，如图 11-24 所示。

步骤 03 单击"确定"按钮，打开"保存样式表文件为"对话框，选择"塞班岛旅游网"文件夹，在"文件名"文本框中输入文件名称"style"，如图 11-25 所示。

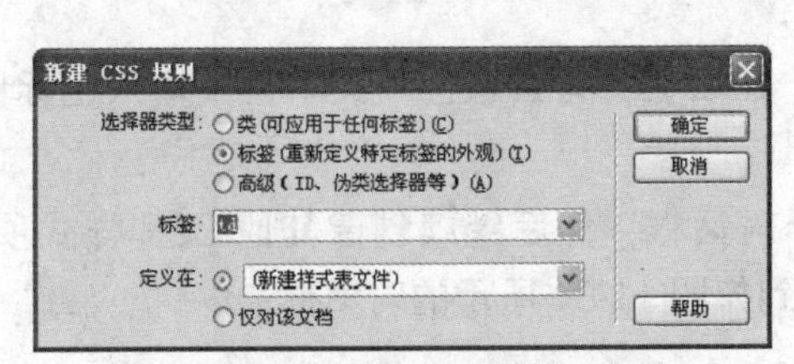

图 11-24 "新建 css 规则"对话框

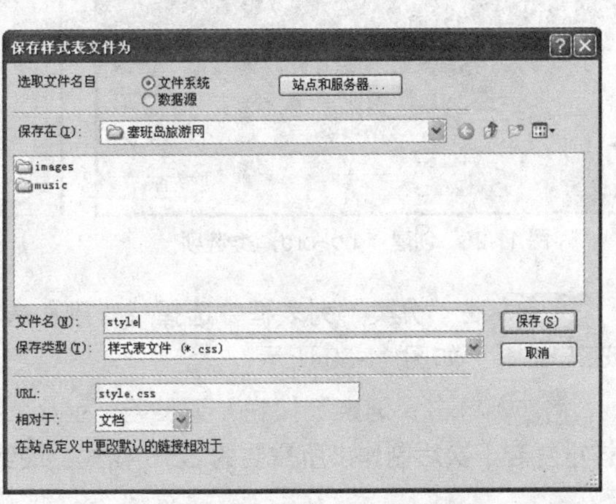

图 11-25 保存 CSS 样式文件

步骤 04 单击"保存"按钮，将 CSS 样式文件保存在文件夹中，随后，弹出"td 的 CSS 规则定义（在 style.css 中）"对话框。在"类型"设置面板的"大小"下拉列表中选择"9"选项，后面的单位选择"点数（pt）"；在"行高"文本框中输入"16"，单位选择"像素（px）"选项；在"颜色"文本框中输入色标值"#333333"，如图 11-26 所示。

步骤 05 单击"确定"按钮，完成 td 的 CSS 规则定义，返回至"style.css"对话框，在文本区域中显示了刚才设置的 td 项，如图 11-27 所示。

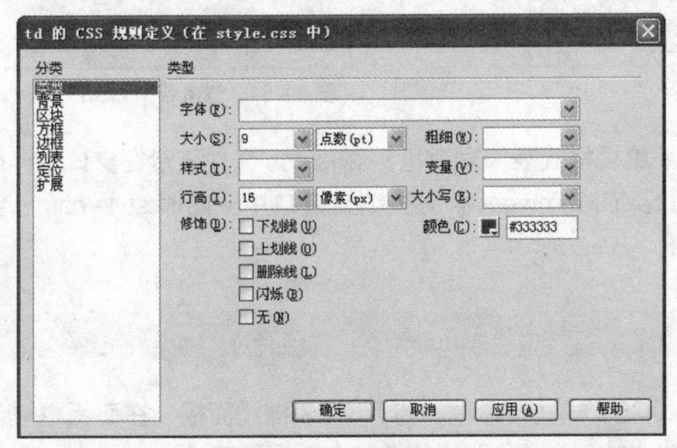

图 11-26 td 样式定义

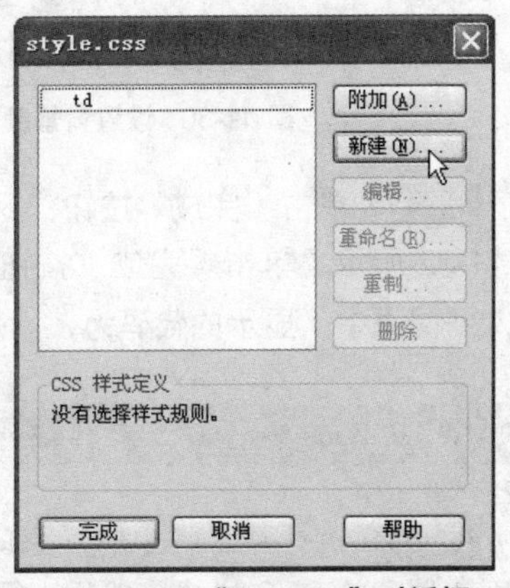

图 11-27 "style.css"对话框

步骤 06 单击"新建"按钮，继续创建新的 CSS 样式项。下面在"选择器类型"选项区域中单击"类（可应用于任何标签）"单选按钮，然后在显示的"名称"文本框中输入".bg_org"，如图 11-28 所示。

步骤 07 单击“确定”按钮，打开“CSS 规则定义”对话框。设置字体大小为 9pt，行高为 20 像素，文本颜色的色标值为 #FF6600（橘红色），在“粗细”下拉列表中选择“粗体”，如图 11-29 所示。

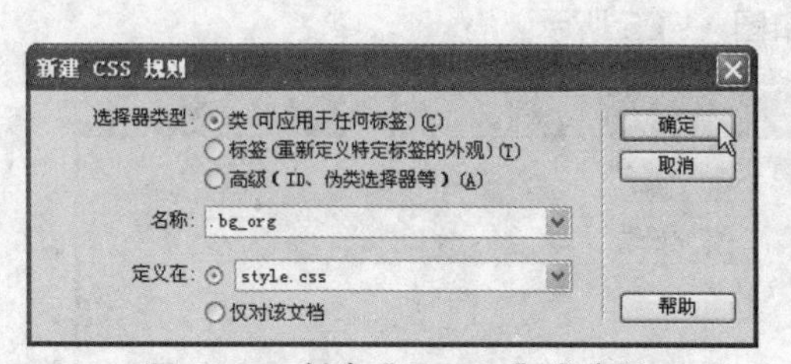

图 11-28　创建“.bg_org”类选项

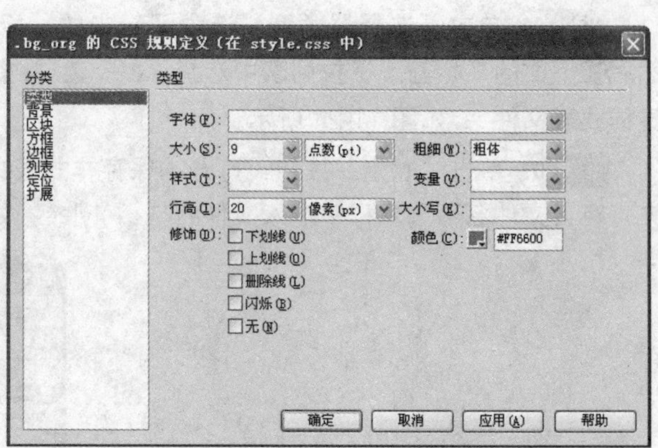

图 11-29　设置“.bg_org”类型

步骤 08 在“分类”列表框中选择“背景”选项，然后在“背景颜色”文本框中输入色标值“#EEEEEE”，如图 11-30 所示。

步骤 09 单击“确定”按钮，返回至“style.css”对话框，然后继续创建其他 CSS 样式项。这样重复若干次后制作出所需要的 CSS 样式，最终得到如图 11-31 所示的对话框。

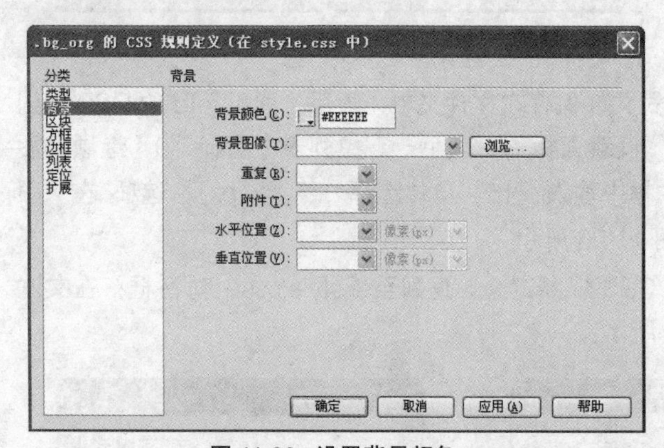

图 11-30　设置背景颜色

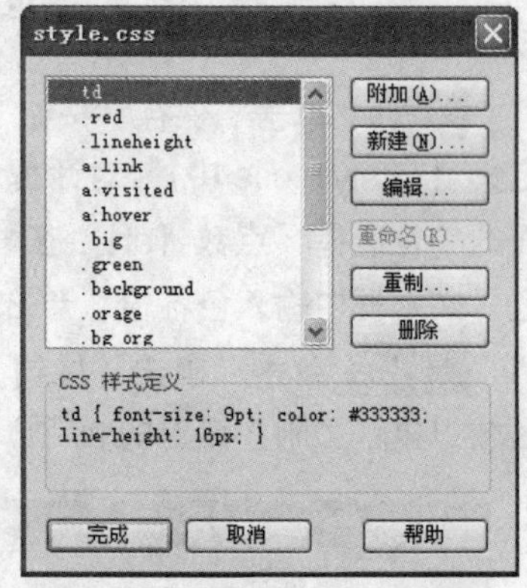

图 11-31　创建若干 CSS 样式

步骤 10 单击“完成”按钮，返回至“编辑样式表”对话框，style.css 文件显示在窗口中，如图 11-32 所示。单击“完成”按钮，返回至 Dreamweaver 网页编辑窗口中，此时 style.css 已经插入到网页中，显示的代码为：

```
<link href="style.css" rel="stylesheet" type="text/css">
```

步骤 11 执行菜单栏中的“窗口”>“CSS 样式”命令，打开 CSS 样式面板，在面板中显示了所有创建的 CSS 样式，然后执行菜单栏中的“文件”>“打开”命令，打开“style.css”文件，如图 11-33 所示。也可以直接在打开的 CSS 样式面板和文件中编辑 CSS 样式。

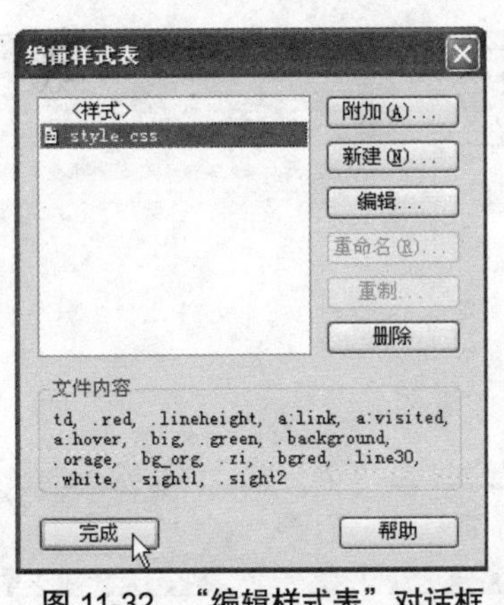
图 11-32 “编辑样式表”对话框

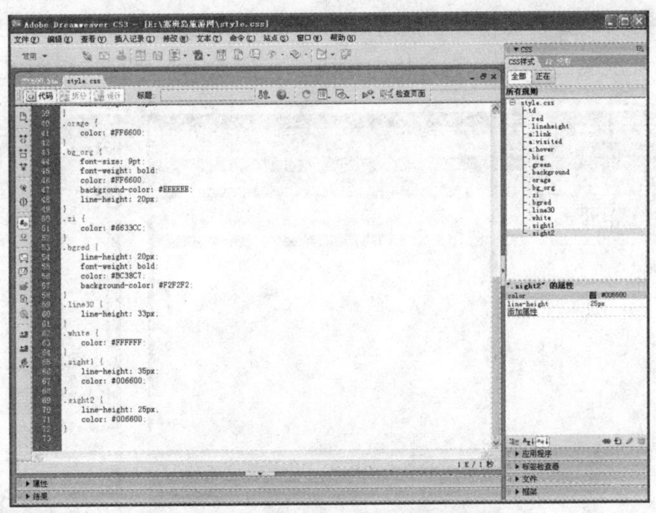
图 11-33 打开 CSS 样式面板和文件

到这里就完成了 CSS 样式的创建，在创建中有很多重复的步骤，我们没有一一介绍，读者可以根据完成的 CSS 样式文件，尝试完成其他的样式设置。

11.1.5 制作二级娱乐活动页面

本小节中制作一个娱乐活动的二级页面，通常首页和二级内容风格是相统一的，但又各自保留不同的功能。下面就按照如下步骤制作二级页面。

步骤 01 打开 800600.htm 网页，执行菜单栏中的“文件”>“另存为”命令，另存网页为 fun_1.htm。

注 意

由于它们是相关的两个网页，页面属性或 CSS 样式等设置通常相同，因此通过另存网页，并进行修改后，就可以保留下有用的设置，以减少重复工作。

步骤 02 将插入点放置在表格外侧，按 Ctrl+A 组合键全选表格，按 Delete 键删除。这里删除了表格、图像及文本等内容，但设置的页面属性、CSS 样式依然保留。

步骤 03 在编辑窗口中插入 2 行 1 列、宽度为 1003 像素，单元格边距、单元格间距和边框粗细均为 0 的表格，选中表格，设置表格背景图像为“map_bg2.gif”。在第 1 行单元格中插入 1 行 2 列、宽度为 100% 的嵌套表格，然后在左侧单元格中插入标题图像“logo.gif”，设置图像居中对齐。在右侧单元格中插入图像“banner_4.jpg”，设置图像右对齐，完成后如图 11-34 所示。

步骤 04 接着上面表格插入 2 行 2 列、宽度为 100% 的表格。选中第 1 列两个单元格，在属性面板中单击“合并所选单元格”按钮，合并单元格。

步骤 05 在 1024768.htm 网页中选中 AP Div 手柄，单击鼠标右键执行“拷贝”命令，然后返回至 fun_1.htm 网页，单击右键执行“粘贴”命令，将带有地图文件的 AP Div 粘贴到页面原来的位置。

步骤 06 在刚才表格左侧单元格中插入 2 行 1 列、宽度为 100% 的表格，并设置第 1 行单元格的高度为 97 像素。将插入点移动到第 2 行单元格中，单击属性面板的“拆分单元格为行或列”

按钮，设置右侧单元格的宽度为 2%，左侧单元格的宽度为 98%，然后在其中插入 15 行 1 列、宽度为 50% 的表格。在表格内每隔一行插入一张栏目按钮图像，完成后效果如图 11-35 所示。

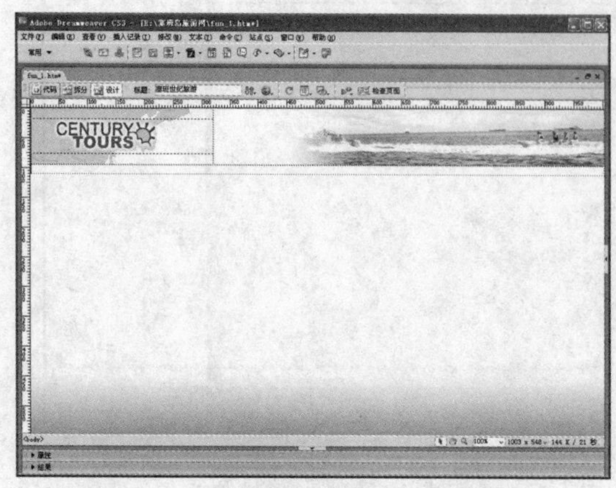

图 11-34 制作网页顶部 Logo 和 Banner

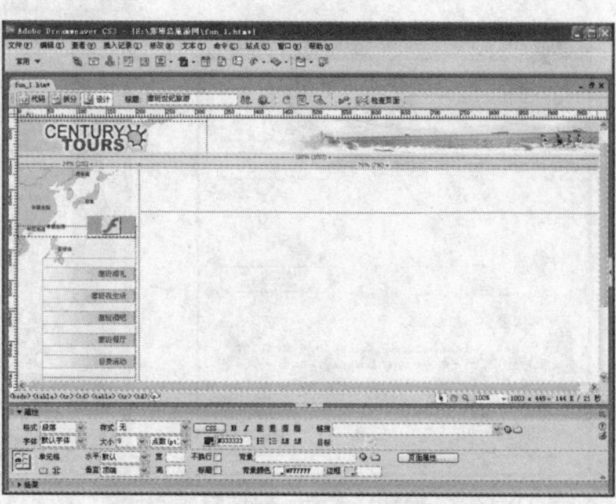

图 11-35 制作左侧栏目按钮图像

步骤 07 在右侧第 1 行单元格中插入菜单 Flash 文件“menu.swf”，单击属性面板的“播放”按钮后看到如图 11-36 所示的效果。

步骤 08 单击属性面板的“停止”按钮，继续制作。在下面单元格内插入 2 行 1 列、宽度为 95% 的表格。选中表格，设置表格居中对齐。在第 2 行单元格中输入网页路径文本“当前位置：首页 → 娱乐活动 → 塞班婚礼”。选中“首页”，在属性面板的“链接”文本框中输入“index.htm”，如图 11-37 所示。链接“首页”到相应的网页。

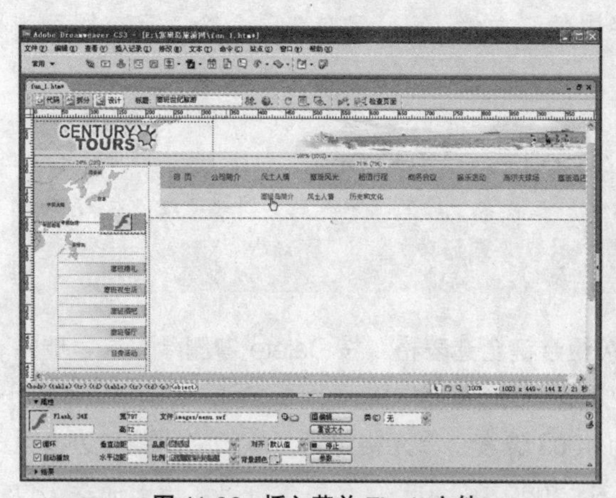

图 11-36 插入菜单 Flash 文件

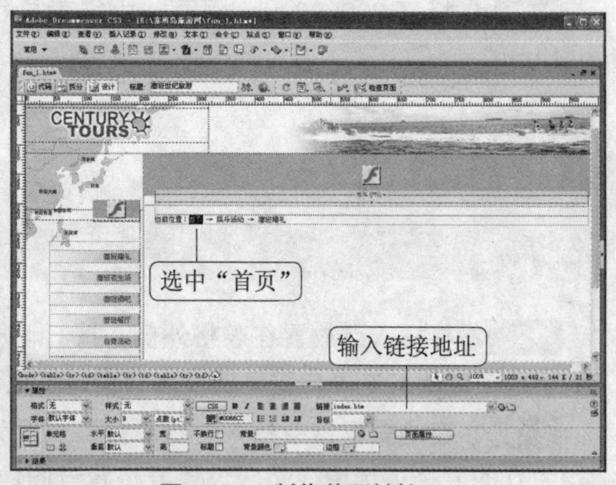

图 11-37 制作首页链接

步骤 09 在下面表格后，按回车键，然后插入 3 行 1 列、宽度为 85% 的表格，设置表格居中对齐。设置第 1 行单元格的高度为 40 像素，并插入标题图像“title_wedding.gif”。在第 3 行单元格中输入详细内容，然后需要把表格和相应图像进行整理、排版。

步骤 10 选中详细内容中的标题文本，在属性面板的“样式”列表中选择“bg_org”选项，设置标题样式，如图 11-38 所示。

步骤 11 同样制作其他标题的样式和图像文本的布局，完成后效果如图 11-39 所示。

步骤 12 在内容表格最下方，接着插入 1 行 2 列、宽度为 100% 的表格。设置左侧单元格的宽度为 21%，设置右侧单元格的宽度为 79%，并居中对齐。在右侧单元格中输入版权信息和联系方式等内容，设置文本样式为“white”，完成后如图 11-40 所示。

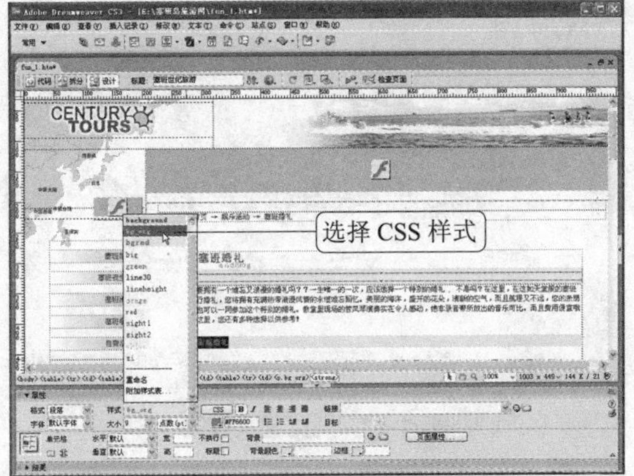

图 11-38　设置标题样式

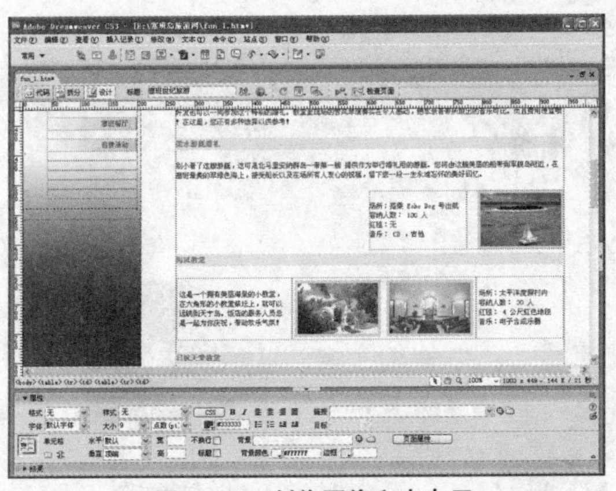

图 11-39　制作图像文本布局

图 11-40　版权信息和联系方式内容

11.1.6　加入背景音乐

为了增添网页效果，可以在网页中加入背景音乐，这样可以让浏览者在浏览网页的同时，感到轻松、愉悦。操作步骤如下。

步骤 01 fun_1.htm 网页主要是介绍塞班婚礼的，因此我们选择了有代表性的婚礼进行曲作为背景音乐，背景音乐 hljxq.mid 可以在光盘素材中找到，并将它放置在“塞班岛旅游网”下的“music”文件夹中。

步骤 02 单击“拆分”按钮，在代码编辑窗口中 <head></head> 代码间插入代码：

```
<bgsound src="music/hljxq.mid" loop="-1">
```

其中：bgsound src="music/hljxq.mid" 表示背景音乐的路径和文件，loop="-1" 表示音乐重复循环。

步骤 03 单击“设计”按钮，返回至网页编辑窗口。按 Ctrl+S 组合键保存网页，按 F12 键浏览网页效果，如图 11-41 所示。

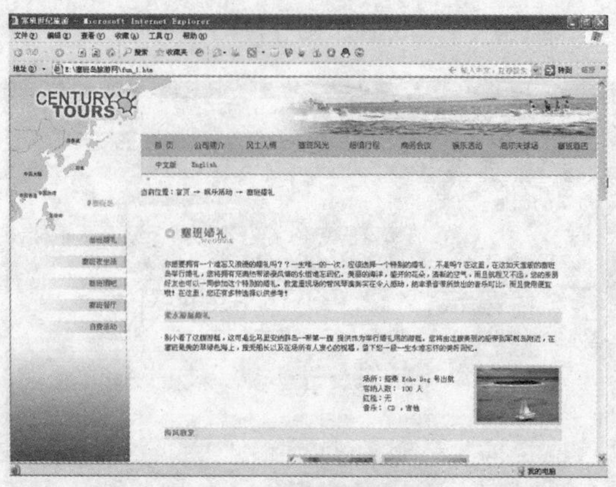

图 11-41　浏览网页效果

到这里，二级娱乐活动页面制作完成，其他二级页面结构相似，内容不同，读者可以根据图 11-42 对二级页面有所了解。

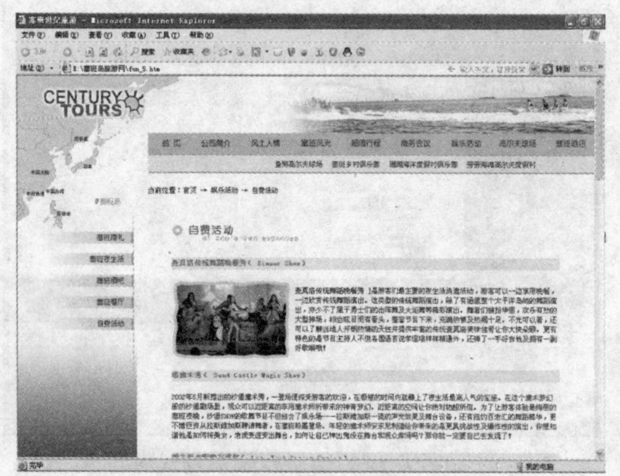

图 11-42　其他二级页面的效果

11.1.7　创建机票预订页面

旅游网站会为客户提供全方位的服务，如机票预订、酒店预订、旅游线路预订，以及租车等业务。跟随以下步骤制作机票预订页面。

步骤 01 由于机票预订页面的结构与二级页面相同，因此只在二级页面的基础上进行修改即可。打开网页“fun_1.htm”，执行菜单栏中的“文件”>“另存为”命令，另存网页为“airplan.htm”。

步骤 02 删除当前位置文本“娱乐活动 → 塞班婚礼”，然后输入文本“机票预订”，删除下面的“塞班婚礼”详细内容，如图 11-43 所示。

步骤 03 删除左侧单元格中的栏目图片，然后将插入点移动到第 1 行单元格中，并按住 Ctrl 键，同时选择第 1、3、5 行单元格。在属性面板的“高”文本框中输入“18”，在“背景颜色”文本框中输入色标值“#9FDFDF”，并且单击“右对齐”按钮。

步骤 04 在第 1 行单元格中输入栏目名称“机票预订”，选中后在属性面板的“链接”文本框中输入“airplan.htm”制作文本链接。空一行，在第 3 行中输入栏目名称“酒店预订”，在“链接”文本框中输入“hotel.htm”。再空一行，在第 5 行中输入栏目名称“旅游线路预订”，在“链接”文本框中输入“tours.htm”。制作完成后如图 11-44 所示。

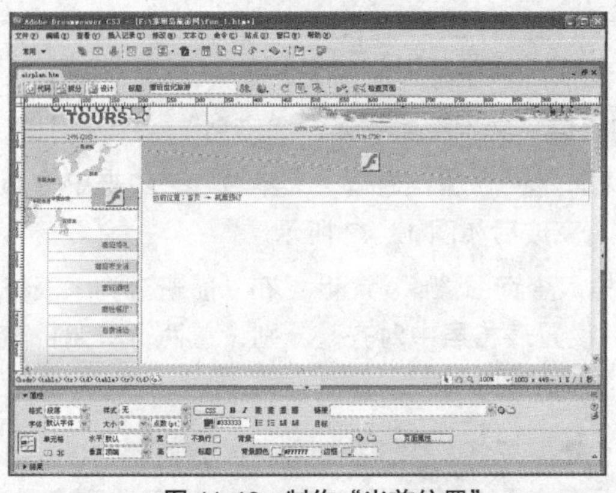

图 11-43 制作“当前位置”

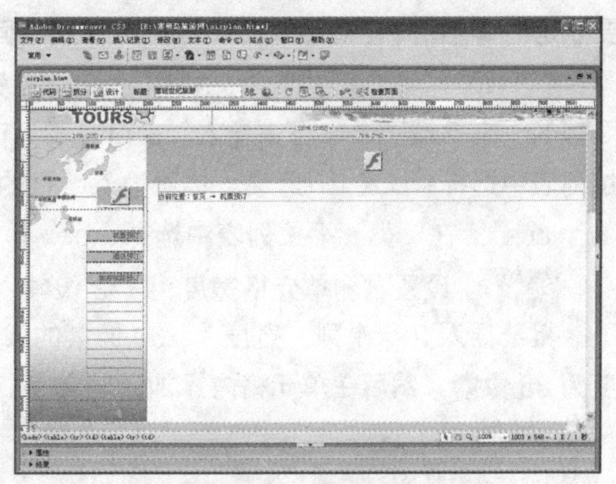

图 11-44 修改左侧栏目名称

注 意

当给还没有制作的文件制作链接时，可以预设置网页名称，然后在属性面板的“链接”文本框中直接输入路径和文件名。当然在制作那个网页时，名称不能写错。

步骤 05 在“当前位置”表格下方，插入 1 行 3 列、宽度为 760 像素的表格。设置表格居中对齐。设置左侧单元格的宽度为 14 像素，在里面插入图像“r1.gif”；设置右侧单元格宽度为 14，在里面插入图像“l1.gif”。

步骤 06 将插入点移动到中间单元格中，在属性面板中设置其宽度为 712 像素，并且单击“背景”文本框后面的“单元格背景 URL”按钮，在“images”文件夹中选择背景图像“tc.gif”，如图 11-45 所示。

步骤 07 选择“插入”面板的“表单”栏，单击“表单”按钮，插入表单。在属性面板的“动作”文本框中输入“search.php”，在“方法”下拉列表中选择“POST”选项。

步骤 08 将插入点移动到表单内，插入 2 行 3 列、宽度为 600 像素的表格。选中表格，设置表格的宽度为 96 像素。选中第 2 行左侧的两个单元格，单击“合并所选单元格”按钮。再选中右侧上下两个单元格，单击“合并所选单元格”按钮，完成后的效果如图 11-46 所示。

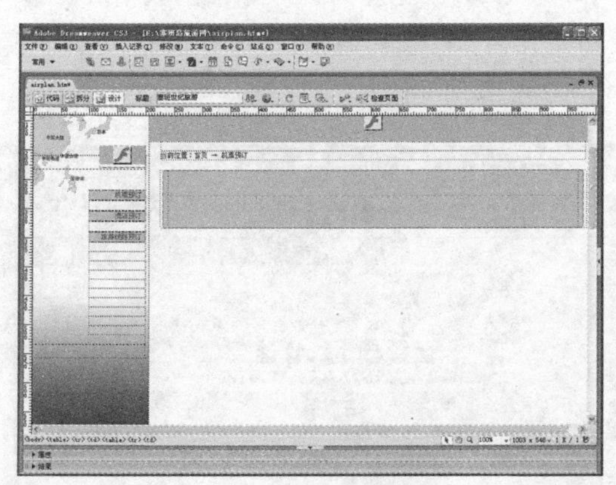

图 11-45 制作嵌套表格

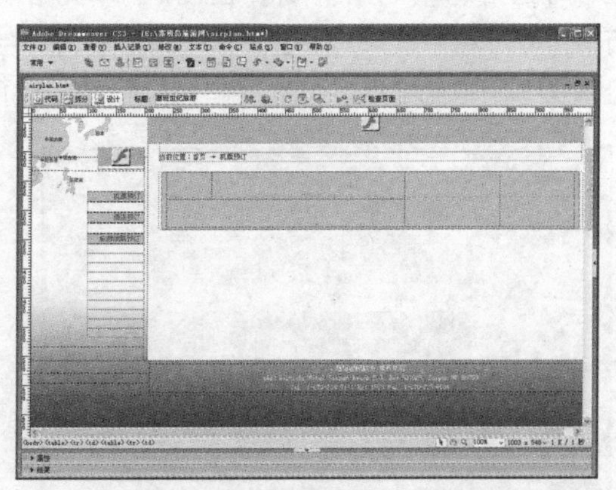

图 11-46 在表单内插入表格

步骤 09 设置第 1 行左侧单元格的宽度为 81 像素，并输入文本“航班查询：”，在属性面板的“样式”列表中选择“16”。设置第 1 行中间单元格的宽度为 346 像素，并输入文本“[请先查询您需

要航班的详细信息，然后进行预订]”，在属性面板的“样式”列表中选择“14”。

步骤 10 在第2行左侧单元格中输入“出发地：”然后在文本后面插入“文本字段”，在属性面板的“文本域”文本框中输入“s_place”，在“初始值”文本框中输入“塞班岛”，在“类”下拉列表中选择“box-1”选项；接着输入“目的地：”文本，在属性面板“文本域”文本框中输入“s_place”，在“类”下拉列表中选择“box-1”选项，完成后如图11-47所示。

步骤 11 设置右侧单元格宽度为173像素，然后插入查询图像“an.gif”。在“航班查询”表格下，接着插入2行1列、宽度为700像素的表格，并设置表格居中对齐。分别设置两行单元格高度为35像素，然后在单元格内添加说明文字，如图11-48所示。

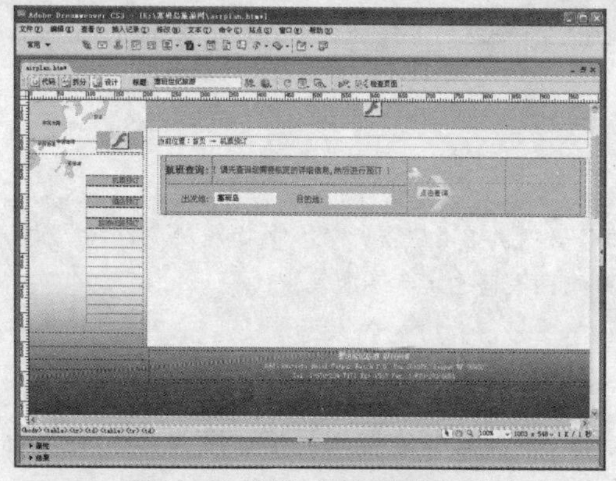

图11-47 制作“航班查询”区域

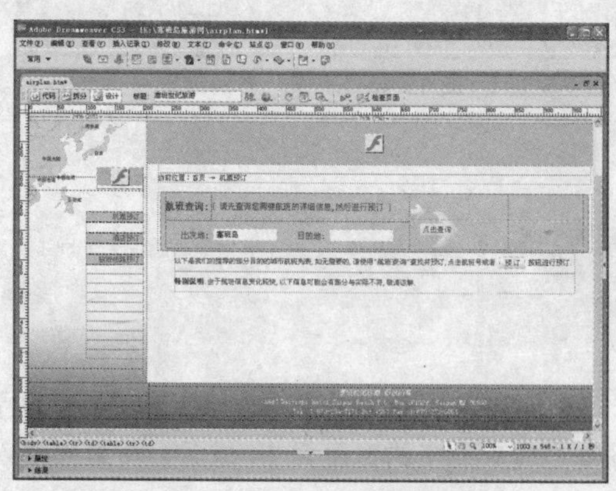

图11-48 制作说明表格

步骤 12 在“特别说明”表格下，接着插入4行11列、宽度为754像素的表格。在属性面板中设置表格居中对齐，并在“类”下拉列表中选择“3b”选项。选中第1行的11个单元格，单击属性面板中的“合并所选单元格”按钮，同样合并第2和第4行单元格。

步骤 13 在属性面板中设置第1行单元格的背景颜色为青色，色标值为“#9FDFDF”，然后在单元格内插入1行2列、宽度为312像素的嵌套表格，并设置表格居中对齐，再在表格中输入相应的文字，并插入图像，如图11-49所示。

步骤 14 设置第2行单元格高度为1。设置第3行单元格的背景颜色为灰色“#E7E7E7”，并在各单元格中输入分类名称。在第4行单元格中插入3行11列、宽度为755像素的表格。在第1行每个单元格中输入对应上面标题的结果。合并第2行单元格，输入“特惠价说明”并设置为右对齐。设置第3行单元格高度为1，制作完成后效果如图11-50所示。

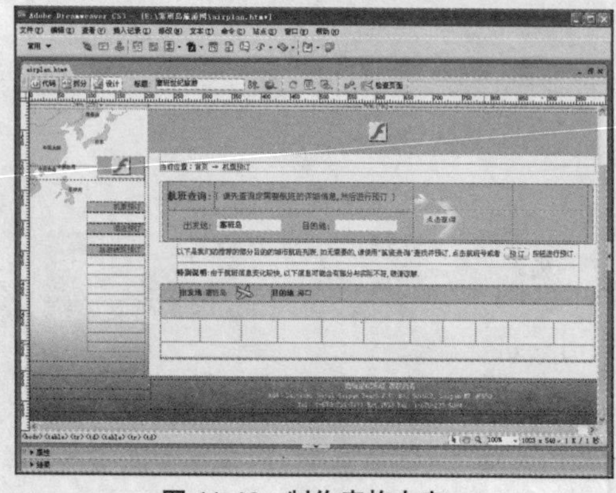

图11-49 制作表格内容

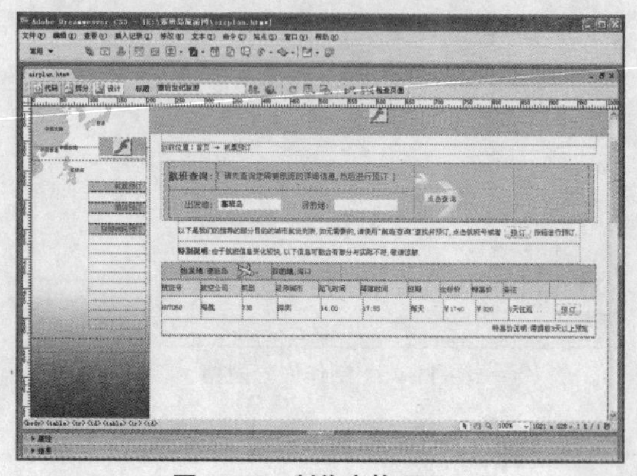

图11-50 制作表格项目

步骤 15 一次航班的表格制作完成后，在下面接着插入 1 行 1 列、宽度为 755 像素的表格，并设置为居中对齐，用来间隔下面的表格，然后复制上面制作的航班表格，在下面粘贴，并修改为新的航班表格。这样，有几条航班，就可以制作几个这样的表格，实例完成后效果如图 11-51 所示。

步骤 16 完成后，按 Ctrl+S 组合键保存网页，按 F12 键浏览网页效果，如图 11-52 所示。

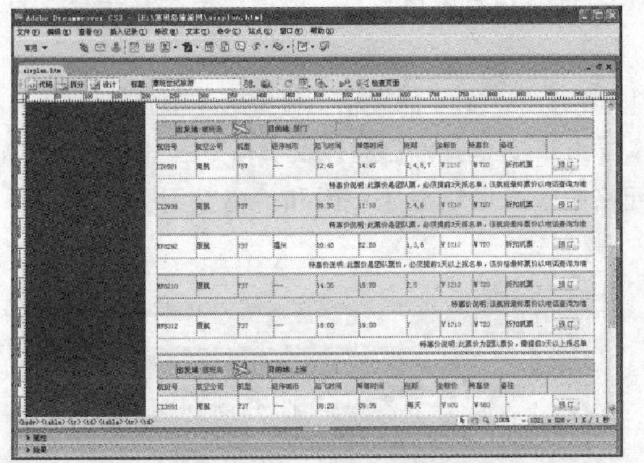

图 11-51　用同样方法制作其他航班表格

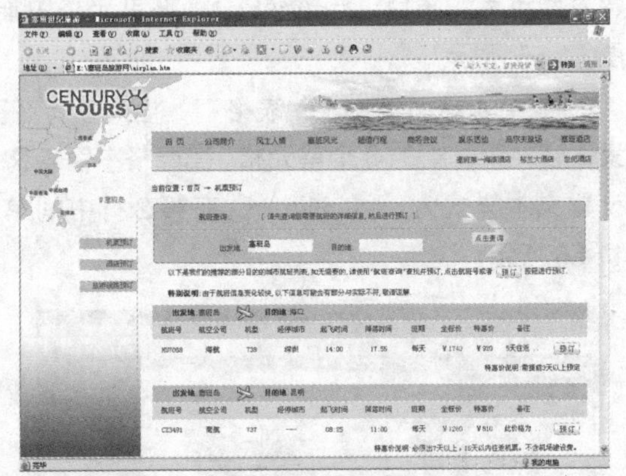

图 11-52　在浏览器中浏览网页效果

11.1.8　创建酒店预订页面

按照如下步骤制作酒店预订页面。

步骤 01 另存上一小节制作的网页“airplan.htm”，命名为“hotel.htm”。删除中间航班表格内容，并修改“当前位置”后面的“机票预订”为“酒店预订”，如图 11-53 所示。

步骤 02 在“当前位置”表格下，插入 1 行 1 列、宽度为 760 像素的表格。设置表格高度为“156”像素，在“对齐”下拉列表中选择“居中对齐”选项。在单元格中插入 1 行 1 列、宽度为 100%，单元格间距为 4 像素的表格。在表格内再插入 3 行 1 列、宽度为 100% 的表格。设置左侧单元格宽度为 6 像素，间距设置为 26，在第 2 行单元格中输入标题“酒店推荐”。

步骤 03 在标题下面插入 2 行 7 列、宽度为 100% 的表格，设置表格高度为 119 像素。在单元格中插入推荐酒店的照片和文字说明，完成后如图 11-54 所示。

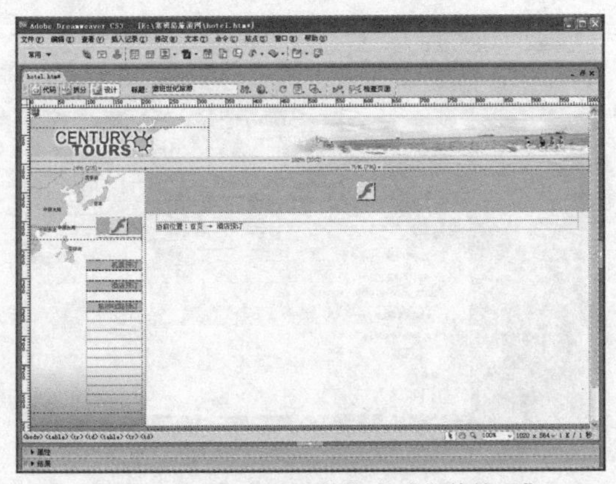

图 11-53　另存网页并修改“当前位置”

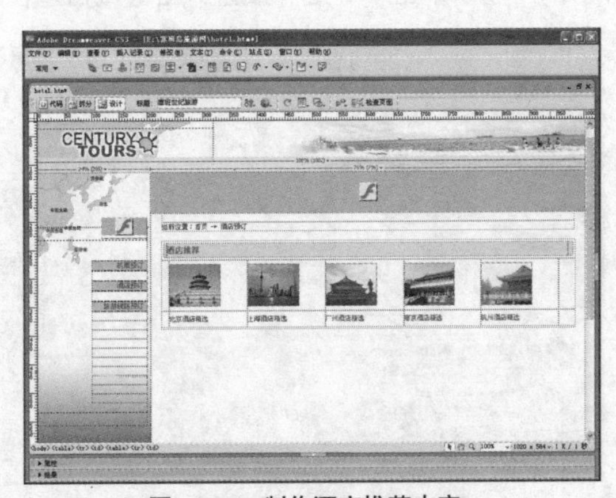

图 11-54　制作酒店推荐内容

步骤 04 在下面插入 1 行 1 列、宽度为 760 像素的表格，设置表格高度为 418 像素，并设置为居中对齐。在表格中先插入与步骤 2 相同的标题头，并输入标题文本“酒店预订查询”。

步骤 05 插入 1 行 1 列、宽度为 100% 的嵌套表格，设置表格高度为 30 像素。在表格内输入文本步骤“第一步 请选择城市（必选）”，并设置文本样式为“left_title2”。在下面插入 6 行 6 列、宽度为 100% 的表格。设置第 1 列单元格的宽度为 20 像素，高度为 24 像素，设置其他单元格的背景颜色为浅黄色（#FAFAE5）。在单元格中插入单选按钮及城市名称，以提供给用户选择，如图 11-55 所示。

步骤 06 在“第一步”表格下，插入 5 行 3 列、宽度为 100% 的表格，设置表格高度为 193 像素。合并第 1 行的 3 个单元格，在表格中输入文本“第二步 选择酒店星级及价格范围（可不选）”，设置文本样式为“left_title2”。在第 2 行中间单元格中输入酒店星级范围和价格范围列表，如图 11-56 所示。

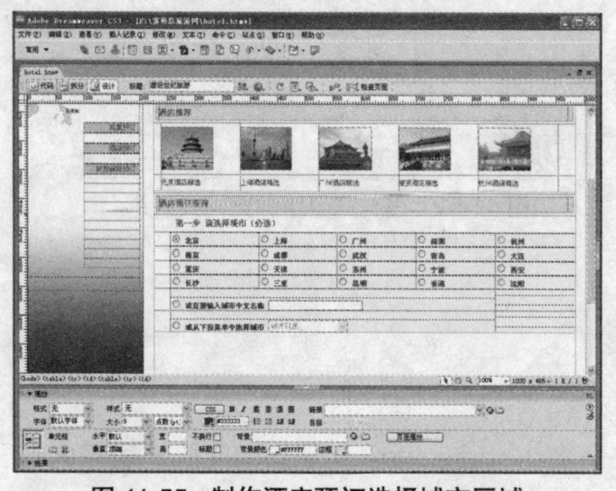

图 11-55　制作酒店预订选择城市区域

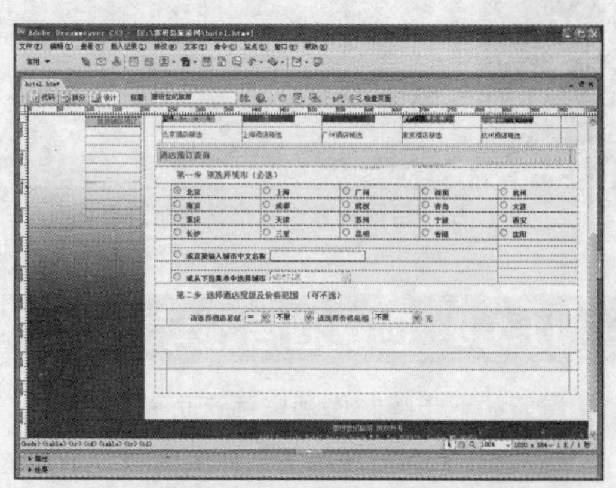

图 11-56　制作选择酒店星级及价格范围区域

步骤 07 合并第 3 行的 3 个单元格，然后在单元格中输入文本“第三步 选择城市后查询具体酒店（可不选）”。设置第 4 行中间单元格的背景颜色为浅黄色（#FAFAE5），并输入酒店名称查询文本，及插入文本字段。

步骤 08 将插入点移动到第 5 行中间的单元格内，单击表单插入栏中的“图像域”按钮，打开“选择图像源文件”对话框，在“查找范围”下拉列表中选择图像文件“search.gif”，如图 11-57 所示。单击“确定”按钮，图像域插入在单元格中，如图 11-58 所示。

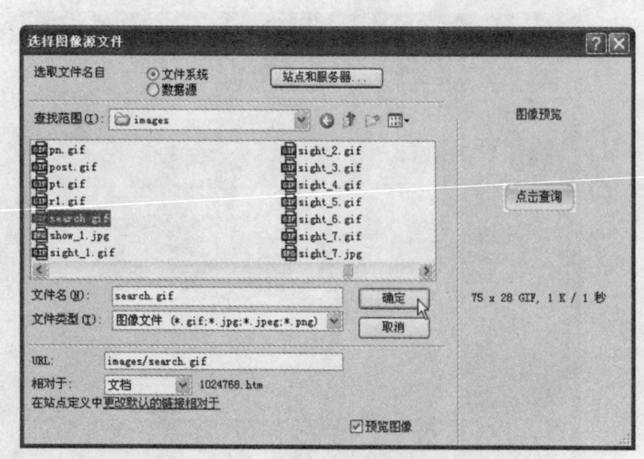

图 11-57　“选择图像源文件”按钮

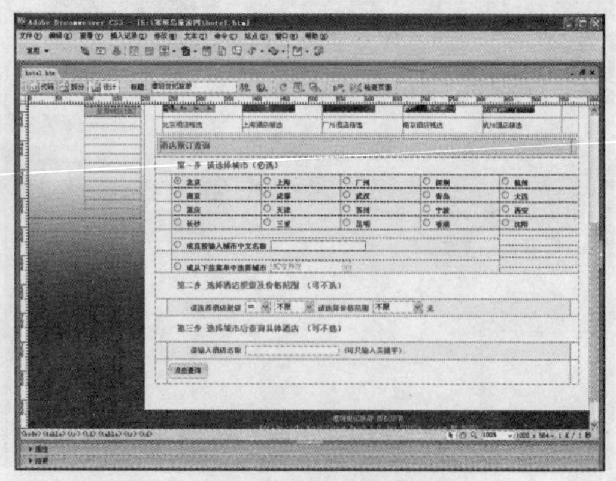

图 11-58　制作酒店查询及图像域

步骤 09 制作完成后保存网页，然后按F12键，在IE浏览器中查看网页的效果，如图11-59所示。

图 11-59 浏览酒店预订页面

11.1.9 创建旅游线路预订页面

下面开始制作旅游线路预订页面，使客户通过网上预订旅游线路，具体步骤如下。

步骤 01 保存hotel.htm网页，命名新网页为“tours.htm”。删除中间的酒店预订内容，在“当前位置”处修改原来的“酒店预订”为“旅游线路预订”。

步骤 02 在表格下面插入1行1列、单元格间距为1、宽度为700像素的表格。选中表格，在属性面板的“背景颜色”文本框中输入色标值“#DADADA”，在“对齐”下拉列表中选择“居中对齐”选项。将插入点移动到单元格中，在属性面板的“高”文本框中输入“26”，在“背景颜色”文本框中输入白色色标值“#FFFFFF”，然后在其中输入标题文本“查询旅游线路（旅游团）”，并在属性面板中设置文本样式为“style2”，如图11-60所示。

步骤 03 在标题表格下方，接着插入5行4列、宽度为700像素的表格，设置表格的背景颜色为浅灰色（#F7F7F7），并居中对齐。在表格内分别输入线路预订的相关条件，并在相应的地方插入列表和文本字段，可按图11-61所示进行制作。

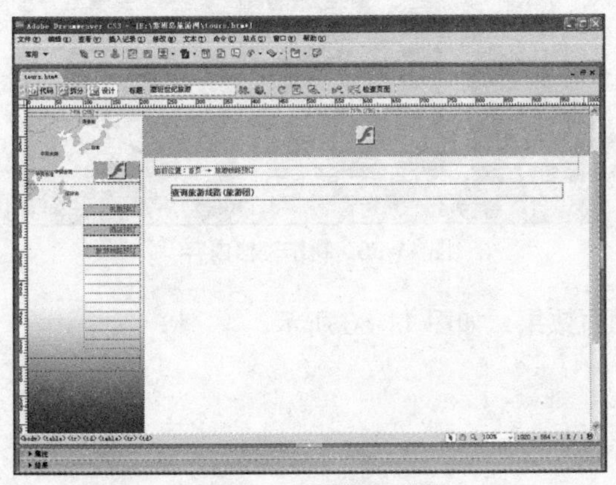

图 11-60 制作标题表格

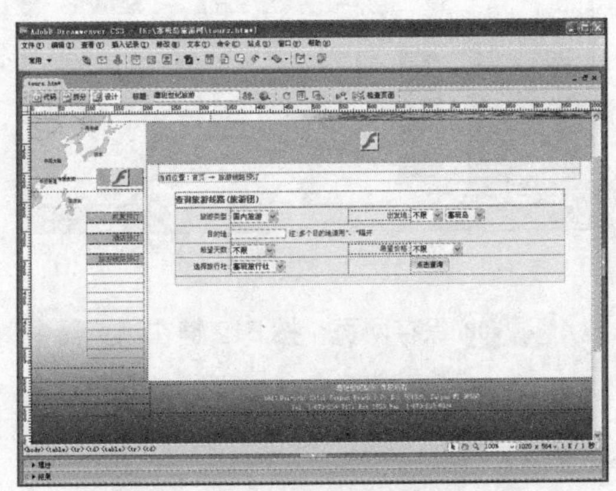

图 11-61 制作线路预订相关信息

步骤 04 在下面插入 1 行 4 列、宽度为 700 像素的表格。在属性面板中设置表格高度为 38 像素，并设置为居中对齐。设置左侧第 1 个单元格宽度为 4 像素；在第 2 个单元格中输入标题文本 "最新推荐旅游线路（旅游团）"，并设置文本样式为 "style2"；设置第 3 个单元格宽度为 210 像素，在其中输入线路更新的日期；设置第 4 个单元格宽度为 7 像素，制作完成后效果如图 11-62 所示。

步骤 05 接下来制作最新推荐旅游线路的详细内容。在标题表格下方插入 1 行 2 列、宽度为 700 像素的表格。设置表格的背景颜色色标值为 "#F7F7F7"，在 "对齐" 下拉列表中选择 "居中对齐" 选项。在左侧单元格中插入 6 行 1 列、单元格边距为 3、宽度为 100% 的嵌套表格，在单元格内分别插入景点图片，如图 11-63 所示。

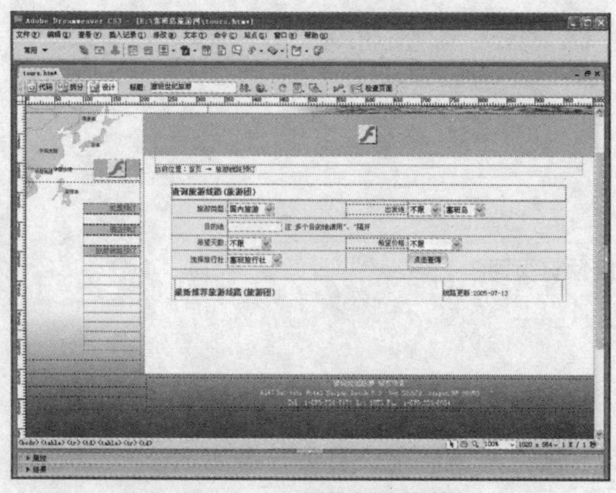

图 11-62 制作标题表格

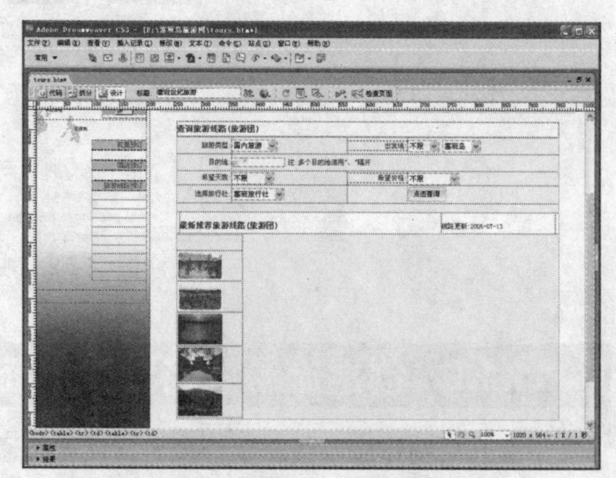

图 11-63 在单元格中插入景点图片

步骤 06 在右侧单元格中插入 1 行 5 列、宽度为 100% 的嵌套表格。选中表格或单元格，设置背景图像为 "index_list_midd.gif"，在单元格中分别输入表头文本，如图 11-64 所示。

步骤 07 在下面插入 10 行 5 列、宽度为 100% 的表格，对应表头分类，在每个单元格内输入相关的信息，并把用户比较关心的价格文本设置为红色，完成后如图 11-65 所示。

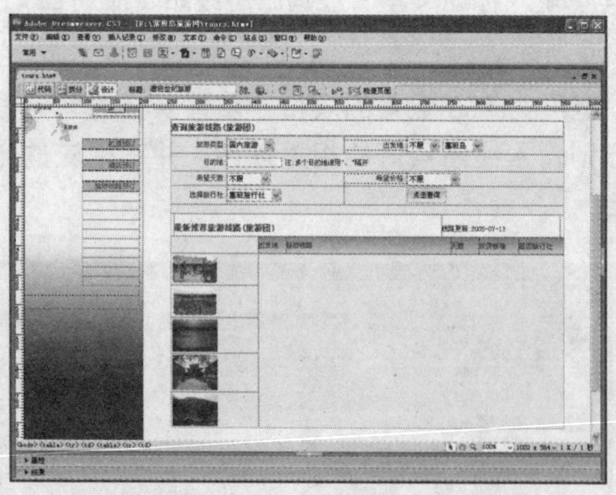

图 11-64 制作表头文本

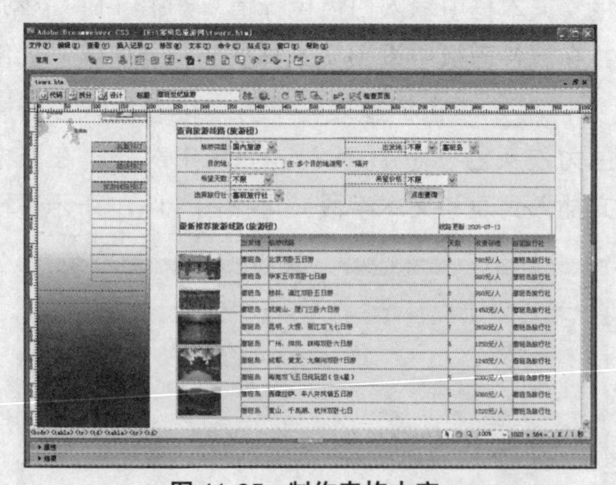

图 11-65 制作表格内容

步骤 08 保存网页，按 F12 键在浏览器中浏览网页效果，如图 11-66 所示。

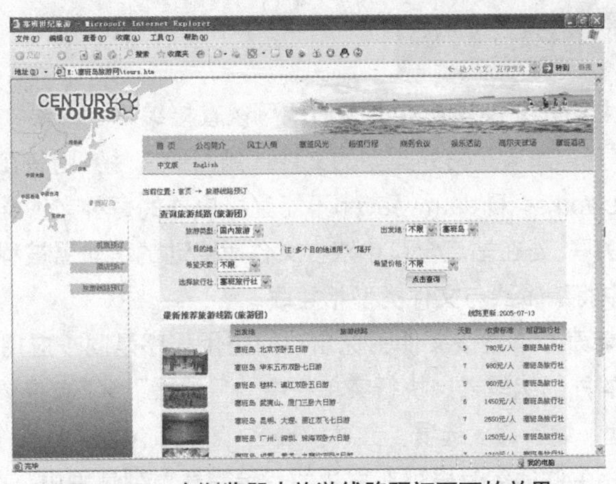

图 11-66　在浏览器中旅游线路预订页面的效果

到这里，塞班岛旅游网站的基本功能页面就已经制作完成了。当然，一个完整的旅游网站还需要制作许多页面，但是，基本的制作方法都是类似的，在这里就不一一重复了，读者可以参考一些网络上的旅游网站，对此实例进行完善，增加对旅游网站的认识和了解。

11.2　知识要点回顾

在本实例中介绍了在网页中插入背景音乐的方法。背景音乐属于多媒体的一种，而各式各样的媒体对象点缀在页面上，会使页面更加精美。利用 Dreamweaver CS3 的相关功能可以快速而方便地向 Web 站点中加入声音和影片。

11.2.1　插入和播放媒体对象

可以在一个页面中插入 Java 小程序、QuickTime 或 Shockwave 影片、Flash 影片或对象、ActiveX 控件等元素。在插入媒体对象时，可以执行“插入记录”>“媒体”命令，在弹出的级联菜单中选择要插入的媒体类型，Shockwave、Applets、ActiveX 和 Flash 对象已经有定义好的按钮。使用 Netscape Navigator 插件按钮可以插入 QuickTime 影片和声音文件。

若在页面中插入媒体对象，可按如下方法和步骤进行操作。

步骤 01 将插入点置于需在页面中要插入媒体的地方。

步骤 02 执行“插入记录”>“媒体”命令，在级联菜单中单击需要的选项。

在绝大部分情况下会出现对话框让制作者选取源文件并为该媒体对象指定某些参数。

提 示

如果不想显示这类对话框，可以执行菜单栏中的“编辑”>“首选参数”>“常规”命令，取消对“插入对象时显示对话框”选项的勾选。若要忽略任何显示对话框的设置，可以在插入对象时按住 Ctrl 键（例如，若要插入一个 Shockwave 影片占位符但并不指定该文件，按住 Ctrl 键并单击“插入”面板中的 Shockwave 按钮）。

每个对象面板按钮都会插入必要的 HTML 源代码以使该对象或占位符出现在页面中。若要指定源文件或者设置尺寸及其他参数和属性，就使用每个对象对应的属性面板。

11.2.2 启动外部编辑器

在站点窗口中，绝大部分文件只要双击它们就可以直接编辑。如果文件是 HTML 文件，将在 Dreamweaver CS3 中打开；如果是另外类型的文件，如图像文件，则将在指定的外部编辑器中打开，如 Macromedia Fireworks。Dreamwcaver 不能直接处理的每种文件类型都可以与系统上的一个或多个外部编辑器相关联。当在站点窗口中双击文件时启动的编辑器被称为主编辑器。可以在"文件类型 / 编辑器"设置中将编辑器与文件类型相关联。

一般主编辑器和在桌面上单击该文件图标启动的应用程序是同一应用程序。若要为某既定文件类型明确指定所启动的外部编辑器。执行菜单栏中的"编辑" > "首选参数"命令，并从"分类"列表框中选取"文件类型 / 编辑器"选项。文件扩展名，如 .gif，.wav，.mpg 等列在右边的"扩展名"列表框中，选定扩展名相关联的编辑器列在右边的"编辑器"列表框中，如图 11-67 所示。

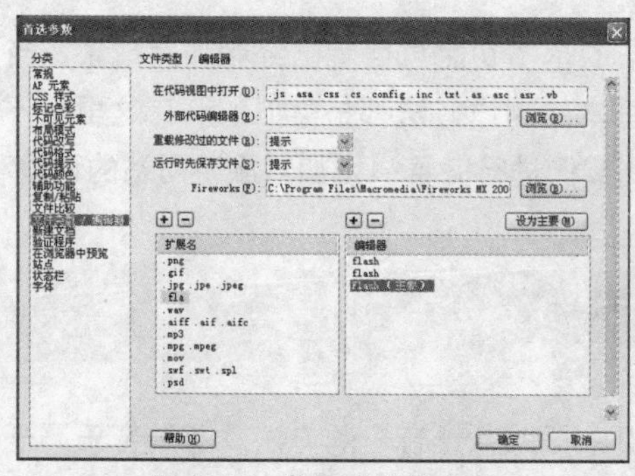

图 11-67 指定文件编辑器

也可以指定一个外部编辑器来编辑文件。在文档窗口的设计视图下右击文件，然后执行菜单栏中的命令"外部代码编辑器" > "浏览"，也可以先选取文件，然后执行菜单栏中的"编辑" > "使用外部编辑器编辑"命令。

下面是在"文件类型 / 编辑器"设置中添加扩展名列表的方法。

步骤 01 单击"扩展名"列表框上方的"+"按钮。

步骤 02 输入文件扩展名（包括扩展名前的句点），或者以空格分隔的一些扩展名。例如输入 .css, .png 和 .jpg。

下面是为选定文件类型添加编辑器的方法。

步骤 01 在"扩展名"列表框中选取文件类型的扩展名。单击"编辑器"列表框上方的"+"按钮。

步骤 02 在出现的对话框中，选择要添加到"编辑器"列表框中的应用程序。例如选择 wmplayer 应用程序图标以将该程序添加到"编辑器"列表框中。

若要从列表中删除文件类型，可以执行下列操作。

步骤 01 在"扩展名"列表框中选取文件类型。

步骤 02 单击"扩展名"列表框上方的"-"按钮。

若要将编辑器设置为一个文件类型的主编辑器，可以执行下列操作。

步骤 01 选取该文件类型。选取编辑器，如果不在列表框中则先添加到列表框。

步骤 02 单击"设为主要"按钮。

若要取消文件类型与某编辑器的关联，执行下列操作。

步骤 01 在"扩展名"列表框中选取文件类型。

步骤 02 在“编辑器”列表框中选取编辑器。

步骤 03 单击“编辑器”列表框上方的“-”按钮。

11.3 成功经验扩展

对于旅游类网站的制作，通常分为以下 4 种类型。

● 景点类网站

景点类网站，主要针对某一景点进行宣传，比如北京的故宫、杭州的西湖、四川的九寨沟等。景点的网站都是由相关部门进行策划、组织、宣传的一种方式。网站的风格主要与景点的背景、文化、建筑风格等相关，如图 11-68 所示为丽江古城景点的网站。

● 旅行社网站

旅行社网站，主要对旅行社推出的线路、酒店等相关信息进行介绍与宣传。这类网站风格主要根据旅行社的 VI 设计再结合旅游的特点进行制作，如图 11-69 所示的苏州旅行社。

图 11-68　丽江古城

图 11-69　苏州旅行社

● 户外运动俱乐部

户外运动俱乐部由旅游爱好者组建，不定期地组织网友户外运动。此类俱乐部有很多类型，比如徒步旅游、单车旅游、驾车旅游等。网站风格自由，通常制作得都比较有个性、时尚。如图 11-70 为远飞鸟户外运动俱乐部网站。

● 旅游服务类网站

旅游服务类网站为旅游者提供全方位的服务，比如酒店预定、旅游线路预定、机票预定、接送服务、租车服务等，通常有比较大的优惠。此类网站的制作风格为比较正统的商业网站类型，并带有旅游网站活泼、轻快的特点，如图 11-71 为携程旅游网。

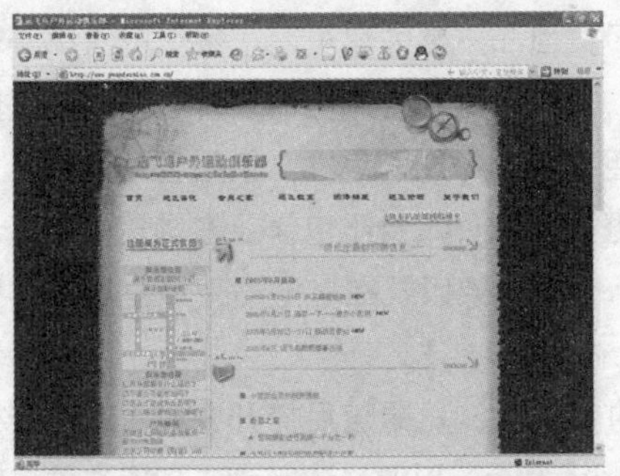

图 11-70　远飞鸟户外运动俱乐部

图 11-71　携程旅游网

第12章 BBS论坛类网站——快乐交友社区

BBS论坛类网站概述

BBS（Bulletin Board Service，公告牌服务）是Internet上的一种电子信息服务系统。它提供一块公共电子白板，每个用户都可以在上面发布信息或提出看法。大部分BBS由教育机构、研究机构或商业机构管理。像日常生活中的黑板报一样，电子公告牌按不同的主题，分成很多个布告栏，布告栏的设立的依据是大多数BBS使用者的要求和喜好，使用者既可以阅读他人关于某个主题的最新看法（几秒钟前别人刚发布过的观点），也可以将自己的想法毫无保留地贴到公告栏中。同样地，别人对你的观点的回应也是很快的（有时候几秒钟后就可以看到别人对你的观点的看法）。如果需要私下交流，也可以将想说的话直接发到某个人的电子信箱中。如果想与在线的某个人聊天，可以启动聊天程序加入闲谈者的行列，虽然谈话的双方素不相识，却可以亲近地交谈。在BBS里，人们之间的交流打破了空间、时间的限制，在与别人进行交往时，无须考虑自身的年龄、学历、知识、社会地位、财富、外貌，健康状况等，而这些条件往往是人们在其他交流形式中无法回避的。同样地，也无从知道对方的真实社会身份。这样，参与BBS的人可以处于一个平等的位置与其他人进行任何问题的探讨。这对于现有的所有其他交流方式来说是不可能的。BBS可以通过Internet登录，也可以通过电话网拨号登录。BBS网站往往是由一些有志于此道的爱好者建立，对所有人都免费开放。由于BBS的参与人众多，因此各方面的话题都不乏热心者。可以说，在任何时候都可以找到你感兴趣的话题。

实例展示

本章介绍的是利用Dreamweaver CS3框架技术制作“快乐交友社区”网站的网页。这是一个BBS论坛形式网站，主要提供各个会员相互交友和聊天的网络平台，使他们放松精神，减轻工作压力。

网站页面以框架为技术，制作标识页面、导航栏目页面和主要内容页面，每个页面都统一集中在一个框架集中。框架是浏览器窗口中的一个区域，它可以显示与浏览器窗口中其他区域内容无关的HTML文档。框架集是HTML文件，它定义一组框架的布局和属性，包括框架的数目、框架的大小和位置以及在每个框架中初始显示的URL。框架集文件本身不包含要在浏览器中显示的HTML内容。框架集文件只是向浏览器提供应如何显示一组框架以及在这些框架中应显示哪些文档的有关信息。两个或两个以上框架组合成一个网页。

要在浏览器中查看一组框架，就输入框架集文件的URL，浏览器随后打开要显示在这些框架中的相应文档。通常将一个站点的框架集文件命名为index.htm，以便当访问者未指定文件名时默认显示该名称，实际效果如下图所示。

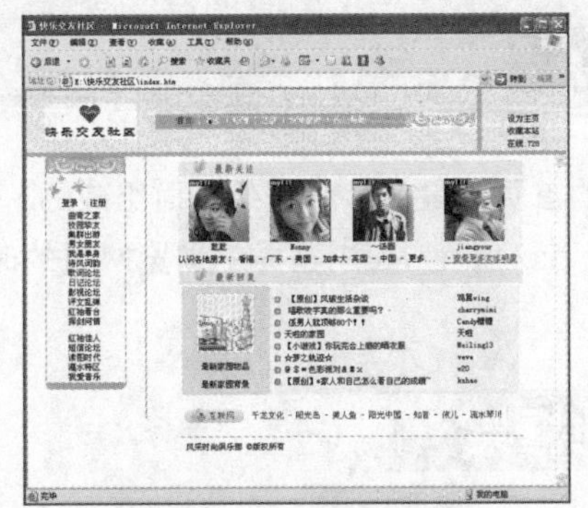

“快乐交友社区”首页

技术要点

① 认识框架和框架集

介绍框架的使用范围，以及框架和框架集的概念。

② 框架的基本操作

实例中详细介绍了框架的属性，包括宽度、背景颜色等相关设置。

③ 利用 Iframe 打开外部网页文档

配色与布局

BBS 论坛通常是作为一个网站的子栏目出现的，论坛的建立可以聚集人气，让有共同爱好的人可以进行深入交流，为网站、网友之间建立一个沟通的平台。论坛的风格通常也会遵循网站的整体风格，然后根据自身特点稍加改动即可达到统一又不失特点的目的。本实例使用了清新淡雅的橄榄绿色，既古朴又亲切。在论坛左侧规划为不同类别，可方便网友进入自己感兴趣的话题中。论坛还使用了框架的形式，网站的结构始终保持不变，有助于浏览者进入不同栏目。

	#B9BB6E R: 185 G: 187 B: 110		#E4EACF R: 228 G: 234 B: 207		#FFFFFF R: 255 G: 255 B: 255

本实例视频文件路径和视频时间

为了更好地帮助读者学会本章内容，特别配备了 15 分钟的多媒体视频教学文件。读者可以结合本章提供的素材和实例文件进行学习。

视频文件	光盘 \ 视频 \ 12
视频时间	15 分钟

12.1 实例制作过程

本实例“快乐交友社区”的首页，是由 3 个框架页面组成的，它们分别为 top.htm、left.htm、right.htm，整个框架集名称为 index.htm。在浏览器中浏览网页的时候，是通过 Index.htm 浏览包含的框架页面实现的。

12.1.1 制作首页的框架

首先制作首页的整体框架。具体操作步骤如下。

步骤 01 启动 Dreamweaver CS3，执行菜单栏中的“文件”>“新建”菜单命令。

步骤 02 在打开的“新建文档”对话框中，选择“示例中的页”选项，然后在中间列表中选择“框架集”选项，此时右侧显示了多种不同框架集样式列表，选择“上方固定，左侧嵌套”选项，如图 12-1 所示。

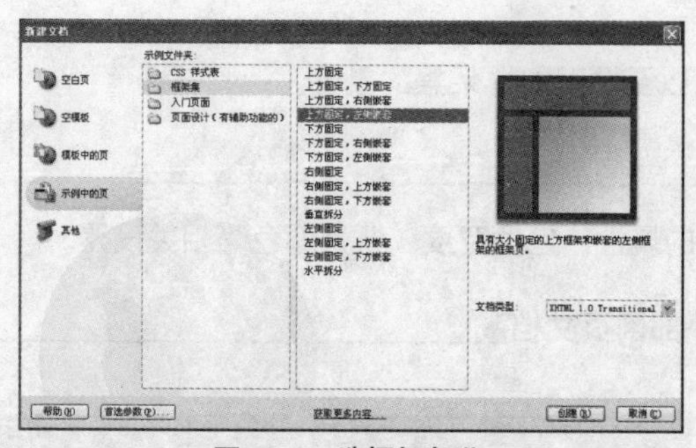

图 12-1 选择框架集

步骤 03 单击“创建”按钮，创建一个框架集，或者新建一个空白 HTML 文档，然后在“布局”栏中单击“框架”按钮，选择“顶部和嵌套的左侧框架”选项，创建一个框架集。进入编辑页面，如图 12-2 所示。

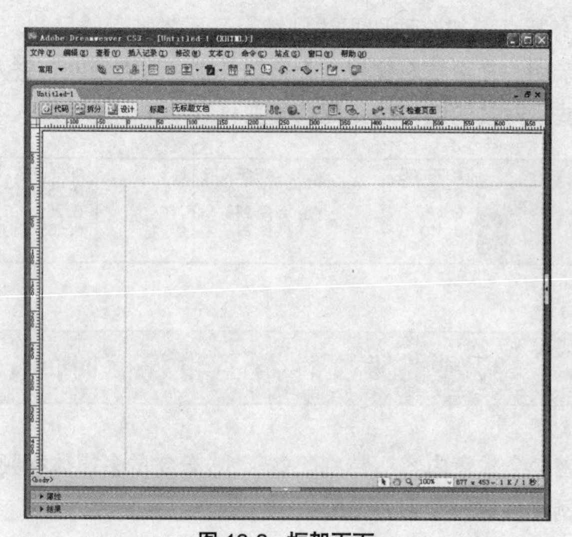

图 12-2 框架页面

步骤 04 使用鼠标单击顶部框架页面，执行“文件”>“保存框架”菜单命令，将页面保存为

top.htm，如图 12-3 所示。

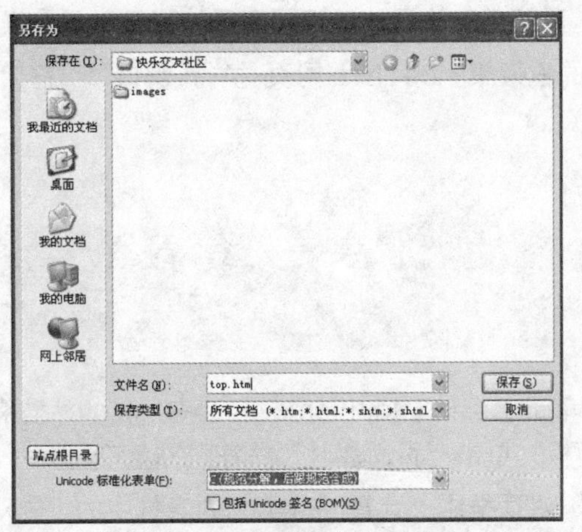

图 12-3 保存顶部框架页

步骤 05 同样使用鼠标单击左侧框架页面，执行菜单栏中的“文件”>“保存框架”命令，将页面保存为 left.htm，然后将中间框架页面保存为 right.htm。

步骤 06 单击页面最外面的框架，使鼠指针标变成双向的箭头，选中整个框架，如图 12-4 所示。

步骤 07 执行“文件”>“保存框架页”菜单命令，将框架保存为 index.htm。

步骤 08 在选中框架集的状态下，将“标题”设置为“快乐交友社区”，同样，使用鼠标依次选中框架，将标题设置为“快乐交友社区”。

步骤 09 执行“文件”>“保存全部”菜单命令，保存整个框架集，完成后如图 12-5 所示。

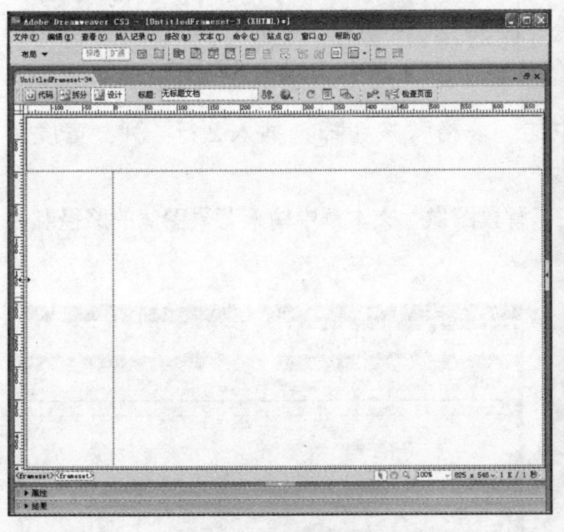

图 12-4 选中框架集

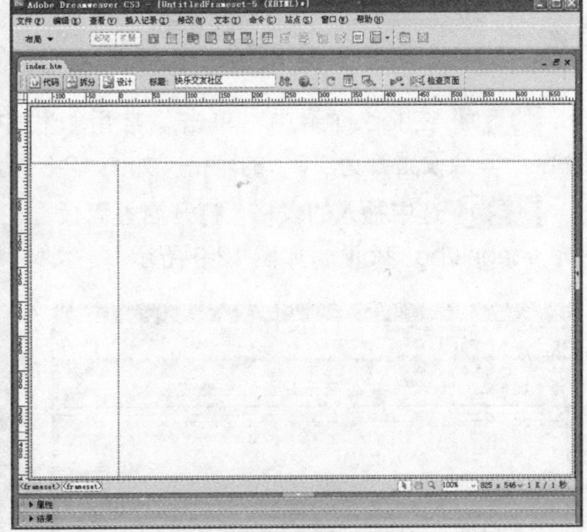

图 12-5 保存框架集

框架和框架集已经建立完成。下面需要制作的网页内容基本上都是在框架集中完成的，但在制作页面内容之前，首先需设置框架属性。

12.1.2 制作导航栏目页面

首先制作网页的标识和导航栏目，因为标识代表企业的形象，它应该放在醒目且容易被浏览

者关注的位置；至于导航栏目，它是引导浏览者浏览网站内容的主要方式，所以在本章实例“快乐交友社区”的框架集中，顶部框架放置的是标识和导航栏目。具体操作步骤如下。

步骤01 打开已经建立的框架集 index.htm 网页，执行“窗口”>“框架”菜单命令，打开框架面板，如图 12-6 所示。

注意

在框架面板中可以查看到当前框架网页的结构和样式。

步骤02 在框架面板中单击上部的“topFrame”，选中 top.htm 框架页面。将鼠标光标插入到“top”页面中，打开属性面板，单击“页面属性”按钮 页面属性... 。

步骤03 在“页面属性”对话框中，选择“分类”列表框中的“外观”选项，打开“外观”设置面板，设置“文本颜色”为“#3A4593”，各个边距文本框都设置为“0”，完成后单击“确定”按钮，如图 12-7 所示。

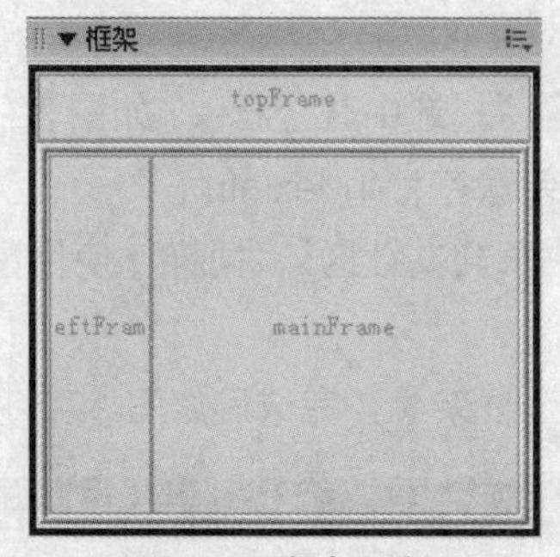

图 12-6 框架面板

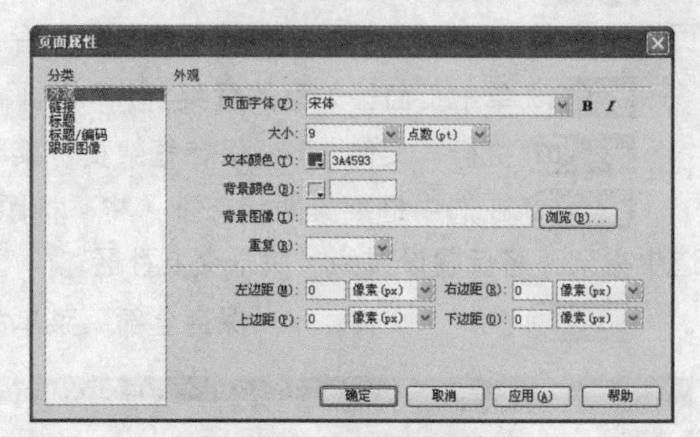

图 12-7 设置页面属性

步骤04 在 top 框架中，单击“常用”栏中的“表格”按钮，插入 2 行 4 列、宽度为 100%、其余设置都为“0”的表格，如图 12-8 所示。

步骤05 选中插入的表格，打开属性面板，在“背景图像”文本框中输入背景图像的路径及名称“images/bg_2.gif”，如图 12-9 所示。

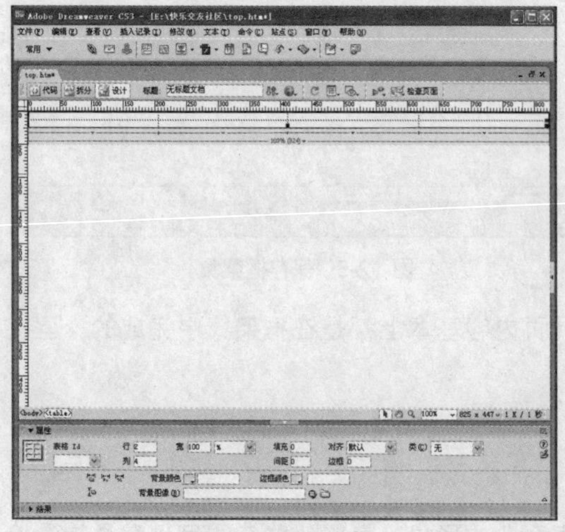

图 12-8 插入表格

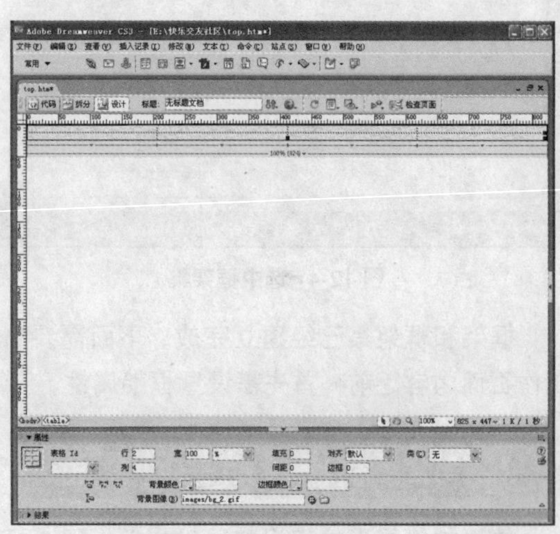

图 12-9 设置表格的背景图像

步骤 06 选取第 2 行表格，打开属性面板，设置表格高度为“10”像素，然后单击文档工具面板中的拆分按钮，在表格代码中删除空格符号“ ”。

步骤 07 单击“设计”按钮，返回至设计界面，将光标移动到第 1 个单元格中，然后单击“常用”栏中的“图像”按钮，选择图片文件夹中的“logo.gif”，插入企业标识，如图 12-10 所示。

步骤 08 拖动第 3 列表格的边框，设置表格宽度为“7”像素，如图 12-11 所示。

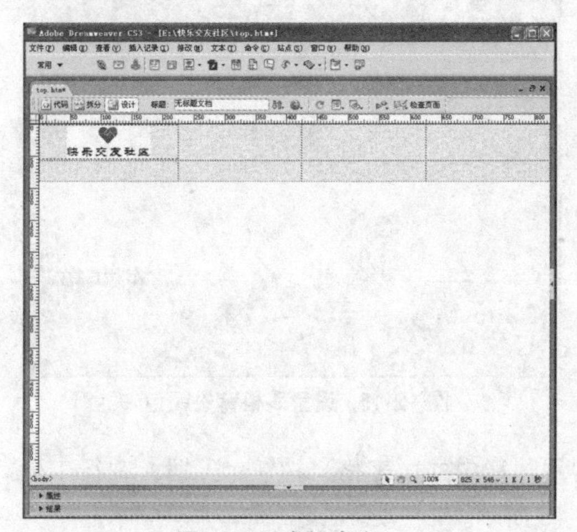

图 12-10 插入标识

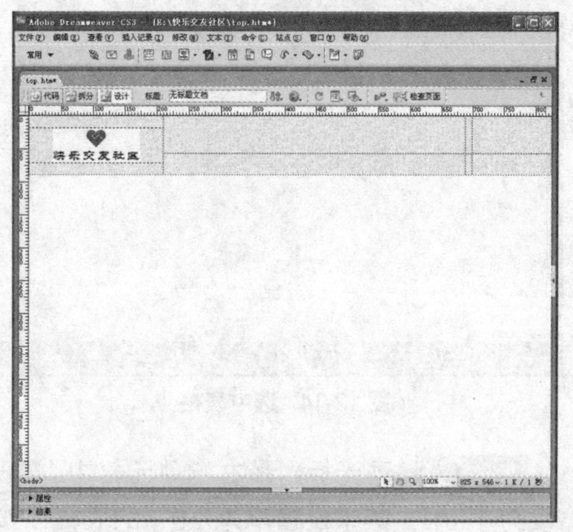

图 12-11 设置表格宽度

步骤 09 将光标移动到第 2 行表格中，打开属性面板，单击“拆分单元格为行或列”按钮，将单元格拆分为 2 行。

步骤 10 将光标移到上面一行的单元格中，单击“常用”栏中的“表格”按钮，插入 1 行 2 列、宽度为 100%、其余设置都为“0”的表格。

步骤 11 在第 1 个单元格中输入栏目内容，如“首页 | 友缘 | 相簿 | 社群 | 发贴搜索 | 论坛帮助”等，然后打开属性面板，单击“居中对齐”按钮，使文字居中显示，如图 12-12 所示。

步骤 12 将光标移到第 2 个单元格中，单击“常用”栏中的“图像”按钮，选择图片文件夹中的“link-01.gif”，插入图片，然后打开属性面板，单击“居中对齐”按钮，如图 12-13 所示。

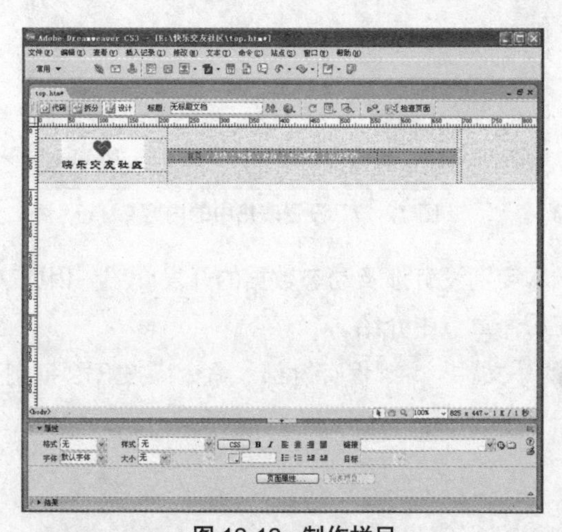

图 12-12 制作栏目

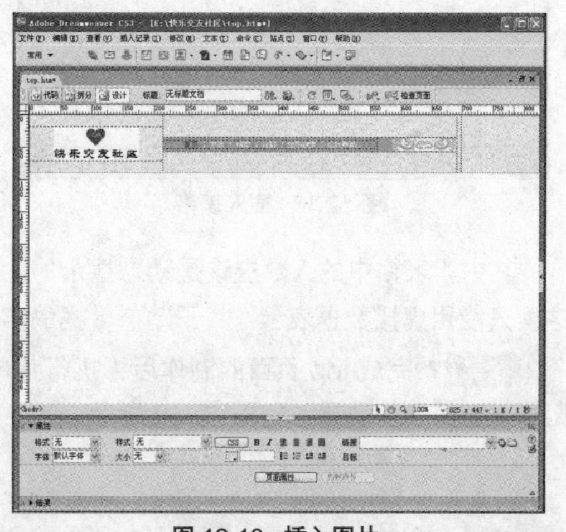

图 12-13 插入图片

步骤 13 使用鼠标拖动单元格，选中 top 页面中的最底下一行表格，如图 12-14 所示。

步骤 14 打开属性面板，在“背景颜色”文本框中输入色标值“#B9BB6E”，接着再次选中第3列单元格，同样设置背景颜色为“#B9BB6E”，如图 12-15 所示。

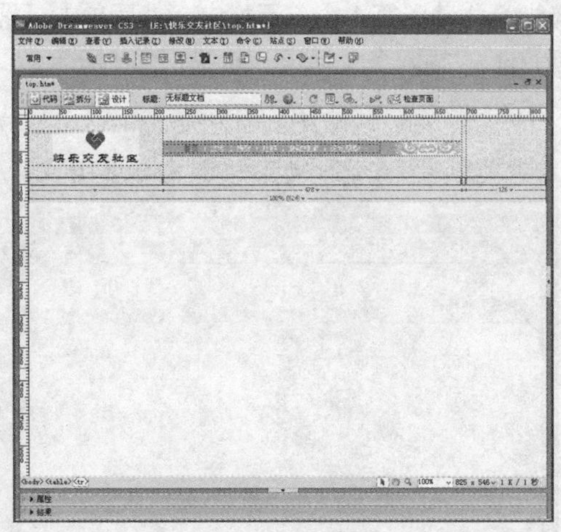

图 12-14　选中表格

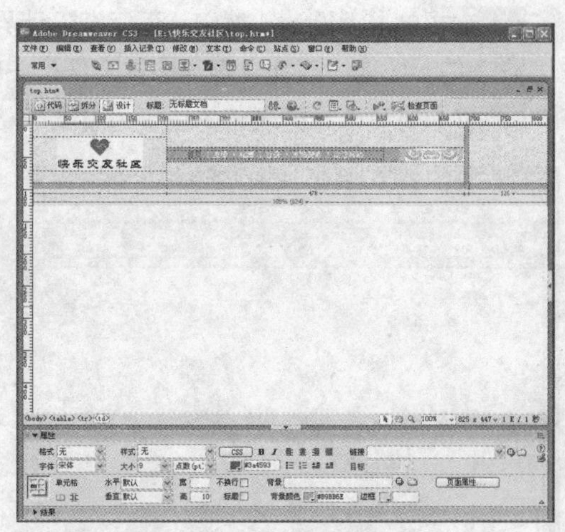

图 12-15　设置表格背景颜色

步骤 15 移动光标到最右侧单元格中，单击“常用”栏中的“表格”按钮，插入 3 行 1 列、宽度为 100%、其余设置都为“0”的表格，如图 12-16 所示。

步骤 16 将鼠标移动到第 1 行单元格中，输入文字“设为主页”，接着依次在下面单元格中输入“收藏本站”，“在线 :728”，完成后如图 12-17 所示。

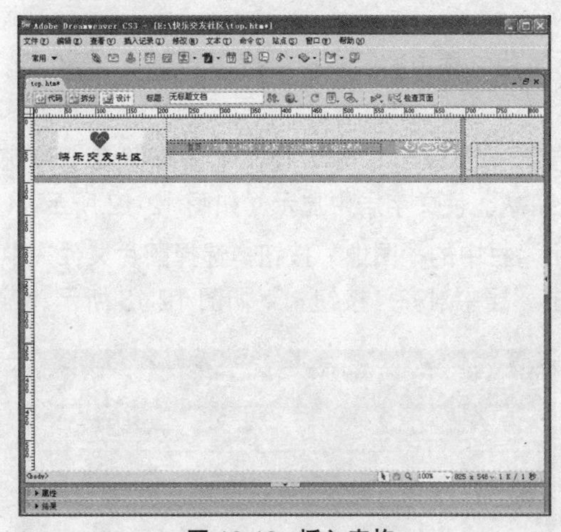

图 12-16　插入表格

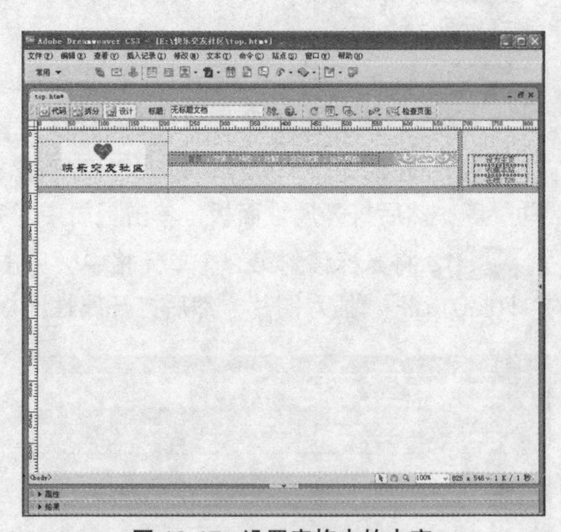

图 12-17　设置表格中的内容

其中，表格中的人数应该是动态显示的，但由于本实例没有涉及动态数据的开发介绍，因此，这里只能用虚拟数据表示，关于动态数据的实例将在后面章节中介绍。

步骤 17 完成 top 页面的制作后，执行菜单栏中的“文件”>“保存全部”命令，按 F12 键浏览网页查看制作效果，如图 12-18 所示。

注 意

“保存全部”命令可将框架集中的所有框架页面都进行保存。如果某个框架没有命名，Dreamweaver 就会提示为该框架页面进行命名并保存。

顶部页面制作完成后，还得设置 top 框架的属性，因此，接下来设置 top 框架属性。

步骤 18 执行"窗口" > "框架"菜单命令，打开框架面板。单击框架上部的 topFrame，打开框架属性面板，如图 12-19 所示。

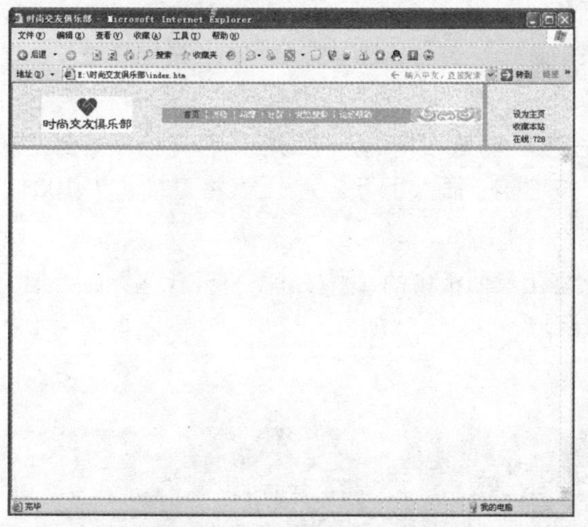

图 12-18 浏览网页制作效果

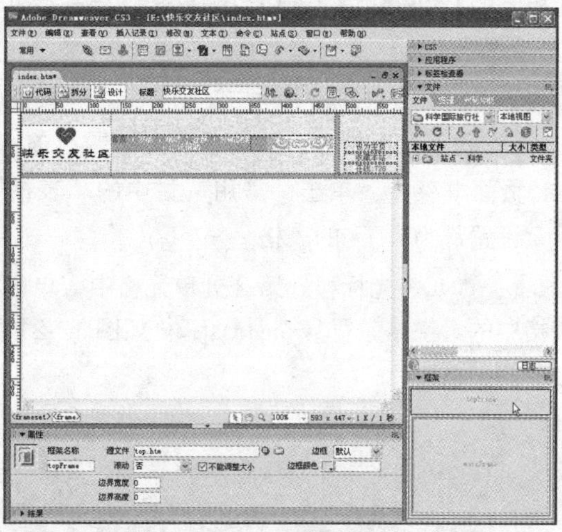

图 12-19 设置框架属性

框架属性面板中的各个功能具体说明如表 12-1 所示。

表 12-1 框架属性面板各功能含义说明

选 项	说 明
滚动	是：显示滚动条 否：不显示滚动条 自动：当没有足够的空间来显示当前框架的内容时自动显示滚动条 默认：采用浏览器的默认值（大多数浏览器默认为"自动"）
框架名称	可以修改框架名称，这里输入的框架名，将被超链接和脚本引用。因此，命名框架必须规范。框架名应该是一个单词，允许使用下划线（_），但不能使用横杠（-）、句号（。）和空格，框架名应以字母开头，不要使用 JavaScript 的保留字（例如 top 或 navigator）
源文件	表示调用的当前页面
不能调整大小	表示框架设置完成后，防止拖动框架边框来调整框架的大小
边界宽度	宽度数值，以像素为单位设置框架内容与左右边框之间的距离
边界高度	高度数值，以像素为单位设置框架内容与上下边框之间的距离
边框颜色	设置与当前框架比邻的所有边框的颜色，此项选择覆盖框架集的边框颜色设置
边框	在下拉列表中选择当前框架是否显示边框，有是、否和默认 3 种选择。大多数浏览器默认为"是"。此项选择覆盖框架集的边框设置

完成框架属性设置后保存框架集。

12.1.3 制作分类页面

网页标识及导航栏目的框架页面制作完成后，接下来制作分类框架页面。在很多 BBS 论坛类网站中，聊天主题五花八门，主要目的就是为了吸引有相同爱好的浏览者集中到一起，探讨共同

关心的主题。在本章实例介绍中，也列举了几个主题栏目，主要布置在左边的框架页面中。具体制作步骤如下。

步骤 01 打开 index.htm 网页，执行“窗口”>“框架”菜单命令，打开框架面板。单击框架面板上的 LeftFrame，选中左侧框架，打开属性面板。

步骤 02 在框架属性面板的“滚动”下拉列表中选择“否”，“边界宽度”和“边界高度”都设置为“0”，如图 12-20 所示。

步骤 03 单击页面右侧中间的“隐藏”面板按钮，隐藏右侧的浮动面板。将光标移动到左侧 Left 页面框架中，单击“常用”栏中的“表格”按钮，插入 1 行 2 列、“表格宽度”为 100%、其余设置都为“0”的表格。

步骤 04 将光标移到第 2 列单元格中，单击文档工具面板中的代码按钮，打开代码界面，删除表格中的“空格”符号“ ”，如图 12-21 所示。

注 意

删除表格中的“空格”符号“ ”，表格要设置成很小的宽度和高度才能正常显示，比如通常设置的 1 像素的单元格，都要将单元格中的“空格”符号“ ”删除。

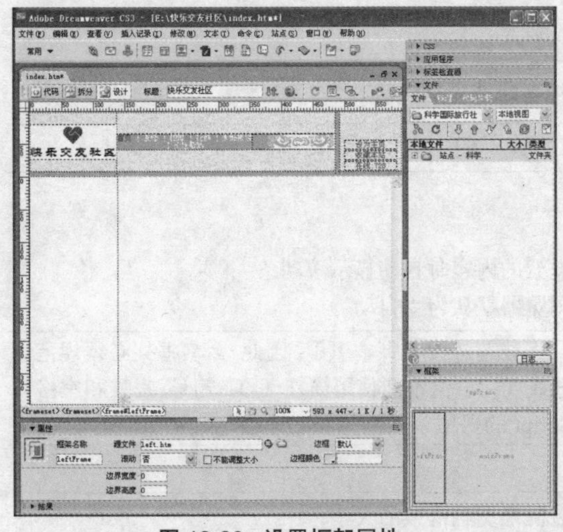

图 12-20 设置框架属性

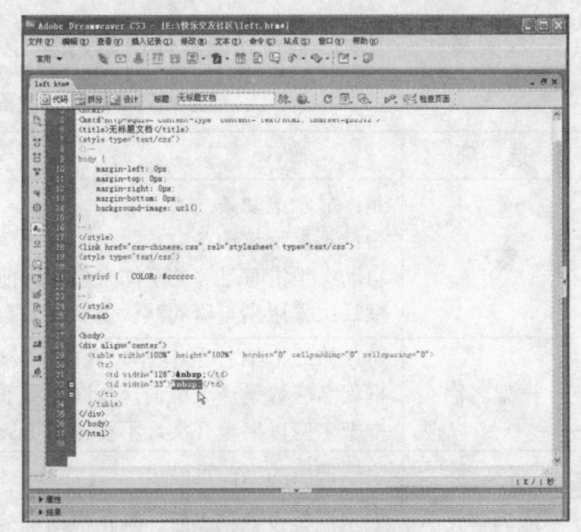

图 12-21 删除空格符号

步骤 05 单击设计按钮，返回至设计界面，打开属性面板。设置“背景颜色”为“#B8BC70”，表格宽度为“2”像素，如图 12-22 所示。

步骤 06 移动光标到第 1 列单元格中，单击“常用”栏中的“表格”按钮，插入 3 行 1 列、宽度为“119”像素、其余设置都为“0”的表格，如图 12-23 所示。

步骤 07 将光标移动到第 1 行单元格中，单击“常用”栏中的“图像”按钮，选择图片文件夹中的“top.gif”，插入图片，如图 12-24 所示。

步骤 08 移动光标到第 2 行单元格中，打开属性面板，设置单元格背景为“main.gif”，如图 12-25 所示。

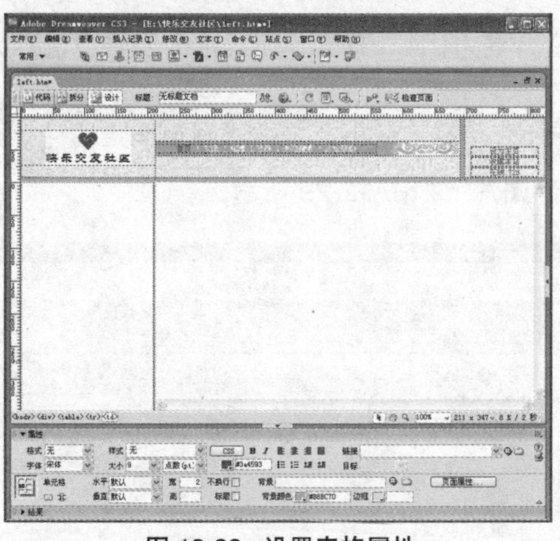

图 12-22 设置表格属性

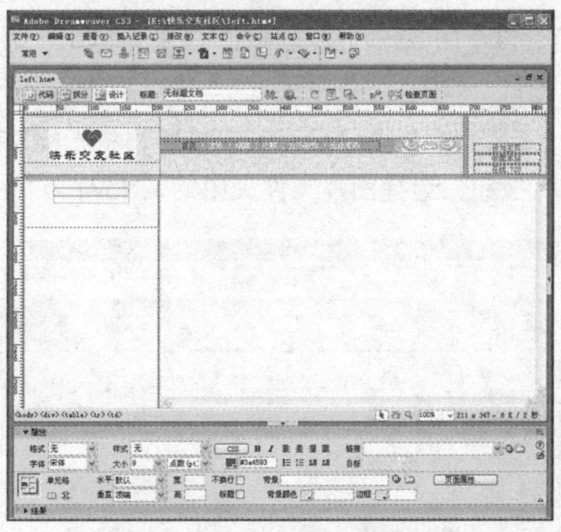

图 12-23 在表格中插入嵌套表格

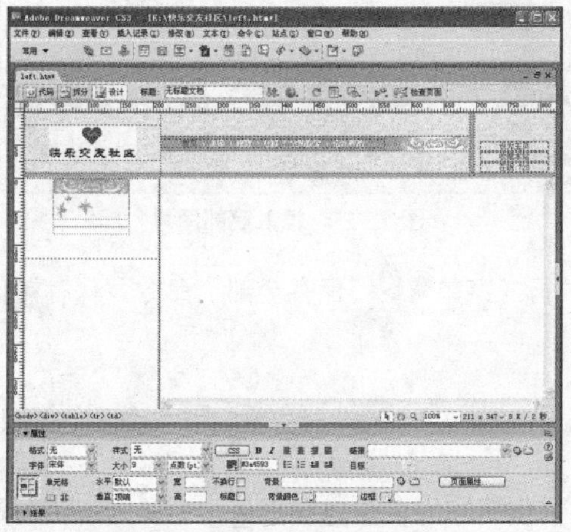

图 12-24 插入表格中的图片

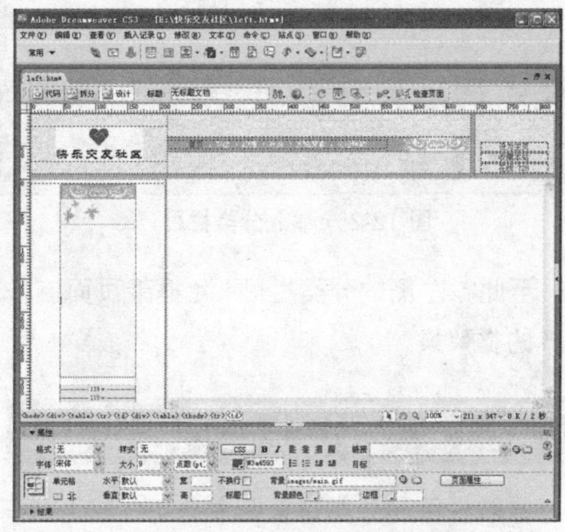

图 12-25 设置单元格的背景图片

步骤 09 单击“常用”栏中的“表格”按钮，插入 20 行 3 列、宽度为 100%、其余设置都为“0”的表格，如图 12-26 所示。

步骤 10 在第 1 行单元格中，输入“登录 | 注册”文字，然后选中“|”，在属性面板中设置字体颜色为“#CCCCCC”，如图 12-27 所示。

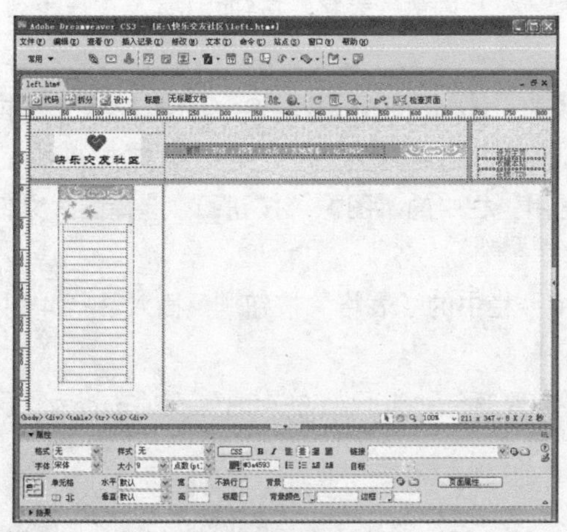

图 12-26 插入表格

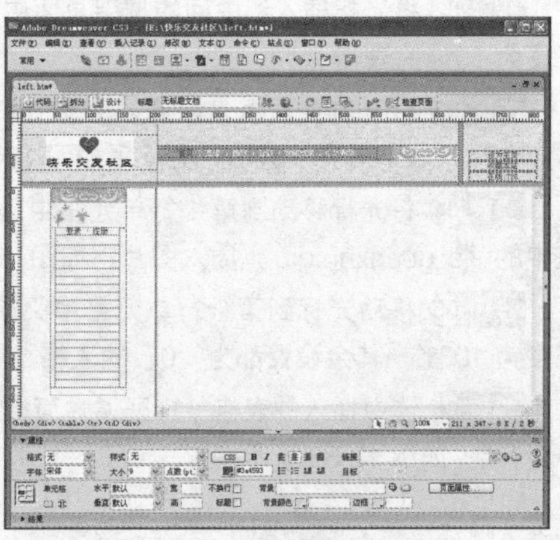

图 12-27 输入“登录 | 注册”

步骤 11 移动光标到第 2 行单元格中，设置单元格高度为“4”像素。在其余的表格中输入分类栏目，如图 12-28 所示。

步骤 12 分类栏目设置完成后，将光标移动到最底下一行单元格中，单击“常用”栏中的“图像”按钮，选择图片文件夹中的“down.gif”，插入底部图片，如图 12-29 所示。

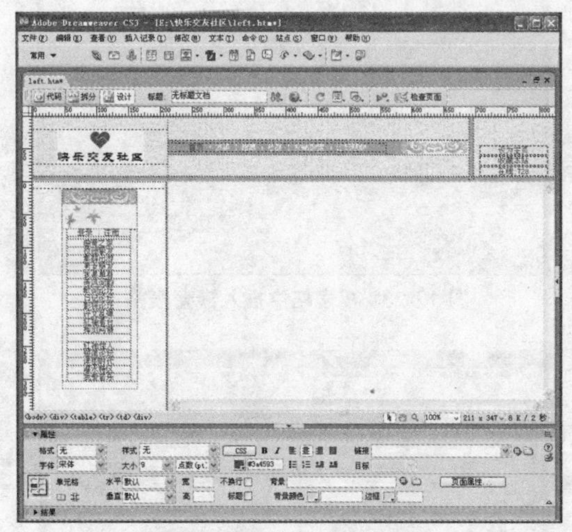

图 12-28　输入分类栏目

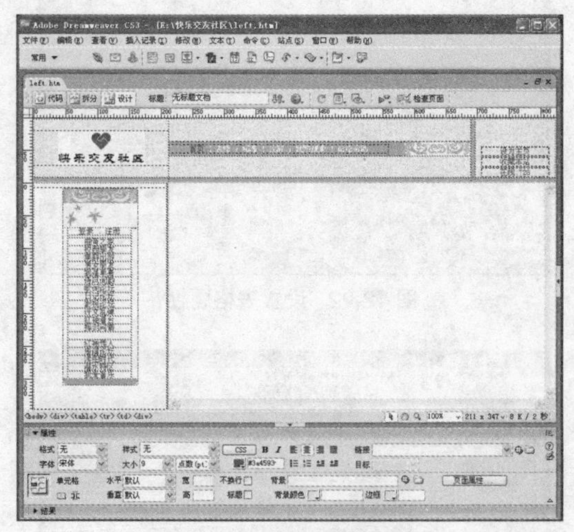

图 12-29　插入底部图片

至此，左侧的分类栏目 left 框架页面制作完成，执行“菜单”>“保存全部”命令，保存制作完成的框架集。

12.1.4　制作主要内容页面

导航栏目和分类目录都制作好了，接下来就可以制作网站的主要内容页面。主要内容页面是浏览者浏览内容的主要区域，也是网站实例的重要显示区域，因此，它的显示区域应该比其他框架显示区域范围要大得多。在上面实例介绍的图例中，中间最大的空白区，就是下面要制作的主要内容显示区域，也是网站首页的重要显示区域。具体操作步骤如下。

步骤 01 在打开 index.htm 的情况下，打开“框架”面板，单击“mainFrame”按钮。打开属性面板，选择“滚动”为“是”，完成后保存页面，如图 12-30 所示。

步骤 02 将光标插入到中间的框架页面中，单击“常用”栏中的“表格”按钮，插入 6 行 1 列、宽度为 80% 的表格。

步骤 03 打开属性面板，设置“填充”和“边框”为“0”，“间距”为“2”，在“对齐”下拉列表选择“居中对齐”选项，完成后如图 12-31 所示。

步骤 04 将光标移动到第 1 行单元格中，单击“常用”栏中的“图像”按钮，选择图片文件夹中的“s_guanzhu.gif”，插入图片，如图 12-32 所示。

步骤 05 移动光标到第 2 行单元格中，单击“常用”栏中的“表格”按钮，插入 2 行 4 列、宽度为 100%、其余设置都为“0”的表格。

步骤 06 选中插入的表格，打开属性面板，设置“背景颜色”为“#F5FAFB”，“对齐”为“居中对齐”，如图 12-33 所示。

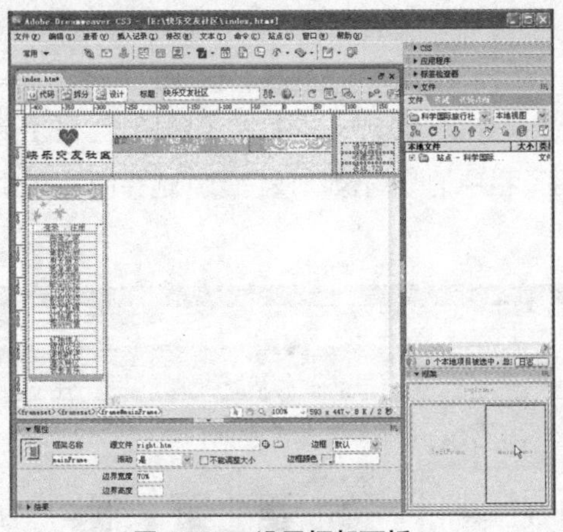

图 12-30　设置框架面板

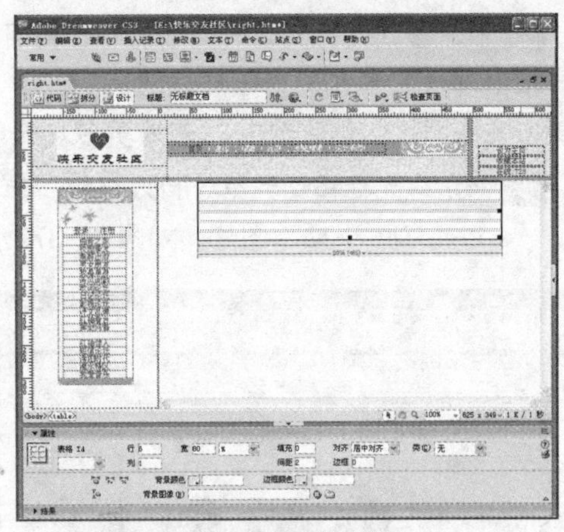

图 12-31　插入表格

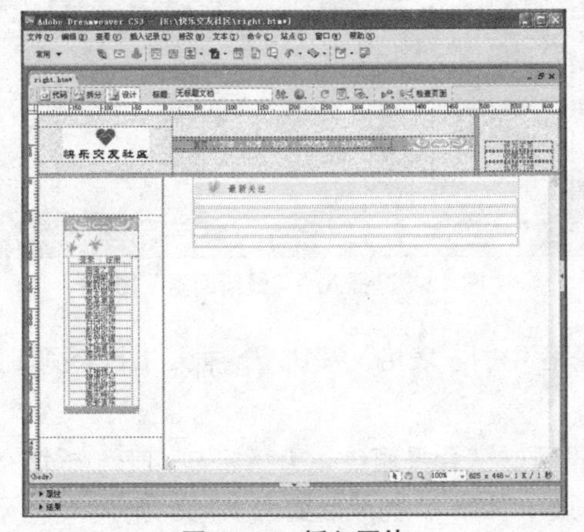

图 12-32　插入图片

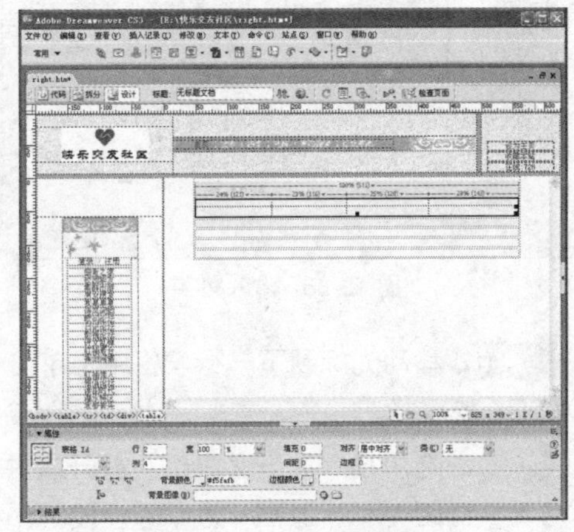

图 12-33　设置表格属性

步骤 07 将光标移到插入的第 1 个单元格中，单击属性面板中的“居中对齐”按钮，接着单击“常用”栏中的“图像”按钮，选择图片文件夹中的“121.jpg”，插入会员允许公开的照片。

步骤 08 在插入图片的下一行单元格中输入会员昵称，如“乾乾”，如图 12-34 所示。

步骤 09 接着在下一列单元格中，依次插入“63.jpg”，昵称为“Nonny”；“6325.jpg”，昵称为“～汤圆”；“6.jpg”，昵称为“jiangyour”等等，如图 12-35 所示。

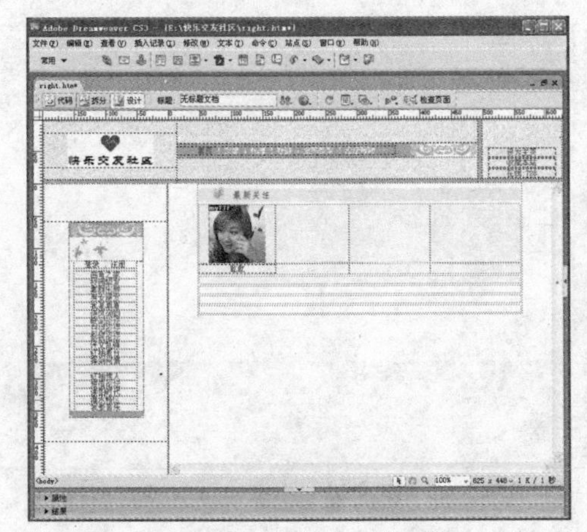

图 12-34　插入第一个图片

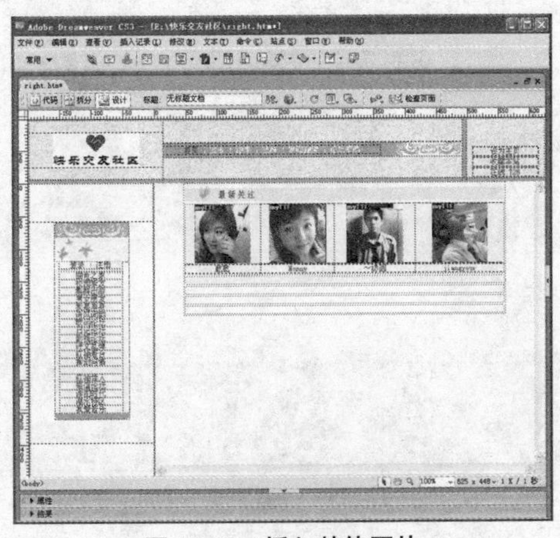

图 12-35　插入其他图片

步骤 10 移动光标到下一行表格中，打开属性面板，设置“背景颜色”为“#F5FAFB”，然后在表格中输入文字，如“认识各地朋友：香港 — 广东 — 美国 — 加拿大 英国 — 中国 — 更多 ...· 查看更多友缘明星”，然后选中“· 查看更多友缘明星”，设置文字颜色为“#02907E”，如图 12-36 所示。

步骤 11 将光标移动到第 5 行表格中，单击“常用”栏中的“图像”按钮，选择图片文件夹中的“s_huifu.gif”，插入图片，如图 12-37 所示。

图 12-36　输入文字

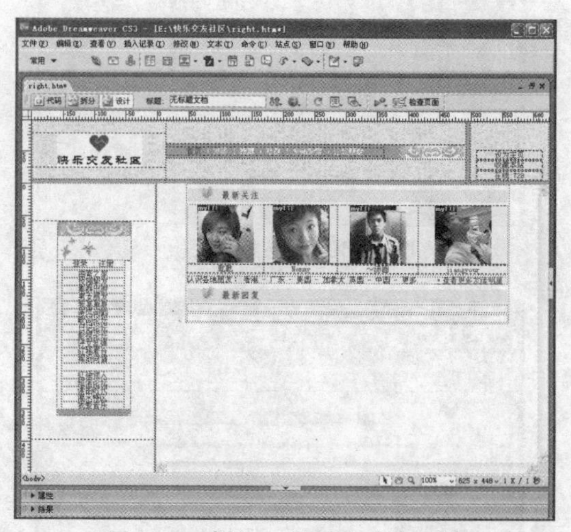

图 12-37　插入　“最新回复”图片

步骤 12 移动光标到下一行表格中，单击“常用”栏中的“表格”按钮，插入 1 行 2 列、宽度为 98% 的表格。

步骤 13 选中插入的嵌套表格，打开属性面板，设置其“背景颜色”为“#F5FAFB”，“填充”为“1”，“间距”和“边框”为“0”，“对齐”选择“居中对齐”，完成后如图 12-38 所示。

步骤 14 移动光标到第 1 个单元格中，在属性面板中设置背景颜色为“#D2EDF3”。单击“常用”栏中的“表格”按钮，插入 5 行 1 列、宽度为“104”像素的表格。

步骤 15 选中表格，打开属性面板，设置“填充”为“2”，“间距”和“边框”都为“0”，“对齐”选择“居中对齐”，如图 12-39 所示。

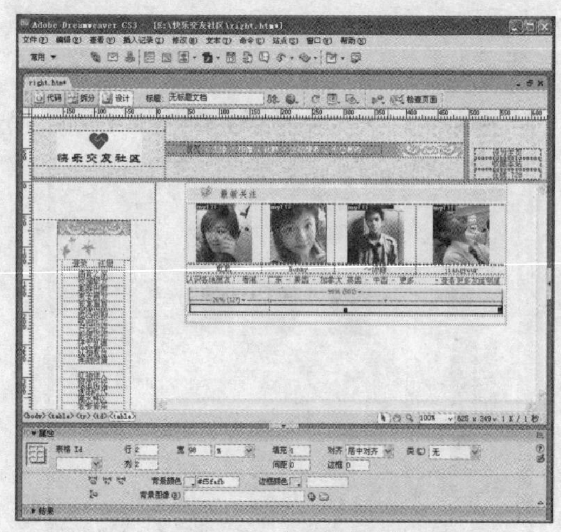

图 12-38　设置嵌套表格

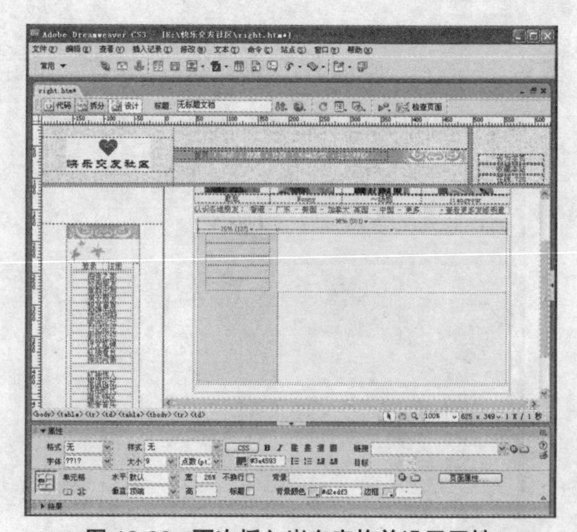

图 12-39　再次插入嵌套表格并设置属性

步骤 16 将光标移动到插入的第 1 行单元格中，设置高度为"5"像素。在第 2 行单元格中，单击"常用"栏中的"表格"按钮，插入 1 行 1 列、"宽度"为"80"像素的表格。

步骤 17 选中表格，打开属性面板，设置"填充"为"2"，"间距"为"1"，"边距"为"0"，"对齐"选择"居中对齐"，"背景颜色"为"#B6DDE6"，接着将光标插入到表格中，设置表格的"背景颜色"为"#FFFFFF"，如图 12-40 所示。

步骤 18 将光标插入到表格中，单击"常用"栏中的"图像"按钮，选择图片文件夹中的"9W7G.gif"，插入图片，如图 12-41 所示。

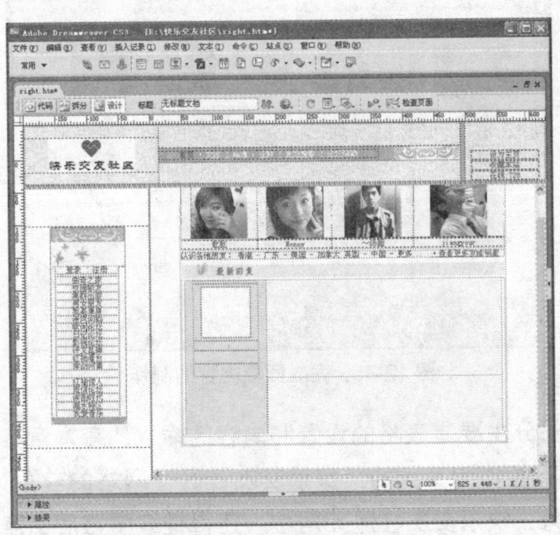

图 12-40　设置嵌套表格的属性

图 12-41　插入图片

步骤 19 移动光标到下一行单元格中，设置高度为"5"像素，接着在下一行单元格中输入"最新家园物品"，再移动到下一行单元格中，输入文字"最新家园背景"，完成后如图 12-42 所示。

步骤 20 将光标移动到右侧的单元格内，单击"常用"栏中的"表格"按钮，插入 8 行 2 列、"宽度"为 100%、其余设置都为"0"的表格，如图 12-43 所示。

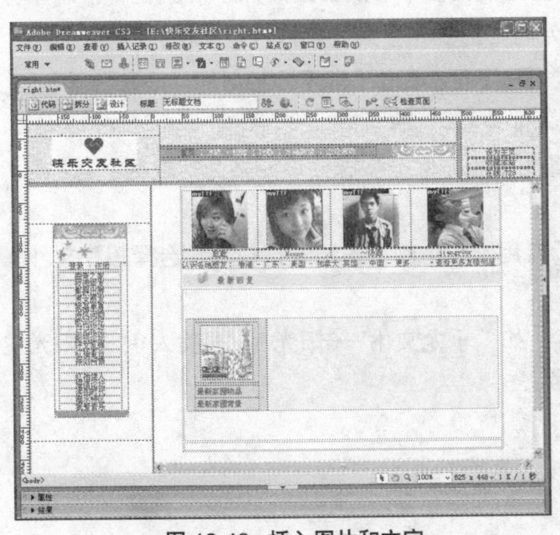

图 12-42　插入图片和文字

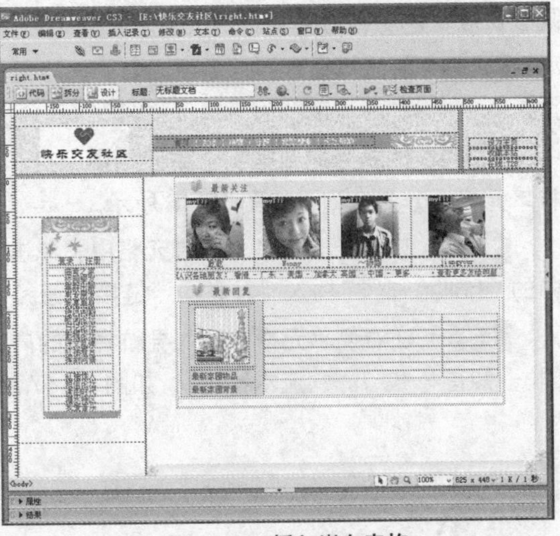

图 12-43　插入嵌套表格

步骤 21 移动光标到插入的第 1 个单元格内，单击"常用"栏中的"图像"按钮，选择图片

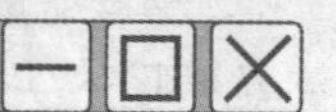

文件夹中的“1bon_bon.gif”，插入符号图片，接着在符号图片右侧输入回复标题，如“风破生活杂谈！”，然后在右侧单元格中输入发表者的昵称，如“鸡翼 wing”，如图 12-44 所示。

步骤 22 以同样的方法，在其余的表格中输入回复标题和昵称，如图 12-45 所示。

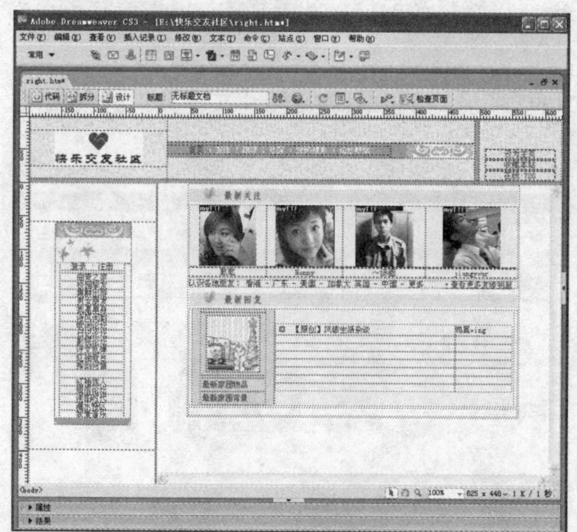

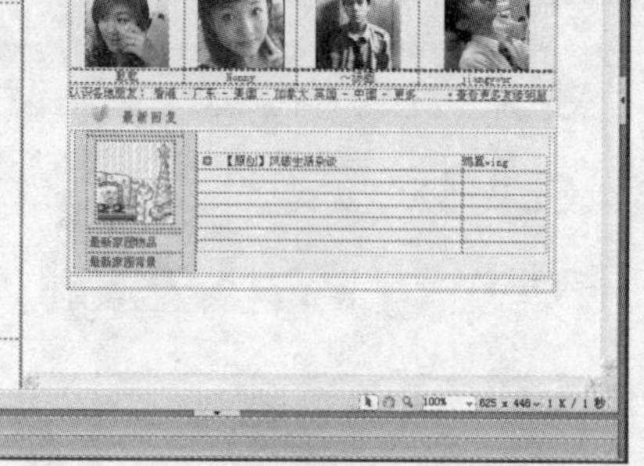

图 12-44 制作回复内容

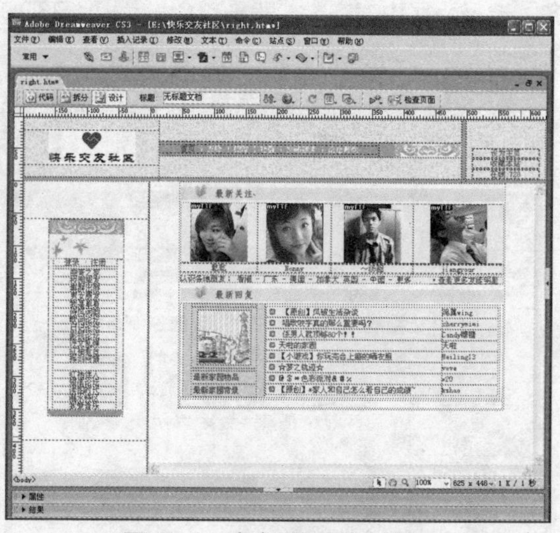

图 12-45 完成回复内容的制作

right 框架的重要内容区域已经制作完成，这部分主要是表格的设置和内容的输入。在本章实例教程中，主要是以 HTML 网页形式制作的，但不能作为真正的“快乐交友社区”网站的首页，因为它不能实行互动性发表话题，如果要真正作为“快乐交友社区”网站，还得继续学习后面章节中的动态应用程序实例教程，具体内容会在后面章节中介绍。

12.1.5 制作导航栏目和插入水平线

“快乐交友社区”首页框架集中，right 框架中显示主要内容的区域已经制作完成了，但没完成整体页面内容的制作。因为在本章“快乐交友社区”实例中，底部还添加了导航栏目、水平分隔线及版权声明等内容，所以接下来就介绍这部分内容的制作。具体操作步骤如下。

步骤 01 将光标插入到“最新回复”内容区域表格下面，单击“常用”栏中的“表格”按钮，插入 4 行 1 列、“宽度”为“513”像素、其余设置都为“0”的表格。

步骤 02 移动光标到第 1 个单元格中，打开属性面板，单击“拆分单元格为行或列”按钮，将单元格拆分为 2 列，如图 12-46 所示。

步骤 03 移动光标到第 1 个单元格中，单击“常用”栏中的“图像”按钮，选择图片文件夹中的“hulian.gif”，插入“互联网”链接按钮。

步骤 04 在右侧单元格中输入导航栏目的内容，如“千龙文化 — 阳光岛 — 美人鱼 — 阳光中国 — 知音 — 依儿 — 流水琴川”，如图 12-47 所示。

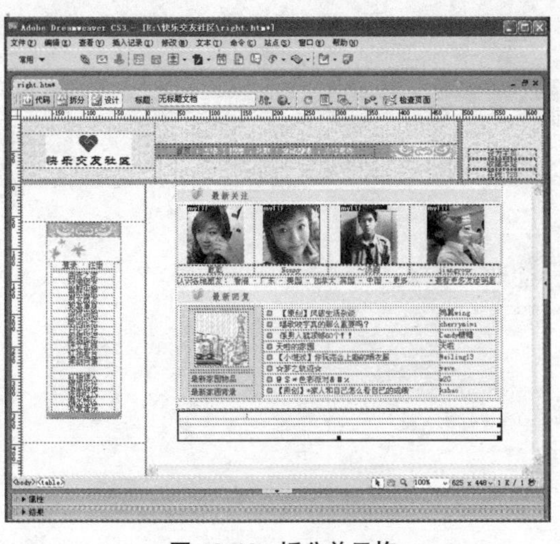

图 12-46 拆分单元格

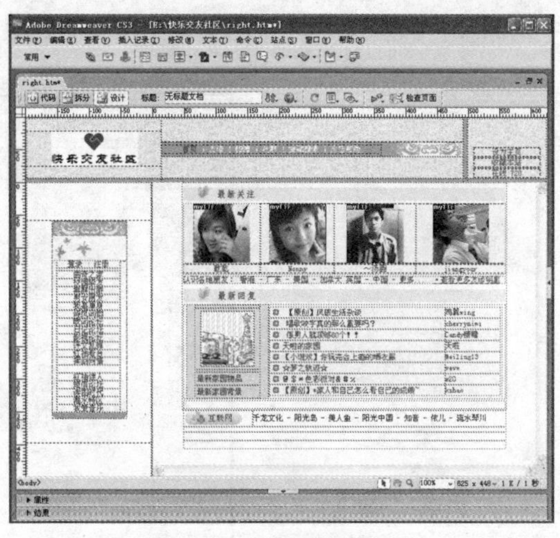

图 12-47 制作导航栏目

步骤 05 将光标移动到第 2 行单元格中，设置表格高度为“8”像素，并删除代码中的空格符号“ ”。在第 3 行单元格中插入光标，单击“HTML”面板中的“水平线”按钮，在表格中插入一条水平线。

步骤 06 选中表格中的水平线，打开属性面板，在“高”的文本框中输入“2”，取消“阴影”复选框的勾选，接着单击“快速标签编辑器”按钮，打开“编辑标签框”，然后在代码中加入“水平线”的颜色代码“color="#b9bb6e"”，如图 12-48 所示。

注 意

删除表格中的“空格”符号“ ”，表格需要设置成很小的宽度和高度才能正常显示，比如通常设置的 1 像素的单元格，都要将单元格中的“空格”符号“ ”删除。

步骤 07 将光标移到下一行单元格中，输入版权信息，如“快乐交友社区 © 版权所有”，如图 12-49 所示。

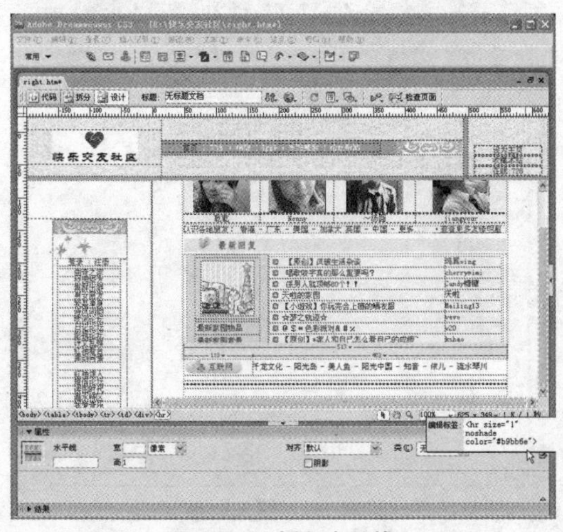

图 12-48 插入水平线

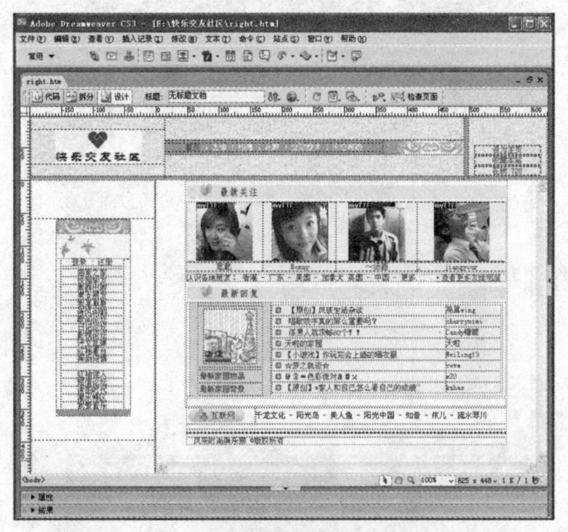

图 12-49 制作版权信息

完成最后一步版权信息的输入后，执行“文件”>“保存全部”菜单命令，保存整个框架集

中的网页，然后按 F12 键浏览整个网页的效果，如图 12-50 所示。

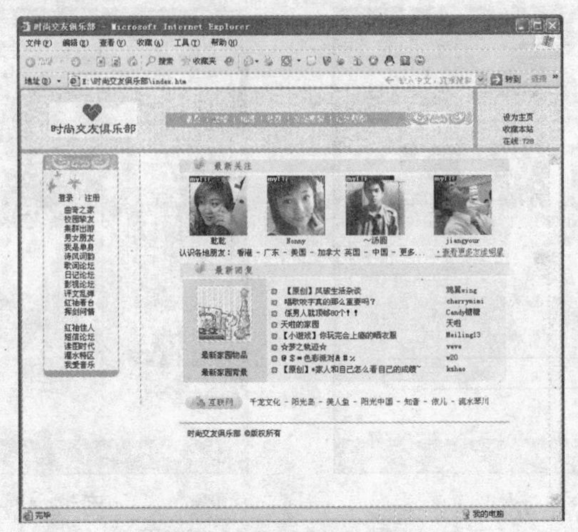

图 12-50　完成网页制作

12.1.6　制作BBS查看网页

实例网站的首页已经制作完成。但任何网站都有内容页面或二级页面，因此，为了更好地介绍框架页面的链接，掌握 Deamweaver CS3 的框架功能，下面继续制作实例网站的下级网页——BBS 查看网页。

制作框架集中的下级页面与制作其他网页的方法类似，非常简单，只是在栏目链接过程中有所区别。具体操作步骤如下。

步骤 01 在打开框架集 index.htm 的情况下，单击 right 框架页，执行菜单栏中的“文件”>“框架另存为”命令，将 right.htm 另存为 content.htm 页面，如图 12-51 所示。

步骤 02 由于此页是发表信息和查看留言的网页，所以必须添加表单。单击“表单”栏中的“表单”按钮，插入一个表单区域，如图 12-52 所示的红色虚线框。

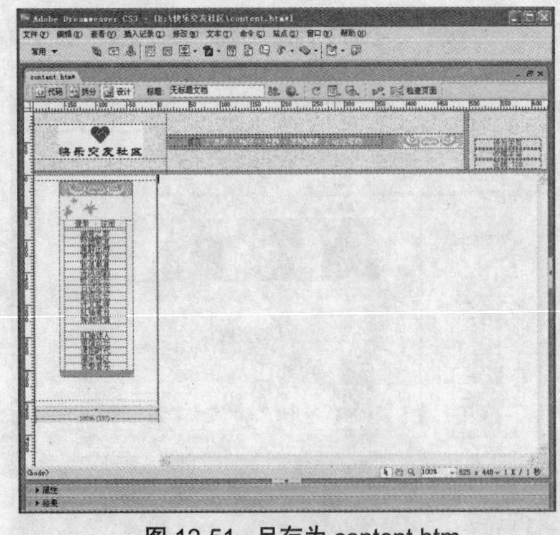

图 12-51　另存为 content.htm

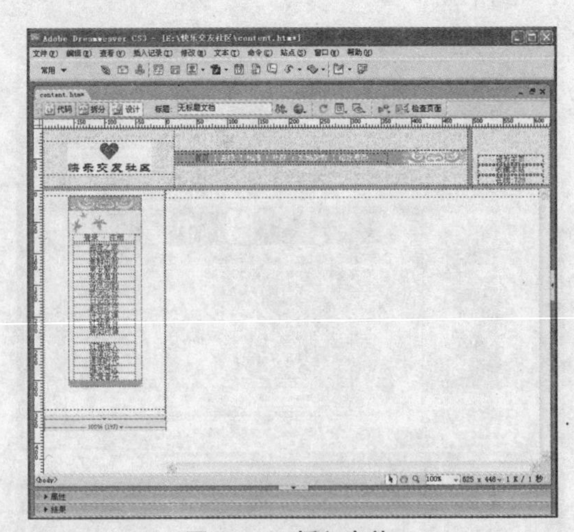

图 12-52　插入表单

步骤 03 将光标插入到表单区域中，单击“常用”栏中的“表格”按钮，插入 1 行 1 列、宽度为 98%、单元格间距为“5”的表格。

步骤 04 选中表格，打开属性面板，选择“对齐”下拉列表中的“居中对齐”选项，然后将光标插入到表格中，设置“背景”为“images/bgline1.gif”，如图 12-53 所示。

步骤 05 移动光标到表格中，单击“常用”栏中的“表格”按钮，插入 1 行 2 列、宽度为 100%、其余设置都为“0”的表格。

步骤 06 在第 1 个单元格中，单击“常用”栏中的“图像”按钮，在图片文件夹中选择“arrow.gif”，插入一个标识图片，接着在图片的右侧输入所在位置和标题文字，如“论坛生活挚友【原创】* 家人和自己怎么看自己的成绩～”，如图 12-54 所示。

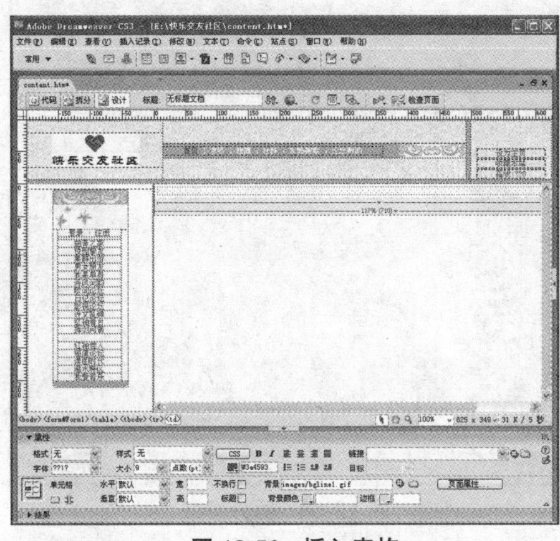
图 12-53　插入表格

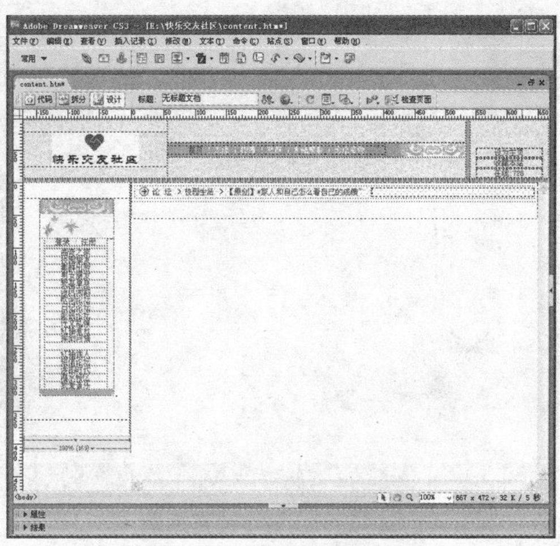
图 12-54　输入标题文字

步骤 07 移动光标到第 2 个单元格中，单击“常用”栏中的“图像”按钮，选择图片文件夹中的“reply.gif”，插入回复图片按钮。同样，在回复图片按钮右侧再插入一个新帖子“post.gif”，如图 12-55 所示。

步骤 08 将光标插入到标题表格下面，单击“常用”栏中的“表格”按钮，插入一个 5 行 1 列、宽度为“555”像素、“填充”和“间距”为“3”、“边框”为“0”的表格。

步骤 09 选中表格，在属性面板中设置表格的“背景颜色”为“#F4F7EA”，“边框颜色”为“#CCCCCC”，如图 12-56 所示。

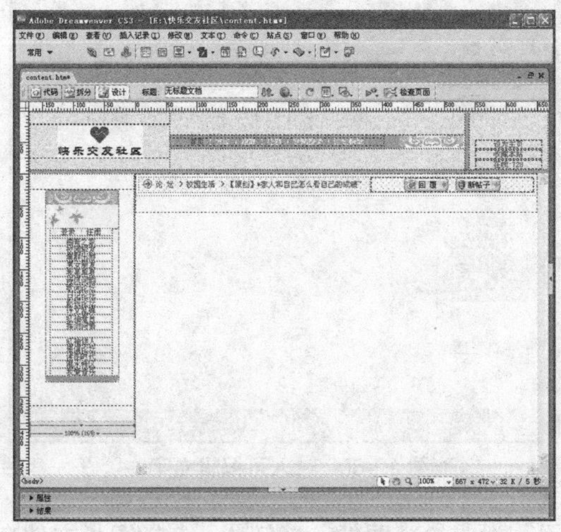
图 12-55　插入图片按钮

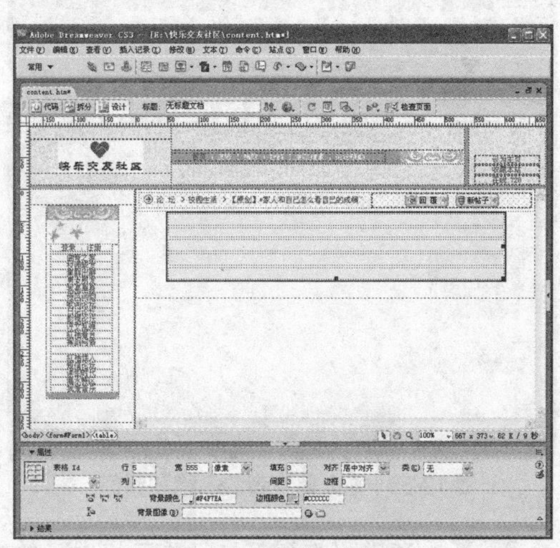
图 12-56　插入表格

步骤 10 将光标移到第 1 个单元格中，在属性面板中设置表格的背景颜色为“#CCCC99”，然后输入表格中的留言标题，如“主题 【精品】【原创】* 家人和自己怎么看自己的成绩～”，如图 12-57 所示。

步骤 11 将光标移到下一行单元格中，在属性面板中设置表格的高度为“5”，完成后再次将光标移到下一行单元格中，打开属性面板，设置表格的背景颜色为“#E6E6CC”，然后单击“拆分单元格为行或列”按钮，将单元格拆分为 2 列，如图 12-58 所示。

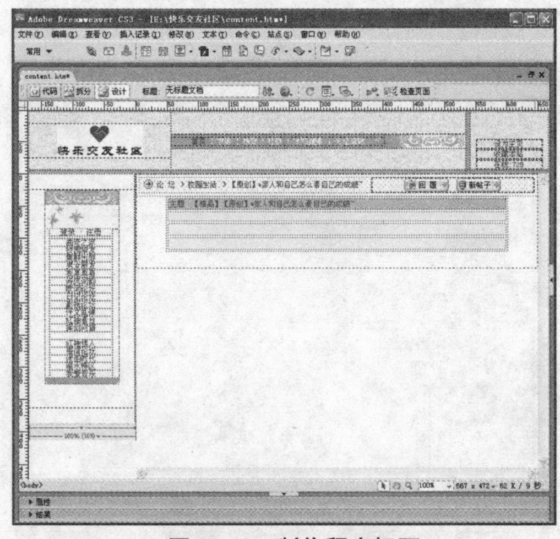

图 12-57 制作留言标题

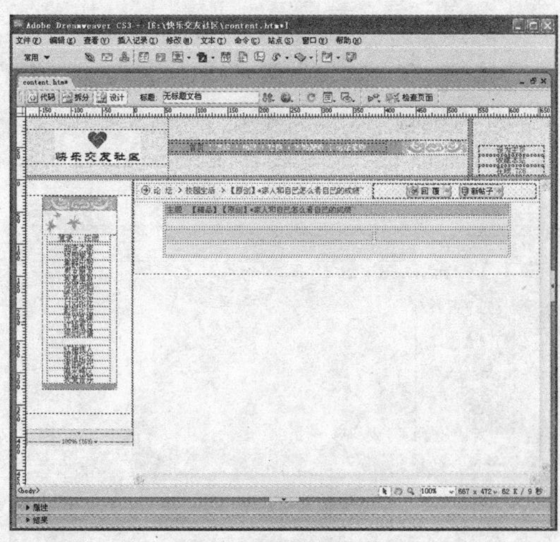

图 12-58 拆分表格

步骤 12 在左侧单元格中，单击“常用“栏中的“图像”按钮，选择图片文件夹中的“imale.gif”，插入标识性图片，然后在图片右侧输入留言者的名称和时间，如“bAker321 2004-12-9 11:16:14”，其中名称“bAker321”字体为粗体，颜色为“#0079C1”，时间的字体颜色为“#3A4593”，如图 12-59 所示。

步骤 13 移动光标到右侧单元格中，输入文字“· 收藏 · 编辑 · 删除”，字体颜色为“#3A4593”，然后在字体右侧插入图片“best.gif”，连续插入 3 个图片，如图 12-60 所示。

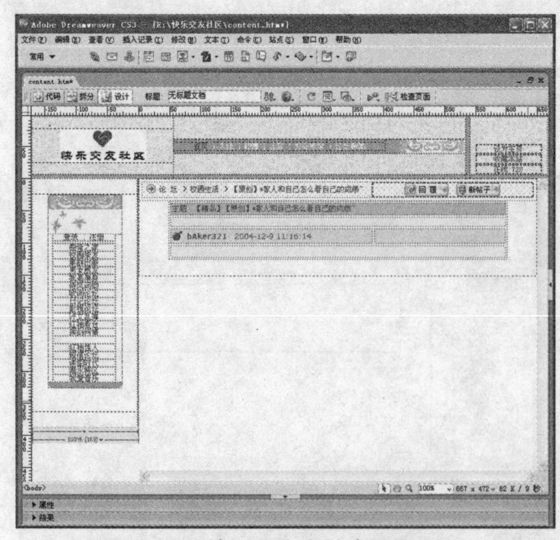

图 12-59 输入留言者的名称和时间

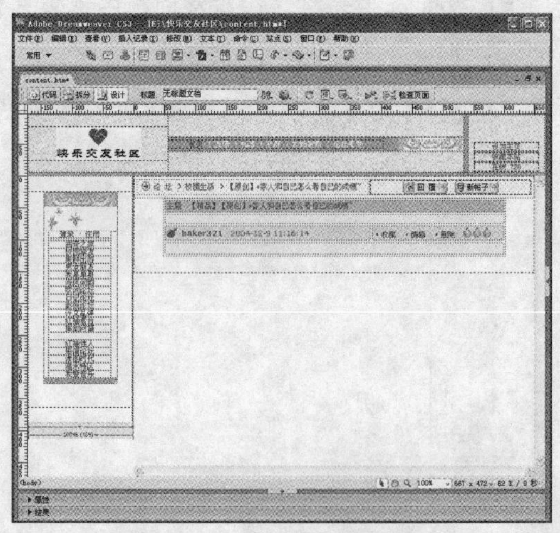

图 12-60 输入可编辑文字

步骤 14 移动光标到下一行单元格中，单击“常用”栏中的“图像”按钮，选择图片文件夹中的“blank1.gif”，插入留言者自己选择的图片，然后在图片右侧输入留言内容，如图 12-61 所示。

步骤 15 选中图片，打开属性面板，在“对齐”下拉列表中选择“右对齐”选项，如图 12-62 所示。

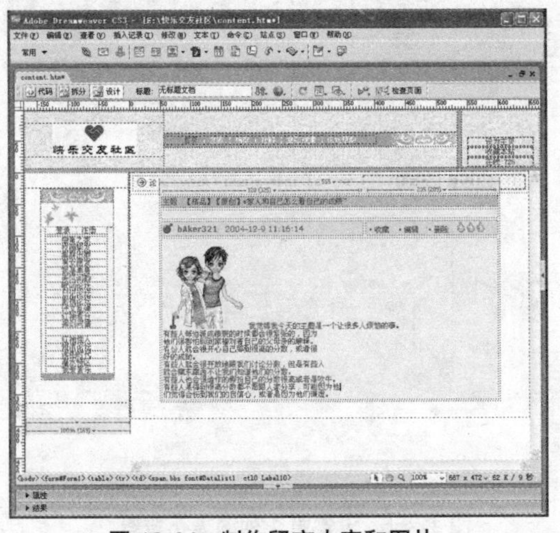

图 12-61　制作留言内容和图片

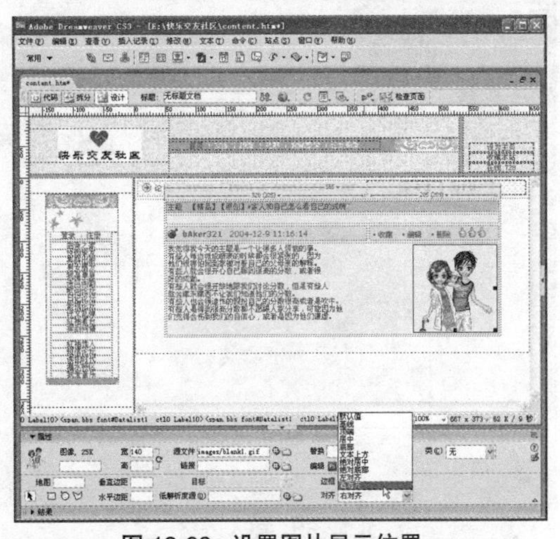

图 12-62　设置图片显示位置

步骤 16 选中整个内容表格，执行“编辑”>“拷贝”菜单命令，然后将光标移到表格外单击，执行“编辑”>“粘贴”菜单命令，将上一个表格重新复制到下行空白处，如图 12-63 所示。

步骤 17 修改用户名称、留言内容和图片。将光标移动到表格外，单击“常用”栏中的“表格”按钮，插入 1 行 1 列、宽度为“555”像素、其余设置都为“0”的表格。

步骤 18 在表格中，单击“常用”栏中的“图像”按钮，依次选择图片文件夹中的“p4.gif”、“p3.gif”、“p2.gif”、“p1.gif”，插入图片按钮。

步骤 19 将光标移动到“p3.gif”和“p2.gif”之间，输入页码导航数字“1[2][3]”，然后选中“1”，设置字体为“粗体”，颜色为红色“#FF0000”，完成后，单击属性面板中的“右对齐”按钮，设置页码导航数字居右显示，如图 12-64 所示。

图 12-63　拷贝表格

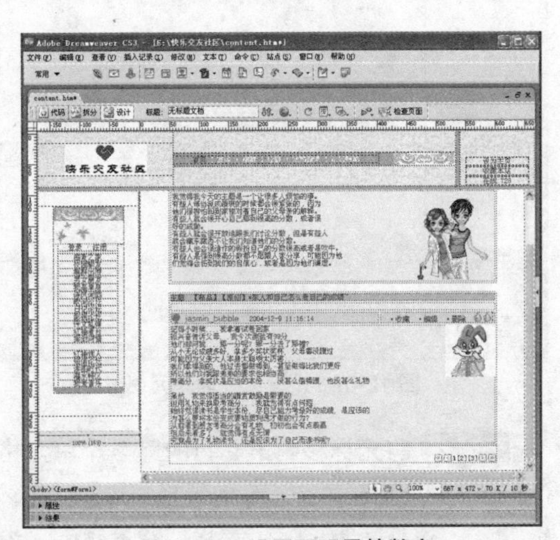

图 12-64　设置页码导航数字

步骤 20 将光标移到页码导航表格下面，单击“常用”栏中的“表格”按钮，插入 2 行 3 列、宽度为“555”像素、其余设置都为“0”的表格，如图 12-65 所示。

步骤 21 选中表格，在属性面板中设置“对齐”为“居中对齐”显示。选中第 1 列单元格，打开属性面板，设置单元格宽度为“1%”，背景图片为“edit_leftbg.gif”，如图 12-66 所示。

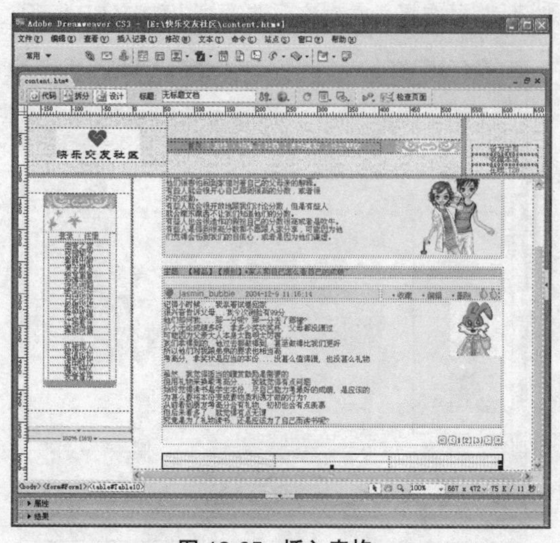

图 12-65　插入表格

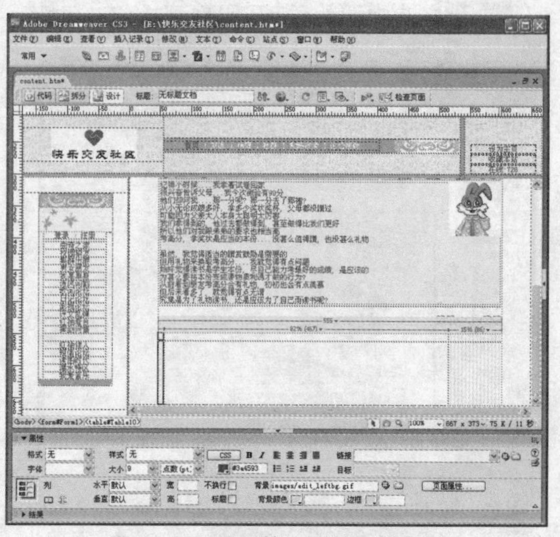

图 12-66　设置第 1 列的表格背景

步骤 22 移动光标到第 3 列单元格中，打开属性面板，设置单元格的宽度为“1%”，背景图片为“edit_rightbg.gif”，如图 12-67 所示。

步骤 23 移动光标到第 1 行的第 2 个单元格中，在属性面板中设置背景颜色为“#E3F6F4”，然后在单元格中输入“讨论区守则”等内容，其中几个重要文字，如“「讨论区」守则”、“「休闲区」”和“「贴图区」”字体颜色为红色，具体设置如图 12-68 所示。

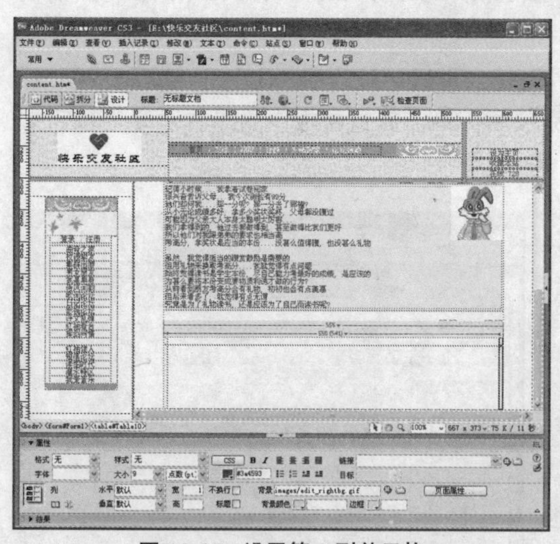

图 12-67　设置第 3 列单元格

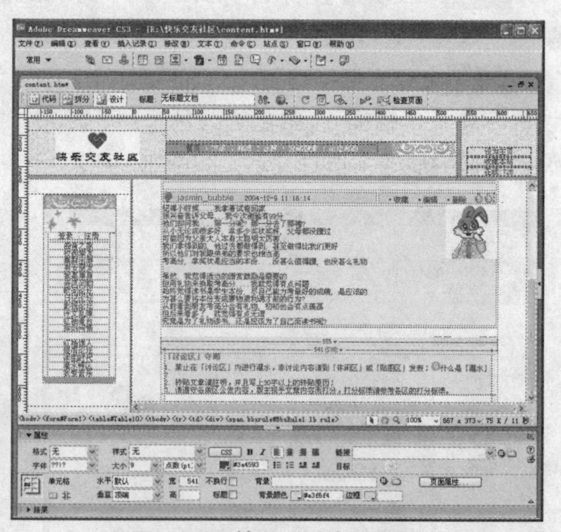

图 12-68　输入“讨论区守则”

步骤 24 将光标移到第 2 行的第 2 个单元格中，单击“常用”栏中的“表格”按钮，插入一个 3 行 2 列、宽度为 100% 的表格，然后选中表格，打开属性面板，设置“填充”为“4”，“间距”为“1”，“边框”为“0”，表格“背景颜色”为“#B4E2DD”，如图 12-69 所示。

步骤 25 选中第 1 行表格，设置表格的背景颜色为“#D3F0F0”，然后在第 1 个单元格中，单击“常用”栏中的“图像”按钮，选择图片文件夹中的“bbs_115.gif”，插入图片，接着在图片右侧输入文字“主题”两字，如图 12-70 所示。

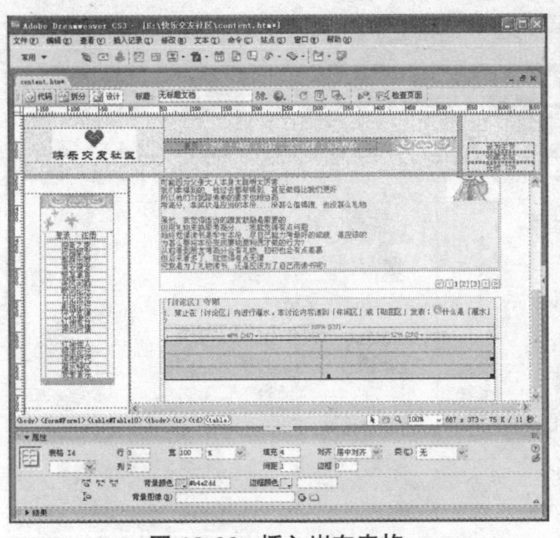
图 12-69　插入嵌套表格

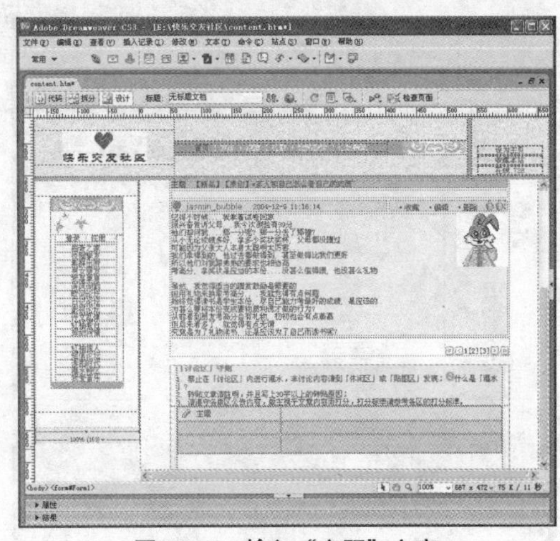
图 12-70　输入“主题”文字

步骤 26 移动光标到第 2 个单元格中，单击“表单”栏中的“文本字段”按钮，插入可以输入标题文字的文本域，选中“文本字段”，打开属性面板，在“字符宽度”中输入“40”，在“类型”选项区域中单击“单行”单选按钮，如图 12-71 所示。

步骤 27 在“文本字段”右面输入提示文字，如“* 请填写主题 * 标题不能为空”，字体颜色为红色“#FF4E00”。

步骤 28 选中第 2 行表格，设置表格的背景颜色为白色“#FFFFFF”，接着将光标移动到左侧单元格中，单击“常用”栏中的“表格”按钮，插入一个 5 行 2 列、宽度为 100%、其余设置都为“0”的表格，然后在表格中输入如图 12-72 所示的表格内容。

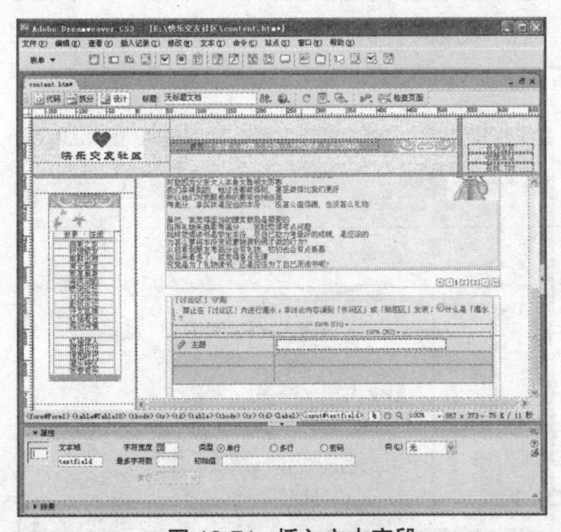
图 12-71　插入文本字段

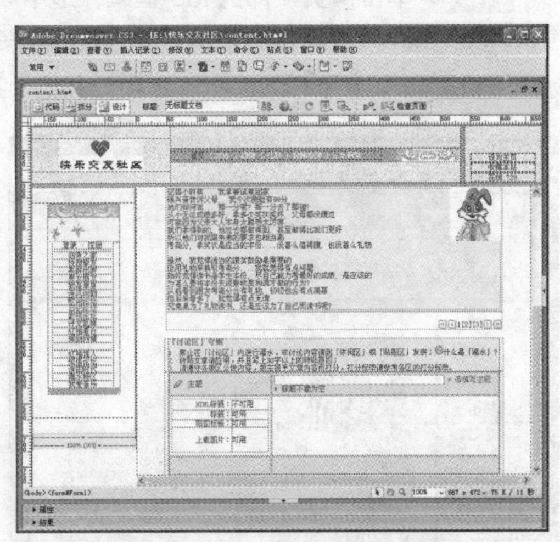
图 12-72　插入嵌套表格和表格内容

步骤 29 在右侧单元格中，单击“表单”栏中的“文本区域”按钮，插入一个多行文本字段，然后选中“文本区域”，打开属性面板，在“字符宽度”文本框中输入“50”，“行数”输入“6”，“类型”选择“多行”，如图 12-73 所示。

步骤 30 选中嵌套表格中的第 3 行，设置背景颜色为“#D3F0F0”，然后在左侧单元格中，单击“表单”栏中的“复选框”按钮，插入复选框，在属性面板中，“初始状态”选择“已勾选”选项，接着在复选框右侧输入“显示签名”，如图 12-74 所示。

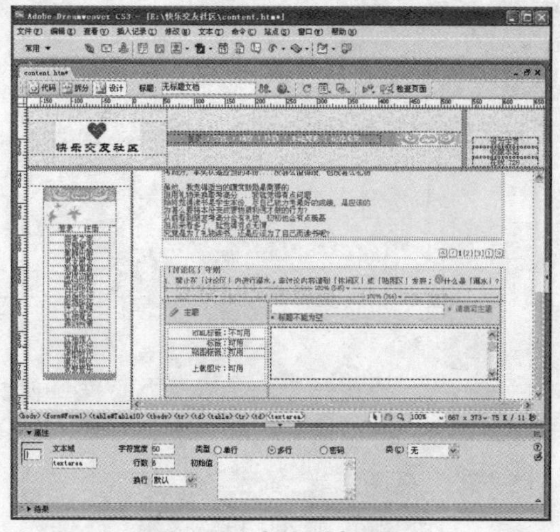

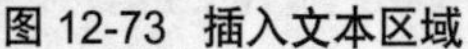

图 12-73　插入文本区域

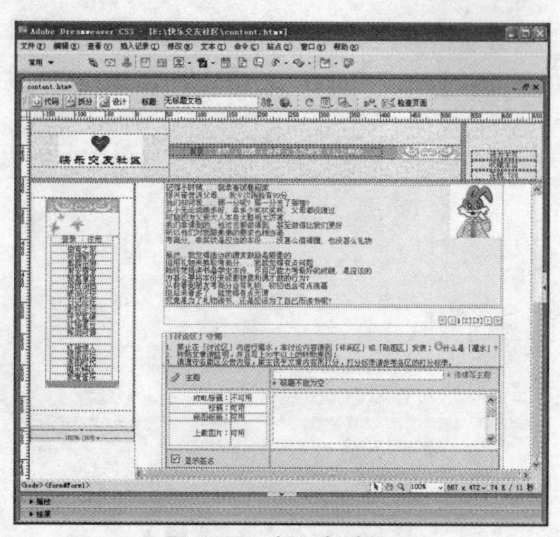

图 12-74　插入复选框

步骤 31 将光标移到右侧单元格中，单击“常用”栏中的“表格”按钮，插入 1 行 2 列、宽度为 100%、其余设置都为“0”的表格。

步骤 32 在左侧表格中，输入文字“[按 Alt+S 组合键直接提交帖子]”，在右侧的表格中，单击“常用”栏中的“图像”按钮，依次选择图片文件夹中的“submit.gif”和“view.gif”，插入“发表”和“预览”按钮，如图 12-75 所示。

完成插入发表留言的图片按钮后，BBS 查看和发表网页已经制作成功，但整个网站还缺少页面链接，因此，下一个步骤还得给网页添加链接功能。

步骤 33 单击网页顶部的 top 框架，选中“首页”文字，打开属性面板，在“链接”文本框中输入“right.htm”，或单击右侧的“浏览文件”按钮，选择网页文件夹中的“right.htm”，然后在“目标”下拉列表中选择 mainframe 选项，如图 12-76 所示。

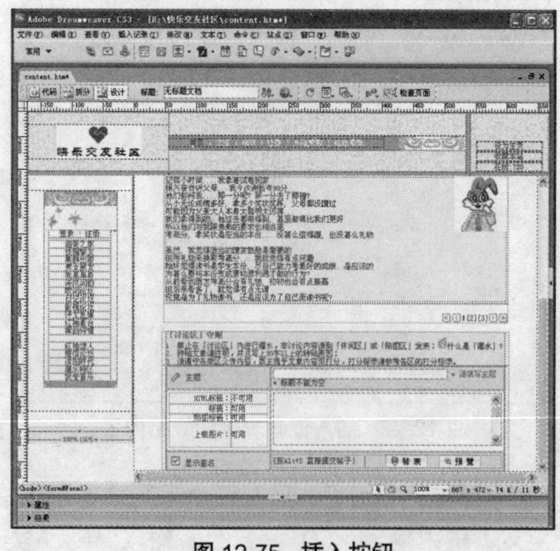

图 12-75　插入按钮

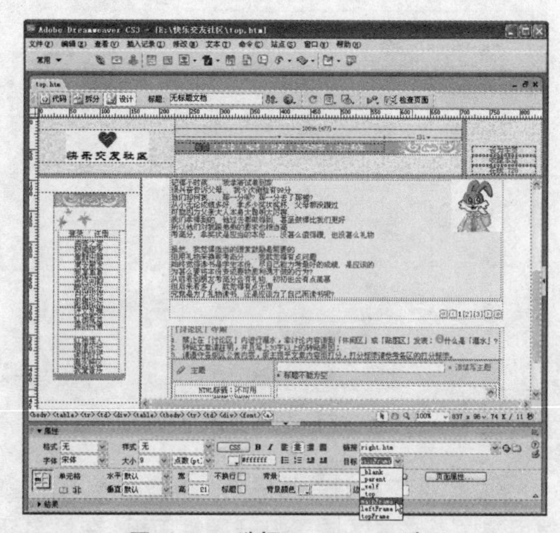

图 12-76　选择 mainframe 选项

步骤 34 单击 left 框架，选择 left.htm 页面中的“校园挚友”，打开属性面板，在“链接”文本框中输入“content.htm”，或单击右侧的“浏览文件”按钮，选择网页文件夹中的“content.htm”，然后在“目标”下拉列表中选择 mainframe 选项，如图 12-77 所示。

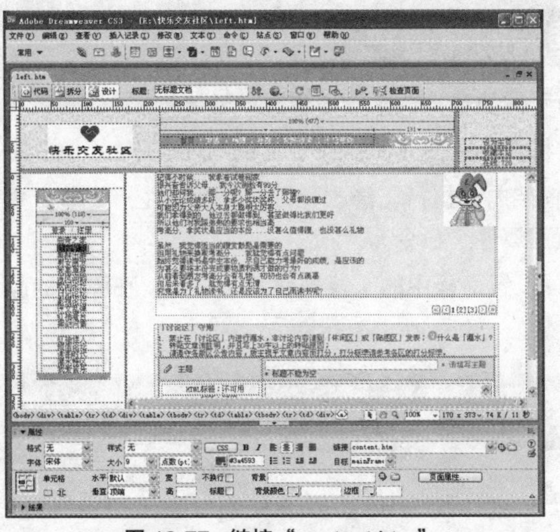

图 12-77　链接"content.htm"

步骤 35 完成页面链接后，执行"文件" > "保存全部"菜单命令，将整个框架集中的所有网页都保存。

到目前为止，"快乐交友社区"实例网站已经全部介绍完毕。如果读者还制作了其他二级内容页面，就以同样的方式进行链接即可。打开浏览器浏览 index.htm，效果如图 12-78 所示。单击左侧分类目录中的"校园挚友"，可以在右侧打开"content.htm"页面，效果如图 12-79 所示。

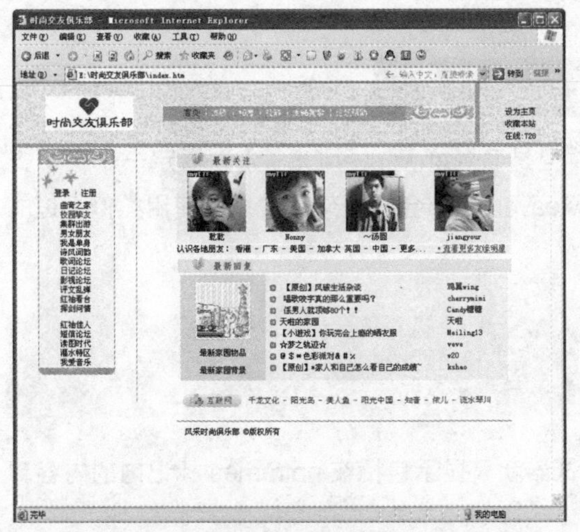

图 12-78　实例首页

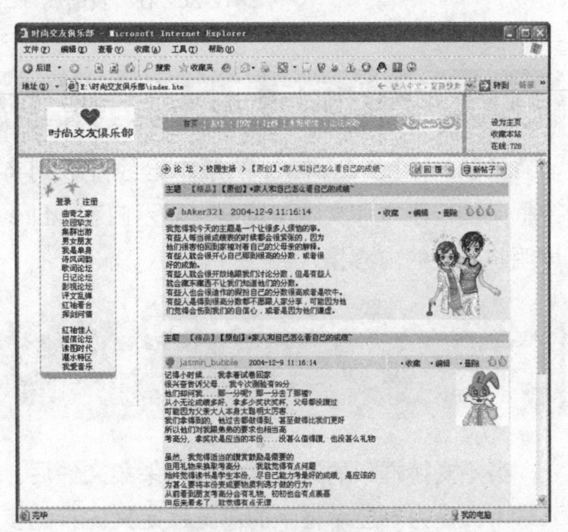

图 12-79　实例发表页面

12.2 知识要点回顾

上面已介绍了利用 Dreamweaver CS3 制作网页框架的技能。如果用心学习，网页框架技术其实也很简单，其实就是将几个网页套在一起，组成一个框架集，然后将它们固定在一定的位置上进行浏览。

下面利用 Dreamweaver CS3，再具体介绍框架的一些基本知识。

12.2.1 改变框架的背景色

可以通过设置框架中文档的背景色来改变框架的背景色。

下面是改变框架中文档背景色的具体操作步骤。

步骤 01 将光标放在框架内并执行“修改”>“页面属性”菜单命令，或在框架内右击，在弹出的快捷菜单中单击“页面属性”命令。

步骤 02 单击“外观”设置面板中的“背景颜色”按钮，在弹出的颜色选取器中选取颜色，如图 12-80 所示。

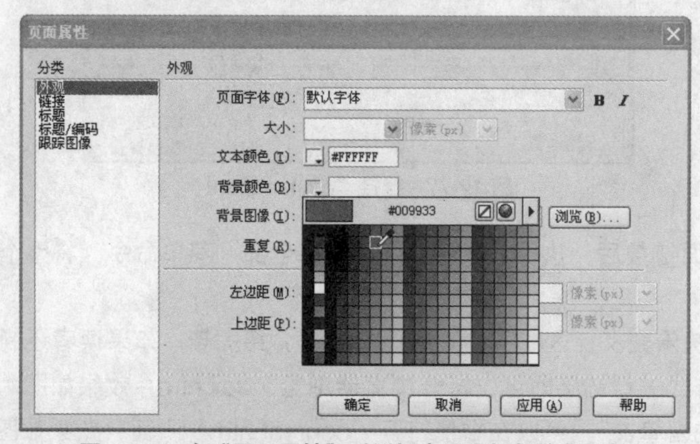

图 12-80 在“页面属性”对话框中设置框架的背景色

12.2.2 为不能显示框架的浏览器定义内容

虽然 Internet Explorer 的版本已经升级到 7.0，但是 Dreamweaver CS3 允许指定一个在不支持框架的旧版本和文本浏览器中显示内容。Dreamweaver CS3 会在框架集文档中使用类似下边的声明将指定的内容插入：

```
<noframes><body bgcolor="#FFFFFF">
this is the noframes content.
</body></noframes>
```

当不支持框架的浏览器载入框架集文件后，浏览器就只显示包括在 noframes 标记内的内容。

下面是为不显示框架的浏览器定义内容的步骤。

步骤 01 执行“修改”>“框架页”菜单命令，在弹出的级联菜单中单击“编辑无框架内容”命令，Dreamweaver CS3 就会自动清除文档窗口，这时会出现一个普通的文档编辑窗口，在该窗口上边显示“无框架内容”的字样，如图 12-81 所示。

步骤 02 要创建无框架内容，就执行以下操作之一。

- 在“文档”窗口中，像处理普通文档一样输入或插入内容。
- 执行“窗口”>“代码检查器”菜单命令，将插入点置于 noframes 标记中的 body 标记之间，然后输入内容的 HTML 代码，如图 12-82 所示。

步骤 03 执行“修改”>“框架页”>“编辑无框架内容”菜单命令以返回到框架集文档的普通视图下。

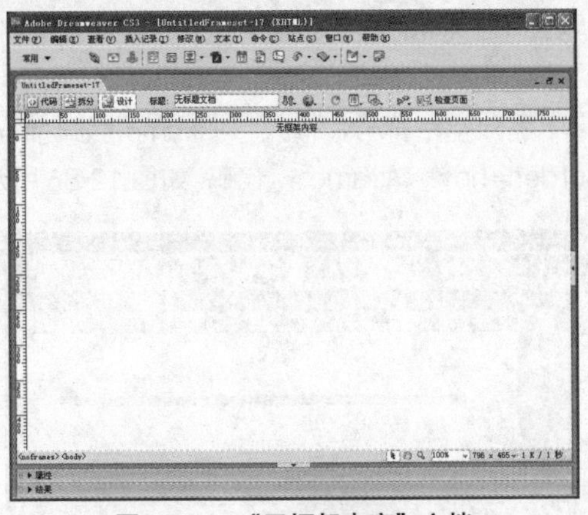

图 12-81 “无框架内容”文档

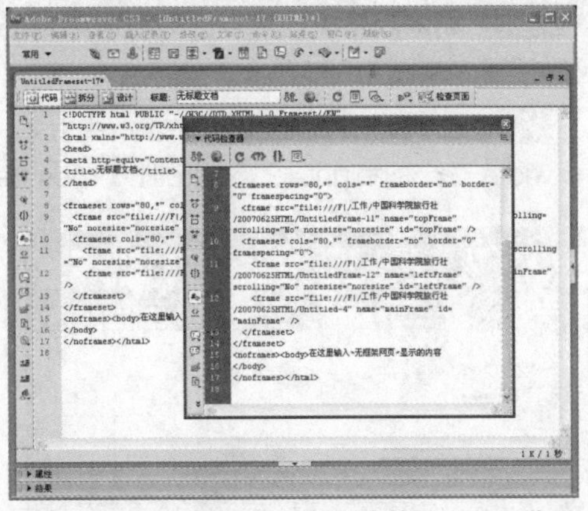

图 12-82 在 noframes 标记内输入 HTML 代码

12.2.3 利用Iframe打开外部网页文档

Iframe 是指在网页文档中间，以框架形式显示其他网页文档、主页、记事本和公告的功能，这个功能只有 Explorer 浏览器支持。因为大部分访问者都使用 Explorer 浏览器访问网页，所以设计者可以选择使用 Iframe 功能。另外，利用 Iframe 功能，可以制作在指定的位置以指定的大小显示网页文档和要插入 Iframe 的网页文档。

下面通过实例操作，学习 Iframe 的使用方法。具体操作步骤如下。

步骤 01 打开实例“快乐交友社区”的首页 index.htm。使用鼠标单击右侧的 right 框架页面，执行菜单栏中的“文件” > “框架另存为”命令，将 right 框架页面另存为“iframe.htm”网页。

步骤 02 删除 iframe.htm 页面中的所有内容，然后单击“常用”栏中的“表格”按钮，插入 1 行 1 列、宽度为 72%、其余设置都为“0”的表格。选中表格，打开属性面板，在“对齐”下拉列表中选择“居中对齐”，如图 12-83 所示。

步骤 03 将光标插入到表格中，输入内容和插入图片“blank1.gif”，图片显示位置是“左对齐”，完成后如图 12-84 所示。

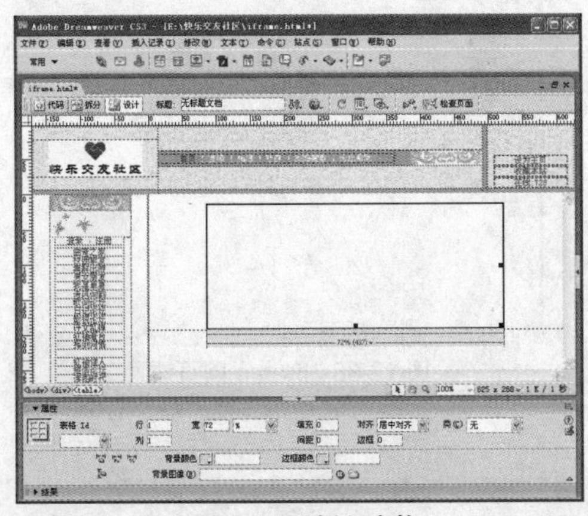

图 12-83 插入表格

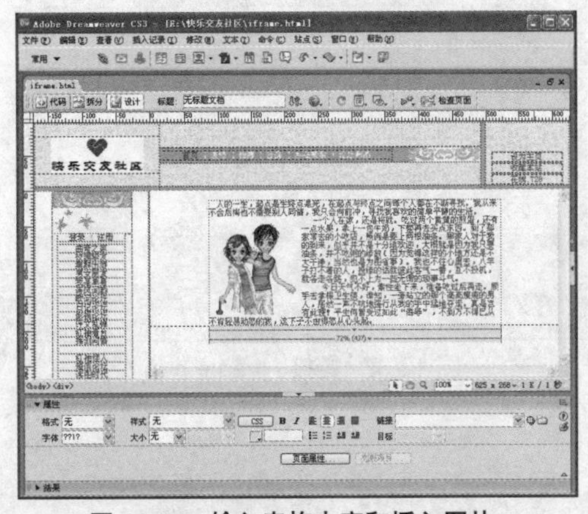

图 12-84 输入表格内容和插入图片

步骤 04 执行“文件” > “保存全部”菜单命令，保存整个框架集页面。单击“iframe.htm”网页框架，执行“文件” > “框架另存为”菜单命令，将“iframe.htm”另存为“f-iframe.htm”网页。

步骤 05 删除表格中的内容，然后将光标插入到表格中，单击文档工具面板中的代码按钮，打开代码视图，如图 12-85 所示。

步骤 06 在代码视图光标处的 <td> </td> 中删除空格符号，输入 “<iframe src="iframe.html" width=95% height=210 scrolling=yes frameborder=no></iframe>”代码，如图 12-86 所示。

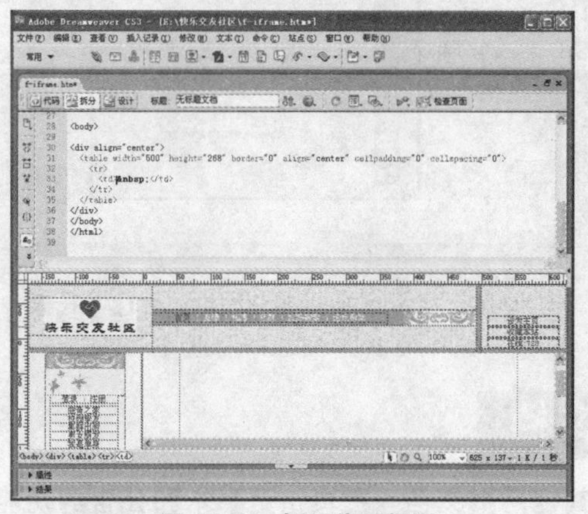

图 12-85 打开代码视图

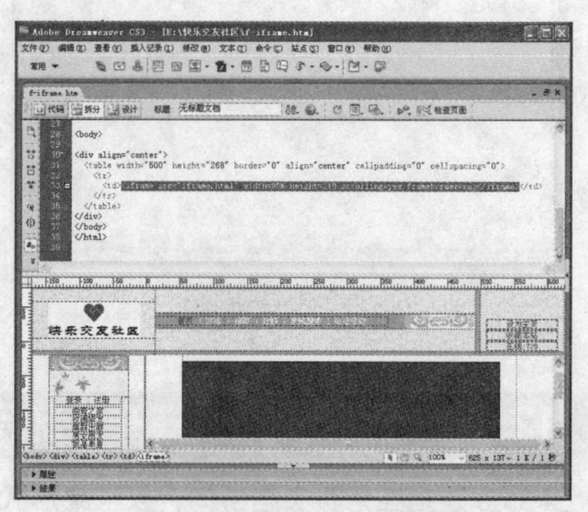

图 12-86 插入 Iframe 标记

步骤 07 单击文档工具面板中的设计按钮，返回至设计窗口，单击左边 left 框架页，选择分类栏目中的“日记论坛”，打开属性面板，在“链接”文本框中输入“f-iframe.htm”，或单击右侧的“浏览文件”按钮，选择网页文件夹中的“f-iframe.htm”，然后在“目标”下拉列表中选择 mainframe 选项，如图 12-87 所示。

步骤 08 执行“文件”>“保存全部”菜单命令，保存整个框架集页面。

步骤 09 打开浏览器浏览 index.htm 网页，单击“日记论坛”，右侧就打开了制作完成的 Iframe 框架网页效果，如图 12-88 所示。

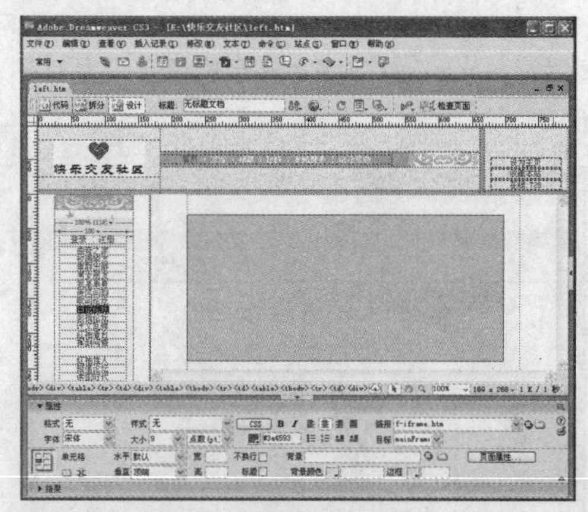

图 12-87 链接 f-iframe.htm

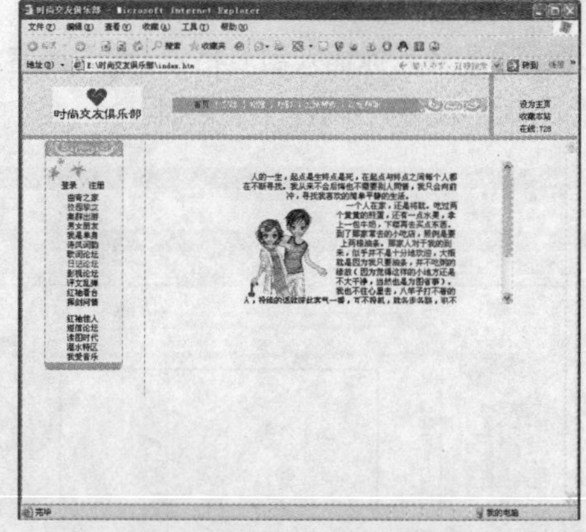

图 12-88 Iframe 网页效果

12.3 成功经验扩展

论坛是网络交流的主要手段，大家可以围绕一定的话题展开讨论，这是网络互动性的一个体现，是网络区别其他媒体的特点。在众多大型网站中，BBS 论坛已经成为网站中一个重要的组成部分，它是企业获取客户或浏览者对企业反馈和市场信息的重要途径。一个成熟且运行良好的BBS论坛，是企业和客户、企业和浏览者以及企业员工之间进行相互沟通和了解的重要平台。

专业性 BBS 论坛网站，一般来说，主要是提供各领域专业的浏览者相互交流的一个网络平台，企业只是提供专业技术支持为主要目的，外加业务推广，宣传自己的主营业务。因此，制作论坛网站应具备以下 3 个特点。

● 结构多样

论坛网站在结构上相对比较复杂，网页在结构上一般分为几大块，而且每块都是独立的，显示了不同的内容，每个页面都集中在一个框架集中，如图 12-89 所示的网易论坛。使用框架比较常见的情况是，一个框架显示包含导航栏目的文档，而另一个框架显示含有内容的文档。

● 技术性强

BBS 论坛都是以动态内容作为主要显示内容，所有技术都是以程序开发为主，制作为辅，同时配合数据库的应用，整体流程包括：数据库建立、建立站点、会员注册和登录、发表信息、修改信息及删除信息等等，技术性比较强，如图 12-90 所示的 TOM 论坛。至于在本章实例介绍中，只介绍了 BBS 的页面制作，而没有涉及程序开发这一过程，关于利用 Dreamweaver CS3 开发程序这一内容，将在后面的章节中介绍。

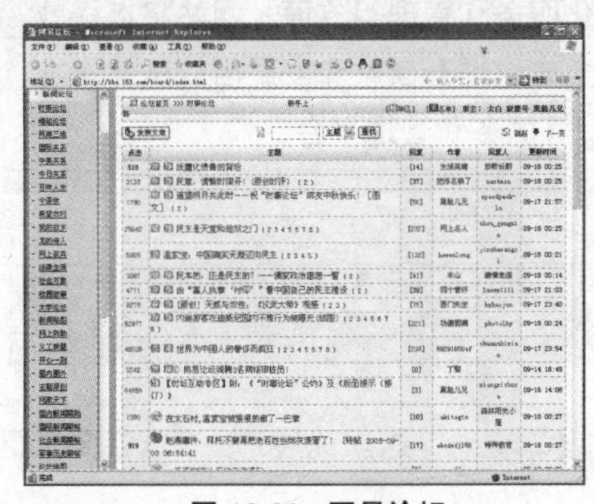

图 12-89 网易论坛

图 12-90 TOM 论坛

● 分类细致

BBS 论坛是聊天、讨论的一个网络平台，而不同的浏览者有不同的聊天爱好和讨论话题，所以，BBS 论坛往往设置很多聊天区域，使有共同话题的会员集中到一起，讨论共同感兴趣的问题，如“网页制作交流”、“Flash 闪客天下”等等。但不是所有 BBS 论坛都分得那么细致，也应该根据网站的需要进行分类，如图 12-91 所示。

并不是所有论坛都是这么复杂，这要根据网站的实际要求而定。许多专业的网页设计人员不喜欢使用框架。在大多数情况下，这种反感是因为遇到了那些使用框架后网页效果不佳或不必要地使用框架的站点而产生的（例如，每当访问者单击导航按钮时就重新加载导航框架内容的框架集）。如果框架使用得法（例如，在允许其他框架的内容发生更改的同时，使一个框架中的导航控件保持静态），则这些框架对于某些站点是非常有用的。

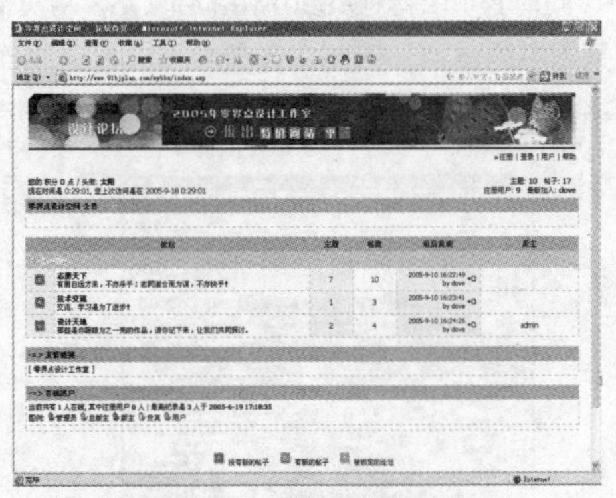

图 12-91 零界点设计中心

第 13 章 网上商城类网站——速购网

网上商城类网站概述

商品类网站是一个功能复杂、花样繁多、制作烦琐的网站，但也是商品企业或个人推广和展示商品的另一种非常好的销售渠道。在全球网络化的今天，电子商务网站正快速、健康地发展，所以，商品网站也是网络商场的一种发展趋势。商品网站也可称为电子商铺，它为客户提供了基础购物平台及后台管理、维护，商品管理、配送、结算等服务。商家可根据自身特点增加相应的支付、配送、结算、仓储管理等增强功能，实现全过程的电子商务。

网上商城网站作为电子商务系统的一部分，是一个集电子商务服务和市场推广为一体的网络应用系统，它同时服务于顾客、商家和发展商三方，利用 Internet 电子商务的优势和特点，有机地将三者联系在一起。在信息跟踪与发布、电子化服务和管理等方面，网站将以权威、高效、新颖、丰富、有趣、及时的电子商务处理手段，全方位提升商家和发展商的服务水准，提升企业品牌形象，从而通过 Internet 建立一个全新的交互服务和管理平台。

实例展示

为了更系统地介绍商品网站的制作方法，了解网站基本概念，这里先展示一下本章要介绍的实例网站——速购网。

通过一个网上商城网站“速购网”的首页、内容页及后台程序的制作过程，展示商品网站的特点和优势，然后表现出 Dreamweaver CS3 强大的后台制作功能。整个网站结构和内容相对比较复杂，制作过程可分为 3 大块：网页制作、数据库建立、数据管理系统。

实例制作中首先将介绍首页的制作过程，然后建立数据库，通过建立数据库，逐步引导读者制作内容网页，掌握 Dreamweaver CS3 网站开发的制作技术。

同时还介绍了 Dreamweaver CS3 网页制作和数据库网页的制作过程。关于图片的设计部分不是本书的重点，因此在光盘中可以找到制作实例所需的相关素材，跟随下一节的“实例制作”我们一起来制作此网站，如下图即是实例完成后的效果。

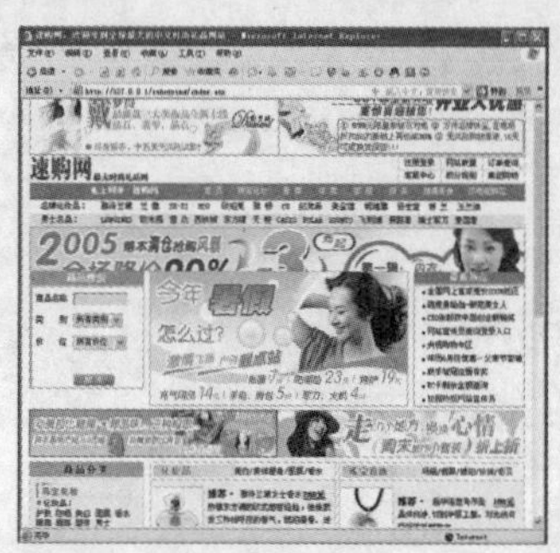

速购网网站首页

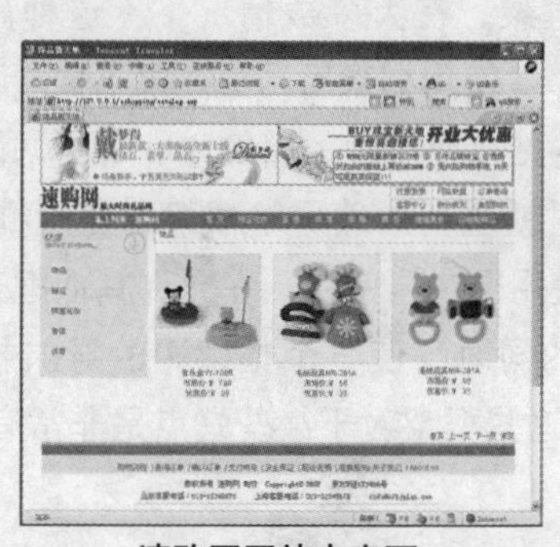

速购网网站内容页

技术要点

① 数据库建立

数据库的建立可以保存数据的文件库或信息库。

② 添加数据和修改数据

数据库中的数据可以根据外部的要求来改变或变更数据，并且还能够完成保存新数据、改变或删除原有数据的操作。

③ 数据展示

商品展示就是从数据库中调用数据在前台进行展示，数据的展示可分页或设置不同的排序方式。

配色与布局

本实例所制作的速购网是一个大型购物类网站，为了吸引更多浏览者的目光，使用了亮丽的橙色作为主色调，再使用同系的红色和黄色进行搭配，使网站带给人时尚、前位的感觉。网站的底色使用了白色为底色，这样的对比使主题更加突出。网站结构清晰，规划有条理，虽然内容丰富，但却不繁乱。

	#FF6600		#F30000		#DDDED6
	R: 255		R: 243		R: 255
	G: 102		G: 0		G: 241
	B: 0		B: 0		B: 87

本实例视频文件路径和视频时间

为了更好地帮助读者学会本章内容，特别配备了 15 分钟的多媒体视频教学文件。读者可以结合本章提供的素材和实例文件进行学习。

视频文件	光盘 \ 视频 \ 13
视频时间	15 分钟

13.1 实例制作过程

在本书前面各章中，系统介绍了各类网站的静态网页的制作方法，这也是 Dreamweaver CS3 软件的基本功能的使用。本章继续向读者介绍 Dreamweaver CS3 另一强大功能——动态网页的制作方法。

具有数据库支持的动态网页是现代网站发展的必然趋势。本章将通过“速购网”的实例，介绍学习者感兴趣的话题——商品网站的建立，深入介绍商品网站的网页制作、数据库建立、数据库连接、数据库管理等一系列功能，使制作者熟练掌握 Dreamweaver CS3 的运用。

本节将逐步介绍“速购网”商品网站的制作过程，同时结合运用了 Dreamweaver CS3 应用程序的功能。下面将跟随以下操作步骤进行制作。

13.1.1 制作速购网首页

制作网站之前，首先要建立一个站点，由于在前面已经介绍了如何建立站点的过程，因此不再复述，但必须注意，建立站点的时候，在“分类”列表框里的“测试服务器”设置面板的，“访问”下拉列表中应选择“本地 / 网络”选项，如图 13-1 所示。只有这样，才能测试后面的程序制作。

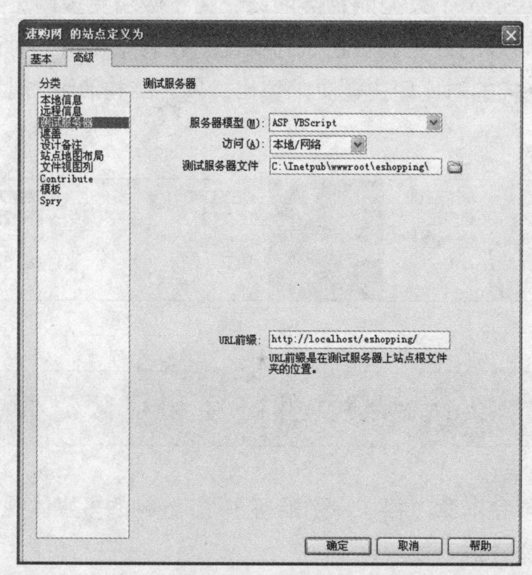

图 13-1 站点定义

首先按如下步骤创建一个新网页。

步骤 01 创建一个新的文件夹。打开“资源管理器”，选择盘符（实例中选择了 D 盘），在 D 盘内空白位置单击鼠标右键，在弹出的菜单栏中的执行“新建”>“文件夹”命令，如图 13-2 所示。随即，命名新文件夹为“速购网”，如图 13-3 所示。

步骤 02 把事先设计好的网页素材复制到“速购网”文件夹中，如图 13-4 所示。

步骤 03 启动 Dreamweaver CS3 程序，创建新网页，如图 13-5 所示。

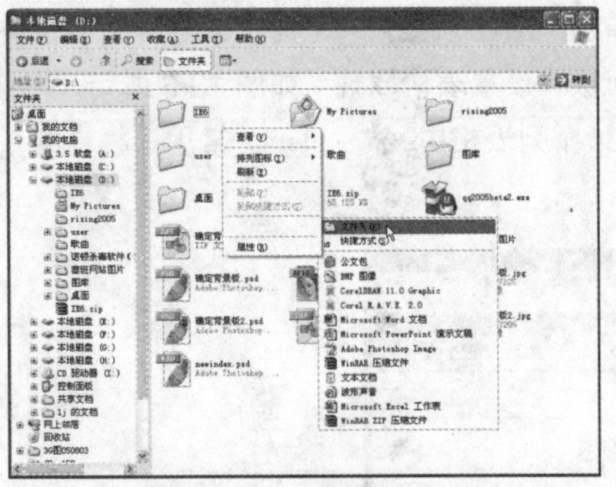

图 13-2 在 D 盘新建文件夹

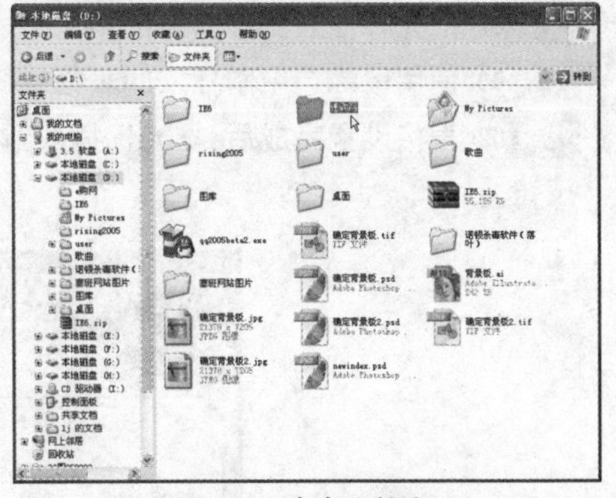

图 13-3 命名文件夹

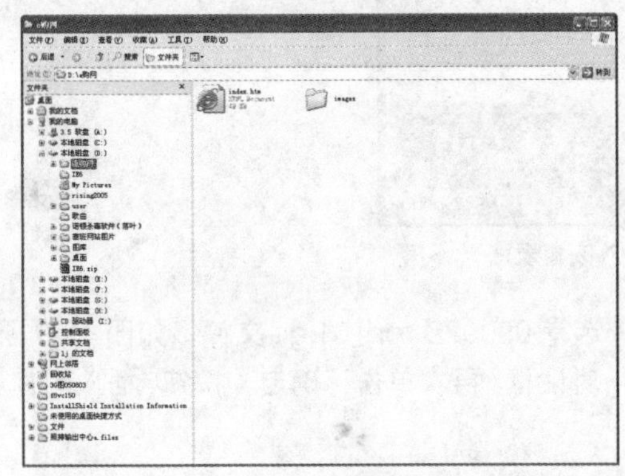

图 13-4 复制素材

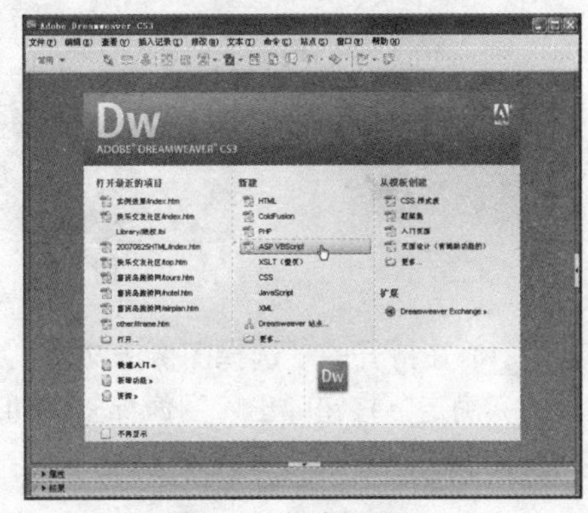

图 13-5 创建新网页

步骤 04 执行“文件” > “保存”菜单命令，将网页保存为 index.asp，如图 13-6 所示。

注 意

需要数据库支持的网页必须保存为动态网页，如后缀为 .ASP、.PHP、.NET 的网页，在这里我们将它保存为简单易学的 ASP 网页。

步骤 05 根据网页设计思路，把光标放在页面的最顶端，单击“表格”按钮，插入 3 行 2 列、宽度为 100%、其余设置都为“0”的表格。

步骤 06 将鼠标光标移动到表格外，再在表格下面插入 1 行 2 列的表格，如图 13-7 所示。

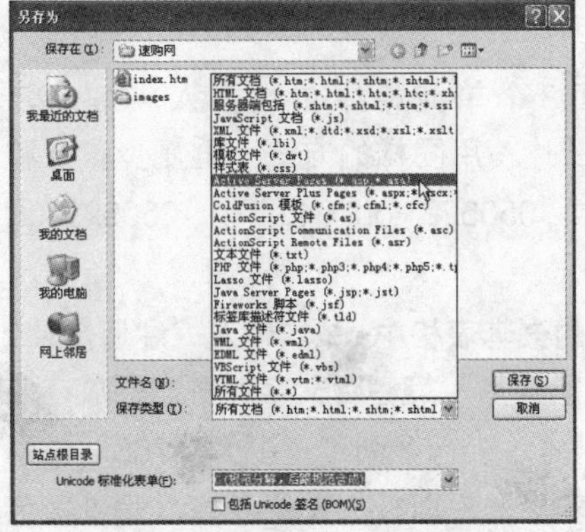

图 13-6 保存为 ASP 网页

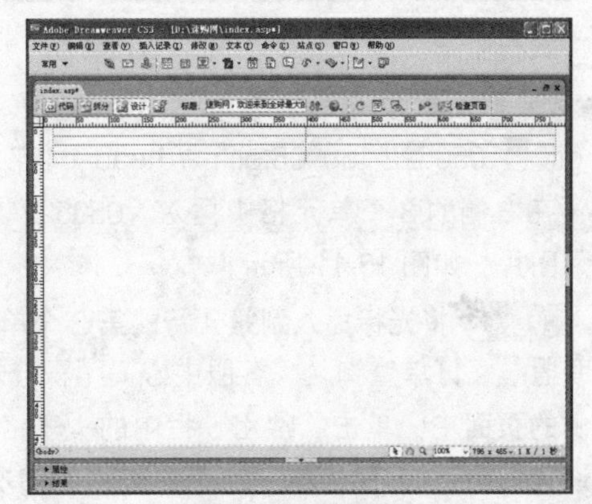

图 13-7 插入表格

步骤 07 把光标插入到第 4 行的第 2 列表格中，单击“表格”按钮，插入 2 行 3 列表格。

步骤 08 使用鼠标选中刚插入的表格，打开属性面板，设置表格属性，如图 13-8 所示。

步骤 09 表格设置完成后，把光标插入到第 1 行的第 1 列表格中，然后单击“常用”栏中的“图像”按钮。

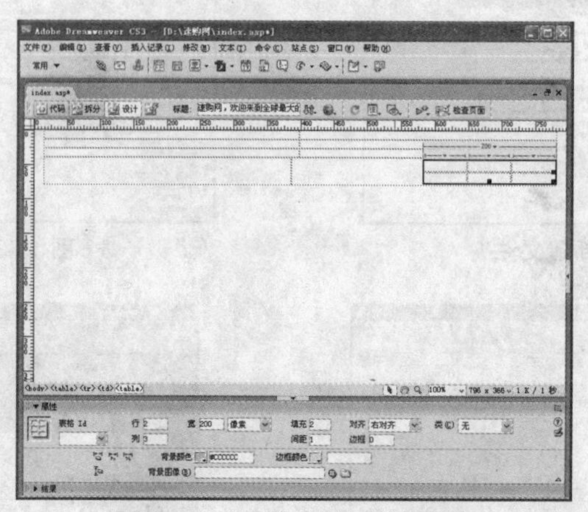

图 13-8　在表格中插入嵌套表格

步骤 10 在打开的“选择图像源文件”对话框中，选择 050522_top_01.gif 文件，如图 13-9 所示，单击“确定”按钮弹出“图像标签辅助功能属性”对话框，再次单击“确定”按钮，插入图片，如图 13-10 所示。

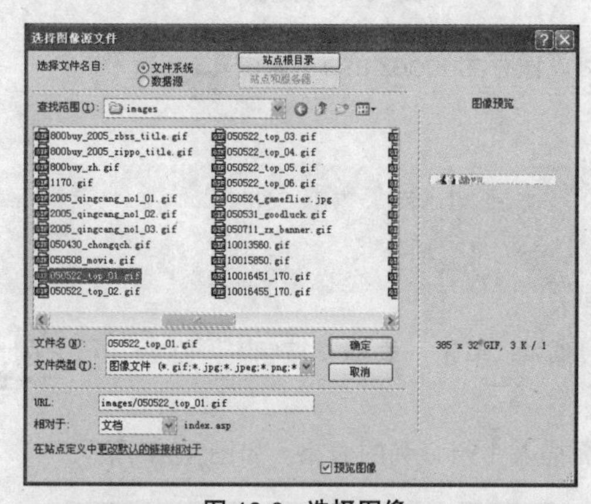

图 13-9　选择图像

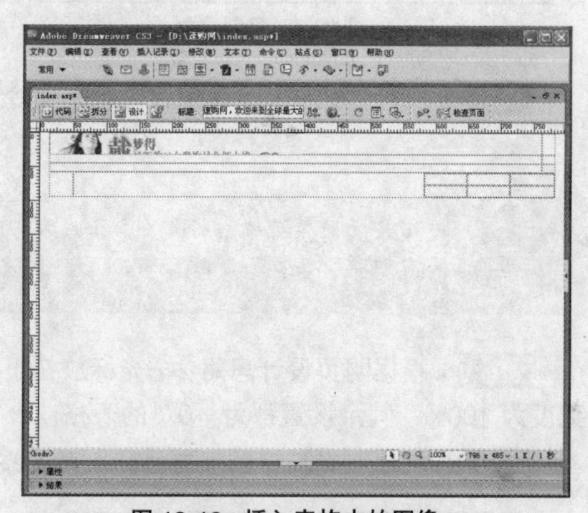

图 13-10　插入表格中的图像

步骤 11 重复步骤 9 和步骤 10，在第 1 列的下面 3 个单元格中依次插入“050522_top_03.gif”、“050522_top_05.gif”、“head_0427_logo.gif”图片。用同样的方法，重复步骤 9 和步骤 10，在右侧的 3 个单元格中插入“050522_top_02.gif”、“050522_top_04.gif”、“050522_top_06.gif”图片，如图 13-11 所示。

步骤 12 将光标插入到第 4 行的第 2 个单元格、插入的嵌套表格中，依次输入“注册登录”、“网站联盟”、“订单查询”、“客服中心”、“积分规则”、“集团购物”等栏目文字。将光标放在表格外右侧的页面中，单击“常用”栏中的“表格”按钮，插入 1 行 2 列、宽度为“768”像素、其余设置都为“0”的表格，在选中表格的情况下，打开表格属性面板，设置表格“背景颜色”为“#FF6600”，“对齐”选择“居中对齐”。

步骤 13 在表格的第 1 个单元格中输入"礼上网来 速购网"文字，然后将光标插入到表格的第 2 个单元格中，单击"常用"栏中的"表格"按钮，插入 1 行 8 列、宽度为"500"像素、其余设置都为"0"的嵌套表格，接着在插入的嵌套表格中依次输入"首页"、"珠宝化妆"、"音像"、"体育"等栏目名称，完成后如图 13-12 所示。

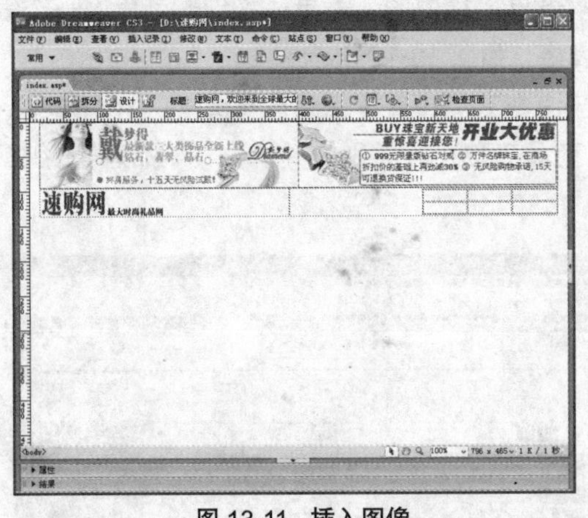

图 13-11 插入图像

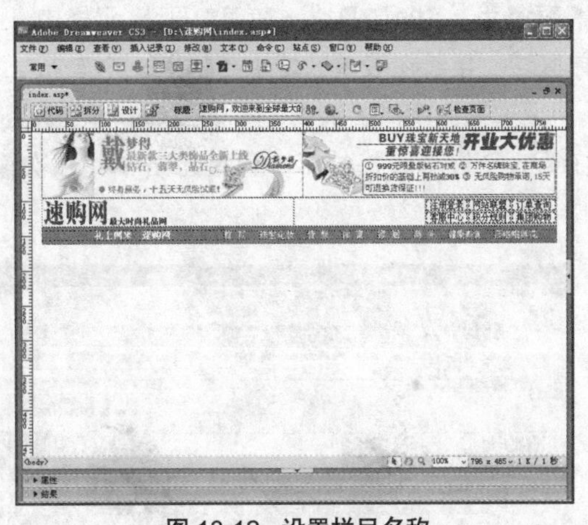

图 13-12 设置栏目名称

因为"速购网"属于网上商城，所以产品的种类很多。为了浏览者便于查找自己所需的产品，因此网站上的产品应该做好分类，这样，既方便了浏览者查看产品，也便于网站管理者管理网站。在下面要插入的表格中，我们为产品设置栏目分类。

前面已经介绍了很多次如何插入表格的方法，读者应该很熟练了，所以，在以下的步骤里，如何插入表格的方法，就点到为止，不再详细介绍了，当然特殊表格，我们还是会详细说明的。

步骤 14 移动光标到背景颜色为橘红色的表格外，单击"常用"栏中的"表格"按钮，插入一个宽度为"768"像素、其余设置都为"0"的表格，然后在第 1 个单元格中再次插入 1 行 14 列的嵌套表格，完成后选中第 2 行表格，设置表格"背景颜色"为"#EEEEEE"；同样，在刚插入的表格下面，再插入一个 2 行 1 列、宽度为"768"像素、其余设置都为"0"的表格，完成后如图 13-13 所示。

步骤 15 在第 1 个表格的单元格中输入产品的分类栏目名称；在第 2 个表格的单元格中插入"2005_qingcang_no1_01.gif"和"2005_qingcang_no1_02.gif"图像，完成后如图 13-14 所示。

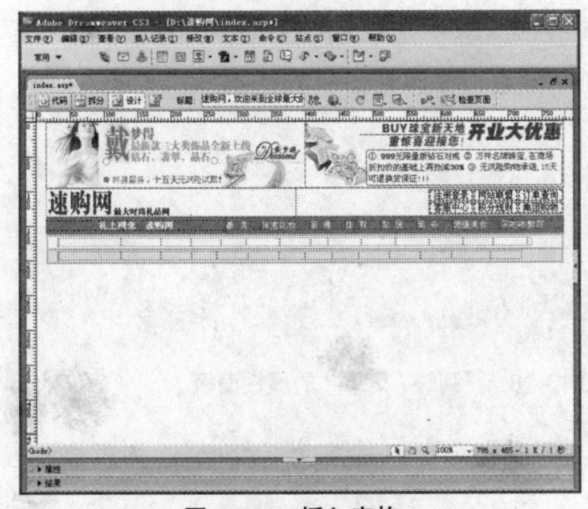

图 13-13 插入表格

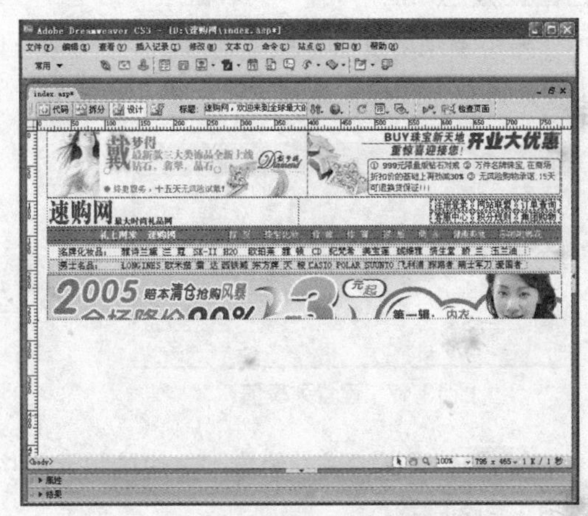

图 13-14 输入产品分类

步骤 16 在图片表格的下面，重新插入 1 行 3 列、宽度为“768”像素、其余设置都为“0”的表格，接着将光标移动到第 1 个单元格中，打开属性面板，将“垂直”设置为“顶端”，“背景颜色”为“#94A7D1”，然后在单元格中插入 1 行 1 列、宽度为“100%”、其余设置都为“0”的嵌套表格。

步骤 17 在嵌套表格下面，再插入一个 1 行 2 列的表格，然后设置第 1 列表格的宽度为 3，背景颜色为“#94A7D1”；在第 2 列单元格中，单击“表单”栏中的“表单”按钮，插入一个表单区域，接着在表单区域中再插入一个 5 行 2 列的表格，如图 13-15 所示。

步骤 18 在插入的第 1 个嵌套表格中，输入“商品搜索”，并设置字体颜色为白色“#FFFFFF”；在第 2 个嵌套表格的第 1 列单元格中，依次输入“商品名称”、“类别”、“价位”、“品牌”，如图 13-16 所示。

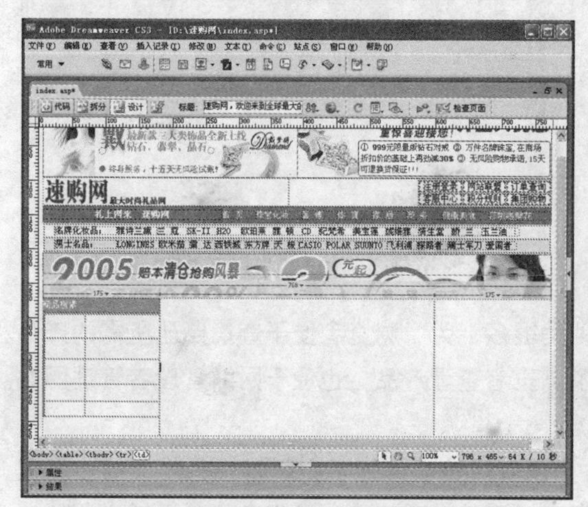

图 13-15 在表格中插入表格

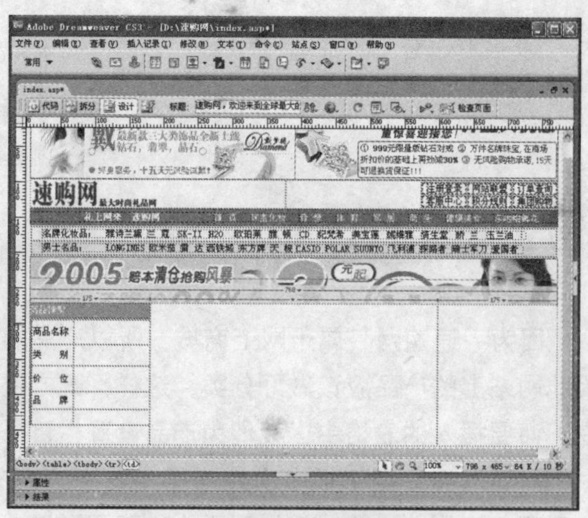

图 13-16 输入分类查询名称

步骤 19 将光标移动到“商品名称”右边的单元格中，单击“表单”栏中的“文本字段”按钮，插入一个文本字段，选中插入的文本字段，打开属性面板，在“文本域”文本框中输入文本名称“key_word”，“字符宽度”为“12”，“类型”选择“单行”。

步骤 20 移动光标到“类别”右边的单元格中，单击“表单”栏中的“列表 / 菜单”按钮，弹出“输入标签辅助功能属性”对话框，单击“确定”按钮，插入一个“列表 / 菜单”文本框，然后打开属性面板，在“列表 / 菜单”文本框中输入名称“kind_code”，接着单击属性面板中的列表值...按钮，打开“列表值”对话框，在对话框中输入“项目标签”和“值”，如图 13-17 所示；单击按钮可以添加下一个标签，单击按钮可以删除标签，单击按钮，可以调整标签上下的顺序，完成设置后单击“确定”按钮，返回到属性面板，属性面板如图 13-18 所示。

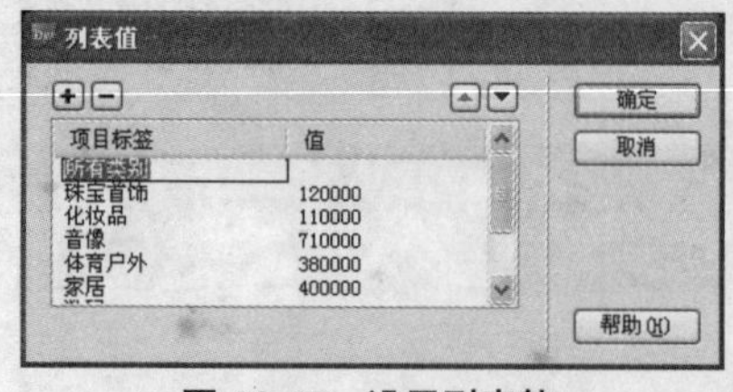

图 13-17 设置列表值

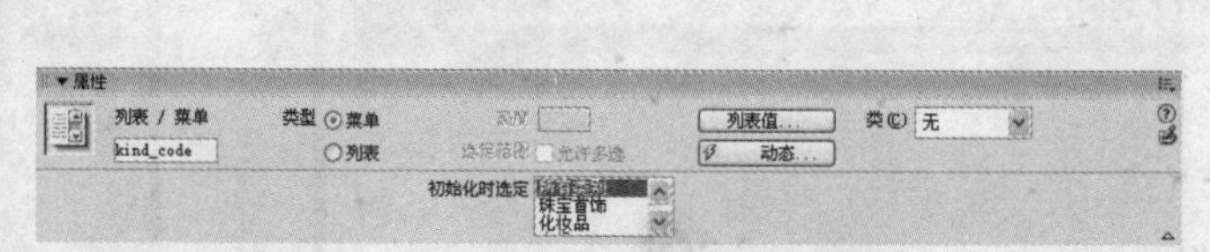

图 13-18 “列表 / 菜单”的属性面板

步骤 21 同样，在“价位”右边的单元格中插入“列表 / 菜单”，命名为“price”，列表值设置如图 13-19 所示。

步骤 22 在“品牌”右边的单元格中插入“列表 / 菜单”，命名为 manu_code，列表值设置如图 13-20 所示。

图 13-19 “价位”列表值

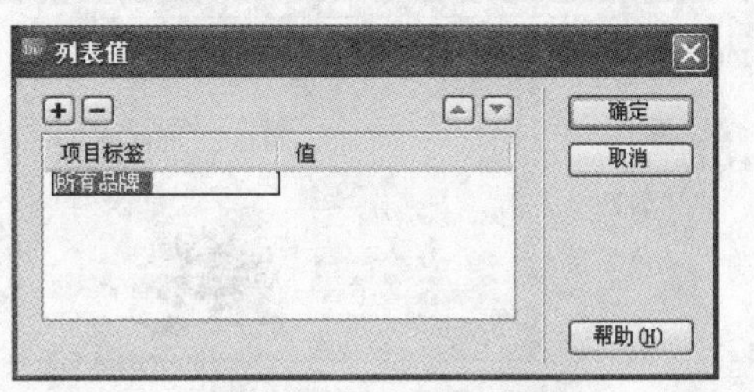

图 13-20 “品牌”列表值

步骤 23 在最后一个单元格中插入查询图片，完成后如图 13-21 所示。

步骤 24 把光标移动到中间表格中，插入一个图像“b290_1.gif”，并设置为“居中对齐”显示，接着在最右边的表格中插入一个 1 行 1 列、宽度为“100%”、其余设置都为“0”的嵌套表格，并设置“背景颜色”为“#FF7800”，然后在表格中输入标题文字“最新热点”。

步骤 25 在“最新热点”表格下面再插入一个 9 行 1 列、宽度为“100%”，其余设置都为“0”的表格，然后在表格中输入文字内容，如图 13-22 所示。

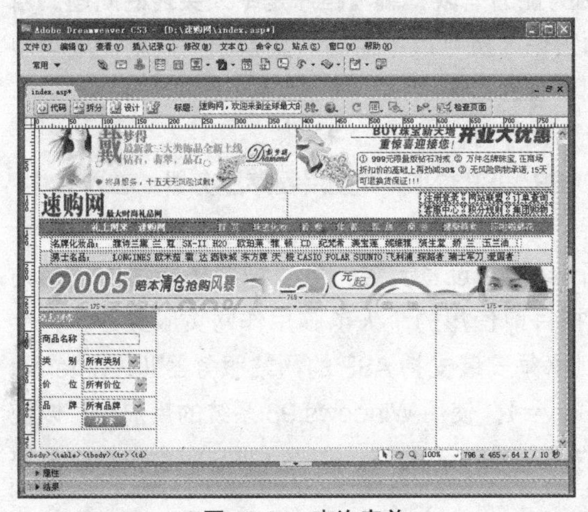

图 13-21 查询表单

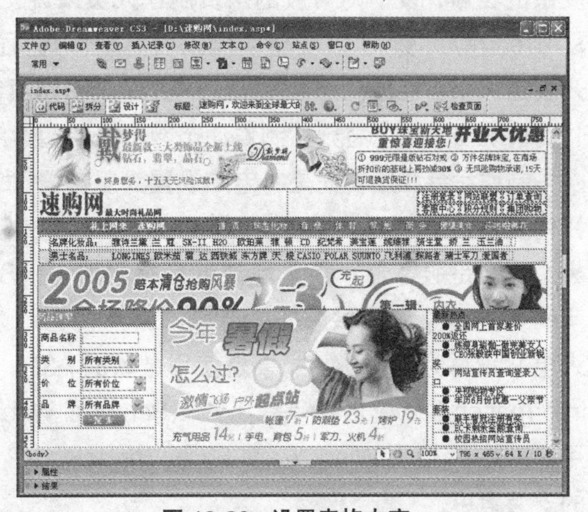

图 13-22 设置表格内容

首页的制作，只要规划好布局，设计好风格，剩下的基本上都很简单了。在前面我们已经介绍了很多如何制作首页的例子，读者应该基本上掌握了网页的制作方法，但为了让读者了解更多的商品网站的概念和类型，本章也介绍了商品网站的布局和设计风格，为大家在以后的工作当中制作出商品网站打好基础。

本章的重点主要是为大家介绍如何利用 Dreamweaver CS3 把数据库和网页连接起来，使网站的网页成为动态网页，让后台的程序控制着网页中显示的数据。因此，首页的后半部分，读者可以模仿图 13-23 和图 13-24 所示的样式进行网页制作，或者到附带的光盘中复制已经制作好的网页素材，模仿制作，这里就不具体介绍了。

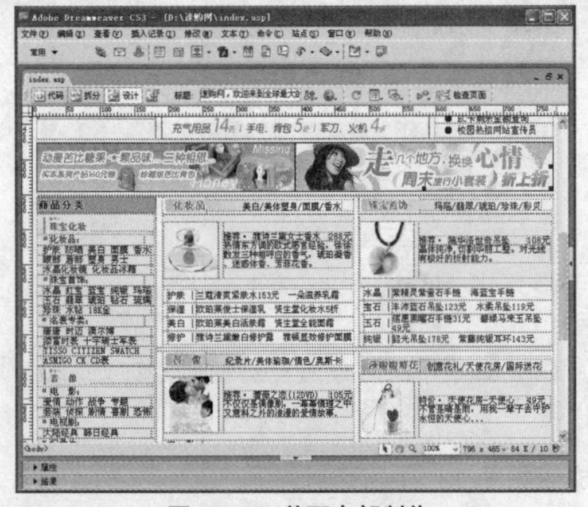

图 13-23 首页中部制作

图 13-24 首页尾部制作

13.1.2 准备工作环境

速购网的首页已经基本上制作完成了，但为了让网页真正实现动态数据显示，所以还得进行复杂的程序开发。对一般的网页制作人员来说，因为能力有限，编写程序是令人头疼的问题。自从 Dreamweaver CS3 更新换代以后，制作网页的工作人员可以不用编写复杂的代码就能成功地开发出一个出色的动态网站来，这真是学习网页制作者的福音。

从现在开始，将开始制作动态网页，希望读者认真学习！

制作后台程序首先是将电脑设置为服务器，如 ASP、JSP、NET 等应用程序服务器。在本章中，我们使用的是 ASP。

什么是服务器？简单地说就是提供服务（Servise）的设备资源，可以把服务器理解成向访问网页的浏览者提供服务的电脑，当然，也可以把目前使用的个人电脑用作网页服务器。将个人电脑设置为服务器，如果是使用微软的 ASP，则必须安装支持 ASP 的网站服务器 IIS（Internet Information Server）或者是 PWS（Personal Web Server）。使用 Windows 98 系统的用户，可以使用 PWS，而使用 Windows 2000 和 Windows XP 的用户可以安装 IIS。PWS 和 IIS 包含在相应系统的安装盘中。

下面介绍如何安装 IIS，在进行操作之前，先准备好系统安装盘。具体操作步骤如下。

步骤 01 在桌面上执行“开始”>“控制面板”命令，在“控制面板”对话框中单击“添加/删除程序”选项，如图 13-25 所示。

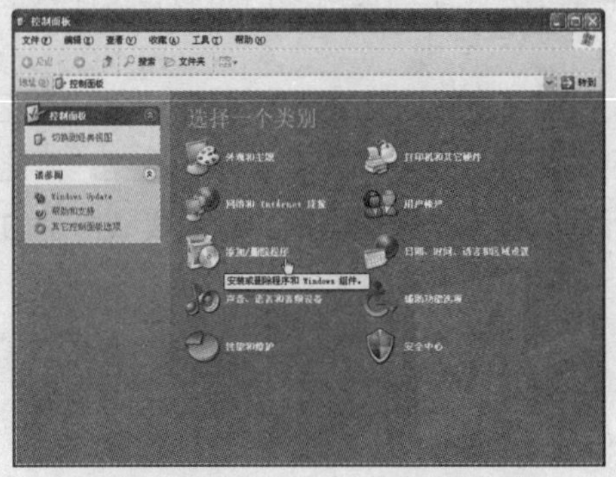

图 13-25 选择“添加/删除程序”选项

步骤 02 在打开的“添加或删除程序”对话框中，单击左侧的“添加 / 删除 Windows 组件 (A)”按钮，如图 13-26 所示。

步骤 03 在弹出的“Windows 组件向导”对话框中，勾选组件中的“Internet 信息服务 (IIS)”复选框，然后单击“下一步”按钮，如图 13-27 所示。

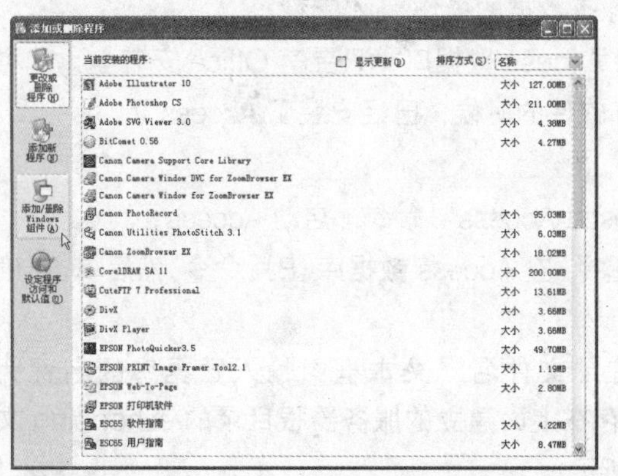

图 13-26　选择“添加 / 删除 Windows 组件 (A)”

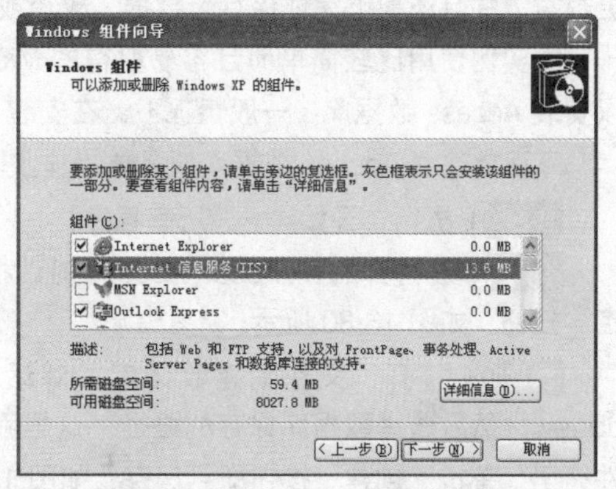

图 13-27　选择“Internet 信息服务 (IIS)”

步骤 04 如果提示插入磁盘，请插入系统安装盘，然后单击“确定”按钮，直到系统自动安装所需要的文件，然后单击“完成”按钮，如图 13-28 所示。

完成 IIS 的安装后，为了确认服务器是否安装正确，可以打开浏览器，在地址栏中输入“http://localhost/localstart.asp”，然后按 Enter 键，如图 13-29 所示，则表示安装成功。

图 13-28　完成安装

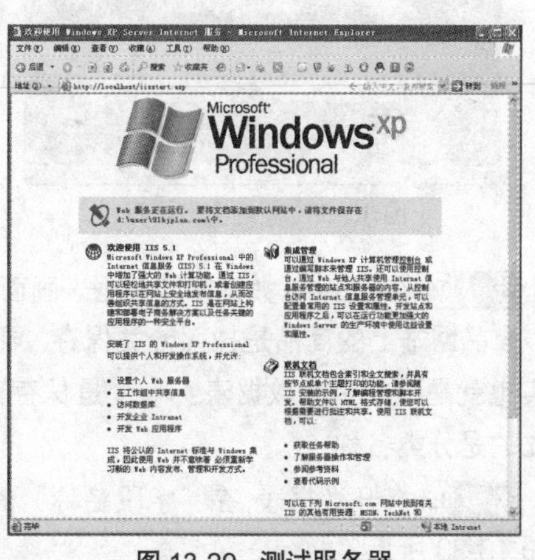

图 13-29　测试服务器

注 意

至于 PWS 的安装，只要先找到系统盘中的 PWS 目录下的 Setup.exe，然后双击它，一路单击“下一步”按钮就可以完成安装，非常简单，这里就不详细介绍了。

设置服务器已经完成了，电脑上的 C:\Inetpub\wwwroot\ 就是服务器的根目录，读者可以在这目录下建立一个需要的文件夹，然后把网页文件复制到这个文件夹中，就可以在浏览器中浏览 ASP 网页了。为了方便学习，我们在这个目录下建立 eshopping 文件夹，然后把前面已经做好的网页材料复制到这个文件夹中。

13.1.3 准备数据库

基本工作已经准备好后，接着就要建立一个保存网页数据的数据库。数据库是有组织、有系统地整理数据的地方，是保存数据的文件库或信息库的场所，它可以根据外部的要求来改变或变更数据，并且还能够完成保存新数据、改变或删除原有数据的操作。

本实例使用比较简单而且容易取得的 Microsoft Access 数据库，只要有 Office 安装盘，就可以安装 Access 数据库。一般情况下，在安装 Office 软件的时候，已经安装了 Access 了。

下面就建立 Access 数据库。具体操作步骤如下。

步骤 01 执行“开始”>“所有程序”>“Microsoft Access”命令，启动 Access。

步骤 02 在打开的 Microsoft Access 对话框中，选择“空 Access 数据库(B)”命令，然后单击“确定”按钮，如图 13-30 所示。

步骤 03 打开“文件新建数据库”对话框，在“文件名”文本框中输入数据库的名称为 dbnew，然后选择数据库保存的路径。这里我们保存在上面建立的服务器根目录的 eshopping 文件夹里，单击“创建”按钮即可保存，如图 13-31 所示。

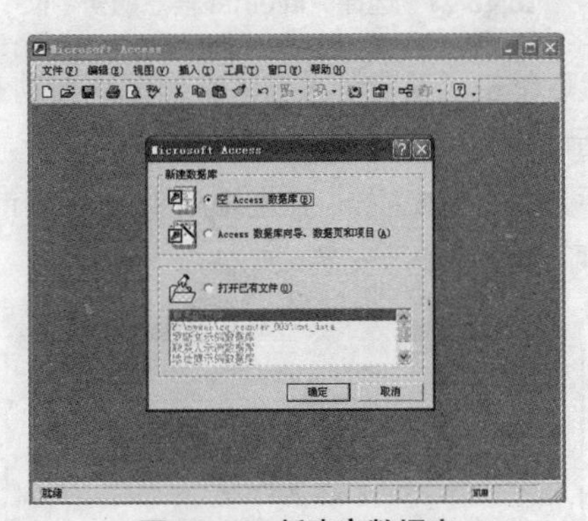

图 13-30 新建空数据库

图 13-31 选择保存数据库的路径

步骤 04 在 dbnew 数据库的数据表画面中，双击“使用设计器创建表”选项，如图 13-32 所示。

商品网站上的商品是按照分类保存、显示的，所以在建立数据库的数据表时，就按照分类建立。其实也就是建立 2 个数据表，一个是保存商品分类名称，一个是保存每项商品的数据。下面首先建立的是分类名称。

步骤 05 打开数据表，在“字段名称”的第 1 行中输入 CatalogID，“数据类型”为“自动编号”，如图 13-33 所示。

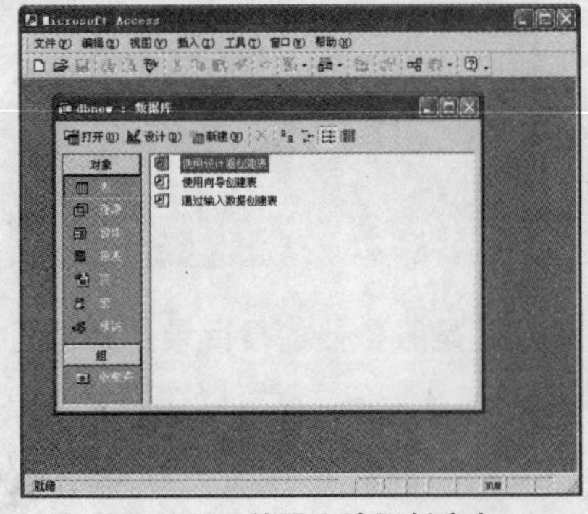

图 13-32 使用设计器创建表

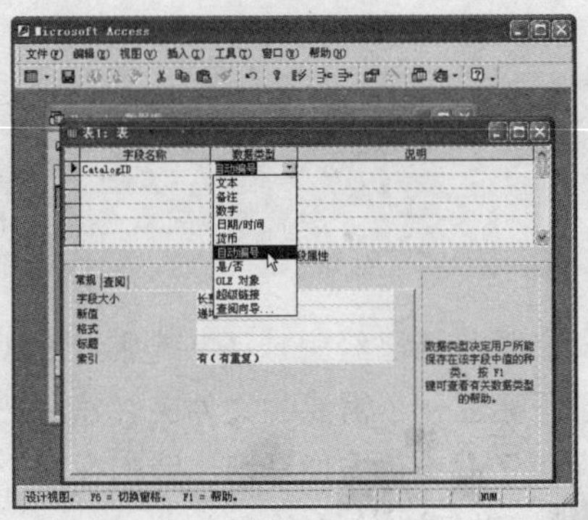

图 13-33 设置数据表

步骤 06 在第 2 行“字段名称”中输入 CatalogName，“数据类型”为“文本”，在下面的字段“常规”选项卡中分别输入“字段大小”为 50，“必填字段”为“是”，“允许空字符串”为“否”，“索引”为“有（有重复）”，其他设置默认即可，如图 13-34 所示。

步骤 07 完成数据表的设置后，保存数据表，弹出“另存为”对话框，在对话框的“表名称”文本框中输入 tbCatalog，然后单击“确定”按钮，如图 13-35 所示。

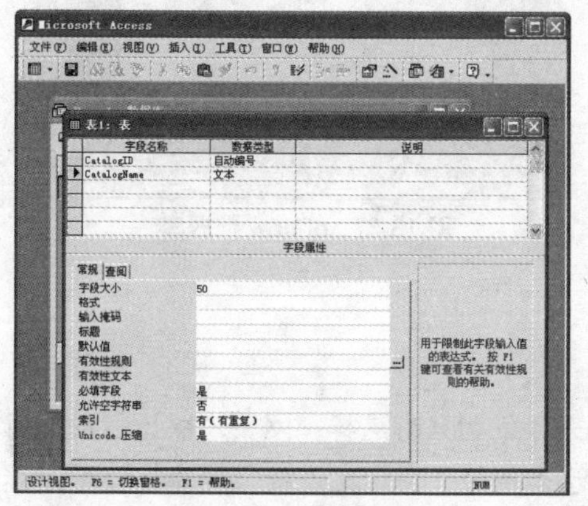

图 13-34 设计数据表

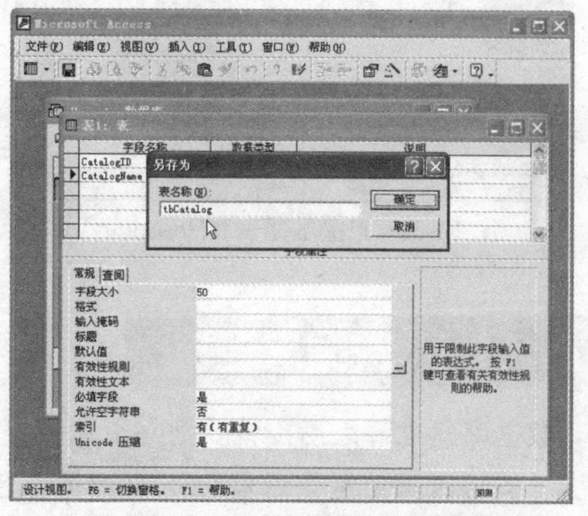

图 13-35 输入数据表名称

步骤 08 在保存数据表时，如果弹出询问是否定义主键对话框，单击“是”，因为主键是表和表之间的联系纽带。

网站产品分类目录的数据表现在已经建立完成了，但目录中的产品数据表还没建立，所以，下一步骤就开始建立保存产品数据的数据表。

步骤 09 重新打开“使用设计器创建表”，设计如表 13-1 所示。

表 13-1 产品数据表（tbProducts）

含 义	字段名称	数据类型	字段大小	必填字段	允许空字符串	索 引
编号	ProductID	自动编号				
产品名称	ProductName	文 本	50	是	否	有（无重复）
市场价格	OldPrice	数 字		否		
优惠价格	SalePrice	数 字		否		
所属分类	CatalogID	数 字		是	否	有（有重复）
产品介绍	Description	备 注		否	是	
产品图片	Image	文 本	100	否	是	

步骤 10 数据表输入完毕后，保存数据表为 tbProducts，数据表如图 13-36 所示。

完成了两个数据表的建立，也就是完成了数据库的建立后，打开数据库，tbCatalog 和 tbProducts 就存在于 dbnew 数据库对话框中了，如图 13-37 所示。但现在数据库里是空的，是因为还没往数据库里输入数据，不过没关系，等下面制作好添加数据库网页后，就可以在网页里往数据库里添加数据了。

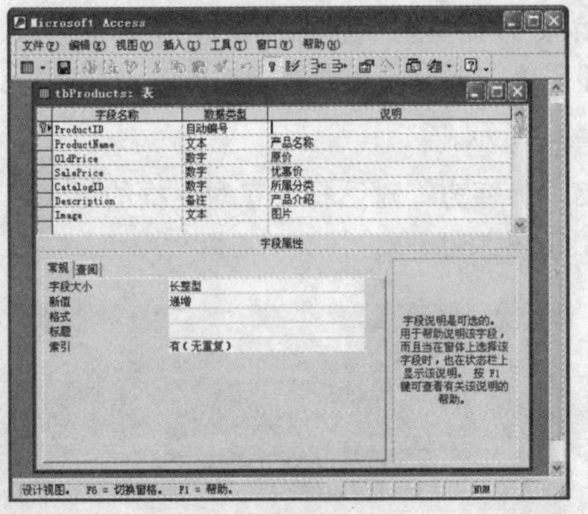

图 13-36　产品数据表 tbProducts

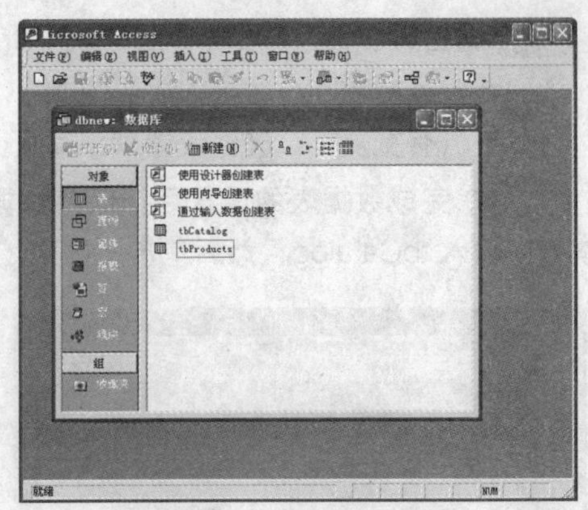

图 13-37　dbnew 数据库

13.1.4 数据库连接

数据库建立好之后，就要把网页和数据库连接起来，因为只有这样，网页才能识别数据所在位置。连接数据库需要设置 DSN（数据源名称）。但也有例外，自定义连接数据库，就可以避开 DSN 的设置。下面就以这两种方法进行介绍。

1. DSN 的数据库连接

步骤 01 启动 Dreamweaver CS3，打开前面制作好并复制到服务器根目录下的 index.asp 网页，执行"窗口">"数据库"菜单命令，打开"应用程序"中的"数据库"面板，如图 13-38 所示。

步骤 02 单击⊞按钮，在弹出的菜单中单击"数据源名称（DSN）"命令，如图 13-39 所示。

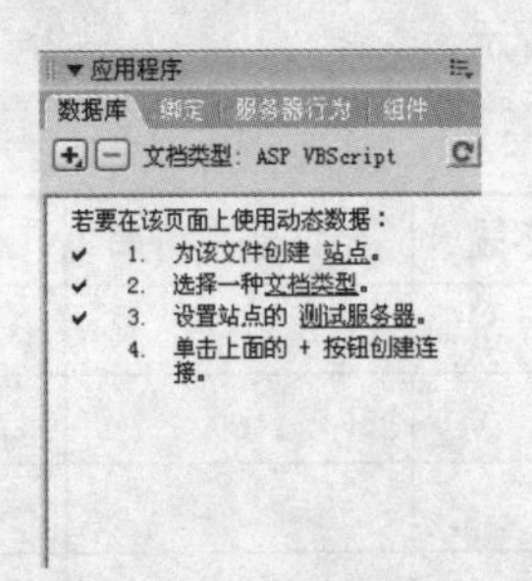

图 13-38　数据库面板

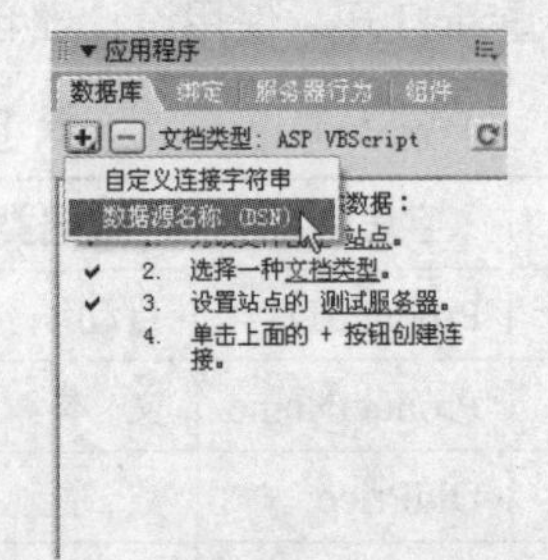

图 13-39　选择"数据源名称（DSN）"

步骤 03 在"数据源名称（DSN）"对话框中单击 定义... 按钮，如图 13-40 所示。

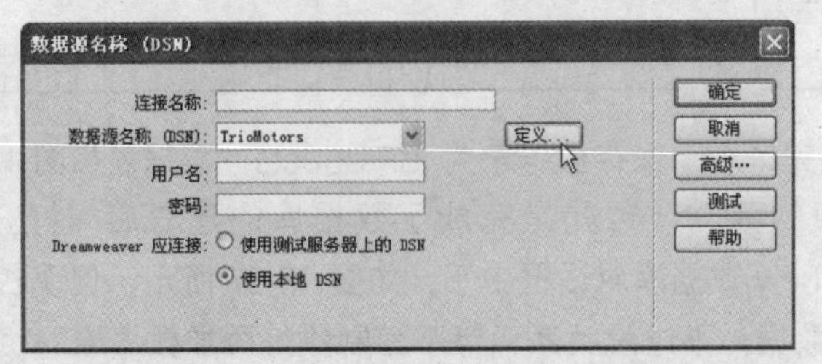

图 13-40　"数据源名称（DSN）"对话框

步骤 04 在"ODBC 数据源管理器"对话框中，切换至"系统 DSN"选项卡，接着单击"添加 (D)"按钮，如图 13-41 所示。

步骤 05 打开“创建新数据源”对话框，在“名称”列表框中选择 Microsoft Access Driver(*.mdb)，然后单击“完成”按钮，如图 13-42 所示。

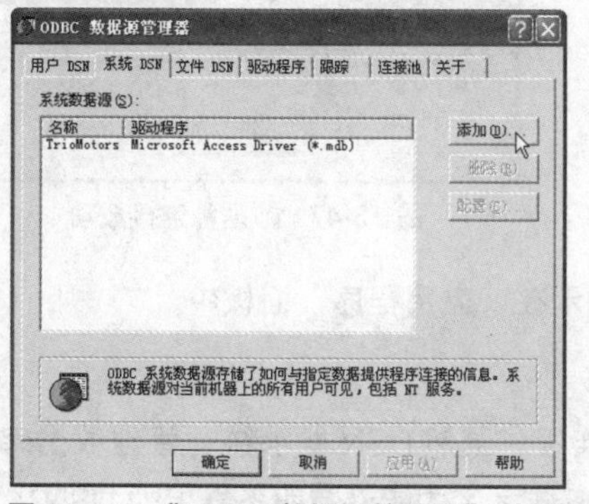

图 13-41 “ODBC 数据源管理器”对话框

图 13-42 “创建新数据源”对话框

步骤 06 在“ODBC Microsoft Access 安装”对话框中的“数据源名 (N)”文本框中输入数据源名称，这里为 dbnew，单击“选择”按钮打开“选择数据库”对话框，选择存放站点根目录下的数据库，然后单击“确定”按钮，如图 13-43 所示。

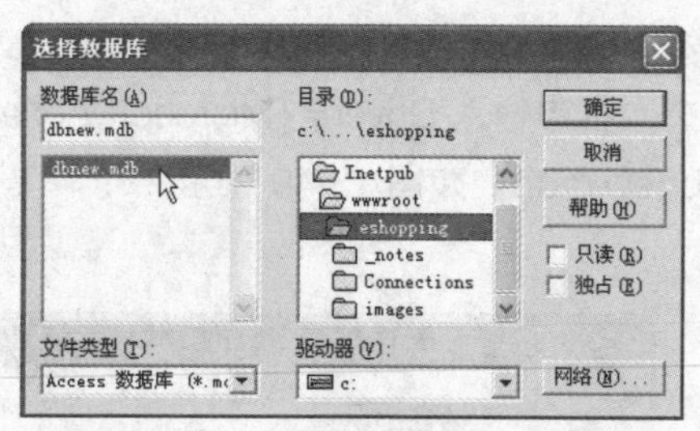

图 13-43 “选择数据库”对话框

步骤 07 回到“ODBC Microsoft Access 安装”对话框，选择的数据库路径已经显示在“数据库”框架中，如图 13-44 所示。单击“确定”按钮，再回到“ODBC 数据源管理器”对话框中，建立的数据源 dbnew 已保存在“名称”项目中，如图 13-45 所示。

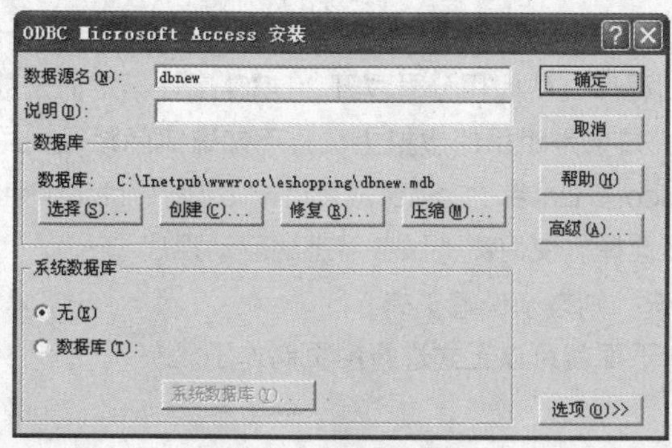

图 13-44 数据源安装

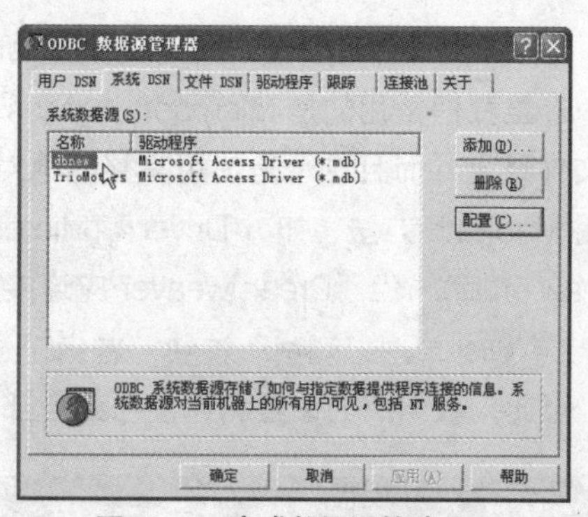

图 13-45 完成数据源的建立

步骤 08 单击“确定”按钮，在“数据源名称（DSN）”对话框中的“连接名称”文本框中输入 dbnew，“数据源名称（DSN）”选择刚才建立的 dbnew 数据源，“Dreamweaver 应连接”选择“使用本地 DSN”，如图 13-46 所示。完成后可以单击“测试”按钮，如果出现成功提示，如图 13-47 所示，说明数据库连接正确。

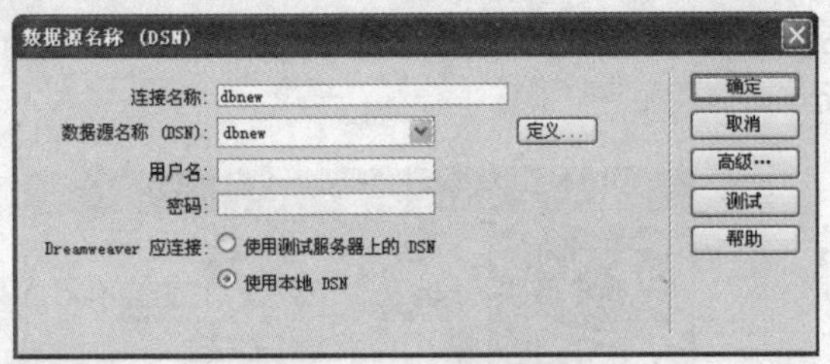

图 13-46　连接数据源

图 13-47　数据源连接成功

确定连接数据源后，建立的数据库 dbnew 已成功显示在“应用程序”面板中。

2. 不需要 DSN 的数据库连接

在前面已经介绍了使用 DSN 的方式来建立数据库连接。虽然 DSN 能够统一管理数据库文件相关的各种信息，但在自己的机器上要设置、发布到服务器之后才能设置服务器上的 DSN 。对于租用虚拟主机或免费网页空间的人来说还是比较麻烦的，所以，下面就介绍不需要使用 DSN 的方法来设置数据库连接的方法，这个方法就是“自定义连接字符串”。操作步骤如下。

步骤 01 启动 Dreamweaver，打开“应用程序”面板中的“数据库”面板，单击 + 按钮选择“自定义连接字符串”命令，如图 13-48 所示。

步骤 02 打开“自定义连接字符串”对话框，在“连接名称”文本框中输入 dbnew，这是数据库名称；在“连接字符串”文本框中输入 Driver={Microsoft Access Driver (*.mdb)}; DBQ=c:\Inetpub\wwwroot\eshopping\dbnew.mdb；如图 13-49 所示。

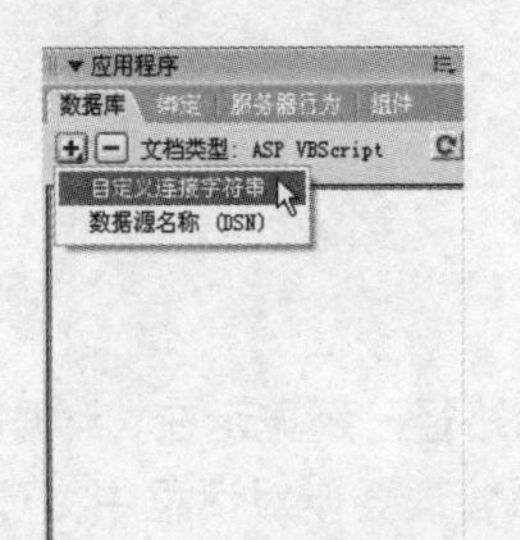

图 13-48　选择“自定义连接字符串”

图 13-49　设置连接

输入字符串的前半部指定了数据库所使用的驱动程序。不同厂家的数据库驱动程序是不一样的，这里我们使用的是 Microsoft Access 的驱动程序，中间用分号隔开；DBQ 属性指定的是数据库文件路径，而且这个是使用完整的绝对路径。如果是租用的虚拟主机，不知道实际路径，可以使用 MapPath 方法，如："Driver={Microsoft Access Driver (*.mdb)};DBQ=" & Server.MapPath("/dbnew.mdb")，但“Dreamweaver 应连接”选项选择“使用测试服务器上的驱动程序”。

步骤 03 单击“测试”按钮，若出现成功提示，则表示设置正确。

至此，数据库的设置和连接已经全部完成。下面就可以正式进行网页制作了。

13.1.5　制作商品展示页

商品展示也就是罗列出网站中的商品，目的是为了让浏览者查看商品的内容，如商品的价格、商品的介绍等。但这部分网页的数据是和数据库中的商品一一对应的，只要数据库里有产品的数据，网页中都能显示出。这样，产品管理员就可以利用后台的程序增减产品，以免误导浏览者，订购了企业目前断货的商品。

商品展示网页制作起来比首页要简单很多，但要把网页和数据库连接起来，还是有一定难度的。下面将一步步介绍动态网页的制作方法。

步骤 01 启动 Dreamewaver CS3，新建一个网页，保存为 catalog.asp。

步骤 02 打开上面已经制作好的 index.asp 网页，选中包含导航栏以上的表格和图片，然后按 Ctrl+C 组合键进行复制。

步骤 03 切换到 catalog.asp 页面中，将光标插入到页面顶部，按 Ctrl+V 组合键，粘贴复制的表格内容，如图 13-50 所示。

步骤 04 按 Enter 键，另起一行，打开“插入”面板中的“常用”栏，单击“表格”按钮，插入 1 行 3 列表格，宽度为 768 像素，如图 13-51 所示。

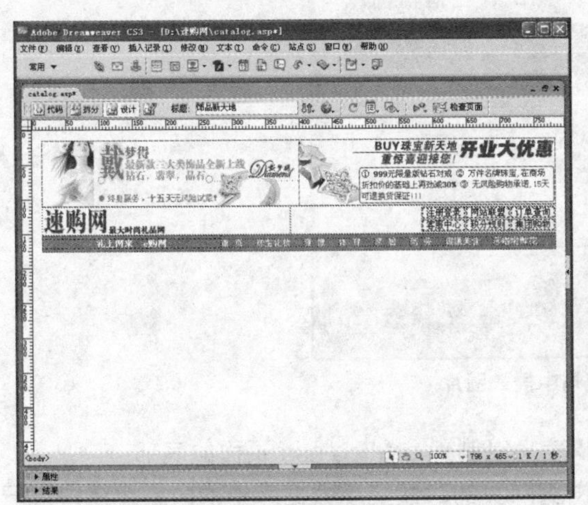

图 13-50 复制导航栏目

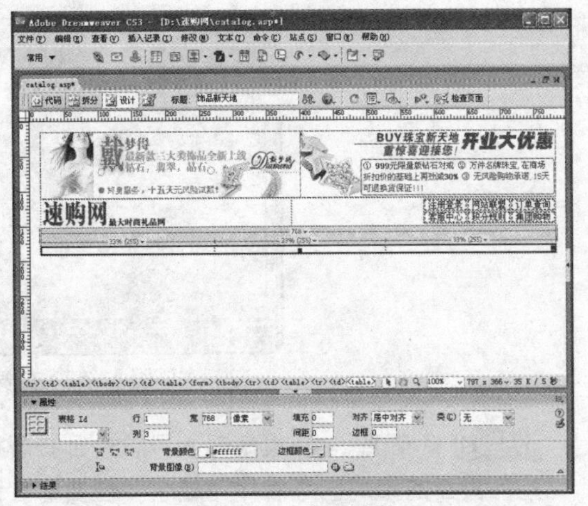

图 13-51 插入表格

步骤 05 将光标插入到第 1 列表格中，单击属性面板中的“拆分单元格为行或列”按钮，将单元格分为 2 行，设置第 1 行单元格的背景颜色为“#F0F0F0”。

步骤 06 把光标移动到第 1 列的第 2 行单元格中，插入一个 2 行 2 列的表格，设置背景颜色为“#F0F0F0”。

步骤 07 在插入的第 1 单元格中，插入 com_cz.gif 图片，然后在第 2 个单元格中插入 com_arrow.gif 图片，完成后效果如图 13-52 所示。

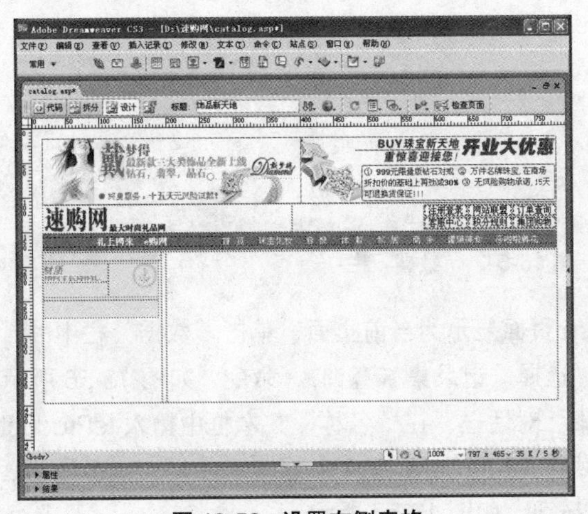

图 13-52 设置左侧表格

步骤 08 将第2列的表格宽度设为7像素。在第3列表格中插入2个表格，第1个表格为1行2列，第2个表格为1行3列。

步骤 09 将插入的第1个表格拆分为2列，第1列设置背景色为"#F0F0F0"，第2列输入文字"产品展示"。

步骤 10 将光标移动到第2个表格的第1个单元格中，插入一个图片，如图13-53所示，但这个图片在下面的制作中会被数据库中的产品图片所替代。

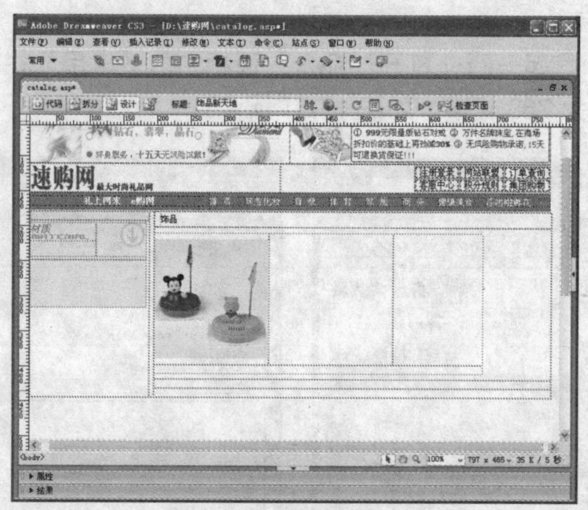

图 13-53　在表格中插入图片

步骤 11 将 index.asp 最底部的导航栏目和版权信息复制到 catalog.asp 页面的底部。

产品页面的布局已经制作完成了，但要想在浏览网页的时候显示数据库中的内容，还得进行应用程序的开发。自从 Dreamweaver CS3 出现以来，这部分的制作也不是很复杂了，只要了解和熟悉 Dreamweaver CS3 的"应用程序"面板，就能快速开发出来，"数据"栏如图13-54所示。它和右侧的"数据"浮动面板功能是一致的，如图13-55所示。在制作过程中要慢慢熟悉它。

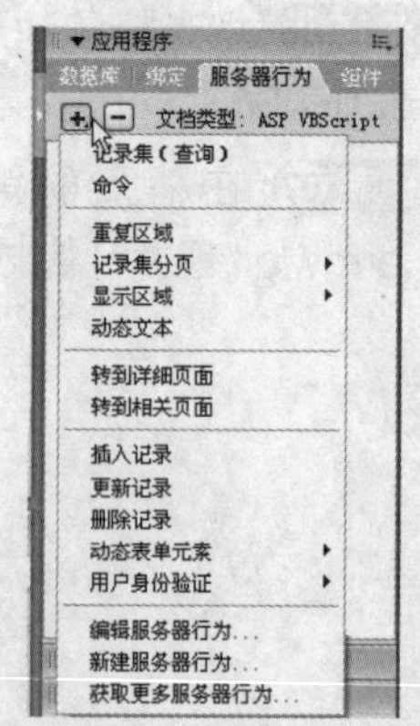

图 13-54　"数据"栏

图 13-55　"服务器行为"面板

步骤 12 将 catalog.asp 页面显示为当前页面，单击"数据"栏中的"绑定"命令。

步骤 13 单击 + 按钮，选择"记录集（查询）"命令，如图13-56所示。

步骤 14 打开"记录集"对话框，在"名称"文本框中输入 rsProducts，在"连接"下拉列表中选择 dbnew，"表格"选择 tbProducts，"列"选择"全部"，"排序"选择 ProductsID、"降序"，完成设置后单击"确定"按钮，如图13-57所示。

注 意

"排序"选择 ProductsID、"降序"的目的就是为了在网页显示产品的时候，把新输入的产品的数据显示在最前面。

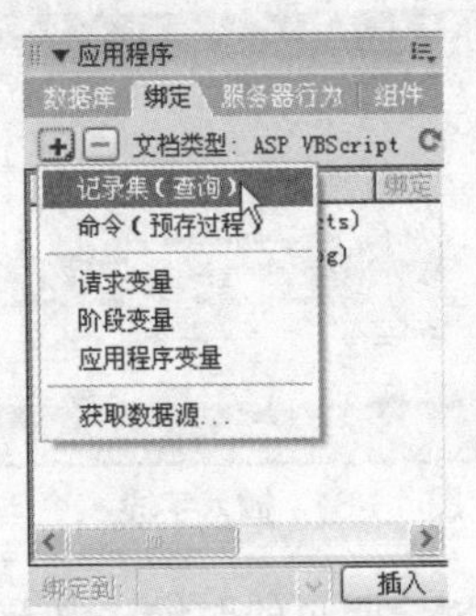

图 13-56 选择"记录集"

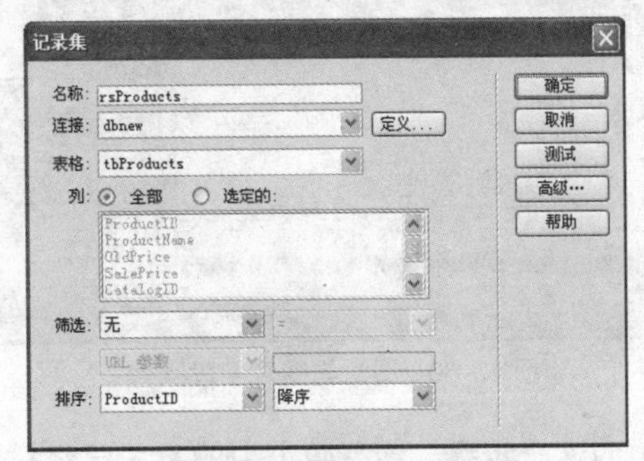

图 13-57 设置产品记录集

步骤 15 重复步骤 13 和步骤 14，再建立一个产品目录的记录集，但"名称"为 rsCatalog，"表格"选择 tbCatalog，其他设置相同，如图 13-58 所示。

步骤 16 单击"确定"按钮完成设置，回到"数据"栏中的"绑定"面板，建立的数据集显示在"绑定"列表框中，单击其中一个记录集前面的 + 号，将展开数据库中数据表的所有项目，如图 13-59 所示。

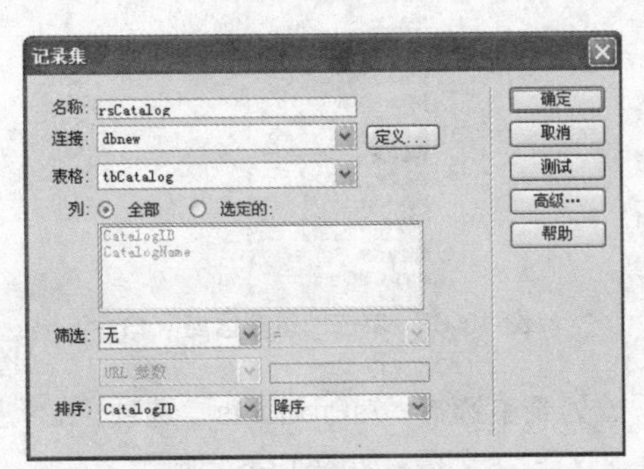

图 13-58 其他记录集设置

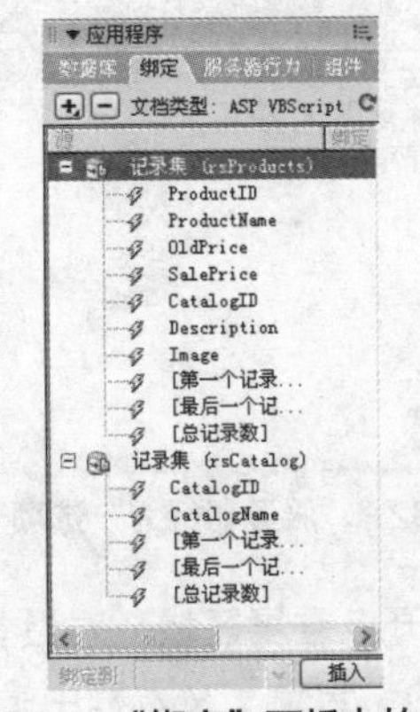

图 13-59 "绑定"面板中的记录集

步骤 17 页面中间原先插入的图片，要以数据库中的 Image 来替换。选中图片，单击"绑定"面板中的记录集（rsProducts）中的 Image 字段，再单击 绑定 按钮，图片就会被替换，如图 13-60 所示。

步骤 18 使用同样方式，将光标放在"市场价：￥"的右侧，单击选中"记录集（rsProducts）"中的 OldPrice 字段，再单击 插入 按钮。

步骤 19 将光标放在"优惠价：￥"的右侧，单击选中"记录集（rsProducts）"中的 SalePrice 字段，再单击 插入 按钮。

步骤 20 将光标放在"产品介绍"的下方，单击选中"记录集（rsProducts）"中的 Description 字段，再单击 插入 按钮，完成后如图 13-61 所示。

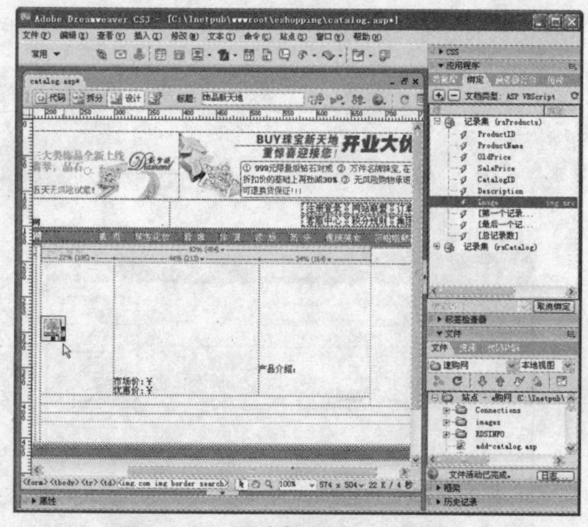

图 13-60　图片与图片字段互换

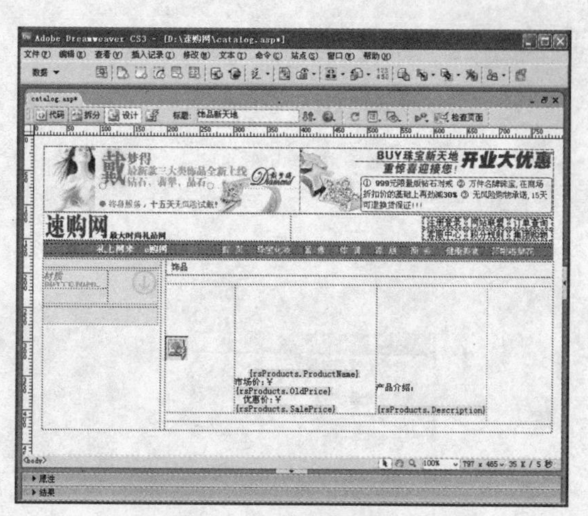

图 13-61　插入字段

到这个步骤，产品数据中的字段已经插入到网页中了。在浏览网页的时候，由于页面只能显示一条产品记录，所以还要让显示的内容在表格范围内不断重复，而且里面的内容分别是一个输入的产品数据。

步骤 21 选中放置产品记录的表格，切换到“数据”栏中的“服务器行为”面板，如图 13-62 所示。

步骤 22 单击按钮，选择“重复区域”命令，如图 13-63 所示。

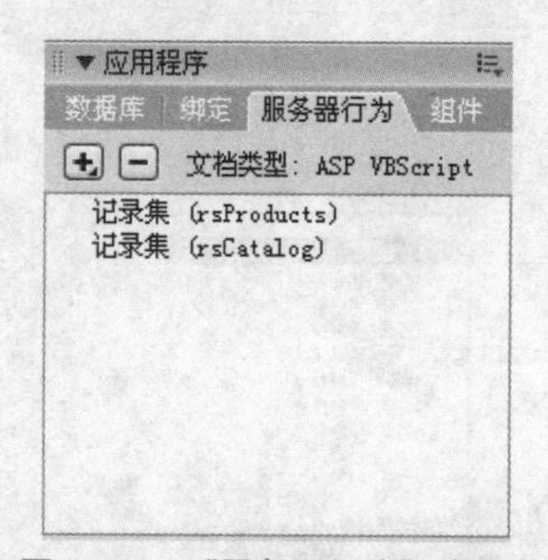

图 13-62　“服务器行为”选项卡

图 13-63　单击“重复区域”命令

步骤 23 打开“重复区域”对话框，在“记录集”下拉列表中选择“rsProducts”选项，在“显示”选项区域的“记录”文本框中输入需要显示的数目，这里为“3”，如图 13-64 所示。

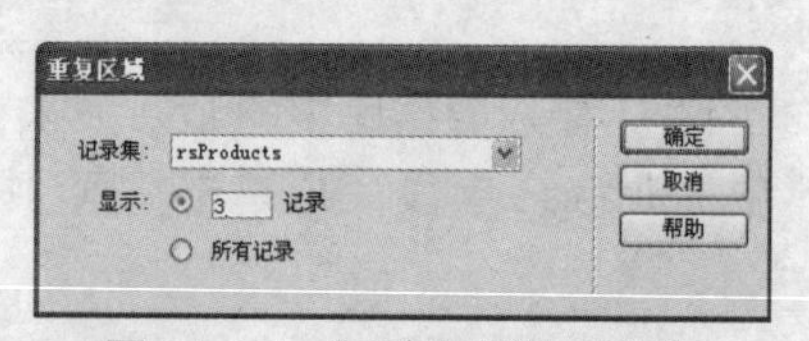

图 13-64　“重复区域”对话框

步骤 24 确定设置，页面出现重复区域，保存网页，如图 13-65 所示。

按照步骤 14 到步骤 24，把最左侧表格中的内容替换成分类记录集中的字段。但分类记录集 rsCatalog 中的字段需要显示的只有 CatalogName，所以，只要把它绑定到页面中就可以了。

步骤 25 将光标放在左侧分类目录的表格中，选择“绑定”选项卡下的记录集 rsCatalog 中的 CatalogName，单击插入按钮。

步骤 26 选中刚插入的字段，单击“服务器行为”面板上的⊞按钮，选择“重复区域”命令，在“重复区域”对话框中的“记录集”下拉列表中选择 rsCatalog，在“显示”选项区域中的“记录”文本框中输入 30，完成后单击“确定”按钮，如图 13-66 所示。

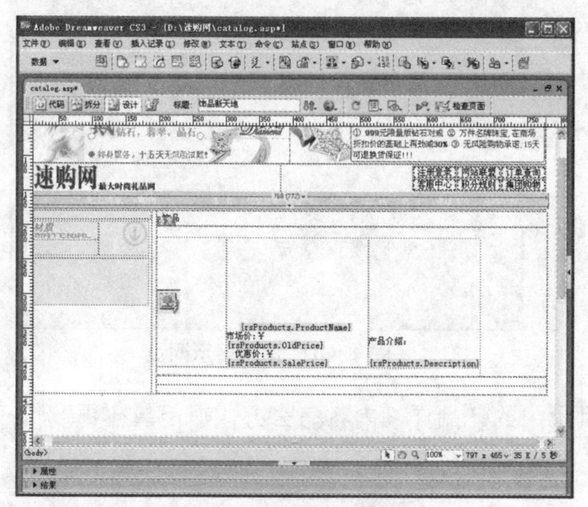

图 13-65 页面中的重复区域

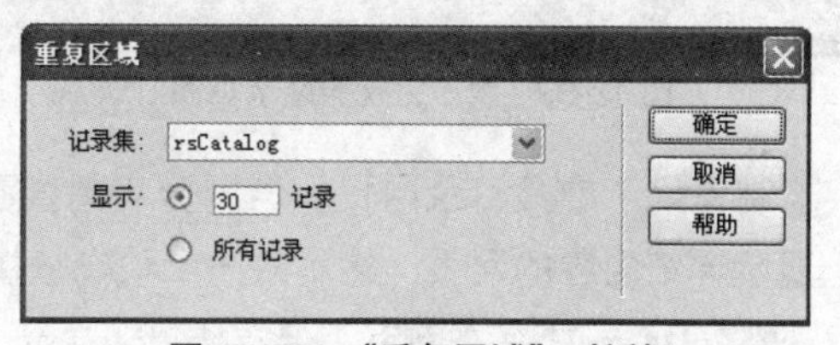

图 13-66 “重复区域”对话框

步骤 27 若一个页面显示不了数据库中的所有产品，可以给页面分页。在显示产品字段下面，分别输入“首页”、“上一页”、“下一页”、“末页”。

步骤 28 选中“首页”两字，单击“数据”面板的“服务器行为”面板的⊞按钮，执行“记录集分页” > “移至第一条记录”命令，如图 13-67 所示。

步骤 29 打开“移至第一条记录”对话框，“链接”选择“所选范围：‘首页’”，“记录集”选择 rsProducts，如图 13-68 所示。完成后单击“确定”按钮，保存页面。

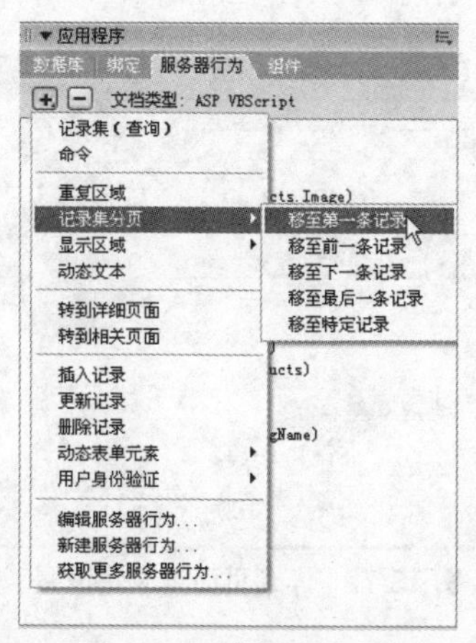

图 13-67 选择分页命令

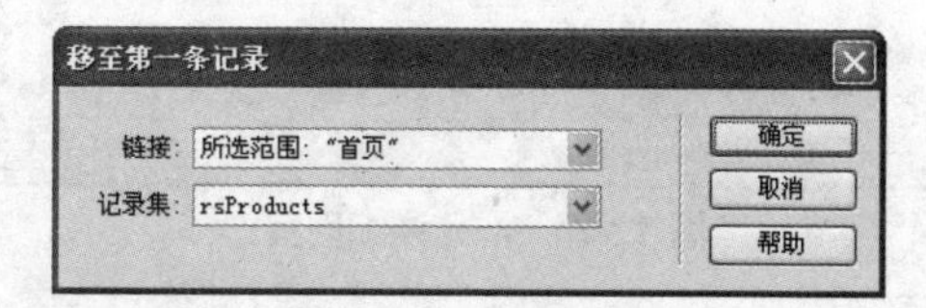

图 13-68 设置分页

步骤 30 同样，选中“上一页”、“下一页”、“末页”，依次选择“移至前一条记录”、“移至下一条记录”、“移至最后一条记录”，设置完成后保存网页。

到目前为止，展示产品的动态网页基本上制作完成了。打开“服务器行为”中的文本框，前面所设置的动态网页制作的程序功能都展现在其中，如图 13-69 所示。如果再打开浏览器，在地址栏中输入服务器的地址，数据库中本来已有的东西就会动态地显示在网页中，如图 13-70 所示。

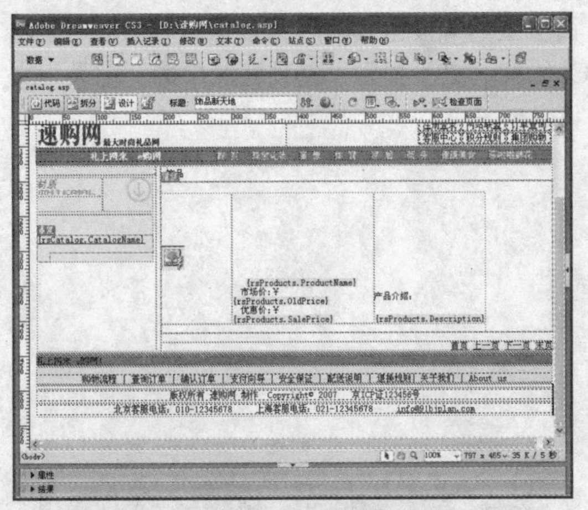

图 13-69　制作完成的展示页面

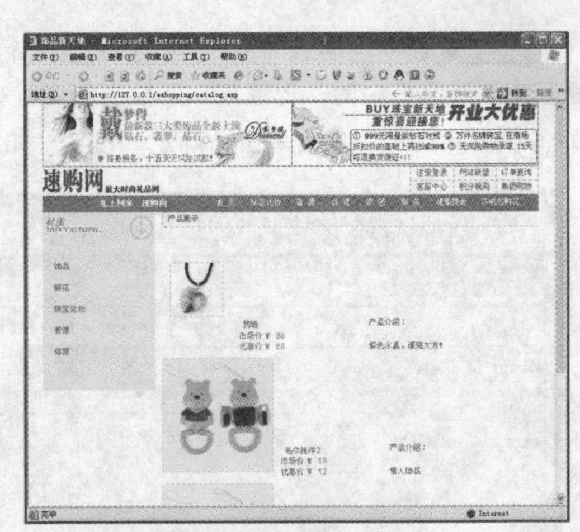

图 13-70　浏览展示网页

制作好了产品目录网页，但浏览者想查看目录中的产品详细内容怎么办？很简单，再制作一个显示详细内容的网页，然后做一个动态链接就可以了。

步骤 31 新建一个网页，保存为 detail.asp。

步骤 32 制作如图 13-71 所示的网页，其实也就是复制 Catalog 网页中的表格和图片。

步骤 33 网页制作好后，打开“服务器行为”面板中的“记录集”对话框，在“名称”文本框中输入 rsThisProducts，“连接”选择 dbnew，“表格”选择 tbProducts，“列”选择“全部”，“筛选”中依次为 ProductID、“=”、URL 参数、ProductID，“排序”选择“无”，完成后单击“确定”按钮，如图 13-72 所示。

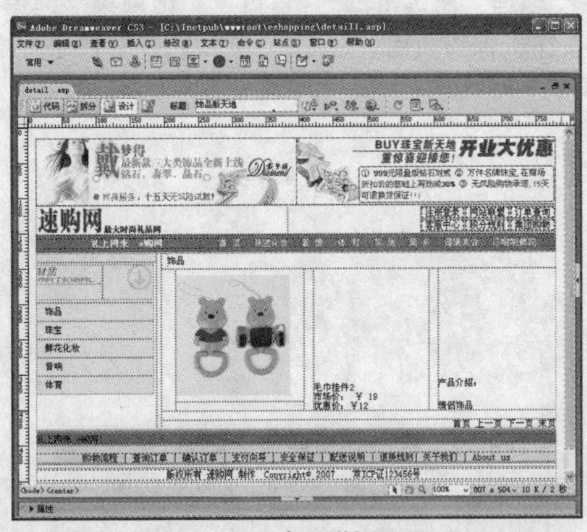

图 13-71　产品详细网页

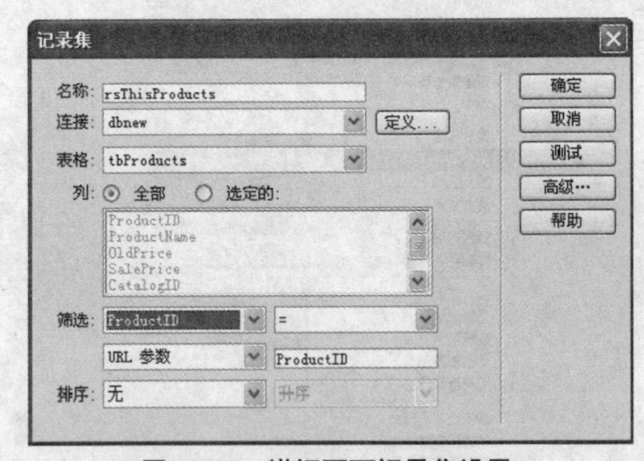

图 13-72　详细页面记录集设置

步骤 34 选中页面中的图片，打开“数据”面板中的“绑定”面板，单击“记录集 rsThis Products”中的 Image 字段，接着再单击 绑定 按钮。

步骤 35 选中页面中的产品名称“毛巾挂件 2”，选择“记录集 rsThisProducts”中的 Product Name 字段，单击 插入 按钮。

步骤 36 用同样方法，将页面中的“19”、“12”、“情人饰品”依次与“记录集 rsThisProducts”中的 OldPrice、SalePrice、Description 字段绑定，完成后保存页面，如图 13-73 所示。

步骤 37 单击加号按钮，在弹出菜单中单击“转到详细页面”命令，如图 13-74 所示。

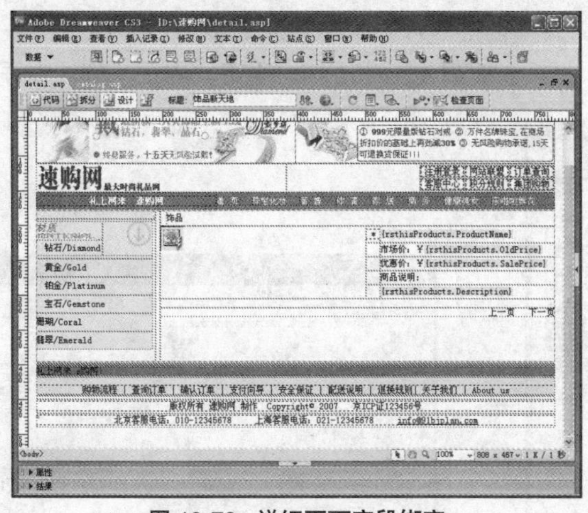

图 13-73　详细页面字段绑定

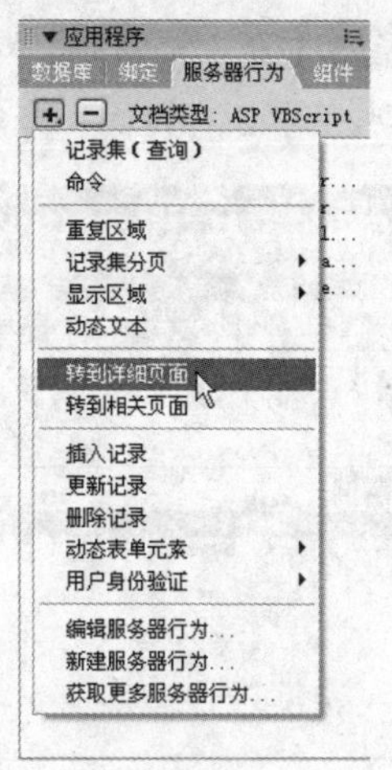

图 13-74　单击“转到详细页面”命令

步骤 38 打开“转到详细页面”对话框，在“详细信息页”文本框中输入 detail.asp，“记录集”选择 rsCatalog，“列”选择 CatalogName，“传递现有参数”选择“URL 参数”，如图 13-75 所示。完成后单击“确定”按钮。

至此，显示产品的网页已经制作完成了，打开浏览器浏览网页，数据库中的产品就能显示到网页中了，如图 13-76 所示。

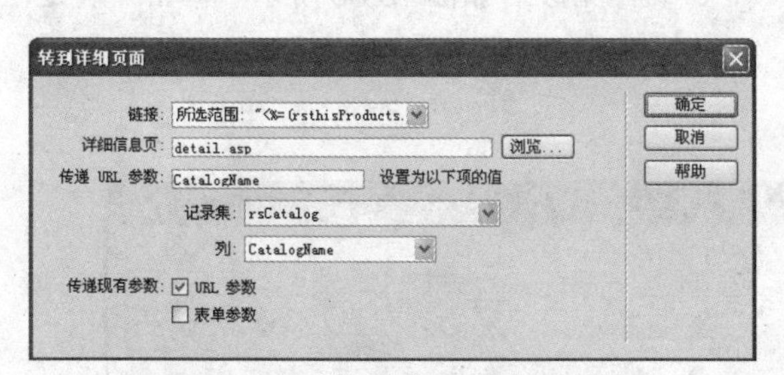

图 13-75　“转到详细页面”对话框

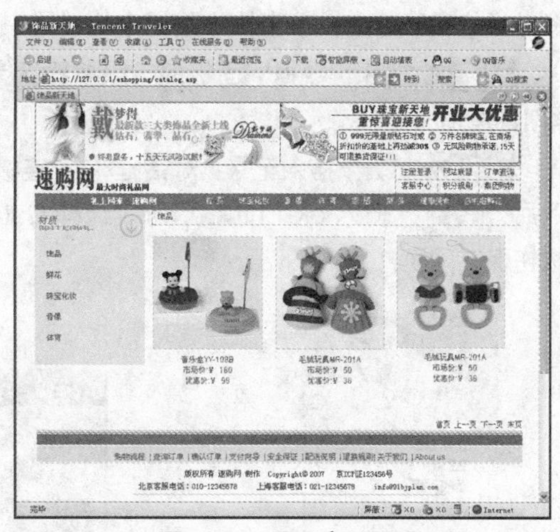

图 13-76　展示产品网页

13.1.6　添加商品数据

由于浏览网页要经常更新或添加新产品数据，因此必须要往数据库里输入新内容，所以，还得制作一个新增产品分类项目和新增产品内容的网页。制作这两个网页没什么差别，都是建立好表单，然后插入使用记录服务器行为。具体操作步骤如下。

步骤 01 启动 Dreamweaver CS3，制作一个新网页，另存为 add-Products.asp 和 add-catalog.asp。如图 13-77 所示。

步骤 02 首先要制作分类网页 add-catalog.asp，先建立一个记录集，打开“数据”面板，单击“绑定”面板上的按钮，单击“记录集（查询）”命令。

步骤 03 在“记录集”对话框的“名称”文本框中输入 rsdbnew，“连接”选择 dbnew，“表格”选择 tbCatalog，“排序”选择 CatalogID、“升序”，如图 13-78 所示。单击“确定”按钮保存网页。

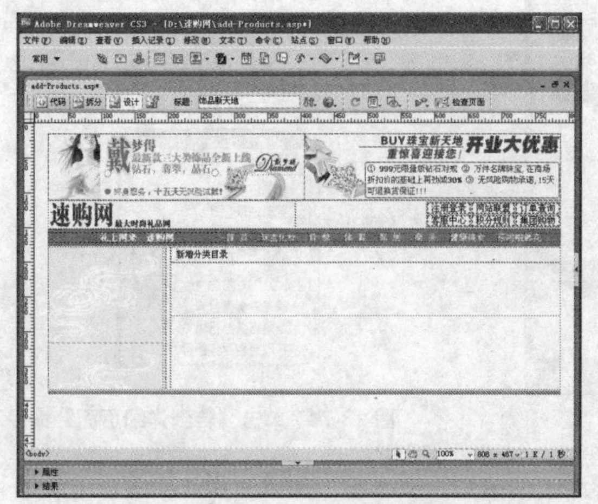

图 13-77　增加产品网页

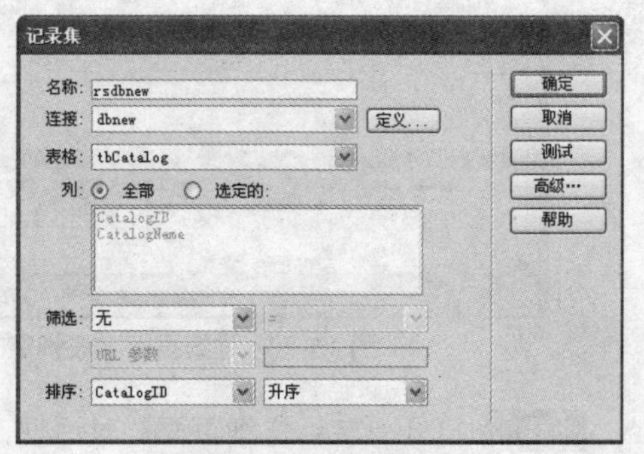

图 13-78　记录集设置

步骤 04 将光标插入到要插入表单的表格中，单击“表单”栏中的“表单”按钮插入表单区域。在表单中输入“分类名称”，再执行“表单”>“文本字段”按钮，插入“文本字段”。

步骤 05 按 Enter 键，另起一行，执行“表单”>“按钮”按钮，插入“提交”和“重置”按钮。将光标放在表单中，单击属性面板中的“居中”按钮，让整个表单中的内容居中显示。

步骤 06 打开“数据”面板的“服务器行为”面板，单击按钮，单击“插入记录”命令，如图 13-79 所示。

步骤 07 打开“插入记录”对话框，在“连接”中选择 dbnew，“插入到表格”选择 tbCatalog，“插入后，转到”输入 ok-1.htm，“列”选择 CatalogName，完成后如图 13-80 所示，单击“确定”按钮保存网页。

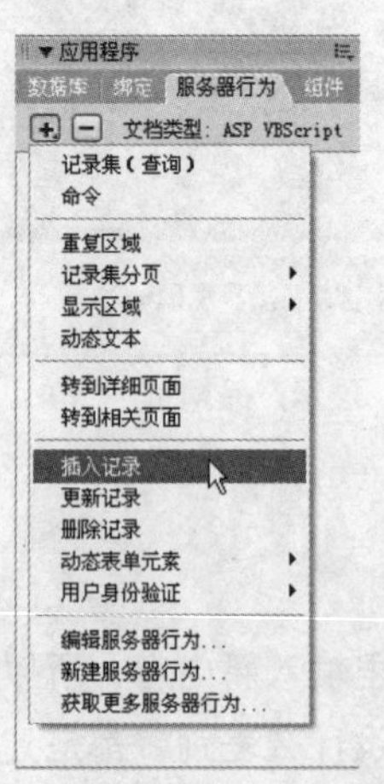

图 13-79　选择“插入记录”命令

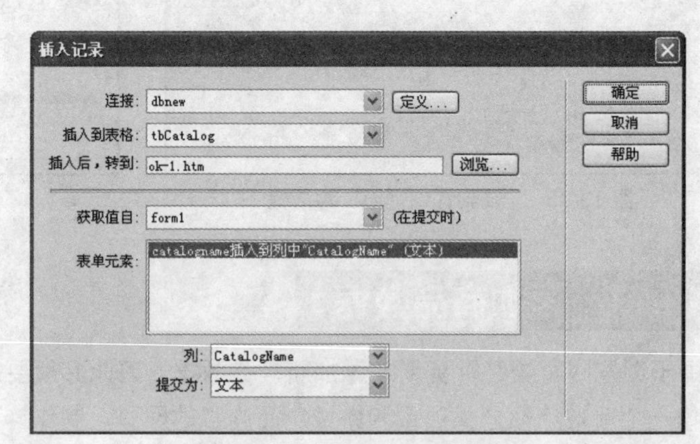

图 13-80“插入记录”对话框

步骤 08 将 add-catalog.asp 另存为 ok-1.htm，删除整个表单，然后在表格中输入“提交成功，返回新增页面！”。

步骤 09 选中“新增页面”，在属性面板中的“链接”后面单击按钮，选择文件夹中的 add-catalog.asp，然后保存网页，如图 13-81 所示。

增加产品目录的网页已经制作完成了，现在打开浏览器浏览 add-catalog.asp 网页，填写内容就可以增加数据库中分类项目的数据，如图 13-82 所示。

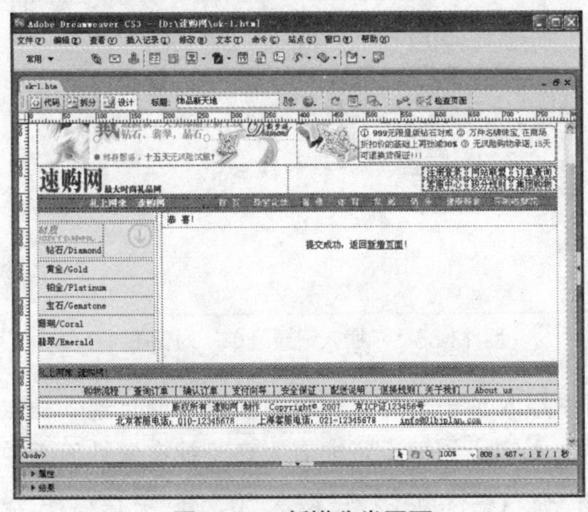

图 13-81　新增分类网页

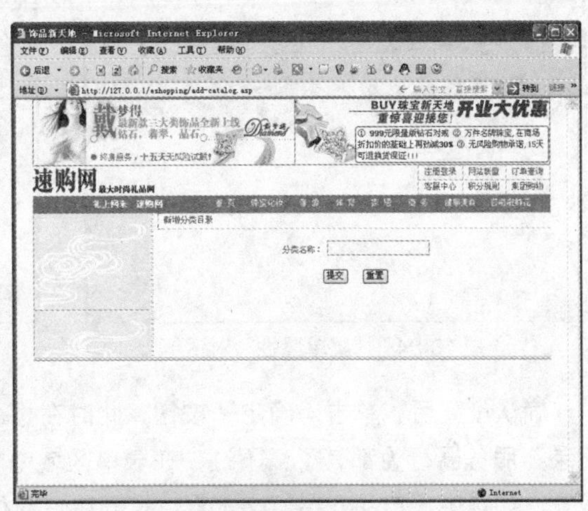

图 13-82　增加产品目录页面

步骤 10 打开 add-Products.asp 页面，然后再切换到 add-catalog.asp 网页中，将“绑定”面板列表框中的“记录集（rsdbnew）”复制到 add-Products.asp 页面中。

步骤 11 执行“插入”>“数据”命令，单击“插入记录表单向导”按钮，如图 13-83 所示。

图 13-83　“数据”栏

步骤 12 在“插入记录表单”对话框中，“连接”选择 rsdbnew，“插入到表格”选择 tbProducts，“插入后，转到”输入 ok-2.htm。下半部的设置和先前的插入记录表单有点类似，请按照下面所列出的各项来设置。

- 选中“表单字段”中的 ProductID，单击 - 按钮删除该项。
- 选中 ProductName，在“标签”文本框中输入“产品名称：”，“显示为”选择“文本字段”，“提交为”选择“文本”。
- 选中 OldPrice，在“标签”文本框中输入“原价：”，“显示为”选择“文本字段”，“提交为”选择“数值”。
- 选中 SalePrice，在“标签”文本框中输入“优惠价：”，“显示为”选择“文本字段”，“提交为”选择“数值”。
- 选中 CatalogID，在“标签”文本框中输入“所属分类：”，“显示为”选择“菜单”，“提交为”选择“数值”，单击下面的 菜单属性 按钮，在“菜单属性”对话框中，“填充菜单项”选择“来自数据库”，“记录集”选择 rsdbnew，“获取标签自”选择 CatalogName，“获取值自”选择 CatalogID，如图 13-84 所示。
- 选中 Description，在“标签”文本框中输入“产品介绍：”，“显示为”选择“文本区域”，“提交为”选择“文本”。
- 选中 Image，在“标签”文本框中输入“图片路径：”，“显示为”选择“文本字段”，“提交为”选择“文本”，完成以上设置后如图 13-85 所示。

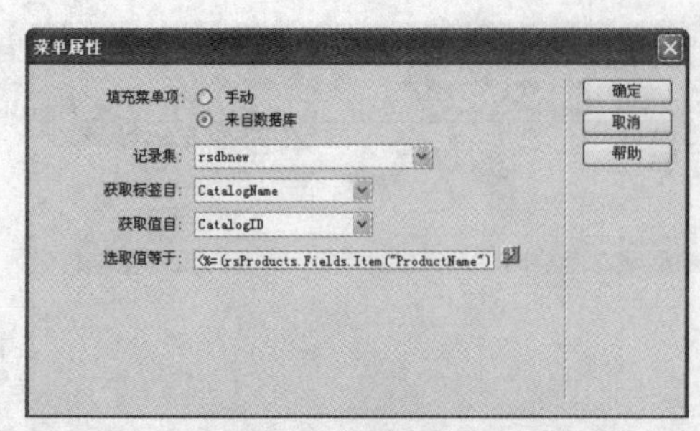

图 13-84 “菜单属性”对话框

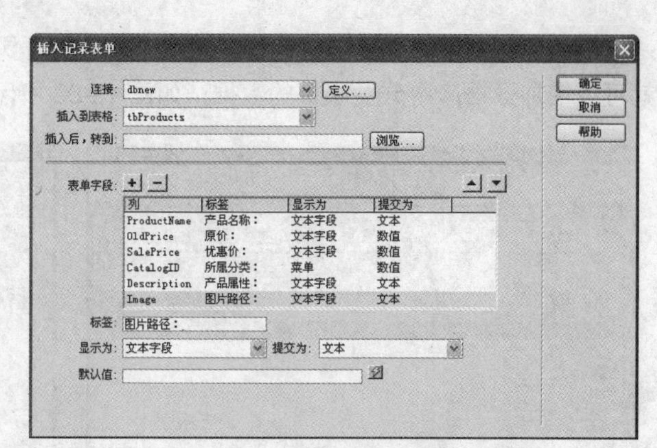

图 13-85 “插入记录表单”对话框

确认设置后，单击“确定”按钮。此时在页面中插入了一个完整的表单项目，而且连“插入记录”服务器行为都有了，不过，在表单区域中的文本字段如果太宽或者太高，就在属性面板中设置，如选中“产品介绍”文本框，打开属性面板，在“字符宽度”中输入 50，在“行数”中输入 5，属性面板如图 13-86 所示。完成后保存网页，如图 13-87 所示。

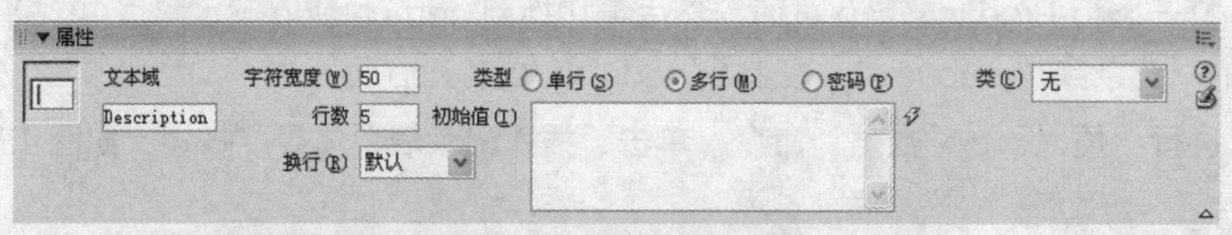

图 13-86 属性面板设置

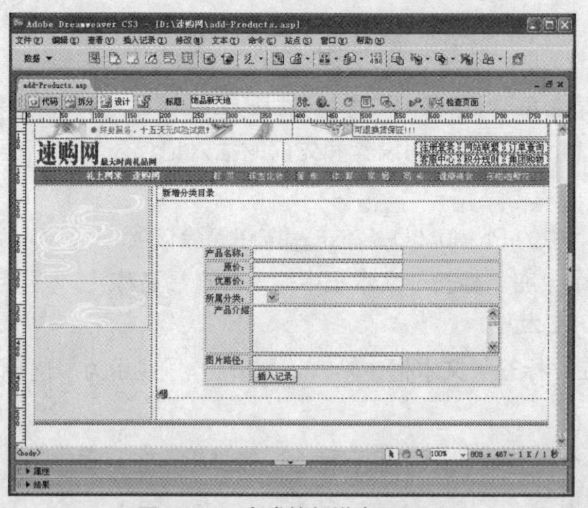

图 13-87 完成的新增产品页面

完成新增产品数据的网页后，还得制作一个提交成功信息的页面，这个制作很简单，制作方法和 ok-1htm 网页一样，只要将它另存为 ok-2.htm，然后输入“提交成功，返回新增产品页面”，确定返回到 add-Products.asp 的链接就可以了。

打开浏览器，输入内容，增加数据库中的数据，但在输入图片路径的时候，必须是存放产品图片的文件夹路径，这里是默认网站根目录下的 images 文件夹，所以图片路径如 images/170.gif。

13.1.7 制作商品管理网页

添加、修改、删除操作都是一个数据库应具备的最基本功能，而使用数据库的网站应用程序也不例外。所以，在这一小节中，将介绍管理数据库网页的制作。管理页面会以表格的方式列出所有产品项目，然后再选择要修改或删除哪一条记录。

同样，首先还是制作一个网页，然后再实现各个功能。具体操作步骤如下。

步骤 01 启动 Dreamweaver CS3，新建一个如图 13-88 所示的 manage.htm 网页，接着另存为 manage.asp 网页。也可以到本书附带的光盘中复制。

步骤 02 单击“常用”栏中的“表格”按钮，然后插入 2 行 5 列的表格，如图 13-89 所示。

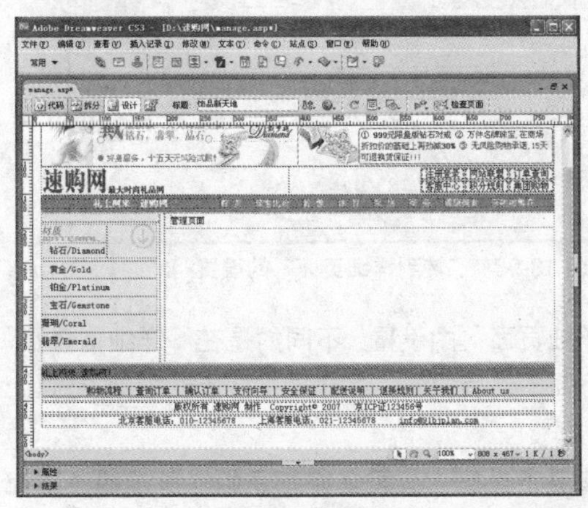

图 13-88 管理页面

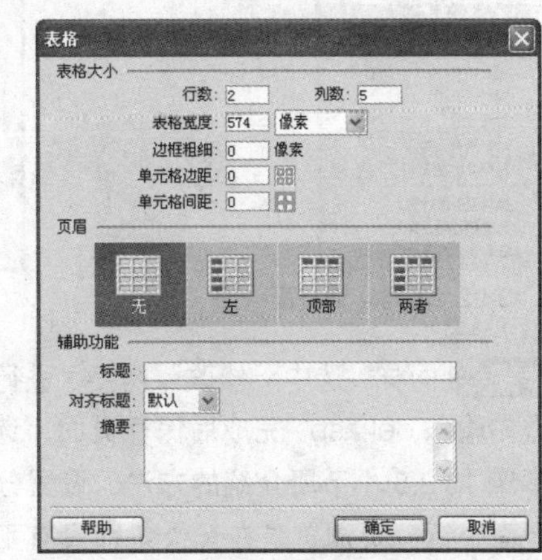

图 13-89 插入表格

步骤 03 在表格第 1 行的每个单元格内，分别输入 ID、产品名称、市场价、优惠价，并选中这些字，单击属性面板中的“粗体”按钮 B。在第 2 行表格的最后两个单元格中分别输入“修改”、“删除”。

步骤 04 打开“绑定”面板，单击按钮，选择“记录集（查询）”命令。在“记录集”对话框的“名称”文本框中输入 rsProducts，“连接”为 dbnew，“表格”为 tbProducts，“排序”为 ProductID、”降序“，完成后可以单击“测试”按钮，测试是否连接成功，如果没有错误就单击“确定”按钮，如图 13-90 所示。

步骤 05 将光标插入到第 2 行 ID 下面的单元格中，再选中“绑定”面板下的“记录集 rsProducts”中的 ProductID，单击 插入 按钮，插入 ProductID 字段。同样在“产品名称”、“市场价”、“优惠价”下面的表格中分别插入 ProductName、OldPrice、SalePrice 字段。

步骤 06 选中插入字段的整个表格，单击“服务器行为”面板上的按钮，单击“重复区域”命令，设置重复区域，如图 13-91 所示。单击“确定”按钮保存网页。

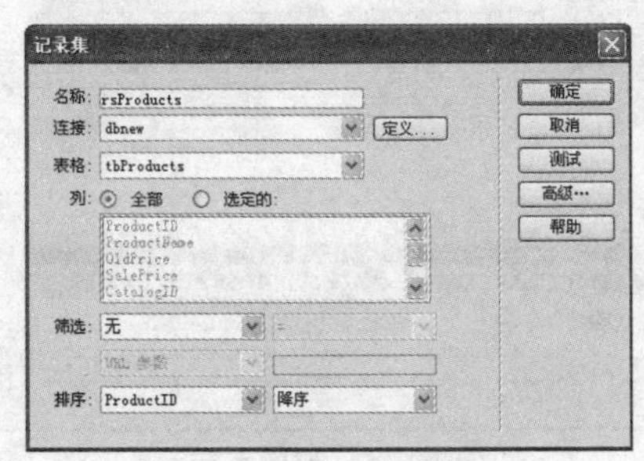

图 13-90 插入记录集

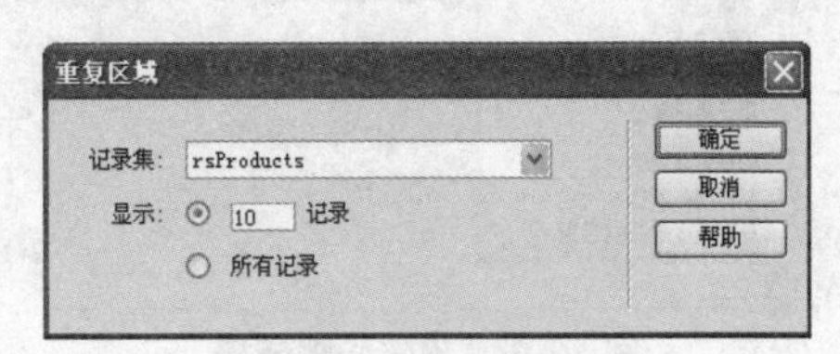

图 13-91 设置重复区域

步骤 07 选中表格的“修改”两字，单击“服务器行为”面板上的⊞按钮，单击“转到详细页面”命令，如图 13-92 所示。

步骤 08 打开“转到详细页面”对话框，只要在“详细信息页”的文本框中输入 modify.asp 就可以了，不过要注意“列”中要选择 ProductID，如图 13-93 所示。

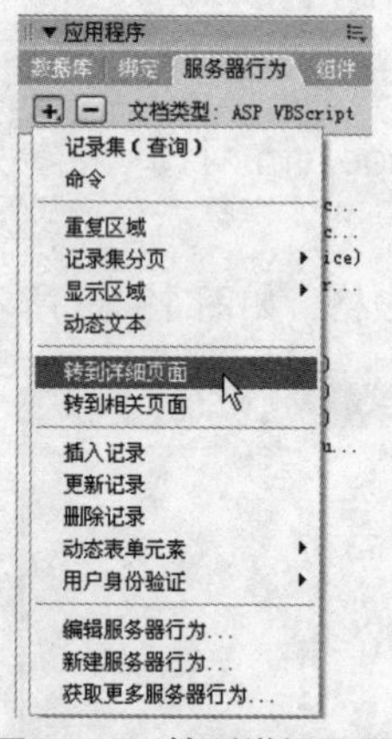

图 13-92　转到详细页面

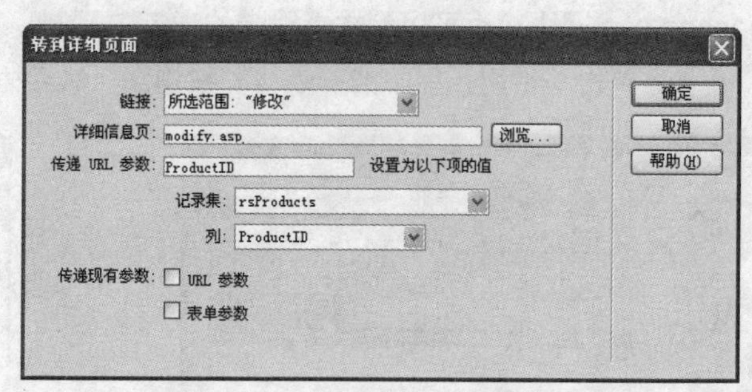

图 13-93　“转到详细页面”的设置

步骤 09 同样，选中“修改”两字，进行“转到详细页面”的设置，不同的是在“详细信息页”文本框中输入 del.asp，完成后保存页面。选取表格下面的“首页”、“上一页”、“下一页”、“末页”，按照本章 13.3.5 小节所介绍的方法，设置分页浏览。

上面介绍分页浏览是在记录条数没有那么多的情况下进行，分页链接都是始终显示的。下面再介绍几个步骤是在记录条数不够分页的情况下，如何隐藏这些分页链接。

步骤 10 选中“首页”链接，单击“服务器行为”面板上的⊞按钮，执行“显示区域”>“如果不是第一条记录则显示区域”命令，如图 13-94 所示。在打开的对话框中直接单击“确定”按钮即可。

步骤 11 同样，“上一页”使用的是“如果不是第一条记录则显示区域”命令，“下一页”、“末页”使用的是“如果不是最后一条记录则显示区域”命令。

管理页面基本制作完成，如图 13-95 所示。剩下的“修改”和“删除”链接要等修改网页和删除网页制作好后再做链接。

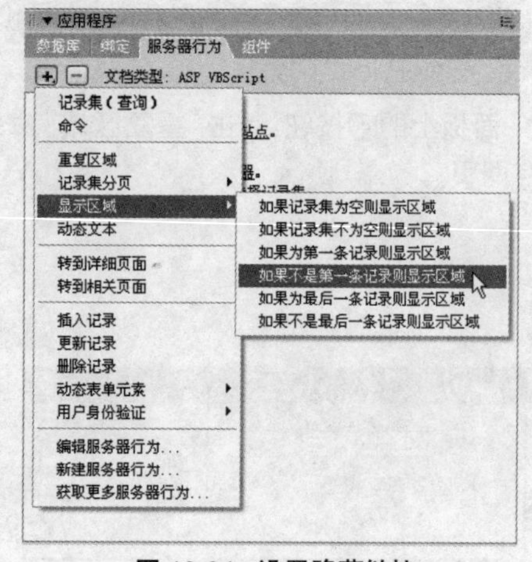

图 13-94　设置隐藏链接

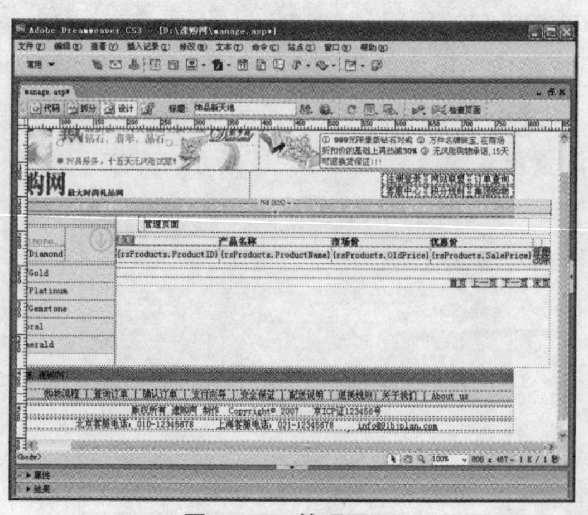

图 13-95　管理页面

13.1.8 编辑和修改商品数据

有了修改链接，接下来要做的就是编辑和修改页面了，制作方法与前面插入记录基本类似，所以制作起来应该很顺手了。具体操作步骤如下。

步骤 01 打开 add-Products.asp，然后将其另存为 modify.asp。因为表单是一样的，所以直接使用新增数据的页面来修改。将标题改为“修改产品数据”，选中“服务器行为”面板列表框的“插入记录（表单 "form1"）”选项，然后单击⊟按钮将它删除。

步骤 02 切换到“绑定”面板，单击⊞按钮，选择“记录集（查询）”命令。在“记录集”对话框的“名称”文本框中输入 rsthisProducts，“连接”选择 dbnew，“表格”选择 tbProducts，“列”选择“全部”，“筛选”依次为 ProductID、“=”、URL 参数、ProductID，“排序”选择“无”，如图 13-96 所示。

步骤 03 选中表单中的“产品名称”文本字段，在“绑定”面板列表框中的“记录集 rsthisProducts”下选择 ProductName，单击 插入 按钮，使它与文本字段绑定。分别选中页面中的文本字段依次与“记录集 rsthisProducts”中的字段进行绑定。

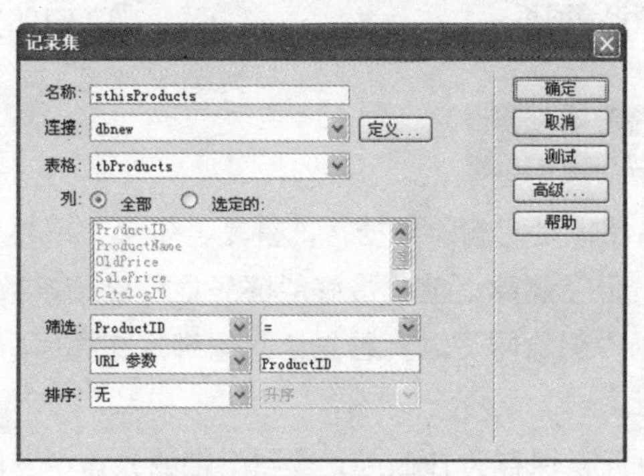

图 13-96 设置记录集

步骤 04 切换到“服务器行为”面板，单击⊞按钮，单击“更新记录”命令，如图 13-97 所示。

步骤 05 打开“更新记录”对话框，“连接”选择 dbnew，“要更新的表格”选择 tbProducts，“选取记录自”选择 rsthisProducts，“惟一键列”选择 ProductID，在“在更新后，转到”文本框中输入 ok-3.htm，完成后单击“确定”按钮，如图 13-98 所示。

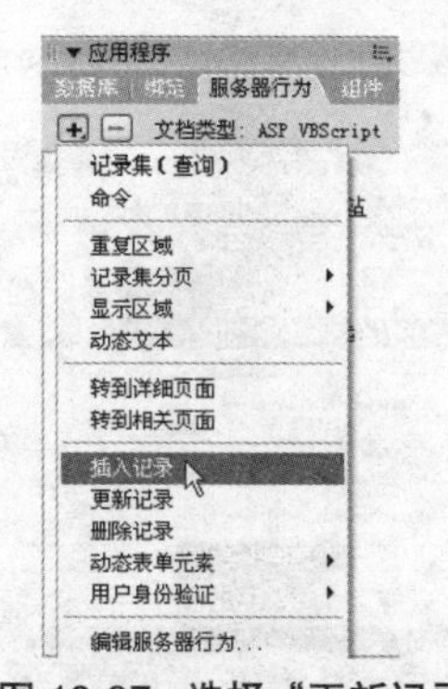

图 13-97 选择“更新记录”

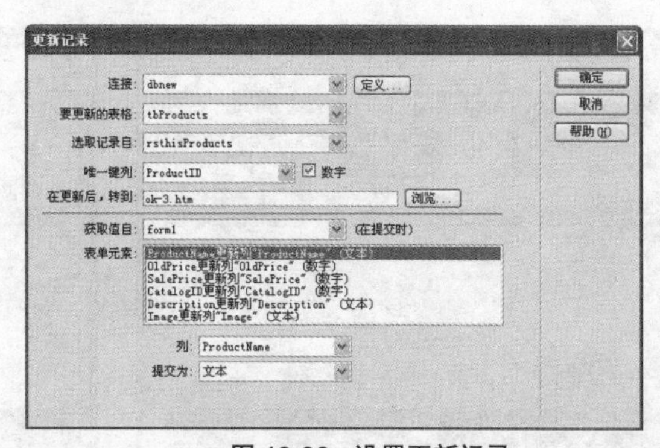

图 13-98 设置更新记录

步骤 06 将表单下面的按钮改为“更新记录”，然后保存网页，完成的网页效果如图 13-99 所示。

步骤 07 打开 ok-1.htm 网页，将它另存为 ok-3.htm，并把中间的文字改为“修改成功，返回

到管理页面！”，然后制作好返回链接。

编辑和修改商品数据的网页已制作好了。打开浏览器浏览 manage.asp 网页，选择页面中任何一条数据，单击后面的“修改”链接，对数据进行修改，如图 13-100 所示。

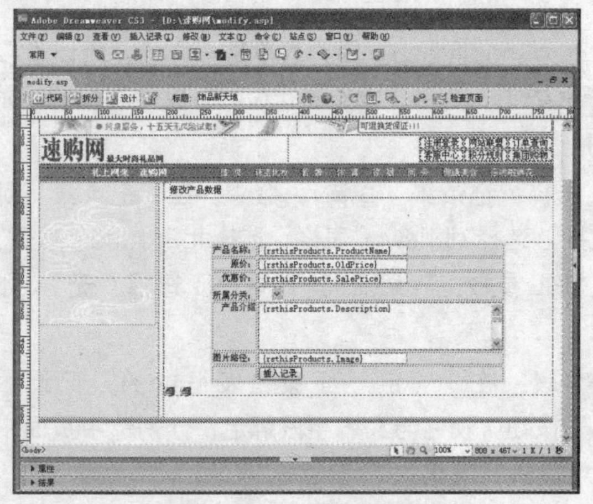

图 13-99 更新记录网页

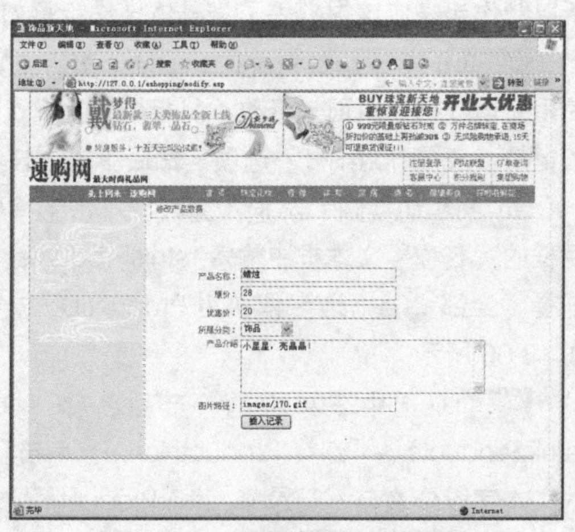

图 13-100 更新产品数据的网页

13.1.9 删除商品数据

既然可以修改数据，当然也要能删除数据，把重复、多余、不再有效的数据从数据库中删除，以免浪费数据库中的资源。但在删除之前，最好能够先显示出该条数据的内容，让管理员确认无误后再行删除。因此，在制作删除网页时，首先让数据绑定在页面中，下面就制作此网页。具体操作步骤如下。

步骤 01 制作一个新的页面，保存为 del.asp，或到附带的光盘中复制该网页，如图 13-101 所示。

步骤 02 打开 modify.asp 网页，在“服务器行为”面板中选择“记录集（rsthisProducts）”选项，单击鼠标右键，在弹出菜单中单击“拷贝”命令。切换到 del.asp，将拷贝的“记录集（rsthisProducts）”复制到“服务器行为”面板中。

步骤 03 按照前面介绍插入字段的方法，把记录集中的 ProductName、OldPrice、SaleParice 和 Description 字段插入到页面中，如图 13-102 所示。

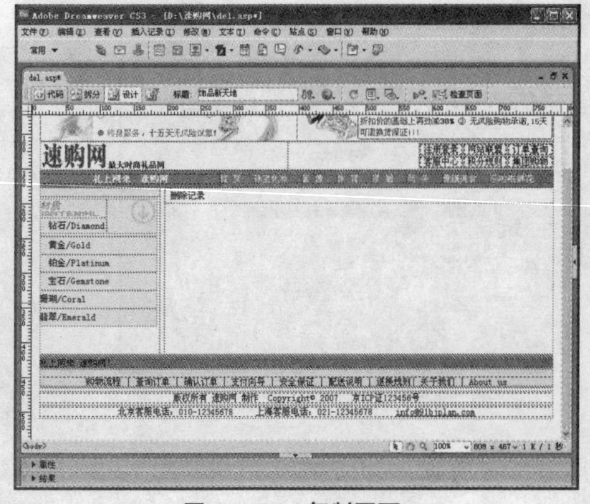

图 13-101 复制网页

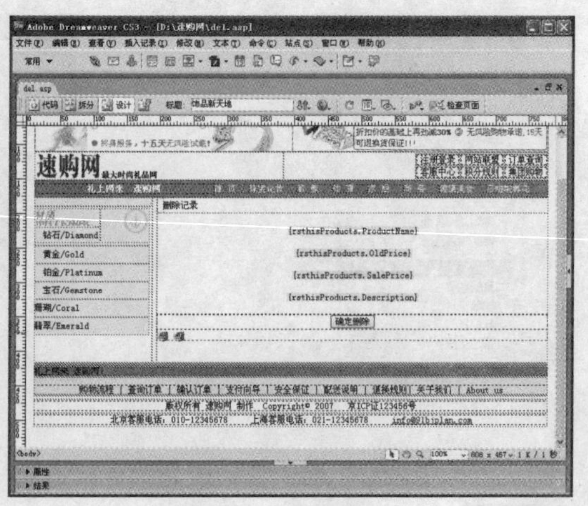

图 13-102 删除页面

步骤 04 打开“插入”面板中的“表单”栏，单击“表单”按钮，在插入的字段下面插入一个表单区域。将光标插入到表单区域的中间，单击“表单”栏中的按钮，插入表单按钮。

步骤 05 选中按钮，在属性面板中将按钮的“值”文本框改为“确定删除”，“动作”选择“提交表单”。单击“服务器行为”面板上的按钮，单击“删除记录”命令，如图 13-103 所示。

步骤 06 在“删除记录”对话框中，“连接”选择 dbnew，“从表格中删除”选择 tbProducts，“选取记录自”选择 rsthisProducts，“惟一键列”选择 ProductID，在“删除后，转到”文本框中输入 ok-4.htm，如图 13-104 所示。

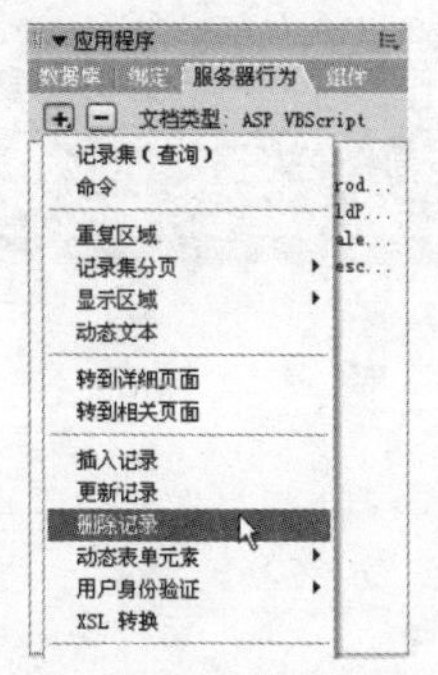

图 13-103　选择命令

图 13-104　设置删除记录

步骤 07 单击“确定”按钮并保存网页，打开 ok-3.htm，将它另存为 ok-4.htm，将页面中间的文字改为“删除成功，返回管理页面！”，然后保存网页。

删除页面制作完成了，打开浏览器浏览 del.asp 网页，选择页面中任何一条数据，单击后面的“删除”连接，进行对数据的确认删除，如图 13-105 和图 13-106 所示。如果删除成功，那么整个速购网算是制作成功了。

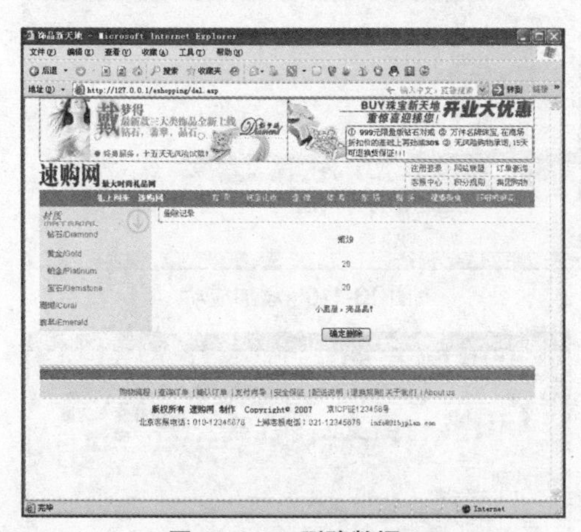

图 13-105　删除数据 1

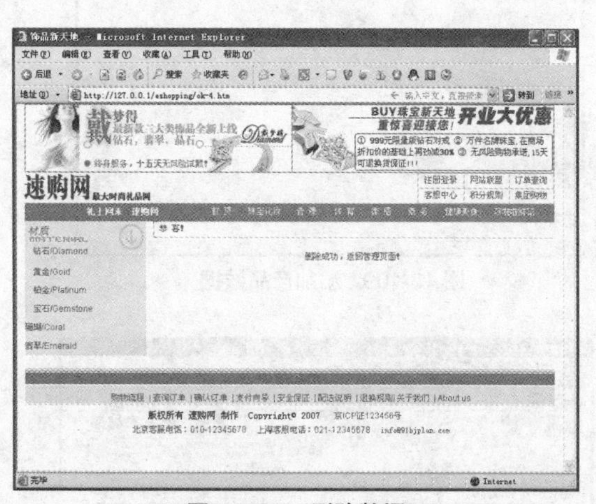

图 13-106　删除数据 2

13.1.10　浏览动态网页

整个速购网的网站动态程序到目前为止已经大功告成了。如果读者想把数据库中的数据插入到速购网的首页中去，就把建立的产品记录集上的字段插入到首页相应的位置，然后根据上面介绍转到详细页面的方法就可以了。其实，在制作过程中，基本上都是重复性劳动，主要是细心和

耐心，因此，这个步骤在这里就不重复介绍了。但读者在仔细阅读本章制作过程的同时，最好先了解 Dreamweaver CS3 中应用程序的各个功能，这样学习和制作本实例就更容易了。学习好本章介绍的实例，再深入学习 Dreamweaver CS3 应用程序，至少能使读者制作出一个简单的商务网站。

其实，网站程序的开发基本上是后台程序的开发，也就是说，只有管理员才能操作的程序。如果是商业网站，这方面的程序则必须做好保密或者加密，以免被恶意攻击。下面根据本实例程序的制作过程，如图 13-107 ～图 13-115 所示进行顺序浏览，加深印象。

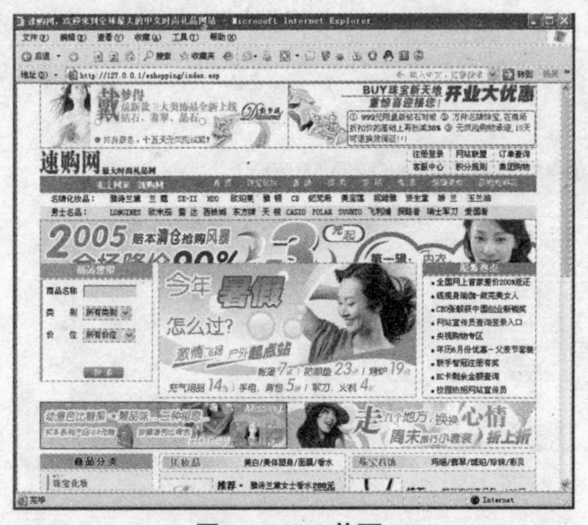

图 13-107　首页

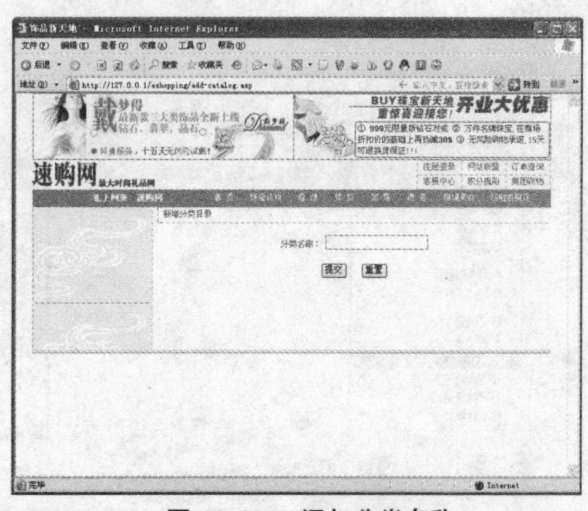

图 13-108　添加分类名称

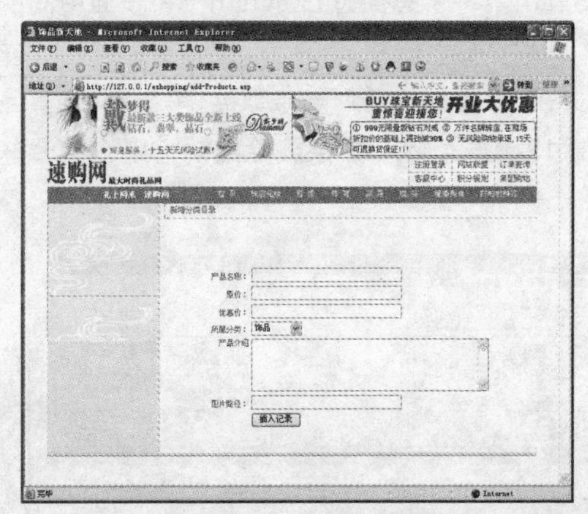

图 13-109　添加产品数据

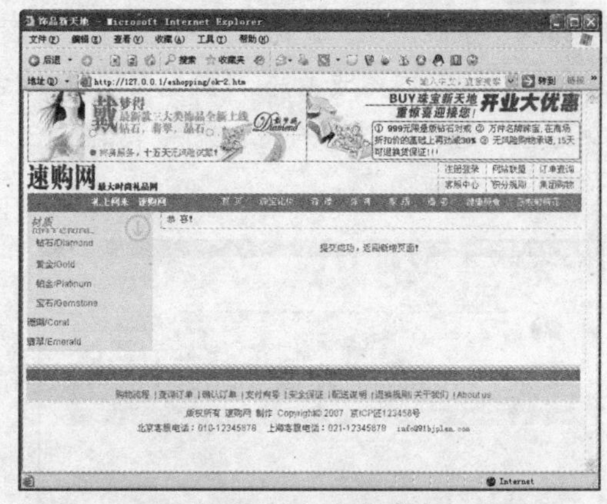

图 13-110　添加成功

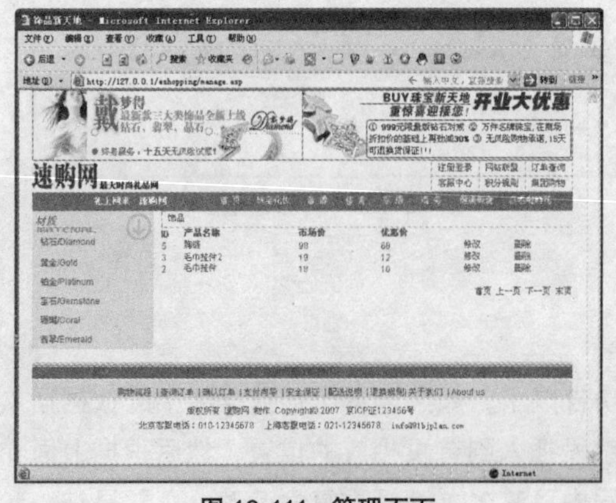

图 13-111　管理页面

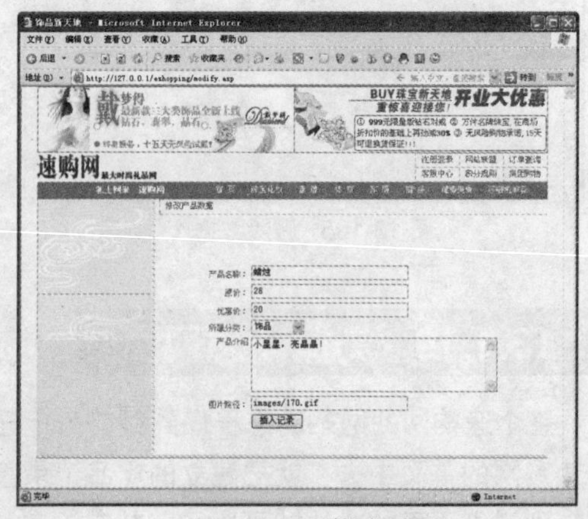

图 13-112　修改页面

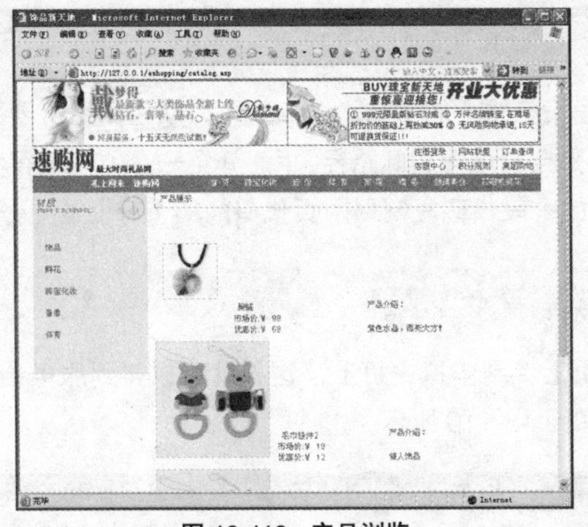

图 13-113　产品浏览

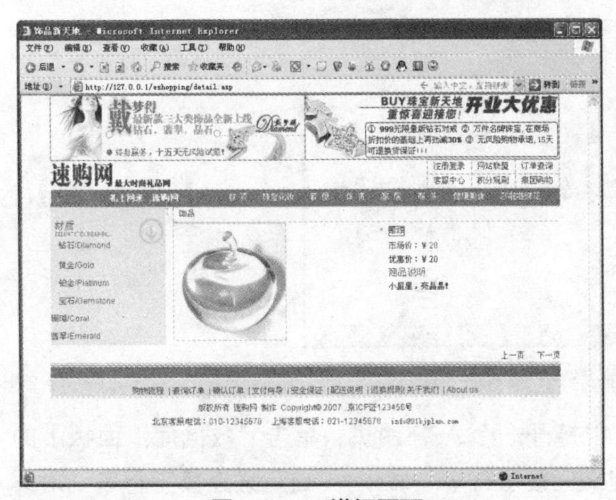

图 13-114　详细页面

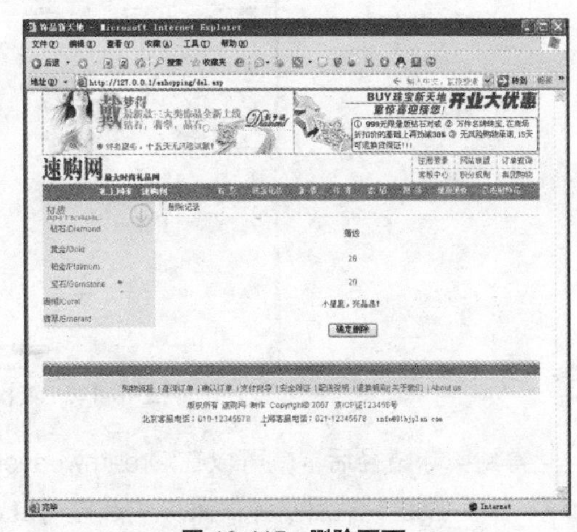

图 13-115　删除页面

13.2　知识要点回顾

本章实例制作中介绍了 Dreamweaver CS3 的一些应用程序的功能，如数据库连接、建立记录集、重复区域、更新记录、添加表单、数据绑定等。

下面将对几个重点知识和常用功能进行详细介绍。

13.2.1　数据库连接的几种方法

要制作一个支持数据库的动态网站，建立数据库连接是重中之重。如果是自己的服务器，那么建立 DSN 数据源还是比较方便的，但如果是租用的虚拟服务器，那建立 DSN 数据源就相对比较困难了，所以，建立一个方便又合适的数据库连接，是必须掌握的一项技术。

下面介绍两种不需要建立 DSN 数据源的数据库连接方法，以供参考。

方法一　若要将非 DSN 连接字符串写入位于远程服务器上的数据库文件中，就必须知道该文件的实际路径。例如，下面是一个用于 Microsoft Access 的典型非 DSN 连接字符串：

```
Driver={Microsoft Access Driver (*.mdb)};DBQ=c:\Inetpub\wwwroot\users\ db.mdb
```

如果不知道文件在远程服务器上的实际路径，则可以从租用服务器的管理员那里得到，当然，这样还是比较麻烦的，最好是自己取得实际路径。下面介绍一个方法取得租用虚拟主机的实际路径。

新建一个网页，将下面的一段代码复制到网页代码的第1行位置上，然后保存为ASP网页即可。

```
<%=server.mappath("cnbruce.mdb")%>
```

将包含这个代码的网页上传到虚拟主机上，这样就可以得到服务器的实际路径了。如本机上的这个网页，得到的路径如图13-116所示。

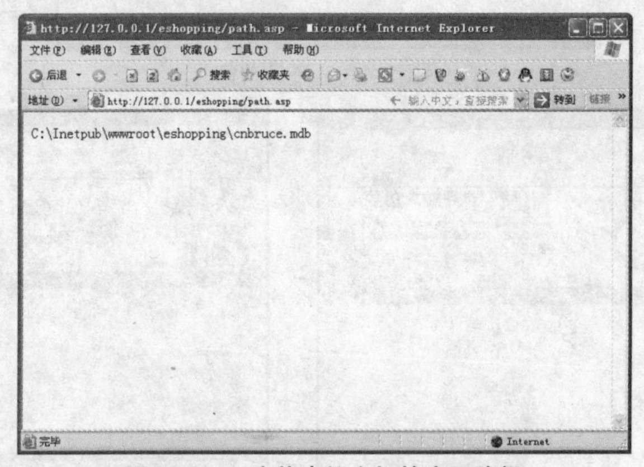

图13-116 查找虚拟主机的实际路径

得到实际路径后，就可以在Dreamweaver中打开一个ASP网页。单击“数据库”面板上的加号（+）按钮，然后从弹出菜单中选择“自定义连接字符串”命令，“自定义连接字符串”对话框随即出现，在对话框中将实际的数据库路径输入到“连接字符串”文本框中即可。建议使用这个方法。

方法二 如果不知道文件在远程服务器上的实际路径，也不想用上面的方法，则可以在连接字符串中使用MapPath方法来获取该路径。

具体方法是：

步骤01 将数据库的文件上载到远程服务器中，并记下它的虚拟路径，例如/jsmith/ data/statistics.mdb。

步骤02 在Dreamweaver中打开一个ASP网页，单击“数据库”面板上的加号（+）按钮，然后从弹出菜单中选择“自定义连接字符串”命令，“自定义连接字符串”对话框随即出现。

步骤03 输入新连接的名称，在“连接字符串”文本框中输入DBQ参数，假定Microsoft Access数据库的虚拟路径为/jsmith/data/statistics.mdb。如果使用VBScript作为脚本编写语言，连接字符串可表示如下。

```
"Driver={Microsoft Access Driver (*.mdb)};DBQ=" & Server.MapPath
("/jsmith/data/statistics.mdb")
```

如果使用JavaScript，表达式将基本相同，只是要使用加号（+）而不是&号来串联两个字符串：

```
"Driver={Microsoft Access Driver (*.mdb)};DBQ=" + Server.MapPath
("/jsmith/data/statistics.mdb")
```

步骤 04 选择“使用测试服务器上的驱动程序”选项。完成后单击“测试”按钮，如果提示错误，请检查连接字符串。

以上两个是最实用和有效的方法，初学网页开发人员应该好好掌握。

13.2.2 向页面添加服务器行为

若要向页面添加服务器行为，请从“插入”面板的“数据”栏或“服务器行为”面板中选择它们。若要使用“服务器行为”面板，就执行“窗口”>“服务器行为”命令，然后单击加号（+）按钮，并在弹出菜单中选择服务器行为。如图 13-117 显示了“插入”面板中可用的“服务器行为”按钮。

数据

图 13-117 “服务器行为”按钮

Dreamweaver CS3 提供指向并单击（point-and-click）界面，这种界面使得将动态内容和复杂行为应用到页面就像插入文本元素和设计元素一样简单。可使用的服务器行为如下所述。

- 定义来自现有数据库的记录集。所定义的记录集随后存储在“绑定”面板中。
- 在一个页面上显示多条记录。可以选择整个表、包含动态内容的各个单元格或各行，并指定要在每个页面视图中显示的记录数。
- 创建动态表并将其插入到页面中，然后将该表与记录集相关联。以后可以分别使用“属性”检查器和“重复区域”服务器行为来修改表的外观和重复区域。
- 在页面中插入动态文本对象。插入的文本对象是来自预定义记录集的项，可以对其应用任何 Dreamweaver CS3 数据格式。
- 创建记录导航和状态控件、主 / 详细页面以及用于更新数据库中信息的表单。
- 显示来自数据库记录的多条记录。
- 创建记录集导航链接，这种链接允许用户查看来自前面或后面的数据库记录。添加记录计数器，以帮助用户跟踪返回了多少条记录以及它们在返回结果中所处的位置。

以上功能是 Dreamweaver CS3 本身所拥有的，还可以通过编写自己的服务器行为，或者安装由第三方编写的服务器行为来扩展 Dreamweaver 服务器行为。

13.2.3 将图像动态化

可以将页面上的图像动态化。例如，假设要设计一个页面，上面显示将要在慈善拍卖会上拍卖的物品。每个页面都将包含描述性文本和一件物品的一张照片。虽然每项的页面总体布局都一样，但照片（和描述性文本）会有所不同，所以最好将插入到网页中的图像变成动态浏览，而且根据图片不同，所显示的内容也不同。若要将图像动态化，请执行以下操作。

步骤 01 在“设计”视图窗口中（单击菜单“查看”>“设计”）打开页面，将光标放置在希望图像出现的位置。

步骤 02 执行“插入记录”>“图像”菜单命令。

步骤 03 在打开的对话框中单击“数据源”单选按钮，出现数据源列表，如图 13-118 所示。

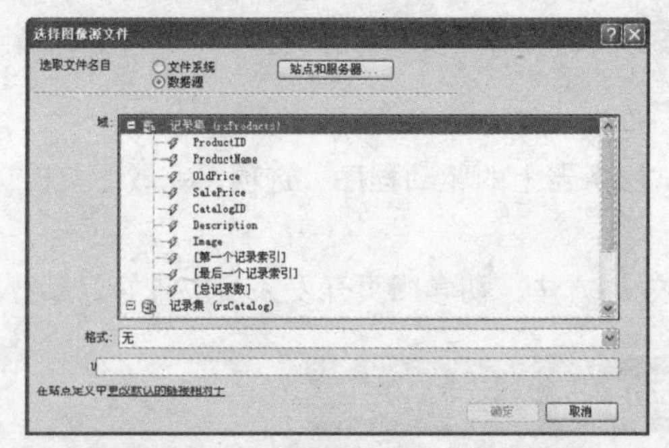

图 13-118 "选择图像源文件"对话框

步骤 04 从该列表中选择一种数据源，数据源应是一个包含图像文件路径的记录集。根据站点的文件结构的不同，这些路径可以是绝对路径、文档相对路径或者根目录相对路径。如果列表中没有出现任何记录集，或者可用的记录集不能满足需要，就需要定义新的记录集。

13.2.4 安装第三方服务器行为

现在网页制作越来越复杂，所以对需要应用的功能要求也越来越高，光靠 Dreamweaver 自身拥有的功能是满足不了制作要求的，不过已开发出 Dreamweaver 的扩充功能供我们使用。要取得独立开发人员创建的服务器行为，可以从 Macromedia Exchange Web 站点下载并安装，若要访问 Macromedia Exchange，请执行以下操作。

步骤 01 执行"命令">"获取更多命令"命令，打开 Macromedia 公司的网站，选择下载中心的 Dreamweaver Exchange 页面。

步骤 02 使用 Macromedia ID 登录该 Exchange，若尚未创建自己的 Mac- romedia Exchange ID，请按照说明开设一个 Macromedia 账户，也就是注册账户，登录后就可以下载扩展功能了，如图 13-119 所示。

若要在 Dreamweaver 中安装服务器行为或其他功能扩展，请执行以下操作。

步骤 01 执行"帮助">"扩展管理"菜单命令，启动功能扩展管理器，如图 13-120 所示。

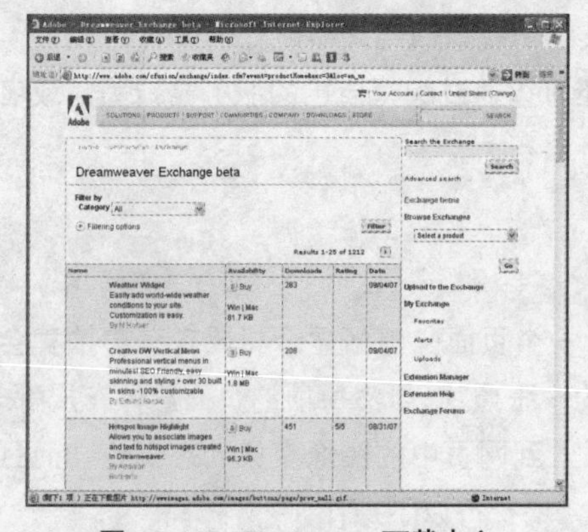

图 13-119 Exchange 下载中心

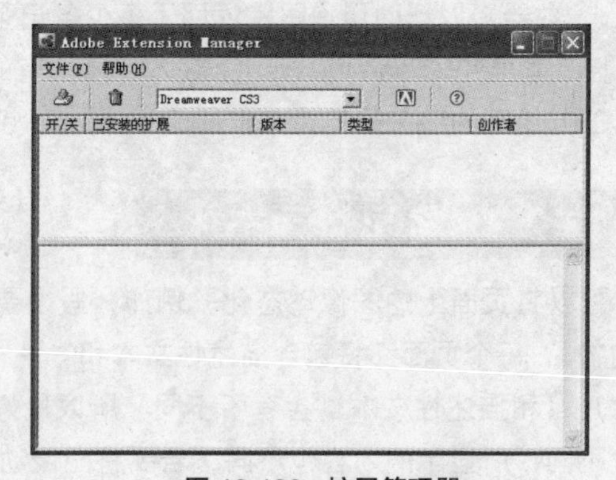

图 13-120 扩展管理器

步骤 02 在功能扩展管理器中，执行"文件">"安装扩展"命令，或单击按钮，选取存放的扩展文件即可安装，安装完成后必须重新启动 Dreamweaver 后才能在服务器行为的菜单中显示。

扩展功能是 Dreamweaver CS3 中所拥有的功能的延伸，如果能很好地利用安装的扩展功能，可以在开发网站过程中节省时间和精力。

13.3 成功经验扩展

一般来说，网上商城类网站有以下 4 个特点。

● 商品分类展示

对主要以商品销售为主的网站来说，只有商品多且物美价廉，才能显示出优势。为了便于管理和查找，就分类建立数据、展示商品。分类展示商品的同时，详细介绍每一个商品，让浏览者了解每一个商品，也是商品网站创收的手段之一，如图 13-121 所示。

● 网上支付

网站面向的是全国甚至是全球的客户，在商品交易的同时，给客户提供一个方便、快捷的支付平台，是网络技术的一种展现，也是商业网站的一个主要特点。因此，利用信用卡通过网上银行支付，是方便客户的一个主要手段，也是网上商城类网站的一个亮点，如图 13-122 所示。

图 13-121　商品分类展示

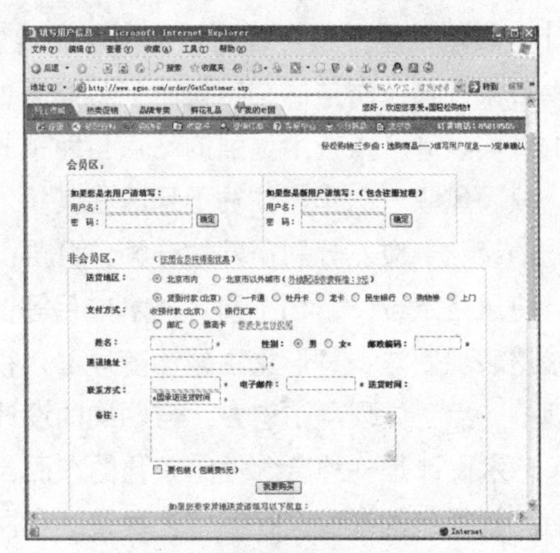

图 13-122　网上支付

● 安全防范

在网络技术日益成熟的今天，黑客们为了一时的高兴或某些利益，经常攻击一些网站，盗取客户资料，给网络造成一些负面影响。特别是中小企业，一旦被入侵网站服务器（Web Server），一切交易记录及信息将暴露无疑。

小型企业之所以成为攻击对象，部分原因和过去最大的攻击目标——金融业强化防护有关。如银行、证券、保险业等大型企业，他们已开始注重电子交易及网站的安全，因此黑客转而攻击较不设防的小型企业。小型企业往往也是安全意识较薄弱的一群，同时也没有足够的安全预算。而和电子商务相关的是 Web 应用的安全。如果不幸中招，就可让黑客存取该网站服务器甚至数据库。因此，做好网站的安全防范，也是商品网站的必须之举。

● 后台管理系统

后台管理系统是众多企业网站和商品交易网站的一个主要组成部分，它包括分类商品管理、保存交易记录、会员注册、商品搜索、商品添加删除等功能。作为网上商城网站，建立完善的后台管理系统，是进行全面管理、更新和维护网站的有效方式，也是成功建立网站的重要标准。

网上商城网站牵扯到的技术内容确实很广，除了我们看得到的前端网页窗口之外，还包括订货下单、网络安全、物流配送等等，不过在这章里我们把主题定位在前端的网页制作上，也是 Dreamweaver CS3 能力所及的范围。

第 14 章 艺术设计类网站——SOHO 设计工作室

艺术设计类网站概述

艺术设计类网站是一个前卫、个性张扬且很具欣赏价值的网络展示平台，每个初学网页制作者都可根据自己的设计创意，制作出独特风格的网站。但对一个成熟且具有设计艺术水平的个人或公司来讲，独特的网站设计还能给个人或公司带来意想不到的网站单击流量。

成功的艺术设计类网站，是技术、艺术、创意的有机组合，以先进的网页技术与完美平面设计为展示手段，以合理的结构层次和准确的连接关系表达网站的制作技巧。若网站无门面，串串目录开头，层层的文字说明，就如同当街摆摊的小贩，难以提起人们的欣赏兴趣；而太复杂的页面设计，以技术逞强的站点虽能领先一时，但不可能受宠一世。许多企业网站如过往云烟，只领风骚一二年，往往不是败在其技术和费用上，就是在网站主题的定位上。因此，创意网站的设计，应充分利用网站分帧、分层、既连续又间接的特点，在明确网站运行主题的基础上，将风格定位、结构布局、技术应用等以一种前后呼应，神态各异，既多姿多彩又持续不断的渗透表现手法，将形象主题“随风潜入夜，润物细无声”地化解在各个层面上，用艺术设计灵魂的特点，体现网站魅力，与明确的设计理念融为一体。

艺术设计是一种意念性比较强的东西，所以，吸取经验、创意点评是每个设计者和网页制作者希望得到的东西。在制作艺术设计类网站的同时，设计一个可以互相交流、互相学习的留言板是很有必要的，特别是 SOHO 类的设计网站，集思广益是他们创意和设计的重要源泉。

实例展示

网络社区是当今比较流行的，通过网络的连接和交互，让兴趣相同或性质类似的浏览者可以物以类聚、交流信息。本实例根据这些要求，详细介绍具有一定代表性的网站——SOHU 设计工作室。通过实例网页的制作，进一步介绍 Dreamweaver CS3 本身拥有的功能，利用这些功能，介绍实例“SOHU 设计工作室”网站上的会员注册系统和留言板的制作方法。

网站结构比较简单，首先是首页的制作，然后根据首页的风格，制作出二级网页，完成网页制作后，根据留言板的功能需求，建立数据库、注册会员、会员登录、制作留言页面等过程。整体结构清晰明了、特色鲜明。

在本章中着重介绍了留言板的制作过程，通过这一过程进一步掌握 Dreamweaver CS3 应用程序的服务器行为。关于图片的设计部分由于不是本书的重点，因此读者可以到本书附带的光盘中复制实例中所需的相关素材。网站实例展示如下图所示。

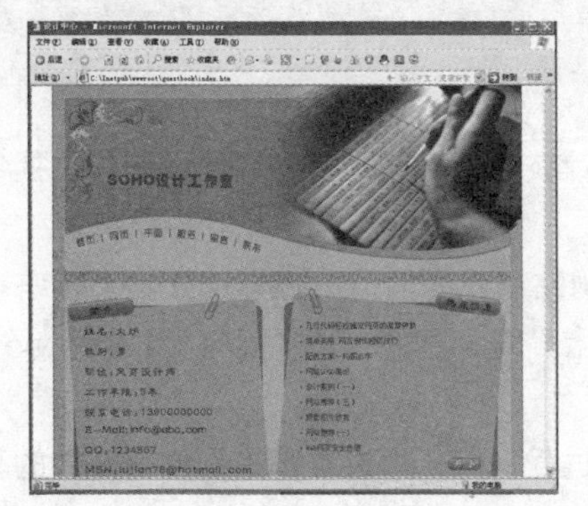

首页

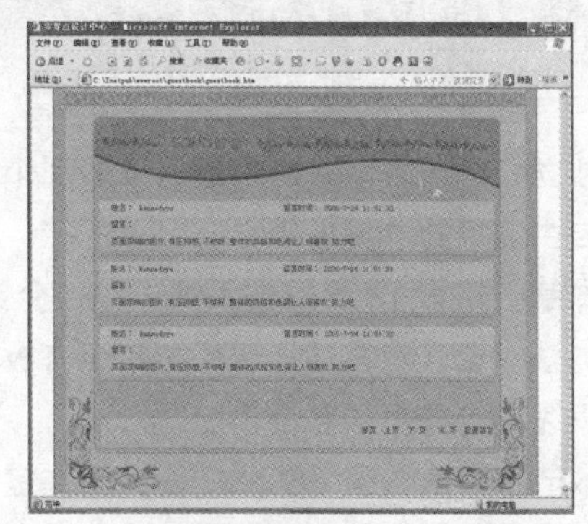

留言板页面

技术要点

① 用户注册系统

本章介绍用户注册系统的详细制作过程。目前绝大多数网站都有了用户管理系统，用户注册就是非常关键的步骤了。有了用户管理，可以更有效地发展客户，聚集人气。

② 留言页面表单设计

留言板主要是给网友与网站之间提供一个交流平台，通过留言板的网友可以提出对网站的建议或想法，使两者之间得到便捷的沟通。

③ 管理留言

对于已发表的留言，管理员需要在后台进行管理，比如说编辑或删除发布的留言，在本章会详细地介绍制作方法。

配色与布局

本实例使用了一个系列的褐色作为网页的主色调，比较暗沉不张扬，表现了设计者个性的一面，不像大多数设计者选择蓝色、红色这些比较常用的色彩。由于 SOHO 工作室属于个人网站，所以不同的颜色更可以体现设计者想要表达的思想，并给人留下深刻的印象。网页结构比较简单，传统的留言板样式结构都比较统一，读者以后设计留言板的时候同样可以借鉴。

#94834E	#A99F7C	#C3BA9B
R: 148	R: 169	R: 195
G: 131	G: 159	G: 186
B: 78	B: 124	B: 155

本实例视频文件路径和视频时间

视频文件	光盘 \ 视频 \ 14
视频时间	15 分钟

14.1 实例制作过程

独立、个性的设计网站是为了展现个人或公司的设计技术水平，也为初级网页制作者提供了一个自由创意的练习机会。

本章根据第 13 章的技术知识，在介绍艺术设计类网站制作的同时，还详细介绍了留言板的制作方法，使读者掌握注册系统和留言板系统的开发技术，同时更进一步掌握利用 Dreamweaver CS3 开发动态网页的各个功能。

本节将详细介绍“SOHO 设计工作室”网站的制作过程，每一个过程都是制作留言板的基本步骤，读者跟随以下操作步骤即可掌握。

14.1.1 SOHO设计工作室首页的制作

每个网站都有其首页，因为它是网站的门面，所以 SOHO 设计工作室网站的制作就从首页制作开始。具体步骤如下。

步骤 01 在网站根目录下建立一个 guestbook 文件夹，此目录就是第 13 章介绍建立的服务器目录，如图 14-1 所示。

图 14-1　建立站点文件夹

步骤 02 在建立的 guestbook 文件夹中，再建一个图片文件夹 images，如图 14-2 所示。

步骤 03 启动 Dreamweaver CS3，新建一个网页，执行“站点”>“管理站点”菜单命令。

步骤 04 在“管理站点”对话框中，单击 新建(N)... 按钮再单击“站点”命令，如图 14-3 所示。

图 14-2　建立图片文件夹

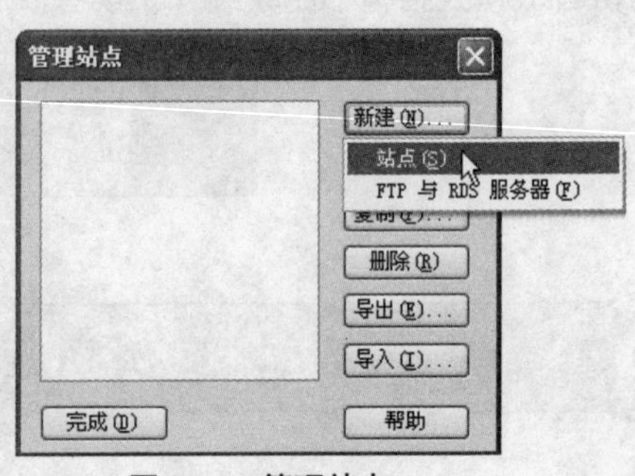

图 14-3　管理站点

步骤 05 打开“站点定义为”对话框，选择“高级”选项卡，设置本地信息，如图 14-4 所示。

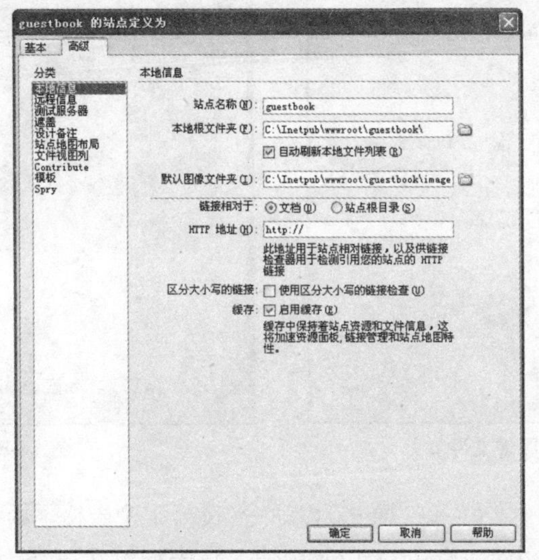

图 14-4　设置本地信息

步骤 06 选择“分类”列表框中的“测试服务器”选项，如图 14-5 所示。完成后单击“确定”按钮，返回到“管理站点”对话框中，建立的站点出现在对话框中，如图 14-6 所示。

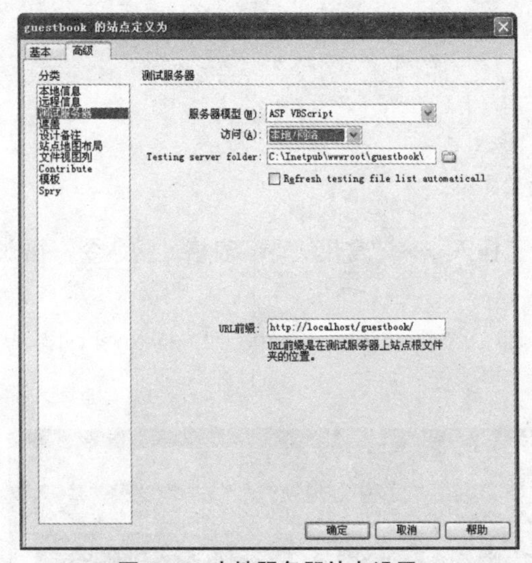

图 14-5　本地服务器站点设置

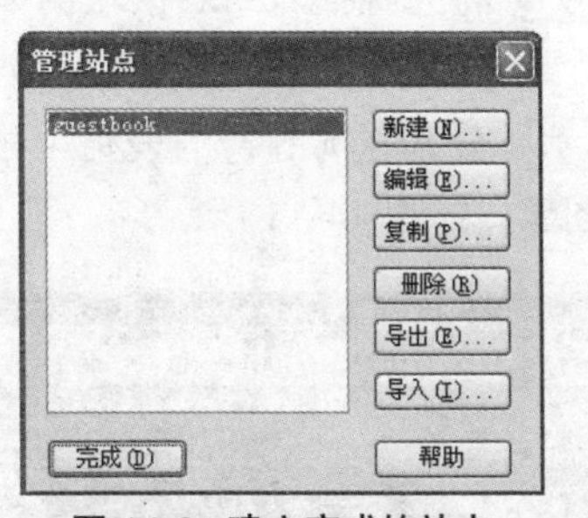

图 14-6　建立完成的站点

步骤 07 单击“完成”按钮，完成站点设置。在打开的空白网页中，将光标插入到页面的左上角，执行“插入”>“常用”>“表格”命令，插入 1 行 1 列表格。

步骤 08 将光标插入到表格中，执行“插入”>“常用”>“图像”命令。

步骤 09 在打开的“选择图像源文件”对话框中，选择图像文件夹中的图像文件 ly-top.gif，如图 14-7 所示。由于网页图像设计不是本书所学习的内容，所以，需要的网页图像可以到本书附带的光盘中复制。

步骤 10 单击“确定”按钮打开“图像标签辅助功能属性”对话框，再次单击“确定”按钮，将图像插入到网页中，如图 14-8 所示。

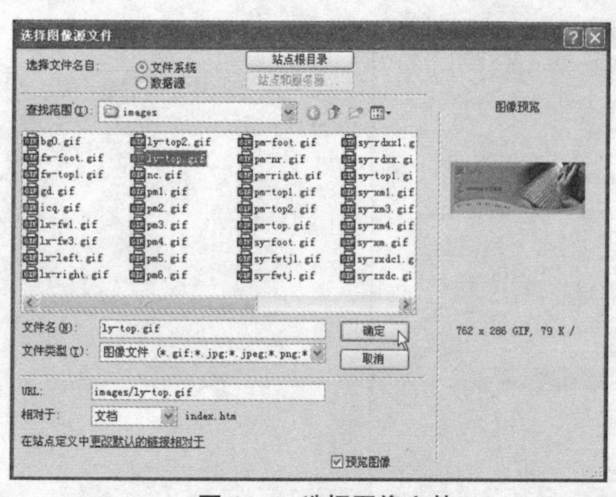
图 14-7　选择图像文件

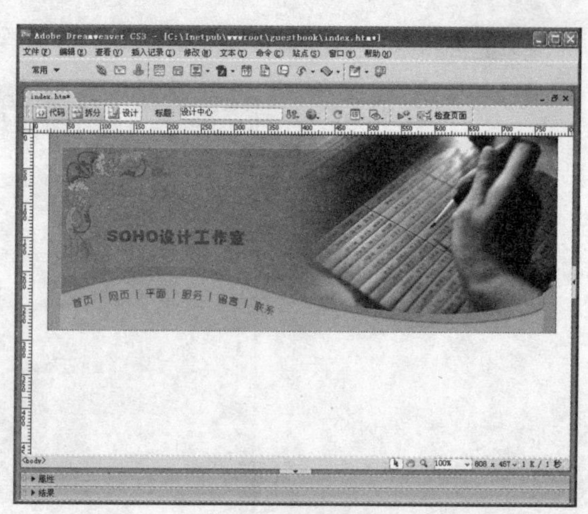
图 14-8　插入图像

步骤 11 执行“插入”>“常用”>“表格”命令，在第 1 个表格下面再插入一个 1 行 1 列表格。

步骤 12 在插入的表格中插入 sy-top1.gif 图像。将光标放在第 2 个表格外，单击“表格”按钮，插入 1 行 2 列表格，拖动鼠标选中整个表格，打开属性面板，在属性面板中的“背景图像”文本框中输入背景图像的路径和文件名，如图 14-9 所示。或单击后面的“浏览文件”按钮，选择图像。

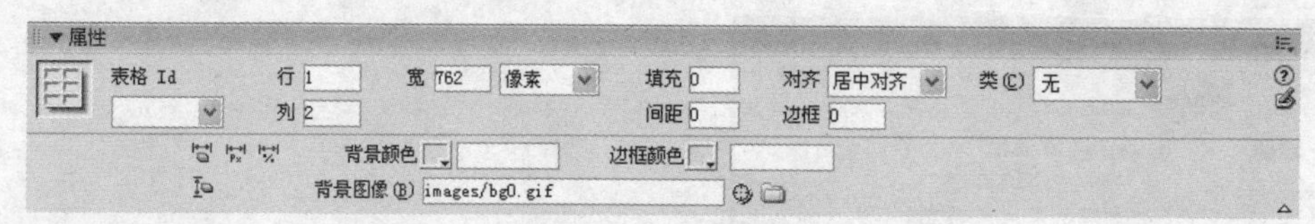
图 14-9　设置背景图像

步骤 13 将光标插入到表格左侧单元格中，执行“插入”>“常用”>“表格”命令，插入 6 行 1 列表格，如图 14-10 所示。

步骤 14 分别在前 5 行的表格中依次插入 sy-xm.gif、sy-xm1.gif、sy-xm3.gif、sy-xm4.gif、sy-fwtj.gif 图像，如图 14-11 所示。

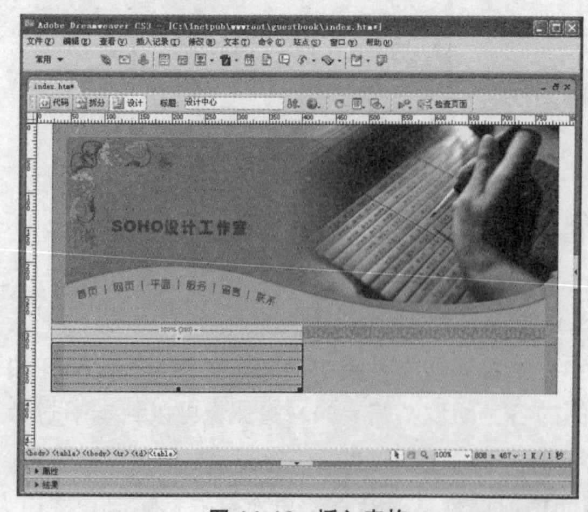
图 14-10　插入表格

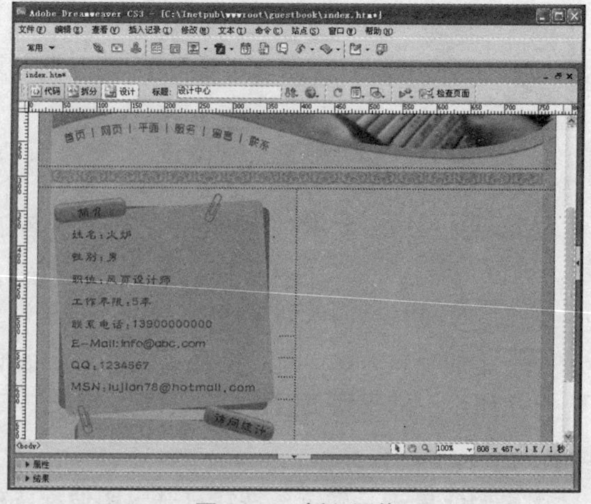
图 14-11　插入图像

步骤 15 将光标插入到最后一行表格中，打开属性面板，在“背景”文本框中输入 images/sy-fwtj1.gif，或单击后面的“单元格背景 URL”按钮，选择图像，如图 14-12 所示。

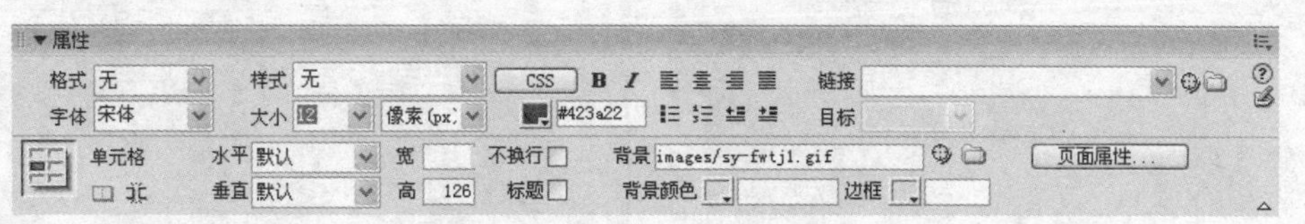

图 14-12 输入表格背景图像

步骤 16 在最后一行表格中，插入 1 行 1 列表格，然后在表格中输入访问统计的内容。其实这样的内容在很多网站上都有显示，这是个动态数据，如果读者感兴趣的话，可以参考这方面的相关资料，本章就不介绍了。

步骤 17 在表格的右侧表格中，插入 4 行 1 列表格，如图 14-13 所示。

步骤 18 分别在第 1 行和第 3 行插入 sy-rdxx.gif 和 sy-zxdc.gif 图像；在第 2 行和第 4 行的属性面板中设置背景图像，分别为 sy-rdxx1.gif 和 sy-zxdc1.gif，完成后如图 14-14 所示。

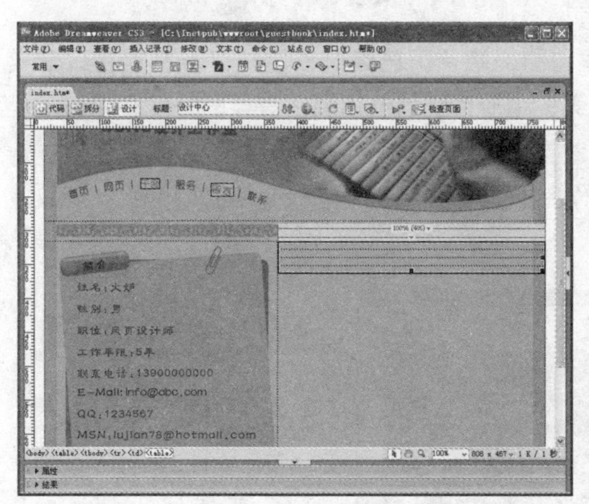

图 14-13 插入表格

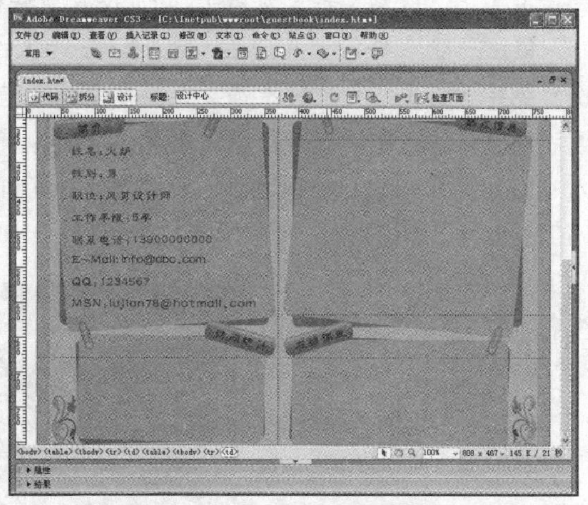

图 14-14 插入图像和背景图像

步骤 19 在第 2 行表格中插入 10 行 2 列的表格，在第 1 列表格中分别输入一个小圆点，以辨别每一行文字，接着在第 2 列表格中分别输入需要链接显示文章页面的标题，在最后一行表格中插入“更多”gd.gif 图片，如图 14-15 所示。

步骤 20 将光标移到右侧大表格中的最后一个单元格中，插入一个表单区域，在表单区域中再插入一个 5 行 2 列的表格，单元格间距为 3。

步骤 21 合并第 1 行和第 5 行单元格，在第 1 行单元格中输入调查标题，如“您觉得本站设计得如何？”，在第 2 行第 1 个单元格中插入“单选按钮”，在第 2 个单元格中输入“非常好 !!!”，接着在下面的两行表格中以同样的方法插入调查标题，然后将光标移动到第 5 行表格中，依次插入 vote.gif 和 view.gif 图片按钮，完成后如图 14-16 所示。

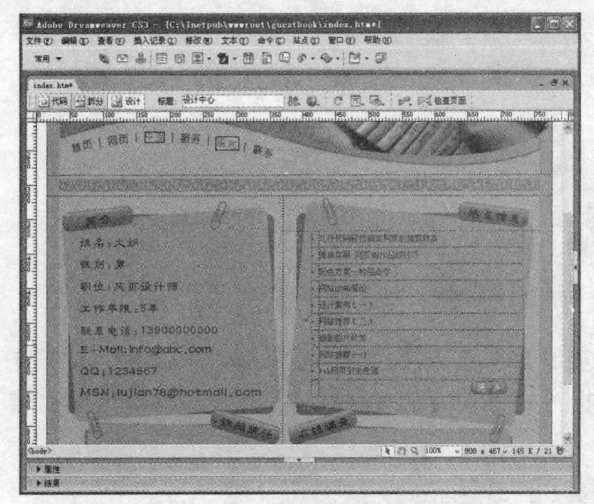

图 14-15　热点信息表格

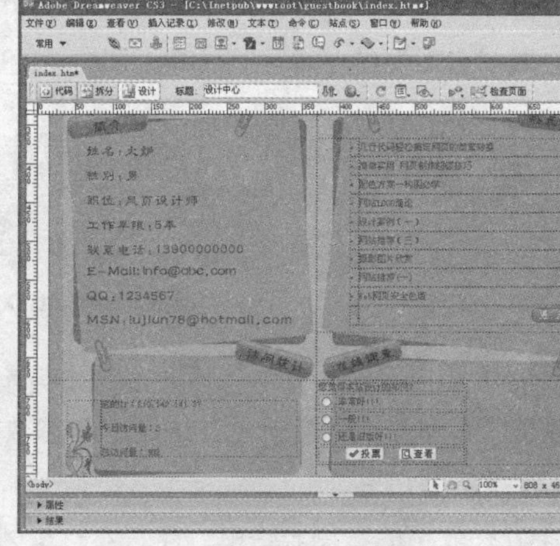

图 14-16　调查表单

步骤 22 在页面最底部插入一个 1 行 1 列的表格，将光标移到表格中，打开属性面板，设置表格宽度为 762 像素，背景为 sy-foot.gif 图片，保存网页。

最后一个表格设置完成后，SOHO 设计工作室的网站首页已经制作完成了。其实在本章实例介绍中，首页的制作并不是重点，重点其实是会员注册系统的制作和留言板的开发。但为了让读者对艺术设计类网站有个基本概念，这里也就对首页的制作做一个基本介绍。打开浏览器，输入 http://localhost/guestbook/index.htm，浏览制作完成的首页，因为是 htm 格式的网页，所以按 F12 键也可以浏览网页，如图 14-17 所示。

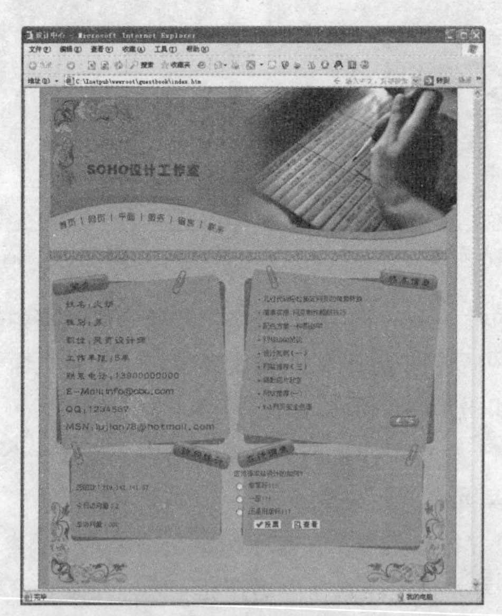

图 14-17　首页

14.1.2　制作工作室二级页面

首页制作完成后，就可制作二级内容页。一般来说，二级页面是网站的主要栏目，是对外展示网站的主要内容。本节介绍的 SOHO 设计工作室网站二级页面的制作相对比较简单，不需要太多的设计和制作，只要将首页另存为一个二级页面，然后将中间部分稍微做一下修改即可。

SOHO 设计工作室有 5 个二级页面，只要制作好其中一个，其他的风格基本类似，否则，网站视觉上会很乱。

二级网页的制作方法，按如下步骤操作。

步骤 01 打开 index.htm 网页，执行“文件” > “另存为”菜单命令，将 index.htm 另存为 two.htm。

步骤 02 删除页面中间一行的表格和图片，如图 14-18 所示。

步骤 03 在删除表格的位置，再插入 1 行 3 列的表格，如图 14-19 所示。

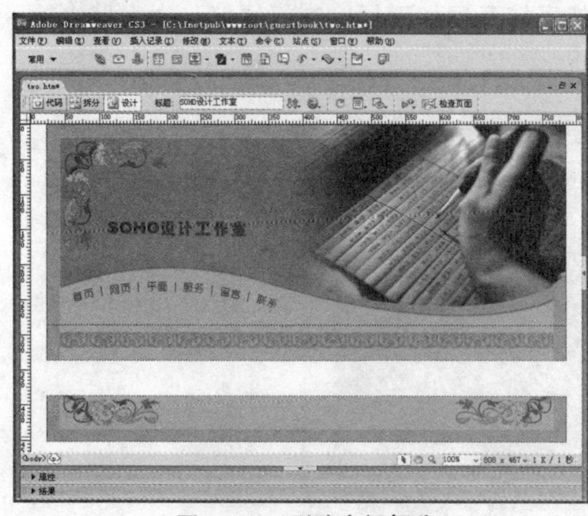

图 14-18　删除中间部分

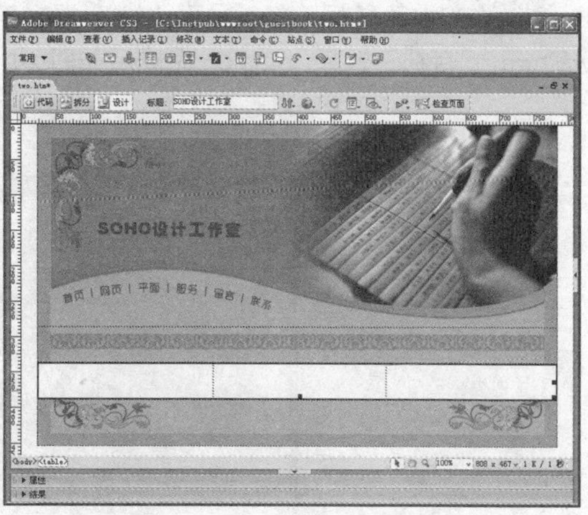

图 14-19　在中间部分插入表格

步骤 04 在第 1 列和第 3 列表格中，依次插入 pm-top2.gif 和 pm-right.gif 图片。将光标移到中间一列表格中，设置背景图片为 pm-nr.gif，如图 14-20 所示。

步骤 05 在这个表格中插入 1 行 6 列的表格，然后在各个单元格中插入作品图片，图片可以任意选择。

步骤 06 完成后保存网页，整个二级页面算是制作完成了，按 F12 键即可浏览网页，如图 14-21 所示。

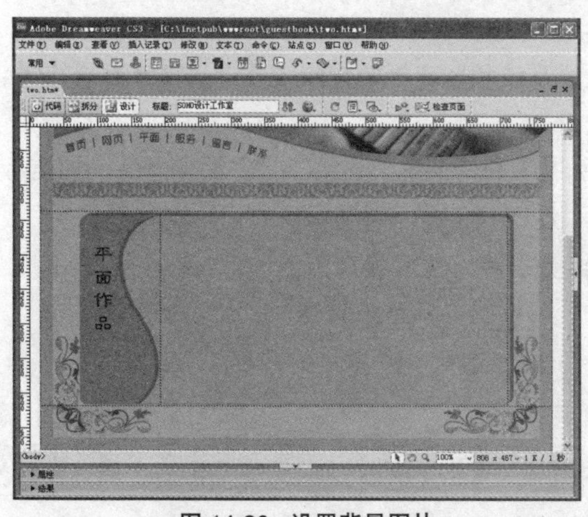

图 14-20　设置背景图片

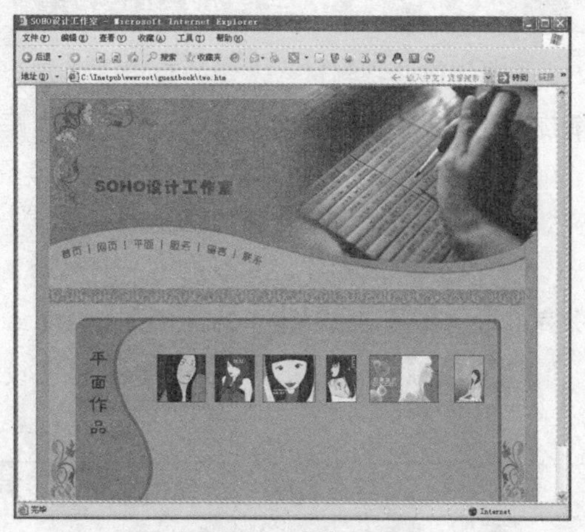

图 14-21　插入图片

二级页面制作好后，要在首页上做链接，否则，进入网站后就不知道如何浏览别的内容的页面了。

步骤 07 打开 index.htm 网页，单击选中有栏目名称的图片，然后打开其属性面板。

步骤 08 单击属性面板中的“矩形热点工具”按钮，如图 14-22 所示。

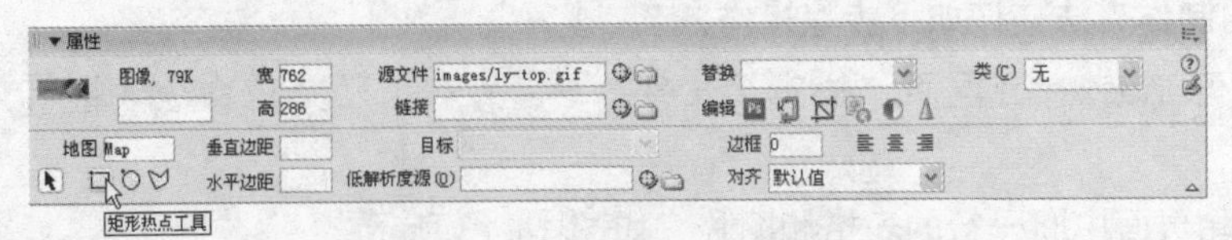

图 14-22 选取矩形热点工具

步骤 09 拖动鼠标，将“平面”两字框起来，然后打开属性面板，在“链接”文本框中输入 two.htm，“目标”选择 _blank，完成后如图 14-23 所示。

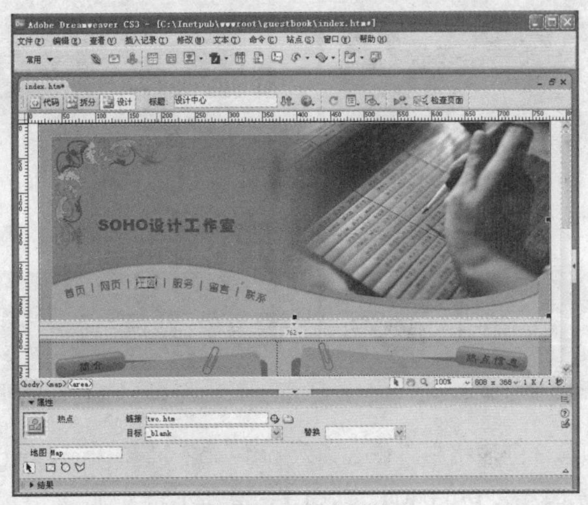

图 14-23 热点链接

至此，首页链接到二级网页已经完成。如果其他的二级网页也制作完成了，就可以用同样的方法做热点链接。热点链接主要是图片链接，主要目的是为了让比较大的图可以做小块链接。

14.1.3 建立留言板数据库

在前面已经提到过，本章的重点主要是会员注册系统和留言板的介绍。在做这两个系统之前，前提是建立数据库，因为动态网页需要数据库的支持。

由于在第 13 章介绍了如何安装网站服务器，所以本章就不重复介绍了。下面就开始为留言板建立数据库。具体操作步骤如下。

步骤 01 启动 Microsoft Access，选择“空 Access 数据库”，然后保存为 guestbook.mdb 数据库，保存的位置是网站根目录下的文件夹 guestbook 中，与网页为同一个位置。

步骤 02 双击“使用设计器创建表”，在设计表中输入如表 14-1 所示的内容。

表 14-1 设计表的内容

含 义	字段名称	数据类型	字段大小	必填字段	允许空字符串	索 引
编号	ID	自动编号				
姓名	Name	文 本	20	是	否	

（续表）

含　义	字段名称	数据类型	字段大小	必填字段	允许空字符串	索　引
性别	Sex	文 本	2	是	否	默认值：男
密码	Password	文 本	20	是	否	
E-mail	Email	文 本	50			
个人主页	Homepage	文 本	100			
联系方式	OICQ	文 本	20	否	是	

步骤 03 设置数据表后，保存数据表为 tbGuest，如图 14-24 所示。

步骤 04 关闭数据表 tbGuest，双击“使用设计器创建表”，新建数据表，数据如表 14-2 所示。

表 14-2　数据表内容

含　义	字段名称	数据类型	字段大小	必填字段	允许空字符串	索　引
编号	ID	自动编号				
姓名	Name	文 本	20	是	否	
留言标题	Subject	文 本	100	是	否	
留言内容	Content	文 本	255	是	否	
留言时间	Date	日期 / 时间				有（可重复）

步骤 05 保存为 tbMessage 数据表，完成后如图 14-25 所示。

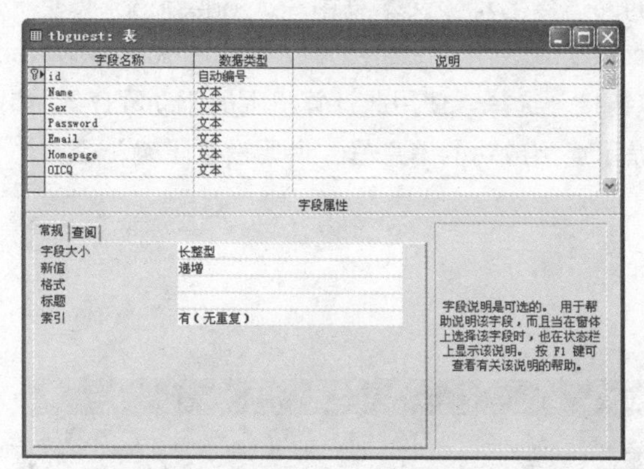

图 14-24　tbGuest 数据表

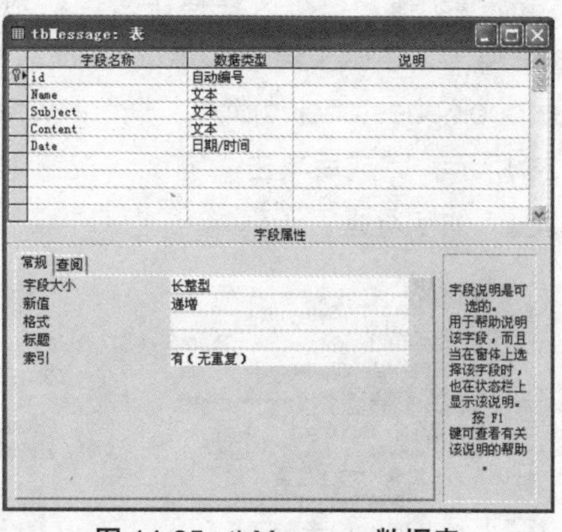

图 14-25　tbMessage 数据表

数据库建立完成了，其中 tbGuest 是用户注册信息，tbMessage 是用户留言信息。

14.1.4　制作用户注册系统

在电子商务领域中，越来越多的网站在提供服务的时候，都希望顾客先注册身份、加入会员，以提供会员相关的信息和服务。因此，让浏览者可以加入会员的网站系统已经成为每个企业或个人网站必备的功能之一了。

下面就注册系统的开发进行详细介绍。注册系统的表单相对比较简单，但所用的功能基本类似。具体操作步骤如下。

步骤 01 新建网页，制作出如图 14-26 所示的网页，保存为 zhuce.asp，也可以到附带光盘中复制 zhuce.htm 网页另存为 zhuce.asp。

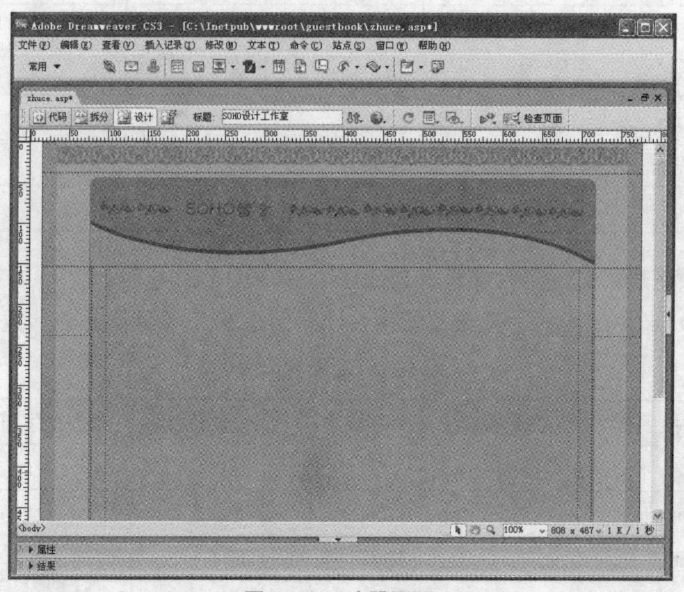

图 14-26　注册网页

步骤 02 打开“应用程序”面板中的“数据库”面板，单击⊞按钮，选择“自定义连接字符串”命令，如图 14-27 所示。

步骤 03 在“自定义连接字符串”对话框的“连接名称”文本框中输入 guestbook，在“连接字符串”文本框中输入 "Driver={Microsoft Access Driver (*.mdb)};DBQ=c:\Inetpub\www- root\guestbook\guestbook.mdb"，“Dreamweaver 应链接”选择“使用此计算机上的驱动程序”，如图 14-28 所示。完成后单击“测试”按钮，如果提示连接成功的消息框，说明设置正确，否则，请检查输入的字符是否正确。

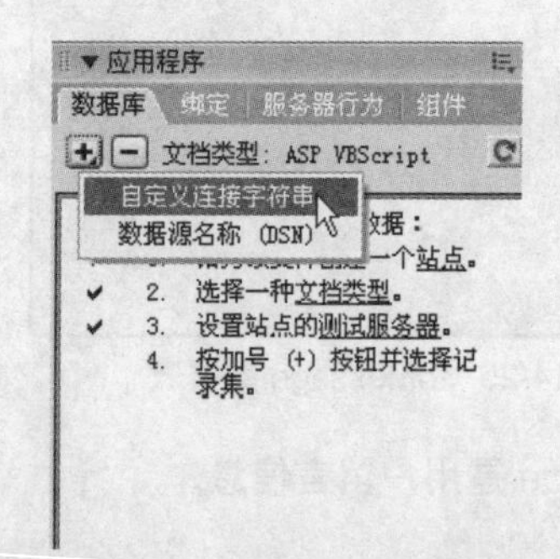

图 14-27　选择“自定义连接字符串”

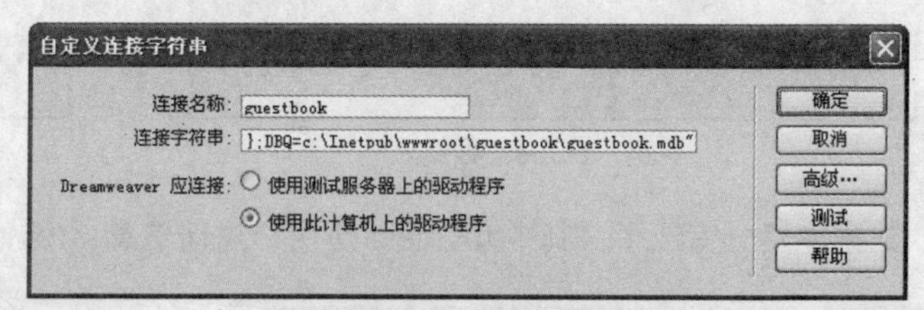

图 14-28　连接数据库

步骤 04 单击“确定”按钮，完成设置，连接的数据库名称出现在“数据库”面板中，如图 14-29 所示。

步骤 05 打开“应用程序”面板中的“绑定”面板，单击⊞按钮选择“记录集（查询）”命令。

步骤 06 在打开的“记录集”对话框的“名称”文本框中输入 rsguest，“连接”选择 guestbook，“表格”选择 tbguest，其他默认设置，完成后单击“确定”按钮，如图 14-30 所示。

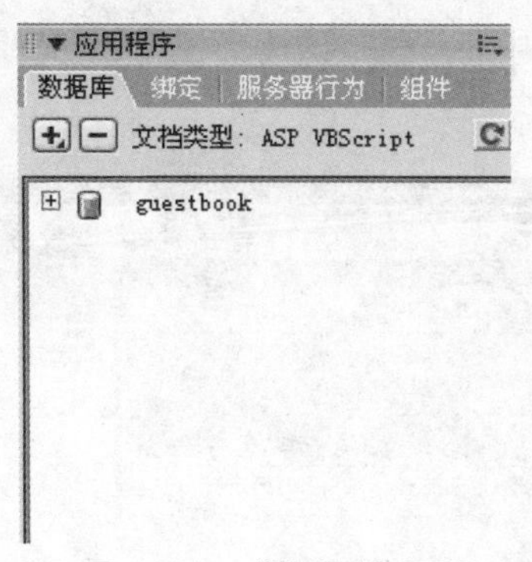

图 14-29 “数据库”面板

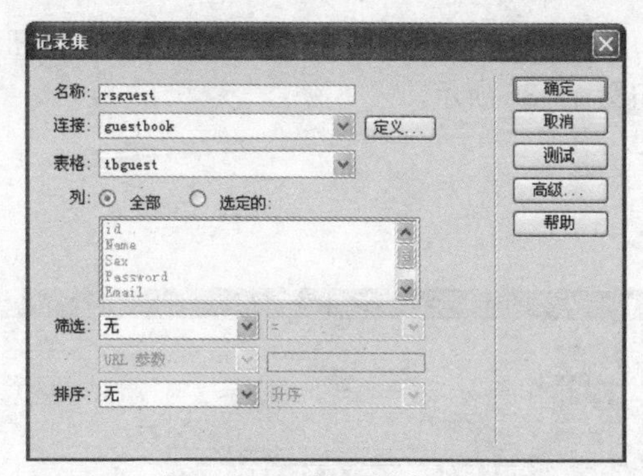

图 14-30 “记录集”对话框

步骤 07 打开“插入”面板中的“服务器行为”面板，单击“插入记录表单向导”按钮，如图 14-31 所示。

图 14-31 “插入记录表单向导”按钮

步骤 08 在“插入记录表单”对话框的“连接”文本框中输入 guestbook，“插入到表格”中选择 tbguest，“插入后，转到”中输入 login.asp；选中“表单字段”中的 ID，单击 按钮将它删除；接着选择 Name，“标签”中输入“用户名:”；选择 Sex，标签为“性别”，“显示为”选择“单选按钮组”，然后单击 单选按钮组属性 按钮。在“单选按钮组属性”对话框中的“标签”和“值”文本框中输入“男”。单击“选取值等于”文本框后面的“动态数据” 按钮，在对话框中选中 Sex，如图 14-32 所示。单击“确定”按钮返回至“单选按钮组属性”对话框，单击 按钮，在“标签”和“值”文本框中输入“女”，同样单击“选取值等于”文本框后面的“动态数据” 按钮，进行同样设置，完成后的“单选按钮组属性”对话框如图 14-33 所示。单击“确定”按钮，回到“插入记录表单”对话框。

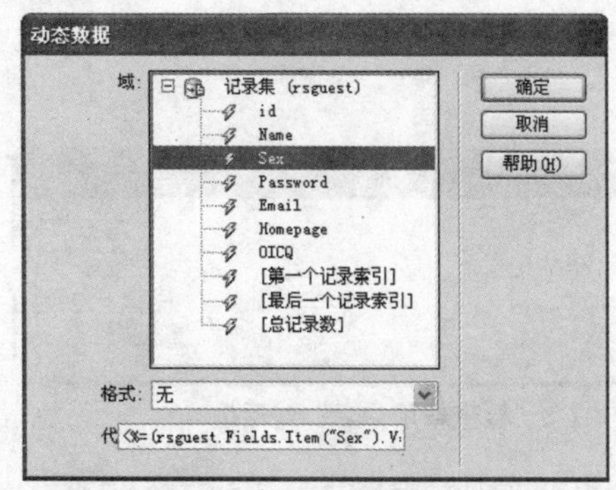

图 14-32 “动态数据”对话框

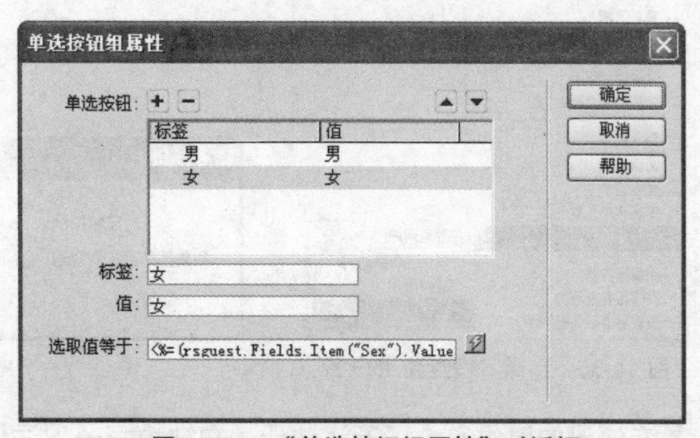

图 14-33 “单选按钮组属性”对话框

步骤 09 依次选择 Password、Email、Homepage、OICQ，然后对应在“标签”文本框中输入“用户密码”、“E-Mail”、“个人主页”、“OICQ”，完成设置后如图 14-34 所示。

步骤 10 完成插入表单记录后，整个表单记录的数据字段自动插入网页中。

步骤 11 选中页面中的“插入记录”按钮，在属性面板中将“值”改为“注册”，完成后页面如图 14-35 所示。

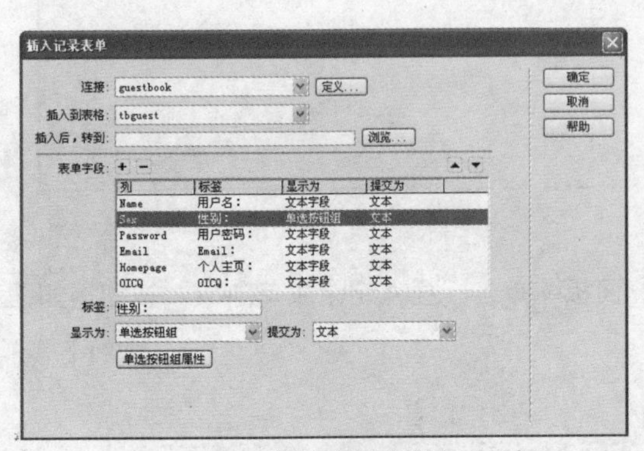

图 14-34 “插入记录表单”对话框

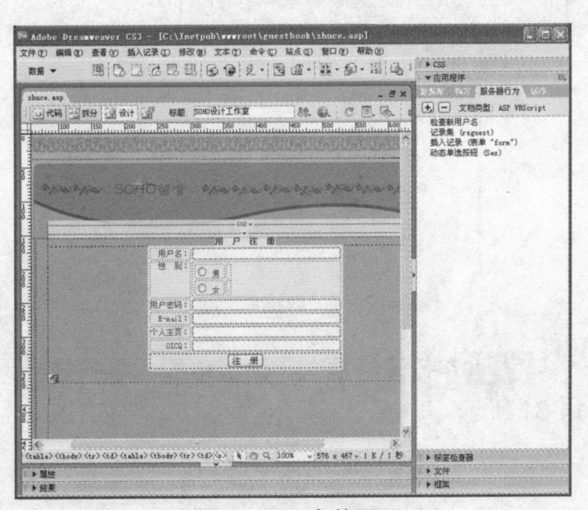

图 14-35 表单页面

为了每个用户名不重复，在用户注册的时候，就必须做出提示，所以利用 Dreamweaver 服务器行为中的用户身份验证这一功能，来帮助我们进行新用户名的检查。

步骤 12 单击“服务器行为”面板中的+按钮，在弹出的菜单中执行“用户身份验证” > “检查新用户名”命令，如图 14-36 所示。

步骤 13 打开“检查新用户名”对话框，“用户名字段”选择 Name，“如果已存在，则转到”选择 zhuce.asp，如图 14-37 所示。完成后单击“确定”按钮，保存网页。

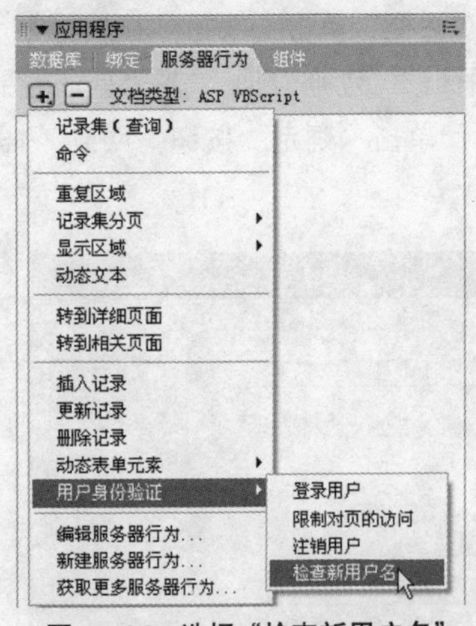

图 14-36 选择“检查新用户名”

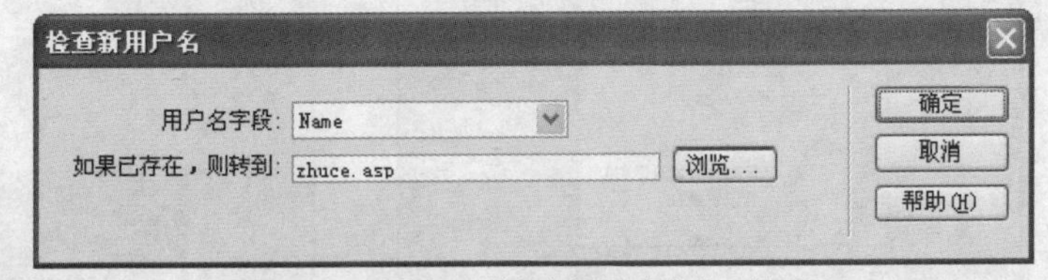

图 14-37 “检查新用户名”对话框

在注册的时候，为了不让注册用户缺填每一项注册信息，所以还要给表单添加一个行为，以提醒用户。

步骤 14 单击选中网页中的表单范围的红色虚线，执行“窗口” > “行为”菜单命令，打开“行为”面板，如图 14-38 所示。

步骤 15 单击“行为”面板上的+按钮，在弹出的菜单中单击“检查表单”命令，如图 14-39 所示。

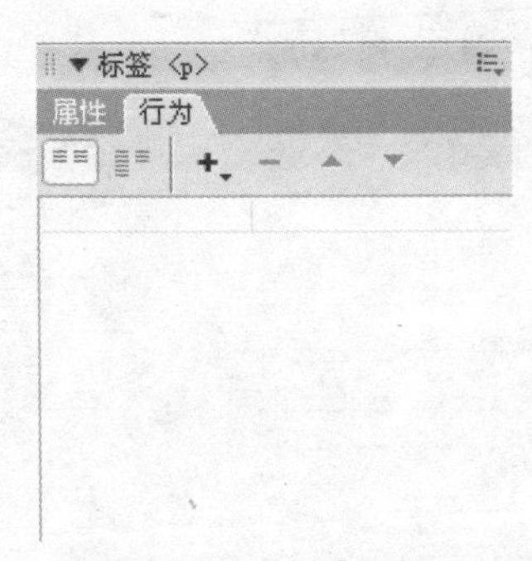

图 14-38 行为面板

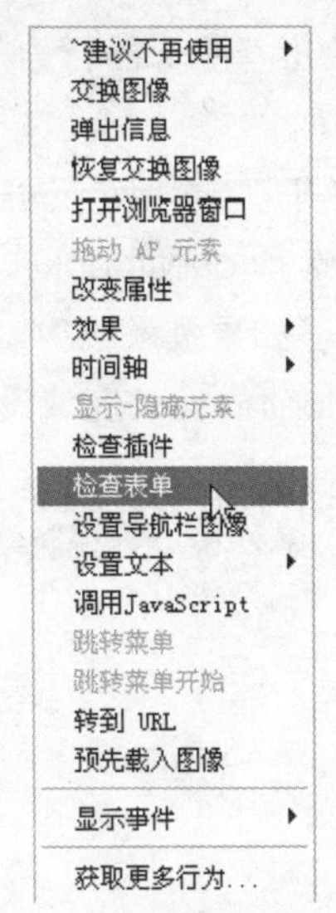

图 14-39 行为菜单

步骤 16 打开"检查表单"对话框,"命名的栏位"中选择第一个 Name,"值"勾选"必需的","可接受"选择"任何东西";第二个选择 Email,"值"勾选"必需的","可接受"选择"电子邮件地址";剩下的 Password、Homepage、OICQ 设置与 Name 一样,其中表单中"性别"选项因为默认值已经选择为"男",所以不需要检查,完成后的"检查表单"对话框,如图 14-40 所示。

注册网页制作完成了,但注册成功就需要登录,所以,下面再制作一个登录网页。

步骤 17 将 zhuce.asp 另存为 login.asp,然后在"服务器行为"面板中单击⊟按钮将 3 个服务器行为都删除。

步骤 18 在表格上方输入"用户登录"4 个字,然后将表格中除了"用户名"和"用户密码"外,其他的文本字段都删除。

步骤 19 单击选中"用户名"文本字段,打开属性面板,设置"字符宽度"为 20;接着选中"用户密码"文本字段,设置"字符宽度"为 20,"类型"选择"密码";选中"注册"按钮,将"值"名改为"登录",完成后保存网页,如图 14-41 所示。

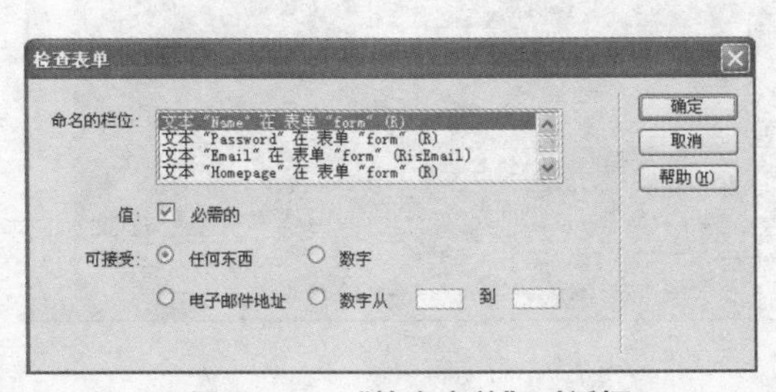

图 14-40 "检查表单"对话框

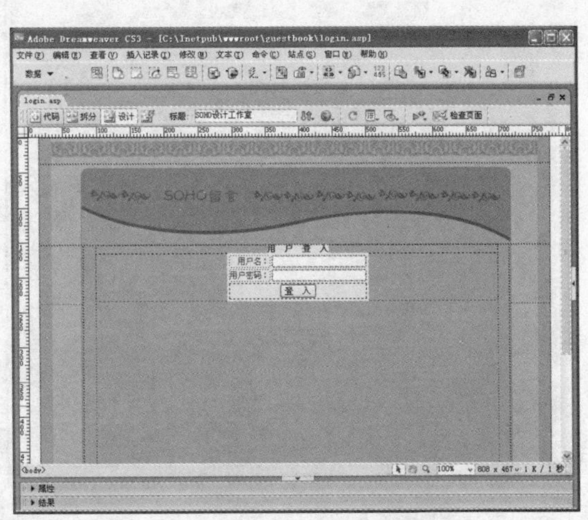

图 14-41 登录页面

步骤 20 单击“服务器行为”面板上的按钮，执行“用户身份验证”>“登录用户”命令，如图 14-42 所示。

步骤 21 打开“登录用户”对话框，在“用户名字段”选择 Name，“密码字段”选择 Password，“使用连接验证”选择 guestbook，“表格”选择 tbguest，“用户名列”选择 Name，“密码列”选择 Password，在“如果登录成功，转到”文本框中输入 guestbook.asp，在“如果登录失败，转到”文本框中输入 login.asp。完成设置后如图 14-43 所示，单击“确定”按钮。

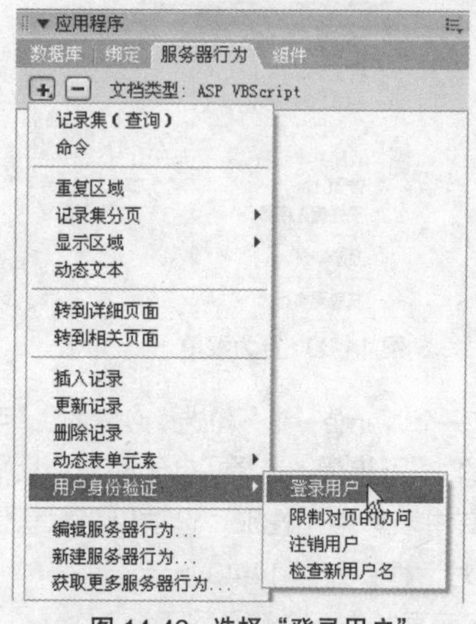

图 14-42 选择“登录用户”

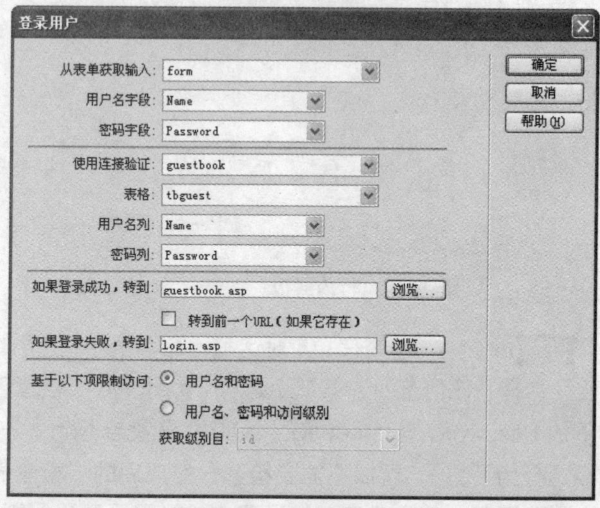

图 14-43 “登录用户”设置

保存制作完的登录网页。打开浏览器，从用户注册网页开始注册用户信息，如果注册成功，浏览器就会转到登录网页，如果注册失败，则返回到注册网页。注册成功后，到用户登录网页中用注册的“用户名”和“用户密码”登录注册系统，看能否登录成功，如果登录成功，就会登录到留言板信息网页中，如果登录失败，系统还会转到登录网页，表示需要重新登录。至于留言板的网页，将在下一节中介绍，浏览网页效果如图 14-44 所示。

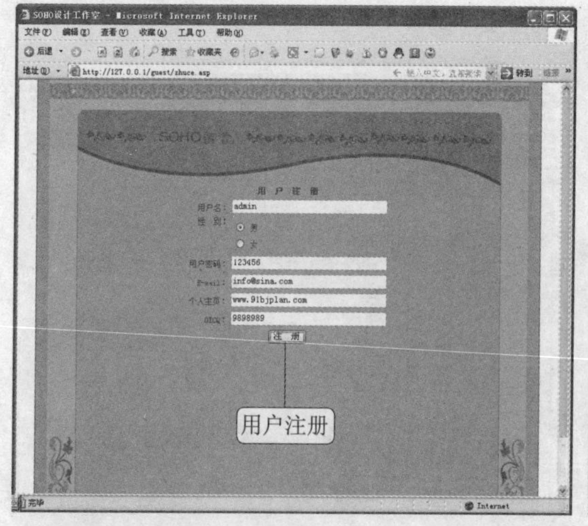

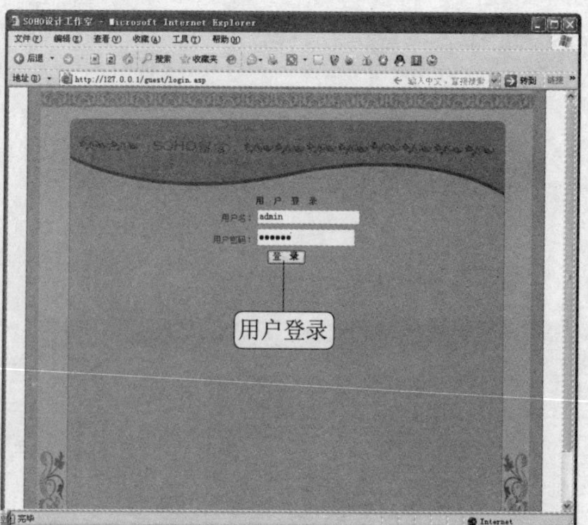

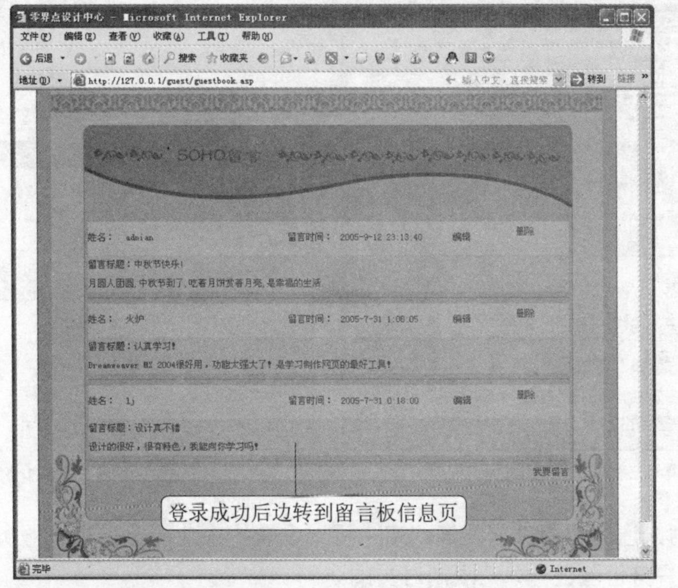

图 14-44 注册网页浏览过程

14.1.5 设计留言页面表单

留言板主要有两个内容网页，一个是提交留言的网页，一个是观看留言的网页。观看留言前首先要提交留言，所以，接下来先做提交留言的网页，将留言提交到数据库里，然后再做观看留言的网页。具体操作步骤如下。

步骤 01 打开 login.asp 网页，将它另存为 massage.asp 网页，然后选中“绑定”和“服务器行为”面板中的“记录集”和“登录用户”命令。在页面中将“用户登录”改为“您对我们的工作有什么宝贵的意见和建议，请在这里留言！”，并将字体颜色设置为红色“#990000”。

步骤 02 将页面中的“用户名”3 字改为“标题”，然后单击选中后面的文本字段，打开属性面板，将“文本域”名称改为 Subject，“字符宽度”设置为 23；将“用户密码”改为“您的留言”，单击选中“您的留言”后面的文本字段，在属性面板中将“文本域”名称设为 massage，“字符宽度”设为 53，“行数”为 8，“类型”选择“多行”；将光标插入到“您的留言”表格中，单击属性面板中的“拆分单元格为行或列”按钮，增加一行表格，然后在增加的表格中输入“用户名”，同样将“您的留言”文本字段的表格也拆分为 2 行，并在表格中插入文本字段，设置属性面板中的“文本域”名称为 Name，“字符宽度”为 23；完成后在表格下面插入 2 个按钮，一个为“提交留言”，一个为“重新填写”，完成后页面如图 14-45 所示。

步骤 03 单击“服务器行为”面板中的按钮，选择“插入记录”命令。在打开的对话框中，“连接”选择 guestbook，“插入到表格”选择 tbMessage，在“插入后，转到”文本框输入 guestbook.asp，完成后单击“确定”按钮，如图 14-46 所示。

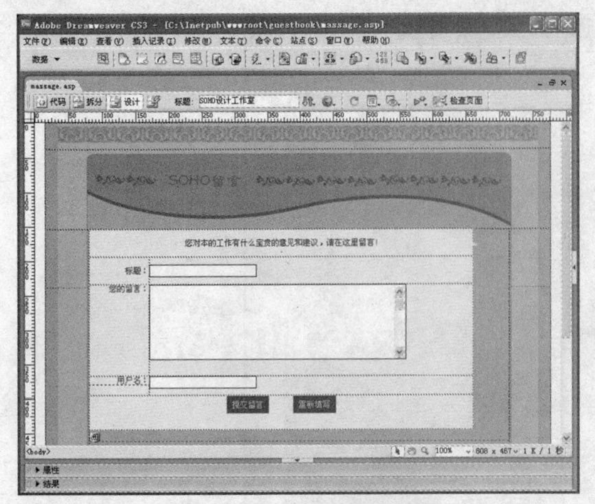

图 14-45 提交留言网页

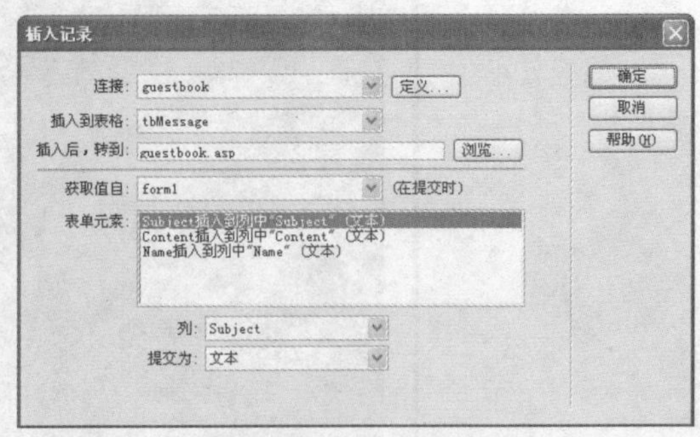

图 14-46 插入记录设置

步骤 04 为了对未注册用户进行发表约束，可以设置约束功能。单击“服务器行为”面板上的⊞按钮，执行“用户身份验证”>“限制对页的访问”命令。

步骤 05 在打开的对话框中，在“基于以下内容进行限制”选项区域中单击“用户名和密码”单选按钮，“如果访问被拒绝，则转到”文本框中输入 login.asp，完成后单击“确定”按钮，如图 14-47 所示。

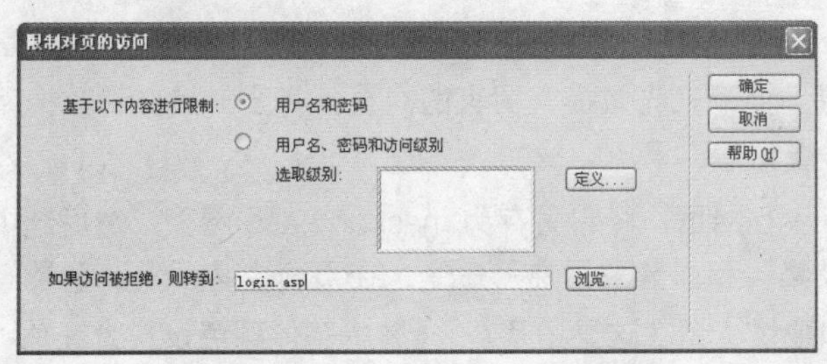

图 14-47 “限制对页的访问”对话框

保存 massage.asp 网页，填写留言的网页制作完成了。打开浏览器浏览网页，输入留言内容，然后单击“提交留言”按钮，网页就会转到观看留言的网页。留言还不能观看，因为网页还没制作。

14.1.6 设计留言显示页面

已经制作好了填写留言的网页，接下来就是浏览所有留言的页面。在开始之前，得先准备好页面使用的记录集，这个记录集包含了所有要显示的留言记录。具体操作步骤如下。

步骤 01 打开 massage.asp 网页，将它另存为 guestbook.asp。单击“服务器行为”面板中的“插入记录（表单 "form1"）”，然后将它删除。

步骤 02 单击页面中的红色虚线，选中整个表单区域，或单击状态栏的 <form>，选中表单区域，如图 14-48 所示。按 Delete 键将它删除。

<body><table><tbody><tr><td><table><tbody><tr><td><form>

图 14-48 单击选中 <form>

步骤 03 在页面中插入 5 行 1 列、宽度为 631 像素的表格，将光标插入到第 1 行表格中，打开属性面板，设置背景颜色为“#C9C0A7”，接着单击“拆分单元格为行或列”按钮，拆分为4 列。

步骤 04 在第 1 行的第 1 个单元格中输入“姓名：”，第 3 个单元格中输入“留言时间：”；将光标移动到第 2 行中，设置背景颜色为“#C1B799”，并在表格中输入“留言标题：”。设置第 3 行表格的背景颜色也为“#C1B799”，然后随便在表格中输入一些文字，这些文字到后面会被数据库中的字段替换。

步骤 05 将光标移动到第 4 行表格中，执行“插入记录”>“HTML”>“水平线”菜单命令，在表格中插入一条水平线，然后选中水平线，打开属性面板，设置水平线的高度为 1，勾选“阴影”复选框，如图 14-49 所示。

图 14-49 水平线属性面板

步骤 06 在表格最后一行输入“首页”、“上页”、“下页”、“末页”、“我要留言”等文字，完成后保存网页，如图 14-50 所示。

步骤 07 在“绑定”选项卡中单击按钮，单击“记录集（查询）”命令。在“记录集”对话框的“名称”文本框中输入 rsMessage，“连接”选择 guestbook，“表格”选择 tbMessage，“排序”选择 Date、“降序”，如图 14-51 所示。单击“确定”按钮，保存网页。

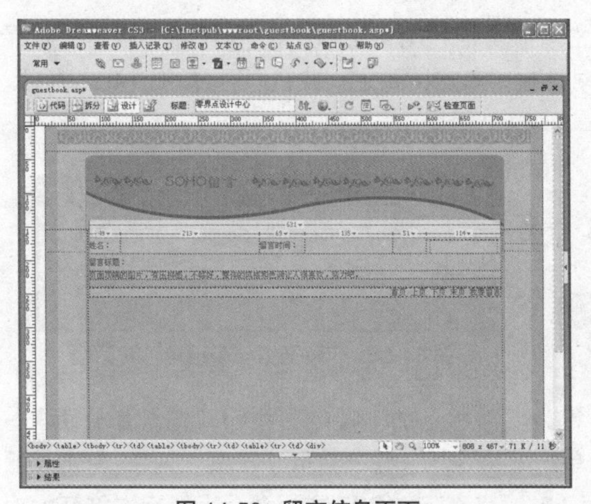

图 14-50 留言信息页面

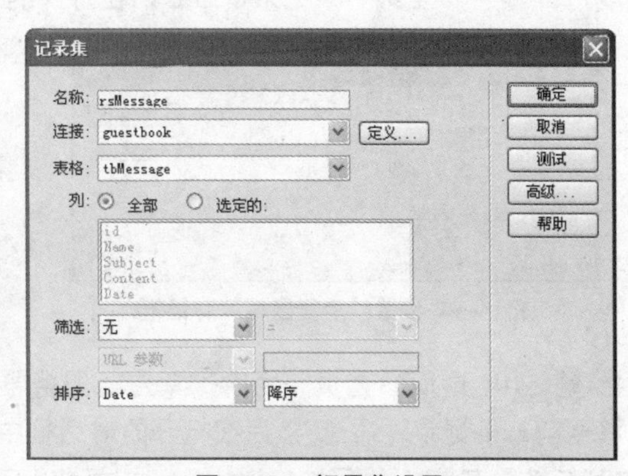

图 14-51 记录集设置

步骤 08 将光标插入到“姓名”右边的一个单元格中，展开“绑定”面板中的记录集 rsMessage，选中记录集中的 Name，单击 插入 按钮，将 Name 字段插入到单元格中。

步骤 09 使用同样的方式，选取记录集中的 Date，单击 插入 按钮将数据字段插入到页面显示“留言时间”的表格中，接着单击记录集 Name 后面“格式”下的按钮，执行“日期 / 时间”>“常规格式”命令，如图 14-52 所示。

步骤 10 选取记录集中的 Subject，单击 插入 按钮将数据字段插入到页面显示标题的表格中。

步骤 11 选取记录集中的 Content，单击 插入 按钮将数据字段插入到页面显示内容的表格中。现在可以浏览网页信息了，但每次浏览的时候只有一条信息，如图 14-53 所示。所以，还得

让放置留言记录的表格范围不断重复，而且里面的内容分别是每一条留言的记录，下面就是设置留言记录范围重复出现和分页显示的内容。

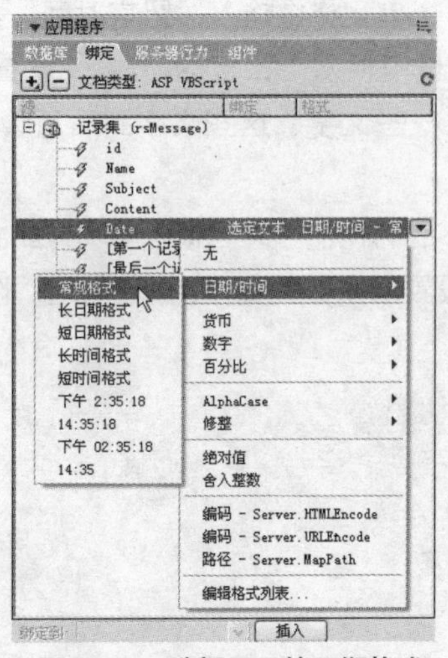

图 14-52 选择显示的日期格式

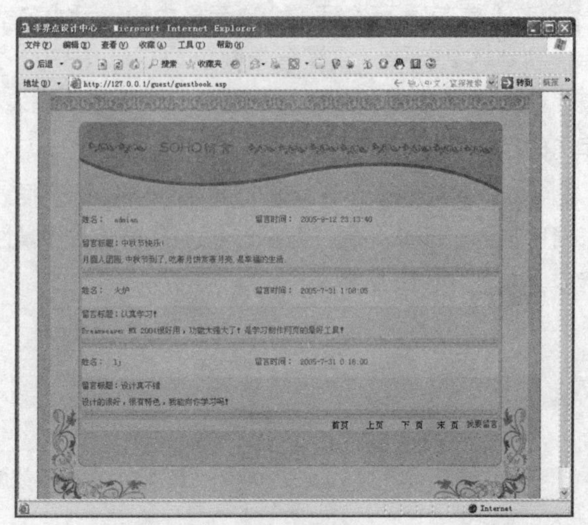

图 14-53 留言信息

步骤 12 选取放置留言记录的表格，除分页表格外，这是要重复的区域。单击“服务器行为”面板上的按钮，单击“重复区域”命令。

步骤 13 在“重复区域”对话框中的“记录集”下拉列表中选择 rsMessage，在“显示”选项区域中输入需要显示条数的记录，这里为 10，如图 14-54 所示。

步骤 14 选取页面底部的“首页”两字，单击“服务器行为”面板上的按钮，执行“记录集分页”>“移至第一条记录”命令。在打开的对话框中单击“确定”按钮即可，如图 14-55 所示。

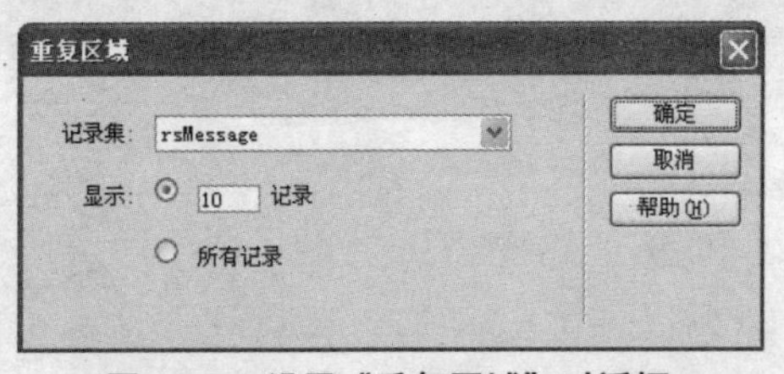

图 14-54 设置“重复区域”对话框

图 14-55 “移至第一条记录”对话框

步骤 15 选取“上页”两字，单击“服务器行为”面板上的按钮，执行“记录集分页”>“移至前一条记录”命令，然后在打开的对话框中单击“确定”按钮。选取“下页”两字，单击“服务器行为”面板上的按钮，执行“记录集分页”>“移至下一条记录”命令，然后在打开的对话框中单击“确定”按钮。

步骤 16 选取“末页”两字，单击“服务器行为”面板上的按钮，执行“记录集分页”>“移至最后一条记录”命令，然后在打开的对话框中单击“确定”按钮。如果留言数目没有达到分页要求，就可以让分页链接隐藏，所以我们要做这样的设置：再次选中“首页”两字，单击“服务器行为”面板上的按钮，执行“显示区域”>“如果不是第一条记录则显示区域”命令，如图 14-56 所示。

步骤 17 在打开的“如果不是第一条记录则显示区域”对话框中，直接单击“确定”按钮即可，如图 14-57 所示。

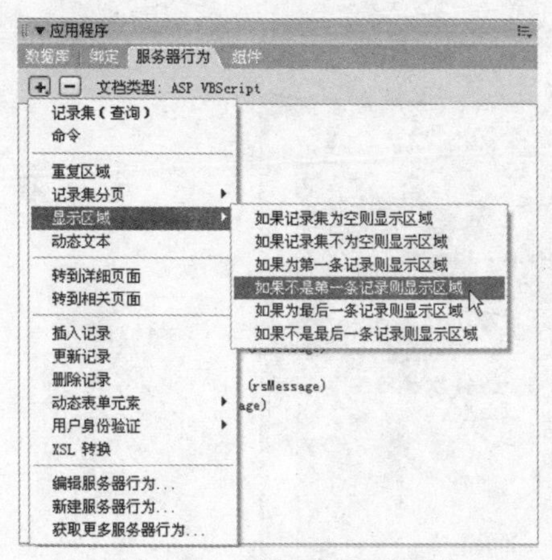

图 14-56 选择“显示区域”

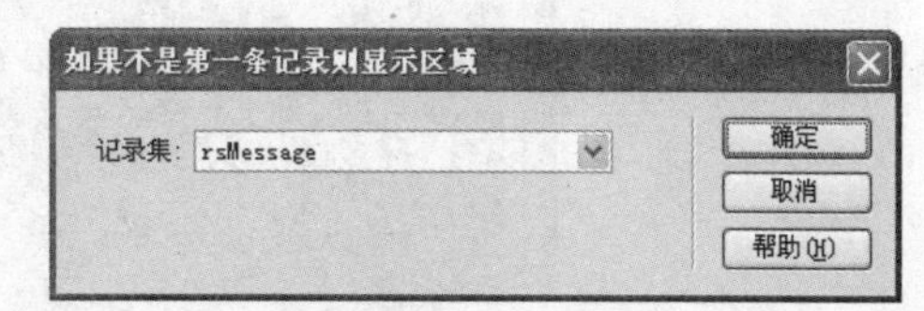

图 14-57 “如果不是第一条记录则显示区域”对话框

步骤 18 同样，选取“上页”，设置方法同“首页”。

步骤 19 分别选取“下页”和“末页”，执行“显示区域”>“如果不是最后一条记录则显示区域”命令，然后在打开的对话框中单击“确定”按钮即可。

步骤 20 完成分页设置后，选取“我要留言”4 字，然后打开其属性面板，单击“链接”文本框后面的“浏览文件”按钮，在存放网页的文件夹中选取 massage.asp 网页，或直接在文本框中输入 massage.asp。

设置完成后，保存网页，然后打开浏览器浏览网页，数据库中只要有客户留言，留言板就会显示所有的信息，如图 14-58 所示。

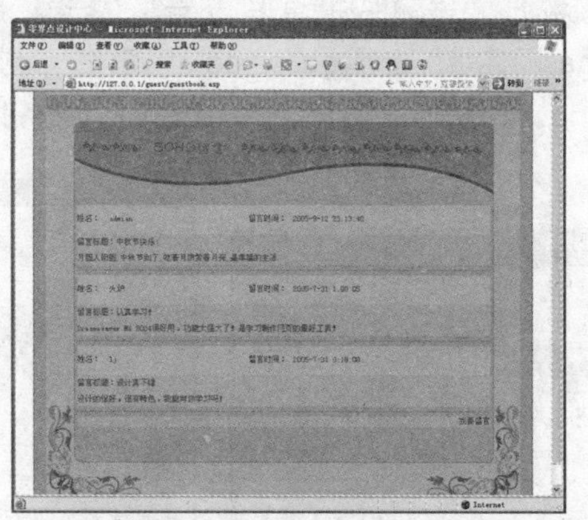

图 14-58 留言信息网页

14.1.7 有选择地编辑和删除留言

一般来说，留言板都有编辑和删除留言信息的功能，只有具备了这些功能，才可以对留言信息进行编辑和删除，维护留言板正常交流。上小节已经制作完成了留言板基本功能，下面就编辑和删除留言信息的功能进行详细介绍，具体操作步骤如下。

步骤 01 打开 guestbook.asp 网页，将插入留言时间字段的表格再拆分为 3 列，并在增加的单元格中分别输入“编辑”和“删除”文字按钮，如图 14-59 所示。

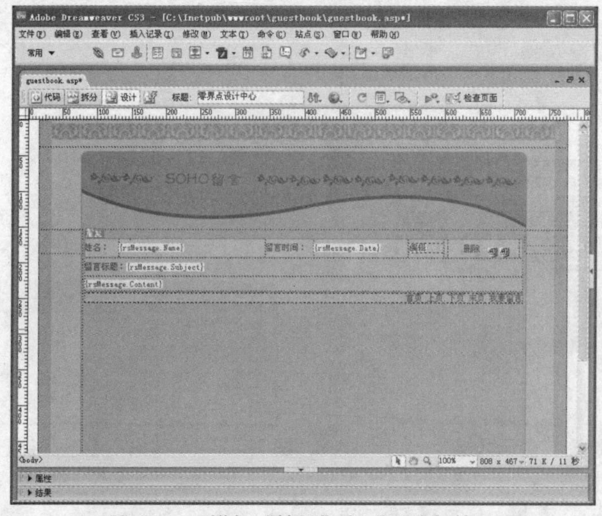

图 14-59 增加“编辑”和“删除”按钮

步骤 02 选取“编辑”两字，单击“服务器行为”面板上的按钮，单击“转到详细页面”命令。打开“转到详细页面”对话框，在“详细信息页”文本框中输入 modify.asp，其他为默认设置，如图 14-60 所示。完成后单击“确定”按钮，保存网页。

步骤 03 打开 massage.asp 网页，将它另存为 modify.asp。把第一行文字改为“编辑留言信息”，然后选中“服务器行为”面板中的“插入记录（表单 "form1"）”命令，单击按钮将它删除，接着再把页面中的“用户名”及文本字段也都删除。

步骤 04 切换到“绑定”面板上，单击按钮，单击“记录集（查询）”命令。在打开的对话框的“名称”文本框中输入 rsMessage，“连接”选择 guestbook，“表格”选择 tbMessage，“筛选”依次是 id、“=”、“URL 参数”、id，如图 14-61 所示。单击“确定”按钮，保存网页。

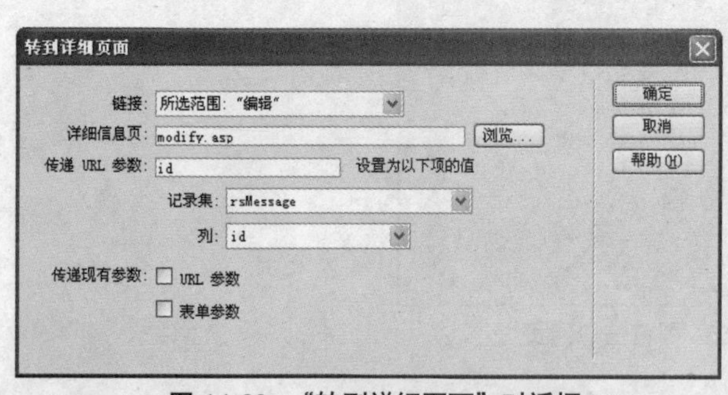

图 14-60 “转到详细页面”对话框

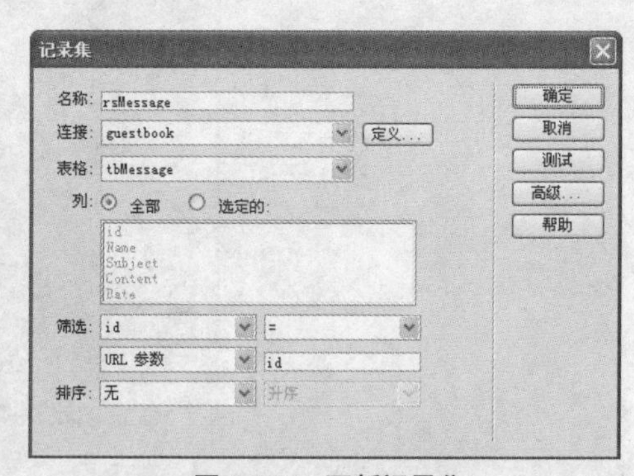

图 14-61 更新记录集

步骤 05 选中页面中标题的文本字段，在“绑定”面板中单击“记录集（rsMessage）”下的 Subject，然后单击 插入 按钮，把文本字段输入的内容和数据字段绑定在一起。

步骤 06 同样，将“您的留言”的文本字段与 Content 绑定。打开“服务器行为”面板，单击按钮单击“更新记录”命令。

步骤 07 在“更新记录”对话框中，“连接”选择 guestbook，“要更新的表格”选择 tbMessage，“惟一键列”选择 id 并勾选后面的“数字”复选框，“在更新后，转到”输入 guestbook.asp，完成后如图 14-62 所示。

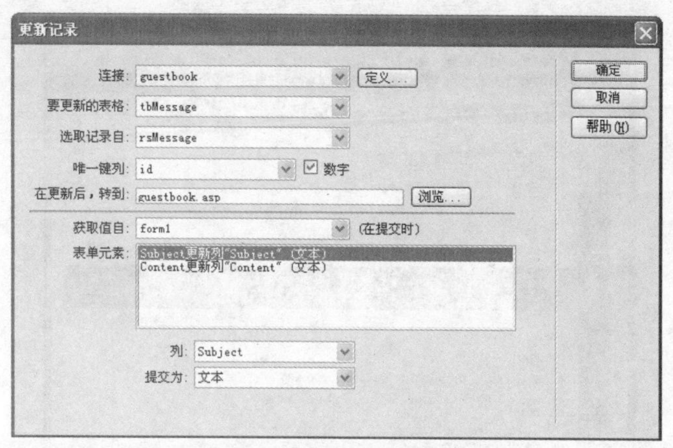

图 14-62 “更新记录”对话框

步骤 08 单击“确定”按钮保存网页。

到这里，就可以编辑修改已经发表的留言信息了。打开浏览器浏览信息网页，选择一个需要编辑的留言信息，然后单击“编辑”链接，转到编辑网页，编辑留言信息，如图 14-63 所示。编辑完成后，单击“提交留言”按钮即可编辑成功，如图 14-64 所示。

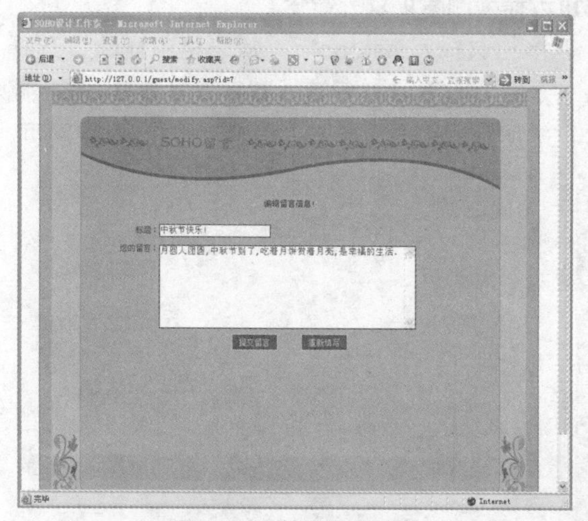

图 14-63 编辑留言信息

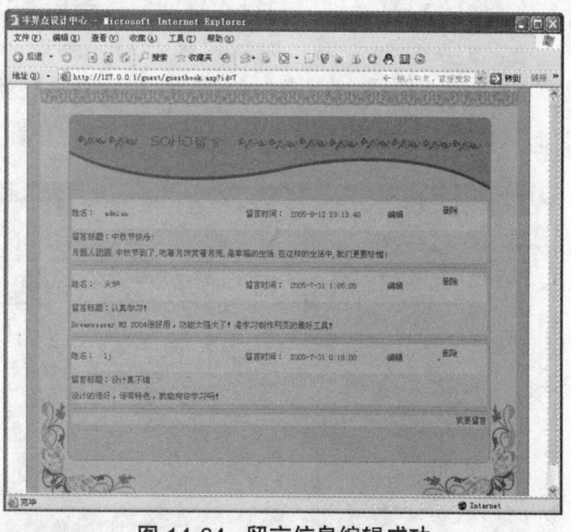

图 14-64 留言信息编辑成功

步骤 09 切换到 guestbook.asp 网页，将页面中“删除”两字删除，然后在这个表格中插入一个按钮，在插入按钮的时候，Dreamweaver 提示是否需要插入一个表单，单击“是”插入表单区域。

步骤 10 因为按钮是立体的，所以为了让按钮看起来与普通插入的文字一样，必须修改以下 CSS 样式的设置。单击代码按钮，切换到代码显示界面，将下面的代码插入到 <style></style> 中：

```
.button {
    BORDER-RIGHT: #c9c0a7 1px solid; BORDER-TOP: #c9c0a7 1px solid; FONT-SIZE:
12px; BORDER-LEFT: #c9c0a7 1px solid; COLOR: #423a22; PADDING-TOP: 5px; BORDER-
BOTTOM: #c9c0a7 1px solid; FONT-FAMILY: "MS Shell Dlg"; BACKGROUND-COLOR: #c9c0a7
```

完成插入后，如图 14-65 所示。

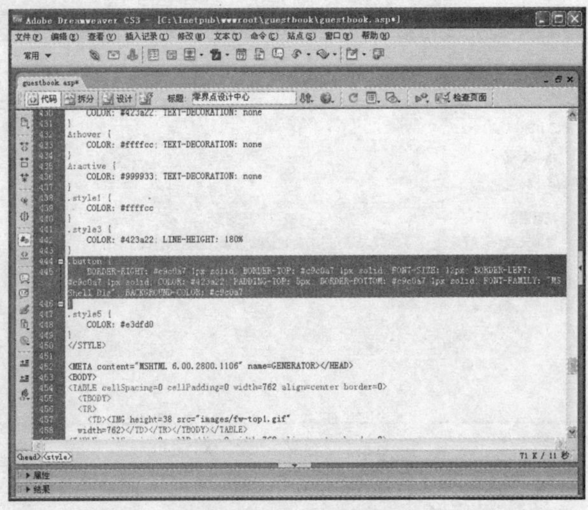

图 14-65　代码界面

步骤 11 单击按钮，切换到设计界面，将按钮属性“值”改为“删除”两字，完成后如图 14-66 所示。

步骤 12 打开“服务器行为”面板，单击按钮选择“删除记录”命令。

步骤 13 在打开的“删除记录”对话框中，“连接”选择 guestbook，“从表格中删除”选择 tbMessage，“选取记录自”选择 rsMessage，“惟一键列”选择 id 并勾选“数字”复选框，在“删除后，转到”文本框中输入 guestbook.asp，如图 14-67 所示。完成后单击“确定”按钮，保存网页。

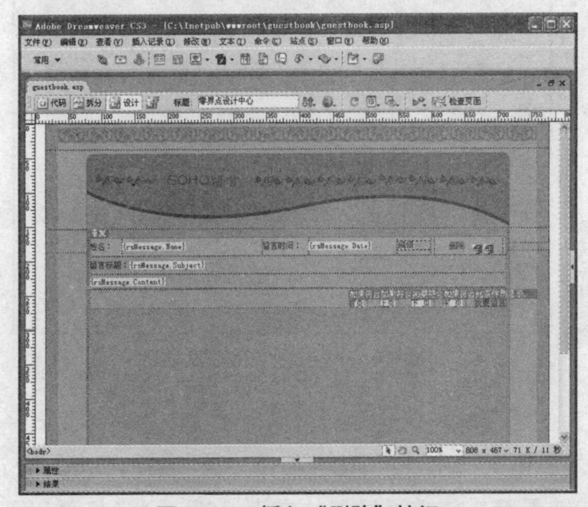

图 14-66　插入“删除”按钮

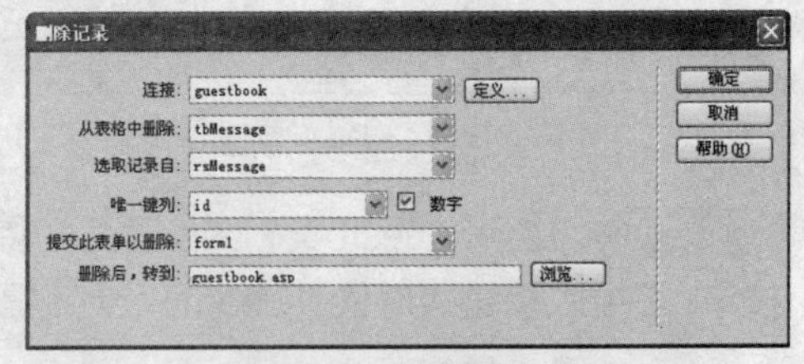

图 14-67　删除记录设置

至此，编辑和删除留言板上的留言信息已制作完成了。打开浏览器浏览网页，从发表留言到编辑或删除留言，如果很顺利，说明整个程序设计正常，但现在还缺少一个环节，就是在网站的首页上进入留言板的链接还没制作。

步骤 14 打开首页 Index.htm，在属性面板中单击“矩形热点工具”按钮，然后拖动鼠标将首页上的“留言”两字框住，如图 14-68 所示。

步骤 15 在属性面板的“链接”文本框中输入留言板的文件名称 guestbook.asp，在“目标”下拉列表中选择 _blank，完成后保存网页，如图 14-69 所示。

图 14-68 选取热点链接

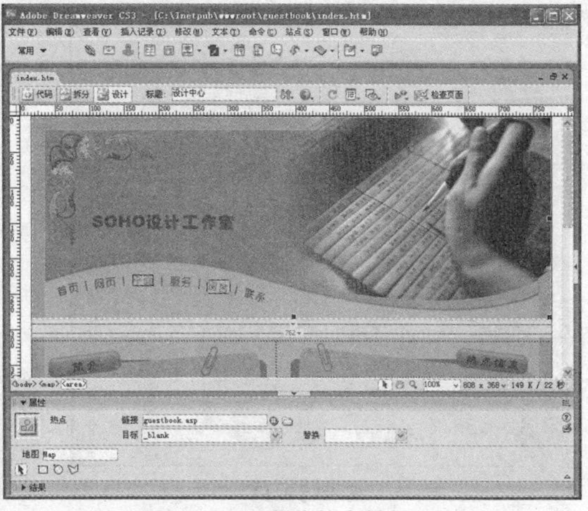

图 14-69 制作热点链接

到目前为止，留言板的整个系统已经完全制作好了。打开浏览器进入首页，单击“留言”文字，即可进入留言板。

浏览网页，如图 14-70 所示。

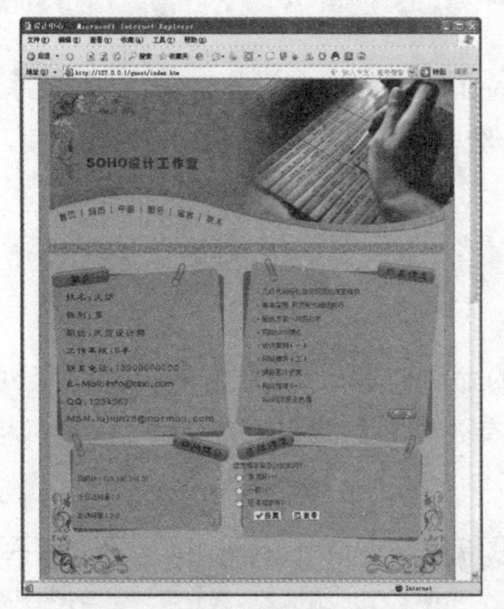

网站首页

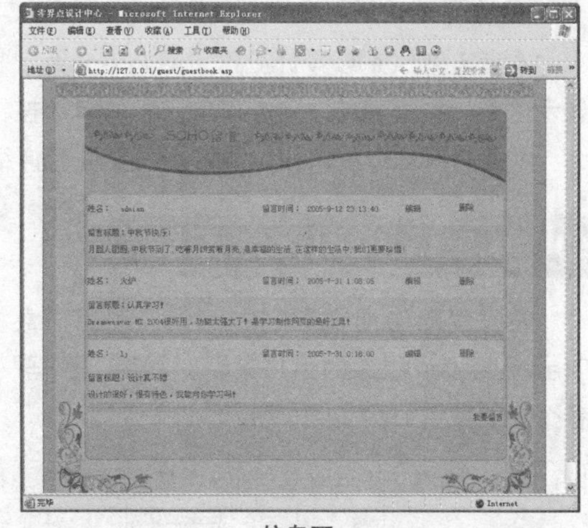

信息页

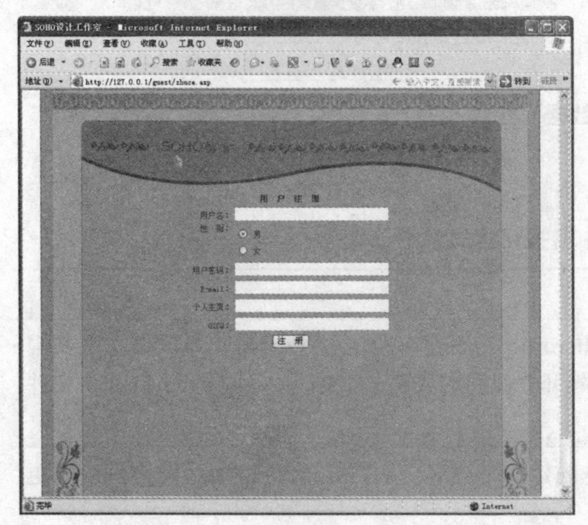

注册页

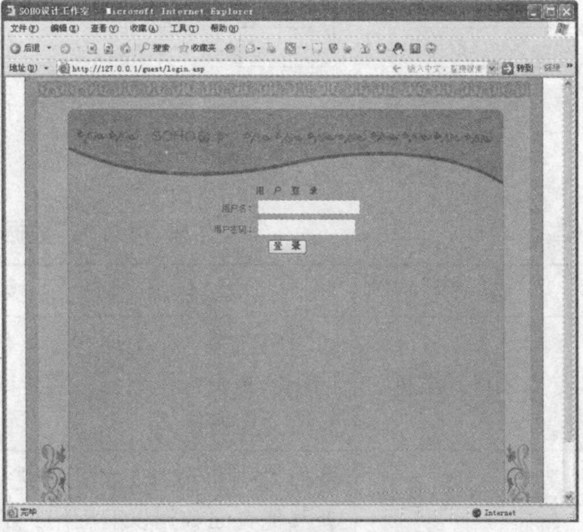

登录页

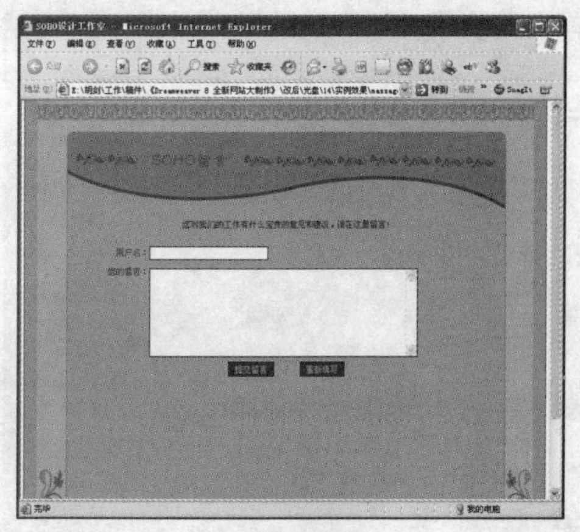

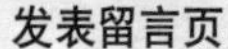

发表留言页

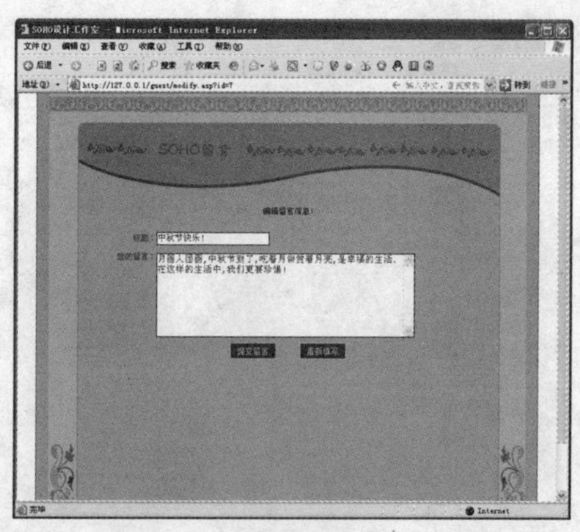

编辑信息页

图 14-70 网站系统的网页浏览过程

14.2 知识要点回顾

本章实例 SOHO 设计工作室网站中介绍了 Dreamweaver CS3 的一些基本功能，如数据库连接、显示区域、检查表单、动态表单元素的单选按钮、用户身份验证等。

下面将对几个重点知识和常用功能进行详细的介绍。

14.2.1 应用程序面板

在开发动态网页数据的时候，利用“数据”栏中的命令，是比较方便的方式，但对熟悉 Dreamweaver CS3 的用户来说，利用“数据”栏更快捷有效，节约精力和时间，”数据“栏中的各个功能按钮如图 14-71 所示。

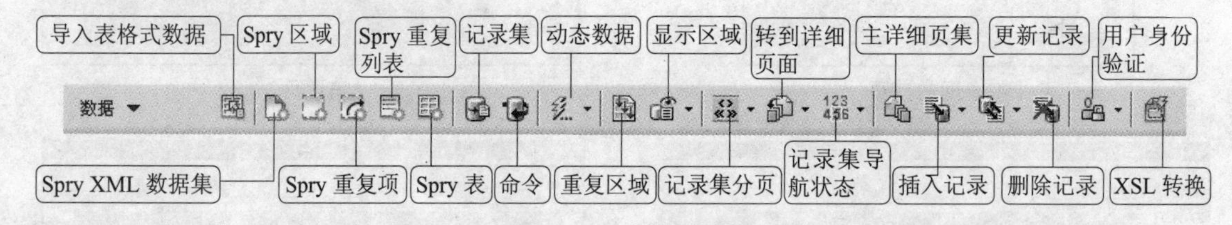

图 14-71 “数据”栏

详细说明如表 14-3 所示。

表 14-3 “数据”栏中各按钮含义说明

选　项	说　明
导入表格式数据	可以将在另一个应用程序（例如 Microsoft Excel）中创建并以分隔文本的格式（其中的项以制表符、逗号、冒号或分号隔开）保存的表格式数据导入到 Dreamweaver 中并设置为表格格式
Spry XML 数据集	Spry 数据集最常见的用法之一就是创建一个或多个 HTML 表格，这些表格可动态更新其他页面数据以响应用户的操作

（续表）

选　项	说　明
Spry 区域	Spry 框架使用两种类型的区域：一个是围绕数据对象（如表格和重复列表）的 Spry 区域，另一个是 Spry 详细区域，该区域与主表格对象一起使用时，可允许对 Dreamweaver 页面中的数据进行动态更新
Spry 重复项	可以添加重复区域来显示数据。重复区域是一个简单数据结构，可以根据需要设置它的格式以显示数据
Spry 重复列表	可以添加重复列表，以便将数据显示为经过排序的列表、未经排序的（项目符号）列表、定义列表或下拉列表
Spry 表	有两种类型的 Spry 表格：一个是简单表格，另一个是主动态表格，主动态表格与详细区域绑定，以允许动态更新 Dreamweaver 页面中的数据
记录集	以选择需要显示的数据，是通过数据库查询再从数据库中提取的信息集
命令	创建 SQL 代码变量、参数设置代码格式的命令
动态数据	动态 Web 站点要求有一个可从中检索和显示动态数据的数据源。Dreamweaver CS3 允许使用数据库、请求参数、URL 参数、服务器参数、表单参数、预存过程以及其他动态数据源。根据数据源的不同，可检索新数据以满足需求，也可修改页面以满足需求
重复区域	“重复区域”服务器行为允许在页面中显示记录集中的多条记录。任何动态数据选择都可以转变成重复的区域。然而，最常见的区域是表格、表格行或一系列表格行
显示区域	“显示区域”服务器行为可以根据当前显示的记录的相关性，选择显示或隐藏页面上的项目。例如，如果用户已导航到记录集中的最后一条记录，就可以隐藏“下一个”链接，而只显示“前一个”记录链接
记录集分页	记录集分页可以定义为记录集导航栏，是具备分页导航功能的动态链接
转到详细页面	Dreamweaver 在所选文本周围放置一个特殊链接。当用户单击该链接时，“转到详细页”服务器行为将一个包含记录 ID 的 URL 参数传递到详细页
记录集导航状态	记录集导航状态是显示数据记录从首条到末条的数据库 ID 数，并记录所有记录的总数
主详细页集	使用 Dreamweaver 可以创建以两个明细级别表示信息的页面集：主页列出记录，详细页显示有关各记录的更多详细信息
插入记录	用于生成一个使用户可以在数据库中插入新记录的页面，Dreamweaver 将服务器行为添加到页，该页允许用户通过填写 HTML 表单并单击“提交”按钮在数据库表中插入记录
更新记录	用于生成一个使用户可以在数据库中修改新记录的页
删除记录	可以删除数据库数据记录的表单行为
用户身份验证	用于对用户身份的验证，可针对登录用户、注销用户等范围
XSL 转换	Dreamweaver 提供了一些方法，用于创建可执行将服务器端 XSL 转换的 XSLT 页面。当应用程序服务器执行 XSL 转换时，包含 XML 数据的文件可以驻留在您自己的服务器上，也可驻留在 Web 上的任何地方

下面根据上面的知识，再介绍一些经常用到的服务器行为功能，具体有以下 4 个。

1．动态数据表格

此功能和“服务器行为”面板上的“插入记录”和“数据绑定”基本相同，只是“动态数据表格”合并了这两个功能，使用它可以更容易、更快捷地生成一个包含动态数据的表格。

在使用时，先启动 Dreamweaver，新建一个 ASP 网页，然后单击“数据”栏中的“动态数据”按钮，如果网页还没有建立“记录集”，Dreamweaver 会提示建立记录集，如图 14-72 所示。单击“创建记录集”，打开对话框，设置如本章前面介绍的记录集，如果网页已经建立了记录集，那此过程就不会出现，完成后，单击“确定”按钮，再一次出现一个“动态表格”对话框，如图 14-73 所示。

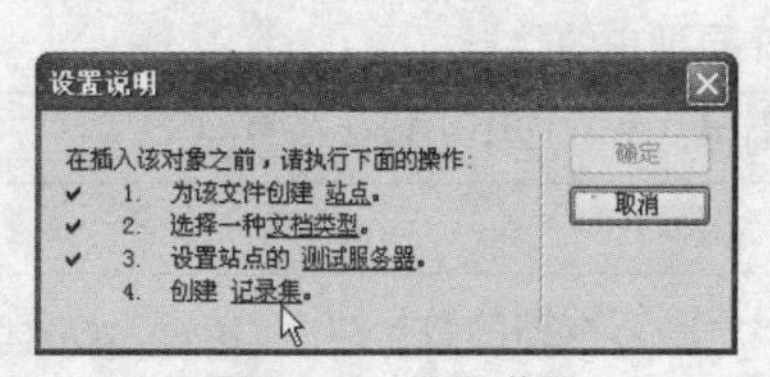

图 14-72　设置说明

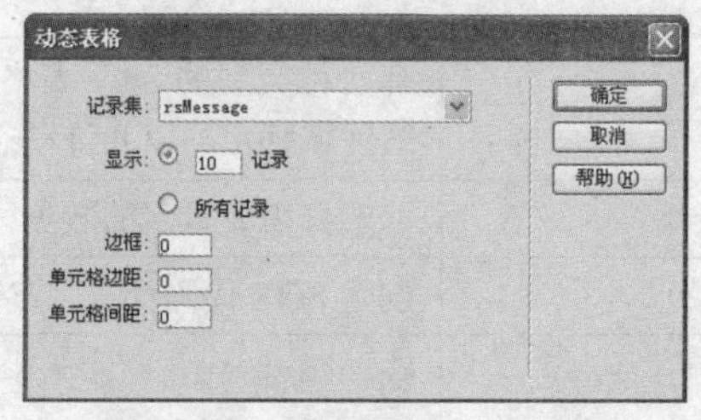

图 14-73　“动态表格”对话框

设置完动态表格后，单击“确定”按钮，将动态表格插入到页面中，如图 14-74 所示。

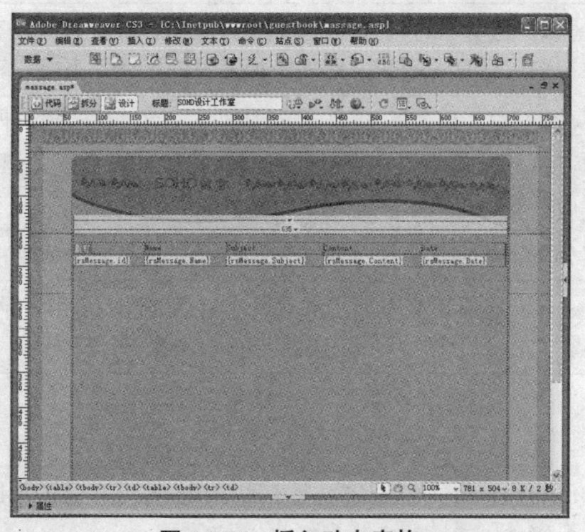

图 14-74　插入动态表格

插入动态表格后，数据库中的数据自动与表格绑定，而且对应准确。在“动态数据中”还有“动态文本”、“动态文本字段”、“动态复选框”、“动态单选按钮组”、“动态列表组”等，这些功能的使用方法，基本上和插入动态表格一样。

2．动态选择列表

动态选择列表就是“动态列表 / 菜单”，可以利用记录集中的数据，在菜单中以下拉列表的形式显示出来。实现列表菜单的好处就是节省网页空间，分类列出栏目列表和动态链接。具体操作步骤如下。

步骤 01 新建网页，存为 ASP 文件。建立一个记录集，如 rsMessage。

步骤 02 单击“表单”栏中的“列表 / 菜单”按钮，在表单区域中插入一个列表菜单文本字段。

步骤 03 选中文本字段，单击“数据”栏中的“动态选择列表”按钮，打开对话框。

步骤 04 在“来自记录集的选项”中选择建立的记录集，如 rsMessage，“值”选择 Subject，“标签”也选择 Subject，接着单击“选取值等于”文本框后面的动态数据，在“动态数据”对话框中，“域”选择 Subject，如图 14-75 所示。单击“确定”按钮返回至“动态列表 / 菜单”对话框，如图 14-76 所示。单击“确定”按钮，如图 14-77 所示。如果使用浏览器浏览“列表 / 菜单”，则单击下拉列表，可以打开数据库中的列表标题，如图 14-78 所示。

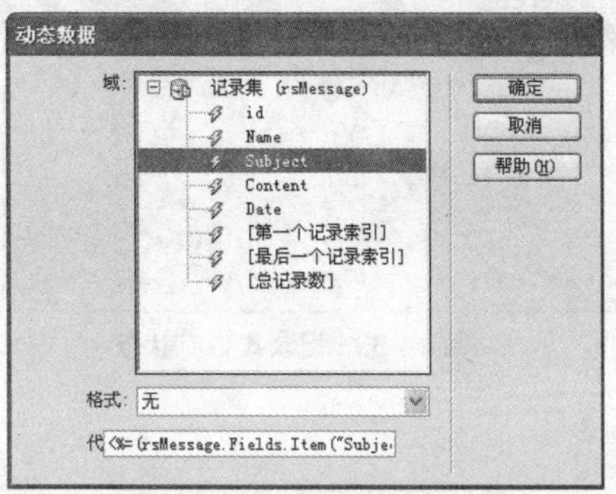

图 14-75　“动态数据”对话框

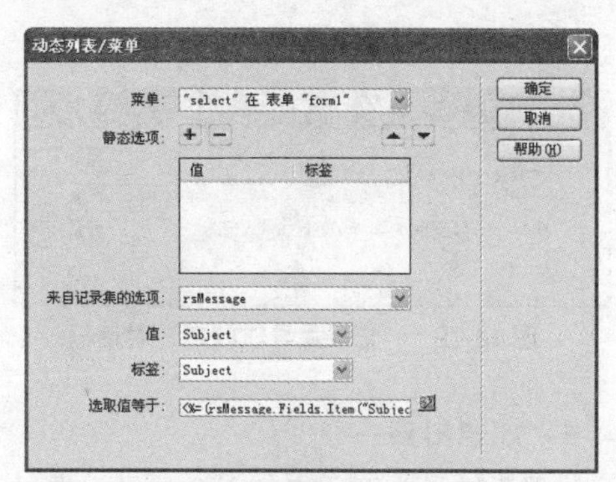

图 14-76　“动态列表 / 菜单”对话框

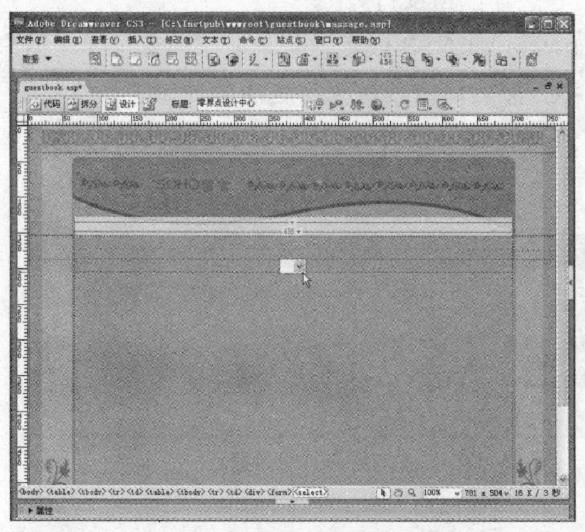

图 14-77　插入动态列表 / 菜单

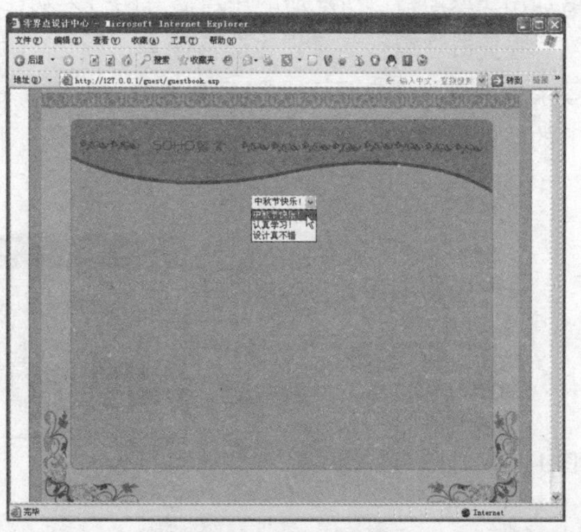

图 14-78　列表 / 菜单浏览

3. 记录集导航状态

记录集导航状态是统计记录集数据和分页浏览的一种动态显示程序，此功能能帮助我们知道数据库中的记录数目，制作方法也比较容易，如可以在前面已经制作完成的留言板下面加入记录导航状态。具体操作步骤如下。

步骤 01 打开留言板的留言信息网页 guestbook.asp。

步骤 02 将光标插入到分页导航栏目前面，然后单击“数据”栏中的“记录集导航状态”按钮。

步骤 03 在打开的“记录集导航状态”对话框中，记录集选择此页面建立的记录集，如 rsMessage，如图 14-79 所示。完成后单击“确定”按钮。

完成插入“记录集导航状态”，打开浏览器浏览网页，网页中显示记录集中的数据数目，如图 14-80 所示。

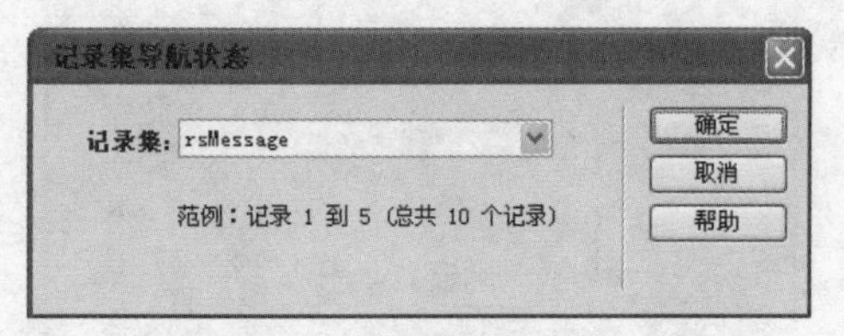

图 14-79 “记录集导航状态”对话框

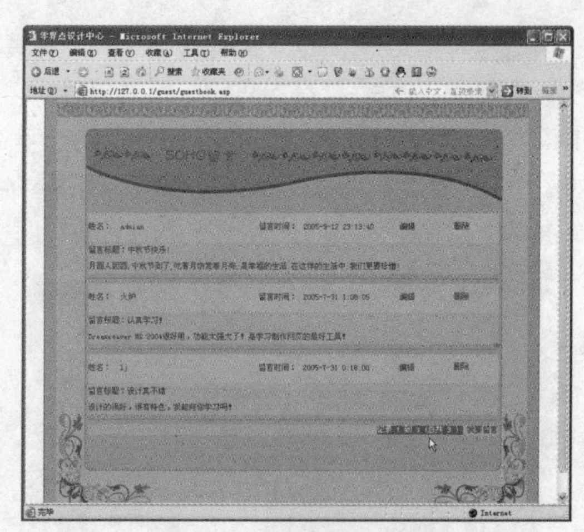

图 14-80 记录集导航状态

4．注销用户

注册系统是为了用户加入会员而设置的动态数据系统，而注销功能，是系统在注册的基础上增加用户取消自己所注册的用户信息的行为功能，是注册的逆反行为。

服务器注销行为实现也非常简单，因为 Dreamweaver CS3 嵌套了此功能，读者只要在用户登录后的浏览信息页面上加入并选中“注销”两字，然后单击“数据”栏中的“用户身份验证”下的“注销用户”按钮，如图 14-81 所示。打开对话框，选择相应的选项设置即可成功，如图 14-82 所示。

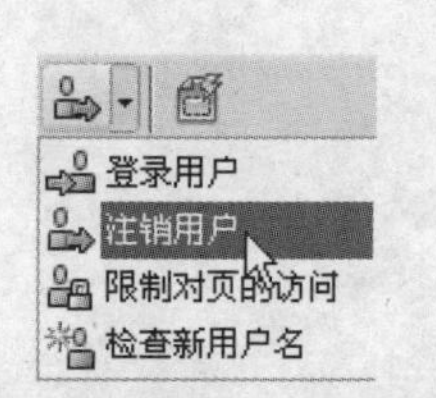

图 14-81 选择“注销用户”

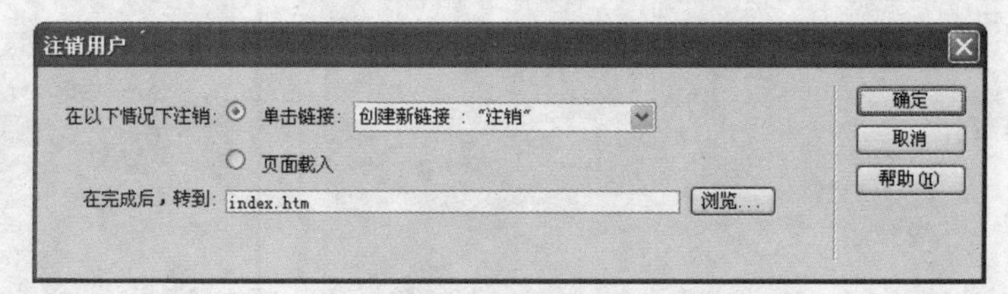

图 14-82 “注销用户”对话框

14.2.2 系统设计

注册系统和留言板的功能，不外乎是注册新的账号和密码以及个人信息的输入，完成后就可以使用这组账号密码登录留言板系统，发表自己的信息了。但在系统开发之前，最好有个良好的规划和设计，这样，整个制作的过程才会顺畅而且容易达到预定的目标。设计一个程序运行流程图也不是件很容易的事，它需要对整个网站布局及功能有个比较详细的了解，才能设计出优秀的流程设计图。虽然设计流程比较麻烦，但为了以后整个系统开发的顺利进行，这还是需要的，特别是公司或企业，有好的设计图，对团队合作开发是很有帮助的。

按照本章的实例，设计出流程图，如图 14-83 所示。流程图相对比较简单，是因为整个系统功能比较少。下面列出本章实例介绍的功能。

- 用户注册
- 用户登录
- 发表留言信息

- 编辑留言
- 删除留言

留言板数据内容方面，有下列信息：

- 用户名
- 留言时间
- 标题
- 留言信息

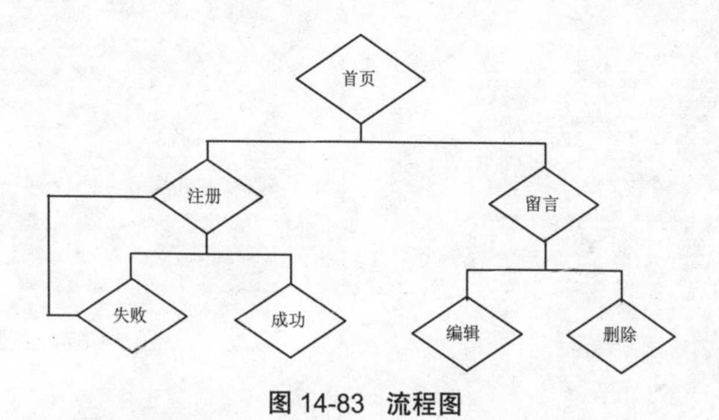

图 14-83 流程图

本实例在功能上比较简单，但也不失一个留言板应所拥有的本质。如果读者在本教程的基础上深入学习，全面了解和熟悉 Dreamweaver CS3 应用程序的服务器行为，再回来制作留言板，肯定能在此基础上增加不少功能，如修改用户信息、退出登录、表情图像、提交图片等等。

14.3 成功经验扩展

根据众多艺术设计类网站的特点，可以大致划分为 4 种类型，分别是平面设计网站、网页设计网站、多媒体设计网站和其他类设计网站。

- 平面设计网站

平面设计网站是根据市场的需求，针对某些企业或个人而做出展示自身设计能力的宣传和推广业务的一种网络平台。平面设计网站一般是根据自己的特点，设计和制作出符合自身的设计风格，迎合客户视觉要求的网站，因此，它有鲜明的设计风格，如图 14-84 和图 14-85 所示。

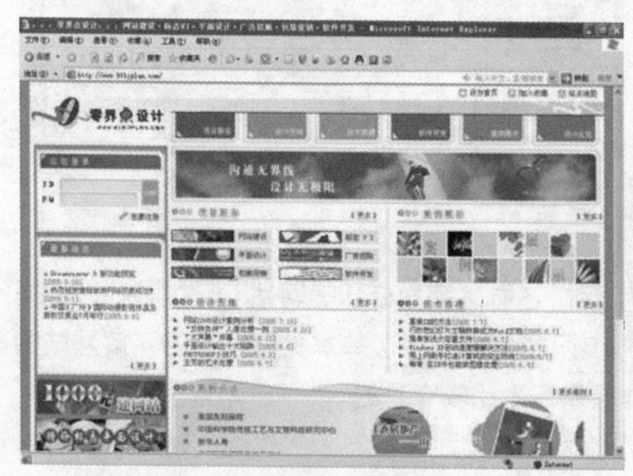

图 14-84 零界点设计中心

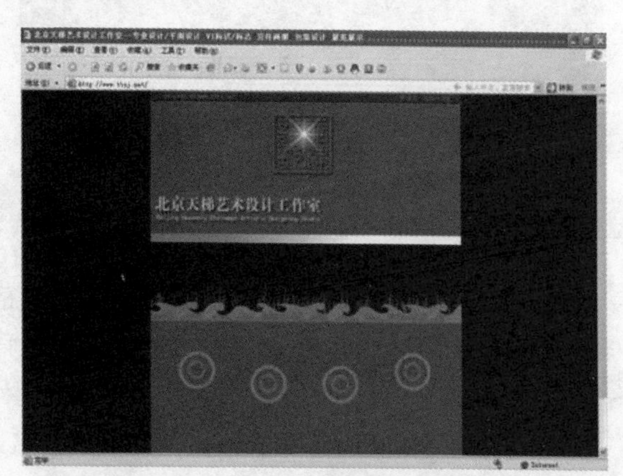

图 14-85 天梯设计工作室

● 网页设计网站

网页设计是以网站建设为服务目的的，以多样性设计风格为特点。根据客户网站的特性而创造出来的视觉效果，如图 14-86 和图 14-87 所示。但网页设计一般离不开这几个要求：网站信息架构、市场形象定位、导航系统设计、视觉传达设计、动画效果设计等。

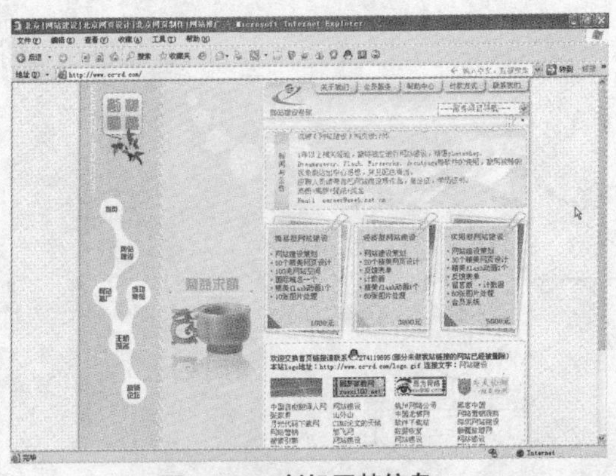

图 14-86　创机圆梦信息

图 14-87　企业在线

● 多媒体设计网站

随着互联网的快速发展，多媒体设计已经成为一种全新的大众传媒，由于其互动性好、传播面广的特点，为视觉传达设计的传播提供了良好的条件。多媒体设计不仅代表着一种崭新的信息交流方式，而且它使信息的传播突破了传统地域及文化的阻隔，使信息传达的范围与效率都产生了质的飞跃。多媒体设计网站一般包括：Flash 网站、360° 全景网站效果、在线视频、在线音频等，如图 14-88 和图 14-89 所示。

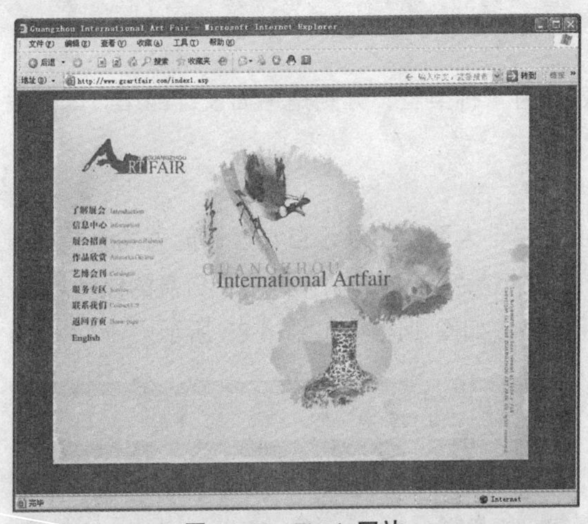

图 14-88　Flash 网站

图 14-89　制作多媒体的网站

● 其他类设计网站

艺术设计类网站除了以上几个比较有代表性的以外，还有“视觉设计类网站”、“艺术院校网站”和“动漫设计网站”等，细分起来还是有很多的，但网站的制作手法基本类似，只要了解网站的运行模式和市场背景，抓住网站的设计主题，制作起来还是比较容易的。

每一种网站的类型，都有其自身的特点，这些特点就是设计网站的艺术灵魂，特别是艺术设计类网站，在拥有本身的设计创意之外，还要有长期制作网站建设的经验积累。在制作艺术设计类网站的同时，要抓住以下几个要点：

一是“个性化”。个性化是艺术设计类网站的主要外在表现。在当今独特的个性在网络中是非常流行的。特别是走在时代前列的 SOHO 一族，制作出个性化的网站最能代表他们的思维方式。

二是“艺术性”。艺术灵感是设计类网站的内在表现，只有设计出艺术效果的网站，才能体现出该类网站的本身要求。

三是“实用性”。任何网站都具有实用性，不实用的网站，不可否认就是网络垃圾，当然，针对企业和个人的商用性网站，实用性也是实在的、必需的。

四是“技术性”。技术是网站建设实施的保证，先进的技术能够保证将所要传达的信息完美地表现出来。技术在于运用，如何在适当的地方运用合适的技术是网站成功的关键。应用多种技术可以实现强大的网站功能，展示网站个性化，与浏览者互动交流信息，实现企业资源与网络的整合。例如吸引浏览者、在线交流、在线调查、在线地图、资源管理等等。

第 15 章 综合门户类网站——华夏网

综合门户类网站概述

所谓门户网站，是指通向某类综合性互联网信息资源并提供有关信息服务的应用系统。门户网站是内容丰富的综合类网站。门户网站根据背景的不同可分为企业门户网站、政府门户网站等，总体来说都是某一领域的权威网站，起到旗舰的作用。

门户网站的成功为现代化的企业管理提供了一种新型工具。一些大型企业集团将门户网站引入企业内部信息以及客户关系管理当中，在企业内部网的基础上建立起基于企业数据库的网络应用系统，通过互联网向企业客户、合作伙伴以及企业员工展示各种业务与提供服务。

网络门户网站和企业门户网站的发展为建立政府门户网站提供了技术条件与初步的业务模式，因此可以将门户网站引入政府管理特别是电子政务当中。

所谓政府门户网站，即是指在各政府部门的信息化建设基础之上，建立起跨部门的、综合的业务应用系统，使公民、企业与政府工作人员都能快速便捷地接触所有相关政府部门的业务应用、组织内容与信息，并获得个性化的服务，使人能够在恰当的时间获得恰当的服务。

根据以上门户网站和政府门户网站的介绍，可以了解门户网站的内容都是非常庞大的。因此，若把内容繁杂、结构庞大的资源合理地整合，通过网页形式表现出来，就需要用 Dreamweaver 来完成了。

实例展示

本章制作的门户网站名为“华夏网”，它是一个大型门户网站，分站有“北京站”、“上海站”和“香港站”，目前有很多大型网站都利用分站的形式细化网站的内容，通常就是根据地域进行划分。使用共同的资源，对不同地域的网民偏好有所侧重，这样能吸引更多人的关注。

本实例网站涉及的栏目涵盖了新闻、汽车、娱乐、短信、教育、房产、旅游、商城等方面内容。如此多的栏目想在首页中全部体现是不太可能的，只能有所侧重地在首页中推出重要的栏目内容。

首页中广告所占比例比较大，广告是门户网站的重要资金来源，目前网页中广告的表现形式很多，在实例制作过程中我们会一一介绍。

门户网站的页面会很多，相同结构的网页也不少，为了方便网页的管理与修改，通常会应用到操作便捷的模板，在实例制作中也会进行详细介绍。

“华夏网”首页和二级页面的效果如下图所示。

华夏网网站首页

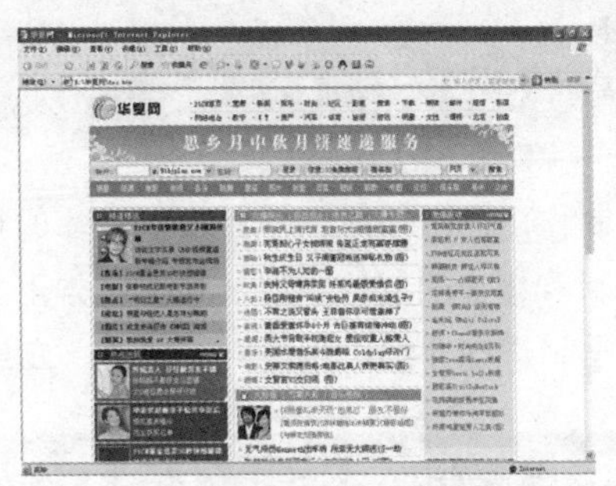

华夏网网站内容页

技术要点

① 使用 Photoshop 制作图像

介绍常用的图像制作软件 Photoshop，是如何制作图像的。

② 使用 Flash 制作广告动画

介绍流行的 Flash 软件，如何制作动态的广告效果。

③ 模板的创建、应用和更新

再次熟悉网站中模板的详细制作方法。

④ 使用 FTP 软件上传网页

网站的正常发布可以通过 Dreamweaver 来完成，也可以通过专业的 FTP 上传软件来完成，本章将介绍 CuteFTP 软件的使用方法。

配色与布局

通过门户网站的概述，我们知道门户网站都是综合性的，以内容的全面丰富著称。因此如何结合门户网站的特点，把众多的内容和结构很好地统一是非常重要的。本实例就是很好地布局了华夏网的相关栏目，在网页顶部放置若干栏目分类、用户登录入口等内容，可以让浏览者方便进入需要的栏目。下面根据栏目的特点和主次，按照从上到下的顺序依次进行排列。条理有序、主次分明就是本实例的特点。配色方面本实例使用了与 Logo 相呼应的橙色系作为主色调，起到引人注意的作用。

#FF4F03	#FF822F	#424242
R: 255	R: 255	R: 66
G: 79	G: 130	G: 66
B: 3	B: 47	B: 66

本实例视频文件路径和视频时间

视频文件	光盘 \ 视频 \ 15
视频时间	15 分钟

15.1 实例制作过程

在制作门户网站时，需要根据众多的栏目和内容合理地规划结构。本章将介绍门户网站首页、二级栏目和模板的制作，以及各类广告形式的制作。

本节将详细介绍“华夏网”首页、二级页面的制作过程。

15.1.1 网站建设准备工作

1．定位网站主题

建设一个网站，首先遇到的问题就是如何定位网站主题。所谓主题就是网站的主旨，就像写一篇命题作文，建设网站的目的是什么？中心思想是什么？有了明确的目标，在内容的收集选择、网页风格的设计、技术的服务要求等方面就应该围绕着这个主题进行。

本章介绍的门户主题当然就比较广泛了，当然也是由有实力的公司进行创建，因为仅是各个栏目的更新、维护就需要大量的人员。

2．确定网站的栏目和版块

初学者最容易犯的错误就是确定题材后立刻开始制作网页，当制作完成后才发现，网站结构不清晰、目录庞杂，结果不但浏览者看着糊涂，自己扩充和维护网站也相当困难，网站或许就此半途而废了。所以，在动手制作网站前，一定要确定栏目和版块。

3．准备网站素材

目前网络上比较普遍的是两种形式，一种是传统的 HTML 网站，还有一种是流行的 Flash 网站。可以说 Flash 网站是相当有视觉冲击力的，但它需要对 Flash 软件有相当的了解才能做出不同凡响的效果，而对于大多数网民来说 Dreamweaver 更易上手，并且 Dreamweaver 对于实现大量的网页内容制作要更方便得多。

在确定网站整体风格的过程中，要准备以下内容：

- 确定网站的整体色调
- 设计网站的 Logo（标志）
- 设计 Banner（旗帜广告条）
- 确定导航栏一级栏目和二级栏目的表现形式
- 确定其他版块的摆放位置
- 准备栏目的具体内容

15.1.2 创建本地站点

在全面考虑好网站的栏目、整体风格之后，就可以正式动手制作首页了。

首先需要创建一个本地站点，把所有准备好的素材放在一个统一的文件夹内，然后把这个文件夹定义为一个站点，这样所有内容都集中在站点内，管理起来比较方便。

要创建站点可以按照以下步骤进行。

步骤 01 启动 Dreamweaver CS3，执行菜单栏中的“站点”>“新建站点”命令，弹出“站点定义为”对话框，如图 15-1 所示。

注 意

用户也可以在“站点定义为”对话框中切换至“基本”选项卡，根据对话框的提示按步骤进行站点设置。

步骤 02 在对话框“站点名称”文本框中输入“华夏网”，单击“本地根文件夹”文本框后面的“浏览文件”图标，选择在 E 盘创建的网站文件夹，单击“确定”按钮后文件夹路径自动显示在文本框中，如图 15-2 所示。

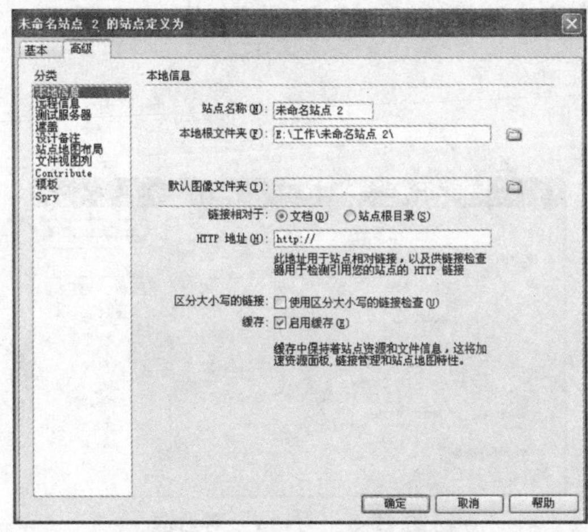

图 15-1 “站点定义”对话框

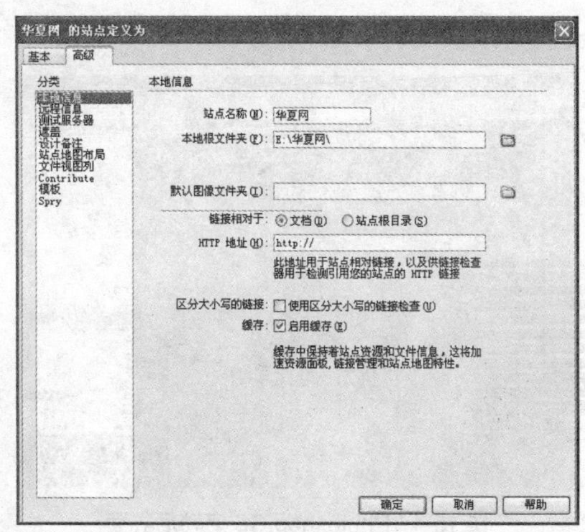

图 15-2 定义站点名称和路径

步骤 03 单击“确定”按钮，打开“文件”面板，此时文件面板中显示了创建的站点名称及站点内的所有文件，如图 15-3 所示。

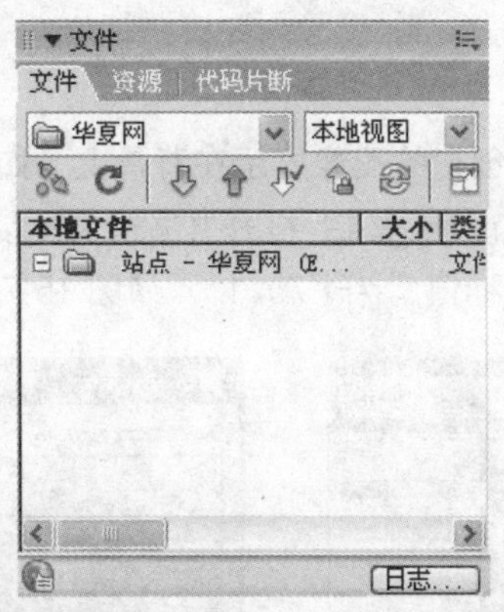

图 15-3 站点“文件”面板

注 意

单击站点文件夹前面的“-”图标，打开树状菜单，其中显示了该站点内的所有文件。

15.1.3 使用Photoshop CS制作图像

下面使用 Photoshop CS 制作一个广告图像，使读者对图像编辑工具有一个初步的认识。Photoshop 是制作图像非常合适的软件。

步骤 01 安装好 Photoshop CS 软件，执行“开始”>“所有程序”>“Adobe Photoshop CS”命令，单击启动 Photoshop CS 软件，本书应用的是英文版，启动后如图 15-4 所示。

步骤 02 执行“File”>“New”命令，打开“New”对话框，在“Width”文本框中输入“758”并选择后面的单位为“pixels”，在“Height”文本框中输入“60”，选择后面的单位为“pixels”，在“Resolution”文本框中输入“72”，单位选择“pixels/inch”，在“Color Mode”下拉列表中选择“RGB Color”和“8bit”，在“Backgroud Contents”下拉列表中选择“White”选项，如图 15-5 所示。

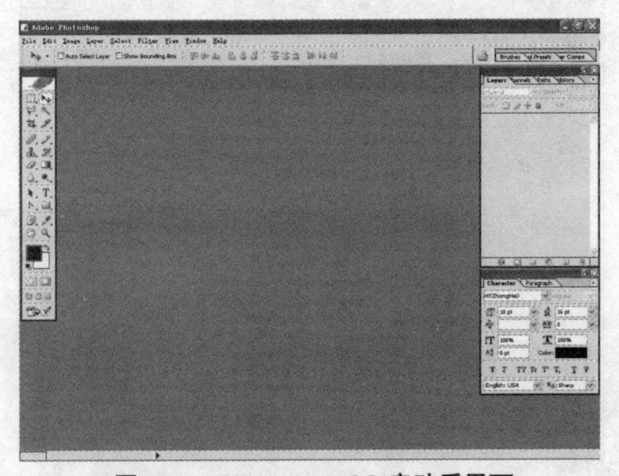

图 15-4 Photoshop CS 启动后界面

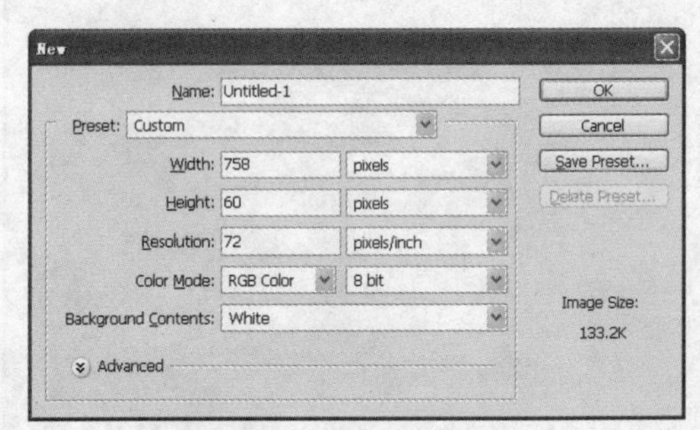

图 15-5 “New”对话框

注 意

网页中使用的图片颜色，均使用 RGB 模式，而印刷中使用的图片颜色，需要设置为 CMYK 模式。

步骤 03 单击“OK”按钮，新创建的图像显示在背景上，如图 15-6 所示。

步骤 04 单击工具箱中的“前景颜色”按钮，打开“Color Picker”对话框，在颜色区域选择橘红色，或直接在最下面的单元格中输入色标值“#FF7011”，如图 15-7 所示。

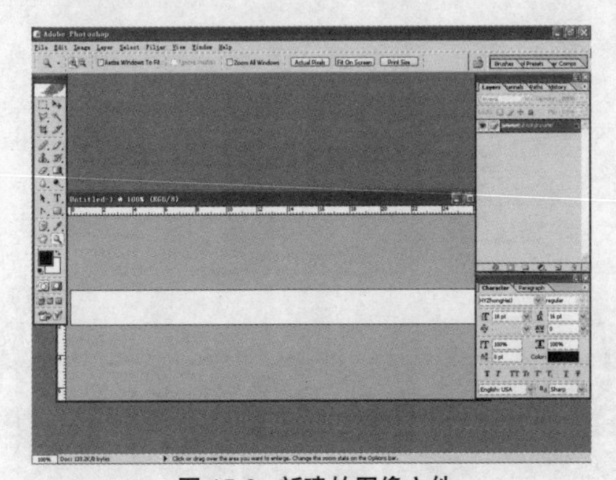

图 15-6 新建的图像文件

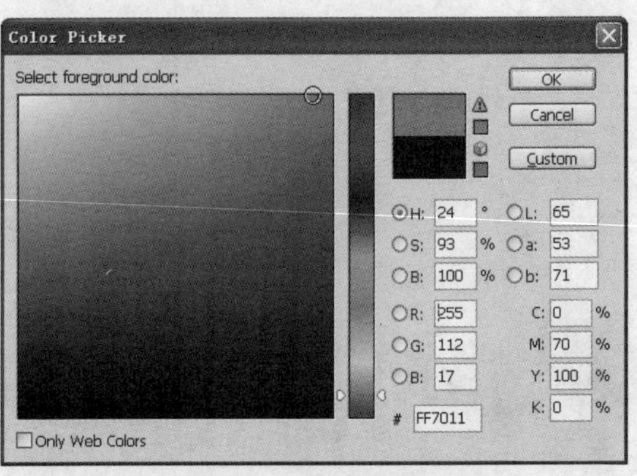

图 15-7 选择前景颜色

步骤 05 单击“OK”按钮，再单击“背景颜色”按钮，在“Color Picker”对话框中选择浅橘色，或直接输入色标值“#FFA76C”，如图 15-8 所示。单击“OK”按钮后，工具栏的颜色显示如图 15-9 所示。

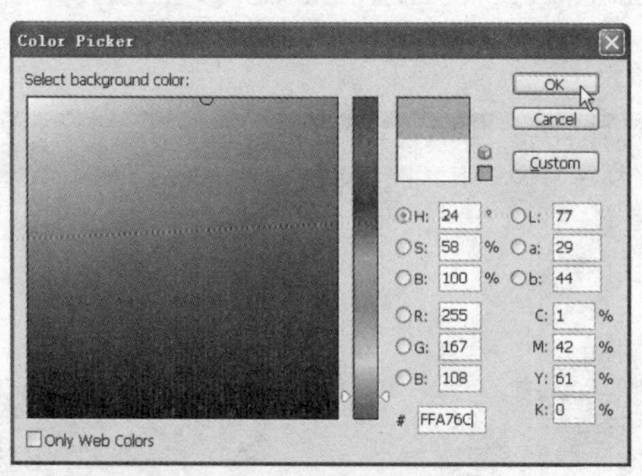

图 15-8　选择背景颜色

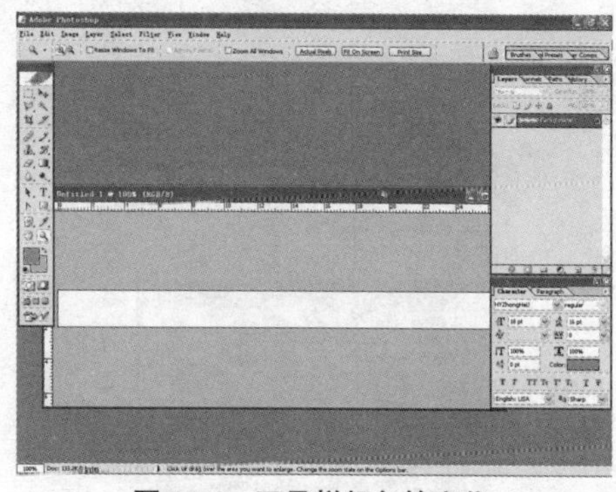

图 15-9　工具栏颜色的变化

步骤 06 单击工具箱渐变按钮或按快捷键 G，将鼠标光标移动到图像时，光标变成十字，按住 Shift 键，从上向下垂直拖动，如图 15-10 所示。完成后如图 15-11 所示。

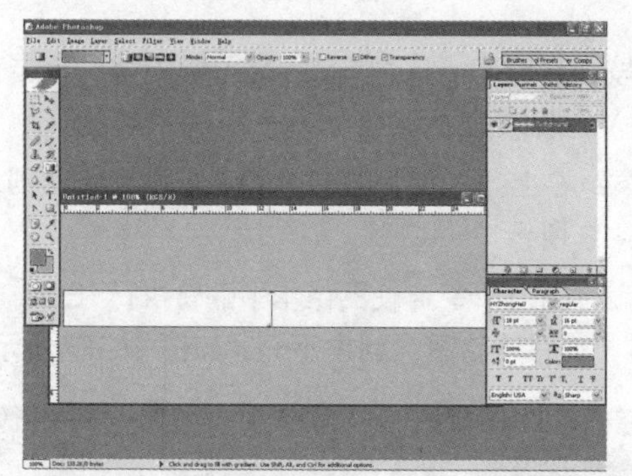

图 15-10　选择渐变工具并在图像中拖动

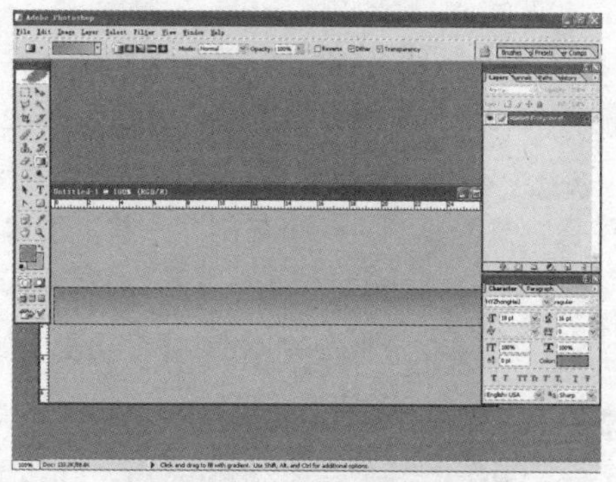

图 15-11　制作渐变颜色

步骤 07 按键盘上 D 键，前景和背景颜色变为黑色和白色，再按 X 键，将白色变为前景颜色，黑色变为背景颜色。单击工具箱文本按钮 T 或按 T 键，将鼠标光标移动到需要输入文字的位置。单击鼠标左键，接着输入“思乡月中秋月饼速递服务”，如图 15-12 所示。

步骤 08 双击文字选中它，在菜单下的工具选项栏“字体”下拉列表中选择字体“HYCuSongJ”，在“字体大小”列表中选择“30pt”，如图 15-13 所示。

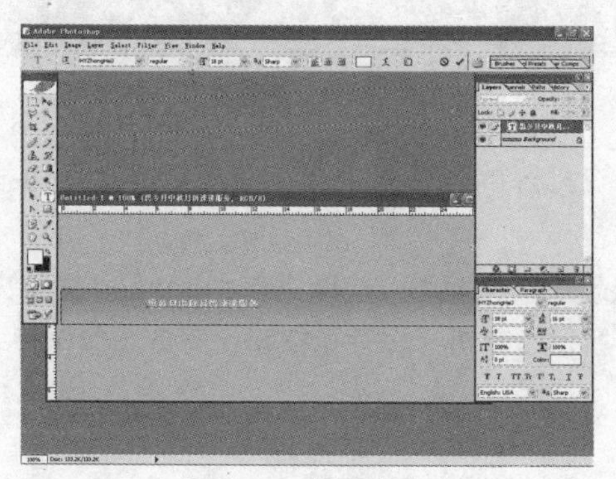

图 15-12　输入文字

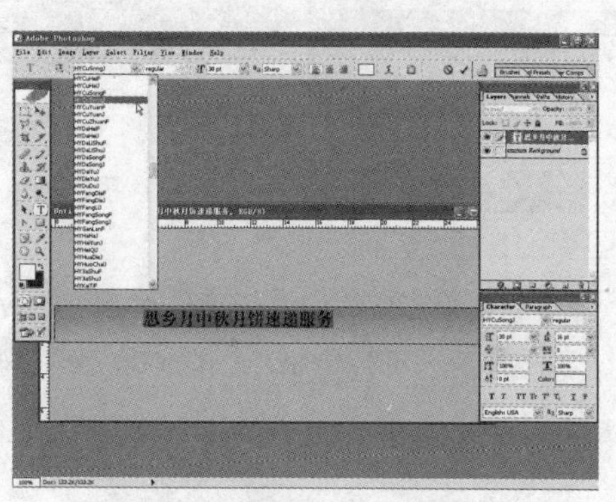

图 15-13　设置文字字体和大小

步骤 09 单击工具选项栏中的按钮，在“Character”面板的“字符间距”的文本框中输入“300”，如图 15-14 所示。

步骤 10 单击工具箱中的移动按钮或按快捷键 V 键，移动文字到图像中间的位置。执行“File” > “Open” 命令，打开 images 文件夹中的 PSD 图像文件 “banner.psd”。在 Layers 面板中单击 “Layer2”，如图 15-15 所示。

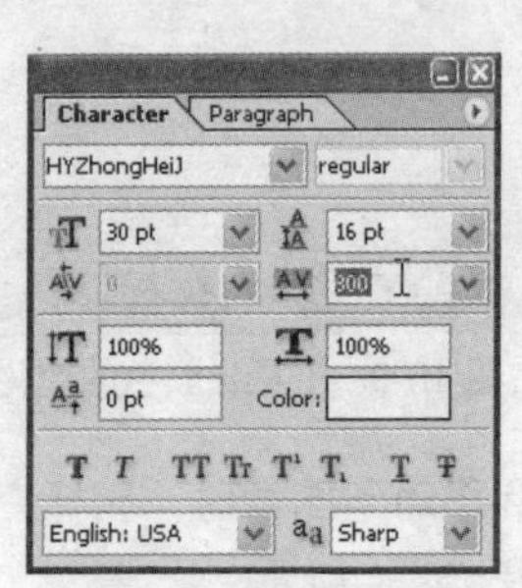

图 15-14 设置字符间距

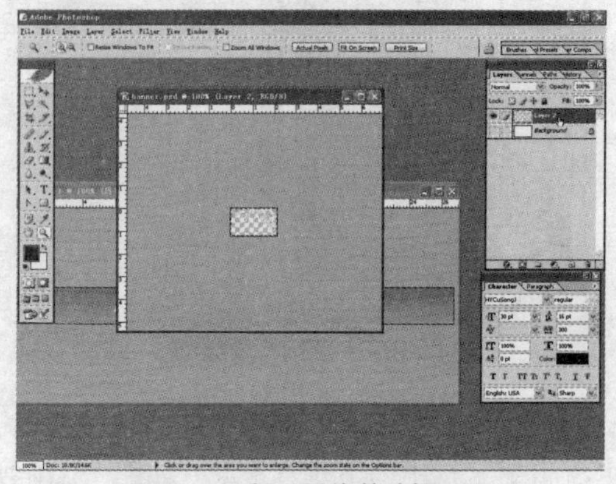

图 15-15 打开图像并选择图层

步骤 11 按组合键 Ctrl+A 全选图像文件，然后，按组合键 Ctrl+C 复制所选图像内容。单击前面制作的图像文件任意位置插入光标，按组合键 Ctrl+V 粘贴复制的内容到一个新的图层上。

步骤 12 选择工具箱中的移动按钮，拖动新增图像到右上角，然后按住 Alt 键，同时移动刚才的图像，这时复制了一个与刚才一样的图像，如图 15-16 所示。

步骤 13 下面执行 “Edit” > “Transform” > “Flip Horizontal” 命令，使图像水平翻转执行 “Edit” > “Transform” > “Flip Vertical” 命令，使图像垂直翻转，然后移动图像到左下角，如图 15-17 所示。

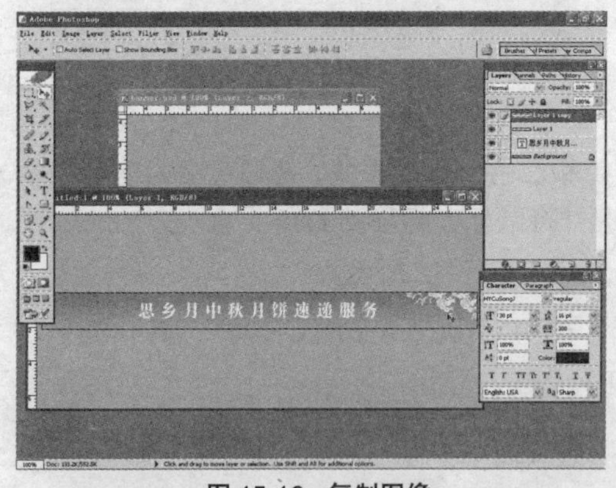

图 15-16 复制图像

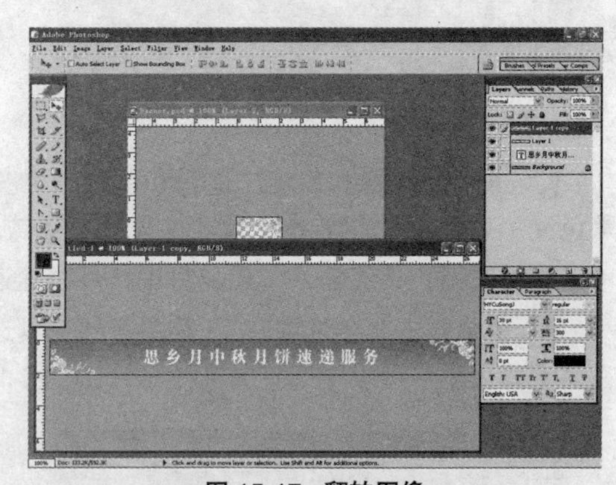

图 15-17 翻转图像

步骤 14 执行 “File” > “Save For Web” 命令，在打开的对话框中选择第 1 行右上角边框，如图 15-18 所示。

步骤 15 单击 “Save” 按钮，弹出 “Save Optimized As” 对话框，选择保存的 images 文件夹，在 “文件名” 文本框中输入 “banner-1”，如图 15-19 所示。单击 “保存” 按钮，完成图像保存。

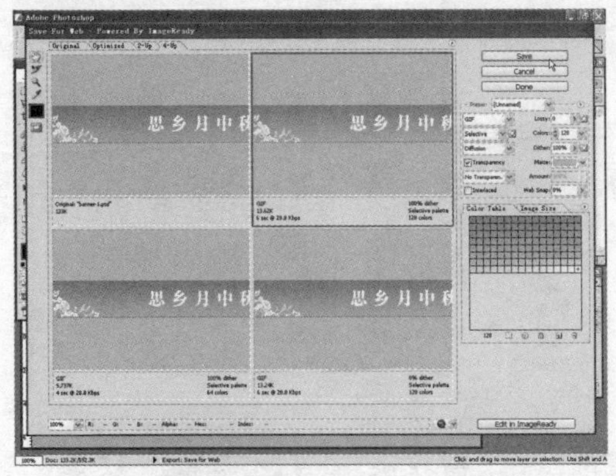

图 15-18 “Save For Web”对话框

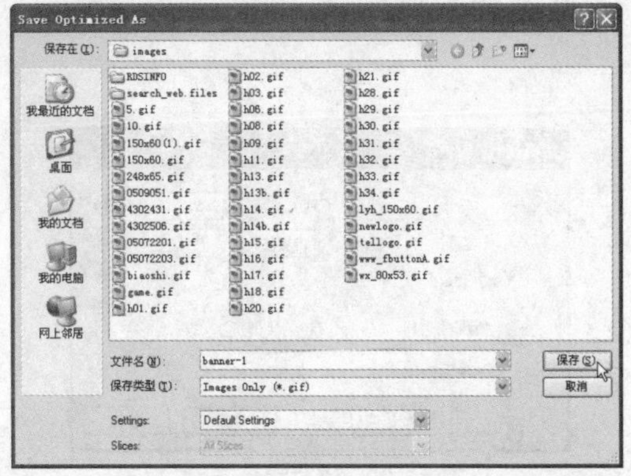

图 15-19 “Save Optimized As”对话框

这张制作的广告图像将在以后的小节中插入网页中。

15.1.4 使用Flash制作Banner广告

随着网络的普及，在网站上做广告的企业越来越多。广告制作的精美、有创意是吸引浏览者的关键。以前的静态图像或 GIF 动画广告已经不能满足广大用户的需求，所以 Flash 动画广告被越来越多的设计人员选用。下面将使用 Flash 软件制作一个 Banner 广告，使读者可以了解软件的基本功能。

1．导入动画背景图像

步骤 01 在 Photoshop CS 中，制作一张 JPG 格式的背景图像，保存为 bg_banner.jpg，如图 15-20 所示。

步骤 02 启动 Flash MX 2004 程序，执行“文件”>“新建”命令，打开“新建文档”对话框，在“类型”列表框中选择“Flash 文档”选项，如图 15-21 所示。

图 15-20 裁剪的广告背景图像

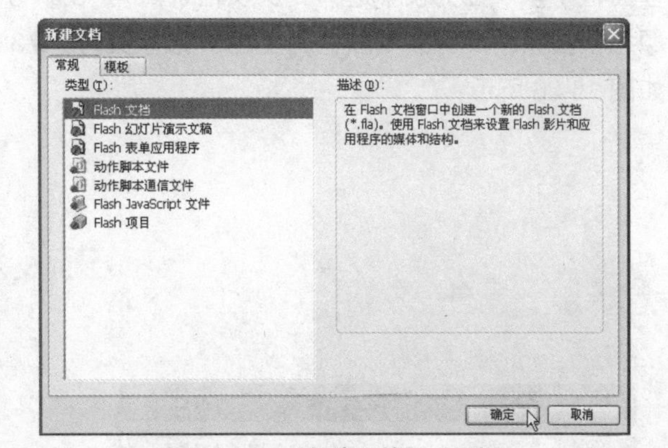

图 15-21 “新建文档”对话框

步骤 03 单击“确定”按钮，创建新的文档。执行“修改”>“文档”命令，打开“文档属性”对话框，在尺寸处设置宽度为“468px”，高度为“95px”，如图 15-22 所示。完成后单击“确定”按钮返回至编辑窗口，此时文档尺寸已经改变。

步骤 04 执行“文件”>“导入”>“导入到舞台”命令，弹出“导入”对话框。在对话框中选择图像 bg_banner.jpg，单击“打开”按钮，如图 15-23 所示。

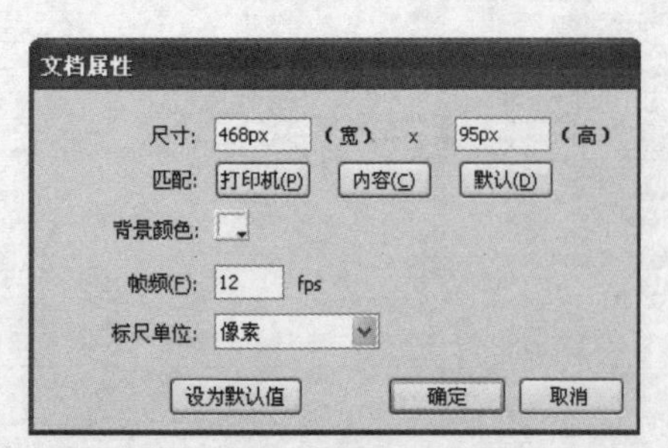

图 15-22　修改文档尺寸

图 15-23　“导入”对话框

步骤 05 返回至编辑窗口，调整图像位置，使其充满整个文档。在“时间轴”面板中双击“图层 1”，重新命名图层为“背景”，单击“锁定”按钮，使背景图层被锁定，如图 15-24 所示。

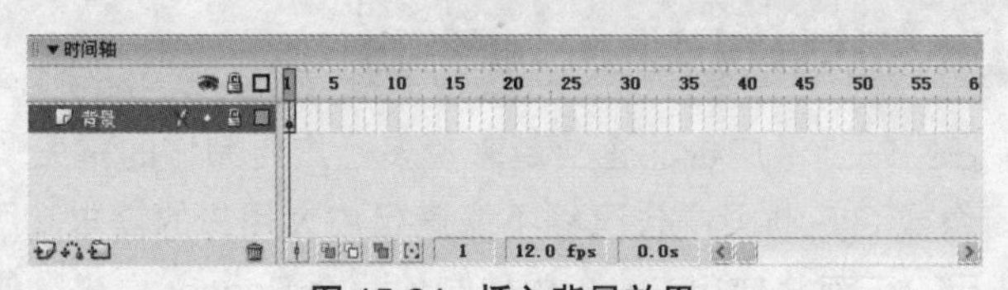

图 15-24　插入背景效果

步骤 06 执行菜单栏中的“文件”>“保存”命令，保存文件名为 banner.fla。

2．制作文字动画

步骤 01 执行菜单栏中的“插入”>“新建元件”命令，打开“创建新元件”对话框，在“名称”文本框中输入“沟”，在“行为”选项区域中单击“图形”单选按钮，如图 15-25 所示。

步骤 02 单击“确定”按钮，打开新的编辑窗口，单击工具箱中的“文本工具”按钮，在属性面板字体下拉列表中选择“汉仪粗宋简”，在字号下拉列表中选择“20”，单击“文本（填充）颜色”按钮，设置文本颜色为蓝色，色标值为“#3300FF”，然后在编辑窗口中输入文字“沟”，如图 15-26 所示。

图 15-25　创建新元件

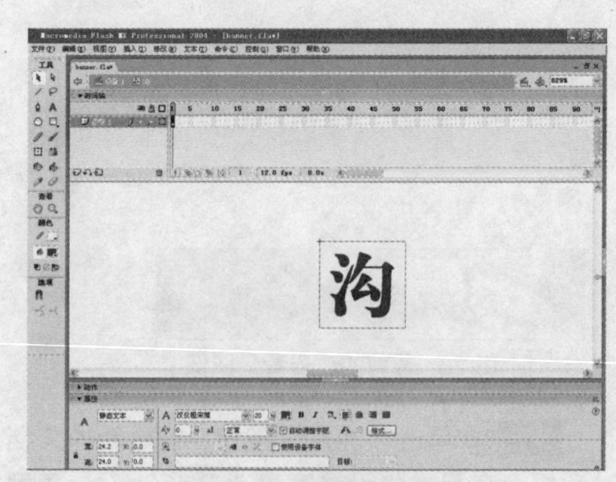

图 15-26　设置文字属性

步骤 03 选中文字，按组合键 Ctrl+B 拆散文字，为了看清勾的白边，就需要调整一下背景颜色。执行“修改”>“文档”命令，单击对话框中的“背景颜色”按钮，选择灰色“#CCCCCC”，如图 15-27 所示。

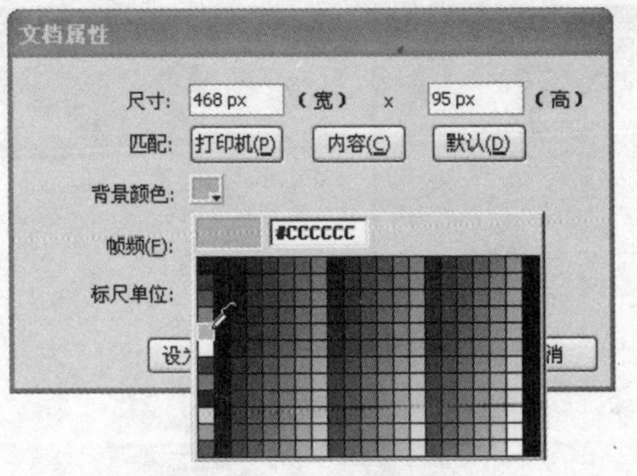

图 15-27 设置背景颜色

步骤 04 在“时间轴”面板中，单击新建图层按钮，然后拖动图层 2 到图层 1 下方，如图 15-28 所示。

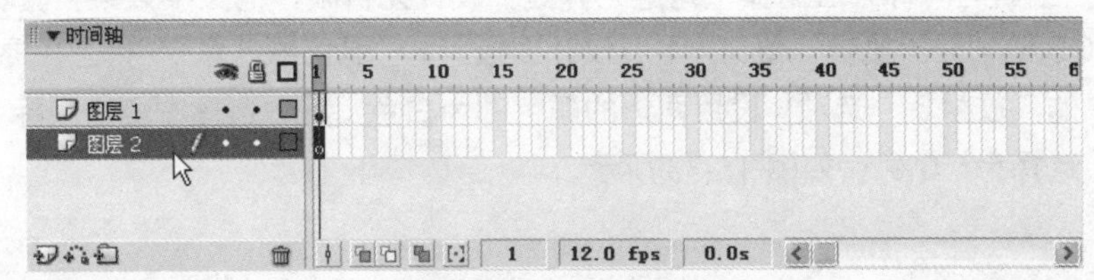

图 15-28 移动图层

步骤 05 复制文字到图层 2 中，设置文字颜色为白色，然后单击工具箱中的“墨水瓶工具”按钮，在文字的边缘位置单击鼠标左键，进行勾边，如图 15-29 所示。

步骤 06 拖动勾边的文字，将其移动到图层 1 的位置，此时如果出现水平、垂直两条虚线则表示两个图层已经重合，如图 15-30 所示。

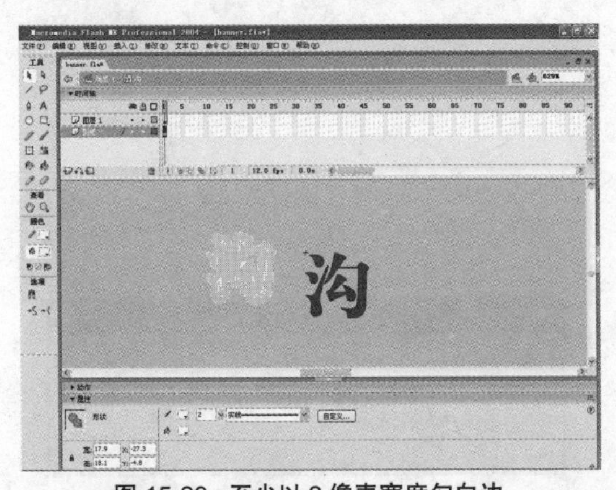

图 15-29 至少以 2 像素宽度勾白边

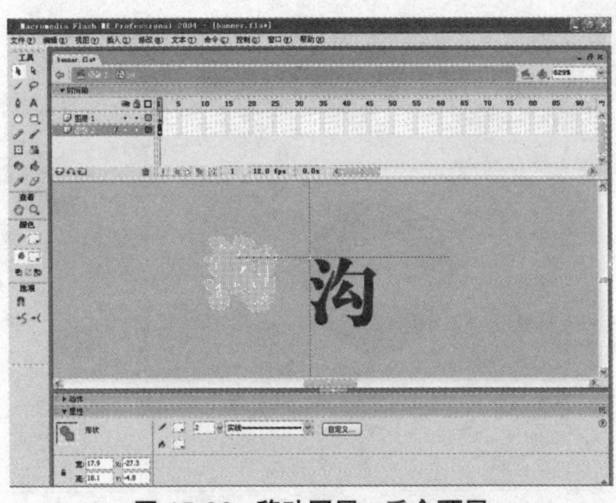

图 15-30 移动图层，重合两层

步骤 07 移动到合适的位置后，放开鼠标左键，在其他空白的位置单击，即可取消选择，如图 15-31 所示。一个文字的制作就完成了，此时执行“窗口”>“库”命令，打开库面板，上面显示了创建的图形，如图 15-32 所示。

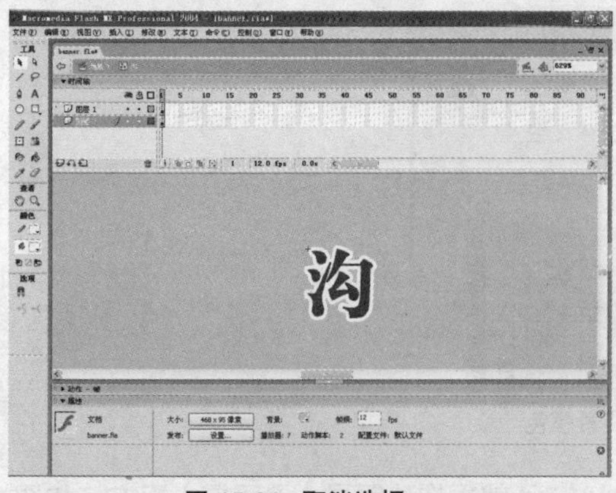

图 15-31　取消选择

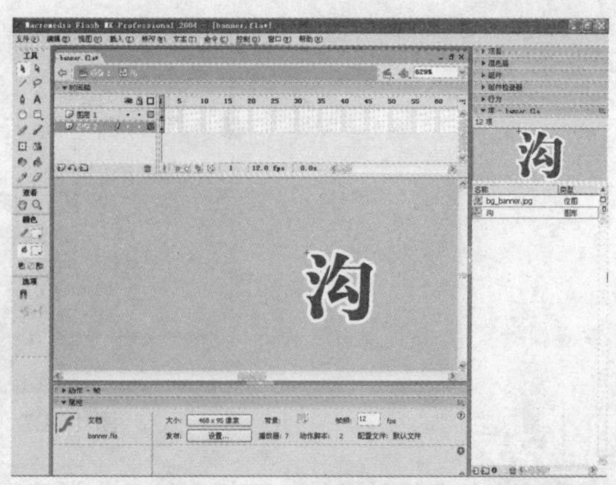

图 15-32　显示库面板

步骤 08 按照上面的同样方法制作“沟通无界线，设计无极限”的文字效果，其次还需要创建尺寸为 40.8×40.8 的“园”，执行“窗口”>“设计面板”>“混色器”命令，打开“混色器”面板，选择下拉列表中的“放射状”选项，设置两边的颜色都为白色，然后选择右侧的图标，在“Alpha”中拖动滑动条，选择为“0%”，如图 15-33 所示。

注 意

设置 Alpha 值为 0%，表示元素完全透明。

步骤 09 下面开始制作文字动画。执行“插入”>“新建元件”命令，在“名称”文本框中输入“文字”，在“行为”选项区域中单击“影片剪辑”单选按钮，如图 15-34 所示。

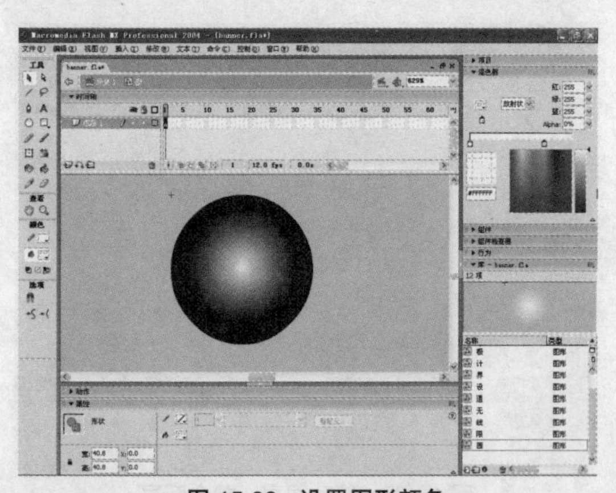

图 15-33　设置图形颜色

图 15-34　创建影片剪辑

步骤 10 在图层 1 第 7 帧的位置单击，按 F6 键插入关键帧，然后在库面板中拖出图形“沟”，在属性面板中的“X”和“Y”文本框中分别输入“0”，在“补间”下拉列表中选择“动作”选项；在第 11 帧处单击，按 F6 键插入关键帧，修改属性面板中“X”位置为“-100”，在“补间”下拉列表中选择“动作”选项；在 13 帧处插入关键帧，设置“X”位置为“-90”，这样就设置完文字“沟”的移动效果。

步骤 11 在图层 1 的第 50 帧处插入关键帧，在第 54 帧处插入关键帧，然后在第 52 帧处插入关键帧，并单击“任意变形工具”按钮，将文字拉大一些，然后在两段帧之间创建补间动作，最后在 99 帧处按 F5 键插入若干帧，完成后图层 1 如图 15-35 所示。

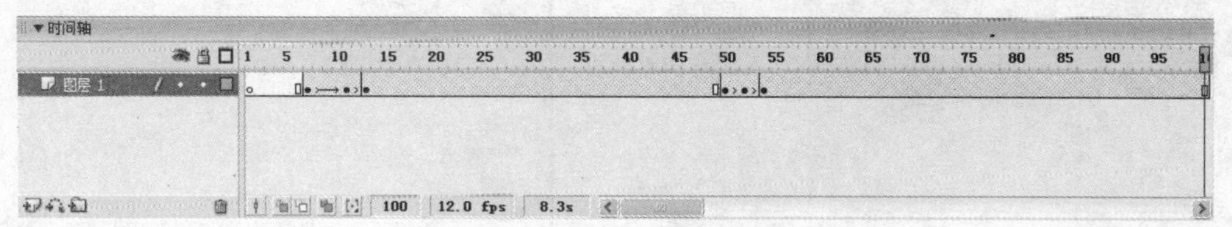

图 15-35　图层 1 完成后的时间轴

步骤 12 根据上面的操作，制作其他文字的动画效果。创建图层 11，在第 50 帧处插入关键帧，拖动图形“园”到文字“沟”前的位置。在第 51 帧位置插入关键帧，并移动到文字“沟”上面。在第 61 帧处插入关键帧，将图形水平移动到文字“线”上面。最后，同样制作下一行文字的移动效果，制作完成后如图 15-36 所示。

步骤 13 单击场景 1 按钮，返回至场景编辑窗口。单击“新建图层”按钮，新建图层 2，从库中拖动“文字”影片剪辑到编辑窗口中，如图 15-37 所示。

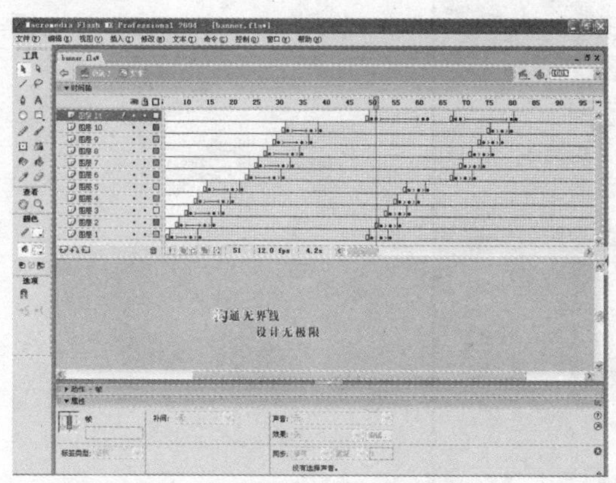

图 15-36　制作“园”图形动画

图 15-37　拖动“文字”到场景中

步骤 14 按 Ctrl+Enter 组合键预览动画效果，如图 15-38 所示。

注 意

按 Ctrl+Enter 键预览动画时，Flash 会自动在源文件相同文件夹中生成 SWF 播放文件。但为了保险，通常还是需要再制作完成后，使用“导出影片”命令生成 SWF 文件。

步骤 15 预览没问题后，单击“关闭”按钮，返回至编辑窗口，如果位置不合适可以移动一下，然后，按 Ctrl+S 组合键保存文件。

步骤 16 需要导出 swf 文件。执行“文件”>“导出”>“导出影片”菜单命令，打开“导出影片”对话框，在“文件名”文本框中输入“banner-2”，如图 15-39 所示。

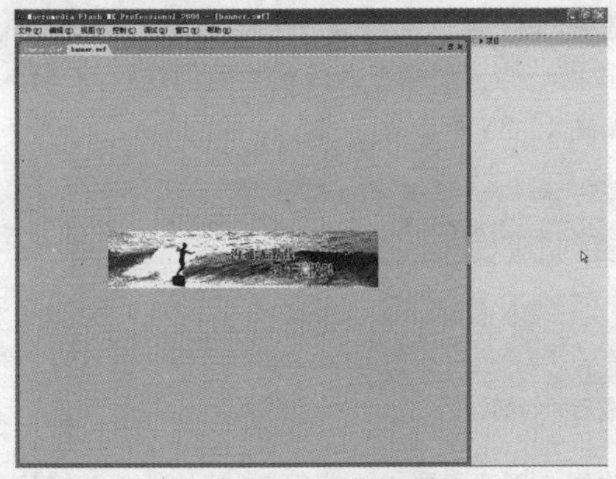

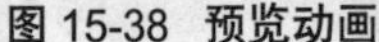

图 15-38 预览动画

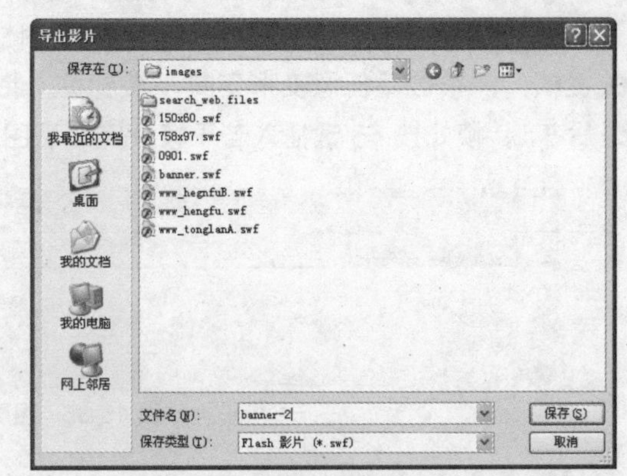

图 15-39 “导出影片”对话框

步骤 17 单击“保存”按钮，打开“导出 Flash Player”对话框，对话框中的设置为默认状态即可，如图 15-40 所示。

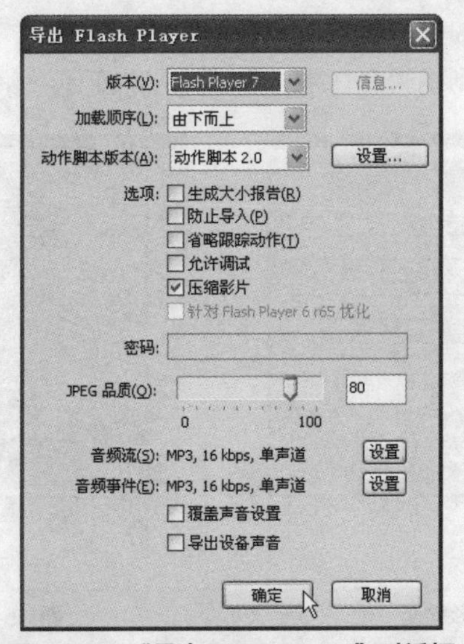

图 15-40 “导出 Flash Player”对话框

步骤 18 单击“确定”按钮，完成 Flash 文件的保存，即可关闭 Flash MX 2004 程序。在网页制作的过程中，把制作好的 swf 文件插入到网页中。

15.1.5 创建网站首页

在准备好所有的内容和素材后，就可以开始在 Dreamweaver CS3 中制作网页了。在上面的小节中介绍了图片和 Flash 动画的基础制作，其他素材就需要自己学习制作了。当然光盘中提供了已经制作好的素材内容，可以直接复制到创建的文件夹中。

下面开始制作网站首页。

步骤 01 启动 Dreamweaver CS3 程序，在“创建新项目”列表中选择“HTML”选项，如图 15-41 所示。

步骤 02 单击属性面板中的“页面属性”按钮，在“页面属性”对话框中设置字体大小为“12 像素”，文本颜色为黑色“#000000”，如图 15-42 所示。

步骤 03 选择"链接"选项，在"链接颜色"、"已访问链接"和"活动链接"中设置颜色为黑色"#000000"，在"变换图像链接"中设置颜色为红色"#FF0000"，在"下划线样式"下拉列表中选择"仅在变换图像时显示下划线"选项，如图 15-43 所示。最后，在"标题 / 编码"中设置标题为"华夏网"。

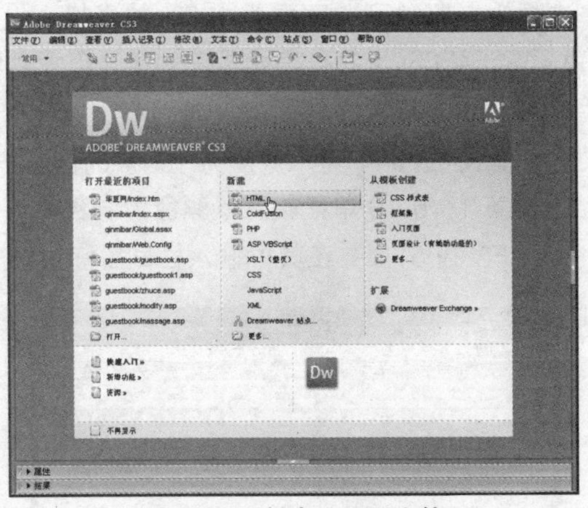

图 15-41 创建 HTML 文件

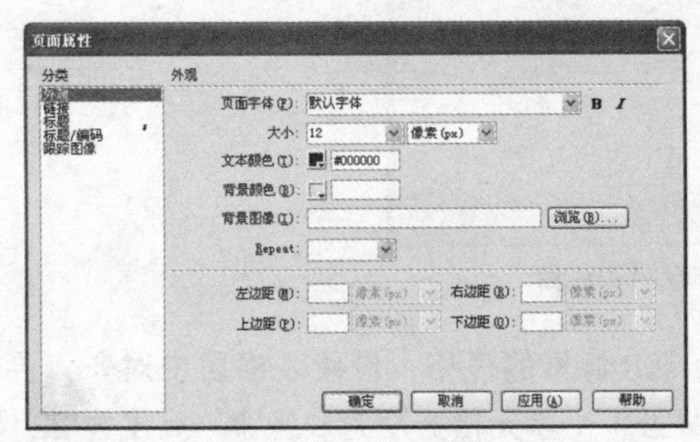

图 15-42 外观设置

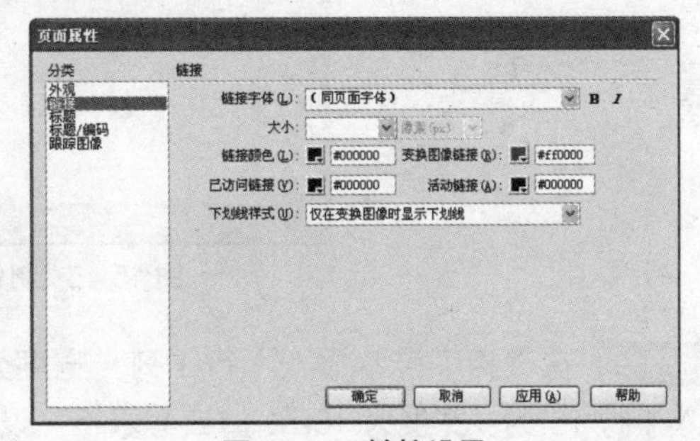

图 15-43 链接设置

步骤 04 单击"确定"按钮，完成页面属性的设置。保存网页名为"index.htm"，保存在站点文件夹内。

步骤 05 CSS 样式的设置在前面章节已介绍了很多，这里不再重复，本实例制作完成的 CSS 样式面板和代码如图 15-44 所示。

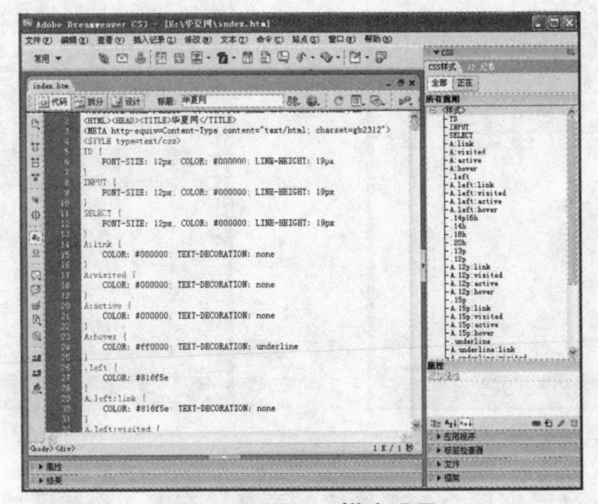

图 15-44 CSS 样式设置

步骤 06 将光标移动到编辑窗口中，插入1行2列、宽度为758像素的单元格，设置表格居中对齐。设置左侧单元格的宽度为149像素，在单元格中插入2行1列、宽度为100%的嵌套表格，在第1行单元格中插入网站标识图像“newlogo.gif”，在第2行单元格中输入“北京站 上海站 香港站”，并可以制作链接，链接到相应站点的网页。

步骤 07 在右侧单元格中插入2行4列、宽度为100%的表格。设置第1行的单元格高度为24像素，背景颜色为桔红色“#FF4F03”，并在单元格中制作邮箱登录表单和注册、购买等信息。设置第2行单元格背景颜色为白色，宽度为1像素。

步骤 08 在表格下方，接着插入1行11列、宽度为100%的嵌套表格。设置第2、4、6、8、10单元格的宽度为1像素；设置第1、5、9单元格背景颜色为浅灰色“#EAEAEA”；设置第3、7、11单元格背景颜色为浅灰色“#F5F5F5”，并在其中输入栏目名称，完成后如图15-45所示。

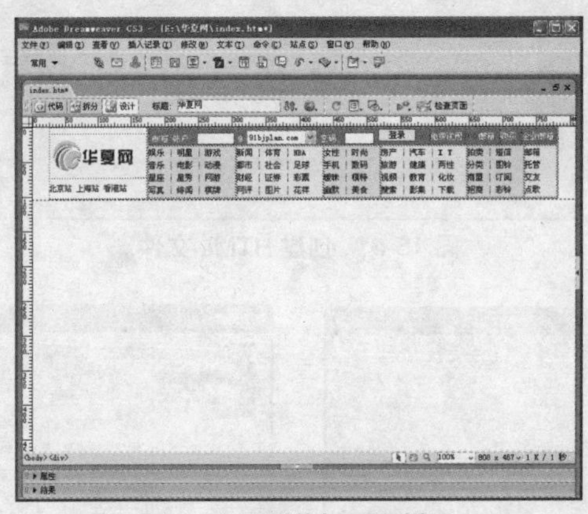

图15-45 制作标题和栏目

步骤 09 在表格下接着插入1行1列、宽度为758像素的表格，设置表格居中对齐，再在其中插入1行10列、宽度为100%的嵌套表格。设置第1个单元格宽度为9像素，高度为22像素，背景颜色为标红色“#FF6100”。在其他单元格中输入一些其他的栏目名称，并设置栏目名称颜色为橘红色“#FF6A04”，且单击“粗体”按钮，完成后如图15-46所示。

步骤 10 插入1行1列、宽度为758像素的表格，设置表格居中对齐。在此单元格中插入前面在Photoshop软件中制作的广告图像“banner-1.gif”，如图15-47所示。

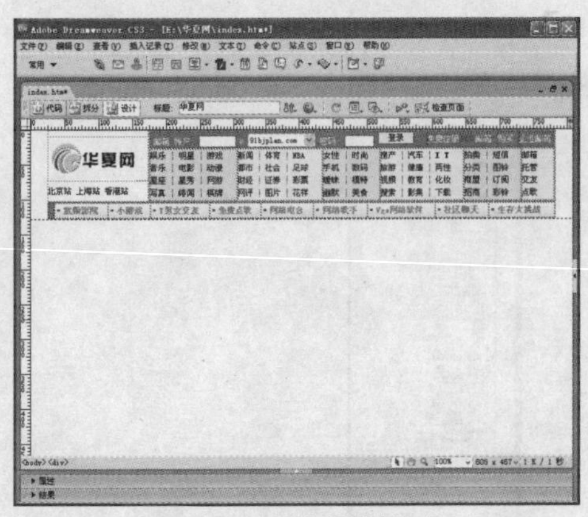

图15-46 制作其他栏目

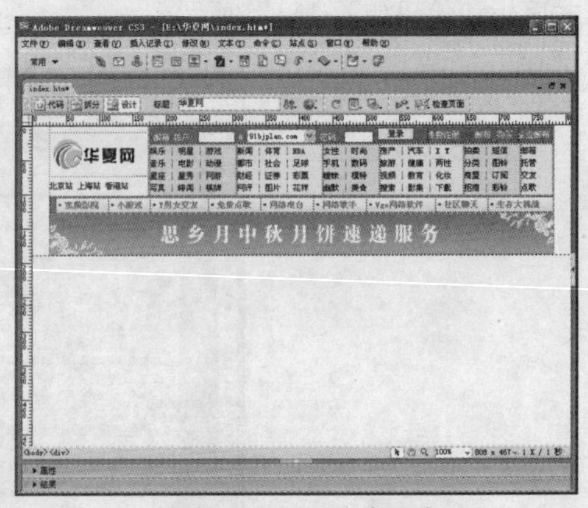

图15-47 插入广告图像

步骤 11 再插入1行3列、宽度为758像素的表格，在第1个单元格中插入前面在Flash软件中制作的 swf 文件“banner-2.swf”，将第 3 个单元格的宽度设置为 287 像素，然后在代码窗口中输入以下嵌套帧代码：

```
<IFRAME src="images/search_web.htm"
      frameBorder=0 width=287 scrolling=no
height=95></IFRAME>
```

步骤 12 下面再插入 1 行 1 列、宽度为 758 像素的表格，在属性面板中的“填充”文本框中输入“2”，设置边框颜色为“#CFCED4”。在单元格中插入 3 行 5 列、宽度为 99% 的嵌套表格，设置表格居中对齐，在每个单元格中输入广告内容，如图 15-48 所示。

步骤 13 下面插入 2 行 5 列、宽度为 758 像素的表格，设置表格居中对齐。设置第 1 行单元格高度为 3 像素。第 2 行单元格中从左至右的宽度依次为“248、4、352、4、150”像素，在左侧单元格中。制作“宽频娱乐”栏目内容，由于制作方法与其他的类似，这里就不一一介绍，可按如图 15-49 所示进行制作。

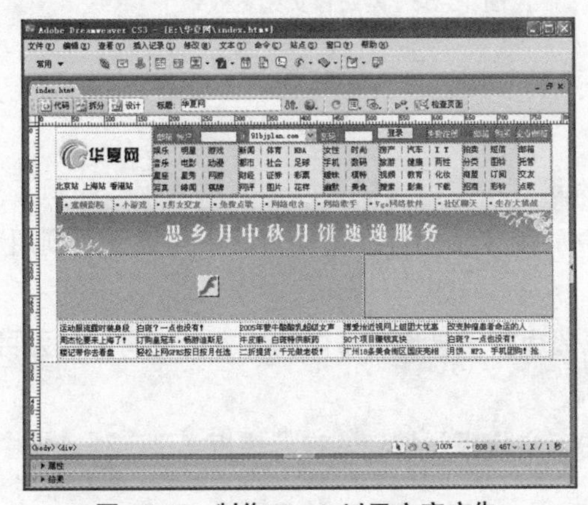

图 15-48 制作 Flash 以及文字广告

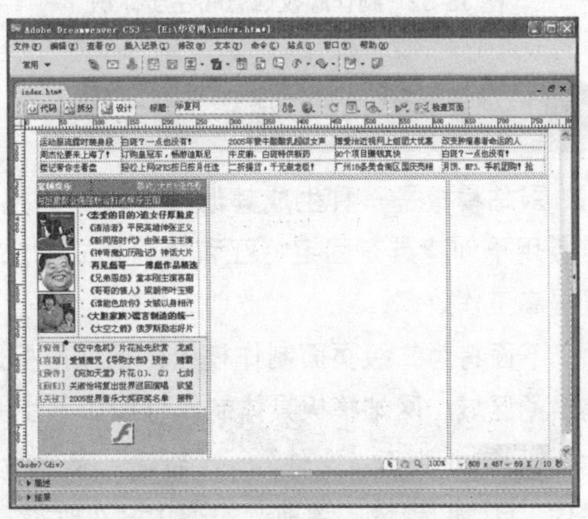

图 15-49 制作宽频娱乐栏目

步骤 14 在第 3 个和第 5 个单元格中，同样制作“焦点新闻”、“无线娱乐”和一些广告图像，如图 15-50 所示。

步骤 15 在下面继续插入 3 行 5 列、宽度为 758 像素的表格。在单元格中制作“无线娱乐”、“娱乐”和“快感网视”等栏目内容，完成后如图 15-51 所示。

图 15-50 制作“焦点新闻”和“无线娱乐”等栏目

图 15-51 制作其他栏目

步骤 16 下面制作版权信息，以及插入注册的标识，如图 15-52 所示。

步骤 17 按 Ctrl+S 组合键保存网页，然后按 F12 键浏览网页效果，如图 15-53 所示。

图 15-52 制作版权信息和注册标识

图 15-53 网站首页浏览效果

15.1.6 创建网站模板

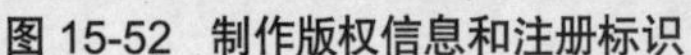

网站模板是一种生成其他网页样板的独具风格的网页，使用模板可以创建风格相似的网页。模板用于创建具有固定特征和共同格式的文档，建立的固定模型，在其他页面中可以反复调用，以提高工作效率。

下面将为二级页面制作模板，把顶部标题栏和底部版权信息作为相同的内容，中间部分为可编辑的区域。网站模板具体制作可按如下步骤操作。

步骤 01 执行“文件”>“新建”菜单命令，单击“空模板”按钮，在“模板类型”列表框中选择“HTML 模板”选项，如图 15-54 所示。

步骤 02 单击“创建”按钮，创建后缀名为“.dwt”的文件，按 Ctrl+S 组合键保存模板页。打开“另存为模板”对话框，在“站点”下拉列表中选择当前的站点名称“华夏网”，在“另存为”文本框中输入模板名称“two2”，如图 15-55 所示。

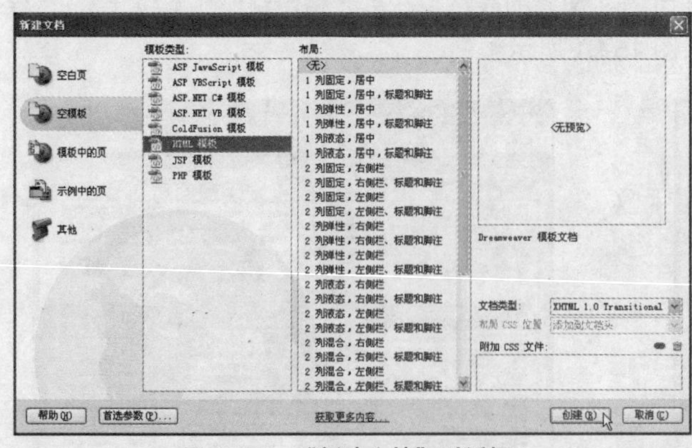

图 15-54 “新建文档”对话框

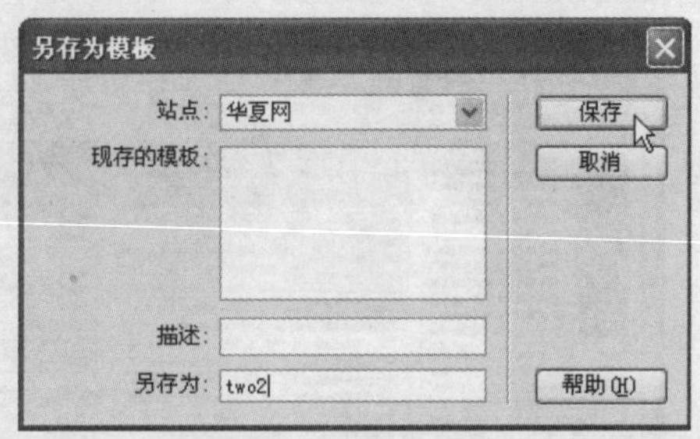

图 15-55 “另存为模板”对话框

步骤 03 单击“保存”按钮，然后开始制作模板页。在模板页中需要制作固定格式的部分，本实例是把网页顶部标题栏、导航栏和底部版权信息制作为模板页中的内容。首先，在空白网页中制作网站标识和一级栏目名称，如图 15-56 所示。

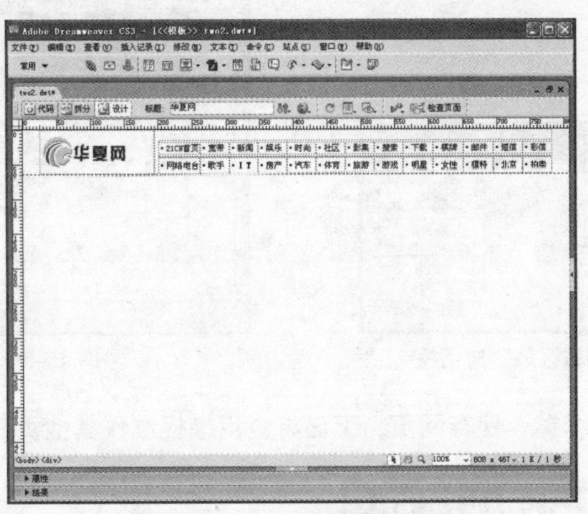

图 15-56　标识和一级栏目制作

步骤 04 在二级页面中通常也会有广告、用户登录等信息，以方便读者使用。下面还需要制作二级栏目名称，如图 15-57 所示进行制作。

步骤 05 在二级栏目表格下方按两次 Enter 键，在网页底下制作友情链接和版权信息等内容，如图 15-58 所示。

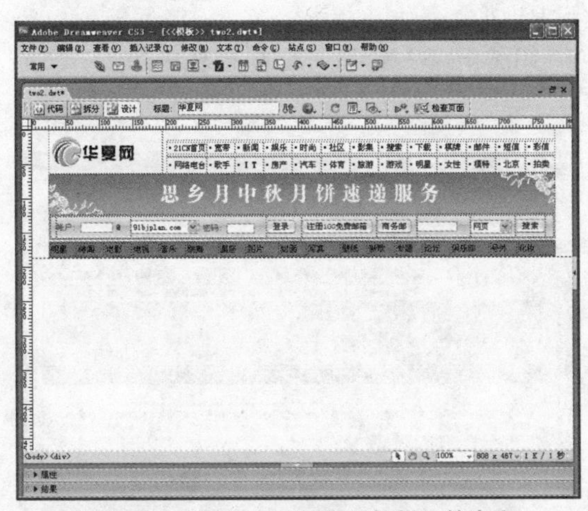

图 15-57　制作用户登录和二级栏目等内容

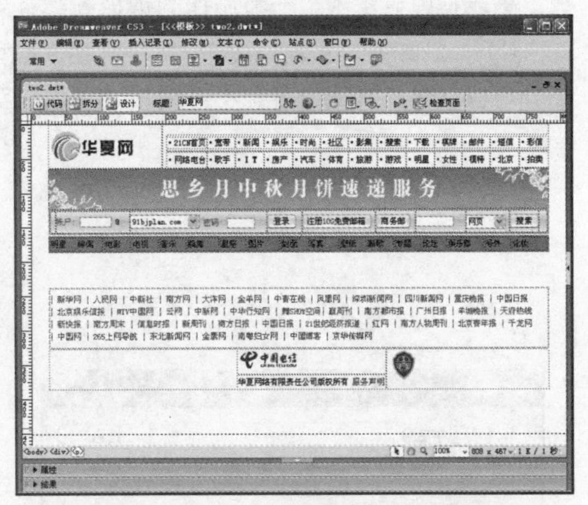

图 15-58　制作友情链接和版权信息等内容

步骤 06 将光标移动至二级栏目导航和友情链接表格之间的位置，执行“插入记录”>“模板对象”>“可编辑区域”命令，在“新建可编辑区域”对话框的“名称”文本框中输入易识别的可编辑区域名称“edit”，如图 15-59 所示。

步骤 07 单击“确定”按钮后，可编辑区域名称显示在网页中，如图 15-60 所示。

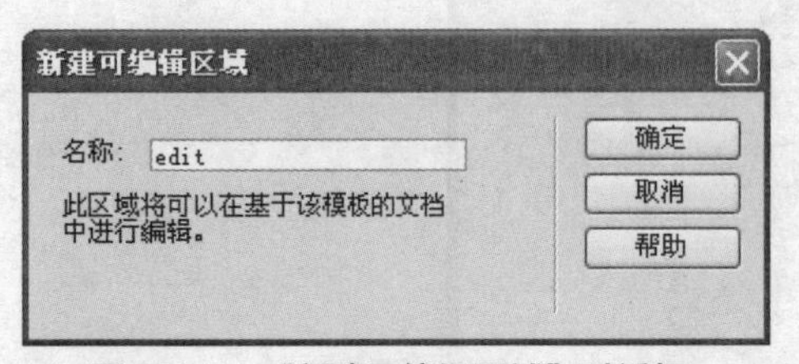

图 15-59 “新建可编辑区域”对话框

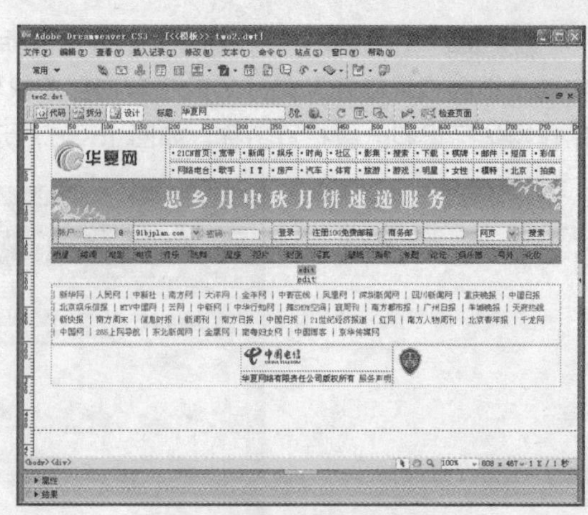

图 15-60 制作可编辑区域

步骤 08 按 Ctrl+S 组合键，保存网页。下面将应用模板制作其他页面。

15.1.7 应用模板制作网页

应用模板制作的网页不需要再制作模板页中已有的内容，而是直接套用模板即可，下面就开始应用模板制作网页。

步骤 01 执行“文件”>“新建”菜单命令，新建 HTML 网页，再执行“修改”>“模板”>“应用模板到页”命令，打开“选择模板”对话框，在“站点”下拉列表中显示当前站点“华夏网”，在“模板”列表框中显示了上一节制作的模板名称，如图 15-61 所示。

步骤 02 单击“选定”按钮，将模板插入到网页中，如图 15-62 所示。此时，模板中除了“edit”部分可以编辑，其他内容都不可编辑。

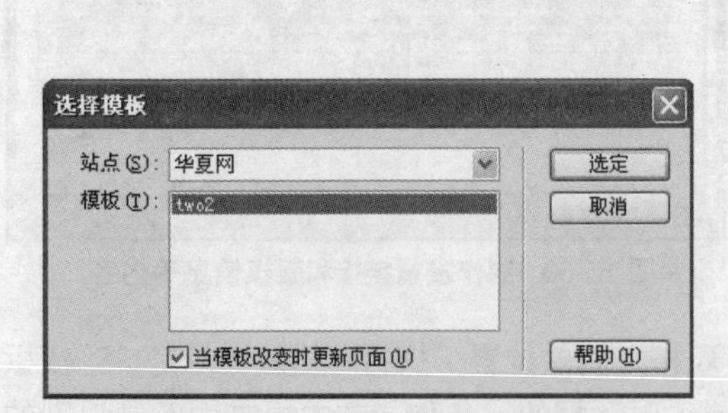

图 15-61 “选择模板”对话框

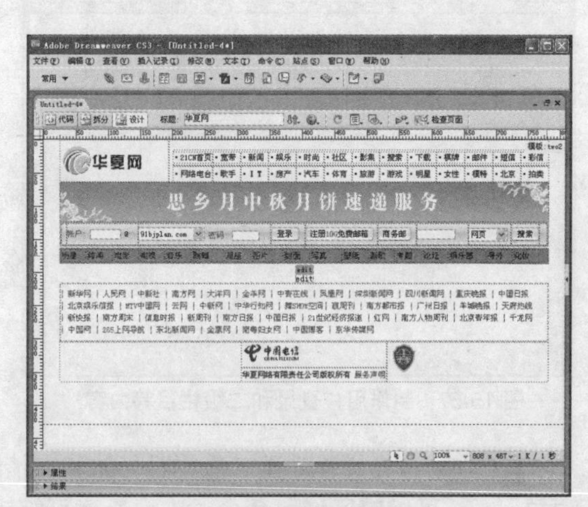

图 15-62 模板插入网页

步骤 03 保存网页为 two.htm。选中“edit”文字，按 Delete 键删除，并在其中制作若干栏目内容，因为本节主要介绍模板的使用，所以不再详细介绍内容的制作，制作完成的效果如图 15-63 所示。

步骤 04 按 Ctrl+S 组合键保存网站，按 F12 键在浏览器中浏览网页效果，如图 15-64 所示。

图 15-63 制作二级页面内容

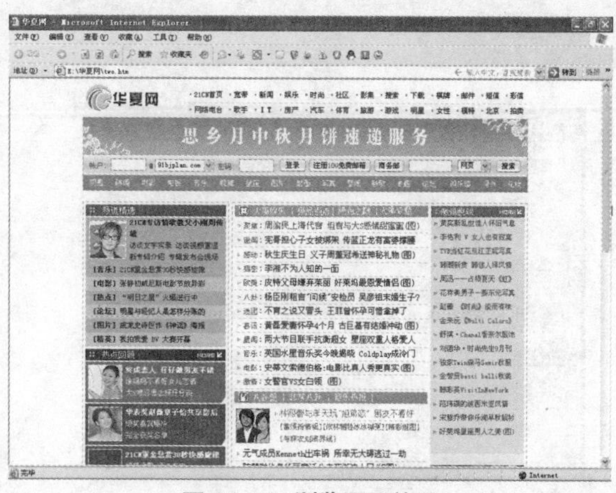

图 15-64 浏览网页效果

15.1.8 使用模板更新网页

按照同样的方法，可以应用模板制作若干个栏目页面。当需要修改顶部或底部的内容时，可直接打开模板进行修改，然后所有应用此模板创建的网页就可一并修改完成，方便快捷。具体操作步骤如下。

步骤 01 打开模板页“two2.dwt”，如果需要修改版权信息内容，可以拖动鼠标选中“华夏网络有限责任公司版权所有”，修改文字为“零界点设计工作室版权所有”，如图 15-65 所示。

步骤 02 按 Ctrl+S 组合键保存模板页，弹出“更新模板文件”对话框，在列表框中显示了应用模板的所有页面，如图 15-66 所示。

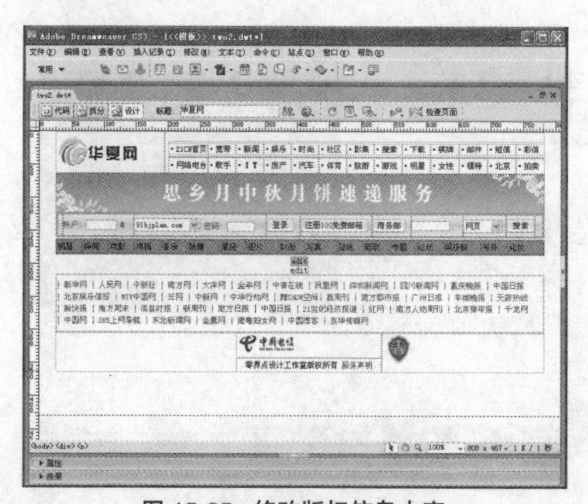

图 15-65 修改版权信息内容

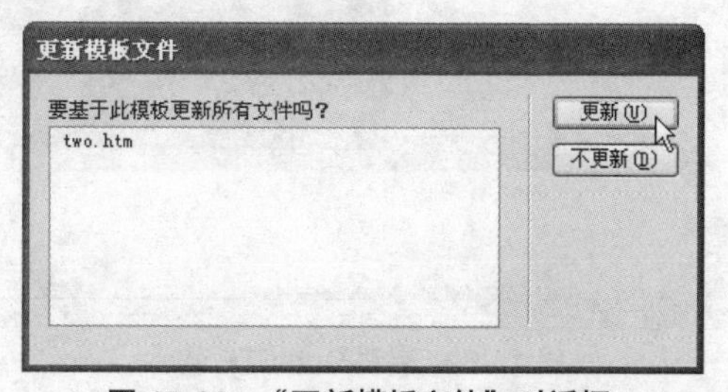

图 15-66 “更新模板文件”对话框

步骤 03 确认需要修改后，可以单击“更新”按钮，更新完成后，显示“更新页面”对话框，如图 15-67 所示。

步骤 04 单击“关闭”按钮，完成网页更新。此时，打开应用模板的网页“two.htm”，可以看到版权信息已经修改完成，如图 15-68 所示。

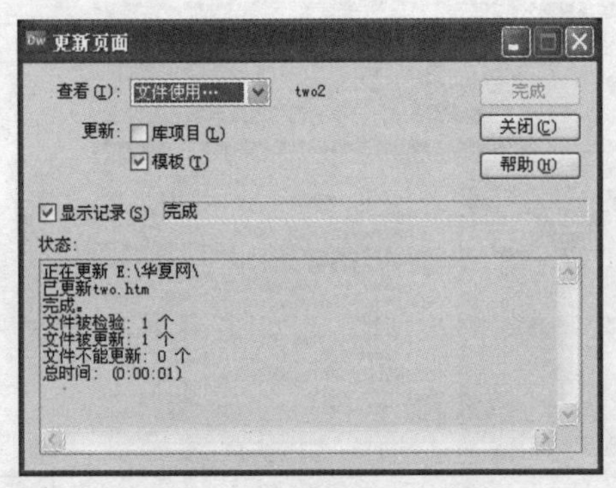

图 15-67 “更新页面”对话框

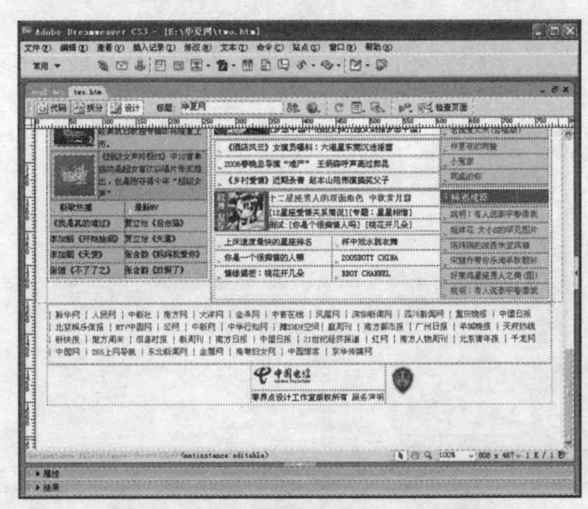

图 15-68 应用模板网页已修改完成

15.1.9 使用FTP软件完成站点的上传与发布

此时，本实例已制作完成了。在网站内容制作完成后，需要将网页发布到网上，这之前需要有自己的域名和虚拟主机，可以与提供相关服务的服务商进行申请，找到一款适合网站的类型。申请完后会得到网站上传的 IP 地址、用户名和密码，然后可以通过 FTP 软件上传，这里使用比较常用的 CuteFTP 上传。操作步骤如下。

步骤 01 在光盘中可以找到我们提供的 CuteFTP 软件，安装它，完成后启动 CuteFTP 程序，如图 15-69 所示。

步骤 02 选择工具栏中的“FTP Site”命令，如图 15-70 所示。

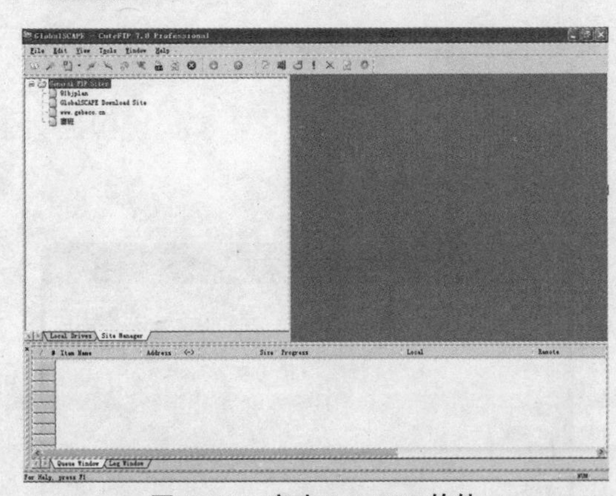

图 15-69 启动 CuteFTP 软件

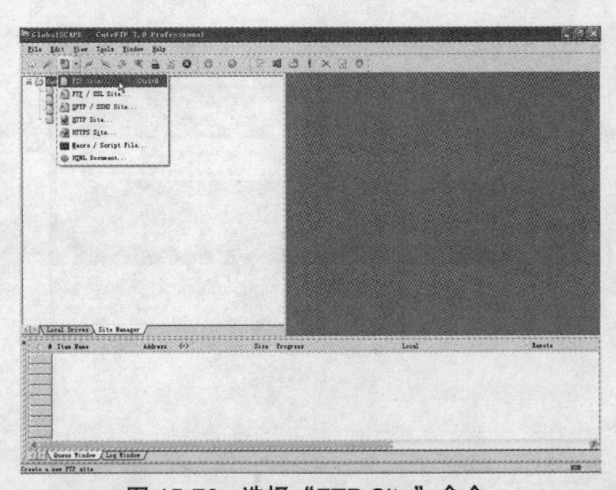

图 15-70 选择“FTP Site”命令

步骤 03 打开“Site Properties for”对话框，在“Label”文本框中输入可以识别网站的名称，在“Host address”文本框中输入注册的域名或是 IP 地址，在“Username”文本框中输入用户名，在“Password”文本框中输入登录密码，如图 15-71 所示。其他为默认设置。

步骤 04 单击“OK”按钮，在左侧“General FTP Sites”列表中显示了创建的 FTP 链接。双击此名称，即可连接到外网中，如图 15-72 所示。

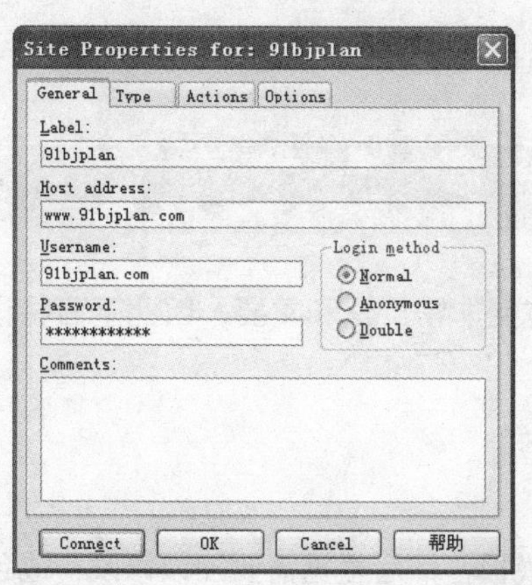

图 15-71 “Site Properties for”对话框

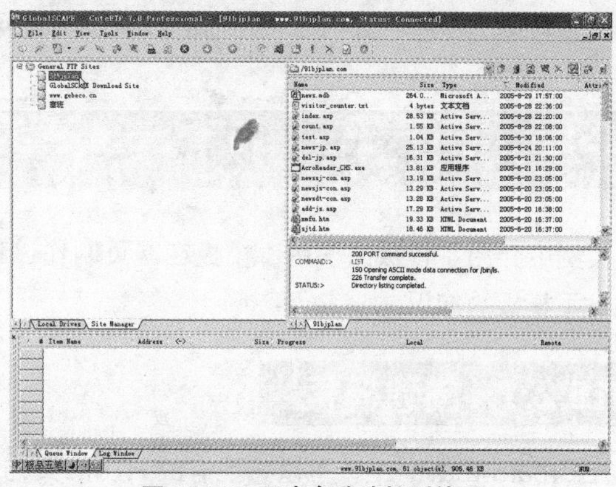

图 15-72 双击名称连接到外网

步骤 05 连接到外网后，通常一边显示本机内容，一边显示外网内容。若需要上传的话，就选中相应的网页或图像，拖动到外网列表中，如图 15-73 所示。

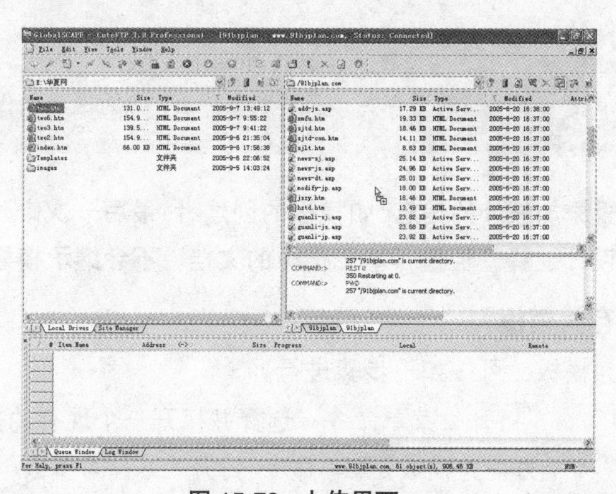

图 15-73 上传界面

步骤 06 如果有多个文件需要上传，可以拖动鼠标选中需要上传的多个文件，然后，再拖动到外网列表中，如图 15-74 所示。

步骤 07 在上传完网页后，在软件下方“Local Drives”列表中会显示已上传的网页信息，如图 15-75 所示。

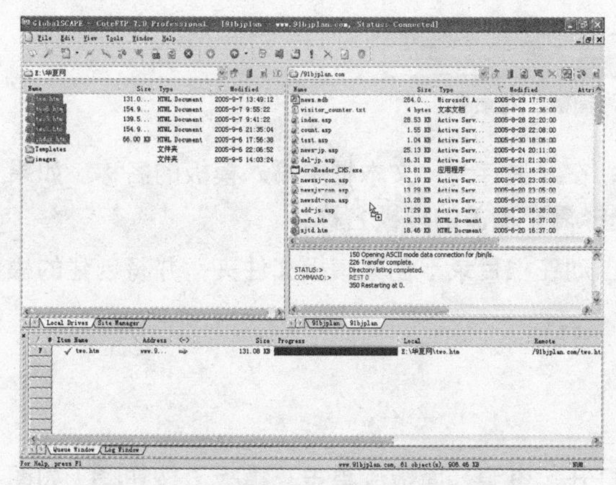

图 15-74 上传完成网页会有相应的提示

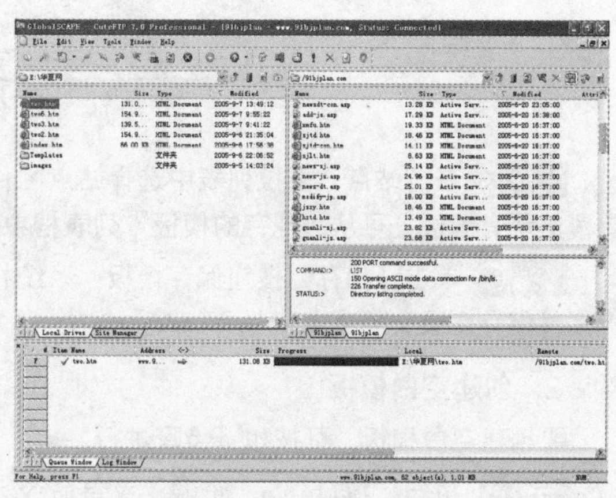

图 15-75 多个文件上传

完成网页上传后，就可以在注册的域名下浏览网站了。

15.2 知识要点回顾

实例中介绍了模板的使用，模板在网页制作过程中的应用非常广泛和重要。因此下面将详细介绍一下模板的知识。

15.2.1 创建模板

在 Dreamweaver 中，可以将现有的 HTML 文档创建为模板，然后根据需要加以修改，或创建一个空白模板，在其中输入需要显示的文档内容。模板实际上也是文档，它的扩展名为 .dwt，模板文档并不是从来就有的，它只是在创建模板的时候才自动生成的。

注 意

在 Dreamweaver 中，不要将模板文件移出模板文件夹，也不要将其他非模板文件存放在模板文件夹中，更不要将模板文件夹移出站点根目录，因为这些操作都会引起模板路径错误。

如果想为创建的模板添加额外的信息，如模板的创建者、最后一次修改时间或创建模板的原因，可为模板文件创建一个设计注释。但是，基于模板的文档，不会继承模板的设计注释。

1．将现有文档保存为模板

要将现有文档保存为模板，可按如下步骤进行。

步骤 01 执行“文件”>“打开”菜单命令，选择并打开一个现有的文档。

步骤 02 执行“文件”>“另存为模板”菜单命令，打开“另存为模板”对话框，如图 15-76 所示。

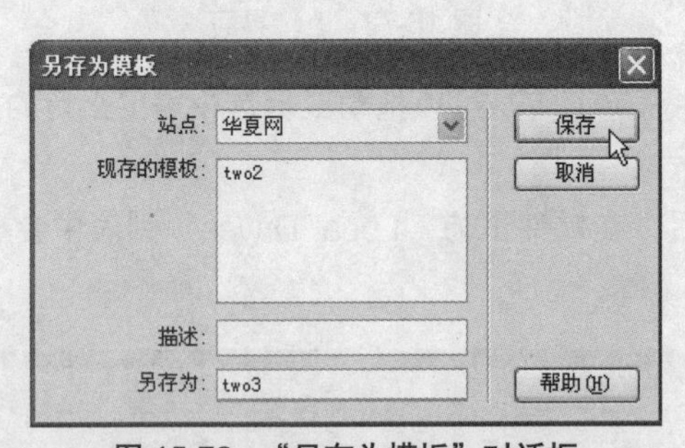

图 15-76 “另存为模板”对话框

步骤 03 在“站点”下拉列表中选择站点名称。在“另存为”文本框中输入模板的名称。如果要覆盖现有模板，可从“现存的模板”列表框中选择需要覆盖的模板名称。

步骤 04 单击“保存”按钮保存模板，系统将自动在根目录下创建模板文件夹，并将创建的模板文件保存在该文件夹中。

2．创建空白模板

要创建空白模板，可按如下步骤进行。

步骤 01 执行“窗口”>“资源”菜单命令，打开“资源”面板，单击“模板”按钮，如图

15-77 所示。

步骤 02 在“资源”面板中单击“新建模板”按钮，将在模板列表中添加一个未命名模板。

步骤 03 输入模板名称，然后按 Enter 键，创建一个空白模板，如图 15-78 所示。

图 15-77 “资源”面板

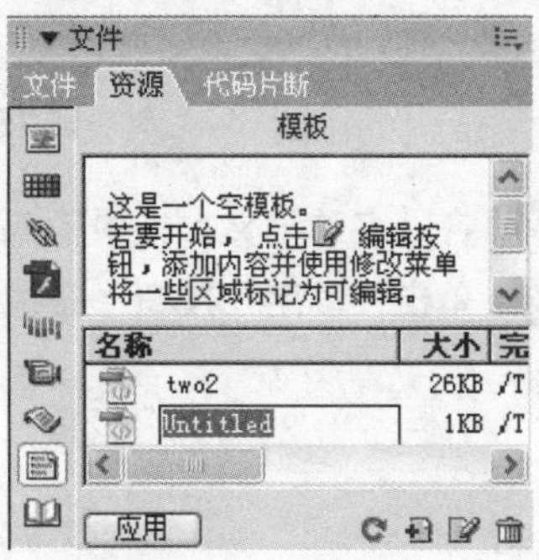

图 15-78 创建空白模板

3．编辑模板

在“资源”面板中，要编辑现有模板或刚刚创建的空白模板，可按如下步骤进行。

步骤 01 在“资源”面板中双击模板名，或选中模板后，单击“资源”面板底部的“编辑”按钮，打开一个新文档。

步骤 02 根据需要，编辑和修改打开的模板文档，例如插入图片、输入文本等。编辑完毕，执行“文件”>“保存”菜单命令，保存模板文档。

步骤 03 如果要删除模板，可选中该模板，然后单击资源面板中的“删除”按钮，这时将弹出一个确认对话框，单击“是”按钮，删除选中的模板。

步骤 04 如果要重命名“资源”面板中的模板，可以在模板上单击鼠标右键，在弹出的菜单中单击“重命名”命令，然后输入新的模板名称即可。

步骤 05 当模板名称被修改后，弹出“更新文件”对话框，询问用户是否要更新应用模板的文档。

步骤 06 单击“更新”按钮，更新所有应用模板的文档；单击“不更新”按钮，不更新应用模板的文档。

15.2.2 定义模板的可编辑区域

在模板中，可编辑区域是页面的一部分。对于基于模板的页面，可以改变可编辑区域中的内容。锁定区域（或非可编辑区域）是页面布局的一部分，它在文档中始终保持不变。

默认情况下，由于新创建的模板的所有区域都处于锁定状态，因此，要使用模板，必须将模板中的某些区域设置为可编辑区域。

1．定义现有模板内容作为可编辑区域

要定义现有模板内容作为可编辑区域，可按如下步骤进行。

步骤 01 在模板文档中，选择需要将其设置为可编辑区域的文本或内容。

步骤 02 选择“插入”面板的“常用”栏，单击选区中“可编辑区域”命令，如图 15-79 所示。弹出“新建可编辑区域”对话框，如图 15-80 所示。

图 15-79　选择“可编辑区域”选项

步骤 03 在“名称”文本框中输入可编辑区域的名称，这里的名称可以是中文的。

步骤 04 单击“确定”按钮，在模板文件中将创建一个可编辑区域，如图 15-81 所示。

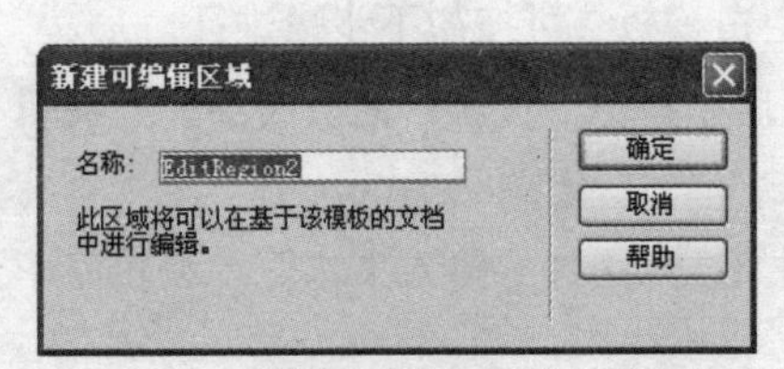

图 15-80　“新建可编辑区域”对话框

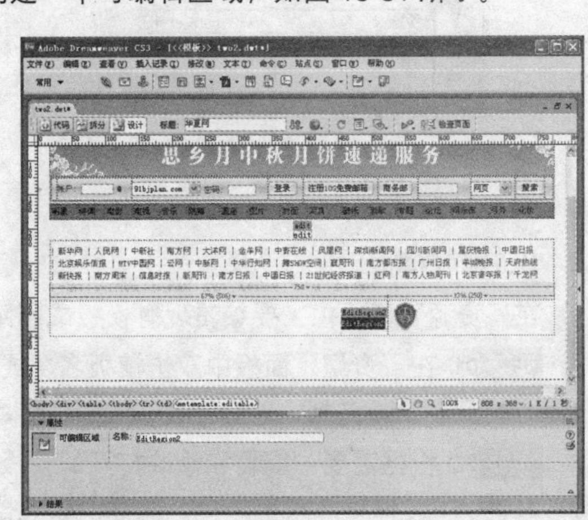

图 15-81　在模板中创建可编辑区域

2．设置模板参数

在 Dreamweaver 中，加亮参数可以设置模板的可编辑区域和锁定区域的边框颜色，可按如下步骤进行。

步骤 01 执行“编辑” > “首选参数”菜单命令，弹出“首选参数”对话框，在“分类”列表框中选择“标记色彩”选项，打开设置面板，如图 15-82 所示。

步骤 02 单击颜色按钮，在弹出的颜色列表中选择颜色。设置完毕后，单击“确定”按钮。

步骤 03 执行“查看” > “可视化助理”菜单命令，在其下拉列表中选择“不可见元素”选项，查看文档中加亮显示的区域。

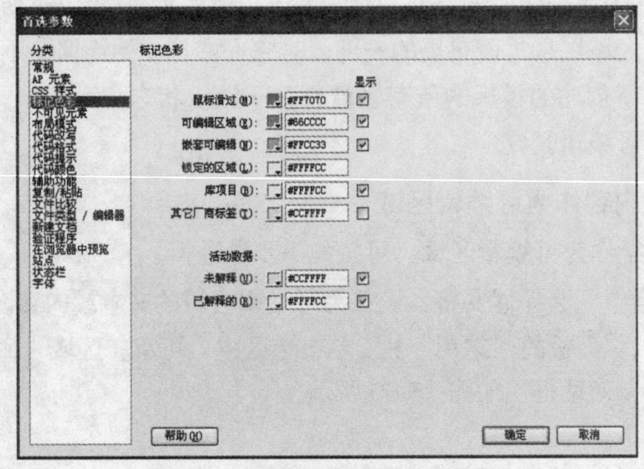

图 15-82　设置“标记色彩”参数

15.3 成功经验扩展

门户网站最初提供搜索引擎和网络接入服务，后来由于市场竞争日益激烈，门户网站不得不快速地拓展各种新的业务类型，希望通过门类众多的业务来吸引和留住互联网用户，以至于到后来门户网站的业务包罗万象，成为网络世界的“百货商场”或“网络超市”。从现在的情况来看，门户网站主要提供新闻、搜索引擎、网络接入、聊天室、BBS、免费邮箱、电子商务、网络社区、网络游戏、短信服务等等。在我国，典型的门户网站有新浪网、网易和搜狐网等等，门户网站首页如图 15-83 至 15-86 所示。

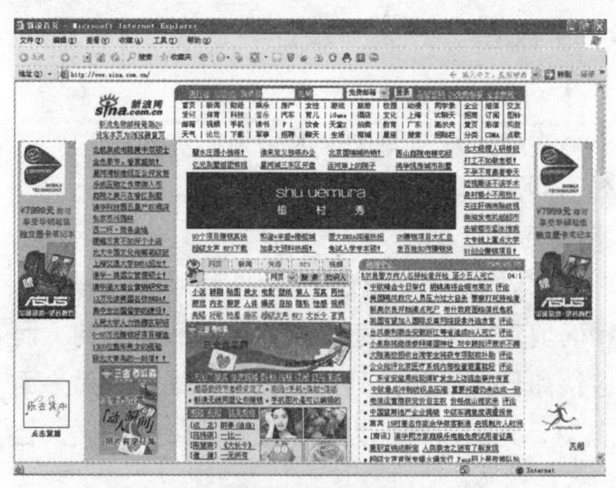

图 15-83 新浪网

图 15-84 搜狐网

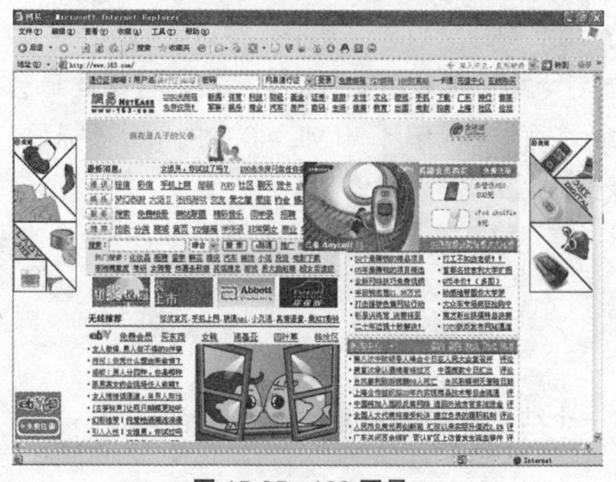

图 15-85 163 网易

图 15-86 TOM 网

A.1 HTML语言介绍

A.1.1 基本概念

HTML（Hyper Text Markup Language，超文本标记语言）是一种用来制作超文本文档的简单标记语言。用 HTML 编写的超文本文档称为 HTML 文档，它能独立于各种操作系统平台（如 UNIX，Windows 等）。自 1990 年以来 HTML 就一直被用作 World Wide Web 上的信息表示语言，用于描述 Homepage 的格式设计和它与 WWW 上其他 Homepage 的连接信息。

HTML 文档（即 Homepage 的源文件）是一个放置了标记的 ASCII 文本文件，通常它带有 .html 或 .htm 的文件扩展名。生成一个 HTML 文档主要有以下 3 种途径。

- 手动直接编写（例如用你所喜爱的 ASCII 文本编辑器或其他 HTML 的编辑工具）。
- 通过某些格式转换工具将现有的其他格式文档（如 Word 文档）转换成 HTML 文档。
- 由 Web 服务器（或称 HTTP 服务器）一方实时动态地生成。

HTML 语言是通过利用各种标记（Tags）来标识文档的结构以及标识超链接（Hyperlink）信息的。虽然 HTML 语言描述了文档的结构格式，但并不能精确地定义文档信息是如何显示和排列的，而只是建议 Web 浏览器（如 Mosiac，Netscape 等）应该如何显示和排列这些信息，最终在用户面前的显示结果取决于 Web 浏览器本身的显示风格及其对标记的解释能力。这就是为什么同一文档在不同的浏览器中展示的效果会不一样的原因。

目前 HTML 语言的版本是 3.0，它是基于 SGML（Standard Generalized Markup Language，标准广义置标语言，是由一套用来描述数字化文档结构并管理其内容的复杂规范）中的一个子集演变而来的。虽然下一版本的标准 HTML 4.0 正在制订之中，但其中某些部分的实验性标准草案已被广泛采用，大多数优秀的 Web 浏览器（如 Netscape 等）都能解释 HTML 4.0 中的部分新标记，因此在本附录中介绍的一些 HTML 4.0 新标记均已被多数浏览器所接受。

A.1.2 基本语法

1．一般标记

一般标记是由一个起始标记（Opening Tag）和一个结束标记（Ending Tag）所组成的，其语法为：<x> 受控文字 </x>。

其中，x 代表标记名称。<x> 和 </x> 就如同一组开关：起始标记 <x> 为开启（ON）功能，而结束标记 </x>（通常为起始标记加上一个斜线 /）为关（OFF）功能，受控制的文字信息便放在两标记之间。例如：<i> 这是斜体字 </i>。

标记之中还可以附加一些属性（Attribute），用来实现某些特殊效果或功能。例如：<x a1="v1",a2="v2",...,an="vn"> 受控文字 </x>。

其中，a1,a2,...,an 为属性名称，而 v1,v2,...,vn 则是其所对应的属性值，属性值加不加引号目前所使用的浏览器都可接受，但依据 W3C 的新标准，属性值是要加引号的，所以最好养成加引号的习惯。

2．空标记

虽然大部分的标记是成双出现的，但也有一些是单独存在的。这些单独存在的标记称为空标记（Empty Tags）。其语法为：<x>。

同样，空标记也可以附加一些属性（Attribute），用来实现某些特殊效果或功能。如：<x a1="v1",a2="v2",...,an="vn">，例如：<hr>,
 等。

W3C 定义的新标准（XHTML1.0/HTML4.0）建议：空标记应以 / 结尾，即 <x />。

如果附加属性则为：<x a1="v1",a2="v2",...,an="vn" />。

目前所使用的浏览器对于空标记后面是否要加“/”并没有严格要求，即在空标记最后有没有加“/”，不影响其功能。但是如果希望文件能满足最新标准，那么最好加上“/”。

3．文件结构标记 (Document Structure Tags)

此类标记的目的是用来标示出文件的结构，主要有：

```
<html>...</html>：标示 HTML 文件的起始和终止。
<head>...</head>：标示出文件标题区。
<body>...</body>：标示出文件主体区
```

4．区段格式标记 (Block Formatting Tags)

此类标记的主要用途是将 HTML 文件中的某个区段文字以特定格式显示，增加文件的可看度。主要有：

```
<title>...</title>：文件标题。
<hi>...</hi>:i=1,2,...,6,：网页标题。
<hr>：产生水平线。
<br>：强迫换行。
<p>...</p>：文件段落。
<pre>...</pre>：以原始格式显示。
<address>...</address>：标注联络人姓名、电话、地址等信息。
<blockquote>...</blockquote>：区段引用标记。
```

5．字符格式标记 (Character Formatting Tags)

用来改变 HTML 文件文字的外观，增加文件的美观程度。主要有：

```
<b>...</b>：粗体字。
<i>...</i>：斜体字。
<tt>...</tt>：打字体。
<font>...</font>：改变字体设置。
<center>...</center>：居中对齐。
<blink>...</blink>：文字闪烁。
<big>...</big>：加大字号。
<small>...</small>：缩小字号。
<cite>...</cite>：参照。
```

6．列表标记 (List Tags)

列表标记主要有：

```
<ul>...</ul>: 无编号列表。
<ol>...</ol: 有编号列表。
<li>...</li>: 项目列表。
<dl>...</dl>: 定义式列表。
<dd>...</dd>: 词汇列表中的定义部分。
<dt>...</dt>: 词汇列表中的词条部分。
<dir>...</dir>: 目录式列表。
<menu>...</menu>: 菜单式列表。
```

7. 链接标记 (Anchor Tag)

链接可以说是 HTML 超文本文件的命脉，HTML 通过链接标记来整合分散在世界各地的图、文、影、音等信息。此类标记的主要用途为标示超文本文件链接（Hypertext Link），主要有：

```
<a>...</a>: 建立超级链接。
```

8. 多媒体标记 (Multimedia Tag)

此类标记用来显示图像数据。主要有：

```
<img>: 嵌入图像。
<embed>: 嵌入多媒体对象。
<bgsound>: 嵌入背景音乐。
```

9. 表格标记 (Table Tags)

此类标记用于制作表格。主要有：

```
<table>...</table>: 定义表格区段。
<caption>...</caption>: 定义表格标题。
<th>...</th>: 定义表头。
<tr>...</tr>: 定义表格列。
<td>...</td>: 定义表格单元格。
```

10. 表单标记 (Form Tags)

此类标记用来制作交互式表单，主要有：

```
<Form>...</form>: 表明表单区段的开始与结束。
<input>: 产生单行文本框、单选按钮、复选框等。
<textarea>...</textarea>: 产生多行文本框。
<select>...</select>: 标明下拉列表的开始与结束。
<option>...</option>: 在下拉列表中产生一个选择项目。
```

HTML 标记并没有大小写之分，即 <BODY> 和 <body> 是相同的。下面以文件结构标记为例进行介绍。

A.1.3 具体应用

超文本文档分文档头和文档体两部分。在文档头里，对这个文档进行了一些必要的定义，而文档体中才是要显示的各种文档信息。

```
<HTML>
<HEAD>
头部信息
</HEAD>
<BODY>
文档主体，正文部分
</BODY>
</HTML>
```

下面是一个最基本的超文本文档的源代码：

```
<HTML>
<HEAD>
<TITLE> 一个简单的 HTML 示例 </TITLE>
</HEAD>
<BODY>
<CENTER>
<H3> 欢迎光临我的主页 </H3>
<BR>
<HR>
<FONT SIZE=2>
这是我第一次做主页，无论怎么样，我都会努力做好！
</FONT>
</CENTER>
</BODY>
</HTML>
```

A.2 CSS语言介绍

A.2.1 基本概念

CSS 是 Cascading Style Sheets（层叠样式表单）的简称。它允许作者在 HTML 文档中加入样式（如字体、颜色和空格）。或许有些编程语言对于初学者来说比较枯燥难懂，因为它们过于频繁地使用缩写。但是，CSS 语言是一种能够直接读写的，并且能够在普通出版术语中表达的语言，通俗易懂是它最大的特征。

CSS 的基本特征之一是样式表单的层叠。浏览者可以拥有个人的自定义样式表单来扫除某些人为的或客观上的障碍。

通常所称的 CSS 是指 CSS1（Cascading Style Sheets Level 1），即层叠样式表单 1 级。使用 CSS1 的文档定义了一种为网络设计的简单样式表单。

A.2.2 基本语法

- 语法格式

CSS 的定义是由 3 个部分构成的：选择符（Selector），属性（Properties）和属性的取值（Value）。基本格式如下：

```
selector { property: value}
```

选择符可以是多种形式，一般是要定义样式的 HTML 标记，例如 BODY、P、TABLE……，可以通过此方法定义它的属性和值，属性和值要用冒号隔开：

```
body { color: black}
```

选择符 body 是指页面主体部分，color 是控制文字颜色的属性，black 是颜色的值，此例的效果是使页面中的文字为黑色。

如果属性的值由多个单词组成，则必须在值上加引号，比如字体名称经常是几个单词的组合：

```
p { font-family: "sans serif"}
'定义段落字体为 sans serif
```

如果需要对一个选择符指定多个属性时，就使用分号将所有的属性和值分开：

```
p { text-align: center; color: red}
'段落居中排列；并且段落中的文字为红色
```

为了使定义的样式表方便阅读，可以采用分行的书写格式：

```
p {
text-align: center;
color: black;
font-family: arial
}
'段落居中排列，段落中文字为黑色，字体是 arial
```

● 选择符组

可以把相同属性和值的选择符组合起来书写，用逗号将选择符分开，这样可以减少样式重复定义：

```
h1, h2, h3, h4, h5, h6 { color: green }
'这个组里包括所有的标题元素，每个标题元素的文字都为绿色
p, table{ font-size: 9pt }
'段落和表格里的文字尺寸为 9 号字
```

效果完全等效于：

```
p { font-size: 9pt }
table { font-size: 9pt }
```

● 类选择符

用类选择符能够把相同的元素分类定义为不同的样式。定义类选择符时，在自定类的名称前面加一个点号。假如想要两个不同的段落，一个段落向右对齐，一个段落居中，可以先定义两个类：

```
p.right { text-align: right}
p.center { text-align: center}
```

在不同的段落里，只要在 HTML 标记里都加入所定义的 class 参数：

```
<p class="right"> 这个段落向右对齐的 </p>
<p class="center"> 这个段落是居中排列的 </p>
```

注意

类的名称可以是任意英文单词或以英文开头与数字的组合，一般以其功能和效果简要命名。

类选择符还有一种用法，就是在选择符中省略 HTML 标记名，这样可以把几个不同的元素定义成相同的样式：

```
.center { text-align: center}
' 定义 .center 的类选择符为文字居中排列
```

这样的类可以被应用到任何元素上。下面我们使 h1 元素（标题 1）和 p 元素（段落）都归为"center"类，这使两个元素的样式都跟随"center"这个类选择符：

```
<h1 class=" center" > 这个标题是居中排列的 </h1>
<p class="center">  这个段落也是居中排列的 </p>
```

注意

这种省略 HTML 标记的类选择符是我们今后最常用的 CSS 方法，使用这种方法，可以很方便地在任意元素上套用预先定义好的类样式。

● ID 选择符

在 HTML 页面中的 ID 参数指定了某个单一元素，ID 选择符用来对这个单一元素定义单独的样式。

ID 选择符的应用和类选择符类似，只要把 Class 换成 ID 即可。将上例中的类用 ID 替代：

```
<p id="intro"> 这个段落向右对齐 </p>
```

定义 ID 选择符要在 ID 名称前加上一个"#"号。和类选择符相同，定义 ID 选择符的属性也有两种方法。下面这个例子，ID 属性将匹配所有 id="intro" 的元素：

```
#intro
{
font-size:110%;
font-weight:bold;
color:#0000ff;
background-color:transparent
}
' 字体尺寸为默认尺寸的 110%；粗体；蓝色；背景颜色透明
```

下面这个例子，ID 属性只匹配 id="intro" 的段落元素：

```
p#intro
{
font-size:110%;
font-weight:bold;
color:#0000ff;
background-color:transparent
}
```

注 意

ID 选择符局限性很大，只能单独定义某个元素的样式，一般只在特殊情况下使用。

- 包含选择符

可以单独对某种元素包含关系定义的样式表，元素 1 里包含元素 2，这种方式只对在元素 1 里的元素 2 定义，对单独的元素 1 或元素 2 无定义，例如：

```
table a {
font-size: 12px
}
```

在表格内的链接改变了样式，文字大小为 12 像素，而表格外链接的文字仍为默认大小。

- 样式表的层叠性

层叠性就是继承性，样式表的继承规则是外部的元素样式会保留并继承给这个元素所包含的其他元素。事实上，所有在元素中嵌套的元素都会继承外层元素指定的属性值，有时会把很多层嵌套的样式叠加在一起，除非另外更改。例如在 div 标记中嵌套 p 标记：

```
div { color: red; font-size:9pt}
…
<div>
<p> 这个段落的文字为红色 9 号字 </p>
</div>
'P 元素里的内容会继承 div 定义的属性
```

注 意

有些情况下内部选择符不继承周围选择符的值，但理论上这些都是特殊的。例如，上边界属性值是不会继承的，直观上，一个段落不会具有与文档 BODY 一样的上边界值。

当样式表继承遇到冲突时，总是以最后定义的样式为准。如果下例中定义了 p 的颜色：

```
div {color: red; font-size:9pt}
p {color: blue}
…
<div>
```

```
<p> 这个段落的文字为蓝色 9 号字 </p>
</div>
```

我们可以看到段落里的文字大小为 9 号字，是继承 div 属性的，而 color 属性则依照最后的定义。

不同的选择符定义相同的元素时，要考虑到不同的选择符之间的优先级。ID 选择符、类选择符和 HTML 标记选择符，因为 ID 选择符是最后加到元素上的，所以优先级最高，其次是类选择符。如果想超越这三者之间的关系，可以用 !important 来提升样式表的优先级，例如：

```
p {color: #FF0000!important }
.blue {color: #0000FF}
#id1 {color: #FFFF00}
```

我们同时对页面中的一个段落加上这 3 种样式，它最后会依照被 !important 声明的 HTML 标记选择符样式为红色文字。如果去掉 !important，则依照优先权最高的 ID 选择符为黄色文字。

● 注释

可以在 CSS 中插入注释来说明代码的意思，注释有利于自己或别人以后编辑和更改代码时理解代码的含义。在浏览器中，注释是不显示的。CSS 注释以 "/*" 开头，以 "*/" 结尾，如下：

```
/* 定义段落样式表 */
p {
text-align: center; /* 文本居中排列 */
color: black; /* 文字为黑色 */
font-family: arial /* 字体为 arial */
}
```

A.2.3 具体应用

创建 CSS 样式表的过程，就是对各种 CSS 属性的设置过程，所以了解和掌握属性设置非常重要。在 Dreamweaver CS3 的 CSS 样式里包含了 W3C 规范定义的所有 CSS1 的属性，把这些属性分为：类型、背景、区块、方框、边框、列表、定位、扩展 8 个部分，如图 A-1 所示。

Dreamwaver CS3 实现 CSS 属性设置功能是完全可视化的，无需编写代码。下面将分别详细讲解。为了便于理解，从开始创建新 CSS 样式表说起。

1. 创建新的 CSS 样式

将插入点放在文档中，然后执行以下操作之一打开“新建 CSS 规则”对话框。

● 在“CSS 样式”面板（“窗口” > “CSS 样式”）中，单击右下角区域中的“新建 CSS 规则”按钮，如图 A-2 所示。

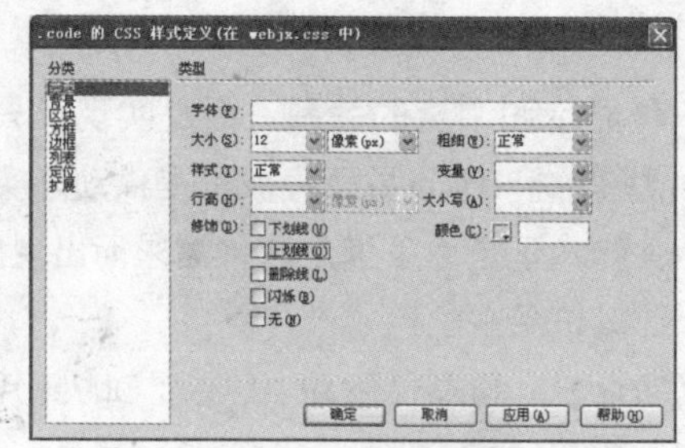

图 A-1 样式表对话框

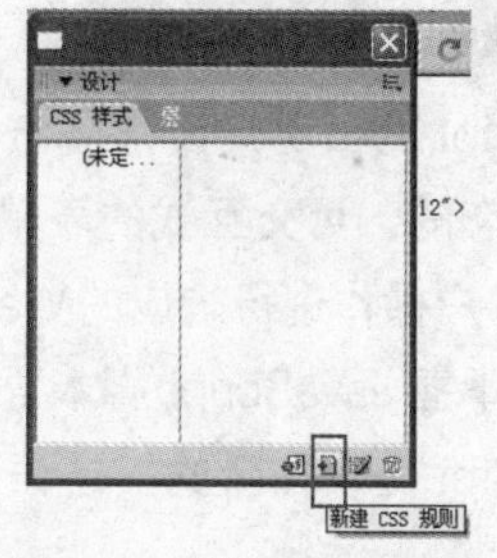

图 A-2 新建 CSS 样式表

- 在文本属性面板中，在“样式”弹出式菜单中单击“管理样式”命令，然后在出现的对话框中单击“新建”按钮。
- 在“相关 CSS”选项卡（执行“窗口”>“标签检查器”命令，然后单击“相关 CSS”选项卡）中右键单击，然后在弹出菜单中单击“新建规则”命令。
- 执行“文本”菜单>“CSS 样式”>“新建 (N)…”命令。“新建 CSS 规则”对话框随即出现，如图 A-3 所示。

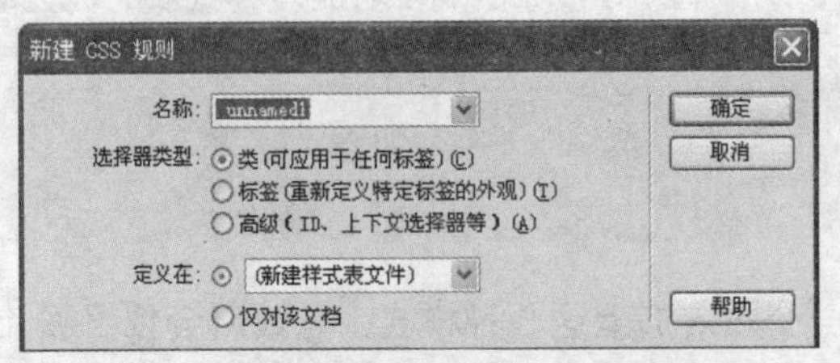

图 A-3 “新建 CSS 规则”对话框

2．定义要创建的 CSS 样式的类型

若要创建可作为 class 属性应用于文本范围或文本块的自定义样式，就选择“类选项（可应用于任何标签）”，然后在“名称”文本框中输入样式名称。

注意：类名称必须以句点开头，并且可以包含任何字母和数字组合（例如，.mycss）。如果没有输入开头的句点，Dreamweaver CS3 将自动输入。

若要重定义特定 HTML 标签的默认格式，就选择“标签（重新定义特定标签的外观）”选项，然后在“标签”文本框中输入一个 HTML 标签，或在弹出式菜单中选择一个标签。

若要为某个标签组合或所有包含特定 ID 属性的标签定义格式，请选择“高级（ID、上下文选择器等）”，然后在“选择器”文本框中输入一个或多个 HTML 标签，或在弹出式菜单中选择一个标签。弹出式菜单中提供的选择器（称作伪类选择器）包括 a:active、a:hover、a:link 和 a:visited。

3．选择定义样式的位置

若要创建外部样式表，就选择“新建样式表文件”选项。

若要在当前文档中嵌入样式，就选择“仅对该文档”选项。

完成后单击“确定”按钮即可。

A.3 JavaScript快速入门

A.3.1 基本概念

JavaScript 的出现，使得信息和用户之间不仅只是一种显示和浏览的关系，而是实现了一种实时的、动态的、可交互式的表单功能。从而使基于 CGI 静态的 HTML 页面将被可提供动态实时信息，并对客户操作进行响应的 Web 页面所取代。JavaScript 脚本正是为了满足这种需求而出现的。因此，尽快掌握 JavaScript 脚本语言编程方法是我国广大计算机用户的追求。

JavaScript 是一种新的描述语言，是一种基于对象（Object）和事件驱动（Event Driven）并具有安全性能的脚本语言。使用它的目的是与HTML超文本标记语言、Java脚本语言(Java小程序)一起实现在一个Web页面中链接多个对象，与Web客户交互，从而可以开发客户端的应用程序等。通过JavaScript可以响应用户需求的事件，如：form的输入，而不用任何的网络来回传数据。所以当一位用户输入一条信息时，不需要通过网络传送到服务器端进行处理再传回来的过程，而是直接可以在客户端进行事件处理，也可以想像成是一个可执行程序在客户端上。

JavaScript是通过嵌入或调入行为在标准的HTML语言中实现的。它的出现弥补了HTML语言的缺陷，是Java和HTML折中的选择，具有以下几个特点。

- JavaScript是一种脚本编写语言。
- JavaScript是一种基于对象的语言。
- 具有简单性。
- 具有安全性。
- 具有动态性。
- 具有跨平台性。

JavaScript只依赖于浏览器本身，与操作环境无关，只要在支持JavaScript的浏览器中就可以正确执行，从而实现了“编写一次，走遍天下”的梦想。

A.3.2 基本语法

每一句JavaScript都有类似于以下的格式：

<语句>;

其中分号“;”是JavaScript语言作为一个语句结束的标识符。虽然现在很多浏览器都允许用回车充当结束符号，但培养用分号作结束的习惯仍然是很好的。

- Navigator定义的对象组

每个HTML文档被载入浏览器中时就创建了一系列分级的对象体系，此体系反映了HTML文档属性，其中，Navigator对象属于最高级别，它预定义了对象组。表A-1是一些常用的对象数组。

表A-1 Navigator定义的对象数组

数 组	描 述
Anchors	反映文档中按顺序排列的包含NAME属性的<A>标记
Applets	反映在文档中按顺序排列的所有<APPLET>标记
Arguments	反映一个函数的所有参数
Elements	反映按属性排列的表单成分
Embeds	反映按顺序排列的文档中的<EMBED>标记
Forms	反映按顺序排列的文档中的<FORM>标记
Frames	反映按顺序排列的文档中的<FRAME>标记
History	反映窗口的历史项
Images	反映按顺序排列的文档中的<IMG>标记
Links	反映按顺序排列的用link方法创建的文档中<AREA HREF=“…”>、<A HREF=“…”>标记和link对象
MimeTypes	反映客户端支持的所有MIME类型
Options	反映按顺序排列的在Select对象中的<OPTION>标记
Plugins	反映按顺序排列的所有安装在客户端的插件

● 常用事件和对象

JavaScript 在 HTML 中的重要用途之一就是编写事件处理程序。在一个网页中，有编辑框、复选框和按钮等元素，这些元素都包含一些由用户操作产生的事件，这些事件发生时，可以激发相应的用 JavaScript 编写的事件处理程序。在编写 JavaScript 程序时，首先要了解一些常用的事件和对象，表 A-2 列出了常用的事件和对象，仅供参考。

表 A-2 常用的事件和对象

事 件	应用范围	发生的动作	事件处理名
abort	图像	用户终止图像的载入	onAbort
blur	窗口、帧和所有表单成分	用户除去了输入焦点	onBlur
click	按钮、单选按钮、复选框、提交钮、重置钮和链接	用户单击了表单元素和链接	onClick
change	文本框、文本区、可选列表	用户改变了成分值	onChange
error	图像、窗口	载入文档和图像时发生错误	onError
focus	窗口、帧和所有表单成分	用户设置了输入焦点	onFocus
load	文档体	用户在浏览器中载入了文档	onLoad
mouseout	区域、链接	鼠标指针移过链接	onMouseout
mouseover	链接	鼠标指针移到链接上	onMouseover
reset	表单	用户重置表单	onReset
Select	文本域、文本区	用户选择了表单成分的输入域	onSelect
submit	提交按钮	用户提交表单	onSubmit
unload	文档体	用户退出当前页	onUnload

● 语句块

语句块是用大括号“{ }”括起来的一个或 n 个语句。在大括号里边是几个语句，但是在大括号外边，语句块是被当作一个语句的。语句块是可以嵌套的，也就是说，一个语句块里边可以再包含一个或多个语句块。

● 表达式

与数学中的定义相似，表达式是指具有一定值的、用运算符把常数和变量连接起来的代数式。一个表达式可以只包含一个常数或一个变量。运算符可以是四则运算符、关系运算符、位运算符、逻辑运算符和复合运算符。表 A-3 将这些运算符从高优先级到低优先级排列。

表 A-3 表达式

名 称	表达式	说 明
括号	(x) [x]	中括号只用于指明数组的下标
求反、自加、自减	–x	返回 x 的相反数
	!x	返回与 x（布尔值）相反的布尔值
	x++	x 值加 1，但仍返回原来的 x 值
	x–	x 值减 1，但仍返回原来的 x 值
	++x	x 值加 1，返回后来的 x 值
	–x	x 值减 1，返回后来的 x 值

（续表）

名 称	表达式	说 明
乘、除	x*y	返回 x 乘以 y 的值
	x/y	返回 x 除以 y 的值
	x%y	返回 x 与 y 的模（x 除以 y 的余数）
加、减	x+y	返回 x 加 y 的值
	x-y	返回 x 减 y 的值
关系运算	x<y x<=y x>=y x>y	当符合条件时返回 true 值，否则返回 false 值
等于 不等于	x==y	当 x 等于 y 时返回 true 值，否则返回 false 值
	x!=y	当 x 不等于 y 时返回 true 值，否则返回 false 值
位与	x&y	当两个数位同时为 1 时，返回的数据的当前数位为 1，其他情况都为 0
位异或	x^y	两个数位中有且只有一个为 0 时，返回 0，否则返回 1
位或	x|y	两个数位中只要有一个为 1，则返回 1；当两个数位都为 0 时才返回 0
逻辑与	x&&y	当 x 和 y 同时为 true 时返回 true，否则返回 false
逻辑或	x||y	当 x 和 y 任意一个为 true 时返回 true，当两者同时为 false 时返回 false
条件	c?x:y	当条件 c 为 true 时返回 x 的值（执行 x 语句），否则返回 y 的值（执行 y 语句）
赋值	x=y	把 y 的值赋给 x，返回所赋的值
复合运算	x+=y x-=y x*=y x/=y x%=y	x 与 y 相加 / 减 / 乘 / 除 / 求余，所得结果赋给 x，并返回 x 赋值后的值

注 意

1. 位运算符通常会被当作逻辑运算符来使用。它的实际运算情况是：把两个操作数（即 x 和 y）化成二进制数，对每个数位执行以上所列命令，然后返回得到的新二进制数。由于“真”值在电脑内部（通常）是全部数位都是 1 的二进制数，而“假”值则全部是 0 的二进制数，所以位运算符也可以充当逻辑运算符。

2. 逻辑与 / 或有时候被称为“快速与 / 或”。这是因为当第一操作数 (x) 已经可以决定结果时，它们将不去理会 y 的值。例如，false && y，因为 x == false，不管 y 的值是什么，结果始终是 false，于是本表达式立即返回 false，而不论 y 是多少，即使 y 可以导致出错，程序也可以照样运行下去。

3. 所有与四则运算有关的运算符都不能作用在字符串型变量上。字符串可以使用 +、+= 作为连接两个字符串之用。

● 关键语句、词、运算符

JavaScript 不是纯面向对象的语言，它没有提供面向对象语言的许多功能，所以 JavaScript 设计者把它称为“基于对象”而不是面向对象的语言。在 JavaScript 中提供了几个用于操作对象的语句和关键词及运算符，下面重点介绍 4 个。

1. For...in 语句

格式如下：For（对象属性名 in 已知对象名）

说明：该语句的功能是用于对已知对象的所有属性进行操作的控制循环。它是将一个已知对象的所有属性反复置给一个变量，而不是使用计数器来实现。

该语句的优点就是无需知道对象中属性的个数即可进行操作。

2．with 语句

使用该语句的意思是：在该语句内，任何对变量的引用都被认为是这个对象的属性，以节省一些代码。

```
with object
{ ... }
```

所有在 with 语句后的括号中的语句，都是在后面 object 对象的作用域。

3．this 关键词

this 是对当前的引用，在 JavaScript 中由于对象的引用是多层次、多方位的，往往一个对象的引用又需要对另一个对象的引用，而另一个对象可能又要引用另一个对象，这样有可能造成混乱，为此 JavaScript 提供了一个用于为对象指定当前对象的语句 this。

4．new 运算符

虽然在 JavaScript 中对象的功能已经是非常强大的了。但更强大的是设计人员可以按照需求来创建自己的对象，以满足某一特定的要求。使用 New 运算符可以创建一个新的对象。其创建对象使用如下格式：

```
Newobject=NEW Object(Parameters table);
```

其中 Newobject 是创建的新对象；object 是已经存在的对象； parameters table 是参数表；new 是 JavaScript 中的命令语句。